城市信息学

史文中　Michael F. Goodchild
Michael Batty　关美宝　张安舒　等　编著

曾凡鑫　吕　烨　等　译

科学出版社
北京

内 容 简 介

　　城市信息学是一门新兴交叉学科，该学科整合了城市科学、计算机科学和地理信息科学，旨在运用基于新信息科学的系统性理论和方法，对城市进行理解、管理与设计。本书由相关领域40余个世界领先的研究团队合力撰写，书中全面、系统地阐述了城市信息学的理论、技术与应用，涵盖城市信息学各领域的研究成果、前沿技术与展望。

　　本书分为六大部分：第一部分"城市科学的维度"侧重于城市科学演进中的基础概念与理论；第二部分"城市系统与应用"讨论了城市信息学在理解、分析和管理各类城市系统中的应用；第三部分"城市感知"描述了城市感知的现有手段与最新方法；第四部分"城市大数据基础设施"聚焦于城市大数据基础设施的最新进展；第五部分"城市计算"涵盖了城市信息学中的计算机科学和城市建模相关议题；第六部分"未来展望"论述了城市信息学的价值及前景。

　　本书可作为高等院校城市信息学、智慧城市、地理学、地理信息科学、资源与环境科学等专业的教学用书，也可为测绘、遥感、城市规划、城市管理、计算机、数据分析、地理与环境等专业领域的科技人员阅读使用。

图书在版编目（CIP）数据

城市信息学 / 史文中等编著；曾凡鑫等译. —北京：科学出版社，2024.3
书名原文：Urban Informatics
ISBN 978-7-03-078265-6

Ⅰ. ①城… Ⅱ. ①史… ②曾… Ⅲ. ①城市地理–地理信息系统
Ⅳ. ①P208

中国国家版本馆 CIP 数据核字(2024)第 055368 号

责任编辑：彭胜潮／责任校对：郝甜甜／责任印制：赵　博
封面设计：图阅盛世／封面图片：周一达

科学出版社 出版
北京东黄城根北街16号
邮政编码：100717
http://www.sciencep.com

涿州市般润文化传播有限公司印刷
科学出版社发行　各地新华书店经销

*

2024年3月第　一　版　开本：787×1092　1/16
2025年8月第三次印刷　印张：36 3/4
字数：865 000
定价：298.00元
（如有印装质量问题，我社负责调换）

编 者 简 介

史文中 香港理工大学潘乐陶慈善基金智慧城市研究院院长、城市信息学讲座教授、地理信息系统与遥感讲座教授，国际欧亚科学院、英国社会科学院院士，英国皇家测量师学会、香港测量师学会会士。1994 年获德国奥斯纳布吕克大学博士学位。研究领域涵盖城市信息学与智慧城市、地理信息科学与遥感、遥感影像人工智能变化检测及目标识别、空间大数据分析与质量控制，以及基于光学雷达和影像数据的移动测图与三维建模。为国际城市信息学会创会主席、国际期刊《城市信息学》创刊主编。已发表学术论文 400 余篇，著作 20 册。曾获国家自然科学奖二等奖、国际摄影测量与遥感学会奖。详细介绍请见：http://www.lsgi.polyu.edu.hk/academic_staff/John.Shi/index.htm。

Michael F. Goodchild 加州大学圣巴巴拉分校地理学荣休教授，美国国家科学院院士、英国皇家学会外籍院士、英国国家学术院通讯院士。至 2012 年为止，任杰克与劳拉·丹杰蒙德地理学讲座教授、加州大学圣巴巴拉分校空间研究中心主任。1965 年获剑桥大学物理学学士学位，1969 年获麦克马斯特大学地理学博士学位。聚焦于地理信息科学问题的研究和教学，包括地理信息不确定性、离散全球网格和志愿地理信息等。曾任美国国家地理信息与分析中心、亚历山大数字图书馆、空间综合社会科学中心等多个大型资助研究项目的负责人或共同负责人。2007 年获瓦特林·路德国际地理学奖（Lauréat Prix International de Géographie Vautrin Lud，被誉为"地理学诺贝尔奖"）。出版著作、论文共 550 余部（篇）。2012 年退休后移居西雅图，现兼任亚利桑那州立大学研究教授、香港理工大学特聘讲座教授。详细介绍请见：https://people.geog.ucsb.edu/~good/。

Michael Batty 伦敦大学学院巴特莱特规划学教授、高级空间分析中心主席，香港理工大学特聘讲座教授，英国皇家学会、英国国家学术院院士。于 1966 年获曼彻斯特大学城乡规划学士学位，1984 年获威尔士大学建筑学博士学位。自 20 世纪 70 年代以来长期从事城市计算机仿真模型及其可视化研究，并出版《城市与复杂性》（2005 年）、《新城市科学》（2013 年）、《发明未来城市》（2018 年）等多部著作。曾于 1979 年至 1990 年任威尔士大学加的夫分校城市规划教授和环境设计学院院长，1990 年至 1995 年任纽约州立大学布法罗分校国家地理信息与分析中心主任。2004 年获颁英国女王诞辰荣誉勋章（CBE），2013 年获瓦特林·路德国际地理学奖，2015 年获英国皇家地理学会金奖，2016 年获英国皇家城市规划学会金奖。

关美宝 香港中文大学李卓明地理及资源管理讲座教授、太空及地球信息科学研究所所长，英国社会科学院院士，约翰-西蒙-古根海姆纪念基金会、美国科学促进会、美国地理学家协会会士。曾任香港理工大学地理及地理信息科学特聘讲座教授。于 1989 年获加州大学洛杉矶分校城市规划学硕士学位，1994 年获加州大学圣巴巴拉分校地理学博士学位。研究兴趣包括环境健康、人群出行、城市社会与交通问题、健康城市和地理信息科学。为 2019 年 Web of Science 高被引学者，获美国地理学家协会杰出学者荣誉奖、美国大学地理信息科学联合会研究奖等多项著名荣誉与奖项。出版著作文章和书籍章节共 310 余部，曾在 20 余个国家发表 240 余次主题演讲和特邀讲座。更多相关信息请访问：http://meipokwan.org.

张安舒 香港理工大学土地测量及地理资讯学系研究助理教授。于 2011 年及 2017 年分获香港理工大学地理信息学理学学士学位、地理信息系统博士学位。研究兴趣包括空间数据挖掘、人群出行建模和预测、可靠性数据分析。曾任国际摄影测量与遥感学会第 II-1 工作组秘书，现任国际城市信息学会主席办公室执行委员会成员。主持国家重点研发计划子课题、香港政府合作研究金计划子项目等，并担任多项政府研究项目骨干。

前　言

城市信息学涵盖了城市科学、计算机科学和地理信息科学的跨学科研究领域，融合了多学科的视角，在当前城市研究中的重要性日益凸显，成为未来智慧城市理论与技术发展的基础。Urban Informatics 一书由相关学科领域 40 余个世界领先的研究团队共同撰写，旨在全面介绍城市信息学的原理和技术，涵盖了城市信息学各个领域的最新技术和研究成果。

Urban Informatics 一书在 2021 年由 Springer 出版后，受到了广泛关注与认可。截至笔者落笔，该书在出版社官网上的章节下载量已超过 171 万次，2022 年章节下载量在 Springer 全部交叉学科与社会科学类书籍中名列首位。许多世界知名高校，如麻省理工学院、浙江大学、香港理工大学等，已经将该书选定为相关课程的教科书或参考书目。这反映了社会各界对于城市信息学相关资料的迫切需求，也是对该书质量的肯定。

Urban Informatics 出版后，很多学者、业界人士及学生前来咨询该书中文版的出版计划，我们也注意到广大读者对城市信息学领域中文资料的需求。因此，我们特将 Urban Informatics 一书翻译为中文版《城市信息学》，希望能够为广大中文读者提供帮助。本书可用作城市信息学、智慧城市、交通与土木工程、地理学、地球科学、城市规划、地理信息科学、环境科学、资源科学等专业的本科生与研究生的教学用书；也可以作为参考书，服务于政府和相关部门从业者与专业人士，如城市规划师、计算机科学家、数据科学家、地理学家、政府决策者、建筑设计师、测量师、城市管理者和环境科学家等。

本书由史文中教授提出理论体系与框架结构，确定各章内容，组织翻译并最终审定。参加翻译的人员有：史文中、曾凡鑫、吕烨、张安舒、刘艺嘉、石钒、洪启安、汪宜漾、唐珂欣、黄泽夕、江雪、张超、白晨睿、彭琳雅、赵慧琳、甘威、于朔崧、邹家辉、穆歌、浦泽宇、周一达。部分章节的中译稿由该章原作者提供。

城市信息学领域的研究方兴未艾，热点问题与日俱增。本书虽力求博采众长，但限于篇幅，难以一一详述。在此，我们诚挚感谢本书各章作者对本书中文译本的支持。特别地，部分章节的原作者提供了相应章节的中文翻译初稿，这也为本书面世提供了很大帮助。

在翻译过程中，我们力求翻译准确，保证各章内容的科学性。但由于本书宽广的学科范畴及译者水平的局限性，书中疏漏乃至错误之处在所难免，还望读者批评指正。

本书各章均引用大量参考文献，全书文献共计近百页之多。为了控制篇幅，我们将各章的参考文献移至书后，做成电子版，书后附有二维码，供需要查阅的读者扫码查阅。

本书出版得到了国家重点研发计划课题(2019YFB2103102)、香港理工大学潘乐陶慈善基金智慧城市研究院(CD03，CD06)的资助。

目 录

前言
第1章 绪论 ··· 1
   1.1 城市信息学的定义 ··· 1
   1.2 本书缘起 ··· 2
   1.3 本书结构 ··· 3
   1.4 回顾与展望 ··· 4

第一部分 城市科学的维度

第2章 城市科学简介 ·· 9
第3章 城市科学的定义 ·· 12
   3.1 城市的科学 ··· 12
   3.2 城市系统与多城市系统 ··· 13
   3.3 城市增长：自下而上的城市化 ··· 15
   3.4 尺度、规模、网络与流 ··· 17
   3.5 城市业务模型的发展 ··· 19
   3.6 城市信息学中城市科学的未来方向 ··· 20
第4章 利用街景成像进行城市基础设施和服务的自动评估 ······························ 21
   4.1 引言 ··· 21
   4.2 数据收集和对象定位 ··· 23
   4.3 由对象统计中推测城市功能 ··· 25
   4.4 讨论 ··· 26
第5章 城市人类动态 ·· 28
   5.1 引言 ··· 28
   5.2 城市动态 ··· 29
   5.3 人类动态 ··· 33
   5.4 城市人类动态和城市信息学 ··· 36
第6章 地理智能：个性化和可持续的未来城市交通 ·· 38
   6.1 引言 ··· 38
   6.2 地理智能 ··· 39

6.3 分析城市移动性模式……41
6.4 行为变化与可持续移动……45
6.5 移动决策……49
6.6 结论与展望……50

第7章 城市代谢……52
7.1 引言……52
7.2 城市代谢的历史……54
7.3 城市代谢的方法……56
7.4 个案研究：新加坡的代谢……64
7.5 城市代谢的应用、挑战和机遇……67
7.6 总结……70

第8章 空间经济学、城市信息学与交通可达性……71
8.1 引言……71
8.2 理论背景……73
8.3 计量经济模型……74
8.4 数据……76
8.5 模型测试结果……77
8.6 讨论……81
8.7 结论……81

第9章 信息时代城市的概念……83
9.1 引言……83
9.2 城市研究和规划的过去与将来……86
9.3 猜想……88
9.4 总结……90

第二部分 城市系统与应用

第10章 城市系统与应用简介……93

第11章 刻画城市出行模式：墨西哥城的案例研究……95
11.1 引言……95
11.2 POI 数据的收集……97
11.3 POI 的空间分布……98
11.4 通过交通方式分析人口移动……102
11.5 总结……106

第 12 章 货运系统与规划研究实验平台 ·············· 107
- 12.1 引言 ·············· 107
- 12.2 未来移动感知，一个行为实验室 ·············· 108
- 12.3 SimMobility 模拟实验平台 ·············· 112
- 12.4 范例 ·············· 119
- 12.5 总结 ·············· 121

第 13 章 城市的风险及韧性 ·············· 123
- 13.1 引言 ·············· 123
- 13.2 风险、暴露及脆弱性 ·············· 125
- 13.3 城市韧性及能力 ·············· 126
- 13.4 衡量及评估信息学 ·············· 127
- 13.5 科学指导实践，实践引领科学 ·············· 128
- 13.6 展望未来 ·············· 130

第 14 章 城市犯罪与安全 ·············· 132
- 14.1 简介 ·············· 132
- 14.2 城市犯罪 ·············· 133
- 14.3 城市安全 ·············· 135
- 14.4 城市犯罪与安全最新的技术与工具 ·············· 137
- 14.5 智能数据驱动警务 ·············· 139
- 14.6 总结 ·············· 140

第 15 章 城市治理 ·············· 141
- 15.1 透明度及城市开放数据 ·············· 141
- 15.2 算法决策 ·············· 146
- 15.3 总结 ·············· 148

第 16 章 城市污染 ·············· 149
- 16.1 监测城市地区的空气质量 ·············· 149
- 16.2 城市热岛遥感 ·············· 151
- 16.3 监测城市海岸线的水质 ·············· 154

第 17 章 城市健康与福祉 ·············· 157
- 17.1 智慧城市和健康 ·············· 157
- 17.2 数据 ·············· 158
- 17.3 方法和技术 ·············· 160
- 17.4 BERTHA 研究 ·············· 162
- 17.5 隐私 ·············· 166

17.6　结论 ··· 167
第18章　城市能源系统：橡树岭国家实验室的研究 ·· 168
18.1　引言 ··· 168
18.2　人口及土地利用 ··· 169
18.3　可持续出行 ··· 174
18.4　能源-水关联关系 ··· 176
18.5　城市弹性 ·· 179
18.6　国家能源基础设施的态势感知 ·· 183
18.7　结论 ··· 184

第三部分　城　市　感　知

第19章　城市感知简介 ·· 187
第20章　光学遥感 ·· 190
20.1　引言 ··· 190
20.2　光学遥感的历史 ··· 191
20.3　光学遥感的最新发展 ··· 191
20.4　遥感卫星图像的处理 ··· 195
20.5　光学遥感的应用 ··· 200
20.6　总结 ··· 210
第21章　基于合成孔径雷达干涉的城市感知 ·· 211
21.1　合成孔径雷达 ·· 211
21.2　合成孔径雷达干涉 ··· 212
21.3　多时域合成孔径雷达干涉 ··· 216
21.4　InSAR在城市的应用 ·· 217
21.5　总结 ··· 223
第22章　基于机载LiDAR数据的城市目标检测和交通动态信息提取 ······················ 224
22.1　引言 ··· 224
22.2　基于ALS和配准图像的城市目标检测 ··· 226
22.3　利用ALS数据检测城市交通动态 ·· 230
22.4　实验和结果 ··· 238
22.5　结论 ··· 244
第23章　摄影测量：城市三维测图 ·· 246
23.1　引言 ··· 246
23.2　摄影测量基本方法 ··· 246

23.3 摄影测量用于城市三维测图新进展 250
23.4 总结与展望 254

第24章 地下公共设施成像和诊断 255
24.1 测绘和成像 255
24.2 诊断 262
24.3 未来研究和发展的趋势 266
24.4 结论和展望 268

第25章 移动测绘系统发展 270
25.1 引言 270
25.2 移动测绘系统文献回顾 272
25.3 移动测绘系统近期发展 276
25.4 移动测绘系统未来发展与趋势 288
25.5 总结 289

第26章 基于智能手机的室内定位技术 290
26.1 简介 290
26.2 智能手机室内定位技术进展 292
26.3 室内定位的困难 300
26.4 室内定位技术的发展趋势 301
26.5 结论 303

第27章 城市相机揭示了什么：可感知城市实验室的工作 305
27.1 引言 305
27.2 计算机视觉与城市：GSV图像 307
27.3 城市热图像 308
27.4 使用计算机视觉导航城市空间 309
27.5 结论 311

第28章 用户生成内容：一个重要的城市信息学数据源 312
28.1 背景介绍与定义 312
28.2 UGC的特点 313
28.3 UGC的计算分析处理框架 315
28.4 基于单一用户生成数据源的城市研究 316
28.5 多源大数据驱动的城市研究 319
28.6 总结 322

第29章 用户生成内容及其在城市研究中的应用 323
29.1 引言 323

29.2 用户生成内容 ··· 324
29.3 UGC 驱动的城市研究 ·· 327
29.4 挑战和未来方向 ··· 329
29.5 结论 ·· 330

第四部分　城市大数据基础设施

第 30 章　城市大数据基础设施简介 ··· 333

第 31 章　培育城市大数据 ··· 335
31.1 引言 ·· 335
31.2 城市大数据的来源 ·· 336
31.3 用户故事 ·· 337
31.4 城市大数据的要素 ·· 338
31.5 数据采集和处理技术 ··· 339
31.6 迈向城市大数据基础设施 ·· 345
31.7 结束语 ··· 347

第 32 章　三维地籍建模与房屋产权的空间表达 ································ 349
32.1 引言 ·· 349
32.2 不动产的空间权 ··· 351
32.3 三维产权完整性空间建模 ·· 352
32.4 土地空间产权的异质性 ··· 354
32.5 中国所有权结构空间模型案例研究 ····································· 355
32.6 结束语 ··· 359

第 33 章　三维语义城市模型与建筑信息模型 ···································· 360
33.1 建筑环境的数字模型 ··· 360
33.2 三维语义城市模型 ·· 363
33.3 建筑信息模型 ··· 367
33.4 三维语义城市模型与 BIM 的集成 ······································ 369
33.5 涉及建筑环境数字模型的城市信息学最新发展 ···················· 373
33.6 总结与结论 ·· 376

第 34 章　CityEngine：基于规则的建模介绍 ··································· 377
34.1 3D：比 2D 更好一点 ·· 377
34.2 2D 形状+规则=3D 模型 ·· 378
34.3 关于形状的(诸多)起源 ·· 380
34.4 享受制定规则的乐趣并创造价值 ·· 384

34.5	超越 CityEngine：输出	394
34.6	结论	396

第 35 章　集成 CyberGIS 和城市感知以复现流式分析 397

35.1	引言和背景	397
35.2	框架	400
35.3	案例研究	401
35.4	结语和讨论	407

第 36 章　空间搜索 408

36.1	城市研究中的空间搜索	408
36.2	地理编码	409
36.3	空间索引	411
36.4	搜索算法	414
36.5	万维网环境中的分布式搜索和互操作性	416
36.6	趋势	416
36.7	结论	417

第 37 章　城市物联网：海量数据收集、分析和可视化的进展、挑战和机遇 418

37.1	城市物联网	418
37.2	数字孪生	420
37.3	潜力与现实	422
37.4	实践：蝙蝠与生物多样性	424
37.5	HumbleLampPost 项目	427
37.6	城市建模	428
37.7	与邻里设备对话	429
37.8	结论	429

第五部分　城　市　计　算

第 38 章　城市计算简介 433

第 39 章　城市可移动性的可视化研究 436

39.1	简介	436
39.2	技术现状	437
39.3	移动数据：属性与问题	437
39.4	数据类型：事件、轨迹、时空序列和情况	442
39.5	偶发性移动数据细节	450
39.6	讨论与总结	453

第40章 智慧城市的云计算、边缘计算和移动计算 ………………………… 454
- 40.1 概要介绍 ……………………………………………………………… 454
- 40.2 智慧城市中的计算 …………………………………………………… 457
- 40.3 智能城市中的云计算 ………………………………………………… 462
- 40.4 智慧城市的边缘计算 ………………………………………………… 465
- 40.5 智慧城市的移动计算 ………………………………………………… 467
- 40.6 案例研究 ……………………………………………………………… 469
- 40.7 总结 …………………………………………………………………… 472

第41章 数据挖掘和知识发现 ……………………………………………………… 474
- 41.1 概述 …………………………………………………………………… 474
- 41.2 城市分析中的数据挖掘 ……………………………………………… 475
- 41.3 用于城市活动建模的多模态嵌入 …………………………………… 478
- 41.4 实验 …………………………………………………………………… 480
- 41.5 总结 …………………………………………………………………… 485
- 41.6 未来方向 ……………………………………………………………… 485

第42章 城市计算中的 AI 和深度学习技术 ………………………………………… 486
- 42.1 研究背景 ……………………………………………………………… 486
- 42.2 研究挑战 ……………………………………………………………… 488
- 42.3 传统 AI 技术 ………………………………………………………… 489
- 42.4 深度学习 ……………………………………………………………… 492
- 42.5 强化学习 ……………………………………………………………… 496
- 42.6 AI 技术在城市计算中的应用 ………………………………………… 497
- 42.7 总结 …………………………………………………………………… 505

第43章 微观模拟 ……………………………………………………………………… 506
- 43.1 微观模拟背景 ………………………………………………………… 506
- 43.2 方法与概念概述 ……………………………………………………… 507
- 43.3 例子：国家基础设施模型 …………………………………………… 511
- 43.4 空间微观模拟的优先项 ……………………………………………… 514
- 43.5 结论 …………………………………………………………………… 517

第44章 城市与区域规划元胞自动机建模 ………………………………………… 518
- 44.1 引言 …………………………………………………………………… 518
- 44.2 方法论与数据收集 …………………………………………………… 519
- 44.3 城市 CA 模型主要类型 ……………………………………………… 522
- 44.4 城市 CA 模型在城市规划中的应用 ………………………………… 523

44.5　讨论与结论……525
第45章　基于智能体的模型和城市：应用案例集锦……528
　45.1　引言……528
　45.2　什么是基于智能体的建模？……529
　45.3　将数据和决策集成到基于智能体的模型中……534
　45.4　总结和展望……540
第46章　交通建模……542
　46.1　引言……542
　46.2　信息学与出行行为……543
　46.3　信息学与交通网络性能……547
　46.4　信息学和用于出行需求建模的数据支持……548
　46.5　信息学和建模方法……552
　46.6　总结……554

第六部分　未来展望

第47章　结语：城市信息学的价值……557
　47.1　引言……557
　47.2　城市信息学的愿景……558
　47.3　始料未及的后果……560
　47.4　城市信息学的未来……561

参考文献……563
作者索引……564

第1章 绪 论

史文中　Michael F. Goodchild　Michael Batty
关美宝　张安舒

摘　要

城市信息学是一门交叉学科，运用基于新信息科技的系统性理论和方法，对城市进行理解、管理与设计。城市信息学整合了城市科学、计算机科学和地理信息科学，融合多种跨学科视角，是一种尤为及时的城市系统研究手段。本书旨在满足对系统介绍城市信息学原理和技术著作的迫切需求，由相关学科领域 40 余个世界领先的研究团队合力撰写，对城市信息学各个领域的最新技术与研究成果进行了全面回顾与分析。本书分为六大部分，分别涵盖了城市信息学的概念和理论基础、城市系统与应用、城市感知、城市大数据基础设施、城市计算以及城市信息学的未来展望。

本章为绪论，介绍城市信息学的定义，并概述本书的结构及涵盖范围。

1.1　城市信息学的定义

城市信息学是一门交叉学科，以当代计算机与通信技术的发展为基础，运用基于新信息技术的系统性理论和方法，对城市进行理解、管理与设计。城市信息学整合了城市科学、计算机科学和地理信息科学，其中，城市科学研究城市地区的活动、地点与流；地理信息科学提供了测量现实世界中时空、动态城市对象，并管理所得数据的相关科技；计算机科学提供了信息传输、信息处理、信息系统、计算理论、算法与编程及统计等相关的科学与技术，以支持城市应用的开发与探索。

城市信息学涵盖了定义城市系统的诸多领域，例如交通、住房、零售活动、涉及废弃物、水、电和其他能源分配的实体基础设施建设，以及人口结构、经济区位、城市发展等，这些领域对城市与城市系统各具视角。人们通常对这些领域进行独立研究。城市信息学之所以不同于上述单学科方法，而又与之相辅相成，其原因在于前者以计算为核心，运用方法与模型，来更加深入地理解城市的运作及不同城市形态的产生，城市动态所反映的城市增长与衰退，以及城市中不同人群与活动的混合、隔离与分化。

城市信息学之所以能成为一种尤为及时的方式，来汇聚融合多种涉及计算的跨学科视角，是因为在过去的 20 年中，计算机已经缩小到可以用作传感器，既能嵌入各种实体基础设施，也能供广大人群在移动环境中使用。这意味着我们突然间获得了有关城市运行的实时数据流，在大部分数据收集方法得以通过传感器实现自动化之前，这些数据流通常都是无法获得的。所谓的"大数据"由此产生，这些数据实时生成、种类繁多，因而体量近乎无限，并且可能来自于持续运行的传感器，从而为我们所关注的系统提供即时更新的信息。我们需要新方法、新模型来帮助我们理解大数据，并解读仍然可用于大数据的现有模型。这一转变将"24小时城市"提上了议程,本书中很多章节也反映出,时间动态已成为城市信息学的重要特征。以前的模型更关注空间上的变化,现在的模型则进一步在时间维度上有了更深入的体现。

城市信息学仍在快速发展,不断拥抱新的感知技术、空间数据科学和分析方法,这些分析方法从空间计量经济学中的传统统计方法,到机器学习的新发展以及多元分析,使人们能以前所未有的方式探索对大数据进行探究。纵观本书中不同领域的章节,值得注意的是,以物理方法为主的、针对城市结构、形式与动态的新方法,正在定义着一种新的城市科学。这些思想正在塑造新的城市分析方法,而且我们现在可以用交通监控固定传感器以及采集电话和其他社交媒体数据的移动传感器,来获取实时移动数据,这意味着我们对城市的理解远比以往来得丰富。因此,流动性的研究对城市信息学至关重要,基础设施、城市污染和废弃物的动力学——也即城市代谢的研究发展,也正通过城市分析崭露头角。城市信息学的很大一部分涉及多种空间尺度下的感知,从卫星遥感到室内定位与导航,城市的三维感知与可视化也正在成为常态。城市信息学的另一重要功能,是将上述各种思想整合在一起,用以开发出过去被视为不相关联的各类城市模型,包括土地利用和交通、城市微观仿真、元胞自动机和基于智能体的模型,现在也在更广泛的议程之中。最后,城市信息学同样关注其理论、模型和工具如何与治理、风险、安全、犯罪、健康和福利以及地理人口学等更广泛的问题相关联。本书对城市信息学的定义涵盖了上述所有学科的特点。我们希望,读者在巡览本书诸多章节之时,能够构建自己心目中这一领域的宏大图景。

1.2 本书缘起

本书的出版理念,源于大数据时代城市信息学在学术界与工业界的快速发展。在学术界,多所高校已设置了城市信息学相关的本科与研究生学位课程,例如深圳大学城市信息学本科课程、伦敦大学学院智慧城市与城市分析理学硕士课程、纽约大学应用城市科学与信息学研究生课程、东北大学城市信息学理学硕士课程、华威大学城市信息学与城市分析理学硕士课程;以及香港理工大学城市信息学与智慧城市理学学士、硕士课程和博士研究方向。还有更多高校也正在筹办城市信息学相关课程。城市信息学相关课程得以迅速发展,是由于各个研究团队认识到,对于人才培训与研究而言,城市信息学对解决当代城市问题已变得非常重要。这类课程的共同目标,在于促进该学科的教育与研究活动,以应对全球快速城市化进程中的各种挑战。在工业界,智慧城市是城市发展与管理的一大新趋势,而城市信息学是智慧城市的核心理论与技术。根据 Grand View Research 和 Zion Market Research 最近的报告,2017 年全球智慧城市市场规模为 9553 亿美元,预计 2025 年将达到 2.57 万亿美元。这一庞大且持续增长的市场源自多种因素的驱动,例如世界各地城市人口的快速增长以及促进可持续城市发展的需求等。然而,目前还很少有书籍从城市科学、城市系统与应用、城市感知、城市大数据基础设施、城市计算等维度对城市信息学原理与技术进行系统性的介绍。本书的编著与出版,其贡献正在于满足对此类书籍的迫切需求,为当今和下一代工作者提供所需知识,以应对城市所面临的挑战。

本书的出版，也是香港理工大学学者与国际同行共同开展的城市信息学国际推广系列活动之一。我们的其他活动包括：发起和举办了城市信息学系列国际会议(ICUI)；创办了国际城市信息学会(ISUI)与《城市信息学》国际期刊(*Urban Informatics*)；开办城市信息学及智慧城市理学硕士课程与博士研究方向，以及成立了智慧城市研究院，开展相关前沿研究。

城市信息学系列国际会议由香港理工大学与 ISUI 共同举办，为全球杰出科学家、青年学者和研究者提供了一个分享城市信息学领域研究兴趣的平台。第一届会议已于 2017 年举办，会上进行报告约 40 场，涵盖主题包括城市系统、城市感知、时空大数据、城市计算和城市解决方案等。第二届会议也于 2019 年召开，以"迈向未来智慧城市"为主题，参会者来自 18 个国家及麻省理工学院、哈佛大学、剑桥大学、伦敦大学学院、苏黎世联邦理工学院和艾伦·图灵研究所等研究机构，总计超过 280 人，并就 18 个主题进行了 120 余场报告。在 2019 年的会议中，国际城市信息学会也首次亮相。该学会旨在促进城市信息学领域知识与经验的国际交流，并通过区域与国际学术交流计划、科研出版和跨学科专家网络，帮助会员在其专业领域取得成功。第三届会议于 2023 年召开，线下参会者达 500 余名，线上参与开幕式的观众达 8 万余名，含报告 230 余场。

香港多所其他大学也为城市信息学与智慧城市的发展做出了贡献。例如，香港大学成立了香港城市实验室，香港中文大学成立了未来城市研究所，香港科技大学成立了 GREAT 智慧城市研究院。香港理工大学对城市信息学的各个议题进行长期研究，积累了大量理论、方法、先进技术与成功的应用实例。

本书是由获邀稿的 40 多位世界领先学者及其团队合力撰写而成，他们来自城市信息学的各个领域。在本书中，他们不仅全面回顾城市信息学各领域，还分享了相应领域的最新研究成果，以及利用新兴城市信息学技术解决城市问题的生动实例。

本书的目标读者包括城市信息学、城市科学、城市系统与应用、城市感知、城市大数据基础设施和城市计算等相关学科的学者、从业者与学生等。本书可以用作城市信息学、智慧城市、交通与土木工程、地理学、地球科学、城市规划、地理信息科学、环境科学、资源科学、土地利用等专业的本科与研究生教材；也可以作为参考书，服务于政府部门与业界人士，如城市规划师、计算机科学家、数据科学家、地理学家、政府决策者、建筑设计师、测量师、城市管理者和环境科学家等。

1.3 本书结构

本书分为六大部分，涵盖了城市信息学领域广泛议题下的最新进展。这些议题包括：城市信息学的基础概念与理论、城市信息学在理解与管理各类城市系统中的应用、城市感知、城市大数据基础设施和城市计算。虽然这六部分之间彼此相关，但除了第一部分旨在提供城市信息学背景概述，因此应首先阅读以外，其他部分的阅读顺序并无特定要求。

在本章的整体介绍之后，本书第一部分"城市科学的维度"，侧重于城市科学演进中的基础概念与理论，在将城市视为一个系统来考察的过程中，这些理论基础得到了演进。这一部分重点阐述了当代城市交互、城市人类动态、城市代谢和城市经济理论，并基于这些理论，对21世纪城市科学新研究进行了广阔的展望。

第二部分"城市系统与应用"讨论了城市信息学在理解、分析和管理各类城市系统中的应用，涉及的领域包括城市交通和人群出行、城市货运系统、犯罪与安全、污染监测、能源系统、健康与福祉、风险与韧性以及城市治理。这些应用采用最新的城市信息学手段来发现问题，并为其提供可行的解决方案。

第三部分"城市感知"描述了城市感知的现有手段与最新方法，包括遥感、地面传感器、全球导航卫星系统(GNSS)、移动测图、室内定位和用户生成内容的相关技术，以及其他对推进城市科学极具潜力的进展。

第四部分"城市大数据基础设施"聚焦于城市大数据基础设施新进展的相关问题，包括大数据、三维城市建模、三维地籍、基于规则的城市建模、网络基础设施、空间搜索和城市物联网。这些新进展将有助于城市信息学乃至更广泛的城市科学的重大进步。

第五部分"城市计算"涵盖了城市信息学中的计算机科学和城市建模相关议题，具体关注的研究及应用领域包括视觉分析、云计算和移动计算、数据挖掘、人工智能(AI)和深度学习、基于主体建模、微观仿真、元胞自动机建模和交通建模。各章节针对城市环境与应用，介绍了相关计算技术、原理与模型的发展与运用。

第六部分"未来展望"为本书结语，在这一部分，Michael F. Goodchild 针对城市信息学的目标、该学科发展中意想不到的后果以及可能的问责手段，进行了广泛的前瞻性讨论。

1.4 回顾与展望

在21世纪30年代，我们获取大量城市信息的能力已臻成熟，并拥有相应的工具，以进行广泛的分析。本书各章中多次描述了北京、香港、伦敦、纽约和新加坡等全球城市正在进行的项目，也完全有理由相信，城市信息学这一新兴领域将持续成长。但是，读者虽然会在本书下文中找到丰富的细节，但也将意识到，书中所描述的大多是北半球发达国家与新兴工业化国家的活动。这意味着城市信息学在南半球的发展十分不足；如果这一状况持续下去，我们也难以断言其后果。

作为一个新兴的领域，城市信息学尚难以组织形成自成一体的分支，这不足为奇。本书各部分章节的不同语境中，将多次出现城市出行或城市热岛等议题，由此读者将会对这一问题有充分的了解。我们希望，随着城市信息学领域的成熟及其原理的清晰化，一个更完善、更稳健的城市信息学概念模型将应运而生，而未来的教科书也将能从该领域中提炼出一个简明且基于理论的结构。但就目前而言，百科全书式的结构是本书的必然选择。

受本书篇幅所限，很多问题尚有待于未来进一步地探讨。例如，我们应对历史进行思考，包括早期城市如何应对其有限的信息资源，以及克服分析工具短缺的问题。约翰·斯诺(John Snow)绘制的 1854 年伦敦霍乱暴发地图，堪称推理研究的杰作(Johnson，2007)；而在 19 世纪 90 年代末安装在伦敦的"冥王星"灯(https：//www.british-history.ac.uk/survey-london/vol47/pp52-83)，其巧思令人神往，是"智能灯柱"概念的先驱。此外，早期的反事实研究法也应当令我们获益良多。应当意识到未来可能发生的意外后果、技术博弈与颠覆。在信息技术史上，技术突破步入歧途、被付诸恶意用途的例子也屡见不鲜。本书中很多章节对城市信息学的积极潜力充满热情，自然不会过多提及其消极方面，这些潜在的消极影响，将在本书结尾的第六部分进行讨论。最后，作为一个数据密集型领域，城市信息学始终需要解决不确定性问题，以及相关的数据来源和测量误差问题，特别是考虑到该领域对时空维度的聚焦。鉴于在空间和时间域中都存在很强的统计相关性，处理不确定性并非仅是简单地对数据项进行加减。用 Korszybski(1933)的话来说，地图并非领土，而数据只是现实的一种近似与表达。

第一部分　城市科学的维度

第 2 章 城市科学简介

Michael Batty

摘　要

本章概述了本书第一部分的章节中所选辑的理论与方法，这些理论与方法构成了城市信息学中城市科学的基础，聚焦于生成数据、分析与城市仿真所涉及的归纳和演绎方法。本章重点介绍了流动性与出行、时空理论、能源和基础设施、空间经济，以及建模在理解与规划智慧城市中的作用。

城市信息学以诸多不同而彼此相关的学科视角为基础，其中每个视角都带来了不同门类的科学，来支撑这一新领域的核心工具与技术。其中很多学科方法将贯穿本书，因此在本篇导言中将不会逐一进行概述。本章将仅略述一些与城市结构相关的基础物理理论，特别是城市形态与功能对不同活动位置的影响，以及这些活动之间的关联方式。我们将这些理论称为"城市科学"，与城市相关的特定领域科学相比，城市科学更具综合性，而前者则涉及生态、能源、社会结构、经济发展等方面，对这些特定子系统的理论和概念进行更为深入的阐释。城市科学涉及一系列普适性理论，包括城市的结构如何形成，城市如何随时间而增长与演变、如何随增长发生质的变化，以及城市人口在空间中的自组织。这些理论通常揭示了城市规划旨在缓解的各种问题，因此，通过城市科学可以阐明的一些理论和原则，城市信息学可能会推动实体规划方式的进步。

像任何科学门类一样，城市科学使用定量方法，对定义城市各组成部分的关系进行阐释，并通常借助对现实世界中城市的观察来进行验证。简而言之，传统科学方法是研究城市信息学最佳工具与技术的关键。这些快速发展的工具以两种迥异的经典研究方法为基础，即推断城市数据中的秩序与模式，以及针对城市数据测试有关该秩序和模式的假设。简而言之，这些工具或者基于通过归纳来形成理论，或者基于通过演绎来测试理论。科学方法通常既涉及用于产生科学思想的归纳，又涉及源于这些思想的演绎，而这些演绎又被付诸检验。该方法被定义为一种循环，随着新观点的演变、改进或废弃，这一循环持续进行，以揭示这些观点是否适用。但在这个循环中的任一环节，这些理论都需要转化为特定形式，以服务于城市信息学方法的应用。由 Daniel Zünd、Luís M. A. Bettencourt 撰写的本书第一个技术性章节，就阐述了如何从各种城市对象中实时获取数据，并通过机器学习生成模式，对城市形式作出解读。稍后的另一章节由萧世瑜撰写，说明了如何根据城市在空间与时间上的变化，来定义一系列城市动态模型，并用经典演绎方式对这些模型进行了验证。由此观之，归纳和演绎方法都是城市信息学发展的支撑。

主导整个城市信息学领域的，是源于计算机科学的很多新方法；这些方法之所以得到发展，是因为计算机缩小到了可以用来感知建筑环境内的任何运动和变化。这些计算机传感器可能是固定的或移动的，它们催生了新的数据集，用以量度城市中不同组成部分如何随时间变化。这导致了趋于高度非结构化的海量数据，为了对这些数据做出解读，只能使用新的模式识别和统计分析方法，来寻找这些数据中的模式和秩序。这些数据通常被称为"大"数据，因为它们反映的是个体尺度的实时移动与决策，其实时性仅受传感器活动时间的限制。通过这种方式，可以形成连续的数据流，如果数据流增长到 TB 或 PB 级，就需要不同的新技术来对其进行探究，即从中找到模式。与此截然不同的是，传统的城市数据集通常是结构化的，因为它们是通过访谈或普查一次性收集而成。本书之所以关注涉及机器学习和数据搜索的技术，主要是出于从数据中寻找结构的需要，而这些数据的原始形式常常完全是非结构化的。同时，通过单独或众包的形式，人人可以生成自己的数据，这些数据不断增长，也可能会成为"大"数据。众包数据采集久已有之，但支持众包的新信息技术为这种数据采集方式带来了新动力。

  本书第一部分章节所讨论的城市科学元素，将涉及城市形态(morphology)，从位置和相互作用的角度，定义了城市的形式(form)和功能。城市形态的发展，具有城市的规模、尺度与形状这三重特征，城市信息学中的一大部分，所探讨的正是如何通过改变和操控这三个维度，使城市得到改善。而流动性(mobility)这一普适性领域的进展，已经涵盖了位置与交互之间的关系，随即凸显出的便是不同层级上的网络在城市中的作用，以及受这些网络所导向的流动。交通建模包含了该领域最完善的工具集，相关模型在本书的很多章节都将有所提及。最终，标度(scaling)将上述所有思想结合在一起。标度是城市科学的精髓，它对不同规模和尺度的元素(例如社区、城区)构成的层次结构在城市中如何发挥作用进行了规范。幂律(power law)是标度的经典特征，作为城市系统中非线性的度量，幂律无处不在。本书下一章将会对标度和幂律的相关思想进行更详细的阐述，在阅读本书过程中，读者将会发现这些思想以很多不同的形式出现。

  在第一部分接下来的章节中，第 4 章由 Daniel Zünd 和 Luís M. A. Bettencourt 撰写，介绍了在加拉帕戈斯群岛的一个小镇上，如何使用地毯式全覆盖的类街景影像来感知最明显的对象。所产生的数据可用于挖掘该地点更抽象的形态，这一过程展示了如何对用户生成内容进行合理组合，以感知城镇的空间结构。

  第 5 章由萧世瑜撰写，详细回顾了基于城市系统动力学、元胞自动机和基于智能体仿真的不同城市动态模型，并将其置于更广泛的背景下进行讨论，这些背景包括个人层面的人类动态，以及最初由 Torsten Hägerstrand 所提出的时空理论。

  第 6 章由 Martin Raubal、Dominik Bucher、Henry Martin 撰写，探讨了新技术在个人移动分析中的应用，展示了如何对个性化跟踪进行扩展，以更普适地看待移动决策。该章与前两章内容互补，特别侧重了城市动态、空间结构与个人出行问题。

  第 7 章由 Sybil Derrible、Lynette Cheah、Mohit Arora 和 Lih Wei Yeow 撰写，转而对城市代谢进行了探索。该章使用输入-输出关系和能源与材料流来阐明城市代谢，这些能源与材料流定义了城市系统诸多组成部分之间的联系。所述的城市代谢模型在时间横截面上对流动进行仿真，因而属于静态模型。该章作者提供了该模型在新加坡的应用示例，同时也说明了将这类模型推广到精细空间尺度的困难。

第 8 章由金鹰撰写，探索了一个简明的空间计量经济学模型，该模型着眼于中国广东省的 GDP，使用经典的引力势(gravitational potential)进行可达性度量，将 GDP 与城市系统创新经济活动的运作方式联系起来，这对该地区未来的产业发展规划具有重要意义。

本部分最后一章由 Helen Couclelis 撰写，从旁观者的角度，推测前述不同尺度上数字建模的各种趋势与未来城市规划的联系，特别是在智慧城市规划领域，从而对本部分所述的思想进行了总结与展望。

本书第一部分建立了很多理论概念，在后面的章节中将具体应用这些概念。

第 3 章 城市科学的定义

Michael Batty

摘 要

本章以导论形式简要回顾了构成城市科学的理论和模型,这门科学的主要目标之一,是从形态和功能的角度,对城市的空间结构进行解释和测度。对于各种城市经济与社会结构的形成理论,城市科学提供了理论之间的纽带,以及这些理论转化为模型的可能方式,这些模型进而构成了城市信息学的操作工具。本章首先介绍了城市作为一个系统的思想,接着描述了与城市空间布局的决定性因素有关的各种模型,随后介绍了上述活动模型如何通过流和网络相互关联。与上述模型有关的元素包括空间交互的形式模型、城市规模的概率分布,以及随着城市增长和演变到不同层次而发生的质变。这些元素奠定了新兴复杂科学领域中城市科学的基础,而标度(scaling)就是联合这些元素的关键主题之一。本章随后阐述了如何将上述思想转化为操作模型,这些模型形成了城市信息学领域正在开发的前沿新工具,在本书涉及建模与出行的多个章节中,将会对这些模型进行详细阐述。

3.1 城市的科学

很多科学领域都包含了对城市的理解。本章以导论的形式,力求界定哪些科学学科和视角构成了当代城市中城市形态、社会结构与建成环境相关理论的基石。本章所描述的"城市科学",其基础在于对以下现象进行概括:决定城市特征性动态过程(如市场运作方式等)的关键功能,货物、人与信息在不同网络中的分布方式,城市中活动位置分布的经济原理,以及上述功能与过程如何随着城市规模的变化而增长与变化。本章并未涵盖很多其他关于城市的科学领域,例如建成环境物理学、城市生态学、气候对城市形态与功能的影响等,也没有对政治行动、社会混合等社会领域的诸多方面进行回顾,但重要的是首先明确城市科学的界限(Lobo et al.,2020)。本章旨在广泛地推荐一系列科学思想,这些思想为建立城市信息学的探索提供了支撑。这里,我们将城市信息学粗略定义为使城市科学得以在模型与仿真中体现的技术、工具与数据,这些模型和仿真,可以应用于不同尺度与专题领域,以改善城市及区域的管理和规划(Batty,2019)。

城市信息学之所以已成为一个具有连贯内在逻辑的领域,主要是由于计算机和传感器的尺寸已经大为缩小,从而能够以超高的密度遍布于城市环境,包括人们使用的移动设备,以及各种固定传感器,它们通常对与其功能相关的数据进行实时记录。由此,城市信息学领域涵盖了广泛的数字化数据,从传统的普查或抽样调查数据,其获取频率通常较低,如每几年或几十年一次;到以超高频率获取的实时大数据流,该数据能够对城市变化进行连续画像。该领域不仅涵盖数据,还包含统称为城市分析的工具和模型。在这些工具背后,我们需要好的理论。因此,本章旨在概述涵盖城市中低频、高频过程的城市科学基本原理，以及这些过程在模型、仿真和预测中的表达与可视化方法。

相应地，本章将首先探索城市作为一个系统的本质，这是 20 世纪中叶用来表达城市结构与动态的主要方式，由此可以确定城市的关键组成部分，以及它们如何在不同组织层级上发挥其功能。然后，我们可以将这些知识扩展到多城市系统，尽管本书中只有在区域和国家层面探索城市时，才偶尔对此类扩展系统有所涉及。在回顾上述思想时，本章引入了另一个概念，即城市也可以被视为由大量本地个体决策以自下而上的方式所生成的系统。这些决策使得表面上无统筹的混乱中产生了秩序，也使城市研究与城市科学成为复杂理论的主要范例之一。人们通常类比机械系统，将这种因关注系统和复杂性而产生的理论不严格地称为社会物理学。在回顾这些理论之后，本章将阐释定义城市科学本质的两个关键建构，即尺度和规模。城市的空间形态通常通过其几何形状反映在其功能中，从而产生城市的关键特性，这些特性在关于城市经济和社会功能的理论中得到了阐述。本章进而阐述了上述城市功能，并将其与网络和流联系起来，而网络与流则形成了各种城市子系统、组成部分与元素之间的黏合剂。上述的很多理论模型构成了业务应用的基础，同时本章将指出多种多样的仿真手段，从而向读者说明城市信息学中仿真的可能应用范畴。最后，本章将从城市信息学的角度，推测上述理论将如何影响世界各地不同类型城市的分布，以及如何利用这些理论来开发工具，通过发展城市信息学来提高人们的生活质量，并实现城市的可持续发展。

3.2 城市系统与多城市系统

直到工业革命开始之际，所有城市都是从某些中心位置发展而来的，人们聚集在这些中心位置进行贸易或统治。自古以来，人群在这些中心地区周边集聚，竞争更靠近中心的位置，如果生产者有能力吸引对其商品的足够需求，就能比其他人更能赢取空间和接近中心的位置，城市便逐渐形成了。尽管在早期工业革命中，也有城市围绕着化石燃料的开采而发展，因而上述发展模式产生了变形，但城市有一个主导核心，周围有各种土地利用活动或土地利用，这依旧是对城市形成方式的普遍认知。由于生产者和消费者到城市中心进行贸易所需的运输路线，并非随处都可以建立，因此城市发展也呈现放射状形式，其主导模式是径向同心形态，Park 和 Burgess(1925)对芝加哥进行的经典研究中清晰地阐述了这一点。

该模式背后的系统则要复杂得多，这是因为存在不同的子系统，每个子系统都在不同的层级上具有径向同心的形式。这些系统构成了社区、城区、村庄，甚至是大城市中的小城镇，随着城市的发展和演变，这些中心或集群日益分化。简而言之，这些子系统形成了高度结构化的网络，这些网络又反映了不同功能的层次结构，每个功能都服务于本地区域。一些目前仍在使用的成熟模型以万有引力为类比，来反映随距离而增加的对移动的阻遏效应，从而对城市内不同地点之间的人员和货物流动进行模拟。该模型的标准形式是将城市划分为不同的位置(或区域)，假设从位置 i 到位置 j 的某种流量 T_{ij} 是从 i 出发的总流量 O_i 和到达 j 的总流量 D_j 的直接函数，也是两者之间的距离或某种空间阻抗 d_{ij} 的反比函数。该模型的典型形式为

$$T_{ij} \sim O_i D_j f(d_{ij}) \tag{3.1}$$

这一模型至今仍被广泛应用于模拟城市交通、城际迁徙、流向不同零售中心的支出以及许多其他流系统，这些流系统定义了城市的子系统在多个不同层级之间的交互。这种新型城市科学的一大关键要素是，空间交互的模式也反映了其背后的网络，并且可以将不同特定位置的活动模拟为与来自所有位置的流量成比例。根据式(3.1)预测，这些不同位置上的累积流量将与各位置之间的总流量成正比：

$$\left. \begin{array}{l} P_i \propto \sum_j T_{ij} \sim O_i \sum_j D_j f(d_{ij}) \\ P_j \propto \sum_i T_{ij} \sim D_j \sum_i O_i f(d_{ij}) \end{array} \right\} \tag{3.2}$$

式中，P_i 和 P_j 可以被定义为相应位置上人口规模的某种度量。

式(3.2)中的模型，本质上度量的是万有引力的"势"，或者说是可达性，对每个所讨论的地点，模型会测量该地点与所有地点的相对接近程度(Stewart, 1947; Hansen, 1959)。在本书第8章中由金鹰开发的收入与GDP热点模型就沿用了这一传统。事实上，有各种方式可以对该通用模型进行位置约束。当模型用于交通建模时，通常要求满足的约束条件是，对式(3.1)产生的行程分布、各起点产生的出行量以及被吸引到各目的地的出行量保持不变，即所谓的双约束模型。如果模型仅对起点或目的地的出行量进行约束，则为单约束模型，可以用来预测起点或目的地的累积出行流量，从这个意义上说，单约束模型是针对位置的模型。如果对起点或目的地都没有约束条件，则为无约束模型，此时式(3.1)中的模型所预测的是活动位置的分布，例如式(3.2)给出的人口分布。该系列模型与其他变体由Wilson(1971)引入，并已成为空间交互建模的事实标准。

上述位置与空间交互之间的联系，正是本章所述的城市科学的关键。事实上，上述思想可以推广到多城市结构，即Berry(1964)首次提出时所说的"多城市系统"，因为零售等功能不但在单个城市内以某种层次结构呈现专门化，在城市之间也存在同样的差异。Christaller(1933)率先根据不同规模的城市所具有的不同功能，提出了城市等级层次，其思想是城市越大，就可以提供更多的专业服务，这种专业化主要是通过城市内的劳动力分工来实现的。大城市的人口需要更多的专业服务，这意味着大城市需要比小城市更大的腹地来满足这种需求。这体现在腹地的面积上，并且意味着基于与不同城市规模相关的、嵌套式的腹地，存在着一个城市等级，层次随着对越来越多的专业功能的需求增长，大城市及其腹地的数量越来越少。利用上述思想，Christaller 进行了两项工作。他首先证明了在巴伐利亚相对发达的城市景观中，可以观察到这种嵌套的腹地模式；他的第二个贡献，则是将这些腹地抽象为一个规则层次结构，该结构由可嵌套的六边形市场区域组成，并表现出向更少但更大的中心地点发展的趋势。该模型是人文地理学的基石之一，它与区位理论中的大部分内容(Isard, 1956)、空间交互模型、城市的网络表示以及城市经济学的发展(Alonso, 1964)相吻合。

如果对这样一个系统中的城市按照规模从大到小进行排序，通过观察所得的城市排名，很容易发现这些城市的规模遵循一种逆标度关系，该关系通常被假设为反幂律。当然，在这个基于规则嵌套六边形的、理论上的中心地系统中，相同规模城市出现的频率随着序数的增加而增加，但如果考虑到在这样一个不断演化的系统中总是存在一些噪声，那么不难想象，城市规模与排名之间存在着一种平滑、连续的紧密关系。Zipf(1949)率先推广了这种关系，通过等式(3.1)和式(3.2)中的模型，首先针对单个城市内各个社区的大小，可以给出这种关系的某种形式。假设式(3.2)中目的地的活动(即 P_j)可以从大到小排序，那么可以将这些城市标记为 $1, 2, \cdots, n$，其中 $P(1)_j = P(\max)_j$，且 $P(1)_j > P(1)_k > P(1)_z > \cdots$。由于是根据大小而非位置对位置进行排序，因此索引 j 可以省略。由此，城市内部位置之间以及城市本身之间的正式关系，即齐普夫定律，或称等级规模法则，可以表示如下，该关系已经在许多地方多次得到证明：

$$P(r) \propto 1/r^\alpha \tag{3.3}$$

式中，$P(r)$ 是排在第 r 位的地点或城市的人口；α 是定义幂律斜率的参数。事实上，齐普夫定律的严格形式是 $\alpha=1$ 时的形式，但大多数应用表明，该参数值并非 1。这是因为特定城市处于进化过程中的不同相对阶段，城市的分布并非处于稳定状态，而且等级规模法则所应用的空间区域通常在任何意义上都不是封闭的。

3.3 城市增长：自下而上的城市化

从空间交互角度定义城市的模型，其本质上是静态的，因为它们是在时间横截面上表达城市的运作，除了建立给定时间点上包含城市整个历史发展的平均关系之外，几乎对过程没有关注，也很少关注城市的增长和变化。当人们对来自社会物理学的模型进行调整，并应用于城市，则往往倾向于对这些模型进行嵌入和扩展，以处理相关的动态过程。其中一些应用只是使用模型来模拟一系列时间横截面，并探索生成的时间序列，但有些应用则已对每个时间间隔内的实际变化进行了模拟，从而提供了更基本的动力学表达。然而，这些类型的应用采用的并非城市动态的基本原理，而是其他以时间性为本质的模型。

在其中很多模型里，城市被表达为像生物系统一样演化的有机体，而非一个被制造出来的机械装置。从这个意义上说，城市被表达为个体(即智能体)的集合，而非人口的总和。这些智能体有目的地采取行动，做出与城市发展有关的决策。因此，城市是自下而上发展起来的，而非自上而下地组织或规划而成。对于城市人口增长与变化，各种不同模型的总体结论是，虽然世界人口直到最近都呈现指数甚至超指数增长，但其增长很可能将会走出一条 Logistic 曲线，到 21 世纪末，总人口将趋于稳定。这一预测当然还太过遥远，但目前看来是最有可能的，而且从某些方面而言，城市的增长也遵循着类似的趋势。大城市正进一步增大，但这种增大是通过与其他城市融合来实现的，从而形成了多中心城市景观，同时其仍然吸引人口流入，但流入速度有所下降。因此，城市正在融合成更大的城市群，但它们的动态比遵循简单的指数曲线和容量指数曲线要复杂得多。人们已经提出了一些说明城市增长混乱模式的模型，尽管这些模型还处于以典型事实(stylized facts)说明的思想实验阶段，尚未在真实城市中实施，但它们提供了很多研究非线性动力系统的工具，为本书后文所介绍的很多工具和技术奠定了基础。

随着规模扩大，城市会发生质的变化，产生不相互抵消的规模经济（economies of scale）和规模不经济(diseconomies of scale)。城市越大，就会汇聚越多的专业人才，正如中心地理论所揭示的一样，大城市比小城市更专业化，为更多的人口提供服务。大城市的规模经济反映在其更具创新性和创造性，因此往往更富有。而且有大量证据表明，城市随着其规模增长，确实变得更加富有、更具创造性和创新性。但与此同时，大城市中也存在着规模不经济，例如，犯罪率超比例增长、最贫困者收入更低、贫富差距更大等。上述关系体现在城市收入 $Y(t)$ 与其人口 $P(t)$ 之间的核心关系中：

$$Y(t) \sim P(t)^{\beta}, \ \beta > 1 \tag{3.4}$$

式中，β 是规模经济的度量指标。若 $\beta < 1$，则式(3.4)中的模型表明，城市收入的增长低于人口规模。这实际上不太可能，但是如果将人口分成不同的群体，那么当城市规模扩大时，为了让式(3.4)中的关系成立，最贫困的人群必须以超过城市规模扩大的比例增长。这类模型最初是为了研究生物系统的增长而建立的，但它很好地模拟了规模经济，并已广泛应用于古代和现代城市系统以及公司、个人收入等一系列相关的社会经济现象(West，2017)。

事实上，上述异速生长模型还没有针对单个城市或城市群的时序形式，关于规模经济的影响也存在相当的争论，因为导致该影响的潜在过程在这些模型中并没有被定义，因此，这些过程在模型中也没有显式的表达。事实上，我们仍然缺乏表达城市演化方式的动态模型，尽管随着复杂理论的发展，已经可以从几个关键维度来对这些动态进行刻画。与决定城市增长与演化的过程相吻合且效果良好的动态原理，目前还不存在，这同样是因为至今所发现的优秀稳健的理论还寥寥无几，也因为我们无法直接观察这些过程，并收集可靠的数据。在很多物理系统中，绝大多数的相关特征是可测量的，但像许多社会系统一样，城市系统难以被详细观察，并表现出一定的不可见性，这使得对城市系统的观察更为困难。

然而，复杂理论所揭示的某些城市特征，确实显示出现有模型的局限性。看似与以往不同的是，城市总是处于不平衡状态，这成了一种新常态。事实上，城市远非平衡，因为平衡是一个抽象概念，在某些模型中表示长期稳定状态，但在大多数模型中无法被定义，甚至可能根本不存在。随着城市的自下而上发展，模式在更高的层次上浮现。尽管我们可以理解处于这些不同层次的自相似性特征，有时也可以用分形现象来对其进行阐述，但通常很难将城市中不同层次的模式与特定的自下而上过程联系起来。从这个意义上说，历史非常重要，因为我们可以从中感知到城市发展在最底层(即个体层次)的决策过程中的平均随机性。如果能将决策分解到可以理解的水平，则决策在很大程度上是理性的，但城市的物理限制和人们的社会互动方式限制了可能发生的事件，并促成了各个层级上秩序的出现。从这个意义上说，历史和地理一样重要。正如上文所隐含的，我们的模型和理论需要快速反映这样一个事实，即我们所讨论的系统会在空间和时间上变化。这些变化自然反映了其背后的人类行为，是我们为了提高城市生活质量所必须考虑的。简而言之，在任何复杂系统中，都存在一定程度的历史路径依赖性，这反映了这样一个事实：决策虽然是理性的，但不一定以任何明显的方式呈现有序性。

有些过程现在已经有了明确的定义，例如，一些过程揭示了非常清晰的组织是如何基于最初随机的决策形成的。由 Schelling (1978) 首先研发的隔离模型表明，如果一个由智能体组成的人口系统最初是随机分布的，但这些智能体有着明显的偏好，总是与周围尽可能多的同类生活在一起，那么如果当情况并非如此时，智能体便开始移动，很快就会演化出极端的隔离模式。不过，考虑到智能体"人以群分"的倾向是非常温和的，只要身边的同类与异类数量相同，他们就已经满意了，那么现代城市中贫民区化或高档化这样的极端隔离，其原因又是什么？造成这种隔离的原因，是人们在微观层面缺少协调，当人们看到周围的异类在社区中占据主导地位时，就会主动搬离。我们需要在城市中识别出诸如此类的过程，因为为了减少城市两极分化、提高效率和生活质量的所做出的一部分努力，是与这类决策密切相关的。

所有与复杂性有关的问题，都会影响我们当前对城市的思考（Batty，2005），但我们关于城市系统运作的理论仍然很不成熟。到目前为止，我们提到的很多模型都是针对单一部门和特定的动态过程而开发的，人们正在对其中很多模型进行改造，以适应高频和低频城市中的短期与长期变化。例如，本书中有几个章节涉及流动性、出行以及有关网络与流的新数据集，本章中的模型也在这些章节中有所反映。面对提升未来城市的理解、预测和设计这一宏观图景，尽管理论是至关重要的，但在某种程度上，城市信息学领域更侧重工具、技术和模型。本章下一节将把前两节的思想结合在一起，阐明根据我们对尺度、规模、网络与流的了解，这些模型是如何始终相关联的。

3.4　尺度、规模、网络与流

到本世纪末，几乎每个人都将生活在大小不一的城市中，而城市大小的分布将遵循等级规模法则。最大的城市将拥有多达 1 亿的人口，但这种规模的"城市"都将是城市群，是由小城市、城镇和村庄融合而成的多中心等级结构组成的。但正如前两节中所表明的，城市的规模也可以根据其局部形态、几何形状和距离来衡量，其中的距离定义了人们为制定城市事务而进行密集互动的界限。随着工业革命以及出行与互动新技术的发明，所有城市都成为了全球城市形态的一部分，其中距离、出行成本、出行时间和类似的阻抗度量控制着将所有城市联系在一起的交互与网络。简而言之，城市不再能被视为独立的实体，而是形成了网络，使得它们更难以彼此分离。

上节所介绍的思想，都与不同层次的规模（size）和尺度（scale）有关。例如，大都市区具有一定的人口规模，其密度是对单位面积上某种规模的度量，其核心到边界的距离也可以以各种方式进行度量。有一种共同的力量将尺度与规模联系起来，这在统计物理学中被称为标度（scaling）。①从本质上讲，这意味着随着城市规模、密度、周长及出行距离的增长，可以确定一个通用的缩放关系，使我们能够根据规模来表示上述各种属性。当这些属性的规模改变时，其数量会以一种相对简单的方式将尺度包含在内。可以利用本章已介绍的各种模型，来论证上述观点。首先，对式（3.1）中的空间交互标准模型，可以使用距离的反幂函数将其写成以下更具体的形式：

$$T_{ij} \sim O_i D_j d_{ij}^{-\gamma} \tag{3.5}$$

---

①为兼顾"标度律"用词的固定性，以及 scale 在城市研究中通常称为"尺度"的情况，本章将 scale 译为"尺度"，而 scaling（law）译为"标度（律）"，表示尺度与规模之间的联系。——译者注

如果将城市的尺度增加为原来的 λ 倍,则该模型将变为

$$T_{ij} \sim \lambda^{-\gamma} T_{ij} \sim \lambda^{-\gamma} O_i D_j d_{ij}^{-\gamma} = O_i D_j (\lambda d_{ij})^{-\gamma} \quad (3.6)$$

设 $\lambda=2$,虽然出行距离加倍,但出行次数并未减半:由于模型中所采用的非线性关系,出行次数将减少为原来的 $\lambda^{-\gamma}$ 倍。如果采取距离的平方反比定律,即 $\gamma=2$,那么出行次数将会减少为原来的 1/4。同样地,如果在模型中加入规模经济 θ 和 μ,并应用在起点和目的地的吸引子(attractor)中,则:

$$T_{ij} \sim O_i^\theta D_j^\mu d_{ij}^{-\gamma} \quad (3.7)$$

进一步地,如果用 $(\xi O_i)^\theta$ 和 $(\varpi D_j)^\mu$ 来对这些吸引子进行缩放,那么可以很容易地证明,出行次数也将以非线性方式缩放,但与现有流量保持成比例。

回顾式(3.3),我们也可以注意到,人口规模的分布,以及可以根据式(3.5)或式(3.6)所预测的任何累积流量,都遵循等级规模法则形式的反幂律。如果按比率 α 对城市的位序进行缩放,则其排名与规模的关系变为

$$\lambda^{-\alpha} P(r) \sim (\lambda r)^{-\alpha} = \lambda^{-\alpha}(r^{-\alpha}) \sim P(r) \quad (3.8)$$

同样的自相似缩放在任何幂律关系中都很明显,例如,对式(3.4)中城市的异速增长关系,如果所有城市的人口都增长为原来的 λ 倍,那么

$$\lambda^\beta Y(t) \sim (\lambda P(t))^\beta = \lambda^\beta P(t)^\beta \sim Y(t) \quad (3.9)$$

另外值得注意的是,城市经济学中的几个关键关系,例如人口密度、租金及收入之间的关系,会随着城市中的距离而变化。随着与城市中心的距离增加,密度和租金会呈反比下降,这一长期观察结论已被广泛建模,其中反比关系采用负指数或幂律的形式。如式(3.10)所示,如果上述任何一个关系中距离的尺度发生简单的变化,则密度 ρ_i(人口 P_i 除以面积 A_i)也会被缩放:

$$\rho_i = P_i / A_i \sim \exp(-\varphi d_i) \quad 或 \quad \rho_i = P_i / A_i \sim d_i^{-\varphi} \quad (3.10)$$

这些关系表明,随着城市规模的扩大,收入和出行次数等数量的增加或减少是不成比例的,这表明随着城市的增长或衰退,很可能会出现质的变化,使得适合的信息学类型发生改变。在经济发展、交通供应以及城市创造财富、创新和建立新产业等问题上,这一点是无可置疑的(Bettencourt,2021)。

从某种意义上说,我们对城市中位置与交互模式的了解,反映在支持它们的底层网络中。最明显、最有形的网络,是采用不同技术和交通方式的客货运网络。城市中还有很多其他的网络,但其中很多网络很难被观察或度量,尤其是涉及信息的,例如电子邮件、网络访问、社交媒体,甚至电话、电视和不计其数的其他媒体网络。这些网络都具有标度特征,其网络枢纽的入度和出度(进入或离开这些网络的枢纽或节点的链接数量)遵循等级规模分布,而网络中不同规模的簇的数量也遵循类似的反幂律(Barabási,2018)。在本书涉及流动性的很多章节中,网络构成了各种仿真的基础,而本节介绍的属性是对这些是流进行测量和建模的关键。

3.5 城市业务模型的发展

上文中介绍的理论和模型，为涉及城市系统各个部门的、更全面的城市模型提供了许多构成要素。迄今为止，大多数已开发的模型是用于处理低频城市的，但人们正在开发一些工具，尤其是处理有关交通的流和网络的工具，用于处理短期内的移动，并聚焦于实时移动，其频率通常是每天的。从城市信息学的角度来看，至少有四类模型可以被定义为城市科学的支柱：依赖于聚合人口与活动的土地利用-交通互动模型(land-use transportation interaction models，LUTI 模型)；基于元胞自动机(cellular automata，CA)的城市发展物理模型；基于智能体的模型(agent-based model，ABM)，用于处理由个体组成的非聚合群体随时间进行的移动和决策；以及关于个体决策的动态模型，聚焦于出行和地理人口统计学，如微观仿真模型等(见第 43 章)。

式(3.1)中的通用空间交互模型及其衍生形式，例如式(3.2)中的可达性势能，是许多土地利用-交通模型的核心，这些模型大体上是将几个空间交互模型拼接在一起，以复现城市系统中诸多人口与就业部门的位置与相互作用。这些模型最初是被作为纯粹的交通模型来开发的，随后在 20 世纪 60 年代被扩展到土地利用与活动。这些模型曾经由于计算能力限制而遇到的问题，现在已经基本消失，但更重要的限制在于缺乏好理论和数据。数据仍然是一个巨大的问题，尽管移动设备实时获取的数据提供了新的数据源，但关于空间移动的数据还是一直很难获取。交通模型及其变体仅在时间横截面上对城市进行模拟，这一局限性激发了更具动态性的城市模型的发展，而在 20 世纪后期发展出了一些模型，其所基于的并非人口和就业地点动态的模拟，而是更普适的物理层面的城市土地利用。这些模型主要以元胞自动机为基础，植根于复杂理论和物理扩散过程(如森林火灾等)。顾名思义，这些模型关注的是土地利用变化的物理发展，因此不容易与人口、就业、收入和其他相关属性方面的城市数字特征联系起来。因此，这类模型中阐述的 CA 过程并不用来提供操作应用程序，而是在更具体的过程中得到运用，如详细交通流层面的交通仿真等。

为了寻求更好的模型表达，人们正使用两种不同且互补的方法，以构建更多的离散模型：基于智能体的建模以及微观仿真。基于智能体的业务层级城市模型非常详细，对个体决策者(通常是家庭和企业)的行为有很高的数据要求，但其主要问题是难以为城市中发挥作用的关键动态过程提出好的理论。因此，许多模型往往用于试点和演示，作为原型来说明模型的可能应用，除了 UrbanSim 和 PECAS 这两者之外，很少达到完全可操作的水平。第四类基于微观仿真的模型，使用基于人工合成人口数据的技术，这类技术更能容许个人行为为相关数据的缺乏。此类仿真技术反映了与群体中个体属性有关的概率分布，并根据一系列条件概率，将该概率分布概况用于人工合成人口数据，作为对现实世界人群的估计。这类模型有两个分支：第一种是传统的微观仿真模型，从地理人口统计学角度反映了人口结构；第二种模型则与前者迥异，这种模型已被广泛运用于交通建模，被不严格地称为活动模型(activity models)。该模型中的家庭进行每日出行相关决策，与此类决策相关的概率被转化为非常详细的出行模式，因此这类模型比详细的交通流模型更强大。MATSIM 是这个类别下最著名的模型之一，其他已有的模型包括 SimMobility、SimAgent 等，这些模型都源自最初的洛斯阿拉莫斯(Los Alamos)交通流微观仿真模型 TRANSIMS。以上四类模型都有一些相应的综述研究，读者可以参考 Batty(2008)、Wegener(2014) 和 Moeckel 等人(2018)的相关论文，以了解这些模型的定义、理论与应用。

在本书中，城市科学的上述维度映射到城市信息学的诸多领域，因此在本章结尾之前，有必要指出与这门科学相关的一些关键章节。在建模方面，上文所定义的四类模型在本书末尾的第五部分都有详细的介绍，其中，Eric Miller 在第 46 章讨论了交通建模，叶嘉安等在第 44 章讨论了 CA 建模，Andrew Crooks 等在第 45 章讨论了基于智能体的建模，Mark Birkin 则在第 43 章讨论了微观仿真。出行自然贯穿了前述所有的城市科学主题，本书中的几个部分也从不同的角度对其进行了讨论，特别地，本书第一部分中由萧世瑜撰写的第 5 章、由 Martin Raubal 等撰写的第 6 章专门讨论了出行；在第二部分的第 11 章，Marta Gonzalez 等阐述了出行与城市科学的联系；在第三部分的第 25 章，江凯伟等阐述了移动测绘的发展；在第四部分的第 36 章，狄黎平、喻歌农解释了空间搜索方法；在第五部分的第 39 章，Gennady Andrienko 等对移动数据的可视化方法进行了介绍。在第一部分的第 7 章和第二部分的第 18 章，Sybil Derrible 和 Budhendra Bhaduri 等分别对能源和基础设施进行了探究。至于学科概述方面，由于城市信息学领域涵盖甚广，本书中的很多作者都从自己的角度开展了全局讨论。特别地，在第一部分的第 9 章中，Helen Couclelis 立足于智慧城市这一背景，对城市科学进行了探讨；在全书第六部分，Michael Goodchild 从更广阔的视角，论述了整个城市信息学领域如何解决新型大数据与地理信息科学问题。

3.6　城市信息学中城市科学的未来方向

本章仅对城市科学的构成进行了简要回顾，对城市系统的很多方面尚未涉及。在不同文化、社会背景、类型与规模的城市中，城市信息学工具与技术的适用性如何，这是一个普遍的问题。许多城市研究聚焦于社会和经济差异，对此进行了比较性分析，并根据研究结果，提出如何在不同规模、社会文化、政治制度和治理状况的城市中对城市信息学进行运用。其中，发达国家与发展中国家之间的差异尤为重要，如 Acuto 等（2018）和 Lobo 等（2020）已尝试将城市科学思想扩展到相关领域。城市科学涉及如何根据空间范围和边界来定义城市，从这个意义上说，对于本章介绍的思想所衍生出的模型与技术，城市的规模都十分重要，本书其余章节也将对这些模型与技术进行详细阐述。

这一导言式章节中所提示的理论远非完整，对这些理论的论述也永远不会是完整的。城市是由个人驱动的，复杂理论表明，城市的增长和演变是自下而上的过程。如果说这一过程有任何幕后力量的驱动，那这种幕后力量的作用就在于，我们的行为在很多方面是相互独立的，从中却似乎能够产生相当有序的结构。如何干预如此复杂的系统，这是一个巨大的问题，而城市信息学正站在规划系统研究的前沿，探索如何有效地建设更可持续、更公平、更高效的城市。本书广泛介绍了规划和决策过程中很多方面可以使用的工具，而未来工作的一大重点，则是研究相应的模型和方法，以适应持续困扰城市的新变化，以及日新月异的技术发展。

第4章 利用街景成像进行城市基础设施和服务的自动评估

Daniel Zünd　Luís M. A. Bettencourt

摘　要

　　城市中，用来跟踪短期城市运行的如交通管理、垃圾收集、监测或非紧急维护请求等环境数据已经逐渐变得可用。然而，我们进行城市分析的最大期望是建立可衡量的目标，并跟踪与人类发展和城市系统长期可持续发展相关目标的进展。这种方法面临的挑战是，是否能将新兴技术（如感知、机器学习和地方性知识）与居民和市政府的运作相融合。在这里，我们通过对这些方法进行整合，对加拉帕戈斯群岛(Galapagos Islands)快速发展的城镇可持续发展进行了长期监测。我们展示了协同测图和360度街景采集如何在与城市环境的测图和深度学习特征相结合的情况下，为广泛的定量分析提供基础支撑。通过自动目标分类，对城市资产进行精确测图和评估，并对其丰度和空间异质性进行表征。我们还讨论了随着这些方法的不断改进，将如何为城市资产(建筑、车辆、服务)和环境条件进行环境普查提供手段。

4.1　引　言

　　城市中多种形式的环境数据开始使得我们能够跟踪短期业务和服务(Park et al., 2014；Townsend, 2015)。这些技术的应用范围涵盖了改善交通管理、控制空气质量、以及处理非紧急的请求(Park et al., 2014；O'Brien, 2015)。然而，城市分析的最大承诺之一是建立可衡量的目标，并跟踪与人类发展和城市系统长期可持续发展相关的目标进展(Brelsford et al., 2017)。实现对城市环境进程长期监测的一个主要挑战是新技术、地方性知识、居民和地方政府的运行融合。这些已经形成了对发达城市的挑战，而对发展中国家的挑战甚至会更加艰难(Praharaj et al., 2017)。在快速发展的城市中，数据往往远没有那么丰富甚至是缺失的，而且城市环境通常以更快的速度和非常规的方式发生变化(Sarin, 2016)。这使得跟踪变化变得更加困难，特别是在实现可持续发展目标的发展轨迹上获得进展统计(Randhawa and Kuma, 2015；Komninos, 2015)。

　　加拉帕戈斯群岛(Galapagos Islands)研究新技术在半非正式环境中的潜力及其对管理和跟踪长期目标进展影响的是一个很好的案例。这个群岛以其独特的生态系统而闻名，位于厄瓜多尔太平洋海岸(Pacific coast of Ecuador)约1 000 km处(图4.1中的蓝色矩形)。尽管大多数岛屿仍是自然保护区，其陆地和海洋上的人口增长非常迅速，岛上的四个快速发展的城镇集中了大部分移民人口。这些岛屿偏远的地理位置和独特的城市-自然耦合系统构成了研究城市化发展轨迹的特别有趣和深刻的背景(Batty et al., 2019)。

从建模的角度来看，岛屿偏远的位置提供了一种独特的环境，而且所有进出岛屿的材料和货物都在到达或离开时进行登记，像人类的迁移一样(Bettencourt，2019)。这为评估岛屿系统对其外部环境的影响提供了良好的基础，反之亦然。

图 4.1　加拉帕戈斯群岛是位于太平洋中部的一个群岛(蓝色矩形)。它们偏僻的位置、快速发展的城镇和独特的生态系统，为探索耦合的城市-自然系统的可持续发展模式提供了一个特别有趣和深刻的背景。这些城市的可控规模使研究数据协同收集以及融合新技术和地方性知识的新办法成为可能。我们用这些岛屿的首都，San Cristóbal 的 Puerto Baquerizo Moreno 举例说明了这种方法，如插图所示，地图设计来自 Mapillary (2019) 和 OpenStreetMap (2019)

一项协调旅游与当地魅力生态系统的可持续管理计划(Rousseaud et al.，2017)，为加拉帕戈斯群岛的城镇提供了一个独特的机会来研究城市规划、城市资源流动管理和追踪可持续发展目标的新办法(Batty et al.，2019)。

在这项研究中，我们将重点关注加拉帕戈斯群岛的第二大城镇——Puerto Baquerizo Moreno，它也是该地区的首府，拥有约 8 000 名居民(Andrade and Ferri，2019)。小镇位于 Archipelago 的东部，在 San Cristóbal 岛上，如图 4.1 所示。在物资方面，该岛相对独立于群岛中的其他岛屿，因为它有自己的港口和机场，直接连接到厄瓜多尔（Ecuador）大陆，那里是大多数人口、建筑材料、能源和消费品的来源地。

从历史上看，San Cristóbal 岛并不是这个群岛的主要旅游热点地区。然而，自从机场于 1986 年开放，这个岛屿越来越有吸引力——这可以从机场的到达人数上看出，这显示出了比加拉帕戈斯群岛更高的旅游业总增长率(Izurieta，2017)。旅游业年均增长 3.72%(2015 年约 22.5 万人次；Izurieta，2017)。这在岛屿上创造了不断增长的经济，但也给岛屿上城市与自然的关系带来了压力。由于难以详细追踪这种压力以及可能的解决办法，我们无法找到一条既能扩大经济、又能保护岛屿生态系统的折衷道路。

因此，跟踪这些岛屿上城市化的增长和影响的新方法正变得极为重要。在这里，我们举例说明了协同数据收集、新的成像和人工智能技术如何应用于加拉帕戈斯群岛长期可持续发展的新项目背景下的过程。

4.2 数据收集和对象定位

计算机视觉和目标识别的快速发展为处理大规模图像数据集开辟了有效途径(Chen et al., 2016)。对于城市科学和政策来说，这些技术具有很大的潜力，它们可以跟踪已建成基础设施的发展轨迹，并评估城市资产和服务的异质性，包括能源和材料的消耗。然而，在许多发展中城市地区，有关这些方面的数据往往缺乏、过时或过于粗糙，偏远地区的情况更是如此，比如加拉帕戈斯群岛的城镇，特别是岛上 Puerto Baquerizo Moreno 的城镇。在我们开始监测这座城市的建筑环境之前，网上的数据很少（大约十几张图片），其中只有少数几张描述了这座岛屿的城区状况。

然而，监测城市发展需要数据来获得城市整体结构及其随时间的变化。在下文中，我们将介绍一种方法，该方法可以在短短几天的工作时间内，仅用最少的初始投入就可以记录整个城镇，从而使数据协同收集成为可能。数据处理流程由三个主要步骤组成，其中两个是完全自动化的。第一步拍摄街道照片。第二步分析单张图像以识别和分割目标，如图 4.2 右侧所示。第三步是在不同图像中识别同一物体，并对其进行空间和时间定位。

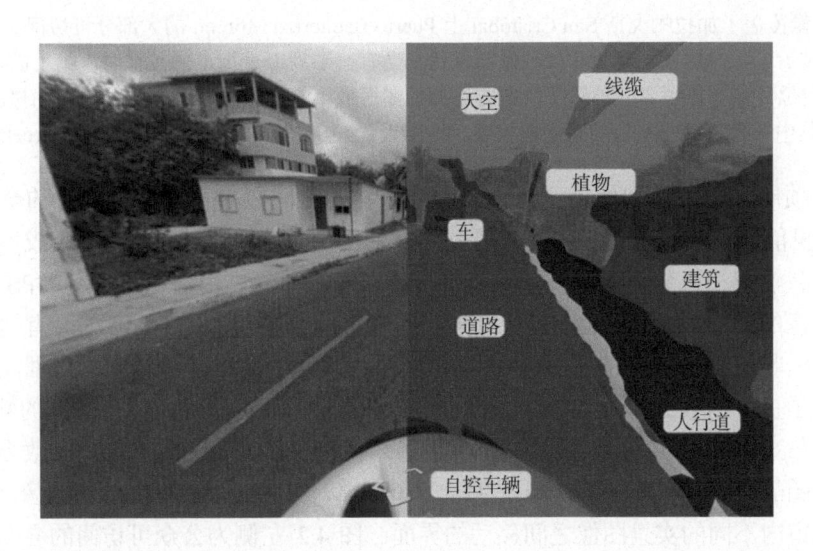

图 4.2 街道图像可以用相对简单的工具获取。在这项研究中，我们在头盔上安装了一个全景运动相机，然后骑着自行车穿行城镇。这些图像可以通过 Mapillary(2019) 的用户界面获得，如左侧所示。右侧显示了经过处理和分割的图像。自动对象分类可以识别近三十几种类别的结构和目标。然而，在岛上，算法有时不能正确地识别某些物体。例如，右边的人行道被归类为地面。不过，这些方法为评估快速变化的发展中城镇的城市特征提供了强有力的工具

最耗时的步骤是收集足够覆盖整个城镇的图像。因为图像必须在有足够重叠的情况下，才能确保物体位置的准确性。所以最耗时的步骤是收集足够覆盖整个城镇的图像。但这个过程可以由一群人或一个车队同步实施。图 4.3 描述了一个在六幅不同图像中识别商店标识的例子。

图 4.3 图像覆盖了加拉帕戈斯 San Cristóbal 上 Puerto Baquerizo Moreno 的大部分可访问街道网络。绿色的圆点显示了我们生成所有 360 度图像的位置。当有一系列沿着街道的图像时，街上的物体就可以被识别和定位。插图描述了一种情况，在右边的插图面板中有六张从稍微不同的位置拍摄的同一目标的图片，其中三张显示在左边的插图面板中。地图设计来自 Mapillary（2019）和 OpenStreetMap（2019）

在这项研究中，我们使用了一个能够以选定的时间频率自动拍摄图像的全景运动相机。该相机能够从当前位置拍摄完全覆盖周围的图像，通过使用后处理，生成每个位置的球影像。我们把相机装在头盔上，戴着它在镇上全镇骑行。由于相机还将 GPS 坐标添加到每张图像的元数据中，我们在短短几天内就能够获得覆盖大约 75km 的带有地理标识的球面影像。收集到的图像超过 10 000 张，其中许多是重叠的，并为数据处理流程中的下一步提供了良好的数据集。在图 4.3 中，全景图像的每个位置都用绿色圆点的轨迹表示。

我们与 Mapillary（2019）合作完成了第二步和第三步。Mapillary 是一家致力于创建众包街景地图的技术公司。Mapillary 提供了一个引擎，可以自动处理上传的图像，以及允许用户在城市内不同的实景图像之间移动的界面。图 4.2 左侧为公众可访问的界面。这些图像使用计算机视觉和目标识别算法进行进一步处理，其中许多算法都是由 Mapillary 研究团队开发和优化的（Bulo and Kontschieder，2016；Bulo et al.，2017；Cariucci et al.，2017；Neuhold et al.，2017）。该算法对图像进行分割，并将语义信息添加到视野的不同部分。

近年来，计算机视觉和目标识别领域通过使用深度学习算法进行图像分割已经取得了重大进展（Krylov et al.，2018）。然而，这些技术还不完善，而且从图像中提取的语义信息往往只是接近现实。对于街道级数据而言，它与用于训练对象识别分类器数据的不同尤为明显。尽管如此，算法仍然能够识别图像中的核心属性，如图 4.2 的右侧所示。

当同一物体在几幅图像中被识别时，它就可以在空间中被唯一定位。图 4.3 显示了一个例子，一个商店的标识在六个不同的图像中被识别出（在右边），其中三个显示在左边的插入面板。在街道水平上从不同图像定位物体的任务涉及几个主要的技术挑战。在处理众包街道数据时，除了要将多个图像中存在的相同对象进行聚合外，主要的挑战是图像质量的变化，如模糊或受限的视场，以及摄像机位置的变化。后者很重要，因为高质量的地理定位取决于相机相对于视域中的物体的位置，用以进行精确的三角测量和定位(Krylov and Dahyot，2018)。

尽管存在这些挑战，该引擎仍然能够在 Puerto Baquerizo Moreno 小镇定位近 12 000 个物体，包括 777 个垃圾桶、343 个商店、412 个广告牌和 224 条车道。在下一节中，我们将使用这些对象类别来推测城镇某些部分的功能，并举例说明随着这些方法的不断改进，可以从这些方法中得出的结论。

4.3　由对象统计中推测城市功能

在完成数据收集和空间目标的识别与定位后，我们可以绘制基本的城市区域的功能分布图，不同类别目标的空间分布使得我们研究不同区域的位置和功能成为可能。例如，图 4.4(b) 中的商店标识密度分布显示了 Puerto Baquerizo Moreno 地区提供的一系列特定服务，通常与旅游业相关(Andrade and Ferri，2019)。

图 4.4 显示了两个可以很好地表示居民区设施密度分布的指标：垃圾桶和车道的分布[子图(a) 和(c)]。Puerto Baquerizo Moreno 居民区的垃圾桶是一种标准化的容器，具有独特的形状和颜色组合。每家每户都要求将垃圾桶放置在房屋外，靠近街道，方便垃圾收集者获取。它们还可以作为公共垃圾箱使用。旅游区的垃圾桶是不同的，没有那么显眼，而且经常混淆。分割引擎在细分上存在问题，但这也提示我们需要额外注意并用不同方式处理问题。垃圾桶在拥有最多旅游服务的滨水区比城镇的其他地方要密集得多。住宅建筑通常坐落在街道旁边。东北部住宅区有大量车道，而在人口密集的地区，如靠近海边的城镇中心地区，则没有车道，图 4.4(c) 清楚地描述了这一点。

最后，我们要讨论的指标是广告标识的分布，它们的空间分布如图 4.4(d) 所示。根据广告标识的密度分布，广告标识积累较多的场所主要有三种类型。第一类是游客在镇内停留时间最长的地方，也是餐馆和旅游服务最多的地方，对应于图 4.4(b) 中商店密度最高的地方。

广告密度高的第二类区域包括从东到西穿过城镇的主要街道，每条街道都是单行道。在镇里，这些街道有当地人经常光顾的商店。主干道还进一步连接到岛上唯一的其他定居点，是唯一从东到西穿过 San Cristóbal 的街道。这条路构成了城镇的主轴，以及从地图左侧的机场开始，与之正交的街道，然而这些信息与其他指标相比并不清晰。

第三类位于国际会议中心，靠近图像的中心顶部。我们必须谨慎地看待这一建筑群，因为我们的许多数据收集行程都是从这里开始的，所以这一区域的图像被过度采样了。数据处理引擎在处理这种抽样数据时遇到了一些困难：如何将相同的广告标识分离出来，并将它们定位到非常相似的位置。

以上对图 4.4 中不同密度分布的解释显然高度依赖于地方性知识，例如私人垃圾桶的独特形式和形状在不同城市系统并不一致，是一个具有地方性的特征。如果不了解当地的选择、习惯和规则，就无法从数据中获得正确且明显的结论。

(a）垃圾桶　　　　　　　　　　　(b）商店标识

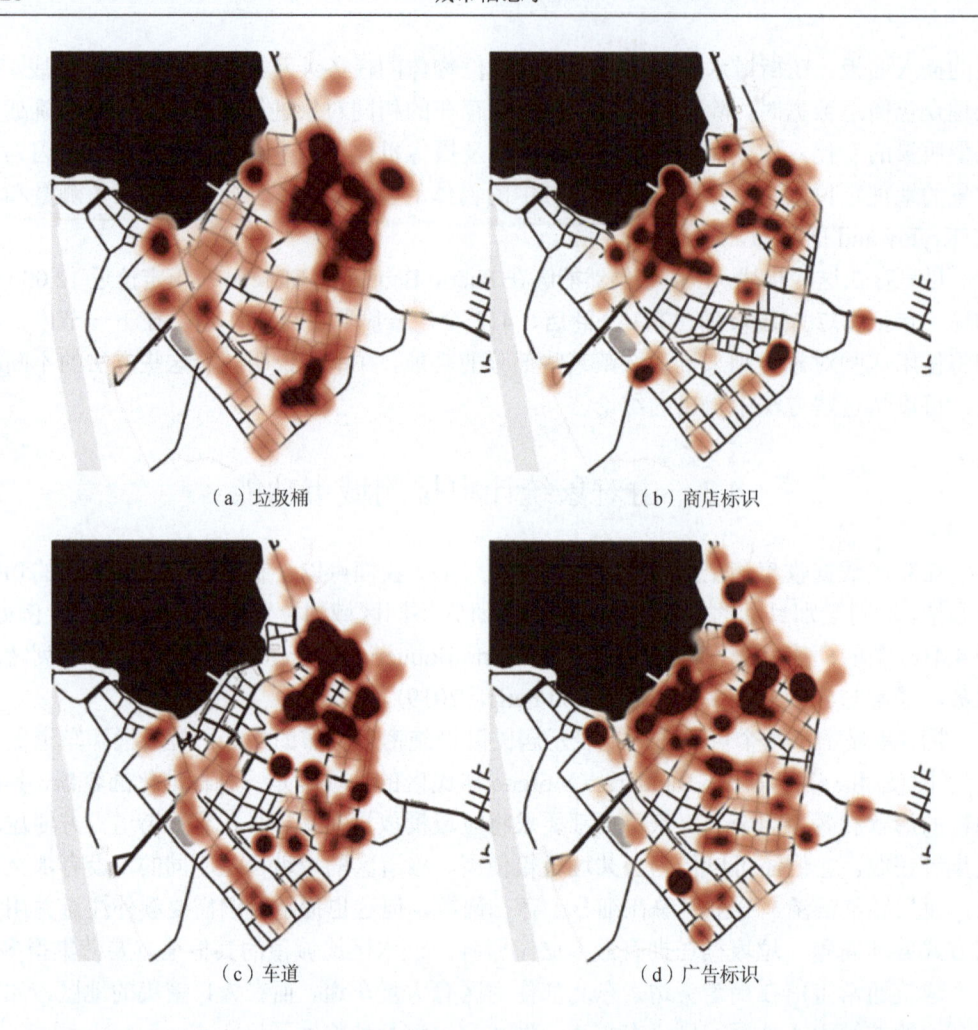

(c）车道　　　　　　　　　　　(d）广告标识

图 4.4　地理定位对象有助于识别和定位城镇的不同资产属性。这些图描绘了垃圾桶、商店标识、车道和广告标识的分布情况。垃圾桶的分布说明了地方性知识的重要性。分割引擎辨识出的是私人垃圾桶，而公共垃圾桶没有被识别出且大量分布于城镇的商业区域。商业区域近海且拥有大量的商店招牌，这点可从图(b)看出。图(c)的车道反映出这些区域的住宅密度很低，因为它们都远离街道。图(d)的广告标识与图(b)的商店标识的格局相似，但分布更为均匀，主要沿主干道分布。

地图设计来自 Stamen(2019)

4.4　讨　论

近年的技术进步为监测、研究和评估更接近人类体验的城市环境特征及变化的新方法铺平了道路。我们的研究展示了如何用很少的初始投入收集街景图像并识别和定位相关功能目标。这些方法也适用于涉及图像收集和结果空间统计解释的协作方法。因此，这类结果表明，智慧城市的概念和广泛而详细的城市环境数据的收集，不再局限于大型企业或大学的大规模投资和努力，而是可以通过相对较少的人力在发展中城镇实现。

出于各种原因,当地公民应该更多地参与这类进程。第一,从纯粹的技术角度来看,正在进行的数据收集工作有助于从目标识别统计的覆盖范围和准确性方面改进系统的证据池。第二,地方性知识对良好的城市规划和政策制定至关重要。迄今为止,很少有系统的战略将数据和技术与人们的当地经验相结合。第三,也是最重要的一点,企业和政府的数据收集很少能站在当地社区居民的角度。而社区居民却与可持续发展及环境的未来有明确的利害关系,并且是让环境更美好的最佳管理者(Burke et al.,2006)。第四,这种方法提供了许多有趣的教育和培训机会,可以促进当地人力资本的增长,并可能对其他创新的本地实践产生溢出效应。

要将这里所述的试点项目转变为能够实现这些目标的有效系统,仍然存在一些技术障碍。使用发展中城市的图像进行目标识别还远不够完美。这可能是人工智能算法在训练时使用了来自更正式环境(如发达国家)的图像,因此存在偏差。因此,现有的算法往往无法从加拉帕戈斯群岛的图像中提取出所有的语义信息,从而无法达到较高的目标识别和分割精度。然而,这些方法在目前已经提供了强大的工具,因此我们可以合理地期待,随着来自非正式和可变环境的更多素材成为训练语料库的一部分,它们将在不久的将来得到改进。

算法需要通过增加地理与文化背景知识进行改进。例如,我们发现人行道的识别仍然很困难,因为这些相当不规则的空间通常被分类为街道的一部分或简单地作为地面。另一个例子是沙滩的分类。在我们收集的加拉帕戈斯群岛的数据中,沙滩通常被归类为雪地。简单的上下文线索肯定会改进这种分类。

尽管如此,该方法为评估城镇资产和研究城市微环境的发展轨迹提供了潜在的人工智能工具。在未来,这种技术将变得更加强大,因为算法能够更细粒度地对目标进行分类和分割,从而能够跟踪,例如施工过程涉及的材料和成本。

根据本研究生成和分析图像提取三维(3D)城市模型(Schläpfer et al.,2015),将对未来的城市区域研究产生重大影响。结合更传统的航空、遥感(Qin and Fang,2014;Weng et al.,2018)和公众参与,整个城镇和城市的高质量3D模型现在也可以获取,在发展中国家快速获取环境变化信息也变得越来越容易(另见第33章)。这种简单且普遍的数据收集,为跟踪这些发展轨迹提供了一种方便快捷的方法。该方式类似于追踪在这些环境中生活和工作的个人和家庭的体验,同时也让我们能够量化物质和信息在这些系统中不同尺度下的流动。

第5章　城市人类动态*

萧世瑜（Shih-Lung Shaw）

摘　要

城市区域（urban area）是人们集中在一个相对高密度的建成环境中进行各种活动的地方。每个城市区域应提供足够的基础设施和服务以满足人们的需要。由于各种资源、服务和设施分布在不同的地点，城市区域形成为一个由人流、物流和信息流组成的复杂系统，用以支持人类社会的经济、社会、文化和政治体系。这些活动、流和系统是由不同的过程驱动的，并且展现了人类动态所形成的各种时空模式。然而，如何研究城市区域的各种动态过程和复杂系统一直是并将持续是一个富有挑战性的研究课题。城市人类动态涵盖了多个方面，可以从不同的角度进行研究。本章结合一些实例来讨论城市动态和人类动态各自的思路和方法；然后将城市人类动态研究与城市信息学联系起来，以展现它们之间的关系，以及它们如何一起让城市区域能够更好地服务人们的需求并改善人们的生活质量。

5.1　引　言

城市区域是人们集中在一个相对高密度的建成环境中进行各种活动的地方。"城市区域"（urban area）和"城市"（city）这两个术语经常互换使用。美国国家地理学会（The National Geographic Society）指出："城市区域是城市及其周围的区域"（https://www.nationalgeographic.org/encyclopedia/urban-area/）。每个城市区域都需要足够的基础设施和服务，如电力、供水、下水道、交通、学校、医院、商店和公园，来满足其人口的需求。由于各种资源、服务和设施位于不同的位置，城市区域因此形成一个由人流、物流和信息流组成的复杂系统，以支持其经济、社会、文化和政治体系。这些活动、流和系统是由不同的过程驱动，并呈现出不同的时空模式，这是城市人类动态（urban human dynamics）所形成的结果。同时应该指出，随着技术、环境和社会价值观等的不断变化，城市人类动态也在不断地随着空间和时间而演变。

根据联合国教科文组织（UNESCO；https://www.unesco.org/education/tlsf/mods/theme_c/popups/mod13t01s009.html）和数据中的世界（Our World in Data，OWID；https://ourworldindata.org/urbanization）的研究，全球城市化的趋势在过去几十年中急剧加速。在1950年，大约有30%的世界人口生活在城市区域，而在2019年，这一比例约为55%。这种城市化趋势预计将持续下去。据估计，到2050年，世界上可能将近70%的人口生

---

* 本章将urban human dynamics翻译为城市人类动态，而非城市人类动力学，乃因作者认为翻译为动力学过于物理化，失去了以人为本的视角，对人类活动产生的各种动态现象的聚焦。

活在城市区域。在这种趋势下，许多现有的城市必须扩大规模以适应不断增长的人口。鉴于许多大城市当前已经面临着人口规模方面的重大挑战，如何在不牺牲总体生活质量的情况下容纳不断增长的城市人口，已成为一个重要而且紧迫的研究课题。

长期以来，人们一直认为城市区域本质上具有动态性和复杂性(Crosby, 1983; Batty, 2003)。Batty(2005)指出，城市模型的重点不再是空间相互作用，而是动态和局部运动的发展。但是，如何研究城市区域的各种动态过程和复杂系统，一直是一个富有挑战性的研究课题。城市人类动态涵盖多个方面，可以从不同的角度进行研究。一般来说，我们可以把城市人类动态的研究分为两个主要类型：城市动态(urban dynamics)研究和人类动态(human dynamics)研究。城市动态的研究往往侧重于城市区域在其增长、变化和衰退方面的演变。在这种情况下，研究的重点主要是城市区域本身，人类活动往往是通过人类活动的结果而得到间接的考量，例如土地利用类型。比如，我们可以通过研究城市土地利用在其增长、变化和衰退方面随时间变化的模式，来研究一个城市如何在空间中演化。城市动态研究还可以调查由多个城市区域组成的系统中的动态，如研究一组城市之间的各种类型的流。在这种情况下，焦点主要集中在城市之间的相互作用。另一方面，人类动态研究的重点是人类本身和研究人类活动的动态和相互作用，以及它们导致的在城市区域内部或城市区域之间的各种流和模式。虽然城市动态和人类动态密切相关，在城市区域研究中并不是两个完全独立的动态类型，但本章将先分别讨论城市人类动态的这两种类型，因为他们往往使用不同的研究思路和研究方法。

5.2 城市动态

研究复杂、动态的城市区域的一种方法是使用一般系统理论(general systems theory; von Bertalanffy, 1968; Straussfogel, 1991; Alfeld, 1995; Xie, 1996)。一般系统理论认为，一个系统由一系列相互依赖的子系统组成。系统不仅仅是各个子系统的简单总和，也会通过各个子系统之间的相互作用呈现出新的模式，因此一个子系统的变化会影响到其他子系统以及整个系统。Forrester 被认为是系统动态(system dynamics)的创始人，他于1969年出版了一本名为《城市动态》(Urban Dynamics)的书。他称："在这本书中，城市问题的本质、原因以及可能的解决方法，都是可以从城市系统各组成部分之间的相互作用来研究"(Forrester, 1969; p. ix)。Forrester 利用计算机模拟研究城市区域的生命周期，揭示其动态特征。在城市动态研究中，这是利用计算机模拟方法系统地研究城市区域的结构、增长、停滞和复兴的早期尝试。

受 Forrester 研究城市动态方法的影响，两册《城市动态读本》(Readings in Urban Dynamics)(Mass, 1974; Schroeder et al., 1975)随后分别在1974年和1975年出版。这两册书中的文章涵盖城市动态的各个方面的概念问题、模型和应用，以及对 Forrester 所提方法的批评回应。例如，Forrester 使用了一个五步的过程来得出关于一个美国城市内部典型区域动态的结论，他的例子基本是以波士顿作为基础而开展的。第一步是选择一些基本变量来表示一个城市区域的社会和经济组成；第二步是使用特定的方程式来描述一个城市区域的发展；第三步引入公共政策，以修改方程式表达的发展；第四步是由方程式引入的公共政策而得出新的发展成果；第五步是比较不同的发展结果，并提出能够产生理想发展成果的公共政策建议。Kadanoff(1971)指出了 Forrester 模型的几个不足之处，包括：①Forrester 模型未能包括城市与郊区的相互作用；②Forrester 模型中的人口迁移是城市与外部世界的唯一相互作用；③Forrester 模型主要侧重于预测方法，没有对规范化方法背后的目标给予足够重视。Kadanoff(1971，p.262)并提出总结："我并不完全认同那些结论，但接受模型作为进一步研究的基础。"

针对这些批评，Forrester(1974)写道："随着 Readings in Urban Dynamics 的出版，似乎有必要强调，原始的城市动态模型更多地代表了一种分析城市行为的观点和方法，而不是一个单一的、已完成的模型。城市动态是关于社会系统的一套不断发展的理念迈出的第一步。城市动态方法有几个主要的突出特征。首先，它主要关注经济、政治、心理和社会学变量之间的相互关系，而不是详细分析城市环境的任何一个子系统。其次，它涉及城市区域的长期演化，论述导致城市增长的正反馈过程以及限制增长的非线性和负反馈过程。最后，它为检验我们对城市行为的共同假设的含义提供了一个正式的手段。"上述陈述清楚地描绘了 Jay Forrester 研究城市动态的方法，它建立于一般系统理论之上，并使用计算机模拟来检验城市区域不同子系统之间的相互关系。更重要的是，Forrester 提出的计算机模拟方法，已被许多其他研究人员用于城市动态的研究，同时模拟模型也已被广泛应用于其他领域的各种研究。

1. 用于城市动态研究的元胞自动机

元胞自动机(cellular automata，CA)是由 Ulam(1950)和 von Neumann(1966)在 20 世纪 40 年代发展起来的，经常被用来建模和模拟城市动态。Tobler(1979)提出了在地理建模中使用元胞空间的元胞地理学。一个元胞空间可以被看作是一个二维网格，网格中的每个元胞状态都由其邻近元胞的状态决定。某一元胞的邻居可以用不同的方式定义，可以是共享一个边(称为 von Neumann 邻域)的 4 个元胞，也可以是共享一个边或一个角(称为 Moore 邻域)的 8 个元胞。另外，转换规则(transition rule)决定元胞的状态如何在时间 t 到时间 $t+1$ 间变化，这是基于邻域元胞状态的特定空间配置而决定。例如，一个转换规则可以将一个元胞从时间 t 的非住宅区状态转换为时间 $t+1$ 的住宅区状态，如果它的四个邻域元胞中有三个在时间 t 是处于住宅区状态。元胞、状态、邻域和转换规则因此成为元胞自动机模型的基础。

元胞自动机有两个特点是地理问题研究的热点(White and Engelen，1993)。首先，元胞自动机将研究区域划分为本质上具有空间性的网格；其次，元胞自动机可以从非常简单的规则生成非常复杂的形式，这些规则有助于研究复杂的空间现象。换句话说，CA 模型中由于相邻元胞之间的相互作用而引起的简单的局部变化，可能生成复杂的新的全局模式(Wolfram，1983；1984)。因此，CA 模型可以用简单而直接的方式反映微观与宏观间的相互作用，CA 模型的主要贡献是提供了对城市系统如何运作的观察，而不是提供一个城市动态的模拟工具(Couclelis，1985)。这提供了一种方法，将不同尺度上的过程联系起来，以解决许多领域中的关键研究问题，它可以将形态与过程联系起来，从局部的过程了解全局的结构变化(Batty and Xie，1994；Emmeche，1994)。事实上，

Jacobs(1961)指出,所有城市区域观察到的失序(disorder)可以被视为是由于更深层次的秩序规则反映出的内部多样性(diversity)而呈现出的有组织的复杂性(organized complexity)。因此元胞自动机模型使我们能够从研究局部过程来理解全局复杂的变化模式,并深入了解城市动态各个方面的演变。

Chapin 和 Weiss(1968)首次将元胞自动机的概念应用于城市土地开发模型,Tobler(1970)使用元胞空间的概念模拟底特律地区的城市增长,尽管两项研究都没有使用"元胞自动机"这个术语。Tobler(1970, p. 234)建议"必须尽最大努力避免编写复杂的模型。……因为一个过程虽然看起来很复杂,但没有理由认为它是复杂规则的结果。"White 和 Engelen(1993)认为,大多数地理学理论,如中心地理论和 Alonso-Muth 土地利用理论(即单中心城市模型)所体现的城市经济模型,在本质上是静态的,并假定一个稳定的平衡状态,这与我们的常识和经验(即所有城市区域均经历不断地增长、变化、衰退和重组)相反。为了解释城市结构的复杂性问题,White 和 Engelen(1993)提出了一个由相对简单的空间行为规则生成土地利用分形模式的 CA 模型。这项研究的目的是深入了解土地利用结构演变背后的深层原因,并展示土地利用格局存在着复杂的分形秩序(fractal order)。他们的发现表明,复杂性是城市的必要特征。当城市的结构过于简单时,它们很可能不会成功进化,并可能停止有效地运作。因此,这项研究是一个利用 CA 模型来评估城市结构复杂性并建立规划政策的一般指导方针的很好的例子。

Couclelis(1985)指出,标准的元胞-空间模型在处理现实世界地理问题方面有许多局限性。这些限制包括与元胞空间模型的基本假设直接相关的无限平面性(infinite plabe)、邻域平稳性(neighborhood stationarity)、空间同质性(spatial homogeniety)、过渡规则的时空不变性(spatial and temporal invariance of transition rules)以及对外部事件的闭合性(closure to external events)。Batty 和 Xie(1994, p. S46)还指出,将 CA 模型应用于城市系统的一个主要问题是,"虽然极不可能完全在局部尺度上对城市系统进行模拟,但这种方法的价值在于将我们的注意力集中在这个尺度上,让我们注意到过程和尺度的层次结构对于理解城市运行方式的重要性。"Xie(1996)讨论了近年来 CA 模型的改进,并提出了一个通用的元胞城市动态模型,即动态城市演化模型(dynamic urban evolutionary modeling, DUEM),以论证 CA 方法在城市动态应用中的理论完整性和技术优势。DUEM 的一个主要贡献是,采用了一个由邻域、场和区域组成的元胞空间层次系统,可以用来模拟元胞空间、模型空间和地理空间之间的相互作用,克服了传统元胞空间模型的一些局限性。DUEM 进一步与地理信息系统(GIS)结合,从而可以受益于 GIS 的数据分析和可视化能力。

Anthony Yeh、黎夏(Li Xia)以及他们的合作者广泛地使用元胞自动机模型来研究城市动态。Li 和 Yeh(2000)在栅格 GIS 中开发了一个约束性 CA 模型,该模型包含了局部、区域和全局的约束以调节元胞空间,并定义了灰色元胞用以表达 CA 模型在任何迭代中所代表的城市土地开发的百分比。Yeh 和 Li(2001)进一步使用约束性 CA 模型和栅格 GIS 模拟了七种不同类型的城市形态和发展,这些类型涵盖从紧凑型单中心到高度分散的发展模式。他们的模型考虑了城市形态、环境适宜性、土地消耗等各种因素,用来规划可持续城市。他们还将 CA 模型与智能计算方法相结合,以研究复杂的城市系统,如神经网络(Li and Yeh, 2001)、蚁群优化(Liu et al., 2008)和人工免疫系统(Liu et al.,

2010)。Santé 等(2010)回顾了城市元胞自动机模型应用于现实世界中城市过程模拟的能力和局限性。他们的结论指出，元胞自动机模型被广泛使用是由于其简单性；与此同时，CA 模型的简单性也是限制其表达现实世界的主要弱点；另一个主要缺点是缺乏一个标准的方法来定义城市 CA 模型的转换规则以表达过程的复杂性。

2. 其他城市动态研究方法

Batty(2008)指出，传统城市模型将城市视为总体均衡系统，并且主要使用空间相互作用作为研究基础。20 世纪后期，人们改变了看待城市动态的方法，认为城市动态更像是一个不断演化的复杂系统，其结构是自下而上的。Batty(2007)在他的著作《城市与复杂性：用元胞自动机、基于主体的模型和分形来理解城市》(*Cities and Complexity: Understanding Cities with Cellular Automata, Agent-Based Models, and Fractals*)中指出，随着城市规划从自上而下的集中视角转向为自下而上的分散视角，基于智能体的模型(agent-based model，ABM)成为研究复杂的城市动态的另一种有价值的方法。一个基于智能体的模型由自主的智能体组成，它可以是单独的或集体的实体，具有定义好的行为来模拟智能体的行动和交互对新兴系统模式的影响。元胞自动机模型与基于智能体的模型的一个关键区别在于，基于智能体的模型中的主体可以自由移动，它们可以相互交互及与环境交互。基于智能体的模型的目标主要是更深入理解由遵循简单行为规则的主体而产生的集体行为。Huang 等(2014)回顾了三个研究领域中的 51 个基于智能体的住宅选择模型及其发展，这三个领域包括：①基于经典理论的城市土地利用模型；②城市化进程的不同阶段；③基于智能体的模型和微观模拟(microsimulation)的集成模型。该综述着重介绍了代理人异质性表征的研究进展、土地市场表征的程度，以及度量模型输出的方法。他们的结论是："通过整合异质智能体以及对支持土地交换的机构的建模，城市土地利用模型可以受益于基于智能体建模"(Huang et al., 2014, p. 681)。

Xie 等(2007)应用基于主体建模方法，研究了 1990~2000 年间苏州-吴县地区的城乡交错带(一种毗邻大都市区的混合城乡空间)的发展。他们制定了一个将地方家庭改革与全局城市改革联系起来的基于智能体的模型，以便检视高层次宏观经济调控的地方土地开发过程。另一方面，Benenson 等(2008)开发了一个基于智能体的模型，通过检验不同驾驶员群体的搜索时间、行走距离和停车成本的分布，来研究非同质道路空间中停车模式的复杂自组织动态(self-organizing dynamics)。Hosseinali 等(2013)介绍了一种新的模仿智能体运动和智能体之间竞争方法的基于智能体的模型，以模拟伊朗加兹温(Qazvin，Iran)的城市土地开发。在利用现有数据对模型进行校正后，利用该模型对四种发展政策情景下的土地利用发展进行了预测。

另外，还有将城市视为一个系统的城市动态研究。例如，Batty(2003)提出了一种城市动态的研究方法，泛化 Zipf 的等级规模(Rank-size)模型来研究城市随着时间变化的等级-规模关系。他利用 1790 年至 2000 年 100 个最大城镇和城市的数据，以 10 年为分析间隔，通过测量城市的半衰期，研究了城市等级规模分布中个别城市的分布波动性。他发现，在 200 年的时间里，几乎完全改变了的等级-规模关系具有相当大的波动性。这项研究阐明了一个城市如何在一个城市系统中上升、下降或保持其位置的动态演变。此外，Batty(2013a)的《城市新科学》(*The New Science of Cities*)一书指出，我们不仅必须将城市视为空间中的场所，还必须将其视为网络和流的系统。该书进一步指出，需要研究单个城市内部和城市系统之间的联系和相互作用，以便更好地理解城市动态的各个方面。

5.3 人类动态

人类动态是人类社会的基础。所有的经济、社会、文化和政治体系以及所有的建成环境本质上都是为了满足人类不断变化的需求而发展的。因此，人类动态研究的重点是了解个体行为和集体行为的动态性(Shaw et al., 2016；Shaw and Sui, 2018a, b, c)。人类动态一直是商业、地理、规划、心理学、社会学到物理学等许多学科的研究课题。近年来对人类动态的研究兴趣的激增，部分归功于 Albert-lászló Barabási 和他的同事们对无标度网络(scale-free networks)和人类行为的重尾分布(heavy-tailed distribution)的研究。Barabási 和 Bonabeau(2003)认为，许多复杂系统都具有一个共同的重要特征，即一些节点与网络中的其他节点有大量的连接，而大多数节点只有少量的连接。换句话说，这些网络似乎是无尺度的，或者说是无标度的。Barabási(2005)进一步指出，个体在执行任务时，往往会有大量快速执行的任务，这些任务之间被长时间的不活动分隔开来，这导致了重尾分布。这方面的研究从统计物理学的角度确定了一些人类动态的一般规律。

从城市规划的角度来看，我们需要研究超越人类行为的一般规律，深入了解人类动态，以协助政策制定和规划实践。人类动态随着环境、技术和社会的变化而进化(Shaw and Sui, 2018b)。50 年前人们的活动及与他人和环境互动的方式，与如今的人类动态有很大不同。因此，为了设计和发展更智慧的城市以更好地满足于未来 10~20 年，甚至更久的将来人类的需求，进一步理解不断演化的人类动态是非常重要的课题。

1. 信息和通信技术对人类动态的影响

互联网和移动电话等信息和通信技术(information and communication technology, ICT)的发展对人们活动和互动的方式产生了重大影响。互联网让我们可以透过全球性的电脑互联网络系统，在网上接受大量信息和广泛的服务。有了 Wi-Fi 技术，我们可以从任何有无线局域网络的地方连接到互联网。现在可以在图书馆关闭的时候查找期刊文章，不需要亲自去商店就可以购买物品，而且几乎可以随时和朋友保持联系。换句话说，现代技术已经消除了许多人类活动和相互作用的空间和时间上的限制，扩大了我们的活动空间(Janelle, 1973)。因此，人类活动和相互作用变得更加灵活和本能，这反过来又会改变人类动态的性质和时空模式。

关于信息和通信技术对出行和人类活动模式的影响，已有许多研究(例如，Salomon, 1986；Salomon and Koppelman, 1988；Mokhtarian and Meenakshisundaram, 1999；Townsend, 2000；Hjorthol, 2002；Ben-Elia et al., 2014)。Mokhtarian(2003)认为，电信(telecommunication)和出行之间存在四种关系。第一种关系类型是替代关系，如电话会议或电子购物，在线活动替代实体空间的出行。第二种关系是互补关系，意味着 ICT

的应用将增加实体空间的活动。例如,推送到智能手机上的销售信息可以吸引更多的人去实体店购物。第三种关系是修改关系,比如从在线实时交通信息服务获得的信息改变了出行者的出行路线。这只是修改了实体空间中的出行模式,而不增加或减少实体空间中的出行次数。最后一种关系是中立关系,这意味着使用 ICT 的活动对实体空间中的活动没有影响。这项研究说明了确定 ICT 对人类动态的具体影响是一项具有挑战性的研究。

人类必须在实体空间的不同位置之间移动,以开展有关活动(例如,工作、上学、购物、社交、娱乐)。交通工具为人们提供了在实体空间中从一个位置移动到另一个位置的手段。由于实体移动需要时间,人类必须用时间来克服空间隔离。随着交通技术的进步,我们可以在更短的时间内跨越相同的空间距离,这就是所谓的时空收敛(time-space convergence; Janelle, 1968, 1969)。随着 ICT 在当今世界的迅速发展和广泛使用,越来越多的人类活动和互动是使用 ICT 设备在虚拟空间中的不同地点之间穿梭进行的。例如,许多人通过在线社交网络应用程序与朋友保持联系,并用智能手机或电脑在线购物。虚拟空间中的这些活动可能会对实体空间中的活动产生重大影响。例如,亚马逊上的在线订单会触发经由快递服务从配送中心到客户位置的送货。这种送货取代了去商店的私人出行。当有很多人在网上购物时,大量的私人出行会被少数送货卡车的出行所取代,然而卡车出行通常采取不同的路线,发生在与私人购物出行不同的时间,因而产生不同的时空活动形态。因此,我们需要同时考虑在实体空间和虚拟空间中的人类活动和互动,以便研究它们之间的互动关系,并更好地理解现代世界中的人类动态变化(Shaw and Yu, 2009)。

2. 时间地理学

时间地理学是由 Torsten Hägerstrand(1970)提出并发展的,它为时空环境中研究个体活动提供了一个有用的框架。一个广为人知的时间地理概念是时空路径(space-time path),它跟踪一个人在空间和时间上的移动。当一群人呈现多条时空路径时,我们可以分析他们的时空关系(Parkes and Thrift, 1980; Golledge and Stimson, 1997; Janelle, 2004; Shaw and Yu, 2009)。例如,当两个或两个以上的个体在同一时间段内处于同一位置时,他们之间存在共存(co-existence)关系。如果两个或两个以上的人在不同的时间访问同一地点,他们在空间关系中是同址(co-location in space)。如果两个或两个以上的人在同一时间段内在不同位置相互通信(例如,在线聊天),则他们在时间上具有同址(co-location in time)关系。当两个或更多人在空间和时间(例如,电子邮件通信)中异步地交互时,它不需要共存以及时间或空间上的同址。这些关系可以帮助在个体层面上研究人类活动模式并理解时空背景下的人类动态。

时间地理学还涵盖了许多其他对人类动态研究有用的概念。时间地理学假设每个人的活动都面临三种类型的约束。①能力约束(capability constraints)与个体的生理系统和使用工具的能力有关。例如,所有人都必须睡觉和吃饭,这需要在特定地方并花费一些时间。此外,会开车的人比不会开车的人可以在同样时间内到达更远的地方。②耦合约束(coupling constraints)要求个人与其他人或实体耦合来执行特定的活动。例如,课堂讲课需要一名讲师,而学生必须在同一时间段内出现在同一地点。③权限约束(authority constraints)是由领域(domain)控制的。例如，当杂货店关闭时，消费者不能进入杂货店。我们的日常活动和互动受到这三种约束的制约，因此这三种约束也影响着人类的时空动态。另一个有用的时间地理概念是"时空棱镜"(space-time prism)，它允许我们确定一个人在给定约束下可以达到的最大可行时空范围。时空棱镜可以帮助我们理解为什么一个人会表现出特定的时空活动模式。立体透视模型(diorama)是另一个重要的概念。Hägerstrand将不同的时间地理概念整合在一个立体透视模型中，强调个人生存在一个沉浸式的环境中，个人为了完成项目目标及考虑各种限制和境况(situations)的同时，感受到境况是如何随着环境而演变的(Hägerstrand, 1982)。事实上，Hägerstrand(1982, p. 338)指出："没有立体透视模型，时间地理学的揭示能力就无法被充分发掘。"

尽管时间地理学为人类动态研究提供了一个有用的框架，但由于两个主要原因，使得时间地理学并未能被广泛应用于实证研究(Shaw, 2012)。首先，时间地理学需要详细的个人层面的空间移动数据，收集起来既昂贵又耗时。大多数以前的地理研究使用的数据是从调查或访谈中收集的，样本量相对较小。其次，尽管有些研究收集了大量样本数据，但由于缺乏数据处理、分析和可视化的计算工具，使用时空路径和时空棱镜等方法进行时间-地理分析仍具有挑战性。大数据时代下，随着科技和时空地理信息系统的进步，这些局限性在一定程度上已经被克服。

3. 大数据和时空GIS在人类动态研究中的应用

近几十年来，随着传感、移动和信息通信技术的进步，收集个体数据变得更容易，也更便宜。智能手机利用内置的全球定位系统(GPS)功能，可以用前所未有的时空粒度持续跟踪我们在空间和时间上的位置。电话公司有我们电话通信的记录，包括通话、短信和访问的网站。信用卡公司知道我们在哪里、何时、买了什么，以及我们为每件商品支付了多少钱。许多城市使用的公共交通智能卡知道我们在哪里、什么时候使用了公共交通，我们使用了哪些交通路线，以及我们使用它们的频率。像谷歌这样的搜索引擎服务提供商知道我们什么时候在网上搜索过，我们访问过哪些网站，以及我们浏览了某个特定网站多长时间。像Facebook、Twitter、Instagram和LinkedIn这样的在线社交网络平台，知道我们的朋友和联系人是谁，我们彼此交流的频率以及我们彼此讨论的内容。这些跟踪数据不仅涵盖了人类在实体空间中的活动，也涵盖了人类在虚拟空间中的活动和互动。它们为进行人类动态的实证研究提供了极其有用的数据来源，尽管研究界需要密切关注使用此类数据的伦理和隐私问题。

同时，可用于人类动态研究的海量数据需要足够的工具来处理、管理、分析和可视化。地理信息系统(GIS)是为处理空间数据而设计的，但它不足以处理时空数据。将传统GIS扩展到时空GIS始于20世纪90年代，最初是通过开发支持时间地理概念的GIS功能开始的。Miller(1991)首先在GIS中实现了时空棱镜的概念来研究个体的可达性，随后其他人在扩展GIS中的时间地理功能方面做了许多努力(例如，Kwan, 2000a, b; Buliung and Kanaroglou, 2006; Yu, 2006; Chen et al., 2011; Scott and He, 2012)。将时间地理学应用于人类动态研究的主要挑战之一是，大多数时间地理概念都是基于人类在实体空间中的活动。但是，当今许多人类活动和交互都是在虚拟空间中进行的，因此将传统的时间地理概念扩展到涵盖实体空间和虚拟空间中的人类动态是至关重要的。Yu 和 Shaw(2008)开发了一种时空 GIS,它扩展了传统的时空棱镜概念,以支持分析实体空间和虚拟空间中潜在的人类活动和交互。Shaw 和 Yu(2009)进一步将时空路径、停留点(station)、路径束(bundle)、日常活动、事件(event)和活动计划(project)的时间地理概念扩展到一个实体-虚拟的混合空间,并在时空 GIS 中实现它们。Yin 和 Shaw(2015)随后发展了一种在 GIS 环境下创建时空路径的社会亲密度的方法,这样我们就可以评估实体空间和社会亲密度空间中任何一对个体之间的关系。这些努力使得在基于时间地理概念的实体-虚拟混合空间中研究人类动态变得可行,尽管仍存在许多挑战有待解决。

4. 人类动态研究的其他一些例子

除了基于时间地理概念的人类动态研究外,还有其他大量研究使用在大数据时代收集的各种个人数据来研究人类动态。Candia 等(2008)使用移动电话数据来研究平均集体行为,并识别异常事件的上升、聚集和衰减,这些异常事件可用于实时侦测紧急情况。他们还研究分析了个人的呼叫活动,发现它们遵循重尾分布。Vazquez-Prokopec 等(2013)使用了对秘鲁伊基托斯(Iquitos)居民的 GPS 跟踪数据来研究移动模式,推断移动网络,并对伊基托斯一个社区内的传染病传播进行建模。这项研究展示了如何使用位置感知技术收集的数据来描述发展中国家复杂的社会系统,然后利用发现的移动模式和网络来解决建成环境中传染病动力学的重大卫生问题。Zhong 等(2014)应用网络科学的方法,使用在新加坡收集的交通智能卡数据来研究城市枢纽的空间结构。他们揭示了局部区域在城市移动的整体空间结构中所扮演的不断演变的角色和影响,并指出群体移动可以塑造类似于社会网络中发生的局部社区。另一方面,Xu 等(2016)使用在中国深圳和上海收集的手机数据,根据主要活动点的数量、活动范围和移动频率来比较两个城市的人类动态形式(此类研究的更多例子见本书第 28 章和第 29 章)。

Liu 等(2015)另外提出了与遥感相对的社会感知概念,使用个人层面的地理空间大数据来从事人类动态中社会经济方面的研究。他们还认为,每个人都可以是为人类动态研究贡献数据的传感器。社会感知概念因此显然与人类动态研究息息相关。由于近年来使用众包数据和其他大数据进行的城市人类动态相关的研究呈爆炸式增长,本章因篇幅限制无法提供全面的叙述,读者可以在本书的其他章节找到相关例子。

5.4 城市人类动态和城市信息学

基于上述对城市人类动态研究的简要回顾,将城市人类动态与本书的主题——城市信息学联系起来是非常重要的。城市信息学是一个相对较新的领域,它采用数据驱动的方法,借助现代传感、移动以及信息和通信技术,深入了解城市区域的人们是如何运作的,以及各种系统和服务是如何在城市区域中运行的(Kontokosta,2018)。Foth 等(2011,p.4)将城市信息学定义为:"因为实时、广泛分布的技术产生的新机遇,通过人际网络和城市基础设施之间的实体和数字层面中介关系的增强,而形成的不同城市背景下城市体验的研究、设计和实践。"这个定义将城市环境中的地点、技术和人联系在一起。

随着城市区域的地理面积和人口密度不断扩大以容纳不断增长的城市人口,我们迫切需要提高对城市的理解。这包括城市区域的功能、造成城市问题的原因,以及如何用明智且可持续的方式解决这些城市问题。这些其实并不是新挑战,人们已经研究了几十年。可惜的是,我们似乎尚未能解决这些城市问题,许多城市区域正在经历比以往任何时候都更严重的交通拥堵、空气污染、热岛效应、住房问题和职住分离等。如果我们承认人类动态是城市区域经济、社会、文化、政治和其他系统的根本驱动力,我们就必须更好地理解人类的需求,以及他们如何在环境、社会和技术的各种约束下与其他人和环境互动。当城市区域的基础设施和服务不足以满足人类的需要时,我们就会遇到城市问题。由于人类的需求出现在不同的地点和不同的时间,这就出现了在空间和时间上供需匹配的问题。从城市规划的角度来看,我们的目标是设计最能满足人类需求和提高生活质量的城市区域。这是一个巨大的挑战,今天大多数城市区域仍面临一系列问题的事实,就证明了这项挑战的重要性。

Batty(2013b,p. 274)在他的文章《大数据、智慧城市和城市规划》(*Big data, smart cities, and city planning*)中指出:"大数据的增长正在将研究重点从长期的战略规划转向对城市如何运行和如何管理的短期思考;尽管在更长的一段时间内,这类大数据可能会成为所有时间范围的信息来源。"Batty(2013b,p.276)进一步指出:"现在所谓的智慧城市和大数据之间存在耦合,有些人认为,城市的智慧主要是通过传感器实时生成的、含有精确地理定位的新数据流的方式而体现的;然而,许多研究者指出,城市只有在人类智慧的时候才会变得智能,这是我们讨论此问题的必要条件。"技术显然在城市信息学和智慧城市中发挥着重要作用。但是,我们必须牢记,城市信息学和智慧城市的发展是为了更好地服务于人类需求,提高人类的生活质量。评估一个城市或城市中的一个特定系统是否智慧,应该根据它在多大程度上服务了各种人群的需求,在多大程度上提高了生活质量(Shaw and Sui,2019)。

几年前,共享单车在中国许多城市经历了惊人的快速增长,为自行车在许多中国城市中成为一种流行的出行方式创造了动力。然而,整个行业很快就烟消云散了。正如Huang(2018)所指出的:"共享单车应用似乎是一种解决方案——在过去三年里,私营部门将数以百万计的自行车'倒进'中国的街道。但如今,随着这些公司倒闭,闲置的自行车堆在空地上,用户排起长队要求退还押金。很明显,这个想法从一开始就注定要失败。"这些共享单车软件的智能在于用户可以在城市的任何地方用智能手机解锁和归还自行车,并支付租金。然而,鉴于人们在城市中动态活动需求所面临的各种约束,共享单车在多大程度上满足了人类需求尚不清楚。这个例子提醒我们,当我们追求城市信息学时,牢记人类动态及需求是至关重要的。综上所述,将城市信息学与城市人类动态研究相结合,有助于更好地了解人类在日益融合的实体-虚拟空间中的活动与互动。而且,我们必须记住,建立城市区域的各种系统和服务都是为了更好地服务和满足人类的需要,从而提高人类的生活质量。

第6章 地理智能：个性化和可持续的未来城市交通

Martin Raubal　Dominik Bucher　Henry Martin

摘　要

几十年来，城市的可移动性和人口流通量一直在不可阻挡地增长。尽管这为我们的社会带来了好处和机遇，但也存在严重的隐患与问题。例如，交通的发展是温室气体排放和交通拥堵的主要原因之一。预计未来会有越来越多的人将生活在大城市。为了保持环境的宜居性，交通问题亟待解决。信息通信技术和地理信息技术的快速发展为城市信息学和智慧城市的研究铺平了道路，它们使大规模的城市分析成为可能，而且支持人们进行复杂的移动决策。本章展示了地理智能作为一种集空间数据、计算方法和地理空间技术于一体的新技术，如何进行大规模移动模式的时空分析以及探索人们的出行决策。出行模式分析对于评估实时情况和预测未来状态是必要的。这些分析还可以帮助检测行为变化，如人们的出行习惯或不同的出行选择带来的影响。这些或许能带来更加可持续的交通模式。可移动性技术提供了新颖的用户支持方式，例如多模式和高效能出行背景下的出行数据分析，以及基于凝视交互的出行决策。

6.1 引　言

几十年来，城市的可移动性和人口流通量一直在不可阻挡地增加。尽管这为我们的社会带来了好处和机遇，但也存在严重的隐患与问题。例如，交通是二氧化碳排放、交通堵塞和大规模事件灾难的主要成因之一（Elliott and Urry，2010；Taaffe et al.，1996）。预测显示，到2030年，世界上将有41个人口超过1 000万的超大城市（UN，2014）；到2050年，大约80%的欧洲人口将居住在城市地区（Caragliu et al.，2011）。因此，我们必须解决这些具有挑战性的问题，以确保子孙后代的宜居环境。

信息通信技术（information and communication technologies，ICT）和地理信息技术的快速发展为城市信息学和智慧城市铺平了道路，使大规模城市分析成为可能，并支持人们进行复杂的出行决策。本章展示了地理智能（geosmartness）作为一种集空间数据、计算方法和地理空间技术于一体的新技术，将如何为科学家提供大量机会进行大规模的时空移动模式分析，以及探索人们的出行决策。这种利用空间大数据的新方法和技术的应用将为实时评估城市系统（包括其公民）的当前状态，并对未来状态进行推算和预测提供前所未有的可能性。

出行模式分析是评估实时情况的必要条件，也是对交通网络进行短期和长期预测的必要条件。此外，这些分析也可以帮助检测行为变化，如人们的出行习惯或新颖的出行选择带来的影响，这些或许能带来更加可持续的交通形式。为了遏制未来的温室气体排放，可持续的城市交通将变得更加重要。长期的交通脱碳不能仅通过新技术(如车辆能效措施、动力总成技术和新能源运输工具等)实现，还需要人们努力控制需求，转向低排放的交通方式(Boulouchos et al.，2017)。

可移动性技术有助于识别面向个人的问题，并提供崭新的个性化用户支持。我们可以结合空间大数据、位置服务、基于凝视交互等新技术和互动理念，来支持人们的位置决策。这将带来更有效和高效的时空决策，并有望对未来的可持续城市交通做出贡献。

本章首先介绍地理智能及其主要实现方法，即地理空间技术、空间大数据和时空计算方法。然后，我们对城市交通模式进行分析研究，包括数据、预测和标记方法，还对可移动性研究进行概述，并以多模式和节能的可移动性为重点给出详细的例子。在下一节中，我们将详细阐述地理空间技术和说服性技术在支持人们可持续移动性方面的潜力，这包括动机研究领域以及检测与支持行为变化的方法，还包括在这一领域的研究概述，以及最近针对出行行为变化的研究的描述。在 6.5 节，我们解释了出行决策的特性，介绍了移动眼动追踪技术和基于凝视交互的概念，并演示如何将它们结合起来实现个性化的基于凝视的决策支持。最后一节给出结论，并指出未来工作的方向。

6.2 地 理 智 能

地理智能利用新的地理空间技术、空间大数据和时空计算方法来解决世界上具有挑战性的问题，如可移动性、交通和气候等领域的问题。计算、通信和信息技术的快速发展，以及地理信息科学(或者从更广泛的角度来看，空间数据科学包括其表示、模型和分析方法)等领域的理论进步，使地理智能成为可能(Goodchild，1992；Raubal，2019；Reitsma，2012)。

为了成功地将传统城市和城区转变为智能城市，地理智能是必不可少的。智慧城市在本质上是基于实时传感器控制系统的数字集成城市空间。这个系统包括技术、居民和社区(Nam and Pardo，2011)，其主要目标和挑战是通过技术和环境的整合来解决不断发展的城市中的关键问题(Batty et al.，2012)。Ratti 和 Claudel(2016)概述了未来智慧城市的概念，同时强调了开放数据和平台的价值以及智慧公民的必要性。我们已经了解了建设智慧城市所需要的努力方向及经验，例如巴塞罗那的建设过程(Gasco-Hernandez，2018)。

实现地理智能的各种方法和工具(图 6.1)涵盖了地理信息系统(GIS)的传统过程，

图 6.1 实现地理智能的方法和工具

包括空间数据建模、表达、分析和展示（Longley et al.，2011）。但更广泛地，包括新颖的界面、前沿信息技术以及实时传感器数据（不仅仅是在地理尺度上；Montello，1993）。

空间大数据是计算、通信和信息技术不断进步的产物，它们通常是实时的大规模移动轨迹数据集、精细分辨率的上下文数据或特定的用户行为数据（例如，眼动追踪生成的数据）。Li 等（2016）用以下维度来描述地理空间大数据：

- 数量：百万亿字节或更多的图像、传感器数据和基于位置的社交媒体数据带来了存储和分析问题。
- 多样性：涉及各种类型的地理空间数据，如栅格、矢量、网络、结构化和非结构化数据及其集成数据。
- 速度：实时轨迹和社交媒体数据，以及其他连续的传感器数据流，需要以与数据采集相同的速度进行数据处理。
- 准确性：根据数据来源的不同，地理空间大数据的准确度和精度各不相同，这影响了其可靠性和可信任度。因此质量评估可能很困难。
- 可视化：一方面提供结合人类推理和数据分析的过程；另一方面促进分析结果模式和关系的交流。
- 可见性：如今，云计算为地理空间大数据提供了有效的获取和处理平台。

为了从这些海量且复杂的空间数据中找到信息，传统的时空分析方法现在正大规模地被机器学习方法扩展和补充（Raubal et al.，2018）。在 CyberGIS 分析中，空间大数据利用机器学习的方法，进行时空离群点分析和异常检测以及人类空间行为预测。空间数据科学通过提出时空建模和上下文集成的方法来增强机器学习，从而获得更好的结果和更高的性能。在可移动性和交通领域，近期已经实现了利用图卷积神经网络方法（graph convolutional neural networks，GCNs）从 GPS 轨迹数据中推算人类活动的目的（Martin et al.，2018）。利用多个个性化的图来对人的出行行为建模，并在图的权值和连接中嵌入大量的时空信息和结构。这些图作为 GCNs 的输入，GCNs 反过来利用这种结构。

地理信息技术包括利用地理信息支持人们的时空决策的系统和服务（Raubal，2018）。它们利用与位置相关的时空数据，并根据空间位置处理这些数据。这增加了推理和数据分析的复杂性。目前，地理信息技术不仅包括用于获取、表达、分析和可视化时空数据的桌面 GIS，还包括基于位置的服务（location-based services，LBS）。这种服务通常依靠内置的 GPS 技术提供基于人们当前位置的空间信息来支持人们的移动决策（Brimicombe and Li，2009）。LBS 还可以通过其他上下文信息进一步增强，比如用户的凝视。它考虑了用户的观察方向（Anagnostopoulos et al.，2017）。例如，个性化的音频指南能帮助用户在环境中找到目标，并根据之前看到的内容调整音频内容（Kwok et al.，2019）。这直接关系到地理人机交互，即人与地理信息技术的交互（Hecht et al.，2011）。现在有了新的交互模式和范例，以及上下文感知的用户界面，人们除了可以通过传统的用户界面与基于文本的信息或地图进行交互，还能使用新的交互模式，如音频、手势、凝视或振动（Gkonos et al.，2017），以及集成了增强现实和虚拟现实的显示（Rudi et al.，2016）。

6.3 分析城市移动性模式

可移动性一直是城市生活的重要组成部分。随着城市规模的扩大，数百万人因工作、出差或休闲活动等目的，使出行行为变得越来越复杂。如果不适当地加以管理，出行会产生严重的负面影响，如温室气体排放、空气污染、健康问题（Krzyżanowski et al.，2005）和交通拥堵。

为了减轻这些负面影响，系统层面的行动必须与增强个人出行行为改变的行动相结合（Banister，2011）。系统层面干预的例子有很多，包括智能交通管理系统的实施，或适应性和吸引力的公共交通系统的构建。个人出行的改变可以通过启用新的移动形式来实现，例如移动即服务（mobility as a service，MaaS）、实时乘坐共享或按需的"最后一公里"公交车。这些新颖的交通概念都是地理智能的表现，因为它们是优化空间资源分配的方法，为了实现这些概念，需要详细了解城市范围内的个体和群体的交通行为。

1. 数据

社会进一步朝着数字化发展，城市已经成为一个由不同来源的数据构成的大熔炉。这一发展具有前所未有的新潜力。它可以获得关于人们出行行为的详细知识，并用来实现可持续的出行概念。从可移动性分析的角度来看，所有可用的数据可以分为两类：轨迹数据和上下文数据。

定量移动性分析是基于轨迹数据的，轨迹数据按顺序记录带有时间戳的位置。以往这些数据的获取基于问卷或电话调查，但在过去的十年中，轨迹数据源的多样性成倍增加。如今，各种不同类型的轨迹数据均有可能被使用。例如全球导航卫星系统（global navigation satellite system，GNSS）生成的轨迹数据（Zheng et al.，2008）、邻近 Wi-Fi 热点的位置数据（Sapiezynski et al.，2015）、社交网络的位置数据（Hasan et al.，2013）、公共交通智能卡数据（Zhong et al.，2016）、呼叫记录（call detail record，CDR）数据（González et al.，2008；Yuan and Raubal，2016b；Yuan et al.，2012）和信用卡交易数据（Clemente et al.，2018）等。

这些资料为分析城市内部的移动提供了新的可能性。然而，这些记录城市移动的方式生成了一个异构的跟踪数据集。比较不同的数据集时，有四个要素特别重要：
- 跟踪方法[例如，欧拉法（Eulerian）概念中的固定跟踪设备与拉格朗日法（Lagrangian）跟踪概念中移动跟踪设备（Laube，2014）]；
- 时空分辨率（如采样率）；
- 时空分布（轨迹点分布，例如规则分布与爆发性分布）；
- 样本偏差（例如，城市日常移动性与游客移动性）。

这些差异使我们很难对不同数据集的结果进行比较，也很难开发出数据不可知（data-agnostic）的方法。为了确保城市移动数据分析的成功，在不久的将来，这些仍然是有待解决的研究挑战。

在城市环境中可用的上下文数据不是描述人们的出行本身，而是描述人们出行的背景。这些数据对于分析人类移动模式非常重要，因为人类移动总是受到其时空背景的影响(Sharif and Alesheikh，2018)。例如，当我们开车时，我们的行动受到街道网络的限制，当使用公共交通时，我们依赖于固定的时间表；下雨时我们走得更快(Knoblauch et al.，1996)，而且我们的出行方式也因处于城区或郊区环境而不同(Yuan and Raubal，2016a)。

在过去，只有很少的上下文数据来源，通常可用数据的时空分辨率较低。随着城市数字化的发展，这种情况发生了变化。现在有许多不同的具有良好时空分辨率的上下文数据源。其中最重要的例子，城市移动分析依靠着例如 OpenStreetMap 这样的自发地理信息(volunteered geographic information，VGI)平台，使得道路网络和兴趣点数据可得性更高。受开放数据社区成功的启发，推进城市层面的开放数据运动。如今，许多城市都有开放数据政策，并在开放数据平台上发布数据。传感器网络为上下文数据提供了另一个重要来源，如温度、噪声、行人数量或空气质量。例如，基于 VGI 平台的传感器网络公开数据(提供空气质量数据的 OpenSenseMap 或 luft-daten.info)。还有一些由城市自己运营的传感器网络，比如芝加哥的 Array of Things 项目。其他上下文数据包括摄影测量或街道图像数据，如谷歌街景。后者已被用于自动评估社区的幸福度(Suel et al.，2019)和开发基于图像的导航系统(Mirowski et al.，2019)。

2. 大尺度时空移动模式分析计算方法

智慧城市生成的轨迹数据和上下文数据为分析城市移动模式提供了前所未有的可能性(参见第 28 章和第 29 章)。然而，巨大的数据量、多样的新型数据源以及大规模的任务都要求提升传统移动分析中已有的 GIS 方法(Long and Nelson，2013；Zheng，2015)。

1）数据准备与数据融合

完善的 GIS 方法是非常重要的，特别是对于数据准备以及不同空间数据集的组合。数据预处理的重要步骤包括 GPS 轨迹分割、地图匹配、空间过滤或运动轨迹压缩。同样，经过验证的 GIS 方法可用于不同空间数据集的组合，并使用上下文数据丰富轨迹(Jonietz and Bucher，2017)。

然而，随着数据量的增长，未来人工处理的方式将会被弃用。因此，应特别注意工作流的可扩展性。这包括选择高效的算法及其实施，以及使用分布式框架(如大数据框架)进行处理的可能性。

2）预测与标记

在分析城市交通模式时，以下任务是非常重要的：在未标记数据中添加语义信息，并在短时间内(如小时或天)预测城市交通。

添加语义信息很重要。虽然数字城市提供了大量的数据，但大规模的轨迹数据集通常是被动记录的(例如，没有与用户的交互)，因此没有被标记(Bauer et al.，2016)。为了理解和解释城市的可移动性，这些数据集必须具有丰富的语义信息，如活动的标签或交通方式。

预测移动和出行对于优化交通系统的未来状态和创建灵活且个性化的出行具有重要意义。了解一个城市未来的交通需求，可以帮助我们优化公共交通系统的时间表、出租车的位置或交通信号灯的时间。另一方面，了解个人想要访问的后续地点有助于识别潜在的共享乘车伙伴。

目前解决这些标记和预测任务的最先进技术是使用机器学习方法(Toch et al., 2018)。通常的方法是从可用的移动和上下文数据中提取有意义的特征，并使用它们来训练预测标签的分类器或预测未来移动需求的回归算法。在这里，特别值得一提的是随机森林算法(Breiman, 2001)，因为它对于不同输入数据的分布具有鲁棒性，并且不需要对参数进行大量的调优。

另一个重要的研究方向是创建空间感知机器学习的方法(Gilardi and Bengio, 2000; Hengl et al., 2018)。问题是，通用机器学习算法通常不考虑空间依赖性(例如，输入或输出数据中的空间自相关；Cracknell and Reading, 2014)。另一个最近的研究方向是完全避免显性特征抽取(explicit feature extraction)步骤。因为它通常需要假设数据是独立同分布的。另一种方法是使用神经网络并直接从数据中获得特征图。然而，在这里，通常很难找到适合神经网络的有意义的数据表现。可能的表示方式是图像(image)表示法(Chen et al., 2016)或近期常用的图(graph)表示法(Martin et al., 2018)。

3. 研究

实际上，基于轨迹数据的研究很少，而且通常不公开可用。最重要的原因是个人轨迹数据属于极其敏感的隐私(Keßler and McKenzie, 2018)。这意味着：一方面，由于隐私问题，很难找到愿意分享他们的地理位置数据的参与者；另一方面，数据集收集后，其他研究小组无法使用。出于这种情况，目前出现了两种类型的移动性研究：基于研究小组参与者的用户研究和基于数据(数据出于不同的目的被收集，包含了用户的位置)的移动性研究。第一种研究也被称为主动轨迹研究。因为在这类研究中，用户通常会提供反馈，用于标记数据和回答潜在的研究问题。第二种类型的研究被称为被动轨迹研究。因为用户通常不知道他们参与了一项研究，他们的位置是被动地被收集的，用户不可能提供任何反馈。下面介绍一些基于被动轨迹数据集的移动性研究的例子。

Brockmann 等(2006)较早使用收集到的包含了关于人类移动性信息的数据(来自www.wheresgeorge.com 的美元流通调查)：这个包含 100 多万次位移的数据集的分析揭示了人类移动的基本统计属性，比如出行距离的幂律分布规律。

González 等(2008)进行了一项早期大型移动研究。该研究基于移动电话运营商用于收费目的而收集的通话详细记录(call detail record, CDR)数据，重构人类的移动模式。这些数据使人们能够分析 6 个月内个人的活动，并揭示了人类活动模式的高度时空规律性。

这两项研究都是大规模实证研究的早期代表，都具有描述性和普遍性。后来的研究变得更加具体。

Hasan 等(2013)利用公共交通系统的智能卡数据，专门分析了城市中人的移动性。此外，这项研究再现了城市环境中已知的一般移动性特征。

Yuan 和 Raubal(2016a)将人口信息和 CDR 数据结合，实证分析了城市内不同人口群体的空间分布。

　　Clemente 等(2018)使用信用卡记录结合来自同一用户的 CDR 数据来分析城市移动性。这使得他们能利用语义信息来丰富信用卡数据，对用户进行聚类，并使用 CDR 数据在空间上解释这些聚类。

　　第二类研究与以上研究有显著区别，因为其研究规模较小，但有这些研究对象的非常详细的数据。

　　Eagle 和 Pentland(2006)进行了第一个将手机作为可穿戴传感器的大型研究。他们收集了通话记录、蓝牙邻近数据(bluetooth proximity data)和当前手机信号发射塔 ID 等信息作为位置信息。这项研究的目的不是研究参与者的移动性，而是研究他们的社会互动。这个所谓的现实挖掘数据集是首批公开可用的包含轨迹数据的数据集之一。

　　Zheng 等(2008)介绍了 GeoLife，这是最早的大型 GPS 跟踪研究之一。它在 10 个月内对 65 名用户进行了不同时间跨度的跟踪。这些数据被用来分析个人的移动模式。此数据集公开可用，可用于研究目的。

　　Alessandretti 等(2018)使用了不同的公开可用的数据集，如现实挖掘数据集和专有数据集(如来自 Stopczynski 等(2014)的 CNS 数据集)，以表明人们只拥有有限数量的定期访问地点，而且这些地点随着时间的推移会缓慢变化，但地点的总数保持不变。

4. SBB Green Class(多模式与节能移动研究)

　　本节将详细地介绍一个研究案例——SBB Green Class 试点研究。2016 年和 2017 年，瑞士联邦铁路(Schweizerische Bundesbahnen，SBB)对移动即服务(MaaS)概念进行了两次为期一年的大型试点测试。在这些研究中，客户可以用固定的年费进行综合出行选择。第一次试点有 150 名来自瑞士的参与者，他们获得了全瑞士的公共交通通行证、一辆电动汽车、一个在当地火车站的停车位，以及拼车和共享单车服务的补助。第二次试点研究变为 50 名参与者，同时将电动汽车替换为电动自行车。作为试点研究的一部分，所有参与者都在手机上安装了一个跟踪应用程序，并同意在记录的分段的 GPS 轨迹上标注用户的交通方式和详细的旅行目的。SBB Green Class 试点研究最有趣的特点是采用统一的出行费率，几乎所有费用都由订阅费支付，这使其成为首个可用于测试 MaaS 方案影响的研究。

　　为了评估参与者的出行行为，必须使用不同的预处理步骤来处理轨迹数据，如不同数据源的融合、缺失标签的输入、地图匹配、将移动类型分为短途出行和长途旅行，以及异常检测。随后，参与者的出行行为可以与瑞士移动和运输微观调查组织(Mobility and Transport Microcensus，MTMC)生成的伪对照组进行比较。一些重要的发现介绍如下。

- 特别值得注意的一点是，Green Class 电动汽车试点研究的参与者比普通的瑞士人出行更多，而且使用多种交通方式组合出行的频率尤其高。这些差异部分原因在于：一方面，在火车站附近有可用的停车设施，这显然促进了组合出行；另一方面，较低的移动边际成本使得乘客能选择更长的和更频繁的旅行。
- 与对照组的对比显示，电动汽车主要取代了传统汽车的行程；乘坐火车的比例在

Green Class 乘客和对照组之间只有轻微的差别。
- 对纵向跟踪数据的分析显示，大多数参与者的二氧化碳排放量在项目开始后不久就显著下降。这主要归功于电动汽车的使用，它的平均二氧化碳排放量比燃油汽车低(尤其是考虑到瑞士的电力结构情况)。Green Class 电动汽车用户的二氧化碳排放的总体发展情况以及 MaaS 提出的可能产生的影响如图 6.2 所示。
- 从长期来看，电动汽车在参与者的出行组合中确立了自己的地位，并主要取代了传统的燃油汽车。这是一个特别值得注意的结果。

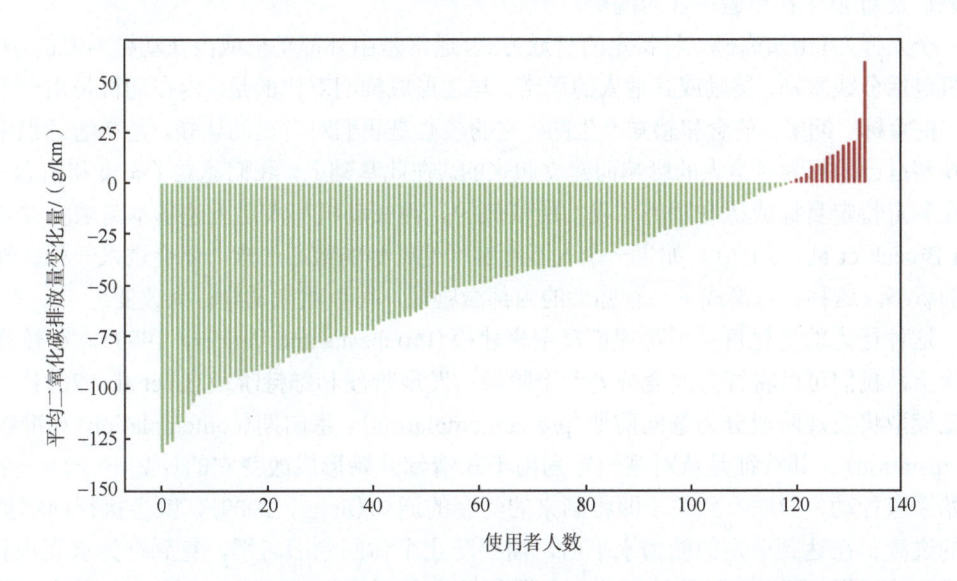

图 6.2 SBB Green Class 1 的用户在项目前期跟踪阶段六周的平均二氧化碳排放量与使用新型出行工具(公共交通卡、电动汽车等)后的排放量对比。大多数参与者(用绿色表示)能够显著减少他们的二氧化碳排放量，只有少数参与者(用红色表示)与项目开始前相比，他们的平均二氧化碳排放量增加了

6.4 行为变化与可持续移动

实现移动可持续发展，尤其是在短期内，在生态上需要广泛的技术、制度和社会创新(Banister，2008；Holden，2016；Kemp and Rotmans，2004)。这些创新涉及公共交通网络的优化和扩展、车辆向电气化的方向发展和可再生能源生产的增加，以及我们对交通工具使用的转变，例如从使用汽车到其他替代交通工具。这通常被称为一个人出行行为的改变。大量的研究都关注着大规模移动行为变化带来的影响(Bucher et al.，2019；Taniguchi and Fujii，2007)，ICT 如何影响人们的出行规划和选择(Chen et al.，2016；Cohen-Blankshtai and Rotem-Mindali，2016)，如何利用说服性技术推动人们做出某些特定的期望行为(Gabrielli et al.，2014；Weiser et al.，2016)，以及关键的支持性基础设施应如何建设及在何处建设来最大限度地发挥其对出行行为的影响(Buffat et al.，2018)。在这里，我们将专注于新的地理空间和说服性技术的潜力，以及情境化和个性化的计算方法，以使人们的移动更加具有可持续性。

1. 动机

行为受到动机的强烈驱动，而动机又来自两组基本需求(Deci and Ryan，2004；Reeve，2014)：心理需求形成的最内在的驱动力是内在驱动力最主要的部分，包括对自主性、能力和亲缘性的渴望。研究发现，人类喜欢控制自己的行为，这些行为必须具有挑战性但又是可行的，而且人们需要在有意义的关系中与他人互动。社会需求同样与人际关系的培养有关，但却是我们在生活的过程中学习到的。它们包含成就、关系、亲密关系以及对领导者和追随者的渴望。

个人行为(比如选择一种特定的交通方式)通常是由外部动机或内在动机激发的。外部动机包括金钱激励、奖励或其他人的承诺。与之形成鲜明对比的是，内在动机是由一个人自己的目标、期望、信念和感知产生的。它的核心是我们对自己的认知，是在潜意识中通过观察自己的行为对他人的影响而建立起来的。在此基础上，我们建立了态度和信念。这是在制定特定目标或建立期望时我们所依赖的。内在动机与满足上述基本需求相关(Van den Broeck et al.，2016)。如果一个人不能实现他或她的核心信念，就会进入一种认知失调的状态。这种状态形成了一种强大的内部激励源，可以用来诱导行为改变。

这种行为的变化可以用跨理论模型来建模(Prochaska and Velicer，1997)。在较高的层次上，我们可以将行为改变分为两个阶段：发现阶段和维持阶段(Li et al.，2011)。跨理论模型将发现阶段分为意向前期(pre-contemplation)、意向期(contemplation)和准备期(preparation)，其特征是从对某一行为由不知情到开始形成改变它的计划。一旦一个人开始采取行动，例如收到关于即将到来的约会的通知(Fogg，2009)，就会执行向维护阶段的过渡。在达到一定的能力水平后，需要防止个体回到旧习惯，直到行为真正内化，形成新的习惯。因此，智能地理信息和通信技术必须找到以不同方式影响个人的不同动机因素和阶段，并为处于不同环境和背景中的人提供适当的支持。

2. 发现和支持行为变化

大量研究聚焦于使用ICT检测和识别与运动和移动性相关的活动(Feng and Timmermans，2013；Gong et al.，2012；Montini et al.，2014)，特别是出行动机十分影响交通方式的选择。因为研究人员可以更容易地获取大型的真值(ground-truth)数据集，并将其有效地用于机器学习实现大规模的自动化推理，所以出行和运输模式的识别变得越来越准确。

一旦识别出了行为，就可以分析它们随时间的变化，以检测行为的变化是瞬间产生的还是逐渐产生的，并在不同的动机阶段充分支持用户。Jonietz和Bucher(2018)不断挖掘轨迹，其目的是识别行为模式和其异常点。他们通过计算特征点来总结每日和每周的交通工具使用量，例如，乘坐某种交通工具的次数或总路程。这些特征从一周到另一周的异常偏差可能表明行为变化从一个阶段过渡到另一个阶段，并应在支持的ICT技术中反映出来。此外，识别出处于类似行为过渡阶段的人，可用于分析目的或定位特定激励措施的目标群体(Zhao et al.，2019)。

根据动机阶段的不同，人们对支持有不同的需求：处于意向前期或意向期的人可以得到替代交通选择的信息；采取行动的人需要外部动机和时机恰当的诱因(Weiser et al.，2015)。如果一个诱因能够增强我们的动机(例如，提供额外的外部奖励)或降低行动的难度(例如，提供有意义的可持续性出行选择)，用户就更有可能表现出我们所期待的行为(Fogg，2009)。为了提供可替代的出行计划，ICT 必须制定和评估这些计划，同时考虑可持续性和用户的背景(例如，计划在目的地要进行的活动，或过去和未来的出行)。基于丰富的(多模态)交通规划系统(Bast et al.，2016)、启发式方法(Bucher et al.，2017)和基于前序记录的移动方法(Arentze，2013；Campigotto et al.，2016)来生成有意义的路线。所产生的替代方案将使用主要的兴趣特征进行评分，例如，二氧化碳排放总量、出行距离或时间。

一种常用的说服性方法是游戏化，即在非游戏环境中使用游戏设计元素(Deterding et al.，2011)。通过使用反馈、奖励、挑战、竞争或合作等机制，游戏化可以作为激励用户的外部动机(Weiser et al.，2015)。这些游戏化的说服性方法应该遵循一套通用的设计原则，如提供有意义的建议，提供指导，支持用户选择或个性化体验。需要注意的是，在出行行为反馈中使用常见的游戏化元素并不像在其他领域中那样简单。由于出行是高度个性化的，简单地为骑自行车上班的人提供奖励对一些人可能是根本行不通的，而对另一些人来说则是非常容易的。同理，对乘坐公共交通进行奖励可能会让人们尝试更多地出行，而最环保的选择可能是根本不出行(Froehlich et al.，2009)。

3. 研究

在早期的关于说服性 ICT 影响移动性、选择和行为的著名研究中，有一些应用结合了运动跟踪和技术辅助反馈，它们通常通过向用户展示其出行产生的二氧化碳排放的影响来实现(Anagnostopoulou et al.，2018；Gössling，2018)。UbiGreen(Froehlich et al.，2009)结合了移动传感平台、GSM 蜂窝基站定位和用户输入的信息来记录出行模式。为了表明一周内出行带来的影响，选择其中的一部分进行视觉刻画，如一棵树或一座冰山。虽然没有对行为变化进行定量分析(由于样本量小，只有 14 人，跟踪时间也很短，只有 3 周)，但访谈回答证明了这种生态反馈应用程序的可行性。类似地，MatkaHupi(Jylhä et al.，2013)、Tripzoom(Bie et al.，2012)、THELMA 项目(Bauer et al.，2016)或 Streetlife EU 项目(Kazhamiakin et al.，2015)都使用智能手机应用程序作为跟踪器，并向出行者提供反馈。

通常，这些研究是在长达两个月的过程中进行的，且参与者样本较小(约 10~50 人)(Anagnostopoulou et al.，2018)。最近，一些研究试图在更长的时间内用更大的样本复刻他们的结果。Semanjski 等(2016)的研究涉及 6 个月的数据收集和干预期，共有 3 400 名参与者。在此期间，使用 Web 平台收集移动数据和用户反馈。结果表明，生态反馈可以用来刺激行为变化，但结果取决于态度。Ebermann 和 Brauer(2016)招募了 248 名参与者，在三周的时间内使用 Web 平台，并探索了不同目标("自我探索""竞争""气候保护"等)在各种游戏化元素使用时的影响。大量的研究表明，使用说服技术来改善个人健康通常也会导致更多生态上可持续的出行行为。Consolvo 等(2008)探索了早期智能手机与移动传感平台结合以促进健康生活方式的潜力。同样，Harries 等(2013)在他们的研究中招募了152名参与者,他们使用一款应用程序来鼓励步行。他们发现,这款应用成功地增加了大约64%的步数,但社交反馈并没有提高这一数值。

后者还表明,并非所有有说服力的策略都能在移动性背景下奏效。Gabrielli等(2014)总结了与为了实现更具可持续的未来城市出行而诱导出行行为改变有关的挑战。他们发现,改变出行行为是一个漫长的过程,很难找到吸引广泛用户的动机。与个人健康领域相比,集体机制(即社会影响)往往比个人机制对行为的影响更大。他们的发现与Nicholson(2012)和 Weiser 等(2015)的研究相一致,该研究强调生态反馈必须是及时的和有意义的。

4. GoEco!

为了更深入地解释针对移动行为变化的研究,我们选择 GoEco!项目进行研究。与之前的研究相反,GoEco!的目标人群来自两个不同的地理区域,约 200 人;实验周期为一年。在实验期间,我们选择了三个阶段。在这三个阶段中,参与者必须在他们的智能手机上安装一个应用程序,在第一阶段记录他们的出行,在第二阶段给他们额外的生态反馈(使用游戏化元素),在第三个阶段则采用简单的出行跟踪(以确定第二阶段干预的潜在长期效果;Cellina et al., 2019)。

该应用程序使用朴素贝叶斯分类器(naive Bayes classifier)从几个特征来识别出行模式,如出行速度、出行距离或到达附近公共交通车站的距离(Bucher et al., 2019)。将这种出行模式识别提供给用户进行验证,为每次出行计算几个潜在的(和可行的)备选方案。这些备选方案就作为给人们的反馈以及对转换到不同交通方式的潜在二氧化碳排放减少量的评估。此外,游戏化的反馈包括了个人目标、每周挑战、奖励理想行为(如骑自行车上班或完成某项挑战)的徽章以及根据收集的徽章数量对参与者进行排名的排行榜(图 6.3;Cellina et al., 2019b)。

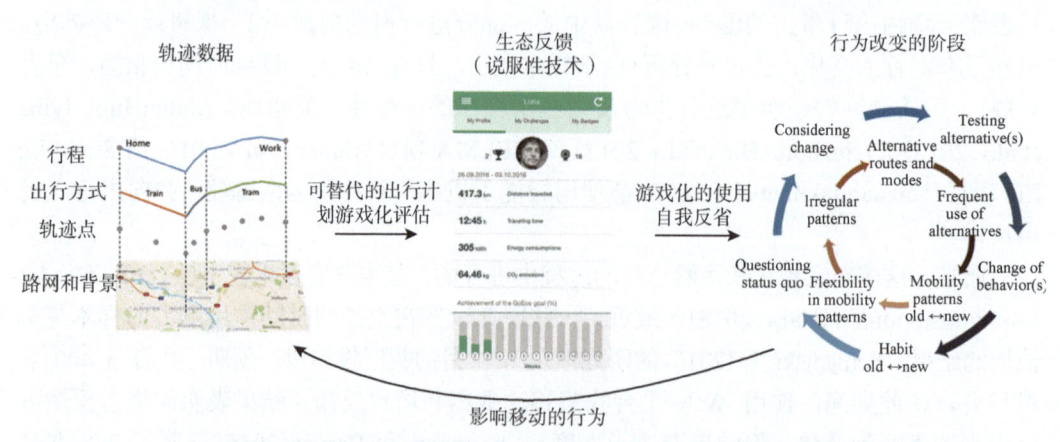

图 6.3 利用出行和移动性轨迹数据,在给出游戏化反馈的基础上对不同的移动性方案进行评估。跟踪数据再次反映出用户对反馈的理解和利用取决于行为变化的阶段

通过对长期影响的研究,我们发现乡村地区的人们在日常路线选择上发生了改变。这个发现部分归结于参与者来自苏黎世城(由于人为地给汽车司机造成了障碍,人们通

常已经是环保旅行者)和提契诺州(在那里公共交通不太发达,私人汽车是主要的交通工具)。事实上,人们在日常路线上改变他们的行为(例如,在家与公司往返)可能是因为在这些路线上有更多的选择(因为他可能不受环境的限制,比如需要开车载一家人或携带购物物品),也可能由于不需要反复寻找日常路线的替代路线(这与非日常路线相反,非日常路线每次都需要寻找合适的替代方案)。

6.5 移动决策

移动地理空间技术(mobile geospatial technologies)支持人们基于位置的决策并同时获取空间大数据,这可用于城市规划和提高城市基础设施的韧性(Heinimann and Hatfield, 2017)。基于位置的移动决策包含多种时空约束,这些约束不仅与人们在大尺度空间中的时空行为有关(Kuipers and Levitt, 1988),和他们与移动设备的交互、感知、认知和社会过程有关(Raubal, 2015)。人们经常需要在现场快速做出决定,这既需要快速访问空间内存(spatial memory)也需要即刻的系统响应。此外,手机等移动设备限制了用户的通信过程,例如屏幕尺寸的限制使得向移动中的人呈现信息具有挑战性(Montello and Raubal, 2012)。

1. 移动眼动追踪和基于凝视的交互

如前所述,新的交互模式和范例也支持地理智能,其中一个相关的是基于凝视的交互。眼动追踪技术使基于凝视的交互成为可能,它被认为是一种特别高效和直观的交互方式(Majaranta and Bullling, 2014),特别是在与空间和视觉-空间表征交互时(Kiefer et al., 2017)。在显性凝视交互中,用户通过凝视刺激物中的特定位置而触发交互;而隐性凝视交互是指识别认知状态(如地图上的搜索活动)而自动解读眼球运动。

通过眼动追踪技术追踪目光移动(gaze movements)的能力可以确定当前对特定刺激的关注点。现在已经有了远程和移动的眼动追踪设备,而且大多数都是基于视频的角膜反射系统(Duchowski, 2017)。移动眼动仪测量的是人在室外对刺激的视觉注意力,而不是在实验室里。最基本的记录被称为凝视。通常认为,凝视只有在最短的时间内几乎不动时,感知才会发生。因此,凝视常在时间和空间上聚集固定。两种凝视之间的过渡称为扫视,这是由眼睛的快速运动引起的。眼动追踪数据可用于研究认知过程,如寻路过程中的自我定位(Kiefer et al., 2014)、用于活动识别(Kiefer et al., 2013),以及作为基于凝视的辅助输入。许多眼动追踪系统允许实时数据访问,这是这种目光辅助系统的原理。

2. 基于凝视的个性化决策支持

对于人们来说,未来城市的机动性和导航将变得更加复杂。这是因为 MaaS 带来了多种交通方式的组合,且环境复杂性增加(尤其是在超大城市),以及实现可持续移动性存在多方面的决策过程。如本章所述,智慧城市环境与凝视辅助系统相结合,将为用户提供个性化的导航支持。

如今,导航指令通常以逐向导航(turn-by-turn)的形式显示在小移动屏幕的数字地图上(Hirtle and Raubal，2013)。视觉注意力在显示和环境之间的切换会导致认知负荷的增加(Bunch and Lloyd，2006)和分心，比如在繁忙的交通情况下，这些问题可以通过使用基于凝视的交互概念来避免。GazeNav(图6.4)就是一个例子，它支持基于凝视的交互行人导航(Giannopoulos et al.，2015)。Gaze(目光凝视)是用来告诉导航系统该用户正凝视的道路是否正确。使用该系统时，用户需要佩戴移动眼动追踪眼镜来捕捉当前关注的焦点。当面对具有不同选项的决策点时，用户开始检查可能的选项。当用户的目光与正确的街道对齐时，系统会自动提供反馈来传达这一点，例如通过振动触觉带，或者更有效地将其与目光信息组合(Gkonos et al.，2017)。户外环境中的实时视线跟踪系统，会使用计算机视觉方法将目光从移动眼动仪映射到地理参考视图，来实现这种个性化的基于凝视的决策支持(Anagnostopoulos et al.，2017)。

GazeNav的例子说明了新型交互方式将如何影响我们未来的时空决策，从而带来更多能促进和改善人们决策过程的个性化的信息。此外，这些技术还将提供大量的空间大数据，在这种情况下，用户行为数据可以被私人和公共部门所使用，以改善旧的服务和提供新的服务。这意味着我们的位置将与众多不同的服务共享。因此，保护与其他类型的个人信息相结合的地理隐私将成为智慧城市环境中一个更加重要的问题(Keßler and McKenzie，2018；见第32章)。

凝视输入　　　　　　　导航服务　　　　　　　环境建模

图6.4　基于凝视的行人导航

6.6　结论与展望

城市人口的移动和城市交通的不断增长导致了温室气体排放和交通堵塞的增加。在本章中，我们展示了"地理智能"(一个结合了新型空间数据源、计算方法和地理空间技术的新组合)如何利用ICT的重大进步使未来城市交通变得更加具有可持续性和个性化。一方面，新的移动分析方法(如机器学习)可应用于大量的轨迹数据和上下文数据，以便对交通网络状态进行短期和长期的预测。这将有助于优化移动系统的未来状态，并创造灵活和个性化的移动产品。本章概述了最近的移动性研究和SBB Green Class——一个多模式和节能移动性的详细案例研究。另一方面，移动模式分析将有助于检测人们的行为变化，以及他们的出行习惯和可替代出行方式带来的影响，这反过来也为更具可持续性的交通方式的发展铺平道路。可持续的城市交通将是未来减少二氧化碳排放的一个方法。我们介绍了检测和支持行为变化的方法、相关研究和通过跟踪数据分析和生态反馈，针对出行行为的变化进行具体研究的 GoEco!。最后，从用户的角度来看，人们在复杂的移动决策中也必须得到直接支持。我们提出了将移动眼动追踪作为一种新的数据源，它可以在城市导航中提供个性化的基于凝视的决策支持。GazNav 展示了基于凝视的行人导航如何通过整合目光输入、导航服务和环境代表模型来刺激人们的决策。

为了实现未来完全个性化和可持续化的城市出行，有必要在空间大数据、时空分析方法和地理信息技术这三个方面进行进一步的研究。为了全面评估特定情况并检测潜在问题的成因，在不同状态下，拥有不同来源的真实、实时数据(例如轨迹、上下文和社交媒体数据)是很重要的。绝对的数据量、数据集成和准确性问题给我们带来了巨大的挑战。从数据分析的角度来看，大多数机器学习方法都没有考虑空间自相关；因此，需要进一步研究如何使机器学习方法具有空间感知能力。此外，大多数机器学习模型都是黑盒算法，这阻碍了结果的可解释性。因此，机器学习模型的可解释性是一个紧迫的问题(Hohman et al., 2019)。最后，城市信息学领域的未来发展将继续由技术推动。我们期望新的地理信息技术能够增强城市系统的评估和预测，并为个人用户提供移动决策支持。

第7章 城市代谢

Sybil Derrible　Lynette Cheah　Mohit Arora

李伟耀（Lih Wei Yeow）

摘　要

城市代谢（urban metabolism，UM）从根本上讲是一个核算框架，其目标是量化城市资源（如物质和能源）的流入、流出和积累。本章主要目标是提供一个关于 UM 的介绍。首先介绍 UM 的简史，然后介绍执行 UM 的三种不同方法：第一种方法通过收集/估计单个流，采用自下而上的方法；第二种方法利用全国范围的投入产出数据，采用自上而下的方法；第三种方法采用混合方法。随后，为说明 UM 的应用过程，以城市型国家新加坡为例，提供了一个实际案例研究。最后讨论了 UM 当前和未来的机遇与挑战。总的来说，直到 21 世纪初，UM 的发展和应用都相对缓慢，但随着越来越多更好的数据源出现，以及全世界为了变得更具可持续性和弹性做出的努力，这种情况可能会改变。

7.1　引　言

水、电、汽油、天然气、食品、混凝土和沥青这些都是每天从城市运进运出或者在城市中消费、存储的能源和资源。跟踪这些交换和过程可能是极具挑战性的，这就是城市代谢（urban metabolism，UM）的核心。"代谢"这一术语与人体如何将摄入的营养物质转化为能量有关。定量核算（人类）新陈代谢的第一次尝试可能是在 17 世纪早期，在第一个有记载的实验中，Sanctorius（1561—1636 年）花了 30 多年的时间在一个称重椅上称量他的饮食摄入量和身体排泄，以创建一个质量平衡表。由于了解到并不是所有被消耗的东西都是直接排出体外，最终他的结论是，被消耗的很大一部分是通过皮肤不可见的汗液而流失的（Eknoyan，1999）。

量化一个城市的代谢需要类似的方法。现代形式的 UM 起源可以追溯到 1965 年，当时 Abel Wolman 在《科学美国人》（Scientific American）上写了一篇 10 页的文章，题为《城市的代谢》（The Metabolism of Cities；Wolman，1965）。作为一名卫生工程师，Wolman 的研究兴趣集中在污染方面，他认识到了解城市内部和外部的资源流动是从根本上解决问题的关键。随后，该概念在 21 世纪初变得越来越流行，这主要得益于全球可持续发展研究议程的兴起，以及确定主要能源消费者和温室气体（greenhouse gases，GHG）排放者的需要。多年来，对 UM 的理解已经发展成为三大流派：马克思主义生态学（Marxist ecology）、工业生态学和城市生态学（Newell and Cousins，2014）。马克思（Marx）将 UM 定义为对产生不均衡结果的复杂自然-社会关系的表征；工业生态学将 UM 视为材料和能源的存储和流动；城市生态学将其视为复杂的社会-生态系统。更广泛地说，UM 符合 Haberl 等（2019）定义的社会代谢领域，即"在不同时空尺度上研究社会-自然相互作用的系统方法"。

从方法论的角度来看，UM 自诞生以来已经有了显著的发展，部分原因是数据格式和可获取性的改善。从概念上讲，UM 在很大程度上仍然是一个核算框架，如图 7.1 所示，它包括水（W）、能量（E）、材料（M）和食物（F）的输入（I）、输出（O）、内部流（Q）、存储（S）和生产（P）。UM 最初专注于资源和物质，现已演变为考虑能源（除资源外）和城市内部发生的内生过程（例如，考虑城市的粮食生产和物质的内部再利用和再循环），这也是与全球可持续发展的努力相一致的。通常采用 Kennedy 等（2007）的 UM 定义，他们将其定义为："城市内发生的引起增长、能源生产、废物消除的技术和社会经济过程的总和。"

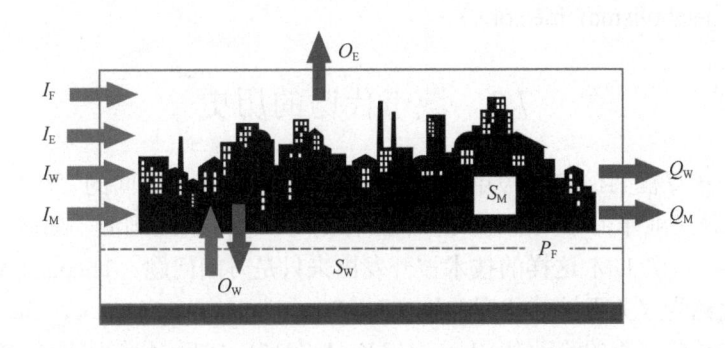

图 7.1　UM 的过程简图，说明其输入（I）、输出（O）、内部流动（Q）、存储（S）、生产（P）、水（W）、能源（E）、材料（M）和食物（F）

从方法论观点来看，遵循工业生态思维方式，UM 主要受到物质流分析（material flow analysis，MFA）的启发，例如，量化工业部门的特定材料的流动。然后可以在该方法中加入对能源流的说明，从而得到物质和能源流分析（material and energy flow analysis，MEFA）。大体上，研究城市的物质流有两种主要的方法：自下而上的方法是基于直接收集城市的流数据（例如，消耗了多少水），而自上而下的方法是基于经济投入-产出数据（例如，来自联合国国际贸易统计数据库，也称为 UN COMTRADE）。这两种技术都将在本章中介绍。此外，自下而上和自上而下数据集结合的混合使用，也促进了本章所讨论的其他几种方法的发展，它们被归类为混合方法。

归根到底，数据的可获取性是限制 UM 研究的主要因素。尽管我们已经进入了大数据时代，但 UM 涉及的流的数量如此之大，以至于数据可获取性可以说是 UM 未能更系统地应用于世界各地城市的主要原因。不过，新的数据集和新的 UM 方法可能会在一定程度上帮助解决这个问题，我们将对此进行讨论。事实上，当谈及城市信息学时，UM 拥有着核心地位，并有潜力直接为政策和设计提供信息，以帮助城市变得更可持续和更具弹性（Mohareb et al., 2016；Derrible, 2019a）。

根据本书的主题，本章的主要目的是通过以下方式对 UM 做简要介绍：
- 简要回顾 UM 的历史；

- 介绍两种计算 UM 的方法；
- 将 UM 应用于实际案例研究(新加坡)；
- 讨论 UM 的未来。

本章节的结构依次遵循这些目标。想进一步了解 UM 的信息，请读者参考几本重要的著作(本章也从中受到启发)，包括 Ferrão 和 Fernández(2013)的《可持续的城市代谢》(*Sustainable Urban Metabolism*)、Chrysoulakis 等(2014)的《理解城市代谢：城市规划的工具》(*Understanding Urban Metabolism：A Tool for Urban Planning*)、Derrible(2019b)的《可持续性的城市工程》(*Urban Engineering for Sustainability*)，以及 Kennedy(2012)的《城市代谢的数学描述》(*A Mathematical Description of Urban Metabolism*)。要想快速获得有关城市的参考资料和数据，强烈建议读者查看 UM 在线平台(https://metabolismofcities.org/)。

7.2 城市代谢的历史

作为一个核算框架，UM 被用来了解城市与其周围环境之间的"流"。随着城市规模的扩大，以及工业革命带来的污染水平显著提高——这明显刺激了郊区化的初始进程(Hall，2002)——像 UM 这样的技术被开发出来只是时间问题。Theodor Weyl 在 1894 年写了第一篇题为《关于柏林代谢的论文》(*Essay on the Metabolism of Berlin*)的文章，量化了进出柏林的营养的流动(Lederer and Kral，2015)。然后，我们可以在 Patrick Geddes 的《进化中的城市》(*Cities in Evolution*；Geddes，1915)一书中看到 UM 的一些痕迹。然而，只有当更多的数据开始被收集并变得可用时，UM 才有了更现代的形式，因此，UM 从卫生工程到 20 世纪的崛起并不令人惊讶。与数据可用性相关的问题一直是 UM 的核心。事实上，即使在他的原始文章中，Wolman 也无法计算出一个实际城市的 UM，而是估算了一个设想的拥有 100 万居民的美国城市的 UM，主要关注三种输入(水、食物和燃料)和三种输出(污水、固体废物和空气污染物)。图 7.2 是 Wolman 使用的原图，它说明了一个典型城市大量水的输入和污水的输出。

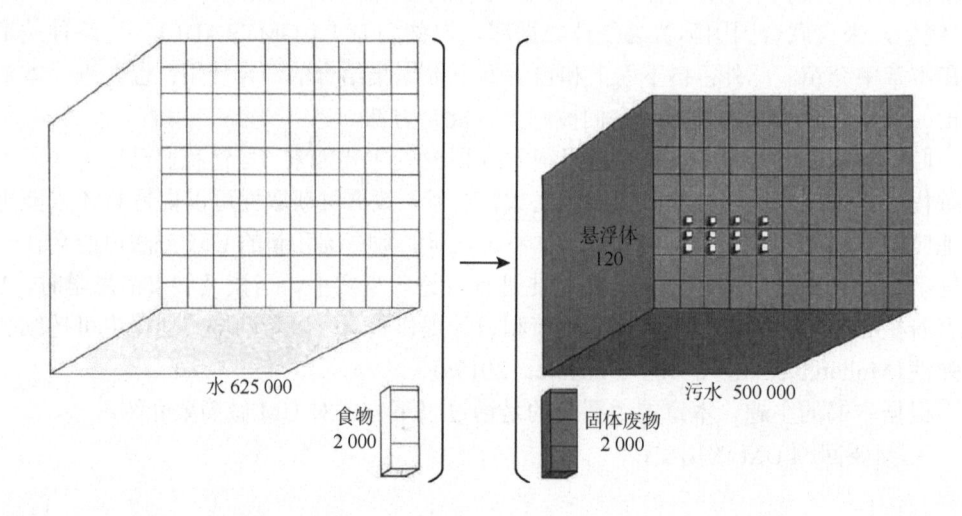

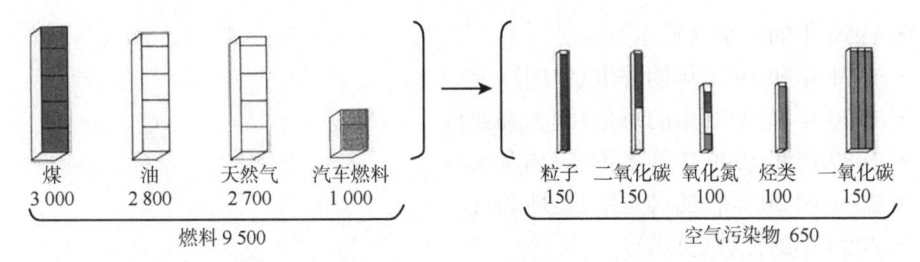

图 7.2　1965 年 Wolman 的《城市的代谢》描述了一个假设拥有 100 万人口的美国城市，重点关注水、食物和燃料作为输入，污水、固体废物和空气污染物作为输出

在所有早期的 UM 研究中，最著名的也许是 Duvigneaud 和 Denaeyer-De Smet（1977）对 20 世纪 70 年代布鲁塞尔进行的案例研究，其详尽到令人惊讶的程度。该研究的主要数据如图 7.3 所示。继布鲁塞尔研究的一年之后，1978 年，Newcombe 等（1978）计算了 1971 年香港建筑材料和成品的流入和流出量，预见了日益富裕的都市对材料和资源需求的惊人增长。Kennedy 等（2007）在他们的文章中报告了 9 个城市的 UM。

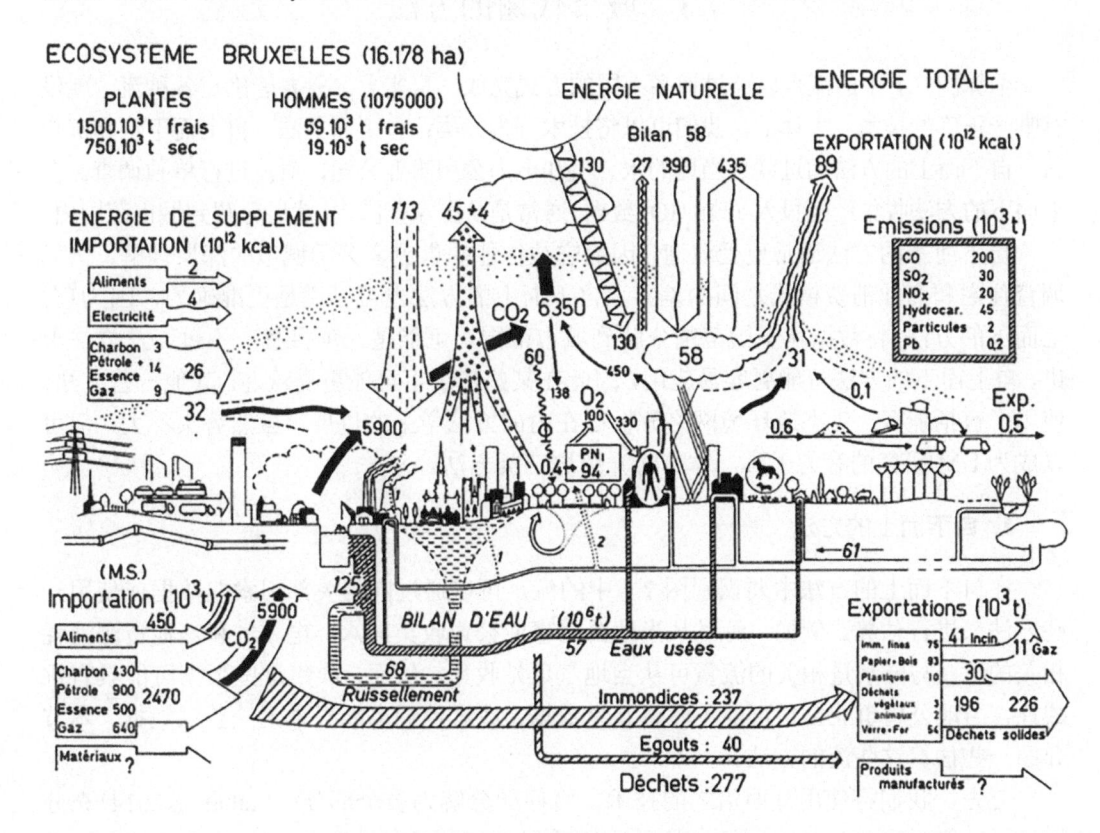

图 7.3　20 世纪 70 年代比利时布鲁塞尔的 UM
（改编自 Duvigneaud 和 Denaeyer-De Smet）

- 1965 年的美国典例（Wolman 的研究）；
- 20 世纪 70 年代的布鲁塞尔（比利时）；

- 1970 年的东京（日本）；
- 1971 年和 1997 年的香港(中国)；
- 1970 年和 1990 年的悉尼(澳大利亚)；
- 1987 年和 1999 年的多伦多(加拿大)；
- 20 世纪 90 年代的维也纳(奥地利)；
- 2000 年的伦敦(英国)；
- 2000 年的开普敦(南非)。

自 21 世纪初以来，从巴黎(Barles，2009)到胡志明市(ADB，2014)，又开展了更多 UM 研究，包括 Kennedy 等(2015)的一项特别大型研究，该项研究调查了 27 个特大城市的 UM。对大量数据的需求仍然是计算更多城市 UM 的限制因素。在下一节中，我们将回顾两种评估 UM 的标准方法。

7.3 城市代谢的方法

估算图 7.1 中的流可以通过许多不同的方式完成。事实上，只要能确定各种流，就没有唯一正确的技术。大体上，我们可以将技术分为三类：自下而上法、自上而下法和混合法。自下而上的方法通过联系当地的水、气和电力公用事业公司，对流进行单独调查。自上而下的方法收集经济投入-产出(IO)数据，通常是从国家范围内，然后分解到城市范围内。

自下而上的方法通常更受欢迎，因为它往往能提供更多关于城市的深层理解，例如调查住宅和商业消费模式之间的差异。自下而上的方法也可以说是更准确的，因为(自上而下的方法)将数据从全国范围分解到城市范围，可能是一项挑战。不过，从方法上讲，自上而下的方法可能更容易应用，因此在某些情况下可能更受欢迎。其他一些方法，使用了包括能源、生态或环境网络分析等在内的方法学上的进展，虽然势头不大，但可以成为 UM 研究的有力工具。本节将介绍这三类方法。

1. 自下而上的方法

在自下而上的方法中要识别图 7.1 中的流，可以通过向相关部门索取数据或使用一些方法来进行估算。例如，可以从当地公用事业公司收集与水、电、气和其他资源消耗相关的流。与降水量相关的流量可从当地气象站收集。然而，收集这些数据可能具有挑战性，当地公用事业公司可能不愿意共享数据，或者他们可能根本无法获取数据。本节介绍一些估算这些流的方法。

首先，我们将使用分而治之的技术，将问题分解为多个部分；Mahajan(2014)充分讨论了一般方法(与 UM 无关)。这种方法受到 IPAT 方程(最初由 Ehrlich 和 Holdren 于 1971 开发)的极大影响，可以定义为

$$I = P \cdot A \cdot T \tag{7.1}$$

式中，I、P、A 和 T 分别代表影响(impact)、人口(population)、人均财富量(affluence)和技术(technology)。本质上，最终目标是估算总能源使用或排放量〔例如，以瓦时

(W·h)为单位],并巧妙地将问题划分为单元。例如,如果我们正在查找与水消耗量相关的以升为单位的总能源使用量,我们可以通过估算人均耗水量和每升水的平均能耗来使用 IPAT 方程;就单位而言,我们得到:[W·h]= [pers]×[L/pers]×[W·h/L]。在本节中,我们将介绍四个部分:材料、能源、水和食品。

1) 材料[①]

城市是由无数材料组成的。虽然无法量化每一种进出城市的材料的流,某些特定材料仍然值得研究的。特别是,对于许多城市来说,用于建筑的混凝土和用于道路的沥青是两大巨头。就重量而言,混凝土实际上是世界上生产最多的材料,超过了石油和天然气(Ashby,2013)。在本节中,我们将看到估算这两种材料的两种方法,不过这些方法可以很容易地扩展到其他材料,如钢和其他金属。

对于建筑物,我们可以尝试将问题分为估算城市中每人可用的建筑面积 A,单位为:m^2/人;建筑的材料的密集度 M,单位为:吨/米^2(即[t/m^2])。具体地说,对于 i 型建筑、材料 m(例如混凝土)的存量 S 可根据以下公式估计:

$$S_{i,m} = P \cdot A_{i,m} \cdot M_{i,m} \tag{7.2}$$

右边三个变量的单位是[pers]×[m^2/pers]×[t/m^2],从而我们得到了一个以[t]为单位的结果(即重量)。对于道路,我们可以遵循相同的步骤,或者改用以下公式,尝试估计 A 的单位面积所占道路空间的比例,单位为:km/km^2。

$$S_{i,m} = D \cdot A_{i,m} \cdot M_{i,m} \tag{7.3}$$

式中,$S_{i,m}$ 是道路类型 i 中材料 m 的存量(stock),单位为:t;D 是城市面积,单位为:km^2;A 是道路密度(affluence),单位为:km/km^2;M 是材料强度(intensity),单位为:t/km。

以重量单位表示的结果可乘以能量或碳转换系数,例如,单位分别为[MWh/t]和[tCO^2/t]。这些转换因子可以在文献中找到。例如,Circular Ecology Group 提供了一个相当广泛的免费数据库,可以通过 https://www.circularecology.com/访问。在该数据库中,混凝土的能量和碳转换系数为 1.53MW·h/t 和 0.95 t CO_2/t,而沥青的是 696.95kW·h/m^2 和 99 kg/m^2,注意混凝土和沥青之间系数单位的不同。

2) 能源

能源的 UM 可以包括很多来源,因为几乎每一个过程都需要某种能源。在这里,我们将总能源消耗分为六种来源:建筑、交通、工业、建造、调水和废弃物,比如:

$$I_E = I_{E,建筑} + I_{E,交通} + I_{E,工业} + I_{E,建造} + I_{E,调水} + I_{E,废弃物} \tag{7.4}$$

式中,I 和 E 分别代表影响和能量。量化这六种能源可能具有挑战性,并且根据研究的范围,可能还存在其他能源。理想情况下,数据可以从当地公用事业收集。如果不可以,可以将个别能源分解成更简单的数量来估计。

建筑物的能源消耗可以分为供暖、制冷、水加热、照明和电器的能源使用。建筑物

---

① 这里将 materials 译为材料。因为这里关注城市中更具体的材料,所以不采用更笼统的"物质"一词。——译者注

中大约50%的能源用于空调(供暖和制冷),大约20%用于水加热,尽管这些数值变化很大,特别是随着气候的变化。在美国,这四个子类的数据可从能源部获得。Derrible(2019b)的书中也有其他的策略。对于交通,我们需要知道消耗了多少化石燃料,并将其转化为能源/排放,或者需要估计每类车辆(如汽车和公共汽车)的平均行驶距离,并将其乘以能源转换系数。一般需要进行当地调查来估计每类车辆的行驶距离,尽管全国性的调查也有帮助。在美国,全国家庭旅行出行调查提供了全美出行模式的数据,并且环境保护署(EPA)提供了出行距离与碳排放之间的经典转换系数。

对于工业和建筑业来说,流甚至更难估计;这时,自上而下的方法可能会提供一个替代方案。对于供水,能源的使用根据几个因素有很大的不同,包括一个城市的地形(比如,丘陵与平坦地形)。Chini和Stillwell(2018)收集并建设了一个美国的大型数据库。其他值可在文献中找到。我们必须要注意,因为文献中的一些值可能会考虑到供水系统的整个生命周期(例如,包括水处理厂和供水系统的建设、运行和处理),而其他许多数值则不会。

对于废弃物,首先必须估计产生的废弃物的重量(例如,以千克/年为单位)。城市规模的数据能被获取到的很少,但许多国家提供的其国内人口平均估计数值也是可用的。世界银行也编制了一个重要的数据库(Kaza et al., 2019)。更困难的是要弄清楚有多少垃圾被回收、焚烧和填埋。然而,一旦实现,EPA的Waste Reduction Model(WARM)已经为不同的处置策略提供了碳排放强度值。此外,一些研究还包括自然能量输入,如从太阳接收的能量(这包括在图7.3中)。Kennedy(2012)提出了一个方程,需要时可以参考。最后,一项UM研究中涉及的能源取决于研究的范围。

3)水

正如Wolman在他的研究中已经说明的那样,水是一个城市最大的进口资源之一,水的使用往往包括在UM的研究中。此外,虽然与用水有关的能源消耗和碳排放往往相对较少,但水对发电(即水-能源耦合关系)和农业灌溉(即粮食生产)来说是必不可少的。在UM框架内监控水流通常是可取的。

一般来说,一个城市的整体水量平衡可以用七个变量来表示,公式如下:

$$I_{W,precip} + I_{W,pipe} + I_{W,surface} + I_{W,ground} = O_{W,evap} + I_{W,out} + \Delta S_W \tag{7.5}$$

式中,$I_{W,precip}$为降水自然流入;$I_{W,pipe}$表示管道流入;$I_{W,surface}$表示地表水净流入(如溪流);$I_{W,ground}$表示地下水净入流;$O_{W,evap}$为蒸散损失;$I_{W,out}$为管道流出;ΔS_W表示城市储水量的年度变化,通常接近于0,除非地下水水位发生变化,例如,由于过度抽水。

在式(7.5)中,有四个变量是水文变量(降水、地表水流入量、地下水流入量和蒸发量),在大多数地方都可以从当地气象站获得。管道流入量与用水量直接相关。管道流出量与用水量雨水管理均有关。管道流入量往往与用水量相匹配,并考虑到消耗和损失(例如,泄漏造成的损失)。然而,在没有足够数据的情况下,估计用水量可能是一项挑战。这是因为不同城市的渗漏率可能相差很大,从美国一些城市的6%到里约热内卢等地方的50%不等(Derrible, 2019a)。对于用水量,Kennedy(2012)提出了一种基本需求和季节需求的方法，Derrible(2019b)重现了这种方法。理想情况下，可以从水处理厂收集水表数据，因为它包括消耗和泄漏。

管道流出物可分为三种类型：卫生污水、雨水和渗透污水（来自渗入下水道系统的地下蓄水层）。卫生污水直接来自用水，尽管两者的数量并不相等，因为有些用水通过渗漏流失，有些蒸发，还有一些根本不进入卫生污水系统（如灌溉草坪）；例如，Kennedy(2012)发现，多伦多有 20%～25%的用水没有进入废水系统。同样，这里的数据可以从当地的污水处理公司获得。雨水和废水主要包括在强降水期间进入下水道系统的地表径流。当地的污水处理公司可能也有一些这方面的数据，这取决于污水处理系统是合并的还是分隔的。雨水流量的估计也可以通过建模产生，例如，使用自然资源保护局曲线数值模型(natural resources conservation service curve number model)。渗入的废水流量很难估计，可能可以忽略不计。

4）食物

从历史上看，食物作为一个特定的部分，很少被纳入 UM 的研究。尽管如此，关注能源和水的 UM 研究往往包括用于准备和处理食物的能源和水的数量。此外，收集食物方面的数据可能更加困难，但我们仍然可以想办法估计与食物有关的 UM。首先，这里的食物包括固体食物和液体食物。例如，包装饮料就可以算在这里。与食物有关的用水，如厨房用水 $I_{W,Kit}$ 也可以包含在这里，但如果它已经被包含在 UM 与水相关的部分，我们应该注意不要重复计算它。

此外，食物既可以进口(I_F)，也可以在城市内生产(P_F)。在输出侧，食物废物($O_{F,FW}$)既可以被填埋处理，也可以被回收利用（如堆肥）。我们还可以计算通过蒸腾和蒸发所损失的碳和水($O_{F,Met}$)（这里 MET 代表新陈代谢），以及在下水道中处理的水 $O_{F,S}$（除非它在与废水有关的 UM 部分被计算过）。最终，我们得到食物的 UM 方程如下：

$$I_F + P_F + I_{W,Kit} = O_{F,FW} + O_{F,Met} + O_{F,S} \tag{7.6}$$

根据研究的范围，式(7.6)中的全部或部分变量可能是可得的。特别是，可以从货运数据来源获得粮食进口和出口量。估计其他变量可能更有挑战性。在单位方面，食物通常以吨为单位表示，但只要有适当的转换系数，也可以用瓦·时或焦耳的能量来表示。上面就是我们在本节中要讨论的全部内容，但是可以想象到有更多的方法和技术可以自下而上地研究 UM。现在我们将切换另一种概念方法，通过自上而下估计流来研究 UM。

2. 自上而下的方法

自下向上的 UM 核算方法往往是耗时且数据密集的。作为一种替代方法，大多数国家都保存着整个经济范围内的资源进出口和生产数据，这些数据可以用于 UM 评估。自上而下的方法主要得益于聚合形式的相关数据的可用性。通常情况下，对经济范围内的 UM 的洞察力可以成为影响国家或地区范围内的致力于可持续性的有力工具。此外，自上而下的方法往往更容易实施，并依赖于国际数据集，这有助于进行时间序列评估，以跟踪一段时间内的进展情况。本节首先介绍自上而下的全国经济范围内物质流动核算的历史演变；其次讨论资源类别、数据源以及根据 UM 研究范围和边界可供选择的核算方法。

1）一般方法

经济系统（economy-wide，ew）中的物质流分析(material flow analysis，MFA)揭示了一个地区的社会经济代谢。虽然本节提供了一种经济系统物质流分析方法(ew-MFA)，但通常只进行部分核算，包括材料和商品以及流入和贸易，或某些组合的流出。如图7.4所示，ew-MFA旨在评估国民经济的总体物质投入、经济系统内的物质存量变化，以及对外部环境和经济的物质的产出(Krausmann et al.，2018)。这样的工作旨在用物理量来描述社会经济活动的总规模。虽然在20世纪90年代，奥地利、日本和德国启动了对ew-MFA的初步研究，但引领全球比较ew-MFA方法的功劳往往归功于Matthews等(2000)的一项开创性研究。他们评估了五个国家(即奥地利、荷兰、德国、日本和美国)从1975年到1996年的全面质量平衡的物质流，并制定了物质流指标。

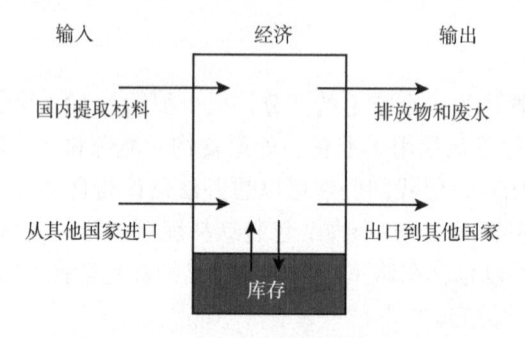

图7.4 经济系统物质流分析的总体框架
来源于Eurostat(2001)和Krausmann等(2018)

同样，为了统一方法细节和指标，欧盟统计局在2001年发布了《经济系统物质流核算和衍生指标：方法论指南》(Economy-wide material flow accounts and derived indicators：A methodological guide；Eurostat，2001)，该报告多年来不断发展(Eurostat，2018)，在ew-MFA中仍被广泛采用。关于执行ew-MFA的步骤，读者可以参考Krausmann等(2018)制定的综合指南。

ew-MFA的基本概念遵循质量平衡原理，以吨/年(即t/a)为单位，其中：

$$输入 = 输出 + 添加到库存 - 从库存移除 = 输出 + 库存净变化 \qquad (7.7)$$

典型的物质流分析方法涵盖70多种物质，汇总为四种物质类别，即生物质、金属矿石、非金属矿物和化石能源载体。就社会的生物物理基础而言，这四大类物质满足了社会经济代谢的所有物质和能量需求，如食物、饲料、能源、住房和基础设施，包括所有人工制品。水和空气通常不计入这四大类物质，不包括水分等质量平衡项目。

表7.1定义了对经济的投入和产出以及社会存量的主要物质流分析参数。最常见的是，ew-MFA考虑的是直接流，它被定义为跨越系统(国家)边界的流。主要的直接物质流的类别包括国内提取(domestic extraction，DE)和输入侧的进口，以及输出侧的出口和国内生产输出(domestic processed outputs，DPO)的废物和排放。DPO包括物质加工、制造、使用和最终处置过程中产生的所有废物和排放。其中，最终没有被用于生产

表 7.1 MFA 参数和定义

参数	定义
国内提取(DE)	来源于自然环境的固体、液体和气体原料的得到利用的提取物(不包括水和空气)
进口，出口	所有以重量(如吨)计算的进口或出口商品。贸易商品包括所有加工阶段的商品，从基本商品到高度加工的产品
库存	社会的物质结构：人类、牲畜和制造资本
生产的资本	所有使用中的人工品(建筑、基础设施和耐用品)
NAS	存货净增加量；库存的年度变化
DPO	国内废物和排放的加工产出，包括有故意使用的材料(如肥料)
DPO*	DPO 不包括氧和水的平衡流(即 DPO 中被包含在 DE 中的部分)
平衡流	燃烧过程吸收的氧以及人类和牲畜呼吸过程中吸收的氧气和水
代谢率	人均材料消耗
物质消耗强度	单位国内生产总值的物质消耗

或消费的流或者间接流被忽略。由于一个经济体的直接流的流入和流出，存量存在净变化，在评估实际增长时将其考虑在内。所有以制造资本和废弃或拆卸的人工制品形式积累的物质导致库存净增加(net addition to stock，NAS)，根据总体平衡，这种净增加可能是正的或负的。负的 NAS 在增长的城市和国家经济中是罕见的。

对于 ew-MFA 的质量平衡性质，必须考虑物质加工和转化过程中所需的水和空气流。这些流被归类为输入和输出端的平衡项。这些可能包括呼吸作用的水蒸气、化石燃料燃烧所需的氧气，以及被捕获或转化为商品(如化肥)的大气气体。这些平衡项可以用化学计量方程计算出来。根据这些材料流的类别，可以通过以下方式得出某一年度的全国材料平衡：

$$DE+输入量+输入平衡量=出口量+DPO+输出均衡项+NAS \tag{7.8}$$

在社会经济代谢中，物质流代表了一个经济体对环境的压力。这些压力可以通过汇总的物质流指标来衡量，这些指标反映了所研究系统的社会经济可持续性。直接物质投入(direct material input，DMI)衡量所有具有经济价值并用于生产和消费活动的物质的直接投入。国内物质消费(domestic material consumption，DMC)为经济提供了所有的物质投入，这些物质注定要被消费，并最终作为废物释放到环境中，代表了国内生产废物的潜力。实物贸易差额(physical trade balance，PTB)是指进口减去出口的差额。这些指标的数学定义如下：

$$DMI = DE+输入量 \tag{7.9}$$
$$DMC = DE+输入量-输出量 \tag{7.10}$$
$$PTB = 输入量-输出量 \tag{7.11}$$

在进行跨国比较时，物质流指标需要采取适当措施以说明规模上的差异。总的来说，物质效率是通过 DMC 与 GDP 的关系来评估的。将 DMC 与 GDP 之比定义为物质消耗强度，将 GDP 与 DMC 之比定义为材料生产率。物质流与土地总面积的比率衡量物质经济对其自然环境的规模。DE 与 DMC 的比率衡量物质经济对国内原材料供应的依赖程度。进口或出口与 DMI 的比例衡量物质经济的进口或出口的贸易强度。

2）数据源

有很多数据来源可以满足执行 ew-MFA 所需的数据要求。例如，收集流入、流出或国内提取的数据。国家统计数据和数据库由于其直接收集机制而成为主要和最可靠的数据来源。也存在多个国际数据库，其数值在不同国家和商品之间是统一的。特别是，联合国国际贸易统计数据库（United Nations international trade statistics database，UN COMTRADE）仍然是国际贸易方面最全面的数据集之一，它提供进出口商品的货币和数量数据。该数据集可以与 MFA 计算表相对应，完成关注生物质、金属、化石或非金属矿物等的 MFA 实践。此外，联合国粮农组织（Food and Agriculture Organization of the United Nations，FAO）维持着所有生物质生产和贸易的粮农组织统计数据库，该数据库更为详细和可靠。

表 7.2 提供了各种物质类别的主要数据来源。需要强调的是，这些数据来源在时间尺度（1917～2018 年）和地理范围（从几个国家到全世界）上差异很大。此外，其他数据来源包括科学研究、报告和调查，这些来源在某些案例下可能非常有用。

表 7.2　世界经济物质流的主要数据来源

物质	流	主要来源
生物质（食品、纸张、木材、木材和产品等）	生产、进口、出口、消费	FAO、UN COMTRADE
金属（钢、铝、铜等）	生产、进口、出口、消费	世界钢铁协会 铝业协会，英国 美国地质调查局 UN COMTRADE、联合国工业商品统计年鉴
非金属矿物（沙、砾石等）	生产、进口、出口	联合国工业商品统计年鉴，美国地质调查局
水泥	生产、进口、出口、消费	CEMBUREAU、UN COMTRADE、联合国工业商品统计年鉴
沥青	生产、进口、出口、消费	国际能源署（IEA）
化石材料及石油产品（煤、原油及成品油、天然气等）	进口、出口、消费	国际能源署、联合国贸易署

对于数据集有限的国家，多年来的一些学术研究使人们对社会经济代谢有了全面的了解，从而产生了重要的数据集。UM 研究和工业生态社区的持续努力也带来了数据库的建立，例如德国弗雷堡大学的工业生态数据库（https://www.database.industrial-ecology.uni-freiburg.de/），联合国环境规划署的 MFA 数据库（https://www.resourcepanel.org/global-material-flows-database，https://www.materialflows.net/）和欧盟统计局 MFA 数据库（https：//ec.europa.eu/eurostat/web/environment/data/database）。

在某些商品或国家的数据质量较差的情况下，可以组合各种数据集。用合并数据集进行 UM 评估时，应遵循适当的验证过程。例如，国内初级资源开采的数据，如采矿活动和粮食、蔬菜生产，理想情况下应该用国家统计数据加以验证。非金属矿的消耗数据可以用水泥和沥青的消耗数据来验证。同样，金属矿石总产量可以从采矿业中的金属产量和矿石等级数据估计出来。这样的做法有助于确保物质流的质量平衡。现在我们转向 UM 研究的混合方法。

3. 混合方法

根据 MFA 研究的范围和边界，贸易商品的原材料当量(用于生产商品的所有材料)可以基于生命周期评估(life-cycle assessment，LCA)、环境扩展投入产出模型，或两者相结合来计算。这对估计基于消费的指标特别有用，如一个经济体的物质足迹。多区域投入产出模型(multiregional input–output，MRIO)已被最广泛地应用于基于货币投入和产出的部门级别的实际物质流解析。在考虑全球加工链和贸易的同时，可以根据一个部门的经济和结构货币信息，将物质开采的物理量分配给最终消费的产品；不过，也存在挑战(Krausmann et al.，2017a)。

为了估计材料和物质存量，学者们已经开发了具有不同时间、部门和空间分辨率的若干扩展。在方法上，它包括自上而下和自下而上的静态或动态存量评估模型。存量评估的基本概念取决于已建存量的使用寿命和存量更新率，这是对基础设施、建筑物、道路网络和车辆等存量建筑物及其附属设施的估计(Fishman et al.，2014；Krausmann et al.，2017b)。地理信息系统和基于卫星的成像等技术使得对存量和资源流的测量取得了各种进展。此外，混合方法结合了自下而上和自上而下的方法来评估城市的 UM。从生态系统的角度来看，能值(emergy)和生态网络分析(ecological network analysis，ENA)的应用引起了人们更大的兴趣。

能值的使用起源于 20 世纪 50 年代，是由 Odum 兄弟在地球生态的能量基础上所做的开创性工作。Hau 和 Bakshi(2004)认为，能值分析"提供了一个以生态为中心的生态和人类活动的观点，可用于评估和改进工业活动"。这种方法从根本上是基于这样一个原则，即太阳是地球上所有生态和经济活动的主要能量来源。它将潮汐能和深层地热视为地球上额外的非太阳能能源，并将它们转换成一个可以相加的能源质量矩阵。因此，制造或提供任何或所有的产品和服务所需的所有直接或间接能源都可以用太阳能当量来表征。因此，能值是根据履行某种功能或服务所需的能量来估算的，太阳能是唯一的能量来源(Odum，1996)。作为一个科学单位，能值以太阳能体现的焦耳表示，缩写为 [Sej]。为了解释能量从高质量到低质量或转化为热能的过程，人们提出了"太阳能转化率"的概念。太阳能转化率，作为能源质量或转换的衡量标准，被定义为制造一个焦耳(J)的服务或产品所需的太阳能能量(以[Sej/J]衡量)。在数学上，

$$M = \tau \cdot B \tag{7.12}$$

式中，M 是能值；τ 是转化率；B 是可用能量。

这个等式提供了一种估算商品、资源和服务的能值的便捷方法。Odum 开创对大多数投入的转换率的估算，在撰写本章时，研究仍依赖于 Odum 的矩阵来估算能值。输入到地球的总能量可以由太阳照射能、潮汐能和地球深层热能的总和得出。为了估算生态和代谢压力，能值估算可以从行星层面到产品或城市层面进行。为了将经济活动和生态系统活动整合起来，可以根据一国的总能值及其国内生产总值来估算经济投入的能值，从而可以进行客观的比较。这种方法背后的热力学严谨性，将生态贡献纳入经济活动，

以及基于单一测量单位的客观比较的便利性是其主要优势。关于详细的方法，读者可以参考 Odum(1996)。作为一种不同的方法，一些研究已经通过生态网络分析及其变化，对自然-社会相互作用的复杂性进行了建模。这种方法在不同行为者之间发展了 UM 网络，并将可能的转换过程分配给流(Fath et al., 2007)。与线性关系相比，网络分析能够捕捉到各种利益相关者和流之间更真实的互动关系。然而，网络仿真中涉及的复杂性和假设主要受数据限制。该方法已经发展到能够捕捉 UM 活动的完整动态。UM 网络的范围和界限因碳排放、污染物、能源、材料、营养物质和其他物质的不同而不同。最后，一些研究将网络分析与能值和 MFA 相结合，为北京和维也纳等城市提供了稳健的可比结果(Chen and Chen, 2012；Zhang et al., 2009)。作为一个实际案例，我们现在来看看新加坡的城市代谢。

7.4　个案研究：新加坡的代谢

新加坡具有独特的特点，使其成为展示 UM 方法论的良好案例。2016 年，这个位于东南亚的小而密集的城市型国家在 720 km^2 的土地上居住着 560 万人口，其大部分物质、食物和能源需求都靠进口。与其他许多城市不同，新加坡有明确的国家和城市边界，彼此重合(Abou-Abdo et al., 2011)。因此，所有进出该城市的流都被归类为国际贸易，并在新加坡高度管制的入境口岸有详细的记录。此外，新加坡的水流量由公用事业委员会(Public Utilities Board, PUB)高度管理，使得核算相对容易。雨水和用过的水被收集在"独立的雨水和卫生下水道系统"(Irvine et al., 2014)，这些系统将雨水和地表径流引入河流和水库，将用过的水引入水处理厂(Tortajada et al., 2013)。配水网络非常强大，"没有非法连接，而且所有的水接口都有计量表"(Tortajada and Buurman, 2017)。

从物质流的角度研究新加坡的 UM 始于 Schulz(2007)，他利用实物贸易流和其他数据来源进行了 ew-MFA，如上节所述。从 1962 年到 2003 年的 41 年间，生物物质、建筑材料、工业矿物、化石燃料以及半成品和最终产品的流被分析出来。该研究发现，DMC "仍然与经济活动密切相关"，与新加坡自独立以来的大规模经济增长同步上升。Chertow 等(2011)将这项工作延续到 2000 年、2004 年和 2008 年，并将流范围扩大到包括排放、废物和回收。作者发现，人均 DMC 在 14 t 到 55 t 之间有很大差异，这主要是由建筑矿物进口的变化造成的。新加坡的其他 UM 研究包括对磷流的分析(Pearce and Chertow, 2017)，以及住宅建筑中混凝土和钢材的库存和流(Arora et al., 2019)。除了物质流的分析，系统动力学也被用来研究城市资源流(Abou-Abdo et al., 2011)和水(Welling, 2011)，而 Tan 等(2019 年)则使用有效能(exergy)和生态网络分析来研究新加坡的资源有效性。

作为 UM 方法的例证，本节采用更简单的自上而下方法来估计 2016 年新加坡的 UM，因为作为一个城市型国家，国家数据不需要按城市规模进行分解。研究使用了广泛的数据来源，如联合国商品贸易统计数据库(COMTRADE)的国际贸易统计数据、联合国粮农组织、国际能源署(International Energy Agency, IEA)和新加坡统计局的数据。这些数据源报告的实际流被合并和调整以实现质量平衡。根据这些平衡的流，计算出关键的代谢指标，如 DMI 和 DMC(Eurostat，2001)，并与 1965 年新加坡独立期间的相同指标进行比较(Schulz，2007)。

图 7.5 显示了 2016 年新加坡经济的材料流。总共进口了 2.703 亿 t 的材料，其中大部分是化石燃料(1.872 亿 t，69%)；其次是非金属矿物(0.65 亿 t，24%)，主要用于建造建筑物和基础设施，如 9 308 车道公里（lane-kilometer）的公路网(Government of Singapore，2019)。作为一个主要的石油贸易和炼油中心，它进口的大部分化石燃料都是以原油的形式，通过交易或提炼成其他石油产品进行出口(160.8 万 t)。作为一个没有自然资源、可再生能源选择有限的小岛(NCCS，2019)，新加坡 95%的电力是由进口天然气燃烧产生的。还有一小部分能源来自太阳能发电及垃圾发电设施，这些设施通过焚烧垃圾产生能量(MEWR，2019)。在 2016 年消费的 48.6 太瓦时的电力中，制造业所占份额最大(38%)；其次是商业和服务业的企业(36%)，以及家庭(16%)(Singstat，2019)。2016 年，炼油、发电和 956 430 辆机动车(其中大部分使用化石燃料)总共排放到空气中的温室气体(二氧化碳当量)为 5 150 万 t(MEWR，2019)。

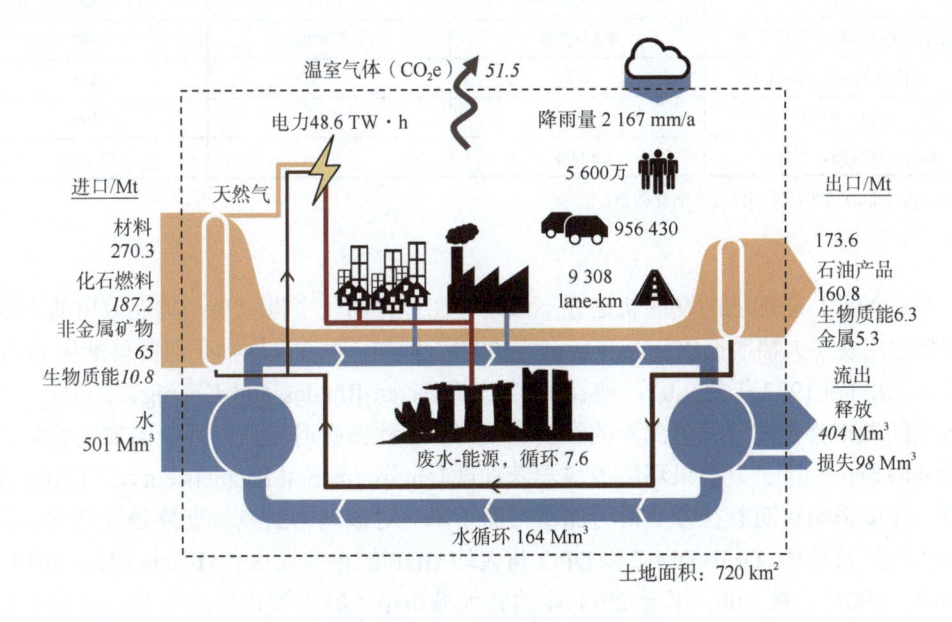

图 7.5　2016 年新加坡的新陈代谢

图中显示了主要的物质流(单位：10^6 t，Mt)、水和能源以及几个关键的统计数据。水流量、循环利用和温室气体排放数据来自 MEWR(2019)。Singapore skyline by Kiraan on VectorStock

新加坡人均可再生水资源总量(total renewable water resource，TRWR)为 105.1 m^3/a，被认为面临绝对的缺水问题(Food and Agriculture Organization，2014，2019)。尽管新加坡仅位于赤道以北 1°，每年的降雨量超过 2 000 mm(weather.gov.sg 2019)，但其面积小，几乎没有足够的集水空间来满足其用水需求。新加坡历来依赖其最近的邻国进口水，因此在水循环(当地称为 NEWater)和海水淡化方面进行了大量投资，以"关闭水循环"(PUB，2016)，实现水资源的自给自足。对水循环的投资导致了大量的二次供水，占送至终端用户的所有水的 25%以上。

表 7.3 显示了新加坡 UM 自 1965 年独立以来到 2016 年的增长情况。除了 DE（相对于其他指标而言几乎消失了）之外，2016 年所有其他指标都增长到 1965 年数值的 5~7 倍，其中进口增幅最大，从人均 6.8 t 增至 48.2 t。化石燃料一直是新加坡进出口的主要组成部分，尽管化石物质在总出口中所占的份额有所增加，而进口则相反。这些代谢指标显示了新加坡物质流的惊人增长，这与新加坡从一个以农业为主的经济体崛起为一个拥有制造业、炼油业和服务业的全球性经济体同步发生。

表 7.3　1965 年至 2016 年新加坡 UM 指标比较　　　　（单位：t/人）

指标	1965[a](Schulz, 2007)	2016[b]	%-change
进口	6.8	48.2	609
化石燃料（占总量的百分比）	4.9(72%)	33.4(69%)	582
国内提取（DE）	1.4	0.07	−95
直接物料输入（DMI）	8.2	48.3	489
出口	5.0	31.0	522
化石燃料（占总量的百分比）	4.3(87%)	28.7(93%)	567
国内材料消耗（DMC）	3.2	17.3	441
人口/10^6 人	1.89	5.6	196
人均 GDP（S$，2015 年）	5 804	77 754	1 240

a 根据 Schulz(2007)发布的数字估算的值；
b 本研究。

尽管如此，新加坡的发展轨迹并不孤单。在过去的一个世纪里，其他城市的人均物质消费也出现了大幅增长（Kennedy et al.，2007）。例如，香港人均物质消费总量从 1971 年的 2.9 t 增加到 1997 年的 7.0 t，增长了 141%（Warren-Rhodes and Koenig，2001）。当世界各地的城市都在发展并达到新的经济高度时，这种物质消耗强度不断增加的趋势是否会无界限地持续下去？如果环境库兹涅茨曲线（environmental Kuznets curve，EKC）理论成立，环境影响将随着社会变得更加富裕而下降。对该理论的经验支持是混合的。在富裕的工业经济体中，DMI、DMC 和 DPO 与人均 GDP 的相关性很差（Fischer-Kowalski and Amann，2001），在 2001 年至 2011 年的特大城市中，特大城市的用水和固体废物生产的相关性也同样很差（Kennedy et al.，2015）。另一方面，后者发现能源消耗的增长速度是经济增长速度的一半，伦敦甚至在 GDP 增长的同时降低了人均电力消耗。回到新加坡的例子，从 1965 年到 2016 年，DMC 的增长率不到 GDP 增长率的一半（表 7.3）。此外，Abou-Abdo 等（2011）提出的证据表明，新加坡的人均用水量遵循 EKC，在 20 世纪 90 年代初达到峰值，为 115 m³/人，城市总收入约为 3.4 万新元。

城市的物质足迹是其新陈代谢的直接结果；回想一下 Kennedy 等（2007）的定义："技术和社会经济过程的总和"，分析进出城市的物质流和能量流，让我们得以窥见维持城市运转的发动机的引擎。这些流也成为我们城市的印记，反映了过去和现在推动其持续增长和适应的独特环境。

7.5 城市代谢的应用、挑战和机遇

对城市新陈代谢(UM)的研究已被考虑用于城市规划和城市基础设施规划的目的。对城市资源存量和流交换的研究为城市系统分析提供了一个视角,并为理解城市自给自足、效率和弹性提供了潜力。UM 的优点在于考察资源需求、可用性、变化速度和积累。它提供了对维持增长所需的来源(流入)的理解,或对城市调节流、吸收或处理废物和捕获排放能力的理解。UM 作为一种交流工具,也可以用来传达城市内的资源消耗,反映出增长的局限性。许多城市实际上都是资源汇集型,经常积累物质储备,并需要不断地流入。虽然 UM 的研究有助于剖析城市系统的过去和现状,但除了初步评估之外,许多 UM 的研究并没有提出可操作的建议。针对 UM 的一个主要批判是,由于它从根本上提供了资源存量和流动的回顾性观点,它必须与其他方法相结合,以考虑实现资源效率的机会。因此,UM 的研究对问题提供了诊断,但并不能给出相应的解决方案。John 等(2019)发现,221 项 UM 的研究中三分之二遵循以问题为导向的方法来表征系统的代谢并了解风险,而不是寻求解决挑战的方法。

UM 的这种局限性在一定程度上是由于其系统视角,它掩盖了城市中发生的许多复杂交互,这些交互目前还无法被充分捕捉。因此,它对哪些行为者在推动流、流发生的地点以及基本的使用和消费模式缺乏可见性。如果不了解资源流动的原因和驱动力,就很难提取具体的基础设施系统、控制杠杆的细节和考虑如何管理,更不用说优化了。因此,许多 UM 学者强调,需要将实践领域从核算、评估和报告推进到对设计、优化和决策的指导。

一些研究提出了将 UM 与可持续设计的概念相结合的方案,以便将评估转化为实际的城市设计和规划。这方面的例子包括:

- 欧洲 BRIDGE 研究项目(2011)开发了一种基于 GIS 的决策支持 UM 评估工具,用于评估城市规划备选方案。该研究团队强调,UM 需要专注于局部尺度。
- González 等(2013)使用 UM 来评估城市规划备选方案的可持续性影响,如建筑类型或交通和基础设施发展的位置。
- Thomson 和 Newman(2018)探讨了澳大利亚珀斯市不同城市形态对资源流入以及废物和排放流出的影响。
- Han 等(2018)在对一项不同特大城市的 UM 的比较研究中,考虑了城市的产业结构,提出追求服务业而不是制造业可以让城市实现绿色增长的观点。

随着该领域的发展,我们预见到 UM 在进一步应用中的四个挑战:

(1)如前所述,除非在 UM 中充分描述城市内部流,否则很难将研究结果转化为干预措施。Pincetl 等(2012)建议将代谢研究与推动其动态发展的行为者联系起来。他们还强调需要考虑城市内部的政治、经济和社会进程,以更好地理解可能的变化的复杂性。其目的是更好地理解"支配流和模式的社会经济和政策驱动因素"。

(2)流经城市的能源和物质的数量或质量可能既不总是那些被关注的度量标准,也不一直是至关重要的。推动资源消费的力量是对这些资源所产生的服务的需求,或者说

是获得的效用。需要获取派生服务的价值，而不仅仅是资源的数量。Carreón 和 Worrell(2018)主张在 UM 研究中考虑能源服务及其驱动因素。

(3) UM 的研究仍然受到高质量数据可用性的高度限制。大多数现有的 UM 研究涵盖了一组有限的资源——物质(尤其是金属)、能源、水和营养物质。分析通常也局限于单一的时间周期(如一年)。此外，Currie 和 Musango(2017)强调，鉴于其他地方缺乏数据，UM 研究通常仅限于发达国家的城市。

(4) 虽然已经有人尝试在城市间进行 UM 的比较研究(包括 Currie and Musango, 2017; Han et al., 2018)，如果没有一个标准的方法，通常很难进行。Beloin-Saint-Pierre 等(2017)指出评估方法缺乏一致性。Zhang 等(2015)建议建立"一个多层次的、统一的、标准化的体系，以支持创建一致的清单数据库"，从而指导比较分析。即便如此，鉴于数据集的不同和经常缺失，协调统一的工作可能仍然具有很高的挑战性。

尽管有这些挑战，我们还是看到了相关的机会，可以从几个方面推动这个领域的发展。最主要的是，新的数据来源越来越多，可以更好地研究城市系统。这使得分类 UM 在更精细的时间分辨率下运作、在空间上明确以及整合相关的信息来源。在遍布的传感设备和改进的通信技术的支持下，建筑、地区甚至城市层面的时间序列数据越来越多，例如实时用电、个人移动模式、用水和管理工具。随着分析时间尺度的缩短，有可能更仔细地监测和跟踪资源消耗。应及时了解变化率，以便更好地了解影响的时间尺度和潜在的干预措施。在这个方向上，Shahrokni 等(2015)提出了他们所称的智能 UM，它能够将 UM 概念与信息和通信技术(ICT)、智慧城市技术相结合，从而为城市规划师实现用户生成数据的自动收集、实时分析和反馈。

绘制资源流图以进行空间更加明确的 UM 分析，是另一个潜在的发展领域。通过超越标量，可以理解城市内部流的方向和分布。影响来自于驱动资源需求的活动的空间分布性质，从而产生了流动。然后，规划者可以考虑土地利用或基础设施位置决策的资源效率影响。Voskamp 等(2018)还建议采用更精细的时空分辨率来监测能源和水的流动，并认为这对于制定干预措施以优化资源流动是必要的。此外，还有机会在分类层面整合不同类型的信息，以评估 UM。相关的信息来源和工具包括供应链数据(例如，来自企业资源规划系统的交易数据)或建筑信息模型(BIM)数据。研究人员甚至使用了卫星和夜光图像(Xie and Weng, 2016)、GIS 工具(Li and Kwan, 2018)和货运调查(Yeow and Cheah, 2019)来更好地研究 UM。

此外，有关不同资源的数据可以被融合或整合，使分析人员更好地了解不同资源流之间的相互依赖和关系，而不是单独审查单个资源。探讨水消耗和能源使用之间的相互作用(水-能源耦合关系)，或将资源需求与城市活动联系起来，有助于整体政策决策和综合资源管理。Hamiche 等(2016)对水-能源耦合关系进行了回顾，揭示了水和发电之间的复杂联系。Movahedi 和 Derrible(2020)研究了纽约市大型建筑中水、电、气消耗之间的相互关系。图 7.6 显示了美国能源部开发的描述 2011 年美国水和能源流相互联系的混合桑基图(Bauer et al., 2014)。

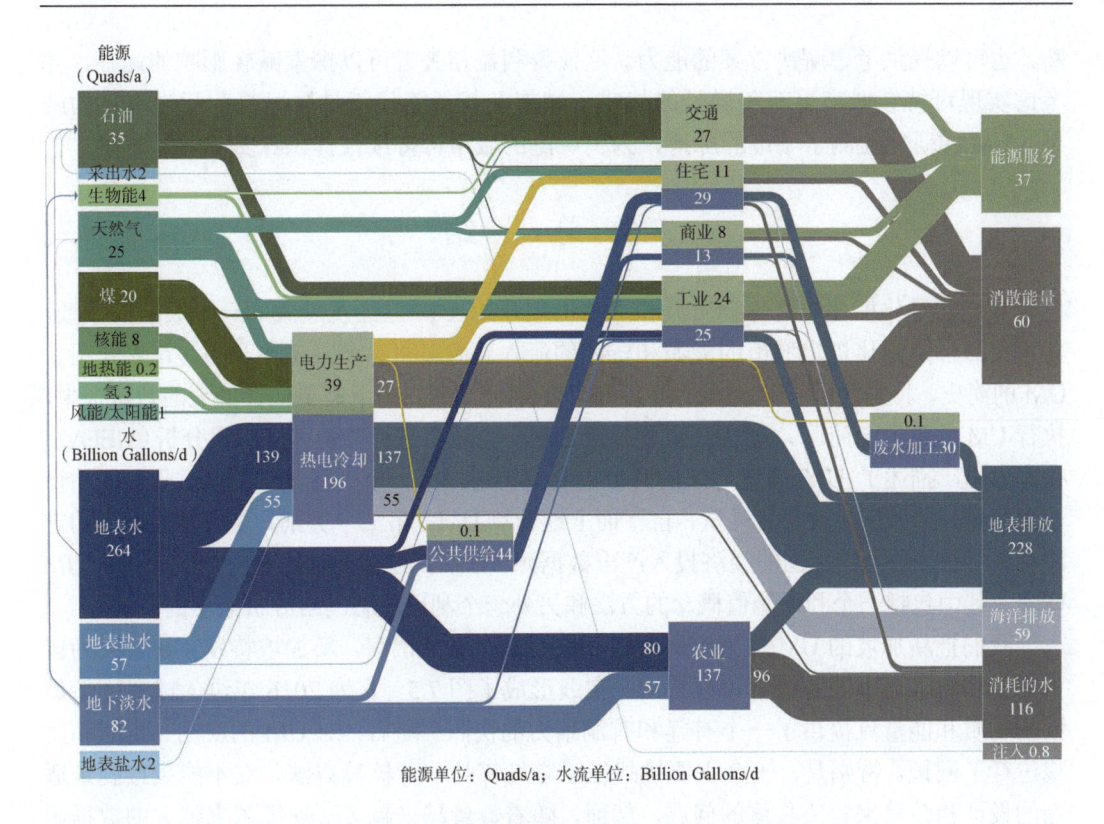

图 7.6 2011 年美国水和能源流动的混合桑基图表
(来源：美国能源部)

最后，当在模拟城市资源流动时，UM 分析可以从描述性方法向更规范的方法发展，使分析人员有机会测试潜在的干预措施。图 7.7 显示了这一领域的潜在演变，朝着具有更精细的时间和空间分辨率的更细分的分析前进，并最终使用实时数据来提供系统状态的预测。通过实时数据流，人们可以监测需求，并实时或近实时地调节资源流动。这将类似于实时系统监测，甚至有可能进行反馈和控制。这种进步在单个建筑甚至街区的规模上已经可以实现，并有可能以城市数字孪生的形式扩展到虚拟城市的表征，尽管其复杂性更高。例如，在虚拟新加坡(Virtual Singapore)项目中，该城市的数字孪生体已经被开发出来，目的是让城市规划者模拟替代政策(Wall, 2019)。如果有的话，这种 UM 的虚拟表征允许有机会更好地监测、管理和优化资源的利用。在未来，城市的新陈代谢甚至可以被预测和自我调控。

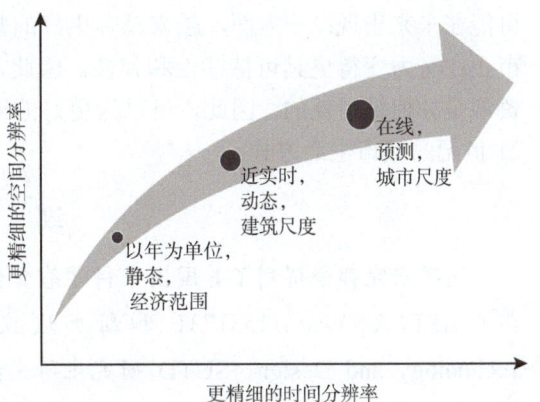

图 7.7 城市新陈代谢领域的发展设想

最终，将 UM 的描述与可持续的城市规划和设计相结合，既可以提供一个全面的诊断，也可以提供考虑解决方案的能力。这使得利益相关者可以探索减轻影响的途径，并考虑实现可持续城市更新和增长的战略。城市及其新陈代谢是居民复杂行为聚集的结果。UM 的研究监测了城市的脉搏，为更广泛的城市可持续性提供深刻见解和行动。

7.6 总 结

从最初量化柏林的营养物质流和卫生工程开始，UM 已经发展成为一个成熟的领域，其主要目标是量化进出城市的能源和资源的流入、流出和生产。在本章中，首先介绍了 UM 的简史，特别回顾了 Wolman 在 1965 年的研究结果。由于需要估计的流的数量很大，执行 UM 并不一定简单。方法上，主要目标是对一个城市进行物质和能量流分析（MEFA）。在本章中，描述了 UM 研究方法的两个主要的类别：第一个类别，试图通过收集或估计个别流量，例如量化水的消耗量，自下而上地计算 UM；第二个类别，采取自上而下的方法，利用和分解全国范围的经济投入产出数据源。最后，也有一些混合的方法来进行 UM 研究，其中包括一个利用能值概念的方法和另外一个利用生态网络分析概念的方法。

我们把新加坡的 UM 作为实际案例。作为一个城市国家，新加坡特别有趣，因为自下而上和自上而下的方法都可以采用。实践形成了图 7.5，它为 2016 年进入或离开新加坡的物质和能量流提供了一个有趣和有洞察力的快照。随后，对 UM 的应用、机遇和挑战进行了回顾。特别是，一个主要挑战在于它纯粹是一种核算方法，它不能直接制定适当的设计和政策来解决具体的问题。然而，随着数量越来越多、规模越来越大的数据源的出现，以更高的时空分辨率执行 UM 变得越来越可行。

总的来说，在过去的一个世纪里，UM 的发展和使用相对缓慢，但是重大的进步很可能在未来出现：一方面，越来越多更好的数据源正在出现；另一方面，世界各地的城市正在努力变得更具可持续性和弹性。因此，UM 提供了重要的机会来帮助了解能源和资源是如何被消耗的，因此，可以为更好的设计和政策提供信息，从根本上改变人们在 21 世纪的城市生活方式。

致 谢

这项研究部分得到了美国国家科学基金会（National Science Foundation，NSF）职业奖（CAREER Award）1551731 和新加坡技术与设计大学（Singapore University of Technology and Design，SUTD）研究生研究奖学金的支持。作者还想感谢 OeAD Ernst Mach Grant（奖项#ICM 2018-09903），并感谢维也纳社会生态研究所（Institute for Social Ecology Vienna）的 Fridolin Krausmann 教授。

第8章 空间经济学、城市信息学与交通可达性

金 鹰（Ying Jin） 孟祥懿（译者）

摘 要

城市科学发展的核心支柱之一是空间计量经济学，它是城市空间结构模型得以发展的关键。在本章中，我们概述交通经济学既往对于可达性概念相关的定义，即地理位置之间的相对距离和尺度，是如何嵌入更广泛的计量经济学框架中的。在此基础上，我们得以探索其GDP总量如何受到不同地区空间投资的影响。本章首先回顾理论知识背景，综述与此密切相关的计量经济学模型。然后，本章审视上述模型所需的数据源，定量分析一系列与交通可达性相关的企事业生产率弹性，使用最小二乘法回归模型、时间序列固定效应模型及一系列动态面板数据模型来逐步缩小估计值的可信范围。随后，本章将上述模型应用于广东省（及其与香港、澳门的联系）。这一区域既是中国三大特大城市地区之一，也是中国高新技术应用的引领示范区。

8.1 引 言

空间经济学对城市信息学的贡献涉及城市数据的测度、设计和解译，这些数据为城市活动、建筑物和基础设施的选址、分布和空间布局提供了经济、社会和技术决策支持。在过去的几十年间，空间经济学和城市信息学交叉领域的前沿研究主要由政府、大型银行和企业委托开展。鉴于新兴公民团体在空间发展多情景方案的探索中扮演了日益重要的角色（例如近期英国的案例，参见 UK 2070 Commission 2019），一系列利益相关群体已经积极地参与到这一跨学科研究领域中来。对于城市信息学专业的学生来说，如果他们希望影响城市空间及其腹地的规划、设计、投资、管理、保护等相关决策，就必须了解空间经济学。

正如现代经济学的其他主要分支一样，空间经济学有着深厚的历史根源。它可以追溯到 von Thünen（1826）的开创性研究著作。自那时起，空间经济学已经发展成为一个广阔的研究领域，有时也被称作新经济地理学（尽管这一称呼并未得到地理学家的一致认同）。关于空间经济学的学科手册已经编写出版，如 Duranton 等（1987，2018）的著作，以及 Redding 和 Rossi-Hansberg（2017）更为高屋建瓴的综述。略显矛盾的一点在于，对于已经从事城市信息学研究并期待对空间经济的实际运行得到更多认知的人来说，这些卷帙浩繁的知识储备往往成为一道难以逾越的屏障。

本章采用与上述学科手册彼此互补的方式进行论述，致力于促使城市信息学的学生了解空间经济学如何解决一项经常面临的关键议题，即如何估测和解译城际交通可达性对经济的贡献。正如 Lakshmanan（2011）所述，这一议题是城市与区域交通研究中最为经久不衰的空间经济问题之一。本章采用案例介绍的方法，是为了鼓励城市信息学专业的学生提升他们或许已有所涉猎的定量研究技能（例如，简单的普通最小二乘法模型，

即 OLS 回归模型），进而能够对更高阶的空间经济学相关经典文献触类旁通。

量化交通可达性改善对经济的贡献对于基础设施投资来说至关重要。近年来，空间经济学中与此相关的方向已取得了显著进展，例如 Rosenthal 和 Strange(2004) 的集大成式综述，以及 Melo 等(2009，2013)、Laird 和 Venables(2017) 的研究。然而，与经济合作与发展组织(Organization for Economic Co-operation and Development，OECD) 国家针对交通投资与生产率间关联的大量研究形成鲜明对比，迄今为止，在该领域内仅有极少数适用于新兴经济体投资与信贷决策的定量研究。

交通基础设施投资的高度复杂、进展缓慢、渐进累积等属性使得其对影响的量化成为最具挑战性的议题之一。经济计量模型是当前定量研究这些影响的主要途径。长期以来，在该领域演进出各种类型的回归和建模方法，首先是普通最小二乘法(simple ordinary least square，OLS) 模型和时间序列模型，它们仅能用于评估交通投资的影响，并演化出一系列能够更好处理累积因果带来的异质性(heterogeneity)和内生性(endogeneity)等控制变量、工具变量和扩展型函数形式，这一进展带来应用于此类分析更为稳健的计量经济学模型。

直到最近的计量经济学实践中，模型一直都倾向于孤立使用而非联合应用。交通相关研究中的每次定量实践，都倾向于应用最高阶的函数形式。然而，联合应用多种可替代模型可以为量化结果提供有价值的崭新视野。Bond 等(2001) 及 Brülhart 和 Mathys(2008) 的研究指出，将理论化的先验期望值与多种可替代模型的结果进行对比，可以为最终结果提供一个重要的临界检验。Melo 等(2013) 近期通过对交通基础设施投资影响的全面分析，也强调了多项研究中可替代模型形式的实证差异。

本章我们展示了一种对交通效果进行空间经济量化的新方法，即采用一系列的回归模型来评估城际交通的改善状况。这一计量经济模型不仅通过其个体函数形式和估测诊断进行检验，还通过将输出系数值与理论化的先验期望值对比以进行核验。通过这种方法，我们旨在更准确地识别交通对实体经济的影响，同时避免大幅增加研究实践中的分析工作，例如用于评估贷款项目的研究。

本章以广东省作为案例进行计量经济分析。广东省既是中国三大特大城市地区之一，也是中国高新技术应用的引领示范区。同时，研究也将香港和澳门作为区域经济活动的合理分析对象。尽管我们最初是由于世界银行贷款项目而开始进行定量研究的，但我们很快意识到广东可能是开展此类研究的最佳案例研究地点之一。虽然 20 多年来，该省在全国 GDP 中所占比重最高，但其经济发展呈现两极分化，中心繁荣而外围区域欠发达；该省的发展路径正在得到中国其他省份广泛效仿，因此很可能代表着中国其他地区的未来；该省的陆地边界主要由山脉组成，这使得划定研究区域边界较为简单。这完全与以北京和上海为中心的另外两个主要特大城市地区的无定形边界形成鲜明对比。

本章相应地分为七个部分。第 8.2 节概述知识背景，接着是关于可替代计量经济模型的第 8.3 节。第 8.4 节描述数据情况。第 8.5 节给出了与交通可达性相关的企事业生产率弹性领域的各种定量方式，使用普通最小二乘、时间序列固定效应和各种动态面板数据模型来缩小有效估测范围。第 8.6 节讨论研究结果的广泛影响和确证的程度。第 8.7 节以一个简短的归纳和对未来研究方向的展望作为全文结尾。

8.2 理论背景

近年来,关于交通投资与生产率关联的研究越来越多。这些论点主要建立在空间经济学文献的基础上,这些文献充分认识到:①消费者和生产者在使用产品和服务时对多样性的偏好;②生产规模化带来回报增加;③交通成本在塑造经济格局中的重要性。这就产生了一些理论模型,用来解释为什么现代企业要么集中于大型市场,换言之与大型市场存在低成本关联时,它们往往会更有效率。迄今为止,实证研究已经构建出充足的证据,表明生产、收入与理论所建议的空间邻近性相关。Ciccone 和 Hall(1996),Rosenthal 和 Strange(2004),Redding 和 Venables(2004)及 Melo 等(2009,2013)的文献提供了系统的研究作为实证案例。

跨区域和城市尺度的理论模型出现在最初的贸易模型之后大约十年(详见:Fujita et al.,1999),随之涌现出相关的实证研究。Rice 等(2006)概述了一个分析框架,在该框架下,人均生产率区域不平等的不同方面间的相互作用可以使用综合数据进行计量经济学研究。Kopp(2007)采用面板数据模型来解决内生性问题,并识别了交通投资对生产率的贡献,研究结果表明,一个国家的公路存量翻倍将导致西欧全要素生产率增长约10%。Combes 等(2008)开发了一个总体框架,分别通过分类拣选和自主选择来研究导致区域劳动力市场间工资差异的来源和机制。Graham 和 Kim(2008)采用来自英国个体公司的大量财务会计信息样本,研究空间邻近性与生产率之间的关联。

针对新兴经济体,Deichmann 等(2005)在研究印度尼西亚制造业的总体和各部门地理集中情况时,区分天然优势(包含基础设施禀赋、薪资水准和自然资源禀赋)与生产外部性(来自同一或互补行业的企业的共同区位选择)两个概念。Lall 等(2010)将印度的地方性和全国性基础设施供应区分开来,发现当城市靠近国际港口和连接大型国内市场的高速公路时,对其私人投资吸引力的影响最大。

在中国,有越来越多的文献将生产率效益与中国城市和城市地区的集聚关联起来(例如,IBRD,2006,p.145;Lu et al.,2007,p.163)。Lu(2010)利用 1996 年和 2001 年的两次全国机构普查数据,概述了中国经济活动的空间分布,并通过多元分析发现,在这一时期对空间集聚的微观经济解释适用于非公有制机构,而并不适用于公有制机构。Roberts 和 Goh(2012)的研究表明,空间距离对重庆市空间生产率差异具有显著的决定作用。Roberts 等(2012)采用基于一般均衡模型的反事实分析表明,中国国家高速公路网给中国经济带来了可观的总体效益,尽管其对区域差异的影响可能更取决于人口迁移等因素。

这些研究对空间邻近性和生产率之间的统计关系,以及各种复杂的实证建模问题都有重要的启示。然而,研究也表明,这种统计关系可能仅适用于高度特定的环境。

实证估测中的核心困难是"聚集效应"作为循环、累积因果过程这一概念的本质,这在 Gunnar Myrdal 的著作中已经为人所知:聚集推动内生增长——更高的生产率导致更高的工资,这吸引了更高水平的员工,反过来又吸引了新的投资、更高效的技术等等;这些导致了新一轮的生产率增长。传统上,工具变量被用来克服回归中的内生性问题,但就其本质而言,聚集效应的研究很少有好的工具变量来处理累积性因果关系(Redding,2010)。

8.3 计量经济模型

因此，基本的实证模型可以采用一般形式呈现：

$$y_i = f(M_i, X_i) \tag{8.1}$$

式中，y_i 是 i 地区人均收入或生产率的估测值；$f(M_i, X_i)$ 是 i 地区交通可达性的估测值，通过 M_i 和一系列表征影响人均收入或生产率的地区特征因素 X_i 表示。我们将"可达性"定义为从给定地点可达的经济规模（economic mass，EM）：

$$M_i = \sum_j \left(\frac{P_j}{g_{ij}^\alpha} \right), \text{对所有区域} j, \text{包括} j=i \tag{8.2}$$

式中，i 表征"本地"区域所在的位置，经济规模由从该位置计算的可达性而得出；j 为研究区域所有可以到达的相关区域，$j=i$ 的情况应包含在内；g_{ij} 为 i 与 j 间的旅行成本，其中包括时间成本和必要的费用；P_j 为 j 区域内经济活动的估测值；α 为表征控制距离衰减效应的参数；例如在 Graham 和 Kim（2008）以及 UK DfT（2006）中该参数被设置为1。

不言自明的是，如果区域 i 的经济活动水平增加，或者区域 i 和 j 之间的总体旅行成本降低（例如，通过一些交通干预手段实现），区位 i 的经济规模就会提升。同样，交通拥堵程度的恶化或经济活动的分散也会降低一个区域的经济规模。

我们注意到，在这一估测方式下，经济规模的计算包括来自"本地"区域的贡献（即对于 $j=i$ 的情形）。这是交通研究中定义的每个区域内的平均旅行成本。

经济规模的第二种流行函数形式采用指数函数形式来表征旅行成本的影响，与旅行需求模型相一致：

$$M_i = \sum_j \left(P_j e^{-\theta g_{ij}} \right) \tag{8.3}$$

式中，P、i、j、g_{ij} 的定义与前文一致；θ 是控制距离衰减效应的指数函数的参数。θ 可以通过观察到的旅行需求进行校准，并且从实证经验上看，对于城际旅行，θ 的价值会随着旅行经济成本的增加而降低。Rice 等（2006）在他们对生产率影响的分析中测试了该指数函数以及汉森（Hansen）函数的变化。

1. 经济规模计算中的各向同性与分级市场联系

上述两项经济规模（EM）函数可用于涵盖所有目的地的市场联系，或仅涵盖与本地有关的目的地的一部分。对于前一种情况，估测值被称作各向同性（isotropic）联系，即任何城市、城镇之间的经济联系都被视作同等地位。这在更广泛的新经济地理学理论文献中是一种常见的方法。

在发展中经济体中，由于跨区域的科技专业化程度有限，采用分级（hierarchical）方法覆盖实际的市场区域（在文献（Christaller, 1933）中被率先定义）可能更加符合现实状况。这意味着城市和城镇是区域层级中不同层次的中心区位，不同层级之间的联系往往比同一层级各中心之间的联系更强。这一点在科技传播和技术转移中表现得尤为显著、明确。

上述解释并非对文献中现有经济规模估测的驳斥，因为既有文献在很大程度上针对发达国家地区而定义，这些地区的城际和区域间交通网络连接便捷通畅，因此相邻的同层级中心能够实现专业化和交叉贸易，这在 Christaller 的时代是难以企及的。对 20 世纪 60 年代和 70 年代欧洲和澳大利亚城际和跨区域出行的大量分析表明，那个年代出行的空间格局仍然呈现出中心地理论的层级化特征(Bullock，1980)。我们在广东的实地调研也表明，当企业考虑其供应商、市场和技术转移的联系时，区域层级的作用至关重要。

2. 控制性变量

除了以经济规模(EM)为表征的交通可达性外，给定研究区域内每个员工的收入还受到一系列因素的影响，如工作时长、资产投资、技能水平、行业构成等。如果在一个特定区域的工人工作时间更长(例如通过常态化加班)，他们能够得到更高的名义总工资。在所有其他条件相同的情况下，更好的资本禀赋能够带来更高的产出。高技术工人的工资更高，而区域就业中较高比例的技术工人将提高平均收入水平。类似地，在金融、商务服务、信息技术和研发等行业工作的员工通常被认为比其他行业的员工工资高。这些对员工个体收入的影响必须进行评估，如果其影响显著，则需对变量进行控制。

在研究中，我们通过将每个员工的时均收入作为因变量建模来控制工作时长的影响，时均收入通过每年每个员工的平均收入除以平均工作周数和每周平均工作小时数来计算。同样，我们用获得专科、本科、研究生各级学历的员工比例作为表征来控制员工技能水平这一变量。此外，我们还纳入了表征行业构成和资本投资的控制变量。

研究使用 1999~2008 年时间序列数据进行回归分析，数据包括县、城区层级的整合经济数据及经济规模数据。如前文所述，这些数据是由研究团队使用机动车跨县、城区层级的旅行时间和现实 GDP 数据测算得出的。

3. 空间溢出效应的表现

空间计量经济学文献表明，相邻县或城区之间存在显著的溢出效应。应对这种溢出效应的一种标准方式，是构建一个空间权重矩阵，除了每个县或城区参与模型的各项自变量外，还将所有近邻和远邻地区的滞后因变量和自变量作为解释变量进行回归测试。考虑到经济规模(EM)已经从定义上解释了每个就业中心的空间邻近性，如果与动态面板数据模型同时使用，涵盖较近邻域和较远邻域影响的权重矩阵会使回归模型过于复杂。因此，我们在这里采取一种简化的方法，即仅将每个县或城区的最近近邻作为额外的控制变量来考虑这种溢出效应。一般说来，包括最近邻的空间溢出，分析时应考虑 70%~80%的外溢效应(LaSage，2012)。

根据我们的实地调研结果，在主要的回归模型中，我们假设每个县或城区的经济规模、资本存量和教育水平产生效果的滞后效应长达三年。这是通过为任意年份 t 生成复合自变量来实现的(为 t、$t-1$ 和 $t-2$ 生成相同变量的动态平均值)。对于溢出效应，使用空间滞后变量的主要回归模型采用的是一年前最近邻域的变量。

在回归模型方面，我们充分借助了理论中已知的普通最小二乘法(OLS)、固定效应(fixed-effects，FE)面板数据模型和动态面板数据模型的属性，即使用像本研究这样具有自回归属性、时间跨度相对较短的数据集时在系数估测偏差方面所具有的属性。一方面,由于经济规模这一变量的潜在内生性,汇集的普通最小二乘法(OLS)模型估测值可能会使系数产生向上偏差:如果存在影响每个员工生产率的未估测到的地区性特征,将吸引企业和产出,从而随着时间的推移对经济规模变量产生影响。如果时间序列相当短,则往常用于长时间序列的固定效应模型将使系数向下倾斜,为交通影响研究而收集的面板数据集往往面临这种情况。

由于我们的目标是确定从经济规模到每个员工时均收入的因果效应,我们必须考虑到所有解释变量可能在实际中具有潜在的内生性。在此背景下,基于线性化广义矩估计法(generalized method of moments,GMM)技术的动态面板数据模型(Arellano and Bond,1991;Arellano and Bover,1995;Blundell and Bond,1998)在理论上比上述汇集的普通最小二乘法(OLS)和固定效应方法更合适。这一动态面板数据模型的概念是将过往实现模型的变量视为内部工具变量,基于如下假设:①过去的变量水平可能会影响当前的变化,但是反之并不成立;②一个变量的过往变化可能会影响其目前的水平,但反之并不成立。这一方法非常适合我们的需求,因为在城市聚集效应的研究中,很难找到真正的外生工具变量。

在样本量较大和出现弱假设的情况下,广义矩估计法(GMM)模型可以避免一些普通最小二乘法(OLS)和固定效应(FE)模型固有的估测值偏差。然而,广义矩估计法的两种变体,即差分广义矩估计法(differenced GMM,DIFF-GMM)和系统广义矩估计法(system GMM,SYS-GMM),针对小样本应用时具有不同的特性。尽管差分广义矩估计法(DIFF-GMM)技术在小样本量情况下可能不可靠(Bond et al.,2001),但系统广义矩估计法(SYS-GMM)技术有望在这种情况下产生相当大的改进(Blundell and Bond,1998)。一般来说,交通影响分析的数据样本不太可能非常大,特别在针对发展中经济体的研究中更是如此,因此,有必要对上述所有模型进行检验以确认模型的稳健性。反过来,与理论化的先验期望值进行比较也可以作为稳健性测试的一种手段(Brülhart and Mathys,2008)。

8.4 数　　据

广东省的经济大部分由制造业和地方性商贸组成。尽管广东省是中国最富庶的省份之一,但2008年广东省的人均GDP为6 500美元,实际上仅相当于美国20世纪30年代的人均产出水平。第一产业和制造业大多是低技术含量和劳动密集型产业,占全省产出的70%以上,而高端研发和商业服务在第三产业产出中占比很小且具体比例未知。因此,其他发达经济体的实证经验可能无法迁移到广东或中国的其他地区。

广东省的数据在两个不同的空间尺度上获取:首先将全省划分为21个省辖市,然后再由省辖市细分为67个县(县级市)和21个省辖市的城区(共88个县级行政单位)。这是目前可获取的最细分的空间尺度层级。

这些收入数据是针对城市企业中完全就业的职员和工人的,定义并未包含农村地区的农民和其他工人。与其他可获取的就业和收入数据相比,选择这些数据是最为可取的,因为城市机构的职员与生产率的集聚效应最为相关。

用于计算经济规模(EM)的数据包括经济活动水平和旅行成本。对于经济活动,我们选择本地区 GDP 作为主要变量,并保留本地区就业规模作为敏感性测试的指标。旅行成本和时间是指商务旅行的成本和时间,因为这些旅行与商贸联系、技术转让、商业交易和谈判最为直接相关。由于我们的回归模型假设经济规模变量与控制变量和各自的误差项相关(详见下文的回归建模策略选择内容),我们选用商务旅行时间作为主要的旅行成本变量,而保留旅行成本和一般旅行成本作为敏感性测试值。

1999 年至 2008 年期间的公路建设数据收集自多个省级来源。随后,2008 年公路网的道路连接情况得到了及时修正。为了进行时间序列分析,研究在地理信息系统平台中生成了 1999~2008 年每年的道路网络。1999~2008 年间的县或城区层级内的旅行距离、成本和时间矩阵使用我们的交通建模经验进行测试。截至 2008 年,省内还很少有人使用铁路开展商务旅行,因此没有必要在旅行数据中包括铁路成本和时间。

为了对不同的经济规模估测值进行对比,研究分别计算了各向同性(isotropic)市场区域和分级市场区域(hierarchical)的汉森(Hansen)和指数型经济规模函数形式。对于分级市场区域的计算,我们假设:①任一县或城区始终与自身发生关联,1999~2008 年全年的商务旅行时间都是恒定的;②任一县或城区与其行政归属省辖市内所有的县或城区相互作用,并与广州、深圳、珠海、香港等形成关联。唯一的例外是广州和佛山,这两个城市实际上已经合并成一个大都市区域,因此这两个城区间允许彼此互动关联。

对于控制性变量,我们使用来自各县或城区层面的统计年鉴内"具有大学及以上学历劳动力的百分比"这一指标作为劳动技能的表征数据。统计年鉴同时公布了每年的固定资产投资水平。2004 年的经济普查还公布了每个省辖市用于生产目的的总资本存量。我们借助这些数据来源估计县或城区层面的资产存量,并构建整个时间序列内的历年资产存量数据,并在其中将每年资产存量的 5%标准折旧率考虑在内。然而,住宅物业投资并不包括在这一数据内。我们将该区域的总资本存量除去该区域全职职员和工人的总数,得到人均资产禀赋。然后,根据《2009 年全国劳动统计年鉴》,金融、信息技术和研发设计被列为广东省高收入行业前三名。我们使用这三个部门按地区划分的雇员数量来控制这种产业构成差异可能产生的影响。具体来说,我们根据区位熵(location quotient,LQ)的定义来构建行业构成指数。

8.5 模型测试结果

正如前文所述,研究应用 1999~2008 年时间序列数据进行回归分析,数据集包括县或城区层级的整合经济数据,以及研究团队使用跨县(城区)尺度的商务旅行次数、经济活动水平数据估测的经济规模(EM)数据。

简要回顾一下,在回归方程的左侧,因变量是表征人均生产率水平的各区域数据的向量集:县(城区)的名义平均时薪水平作为主要测试变量,而单位人均 GDP 作为敏感度测试的变量。在回归方程的右侧,县或城区层级的地区性自变量包括表征交通可达性的经济规模,以及一系列代表地区性资产投资、技能和工业构成的变量,以及来自距离最近邻域的空间滞后变量。自变量经过测试后可认为是适用于各项函数形式的。此外,广义矩估计法(GMM)模型特殊地使用了时间滞后的自变量作为特殊的工具变量。

通过回归分析,我们测试了生产率的不同估测标准(即时薪和人均 GDP),不同的经济质量(采用距离、出行时间,以及各向同性和分级市场区域的广义出行成本),以及资产禀赋和劳动技能的不同估测标准。所有的回归模型都得到了彼此吻合的结果,其中我们发现方程之一——即使用名义时均收入、使用时间衡量出行成本的分级经济规模、积累和折旧后的固定资产存量,以及使用本科以上毕业生参数表征劳动技能的模型——总体上能够最佳匹配实际情况。这与我们的实地调查结果一致。研究同时检验了经济规模的汉森(Hansen)型和指数型经济规模函数形式。由于篇幅有限,我们在表 8.1 中展示了核心估测结果,其他估测结果可供读者按需索取。

从表 8.1 可以看出,在汇集的普通最小二乘法(OLS)模型一中的经济规模系数为 0.24,同时经济规模和各控制变量(资本存量和教育水平)在统计学意义上显著,并具有 0.69 这一较高的 R^2 值。然而,我们有较充分的理论支撑质疑系数产生了向上的偏差效应,而该模型结果则体现生产率弹性的上界。

相比之下,在时间序列固定效应(FE)模型二中,当汉森型经济规模公式包含表征不同时期具体影响的虚拟变量时,经济规模系数降至 0.115。在模型三中,当使用指数型经济规模函数形式时,经济规模系数进一步下降到 0.052。根据我们的理论预期,每个经济规模函数形式都产生了向下的偏差,该结果可被视为经济规模系数的下界。

这一结论在第 (4) 列的差分广义矩估计法(DIFF-GMM)模型中同样得以体现。该模型的经济规模系数输出结果为 0.151,在我们预期的上下边界之内,尽管该系数在统计意义上并不显著。系统广义矩估计法(SYS-GMM)模型五经济规模系数是相似的 0.141,且经济规模和资本存量系数都是显著的。值得注意的是,该模型包含额外的解释变量,这些变量能够表征来自最近邻域的资本存量禀赋和工人教育水平的外溢效应。

系统广义矩估计法(SYS-GMM)模型六是一个通过减少工具变量数目(从 115 至 69)来评估模型鲁棒性的标准测试,该模型提升教育水平变量的显著性,但是没有根本性地改变模型结果以及系数大小。对广义矩估计法(GMM)模型的标准估测表明模型不存在明显的规格错误问题。对过度识别限度的汉森检验,以及对广义矩估计法(GMM)和工具变量(IV)有效性的差异汉森检验表明,这些工具变量是有效的。Arellano-Bond AR2 检验表明,不存在二阶残差自相关现象。

模型七给出经济规模指数函数形式的系统广义矩估计法(SYS-GMM)模型结果,其经济规模系数为 0.087。估测诊断结果同样呈现出较好的结果。模型八还进行了减少工具变量梳理(从 103 到 75)的测试,并确认了工具变量的有效性。

考虑到经济规模变量的指数形式体现了与校准后中国出行行为模型一致的距离衰减参数,研究将模型七作为生产率弹性的首选估测值,即交通可达性方面经济规模的参数为 0.087,标准差为 0.03,稳健性 t 值为 2.89。

计量分析结果表明,在控制变量内生性和空间溢出效应的作用下,以经济规模为表征的交通可达性具有统计学意义上的显著性。我们的首选来自表 8.1 中的模型七,该模型采用系统广义矩估计法(SYS-GMM)公式和指数型经济规模公式,生产率弹性为 0.087,稳健性标准误差为 0.030。模型诊断结果表明,系统广义矩估计法(SYS-GMM)模型的所有结果都是稳健可靠的。此外,广义矩估计法(GMM)模型的结果符合我们之前对由汇集普通最小二乘法(OLS)模型定义的上界和时间序列固定效应模型定义的下界的预期。

表 8.1 时间序列模型结果

Dependent variable: ln(hrly earnings)[t]	(1) Pooled OLS (Hansen)	(2) Fixed effects (Hansen)	(3) Fixed effects (Exp)	(4) DIFF-GMM (Hansen)	(5) SYS-GMM (Hansen)	(6) SYS-GMM (Hansen)	(7) SYS-GMM (Exp)	(8) SYS-GMM (Exp)
ln(economic mass)	0.240***	0.115***	0.052	0.151	0.141***	0.162***	0.087***	0.101***
	[0.016]	[0.043]	[0.017]	[0.152]	[0.067]	[0.077]	[0.030]	[0.037]
ln(per-worker capital stock)	0.155***	0.007	0.007	0.026	0.133***	0.151***	0.127***	0.129***
	[0.013]	[0.011]	[0.011]	[0.035]	[0.032]	[0.032]	[0.035]	[0.035]
ln(% of college graduates)	0.193***	−0.021	−0.026	−0.046	0.031	0.062	0.119***	0.110***
	[0.011]	[0.016]	[0.016]	[0.048]	[0.049]	[0.040]	[0.039]	[0.037]
Period dummies	No	Yes	Yes	Yes	Yes	Yes	Yes	Yes
ln(per-worker capital stock)—nearest county					0.008	0.017		
					[0.033]	[0.028]		
ln(% of college graduates)—nearest county					0.071	0.006		
					[0.041]	[0.041]		
Constant	−0.569***	1.975			0.170	0.104	0.387	0.491
	[0.127]	[0.181]			[0.478]	[0.364]	[0.423]	[0.407]
Observations	704	704		616	704	704	616	616

续表

Dependent variable: ln (hrly earnings[t])	(1) Pooled OLS (Hansen)	(2) Fixed effects (Hansen)	(3) Fixed effects (Exp)	(4) DIFF-GMM (Hansen)	(5) SYS-GMM (Hansen)	(6) SYS-GMM (Hansen)	(7) SYS-GMM (Exp)	(8) SYS-GMM (Exp)
R-squared	0.69	0.57						
Number of instruments				64	115	69	103	75
AR (2) test				0.430	0.170	0.790	0.370	0.411
Hansen test of over identification restrictions				0.274	0.980	0.352	0.818	0.245
Difference in Hansen tests of exogeneity of instrument subsets								
For GMM instruments (p-value)					0.713	0.367	0.516	0.249
For IV instruments (p-value)				0.115	0.909	0.365	0.744	0.330

注：(1) 在广义矩估计法 (GMM) 模型中，经济规模和大学毕业生平均比例的变量被视为广义矩估计法 (GMM) 工具变量，而表征中年的虚拟变量和人均资产存量被视为工具变量 (instrument variables, IV)。对于广义矩估计法 (GMM) 模型，它们是基于两步 Windmeijer 有限样本校正。对固定效应模型和广义矩估计法 (GMM) 模型，对固定效应进行建模，在本文中不再赘述。

(2) 方括号中表示稳健性标准差。***$p<0.01$; **$p<0.05$; *$p<0.1$。

8.6 讨 论

一系列回归模型测试翔实地展现了交通可达性和企事业生产率之间统计上稳健关联的一致性,集中体现在以下方面。

(1)正如预期,汇集的普通最小二乘法(OLS)回归模型生成了较高的弹性估测系数值,而时间序列固定效应(FE)回归产生了较低的估测系数值。采用线性化广义矩估计法(GMM)的动态面板数据模型倾向于返回中间水平的弹性值。

(2)研究印证并增进了我们对回归模型及中国广东省变迁过程的理解,使我们更倾向于采用广义矩估计法(GMM)模型估测的结果(特别是能够对较小的样本量进行校正的 SYS 模型形式),这是因为系统广义矩估计法(SYS-GMM)模型能够合理地利用周期较短的面板数据集。

(3)我们对交通可达性的生产率弹性的首选估测值是 0.087(稳健性标准差为 0.03,t statistic 为 2.89),这一结果来自使用指数公式衡量交通可达性的系统广义矩估计法(SYS-GMM)模型。在对控制变量、内生性和最近邻域溢出效应进行控制后,这种正相关关系仍然保持稳健。通过回归诊断及与其他模型结果对比,这一估测值的稳健性也得到证实。

这一居于中位的生产率弹性估测值为 0.087,这意味着每 10%的交通可达性的改善能够带来单位工人生产率 0.83%的提升,即 $(1+10\%)^{0.087} - 1 = 0.0083$。同时,交通可达性的翻倍将带来单位工人生产率 6.2%的提升,即 $(1+100\%)^{0.087} - 1 = 0.0622$。对先前主要来自发达经济体实证结果的综述表明,这一结论完全在生产率弹性的共识范围之内,例如"城市规模翻倍似乎能够为生产率带来约5%~8%的提升"(Rosenthal and Strange, 2004)。这一结果同时可与 Melo 等(2013)有关生产率弹性的最新荟萃分析做一对比,在这篇文献中作者指出居于中位的生产率弹性值约为 0.05。

在评估估测值时,我们还可以将其与我们之前的预期进行对比:交通可达性和集聚效应被认为在中国的知识溢出和技术改进方面发挥了重要作用(IBRD, 2006)。本章的实证结论在一定程度上也能够与中国相关的新近估测值相互印证,尽管本文中的估测值要低得多。例如 Au 和 Henderson(2006)使用中国 1990 年和 1997 年来自 205 个城市的数据,结论表明,中国存在显著的城市聚集效应。例如,在控制其他因素影响的前提下,一个人口从 63.5 万提升至 127 万的城市实际人均产出增长 14%。最近,Zhang(2008)利用 1993~2004 年的数据进行分析,在对空间外溢效应进行控制后,结论中,中国的平均弹性值为 0.106。

我们对于广东省的实证研究(详见:EASCS, 2014a, b)也开始从员工生产率的角度探究企业从交通可达性改善收益的实际机制。研究表明,企业和个体都能很好地理解交通改善带来的聚集效益,他们利用这种效益的程度与在发达经济体中观察到的程度相当。这在微观层面上提供一定程度的佐证。当然,还需要进一步的工作来量化个体企业和员工的影响。

8.7 结 论

本章旨在通过一项具体实例定量分析交通可达性改善的经济贡献,介绍空间经济学的理论和方法，这可能是城市信息学学生经常面临的一个研究问题。本章从城市信息学研究中常用的简单最小二乘法(OLS)回归模型开始，然后利用空间分析和经济理论的实例逐步深化模型。研究最终所得到的模型达到了领域前沿，填补了已有文献的空白。在开发模型的过程中，探索方法的努力也同样重要，这种方法在理论上是严谨的，并且可以在新兴经济体通常能够达到的数据获取水平层次上进行操作。在中国等中低收入的发展中国家和地区，有关交通空间经济效应的实证目前还很缺乏，对它们在评估重大投资计划等方面实际需求也很迫切。

当然，目前的计量经济模型可能还不能完全考虑到区域之间的其他差异，例如县和城区内部及两者间通勤的员工所具有的自主空间选择与偏好排序。显而易见，交通改善带来的空间邻近性促进了自主空间选择与偏好排序。然而，在现有的数据来源中，仍难以确定交通状况改善对这种机制的确切贡献。

此外，不能仅靠计量经济学研究来建立交通可达性和生产率之间的因果关系，因为这一因果过程存在显著的累积效应。同时，这项任务应当得到对实际运作机制的深入了解，例如通过上文讨论的实地研究。

未来的工作进展可能会进一步提高本文研究结果的稳健性。下列清单表明了关于这一议题进一步的研究范围。

第一，可以在所涵盖的年份和解释变量的范围两个维度扩展所考虑的时间序列研究，以提高模型的稳健性，并改善系数估测值的精度。

第二，对于中国经济欠发达地区(如四川等内陆地区)和东部沿海其他富裕地区(如以上海为中心的长江三角洲和以北京为中心的环渤海都市圈)也可以采用类似的计量模型进行估测，这将有助于厘清不同发展水平的地区间是否存在显著差异。

第三，如果中国统计部门能够提供经济普查的细化数据，研究可以估计企业层面的生产函数(如 Translog 类型)，这将提供更精确的、包含潜在空间偏好排序效应的集聚效应估测值，包括可能的空间排序效应。经济普查数据收集自各个企业，然而到目前为止，它们还没有公开发布以便应用于学术研究中去。

第四，微观层面的企业和机构案例研究将帮助我们理解企业实际上是如何对交通改善做出反应的，以及它们通过什么机制从聚集效应中获得收益。

正如 Au 和 Henderson(2006) 以及 Lakshmanan(2011) 提出的，上述渐进式的实证结果最终可以提供关于动态一般均衡过程的经济发展的更全面的理解。这种理解反过来将使我们能够更好地规划重大交通项目，促进欠发达地区的共同繁荣和减贫事业。

致谢与免责声明

本章所述案例主要基于世界银行技术援助项目"中国高速铁路的区域经济影响分析"资助下的一份研究报告，我们在此衷心感谢世界银行提供的资金支持。作者同时感谢英国工程与自然科学研究理事会(UK EPSRC)智慧基础设施与建设中心(Centre for Smart Infrastructure and Construction)第二阶段课题(EP/N021614/1)在定量方法的理论扩展和测试方面提供的额外资金支持。同时，我们感谢世界银行合作方，特别是 John Scales、Gerald Ollivier、Richard G. Bullock 和 Wanli Fang 等诸位在项目进展期间所作的贡献。本章作者为所述观点和论述疏漏负责。

第9章 信息时代城市的概念

Helen Couclelis

摘　要

城市是人类最重要、最复杂的创造之一，自数字时代以来，城市的复杂性不断增加。信息学，即信息科学，现在已经发展到一定高度，对城市研究者、管理者和规划者来说，他们对提升认知且希望获得基于实证的可操作性知识抱有高期望，这似乎是合理的。可是，尽管如今的信息比以往任何时候都要多，但迄今为止我们所依赖的各种理论、模型、方法和工具在信息时代的城市可能不再有太大用处。本章概述了城市科学和规划的现状，指出了在发达国家城市生活和功能急剧发展的情况下，以前可靠的方法和工具的局限性。本章最后提出了针对以数据为导向的策略的建议，这些策略可能会取代我们使用至今的利用城市数据的方式。

9.1 引　言

1. 信息和通信技术时代的城市复杂性

复杂系统的一个决定性特征是，它可以从任何不同角度，甚至是相互矛盾的角度来看待是（Casti，1984）。根据这个定义以及许多其他可能的定义，城市是一个复杂系统。它们虽然是由沥青和混凝土制成的，但它们会生长和变化；它们是场所，也是网络；它们是时空对象，但它们又是关于人的；它们是物理结构，但也是与居民身份概念相关的抽象结构；它们可能在一平方英里之内，也或者比许多小国都大；近来，它们既是真实的，也是虚拟的。

一段时间以来，城市一直在对信息通信技术（information and communication technologies，ICT）作出响应，同时也在帮助定义它们，无论是否有城市分析师、管理者或规划者的帮助。多年来与这一主题相关的出版物都表明，迄今为止，ICT 在城市应用的成果大多是零零散散的，很少有引人注目的成就或可转化的最佳实践。在我们从昨天的城市过渡到明天的城市的过程中，还存在许多时空视角的问题。例如，重新调整城市结构和基础设施，以便在新的时代有新的用途；对新的劳动分工方式、新的城市管理形式和新的城市决策途径的预期，科技公司会越来越多地"发号施令"；超越区域的和全球的代理人的作用，以及任何规模的新政治联盟的作用。当然，还有尚未出现的新技术的面世。诸如此类的问题，极有可能在今后 20 至 30 年内出现，其中大多数问题都得益于 ICT 在全球的不断传播。一个人又怎能理解这些正在发生的问题？不过，当信息革命的数据、工具、基础设施和分析方法变得足够成熟，可以为城市的改善创造前所未有的机会时，这也是有可能实现的。

2. 另一种城市

毫无疑问，信息通信技术（ICT）大大增加了城市的基本复杂性。此外，迄今为止，大多数城市 ICT 应用的零碎性与相互依存、相互作用的复杂性概念背道而驰。ICT 所带来的相互依存的复杂性的常规例子，是城市形态与功能脱节(Batty，2018)、活动碎片化的相关概念(Couclelis，2009；McBride et al.，2019)，这影响着城市的宏观和微观层面。前一个概念涉及居住、工作、购物、学习、娱乐等经典城市活动和这些活动发生的城市场所之间的关系。在 ICT 时代之前的传统城市中，每种城市活动与支持它的城市空间之间都有着密切的对应关系。过去这种对应关系非常可靠，以至于知道某人在某个时间点的位置就相对容易猜测他们可能在做什么；反之亦然(如果正在工作那么就是在工作场所，如果正在购物那么就在购物中心，如果正在接受教育那么就在学校)。活动和地点之间的这种匹配也是传统城市土地利用、交通模式和规划的核心，因为人们从一个地方到另一个地方的移动，在很大程度上取决于可预测活动的日常行程安排，城市形态和功能是紧密相连的。在当今许多工业化国家，城市活动和空间之间的密切联系正在瓦解，因此，城市增长和变化的模型预测越来越不可靠。

活动碎片化的概念揭示了这一现象的微观层面。事实上，在一段时间内，得益于 ICT 的应用，越来越多的日常活动可以被分解为任务，并在一天中的几个不同地点和几个不同时间间隔持续进行(图 9.1)。对于越来越多的人来说，周一到周五 8~17 点必须在办公室或者周六全家去购物中心的活动已经不复存在了。这些传统的专业场所仍然存在，但我们也可以在去完药店后居家购物，下班休息时在工作场所的电脑上看电影，在豪华酒店享用午餐后在车上完成额外的商业交易，躺在床上用智能手机听大学讲座，然后骑自行车去校园，或者在健身房的智能手表上监控我们的实时健康指标，以加快稍后在诊所的检查。

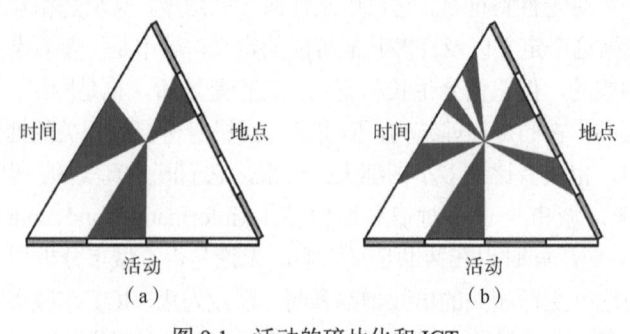

图 9.1　活动的碎片化和 ICT
(a) ICT 之前：四项活动中的一项在一个地点、一个时间间隔内进行；
(b) ICT 之后：相同的活动在两个不同的地点、三个不同的时间间隔进行
(来自：Couclelis，2009)

3. 智慧城市

关于即将到来的智慧城市的全球对话，肯定会给城市研究和管理增加更多层次的复杂性。尽管智慧城市的概念仍然没有明确的定义，而且目前普遍接受的例子寥寥无几，但人们在一些预期(或期望)的定义特征上达成了一致：智慧城市将具有可持续性(sustainable)、宜居性(livable)、公平性(equitable)、创新性(innovative)和创造性(creative)。最重要的是，他们将能够利用技术[尤其是 ICT、人工智能(artificial intelligence，AI)]和大数据的非凡可能性，我们对此已经有所体会。正如 Goh(2015， p.169)所问:"当智慧的规划遇到混乱的政治、社会体系和城市治理的不同尺度时,会发生什么?"这让我想到了美国旧金山。那里是世界上最著名的新信息技术的发源地,与之共存的是极高的房地产价格,以及一些最糟糕的无家可归者和街道肮脏程度,这些在工业化世界的任何城市中都是可以看到的。

此外,智慧(smart)和智能(intelligent)并不完全一样。智慧(smart),更多地像聪明(clever),有好玩的含义,有点肤浅,且不太严肃,没有什么大的影响。聪明的孩子、聪明的狗、聪明的回答、生活智慧、聪明的把戏。从这个意义上讲,智慧城市很容易变得聪明,但也有许多为了技术而技术的东西,这些东西是无用的、不需要的、浪费的、歧视性的、倒退的、非常短暂的或者是完全有害的(现在,或者几年后)。如何让我们的城市不仅智慧,而且真正智能化呢?

因此,智慧城市现象概括了当前许多主要的城市研究和管理的新挑战。从一个极端上讲,智慧(城市)增长只是最近才意味着明智地管理城市发展,实现社会、财政和环境的可持续性,注意资源约束,利用比较优势,抓住机遇,同时关注社区投入、公平性和可持续性,以及规划者的建议。另一方面,智慧城市是科幻小说中的仿生城市。在较温和的中间派中,我们发现一些复合的观点,甚至是乍一看似乎不相容的共存的观点。例如,欧盟委员会的网站一开始就将"智慧城市"定义为"一个通过数字和电信技术使传统网络和服务更加高效,造福于居民和企业的地方"。但几行之后,欧洲智慧城市和社区伙伴关系(the European Partnership on Smart Cities and Communities)则定义为主要是关于治理、公民权、明智的监管和其他类似的可以追溯到古希腊的伯里克利时代(Pericles)的传统软性目标(European Commission, 2020)。

不同的作者还提供了许多关于智慧城市的对比定义和描述。因此,Caragliu 等(2009, p.50)认为:"当人类和社会资本的投资以及传统(交通)和现代(ICT)基础设施为可持续的经济增长和高质量的生活提供动力,并通过参与式的治理对自然资源进行明智地管理时,那么一个城市则是智慧的。"而 Batty(2018, p.178)则强调技术方面:"智慧城市的本质在于定义它的技术。"Geertman 等(2015)采取不同的方法,尝试将智慧城市分为四类:①智慧机器和信息化组织(smart machines and informated [sic] organizations);②伙伴关系和合作;③学习和适应;以及④投资未来。这些类别已经在上述章节中进行过讨论,它们有趣且合理,但更多的是作为可替代的抽象类型,而不能作为可能的实际城市类型。

4. 城市信息学

信息学,作为越来越受欢迎的信息科学术语,它被定义为"对任意生成、存储、处理及之后呈现信息的系统的行为和结构的研究;它从本质上是一门信息的科学。该领域考虑了信息系统和用户之间的交互,以及两者之间接口的构建。"(Technopedia)。智慧城市只是城市信息学的一个应用领域,但考虑到城市对当今世界以及可设想的未来的重要意义,它仍然是一个基本的、重要的应用领域。并非巧合的是,Batty(2018, p.176)关于"智慧城市本质上使计算机和通信嵌入城市结构"的概念与上述定义中"系统"一词的使用非常接近。但在这个仍然传统的城市,同样需要信息学,因为许多被视为理所当然的规则正日益受到 ICT 的挑战。

下一节将对当前的城市研究和规划方法进行概述，试图确定现代信息学可能发挥关键作用的领域。

9.2 城市研究和规划的过去与将来

1. 城市作为场所

城市复杂性的一个直接后果是，研究城市的方法有多种多样。一方面，存在着广泛的学科视角，"城市"一词可以作为几乎任何实证学科的限定词。因此，我们有城市经济学、城市社会学、城市历史学、城市地理学、城市生态学、城市交通学、城市健康学、城市人类学、城市规划等，现在还有城市信息学。此外，还有许多适用于城市的跨学科和方法论的观点和方法，如后马克思主义、后结构主义、性别研究、科学技术研究、定量社会科学、空间分析、计算机仿真和建模、网络视角、设计视角等。在《城市关键思想家》(*Key Thinkers on Cities*)一书中，Koch和Latham(2017)收集了40位以某种方式对城市研究做出重大贡献的学者的个人资料。强调"以某种方式"是因为所代表方法的多样性相当惊人。虽然相关学科或方法(比如城市社会学和城市人类学，或空间分析、数学建模和计算机仿真)之间有着显著的相似性，但其他学科在知识积累上彼此相距甚远，貌似几乎没有相同的一般性主题。有人可能会说，关于城市的各种观点和理论是局部一致的，但在全球范围内并不一致。关于城市的最具创造性的新工作，可能是在城市研究的知识上或者方法上相差甚远的领域之间发现并建立重要联系。Reades等(2018)关于城市中产阶级化的工作就是一个例子，该工作结合了空间分析、定性研究和机器学习来分析现有的邻里变化模式和过程，以确定未来可能发生变化的地区。

城市理论自古以来就存在，但自第二次世界大战以来，随着致力于城市研究的学术机构和期刊的建立，以及城市在现代世界中的数量、规模、复杂性和重要性的迅速增长，城市理论获得了蓬勃发展。与此同时，社会科学和城市规划中的定量和计算转变，使得相关工作更加深入，经验性也更强，同时也刺激了理论发展，其动力来自于新获得的观察和有根据的讨论。

这种更写实的实证理论趋势现在可能正在逆转。我们在前面看到了基于重力的空间相互作用模型，也是定量城市理论和规划的支柱之一。随着城市活动在空间和时间上变得越来越分散，以及城市形态与功能越来越脱节，风险变得越来越不相关。基于城市元胞自动机的建模(cellular-automata-based-modeling)似乎也是如此，这是另一种流行的方法，也依赖于对同源地点和土地利用之间邻近关系的假设。诚然，作为这类模型基础的距离衰减原理太过基础，只要人类和城市居住在物质世界中，它就不会过时；但由于它必须和虚拟世界的原理共存使得它的理论效用更加难以实现。

其他研究城市的方式，如涉及认知的方式(例如空间句法、城市环境的易读性、在陌生区域中寻路、识别空间中的位置)在本质上可能更具弹性。但面对无处不在的导航、兴趣点(point-of-interest, POI)定位、地点相关信息和环境问题解决等的数字辅助手段时，人类的空间能力是否会随着时间的推移而退化是一个问题。比较乐观的观点是，空间能力在不再需要的地方退化的同时，应该会在涉及信息和通信技术的任务中得到提高。

经济、人口统计学和技术仍然是城市增长和变化的少数几个关键驱动因素，特别是在世界上尚未广泛使用 ICT 的广大大都市。水资源和气候等生态条件日益成为城市化的主要驱动因素。这些因素大多都是缓慢变化的，可以用传统的数据和方法较好地解释。但是，一个城市越是成为信息社会的一部分，它的研究就越需要能反映瞬息变化的指标，通常是能呈现一天、一小时或一分钟内的变化，其中许多可能是当地的生活质量因素(噪音水平、空气污染、交通状况、特殊事件造成的干扰)。而其他因素，如对社区健康和安全的威胁，或对任何规模的能源和信息网络的完整性的威胁，可能具有更广泛的重要性。

2. 城市作为网络上的节点

绝大多数城市研究都将城市视为一种场所，但另一种越来越有价值的城市思考方式是将其视为网络中的节点。这一思想已经存在了一段时间，并在 Christaller 广为人知的中心地理论(central place theory)中得到了体现。该理论将单个定居点视为以最大定居点为中心的人口规模递归区域等级中的元素，由此产生的空间布局的理想化模型是嵌套六边形的层次结构，其顶点是依赖于中心大六边形的较小定居点。虽然中心地理论强调贸易和距离的概念，但它也清楚地描述了由关系网络联系在一起的定居点系统。

Christaller 关于相互依存的城市网络的概念也以更宏大的规模出现在 Doxiadis(1968)对埃克梅诺波利斯(Ecumenopolis)的愿景中。这是作者用来形容未来遍布全球的各种不同规模的城市网络的术语，在极限情况下，它将成为城市化连续走廊的网状结构("Ecumene"在希腊语中指有人居住的世界)。从字面上看，大都市是同一理念的一个更为适中，更为人所知的版本，世界各地都有多个实例。虽然这个词出现在 20 世纪早期的著作中，但它在 Gottman(1961)关于美国东北海岸的著作中得到了推广。Gottman 开创性的研究中，最让人记忆深刻的部分是 BosWash 这一朗朗上口的名字，它特指从波士顿到华盛顿特区的城市群。

对于城市网络中的节点概念，当代最系统的方法很可能是全球化和世界城市(Globalization and World Cities，GaWC)国际研究网络(GaWC，2020)的工作。隶属于 GaWC 网络的学者有时将他们的工作描述为元地理学(metageography)——一种地理的地理学(a geography of geographies)，以强调他们所采用的城市的全球尺度视角。该研究小组关注不同重要性和规模(世界、全球、周边和特定城市)的城市的全球层级，强调相互依赖和其他关系，这些关系构成了城市互动的国际网络。他们对单个城市的社会经济、政治和物理特征进行了研究，以反映或促进将世界城市联系在一起的力量，如资本外逸、产业转移、劳动力迁移、贸易和资源流动、创新和技术扩散等全球现象。为了研究这些无形的长距离流动网络及其局部影响，GaWC 研究人员需要提出新的问题，需要新的数据类型和新的可视化形式，换句话说，定义城市研究的新议程。该网络的网站提供了有关近 300 名所属成员的工作的丰富信息，这些成员包括地理、城市研究和许多其他领域的为信息社会研究做出贡献的知名人士(例如，Latham and Sassen，2005；Hoyler et al.，2018)。

3. 规划城市

城市规划，无论是职业上还是学术上，是另一个受到信息时代城市发展重大影响的领域。像城市研究一样，规划从几个不同的尺度来处理城市，尺度范围从邻里公园到大都市。与城市研究不同，规划者的方法更像是工程师的而不是科学家的，更偏向综合而不是分析，更注重以行动为导向而不是以知识为导向。然而，这两个领域之间的主要区别在于，规划本质上是关于未来的，而城市研究和数据充其量只是关于很近的过去。城市研究人员开发的预测模型在一定程度上仍能满足当前的规划需求，但其中的假设、概括和经验法则可能很快就会过时。具有讽刺意味的是，当可用数据的数量和质量也在急剧增加时，对规划等面向未来的努力最为重要的深层质量不确定性可能会大幅增加。

城市管理也是规划的一种形式，在较短的时间范围内运作，处理更具体的问题。专业规划和管理都直接有助于城市治理，它们的错误产生的后果远远超出了研究论文被拒绝的威胁。尽管与城市研究有相当大的重叠，但规划和管理涉及对城市的不同理解，有着与城市研究者一样复杂但不同的信息需求。例如，规划现在必须(根据许多国家的法律)考虑到公众往往含糊不清或相互冲突的需求，同时也要适应政治干预，并处理各种地方和地区法规，其中可能包括相互矛盾、过时或其他无益的限制。

对于城市规划来说，事情并不总是那么复杂。在现代，规划最初是一个简单的工程专业，专注于城市卫生和其他基础设施的发展，然后在20世纪50年代和60年代采用系统方法和运筹学方法，后来还采用了综合、集成或战略规划。直到20世纪70年代的社会运动中，当参与式时代开始时，规划者整洁的办公室才面向大众。规划不再是为人民而开展的，而是与人民一起开展的。民意调查、公开听证会、讲故事和政治活动越来越多地取代了计算机模型，特别是在美国等缺乏强大规划传统的国家。然而，地理信息系统(GIS)最终填补了这一技术空白，而且再也没有回头路。

在规划中采用GIS最初并非没有问题。批评人士担心这可能会剥夺那些缺乏必要的数字素养的人的权利，可能会因为关注容易衡量的东西而影响社会优先事项，可能会把技术官僚的世界观强加于他人的观点之上，可能会引入隐私和监控等新问题。这些担忧已在很大程度上得到解决，以至于大多数过去曾是批评者的人现在经常自己使用GIS。

作为对这些批评的回应，学术规划者开发了用于公众参与时代的主要基于GIS的方法论，创建了公众参与GIS(public participation GIS，PPGIS)的子领域，以及为明确定义的利益相关者群体创建的参与式GIS(participatory GIS，PGIS)(Jankowski and Nyerges，2001)。规划支持系统(planning support systems，PSS)出现于20世纪90年代初，作为对规划日益复杂的社会的回应，这些社会既重视意见的多样性，又重视公共决策的科学基础(Brail and Klosterman，2001；Geertman and Stillwell，2009；Geertman et al.，2015)。PSS的实现归功于计算资源和地理空间数据可用性的重大改进，并严重依赖于地理信息系统的迅速扩展和日益复杂。PSS的主要目的是将社会和技术方面的规划与我们这个时代的计算资源相结合，因此，至少在概念上，这是迄今为止地理设计(geodesign)理念的最佳体现之一。目前的PSS形式成功地支持了公众参与，允许通过众包方法收集和处理广泛的相关数据。PSS的应用一直很缓慢，但该领域一直保持着相当大的吸引力，现在也引起了传统城市规划之外的学者和实践者的兴趣。

9.3 猜　　想

1. 机器人时代

人类在前工业时代度过了几千年，然后工业时代持续了大约200年，后工业时代只伴随了我们几十年；而随之而来的信息时代，这个术语似乎已经太有限了。是的，这是大数据时代，但这也是一个尚未命名的时代（让我们称之为机器人时代）的黎明，在这个时代，大数据将在机器中得以体现。现在有人在谈论第二次机器时代（Brynjolfsson and McAffee，2014），即信息优先于能量作为输入的系统，它输出的是智能以及物理对象和物理工作：大脑被添加到肌肉中，思维被构建到惰性物质中。即将到来的感知机器（无人驾驶汽车、物联网、为我们递送包裹或参加战争的无人机、决定将哪些信息传输到全球城市网络中哪个城市的卫星，以及我们还无法想象的许多其他东西，更不要提围绕合成生物学或量子计算机构建的机器）的世界，定义了一个挑战普通理论方法的现实。的确，希腊单词 theory 的字面意思是沉思、观察、从外部看某物。通过"从外部看"城市，来试图发展传统的理论，最终将是徒劳的。因为城市是部分或者全部依赖新兴网络运行的，而这些网络又是由异质的、相互作用的智能系统组成的。

我们还没有到那一步，但我们仍然需要弄清楚如何最好地利用大数据这一财富。仅靠数据挖掘，不太可能给出城市研究、管理或规划所需的答案，尤其是在为未来做准备这一方面。但是，当前定量理论的核心可能存在某些基本原则，即使该理论的上层结构（涉及社会经济或其他经验过程）不再有用，也可以依赖这些原则保持有效。Batty 和 March（1976）将这些效应称为残基，Couclelis（1984）发展了先验结构的相关概念。这些原则之所以具有弹性，是因为它们是形式化的，而不是经验性的：它们是系统本身的抽象属性，或者是在它们的推导中使用的形式化语言，限制了模型可以表示什么。在空间系统中，抽象空间的特殊形式的属性被转移到模型中。以下是一些在城市和地理文献中已经确立的可以候选的原则：距离衰减、空间异质性、空间自相关、标度率、等级规模法则、网络属性、可能分形增长等等。网络空间的属性可能会产生额外的效果，也许可以加到这个列表中。可以想象，在数据挖掘和任何其他强数据导向技术的混合方法中，这些原则的适当组合构成了分析的主干。但这是别的书的讨论内容，这里不再赘述。

2. 城市的认知层面

本节的推测还在继续，但现在更实际一点：我们如何才能最好地利用城市信息学的财富和前景——不是在未来几年内，而是在当下？如果数据不能为自己说话，那么什么样的顺序元素，什么样的结构化方法可以将数据"谱成协奏曲"？这里有一个尝试性的建议。

城市，信息时代的城市更是如此，不仅高度复杂，而且由许多高度复杂的部分组成。此外，这些部分彼此间的性质是如此不同，以至于它们可以被看作不同的实体，部分不相容。想想看，智慧城市既是科技成就，也是人类的家园；智慧城市在全球城市联系网络中既是位置也是节点；智慧城市还是现实维度和虚拟维度的整合。

用当前的建模概念来解决今天整个城市的现实状况越来越不可能了。没有一个全面的理论或框架能够公正地处理信息时代下城市日益增长的复杂性。相反，可能的是制定策略来指导数据、工具和方法的选择，以便根据研究或决策问题的目标，将城市对比视图的相关重要方面整合到分析中。

为了让大家对这种信息学策略的含义有个大致的了解，这里是一个说明性框架，用于合并不同的城市视图，以回应特定的问题。它基于一系列认知层面的概念，每一个认知层面都支持城市实体中不同性质部分的数据和方法,以及不同性质类别的知识种类。举个简单的例子,对于任何合理定义的问题,你可能需要从四个或者五个不同认知层面中收集和汇总具体的相关信息,例如:

- 城市的物理、社会和人口的空间结构的数据,包括来自分布式传感器和相关物理基础设施的信息;
- 社会、商业、金融、政府等方面的信息,当地和长途的 ICT 网络,包括有关支持性物理基础设施的数据;
- 关于城市主要方面(地方和长途)的运行层面的测量和质量信息,包括运输、能源生产和分配、商业、商业服务、保健和人类服务、政府等(地方和长途);
- 有关直接、或间接、或可能很快影响城市功能的(局部和全局)推动力的信息,包括最近的技术突破,如自动驾驶汽车和物联网,以及政策变化,如私营公司对个人数据的权力。

对于每一个问题或目标(涉及效率、增长、社会公正、可持续性、生活质量、公共安全、治理等),我们应该选择或研发适当的分析方法、模型、工具,以便特定问题将智慧城市真正所需要的高度异质性的知识进行整合。关于这些工具可能是什么样子,这里只能给出最初步的设想。可能包括某种类型的信息过滤系统(类似于推荐引擎),用于遍历认知层面的集合;人工智能(AI)技术,用于格式化研究目标或问题以激发搜索;语义网络和本体,提供结构并帮助指导从城市实况的语义异质层面中选择变量。事实上,以上初步描绘的城市系统信息的系统性分解大体上基于 Couclelis(2010)提出的信息本体论。

9.4 总　　结

本章列举了在信息时代的城市中,城市研究、管理和规划中的常规业务不能持续太久的几个原因。未来如果尚不存在可操作的新方法和工具来帮助我们充分利用无处不在的、高质量的城市数据时,我们会想念那些传统类型的理论、模型和方法,然而它们可能也变得不再可靠了。例如,一个好的传统理论或模型可能伴随着失去的是它在限制可能性空间方面的作用,它可以帮助确定哪些情况不可能发生。在本章中,我们讨论了两个概念,它们至少在一定程度上起到了关注可能性的关键作用:首先,隐藏在我们更成功的空间模型中的残差或非经验效应(Batty and March,1976);其次,本体能够提供结构和限制意义,能够帮助保持数据解释的语义一致性。结合最广泛意义上的数据挖掘技术,诸如顺序、可靠性和一致性等先验元素可能会形成混合策略,对我们这个时代前所未有的数据财富做出公正的评价。如果信息学是一门信息科学,我们就应该从它那里寻找答案,以解决大数据及其在信息通信技术中的作用之外的问题。

推测到此结束。本书有一个非常具体的双重目标,即全面概述迄今为止构成城市信息学核心的方法,以及对理解和创建未来智慧城市所必需的研究工具的技术介绍。这将有助于回答关于城市信息学可能会被问到的两个主要问题:①新的信息科学如何带来新的城市科学?②在不确定性和复杂性普遍存在的情况下,大数据如何带来可付诸行动的智慧?尽管相关原创章节有助于已经开始的必要的讨论,但直接解决这些问题不在本书的范围内。

第二部分　城市系统与应用

第 10 章 城市系统与应用简介

关美宝

摘　要

本章是全书第二部分"城市系统与应用"的概述。随着新信息技术和来源广泛的海量数据可供政府机构与公众使用，城市研究者也已开始研究如何利用这些数据来提升各种城市系统的规划和管理。人们开发了新方法，用于收集和分析有关城市交通、能源和卫生等系统的复杂时空数据，以解决各种城市问题。近年来，已有大量研究检视了新的信息技术与数据如何提升人们对城市问题的理解，并提升解决城市问题的能力。本书第二部分共八章，介绍了城市信息学在特定城市系统及相关现象中的各种应用，涉及人群流动与出行、城市货运系统、城市韧性与灾害响应、城市犯罪、城市治理、城市遥感环境监测、城市健康与福祉以及城市能源系统。这些章节强调新型、海量或开放数据如何帮助提升对特定城市系统的理解与管理，并突出了城市信息学在此类应用中面临的重大挑战，这对城市研究者和规划者尤有帮助。

几十年来，城市出行模式研究一直采用出行调查数据。此类数据对交通系统等城市基础建设与设施的管理与规划十分有用，但其收集昂贵且耗时，且与兴趣点（point-of-interest，POI）数据等其他城市大数据来源相比，出行调查的样本量通常是很有限的。本书第 11 章由 Pierre Melikov 及其同事撰写，根据墨西哥城的实证研究，阐明了如何使用被动收集的数据来检测人群出行模式。该章使用 Google Places 上登记的 POI，来估算城市中的出行吸引力，并将基于 POI 数据与基于出行调查的传统数据集获得的模式进行比较。研究发现，与采用官方起讫点矩阵获取的估计值相比，基于 POI 数据的研究区域出行量估计取得了良好效果。

随着跟踪与感知技术逐渐被用于采集各种城市数据，新的城市数据源已经可以被广泛使用，这使开发极为详细的交通模型成为可能，从而促进城市货运分析，并形成政策建议。本书第 12 章由 André Romano Alho 及其同事撰写，回顾了城市货运数据采集方法的最新发展，以及如何将新数据应用于最先进的交通建模。第 12 章介绍了两个用于提升货运研究的软件平台：其一是 Future Mobility Sensing（FMS）数据采集平台，该平台集成了跟踪设备和移动应用程序，用于采集高准确度的移动数据；其二是基于智能体的开源城市仿真平台 SimMobility，用于对个体尺度的城市客运和货运进行建模。作者讨论了如何结合使用两个平台，来完善城市客流与货流的行为建模。

随着人口增长及其向城市的迁移，飓风、地震或野火等事件所带来的灾害风险逐渐增加，并且在城市地区愈演愈烈。在快速城市化的全球进程中，城市居民的数量迅速攀升，其安全面临威胁。本书第 13 章由 Susan Cutter 撰写，讨论了"韧性"这一概念作为一种结果，或作为一种构建韧性的过程，在过去十年中如何逐渐成为城市灾害准备与灾后恢复研究的重心。作者通过若干城市的精选实证研究,回顾了用于辅助灾害干预或减灾策略、促进城市韧性的城市信息学研究。作者指出,从过去的被动感知数据,转为应用主动感知数据,并提高低成本、准实时数据的可获得性,将会大大提升城市风险的研究与应对。

长期以来,城市环境与犯罪的关系一直是研究者的兴趣所在。目前,环境犯罪学家普遍认为,环境因素对犯罪行为具有相当的影响,了解这些影响将有助于明确哪些措施可以有效预防犯罪。本书第 14 章由程涛、陈童鑫撰写,对犯罪研究的发展进行了有益的回顾,包括犯罪学的历史和数据驱动警务,及其对城市安全和预防犯罪的实践意义。该章讨论了用于分析和预防城市犯罪的各种分析工具,如犯罪热点制图和警务资源分配等,并提出了全面的数据驱动警务系统,作为城市犯罪预防和安全提升的框架。

透明性是城市治理的关键要素。透明的治理可以鼓励公民的参与,确保民选官员对其决策负责,并降低腐败的风险。为了实现透明的城市治理,必须向公众广泛提供关于城市的各种数据。本书第 15 章由 Alex Singleton、Seth Spielman 撰写,讨论了向公众提供充足的数据、以提高透明度和公民参与度的必要性,以及这一工作中的挑战。该章讨论了城市治理中的开源数据平台如何促进上述目标的实现,以及可用的新数据如何令改变城市治理成为可能。但该章也强调,由于新数据正大量被整合进入软件,用以基于算法自动生成结果,城市治理将有可能复制现有的社会不平等,或产生新的社会不平等。

感知技术的新发展,例如现代传感器在空间和时间分辨率上的进步,以及反演方法的最新进展,大大提高了遥感技术在城市环境中的适用性。本书第 16 章由 Janet Nichol 及其同事撰写,回顾了城市遥感污染监测的最新进展,包括城市空气质量、城市热岛与城市海岸线周边水质评估,并讨论了城市环境监测的主要传感器和反演算法的发展。

在可用技术与信息的帮助下,城市居民可以获取更多有关健康与增进健康的信息,其健康与福祉也可能因此得以提升。本书第 17 章由 Clive Sabel 及其同事撰写,探讨了信息技术以及通过互联网、物联网连接的日常设备如何影响全球城市人口的健康与福祉研究。该章回顾了智慧城市背景下健康研究中使用的各类数据,并以丹麦奥胡斯大学环境与健康大数据中心(Big Data Centre for Environment and Health,BERTHA)的项目为例,讨论了采集个人数据用于研究城市居民健康与福祉的创新方法,如机器学习、移动感知和跟踪等。该章还审视了健康研究中使用敏感个人数据的相关伦理、隐私与保密问题。

城市基础设施的开发与维护是高度能源密集型的,城市地区人群动态与关键基础设施之间的复杂相互作用,对交通拥堵、排放与能源消耗具有重大影响。本书第 18 章由 Budhendra Bhaduri 及其同事撰写,重点介绍了美国橡树岭国家实验室(Oak Ridge National Laboratory,ORNL)的最新研究,这些研究整合了数据、关键基础设施模型、可扩展计算和可视化四个不同组分,用以理解物理与社会系统之间的复杂交互。该章讨论了上述研究中的四个主题:人口与土地利用、可持续交通、能源-水耦合关系和城市韧性,描述了 ORNL 如何整合其在关键基础设施及其与人类相互作用领域的专长,利用可扩展的计算、数据可视化和来源众多的独特数据集,促进创新的跨学科研究。

第11章 刻画城市出行模式：墨西哥城的案例研究

P. Melikov   J. A. Kho   V. Fighiera   F. Alhasoun
J. Audiffred   J. L. Mateos   M. C. González

摘　要

能否无缝访问工作场所、学校、公园或医院等重要目的地，关系到全球人民的生活质量。规划和改善服务设施邻近性的第一步，是估计来自城市不同地区的出行次数。此项任务面临的挑战是收集可用于出行次数的代表性数据。依靠出行调查收集数据，价格昂贵且频率低，用它来模拟场所的出行分布会影响快速决策过程。然而，随着已经收集的数据不断增加，如果使用正确的方法加以分析，将有助于城市的规划和理解。在本章中，我们研究了从被动收集的数据中提取的人类移动模式的方法。我们介绍了关于使用在 Google Places 上注册的兴趣点（POI）来近似模拟城市出行吸引量的结果，并将此结果与仅使用基于调查方法的常规数据集进行对比。结果表明，与墨西哥城最新人口普查的官方起讫点矩阵（original destination matrix，OD 矩阵）相比，扩展的辐射模型达到了非常好的效果。

11.1 引　言

随着越来越多的人从农村迁移到城市，改善城市的任务在速度和复杂性方面都有所增加。规划大都市地区的日常交通是未来几年的一个重要课题。建立有效策略的第一步是对大都市每天总出行量进行估计，这些信息为交通规划提供指导。然而，缺乏可靠和可获得的个人移动数据来源大大减缓了规划进度。迄今为止，与人口移动相关的数据是通过个体调查收集的，样本量小且可能存在偏差，因为这些调查往往依赖于被调查者的主动参与以及自我报告（Cottrill et al., 2013）。虽然传统的出行调查提供了大量有价值的信息，但它们非常昂贵且耗时。对于大多数大城市，这些调查大约每十年进行一次；对于较小的城市和城镇，频率更低，或者根本没有。在这些调查结果公布期间，可能会发生许多改变城市动态的事情：新的景点、整个街区的重新开发、不断变化的经济趋势、自然灾害的影响，或者仅是城市特征的逐渐转变。在下一次出行调查发布之前，这些变化不会被记录下来，而这之间可能是一年到十年。在当今信息丰富且互联的环境中，其他容易获得的数据来源可能有助于替代传统调查中获得的数据。这方面的一个例子是利用三角化的移动电话数据形成出行网络并提取个人出行链（Jiang et al., 2013）。另一个例子是 Google Places 注册的兴趣点（points of interest，POIs），这是谷歌有限责任公司（Google）开发的地图服务的一个功能，内容广泛，更新频繁，对大多数人来说相对容易访问。Google Places 列出了各种类型的机构，如餐馆、学校、办公室和医院，使其成为出行吸引量的良好指标。关于挖掘 POI 数据用于城市土地利用分类和分解的概述，见

Jiang 等(2015)的工作。

作为对详细统计出行记录方法的补充,我们需要另一类更经济、更大规模的数据源,过去十年的技术发展,催生了无处不在的移动计算,这是一场革命,让数十亿人能够通过手机等信息技术获取人员、信息和服务。通过使用当今的大规模计算基础设施和从传感技术收集的数据,个人可以将计算机科学的方法与城市规划、交通和环境科学相结合,在以数据为中心的计算框架中,通过精细调整方法来解决特定问题。

城市科学中描述人类移动性的方法应该考虑这些动态的复杂性。然而,尽管这会是一个复杂的系统,但最近的结果表明了一些可以阐明这些动态的模式或普遍特征。这些特征与物理科学中的现象类似,被称为普遍性。首先,存在一组模型用于分析城市中的人口聚集或大规模迁移。例如类似重力的模型和辐射模型(Simini et al., 2012)。2008年,González 等(2008)利用手机数据证实了步长分布可以用截断幂律来描述。为了理解导致这种分布的机制,作者使用了回转半径(radius of gyration):一个表征一个人在过去几个月的观察中最常去地方的半径的量。模拟表明,整个组群的步长分布是由莱维飞行过程(Lévy flight processes)卷积产生的,每个过程在每个人的单个回转半径内具有不同的特征跃度。观察到的幂律是总体人群回转半径异质性的结果。虽然大多数用户的半径只有几公里,但也有少数用户覆盖了数千公里。与同样遵循幂律的收入和其他变量类似,根据帕累托原则(Pareto principle),80%的距离来自20%的受试者。

人类移动性的另一个有趣规律是随机性和可预测性之间的相互作用。回到以前去过的地方,如家或工作地点的比率很高。这些返程遵循与该位置频率的排名成反比的概率分布,从而遵循了齐夫定律(Zipf Law)。Song 等(2010a,b)利用手机数据的后续工作揭示了人类行为的两个重要特征:首先,不同访问地点的数量随着时间的幂增加,指数小于 1,表明探索速度非常慢;其次,一个人回到以前去过的地方的概率与那个地方的排名成反比,这种现象被称为优先回访(preferential return)。从信息论的角度,Song 等(2010a,b)使用不同种类的熵度量分析了人类移动的可预测性的极限。

另一种研究人类移动性的方法是由 Schneider 等(2013)引入的移动模序(mobility motifs),作为一种抽象(语义)的方式来定义个人日常移动中的周期性轨迹。日常移动动机是一个有向网络(有向图),其中未标记的节点代表位置,边代表从一个位置到另一个位置的行程。统计手机和传统出行调查数据中的出行动机,他们惊讶地发现,尽管在六个及以下的地点中存在着超过 100 万种不同的出行方式,但只有 17 种方式被 90%的人使用。有关这些工作的概述,请参见 Jiang 等(2013)和 Toole 等(2015)的论文,以及 Barbosa 等(2018)对人口移动的最新文献综述。

在这一章中,我们着重于上述类型的统计方法,分析和建模个体和总体的移动性。我们利用被动收集的新数据源,丰富关于人类移动模式的信息。也就是说,我们解析地理空间数据的另一个来源,应用出行分布模型来估计汇总的出行次数,并实现无监督的机器学习,以根据不同类型的通勤者的交通模式和出行时间来表示它们。

我们将墨西哥城作为样本案例,它是世界上最大的城市之一,在大都市地区有超过 2 100 万人口。它也是美洲最重要的文化和历史中心之一。如此多的人口和高度的活力,使研究该地区的移动性成为一个相当大的挑战。2017 年,墨西哥大都市地区完成了一项主要家庭出行调查(2017 年墨西哥五大都市地区住户起讫点调查,2017)。该调查于 2017 年 1 月至 3 月进行,获得的信息有助于更好地了解大都市地区居民的移动性,包括出行产生量、出行吸引量、模式选择、出行目的、出行持续时间、社会人口统计等数据,展现了我们研究区每天发生的 3 456 万次行程。

11.2 POI 数据的收集

为了从 Google Places 获取 POI 数据(Jiang et al.,2015),我们编写了编程脚本来利用 Google 提供的应用程序编程接口(API)(Google Maps API 的文档已经过时了)。然而,Google 对单个请求可以返回的应用程序接口数量和允许一个账户进行的应用程序接口请求数量进行了限制,以区分商业和非商业应用。虽然这项工作是非商业性的,但收集的数据往往会超出 Google 的限制。因此,需要实现一种有效的算法,从最少的 API 请求中收集最多的信息。

为了实现这一点,API 请求通过 Uber 技术公司(Uber Engineering 2018)的六边形分层地理空间索引系统(hexagonal hierarchical geospatial indexing system,H3)定义的几何图形进行框定和约束。Uber 的 H3 系统应用了分形概念。地图被分成大的六边形瓦片,每个瓦片进一步被分成七个更小的六边形。由于支持 16 种分辨率,该系统可以灵活适应大多数的案例。图 11.1(a)显示了应用于墨西哥城某个区的分辨率示例。

六边形可以很好地逼近圆,同时最大限度地减少单元格之间的重叠。这是很有用的,因为 Google 位置 API 需要一个半径参数,从而在这个参数范围内搜索 POI。

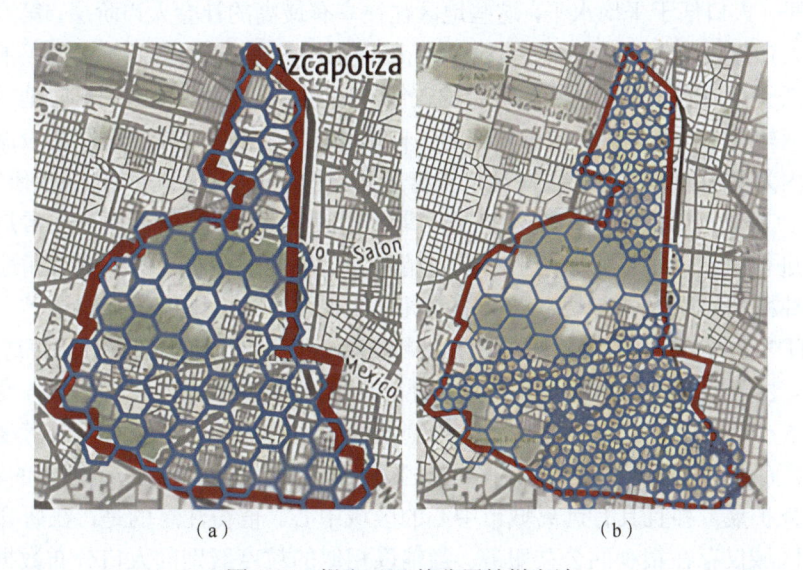

(a)

(b)

图 11.1 提取 POI 的分层抽样方法

(a)解析算法的初始状态和分辨率;(b)递归增加分辨率达到 API 请求限制后六边形的最终状态

解析算法

确定六边形大小的初始分辨率。初始分辨率越粗糙，脚本运行的效率就越高，可以避免在开发稀少的地区做过多的请求。然而，较粗的分辨率也会增加不规则状边界附近的边缘区域，这些区域不受算法所考虑。在发出任何 API 请求之前，对初始分辨率做调整和可视化，以做权衡。

对于每个六边形，在质心处发出 API 请求。如果请求达到它可以返回的 POI 的限制，则算法将该六边形细分为更小的六边形。此过程将被重复，直到达到要求。图 11.1(b) 中的一些区域，如公园和自然保护区，不需要大量的 API 请求，而市中心的街区和密集的街区则被递归地分割开来。

11.3　POI 的空间分布

在本章的案例中，解析算法从墨西哥谷 (Valley of Mexico) 大都会区的 Google Places 返回了总共超过 733 000 个 POI。这些 POI 为分析出行调查数据提供了新的维度，这些数据有助于深入了解这座特大城市的特征。

例如，API 为每个 POI 请求返回标签，表示建筑的性质。这可能包括宽泛的类别，如商店，或更具体的标签，如电子商店。将相关标签聚集在一起，POI 可以被分类为商业或公共服务设施数据库。将这些数据与调查结合起来，图 11.2(a) 描绘了一个地区的社会人口状况和公共服务设施量与人口之比的关系。

在此案例中，社会人口阶层指数是通过出行调查定义的，用来描述受访者的社会和经济状况，指数从 1 到 4 对应表示经济财富的增加。在第一象限中，公共服务设施的数量高于平均水平，人口低于平均水平，这些地区往往享有最高的社会人口阶层。第二象限具有中等社会人口地位的地区，仍然受益于高于平均水平的 POI 数量。第三象限的人口和设施数量均低于平均水平，社会经济阶层也较低。有趣的是，第四象限的一些地区位于社会人口谱的两端，这可能是由于城市内部的多样性和高密度效益，使得更少的设施能够在更小的空间内为更多的人服务。这些结果丰富了调查的空间信息，值得进一步研究。

通过 POI 获得数据的另一个优势是收集数据的空间粒度。出行调查通常是按受访者的居住区进行组织，而谷歌地图上的设施精确到街道地址坐标。由于城市和地区不是同质的，这种精细程度为城市动态提供了更真实的视角，突出了任意行政边界上的功能交互。在图 11.2(b) 中，公共服务设施的坐标被精确到两位小数，将它们划分到每边大约 1 km 的网格中。由于城市核心区和更多的农村地区之间的数量级差异，公共服务设施的数量被抽象为 5 个百分点的间隔。事实上，绘制这些设施的地图，可能对人口密度有很大的依赖性。然而，一个隐藏在城市中的结构被揭示出来，一些城市有一个强大的城市中心，从中心向外扩展，并且具有远离城市中心的区域中心。值得注意的是，在研究区的外围有很大的区域仅存在很少的公共服务。当辅以相似的粒度级别的人口分布数据时，可以获得进一步的理解。

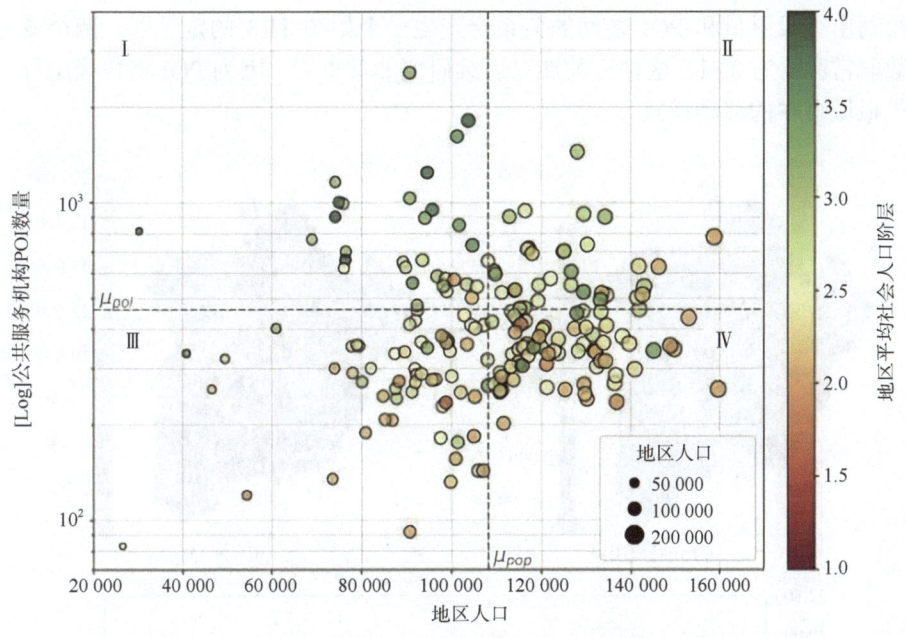

（a）一个地区的社会人口阶层与公共服务设施数量与人口比率的关系

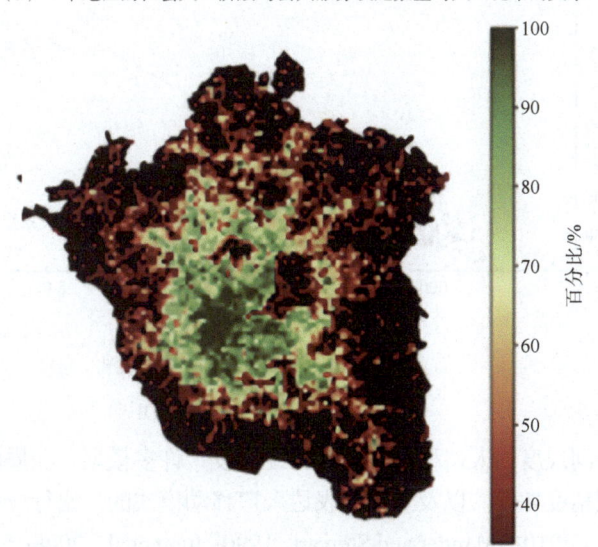

（b）每平方千米街区公共服务POI数量的百分比

图 11.2　人口和服务的空间分布

1. 人类移动的扩展辐射模型

为了与 2017 年的出行调查数据进行直接比较，有必要计算每个地区的 POI 数量，2017 年的出行调查数据的最小粒度仅在地区层面。图 11.3(a)、(b)绘制了每个地区的地图，可以与 2017 年出行调查中报告的出行吸引力进行直接比较。

虽然对应关系并不完美，但 POI 的分布很好地逼近了从出行调查中获得的出行吸引力分布。最值得注意的是，市中心和该地区其他地方的差异同样明显。

绘制出行吸引量和 POI 之间的关系会产生一个如图 11.3 的定量图，两个变量的相关系数非常高，为 0.81。这种相关性对后续研究非常重要，因为 POI 将替代出行调查数据来模拟城市中的移动模式。

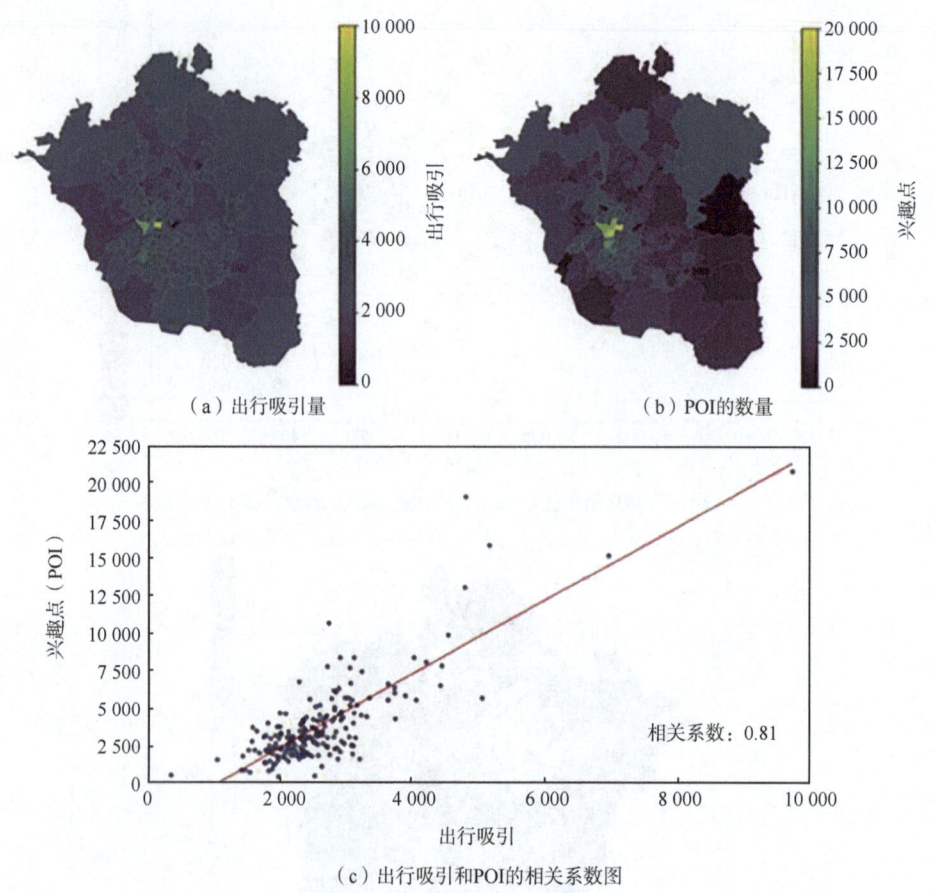

（a）出行吸引量

（b）POI 的数量

（c）出行吸引和POI的相关系数图

图 11.3　出行吸引与 POI

为了预测不同尺度的人口移动，学者已经开发了许多模型。在墨西哥城的背景下，我们想研究这些模型精度如何，以及是如何表达人口移动模式的。出行分布模型可分为重力模型类型(Barthélemy，2010；Erlander and Stewart，1990；Jung et al.，2008；Lenormand et al.，2016)，或干预机会(intervening-opportunity)类型(Lenormand et al.，2016)。在本章中，我们介绍了后者的一个应用，称为扩展的辐射模型(Yang et al.，2014)，用来估计墨西哥城人口的出行分布。

辐射模型(Simini et al.，2012，2013)是基于无参数的随机过程，能够在没有历史移动指标的情况下，做出与移动性和运输模式非常一致的出行分布估计(Simini et al.，2013)。最初的辐射模型仅依靠人口密度来估计美国各县之间的通勤模式(Simini et al.，2013)。

在这里，我们用自然分区来划分城市。该模型指出，如果满足以下两个步骤，出行的发生将取决于每个地区可以找到的机会数量：①个人从所有地区寻找机会，包括他或她的居住地区(每个县的机会数量与常住人口成正比)；②个人前往最近的地区，该地区提供的机会比他或她的居住地区多。为了用辐射模型分析预测通勤通量，我们分别考虑了 i 和 j 两个地区，其人口数量分别为 m_i 和 n_j，它们之间的距离为 r_{ij}。我们用 s_{ij} 表示以 i 为中心、以 r_{ij} 为半径的圆内的总人口(不包括外来或目的地为此的人口)。从 i 到 j 的平均流量 T_{ij} 为

$$\langle T_{ij} \rangle = T_i \frac{m_i n_j}{(m_i + s_{ij})(m_i + n_j + s_{ij})} \tag{11.1}$$

式中，$T_i = \sum_{i \neq j} T_{ij}$；$T_{ij}$ 是从地点 i 出发的通勤者总数；i 是出行起始点。

扩展辐射模型旨在不需要事先校准数据下预测流量。因此，它通过将原始辐射模型的推导与生存分析相结合，引入了一个标度参数 $\propto$，并给出：

$$\langle T_{ij} \rangle = \gamma T_i \frac{[(a_{ij} + m_j)^\propto - a_{ij}^\propto](n_i^\propto = 1)}{(a_{ij}^\propto + 1)[(a_{ij} + m_j)^\propto + 1]} \tag{11.2}$$

式中，$a_{ij}=n_i+s_{ij}$；γ 是在出行起点和终点之间找到的所有地点百分比，根据经验设定 $\propto=\left(\frac{1}{36}\right)^{1.33}$ (km^{-1})，其中 i 是研究区域的特征长度；$\propto$ 取决于研究区域的大小。

扩展辐射模型旨在当我们缺少校准的数据时使用。当有实际出行数据时，如本案例，可以根据索伦森指数(Sørensen index；Lenormand et al.，2016)用共同部分的通勤者对它们进行评估：

$$\mathrm{CPC}(T,\tilde{T}) = \frac{2\sum_{i=1}^{n}\sum_{j=1}^{n}\min(T_{ij},\tilde{T}_{ij})}{\sum_{i=1}^{n}\sum_{j=1}^{n}T_{ij} + \sum_{i=1}^{n}\sum_{j=1}^{n}\tilde{T}_{ij}} \tag{11.3}$$

它给出了衡量流量估算优度的定量指标，0 表示没有发现一致性，1 表示完美估计。CPC 比较了所有起讫点对之间的模型估计值 T_{ij} 与经验观测值 $\tilde{T}_{ij}$。

2. 结果

我们从调查数据中提取了不同的变量来构建扩展辐射模型。首先，我们提取了构成大墨西哥城的 194 个区及其各自的人口、出行吸引量(每天前往该区的出行次数)、出行产生量(每天离开该区的出行次数)、POI 和特征长度(以该区面积的平方根给出)。

然后，我们将 i 设置为每个区域特征长度的平均值。我们还构建了距离矩阵，为每一行 i 和列 j 给出了区域 i 和 j 的质心之间的距离。最后，γ 被设置为总出行次数占总人口的比例。

随后，我们使用了四种不同的设置来比较基于不同近似方法的模型性能，这些方法用于估计出发地区的出行产生量和目的地区的出行吸引力：①我们使用出行吸引量和出行产生量作为基线；②我们使用 POI 的数量作为出行吸引量的代表；③我们使用人口作为出行产生量的代理；④将②和③结合。最终的 CPC 值如表 11.1 所示。

表 11.1 模型中不同输入数据的拟合优度比较

起点	出行产生量	出行发生量	人口	人口
终点	出行吸引量	POI	出行吸引量	POI
CPC	0.69	0.67	0.64	0.63

表11.1显示，扩展辐射模型估计值的CPC与近期提出的其他模型(Lenormand et al., 2016)相近。此外，我们研究了不同参数的出行产生量和吸引量作为模型输入的影响，发现使用更容易获取的数据源(如人口和POI密度)可以达到几乎相同的准确度水平。POI十分有趣的点在于，它不需要出行调查就能提供很好的估计，并且其数据的访问要便宜得多。另一方面，使用人口替代出行产生量，旨在根据已知的γ预测未来的移动模式，γ是通勤人口与总人口的比例，假设这一比例是变化的。这里，我们从2017年的调查中提取了γ，并将其用于模型。因此，我们无法验证模型的预测能力；但尽管如此，当通过乘以γ来改变每个地区的人口数据时，我们仍然观察到积极的结果。

11.4 通过交通方式分析人口移动

本节专门分析墨西哥城内的个体出行者。广泛的用户调查的一个优势是识别人群中占主导地位的行为类型，包括使用的交通方式、地理分布和社会人口特征。

我们分析了墨西哥城调查收集的大型数据库，其中包含了居民个人的信息；它详细记录了超过50万次出行的信息。对于每一次出行，都有交通方式、出发和到达的地区、出发和到达的时间、出行目的、出行者的性别以及年龄和其社会人口阶层。在调查的196个地区中，可以发现多达20种不同的交通方式。

我们希望通过根据交通方式对行程进行分组来降低此信息的复杂性，而不涉及其他指标，其结果将参与后续形成的集群的分析。在此过程中，我们试图区分主要的出行行为，这反过来又对应着各种可能的交通方式和出行目的。

通过简单的检查发现，数据库中提到的所有交通工具都不能显著代表主要的出行行为方式。我们期望看到某些交通方式，如汽车或步行，在某些行为中占大多数。如"其他交通工具"类别则很少代表对应的出行行为，甚至没有。因此，没有必要用如此多的变量(最初是20个)来描述个人出行数据库。我们应用主成分分析(principal component analysis, PCA)来确定主要变量。这能够让我们在使用聚类算法时减少计算时间和复杂性。这样的降维有助于我们的进一步理解(Eagle and Pentland, 2009; Ibes, 2015)。

主成分分析法旨在用较少的变量(称为主成分, principal components, PC)捕获尽可能多的数据总方差。因为其目的是通过降低数据的维度来减小数据的大小，从而使前N个主成分必须占总方差的85%，因此，我们选择在研究的其余部分只保留前5个主成分(Shlens, 2005)。

为了围绕主要行为对出行进行分组，我们使用了k均值聚类(k-means clustering; Jiang et al., 2012)。数据库中的每个行程最初都表示为由0和1组成的向量，这取决于所使用的交通方式。在应用k均值算法时，我们只考虑了它在主成分数据库中的投影。用k均值进行迭代，最终最小化每个投影行程和算法确定的聚类质心之间的距离总和，从而实现在数据集中的模式识别。结果，我们获得了一个列表，它反映了特定集群中每次出行的成员情况。我们还计算了每个集群的交通方式的比例，以确定他们的平均行为(Jiang et al., 2012)。虽然可以通过各种度量来估计理想的集群数量，例如拐点法(elbow method)，但是最佳的集群数量取决于数据的可解读性。因此，我们决定保留6个集群。

第 11 章 刻画城市出行模式：墨西哥城的案例研究

图 11.4(a)显示了表征墨西哥城日常移动性的六个集群及其百分比。它们代表了在城市中移动的主要方式。因为数据库中记录的部分行程可能是同一个人进行的，或者一个居民可能有几个行程，因此该分析对行程进行分组，而不是个人。请注意，这些出行也有其目的，如回家、上班、跑腿、购物等。它们的平均百分比显示在图 11.4(a)的底部。在图 11.4(a)的顶部，仅显示了每个集群中报告最多的三种交通模式。这些内容中的每一个都在 y 轴上与其在集群中的比例相关联。x 轴的百分比显示了每个集群中总行程的比例。我们可以看到，集群 1 和集群 5 中的大多数行程分别结合了三种或两种出行方式。

集群 2 代表墨西哥城调查中所有出行的 35%。纵坐标上步行的比例等于 1，而该集群中第二大交通方式 Mexibus(墨西哥快速公交，BRT)&Metrobus(墨西哥公共汽车)的比例为 0.027。所以，这个集群的出行中只有大约 2.7%的人会乘坐 Mexibus 或 Metrobus。因此可以说，这些出行几乎完全是步行的。图 11.4(b)显示了纳入调查的 10 个出行目的中每一个目的在六个集群中的比例，这 10 个出行目的的分别是：回家、工作、学习、购物、休闲、跑腿、接人、宗教、健康主题及所有其他目的。

我们将出行目的的平均百分比与每个群组内的平均值进行了比较。集群 1 占所有出行的 11.8%，其中 33%以工作为目的，高于所有出行的平均数——21%。我们看到，当人们选择步行时(集群 2)，出于购物目的是平均水平的两倍。虽然与集群 2 相关的出行

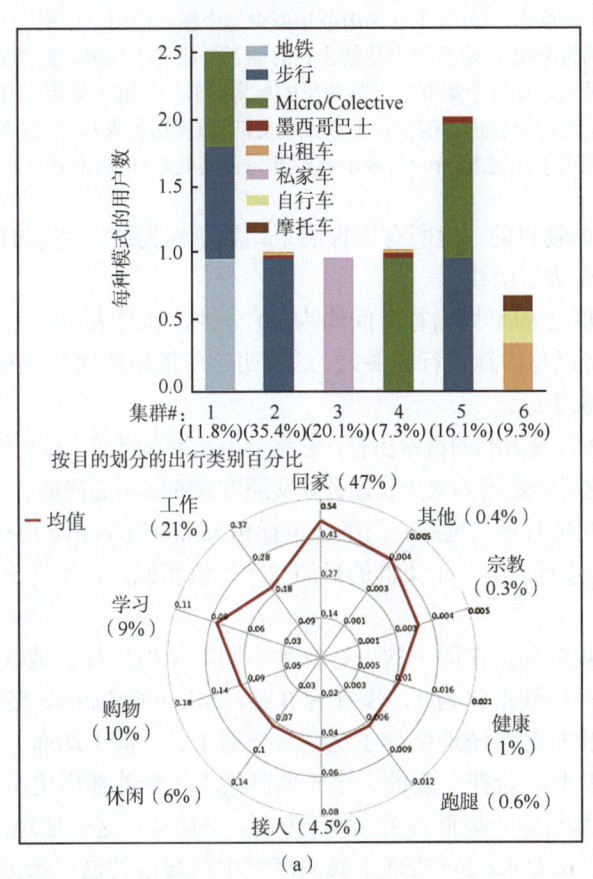

(a)

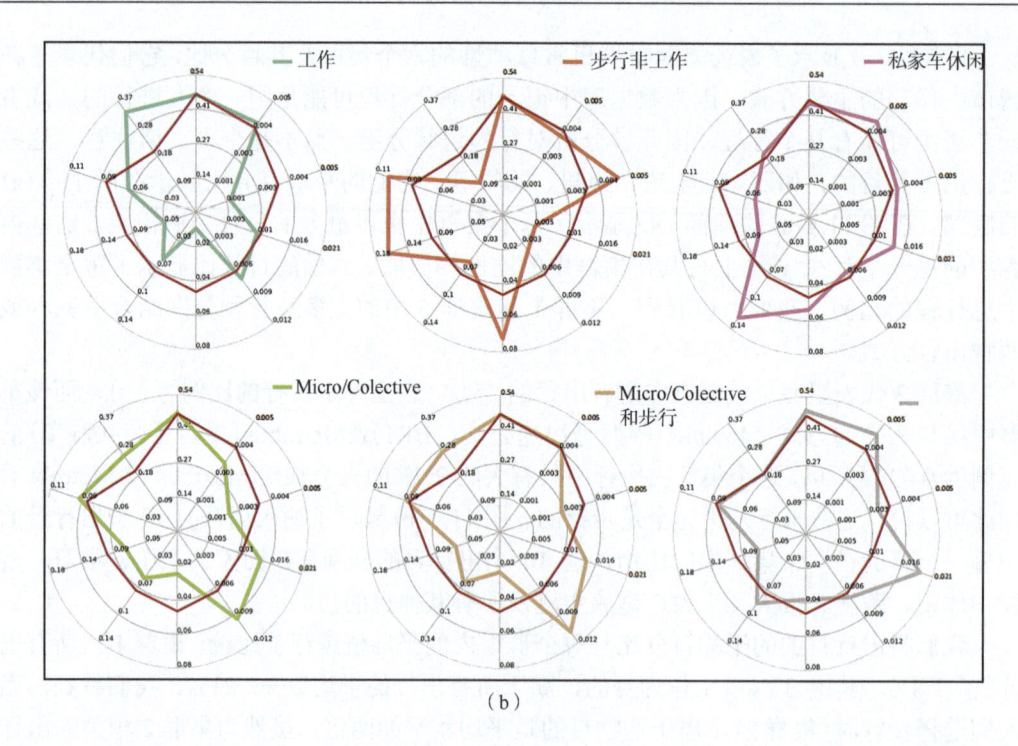

图11.4 墨西哥城的移动群组。(a)每个行为组或集群中每个模式的用户比例。下半部分显示图例，显示出行目的占总人口的百分比。(b)按组别比较出行目的百分比与平均值。集群从1到6从左到右，从上部开始。我们可以看出，在每个集群中，某些目的更为明显。集群1采用组合交通方式，工作出行比例较高。集群2倾向通过步行进行购物、上学或社交活动(接送他人)。集群3通过私家车进行休闲出行。集群5和集群6通过Micro/Colective(墨西哥公共汽车)或将两者和步行结合完成差事

中约有16%是出于购物目的，但所有出行的平均数量约为这一类别的10%。相反，步行似乎不常用于通勤或去看医生。

此外，由于集群2的平均出行时间约为20分钟，而总人口的平均出行时间约为其两倍，因此该集群可以与本地出行相关联。这表明工作场所或医疗保健中心通常比商店、学校或宗教场所离家更远。

集群3包含墨西哥城20%的日常出行，它完全由私家车组成。与其他集群相比，该集群的休闲比例更高。这可能是因为缺少长途公共交通方式或其不够便捷。

集群5包含16%的行程，包括专门结合步行和Micro/Colective出行的路线，而集群4中7%的行程不包括步行。这两个集群的目的与平均值相似，且平均出行时间最长，每次约为一小时。

在集群1中还观察到，在同一次出行行为中同时使用步行、地铁和Micro/Colective交通工具。实际上，地铁占比为1，步行为0.83，Micro/Colective交通工具为0.71。并不是这组中的所有出行都系统地结合了这三种交通工具，但平均而言，在绝大多数情况下，这三种交通工具是结合在一起的。这一集群显著代表首都历史街区的中心地带，那里超过55%的出行都与这一集群有关。另一方面，一旦离开这个地理区域，它就会消失。这是因为地铁和Micro/Colective交通工具高度集中在城市的这一部分，通过这些交通工

第 11 章 刻画城市出行模式：墨西哥城的案例研究

具的搭配，特别是去上班，出行变得更加快捷和方便。

集群 6 代表的现象无法解释，因为它不代表任何特定模式。然而，应该注意的是，它主要集中在农业地区。

Kölbl 和 Helbing 分析了 1972 年至 1998 年近 30 年间英国全国出行调查的数据，研究观察到在 1972~1998 年间，不同模式的平均出行时间与能源消耗率成正比。在图 11.5(a) 中，我们显示了每个模式的行驶时间除以其平均值的分布，结果与 Kölbl 和 Helbing(2003) 的研究比较一致。作者提出了五种运输模式，它们都能很好地符合对数正态分布，参数见表 11.2。为了进一步研究我们的集群，我们对单次的出行时间与平均出行时间的比值进行了同样的分析。我们观察到每个聚类有不同参数的对数正态分布；只有第 5 组的参数与 Kölbl 和 Helbing(2003) 报告的参数更接近。鉴于研究墨西哥城的出行情况比较复杂，我们观察到每个群组成员之间的差异较大，但集群 1 除外，该群组以工作为目的的出行比例较高。英国和墨西哥城报告结果之间的差异，可能与大都市更紧张的交通服务和更长的通勤路程有关。Kölbl 和 Helbing(2003) 在不同模式中展示的通用比例，仍然可以作为改进公交系统目的指南。需要注意的是，使用私家车出行的时间不到使用公共交通出行时间的一半。如果出行时间更相似，对于私家车主来说，公共交通出行可能更有吸引力。

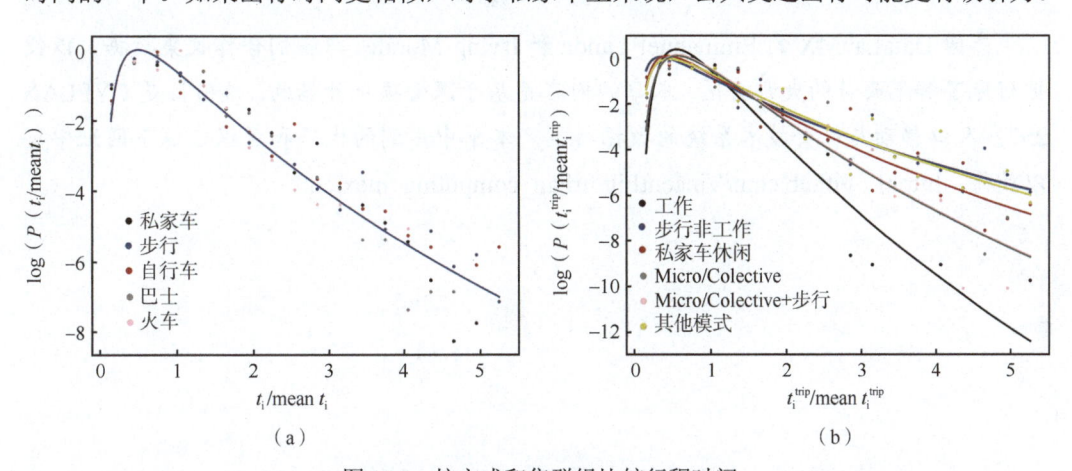

(a)

(b)

图 11.5 按方式和集群组比较行程时间

(a) Schneider 等 (2013) 在对数尺度上对不同运输方式的时均出行时间分布进行了对数正态拟合；
(b) 对数正态拟合墨西哥城出行调查中发现的集群的尺度时均出行时间分布

表 11.2 聚类拟合参数的比较

集群类别	μ	var	平均出行时间
使用公共交通上下班	−0.03	0.21	89
非工作目的的步行	−0.28	0.63	20
私家车出行+休闲	−0.19	0.69	40
Micro/Colective	−0.07	0.41	49
Micro/Colective+步行	−0.11	0.41	58
其他方式	−0.30	0.47	30
结果(Kölbl et al., 2003)	−0.14	0.51	N/A

11.5 总　　结

对复杂的社会-科技体系进行基于数据的分析，已经成为世界各地跨学科小组的兴趣所在。这些技术可以从分析的角度为城市规划提供信息，以完成完善当前城市及其基础设施的复杂任务。这增强了彼此的相关性，以更好地适应全球主要城市和大都市的持续扩张。本章研究的目的是总结统计方法来分析城市环境中的人口移动。我们在出行记录和计量经济学的主流方法中结合了替代性数据和方法。所进行的数据分析的共同目标是降低手中数据集的复杂性，同时提取有用的信息。为此，最近被动收集的数据的增长为理解和实施这些方法和其他方法提供了重要的机会。特别是，我们分析并模拟了大墨西哥城的人口移动，该地区人口超过 2 100 万（世界上最大的城市之一）。我们探索了 2017 年进行的最近一次主要出行调查的数据集，使用聚类方法，并将出行分布与使用人口和 POI 的扩展辐射模型推断的出行分布进行了比较。未来的扩展应包括社会人口阶层，并提出为实现社会公平及可访问性的可能的干预措施。

致　　谢

感谢 DataLabMX 的 Emmanuel Landa 和 Irving Morales 与我们合作收集数据，以便更好地了解墨西哥的大都会区。本章的内容是基于课堂项目开始的，该项目是 CYPLAN 257：人口移动与社会技术系统的数据科学。本章中用到的代码和数据在以下网址中可以获得：https://github.com/VincentFig/urban_computing_mexico。

第 12 章 货运系统与规划研究实验平台

André Romano Alho　Takanori Sakai　Fang Zhao
Linlin You　Peiyu Jing　Lynette Cheah
Christopher Zegras　Moshe Ben-Akiva

摘　要

信息通信技术(information and communication technologies，ICT)的进步和新型交通解决方案的出现，引起了城市交通环境的巨大变化。无处不在的 ICT 设备提供了新的数据来源，可以为细化的交通仿真模型提供信息，并有助于分析新政策和新技术。在此背景下，我们成立了软件实验平台，推动新技术和货运研究的发展。未来移动感知(future mobility sensing，FMS)不仅是一个整合了跟踪设备和移动应用程序的数据收集平台，还是一个具有机器学习技术和用户界面的后台，能够提供高精度且详细的移动数据。第二个平台，SimMobility，是一个基于智能体的城市仿真开源平台，能够以精细化方式重现城市客运和货运。这两个平台已被整合使用，以提升客运和货运行为建模的最新水平。在这一章中，我们回顾了货运数据收集技术的最新发展，包括对运输建模的贡献以及最先进的运输模型。然后，我们介绍了 FMS 和 SimMobility 软件平台，并使用三个案例展示了其整合应用。最后，我们重点讨论了这些研究领域创新潜力和未来挑战。

12.1　引　　言

城市交通系统，包括货运和客运，正变得越来越复杂。交通需求增长的同时，交通在城市系统中的作用、可用的交通方式以及整个系统的协同作用也变得更加多样化。正是信息通信技术(ICT)的变革促进了这些变化的发生。例如，众包计划使个人有可能成为临时的货运承运商。这些变化表明，模拟仿真工具能够帮助研究人员、行业从业者和城市规划者更好地掌握技术并了解政策对城市交通系统的潜在影响，因此我们对这类工具的需求也日益增加。尽管行为仿真模型的发展主要以乘客为中心，但最先进的行为仿真模型现在能够以精细化的方式复制用户之间公对公的交易，这些用户可以代表多种角色(发货人、承运人和收货人)。下一代的模型预计将扩展这项功能，以涵盖企业对消费者和消费者对消费者之间货物的传递流程。由于电子商务在城市货运中扮演着越来越重要的角色，这项功能也变得越来越重要。此外，随着客运和货运的界限越来越模糊，开发集成模型也面临着新的挑战。随着对精细分辨率数据的需求不断增加，全面代表相关智能体决策和行为的能力也不断增强。不过，受调查参与度低和关键受访者难以联系的影响，货运数据收集仍然是一个挑战。得益于数据收集方法的创新，货运数据有望能够依靠感知技术和大数据源来解决数据局限的问题。目前，这些新的数据来源被最低限度地纳入交通模型，用于广泛测试政策和技术。

本章由四部分组成：①未来移动感知(future mobility sensing，FMS)，货运数据收集平台；②SimMobility，城市土地利用和交通仿真平台。③双平台协同使用以推动学科发展的案例。前两部分（第 12.2 节、第 12.3 节）从相关研究的文献综述开始，包括基础技术、方法和应用。接着详细介绍 FMS 和 SimMobility 实验平台，以及过去及当前的应用。在第三部分（第 12.4 节）中，我们提供了实验平台协同使用的例子。④总结（第 12.5 节），指出未来的研究方向。

12.2 未来移动感知，一个行为实验室

1. 背景

运输建模和规划的实施，依赖于客运和货运的各种数据。特别是在货运方面，需要高质量的数据来开发商品流动和货运车辆业务的仿真模型。城市货运领域的数据收集工作需要应对各种用户（例如，公司、机构和司机）的决策机制和行为。由于用户与用户之间类型的异质性，与客运相比，货运很难收集一个全面的数据集来描述这些用户的共同决策。因此，在货运数据收集方面，使用了多种数据收集方法，广义上可分为四类。

1）静态计数数据

这些数据是通过固定位置的传感器收集的，如电感环路检测器、自动车辆分类系统、动态称重（weight-in-motion，WIM）系统或视频系统。尽管基于道路的传感器（如电感环路检测器）本质上局限于捕捉精细分辨率的货运计数，但 Tok（2008）开发了一种高保真电感环路传感器，以实现基于车辆类型电感特征的商用车分类，表现出了提供信息丰富的商用车交通统计数据的潜力。

监控探头的布设使得交通统计比过去更容易，尤其是在拥挤的环境下或在试图按车辆类型分解数据时。Zhang 等（2007）详细介绍了一种基于视频的车辆检测和分类系统（vehicle detection and classification，VDC），使用未校准的视频图像收集车辆计数和分类数据。尽管有建议提出需要一系列改进措施来处理纵向车辆遮挡、严重的相机振动和前照灯反射问题，但 Zhang 所提出的方法被证明具有较高的准确性。Mammes 和 Klatsky（2017）提出了一种基于视频的系统，用于评估货运站的需求和可用性。Sun 等（2017）通过开发计算机视觉算法，利用视频摄像机实现了对当地货运交通的移动高分辨率监测。

2）动态移动数据

这些数据是通过随车辆移动的传感器收集的，使用的设备包括 GNSS、车载诊断系统（on-board diagnostics，OBD）或类似的远程信息处理设备。公司经常通过收集 GPS 数据来监测它们的车辆。最为人熟知的数据集之一卡车 GPS，是由美国交通研究所（American Transportation Research Institute，ATRI）发布的。该数据集为美国的货运研究做出了巨大贡献，并被用于多种目的，包括卡车路线选择数据的开发（Kamali，2015）和全州货运卡车流的生成（Zanjani，2014）。它经常与其他数据集融合，因为尽管它的数据量大，但它缺乏所携带商品或旅行目的等具体信息（Eluru et al.，2018）。数据融合的另

一种方法是用调查来补充 GPS 跟踪数据,这将在本章后面进行讨论。

3)调查数据

数据也可以通过针对司机、车队经理或仓库员工等人的调查来收集。货运调查有各种设计,Allen 等(2012)总结了货运调查设计及其应用,包括设施调查、车辆观察调查、停车调查、司机调查、商品流调查、路边访谈调查等其他调查。Cheah 等(2017)提供了一个专注于商品和基于设施的货运调查文献综述。

4)间接数据

间接数据指的是那些不是专门为了给货运模型提供货运相关信息,但可用于此类目的的数据。一些大数据的数据源就属于此类。

正如 Holguín-Veras 和 Jaller(2013)所指出的,货运数据的收集面临的一个挑战是,单一的收集方法只能观察到城市货运配送系统的部分情况。他们还详细阐述了几种数据收集方法的优缺点。虽然利用率不高,但上述调查中还是出现了一些新技术。大量的货运数据收集工作正在进行,尽管网络调查可以降低数据输入的负担和相关错误的发生频率,且越来越普遍,但有一些调查仍然停留在纸质调查(例如,Alho 和 de Abreu e Silva 描述的基于里斯本公司的货运调查,2015)。一个主要的挑战在于因为应答者经常需要回忆过去的活动,这容易导致用户报告的数据不准确。此外,上述建模和模拟所需的高分辨率数据往往需要大量的调查,但受访者不一定都愿意合作。Jeong 等(2016)实施了基于网络的车队经理调查和基于智能手机应用的司机调查,以验证加州车辆清单和使用调查(CAL-VIUS)的初步设计。在积累此类经验基础上,他们强调了必须确保有足够的参与者才能应对样本规模带来的挑战。

总的来说,我们发现了在收集货运数据方面有三个主要研究方向需要着重关注。第一,创新使用技术,包括感知技术,其作为减少用户负担的手段,需要进一步发展。第二,因为招募货运调查参与者是极具挑战的,所以需要设计能够有效提高回复率和鼓励长期参与的激励方法。其中一些与信息激励相关的措施,已经在家庭出行调查中得到了试验(Nahmias-Biran et al.,2018),信息激励可以作为货币激励的补充或替代。第三,必须探索新的可替代数据源。Ludlow 和 Sakhrani(2017)提交了一份报告(NCFRP49——城市和大都市交通运输数据的新来源),报告重点关注新的数据来源,以解决城市和大都市的货运挑战。显著的新型数据源和潜在有用的数据源包括众包数据、道路和车辆传感器数据(蓝牙、RFID、车联网)、车辆数据流和图像数据(如基于卫星的)。FMS 平台是一个灵活、全面的货运数据收集行为实验室,旨在应对以上这三个研究领域中的难点。

2. FMS 架构

FMS 是一个数据收集和可视化平台,通过利用移动感知技术、机器学习算法和用户验证,提供客运或货运行为的细节。它最初是作为一个基于智能手机的家庭出行自动调查系统被开发的。在第二次迭代中,它被扩展至支持商品流、轨道货运以及商用车辆相关调查(FMS-Freight)。FMS-Freight 中收集和处理在货运中承担运送、接收和运输功能的商业企业、相关运输公司和车辆运营商的调查数据以及司机的行程数据。FMS 由三个互不相同但相互连接的组件组成，如图 12.1 所示。

图 12.1　未来移动感知(FMS)平台架构

- 利用各种感知技术的移动应用程序和跟踪设备；
- 后端的组成为(a)一个数据库和(b)自定义算法的服务器系统，用来推断停靠地点、行程目的和其他行程细节，以减少用户负担；
- 移动式和基于网页的用户界面，用于验证应答者的活动，并显示汇总信息(例如，You 等所描述的仪表板；You et al.，2018)。

当使用 FMS 进行货运数据采集时，各个组件的详细信息如下。

1) 手机应用程序/跟踪装置

FMS-Freight 支持从各种移动感知设备(如平板电脑、GPS 记录器和 OBD 设备)收集原始数据。GPS 记录器和 OBD 设备是收集数据的主要工具，从多个传感器收集到的数据会被上传到后端进行分析。这些设备安装简单，可以分别安装在车辆和货物上，并且能够收集高精度的位置信息。在收集车辆轨迹数据时，使用车辆电池为设备供电，可以不间断地进行多日数据的收集。

2) 后端

后端机器学习算法将收集到的原始数据与用户验证的时间轴(即通过用户界面验证的活动记录，详见下文)和上下文信息(如 POI 数据)一起处理，以推断停靠地点及活动(Zhao et al.，2015)。在货物跟踪研究中，出行模式也能够被监测，这可以进一步减少用户的验证负担。经过验证的数据将被融合并进行后处理，以支持车辆和运输模式的识别。

3) 用户界面

平板电脑和网页应用程序的友好用户界面都允许用户查看和验证用户的时间轴和活动。日常验证包括确认推论信息和填写缺失信息(如活动、商品类型)，如图 12.2 所示。由用户验证的数据随后被用于算法的进一步训练以进行推理。此外，该界面允许在仪表板中生成活动摘要供用户查看。图 12.3 给出了一个运输跟踪的例子。

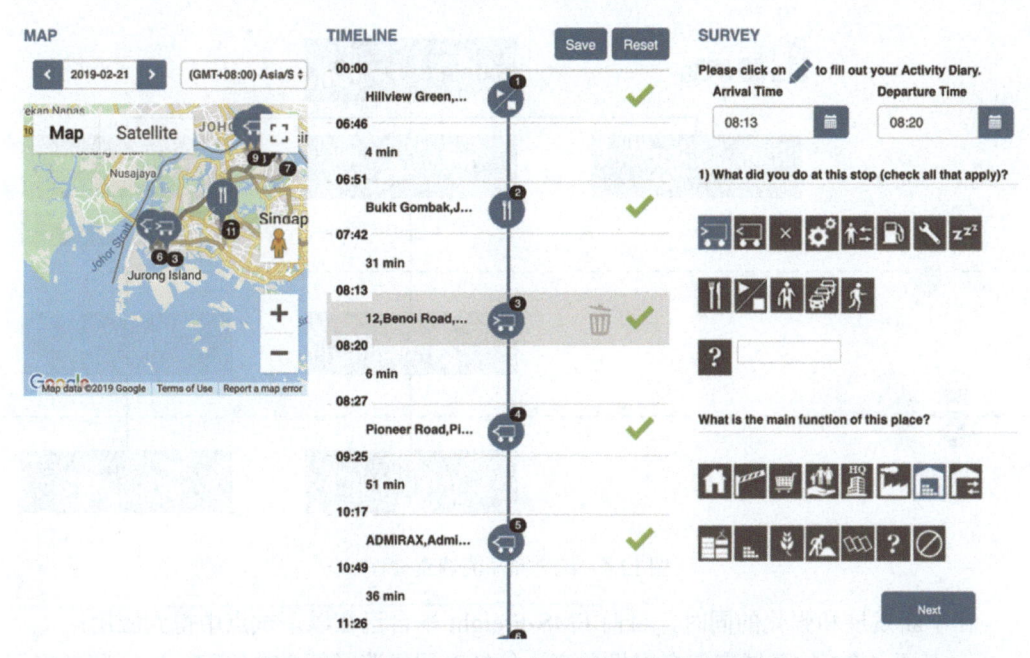

图 12.2　FMS-Freight 为司机提供的停靠点验证界面

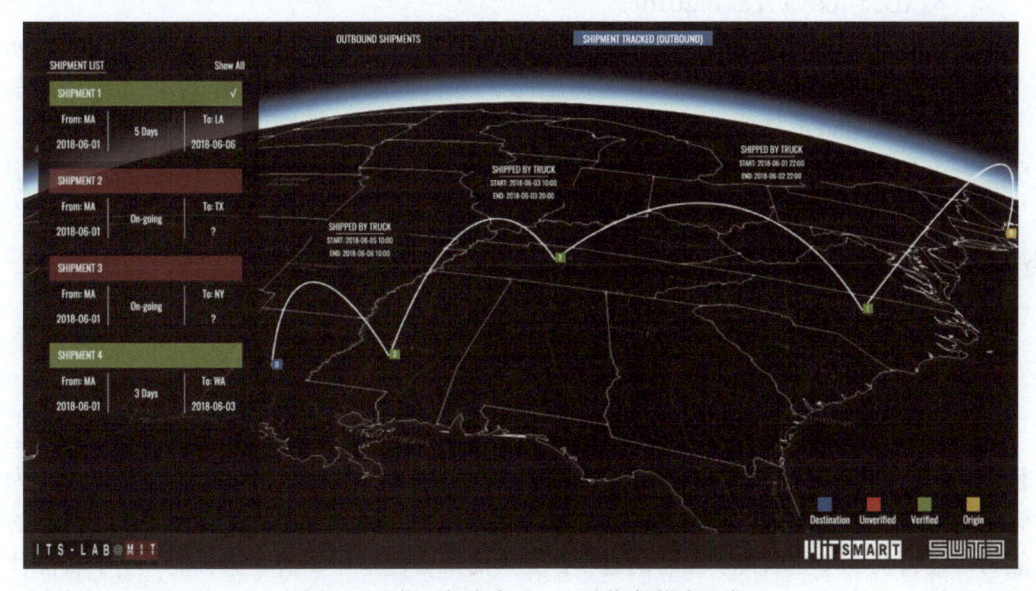

图 12.3　装运仪表盘——一种信息激励形式

3. 应用

　　FMS-Freight 可用于支持卡车司机调查、货运跟踪调查或全面的综合商品流调查（commodity-flow surveys，CFS）等应用。综合商品流调查的过程如图 12.4 所示，包括三个步骤：第一步，企业和司机信息的登记与预调查；第二步，货运车辆的跟踪；第三步，基于跟踪数据进行活动推断的最后验证。跟踪和验证步骤是一个迭代的过程，根据调查需要，时间跨度可以是几天或几周。

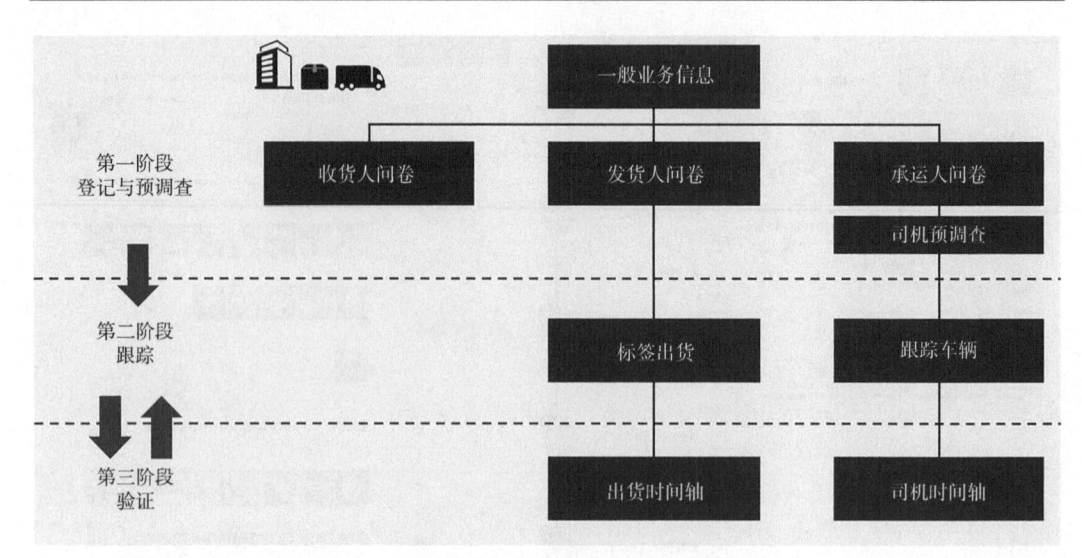

图 12.4 综合商品流调查过程

在不断发展和强化的同时，目前 FMS-Freight 平台已在以下试点中得到应用：
- 基于 GPS 的跨城市卡车司机调查，包括对司机路径行为的跟踪、验证和偏好调查(Ben-Akiva et al.，2016)。
- 一项基于 GPS 的大规模车辆跟踪和驾驶员活动调查，以城市重建局(Urban Redevelopment Authority)重型车辆的季度停车票持有人为样本，了解运动和停车模式(Alho et al.，2018)。
- 在新加坡进行的商品流调查试点(Cheah et al.，2017)，随后将进行更大规模的部署，以了解商品流和相关的业务特征。
- 在美国和新加坡进行的货运跟踪试点，以进一步了解货运所经过的供应链结构。

12.3 SimMobility 模拟实验平台

1. 背景

仿真模型已经发展了几十年，并被用于满足城市规划中的分析和政策需求。交通运输方面，利用交通流仿真模型能够预测未来交通环境，评估技术和政策措施的影响，为政策决策提供依据。随着应对各种技术和政策变化的模型需求的增加，交通仿真工具的能力在过去几十年里取得了显著的进步。经典的聚合模型正在被非聚合的、基于智能体的模型所取代。这些新颖的仿真工具存储了与客运和货运相关的复杂决策机制。因此，它们能够利用仿真来分析土地利用和交通系统的变化、基础设施管理(如动态道路收费)和新兴的移动服务(如共享和按需车辆)等。

上述趋势也适用于城市货运模型，先进的城市货运框架于 2000 年前后提出。许多基于用户的城市货运模型，考虑了供应链和物流运行中的行为机制，被提出作为传统综合商品或基于卡车的模型的替代品(Chow et al.，2010)。这些模型模拟了不同用户(如发货人、收货人、承运人(包括司机)和决策者)的决策和行为，以及他们在商品流、物流和运输服务以及运输基础设施使用方面的相互作用(Boerkamps et al.，2000；Wisetjindawat et al.，

2005；Fischer et al.，2005；Roorda et al.，2010）。因此，决策和行为粒度的改进允许模型以合理可靠的方式捕获它们之间的相互关系。特定区域数据可得性的增加以及新的数据科学技术的出现进一步促进了非聚合模型的发展和应用。就其性质而言，这些模型需要大量的数据输入。因此，它们在现实世界的规划实践中使用的潜力一直在增加。然而，在全球尺度上，缺乏合适的数据阻碍了这种模型的广泛应用。在美国，包括芝加哥地区（Outwater et al.，2013；RSG，2015）和亚利桑那州太阳走廊大区（Arizona Sun Corridor Megaregion；Livshits et al.，2018）在内的一些大都市区开发了基于智能体的货运模型。SimMobility（Adnan et al.，2016）就属于这类模型，这是一个由新加坡-麻省理工学院研究与技术联盟（SMART）和麻省理工学院智能交通系统（ITS）实验室开发的开源城市仿真平台。以城市货运建模为目标，他们为新加坡评估和校准了一套 SimMobility。这组组件增加了模拟跨供应链的货运能力，以及用户对以货运为重点的政策的反应。后者的例子包括路线限制、城市整合计划、非工作时间送货，以及过夜、取货和送货停车的选择。我们在本节中对该仿真工具进行了概述。该工具的详细内容，包括模型规格，可在 Sakai 等的论文（2019）中获得。

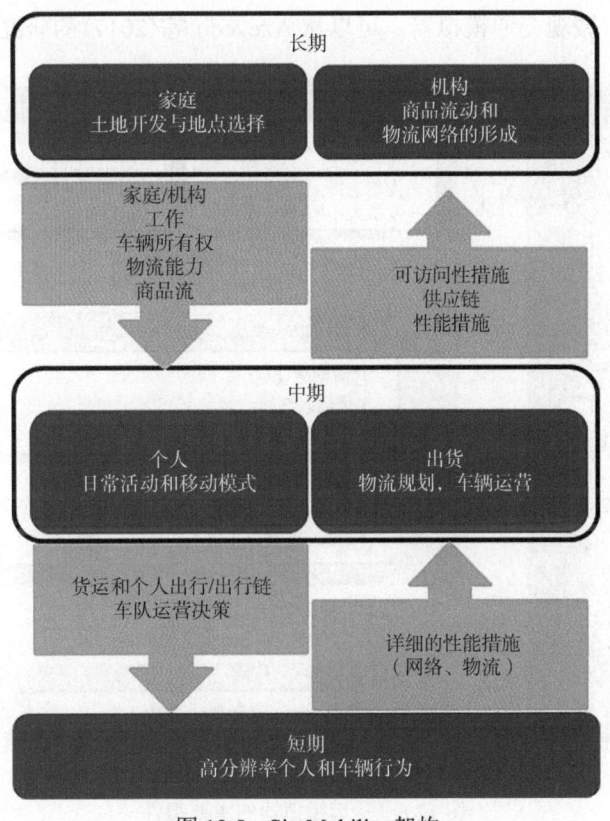

2. SimMobility 架构

SimMobility 是一个基于智能体的仿真平台，包括城市规模层面的土地利用变化模型、客运和货运模型。SimMobility 中的模拟是完全独立的，并保持了用户的一致性。在 SimMobility 中，考虑了三个时间跨度（图 12.5）：长期（LT）、中期（MT）和短期（ST）。

图 12.5　SimMobility 架构

长期模型涵盖了城市仿真的组成部分，如住宅和公司地点、学校和工作地点、车辆所有权、停车地点，以及公司之间的业务关系。中期模型以天为单位模拟个人、物流运行以及车辆和运输系统运行的活动。短期模型是一个微观模拟器，模拟用户在一天内的活动。不同的模块共享一个数据库，该数据库维护关于用户、土地使用、运输和活动的数据，且支持跨模块的数据交换。这种高分辨率的模拟可以跟踪各个用户的行为，甚至可以知道货物装载在哪一辆车上。

截至目前，该平台已在美国大波士顿地区、巴尔的摩地区，新加坡以及几个典型城市部署。货运模式目前估计会在新加坡试点。关于 SimMobility 不同组件的更多细节可以在相关文献中找到(Adnan et al., 2016；Zhu et al., 2018；Lu et al., 2015；Azevedo et al., 2017)。SimMobility 中的模型是基于各种数据集开发的，包括从 FMS 获得的数据集。

这套用于货运模拟的组件，以下称为货运模拟器，是为推进城市货运建模实践的技术水平而设计的。需要注意的是，货运模拟器与 SimMobility 中的其他组件进行了集成，共享了一些模块，如微、中尺度的交通模拟器，并以乘客模拟作为输入。图 12.6 显示了货运模拟器的主要模块，它遵循上述三个时间跨度。长期模型模拟了商品合同，它定义了商品流(即，销售和购买政策)，以及货车的过夜停车选择。中期模型模拟了前一天的物流规划和当天的车辆运行，将商品流转化为车辆运行和行为，然后转化为运输网络条件。最后，短期模型在更高的细节水平上模拟了用户行为，特别是驾驶员的行为，使用了车辆跟随和换道模型。除短期模型外，每个模块都在下面进行简要描述。关于 ST 模型的详细描述，即微观交通模拟器，可以从 Azevedo 等(2017)的研究中获得。

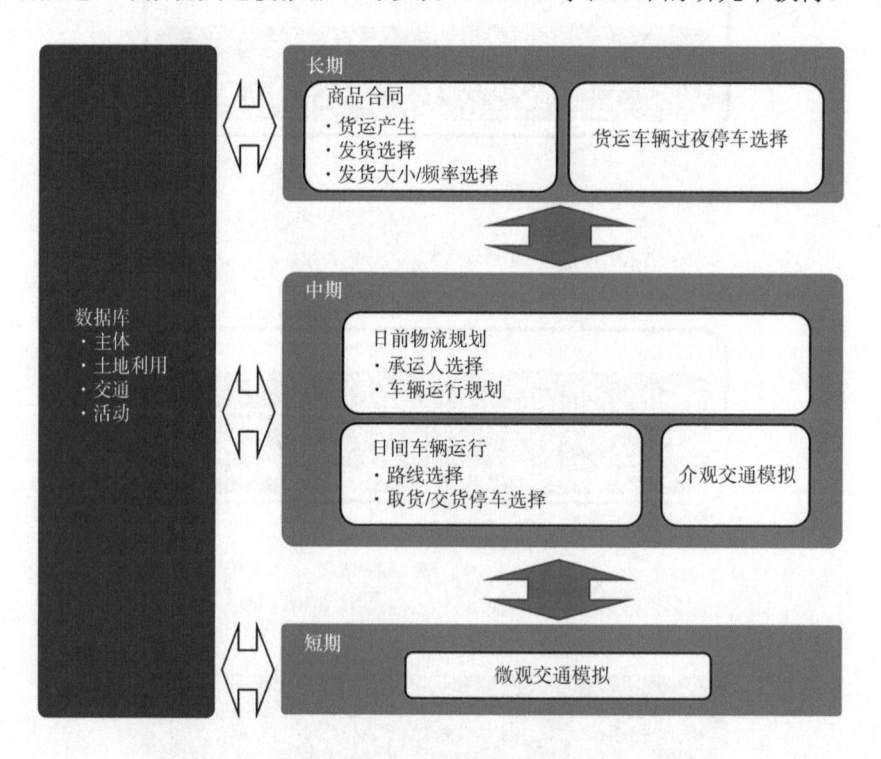

图 12.6 货运模拟器的主要组件

在货运模拟中，企业扮演着关键角色。企业的特征属性是位置、员工、场所规模、功能和行业。企业可以扮演多种角色，可以作为收货人(或消费者)、发货人(或供应商)和承运人(或第三方物流服务提供商)。商品合同和物流计划与企业决策相关联。在新加坡的应用中，企业的合成人口是基于各种商业统计数据开发的(Le et al.，2016)。

1) 商品合同估算(长期模型)

商品合同定义了销售和购买合约，是企业之间商品流动的基础。每一份商品合同都规定了发货人和收货人的地点、商品类型、货物数量以及运输的规模和频率。商品合同估算由三个独立步骤组成：①运费生成；②发货人选择；③规模和频率选择(图12.7)。运费生成首先使用 Logit 模型确定每个企业是发货人还是收货人。然后，多项 Logit 模型模拟进出货物的商品类型选择。最后，使用线性模型确定一定时期内的生产数量和消费数量，分别对应发货数量和接收数量。在接下来的步骤中，发货人选择把估算的消费用于生成基于合同的需求。每个基于合同的需求都需要单个发货人(供应商)，并且每个合同都是为单个收货人与发货人成对制定的，收货人可以与发货人签订一个或多个合同。带有误差分量的 Logit 混合模型模拟了发货人选择，考虑了具有相同分销渠道类型的备选发货人之间的相关性(Sakai et al.，2018)。在第三步中，线性模型根据与货物数量、运输和库存成本相关的因素估算发货规模和订单频率。

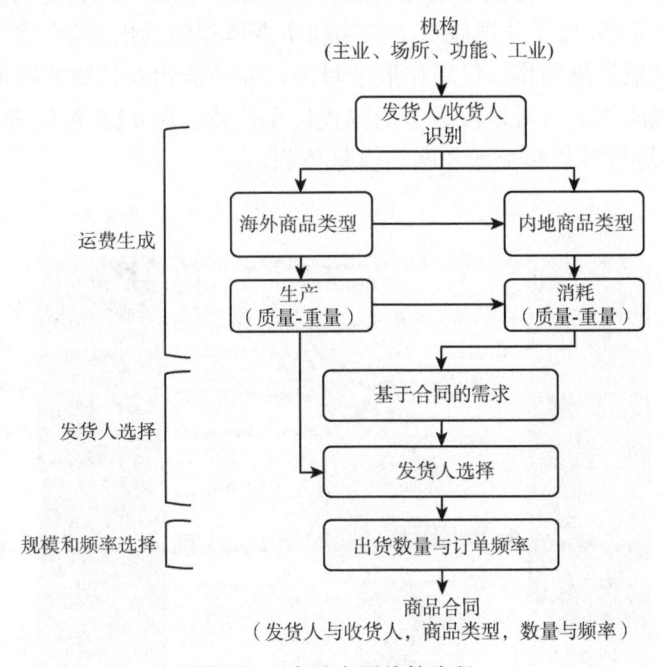

图 12.7 商品合同估算流程

2) 过夜停车选择(长期模型)

过夜停车的选择被认为是一个长期的决策。我们使用多项 Logit 模型模拟车主为货运车辆分配停车场的决策，以货运车辆数量和货运车辆的过夜停车供应作为输入。这个模块使模拟能够评估停车供应政策的影响，并定义日常行程的起点和终点。

3）日前物流规划（中期模型）

物流规划过程将货运需求转化为车辆运营计划（vehicle-operation plans，VOPs）。VOPs定义了在给定的一天内执行车辆的行程，包括关于停靠地点和目的（例如，特定货物的交付）以及停靠时长的详细信息。物流规划过程包括承运人选择和车辆运营规划两个子模块，这两个子模块都是基于一定规则的。根据从装运出发地到潜在承运人（即运输服务提供者）的距离为每批货物分配承运人，但须视其运输能力而定。车辆运营规划模拟了将货物分配到车辆以及确定取货和送货的顺序。在这个子模块中，一个自定义算法被应用于整合装运和估计实际取货和交货的停靠时长。

4）日间车辆营运（中期模型）

VOPs被用作在某一天内模拟车辆运行和交通网络的输入。多项logit模型基于路线属性，以及驾驶员和车辆特征，模拟行程路线选择（即从一个地点到另一个地点的移动）。此外，另一组多项Logit模型在考虑成本、容量和停靠点（即活动地点）以及附近停车设施拥堵情况下模拟了取货和送货的停车选择。该模型受停车设施数据可得性的影响。在更新网络条件的同时，这些模拟过程需与一个微观流量模拟联合运行。

5）输出可视化

货运模拟器在大城市范围内运行，能够评估政策、技术或其他与系统相关的变化的影响。图12.8和图12.9分别展示了长期和中期模型的输出示例。需要注意的是，这些图是基于测试数据集制作，仅用作展示目的，并不能代表预测的流量。图12.8涵盖了行业间和区域间的商品流以及货车的隔夜停车位置。图12.9包括货车的交付位置、VOPs中车辆的运行时长和交通和网络流量体积。

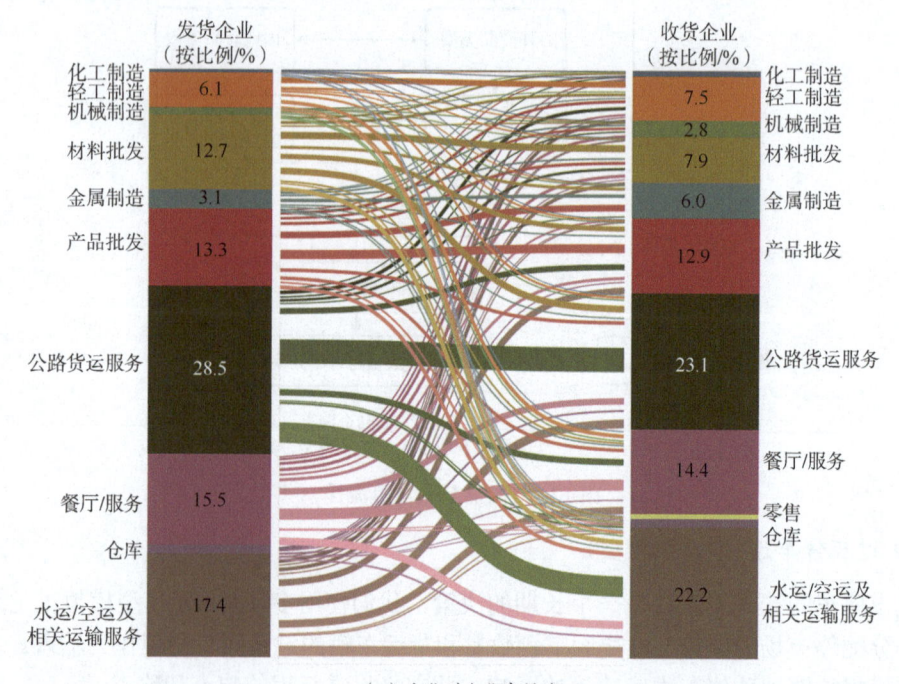

（a）企业对企业商品流

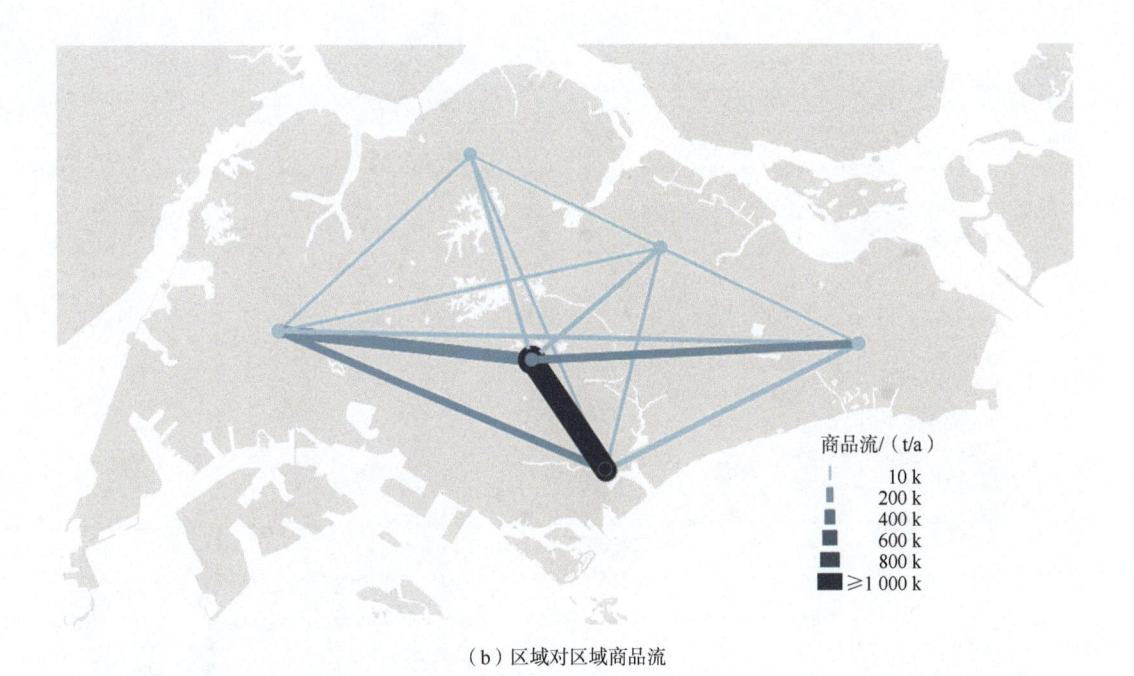

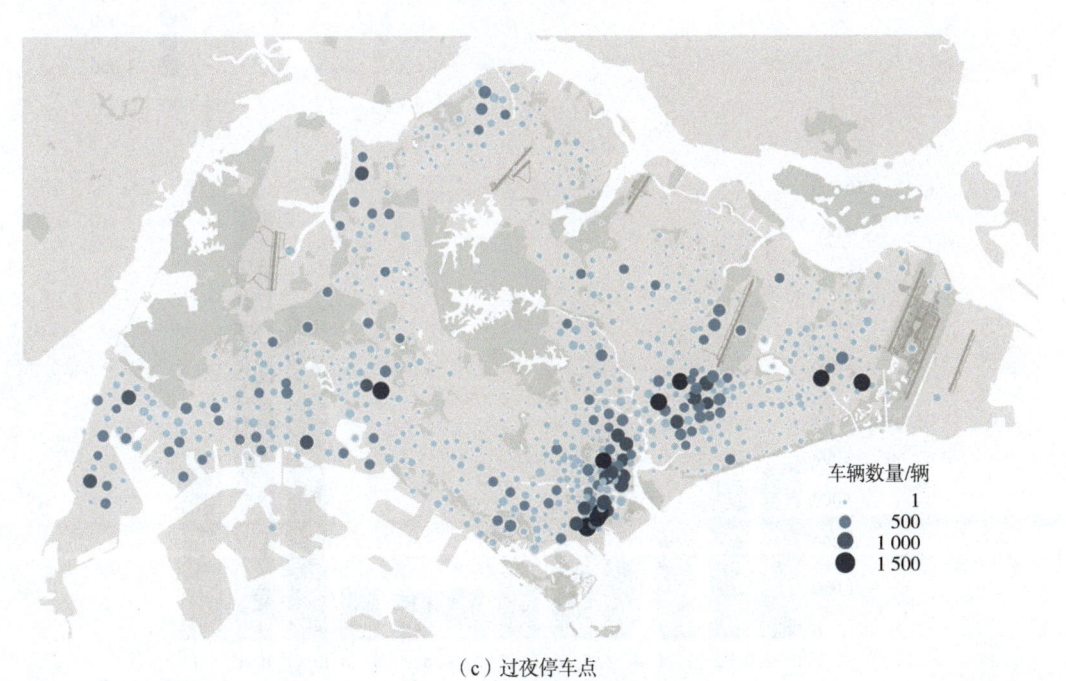

第 12 章　货运系统与规划研究实验平台

商品流/(t/a)
- 10 k
- 200 k
- 400 k
- 600 k
- 800 k
- ≥1 000 k

(b) 区域对区域商品流

车辆数量/辆
- 1
- 500
- 1 000
- 1 500

(c) 过夜停车点

图 12.8　长期模型的输出图示

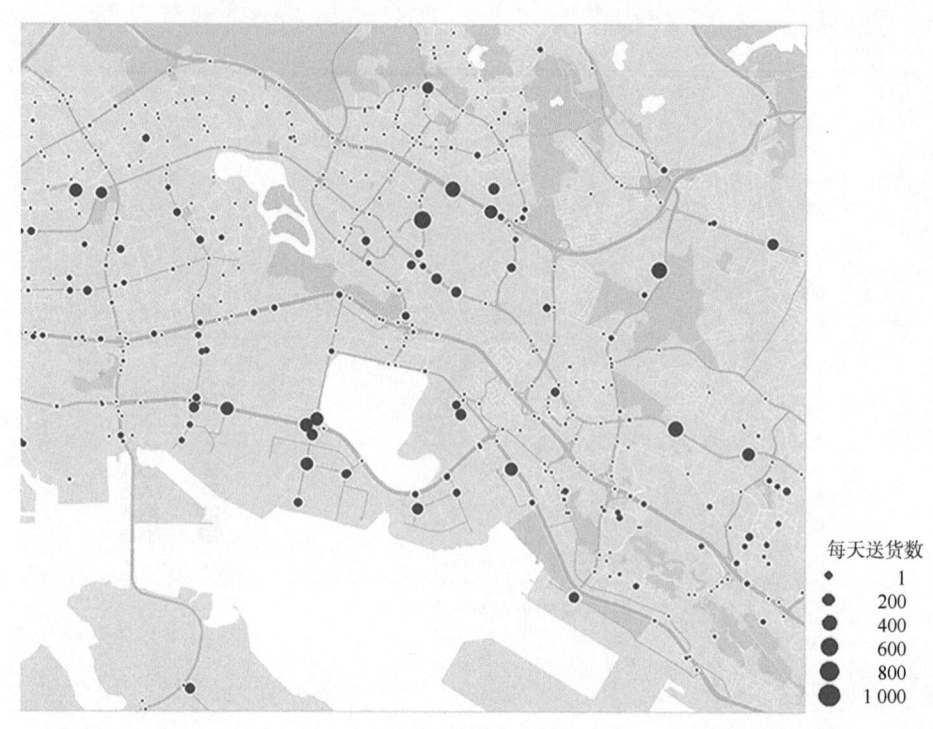

（a）送货点

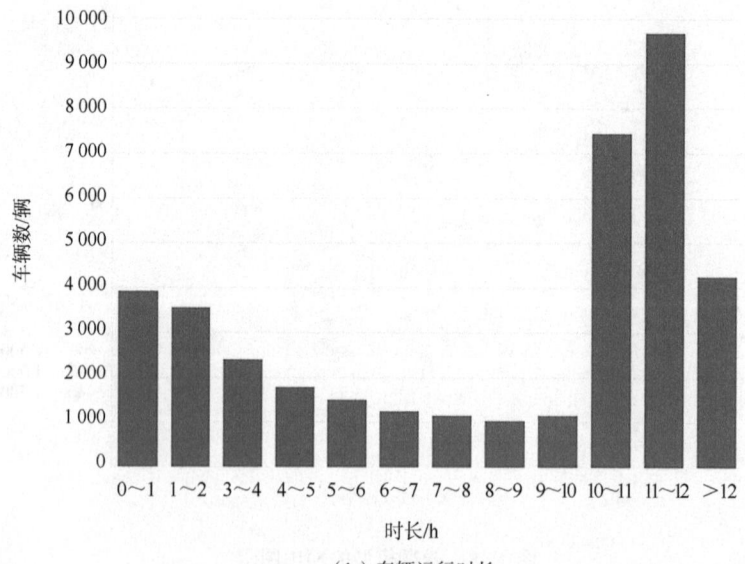

（b）车辆运行时长

每日货运车辆数/辆
0　　　　　　　　　　　　　　　　　　　　5 000

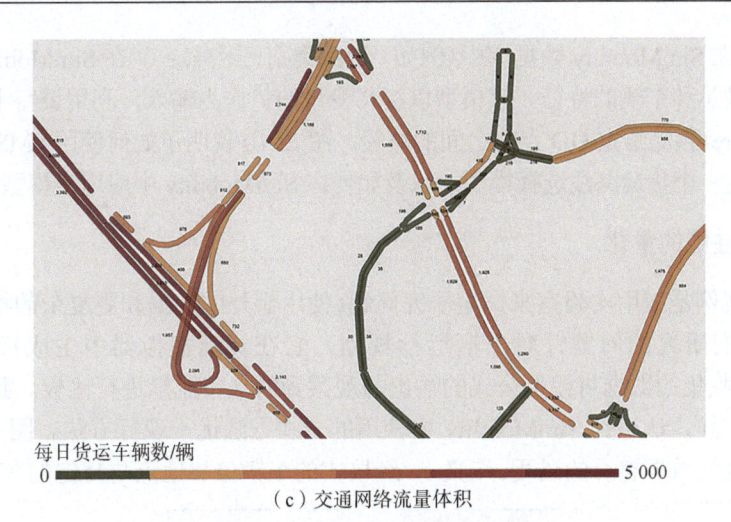

（c）交通网络流量体积

图 12.9　中期模型的输出图示

3. 应用

SimMobility 支持各种政策评估，从长期土地利用发展计划到短期停车基础设施运营。为达到政策分析的目的，开展了一系列城市货运案例研究，并正在设计其他研究案例，包括：

- 土地利用变化，特别是与新工业发展有关的变化以及旨在减轻不利影响的管制政策；
- 过夜停车基础设施供应政策(Gopalakrishman et al., 2019)；
- 由发货人、承运人和收货人参与的城市整合政策；
- 改善非高峰时段送货的规定；
- 货运车辆路线限制。

12.4　范　　例

FMS 和 SimMobility 已被联合使用以提升行为建模和仿真的最新水平。我们提供了三个案例来详细说明这项合作。与其他出版物不同，我们重点关注它们的互补性，而不是决策产生过程工具的应用(例如，Gopalakrishnan et al., 2019)。

第一个案例是货运路径选择模型的评估，第二个是货运模型性能的量化(应用于汽车行程生成模型)，第三个是再现货运和非货运车辆行程，以适应传统需求模型所不能反映的特定车辆运行模式。关于这些应用的更多细节，可以在以下参考文献中找到：Toledo 等(2018)、Alho 等(2019b)、Gopalakrishnan 等(2019)。

1. 货运车辆路线选择模型

第一个应用是货运车辆路线选择模型的评估。货运车辆驾驶员的路线选择决策与客运车辆驾驶员的不同之处在于，货运车辆驾驶员对交通条件的敏感性更高，驾驶员类型和相关商品属性之间的异质性更强。第一步是使用 FMS-Freight 对卡车司机进行调查，该调查在美国开展(Ben-Akiva et al., 2016)。调查收集了用户标注的 GPS 数据、实际移动以及车辆和司机的特征。该数据集被用于评估一个多项 logit 模型，并应用中期模型模拟了 SimMobility 中驾驶员日间的路径选择。解释变量包括：①交通网络属性，由供应模拟生成(例如，行驶时间)或存储在 SimMobility 数据库中(例如，道路类别、距离)；②在 SimMobility 长期模型中生成的驾驶员和车辆的特征。该模型以解释变量的值作为输入，利用蒙特卡罗法(Monte Carlo procedure)预测给定 OD 点对之间的路径。图 12.10 说明了如何使用 FMS-Freight 收集的数据来开发一个货运路线选择模型，以及如何在 SimMobility 中应用该模型。

2. 模型性能的量化

第二个案例是应用实验室来探索研究问题：使用额外的数据和更复杂的模型公式有什么价值？我们研究的问题针对车辆运行规划，它在货运模拟器中生成行程，并使用 FMS-Freight 收集的数据将模型公式的输出与观察到的卡车流量进行比较。我们评估了区域间流量的差异，认识到 SimMobility 中使用的一些方法优于现行方法。图 12.11 总结了两个实验室之间数据整合的过程。广义上，经核实的车辆停靠地点与特定的车辆行程有关。

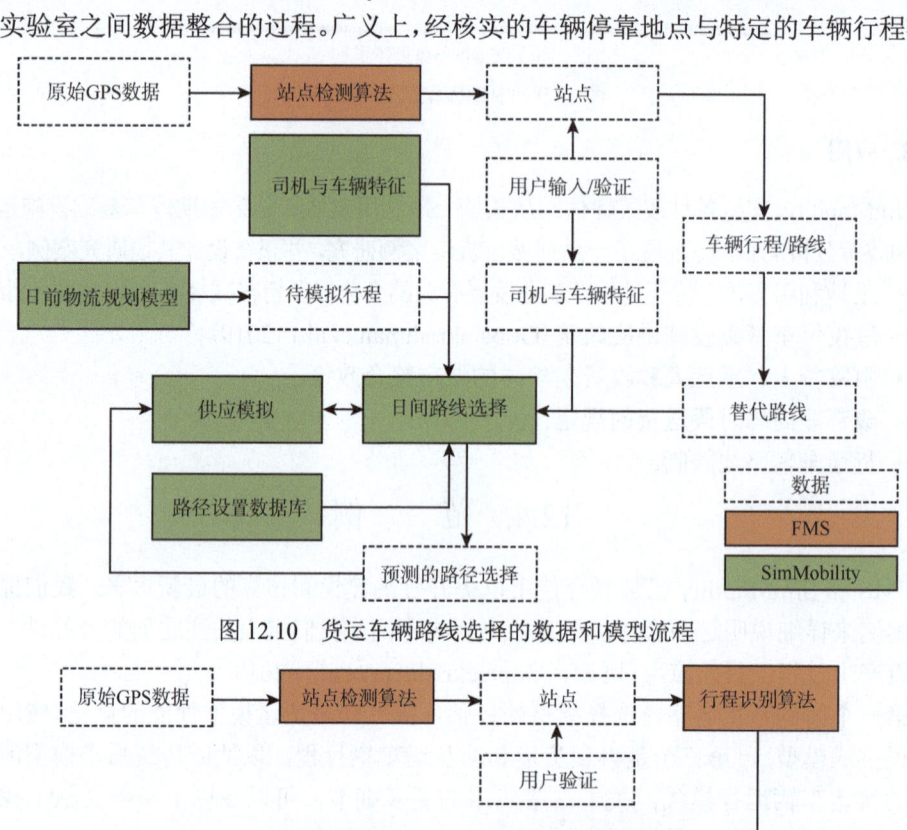

图 12.10 货运车辆路线选择的数据和模型流程

图 12.11 模型性能量化的数据和模型流程

相关算法的进一步细节可以在 Alho 等的论文(2019a,b)中找到。一旦确定了行程,就可以对具体的行程类型进行商品流估算(Alho et al.,2018)。这些商品流被用作 SimMobility 中期物流规划模型的输入。通过改变该模型的公式,可以生成不同的车辆 OD 点流,然后将其与数据中显示的原始 OD 点流进行比较,以评估模型在复制此类流时的性能。

3. 特定货运和非货运车辆行程的重现

最后选定的应用与特定货运和非货运车辆行程的重现有关。研究团队在新加坡进行了一个案例研究,模拟评估隔夜停车基础设施重组以及相关行程表现。如果能对夜间过夜停车基础设施和车辆分配进行优化,将有助于减少空车、交通拥堵和空气污染。为达到此目的,需要重现车辆往返夜间停车地点的行程。因为夜间停车场不仅由传统的货运车辆使用,也由私人巴士(按需提供,供公司、旅游业还有其他使用者使用)以及服务车辆(如起重机等建筑车辆)使用,所以重现二者行程也很重要。需要注意的是,这些车辆和运行类型的需求模型通常被估计为 OD 矩阵,而不是我们模拟所需的细节尺度。因此,采用的方法如图 12.12 所示。这需要将调查从抽样行程扩展到夜间停车场的用户。

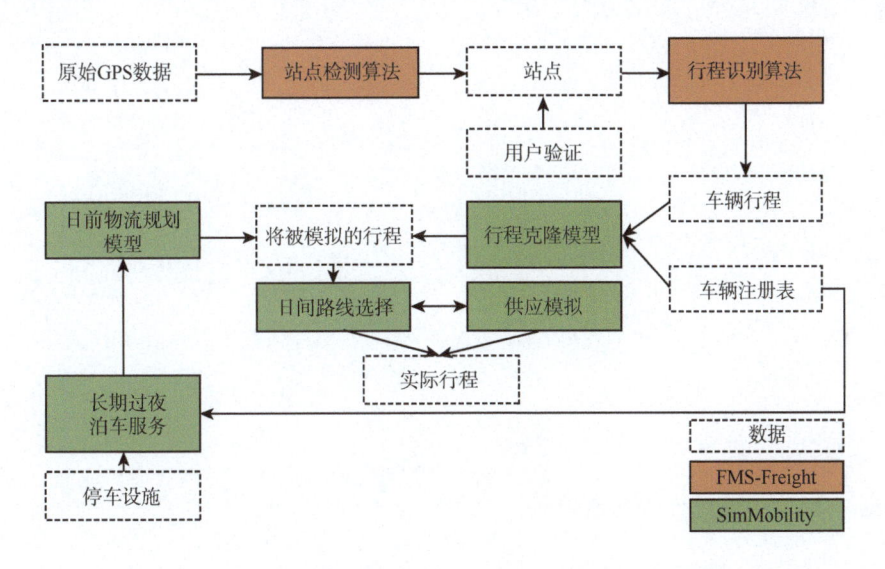

图 12.12　重现特定车辆类型行程样本的数据和模型流程

12.5　总　　结

城市货运数据收集和建模技术目前处于一个过渡阶段。Meersman 和 Van de Voorde(2019)质疑迄今为止的数据收集方法是否可以满足当前和未来的建模需求。就我们所知,方法的优化是循序渐进的,像本章所示的实验室,对于评估数据收集和建模新方法至关重要,包括对替代方案的性能进行定量评估。此外,我们证明了综合使用这些方法能够加快数据收集、建模和仿真方面的研究进展。

城市货运的变化速度似乎变得更快了,并对货运模型在评估技术和政策的相关性产生了关键影响。这就意味着我们需要进一步关注仿真过程中城市货运系统的相关用户的表现，以及他们的行为和交互作用。对于后一种情况，感知技术在减缓调查疲劳和允许更长时间以及更深层次的数据收集工作方面起到了关键作用。

致　　谢

这项研究的部分内容由新加坡国家发展部和国家研究基金会(总理办公室)(Singapore Ministry of National Development and the National Research Foundation, Prime Minister's Office)支持,并受到土地与宜居性国家创新挑战(Land and Liveability National Innovation Challenge)(L2 NIC)研究项目(L2 NIC Award No L2 NICTDF1-2016-1)的支持。本材料中表达的任何意见、发现、结论或建议仅代表作者本人,不代表新加坡国家发展部和国家研究基金会总理办公室的观点。我们感谢新加坡城市重建局(Urban Redevelopment Authority of Singapore)、JTC公司、新加坡陆路运输管理局和新加坡住房和发展委员会(Land Transport Authority of Singapore and Housing and Development Board of Singapore)的支持。

第13章 城市的风险及韧性

Susan L. Cutter

摘　要

过去十年，韧性的概念变得日渐重要，因为它可以帮助人们了解城市如何准备、规划、吸收、恢复并更成功地适应自然或人为灾害。可是，当前主流文献对韧性的定义存在较大差异，包括以结果或终点来定义韧性，以能力建设过程来定义韧性等。目前欠缺的是系统地衡量城市恢复力以制定基准和进行后续监测的研究，以衡量干预或减灾战略在何地用何种方法在哪方面加强或削弱城市韧性。本章回顾了学术研究和从业者尝试发展城市信息学以提高城市韧性，并呈现一些城市的案例研究。

13.1 引　言

随着人口的增加和向城市迁移，城市变成特大城市，并最终成为特大地区，城市地区的灾害风险因而正在增加且变得更加明显。灾害不仅源自自然力量，例如飓风引发的洪水(休斯顿)、飓风(圣胡安)、森林大火(洛杉矶)、地震(墨西哥城)，还有来自人为的因素，例如有损健康的空气污染(新德里)，又或者更为暗中慢慢酝酿而发生的事故，例如海平面上升导致"蓝天"(blue sky)沿海洪水泛滥情况的增多(雅加达)，因此城镇居民的健康、安全和福祉显然处于危险之中。在一个快速城市化的世界里，到了2050年，将有超过70%的全球人口居住在城市，城市灾害风险的性质和重要性在研究、政策和实践领域引起了关注。迫在眉睫的问题是，城市信息学如何协助减少此类灾害风险，并提高应对这些风险的韧性呢？

2010年，海地太子港(Port-au-Prince, Haiti)的7.0级地震(M_W 7.0)和智利康塞普西翁(Concepcion, Chile)的8.8级地震(M_W 8.8)在6周内相继发生，降低城市灾害风险的必要性引起了公众的高度重视。地震造成的影响是灾难性的，但影响程度上并不均等。据估计，海地的死亡人数超过316 000人，智利为520人；智利损失300亿美元，海地为140亿美元(表13.1)。地震对两地带来的影响的差异，反映了两地本身存在的脆弱性差异，也为城市防灾减灾问题带来了更多的关注和压力(International Federation of Red Cross and Red Crescent Societies, 2010)。在许多城市地区，质量低劣、拥挤不堪的住房以及基础设施和服务不足以保护人们免受伤害，健康危害如霍乱或传染病暴发等，极端环境条件如热浪或者有害或不健康的空气污染事件将变得更加致命。21世纪的第二个十年间，减少灾害风险，特别是在城市地区，已成为全球民间社会的号召。降低风险的途径之一是提高城市的韧性，以吸收和承受导致灾难性后果的日常压力和偶发冲击(Rodin, 2014)。创建对韧性进行评估和监测的数据，并应用这些数据，是提高城市韧性的基础。

表 13.1　城市灾难事故（2010～2018 年）

年份	城市地区	事件	死亡人数/人	经济损失/美元
2010	日本城市	热浪	1 718	
	海地太子港	地震	316 000	约 140 亿
	智利康塞普西翁	地震/海啸	520	300 亿
2011	泰国曼谷	水灾	815	320 亿
	新西兰基督城	地震	185	240 亿
	日本东北	地震/海啸	20 000	2110 亿
	巴西里约热内卢	水灾/滑坡	900	12 亿
	菲律宾棉兰老岛	热带风暴"天鹰"(Tropical Storm Washi)(Sendong)	1 300	少于 10 亿
2012	美国纽约市	飓风"桑迪"(Hurricane Sandy)	44	714 亿
	尼日利亚伊巴丹及拉各斯	水灾	363	72 亿
2013	菲律宾塔克洛班市及宿务市	强台风"海燕"(Typhoon Haiyan)(Super Typhoon Yolanda)	7 300	100 亿
	德国帕绍、马格德堡、黑尔和维滕贝格	水灾	9	130 亿
2015	印度南部	热浪	2 500	
	巴基斯坦南部	热浪	2 000	
	尼泊尔加德满都	地震	9 000	100 亿
2016	日本熊本	地震	205	320 亿
2017	美国休斯顿	飓风"哈维"(Hurricane Harvey)	103	1250 亿
	波多黎各圣胡安	飓风"玛莉亚"(Hurricane Maria)	4 475	900 亿
	墨西哥普埃布拉	地震	369	60 亿
2018	印度尼西亚苏拉威西岛巴鲁	地震/海啸	4 340	少于 10 亿
	美国南加州	山火	3	52 亿
	美国丹佛，达拉斯-沃斯堡	冰雹		36 亿
	日本大阪	强台风"燕子"(Super Typhoon Jebi)	11	150 亿

注：死亡人数和经济损失的估计，因来源和估计时间的不同而有很大差异。它们说明了事件的严重性，但不能确定实际损失或损害。该信息是由各种各样的互联网资源汇编而成的。

韧性的概念并不新颖（Alexander，2013），它在最近 20 年里得到广泛关注，成为理解社区如何准备、吸收、恢复和适应冲击或不利事件的一种手段。多个学科参与了韧性的概念化和方法的实用化，其中涵盖了从描述性的、规范性的到分析性的方法（Meerow et al.，2016）。分析的单位同样是可变的，从个体（人、建筑、桥梁）到功能群体（家庭、经济行业）或社会群体（老年人）到系统（生态系统、基础设施、社区）（Cutter，2016a）。一个社区或城市作为整体系统中的一个子系统，其独立系统（例如治理、环境、金融）的韧性是可以被衡量的，这与整体系统之间相互作用、相互依赖。在这方面，城市是复杂的自适应系统。考虑到韧性有多种相互冲突的含义，且研究对象以及所研究的韧性类型（社会、经济等）常常不同，将其应用时，政策性的言论和当地的行动之间会出现矛盾。

基本上，制定提高城市韧性的策略需要三类信息：①现有的和潜在的城市风险脆弱性以及暴露出的风险和危害；②固有的抗风险的韧性和能力；③经验衡量，以衡量在何地用何种方法在哪方面进行干预或发布减灾策略将加强或削弱城市的韧性。本章回顾了过去十年间为发展城市信息学以提高城市韧性而进行的研究和实践尝试。

13.2 风险、暴露及脆弱性

从地方到全球范围内,有各种各样的社会和环境因素导致灾害风险和脆弱性增加(Ismail-Zadeh et al., 2017; UN Office for Disaster Risk Reduction, 2019)。这一定程度上是因为全球尺度的城市化过程,而且这种模式不仅发生在世界特大城市,也发生在中小城市里。由于气候变化导致极端天气和海平面上升的频率不断变化,易受灾害影响的沿海和河流地区的基础设施资产增加了更多的物理风险,并可能造成潜在的灾难性的经济损失(Wong et al., 2014)。另一个导致暴露增加的因素是全球化和经济的相互依存,生产和消费活动不再局限于当地或区域,而是发生在更大的全球经济系统内。经济全球化与气候变化的并存产生了跨地区、社会群体或不同行业的双重影响(Leichenko and O'Brien, 2008)。

伴随着风险暴露的增加,人口的脆弱性也在增加。随着城市地区之间的收入和财富差距的扩大,弱势群体承担了大部分风险。这往往与不好的选址有关,即正式和非正式的住房位于高风险地区,如洪水泛滥区、易受潮汐淹没的低洼沿海地区、可能出现滑坡的地区。在许多情况下,这些定居点连基本的市政服务也不能保障,如饮用水、卫生设施和电力,这反过来又产生了额外的公共卫生风险,如腹泻、霍乱、伤寒,或因明火烹饪产生的室内污染物引起的哮喘。

随着城市人口结构的变化,西欧和美国的许多城市都出现了依赖社会资助的群体明显增加的情况,尤其是老年人和移民人口。西方城市的老年人靠固定的退休收入生活,且几代同住的情况日益减少。独自生活的老年人在社会上变得更加孤立,并且承受与医疗伤残、活动能力受限、财富受限、担心刑事案件发生等相关的日常压力。当热浪等冲击发生时,这一类弱势群体的死亡率特别高,导致进一步的风险影响失衡(Fleming et al., 2018; Klinenberg, 2002)。

城市地区风险和脆弱性的增加可以看作是应对能力和韧性变化的结果,其中城市韧性对于中小城市来说尤其值得关注(Birkmann et al., 2016)。强大的治理结构、政治和利益相关者在社会方面的参与度,以及对城市作为相互依赖系统的理解,都会以消极或积极的方式影响应对能力(在灾害中使用的术语)或适应能力(在气候变化研究中使用的术语)(Cutter et al., 2008)。同样具有影响力的还有文化、体制、基础设施、科技、集体行动、历史经验、环境质量和规划(例如增长管理、气候变化、减灾)(Carter et al., 2015)。

全球正在面临的社会变革是在极端灾害的背景下发生的,极端灾害不仅来自气候敏感灾害,也同样来自地球物理灾害。表 13.1 列出了过去十年一些城市受到单一灾害(冲击)的例子,及其有关的死亡人数和经济损失。虽然地球物理灾害的周期性还不确定,但与天气有关的极端灾害在全球各地明显增加,影响到世界上许多城市地区。空气质量下降、水资源短缺和粮食安全稳定问题,是日常的压力源,它们不但加剧了冲击的影响,也降低了此类冲击发生时城市的应对能力。

13.3 城市韧性及能力

城市作为具有社会、基础设施和生态网络的复杂适应性系统，因其规模、空间形式和重叠的治理结构而成为韧性研究的重点。虽然基于学科和理论导向的城市韧性定义比比皆是，但本章以最简单的形式将城市韧性定义为"一个城市或城市系统承受各种冲击和压力的能力"(Leichenko, 2011)。城市韧性的定义和方法的范围与所涉及的跨学科学派有很多，包括社会生态系统、工程、生态学到公共卫生。尽管不同学科之间对其定义可能存在细微的差异，但都在促进积极的社会变革，这也使其有了很强的可持续性。换句话说，城市韧性在朝着可能的方向前进，而不是倒退。

1. 定义上的困局

21世纪初，关于城市韧性方面的研究呈几何级增长。根据对学术文献的文献计量学分析(Meerow and Newell, 2019; Meerow et al., 2016; Moser et al., 2019; Nunes et al., 2019; Wang et al., 2018)，研究主要集中在定义、特征、解释若干概念之间的对立和理论的不一致。其中，韧性是一种平衡或非平衡的状态；是一种积极的结构(例如回归到常态)；是一种系统特征、结果或过程；是一种实现韧性状态的途径(坚持、过渡、转型)；是适应与适应能力的表现；也具有时间尺度的特点(快速或缓慢)。

"韧性"一词在广泛的学科和不同利益相关者中产生共鸣，正是因为它是一个描述上具灵活性的术语，使各方能够根据自己的使用需要来调整这个术语，这通常被称为边界对象(boundary object; Brand and Jax, 2007)。这个术语也投射了一种积极的行动(变得更有韧性)而不单是它的附属行动(减少脆弱性)，让人认识到脆弱性和韧性两者并不是彼此对立的——个体、群体或系统是脆弱的却并不意味着它缺乏韧性(Cutter, 2018)。定义上的困境带来了机遇和限制。其机遇在于灵活的定义，以及在过去十年的文献中充斥着的术语和哲学的活跃的学术讨论。限制则包括不能超越语义进入度量，更不用说进入政策和实践。截至目前，在社会科学领域，关于韧性的研究文献几乎没有任何整合(以适应气候变化与减少灾害风险领域为基础)，更不用说学科(工程、卫生、生态、社会科学)观点之间的整合，即使分析的单位一样(一个城市)。

2. 分析的对象

过去的十年间，许多关于城市韧性的文献都聚焦于气候变化、城市生态系统，以及以具有特定威胁的灾害(洪水、地震)为压力源，而关于城市系统综合韧性的文献相对较少。相反，文献仍然按照学科将城市韧性划分为三种主要类型(或思想流派)：生态韧性、工程韧性和社会生态韧性。生态韧性聚焦城市内部生态过程和模式的变化，重点是理解特定城市的生态系统的变化，这使得在不同城市之间进行更广泛的比较和推广变得困难。例如，美国市区(LTER sites in Baltimore and Phoenix)长期生态研究项目，让研究员从中学到了许多。其中包括城市生态系统服务在城市韧性中发挥的作用(McPhearson et al., 2015)，以及越来越流行的绿色基础设施(结合生态学和城市设计)来作为提高城市韧性的机制(Childers et al., 2015)。尤其是在城市领域里，城市生态学和社会生态学观点的融合，让研究员将城市视为一个复杂的动态系统，从当地拓展到全球尺度(Grimm et al., 2008; McPhearson et al., 2016)研究城市受自然及人为因素影响的变化，因而提出了分析城市生态的新研究方法和措施。

工程韧性又称平衡韧性或功能韧性，该术语传达了做决策时中立的内在价值，韧性城市的系统属性是利用网络性能的术语描述的：系统恢复的迅速程度；坚固耐用，即可承受损坏而不失去形式或功能；系统备份和冗余(Borsekova et al., 2018; Bristow, 2019; Heeks and Ospina, 2016)。有些人试图通过社会技术研究来超越界限，但大部分研究要么是基于特定的系统(如交通、信息通信技术、电力或水资源)，要么是基于特定的资产(如建筑或道路等)。从社会生态的角度进行整合研究还不算常见，但在灾害领域却越来越普遍。

鉴于对韧性的规范解释日益增多，学者们开始质疑城市韧性的非政治性，并提出"什么是韧性的研究对象"和"什么需要韧性"的问题(Cutter, 2016b)以及Meerow和Newell(2019)提出的"城市韧性的5W"——何人(Whom)、何事(What)、何时(When)、何地(Where)、为何(Why)。这种对公平的关注，从根本上挑战了工程韧性中的基于资产的分析方法。在一个由有争议的观点和不同的价值集合形成的城市中，在不平等的权力和竞争性利益的进一步操纵下，城市韧性行动必须通过谈判来制定实施的战略和规划(Borie et al., 2019; Leitner et al., 2018; White and O'Hare, 2014)。越来越多逐渐发展或变革的韧性，不仅是动态的且对社会条件和变化十分敏感，但也突出了城市韧性的价值承载本质，它嵌入了现有的社会文化结构中，有着自己的历史身份和与城市本身一样多变的环境，这也让城市韧性变得更加难以评估。

13.4 衡量及评估信息学

城市韧性定义的模糊性，在很大程度上影响了其评估和衡量方法。例如工程学关注的角度是建立一个可以抵御或吸收冲击的环境(稳健性)，系统中用作维持功能的冗余，以及此类系统恢复正常运行的时间——所有静态方法。另一方面，社会生态框架假定了动态的互动过程，城市韧性将以非线性和不确定的方式学习、转变和适应新情况的动态交互过程，从而建立抵御下一次冲击的能力，同时能维持社会和生态系统服务。正如许多作者所认识到的，韧性衡量方法雏形初现，但韧性政策远远领先于韧性评估和衡量方法科学(The National Academies, 2012)。

最近的文献中出现了一些对现有韧性衡量方案的综述(Asadzadeh et al., 2017; Beccari, 2016; Brown et al., 2018; Cai et al., 2018; Ostadtaghizadeh et al., 2015; Rus et al., 2018; Sharifi, 2016; The National Academies of Sciences, Engineering and Medicine, 2019)。其中许多并不是针对城市韧性的，而是更广泛地关注社区韧性以及应对气候变化或自然灾害的韧性。韧性评估通常包括以下方法中的一种：衡量基准线，根据公认的定义或预先设定的指标来衡量韧性，或与实现项目或规划目标作比较来衡量韧性(Brown et al., 2018)。

如这些综述中提到的，许多衡量工作都是利用政府机构收集的二手数据进行中尺度自上而下的定量工作，在大都市、县或社区的尺度上，对韧性的特点和驱动因素产生基于经验的看法。许多研究使用带有加权或非加权综合指数的索引程序来得出整个区域单位的值，并认为这样的基准线或筛选方法（预先增加压力或冲击）是后续衡量和政策干预的重要起点(Cutter et al., 2014, 2016; Cutter and Derakhshan, 2018; González et al., 2018; Harwell et al., 2019)。Kammouh 等(2019)的概念取向略有不同，他们在基于指标的方法中添加了额外的依赖矩阵(interdependency matrices)，然后在1989年的洛马普里塔地震(Loma Prieta earthquake)事件后的案例研究中对其进行了测试。上面提到的许多综合指数，在其构建和结果可视化中都使用了地理空间分析的方法。

非指数化方法包括了脆弱性分析(Barría et al., 2019)、图论和网络分析(空间和非空间形式; Bristow, 2019; Sharifi, 2019)和基于主体的建模和仿真(Kanno et al., 2019; Moghadas et al., 2019)。基于局部地区的分析方法，如 Eisenman 等(2014)和 Plough 等(2013)利用对实验对象在灾害前后的测试来评估韧性的建设情况，以提高其效果。最后，虽然定性的方法使用得较少(叙述、焦点群体; Borie et al., 2019; Huck and Monstadt, 2019)，但其从自下而上的角度(或基于当地的愿景)使人们对城市韧性的理解更加丰富。

令人惊讶的是，在韧性衡量这一新兴领域缺乏大数据和更复杂、更创新的基于地理空间的方法。危机信息学的发展到现在已经较为成熟(Liu and Palen, 2010; Palen and Anderson, 2016)，但主要用于应急响应，例如2010年的海地地震、近期的休斯敦飓风"哈维"和波多黎各的飓风"玛丽亚"。有一份综述以遥感作为基础(Ghaffarian et al., 2018)，强调了以建筑材料和纹理的反射率作为韧性的替代衡量指标(例如在地震地区的木材和钢筋混凝土结构的不同)，或以夜间的灯光作为经济韧性的替代衡量指标，波多黎各的飓风"玛丽亚"便是这样的一个例子。

越来越多的分析采用了被动的民用传感器数据(citizen-sensor data)，以支持使用移动电话或智能卡数据来衡量城市对抗灾害时的韧性。例如，Wilkin 等(2019)提出，将手机数据用于社交网络分析是大数据领域尚未被发掘的机遇。其另一种用法是追踪事件发生后人口的流动，这更侧重于灾后恢复，而不是评估风险和韧性(Bengtsson et al., 2011)。实验中，Wi-Fi 信号数据被用来估计假设建筑物倒塌后，其中生还者可能存在的位置(Moon et al., 2016)。使用社交媒体(带有地理空间数字追踪)的数据更为普遍，但这种方法同样侧重于应急准备工作。推特(Twitter)数据用于衡量居民遵守疏散命令的情况(Martín et al., 2017)，主要是显示飓风强制疏散区以外的人口流动情况。尽管移动电话数据存在以下问题：是近乎实时的；人口统计存在偏差；推特等社交媒体的数据缺乏验证等，但这些数据仍可以帮助我们更好地理解城市韧性并有机会将其可视化(Li et al., 2015; Zou et al., 2018)。

13.5 科学指导实践，实践引领科学

虽然不同思想流派关于城市韧性的研究仍然存在一定的差异，但随着社会生态和社

会技术系统方法的研究和方法的整合，它们之间的融合度越来越高，主要由社会科学与城市生态学家和工程师共同领导研究。目前为止，在许多研究工作中缺少的是所谓的实施差距，或将科学转化为实践，关注城市治理、利益相关者的参与和当地的价值体系。相反，城市在韧性空间中不断前进，独自实施战略和项目的时候，往往缺乏对学术上韧性和正统观念之间在概念、理论或方法上的理解。与此同时，跨学科科学在这一领域也一直进展缓慢。

其中规模最大（也是资金最充足）的项目是洛克菲勒基金会（Rockefeller Foundation）的 100 个韧性城市项目（100 Resilient Cities Project）。项目的目标是通过全面的城市韧性策略，将其融入城市的政策、项目和实践。

在识别到各城市可能无法单独做到这一点的问题后，洛克菲勒基金会为这 100 个城市提供了初始资金，并为每个城市配备了一名官员。该项目开发了标准化的衡量领域，以便最终使用本地生成和收集的数据来比较全球各地城市的情况，这些数据基于洛克菲勒制定的城市韧性指数（city resilience index；Arup，2015）提供的自上而下的属性矩阵。识别其面临的风险和危害，以及减少此类风险产生的可能，为确定韧性提高项目实施的优先次序提供了基础。整个过程的目的是建立本地能力，使得本地人民和机构可以承受未来城市内的冲击和压力。

100 个韧性城市项目并非没有批评者（Fainstein，2018；Leitner et al.，2018），在城市转型实验的中期评估（项目实施 5 年）中发现，在建立合作、采用规范的城市韧性策略和发展点对点网络（peer-to-peer network）的方面，普遍取得了积极的成果（Martín et al.，2018）。然而，洛克菲勒基金会在 2019 年决定逐步取消该项目，因为它变得过于昂贵，而且不再符合基金会的目标（Bliss，2019）。

其他实践团体继续努力使城市具有韧性，并衡量在实现这一目标过程中的进展（表 13.2）。超过 4 200 个城市参与了联合国减少灾害风险办公室（UNDRR）的城市韧性计划（Making Cities Resilient），计划首先列出了增强城市韧性的十大要素。UNDRR 还提供了基准韧性能力记分卡（disaster resilient scorecard），供城市在抗灾规划中使用，并监测《仙台减少灾害风险框架》（*Sendai Framework for Disaster Risk Reduction*）的实施进展情况。同样，世界银行和全球减灾与恢复基金（Global Facility for Disaster Reduction and Recovery，GFDRR）也有一项城市韧性倡议。他们制定了一种快速诊断工具，先确定了城市各层面的韧性，然后整合城市的各部门和其他交叉联系的部分。该工具为每个城市提供了基于本地的、自下而上的定性评估。联合国人居署（UN Habitat）通过其城市韧性分析工具，提供了一个数据收集和分析框架，以创建一个完整的城市概况，包括城市特征、跨领域问题、内部压力源、预期冲击和压力，用于规划、假设情景开发和影响监测。知识共享是地方政府永续发展理事会（ICLEI）和美国国家科学院（US National Academies）设立韧性美国计划（Resilient America）的主要目的。为城市韧性制定具体指标的其他计划还包括 100 个韧性城市计划的"城市韧性指数"（CRI），以及用于衡量城市韧性的 ISO 标准化指标，以作为基准并与其他城市进行比较。

其中一些努力包括了遥感和智慧感知以及公民科学，但没有一个像纽约市的《气候行动计划》（*Climate Action Plan*）那样先进。当前的计划包含了综合科学、利益相关者、社区指标和监测框架,该框架目前是纽约市气候变化韧性指标和监测(New York City Climate Change Resilience Indicators and Monitoring,NYCLIM)系统的一部分(Rosenzweig and Solecki,2019)。

表 13.2 专注于评估和衡量城市韧性的实践团体

团体/个体	方法/计划	网站链接
联合国减少灾害风险办公室(UNDRR)	城市韧性计划(Making Cities Resilient)	https://www.unisdr.org/campaign/resilientcities/assets/toolkit/documents/UNDRR_Making%20Cities%20Resilient%20Report%202019_April2019.pdf
	基准韧性能力记分卡(Disaster Resilient Scorecard)	https://www.preparecenter.org/sites/default/files/unisdr_disaster_resilience_scorecard_for_cities_preliminary.pdf
全球减灾与恢复基金(GFDRR)、世界银行	城市韧性倡议,城市能力诊断	https://www.worldbank.org/en/topic/urbandevelopment/brief/citystrength
联合国人居署(UN Habitat)	城市韧性分析工具	https://urbanresiliencehub/wp-content/uploads/2018/02/CRPT-Guide.pdf
欧盟 URBACT	韧性欧洲(Resilient Europe)	https://urbact.eu/ready-future-urban-resilience-practice
美国洛克菲勒基金会	100 个韧性城市项目(100 Resilient Cities Project)	https://www.100resilientcities.org/about-us/and their City Resilience Index developed by Arup https://www.cityresilienceindex.org/#/resources
国际标准化组织(ISO)	韧性城市指标(ISO 37123)	https://www.iso.org/obp/ui#iso:std:iso:37123:dis:ed-1:v1:en
地方政府永续发展理事会(ICLEI)	韧性城市(Resilient Cities)	https://iclei.org/en/publication/resilient-cities-report-2018
美国国家科学院	韧性美国(Resilient America)	https://sites.nationalacademies.org/PGA/resilientamerica/
城市土地研究所(Urban Land Institute)	城市韧性方案(Urban Resilience Program)	https://americas.uli.org/research/centers-initiatives/urban-resilience-program/
密西西比-阿拉巴马海洋拨款联盟(Mississippi-Alabama Sea Grant Consortium)	气候和韧性社区的实践(Climate and Resilience Community of Practice)	https://masgc.org/climate-resilience-community-of-practice/about1
韧性测量证据和学习(Resilience Measurement Evidence and Learning)	社区实践(Community of Practice)	https://www.measuringresilience.org/
C40 城市气候领导集团(C40 Climate Leadership Group)	C40 城市(C40 Cities)	https://www.c40.org/about
城市气候变化研究网络(Urban Climate Change Research Network,UCCRN)		https://uccrn.org/what-we-do/goals-and-activities/
联合国可持续发展解决方案网络(Sustainable Development Solutions Network,SDSN)	可持续城市(Sustainable Cities)	https://unsdsn.org/what-we-do/thematic-networks/sustainablecities-inclusive-resilient-and-connected/

13.6 展望未来

显然,目前的认知不足以理解韧性的多种形式和结构,特别是当其应用在社区或更具体的城市时。衡量和评估韧性(从信息学的角度)的细节方面需要更多的关注,同时这些方法必须迅速发展起来,以便为增强或建立具有韧性的城市所用。如前所述,韧性衡量科学,特别是城市韧性衡量标准,必须迅速成熟起来,才能对那些渴望走向更有韧性和可持续发展道路的城市产生实际的作用。将涉众和区域知识(所谓的自下而上的观点)与自上而下的更定量化的方法结合起来,是最有希望的。同样,必须提供具有多种用途(韧性指标、总体计划、土地使用计划、经济发展、应急计划等)的本地输入数据,才可进行衡量。将城市数据收集和综合与《仙台减少灾害风险框架》、《可持续发展目标》、《巴黎气候变化协定》、世界人道主义峰会中的人类议程(World Humanitarian Summit's Agenda for Humanity)、Habitat III 新城市议程(Habitat III's New Urban Agenda)等全球框架相结合,节省了由于不同组织对报告的不同要求而花费的时间和精力。它还为增强数据收集创造了机会,因为一些常规的参数已经被收集完毕。

智慧城市应该能够使公民传感器和地理空间数字追踪数据更为容易用于研究目的(同时保护个人隐私),数据能够以更接近实时的方式和比目前更低的成本获取。从被动传感器所得数据转向主动传感器所得数据,包括遥感技术和数据的使用,是城市风险和韧性的另一个未被充分利用的代理数据的来源。

最后,对城市风险和韧性感兴趣的研究人员和从业人员有责任在其特定和通常有限的兴趣领域之外进行更广泛的参与。因为城市系统的复杂、多面性和韧性也有着此种特性。跨领域和思想流派的知识是重要的,但考虑到复杂性和紧迫性,我们真正需要的是如何实现城市韧性的新思路。涉及多学科的、学科间或学科交叉的框架融合研究是一种途径,只要它真正整合了与社会相关的知识、方法、专长和价值观,不仅可以解决问题,还可以推动科学发现和创新,并在此过程中为城市产生可用的成果。

第14章 城市犯罪与安全

程 涛 陈童鑫

摘　要

　　研究城市犯罪问题并由此提出相应的安全策略来减少犯罪，一直是犯罪学家关切的热点议题。本章基于从环境犯罪学角度到现代数据驱动警务的历史发展逻辑，梳理了城市犯罪和安全问题相关方面的研究进展。本章首先梳理了城市犯罪和安全的相关内容和影响以及相应的实践理论；接着重点阐述了先进的城市犯罪预防和安全方面的现代应用技术，例如可分析的犯罪热点地图、警务资源分配技术；最后提出了"数据驱动警务"的新概念，其不仅依赖大数据技术，也是一种突出贴近警务实践要求的安全策略。得益于数据驱动警务具有的前瞻性和高效性，这种数据驱动策略能够应用在城市犯罪预防和安全防范的诸多方面。

14.1 简　介

　　由于全球范围内城市迅速发展，城市区域的犯罪和暴力问题较其他区域尤为突出。因此，从某种意义上来说，犯罪是一种城市现象(Baldwin et al., 1976)。联合国人居署在其2007年的《提升城市安全与防范报告》中指出，尽管近20年来北美与西欧的发达国家的犯罪率显著减少，但是非洲和拉丁美洲等欠发达地区的犯罪率仍然是持续上升的。特别在此类发展中国家内，约有60%的城市居民具有被害经历；同时在某些拉丁美洲和非洲城市，近五年来被害率达到了70%(UN Habitat, 2007)。

　　安全(security)可认为是与犯罪问题相对立的一种概念(Baldwin, 1997)，其内容主要包括警务、犯罪预防措施、公众对犯罪的态度和安全感。因此研究城市犯罪与安全的议题的目的，不仅是要减少犯罪和暴力现象，也在于提升城市居民的生活质量以及城市的可持续发展能力(Cozens, 2008)。

　　从理论出发，犯罪模式理论、日常活动理论和理性选择理论，不仅大量探讨了犯罪行为模式，还探讨了犯罪原因和犯罪过程发展的机理。这类研究议题已经成为犯罪预防措施的理论依据。其中环境犯罪学家对犯罪地点(place)影响犯罪发生的研究具有较长的历史(Weisburd et al., 2009)。他们认为，空间环境因素对犯罪行为具有潜在性影响，因此在犯罪预防策略上应当着重解决犯罪地点的环境因素。基于此种理论视角，通过环境设计预防犯罪(crime prevention through environmental design, CPTED)和情境犯罪预防(situational crime prevention, SCP)被提出以应对城市犯罪问题。利用环境因素来解释犯罪机理的理论观点，能够用来减少解释城市犯罪事件和科学有效的预防策略等各环节之间的隔阂。

　　当今大数据技术备受各个行业的青睐。在犯罪分析和安全防范领域，此项技术不仅促进了犯罪动态模式的深层次研究，而且也推动了犯罪和安全分析工具的开发和应用。显著的发展主要有从回顾性分析到预测性分析，从基于网格的分析到基于网络的分析，从单一孤立式到多模态整合的诸多进步。例如在实用技术方面，基于路网的犯罪热点预测技术、实时警务巡逻分配系统已经应用于犯罪预防工作之中。由于城市犯罪或城市安全两者在复杂的城市环境背景下具有动态关联性，因此单一讨论城市犯罪或城市安全的议题是极其困难的。因此对于城市犯罪与安全问题，我们提出一种整合关联的警务——智能化数据驱动警务(intelligent data-driven policing)，其重点关注从数据收集到警务策略产出的各个环节。

本章其余部分顺序如下。第 14.2 节梳理了城市犯罪的研究综述，包括从历史根源到最新的环境犯罪学理论观点。第 14.3 节梳理了城市安全的研究综述，包括诸多在减少城市犯罪和保护市民等方面的研究和应用。第 14.4 节介绍了犯罪和安全分析应用技术的发展情况以及在实践领域中的最新技术工具。最后，第 14.5 节介绍了一种具有前瞻性和预测功能的智能数据驱动警务，旨在为提升城市犯罪预防和安全防范方面提供一个综合解决框架。

14.2 城市犯罪

作为一种城市现象，城市犯罪在诸多学科领域都存在大量的研究，包括生态学、社会学、地理学、经济学和政治科学。例如基于经济学的观点，城市的收入不平等、薪资结构以及劳工市场被认为与城市的犯罪率密切相关(Freeman, 1999)。此外，基于环境因素的研究视角，研究者也发现犯罪事件、犯罪人和城市环境之间具有较强的相关性，这使得在地理空间的诸多单元和层级上的犯罪分析得以实施(Wortley and Mazerolle, 2008)。

目前，基于环境因素的观点在犯罪科学领域已被城市犯罪研究人员广泛接受，并且由此逐渐形成了一种多学科融合的研究学科：环境犯罪学。本节首先阐述基于环境因素的城市犯罪研究的发展历史，并列出了环境犯罪学重要的理论观点。

1. 城市犯罪研究溯源：环境因素视角

传统犯罪学的研究重点关注犯罪人的犯罪特质，并着重探究生物因素、个体经历以及社会作用力对犯罪人形成的影响。因而，犯罪被认为是犯罪人自身表达的偏差，并与犯罪人的童年经历相关。然而，基于环境因素角度对犯罪的理解与这类传统视角不同。环境因素视角认为，犯罪人只是犯罪事件中的一部分，而需要关注的应当是犯罪模式的动态，如时间、空间、被害人以及犯罪类型。

此外，犯罪地点的研究也是犯罪学的研究重点(Weisburd et al., 2012)。从空间单元分析的角度来看，在不同地理空间层级存在不同的理论观点来解释犯罪现象，例如国家层级、省/州层级、城市层级、社区层级以及路段层级。因此，Brantingham PL 和 Brantingham(2017)归纳了环境犯罪学中的三种地理分析层级：宏观层级、中观层级和微观层级。

这种分类不仅契合了地理分析中分析单元的发展历程，也反映了环境视角下探究城市犯罪现象的发展过程。从 19 世纪开始的犯罪研究，主要体现了宏观层级的分析，例如国家、省份(Guerry, 1833)。继而，在 20 世纪早期，由美国芝加哥学派领导的城市犯罪研究主要关注中观层级的分析，例如城市、大城市区域(Burgess, 1928)。在 20 世纪后期，城市犯罪的微观层级分析开始发展并达到了一个合适的分析层次，并使得犯罪风险能够被预测，例如社区、路段(Sherman and Weisburd, 1995)。

1）宏观层级的研究

宏观层级的研究主要关注大行政单元的犯罪分布现象，例如国家、州或省。由此，在犯罪制图领域中，Guerry 和 Balbi(1829)制成了世界上第一张犯罪地图。利用犯罪地图，他们发现了法国某些行政省份的城市犯罪数量比乡村要高很多。

同时，宏观层级的研究中，Quetelet(1831)探索了犯罪和诸多城市变量之间的关联关系，例如贫困等级、种族差异、城市吸引力。需要特别指出的是，虽然直觉告诉我们，贫穷会带来犯罪，但是实证研究发现，在贫穷的乡村地区暴力犯罪更频繁，而与财产相关的犯罪，在富裕的城市地区高于农村地区。这并不能说明贫穷本身与犯罪不具有高相关性，而是因为相对富裕的城市存在更有价值的犯罪目标，故而吸引了更多的犯罪机会(Guerry，1833)。

此后，有关研究对比了不同国家区域的犯罪率。例如 19 世纪中后期，来自英格兰的实证研究发现，不同国家之间的犯罪水平和犯罪率具有显著的差异性。此研究也指出在城市和工业化区域犯罪率比那些乡村区域的犯罪率更高(Mayhew，1851)。

2）中观层级的研究

中观层级的研究主要是指城市或大都市内部的犯罪模式分析。此层级研究主要集中于探讨城市区域的犯罪聚类现象。例如，城市中心和郊区的犯罪聚类现象存在差异性的相关研究。

在 20 世纪 90 年代，由美国学者组成的芝加哥学派在环境犯罪学领域的中观层级分析方面起到了引领作用。他们认为，犯罪属于一种分布在城市区域的社会问题。Park(1915)认为，犯罪分析必须先研究"城市生活"(urban life)，例如社会物理组织、职业和文化，尤其是这些特征的变化值得关注。同时他认为邻里(neighborhoods)是城市社会中形成社会凝聚力(social cohesion)的基础。此外，Thomas 和 Znaniecki(1927)提出了一个重要的概念——社会解组(social disorganization)，主要是指现有的社会行为规则对群体中的个体成员的影响减少的现象，而社会解组现象的增加会带来犯罪问题。同时社区、邻里层级的有关研究频繁关注社会解组概念。另外，Burgess(1928)将城市划分为五个同心圆，并由此划分为五个城市功能区域，并基于这种划分发现了城市犯罪模式的分布差异现象。受 Burgess(1928)提出的城市空间模型的启发，Shaw 和 Mckay(1942)首次使用了传统的犯罪制图方式来分析城市犯罪的空间分布现象。在芝加哥青少年违法行为的研究中，Shaw 和 Mckay(1942)通过绘制城市中不同种族区域下青少年违法犯罪率的散点图，继而发现了不同城市区域的犯罪率具有差异性的特征。

3）微观层级的研究

微观层面的研究主要关注犯罪空间模式的高分辨率分析，其中包括社区层级、街道层级和重要地点的分析。20 世纪 80 年代，城市犯罪的研究者仍然运用社会解组理论来解释犯罪模式的动态现象，并着重于社区层级的分析。例如 Bursik Jr(1986)发现，从长期来看，犯罪动态的稳定性受社区的稳定性影响。更重要的是，Sampson 等(1997)提出了一个"集体效能"(collective efficacy)的理论概念，其能够显著影响社区犯罪现象，并可用来解释不同社区之间犯罪率的差异现象。这类研究的兴起标志着环境犯罪学学者对犯罪分布的研究兴趣开始从宏观、中观转移到了微观层级上(Weisburd et al., 2009)。

20世纪后期，随着地理信息系统等先进的空间分析工具的发展，学者们能够利用这些分析工具来探索不同环境因子对犯罪地点的影响。这些微观层级的分析单元包括了建筑、地点(Sherman et al., 1989)、街道、路段(Johnson and Bowers, 2010)，或是具体位置(Sherman and Weisburd, 1995)。当前的研究已经证明了路段或位置层级的分析，不仅持续地丰富了环境犯罪学的实证研究，并且促使犯罪在微观层级上更具有可预测性(Cozens, 2011)。

2. 环境犯罪学的理论观点

环境犯罪学(也就是基于环境因素视角的犯罪学研究)强调了环境对犯罪模式的影响，并认为犯罪事件是犯罪人、被害人和执法机构缺失在特定时空下的交互(Wortley and Mazerolle, 2008)。这个领域的研究探索了犯罪事件的时空模式并解释这些模式受到城市环境的特征的影响，例如路网、路段等。从实践上看，基于以上研究视角提出的犯罪预防措施，不仅利于建设一个环境友好的城市，也已经受到城市管理者和市民的青睐。

环境犯罪学主要基于三种理论假设，并对犯罪预防具有不同的启示(Scott et al., 2008)。第一，且不论犯罪人的个人犯罪能力或被害人/目标的信息的可获得性，仅犯罪发生时的环境会通过作用于犯罪人与周围的情境交互，进而影响犯罪人的行为。此种原则下，环境犯罪学不仅认为犯罪是来自具有犯罪特质的犯罪人，同时还解释环境如何影响犯罪人，并探究某些地方成为犯罪特质的原因。第二，犯罪的时空分布是不均匀的。犯罪事件在空间地点的聚集也正与环境特质所促成的犯罪机会有关。显然这种聚集发生在被害人和犯罪人在日常活动的交互上。此种犯罪模式解释了为什么犯罪热点在相当长一段时间内在某些地区是稳定的，而这种现象被归纳为"犯罪聚类法则"(law of crime concentration)(Weisburd, 2015)。第三，犯罪特质环境和犯罪模式的研究能够帮助执法部门在某些特定地点上减少犯罪，并有效地分布资源。实践中，环境犯罪学能够为前瞻性的犯罪预防提供新的洞察力，例如通过环境设计预防犯罪、情境犯罪预防。这些预防措施都将在下一节——城市安全防范措施的有关话题中进一步介绍和讨论。

14.3 城 市 安 全

在一个复杂的社会系统中，安全具有不同的概念。正如Zedner(2010)指出，安全是一种来自个体的、强有力的并伴随多种意义的情感。传统上，安全不仅是指那些私人安保服务，也指保护人们人身财产或是社区安全不受犯罪、暴力破坏的相关措施(Smith and Brooks, 2012)。安全也指那些依赖政府和公共组织运作的公共警务，包括但不限于犯罪预防、安全技术和风险管理(Brooks, 2010)。结合城市环境的背景，城市安全不仅指犯罪预防的实践和策略，也包括公众对犯罪的看法。本节将介绍城市犯罪忧虑、研究城市安全的必要性，以及当代犯罪预防的理论和实践。

1. 城市区域的犯罪忧虑

20世纪60年代，美国公众调查开始纳入一些公众对犯罪看法的开放问题，其中一项正是关于犯罪忧虑的内容(Furstenberg, 1971)。由总统司法顾问委员会(The President's

Commission on Law Enforcement and Administration of Justice)(1967)发布的国家调查报告显示,犯罪忧虑能够显著地影响市民的基本生活质量。同时报告也指出,不同的种族、收入、性别和被害经历的被调查者都具有不同水平的犯罪忧虑。然而,此项调查还进一步发现高水平的犯罪忧虑不仅在高犯罪率区域,同时还存在于一些低犯罪率的区域(McIntyre, 1967)。此种犯罪忧虑与犯罪率相似的关联结论在诸多国家的公众调查上也被发现,如澳大利亚(Borooah and Carcach, 1997)、新西兰(Doeksen, 1997)、英国(Smith, 1987)以及瑞士(Killias and Clerici, 2000)。

即使犯罪忧虑主要来自个人的主观看法,而且可能存在主观不合理性,但是它仍然持续地被学者和政策制定者所关注。研究犯罪忧虑的初衷是,基于犯罪忧虑的研究结果能直接转化为实际政策,并最终消除忧虑(Box et al., 1988)。这种论断主要基于以下观念:从影响整个城市生活的角度来说,公众对犯罪的感受比实际发生的犯罪的影响可能会更大。

2. 犯罪预防应用

与传统的犯罪预防不同,基于环境犯罪学的犯罪预防不仅关注犯罪人、犯罪行为的原因,还关注犯罪事件发生的地点。这里我们将介绍两种有效的犯罪预防,即通过环境设计预防犯罪(CPTED)和情境犯罪预防(SCP)。

1)通过环境设计预防犯罪

Crime Prevention Through Enviromental Design(CPTED)也就是通过环境设计预防犯罪,旨在通过设计和改善城市建筑环境来减少犯罪。其主要目的是在犯罪发生之前通过环境设计来消除犯罪机会(Armitage, 2007)。作为多学科的犯罪预防方法,CPTED来源于环境犯罪学理论的支持,即基于犯罪与环境因素相关的理论假设。CPTED常常被用来辨别和改变那些产生潜在犯罪机会的社会物理状况,因而被认为是减少城市犯罪的希望(Brantingham and Faust, 1976)。

CPTED的一个基础概念是Newman(1972)提出的"防卫空间"(defensible space)。防卫空间是指那些能够提高区域行为的空间设计,例如当地居民可用活动空间。Poyner(1983)从而提出了CPTED的原则,包括监视、移动控制、活动支持以及情感加强。之后,Cozens等(2005)将其延伸到六个原则,即出入控制、领域强化、监视、目标加固、形象和活动支持。

实践方面,美国住房与城市发展部与美国司法部都对Newman和Franck(1982)关于CPTED的早期研究产生了兴趣。随之,"防卫空间"的概念被引入世界各地的城市规划进程中,例如实践地有美国佛罗里达、加拿大不列颠哥伦比亚、荷兰(Saville and Cleveland, 2008)、英国、南非、澳大利亚和新西兰(Cozens et al., 2005)。由此,结合城市可持续发展观念的CPTED也加入到提升城市生活质量的任务中。

2)情境犯罪预防

Situational Crime Prevention(SCP)即情境犯罪预防,是犯罪分析和减少特定类型犯罪问题的一种有效策略。它旨在改变犯罪的情境因子以减少犯罪机会。与CPTED相似,情境犯罪预防基于的理论观点来自于环境犯罪学和环境心理学。

早期的研究中,"情境预防机会"(situational prevention opportunity)与"情境"(situation)是同义的(Clarke,1980)。然而,之后的研究表明,情境不仅能够促生犯罪人的犯罪机会,也会影响犯罪人的情绪,带来诱惑、引诱和挑衅(Wortley,2001)。这种论断强调了犯罪往往是个人的选择,同时也拓宽了情境预防的视角。也就是说,犯罪动机的产生和情境因素的影响都处于犯罪人的理性选择过程中(Cornish,1994)。

而关于犯罪预防,Clarke(1997)提供了一个基于SCP的安全评估分析框架,包括五个主要方面(具体分为25项)的应对技术:增加组织活动、增加风险、减少回报、减少刺激以及减少借口。这种解决方案认为情境预防操作起来比那些通过长期社会的努力来减少犯罪更加容易。而情境预防的有效性主要体现在财产犯罪上,例如入室盗窃、扒窃和故意破坏公共财物(Smith et al.,2002)。除此之外,情境预防也被延伸应用到了儿童虐待(Wortley and Smallbone,2006)和恐怖主义犯罪的预防工作中(Clarke and Newman,2007)。

然而,和CPTED一样,情境犯罪预防提供了非常简单实用的策略来应对犯罪问题,因此在某种程度上没有达到根本预防犯罪的目的,却会带来犯罪现象的转移。也就是说,情境预防措施实施之后会出现迫使犯罪转移到其他地方,或者犯罪的类型发生了转变的现象,而总体犯罪并没有减少。

相反地,Clarke(2008)认为,犯罪是个体强烈冲动的行为,故而犯罪转移是被过度放大的话题。也就是说,犯罪转移在某些类型的犯罪上的确会出现,但并不包括所有的犯罪。例如,Hesseling(1994)的研究表明,没有直接证据证明其研究的55个区域内的22个区域有犯罪转移的现象,虽然某些区域找到了某些犯罪转移的证据,但是转移的数量比被预防住的犯罪数量仍然要少,从而证明情境预防是有效的。

14.4 城市犯罪与安全最新的技术与工具

犯罪分析是一种调查分析工具,被定义为"一种能够提供犯罪模式和犯罪动态相关信息的、及时有效的综合分析方式"(Wortley and Mazerolle,2008)。犯罪分析不仅利用犯罪和警务数据来分析犯罪问题,包括犯罪现场、犯罪人、被害人和犯罪模式的特征,也致力于为警务策略提供建议,主要关于犯罪调查、资源分配、规划、评估与犯罪预防策略。

本节梳理了那些警务部门用来减少犯罪并保护城市安全的分析工具,重点介绍犯罪热点制图的分析工具和实时在线警务巡逻的安全技术。

1. 犯罪热点地图:从回顾到预测

犯罪热点是指那些具有高犯罪率的地理小单元(Weisburd and Telep,2014)。不同的研究对于犯罪热点的地理类型有不同定义,例如街道,甚至单个地址可以成为犯罪热点。Weisburd(2015)提出了犯罪热点的重要特征:稳定性,即犯罪聚类往往在特定时间和空间上保持持续的热点状态。这也为一个有效的警务模式提供了启发,也就是被收集的犯罪数据可以用于分析并帮助减少犯罪问题。犯罪热点制图是一个关注于城市区域的犯罪聚类现象的空间分析技术(Zhao and Tang,2018)。同时,基于不同的目的,有多种统计方法来实现犯罪热点制图，例如标准椭圆差、Getis-Ord Gi*统计以及核密度估计等。以上方法已经在诸多的实证研究中用来评估不同犯罪类别的犯罪聚类现象。例如，核密度估计是一种非参数的空间统计技术，其主要计算了犯罪事件的核函数概率。这种方法由于其快速的函数推论，从而在犯罪制图领域非常受欢迎。此外，基于扩散反应的技术也被用来解释犯罪热点消散和转移现象(Short et al.，2010)。

犯罪热点制图的传统方法，旨在生成过往犯罪的聚集风险的地理空间层。而随着数据自动采集和计算力的迅速发展，研究人员和实践者都试图促使传统方法转变为合适地理层级下的时空犯罪风险预测。

例如，Bowers 等(2004)提出了一个犯罪预测制图的方法，并命名为 ProMap。其主要基于以下假设，已经发生过犯罪的地方的风险在某个时段内能够被犯罪核函数所模拟，即未来发生的犯罪往往处于过往犯罪地的周围。相继地，实证研究也发现 ProMap 的预测精度是可靠的(Johnson et al.，2007)。Kennedy 等(2011)提出了风险地形模型(Risk Terrain Modeling，RTM)并用来预测每个月的犯罪风险，其关注犯罪地点的犯罪诱因而不是犯罪事件本身。为了预测短期的犯罪风险，Mohler 等(2011)利用了自我激励点进程模型(self-exciting point process，SEPP)来预测网格内的犯罪风险，此模型原来用于地震余波和疾病传播的建模领域。此方法不仅能够预测下一天的犯罪风险，也已在美国执法部门开始普及应用。此后，Rosser 等(2017)提出了基于路网的犯罪热点预测地图，并强调了预测精度比最先进的基于网格的预测模型还高。基于路网的犯罪预测技术不仅提供了微观层面的预测结果，也能够直接为警力资源的分配提供精确和有效的策略指导。

2. 前瞻性的警务巡逻策略

警务巡逻旨在依靠警务部门来预防犯罪(Novak et al.，2016)，即对犯罪事件的快速响应。警务巡逻策略对于提高警务效率和公共安全具有显著重要性。当今，不同的算法模型已经被应用到警务巡逻分配和警务巡逻路线规划工作中。

分配巡逻区的目的在于安排警务人员巡逻和管理城市区域。Gholami 等(2015)提出了一个基于学习的计算框架，其使用动态贝叶斯网络来关联警务巡逻中的警务人员和犯罪事件。此外，Mukhopadhyay 等(2016)开发了双层优化方法，包括线性规划巡逻反应算法和 Bender 解构算法，以用来优化警务巡逻分配问题，从而达到减少预期犯罪事件的效果。然而，由于犯罪人会在不同的位置和时间进行新的犯罪，从而使得警务巡逻问题具有复杂性。为了解决这个问题，Zhang 和 Brown(2012)运用了迭代式的 Bender 解构算法，并借助一个离散事件模拟模型来优化巡逻区域分配问题，从而提升了警察的响应速度并减少了工作量。

巡逻路径规划的目的是设计巡逻路线从而使得警务巡逻更有效率，也就是在犯罪发生时警务部门能够及时出现在事发现场从而阻止犯罪，这种在线的、及时的巡逻模式比随机巡逻模式更具备无偏化和高效性。例如，Chen 和 Yum(2010)提出了一个高效算法——即利用交叉熵来解决动态环境中实时警务巡逻的问题。然而，巡逻系统中，仍在连续巡逻和目标访问上的时间差问题。为了解决此问题，一个使用基于在线主体模拟模型的实时协作路线规划被用来提高警务巡逻的效率问题(Chen et al.，2017)。此后，Chen 等(2018)设计了一个基于路网的巡逻算法，其不仅能够支持多警务区、多路网的巡逻任务，还支持多个警务单位的巡逻任务,切实提高了警务部门的巡逻效率,并降低了工作负荷。

此外,关于警务巡逻效率对犯罪威慑的有效性评估已经被研究了几十年之久。这项研究主要关注警务人员在巡逻过程中的访问地点以及他们的巡逻行为,此分析有利于提高资源分配效率和利益最大化。Sherman 和 Weisburd(1995)比较了警务人员在犯罪热点区域的巡逻时间,并结合犯罪率减少来评估警务策略。此后,Shen 和 Cheng(2016)提出了一个基于警务人员巡逻的 GPS 轨迹聚类来辨别警务巡逻聚类现象。这种方法系统地整合了警务人员的时空巡逻行为,有利于评估、设计和优化警务巡逻策略。

14.5 智能数据驱动警务

近年来,大数据和人工智能技术迅速发展,不仅应用到了各种不同的领域,例如金融业、电子零售业等,还改变了诸多领域的传统结构。然而,与其他先进的领域相比,大数据技术在警务领域的应用范围仍然存在局限性(Babuta et al.,2018)。

大数据技术的优势在于能够解决当前耗时计算和复杂分析的困难。它能够利用自动化的模式来形成数据驱动的决策,从而提升警务效率,而不是简单地基于经验的决策。这种前瞻性的模式取代了之前简单式的事后响应模式,同时这项先进的技术能够优化警务力量来达到前瞻性的犯罪预防策略和目标。

智能数据驱动警务是一种能整合多项技术的综合模式,如热点警务、情报主导警务和预测警务(Cheng et al.,2016)。它尤其强调犯罪、警务和市民之间的时空交互。大数据时代下,测量、建模和预测这些交互会有利于智能化和整体化加入到警务理念中。从概念上来看,它包括从数据收集到警务输出的四个内部相关的主题(Cheng et al.,2016)。

第一,数据驱动式工具必须易于应用,并能够直接转化为警务策略。然而,诸多杰出工具的输出与场景存在不合适的问题,例如当前大单位面积的或基于格网的犯罪预测地图,其输出包括了大量的路段,故而不能直接为警务人员的警务巡逻提供部署帮助。为确保这种适用性,技术工具的设计应明确地与警务运作工作直接联系。因此,Rosser等(2017)以及 Zhang 和 Cheng(2020)开发的基于路网的犯罪热点预测工具,能够用来提升策略应用的适应性,即由于这类工具分析和预测的是基于路段的犯罪热点,其与城市生活、人类活动以及警务巡逻的地理基础结构(即路网、路段)是相匹配的。

第二,警务部门在应用大数据预测工具时,预测精度对于提升警务效率是最重要的。也就是说,精度评估是提升这类预测应用信心的重要因素。例如,Adepeju 等(2016)提出了一种基于多指标的时空犯罪预测的实用评估工具。为提高警务资源的利用效率,不仅需要评估特定警务场景下的各项分析技术,也需要评估恰当的地理分析单元。基于此种考虑,由于警务活动和犯罪人的活动都是处于城市区域的路网上,那么基于路网的高精度的预测方法就能够直接提升警务分配任务的质量。

第三,警务巡逻策略应与提升犯罪威慑的效率和效能相适应。由于警察不仅需要处理各类紧急事件,也需要执行日常巡逻任务,因此警务巡逻涉及大量警务人员在多样性空间的移动和分配。警务巡逻中高效地分配任务和规划路线是至关重要的(Chen et al.,2018)。基于此种目的,警务资源应当首先被平衡分配,然后以一种动态的实时分配策略应用到处理紧急事件和巡逻执行上(Chen et al., 2017)。

最后,作为智能警务系统的一部分,必须突出评估以达到改善警务策略工作的目的。关于警务策略实施的评估,Davies 和 Bowers(2015)使用了基于 GPS 巡逻轨迹来构建评估指标,其主要比较警务供应(即警务活动)和支持警官决策的警务需求(即呼叫服务数量)。同时分析警务巡逻的时空模式能够帮助警务部门理解巡逻行为(Shen and Cheng, 2016)。此外,公众对警务的信心也处于政府工作的首要位置(Skogan, 2006)。然而,公众对大数据和人工智能时代下的数据驱动警务的观点是不明确的,主要是因为担忧警务活动执行时借助于机器辅助决策的技术。

综上,智能数据驱动警务是一种端到端的解决方案,主要包括了犯罪预测、在线巡逻和实施反馈模块。基于这种目的,一个在线的系统原型应运而生,如图 14.1 所示。这个系统原型整合了事件分析和评估方面,涉及犯罪事件、警务巡逻和公众信心三部分,旨在建立保护公众的整合系统框架。

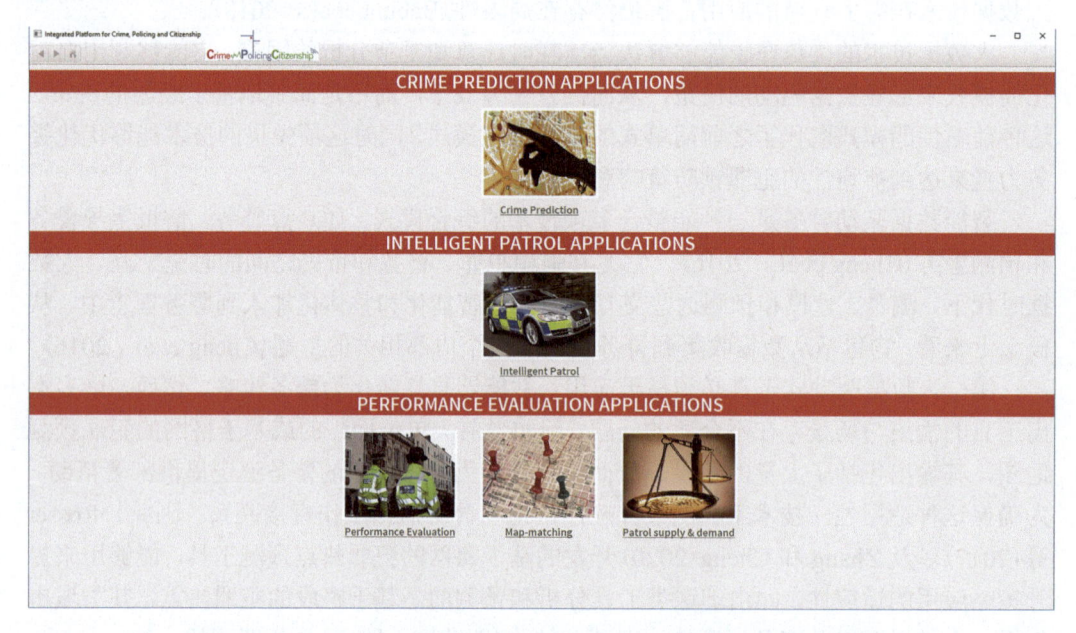

图 14.1 犯罪、警务和市民活动组成的时空数据,并形成动态、相互依存的网络(Cheng et al., 2016)

14.6 总　　结

在城市可持续发展和市民生活质量方面,城市犯罪和安全持续发挥着重要作用。本章从历史发展和当今应用的角度梳理了城市犯罪和安全的理论和应用发展。首先,本章梳理了环境犯罪学的基本理论观点以及城市犯罪的历史发展;其后梳理了前沿的犯罪和安全方面的技术应用,包括基于路网的犯罪热点预测和警务巡逻策略系统;最后我们提出了大数据和人工智能结合的智能数据驱动警务,旨在倡导一个为应对城市犯罪预防和加强城市安全的智能整合式警务系统,其中智能数据驱动警务主要讨论的内容涉及数据分析精度、最优空间分析单元、警务巡逻和效能评估等方面。

第 15 章 城 市 治 理

Alex D. Singleton Seth E. Spielman

摘　要

在本章中，我们将讨论新城市数据在改变城市治理方面的潜力。这可以通过以下几种方式实现：增加透明度；为合理制定和衡量市政政策成果创造更大空间；精心地规划和管理数字基础设施，更好地赋予公民权力，以便监督决策者承担责任。然而，这种潜力并非没有风险，如果没有批判性反思，新数据的激增及其在算法或自动化软件中的集成，可能会重现或引发新的不平等。我们得出的结论是，为了让数字城市治理创造我们想要的未来，我们必须反思如何利用以及在何处利用这些技术来使之优化并保障公共利益。

15.1　透明度及城市开放数据

城市治理过程的透明化，既限制了腐败的可能性，同时也确保了城市公民能够监督民选官员的公共资金使用行为。联合国人类住区规划署（United Nations Human Settlements Programme, UN Habitat）(2004)认为，更大的透明度可以减少城市贫困度，并加强公民参与度；通过一系列不同的政策促进公民参与度，使服务更好地促进减贫，提高道德标准，增加城市收入。城市治理的透明化是一个宽泛的话题，但本章主要关注的是开放数据(open data)在此背景下的作用。

城市数据来源广泛，既可以通过调查或普查等传统收集方式来获得，也可以通过其他的新型收集机制来采集，例如传感器(如噪声、污染物等数据)、社交媒体或城市运维副产物(如会议记录、费用、行政记录)。实现数据透明化的关键之一是公开数据的所有权和控制权，而城市中许多数据是被私人所掌控的。例如，城市居民发布带有地理定位信息的推文归 Twitter 公司私有，公众只能访问有限的推文子集或通过商业途径获得全部访问权限。然而，除少数用户之外，大多数用户访问这些数据的成本可能非常高昂。相比之下，开放数据拥有不同的共享许可条款，通常能够免费地提供数据，并且数据能够在不受下游供应商影响的情况下被重复使用和共享。在一些国家，开放数据许可证 (open data license)有更正式的定义。例如，英国对官方定义的开放数据采用了"开放政府许可证"（Open Government License）(https://www.nationalarchives.gov.uk/doc/open-government-license/version/3/)。

实行数据公开有几个常见的原因。首先是提供一种资源，可以增强公民在治理过程中的参与度。例如，公开政府的财政数据有利于公民对政府人员的审查和监督。其次，开放数据可以集成到平台设计中，以改善公共服务的各个方面(例如，学校和医疗保健)。最后，开放数据可以作为创新的驱动力，有可能创造直接和间接的经济效益。尽管开放数据有如此多的潜在好处，但实施起来并不是零成本，因为数据资产的准备、维护和托管都会产生开销(Spielman and Singleton，2015；Johnson et al.，2017)。此外，它们的发布或可用性通常受复杂的政治数据经济体制管理的控制。例如，想要保持开放数据的永久性可能是不切实际的，有一些例子表明，以往数据的开放许可被追溯撤销，并且未来也不再开放，或者与此类许可证相关的指南已被调整，从而限制了未来的使用。在美国，唐纳德·特朗普(Donald Trump)当选美国总统后，open.whitehouse.gov 网站被删除；在英国，土地注册处(Land Registry)对以前的数据政策进行了更改，以前拥有开放政府许可证的共享数据政策被调整为更受限制的条款。

1. 开放数据平台

在许多城市中，开放数据通过在线门户网站传播，包括 Socrata (https://www. tylertech. com/products/socrata) 和 CKAN (https://ckan.org/) 两个热门平台。一个运行开放数据平台 CKAN 的示例如图 15.1 所示。

许多理由表明，相比于通过静态网站简单地分享数据，此类数据门户网站能够为数据透明化提供更好的工具。大多数平台都提供搜索入口，突出了其可用数据的广度；搜索结果通常与详细的元数据、数据样本和一些基础的可视化分析结果一起返回呈现。对于许多门户网站，数据位于数据库中，除了被呈现于网站可视界面的目录处之外，通常还可以通过可公开访问的应用程序编程接口(application programming interfaces，API)获得，从而能够被集成到各种软件和工具中。此类 API 端点和关联的文档对象标识符(document object identifiers，DOIs)提供了开放数据的永久性链接，从而增强了数据的可用性和可重复性。

一个社会群体虽然可以通过参与开放数据或者使用信息转化的数据平台而受益，但由于社会、种族、民族和经济群体之间可能存在差异，这种受益程度是可变的。如果要使开放数据系统的实施最大限度地符合公共利益，减小差异必须成为城市治理的优先事项。

然而，很重要的一点是要认识到，创建有效的开放数据平台是需要大量投资的。从组织的角度来说，从利益相关方，也就是数据所有者那里获得支持，以及促进与此类新数据基础设施投资相关的有效管理、存储、传播、推广和培训，都是非常复杂的。苏格兰最大的城市格拉斯哥(Glasgow)获得了 2400 万英镑的政府资金，用于实施未来城市示范项目(Sarf，2015)。这笔投资中约有 700 万英镑用于建设"开放格拉斯哥"(Open Glasgow)数据平台，可以访问大量以前零散的城市数据。该项目涉及 372 个不同的数据集，这些数据集是由基于 CKAN 的开放数据门户和 ESRI 的在线地图平台所提供的。同时，这个项目关联了大约 21 个不同的组织，除了技术实现，还包括对开放数据的开发、参与和编程马拉松(Hackathons)的额外的支持。

2. 开放数据和问责制

开放数据平台的日益普及是一个积极的发展现象，但平台本身对公民的生活几乎没有影响。为了产生影响，开放数据平台必须被公众和组织所使用。这意味着平台本身的可用性和可访问性至关重要。但更重要的是，这意味着无论是在城市机构内部，还是在广大公众内部，都必须有相应的支持者，他们具备将数据资产转化为信息的技能和时间。

图 15.1 纽约市开放数据门户网站显示了电影许可证的目录条目

开放数据的潜在优势只有满足特定的条件才能被发挥。我们认为，用于城市治理的开放数据仓库应该遵循一套为科学界所接受的原则。这些原则有时被称为 FAIR 原则，即可查找(findable)、可访问(accessible)、可互操作(interoperable)和可重用(reusable)。

- 可查找：数据发布到稳定且公开的网址。该网址在政府内部和各机构间广为人知。
- 可访问：数据应以可用的格式发布，并有稳定和完善的获取程序。例如，pdf 不是一种可用的数据格式。访问协议应该有良好的记录并且是标准的；例如，API 应该长久保持稳定。单个数据文件应该有一个静态网址。数据必须记录在案，文档必须维护。

- 可互操作：数据的组织应确保数据在数据集之间和/或时间上存在联系。
- 可重用：数据应该有允许灵活重用数据的许可条款。

为了提高公众参与度，一些专精于数据的社区通过赞助一些活动，来鼓励公众使用开放平台上的公开数据。纽约市的财团定期围绕开放数据组织活动。例如，美国科罗拉多州的博尔德市（Boulder）赞助了一个名为"数据艺术"（Art of Data）的展览，鼓励当地艺术家利用数字数据创作实物艺术作品。某些形式的数字数据，例如文本，在传统的分析形式中可能很难被使用——而在博尔德市的数据艺术展览中，一位艺术家基于个人对一项关于城市安全和其他生活方面的调查的回复，制作了一个装置。（由此可见）创造性地使用公共数据会产生惊人的影响。然而，让居民或公众、私营和非营利部门使用开放数据，并将他们的发现传达给更广泛的受众可能很困难，但至关重要，因为这样做能够让开放数据平台形成良性循环，并最终发挥其潜力。鼓励创造性地使用数据似乎是一种刺激创新的绝佳方式；然而，开放数据平台缺乏完善的使用规范和目标，抑制了这些资源的影响力。

我们认为，公共数据最有影响力的用途集中在问责制上；也就是说，使用数据来跟踪机构、个人或集体所设的目标的进展。然而，关于开放数据平台如何与参与式社会和政治进程相结合，以指导和跟踪城市范围内的进展，目前还没有完善的模型。在城市环境中，识别和跟踪目标进展可能并非易事。

城市是一个庞大而复杂的系统。理解系统中的组成部分及其相互关系是非常困难的。对于普通市民来说，清晰地了解一个城市的权责制度，以及观察一个城市在特定领域的运作范围是非常困难的。城市由公共和私人土地组成，而城市机构往往有着重叠的管辖权和相互冲突的优先权。例如，交通部门可能希望增加交叉路口的车流量，而规划部门可能希望通过减少车流量来提高行人安全。鉴于这种组织的复杂性，评估责任和目标进展的过程可能是复杂的。城市不同的行政部门可能无法共享目标。此外，机构的目标可能不为城市居民所认同，并且在一些社区中，不同居民可能有不同的优先事项。

开放数据为市民和其他感兴趣的群体提供了观察这些大型系统以及了解城市资源分配的机制，从而有可能简化其中的一些复杂性。也就是说，如果开放数据被恰当地使用，市民就可以开始观察城市，不仅仅是把城市作为他们日常活动的空间，而是把自己作为城市组织者的一员。

在此，我们重点关注如何挖掘开放数据的潜力，以此来优化城市治理，特别是关于如何推动问责制。在这种情况下，数据系统可用于跟踪可衡量的社会和组织目标的进展。虽然在理想情况下，这些目标会从参与式的公共进程中产生，但我们在此省略了对这些机制的讨论。

3. 为什么目标很重要？

简单地说，适用于公共数据的问责制是指公民（和市政领导人）可以要求公共部门机构对其工作负责。然而，没有明确目标的大型复杂项目可能难以评估。例如，堪萨斯城（Kansas City）、谷歌（Google）、斯普林特（Sprint）和思科（Cisco）之间的一项合作：他们共同开发了一个装有 Wi-Fi 和先进的交通控制系统的高度仪器化走廊。这个项目尽管获得了数百万美元的投资，但很难评估其是否成功。媒体报道称，该项目平均减少了 37

秒的出行时间。作为一家公司,斯普林特从成千上万的市民那里收集了数据。但是这个项目是否达到目标?是否成功?如果是,对谁来讲是成功的,如果没有明确的、可衡量的标准,就很难回答这些问题。

不过,问责制度可以产生强大而积极的社会影响。当美国各地的警察部门开始公布其拦截和询问的人的种族特征的数据时,明显的社会不平等就暴露无遗了。在美国各地的城市,数据强调并证实了一个固有观念,即美国的少数种族被警察过度地当作目标。利用公开数据让警察部门对看似有偏见的执法模式负责,是赋予公民权力以挑战现有理论的一个极好例子。我们在这个例子中隐含表达了大众普遍持有的关于公共机构应该如何运作的信念,例如,执行法律的时候应当一视同仁,而不是基于种族或阶级。

4. 信息面板与绩效指标

开放数据的信息面板只是让市政利益相关者可以获得数据或信息。原始形式的数据只供那些拥有技术技能(和时间)的人使用,以便他们可以有效地提出问题,然后进行调查。信息面板界面为数据提供了更易于普及的可视界面。通常,信息面板会显示从数据中提取出的一些指标。这些指标可以是简单和直接的,比如前 30 天内开出的交通罚单数量,也可以是复杂和派生的,比如人口的社会脆弱性。Kitchin 等(2015)记录了信息面板的传播及其在世界各地被日益广泛地使用。他们批判性地认为:"(信息面板)并不是简单地反映城市,而是积极地构建和创造城市"。不管信息面板是作为反映数据的镜子还是权力的工具,似乎都是次要的,重要的是它们获得了广泛使用,而在城市治理中,它们可以被有效或无效地使用。

信息面板本身效用甚微。他们通过与隐含或明确的社会目标相联系,将自身纳入到政府的行动(或激励机制)中来发挥自己的效用。仅仅简单展示数据,不与有意义的行政或社会目标相联系的信息面板几乎没有影响力。例如,为了深入了解种族偏见,美国明尼苏达州明尼阿波利斯市(Minneapolis,Minnesota)警察局发布了被警察拦截的人的信息面板数据,这些数据包括种族、地点、性别和年龄(https://www.insidempd.com/datadashboard/);虽然这个信息面板没有与明确的目标和指标挂钩,但它直接解决了隐含的社会目标。与之相对的,美国科罗拉多州博尔德市(Boulder,Colorado)使用信息面板来跟踪城市目标的进展情况,这些目标是明确围绕着安全、健康、宜居性、可持续性、住房以及城市治理的(图 15.2)。该信息面板使用了一个很初级的简单系统,即用绿色打勾代表已达目标,用红色感叹号代表未达目标。公共进程决定了信息面板上应追踪的指标;这些指标来自该市的一份名叫《可持续性和复原力框架》(Sustainability and Resilience Framework)的文件,这份文件旨在通过提供实现博尔德市伟大社区愿景所需的一致目标以及实现这些目标所需的行动,来指导预算编制和规划过程。(https://www-static.bouldercolorado.gov/docs/Sustainability_+_Resilience_Frame-work-1-201811061047.pdf)。

使用定量指标是私营部门的普遍做法,正如博尔德市采用的指标,这些指标有时被称为关键绩效指标(key performance indicators,KPIs)。只要满足几个标准,绩效指标就是强有力的工具:

- 城市 KPIs 必须衡量正确的事情。也就是说,它们必须量化城市领导人和居民感兴趣的社会、政治或经济进程。

图 15.2　美国科罗拉多州博尔德市的一个目标导向的信息面板

- 城市 KPIs 必须具有可执行性：衡量居民和领导人无权改变的事情是没有意义的。信息面板应该以某种有意义的方式推动行动。
- 城市 KPIs 必须被正确衡量：公共信息面板的数据质量是一个严肃问题。将数据与公共目标联系起来会诱导数据的篡改或误报。
- 并非所有目标都是可量化的：KPIs 和信息面板能发挥适当的作用，这是非常重要的。重要的社会目标，如幸福感，可能无法衡量，但这并不意味着公共机构不应该努力实现这些目标。

然而，尽管对信息面板和城市数据的负面评价更广泛，但在我们看来，它是真正致力于增强透明度和问责制的。虽然数据可能是不完美的，产生数据的社会过程也可能是有缺陷的，但我们强烈认为，提供信息接口总比不提供要好。公开的信息面板反映了一种自我施加的、公开声明的对目标的责任。虽然衡量对城市居民而言重要的事情确实是一项不简单的工作，而且数据系统更有可能反映可以衡量的事情而不是居民直接关心的事情，但它们还是存在一些有意义的重叠。正是在这个重叠的空间中，数据可以帮助推进城市治理。

15.2　算法决策

越来越多的细化措施或见解可以从城市数据中提取，这就需要有新的方法来管理和分析这些数据。算法是为了解决特定问题而设计的计算过程，在城市的背景下，这些问题可能涉及城市分析的各个方面（例如，哪些社区绿地最适宜）、或运营模型的实施（例如交通信号灯控制系统）。算法也可以通过规范、估计、或执行而具有不同程度的自主性。在城市背景下使用计算算法并不新鲜，并且有着很长的应用历史，例如，从用于预测人类活动的空间组织模型，到从多维空间数据中找出地理人口结构的模型（Webber，

1975），再到那些用来指导决策的模型(Foot，1982)。

1. 算法的定位

有观点认为，算法的成功实施可以增强或取代人类的专业知识。例如，一个消防检查员可能对他工作的城市有一定的了解，并可能根据他的专业知识选择要检查的建筑物。一个算法可以根据一些因素对建筑物进行排名，这些因素就包括建筑违反建筑法规的概率。在一个使用了算法的系统中，检查员可以被派往所有被算法评为危险的建筑。或者，该算法可以增强检查员的专业能力，为他提供一种引导注意力的方法。无论哪种情况，在执法中使用算法都会引起对算法的偏见、公平性和透明度的质疑，特别是当算法是基于历史上有偏见的执法行动而训练或验证时。

我们认为，在城市治理中有三种广泛的场景可以使用模型和算法。所谓模型，我们指的是，使用学到的或估计的参数来进行分类、预估概率或者评分的工具。算法是指可能涉及也可能不涉及数据和模型的计算过程。我们在某种程度上交替使用这两个术语，而更倾向于用"算法决策"(algorithmic decision-making)这个词来指代使用计算来增强市政运作的过程。下面是算法决策的一些应用案例。

- 增强：即使用模型来指导或引导人。例如，使用机器学习来增强建筑检查员的专业能力，帮助他们集中精力在可能存在违规行为的建筑上。
- 替代：即使用一种算法来替代人工。例如，使用摄像头和雷达的组合来实现交通执法自动化。在这种情况下，机器来确定是否发生了违规行为并采取相应的行动，计算执法系统取代了人工。
- 效率：即使用模型或算法来管理城市系统。计算实现了一种动态优化，而这在缺乏复杂系统的情况下是很难做到的。例如，建筑物中的供暖、通风和空调系统可能会考虑占用率、室外温度、历史规范等因素。交通系统可能会对整个系统的信号时间进行小幅调整，以不断适应交通和需求的变化，从而优化流量。

在最理想的情况下，通过这些方式，算法可能会提供一种公平的方式来改善公共福利和城市的运作。也就是说，设计良好的系统可以使人们更安全、城市系统更高效。机器有可能消除城市管理和执法过程中个人偏见和能力带来的影响。当算法和模型是透明的，并可被人类解释时，它们将决策从主观和政治领域转移到公共领域。开放的算法和模型还可以迫使人们就原则本身进行讨论，比如更应该针对哪种措施或地点，或者应该使用哪些公开生成的训练或验证数据。这样的模型可以嵌入这些集体生成的原则。然后，执法行动是一个公共过程的结果，这个过程涉及着各种各样的因素，有导致风险的因素或社区希望最小化或最大化的因素。

在最坏的情况下，算法可能成为制度偏见和种族主义的超级执行者，并强化现有的结构性不平等，或在极端情况下创造新的不平等。当算法取代人类（或处于非常重要的位置）时，人们有理由担心，出现的系统自动化监控会侵犯隐私等基本人权，以及妨碍法律平等（公正）地执行。例如，不可能在所有地方都安装监控摄像头；从警察部门的角度来看，在高犯罪率地区安装摄像头可能是对有限资源的有效利用。然而，如果算法工具被用于加强执法或取代警务，这意味着在高犯罪率地区的人比在没有摄像头的地区的人更有可能被判有罪,即使算法本身是公平和公正的。

2. 使用算法的挑战

不同于以往在城市环境中应用的推理模型,来自数据科学、人工智能和机器学习的许多当代和新兴的方法更侧重于预测,这产生了具有操作效用的模型,但由于因果效应的结构性表现往往是隐藏的,它们的价值在解释其过程如何随时间和空间运行的方面往往被认为是有限的,因此,我们对系统的动态理解较弱。尽管我们可以从这些新的建模范式中做出非常好的预测,但这与刻画世界如何运作的通用模型以及理论的发展存在矛盾。

此外,许多用于创建预测的新算法都依赖于大数据来训练模型,这是一个算法通过学习过去来做出新的或未来的预测过程。然而,在这样做的时候,分析师必须确定这些数据中没有系统性的偏差,并且随着时间的推移所采取的任何措施都尽可能是稳定的。这类问题的不合规性被认为是之前构建的模型无法做出有效预测的原因之一,例如,谷歌流感趋势(Google Flu Trends)预测的量级不准确(Lazer et al., 2014)。

除了测量问题,人们还注意到,大多数(如果不是所有的话)大数据是社会构建的,这也会导致潜在的偏差,应该推动伦理考量和制度。如果这些数据与算法的功能及其建议或采取的决策不可分割,那么算法本身就会继承这种偏差;因此,如果不加批判地采用,可能会对现实世界产生影响(Kitchin, 2014)。例如,社交媒体数据的内容只代表产生这些数据的人,因此可能会低估或过度代表某些社会经济或人口统计学特征;或者就地理参考数据而言,准确性可能会受到社交媒体数据的收集地点(例如,建筑环境影响 GPS 信号反射)或人们对位置共享的普遍态度的影响。更广泛地说,众包是指公众为某些特定目的将观察到的现象属性贡献出来的过程。这样的数据收集没有一个先验的样本设计,因此,数据的收集受到那些参与项目的人员的影响。例如,Street Bump(https://www.streetbump.org/)应用程序是为美国波士顿市创建的,当汽车通过一个坑洞而产生颠簸时,手机上的加速度计会收集数据。这些读数被集中起来进行分析,以确定在街道上可能需要采取补救措施的地方。然而,这种数据的代表性在收集过程中受到限制,应用程序只提供给那些有 iPhone 的人,也就是那些买得起这些手机、安装了该应用程序并自愿分享地理位置信息的人。这部分人群也可能有特定的出行模式,此外,通过这种工具只能对城市进行部分调查也是有可能的。理解这种偏差并知道这将如何影响算法治理是决策者应该考虑的一个基本问题。

15.3 总　　结

本章概述了城市治理和城市运作是如何通过新的与城市相关的数字技术的出现得到加强和挑战的,以及这些数据是如何产生的、如何在城市环境中利用这些信息来加强决策。为了使数字城市治理有效,我们认为,在符合透明和开放原则的基础上,将利益相关方纳入以减少相关的负面风险至关重要。新的数字化框架在改善城市健康、促进城市繁荣、加强城市包容性和可持续性这些方面蕴藏着巨大的潜力。然而,值得注意的是,要防止这些技术最终加剧过去的不公正,或在最极端的情况下制造新的不平等。未来的城市终将走向数字化,我们现在面临的挑战是批判性地反思这些新技术带来的影响,并确保规划一个我们想要的未来。

第 16 章 城 市 污 染

李 真　Muhammad Bilal　Majid Nazeer　黄文声

摘　要

本章描述了遥感技术在城市污染监测方面的最新进展，包括城市热岛效应、城市空气质量和城市海岸线水质。现代传感器在空间和时间分辨率上的进步、遥感反演方法的发展和对缺失数据的插补，增加了遥感在城市地区的适用性。然而，由于用于空气质量监测的气溶胶反演算法和用于城市热岛效应分析的现代热传感器的空间分辨率的限制，大部分被监测到的大气污染指标无法体现城市地区特有的空间异质性。另一方面，对于发生在局部城市沿海地区的污染现象，如水华、污染排放和点污染源，用户可以监测或反演具有高时空分辨率的水体质量参数。本章综述了当前主要使用的传感器以及反演算法的发展：对于城市空气质量，评估了 MODIS 暗目标法（dark target，DT）、"深蓝"（deep blue，DB）以及合并的 DT/DB 算法；对于城市热岛效应和城市气候分析，使用粗分辨率和中等分辨率的温度传感器，评估了 MODIS、Landsat 和 ASTER；对于水质监测，评估了可以替代昂贵的船载传感器的中等空间分辨率传感器，包括 Landsat、HJ1A/B 和 Sentinel 2。

16.1　监测城市地区的空气质量

由于地面站数据无法代表其涉及的大面积区域，因而收集城市地区及其源区域的空气质量数据是一项重大挑战。尽管最近开发的卫星传感系统和方法具有足够的光谱分辨率和时间分辨率来监测气溶胶，但由于被感知的大气信号仅占总图像反射率的一小部分，所以难以获得良好的空间分辨率。因此，大区域对应着大像素，需要提供更高的可测量信号。

最容易获得的空气质量遥感参数是气溶胶光学深度（aerosol optical depth，AOD）。该指标是基于特定波段的电磁波在大气中传输的透过率对大气柱中气溶胶总量的无单位测量。然而，没有一个通用的算法可以反演所有类别的下垫面上空的气溶胶参数。在实际应用中，学者们针对水、黑暗植被、明亮表面和异质陆地表面，分别开发了不同的气溶胶反演算法，后两者包括城市表面。然而，由于气溶胶反演算法假设下垫面的反射率接近零，针对水和植被等低反射率的下垫面的反演气溶胶的技术比在陆地上的技术发展得更好。基于此，Kaufman 和 Tanré（1988）开发了一种算法，首先使用归一化植被指数（normalized difference vegetation index，NDVI）来检测浓密的黑暗植被（dense dark vegetation，DDV）像素，然后使用不受气溶胶影响的短波红外（short-wave infrared，SWIR，2.1μm）波段来获取 DDV 像素的表面反射率。然后根据以下关系（Kaufman and Sendra，1988）

$$L_{sur}f_{0.49} = 0.25 * L_{sur}f_{2.1} \tag{16.1}$$

$$L_{sur}f_{0.66} = 0.5 * L_{sur}f_{2.1} \tag{16.2}$$

可以得到蓝色(0.49 μm)和红色(0.66 μm)波段的表观表面反射率。一般认为，这些波段的实际表面反射率与观察到的大气顶部(top of the atmosphere，TOA)反射率之间的差异是由气溶胶引起的。然后将这一数值与最佳气溶胶模型进行拟合，并了解研究地区的预期气溶胶类型，例如大陆、工业/城市、生物质燃烧和海洋，以便从图像的蓝色和红色波段中得出AOD。

根据DDV的原理，美国国家航空航天局(National Aeronautics and Space Administration，NASA)开发了覆盖全球的MODIS DT AOD产品(MOD04；Kaufman and Tanré，1998)。尽管DT产品在10 km的空间分辨率下只能在大区域范围内给出有意义的描述，它能够概述城市所在地区的空气质量状况。DT算法的预期误差(expected error，EE)为±(0.05+0.15×AOD)(Levy et al.，2013)，代表了全球范围内预期误差中约66%的反演结果(Levy et al.，2010)。DT算法的最新版本是MODIS Collection 6.1(C6.1) AOD产品(Bilal et al.，2018a；Gupta et al.，2016)。C6.1产品解决了由于城市表面的异质性造成的不确定性，并使用NASA的MOD09表面反射率产品更新了表面反射率，该产品对城市覆盖率>20%的像素新加入了土地覆盖类型信息(Gupta et al.，2016)。DB AOD反演算法(Hsu et al.，2004)提供了对明亮的城市和沙漠以及黑暗表面的AOD估计，其中对黑暗表面包括表面看起来很暗的深蓝通道(412 μm和470 μm)和红色通道(0.65 μm)。DB的预期误差取决于几何学(Hsu et al.，2013；Sayer et al.，2013)。MODIS C6产品(包括DT和DB算法)已经在城市地区进行了评估，精确度各不相同。例如，在北京地区，发现在高度污染的时间段里DT和DB C6产品(MOD04和MYD04)都存在高估现象，原因是地表反射率估计误差较大(Bilal and Nichol，2015；Tao et al.，2015)。

在C6中，还生成了一个10 km的DT/DB组合算法，该算法在同一图像中结合了DT和DB算法，以反演包括城市地区在内的黑暗和明亮表面的AOD(Levy et al.，2013)。然而观察到，亚洲城市的准确度很低，只有57%的反演结果在预期误差范围内。Bilal等(2017)引入了一种自定义的算法，当NDVI>0.3时，指定使用DB算法，这抵消了DT和DB算法分别低估和高估的表反射率的趋势，并将预期误差内的反演百分比提高到65%。

尽管DT和DB算法都使用MODIS 500 m分辨率的波段，但它们的AOD产品是在10 km的空间分辨率下产生的，因为将500 m的像素合并为20×20(400)的像素窗口能够提高信噪比(signal-to-noise ratio，SNR or S/N)。然后，为了消除云层和水面，不适合反演AOD的暗像素和亮像素被取消选择，最多剩下120个像素。由于MODIS的DT和DB产品无法分辨城市级别的特征，MODIS气溶胶团队在C6气溶胶产品中制作了一个3 km的全球DT产品，即MOD04_3K/MYD04_3K(Remer et al.，2013)。但通过与AERONET(AErosolRObotic NETwork)地面站比较，发现MOD_3K的可靠性不如10 km产品(Bilal et al.，2018b)，这可能是因为在取消选择的窗口中最多只剩下11个像素，使得该产品具有比10 km产品更多的噪声。

Yang等(2018)利用Advanced Himawari Imager(AHI)地球同步卫星，基于DT算法，对1km分辨率的AOD产品进行了初步调查，结果显示，与AERONET数据相比，该产品的结果有一些高估，相关系数为0.83，RMSE为0.11。由于AHI发射时间较短，所以无法对AOD反演进行彻底的评估，但未来可期。鉴于地球同步卫星的卓越时间分辨率

(AHI 为 10min)，加上未来空间分辨率的提高，在城市地区范围内对颗粒物浓度的半连续监测将成为可能。

DB 和 DT 反演对未来全球气溶胶监测项目的贡献不可忽视，例如采用 10km 雷达和 LiDAR 的欧洲空间局(European Space Agency, ESA)的 EarthCARE 任务(Illingworth et al., 2015)；世界气象组织(World Meteorological Organization, WMO)的 GALION 项目，一个地基气溶胶 LiDAR 系统(Bösenberg et al., 2008)；ESA 的 ADM-AEOLUS 任务，一个 2018 年发射的天基风廓线系统(Lolli et al., 2013)；以及 NASA 正在进行的带有星载气溶胶 LiDAR 的 CALIPSO 任务(Winker et al., 2010)。

与 AOD 反演一样，从卫星图像波段估计其他气态污染物会受到信号相对于总图像反射率的弱点的限制，因此需要大像素尺寸。对流层污染测量(measurement of pollution in the troposphere, MOPITT)传感器测量地球表面的 CO 排放，在测量最低点具有 22km 的空间分辨率；臭氧检测仪(ozone monitoring instrument, OMI)用于臭氧和 NO_2 的估计，空间分辨率为 13 km×24 km，不太适用于城市规模的污染物浓度反演。尽管 Bechle(2013)发现 NASA 的 Aura 卫星上的 OMI 传感器能够测量大面积城市地区的 NO_2 暴露的空间变化，但详细的地区级浓度测量受到传感器粗分辨率的限制。2017 年 10 月发射的 ESA Sentinel 5P 卫星上的 TROPOMI 传感器在一定程度上减少了这些限制，它以 7 km×3.5 km 的分辨率测量臭氧、NO_2、SO_2、甲烷和 CO。然而，这对于在城市范围内的应用来说，仍然过于粗糙，而且由于为复杂土地区域开发的算法难以应用，因此，开发为城市地区得出准确空气质量产品的任务仍然具有挑战性。

16.2 城市热岛遥感

城市热岛(urban heat island, UHI)是由非蒸发性的人造表面取代自然蒸发性和多孔性土地表面形成的(Chandler, 1965)。与乡村表面主要的潜热损失相比，这些表面将接收到的能量以显热的形式更大比例地分散到周围的大气中。再加上城市表面的反照率普遍较低，这导致城市的空气温度明显高于其周围的乡村，而且这种差异 $[\Delta T(u\text{-}r)]$ 在夜间达到最高。由于大多数城市都只有很少的空气监测站，城市内部温度的详细程度不够，而卫星热数据提供了整个城市的连续和时间同步的地表温度(land surface temperatures, LSTs)的密集网格。而城市的温度对比以及与周围农村地区的光学差异，在热卫星图像上是可以识别的，因此在这方面已经进行了许多遥感研究(Roth et al., 1989；Weng, 2009；Zhou et al., 2019)。然而，在城市气候学中使用这些数据有许多限制，下面将讨论这些限制。

1. 有关城市气候尺度的卫星传感器的空间分辨率

由于波长和信号强度之间的反比关系，波长较长的热红外传感器通常有一个粗糙的分辨率。因此，分辨率为 1 km 的 MODIS 的热波段只适用于城市地区的一般温度趋势分析(Bonafoni, 2016；Hulley et al., 2014)。Landsats 5-7/8 的 60 m 和 90 m 分辨率传感器以及 ASTER 的 90 m 分辨率传感器，也被用于城市地区尺度甚至街道尺度的城市气候分析(Nichol, 1996a；Nichol et al., 2009；Feng and Myint, 2016；Meng et al., 2018)。为了克服空间分辨率的限制,已经提出了多种通过分解热信号以提供更多空间细节的方法(Nichol,2009;Rodriguez-Galliano et al.,2012;Zhou et al.,2019)。图 16.1 展示了发射率调制对香港郊区的 ASTER 热图像的影响。原本 90m 的分辨率[图 16.1(c)]被分解为 10m 像素大小[图 16.1(a)],同时对表面发射率差异进行了校正(Nichol et al.,2009)。

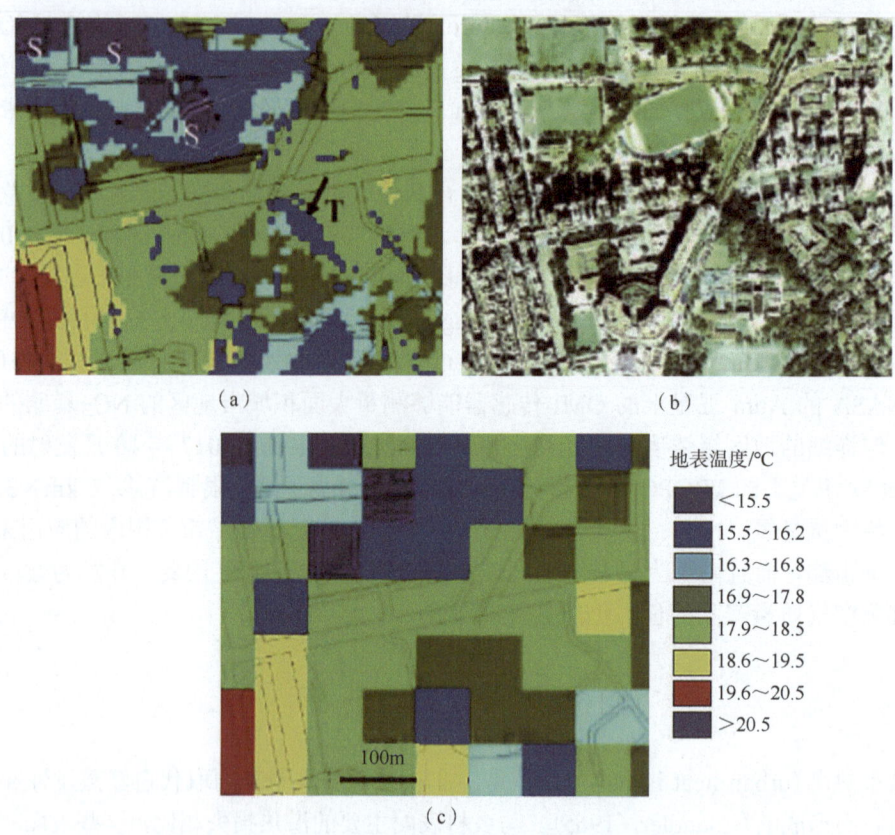

图 16.1 香港一个城市/郊区混合区的地表温度
(a)2007 年 1 月 31 日晚上 10 点 42 分经发射率调制后的 ASTER 夜间热图像;(b)土地覆盖类型的航空像片;(c)90 m 分辨率的 ASTER 原始热图像

2. 地表温度与空气温度的关系

UHI 概念的提出及其作用源于对影响人体舒适度的城市气温的代表性。具体来说,这些是城市冠层内的空气温度,包括地表和建筑物顶部之间的街道空间(Oke,1976)。然而,卫星热传感器测量的是表面辐射温度或地表温度(LST)。因此,地表热岛(surface urban heat island,SUHI)代表了城市和非城市表面之间的辐射温度差异(Zhou et al.,2019)。由于卫星得出的热岛是基于 LST 的,这些数据的最佳利用方式取决于如何定义它们与传统 UHI 观点之间的关系,例如成像时的屏幕级别的空气温度(Nichol et al.,2009;Schwarz et al.,2012;Clay et al.,2016)。Li 等(2018)通过将气象站每日空气温度数据与填补空白的 MODIS LST 数据和高程模型相结合,开发了覆盖整个美国的 1km 分辨率的空气温度数据集。该方法被证明是令人满意的,产生的均方根误差为 2.1℃和 1.9,日最低和最高气温的 R^2 分别为 0.95 和 0.97。Sun 等(2015)通过 MODIS LST 数据结合植被指数估计了北京的气温,与气象站数据相比,获得了约 2 K 的精度。

3. 关于热岛最大值的成像时间

大多数空间热传感器,如 Landsat 系列和 ASTER,主要是在白天记录,这时密集的高层建筑区可能构成一个热汇(Nichol,2005;Rasul et al.,2017)。热带城市(Nichol,2003)或夏季的干旱地区(Nassar et al.,2016;Rasul et al.,2017)也可能在白天出现热汇。此外,卫星飞越的时间也可能不适合检测温度差异。例如,Landsat 在当地时间上午 9:30~10:30 时,接近上午的热交叉时间,这时热对比最小。地表温度的差异在白天最大,因此基于 LST 的地表热岛比基于气温的传统 UHI 更明显,后者最大的差异是在夜间(Nichol,2005)。此外,Sun 等(2015)观察到 LST 在夜间与城市冠层内的气温较为相似,但在白天却有很大差异。这种关系甚至可能是负的,当城市地区的 LST 在清晨升温而太阳高度角很低时,处于阴影中的高层城市地区可能构成一个热汇(Nichol,2005)。

在不断变化的环境条件下,在单一瞬间拍摄的卫星图像可能不具有代表性。然而,Nichol 和 To(2012)发现,在香港,由于夜间边界层比较稳定,夜间 ASTER 热图像能够代表图像采集时间周围 13 小时内常见的气候条件,并且在 93%的炎热夏日夜晚里与城市上空的地面空气温度显著相关。

4. 卫星观测的各向异性

卫星记录的是水平表面的温度,这可能仅代表平坦的农村地区的完整辐射表面。当使用窄视场传感器时,城市的有效(活动)表面积,特别是在高层地区,要比同等规模的乡村大得多(Voogt and Oke,1996)。例如,在新加坡的高层住宅区,活动表面是平面(卫星观测到的)表面的 1.7 倍(Nichol,1998)。因此,根据太阳的位置,天底视角会比非天底视角更温暖或更冷。Hu 等(2016)对两个高层城市——纽约和芝加哥的各向异性效应进行了量化,观察到在城市化程度最高的地区,各向异性导致的白天最大温度偏差达到 9K。当使用 MODIS LST 测量的整个 SUHI 的平均值时,由于表面各向异性,UHI 的幅度被改变了 2.3K,即 25%~30%。Voogt 和 Oke(1996)建议使用地面观测数据来构建模型,以根据地区和太阳位置对温度进行加权(另见:Nichol et al.,2014)。

5. 辐射率和大气校正的必要性

尽管利用普朗克定律可以很容易地将卫星辐射值转换为等效的黑体温度(或亮度温度),但如果不根据土地覆盖类型对发射率差异进行修正,表面辐射温度就会被低估。例如,发射率为 0.92 的金属屋顶和发射率为 0.98 的瓦片屋顶,辐射温度都是 27 ℃,其亮度温度(图像)值却分别为 20.8 ℃和 25.5 ℃。然而,对于 UHI 研究来说,测量单个表面温度是不可能的,也是不必要的,因为每个像素的发射辐射是该像素内所有表面的集合值,并根据观察角度和像素的水平/垂直表面比率受到各向异性的影响。为了解决这个问题,Yang 等(2015,2016)开发了一个基于天视系数(sky view factor,SVF)的城市发射率模型,该模型考虑了表面材料类型和建筑物的几何形状,并发现 SVF 的减少伴随着建筑物之间多重散射导致的发射率增加。热图像值的另一个潜在误差来源是,它们只能被认为是在晴朗、干燥的大气中才是准确的,如果希望得到绝对温度,应利用辐射传输模型[如MODRAN(Berk et al., 2014)]中的大气数据进行进一步修正。在潮湿的大气中，大气中的水蒸气对能量的吸收可能会导致亮度温度比表面辐射温度更低，最多低15℃(Nichol, 1996b)。

16.3　监测城市海岸线的水质

沿海水域在空间上是复杂的，既包括盐水和咸水的混合物，又包含不同类型的土地径流。而城市海岸线尤其复杂，因为来自点源和非点源的额外人为输入，对水质(water quality, WQ)往往有严重影响。因此，与其他海岸线相比，城市海岸线的水质在空间和时间上的变化更大，从遥感平台监测水质需要传感器具有精细的空间和时间分辨率。另一个挑战是由于城市沿海水域的有机物和无机物的输入范围很广，使得海洋颜色的监测在光学上很复杂。在排水不规范的国家，一个常见的问题是来自农业、工业和城市废物的高营养物输入，导致富营养化和藻类繁殖事件。这些既可能对人类有毒害作用，也可能会影响各种海洋生物。

那些被用于海洋应用的传感器的空间分辨率为几百米，例如海洋观测宽视场传感器(sea-viewing wide-field-of-wiew sensor, SeaWiFS)、中分辨率成像分光仪(moderate resolution imaging spectroradiometer, MODIS)、可见光和红外线成像仪/辐射仪套件(visible and infrared imager/radiometer suite, VIIRS)、地球静止海洋色彩成像仪(geostationary ocean color imager, GOCI)和海洋和陆地色彩成像仪(ocean and land color imager, OLCI)。尽管这些传感器的观测数据具有良好的时间和光谱分辨率，但是它们无法表达必要的空间细节。近年来，具有中等分辨率的天基传感器被用于反演水质质量指数，包括NASA的Landsat、中国的HJ1 A/B和欧洲空间局的哨兵(Sentinel)系列。最新的Landsat 8搭载了陆地成像仪(operational land imager, OLI)被用于海洋颜色监测(Franz et al., 2015; Vanhellemont and Ruddick, 2015)。OLI具有9个光谱波段，其中5个是430~880 nm的光学光谱。OLI的空间分辨率为30 m，重复周期为16天，如果与Landsat 7结合使用，重复周期将提升到8天。欧洲空间局Sentinel-2平台上的多光谱仪器(multispectral instrument, MSI)携带12个波段，包括三个分辨率为10 m的海洋色带，蓝色(490 nm)、绿色(560 nm)和红色(665 nm)，以及三个分辨率为20 m的近红外(Near InfraRed, NIR)波段(705~783 nm)。

清水在可见光谱中显示低反射率，在近红外区域吸收大部分能量，但水的光学特性受到一系列物质的影响。这催生了海洋水色遥感的概念(Morel and Prieur, 1977)，其原理为溶解有机物(dissolved organic matter, DOM)在蓝色(490nm)光谱区域有强烈的吸收性，浮游植物和藻类色素中的叶绿素-a(chlorophyll-a, Chl-a)主要吸收光谱中蓝色和红色区域的太阳光，而悬浮固体(suspended solids, SS)主要反映在红色和近红外区域(600~800 nm)。由于很难从吸收大部分光能的水体中获取足够的反射信号，大气成分的信号可能在传感器接收到的信号中占主导地位，因此大气校正是一个重要的预处理步骤(Pahlevan et al., 2017)。随着空载传感器的空间和光谱分辨率以及计算能力的提高，从水体中反演水质量指数的算法已经得到了完善。更多的卫星传感器和更频繁的重复周期带来的时间分辨率的提高发布了更多的数据用于测试和验证反演,这需要与海洋站点数据密切同步(Pahlevan et al., 2019)。反演水质量指数的算法通常基于获取相当数量的同步图像和站点样本,用于对图像波段进行回归,然后进一步获取相当数量的样本用于验证结果。

例如,一项对香港和珠江三角洲高度城市化的海岸线周围水质的研究(Nazeer and Nichol, 2016a),在结合 Landsat TM/ETM+和 HJ1 A/B 传感器 13 年间(2000 年至 2012 年)的图像时,能够在图像采集的两小时内获得 240 个共同定位的叶绿素-a 和悬浮颗粒物样品。但由于沿海水域的复杂性,西部为珠三角河流沉积物,中部为城市径流,东部为南海清澈的海水,在整个区域开发的反演算法不如应用于通过模糊 c-means 聚类划分的单个水质区的算法准确。因此,对于叶绿素-a 来说,单个水质区的均方根误差较低,为 1.61 μg/L,而当其应用于整个地区不同水质类型时,均方根误差为 4.59 μg/L。对于悬浮颗粒物浓度,也观察到明显的改善,当模型应用于单个区域时,RMSE 从 2.72 mg/L 减少到 1.19 mg/L。考虑到船舶采样数据集中获得的广泛的浓度范围,即叶绿素-a 范围为 0.30 μg/L 至 13.0 μg/L,悬浮颗粒物浓度范围为 0.5 mg/L 至 56.0 mg/L,这些结果是好的,并表明空间传感器能够提供城市海岸线附近空间详细、准确和经济的水质状况。

随着海岸线的城市化,世界各地都出现了由高营养输入引起的大规模藻类繁殖导致的赤潮事件,特别是在亚洲快速城市化的地区,如中国和菲律宾(Azanza et al., 2008; Nazeer et al., 2017)。这种事件对海洋生态系统是有害的,并对人类健康构成危险。因此,环保部门需要及时和详细的信息来了解其发生情况。然而,由于赤潮的发生通常与常规的船载水体采样任务(在香港是每月一次)不一致,所以许多赤潮没有被发现。香港虽然是一个繁荣的国际港口,但仍有多样化的沿海生态系统。在 2015 年 12 月至 2016 年 2 月的一次严重赤潮事件中,有 220 t 鱼死亡的报告(SCMP, 2016)。在一项使用 Landsat TM/ETM+对香港复杂的沿海水域周围的叶绿素-a 浓度进行的遥感研究(图 16.2;Nazeer and Nichol, 2016b)中观察到,由于红色和蓝色波段对叶绿素-a 信号的响应不同,红色(630~690 nm)与蓝色(450~520 nm)波段的平方比率最能代表实际的叶绿素-a 浓度。该研究得到它们的相关系数为 0.89,平均绝对误差(mean absolute error, MAE)为 1.02 μg/L,这表明遥感技术在城市海岸线上对赤潮事件进行常规监测具有良好的可信度。

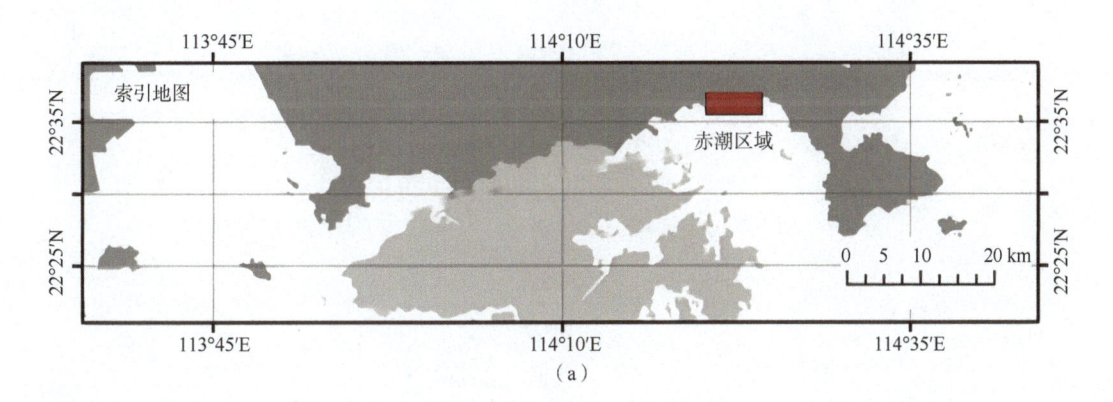

(a)

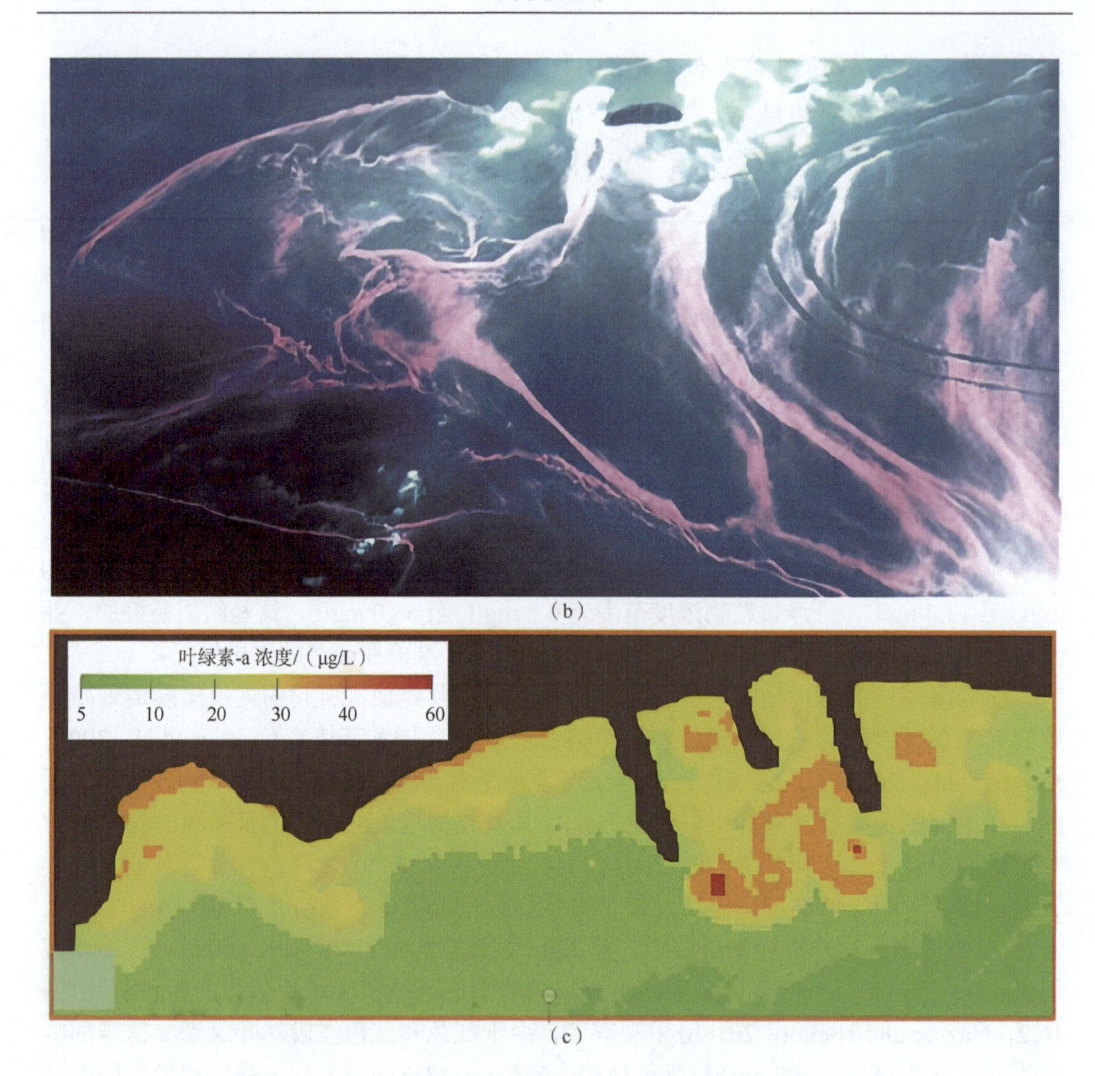

图 16.2 2014 年 11 月 25 日中国香港沿岸的赤潮

(a)赤潮位置；(b)赤潮航拍图(图片来源：新华社)；(c)赤潮影响区叶绿素-a 浓度图(μg/L)，使用了 Landsat/HJ1 蓝带(450～520 nm)和红带(630～690nm)的比率

第 17 章 城市健康与福祉

Clive E. Sabel Prince M. Amegbor Zhaoxi Zhang
Tzu-Hsin Karen Chen Maria B. Poulsen Ole Hertel
Torben Sigsgaard Henriette T. Horsdal
Carsten B. Pedersen Jibran Khan

摘　要

　　本章探讨物联网(Internet of Things)和前沿信息技术的应用如何影响全球城市的人口健康和福祉。本章首先回顾了智慧城市与健康，然后深入探索了研究人员可获得的数据类型。接着本章讨论了创新方法和技术，如机器学习、个性化感知和跟踪，研究人员如何利用这些方法来研究城市人口的健康和福祉。然后以丹麦奥胡斯大学(Aarhus University)环境和健康大数据中心(Big Data Centre for Environment and Health，BERTHA)为例，说明这些数据、方法和技术的相关应用。本章的最后围绕敏感数据、个性化数据的使用，以及跨越时间和城市空间的个人追踪或感知，讨论了伦理、隐私和保密性问题。

17.1　智慧城市和健康

　　智慧城市已成为城市讨论、研究和政策环境的热门话题。然而，这个术语的定义到现在仍然是模糊的。在这里，我们将智慧城市的概念定义为基于物联网(Internet of Things，IoT)的城市，其中，具有感知的市民和当局可以利用信息和技术来更好地掌控他们的生活并更高效地管理资源。信息技术的使用为理解个人在城市空间中的行为和互动，及其对人类健康和幸福感的影响提供了独特的机会。其通常与数字技术和绿色城市规划结合使用，目的是提高幸福感，同时改善物理环境和减缓气候变化。Boulos 和 Al-Shorbaji(2014)认为，智慧城市的重点之一是包含了改善居民生活质量和幸福感的必要成分。而城市居民可利用的技术和信息，有可能对他们的健康产生积极或消极的影响。

　　一方面，科技和人们通过互联网的互联互通为增进健康并减少医疗成本提供了机会，尤其是对于社会经济弱势群体(Aborokbah et al.，2018；Solanas et al.，2014)。对个人的远程监测可以帮助量化个体层面的风险，为有效的以个人为中心的医疗保健提供了重要信息(Aborokbah et al.，2018)。例如，实时的个人生理和环境信息可以帮助医疗保健提供者了解对个人健康有害的环境因素，或改善他们的健康和社会心理健康(Bryant et al.，2017；Lomotey et al.，2017；Rocha et al.，2019)。

　　另一方面，利用技术和信息向城市中的弱势群体提供服务，目的是提高他们的独立能力和幸福感(Gilart-Iglesias et al.，2015；Rodrigues et al.，2018；Turcu and Turcu,

2013)。研究表明，虽然使用个人信息和技术在促进健康和幸福感方面有无数好处，但他们也强调了健康结果的负面影响(Do et al., 2013)。互联网的使用给健康和幸福感带来了新的挑战，超越了提供和维持健康和幸福感的传统方法，包括错误信息、网络暴力、网络欺诈和被害。Do 等(2013)观察发现，青少年过度使用互联网会导致不良健康结果的概率更大，比如更有可能出现抑郁症状、产生自杀的念头、超重，以及更容易出现由于睡眠不足导致的较差的自我反馈健康状况。同样，研究还表明，互联网通过错误的信息推动了反疫苗运动，导致人们对接种疫苗的接受程度较低和迟疑(Dubé et al., 2014)。

本章分为四部分，都涉及城市环境中的健康和幸福感。在探讨已有和新兴的分析技术和方法之前，我们首先讨论信息时代的数据。我们选取了来自环境和健康大数据中心(Big Data Centre for Environment and Health，BERTHA)的应用实例，最后讨论了与隐私和机密性相关的重要问题。

BERTHA 是我们的跨学科研究中心，位于丹麦奥胡斯大学，汇集了城市地理学家、环境建模学家、数据科学家和医疗工作者。BERTHA 旨在从医疗、环境和人口统计、个性化传感器以及众包数据挖掘的大数据革命中把握住巨大的潜在机遇，以探索整个生命过程中，环境和社会暴露与人类健康之间的复杂交互作用。实现这一首要目标的关键是整合、链接和分析多样化的庞大数据集，以及算法开发和智能数据分析。

17.2　数　　据

1. 大数据

过去十年间，有不少关于大数据(big data)范式的炒作和夸大。来自政府和公民的各种数据源的大数据，可以用于改善城市健康和幸福感(Fleming et al., 2014)。在 BERTHA 中，我们认为，大数据不仅仅是使用大型数据集，更重要的是，将庞大的数据集组合起来，揭示出比各部分总和更大的价值。"大数据"一词也被用来涵盖对超大型多源数据集的预测和计算分析，以揭示模式、趋势和关联。因此，比起"大数据"一词，我们更喜欢"富"数据(rich data)。

2. 个人及群体数据

关于群体健康和幸福感的决策，往往是根据与公民个人相关的现有数据和认知做出的。一般来说，这一决策过程有两个数据来源：个人或群体数据，以及环境数据。传统上，行政记录和人口普查是个人或群体层面数据的主要来源。尽管这些数据来源有其缺陷，但来自一些国家的数据，例如北欧国家，包含了关于个人从出生到死亡的丰富信息(Frank，2000)。这些登记在册的数据使人们能够对群体中的每个人进行详细的分析和研究。通过一个独特的个人识别编号，可以将来自各登记册的信息与群体中的每一个成员联系起来。这类独特的身份识别码的实际例子包括丹麦的中央个人登记号码(central person pegister，CPR)、挪威的 Fødselsnummer(国家身份证号码)和瑞典的个人号码(personnummer)。在丹麦，这些独特的识别码使研究人员能够连接大约 200 个数据库的数据和信息，包括居住地、就业、医疗记录和工资及税收方面的社会经济数据。一些数据库的记录最早可以追溯到 1924 年(Pedersen, 2011; Pedersen et al., 2006)，但自 1968 年以来，数据库中的关键数据已经数字化。在其他国家，政府登记册和数据库中的个人信息可以通过社会安全号码来提取或链接，比如加拿大的社会保险号码(social insurance number, SIN)。与北欧的个人身份识别号码类似，这些独特的社会安全号码通常在出生时分配。来自登记簿和数据库的信息，如住宅地址、工作场所和学校，也可以进行地理编码，使研究人员能够识别个人在整个生命过程中的环境暴露(Pedersen, 2011)。特别是来自北欧登记册的数据中，含有能定义群体中每个个体的位置历史，其地理精度可以精确到 1 m(Pedersen, 2011)。

在数字时代，跟踪和感知个人在城市环境中的活动已经变得司空见惯(Lupton, 2013, 2017; Swan, 2009, 2012)。技术的进步和微型化提升了通过支持 GPS 的智能手机应用程序、手表或专有的可穿戴设备跟踪个人时间-活动模式的能力。这些数字设备和社交媒体平台不仅使个人能够生成和分析个性化的健康数据，而且使他们能够直接或间接地与他人分享这些信息(Gimpe et al., 2013; Lupton, 2013, 2017)。在此之前，公认的做法是使用日常研究日记来记录生活事件和活动。这些日记可能是关于一个人的思想、观点或经历的私密日记；或者是为读者写的回忆录；或者是一个人生活中发生的事件和活动的日志(Elliott, 1997)。

3. 环境数据

空气污染、水质状况、住房条件、娱乐空间和化学品暴露的记录传统上来自实地调查、家庭调查或固定点观测。然而，这些数据的样本量通常有限，且通常并不能用于纵向研究。越来越多的环境数据是从建模或仿真中获得的，或从实地监测得到。

遥感是环境数据的宝贵来源，它是调查数据的补充，有助于捕捉城市环境的动态变化。时间序列卫星图像可以让我们了解世界许多地方的城市扩张和收缩情况。例如，印度(Sharma and Joshi, 2013)、美国(Li et al., 2018; Sexton et al., 2013)、日本(Bagan and Yamagata, 2012)以及中国(Shi et al., 2017)利用 20 多年来的 Landsat 时间序列图像对城市扩张进行了调查。通过遥感数据人们也可以监测城市绿地在不同年份的变化，并用于预测城市蚊媒传染病的暴发(Chen et al., 2018)。另一方面，由于环境干扰造成的建筑破坏和土地利用变化也可以通过卫星进行追踪，如 2003 年伊朗巴姆地震(Chini et al., 2008)和 2011 年日本福岛核灾难(Sekizawa et al., 2015)。在复杂的人类-环境系统中，研究人员还利用卫星图像来了解导致农业受损的不同途径(Chen and Lin, 2018)。

近期，大量流行病学研究已经评估了特定的土地覆盖类型和城市土地利用结构对健康的影响，包括商业、住宅和娱乐区、农业区、绿色空间和蓝色空间。文献表明，自然环境，如绿色或蓝色空间，具有促进健康(或有益健康)的特性，能够改善城市居民的身体和心理健康(Bornioli et al., 2018; Duarte et al., 2010; Olsen et al., 2019; Stigsdotter et al., 2017)；然而，环境量化手段和健康之间的联系仍然不能确定(Briggs et al., 2009; Wheeler et al., 2015)。也有其他研究质疑有益健康的空间和健康结果之间的关系(Gren et al.，2018)，例如，虽然绿色空间可以通过清除空气中的污染物来降低污染水平，但它也是花粉的来源，会加剧过敏和增加颗粒物数量。

研究人员还对用于测量环境暴露的替代指标提出了批评意见。用于确定可能影响健康的各种土地覆盖的暴露指标是很复杂的。早期的研究(Pearce et al.，2006)通过定义住宅周围的半径或使用道路网络距离，来表征绿色空间暴露水平。几乎所有的研究都把重点放在住宅或社区，将其作为分析区域，往往忽略了工作或教育的场所和更复杂的日常生活轨迹(Sabel et al.，2000，2009；Steinle et al.，2013)。然而，邻近性并不等于可访问性。有关文献突出了这两个概念之间的区别，并强调物理和社会经济障碍(包括高速公路或封闭社区)可能会削弱自然环境对接近它的人的健康的提升能力(Markevych et al.，2017)。最近有证据表明，同质空间比异质性、生物多样性空间对健康的益处更小(Wheeler et al.，2015)，所以有关研究逐渐开始考虑城市空间质量和配置。

传统上，空气污染是通过固定地点监测站的价格高昂的专业设备来测量的。这类设备的先进性和准确度极为重要，这是由于它们通常用于政府主持的空气污染监测项目，以测试大气环境是否符合空气质量标准。然而，越来越多的人开始质疑，由于忽略了个体移动模式，使用固定地点监测数据来评估空气污染环境下的个体暴露的这种方法是否会造成个体暴露误差(Buonanno et al.，2014；Steinle et al.，2013)。而新开发的低成本便携式传感器节点，通过移动测量的方式为个体暴露监测(personal-exposure monitoring，PEM)提供了新的选择。我们的日常生活中可以轻松携带传感器节点。当我们身处于室内和室外的不同环境，就形成了时间和空间上的持续移动。我们可能往返于家庭和工作地点之间，可能花时间在室内从事家务活动和工作，也可能会和孩子们在当地的游乐场玩耍。因此，我们不断暴露在浓度变化很大的空气污染中，且有证据表明，这会对健康产生负面影响。然而，这些低成本的个人空气污染传感器在科学性上不如固定站点监测仪可靠，而且当传感器节点移动时，测量结果会受到何种影响仍然不能确定：当一个人在不同的微环境之间移动时，尤其是当一个人从室内移动到室外时，传感器暴露处于快速变化的温度和湿度中，这会对其性能产生什么影响。

17.3 方法和技术

信息技术的最新发展为研究人员了解人与环境的相互作用，及其对城市空间健康和幸福感的影响提供了新的个人数据来源。移动数字设备，如智能手机、智能手表、平板电脑和传感器，以及设备上的应用程序，可以收集用户的体育活动、运动表现和日常生活数据，以及人口统计和健康数据。这些移动设备还同时利用 GPS 或手机网络三角测量提供用户的时空地理位置数据。从这些设备中获取的信息从根本上改变了健康和幸福感领域的研究人员和从业人员的机遇。对研究人员来说，这扩展了传统研究的边界和方法、技术或方式，也让我们对健康和幸福感的现有模型和概念保留了批判态度(Lupton，2013；Swan，2009)。对于医疗从业人员来说，这些数据可以提供关于患者的额外信息，例如医疗保健过程中的个人数据，以及具有为患者提供全面护理的能力(Dingler et al.，2014)。

与传统方法相比，多源大数据可以从许多方面被动地、不自觉地进行收集。Wang 等(2019a，b)在他们关于基于传感器的人类活动识别(human activity recognition，HAR)的调查中，将常用的传感器分为四类：①惯性传感器，包括用于检测多种运动的加速度计、陀螺仪和磁强计；②用于检测人体健康状况的身体健康传感器，如心电图、皮肤温度、心率、力传感器，而运动手表、健身追踪手环等新技术产品也具有类似的功能；③环境传感器，如温度、光线和气压计传感器，提供与活动相关的环境信息；④其他：其他可穿戴设备，如相机、麦克风、GPS 等。GPS 可以在跟踪人们的路线的同时并记录位置，这在城市空间和人们的行为研究中是很有用的(Bohte and Maat，2009)。手机数据已经被应用于公共卫生研究，可以与陀螺仪(Shoaib et al.，2014)和气压计(Muralidharan et al.，2014)结合来识别身体活动和睡眠质量。可穿戴相机等图像传感器已被用于记录人们的日常暴露(Wang and Smeaton，2013)，包括饮食摄入量(Zhou et al.，2019)和环境暴露(Chambers et al.，2017)。

社交媒体和智能手机技术的出现，为研究城市环境下的健康和幸福感提供了新的数据来源。然而，因为用户往往不能完全代表社会，不能代表社会经济地位(socioeconomic status，SES)较低的人、老年人以及对这些技术不熟练的人，所以这些来源的数据可能存在偏差。有人认为，在确定人类健康影响方面，社会经济因素与自然环境因素同样重要，因为环境暴露的负担更多地落在社会弱势群体身上，包括低 SES 的人、少数民族、妇女、老年人和年轻人，其中部分是由环境公平性问题引起的。此外，社会经济地位可以解释外部暴露的差异，因为特定行为在某些群体中的流行程度不同，比如社会经济地位不同的群体之间的饮食差异。个人的健康和幸福感受到许多因素的影响，包括过去和现在的行为、医疗保健的提供情况，以及更广泛的决定性因素，包括社会、文化和环境因素。传统的数据来源，如政府登记、人口和健康调查，提供了关于这些更广泛的背景因素的信息，而从智能技术获取的个人数据往往缺乏这些信息。与新的数据来源相比，传统数据的广度意味着它们相对不太容易受到选择偏差的影响。

此外，传统数据也带来了构建区域级暴露及其对健康和幸福感的影响的能力，如解决环境与构成的争论(Macintyre et al.，2002)，即关于哪个对塑造健康更重要的问题：人们居住的地区(环境)和组成该地区居民的人(构成)。地区层面的 SES 通常是用已公布的次级数据的加权指数来估计的，如英国的多重贫困指数(index of multiple deprivation，IMD)和温哥华地区邻里贫困指数(Vancouver area neighborhood deprivation index，VANDIX)(Bell and Hayes，2012；Ellaway et al.，2012；Macintyre et al.，2008；Schuurman et al.，2007)，加权因子通常包括教育、收入、住房所有权和交通便利等指标。

另一个很快被采用的信息学方法是利用居民作为传感器(Goodchild，2007)，以获取居民在城市景观中的体验证据(Zook，2017)。在智能手机技术的支持下，健康领域产生了一个新兴领域——生态即时评估。这里使用的应用程序，如 Mappiness 项目(MacKerron and Mourato，2013；Seresinhe et al.，2019)，让人们直接描述他们对环境的反应，优势是其输入与 GPS 当前位置相关，这使得研究人员能够探索更多人们如何对环境做出反应的心理方面的内容。

相对监测来说，数字时代使城市环境建模成为可能。作为人工智能的一个分支，机器学习成为一个在城市建模中日益流行的研究领域，它为计算机提供了从数据中自动学习和改进自身算法的能力。机器学习研究通常是基于遥感数据来研究城市动态变化的。利用机器学习绘制城市环境地图的方法可以追溯到20世纪90年代。例如，Gong等(1992)使用最大似然分类器和美国地质调查局Landsat图像实现了城市土地利用制图的自动化。然而，这个领域的发展一直都是缓慢的，直到2000年，30 m及更高分辨率的卫星图像才变得可负担和可公开阅读(Weng，2012)。

机器学习或许可以让传统上依赖密集劳动的城市地图绘制过程自动化。类似谷歌街景(Google streetview)的自动图像识别，能够帮助城市科学家发现城市中更细微的特征。随着计算能力的提高，深度学习方法，如卷积神经网络(convolutional neural networks，CNNs)，增加了可检测的城市属性的维度。得益于CNN在识别图像斑块的空间模式方面的能力，近期的研究已经将CNN应用在街景图像和航拍照片，以量化街道峡谷的航拍视图(Gong et al.，2018)、绘制本地气候区(Qin et al.，2017)以及划分城市设施的具体类型(例如，教堂、公园和车库)(Kang et al.，2018)。遥感和机器学习是对城市仿真模型(Batty，2013)的补充，后者可以预测动态变化和增长，但不能表示空间细节。

同样，研究人员也将机器学习方法应用于来自个性化传感器和街景图像数据，以了解城市空间的动态变化及其对心理健康和犯罪敏感性的影响(Goin et al.，2018；Helbich，2018；Helbich et al.，2016；Mohr et al.，2017；Wang et al.，2019a，b)。机器学习还可以用于提高个人和社区因素对健康状况影响的模型的预测精度。机器学习方法，如最小绝对值收缩和筛选算子(least absolute shrinkage and selection operator，LASSO)和随机森林算法，已被用于识别与预测城市社区枪支暴力相关的个人和社区层面的主要因素(Goin et al.，2018)。

17.4　BERTHA研究

1. AirGIS

通过简化研究人员所研究现象的复杂性，模型能够被运用在学术研究中，以增强我们对现实的认识。例如，GIS模型可用于评估不利环境条件下的暴露。在丹麦，Danish AirGIS(Jensen et al.，2001)和操作型街道污染模型(operational street pollution model，OSPM)(Berkowicz，2000)经常被用于评估街道或局部尺度的空气污染。为了改进这个模型系统并提高其易用性，BERTHA的研究人员开发了一个用于计算局部尺度的空气污染估计量的开源GIS模型(Khan et al.，2019a，b)。新模型能够重现所观测的空气污染在时间(相关范围：0.45~0.96)和空间(相关范围：0.32~0.92)上的变化，进而对空气污染下短期和长期的暴露进行评估，这使研究人员能够更好地了解其持续时间以及对人类健康和幸福感的影响。目前AirGIS系统正在得到扩展，以评估主要来自城市交通的噪声。

目前，AirGIS正获得进一步开发，通过跟踪城市通勤环境中的个人足迹，并利用观测和模拟的空气污染数据，实现对空气污染下的动态时间-活动暴露的评估(Khan et al.，2019a，b)。其重点是开发一种新型暴露评估框架，以推进与健康相关的研究。例如，在丹麦哥本哈根进行的基于步行的活动(Khan et al., 2019a, b)。该项目通过利用 AirGIS 系统计算的 GPS 轨迹点的空气污染浓度(NO_x、NO_2、PM_{10} 和 $PM_{2.5}$,单位:$\mu g/m^3$),对模拟空气污染的动态暴露情况进行分析(图 17.1)。初步研究结果表明,基于个人时间-活动模式的暴露评估结果取决于个人的行动水平以及工作场所与家的相对位置。

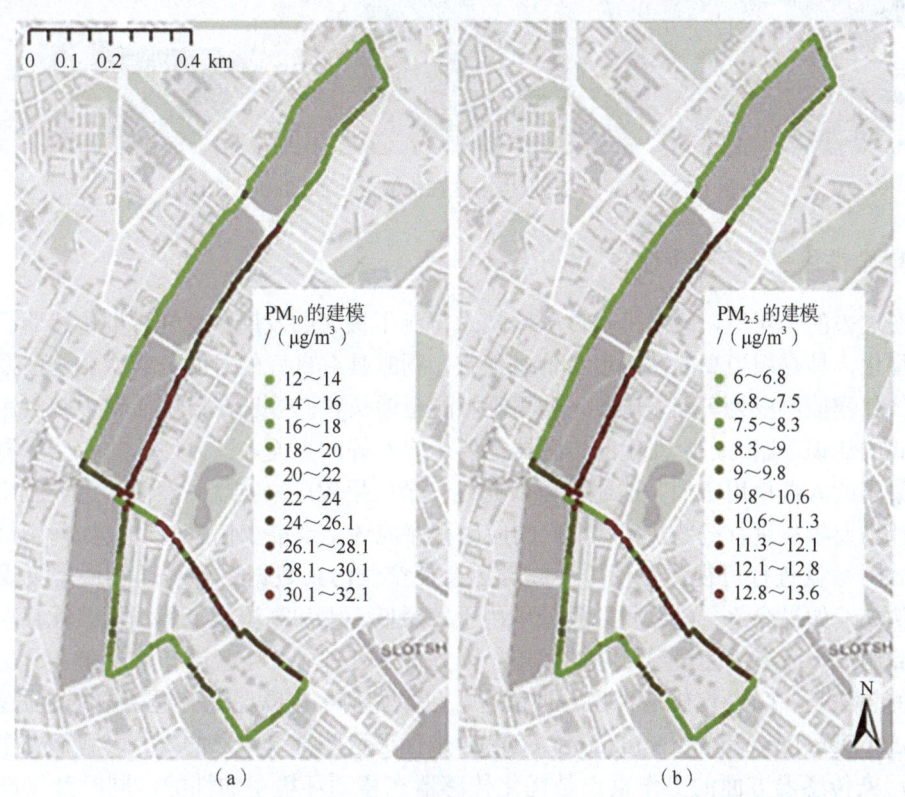

图 17.1　(a)丹麦哥本哈根基于步行的活动参与者 GPS 轨迹点的 PM_{10} 模拟值;
(b)$PM_{2.5}$ 的模拟值,模拟时间是 2019 年 2 月 4 日上午 7 点到 10 点

2. 个性化跟踪和感知

在信息时代,可穿戴设备几乎无处不在。这些设备中,可穿戴相机受到了越来越多的关注,因为它可以通过图像或视频的形式捕捉日常生活的细节,从而增强研究人员对人们的动作、行为和偏好的了解。Zhang 和 Long(2019)在北京开展了研究,证实了可穿戴相机(图 17.2)在建筑环境研究中的应用。通过对一周实验中收集到的 8598 幅图像进行识别和分析,他们总结了用户佩戴相机时的时空特征,并通过颜色识别的方法比较了绿化频率(绿色的比例)和户外曝光频率(蓝色的比例)。利用人工智能对图像进行分类,识别出常见的图像元素(标签)(Zhang and Long, 2019),包括建筑、交通、图形、食品、电子屏幕和绿色植物。结果表明,作为一种数字生活记录,个人图像数据库从微观尺度上为未来涉及环境和个人健康的跨学科研究提供了有效支撑。未来,随着物联网技术的普及,越来越多的可穿戴设备如腕带(脉搏、血压、心跳)、眼镜(视力、眼压、到屏幕的距离)等等,都可以被用来构建一个更全面的个人健康和暴露的档案。

图 17.2　可穿戴相机（也出现在：Zhang and Long，2019）

3. 个性化空气污染传感器

在过去的十年里，计算机和传感器技术得到了极大的发展，空气污染传感器已经变得小型化，具有相当高的精确度，价格便宜，同时具有良好的时间分辨率。这些发展使得个体暴露监测成为可能，开展此类测量可能会增长我们对于在日常活动中空气污染暴露方式的认识。然而，个性化的传感器需要用户友好的界面，以方便那些希望监测自身日常暴露的人群使用它们。这通常可以通过一个应用程序来实现。然而，这类应用程序的设计需要事先进行一些决策。用户的应用程序应该呈现多少信息？以及如何用最有用的方式对数据进行可视化？使用不同颜色会使空气污染数据更容易理解还是会误导人们？例如，如果绿色、黄色和红色分别用于表示低、中和高浓度范围，那么就存在红色会吓到用户，而绿色会误导用户的风险，因为低浓度并不一定意味着环境健康。另一个重要的想法是，GPS 定位是否需要被呈现，以及如何根据欧盟的《通用数据保护条例》（General Data Protection Regulation，GDPR）来保证这些位置信息的安全。我们在个性化空气污染传感器方面的工作重点是优化传感器在移动环境中的性能，同时开发应用程序，将数据传递给用户（图 17.3）。

4. 心理健康

在一项全国性的研究中，BERTHA 的研究人员将丹麦 1985 年至 2013 年精神病学记录的数据与 30 m×30 m 的 Landsat 图像上的归一化植被指数（NDVI）结合起来，以了解绿地环境暴露对精神分裂症的潜在影响。该研究表明，那些童年暴露在绿色空间最少的地方的人，患精神分裂症的风险是增加的（1.52 倍）(Engemann et al.，2018，2019）。从图 17.4 可以看出，和生活在丹麦其他地区具有相似 NDVI 十分位数的人相比，生活在城市地区的人患精神分裂症的相对风险更高，尤其是在首都哥本哈根。

有关调查更广泛的精神障碍和自然环境暴露的进一步工作正在进行中。初步结果表明，在自然环境中成长与较低程度的精神障碍之间存在关联。

5. 体育活动

BERTHA 与 RUNSAFE[①]开展合作。RUNSAFE 是位于丹麦奥胡斯大学医院的非商业

---

① Garmin RunSafe：跑步健康研究[Running Health Study（n.d.)]2019 年 10 月 7 日收回，https://garmin-runsafe.com/。

第 17 章　城市健康与福祉

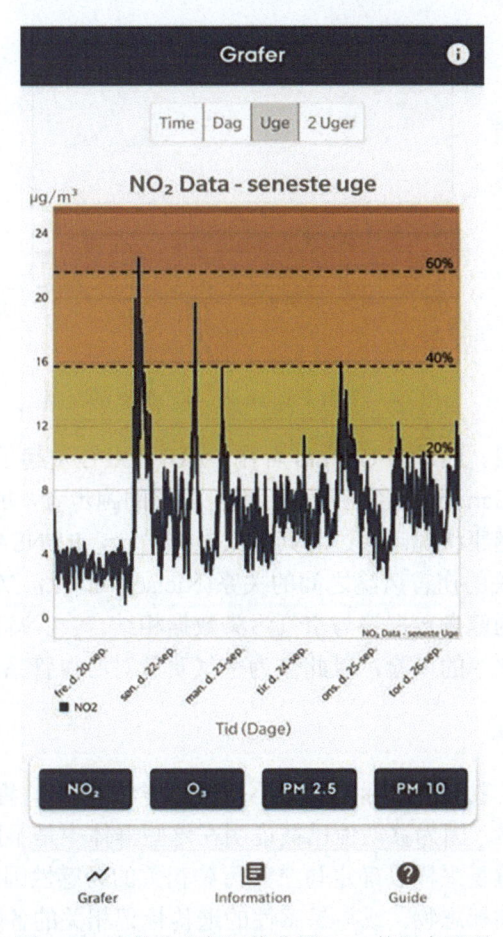

图 17.3　个性化空气污染监测 APP 的用户界面

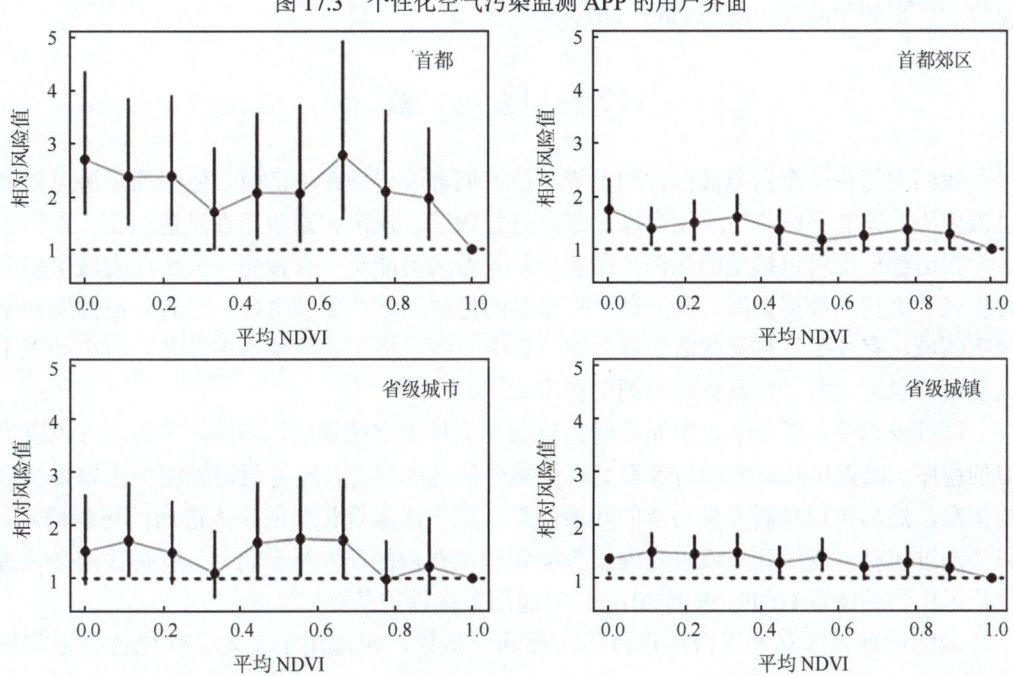

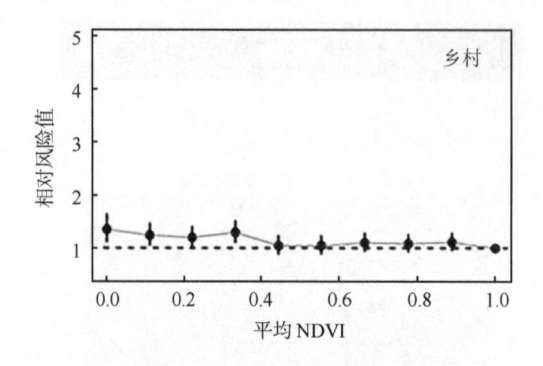

图 17.4　来自 Engemann 等(2018)的文献

性质的多学科研究小组。通过与 Garmin 合作，RUNSAFE 发起了一项全球范围的研究。他们招募了自愿使用 Garmin 设备监测自己跑步习惯的跑步者，并在 18 个月的时间里每周报告他们的受伤和健康状况。通过与其他大数据结合，RUNSAFE 研究了跑步活动、个人特征与与跑步相关的伤害风险之间的关系(Nielsen et al.，2019)。这一数据来源是 BERTHA 的基础，因为健身数据将与空气污染数据相结合，以调查在污染地区的体育活动是否会增加心率变化率的风险，以此作为空气质量对心血管系统影响的标志。

6. 丹麦献血者研究

结合个人传感器，我们的目标是研究不同年龄群体(儿童、青少年、成人和老年人)的移动障碍和驱动因素。因为移动性已被证明在这些群体中是不同的。丹麦献血者研究的目标是利用血浆的重复采样以确定与空气污染相关的易感性因素。这使得研究全体人群中的空气污染的生物标志物，或与易感性的遗传标记相关的各阶层成为可能，如特异反应、性别和年龄(Hansen et al.，2019)。

17.5　隐　私

我们生活在一个日益被监控的世界。当人们奔波于城市生活时，他们的足迹可以通过摄像头、智能手机监控或社交媒体账户进行跟踪。规范和期望正在迅速演变。年轻人认为在道德层面可以接受的东西，在老一辈人看来可能是一种侵犯。虽然这为城市研究者提供了绝佳的数据资源，但仍有一些重要的伦理问题需要被考虑。尤其是在健康和幸福感领域，有许多隐私问题需要被考虑。其中一些已经在其他章节中涉及，但在处理个人健康信息时，有一些具体的问题仍待考虑。

以丹麦为例，所有个人层面数据的获取都由丹麦立法规定，当然，其他地方也有类似的程序。需直接从研究参与者那里获得额外信息的研究，还需要得到相关伦理委员会的批准，然后再得到研究参与者的知情同意。来自国家登记册的个人层面的更新信息，只能通过包括丹麦统计局或丹麦健康数据管理局在内的研究平台访问。所有数据必须遵守最近出台的欧盟 GDPR 条例 2016/679(通用数据保护条例)。

围绕伦理、隐私和保密的规范化流行病学协议，也适用于来自个性化传感器和智能手机应用程序的数据。例如，当用户注册一项新服务时，无论是可穿戴设备还是社交媒体账户，通常都需要获得用户的在线同意。当用户注册时，用户是否知道他们到底在同意什么？大多数应用或设备在不同意冗长的条款和条件列表的情况下是不能使用的，而且许多用户不会阅读完整的条款。一旦注册，这些条款和条件通常会允许服务提供商或传感器开发商存储、分析、公开或出售个人数据以牟利。然后，研究人员就可以合法地获取这些数据，这通常不需要用户个人知情。这在大数据环境中相当具有挑战性，因为用户可能只是单方面同意，但也许并不知道跨平台的数据链接能够推断出更多的信息。

最后，关于数据隐私的公共讨论，需要在个人隐私权与从更广泛的数据可用性中实现新的科学发现之间取得平衡。在全球范围内，政府更倾向于保护公民的权利，而不是更广泛的数据访问可能提供的令人兴奋的机会，以实现基本的科学突破。

17.6 总　　结

本章首先概述了智慧城市和城市信息学与人类健康和幸福感的关系。我们讨论了信息技术和移动设备的进步如何通过提供以人为本的解决方案来了解社会和建筑环境对人们生活的影响，从而提高城市居民的健康和福祉。该技术及其相关平台提供了较低成本的方法，以最低成本向更广泛的人群提供至关重要的健康和福祉服务。他们还鼓励个人积极加入医疗保健供应系统，并通过跟踪个人的健康行为，为他们提供从事健康生活方式的资源。然而，这些创新和智能技术的出现并非没有警示。在一个快速变化的技术世界里，研究人员和政策制定者必须跟上不断变化的行为和人们的偏好，尤其是城市人口，他们经常处于技术驱动的最前沿。物联网还使人们面临新的健康风险，如网络受害、误写和成瘾。作为研究人员，我们需要开发新的超越传统的工具和技术，来认识这些风险及其对个人和更广泛的人群的影响。研究人员和政策制定者还必须在改善健康和福祉（使用新获得的技术和数据）的期望与尊重个人隐私（以及其他伦理考虑）之间保持微妙的平衡。考虑到这些智能设备和技术用户的社会人口特征，关键问题还在于研究是否会通过新的物联网所产生的健康和福祉的政策和规划，使城市空间的不平等现象长期存在。

第18章 城市能源系统：橡树岭国家实验室的研究

Budhendra Bhaduri　Ryan McManamay
Olufemi Omitaomu　Jibo Sanyal　Amy Rose

摘　要

在接下来的几十年里，无论是在已建立的还是新兴的社区，我们都将见证前所未有的城市人口增长。城市基础设施的发展和维护是高度能源密集型的。城市地区受到物理、工程和人文三个维度之间复杂交叉的影响，这对交通拥堵、排放和能源使用有着重大影响。在本章中，我们重点介绍了橡树岭国家实验室(Oak Ridge National Laboratory, ORNL)最近的研究和开发工作，该实验室是美国能源部(The U.S. Department of Energy, DOE)国家实验室系统中最大的多用途科学实验室，旨在描述人类动态和关键基础设施之间的相互作用，并结合四个不同的组成部分：物理和社会系统数据背景下的数据、关键基础设施模型、可扩展计算和可视化，研究的重点围绕四个关键主题：人口和土地利用、可持续出行、能源-水资源关联关系以及城市弹性，这些主题都与 DOE 的使命和 ORNL 的标志性科学技术能力相一致。该研究所利用可扩展计算、数据可视化和来自各种来源的独特数据集，促进创新的跨学科研究，整合 ORNL 在能源、水、交通和网络等关键基础设施领域的专业知识及其与人口的相互作用。

18.1　引　言

地球正在面临迅速城市化和前所未有的高速人口增长，人们对能源、食品、水和其他自然资源的需求不断增加，对环境影响、贫困、犯罪和流行病等人类安全问题的担忧也日益加剧。城市地区占全球总人口能源消耗的 67%~76%，占与化石燃料相关的二氧化碳排放量的 71%~76%(Seto et al., 2014)。城市能源消耗的增加反映了全球人口的增长，人口从农村向城市迁移以提高生活质量的行为促进了城市化，加速了住房、交通、食品和水以及支撑城市生活所需的其他相关基础设施的发展。根据世界卫生组织(WHO, 2019)的最新估计，2014 年城市人口占全球总人口的 54%，高于 1960 年的 34%。根据这一趋势，普遍预计到 2050 年，全球 90 亿人口中有 70%以上将生活在城市地区。此外，到 2050 年，能源、水、交通、医疗、城市基础设施和食品的消费将比 2018 年增长近 50%(U.S.A. EIA, 2019)。这些增长大多来自强劲的经济增长推动需求的国家，特别是亚洲国家。虽然电力的生产和消耗在城市能源使用中占主导地位，但这是人口增长和发达国家人均用电量较高的综合效应。

城市地区的特点是关键基础设施的组成部分(如建筑物、公用设施网络和移动系统)与其用户之间在多个时空尺度上的复杂交互。利用这些交互的内在复杂性，我们有充足的机会来设计最优的、有弹性的城市系统。例如，评估改变动力学的新技术在能源最终使用者、配电与存储系统之间的影响。我们能通过仪器直接观察和测量从建筑物级乃至全球范围的环境和基础设施，再加上来自公民传感器的爆炸式数据，为提高现有建筑环境的管理效率以及设计更可持续的未来提供了独一无二的机会。我们可以利用大量传统和非传统形式的空间和非空间数据，以及数据科学的新方法，特别是地理空间应用，来解决以前因数据空白产生的问题。

ORNL 的城市动态研究所(The Urban Dynamics Institute，UDI)成立于 2014 年，旨在开发新的科学和技术，以观察、测量、分析和模拟从城市范围到全球范围的城市动力学。其任务是将一流的数据和高性能计算框架结构结合，提供科学新发现和技术突破，加速清洁能源和全球安全解决方案的部署和开发。UDI 的研究主题侧重于推动能源需求、消耗和效率的关键城市能源问题研究，并致力于解决以下问题：人类居住区的分布与形态、相关人口如何影响能源使用？我们如何设计节能的城市交通移动系统？城市能源生产用水如何影响我们的生态系统？我们如何设计城市基础设施，使城市能够降低能源和环境成本？为了说明 ORNL 对理解此类复杂城市系统的一些贡献，以下部分分为四个关键主题，它们反映了城市能源系统的动力学基础并具有数据驱动分析的潜力。

(1) 人口与土地利用：深入了解随人口分布不断演变的空间和社会人口模式，这些模式在不同的空间和时间尺度上响应和改变城市景观和系统。

(2) 可持续交通：通过加强对新兴运输系统的能源和环境影响及其与其他关键基础设施的相互依赖性的理解，提高运输的可持续性、安全性和可达性。

(3) 能源-水关联关系：在城市基础设施的规划、开发和运营中，最大限度地提高能源和水系统互联的效率、可持续性和弹性。

(4) 城市弹性：增强对人口、能源、水、交通和政策综合框架在物理或网络中的风险、挑战和机遇的理解，以在不断变化的、极端的气候条件下提高基础设施服务的可靠性和恢复力。

18.2　人口及土地利用

城市能源数据应用面临的最大挑战之一是人口和土地利用数据，这些是缺乏充分调查城市问题所需的、特别是与能源获取和使用相关的数据。此外，即使数据可以获得，我们希望进行分析的分辨率通常比支持的可用数据要高得多。在本节中，我们将讨论 UDI 最近研发的创新方法，这些方法解决了现有的数据缺口，以便可以更好地对本地和全球的能源获取和使用模式进行建模和评估。

1. 大数据和 GeoAI 创建人口和土地利用数据

城市地区的面积和人口数量持续增长，在这种情况下，就更加需要提高人们的环境意识。人口分布和动态数据是评估能源需求和使用模式的基础，进而指导能源生产和分配方案。在过去的 20 年中，ORNL 通过智能插值技术(Bhaduri et al.，2002)利用全球尺度遥感数据为世界提供了具有精细分辨率(1 km)的全球 LandScan 人口分布数据。该方法进一步应用至美国，提供了美国 LandScan 90 m 人口分布和动态数据集，它使用了60多个不同的地理数据集来创建夜间居住人口和日间人口(Bhaduri et al.，2007)。最近，Weber等(2018)对这一智能插值方法做出了进一步的改进，通过为尼日利亚开发分辨率为90 m的人口分布估算，为贫困地区人口普查提供数据，它使用了来自高分辨率卫星图像的人类居住区数据、不同土地利用类别的居住区分类以及来自独立来源的人口普查的人口密度评估。

了解城市的现有结构及其未来方向是城市可持续性和弹性的一个重要组成部分，特别是在评估当前和未来能源使用方面。最新的高分辨率土地利用图使研究人员、决策者和其他利益相关者能够更好地为社区分配资源。然而，对于大多数发展中国家来说，准确和完整的土地利用数据仍然很少。即使在发达国家，这一信息在地理上也往往是不连贯和不完整的。解决这一需求的一个关键是开发强大的、可扩展的自动化方法，通过语义分割来区分高分辨率卫星图像中的土地变化模式。ORNL研究人员最近的一系列工作(Arndt et al.，2019；Kurte et al.，2019；Lunga et al.，2018；Yang et al.，2018)解决了开发用于城市特征表征和提取的机器学习模型的相关挑战。基于卷积神经网络(CNN)的深度学习方法被用于自动土地利用分类，以及发展依靠城市土地利用数据的地形学，以捕捉城市结构模式的变化。这些演变模式，或更普遍的土地利用，可用于对城市内的变量进行空间化表达。这些变量可以包括社会经济指标，如本节稍后讨论的电力消费模式，在以往它是难以捕捉的。鉴于土地利用受人类活动的影响，研究人员利用手机呼叫数据记录(phone-call data records，CDR)来推断土地利用。Mao等(2017)使用达喀尔(Dakar)塔台呼叫数据，分析了总呼叫量，并应用非负矩阵分解确定人类活动模式的基本行为类别，并成功推断出两种基本的土地利用模式：商贸/商业/工业(commercial/business/industrial，C/B/I)和住宅(图18.1)。

评估能源消耗模式，特别是结合高分辨率的居住类型地图，可以说是有效确定缺乏能源或其他城市服务的地区的第一步。许多被视为贫民窟的地区，居住着全世界近10亿人(UN Habitat，2016)。在全球范围内，确定和监测这些地区的规模和组成对于改善其中居民的生活至关重要。这一目标是"千年发展目标"(millennium development goal)中第七点中7D目标的重点(http://www.un.org/millenniumgoals/)，"到2020年使至少1亿贫民窟居民的生活得到显著改善"，以及"可持续发展目标"(Sustainable Development Goal)第十一点中11.1的拟议措施(https://sustainabledevelopment.un.org/)，"到2030年，确保所有人都能获得适当、安全和负担得起的住房和基本服务，并改善贫民窟环境"。

Brelsford等最近的工作(2018；详见 https://www.youtube.com/watch?v=YuRjeUkNf9o)显示了如何让这些区域的地图参与改革。识别出贫民窟后，本研究将向我们展示如何利用拓扑分析解决这些地方的可达性问题。最终，研究表明，城市贫民窟的拓扑结构与发达城市不同，这是为进一步解决服务可达性的关键信息。这项工作研究了通过在现有贫民窟中增加道路网络，以最低成本提升这些地区交通可达性的可能性，并通过印度孟买(Mumbai，India)、南非开普敦(Cape Town，South Africa)、津巴布韦哈拉雷(Harare，Zimbabwe)的例子证明了其有效性。

图 18.1　从高分辨率卫星图像的深度学习中勾勒的南非约翰内斯堡(Johannesburg，South Africa)的不同土地利用类型。多样的住宅区以不同水平的结构形式显示

2. 估算数据缺乏区域的城市用电

在世界许多地区，如何持续并广泛地获得能源是一项长期的挑战。人口增长最快的城市地区目前消耗了全球能源供应的四分之三左右，这一问题尤其严重。了解这些城市能源消耗模式将是应对与城市可持续发展和能源安全等相关挑战的强有力的第一步。然而，发展中国家几乎没有研究所需的城市能源数据集这些关键信息。这就迫切需要开发新的研究方法来捕获和量化城市能源使用模式。如果没有可用的城市一级能源统计数据，城市本身将缺乏建设的能力，并且可达性规划与实现将变得困难，特别是世界上那些预计未来城市增长最大但数据贫乏的地区。

Roy Chowdhury 等(2020)最近进行的一项研究中,采用一种基于形式特征的数据驱动方法对城市居住区进行表征,以评估三个城市的城市内部能源消耗。由于电力是增长最快的能源燃料,因此本研究的目标是评估城市居民点类型与相应的夜间照明量之间的关系,其中夜间照明量被视为电力消耗的代表。这项研究提出了一个可实践和可扩展的解决方案,以填补现有的数据缺口,更好地了解不同的电力消耗模式。

本研究中选择了位于南非的发展中国家的三个城市:赞比亚的恩多拉(Ndola, Zambia)、也门的萨那(Sana'a, Yemen)和南非的约翰内斯堡(Johannesburg, South Africa),因为它们在人口规模和社会经济特征方面都表现出相当大的差异。这些不同有助于检查哪些特征可能导致电力消耗情况的变化。该研究沿袭 Yuan 等(2015)开发的方法,将这些城市内的居住区划分为不同的功能类型。然后将这些不同的类型与来自 VIIRS DNB(https://earthdata.nasa.gov/viirs-dnb)数据的夜间照明量相关联,遵循"灯光是一个合理的社会经济指标"这个假设,帮助我们了解电力消耗。在所有三个城市中,居住区类型与夜间照明量(被认为是电力消耗的代表指标)之间存在统计学上显著的相关性,这表明了开发这种方法并将其推广到其他区域以了解城市内能源消耗模式的潜力,特别是在没有其他数据可用的情况下。

本研究中采用的数据驱动方法,不仅解决了没有能源信息的问题,而且所揭示的能源消耗模式可用于其他分析,特别是当与土地利用图等其他信息相结合时,可用于能源有限的地区的城市规划(图 18.2)。

3. 估算住宅级别的能源消耗

了解住宅级别的能源消耗模式至关重要,因为仅这一部分就占全球能源消费总量的近 30%(IEA,2016)。当前能源消耗建模的一个局限性是,它们高度依赖于建筑级详细信息的特定区域数据源,而这些数据源通常无法开放获取。捕获人口和住房特征的调查

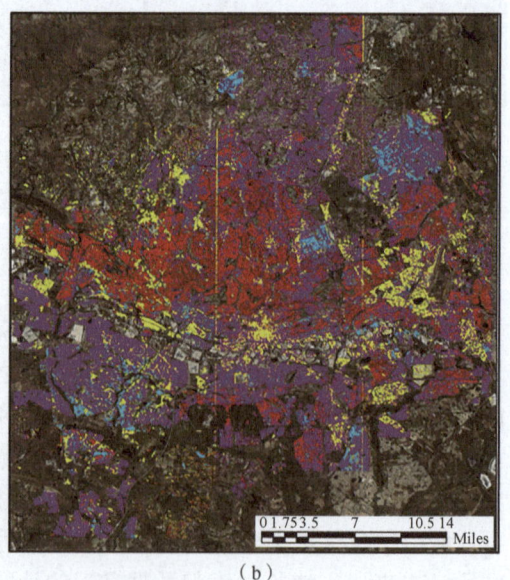

(a) (b)

(c)　　　　　　　　　　　　　　　　　　　　(d)

图例

类别　　　　VIIRS DNB　　　　　　　　　　居民点类别

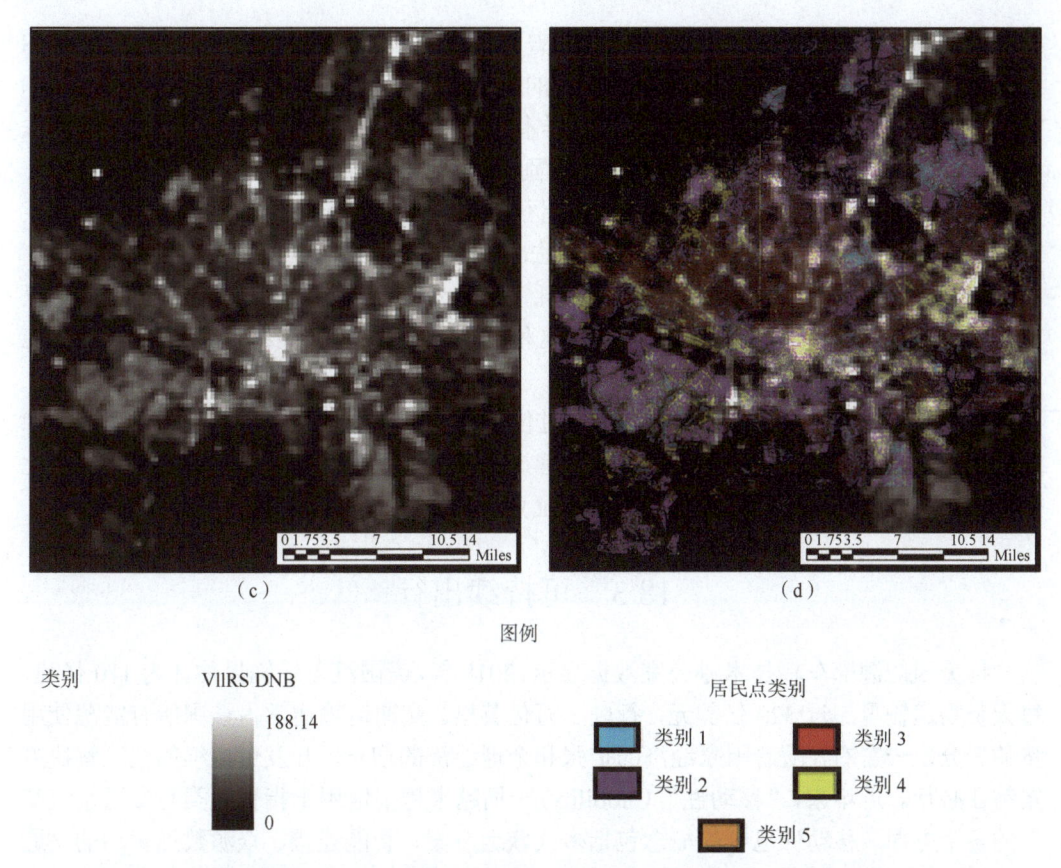

188.14　　　　　　■ 类别1　　■ 类别3
　　　　　　　　　■ 类别2　　■ 类别4
0　　　　　　　　　　　　　■ 类别5

图 18.2　从左上角顺时针方向：定居点地图、定居点等级、覆盖在 VIIRS DNB 图像上的
定居点等级和 VIIRS（来自：Roy Chowdhury et al.，2020）

通常仅针对一小部分人口进行，提供来自单个社区、城市、地区或国家的家庭或个人样本，以得到非常详细的信息。尽管这些数据包含了相当深刻的社会人口学信息，但它们并不适用于全部人口。为了解决这种差异，ORNL 开发了用于模拟城市动态的空间微观合成数据 UrbanPop（一种由数据驱动的高性能美国人口模拟数据），以模拟高分辨率的美国人口统计数据（例如，人口普查单元/单元组），其结果可以匹配单元、单元组和人口普查区的汇总人口普查数据。换句话说，给定一组感兴趣的人口统计属性，该算法可以在区块或区块组级别重新创建这些属性的联合分布，当聚合时，返回一定误差范围内的普查结果。UrbanPop 算法考虑了通勤者的全人口统计特征，并从夜间（家）和白天（工作）跟踪该特征的移动。

在 Morton 等（2017a，b）最近的一项研究中，他们将对称模型与互补机器学习算法相结合，开发了一个具备精细分辨率的住宅用电量模型。这种方法的基础是利用公开可用的数据，支撑适用于广泛区域的模型。在研究中，作者使用了 UrbanPop 数据，并结合美国社区调查组织（American Community Survey，ACS）在 2008~2012 年家庭级公共使用微观数据样本（Public Use Microdata Sample，PUMS；https：//www.census.gov/programs surveys/acs/data/pums.html）中提供的详细人口统计和家庭特征，以及每个家庭每月平均电费。约束条件是2008~2012年的包含人口普查区和人口普查单元组级别平均总数的ACS统计表。该模型在美国田纳西州(Tennessee)的三个县进行了测试,包括Anderson、Knox和Union,使用对称方法将被调查家庭的加权样本分解为较小的地理区域,然后使用学习算法估计每个家庭的用电量。然后将这些家庭级别的估计值汇总到更大的区域进行分析。

该方法通过估算和评估不断汇总城市区域内的街区组级别的住宅消费来证明其效用。此外,它还提供了一种流程完备的方法,用于处理数据源输入模型时的不确定性。在获取不确定性的同时,能够估计住宅能耗,这为分析人员提供了一组改进的数据,以评估可能影响能源使用的空间人口因素。这种更深层次的理解可以指导有效的节能措施的实施,特别是在快速增长的城市地区。

这项研究说明了一种实用的方法,通过使用公开可用的数据来估计高分辨率的能源消耗模式,同时克服数据有限的问题。尽管该具体研究不包括正式的验证过程,但对此研究内使用的算法已进行了内部和外部验证(Rose and Nagle, 2017)。

18.3 可持续出行

据美国能源部车辆技术办公室数据显示,2018年,美国汽车运输量估计为110亿吨,每天货物运输量超过320亿美元,行驶3万亿英里。交通运输通常占该国所有能源使用量的三分之一左右,随着国家经济的扩张和全球经济的增长,开发可持续的交通解决方案势在必行。近年来,"移动性"(mobility)一词越来越多地用于指代人类与交通系统交互的各个方面。移动性包含的概念包括多式联运方案、智能连接、众源数据驱动的交通选择、打车和拼车,以及交通设计系统的系统效率。显然,发展可持续的交通工具具有社会、经济和环境效益(Bigazzi and Bertini, 2009)。无处不在的感知、大数据、社交媒体平台的最新进展以及基于应用程序的移动性选择的增长,预示着不仅在移动方面,而且在车辆拥有方式方面都将发生前所未有的变化。越来越多的人正在考虑不拥有车辆,而是将其移动需求作为一项需要被满足的服务。

从基础设施的角度来看,这个领域也发生了重大变化。在公路上和公路周围部署的传感器的种类有所增加。通常,现代城市有许多配备实时视频源的高分辨率摄像头,每隔几百码会配备一个每隔几秒钟记录速度和音量的雷达探测传感器,将感应回路与球形摄像头相结合以检测静止和行驶车辆,控制算法来协调信号,以及使用蓝牙传感器来检测城市环境中的车流量。再加上互联和自动化车辆的进步,数据驱动的全系统控制和优化方法的时机已经成熟。

1. 人类与交通系统的互动

在复杂的城市环境中,人口、交通、建筑能源和城市气候相互依存。每个单独组件的建模都相当成熟;然而,复杂城市相互作用的建模却是一个重大挑战。通过耦合各个系统,我们可以从孤立地研究不同方面转向研究整个城市。主动交通可定义为任何自行式、人力驱动的交通方式,如步行或骑自行车,通常与公共交通混合使用,有助于缓解拥堵、减少能源消耗和温室气体排放,抵抗肥胖、糖尿病、心脏病和中风等慢性病。推广主动交通方式需要分析对交通方式选择过程产生重大影响的因素。每种交通方式对个人都有一套独特的影响因素，包括社会人口特征、交通成本和网络特征以及社会互动。这增加了对数百万(甚至数十亿)通勤者极其复杂、同时和相互独立的出行决策过程进行建模的需要，以了解交通方式选择的宏观方面。基于主体的建模与仿真(agent-based modeling，ABM)方法提供了一种机制来表示这样一个复杂系统，它是主体及其环境的集合，且主体与主体之间、主体与环境之间进行交互。

Aziz 等(2018a，b)和 Park 等(2018)的最新研究探讨了交通安全、步行-自行车网络设施和土地利用属性对纽约市步行和自行车出行选择的影响。应用计量经济学中随机参数模型的灵活结构，他们捕获了决策过程中的异质性，并模拟了步行自行车设施改善的情景，如步行道拓宽和自行车道延长。他们利用来自 UrbanPop 的高分辨率社会人口统计数据来估计乘客的夜间和日间位置，并为乘客提供合适的出发地和目的地(起讫点)。起讫点的确定是移动交通研究的基础。使用 UrbanPop 模拟人口，在 ORNL 的泰坦(Titan)超级计算机(Park et al.，2018)上部署基于主体的模型，以模拟纽约市通勤者的模式选择，以及如何使这些模式选择倾向于自行车或步行(Park et al.，2018；Morton et al.，2017a，b)。从模拟器中创建基于主体的模型可以探索人行道条件的改善或拥有自行车道会如何影响通勤者选择骑自行车或步行，而不是自驾或公共交通。纽约市案例研究的结果表明，基础设施投资，如拓宽人行道和增加自行车道网络，会积极影响交通模式选择(图 18.3)。这种影响因地理位置而异。ABM 模拟结果表明，以主动交通为重点倡导的社会可以积极加强其基础设施的改善。

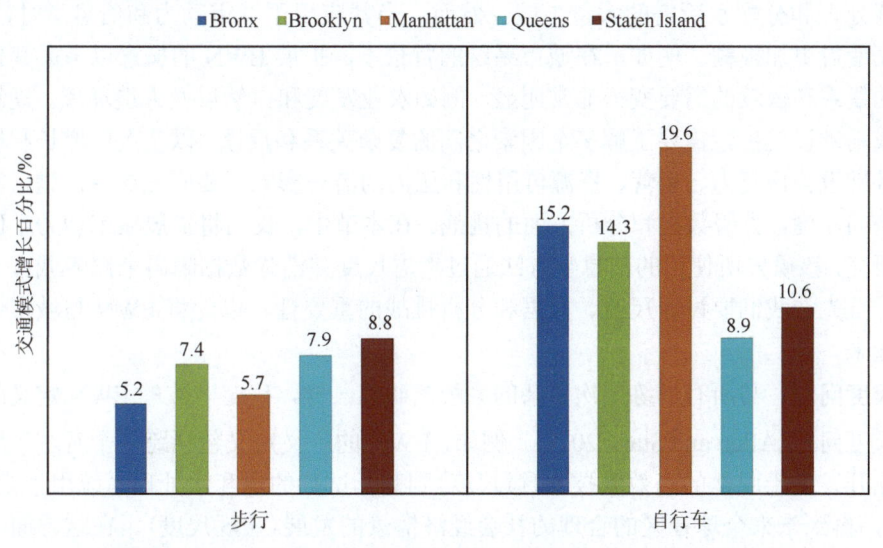

图 18.3 纽约市五个行政区拓宽人行道和修建更多自行车道的影响

2. 企业货运的新兴选择

货运，尤其是市内货运，是商业活动中依赖移动性的一个关键方面。由于最近消费者倾向于在网上购买商品，而不是在实体店购买，以及倾向于次日或当日到货，这要求物流人员和包裹递送公司寻找新的方式来运输和递送包裹，以提高效率并降低与能源使用相关的成本。ORNL 进行了一项研究,以考虑创新包裹递送模式,以及涉及多种货运的模式配置,聚焦于"最后一公里"(Moore,2019)。这项研究的数据包括来自美国俄亥俄州哥伦布市外 UPS 仓库的一部分卡车车队其送货旅途的 GPS 跟踪。从数据集中提取交付位置,并与从哥伦布城市规划组织获得的社会经济和土地利用数据一起使用,以开发交付需求模型,估计缺乏 GPS 数据的地区的包裹交付位置。

研究制定了替代方案,包括使用电动六级卡车、电动运货车、包裹递送储物柜、无人机以及电动客车。在这些场景中,以千瓦时/英里为单位估算了能源使用量,并与涉及标准六级运货卡车的基线能源估算进行了比较。研究结果表明,六级货运卡车与包裹递送储物柜搭配使用可减少能源消耗,尤其是在身处郊区的社区。调查结果还建议在连通性较差、死胡同较多的郊区使用包裹储物柜。将两辆电动六级送货卡车与包裹储物柜配对,显著降低了哥伦布郊区偏远交通分析地带(traffic analysis zones,TAZs)的能源使用量。另一方面,研究发现涉及无人机的场景是能源密集型的,这表明需要考虑改进无人机应用场景,例如增加电池电量和有效载荷,以及更有效地使用该技术,可能包括使用多架无人机、空中转移和改进的飞行路径。

18.4　能源-水关联关系

到目前为止,能源-水关联关系(energy-water nexus,EWN)还没有一个被广泛接受和一致的定义,EWN 被广泛地概念化为能源和水之间的相互依赖关系,如发电所需的水,或处理和分配水所需的大量电能。然而,当其应用于城市动力和信息学时,EWN 的定义变得更加模糊。例如,在城市系统的背景下,扩展 EWN 的概念以考虑其他部门之间的联系和依赖的需要变得非常明显,例如农业发展和自然以及人造环境。规划城市扩张或基础设施扩建需要了解多个因素之间的复杂关系和反馈,以及人口增长和极端气候对基础设施恢复力、运营、资源可用性和压力的潜在影响。要研究这些问题,需要考虑适当的尺度,克服数据和分析方面的挑战。在本节中,我们将扩展城市动力学研究所内的研究,该研究所使用的信息学方法通过考虑尺度并消除数据障碍来探索城市 EWN。然而,首先,我们要讨论尺度、数据和分析挑战的重要性,以此将 EWN 与城市信息学联系起来。

尺度问题　与所有训练层次复杂的系统的研究一样,确定一致的 EWN 定义的难度在于尺度问题(Allen and Star,2017)。例如,EWN 的广义定义包括跨多个时空尺度的研究,从开发用于脱盐的高效膜技术(微尺度)到基于试剂的电和水处理系统用水模型(中尺度),再到未来全球社区的合理的社会经济情景的发展(宏观尺度)。在这方面,聚焦于城市动力学实际上有助于通过以下方式限制 EWN 的范围。首先,需要对城市动力学的研究提出尺度的要求,以挖掘城市内的集体行为特征,他们可能利用一系列影响城市内外许多部门资源并在短时间内移动很远的距离。其次,动力学意味着需要理解由多个相互作用部分组成的系统的行为。最后,ORNL 城市动力学研究所的一个中心构想是,几乎所有的研究都有一个空间或可映射的部分。因此,当我们将这些约束应用于多部门研究领域时,尺度将被限制为考虑不小于邻域级别(可能是建筑物)的空间单元,而时间尺度仍然不受限制。

挑战 准确描述和刻画各部分关系和内部依赖性面临许多挑战，主要与数据有关。其中包括能源和水基础设施及使用情况的可用数据有限，不同部分数据的时空尺度不匹配，数据类型的异质性，以及缺乏数据收集和可用性标准（USDOE，2014；Zaidi et al.，2018）。例如，Chini 和 Stillwell（2018）的报告称，城市水资源数据非常有限，关于水处理和分配的能源需求数据几乎缺失。显然，这降低了城市能源-水动力学的准确性，难以支持基础设施投资和预测气候不确定性下的恢复能力。即使数据可用，从业者和研究团体也可能不知道用于表征城市 EWN 动态的大量分析方法（Allen et al.，2018）。可能更麻烦的是，如何集成用于在不同部分中表征模式和流程的不同建模平台（Brewer et al.，2018）。此外，EWN 的多维性和极度复杂性，加上有限的数据，可能会对某些组成部分和关系的评估造成困难，从而为理解城市增长对可持续性和恢复力的影响方面留下大片知识空白。

EWN 与城市动力学研究所 为了应对这些挑战，ORNL 通过能源部生物和环境研究综合评估研究计划的支持，开发了能源-水关系知识发现框架（Energy–Water Nexus Knowledge Discovery Framework，EWN-KDF（https://climatemodeling.science.energy.gov/projects/energy-water-nexus-knowledge-discovery-framework）。KDF 提供了一个数据管理和地理可视化分析平台，能够有效地描述能源-水关系，并根据现有和未来的基础设施做出决策（Bhaduri et al.，2018）。如前所述，在 EWN 中探索复杂关系的障碍涉及与数据采集和存储相关的时间消耗，也涉及来自时空尺度不匹配的不同数据源和数据类型的融合。在这方面，KDF 平台通过利用阿贡国家实验室（Argonne National Laboratory）的 Globus 云数据传输服务加快了这一过程，该服务避免了 EWN 社区在本地下载和操作数据的需要。KDF 还提供了广泛适用的气候、物理（或地理）和社会经济数据集的快速访问接口。为了加快对知识的探索，KDF 为用户提供了实时耦合分析和可视化功能，以探索数据集中的异常，以及进行时空聚类和趋势分析。例如，假设用户希望了解人口与水资源压力同时增加的地区，土地和水资源利用之间复杂的空间和时间关系（或相互转换）。KDF 提供的一个常用数据集是美国地质调查局公布的美国用水量（USGS，2018），该数据集提供了 1985 年至 2015 年八个主要经济区域地表水和地下水使用的县级估算。KDF 还收集了记录期间各县的土地覆盖估计数据。为了使用户能够探索时空模式，KDF 提供了动态时间规整，它使用算法来测量时间序列之间的相似性，例如随时间推移的水资源利用和土地覆盖变化。相似矩阵完美地结合到聚类算法中，以探索在时间特征或行为上具有相似性的区域或县。这些分析和可视化实时呈现，使用户可以快速探索和了解动态模式；如果是在本地机器上进行类似的探索，即便不要几天，也要花上几个小时。通过提高用户观察新现象的速度，KDF 创建了一个强大的学习平台，可以改变城市 EWN 动态假设生成的速度和本质。

EWN 在城市动力学中的另一个应用是探索城市与其邻近地区之间的依赖关系。为了满足密集人口的资源需求，城市依赖于庞大的基础设施建设，这些基础设施提供大量商品，如能源、水、食品以及物质商品和服务（Ruddell et al.，2014）。因此，城市和公用事业管理部门必须认识到这些外部供应链,以及将其资源负担转移到外部地区将如何对自然资源,特别是对水资源可用性产生的压力(McManamay et al., 2017)。这些不断增加的压力源对于量化工作很重要,因为有限的资源使城市更容易受到极端气候的影响。然而,跨部门形成有效决策的一个重大挑战是超越不同的政策和司法管辖区,因为每个部门由不同的实体管理,这些实体以不同的规模运作,依赖不同的信息。例如,城市规划者如何将管辖范围内的人口增长和土地分区转化为河流层面取水和处理基础设施的压力估算(即水政策),或发电厂的电网压力(即能源政策),从而创建互联基础设施明确的空间地图以及需求与区域商品来源之间的关系,可以为参与未来城市发展规划的各方提供透明度和政策协调空间。当然,如前面所述的原因,由于数据可用性有限、数据异构或规模不匹配,很难捕捉到这些关系。

ORNL 的 UDI 最近的几个项目利用信息学来克服这些挑战,在城市及其区域基础设施之间建立空间上的开放式连接。一个项目是城市能源库的开发,它位于城市中心外围的区域,由输电基础设施和电力生产动力装置组成,这些设施用于抵消城市地区产生的高电力消耗(McManamay et al., 2017;DeRolph et al., 2019;图 18.4)。超过 100 个美国城市制定了 100%可再生能源转型的目标;然而,各个城市之间实现有效转变的具体策略差异很大。此外,我们猜测大多数城市治理和可持续发展的管理者,都不知道电力足迹和实现这些转型所需的基础设施的投资规模。利用有关输电和变电站基础设施以及发电厂电力生产的可用信息,DeRolph 等(2019)在 ArcMap(Esri, Redlands CA)中使用市场份额网络分配优化来平衡美国本土电网。该电网包括变电站和普查单元组之间的连接,且年度电力需求从州级的电力消耗统计规模缩减至普查单元组(来自能源信息管理局)。这项工作是计算密集型的:全国 20 万个区块组中的任何一个组都可以从超过 5000 个发电厂(按输电电压加权)获得电力,这意味着有超过 10 亿个独特的组合;然而,电阻抗随着距离的增加而增加,要使用较低的传输电压来约束优化。DeRolph 等(2019)通过仅隔离城市边界内的街区群,确定了提供城市大部分电力需求的发电厂(图 18.4)。此外,这还提供了一个模板,用于量化城市通过发电产生的间接碳足迹和水足迹。研究得出了非常重要的结论:首先,大多数美国城市,特别是那些有积极可再生能源转型计划的城市,其能源组合远未达到 100%的可再生状态。因此,转型将需要大规模的基础设施投资。其次,那些面临巨大的人口增长和电力需求带来用电高峰问题的城市,并没有获得公众一贯的支持或地方和州的相关政策来支持可再生能源转型以满足不断增长的需求。

了解城市扩张对区域水资源可用性的影响也至关重要。UDI 的另一个项目研究了精细分辨率下城市土地转型、电力生产和供水基础设施对水文的变化和生物多样性丧失的影响(McManamay et al., 2017)。这种分析需要多个步骤,以将城市基础设施对遭受累积人为胁迫的水生态系统的个体效应从城市影响之外的区域中分离出来。此外,每个步骤都有独特的信息上的挑战:①以精细分辨率估算商业和住宅能源和水需求;②绘制满足这些需求所需的详细基础设施图;③根据流网络分析的方式对基础设施进行地理概括;④使用统计模型估算水文变化;⑤统计单独各部分在总体累计水文变化中的作用,以及⑥收集生物多样性和竞争信息,估计城市驱动因素造成的物种损失。我们发现,一些信息方法提供了描述这些复杂关系的机会。景观变化会对河流系统的上下游产生影响；因此，预测基础设施如何改变水文需要树状流网络的累积地理空间信息。此外，将这些地理空间变量转换为水文变化的度量，要么需要校准机械模型(这很耗时)，要么需要使用新的统计方法，这类方法的耗时要少得多，同时准确度也不错。McManamay 等(2017)总结了 NHDPlus 溪流河段(Horizon Systems Corporation，2019)中的地理空间变量，使用 ArcMap 中的网络分析工具，收集了美国地质调查局国家水信息系统中的溪流流量信息。在计算描述水文偏离自然或参考条件的指标后，作者随后使用机器学习算法(随机森林)将城市基础设施的地理空间特征与河段水平的水文变化联系起来。在上游来源压力叠加的情况下，隔离各个部分(例如，电力生产、供水)对溪流水文的作用变得非常困难。因此，McManamay 等(2017)从随机森林中提取部分依赖函数(partial dependency functions，PDF)，以估计给定部分相关的单个变量(或变量组合)如何影响水文情况。一旦特定部分的水文变化被分离，数以百万计的水生物按类群和保护程度组织起来，然后与这些区域边界叠加以表征城市与水生生物多样性的关系。

支撑城市动力学多部门决策的另一个挑战是创建以用户为中心的 Web 可视化和分析平台。作为一个简单的例子，ORNL 开发了一个河流分类的 Web 应用程序，用于指导河流恢复和保护方面的决策(McManamay and Derolph，2019a，b)。这种工具与城市动力学高度相关，因为美国的河流恢复与修复城市景观改造的影响有关(Bernhardt et al.，2005，2007)。河流分类的前提是通过选择具有相似物理特征的河流，引导用户选择适当的参考河流以指导恢复实践(McManamay et al.，2018)。河流分类 Web 应用程序允许用户查询全国 260 万条河流中的任何一条，并找到具有相似自然属性或人为干扰机制的河流。不幸的是，寻找支持城市 EWN 动态的更复杂的平台意味着要在灵活性、应用范围和计算费用之间权衡。例如，一个策略可能提供具备高度灵活性的应用，它可以寻求与广泛的用户群体的最大关联性，但可能仅支持粗浅的决策。另一极端是，应用程序灵活性很低但对小范围的指定用户或应用有很广的决策支持。在为 EWN 与城市动态的关系设计平台时，这种权衡变得至关重要，因为考虑到多个部门及其复杂性(和不确定的关系)，在灵活性和提供有意义的结果之间找到最佳平衡变得非常困难。尽管如此，在政府和经济体中对于实现所有部分最佳平衡的平台的需求在持续增加。

18.5 城市弹性

城市弹性代表一个城市在遭受冲击后如何恢复得更好、更强。这种冲击可能是自然灾害或人为灾害、工程基础设施故障、经济衰退等造成的。长期以来的气候趋势和短期极端天气事件(例如，2011 年日本地震和海啸、2012 年美国东北部"桑迪"超级风暴、2018 年波多黎各"玛丽亚"飓风、2018 年北加利福尼亚山火等)重新引起了人们对城市弹性概念的兴趣。城市水和能源基础设施的恢复力在这方面具有重要意义。例如，从长期来看，评估可再生能源潜力、评估现有可再生能源基础设施、利用绿色基础设施管理城市洪水、最大限度地降低从洪水地区抽水的能源成本、减少除雪除冰的能源使用、城市除冰对水质的影响都是城市关注的焦点。从短期来看，拥有分布式可再生(太阳能)能源基础设施可在电网因灾害中断时增加恢复能力；此外，在自然灾害或技术灾害的应急准备、响应和恢复阶段，为国家能源基础设施培养态势感知能力也是至关重要的。因此，ORNL 的研究人员正在开发新的方法，通过利用科学的开源数据资源来构建更具恢复力的城市基础设施。本节讨论了三种方法来应对决策者在未来几十年中将面临的重要议程——考虑将城市恢复力融入城市规划，以提高对已知和未知风险的响应。

1. 可再生能源基础设施评估

太阳能光伏发电(PV)是发展最快的分布式可再生能源发电来源。事实上，在 2019 年至 2024 年期间，可再生能源产能预计将增长 50%，其中太阳能光伏发电占主导地位。1 200 吉瓦的增长相当于当今美国的总装机容量。利用激光雷达导出的三维高程模型和太阳辐射数据估算城市环境中的太阳能潜能，即建筑物屋顶上的太阳能潜能，已被证明是一种有效的方法(Nguyen et al., 2012; Latif et al., 2012; Kodysh et al., 2013)。并且，已安装的太阳能电池板的实际时空分布数据对能源政策制定、电力系统和太阳能光伏市场分析相关的应用大有裨益，但直到最近才被大规模提供(Yu et al., 2018; Hou et al., 2019)。意识到这一数据问题，早在 2012 年，ORNL 研究人员就率先开发了一种基于卷积神经网络(CNN)的机器学习方法，该方法利用大规模、高分辨率(0.3 m)的航空图像，高效、准确地检测覆盖美国两个城市大面积的屋顶安装太阳能电池板(Bradbury et al., 2016; Yuan et al., 2016)。

2. 精确除冰中的能源消耗和安全隐患优化

在美国，每年有超过 15 亿美元用于冬季道路维护项目。除了这些直接成本之外，该国每个州每年还会产生300 万至 700 万美元的间接成本(Transportation Research Board, 1991)。随着降雪事件的数量和严重程度的增加，在降雪期间对更安全的城市道路的需求也在增长。2014 年，美国宾夕法尼亚州交通部门分配了 686 000 t 盐用于道路处理。也就是说，比普通年份使用量多 200 000 t(Black and Arking, 2014)。虽然处理道路时过度使用盐和盐水会带来能源、环境和经济负担，但处理不足会导致道路安全性降低，一项研究表明，积雪深度与交通事故数量相关(见：Herman and Liu, 2015)。

用于道路处理的化学品，如盐水溶液和普通道路盐，以及人工铲除，都是清除冰雪的有效工具或手段。然而，在降雪期间，有两个麻烦会影响城市的恢复力：①缺乏足够的资源来处理城市中的所有道路，从而限制了城市中的社会和经济活动；②道路盐的过度使用增加了城市环境污染。问题①目前是根据交通量的多少来解决。因此，对交通量大的街道进行了处理，而支线街道、故障点和邻里小路往往得不到处理。于是，许多居民无法安全到达处理过的道路，降低了处理过的道路的总体效用。而当有了足够的资源，一个城市的所有道路都可以得到处理，便导致了问题②。

过量使用道路盐的影响包括：①道路附近的地下水和地表水含盐量增加，可能影响人类健康，并导致生物多样性局部减少；②造成路边土壤物理性质的不良变化，导致地表径流的增加，河流和溪流的侵蚀和沉积；③汽车、公路部件、钢筋和混凝土的腐蚀速率增加；④车辆-动物事故的发生率增加——因为鸟类和哺乳动物会被道路盐所吸引；⑤水分缺失和土壤养分失衡降低路边植物的健康和活力(Kelting and Laxson，2010)。

为了使更多的城市道路在不使用过量道路盐的情况下更加安全，ORNL 的研究人员开发了一种新的指标，针对积雪问题的道路脆弱性指数(road vulnerability index，RVI)。该指数的前提是，应根据路段快速融化降雪的能力及其高程值对路段进行分类。特定情况下融雪的过程取决于温度、降水、湿度、风和云量(NRCS，2004)。该方法参考文献中的建议，将城市道路划分为 50 m 长的路段(例如，Chapman and Thornes，2011)。然后根据融雪热力学，使用美国陆军工程兵团公式(U.S. Army Corps of Engineers，USACE，1998)在非雨季和雨季分别计算每个路段的融雪速率(rate of snowmelt，RoSM)。入射太阳辐射数据是使用半球形视野算法和激光雷达(光探测和测距)数据获得的(Kodysh et al.，2013)。使用融雪速率和坡度数据，然后使用表 18.1 所示的分类规则将路段划分为 RVI 类别(Chapin et al.，2017)。

RoSM 数据根据其日照值分为五类。RVI 有四个类别：最不脆弱(1)、不太脆弱(2)、较脆弱(3)和最脆弱(4)，如表 18.1 所示。图 18.4 显示了田纳西州诺克斯维尔市的 RVI 类别地图。该市有 6 555 英里车道，其中 722 英里被归类为 1 类和 2 类道路，4 916 英里被归类为 3 类道路，917 英里被归类为 4 类道路。使用 RVI 方法，第 4 类道路需要更多的关注，并应按照现行做法给予充分处理；第 3 类道路投入一半的处理能维持安全；1 类和 2 类道路不需要超过全部处理的四分之一就能保持汽车通行。表 18.2 进行了简单的成本分析，表明使用 RVI 方法不仅将成本降低到使用当前方法处理城市所有道路总成本的 54%左右，而且还将显著减少用于实现完全处理的道路盐量(图 18.5)。

表 18.1　RVI 类别的分类规则

坡度	RoSM					
	1—晴朗	2	3	4	5—阴天
0—平坦的(≤10%级)	1	2	2	3	3
1—倾斜的(≥10%级)	2	2	3	3	4

表 18.2　使用当前方法和 RVI 方法处理诺克斯维尔市所有道路的成本

方法	治理方案	车道英里数	道路处理量	每英里车道的处理成本/美元	治理总费用/美元
当前方法	所有道路	6 555	全面治理	49.80	326 415
提出的方法	脆弱道路	722	25%治理量	12.45	8 989
	更脆弱道路	4 916	50%治理量	24.90	122 402
	最脆弱道路	917	全部治理	49.80	45 655
	所有道路	6 555			177 046

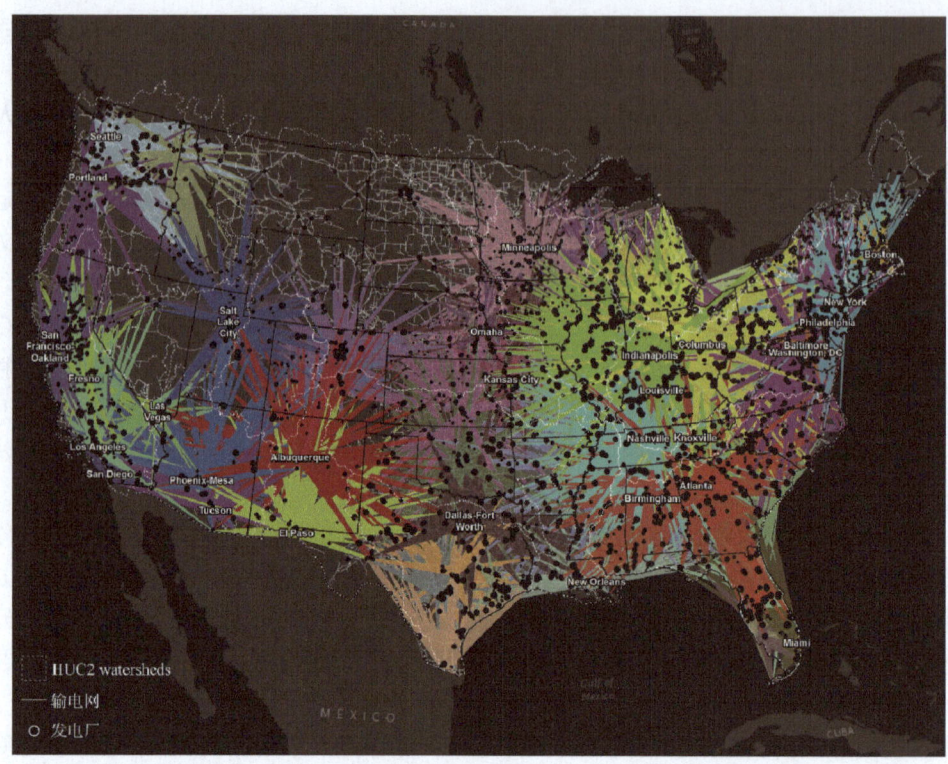

图 18.4　描述城市震中供电来源的城市能源棚[摘自 DeRolph 等 (2019) 并进行了修改]

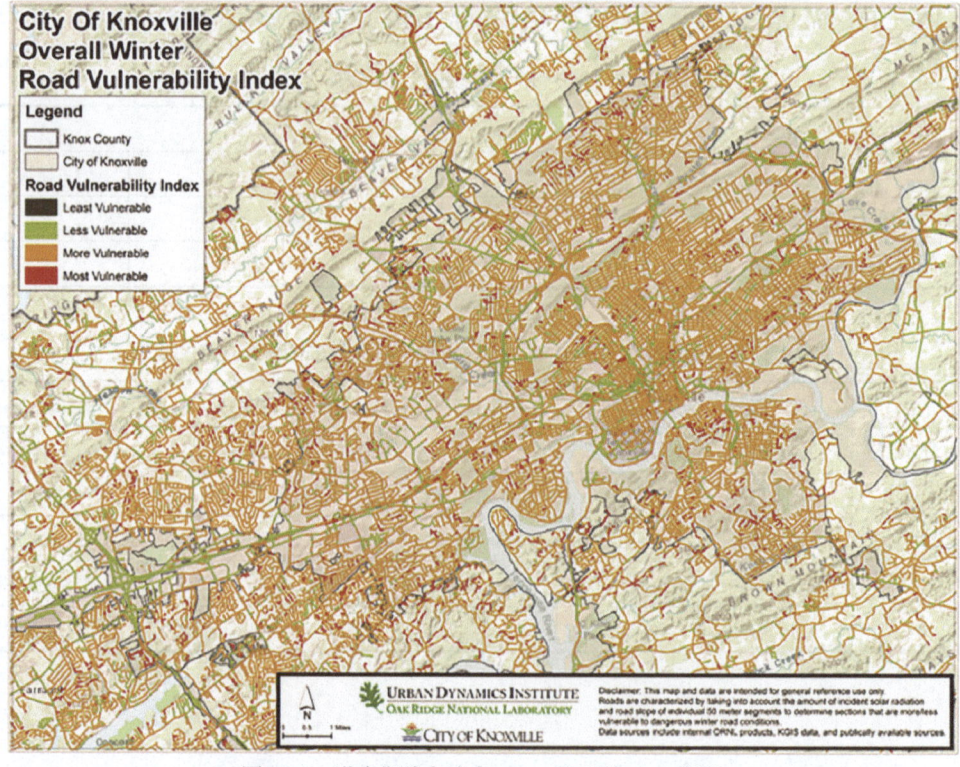

图 18.5　诺克斯维尔市每 50 m 路段的 RVI 类别

18.6 国家能源基础设施的态势感知

美国在灾害准备、响应和恢复期间有效响应和促进能源基础设施恢复的能力取决于地方、州、联邦政府机构，以及私营部门电力和燃料供应商能获得信息的能力，具体而言，这些信息是指关于能源部门中断的状态、潜在影响的及时、准确和可操作的信息。在支撑决策的许多关键需求中，两个重要的挑战表现为①动态数据的有效时空表示和②来自不同分布式源的此类数据的有效集成。该功能目前由美国能源部(DOE)通过其在 ORNL 开发和维护的地球定位信息分析环境(EAGLE-I™)系统提供。EAGLE-I™ 和相关的能源基础设施感知能力提供了特定于能源部门的广域可视化，并作为国家能源基础设施历史和实时态势感知的权威联邦来源，通过国家停电地图(national outage map，NOM)显示了美国每个县的无电客户数量。大多数公用事业公司通过其网站提供其服务区域涵盖的客户停电状态信息。对于专家而言，对全国范围内的停电状态有一个综合认知是至关重要的；但由于数据源的不同和变化，这是一项具有挑战性的任务，因为公用事业公司可能会更改其停电信息数据源的 URL 及格式。它们还可能包含各种数据粒度，例如纬度和经度、县、邮政编码、城市、普查区域等。它们可能会更改服务区域，并且可能需要处理众多的公用事业公司。EAGLE-I™ 提供了一个集成的 NOM 系统，该系统已经被系统地设计和开发。它由几个 Python 脚本组成，这些脚本可以从公用事业公司网站上抓取数据，将收集的信息标准化并将其存储到数据库表中，并跟踪错误。这种能力整合了最新、最相关的数据，为能源基础设施感知和响应能力提供有效和全面的支持(图 18.6)。

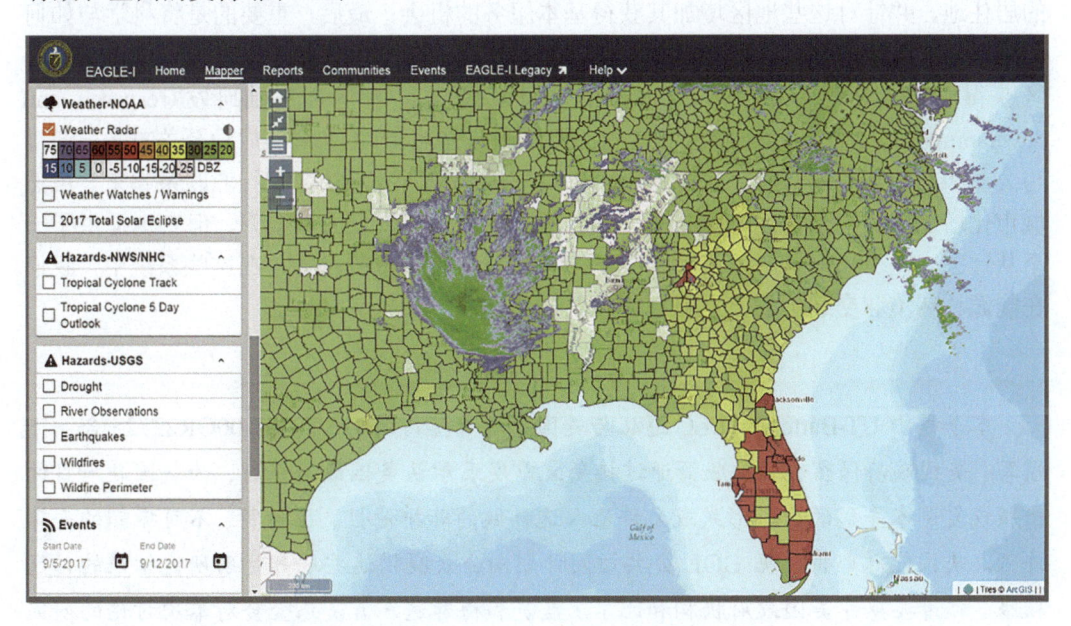

图 18.6　EAGLE-I™ 展示了 2017 年 9 月在美国东南部因飓风"艾尔玛"而失去电力的 700 多万客户的位置

及时检测停电和恢复是公用事业公司和应急响应人员在破坏性事件期间态势感知的关键组成部分。由于收集有效停电信息的严重延迟以及有限电力资源的分配问题，恢复通常比较缓慢。来自社交媒体平台的众包数据是近乎实时评估停电的有力来源。Mao 等 (2018) 的最新研究提供了基于机器学习和深度学习的新型的二步框架 (two-stage framework)，用于从 Twitter 中检测断电事件。首先，应用概率分类模型来查找真正的与停电相关的推文。随后，应用了一种新的深度学习方法 (双向长短期记忆网络) 来从文本中提取断电位置。结果表明，在识别真正的断电推文时，分类准确度 (86%) 较高，且与仅依靠地理标记的推文相比，可以多定位大约 20 倍的可用推文。

18.7 结 论

随着城市的不断扩张和对资源需求的不断增加，科学家和决策者都必须接受并利用数据科学的力量。本章讨论了美国能源部橡树岭国家实验室的研究人员利用大规模地理数据探索城市人口和土地利用特征的方法，以便更好地发现城市存在的问题，如可持续性，特别是在能源可达性和消耗方面。一个综合人口数据以估算家庭层面的住宅能源消耗的例子展示了一种可通用的方法来填补现有数据空白，以便更好地了解和评估能源使用模式。对于美国和其他可能存在高质量公共使用微观数据和补充人口普查汇总表的发达国家来说，这是一种有用的方法。对于即使这些数据也很稀少的地方，例如，许多发展中国家，也需要其他的新方法。使用机器学习算法从高分辨率图像中提取人类居住区，然后将结果与夜间灯光数据相关联就是一个例子。该方法具有可扩展性，可以了解没有地面数据的城市地区的用电量。此外，区分不同类型的人类居住区有助于了解服务不足的居住地，并针对这些地区增加其获得基本服务的机会。最后，重要的是将科学与如何利用科学对人类及其环境产生积极影响联系起来。对贫民窟进行拓扑分析以增加贫困地区获得服务的机会，就是一个很好的例子。跨学科的整合基础研发 (research and development，R&D)、运营社区和行业的跨学科方法对 UDI 未来的成功至关重要。通过与公共和私营部门的合作，研究人员可以将基础研发、运营社区和行业联系起来。虽然城市化增加了我们当前面临的挑战——能源可持续性、恢复力和效率，但它也提供了一个从过去、现在和未来的城市系统中学习智能科学和技术的机会，在这些系统中，我们在能源、环境和交通上的发展目标得以共同实现。

致 谢

本手稿由 UT-Battelle，LLC 遵从与美国能源部签订的 DE-AC05-00OR22725 合同下撰写。美国政府保留，且出版商通过接受文章发表承认美国政府保留，为美国政府目的出版或复制本手稿的出版形式或允许他人这样做的非排他性、已付费、不可撤销的全球许可。美国能源部将根据 DOE 公共访问计划向公众提供这些联邦资助研究结果的访问权限。作者要感谢美国政府机构和比尔·盖茨和梅琳达·盖茨基金会对本次讨论的研究的资金支持。衷心感谢 Dalton Lunga、Pranab Roy Choudhury、Husain Aziz 和 Chris DeRolph 对这里使用的一些图片的帮助。非常感谢 Ava Ianni 在手稿准备过程中提供的巨大帮助。

第三部分 城市感知

第 19 章 城市感知简介

史文中

摘 要

本章是本书第三部分"城市感知"的概述。本书这一部分涵盖了空、天、地、地下与个人的城市感知技术，具体包括光学遥感、干涉合成孔径雷达、激光雷达、摄影测量、地下空间感知、移动测图、室内定位、泛在感知，以及用户生成内容的运用。

城市感知可以被看作是感知与获取城市物理空间和人类活动信息的技术集合。城市感知的对象包括整个城市及其土地覆盖与土地利用，以及城市中的建筑物、道路、车辆、个人等。可感知的属性包括静态属性，如建筑物几何形状和其他相对稳定的特征；以及动态属性，如车辆运动轨迹与速度；以及土地利用变化及其所反映的人群空间活动演变。城市感知可以产生城市地区的空间、时间与属性数据，这些数据将用于城市分析，并最终用于城市服务与城市治理。

城市感知技术历经长期发展，近年来随着传感器技术与计算能力的进步，其进展更为迅速。当前技术可以从不同的视角、不同的传感器和不同的平台对城市对象进行感知，包括来自太空的卫星光学影像及干涉合成孔径雷达(interferometric synthetic aperture radar, InSAR)影像；来自飞机、无人机、无人车的激光雷达(light detection and ranging, LiDAR)数据、光学影像和数字信号；车载移动测绘系统所采集的地面激光扫描数据；利用手推车搭载、用于获取地下公共设施信息的探地雷达(ground-penetrating radar, GPR)，以及用于测绘水下地形的船载多波束声呐传感器等。对于城市中的个人，可以基于手机传感器采集的信息，获取其室内外位置，并通过可穿戴设备，获取其体温等属性。

城市感知技术涵盖范围广泛，尤其是在加入边缘计算、物联网(Internet of Things, IoT)和传感器网络等最新技术之后，其范围进一步扩展。本书第三部分对城市感知技术的介绍，主要采用了地理信息科学的视角，读者可以阅读更全面的相关综述文献，进一步对其他感知技术进行了解。

本书第 20 章由黄文声、朱孝林、Sawaid Abbas、郭彦彤、王美莲撰写，介绍了光学遥感的历史与最新进展，以及具代表性的光学卫星传感器。该章还详细介绍了遥感卫星图像的处理过程，以及光学遥感在各类对象属性远程分析中的最新应用。

光学卫星影像可以提供丰富的属性与几何信息，而合成孔径雷达(synthetic aperture radar, SAR)可以生成高精度的几何数据，用于监测形变。本书第 21 章由梁宏宇、许文斌、丁晓利、张磊、吴松波撰写，介绍了 SAR、InSAR 的工作机制以及时序 InSAR 的实现，并通过多个实例，说明了 InSAR 在生成数字高程模型、沉降监测和建筑物形变监测方面的应用，展示了这一毫米级精度技术在遥感几何分析中的优势。

LiDAR 专注于对象几何信息的采集，是用于获取准连续城市几何数据最先进的技术之一。本书第 22 章由姚巍、邬建伟撰写，讨论了机载激光测距技术，以及基于机器学习的机载激光测距技术在城市对象检测与表征中的应用。该章通过使用共同配准的多光谱影像和机载 LiDAR 数据，实现了建筑物、树木和自然地形分类，以及基于运动伪影的动态对象速度估计。

摄影测量常与 LiDAR 相提并论，是历史最悠久的测量技术之一。该技术利用不同图像上的对应纹理和公共点，创建双目立体像对，以生成几何信息，而纹理可用于即时纹理投影，无需额外配准。本书第 23 章由吴波、李兆津撰写，介绍了摄影测量的历史与原理，基于计算机视觉的摄影测量三维制图最新发展，以及该技术用于生成城市环境几何与纹理数据的现代应用和潜力。

大多数测量技术是基于直接视线的，地下公共设施测量却不能如此便利，因而需要使用 GPR 技术，对不可见的地下世界进行测量。本书第 24 章由赖纬乐撰写，比较并讨论了使用电磁定位（electromagnetic locating，EML）和 GPR 检测隐形地下物体的传感器和工作原理，并介绍了用于直接检查管道的管内技术，以及地下公用设施成像与诊断的未来发展趋势。

大多数静态测绘技术只能提供在离散位置采集的数据，相比之下，移动测绘以移动平台上的嵌入式传感器为基础，成为近几十年来的研究热点。通过全球导航卫星系统（GNSS）定位、惯性测量单元（IMU）航位推算、LiDAR 数据采集和摄影测量等传统测绘技术的协同，移动测绘得以实现。本书第 25 章由蔡孟伦、曾芷晴、洪浿芹、江凯伟撰写，介绍了移动测绘的历史，阐述其最新进展，回顾了移动测量系统在灾害响应、室内测绘和自动驾驶中的常见实现与应用，并讨论了移动测绘技术的未来趋势。

详尽的无缝测图使得泛在定位切实可行，而手机是实现泛在定位的常用平台。本书第 26 章由陈锐志、陈亮等撰写，综述了基于射频和内置传感器的室内定位技术，并在不同应用的背景下，讨论与比较了各类技术的优缺点。该章还通过比较各种基于手机的室内定位技术，介绍了室内定位的难点与未来发展趋势。

随着计算机技术的发展和监控摄像头的广泛安装，监控摄像数据的处理和提取也成为了研究热点。部署在城市设施上的相机，是城市传感器网络的有机组成部分。本书第 27 章由 Fábio Duarte 和 Carlo Ratti 撰写，讨论了如何将计算机视觉和机器学习应用于城市景观数据分析，以了解人群出行、移动模式与公共空间特征。

本书第 20 章至第 27 章所介绍的技术，主要用于生产专业生成内容（professional-generated content，PGC）。作为专业生成内容的重要补充，第 28 章和第 29 章则侧重讨论了通过用户生成内容（user-generated content，UGC）进行城市感知的新兴方法。第 28 章由高松、刘瑜、康宇豪、张帆撰写，系统介绍了 UGC 的背景、定义、特点与处理框架，并展示了 UGC 在提取居民人口统计、移动模式、场所语义和揭示城市空间结构中的应用。

基于所获取的 UGC，人们对城市研究的若干新领域，尤其是与居民个体相关的领域进行了探索。本书第 29 章由涂伟、李清泉、张亚涛、乐阳撰写，在这一总体框架内介绍了 UGC 驱动的城市研究，这些新研究揭示了城市动态中的无形景观，并展示了公众如何对城市空间进行感知。该章还讨论了基于 UGC 的城市研究中的挑战，以及未来的研究方向。

近几十年来，信息技术的发展改变了现实世界的测绘技术，这也对城市信息学提出了迫切需求。本书第三部分旨在涵盖重要与趋势性的城市感知技术，由于城市感知技术种类繁多，未能尽录，择要举例如下。

除了本书介绍的室内定位，还有更为经典的卫星定位技术，可以借助美国全球定位系统(global positioning system，GPS)、俄罗斯全球导航卫星系统(global navigation satellite system，GLONASS)、欧盟"伽利略"、中国"北斗"以及其他区域卫星定位系统实现。卫星定位技术已广泛应用于开阔天空环境下的精确测量，通过建立适宜的差分定位链路，定位精度可以达到厘米级水平。

可穿戴设备也已广泛用于感知个人的属性与移动。通过 IMU、光学传感器、电极、力量及压力传感器、温度计、麦克风和 GNSS 模块等嵌入式传感器，这类设备可以监控佩戴者的身体与情绪状况。通过收集运动加速度、姿势变化和心跳等物理数据，可穿戴设备可以确定佩戴者的移动、健康和安全状态；通过来自大量佩戴者的数据，则可以揭示其中隐含的移动模式、生活习惯与城市交通流并对其进行可视化。

另一项关键技术是基于物联网的城市感知，详见本书第四部分第 37 章。物联网是嵌入传感器的机械、对象、动物及人类的集合，通过网络实现连接和数据传输。嵌入式传感器可以作为传感器网络的组件直接连接，实现数据的流畅交换和综合管理。物联网已广泛应用于智能交通、智能家居、公共安全等领域。智能灯柱是物联网的典型示例，它将摄像头、Wi-Fi 热点、温度计、分贝仪和污染物传感器集成到城市街道旁的普通灯柱上，实现更密切的环境监测，改善公共安全事件响应，并可以作为有效的数据源，服务于城市规划。

第20章 光学遥感

黄文声　朱孝林　Sawaid Abbas　郭彦彤　王美莲

摘　要

对地观测遥感在城市地区的应用近年来得到了快速增长。传统城市到智慧城市的发展转变引发了智能创新技术的兴起，这些新技术为城市规划模型提供空间信息和时间信息。基于遥感的地球观测为缩小真实和虚拟的城市发展模型之间的差距提供了关键信息。自1972 年发射第一颗地球观测卫星 Landsat 以来，遥感技术本身已经取得了长足的发展。从20 世纪 70 年代的 80 m 到 21 世纪 20 年代的 0.3 m，多年来的技术进步逐渐提高了卫星图像的空间分辨率。除了空间分辨率以外，卫星遥感的许多其他方面也得到了进步，并且信息提取的方法和技术也得到了发展。然而，要了解信息提取的最新发展和范畴，必须了解相关的背景知识和图像处理的主要技术。本章简要介绍了光学遥感的历史、卫星图像处理的基本操作、现代城市规划中目标识别的先进方法、城市或城市周边环境中的各种遥感应用，以及未来的卫星计划和城市遥感的研究方向。

20.1　引　言

现在全球大部分人口都生活在城市里，因此，城市的复杂性和动态性都在增长。例如，一个城市的扩张并不局限于横向扩张，因为大多数发达城市现在也在纵向增长。此外，采用各种建筑材料的新城市设计还带来了特殊的环境挑战。因此，特别是在智能城市时代，需要创新的城市信息技术为与当代城市设计和发展模式相关的问题提供解决方案。

城市地区的快速发展和动态增长需要创新的技术来提供大量增加的城市景观信息。遥感(remote sensing，RS)被定义为在没有与物体进行物理接触的情况下获得图像，并收集、提取和分析有关物体的信息的科学。来自空间或机载遥感器的广泛空间覆盖补充了从城市景观的广泛实地调查中获得的信息。遥感具有强大的潜力，它在涉及城市空间的城市信息学发展方面发挥着关键作用。

遥感图像的空间分辨率(从粗分辨率到细分辨率的图像模型)和光谱分辨率(从几个光谱波段到 100 多个光谱波段)的不断提高，以及网络基础设施和从图像中提取信息的算法的发展，加速了遥感的城市应用。这些应用集中在城市环境的各个领域，如城市几何学和形态学模型、交通模型、三维城市模型、城市噪音和污染管理、固体废物管理、旅游、灾害风险降低的快速反应制图及其他一些环境和社会经济演变。

自从 20 世纪 70 年代发射第一颗地球观测卫星以来，人类已经发射了一系列遥感卫星来获取电磁波谱中的可见光(visible，VIS)和近红外(near-infrared，NIR)部分的地球观测数据。所有获得的地球观测数据，都需要严格的处理方式和缜密的算法来进行分析，然后应用另一套技术从图像中提取相关信息。因此，重建城市模型需要了解遥感平台和传感器的基本特征，以及对基本和高级信息提取方法的理解。为此，本章将重点提供有关光学遥感的历史和最新发展的背景信息、分析和提取信息的遥感图像处理、城市或城市周边环境中的遥感应用实例，以及对城市信息学中遥感操作的未来方向和最新发展的广泛展望。

20.2 光学遥感的历史

"遥感"一词首次出现在 1962 年，但其起源可以追溯到 19 世纪初摄影的应用和飞行的发展(Olsen, 2016)。1859 年，热气球爱好者 Gaspard Tournachon 从热气球上拍摄了巴黎的照片，开启了遥感的时代。随后，众多科学家跟随 Tournachon 的实验，做出了许多改进。例如，德国人使用航空照片来测量森林的特征和面积，巴伐利亚鸽子团(The Bavarian Pigeon Corps)用鸽子来拍摄空中照片，Albert Maul 用火箭来拍摄空中照片。直到 20 世纪 10 年代，系统的遥感和航空摄影得到迅速发展，目的是在第一次世界大战期间进行军事监视和摄影侦察，一系列相关技术也得到了发展，并在战争期间达到高潮。遥感技术最重要的发展发生在第二次世界大战期间。一些成像系统，如利用近红外和热红外从伪装者中区分出真实植被的摄影，以及用于夜间轰炸的机载成像雷达，也都被发明了(Blaschke et al., 2011)。

战后和 20 世纪 50 年代，遥感系统发展到了全球规模，雷达发展也取得了实质性的进展。1972 年发射的第一颗地球观测卫星 Landsat，开始了一个新的遥感时代。各种地球观测和气象卫星，如 AVHRR、Landsat 和 SPOT，为各种用途提供了许多全球测量数据。人们也致力于卫星图像处理和精细分辨率图像的发展。第一个高光谱传感器于 1986 年开发，第一个精细分辨率卫星 IKONOS 于 1999 年发射(Blaschke et al., 2011)。目前，在线平台，如谷歌地球和谷歌地图，收集和存储了大量的卫星图像，并向公众开放，从而加速了遥感技术的发展。

20.3 光学遥感的最新发展

在过去的几十年里，传感器技术有了广泛的研究和开发，使得收集精细分辨率和超规格的图像成为可能。所有的传感器都有不同的空间、光谱、辐射和时间分辨率，表 20.1 和表 20.2 概述了著名的光学遥感卫星传感器的主要特征。如表 20.1 和图 20.1 所示，大多数卫星是由美国发射的。到 2019 年 3 月，共有 791 颗地球观测和地球科学卫星在轨，其中 481 颗是光学/多光谱/高光谱成像卫星(图 20.1；UCS 卫星数据库 2005)。

表 20.1　代表性卫星及其发射时期

传感器(国家或地区)	发射年份
TIRO(美国)	1960
NIMBUS(美国)	1964，1966，1969，1970，1972
Landsat(美国)	1972，1975，1978，1982，1984，1993，1999，2013

续表

传感器(国家或地区)	发射年份
METEOSAT(欧洲空间局)	1977，1981，1988，1989，1991，1993，1997
SIR(美国)	1981，1984
SPOT(法国)	1985，1990，1993，1998，2002，2012，2014
IRS(印度)	1988，1991，1995，1996，1997，1999
ERS(欧洲空间局)	1991，1995
JERS(日本)	1992
Orbview(美国)	1995，1997，1999，2003，2008
QuickSCAT(美国)	1999
IKONOS(美国)	1999
KOMPSAT(韩国)	1999
MODIS(美国)	1999
Tsinghua(中国)	2000
EORS(欧洲空间局)	2000
JASON(美国)	2000，2008，2016
EOS(美国)	2000，2002
QuickBird(美国)	2001
ENVISAT(欧洲空间局)	2002
GRACE(美国)	2002，2016
ALOS(日本)	2003
WorldView(美国)	2007，2009，2014，2016
Sentinel-2(欧洲空间局)	2015，2017
Hyperion	2000

表20.2 代表性光学卫星的特点

卫星	空间分辨率/m	再访问时间/天	光谱范围(μm)和波段数量
ASTER	15～90	15	0.52～11.65(15波段)
Landsat	15～120	16	0.45～12.5(11波段)
SPOT	10～20	26	0.45～1.75(5波段)
IKONOS	1～4	1～4	0.45～0.90(5波段)
MODIS	250～1000	0.25	0.4～14.4(36波段)
QuickBird	0.61～0.72	1～6	0.45～0.9(4波段)
WorldView-2	0.46～2.4	1.1～3.7	0.4～1.05(8波段)
WorldView-3	0.31～30	<1.0～4.5	0.40～23.6(26波段)
WorldView-4	0.31～1.24	<1.0～4.5	0.65～0.92(4波段)
Pleiades	0.5～2	1	0.47～0.94(5波段)
IRS	5.8～70	5～24	0.52～1.7(4波段)
Sentinel-2	10～60	5	0.04～2.19(12波段)
Hyperion	30	16	0.35～2.58(220波段)

续表

卫星	空间分辨率/m	再访问时间/天	光谱范围(μm)和波段数量
ALI	30	16	0.40~2.40(7波段)
CHRIS	18~36	7	0.40~1.05(19波段)
AVNIR2	10	46	0.42~0.89(4波段)
RapidEye	5	5	0.44~0.85(5波段)
Gaofen	0.8	2	0.45~0.89(4波段)
SkySat	0.8~1	1	0.45~0.90(4波段)
Jilin-optical	0.72~2.88	3.3	0.45~0.90(4波段)
Jilin-HypSpec	5~150	2~3	0.45~13.5(28波段)
TH	2~10	5	0.43~0.90(4波段)
Dove	2.7~3.2	1	0.42~0.90(4波段)
GeoEye	0.46~1.84	2.1~8.3	0.45~0.92(4波段)
SuperView	0.5~2.0	2	0.45~0.89(4波段)

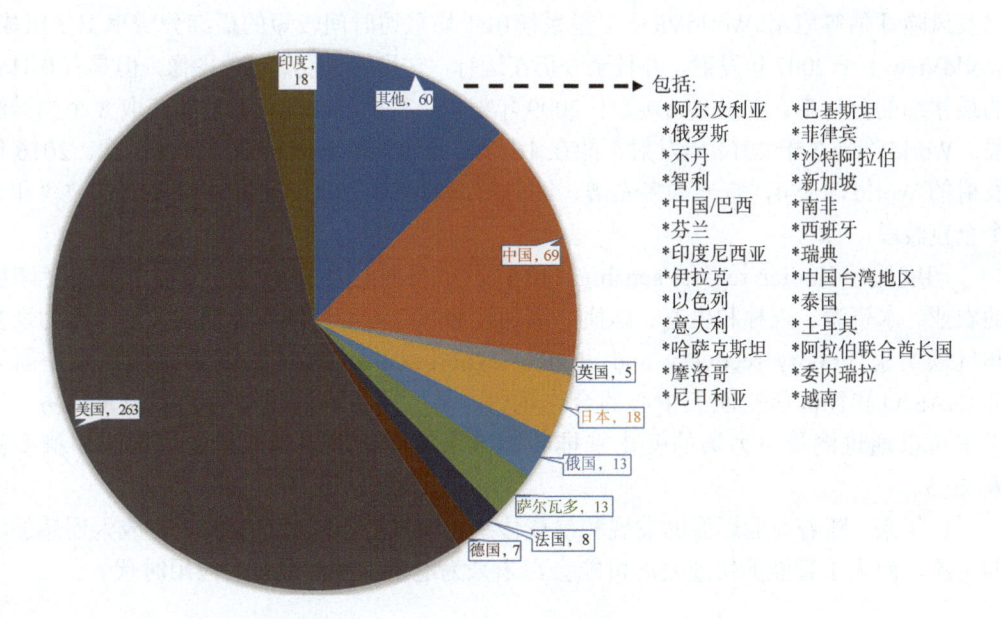

图 20.1 2019 年 3 月前在轨的地球观测卫星

代表性光学卫星传感器的介绍

人类已经为地球观测的应用发射了各种光学 RS 卫星，本节将对有代表性的传感器进行简要描述。

自 1972 年以来，8 颗 Landsat 卫星已经被发射并计划在 2021 年发射 Landsat 9。Landsat 5 是运行时间最长的地球观测卫星，从 1984 年 3 月发射到 2013 年 1 月退役，持续收集数据 28 年。来自 Landsat 系列卫星的图像已经在美国和世界各地的 Landsat 接收站存档，为全球变化研究和农业、制图、地质、林业、区域规划、监控和教育方面的应用提供了独特的资源；并且可以通过美国地质调查局(United States Geological Survey，USGS)EarthExplorer 网站访问这些数据。

法国地球观测卫星(Satellite Pour l'Observation de la Terre)是法国在 1978 年与比利时和瑞典合作建立的 RS 计划的一部分。每个 SPOT 由两个相同的精细分辨率光学成像仪器组成，仪器可以在全色或多光谱模式下运行。它被设计用来探索地球的资源，探测和预报涉及气候学和海洋学的现象，并监测人类活动和自然现象。

ASTER(高级星载热发射和反射辐射计)由三个子系统组成：可见和近红外(near-infrared，VNIR)、短波红外(short-wave infrared，SWIR)和热红外(thermal infrared，TIR)。ASTER 数据经常被用来获得土地表面温度、反射率和海拔的地图。它也有许多应用，包括监测植被、自然灾害、地质、地表、水文和土地覆盖变化。

IKONOS 是第一个民用精细分辨率传感器，提供的图像分辨率可与航空像片媲美。由于其精细的分辨率，它在城市地理、土地利用、农业和自然灾害管理等应用方面非常有用。QuickBird 于 2001 年发射，于 2015 年退役。它有非常精细的分辨率传感器，可以同时获得全色和多色模式的图像。它被设计用来支持诸如地图编制、土地和资产管理以及风险评估等应用。WorldView 卫星系统由平均重访时间较短的极细分辨率卫星组成。WorldView-1 于 2007 年发射，并且至今仍在运行，它只能够收集全色图像，但具有 0.41 m 的最精细的分辨率。WorldView-2 于 2009 年发射，目前仍在运行，它能获取 8 个光谱波段。WorldView-3 于 2014 年发射，能在 16 个多光谱波段获取精细分辨率图像。2016 年发射的 WorldView-4，是一颗多光谱、细分辨率的商业卫星，它有 4 个多光谱波段和一个全色波段。

印度遥感(Indian remote sensing，IRS)卫星系列的发射是为了在技术上支持印度的农业、水资源、森林和生态、地质、水利设施、渔业和海岸线管理的发展。重力恢复和气候实验(gravity recovery and climate experiment，GRACE)是美国国家航空航天局(NASA)和德国航空航天中心的合作项目，是一项监测地球重力场的卫星任务。科学家可以通过测量引力场的变化来推断地下水的变化。不同卫星的主要应用摘要见表 20.3。

近年来，随着商业影像的发展和星载传感器的发射，高光谱成像正在成为遥感领域的主流。而人工智能的快速发展可能会在未来为遥感提供一个新的应用时代。

表 20.3 代表性光学卫星的主要应用

传感器	应用
ASTER	植被和生态系统动力学、地表温度、地质学、危险监测、土地覆盖物变化、地表气候学、水文学
Landsat	全球变化研究、农业、制图学、地质学、林业、区域规划、监控、教育
SPOT	探索地球的资源、检测和预测涉及气候学和海洋学的现象、监测人类活动和自然现象
IKONOS	城市地理学、土地利用、农业和自然灾害管理
QuickBird	地图编制、土地和资产管理以及风险评估
WorldView	绘制云、冰、雪以及校正气溶胶和水蒸汽的地图
Pleiades	危机监测

传感器	应用
Hyperion	用于各种应用的高光谱陆地成像
PROBA-CHRIS	大气、土地、农业以及海洋和海岸
ALOS-AVNIR-2	农业、森林和自然灾害
RapidEye	区域和全球农业制图
Sentinel	陆地和海洋监测、应急管理和监视
"高分"系列	城市监测和精准农业
SkySat	国防、农业和环境监测
Jilin-optical	发展、城市监测和农业
Jilin-HypSpec	环境、农业和林业
TH	地形建模、测量和制图
Dove	城市化、森林砍伐、灾害和农业

20.4 遥感卫星图像的处理

并非所有获得的遥感图像都可以使用，因为在原始图像中存在许多畸变或偏差。畸变可分为随机畸变（图 20.2）和系统性畸变。随机畸变可由传感器平台的高度、姿态和速度变化、大气折射或高程位移引起，而系统畸变则由全景畸变、歪斜失真（图 20.3）和地球曲率引起。在我们使用遥感图像之前，纠正这些误差是很重要的。

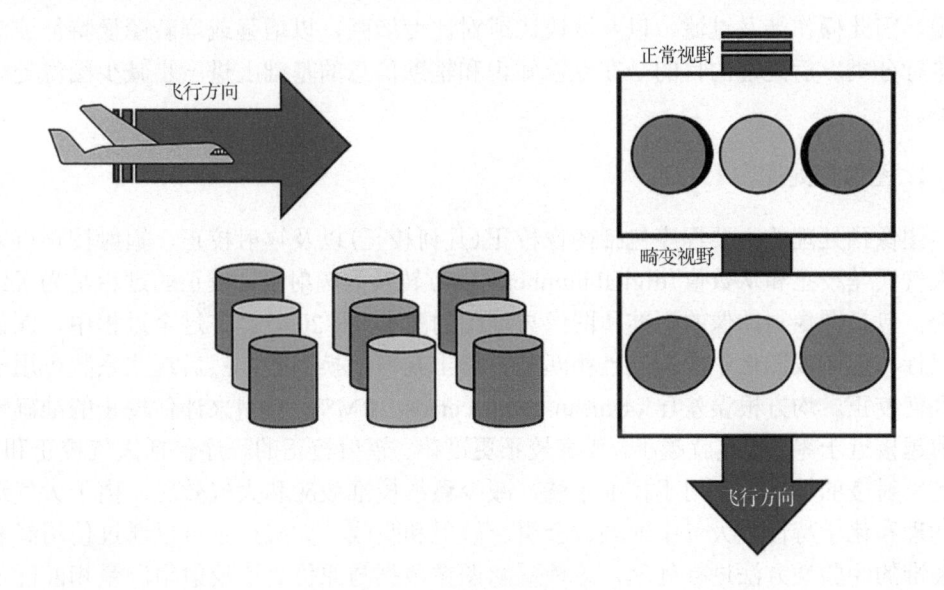

图 20.2 随机畸变的图示

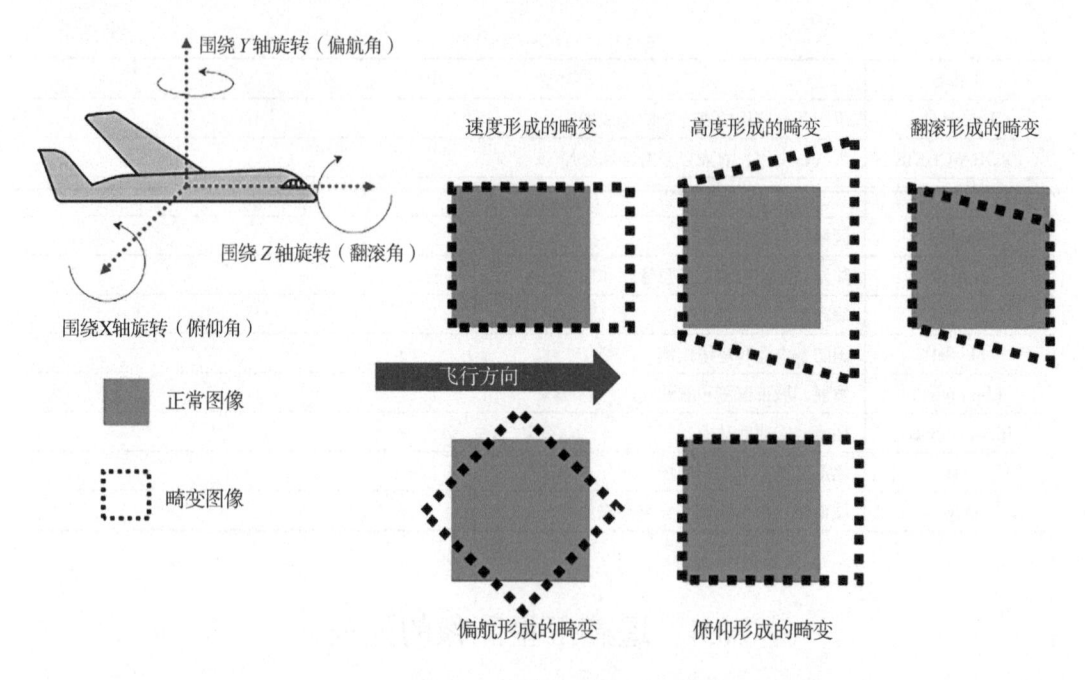

图 20.3　歪斜失真的图示

一般来说，卫星图像处理操作可分为三个阶段：①图像预处理；②图像处理；③图像后期处理。图像预处理的目的是纠正畸变和减少数据中的噪声。图像处理的目的是了解存储在遥感图像中的信息，并通过使用或不使用增强技术来优化视觉系统的表现，因此操作涉及过滤，以及波段比或对比度增强，以增强或屏蔽图像特征或对图像进行分类。后处理的目的是在专家知识和辅助信息的基础上进一步减少图像处理的误差。

1. 图像预处理

图像预处理的主要程序包括图像校正（几何校正）以及辐射校正，辐射校正可以处理大气误差校正和从数值（digital number，DN）转换为辐射度。校正的过程是为了纠正畸变，包括图像与图像的配准和图像与地图的配准（图 20.4）。在这个过程中，图像中的坐标与地图或图像中的选定点相匹配，得出几何变换系数；然后这些系数可用于图像几何校正。均方根误差（root-mean-square error，RMSE）被用来评估校正的准确性，该值越接近于零，残差就越小，代表校正更准确。辐射校正的程序包括大气校正和 DN 值到辐射度的转换，它用于校准系统，减少系统校准效应和大气效应。由于大气颗粒的物理和化学特性，大气中的颗粒会引起散射和吸收。大气校正可以通过使用经验线性校准的经验性方法进行处理，迫使遥感图像数据与原位光谱反射率测量相匹配，再通过暗像素方法，使用直方图从每个波段中找到最小像素值，并将该波段的所有像素减去该值。

预处理程序产生了具有高科学质量的一致图像，可直接用于科学应用和后续分析。

图 20.4　一个卫星图像几何校正的典型例子：(a)原始图像；(b)经过几何校正的图像

2. 图像处理

卫星图像处理包括：①遮蔽或剪切感兴趣的区域(AOI)；②对比度增强；③空间滤波；④光谱增强；⑤图像分类；⑥对象识别和提取。

对研究区或兴趣区的遮蔽是首要的处理步骤，在这一步骤中，图像(图像拼接)被剪裁到感兴趣的区域。裁剪有助于减少图像的大小和处理时间，并集中于所需的研究区域或感兴趣的区域。

对比度增强是通过将输入值拉伸到最大的可用范围来转换卫星图像以增强视觉效果。对比度增强的步骤可以应用于整个图像，使不同的土地覆盖或土地利用类型之间有更好的对比度，它也可以用来增强图像中的特定特征，通过减少其他特征来强调特定的土地覆盖或土地利用类型(如植被、土壤、水或雪)。有时图像可能无法清楚地显示所有的特征，特别是在处理单色的时候，那这时对比度增强就可以发挥作用。对比度增强是通过光谱特征操作来实现的，它可以根据图像直方图使特征之间的对比度最大化，最常见的对比度增强的方法是线性拉伸(图 20.5)。

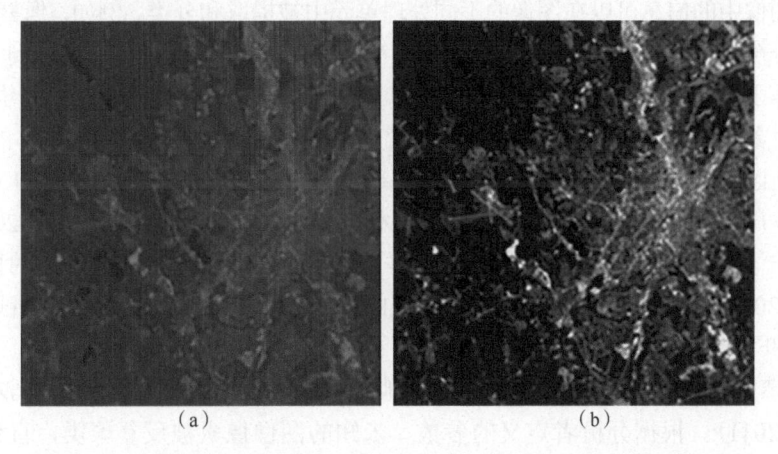

图 20.5　图像的对比度增强：(a)原始图像；(b)经过线性拉伸的图像

空间滤波是一个强化或弱化图像数据中各种空间频率或图像中色调变化的过程。图20.6 显示了一个高通滤波的例子。该滤波是利用一个由负值包围单一正值组成的矩阵内核，通过逐像素移动来提高中心像素的亮度。低通滤波器强调亮度的低频变化，平滑局部细节，例如通过取平均值来实现，而高通滤波器不强调更普遍的低频细节，并通过增强局部对比度来强调高频成分。

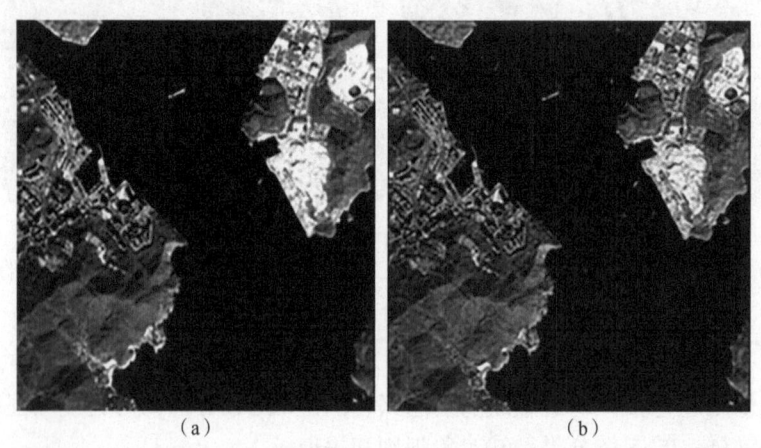

图 20.6　一个空间增强(滤波)的例子：(a)原始图像；(b)滤波后的图像

滤波器也可用于保留边缘和去除噪声。例如，中值滤波器能更好地保留图像边缘，而模型平滑滤波器可以消除分类图像上的椒盐效应，生成一个更均匀的输出。

光谱增强包括用于提取独特光谱信息的图像转换过程，结合不同光谱波段的信息，并将多个波段的信息压缩到较少的波段。

一旦数据被处理，就由操作者来分析图像中所捕捉到的内容。为了解释一幅图像，操作者首先要对物体进行检测、识别和分类。通常情况下，分类方法主要有两种：非监督分类和监督分类。非监督方法是根据光谱统计对像素进行聚类，不需要采样和训练；而监督分类方法则是根据采样和训练土地覆盖类别的结果采用分类器，用户需要在分类前定义类别的有用信息并检查光谱的可分性。

卫星图像中的信息可以在图像的不同处理单元中被提取和分类。例如，像素级，一个由图像空间分辨率定义的单元；子像素级，像素在光谱上未混合以识别像素中土地覆盖特征的一部分；基于对象的分类，这是基于同质像素分组的概念，主要应用于极细分辨率的图像，其中一个对象被划分并存储为许多像素。一般来说，子像素和物体级(基于物体的)分类程序是为城市地区的信息提取而实施的。例如，一个线性光谱分离模型被应用于 IKONOS(4 m 空间分辨率)图像，以估计香港城市景观中树木和草的贡献(Nichol and Wong，2007)。

监督分类技术依赖于用户定义的训练样本，描述可能的土地覆盖类别的性质和数量(Mather，2011)。监督分类最重要和最传统的决策规则包括最大似然决策规则、最近邻决策规则和平行六面体决策规则。

当对感兴趣的区域没有足够的先验地面真实信息时，无监督的方法是最佳的(Mather，2011)。根据分析者定义的参数，未知的图像像素被反复聚类，直到像素类值的比例保持不变或达到最大的迭代次数(Jensen，2009)。最常用的三种聚类算法是：

K-means 聚类、模糊 C 均值(或改良式 K-means)和迭代自组织数据分析技术(iterative self-organizing data analysis technique, ISODATA)。

1999 年,随着 IKONOS 的发射(Goetz et al., 2003),在精细分辨率的卫星图像中,类内光谱变化和类间光谱混淆有所增加。由于更高的像素间差异性和基于斑块的景观结构中所包含的信息,经典的图像分析方法已经过时了。最近发展的基于对象的模式识别图像分析技术,首先根据像素的空间和光谱特征将图像分割成对象,以克服传统方法的缺点。

在过去的十年中,地球观测数据的分析有了明显转变,从 30 年来的以基于像素的多光谱方法,转向了以多尺度基于对象分析的发展和应用。基于对象分析的新概念,如分形网络演化方法(fractal net evolution approach, FNEA)、线性尺度空间(scale-space, SS)和 blob 特征检测、以及多尺度对象分割(multi-scale object-specific segmentation, MOSS)等,被用于从以数字图像形式存储的遥感数据中提取信息(Mallinis et al., 2008)。

此外,近年来还发展了多种先进的分类方法,以解决精细分辨率数据集和复杂城市环境所产生的各种问题。来自机器学习和模式识别的新方法和途径包括人工神经网络(artificial neural networks, ANN)、深度学习方法、决策树、支持向量机、极限学习机、人工免疫系统、主动学习、半监督学习、二叉树支持向量机和随机森林。其他现代技术还包括基于多个学习者的集合学习、空间-光谱分类、多核支持向量机、小波分析、基于物候学的分类、核 K-means 和最大期望算法(Xue et al., 2015; Du et al., 2012; Fernandez-Delgado et al., 2014; Luand Weng, 2007; Mountrakis et al., 2011; Tan and Du, 2011)。

结合多个遥感数据集、先进的城市特征提取算法和精确的分类算法的城市信息系统已经被开发出来,以有效监测快速发展的城市地区及其对环境的影响(Kadhim et al., 2016)。最近的遥感城市应用包括城市绿地制图、气溶胶监测、城市热岛效应、自动特征提取(例如,道路、建筑和树木)、土地利用和地表温度之间的关系、城市热岛的三维几何模型、城市能源效率模型以及超大城市中心的移民住房制图等(Blaschke et al., 2011; Hamdi, 2010; Jin et al., 2011; Hofmann et al., 2011; Miyazaki et al., 2011; Hermosilla et al., 2011; Rinner and Hussain, 2011; Hay et al., 2011; Geiß et al., 2011; Liu and Zhang, 2011; d'Oleire-Ultmanns et al., 2011)。另外,一些现代城市遥感方法注重利用机器学习方法整合多种遥感(夜光图像和多光谱指数)和地理定位数据集,用于遥感的城市信息学应用(Xia et al., 2019)。

在过去的几十年里,随着极高分辨率的遥感图像(1 m 或更小)的出现,信息提取已经从传统的基于像素的分类向基于对象的分类和城市地区的目标对象提取发生了重大转变。现代机器学习技术的重点是提取典型的城市特征,如道路、建筑物(更具体的建筑物特征)、汽车和城市树木,而不是对整个图像进行分类或绘制城市扩张图。

3. 图像后期处理

在对图像对象进行分类后,还需要进行一系列图像后处理操作,通常包括专题图生产、栅格到矢量的转换以及类别命名,即将图像上的光谱类别命名为具体的土地覆盖类别。此外,应用众数滤波器来去除基于像素的土地覆盖分类图上的"椒盐效应"是最常用的分类后处理操作。在城市地区,可能需要专家知识和辅助信息(如人口密度)以进一步区分光谱相似的类别,比如区分高密度住宅区和商业建筑。目前有一些分析技术能够实现自动检测和识别光谱相似的类别,但最终需由专业人员来确认分类结果。

20.5 光学遥感的应用

最近的先进技术改善了我们在遥感方面能做的事情。自 1995 年以来,遥感不再局限于军事和政府用途,快速发展的技术也使得其应用范围扩大,如城市和人口增长、城镇规划、天气预报、农作物预测和预报、森林和牧场监测、空气质量监测和评估、表面物质检测等。红外相机已经可以在市场上买到,它可以用来检测植被的健康状况。手持红外相机设备可以被直升机携带,以记录热信号和监测城市热岛效应。

在沿海水质监测方面,遥感数据集结合协同视角和测量不同光谱区域的水面反射能量的能力,越来越多地被用于沿海水质应用。例如,对香港沿海地区叶绿素 a 浓度的改进估计,有助于检测藻类繁殖,包括其强度和范围;对于植被监测,航空像片和精细分辨率的卫星图像可用于绘制次生植被演替图;在处理森林砍伐和退化的绘图时,中等分辨率的 Landsat 卫星图像可以提供令人满意的结果;在监测干旱对植被水分条件的影响时,则需要 MODIS 拍摄的粗分辨率的卫星图像。使用卫星遥感对大气气溶胶进行的研究很受欢迎。气溶胶是大气中由自然和人为来源排放的悬浮颗粒。这些粒子与气候变化、空气质量差和大气能见度有关,也与公众健康有关。卫星遥感是一种用于检索全球的空间气溶胶光学厚度的有效和独特的技术。不同的卫星传感器,如 MISR、MODIS 和可见光红外成像辐射计套件(visible infrared imaging radiometer suite,VIIRS)都可以检索气溶胶光学厚度。

1. 土地利用和土地覆盖制图

土地覆盖指的是地球表面的特征,而土地利用指的是特定地块上的人类活动(Lillesand et al.,2008)。详细的土地覆盖图可用于城市规划、土地利用监测、变化检测分析和政策制定。随着遥感技术的发展,卫星图像达到了良好的视觉效果,并在局部或全域范围内得到了更多的实际应用,如城市土地利用分类(Lu and Weng,2009;Pacifici et al.,2009)、环境监测(Knight et al.,2013)和土地覆盖变化检测(Potapov et al.,2017)。

1)多尺度面向对象的分割和分类方法(MOOSC)

为了高效地改善土地利用及土地覆盖制图,一项多尺度面向对象的分割和分类方法(multi-scale object-oriented segmentation and classification method,MOOSC)的研究被开发出来(Nichol and Wong,2008)。该方法被用于研究香港大帽山和城门郊野公园的多山和生态多样性地区的生境制图,使用的是精细分辨率的 IKONOS 卫星图像。该方法首先将同质的像素按各自的比例分组为图像对象或片段。然后构建一个五层决策树分类法,对每个特征或对象进行分类。除了 IKONOS 图像的四个原生多光谱波段外,在分割和分类过程中还使用了归一化植被指数(normalized difference vegetation index,NDVI)、叶绿素指数、数字高程模型(digital elevation model,DEM)和三个纹理特征等附加层,分类地图的最小绘图单位(minimum mapping unit,MMU)约为 150 m^2。

这项研究提供了适当且最佳的结果,以取代使用航空像片的传统制图方法。该方法的主要优点是：①由于其广泛的参数，如光谱信息、纹理、形状和尺寸，可能产生比传统分类更准确的结果；②基于对象的分类使用分割过程来识别和划定图像上有意义的目标(重要的是，分割过程是一种用于描绘目标边界的自动数字化方法；与使用传统分类方法的基于栅格的地图相比，矢量格式分类结果的可用性是基于对象方法的相当大的优点)；③已开发的基于物体的分类方法具有成本优势，因为它可以只用三分之一的成本达到与人工解释航空照片相当的精度。

2) 基于对象和像素的混合分类(HOPC)

基于对象的分类法在具有类似规格特征的同质区域中效果很好，而基于像素的分类法在异质或模糊区域中效果很好。两者都不能单独应用于广泛的土地覆盖分类，特别是植被区。一种新的方法已经被开发，即混合 MOOSC，它是通过整合多尺度基于对象的分割、决策树分类和基于像素的分类技术，从高分辨率的卫星图像中对香港的异质性自然景观进行分类。该方法结合了 SPOT-6 多光谱图像、精细分辨率的 DEM 和数字表面模型(digital surface model，DSM)。这种混合型 MOOSC 的原理是在同质区域使用基于对象的方法，在模糊或不确定区域使用基于像素的方法。该方法使混合类的生境分类(如开阔草地上孤立的乔木和灌木)的个体准确性得到了显著提高。如图 20.7 所示，由混合 MOOSC 得出的分类结果可以在城市规划、土地利用监测和变化检测分析中被充分利用，其中在局部和全域分类中的变化检测分析方面具有很好的潜力，可以从极其精细和精细分辨率的卫星图像中对城市区域进行分类。

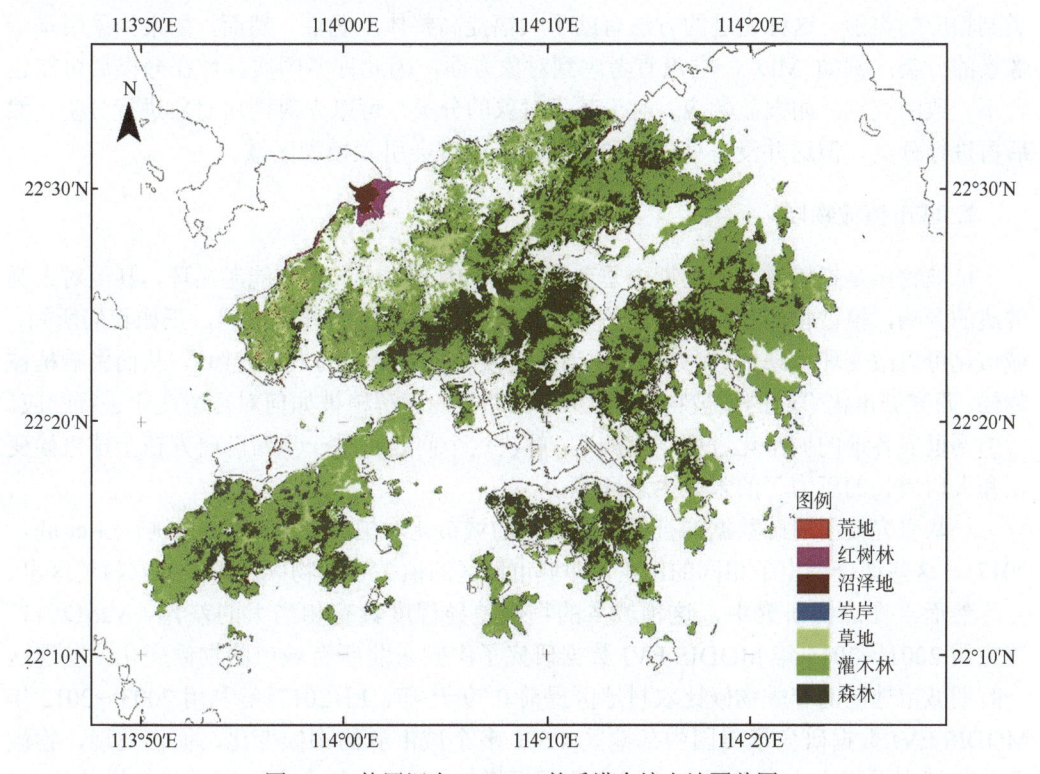

图 20.7　使用混合 MOOSC 的香港全境土地覆盖图

多分辨率分割被应用于创建具有一致光谱特征的对象。在这个过程中，具有类似光谱特征的像素被合并成一个图像对象。然后，对图像对象进行分类，将其分配到特定的土地覆盖类型。理想情况下，一个图像对象只包括一个类别，但任何分辨率的卫星图像都不会使混合类别对象的相似光谱值失效。因此，本研究采用了基于规则的纯对象和模糊对象的分离方法(每个类别分别决策)。阈值是通过分析对应于每个土地覆盖类别的图像对象的各种特征(如 NDVI、蓝红比、红比、物体高度)的采样直方图而确定的，大多数图像对象都被正确地归入相应的类别，这些类别对应于同质类。然而，一些图像对象由于其特征属性(如光谱响应)的重叠而不能被有效地分类，产生了模糊区域。

一个模糊的对象在一定的空间尺度上包含两个或多个类别。例如，一个对象可能同时包含草原和开阔的灌木，在多分辨率分割阶段无法将其分成两个对象。在这些模糊对象中，其特征属性的平均值与纯类没有区别，因为其特征属性在采样直方图中通常是重叠的。因此，对于模糊对象，需要进行细化以获得更准确的分类结果。为此，对模糊物体进行了基于像素的分割，这是一种将大物体分割成小像素的方法。当物体被分解成像素后，它们将被重新分类到相应的类别中。基于对象的方法的优点是减轻了原始噪声，而像素法则善于保留地面对象的细节，特别是在模糊区域，这是景观中生境类别的过渡阶段。所提出的 HOPC 通过结合这两种方法，对改善细分辨率图像的分类很有用。

HOPC 结果的高准确性可能主要是由于其结合了基于对象的分类和基于像素的分类的优点，以及灵活的专家判断。基于对象的模糊区域被进一步分解为像素，并被重新分类到相应的类别。这种先进的方法有助于大幅提高整体准确性。然而，如果只采用基于像素的分类，例如 MLC，它没有考虑到对象方面，因此许多同质区域在分类后可能包含不一致的类别，如椒盐效应。对于基于对象的分类，可以先对同质对象进行分割，然后再进行分类，但这并没有处理对象的边界，通常会引入模糊区域。

2. 城市植被物候

植被物候是指植物生命周期中季节性规律。因其对水、碳和能源循环，甚至对人类健康的影响，植被物候获得了广泛关注。植被物候对环境条件很敏感，正如我们所知，城市化可以改变环境条件(例如，改变当地气候和带来更多的人工光照)，从而影响植被物候。研究城市化引起的植被物候变化，将帮助我们理解植被如何对环境变化进行响应。考虑到世界各地的城市化进程正在加速，解决这个问题将进一步帮助研究在全球气候变化和人口增长的压力下的未来生态环境。

一些研究使用遥感数据调查了不同城市的城市化对植被春季物候的影响(Li et al., 2017)。这些调查得出了相同的结论，即城市地区的植被春季物候比周围的农村地区早。

然而，在这些研究中，这种城乡的物候差异程度具有相当大的差异。Yao(2017)等应用 2001~2015 年 MODIS EVI 数据研究了中国东北所有城市的物候变化，发现这一时期城市地区的春季物候比农村地区提前 0.79 天/年。Li(2017)等利用 2003~2012 年 MODIS EVI 数据研究了美国中部地区 4 500 多个城市群的物候变化，他们发现，物候变化与城市面积大小有关，一个城市的规模增加 10 倍，就会导致春季物候提前约 1.3

天。因此，仍需要更多的研究来探索这些城市对植被物候影响的差异性。

• 北京的城市植被物候

该项研究在北京对植被物候进行遥感监测：①探索了沿城乡梯度的植被物候的空间模式；②研究了植被物候与城市环境因子(包括空气温度和人工光照)之间的关系(Yao，2017)。该研究使用的数据包括 2012 年 MODIS EVI 时间序列(MOD13Q1 版本 6，16 天合成，250 m)，2012 年北京 232 个气象站的每小时空气温度，以及 2012 年 VIIRS 的夜间灯光数据。

利用 Piao(2006)等提出的方法，从 EVI 时间序列中检测生长季节的开始(start of the season，SOS)和结束(end of the season，EOS)。该方法首先通过对多年的 EVI 曲线进行平均，计算出一条参考 EVI 曲线，然后在参考 EVI 曲线中找到 SOS(在绿化期达到季节振幅的 20%时)和 EOS(在褐化期达到季节振幅的 60%时)。接下来，选择参考曲线中对应于 SOS 和 EOS 的 EVI 值作为阈值。然后，用一个多项式函数拟合每年的 EVI 曲线。最后，可以从拟合的曲线和阈值中检测出每年的 SOS 和 EOS。

SOS 的结果[图 20.8(a)]显示了 2012 年春季物候的空间分布，从中我们可以看到，城市地区植被绿化开始日期比周边地区早。EOS 的空间分布[图 20.8(b)]显示，城市地区植被休眠的起始日期普遍晚于周边地区，尤其是农村地区。此外，城市扩张区的 SOS 和 EOS 都有错综复杂的分布，说明城市化地区的植被是异质性的。

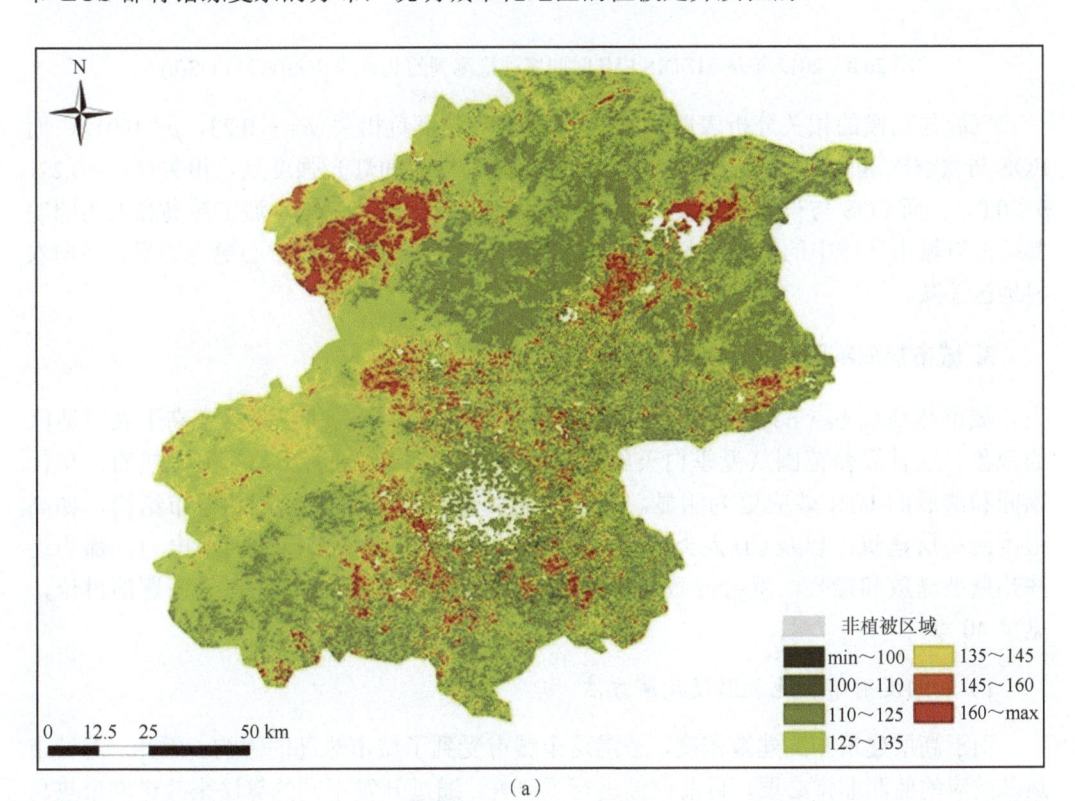

(a)

(b)

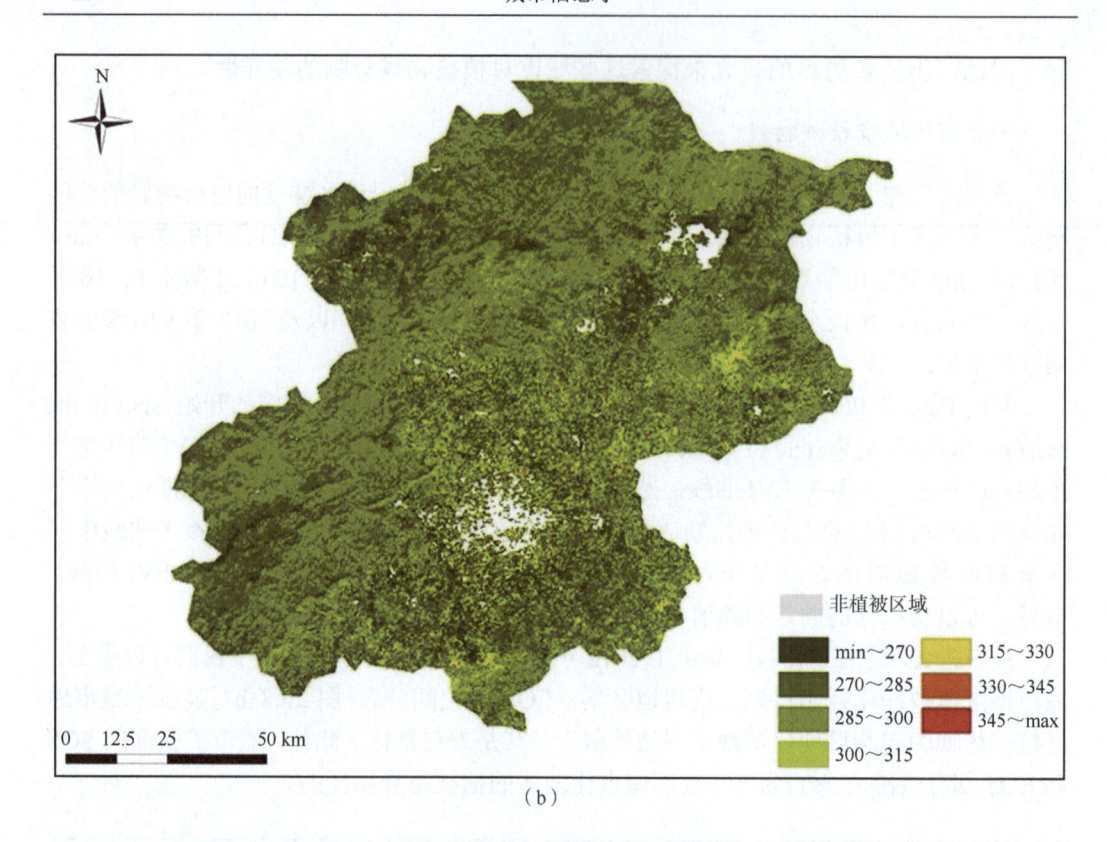

图 20.8　2012 年从 MODIS EVI 时间序列检测到的北京的 SOS(a)和 EOS(b)

气温与物候的相关分析表明，SOS 与春季气温呈负相关（$R=-0.23$，$p<0.01$），而 EOS 与秋季气温呈正相关（$R=0.16$，$p<0.1$）。SOS 与夜间灯光强度呈负相关（$R=-0.22$，$p<0.01$），而 EOS 与夜间灯光没有明显的相关性。以上结果表明，城市热岛和人工照明都可能对城市环境中的植被生长产生影响，而且这种影响在城市中心更为明显，并向农村地区递减。

3. 城市热岛制图

城市热岛（urban heat island，UHI）是指城市地区的空气和表面温度高于农村地区的现象。这种温差范围从夏季白天的 1.5～4 ℃到冬季白天的 2～6.5 ℃。然而，预计夜间和清晨的 UHI 效应更为明显。UHI 的主要原因包括：(i) 紧凑的城市结构，如高密度的高层建筑；以及(ii) 人类活动释放的人为热量，例如来自交通和电力，那当这些热量被释放和接收，就会导致城市地区的温度升高(关于 UHI 的计算问题的讨论，见第 40 章)。

1）新的发射率和地表温度反演方法

由于高层建筑和高建筑密度，香港这个城市受到了城市热岛的影响。因此，对城市热岛效应的监测非常必要，目前已经进行了研究，通过开发不同的算法来改进城市热岛的建模，以加强热相关参数的检索。

辐射率是指地表辐射的百分比，是反演地表温度(land surface temperature，LST)的一个关键参数，因此需要对辐射率进行准确的反演。Yang 等(2015)提出了一种利用天空可视因数估计有效辐射率的方法。该因子代表了从地面上可以看到的天空部分，并从机载 LiDAR 数据、土地覆盖分类数据和建筑数据中得出。这项研究表明，有效辐射率和天空可视因数之间存在高度的相关性，相关系数超过 0.90。通过额外考虑散射，即相邻像素的反射效应，建立了完善的模型，命名为基于天空可视因子的城市发射率模型(urban emissivity model based on the sky-view factor，UEM-SVF)，其以准确的方式估计有效辐射率。图 20.9 显示了由 UEM-SVF 模型和 ASTER 卫星图像得出的辐射率的验证结果。

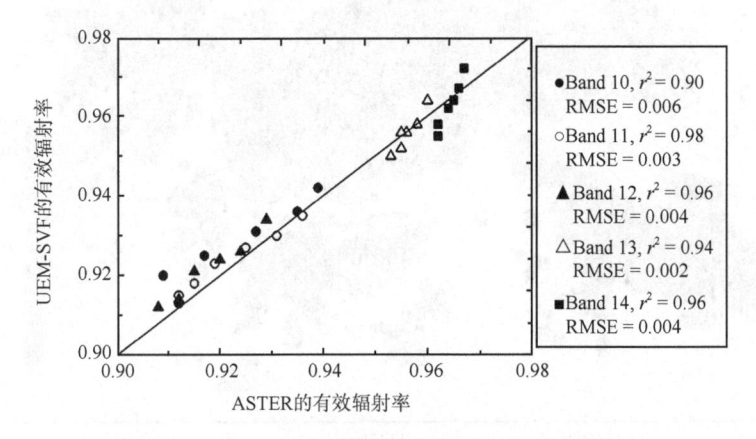

图 20.9　从 UEM-SVF 模型得出的有效辐射率的验证

除了天空可视因子，还包括更多的城市几何因素，以改善发射率的反演，从而形成了基于天空可视因子的改进的城市发射率模型(improved urban emissivity model based on the sky-view factor，IUEM-SVF)(Yang et al.，2015)。新的几何考虑因素包括：①瞬时视场(instantaneousfield of view，IFOV)内的面发射；②面发射的近旁效应；以及③三维空间内发射和反射辐射的散射。城市三维面的温度(temperatures of urban facets in 3D，TUF-3D)是一个使用能量平衡模型的微观辐射传输代码，它被用来评估 IUEM-SVF 的准确性。结果表明，纳入几何因素可以提高有效发射率的反演精度，IUEM-SVF 和 TUF-3D 之间显示出良好的一致性。然而，当发射率的差异较大时，有效发射率的反演精度会下降。

有了对有效辐射率的准确测定，其结果就可以用于反演地表温度等多种应用。Yang 等(2016)应用由 IUEM-SVF 得出的有效辐射率来获取 ASTER 卫星夜间图像的地表温度。

2）人为热通量建模

人为热量模型是理解城市热岛的另一个重要领域，因为人为热量是城市热岛的主要原因之一。Wong 等(2015)考虑到香港复杂的土地覆盖，开发了一种新的算法，利用香港的卫星图像反演人为热量。该算法以传统的能量平衡模型为基础，并根据土地覆盖的异质性特征进行了修改。图 20.10 显示了 2012 年 10 月 11 日在香港上空得出的人为热通量,发现人为热与建筑高度和建筑密度相关(图 20.11 和图 20.12)。结果显示,在城市地区,商业区排放的人为热流最多,其次是工业区(图 20.13)。

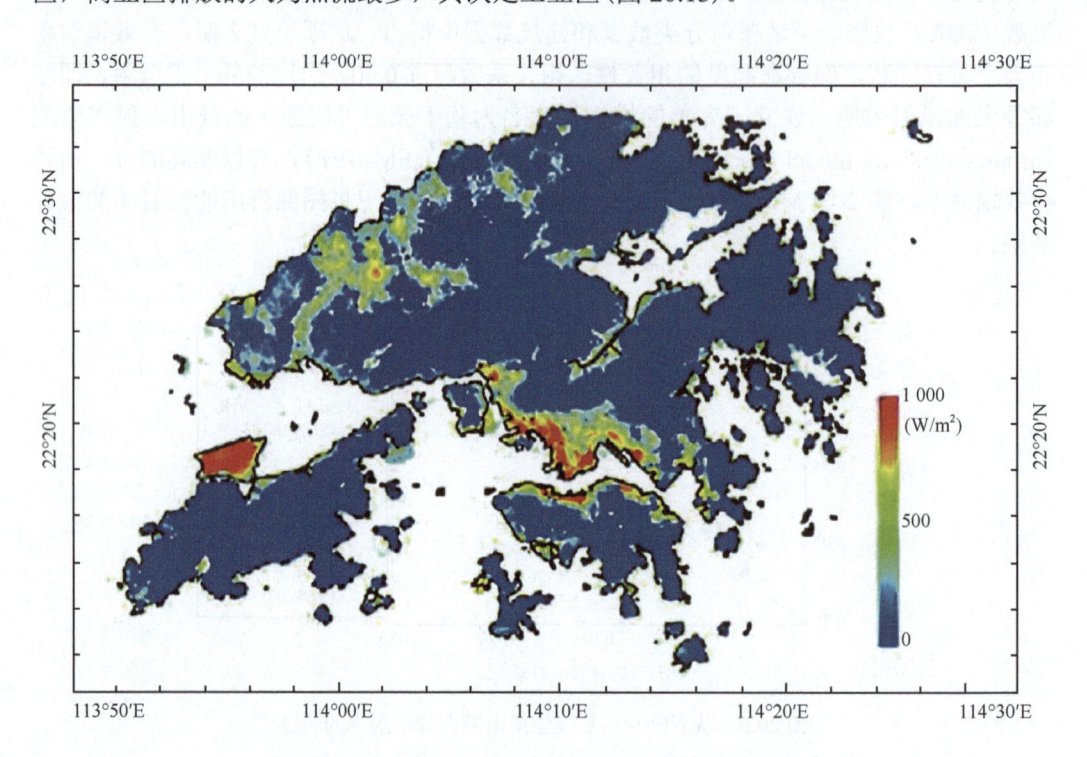

图 20.10　2012 年 10 月 11 日香港上空的人为热通量

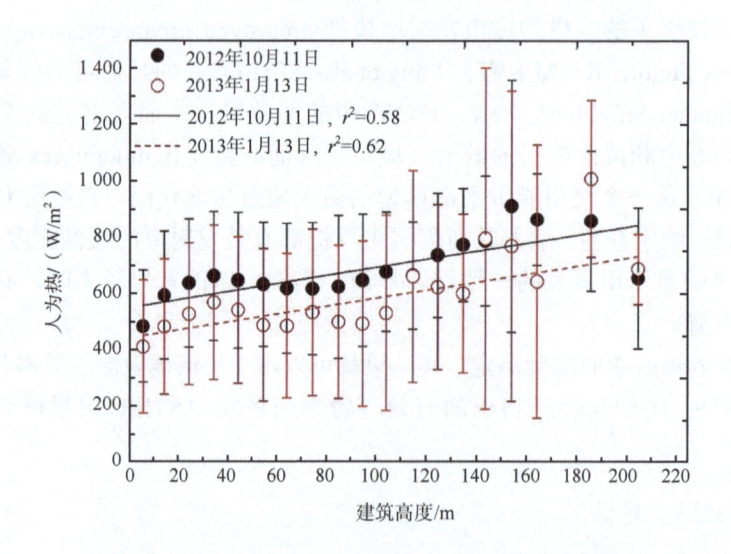

图 20.11　人类活动产生的热量与建筑高度之间的关系

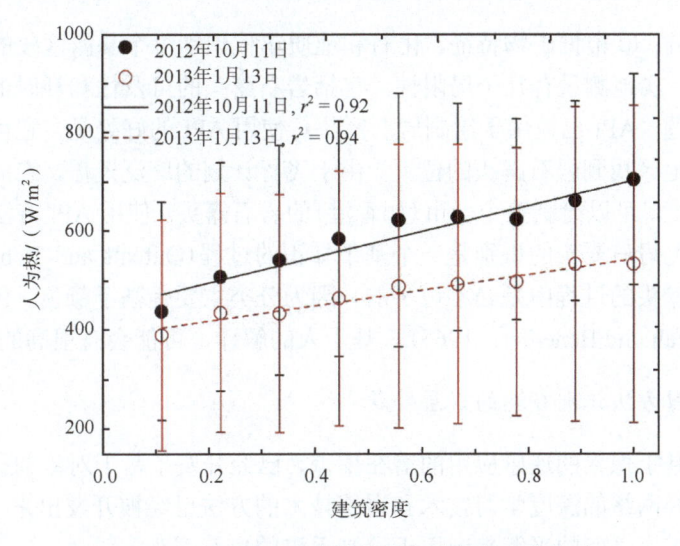

图 20.12 人类活动产生的热量与建筑密度的关系

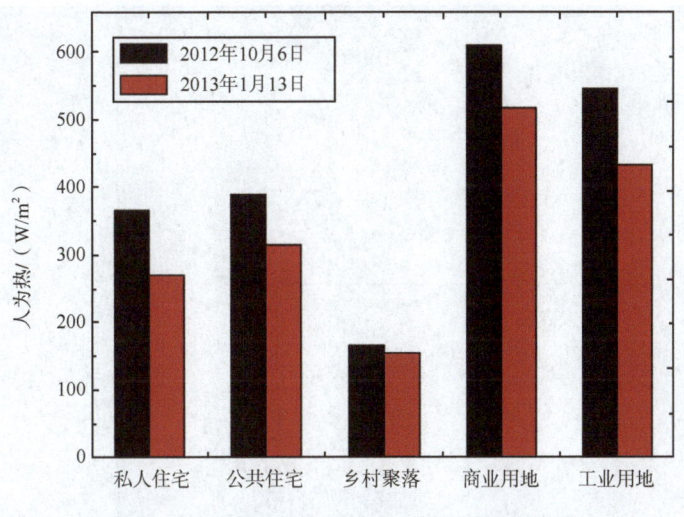

图 20.13 不同土地利用类型下的人为热量比较

通过利用卫星图像对整个香港的人为热流进行建模，首先，可以提取出人为热的一般模式；其次，可以研究出人为热与城市几何和特征之间的不同关系。这些发现可以提高我们对 UHI 的形成、分布和程度的理解，并可以帮助不同的专家在缓解 UHI 效应方面做出决策。

4. 岩石露头的识别

岩石露头是完全暴露在地形表面的部分基岩，它们与滑坡和落石等地质灾害有很大关系。裸露的岩石表面会受到化学和物理风化的影响，从而增加滑坡或落石的风险。在高密度的城市中，在陡峭的斜坡上开发的高密度建筑和基础设施，成为对城市基础设施和城市发展的稳定性的担忧(Owen and Shaw，2007)。绘制岩石露头的传统方法包括实地测量和航空照片解译(aerial photo interpretation，API)。实地测量可以采用以下方法：①由结构地质学家携带 GPS 追踪器对暴露的区段进行定位；②根据测斜器和地质罗盘识别角度和方向；③根据矿物特征、化石和地质年代识别每个暴露区段的地质断层和岩石类型。然而，实地测量有几个局限性，包括岩石露头的可及性和耗时的测绘工作。为了解决这些问题，API 已被用于绘制岩石露头。使用 API 的好处是，它可以在野外工作者无法到达的地区找到岩石露头的位置。由于飞行计划的广泛覆盖，它能够覆盖更大的空间范围，这使得可以绘制整个城市(如香港)的岩石露头。使用 API 方法的主要问题是它很耗时，因为岩石露头的识别是一个基于知识的过程(Outcalt and Benedict, 1965)，这在识别岩石露头的过程中是必不可少的，因为分类主要是基于颜色、色调、形状和关联的区分(Outcalt and Benedict, 1965)。基于人的解译，可能会有很高的错误分类率。

用深度学习方法识别香港的岩层外貌

为了减少基于像素的遥感应用的潜在偏差，已经开发了基于对象的技术。一种创新的结合卷积神经网络的深度学习技术和遥感技术的方法已经被开发出来，以利用空间分辨率和光谱分辨率之间的平衡来应用于绘制香港的岩石露头。

图 20.14　岩石露头的示例

本研究选择了五种目标土地覆盖类型作为训练和测试样本，包括岩石露头、草地、树木、荒地和城市。岩石露头的例子见图 20.14。它们是用一个 16 层的 VGGNet (Simonyan and Zisserman, 2014) 与 ImageNet 的预训练模型进行训练的。训练准确率从第一代的 50% 左右明显增加到第三代的 80%，并稳定地增加，直到训练结束。而测试准确率从第一代的 70% 增加到第 20 代的 90%，然后保持在 90%~92% 之间震荡，直到训练结束，这表明在第 20 代之后，测试准确率不再提高。因此，训练后的网络在训练集和测试集上都能提供 90% 以上的土地覆盖分类的高精确度。

训练好模型后，将训练好的网络应用于整个香港地区选定的数字正射影像(digital ortho photo, DOP)。对于每个 DOPs，将一个 20 m×20 m 的内核输入 CNN 网络进行分类,并预测该内核属于岩石露头的概率。然后生成土地覆盖分类图(图 20.15)和岩石露头概率图(图20.16),最后生成香港的岩石露头图(图20.17)。

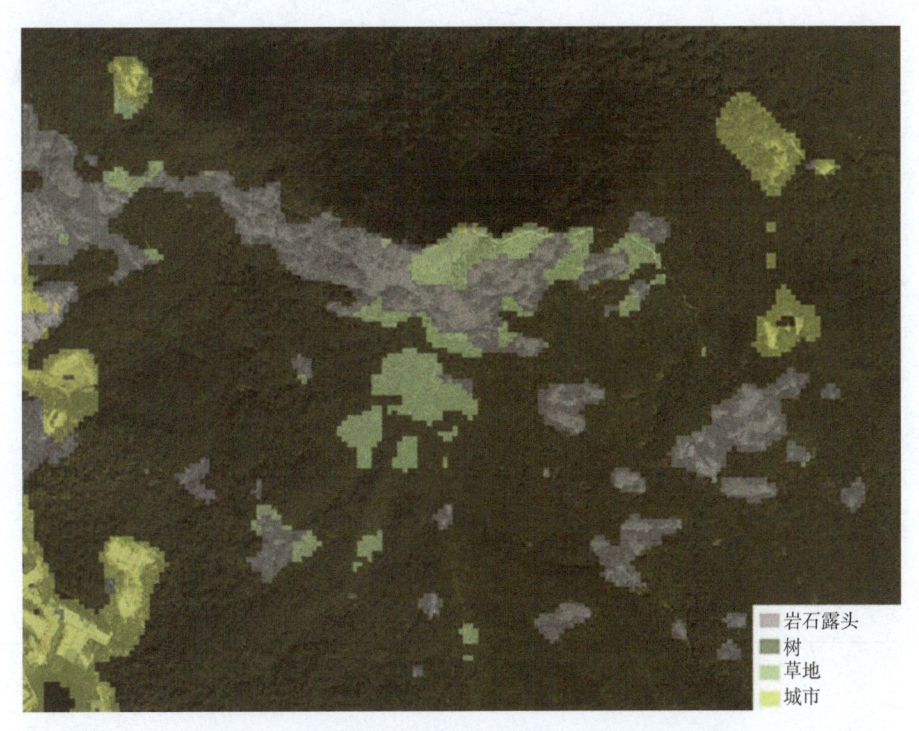

图 20.15　香港岛西高山地区 2015 年 DOP 的分类结果

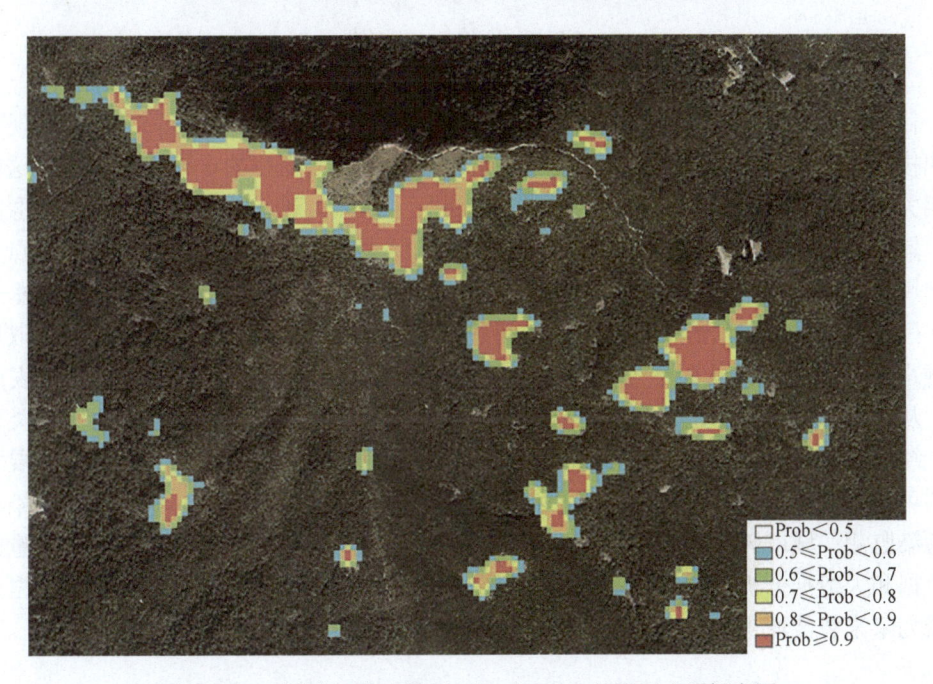

图 20.16　香港岛西高山地区 2015 年 DOP 的岩层出露概率图

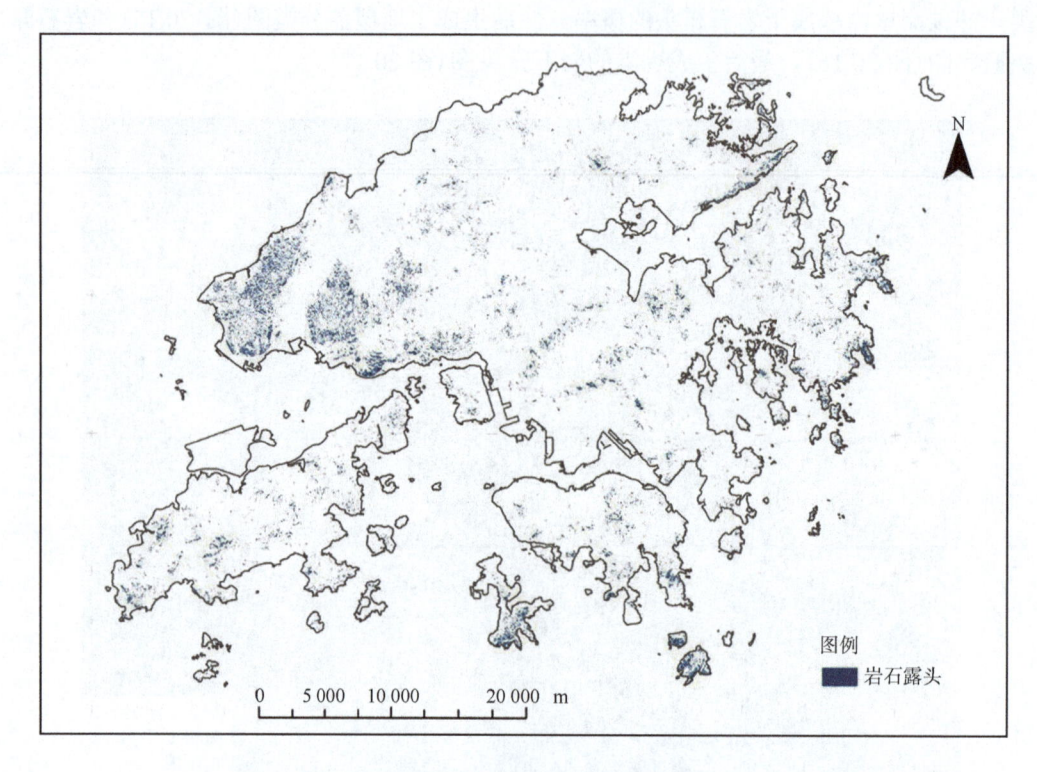

图 20.17 香港的岩石露头分布图

20.6 总　　结

目前，智慧城市的发展高度依赖于来自遥感技术的空间信息。然而，在使用现代工具和技术之前，关于遥感数据集的特点、解释理论、城市物体的自动提取以及与这些方法相关问题的知识是最基本的。本章已对其进行了深入讨论。随着极细分辨率图像的出现，具有越来越细的空间、光谱和时间分辨率的巨大数据量，使得当代研究的重点集中在利用大数据分析进行信息提取。此外，分析模式正在转向高精度的几何细节和垂直发展；在遥感数据集的光谱和空间信息之间进行权衡；以对象为导向的自动特征提取以更新城市空间的变化；从图像光谱学中开发城市光谱库以检测和分类众多的城市表面材料；从 LiDAR 点云中生成三维建筑的尖端技术；沿摩天大楼垂直面的土地利用类型分类；经济发展导致的城市扩张和人口迁移的动态；卫星图像的人口估计；未来发展背景下的可持续城市生态；极端天气事件和地震背景下的灾害风险减少；城市噪声污染和空气污染监测；城市树木和生物多样性的环境保护；以及智能交通系统。因此，大量的遥感数据和大数据分析将成为强制性的地理空间网络框架的支柱。遥感数据和大数据分析将成为未来智能城市发展的强制性地理空间网络基础设施的支柱。

第 21 章 基于合成孔径雷达干涉的城市感知

Hongyu Liang　Wenbin Xu　Xiaoli Ding
Lei Zhang　Songbo Wu

摘　要

合成孔径雷达(synthetic aperture radar, SAR)和合成孔径雷达干涉(interferometric synthetic aperture radar, InSAR)作为遥感领域的尖端技术，在城市遥感场景中应用颇多。由于 SAR 传感器采用的雷达微波信号能够穿透云层，相较于光学遥感，该技术在多云地区更具优势。本章首先将介绍 SAR、差分 InSAR 和多时域 InSAR 的基本概念，以及它们在城市遥感中的典型应用。同时，将给出利用 InSAR 技术生成 DEM 以及监测地面与基础设施形变的多个实例。最后，本章将简要讨论 InSAR 技术在城市遥感中的功能性和局限性。

21.1　合成孔径雷达

雷达(无线电探测和测距)系统通常发出电磁脉冲，并接收被目标物散射回来的脉冲。通过精确确定发射与接收脉冲之间的时间延迟和多普勒频移(Doppler frequency shift)，雷达系统能够量测目标物体相对于雷达的距离和移动速度。合成孔径雷达(SAR)作为一种常用的雷达遥感技术，与实际孔径雷达相比，它通过利用雷达天线沿特定轨道的运动，并且用数学方法创建一个比实际天线大得多的虚拟雷达天线，可以实现更精细的空间成像分辨率(即达到米级或更高)。SAR 系统通常安装在带有侧视成像几何的飞机或卫星上(图 21.1)。

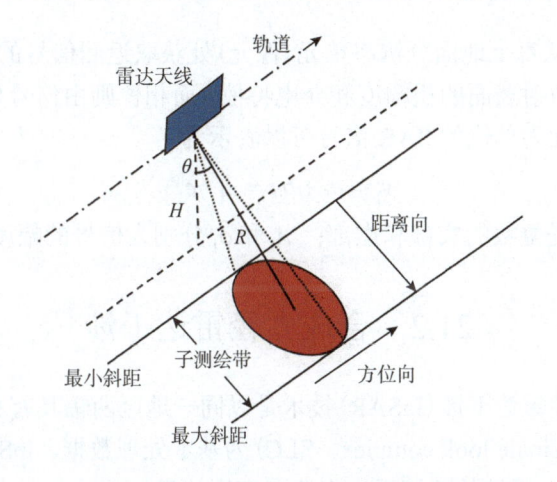

图 21.1　典型的 SAR 成像几何

天线接收来自被照射区域的后向散射信号。卫星的移动方向称为影像的方位向，雷达照射方向称为影像的距离向；H 为卫星高度；R 为地面分辨率单元与卫星之间的斜距；θ 雷达照射入射角

大多数星载 SAR 天线长 10～15 m，而通过利用 SAR 成像原理其地面空间分辨率可达到 1～20 m。自从 1978 年美国国家航空航天局（National Aeronautics and Space Administration，NASA）发射第一颗星载 SAR 卫星以来，世界各国已陆续发射多颗 SAR 卫星（表 21.1）。目前有超过十颗 SAR 卫星正在太空运行或在不久的将来发射升空。

表 21.1 迄今为止发射的 SAR 卫星

卫星名称	运行机构	波段/波长/cm	运行时间/年
Seasat	美国国家航空航天局（NASA）	L/23.5	1978
ERS-1	欧洲太空总署（ESA）	C/5.66	1991～2000
JERS-1	日本太空发展署（JAXA）	L/23.5	1992～1998
ERS-2	欧洲太空总署（ESA）	C/5.66	1995～2011
Radarsat-1	加拿大太空署（CSA）	C/5.66	1995～2013
Envisat	欧洲太空总署（ESA）	C/5.66	2002～2012
ALOS	日本太空发展署（JAXA）	L/23.5	2006～2011
Radarsat-2	加拿大太空署（CSA）	C/5.66	2007～
TerraSAR-X	德国航空航天中心（DLR）	X/3.1	2007～
COSMO-SkyMed constellation	意大利航天局（ASI）	X/3.1	2007～
TanDEM-X	德国航空航天中心（DLR）	X/3.1	2010～
Sentinel-1A	欧洲太空总署（ESA）	C/5.66	2014～
ALOS-2	日本太空发展署（JAXA）	L/23.5	2014～
Sentinel-1B	欧洲太空总署（ESA）	C/5.66	2016～
GF-3	中国国家航天局（CNSA）	C/5.66	2016～
PAZ	西班牙 Hisdesat 公司	X/3.1	2018～
ICEYE constellation	芬兰 ICEYE 公司	X/3.1	2018～
Capella	美国 CapellaSpace 公司	X/3.1	2018～

SAR 系统可以从每个地面分辨率单元（像元）处获取返回信号的强度及相位信息。强度信息主要取决于散射表面的粗糙度和介电特性，而相位则由信号传输和接收之间的时间延迟决定。以像元为单位的 SAR 信号可以表示为

$$y_1 = a_1 + b_1 i = A_1 \cdot e^{i\phi_1} \tag{21.1}$$

式中，a_1 和 b_1 分别是复数的实部和虚部；A_1 和 ϕ_1 分别为信号的幅度和相位。

21.2 合成孔径雷达干涉

常规的合成孔径雷达干涉（InSAR）技术是以同一地区两幅具有相似成像几何且聚焦后的单视复数影像（single look complex，SLC）为基本处理数据。InSAR 技术从时空不同位置获取的两幅 SAR 影像的干涉组合中获取有用信息。两幅 SAR 影像之间的空间位置间隔被称为空间基线，而当雷达天线从重复轨道经过同一区域获取 SAR 影像时，其时间间隔则称为时间基线。

将两幅 SAR 影像配准并重采样到同一几何位置后，对两幅 SAR 影像进行相干共轭相乘生成复数干涉图

$$v = y_1 \cdot y_2^* = A_1 A_2 \cdot e^{i(\phi_1 - \phi_2)} \tag{21.2}$$

式中，v 表示干涉图中一个像元的干涉信号。相位分量 $\phi_1 - \phi_2$ 则表示两幅 SAR 影像之间的相位差。虽然单幅 SAR 影像的相位值在空间分布上毫无规律，但两幅 SAR 影像之间的相位差则提供了非常有用的信息（图 21.2）。

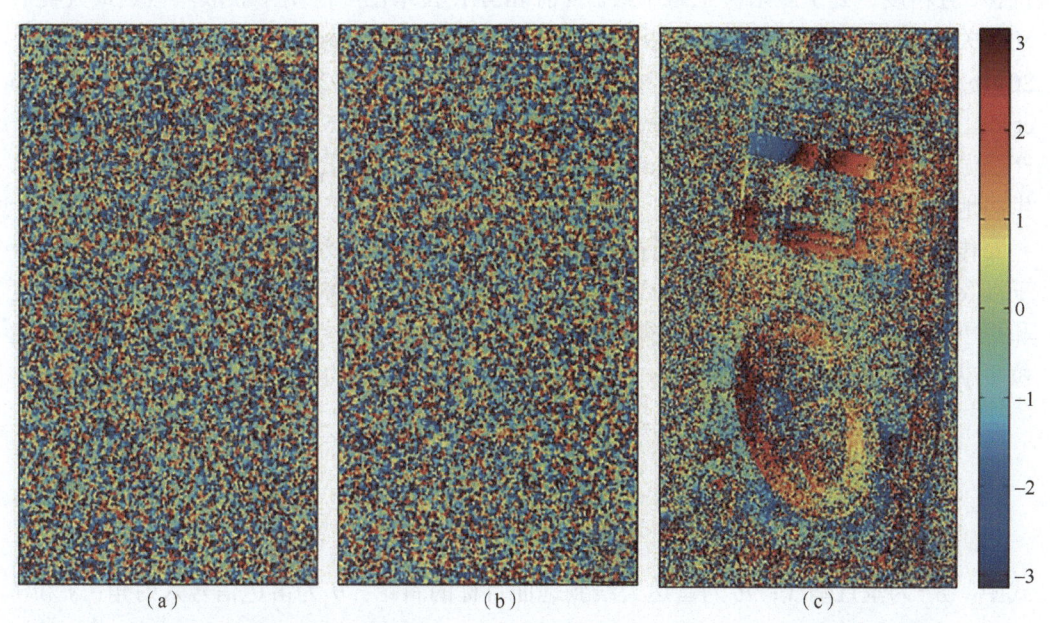

图 21.2 (a)TerraSAR-X SLC 影像相位图，获取于 2011 年 7 月 22 日的澳门东亚运动馆圆顶上空。(b)TerraSAR-X SLC 影像相位图，获取于 2011 年 10 月 7 日的同一区域。(c) 图像 a 和 b 差分产生的干涉相位；该干涉相位值在空间分布上具有一定的规律性，其中包含了地形、地表形变等信息。相位值的单位是 π。图(a)(b)(c)的相位值是以 2π 为模的缠绕值，取值范围为 −π 到 π 之间

其相位差 $\phi_1 - \phi_2$ 可分解为两部分，

$$\phi = \phi_1 - \phi_2 = -\frac{4\pi}{\lambda}(R_1 - R_2) + (\psi_{\text{scat},1} - \psi_{\text{scat},2}) \tag{21.3}$$

式中，λ 为雷达信号的波长；R_1 和 R_2 为两次 SAR 影像获取时刻雷达天线与地面目标之间的斜距；$\psi_{\text{scat},1}$ 和 $\psi_{\text{scat},2}$ 跟雷达信号与地面散射体之间的相互作用有关。

虽然在实际情况中，这种相互作用不可预测，但如果两幅 SAR 影像获取的空间和时间间隔很小，该散射相互作用将保持相干。因此，干涉图相位差主要取决于两次距离差 R_1-R_2，而散射相互作用的相位贡献则基本抵消。

基于观测几何，InSAR 干涉相位也可以定义为

$$\phi = \phi_{\text{flat}} + \phi_{\text{topo}} + \phi_{\text{defo}} + \phi_{\text{atm}} + \phi_{\text{orb}} + \phi_{\text{noise}} \tag{21.4}$$

式中，ϕ_{flat} 是斜距随参考椭球高程变化而引起的参考面相位；ϕ_{topo} 是由地形效应引起的

相位；ϕ_{defo} 是由地表形变引起的相位；ϕ_{atm} 为雷达信号穿过大气层引起的大气延迟相位；ϕ_{orb} 与不精准的轨道数据引起的相位有关；ϕ_{noise} 是由噪声引起的相位。由于雷达信号的波长通常在厘米范围内(表21.1)，以上相位贡献的测量精度可以达到毫米级，即波长的一小部分。

在早期的应用中，InSAR 技术主要用于绘制地表地形图，其精度与摄影测量结果相当，并且能够在各种天气条件下工作。很快后续研究证明重轨 InSAR 能够测量地表相对位移，且精度达到了厘米甚至毫米级。目前 InSAR 技术已广泛用于获取与自然或人类活动有关的各类地表形变信息，如板块运动(Fialko，2004；Zhang et al.，2021a；Zhang et al.，2021b)、火山活动(Liang et al.，2021a；Lu and Dzurisin，2014)、冰川变化(Goldstein et al.，1993)、山体滑坡(Liang et al.，2020；Sun et al.，2015)以及由于开采地下水或矿产资源而引起的地面沉降(Qu et al.，2015)。下面我们将简要介绍如何使用 InSAR 技术生成地表形变图。

传统利用两幅 SAR 影像进行干涉获取地表形变图的方法，称为合成孔径雷达差分干涉(differential InSAR，DInSAR)(Massonnet and Feigl，1998)。在不考虑大气传播延迟和卫星轨道误差的情况下，在获得地表形变之前，需要从干涉图中去除参考面和地形相位贡献，

$$\phi_{\text{flat}} = -\frac{4\pi}{\lambda}\frac{B_\perp s}{R\tan\theta}$$

$$\phi_{\text{topo}} = -\frac{4\pi}{\lambda}\frac{B_\perp h}{R\sin\theta}$$

式中，$B_\perp$ 为垂直基线；R 为雷达天线到地面目标的斜距；θ 为雷达信号入射角；s 和 h 分别为相对于参考点的斜距和高程差值。这些参数可以从 SAR 系统配置文件中查询获得。消除参考面相位的操作称为干涉图去平，其结果就是去除参考面相位后的干涉图[图21.3(b)，(c)]。地形相位的消除可以通过部署外部数字高程模型(DEM)和 InSAR 成像几何来模拟合成干涉图，然后从去平干涉图中减去地形相位贡献来实现(Massonnet and Feigl，1998)。目前基于该技术生成的全球 DEM 数据集包括美国的 SRTM(Farr et al.，2007)以及日本的 AW3D30m(Tadono et al.，2016)。而另一种消除地形相位的方法是，利用从同一区域获取的其他短时间间隔 SAR 影像来生成合成干涉图，再将合成干涉图根据原始干涉图的空间基线进行缩放。考虑到这种方法使用了额外的 SAR 影像生成 DEM 干涉图并且假设该干涉图仅包含地形贡献，这种原始干涉图与第三或第四幅 SAR 影像的组合方法被称为三轨或四轨 InSAR 法(Zebker and Rosen，1994)。

从原始干涉图中减去参考面相位和地形相位，可以得到差分干涉图[图21.3(d)]。此时由于忽略大气传播延迟及其他系统误差，所得到的相位观测值可视为两项贡献之和：①两幅 SAR 影像获取时间间隔内发生的相对地面位移；②由地面散射特性引起的与时空基线变化相关的相位噪声。该相位噪声传播到形变图中，会降低形变获取结果的质量。为了减轻噪声的影响，可以采用低通滤波器来提高干涉相位的信噪比(signal-to-noise ratio，SNR)，但代价是可能会降低影像空间分辨率(goldstein and Werner，1998)。

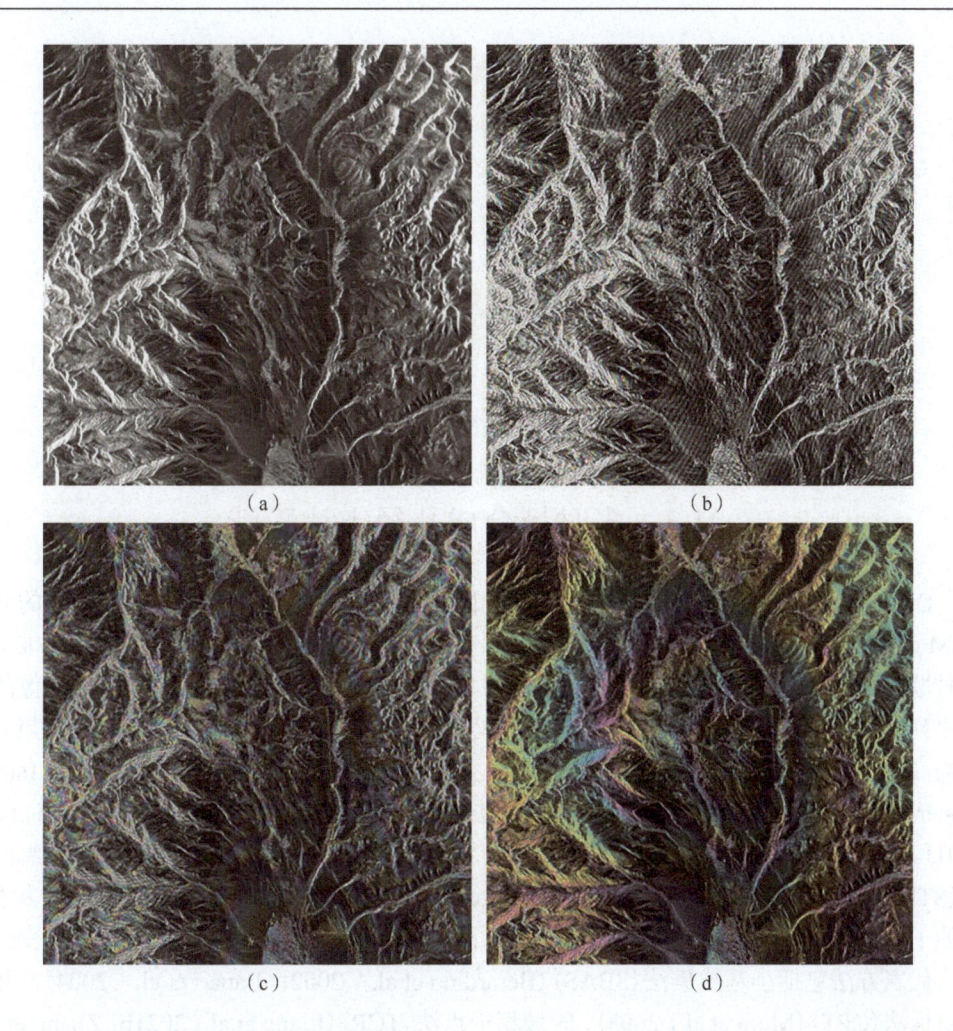

图 21.3 (a) PALSAR 影像强度图，获取于 2008 年 7 月 3 日的中国西藏当雄上空。(b) 两幅 PALSAR 影像相位做差生成的干涉相位图，两幅影像分别获取于 2008 年 7 月 3 日和 2009 年 2 月 18 日。以 2π 为周期的相位条纹包含了参考面、地形以及形变等相位贡献。(c) 去除参考面相位的干涉图。(d) 去除参考面和地形相位的干涉图。最终相位条纹主要包含由 2008 年 10 月 6 日发生的 6.3 级地震引起的地表形变信息

　　滤波后的干涉图主要包含地表形变信息。然而，由于干涉相位值是以 2π 为模且取值范围在 $-\pi$ 到 π 之间的缠绕值，不能直接将滤波后的差分干涉图转换为地表形变图。缠绕的相位值需要加上 2π 的正确倍数才能恢复其绝对相位值，这个过程被称为相位解缠。目前已有多种不同的相位解缠方法被提出，比如枝切法(Goldstein et al.，1988)，最小二乘法(Ghiglia and Romero，1994；Pritt and Shipman，1994)和最小费用流法(Costantini，1998)等。每种方法都有各自的优缺点，它们的性能取决于噪声水平、地形特征和其他条件。当干涉图完成相位解缠，则可以得到雷达视线方向(line-of-sight，LOS)相对于参考点的地表形变图。综上所述，DInSAR 获取地表形变的处理流程如图 21.4 所示。

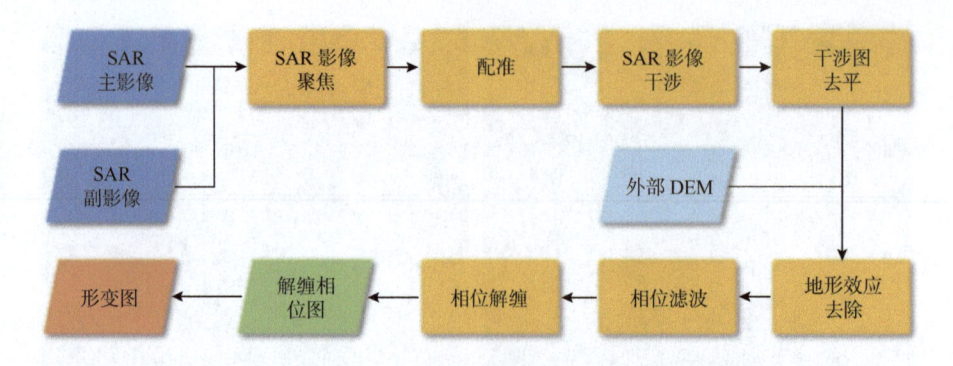

图 21.4　DInSAR 技术获取地表形变图处理流程

21.3　多时域合成孔径雷达干涉

　　DInSAR 方法的有效性通常会受到几个因素的限制，比如用于去除地形相位的外部 DEM 误差、大气传播延迟、轨道误差、时空失相关和相位解缠误差。这些限制推动了多时域 InSAR(MTInSAR)技术的发展。该技术通过获取覆盖同一区域的 SAR 影像的时间序列，并且聚焦于相位稳定性强的散射体(即永久性散射体(PS))来解决上述问题。经过约 20 年的发展，目前 MTInSAR 技术主要分为三类。第一类方法采用单主(single master, SM)影像干涉图进行处理，代表方法包括永久散射体法(PSInSAR)(Ferretti et al.，2001)，斯坦福 PS 法(StaMPS)(Hooper et al.，2007；Hooper et al.，2004)，时空解缠网络法(STUN)(Kampes，2006；Kampes and Hanssen，2004)等。第二类方法首先生成多主影像的干涉图组合，然后从中等相位稳定性的散射体(即分布式散射体(DS))中提取变形信息，代表方法包括小基线集法(SBAS)(Berardino et al.，2002；Lanari et al.，2004)，相干点目标法(CPT)(Mora et al.，2003)，时域相干点法(TCP)(Liang et al.，2021b；Zhang et al.，2011a；Zhang et al.，2011b；Zhang et al.，2014)。第三类方法先生成全组合干涉图来增强 DS 的相位质量，然后再联合 PS 相位与增强后的 DS 相位通过单主影像干涉图组合来提取地表形变信息，这类方法包括 SqueeSAR(Ferretti et al.，2011)，CAESAR(Fornaro et al.，2015)，PDPSInSAR(Cao et al.，2016)和 JSInSAR(Lv et al.，2014)等。

　　MTInSAR 技术的创新性主要体现在三方面。首先，高质量的相干点选取是 MTInSAR 技术的基础。基于不同的识别指标，高质量相干点的选取方法主要包括振幅离差法(ADI)(Ferretti et al.，2001)、信号杂波比法(SCR)(Adam et al.，2005)、空间相位稳定性法(Hooper et al.，2004)、相干图法(Jiang et al.，2015；Mora et al.，2003)和像素偏移量法(Zhang et al.，2011a；Zhang et al.，2012)。然后，需要根据信号与相位观测之间的关系针对不同的相位贡献进行建模。这些相位贡献可以通过 InSAR 进行自身观测(如地形误差、轨道误差、高程相关大气延迟(Liang et al.，2019a；Liang et al.，2019b；Zhang et al.，2014))或外部数据(如大气延迟(Jolivet et al.，2014))进行分离。最后，地表时序形变可以通过所建立的函数模型进行估计。而模型估计的复杂度取决于对模糊度的处理策略。一方面，当相位空间解缠完成后解缠相位可以直接通过最小二乘求解形变。

另一方面,当相位空间解缠遇到问题时,可以借助时间维相位解缠进行辅助求解。此类方法包括周期图谱法(Ferretti et al., 2001)、三维相位解缠法(Hooper et al., 2007; Hooper et al., 2004)、整数最小二乘法(Kampes, 2006)以及带粗差探测的最小二乘法(Zhang et al., 2011b; Zhang et al., 2012)。

21.4 InSAR在城市的应用

从以上讨论可以看出,InSAR主要应用于生成DEM和获取地表形变图。在城市环境中,城市规划和环境建模通常需要构建城市区域的三维模型。监测地表位移及基础设施形变,一方面可以更好地应对地面沉降、塌陷以及滑坡等地质灾害;另一方面为确保楼房、桥梁和道路等城市基础设施的健康安全提供必要的基础信息。下面我们将讨论InSAR技术在城市环境下有关DEM生成、地面沉降以及基础设施健康监测的应用。

1. 高精度DEM生成

测绘城市地形模型对于各类科学和实际应用必不可少,如城市热岛效应建模、城市景观设计和城市规划。InSAR技术可用于生成大都市地区的高分辨率的DEM产品,特别是通过TanDEM-X任务获取的InSAR数据,已被用于生产覆盖全球区域的精细DEM,其有效分辨率达到6 m(Zhu et al., 2018)。该任务基于TerraSAR-X和TanDEM-X的串联式SAR卫星,通过先进的相位滤波和解缠算法处理单轨SAR干涉图来生成全球范围的DEM产品。这种单轨收发分置雷达干涉的优点是生成的干涉图不受时间和大气延迟的影响(Rossi and Gernhardt, 2013),但同时由于相位滤波而降低了其空间分辨率。另一方面,基于重复轨道获取的全分辨率SAR影像,MTInSAR技术可以生成更精确且空间分辨率更高的城市DEM(Perissin and Rocca, 2006)。图21.5展示了中国深圳市的DEM三维点云数据图,其中共使用79幅2008年5月至2013年5月获取的TerraSAR-X影像来生成此DEM产品。整个SAR数据集采用MTInSAR技术进行处理(Wu et al., 2019),该技术具有限制大气延迟和减轻时空失相关影响的特点。从图21.5可以看出,深圳市的高层建筑(即高度100 m以上)能被明显识别并且其空间分布也清晰明了。图21.6展示了更详细的DEM产品,其中建筑物点云与"谷歌地球"中对应的三维模型吻合一致,体现了MTInSAR技术对测绘城市地形模型的有效性。

InSAR技术类似于立体摄影测量,两者都使用一对影像来计算地面目标高度。另一方面,InSAR技术也类似于激光雷达技术(LiDAR),因为它们都使用距离测量值。与其他地形测绘技术相比,InSAR的操作成本通常更低。

InSAR在城市地形制图中也存在一些缺陷,如信号镜面反射、信号旁瓣以及SAR图像几何畸变。镜面反射主要发生在地面光滑的场景中。在这种情况下,地表几乎没有信号发生反向散射,从而导致地表信号返回微弱并且相位信息也被损失。旁瓣效应是由强散射体影响相邻像素的相位值所造成的。在城市环境中,由于SAR系统的侧视几何造成的畸变主要包括阴影和透视收缩。当雷达信号被建筑物或地形遮挡时,就会产生雷达阴影;而当地形坡度超过雷达入射角时,则会造成多个散射体叠加的现象,即透视收缩。

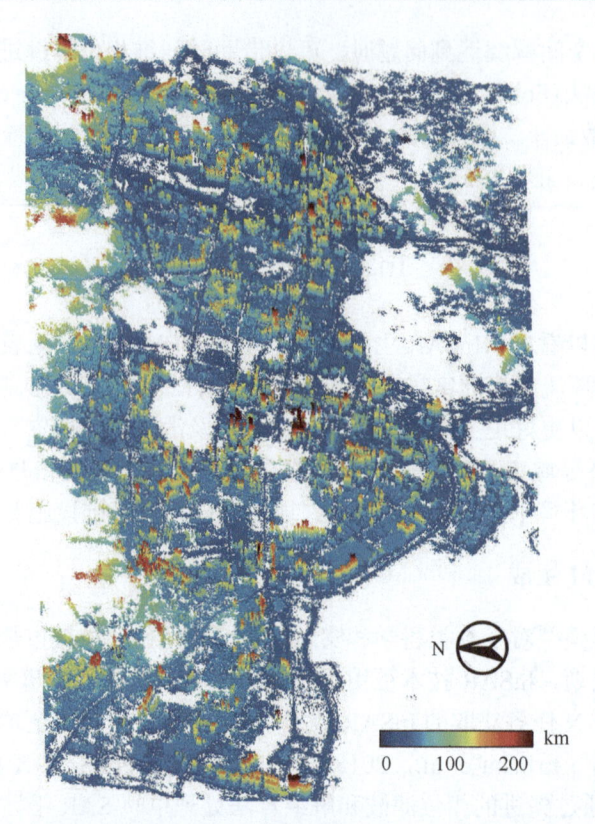

图 21.5　深圳市部分区域地表高程模型，由 79 幅 TerraSAR-X 数据经 MTInSAR 技术处理得到

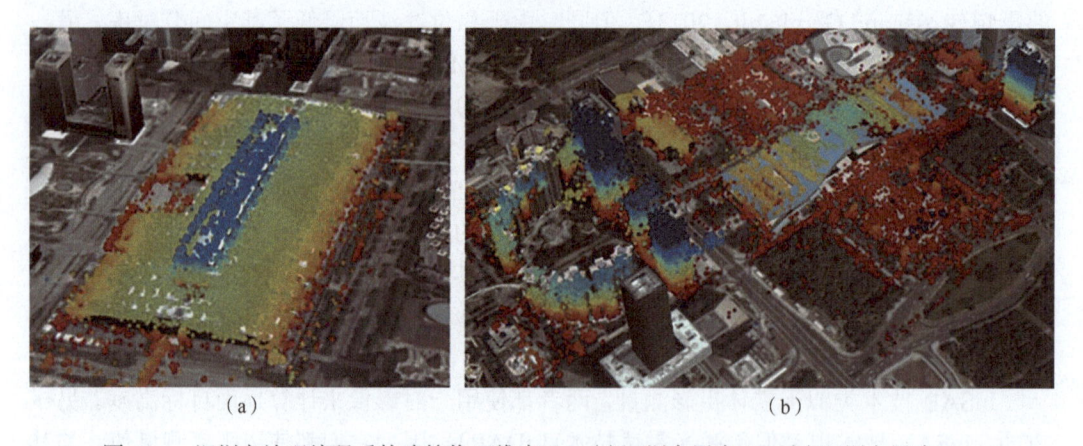

图 21.6　深圳市地理编码后的建筑物三维点云。(a)深圳会展中心；(b)深圳市民中心。
三维点云数据叠加在谷歌地球影像上(© 2019 Google)

随着 InSAR 技术的不断发展，现有技术可以在一定程度上缓解几何畸变的影响。通过结合使用不同观测几何(即升轨和降轨)的 SAR 数据，可以减少雷达阴影影响的区域。对于透视收缩问题，可以将 InSAR 测量从三维扩展到四维空间(即三维空间加时间)，同步估计出叠加散射体的高程和形变速率。这种技术被称为差分 SAR 层析扫描(TomoSAR)(Lombardini，2005；Zhu and Bamler，2010)。

2. 地面沉降监测

MTInSAR 技术使得城市区域形变信号的提取达到前所未有的空间分辨率。由于在城市环境中存在大量永久散射体(如楼房、桥梁等),时间失相关效应在很大程度上得到了削弱(Ferretti et al.,2001)。近年来,InSAR 技术在城市区域形变监测方面的能力也得到了广泛的证明。

地下水开采引起的地面沉降是城市地面发生形变的重要原因之一(Qu et al.,2015)。由于城市化发展需要大量工业和居民用水,目前世界上多个城市地区都处于缺水状态。图 21.7 为北京市地下水过度开采引起的区域沉降图。此次处理采用了 12 幅 TerraSAR-X 影像来反演空间形变场及其时间上的演化过程。形变结果表明,2010 年到 2012 年间最大形变速率为 1.3 cm/a,累积沉降量为 2.2 cm。InSAR 获取的地表沉降图为地下水开采量及开采位置的提供了有用信息。

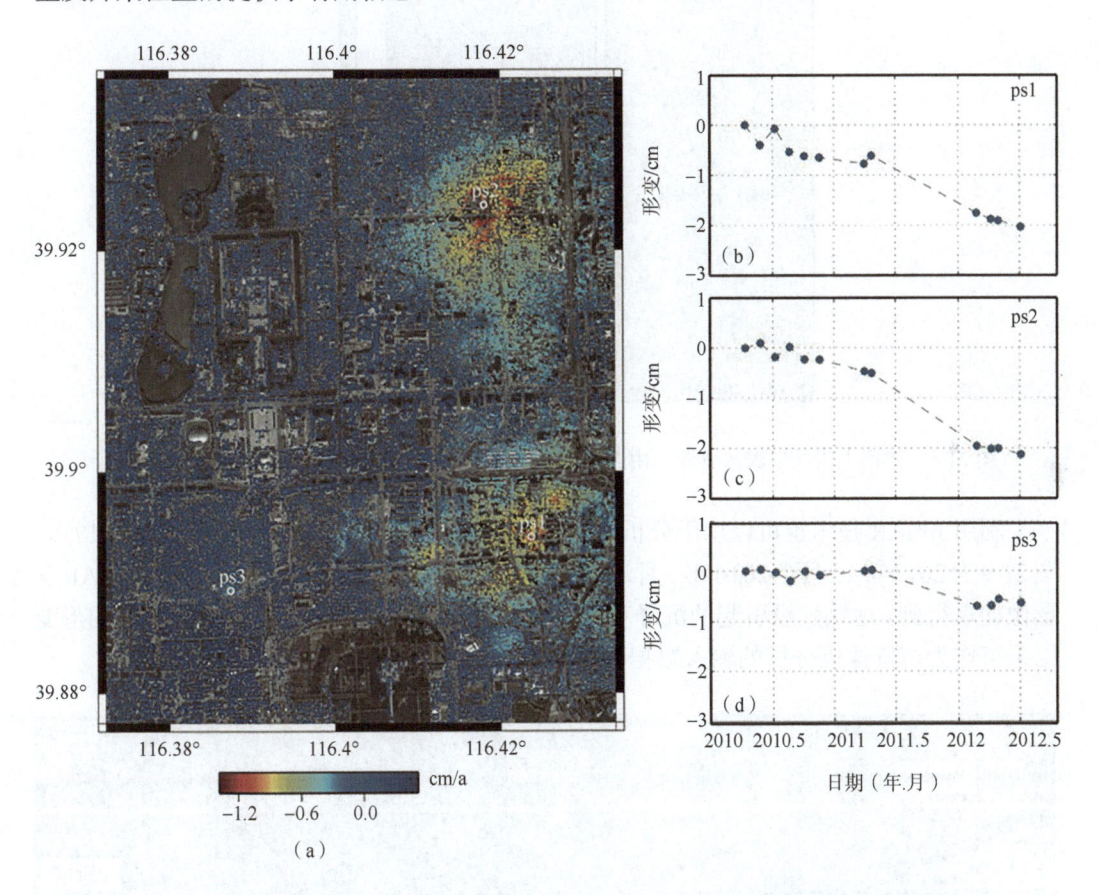

图 21.7 (a)北京市地表形变图,由 12 幅 TerraSAR-X 影像经 MTInSAR 技术处理得到。
(b)ps1 点时序形变。(c)ps2 点时序形变。(d)ps3 点时序形变

由于城市可用土地短缺,目前许多沿海城市都开始填海造陆,以寻求城市的进一步发展。而复杂的海底地质环境对控制填海地区的稳定性提出了挑战(Shi et al.,2018;Wu et al.,2020)。图 21.8 显示了澳门一个人工岛在短短九天内的快速沉降情况。InSAR

技术目前已成为一种安全、高效的地表形变信息提取技术，可以用于分析地质稳定性并且管理填海造陆施工进度。

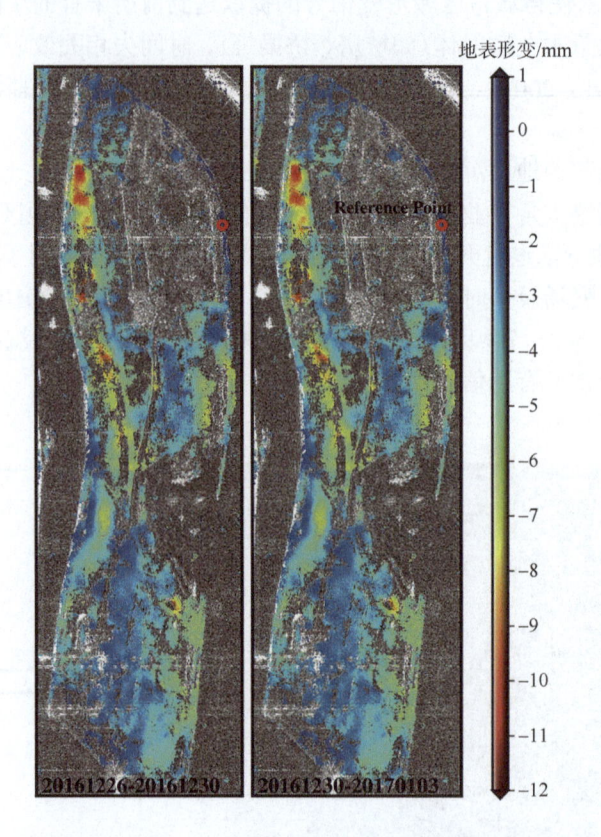

图 21.8　澳门人工岛地表形变图，由 3 幅 COSMO-SkyMed 影像经 DInSAR 技术处理得到

利用 InSAR 技术也可以用于分析地下施工引起的沉降(Serrano-Juan et al.，2017)。图 21.9 为 2013 年 12 月至 2016 年 7 月深圳某地铁沿线的沉降图，共使用 50 幅 TerraSAR-X 影像处理得到。地铁建设引起的沉降对周边地区构成了潜在威胁，而 InSAR 获取的形变结果可作为沉降原因分析的输入数据。

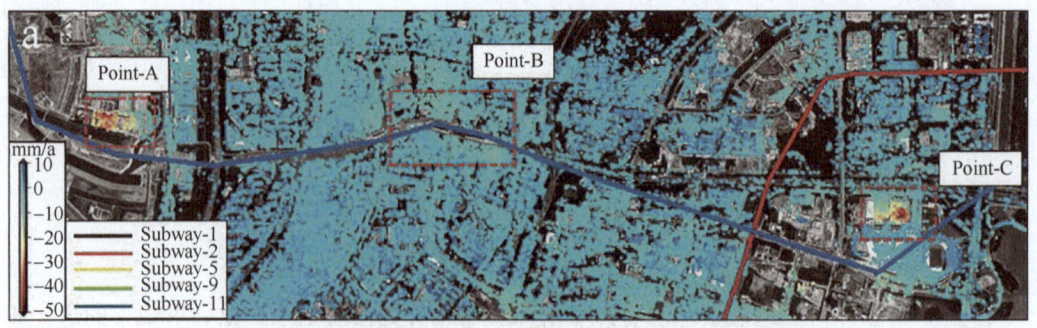

(a)

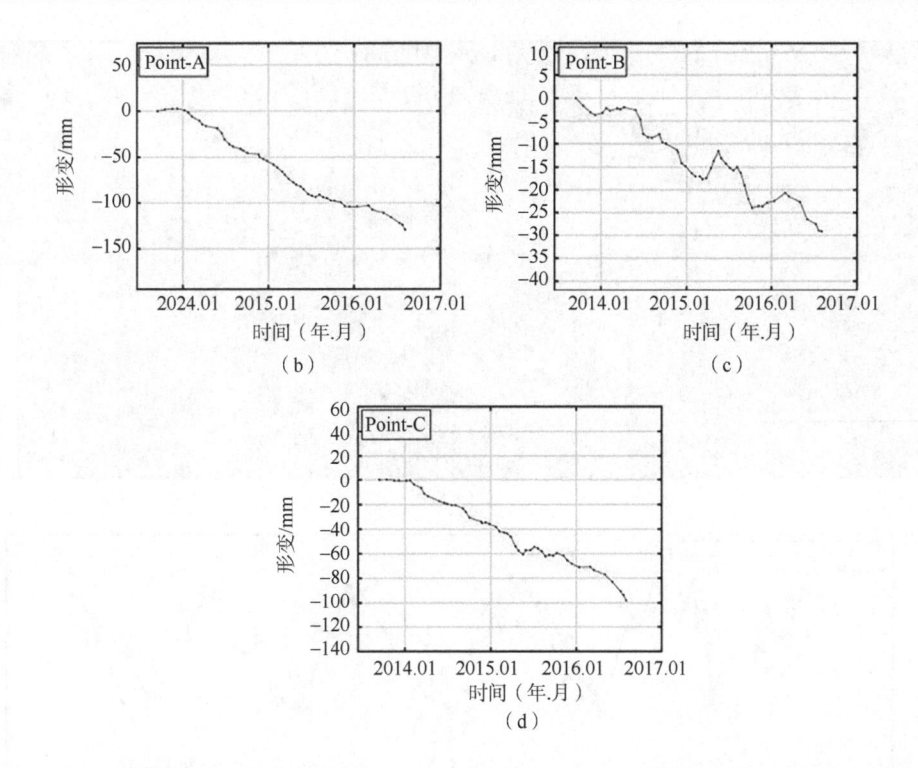

图 21.9 (a)深圳市某地铁沿线地表形变图,由 50 幅 TerraSAR-X 影像经 MTInSAR 技术处理得到。(b)Point-A 点时序形变。(c)Point-B 点时序形变。(d)Point-C 点时序形变

其他地表形变情形,如路面塌陷和滑坡,也可以采用 InSAR 技术来监测。InSAR 技术在这类应用上的可行性取决于地面沉降速度和地表特征。

3. 基础设施健康监测

楼房和桥梁等城市基础设施对支撑城市居民的日常生活至关重要。由于任何结构故障都可能导致危险的后果,监测基础设施的健康稳定性尤为重要。地面传感器如加速度计和传统地面测量方法可以为结构稳定性提供有用的信息。然而,用这些方法需要测量大量的基础设施点,人力物力成本昂贵。InSAR(特别是 MTInSAR)技术可用于监测分析大面积的地表和基础设施形变状况。因此,相对于现有地面测量技术,InSAR 技术可以高效地提供有用的补充信息(Ma and Lin,2016)。

一般来说,InSAR 观测到的结构位移包含热膨胀和长期变形。热膨胀是由被测量结构体的温度变化引起的(Crosetto et al.,2015;Qin et al.,2018)。图 21.10 展示香港九龙半岛一幢高层建筑结构变形与温度变化之间的关系,其中结构体的热膨胀系数取决于其材料特性。

图 21.11 为香港高架桥道路的两幅形变速率图,其形变结果由 2013 年到 2014 年获取的 29 幅 TerraSAR-X 影像进行处理得到。从形变图可以看出,形变速率主要沿道路纵向变化。图 21.12 为香港昂船洲大桥在去除热膨胀效应后的形变速率图,该形变速率图清晰显示了桥面上长期形变位置。

(a)

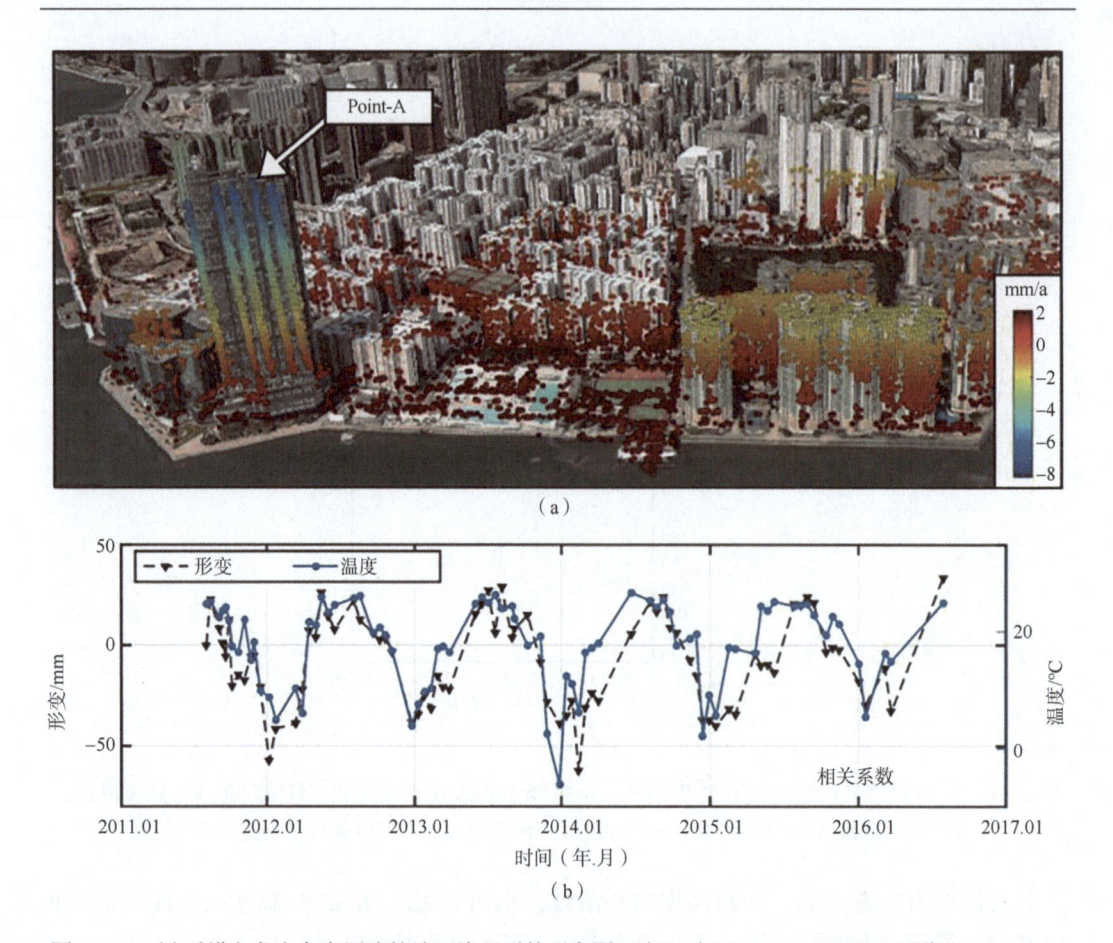

(b)

图 21.10 (a)香港九龙半岛高层建筑地理编码后的形变图,由 80 幅 COSMO-SkyMed 影像经 MTInSAR 技术处理得到。形变数据叠加在谷歌地球影像上(© 2019 Google)。(b)Point-A 点的时序形变及温度变化

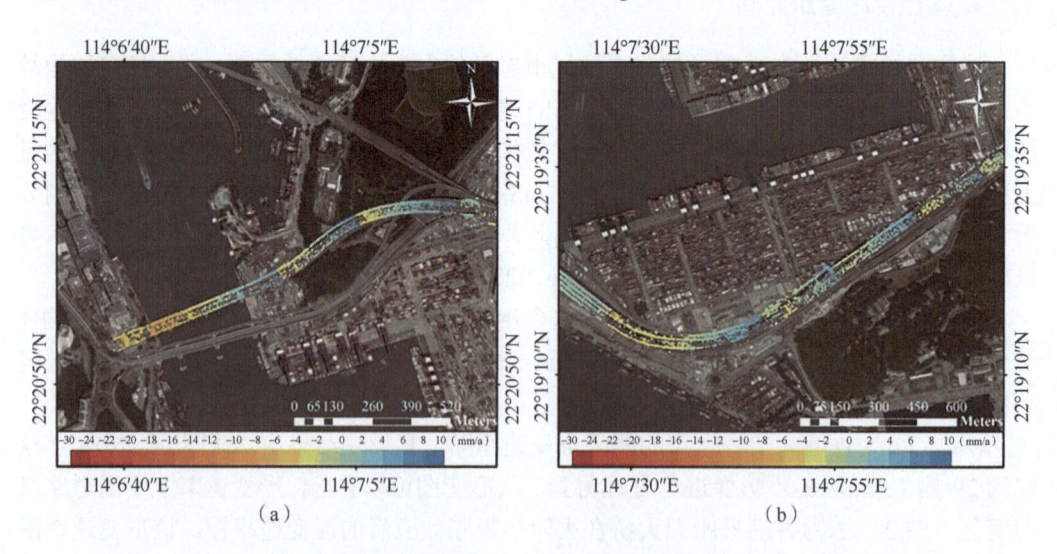

(a)   (b)

图 21.11 香港高架桥道路形变速率图。(a)青葵高速公路;(b)青沙高速公路

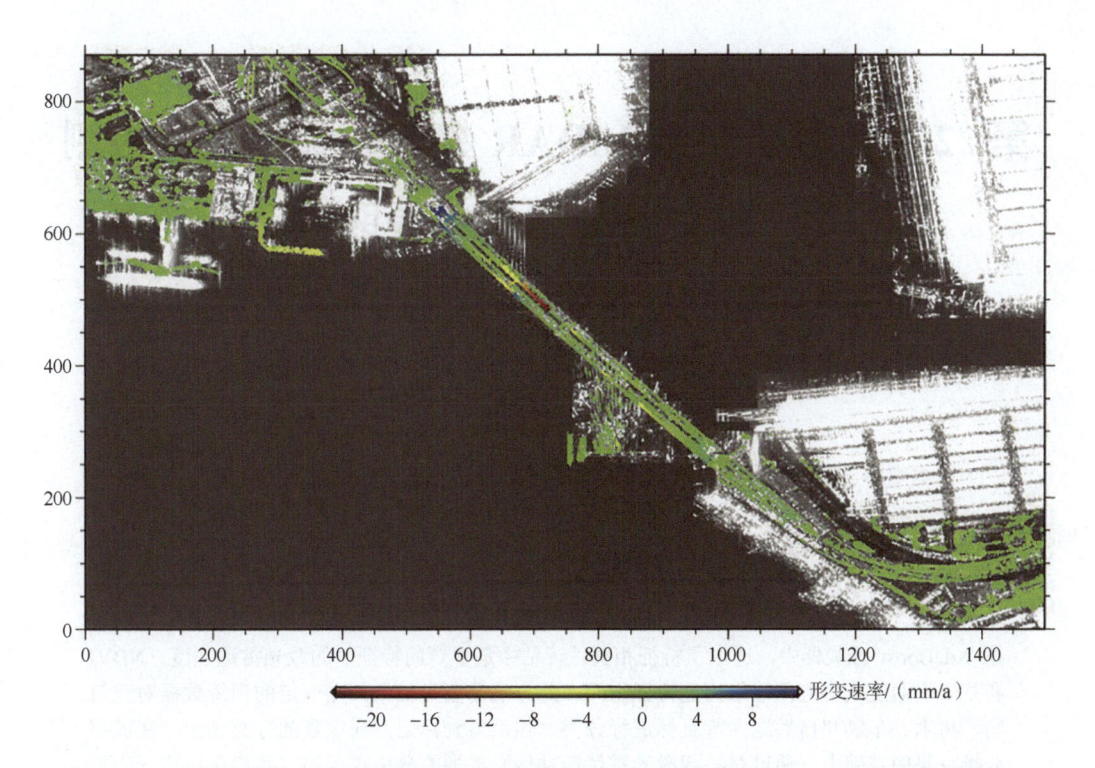

图 21.12　香港昂船洲大桥形变速率图，由 51 幅 TerraSAR-X 影像经 MTInSAR 技术处理得到。该形变速率为去除热膨胀效应后的结果

然而处理单一轨道的多幅 SAR 影像只能提供沿雷达视线方向的形变信息（Gernhardt and Bamler，2012；Schunert and Soergel，2012）。通过融合多个轨道平台的 SAR 数据，则可以全方位地观测基础设施形变，并生成不同的变形分量，包括垂直分量和水平分量（Hu et al.，2014；Wu et al.，2021）。

21.5　总　　结

本章系统阐述了 SAR、InSAR 以及 MTInSAR 技术的基本概念及其在城市环境中的应用。得益于近年来在雷达天线空间分辨率和轨道控制方面的进展，InSAR 技术已成为 DEM 生成和地表形变监测的一项重要技术，而这些地表形变主要与地面沉降和基础设施不稳定等因素有关。InSAR 技术在这类应用中具有明显优势。例如，全天候、全天时的工作能力，这些能力在多云区域特别有用。同时，星载 InSAR 技术还具有覆盖范围广的特点，其空间和时间分辨率是其他任何技术都无法比拟的。然而，InSAR 在一些相关应用中仍存在不足之处，在发展新的 SAR 传感器、系统和数据处理算法方面，还需要进一步研究来推进技术革新。比如，目前正在研究的地球静止 SAR 卫星星座和 P 波段 SAR 传感器系统。可以预见，在不久的将来，InSAR 技术的能力将得到更进一步的提高。

第22章 基于机载 LiDAR 数据的城市目标检测和交通动态信息提取

姚 巍 邬建伟

摘 要

在本章中,我们提出了一种先进的机器学习方法,通过机载激光雷达来检测目标和提取复杂城市地区的交通动态。利用此方法,大尺度城市区域的静态和动态特性,都可以以一种高度自动化的方式进行表征。首先,在有图像的情况下,通过与图像配准对激光雷达点云进行着色。其次,为了便于获取每像素或每点的空间上下文信息,所有数据点都被网格拟合到栅格格式中。然后,使用长方体邻域提取各种空间统计和光谱特征。随后,在 AdaBoost 分类器中,选取了特征相关性评估中最重要的特征,如激光雷达强度、NDVI 和基于平面度或协方差等来构建特征空间。此方法需要先根据预先选定的训练数据对建筑物、树木、车辆和自然地面等目标进行分类,然后得到标记点或像素的分类结果。在城市分类结果的基础上,通过对机载激光雷达运动伪影模型的分析和反演,我们可以进一步推断和确定与交通相关的车辆运动情况。我们使用 ISPRS 在欧洲和加拿大市中心地区获得的公开基准实验数据集,对开发检测各种城市目标的策略性能进行了广泛评估。我们使用语义和几何标准来评估每个像素和每个对象层次上的实验结果。在需要图像和激光雷达点云先验配准的典型城市区域的数据集中,AdaBoost 分类器对建筑物的检测准确率高达 90%,对树木的检测准确率高达 72%,对自然地面的检测准确率高达 80%,而对所有待评估对象类别的检测都具有较低的鲁棒性和假阳性率。性能分析的理论和仿真研究都表明,快速运动车辆的速度估计是理想和准确的,而慢速运动车辆的速度估计是很难区分的,但是速度估计结果的精度是可以接受的。除此之外,ALS 数据的点密度与系统性能相关。除了那些(近似)沿轨道移动的车辆外,几乎所有可能的观测几何图形都可以高精度地估计速度。通过测试站点的性能对比分析,最后实现并验证了基于选定特征从机载激光雷达数据中检测城市目标和表征交通动态信息策略的功能和可靠性。

22.1 引 言

城市场景分类和目标检测是遥感领域的重要课题。近年来,激光雷达传感器产生的点云数据和多光谱航空影像已成为城市场景分析的两个重要数据源。虽然高分辨率的多光谱航空图像提供了关于地表的详细光谱纹理信息,但是激光雷达数据更能反映物体的几何特征。激光雷达通过激光测距、定位和定向系统(positioning and orientation system,POS)直接实现目标的数字化三维表示,它已成为一种常用的主动测量方法。激光雷达技术基于不同的平台可以覆盖地面、移动、机载和星载应用,本章重点介绍机载应用。

机载激光雷达(airborne LiDAR,ALS)在近 20 多年的研究中得到了广泛关注。该技术已广泛应用于森林制图(Næsset and Gobakken, 2008; Reitberger et al., 2008; Zhao et al., 2018)、海岸监测(Earlie et al., 2015; Bazzichetto et al., 2016)、智慧城市应用(Garnett and Adams, 2018)等领域。由于 ALS 可以直接获得精确和高度详细的三维表面信息, 并且超过一半的人口居住在城市地区, ALS 能够在城市建模(Zhou and Neumann, 2008; Lafarge and Mallet, 2012; Chen et al., 2019)、土地覆盖与土地利用分类(Azadbakht et al., 2018; Balado et al., 2018; Wang et al., 2019)、环境监测与植被制图(Liu et al., 2017; Degerickx et al., 2018; Lafortezza and Giannico, 2019)、城市人口估算(Tomás et al., 2016)、节能环保(Jochem et al., 2009; Dawood et al., 2017)等方面实现重要的应用。利用 ALS 数据进行城市建模主要应用于建筑物(Bonczak and Kontokosta, 2019; Li et al., 2019)、道路(Chen and Lo, 2009)、桥梁(Cheng et al., 2014)、输电线(Wang et al., 2017)等对象的三维重建。最近, ALS 数据也对于提高城市制图和土地覆盖分类的精度有帮助。Degerickx 等(2019)将 ALS 数据作为一个额外的数据源, 以提高利用高光谱和多光谱图像进行城市土地覆盖分类的多端元光谱混合分析的性能, 并且发现从 ALS 数据中获取高度分布信息作为附加像素分数约束的基础, 可以显著减少光谱相似但结构不同的土地覆盖类别之间的光谱混淆。基于三维有理多项式系数模型, ALS 数据提供的精确的高程信息也可以被应用于提高城市制图精度(Rizeei and Pradhan, 2019)。

除上述应用外, ALS 还可用于检测和监控动态对象。与传统的光学图像相比, 机载激光雷达数据不仅包含丰富的空间信息, 而且包含丰富的时间信息。理论上, 从机载激光雷达单通道数据中提取车辆, 识别车辆运动, 并根据运动伪影效应推导出车辆的速度和方向是可能的。因此, 除了机载激光雷达的一般应用之外, 它还可被用作从空中进行交通监测的监视器。

城市场景分析可以根据不同的对象类型、不同的数据源和算法进行分类。在过去的几十年里, 关于城市场景分析的工作主要集中在特定对象的分类或检测上。在提取建筑物和道路等物体上, 已经有了许多出色的研究(Clode et al., 2007; Fauvel, 2007; Sohn and Dowman, 2007; Yao and Stilla, 2010; Guo et al., 2011; Xiao et al., 2012), 并且树木和车辆也是智能监控城市自然资源和交通的兴趣对象(Höfle and Hollaus, 2010; Yao et al., 2011)。然而, 由于城市目标的特征和表象多种多样, 对不同城市目标的检测和建模可能涉及到更为复杂的情况。随着 ALS 数据被广泛应用于建立三维城市模型, 从图像和激光雷达数据中提取目标的自动化方法也得到了越来越多的研究, 这些方法显示了城市三维目标建模和表面表征的巨大潜力(Schenk and Csatho, 2007; Mastin et al., 2009)。在这一章中, 我们重点研究了基于空间和辐射特征的 AdaBoost 分类技术对机载激光雷达数据进行城市目标检测。我们将开发并验证一种具有鲁棒性的、基于激光雷达点云和图像融合的城市目标检测分类策略。

如上所述, ALS 数据已经成为城市和植被分析等各种应用中对象提取和重建的重要数据源。然而, 交通监测仍然是激光雷达领域少数几个尚未被深入分析的领域之一。有几个动机驱使我们使用机载激光雷达在城市地区进行交通分析:

(1)激光对体散射物体(例如树木)的穿透能力可以改善车辆检测;

(2)机载激光雷达线性扫描机制产生的运动伪影可以确定物体的运动;

(3)车辆的显式提取可以细化车辆被视为顽固扰动的 DTM 滤波和道路检测等操作

的结果。

基于 ALS 的运动车辆检测已经在一些研究文献中讨论过。与我们的工作最相关的研究来自 Toth 和 Grejner-Brzezinska(2006)的研究。他们采用机载激光扫描仪结合数字相机对交通道路进行分析来获取交通信息。然而，该系统的测试仅限于高速公路，需要对其在更具挑战性地区的可行性进行研究。Yao 等(2010a)采用基于网格化 ALS 数据的上下文引导方法提取车辆目标的单个实例，结果表明，提取车辆并进行运动分析是可行的。他提出了一种直接在激光雷达点云上进行车辆提取的方法，该方法在分割步骤中综合了高度、边缘和点形状等信息，通过基于对象的分类提高了车辆提取的效率(Yao et al., 2011)。Yao 等(2010b)根据提取出来的车辆提出了一种通过参数化、分类和形状变形特征反演，来区分车辆运动状态和估计车辆速度的完整方法。与监测军事交通的应用相比，民事应用的检测对象有更多的限制。我们可以假设车辆在已知的道路网络上行驶，这可能在军事应用中是不准确的，但是这些知识为运动估计提供了先验信息。

本章研究了利用 ALS 数据对选定的城市目标进行检测和交通动态特征化。在第 22.2 节中，我们提出了一种鲁棒且高效的监督学习方法用于检测城市目标，并在第 22.3 节中对城市交通动态进行了分析。在第 22.4 节中，介绍了城市目标及其动态探测的实验和结果。最后，在第 22.5 节中得出结论。

22.2 基于 ALS 和配准图像的城市目标检测

1. 总体策略

图 22.1 描述了使用 ALS 数据和配准图像检测三个城市对象类别(建筑、树木和自然地面)的整个策略流程。

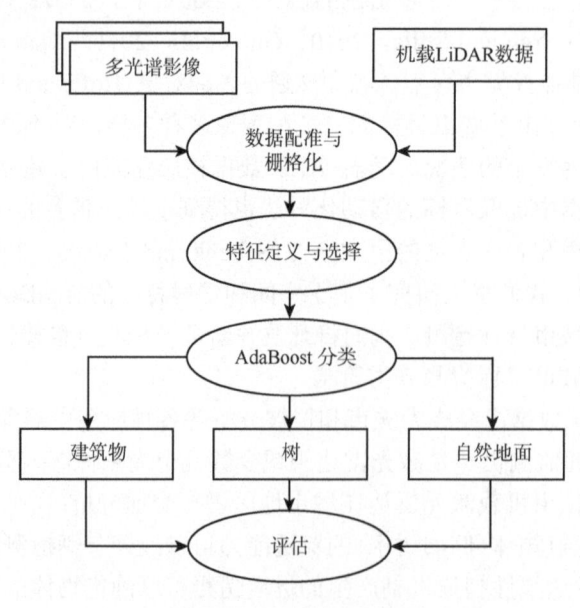

图 22.1 整体方法流程

2. 特征提取

在本章中，我们结合了点云和图像数据，同时也提供了多光谱和激光雷达强度信息。总共定义了 13 个特征(Wei et al., 2012)。

1）基础特征

所谓基础特征是指可以直接从点云和图像数据中提取到的特征，分别介绍如下。

(1) R、G、B：数字图像的三个颜色通道。由于有两个数据集用于实验，其中一个数据集(Vaihingen)提供彩色红外图像，特征 R、G、B 代表红外、红色、绿色光谱，但在另一个数据集(Toronto)中，特征 R、G、B 是红色、绿色、蓝色的正常波段。为了避免混淆，我们总是用符号 R、G、B 来依次表示图像的三个颜色通道。

(2) NDVI：归一化植被指数，定义为

$$\text{NDVI} = \frac{\text{NIR} - \text{VIS}}{\text{NIR} + \text{VIS}} \tag{22.1}$$

式中，NIR 为近红外光；VIS 为可见光；NDVI 可以评估被观测目标是否含有绿色植被。此参数是为数据集 Vaihingen 指定的，因为它提供的是彩色红外图像。

(3) Z：LiDAR 数据中每个点的垂直坐标。因为这里使用的数据集的地形被假设为平坦的。

(4) I：脉冲强度，由激光雷达系统为每个点提供。

2）空间上下文特征

在基础特征上，我们打算提取更多的特征。因此，如图 22.2 所示，三维长方体邻域由水平半径为 1.25 m 的二维正方形定义。位于单元体积内的所有点将被视为邻点；1.25 m 的设定具有先验性。

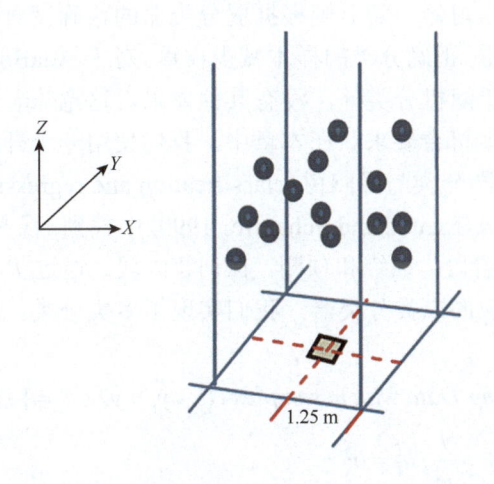

图 22.2 用于获取空间上下文特征的长方体邻域

(1) ΔZ：长方体邻域内高度最高点与最低点之间的高度差。
(2) σZ：长方体邻域内各点高度的标准差。
(3) ΔI：长方体邻域内强度最高点和最低的点之间的强度差。
(4) σI：长方体邻域内各点强度的标准差。
(5) E：熵，这里不同于图像的正常熵，我们用式(22.2)测量长方体邻域内点的激光雷达强度 I_k，K 为邻域数。

$$E = \sum_{k=1}^{K}\left[(-I_k)\cdot \log_2 I_k\right] \tag{22.2}$$

下面两个特征 O 和 P 是基于来自长方体邻域内点的 x、y、z 坐标的协方差矩阵的三个特征值计算出来的。三个特征值 λ_1、λ_2 和 λ_3 按降序排列，并且它们可以显示局部的三维结构。这使我们能够区分点的线性、平面或体积分布。

(1) O：全方差，表示点在长方体邻域的分布，被定义为

$$O = \sqrt[3]{\prod_{i=1}^{3}\lambda_i} \tag{22.3}$$

(2) P：平面性，定义为

$$P = (\lambda_2 - \lambda_3)/\lambda_1 \tag{22.4}$$

P 对屋顶和地面有较高的值，但对植被有较低的值。

3. AdaBoost 分类

AdaBoost 是 adaptive boosting 的缩写(Freund and Schapire，1999)，它是 boosting 的改进版本。AdaBoost 是一种备受关注、功能强大的机器学习和监督学习算法，它已经成功地被应用于分类和回归案例中。对于分类问题，AdaBoost 充分利用弱学习器的优势，解决了将弱分类器组合成强分类器的问题，该强分类器与真实的分类具有任意良好的相关性。它包含迭代学习关于分布的弱分类器，并将它们添加到最终的强分类器中。其一旦加入弱学习器，随后则根据弱分类器的精确度对数据进行重新加权即错误分类的样本增加权重，正确分类的样本减少权重。对于 AdaBoost 中使用的弱学习器，除了其分类准确率优于随机分类外，没有其他要求，这意味着弱学习器只需要达到优于 50%的分类准确率就符合要求。在本章中，我们使用一个开源的 AdaBoost 工具箱，其中包含一个弱学习器-分类与回归树 (classification and regression tree，CART)，更多详细信息可在参考资料(Freund and Schapire, 1999)中找到。像其他监督学习算法一样，AdaBoost 也包含两个阶段：训练和预测。在训练阶段，通过 T 轮反复训练 T 个弱分类器。通过迭代执行相应的二类分类器，我们实现了多类分类。所采用的二类分类器的伪代码如下所示。

$Input - Training\ Data\ with\ m\ samples:(x_i, y_i), y_i \in Y = \{-1, +1\}, i \in [1, m]$;

$Initialize$：$W_1^i = \dfrac{1}{m}, h_1^i = 0$;

$for\ t = 1:T$

train the tth weak classifier h^t with weight vector of sample distribution W_t;

$$\text{choose } \varepsilon_t = \sum_i^m W_t^i * I\left(h_t^i(x_i) \neq y_i\right);$$

$$\alpha_t = ln\left(\frac{1-\varepsilon_t}{\varepsilon_t}\right)/2;$$

$$Z_t = \sum_{i=1}^m W_t^i e^{(-\alpha_t h_t(x_i) y_i)};$$

for $i = 1:m$

$$W_{t+1}^i = W_t^i * e^{(-\alpha_t h_t(x_i) y_i)} / Z_t;$$

end

end

将 T 个弱分类器组合并加权输出如下：

$$H(x) = \text{sgn}\left(\sum_{t=1}^T \alpha_t h_t\right) \tag{22.5}$$

其中 $\text{sgn}(x)$ 函数定义为

$$\text{sgn}(x) = \begin{cases} -1, & x<0 \\ 0, & x=0 \\ 1, & x>0 \end{cases} \tag{22.6}$$

在上述伪代码中，(x_i, y_i) 表示第 i 个训练样本，x_i 为其特征向量，y_i 为其类别类型；m 表示训练样本的数据量；W_t^i 是选择第 i 个训练样本来训练第 t 个分类器 h^t 的权值，W_t 是 W_t^i 的向量；ε_t 为 h^t 的加权预测误差；α_t 为更新样本分布的权系数；如果 $h_t^i(x_i) \neq y_i$，那么 $I\left(h_t^i(x_i) \neq y_i\right)$ 的值是 1，其他情况等于 0；Z_t 是一个标准化因子。

算法开始时，每个样本的权重相等，即 $W_1^i = 1/m$，这意味着每个训练样本开始都以相同的概率选择训练 h^t。在第 t 轮训练中，AdaBoost 算法更新 W_{t+1}^i 如下：分类器 h_t 正确识别的训练样本加权较小，而错误识别的训练样本加权较大。然后在训练 h^{t+1} 时，算法倾向于以较高的概率选择先前分类器错误分类的样本。经过 T 轮训练后，算法训练出 T 个弱分类器，它们最后组合成一个加权分类器 $H(x)$ 作为训练阶段的输出，具有更好的预测性能。

预测阶段使用组合分类器进行分类。与 boosting 相比，AdaBoost 可以学习一个更准确的分类器，因为 AdaBoost 有两个优点。首先，对于每一个弱分类器的训练，boosting 是随机选择训练样本，而 AdaBoost 则是选择前几轮训练中错误分类概率更大的样本。因此，AdaBoost 可以更好地训练分类器。其次，AdaBoost 通过加权每个分类器的输出来确定每个样本的分类标签，使得一个更准确的分类器对最终分类结果的贡献更大。

22.3 利用 ALS 数据检测城市交通动态

本节简要回顾了有关 ALS 检测物体动力学的理论推导。为便于描述，文中将垂直于传感器航向的维度称作跨轨，将沿传感器路径的维度称作沿轨。

1. ALS 数据中车辆运动的伪影效应

为了评估机载激光雷达传感器提取交通动态信息的可行性，首先要考虑传感器的主要特性，其中包括数据形成方法。在大多数机载激光雷达扫描过程中，除了主要基于机械扫描的频闪面阵激光雷达之外，还有一个旋转的激光指示器，它在飞行过程中以连续的扫描角度快速扫描地球表面。当传感器移动时，它按脉冲重复频率（pulse repetition frequency，PRF）给定的恒定间隔发射激光脉冲并接收回波。对于运动物体，扫描仪和框幅相机成像方式的本质区别在于扫描数据中是否存在运动伪影。框幅相机由于采样时间短（相机曝光），图像保留了运动物体的形状；如果传感器和对象之间的相对速度很大，则可能会出现增加的运动模糊。相比之下，由于传感器与目标之间的距离通常是基于静止世界假设计算的，激光雷达扫描往往会产生运动伪影；快速运动的目标违背了这一假设，因此根据传感器与目标之间的相对运动来精确定位成像目标。在激光雷达传感器距离方程中加入时间分量就可以看出其相关性。这里假设所有车辆的采样率是一致的，与扫描角度无关。也就是说，所有的车辆都被扫描足够的点来表示它们的形状伪影。

图 22.3（a）显示了数据采集的几何原理。图中，传感器沿虚线箭头在一定高度飞行。在图 22.3（b）中还描述了一个由运动物体产生的形状伪影的例子，其中黑色的点框表示机载激光雷达扫描过程中得到的车辆形状，而原始车辆则被表示为附近的矩形。可以发现移动的车辆被成像为一个拉伸的平行四边形。设 θ_v 为传感器与车辆运动方向的交角，$\theta_v \in [0°, 360°]$ 和 v 分别是飞行器和车辆的速度，l_s 和 l_y 分别是车辆的感知长度和真实长度；θ_{SA} 是导致车辆变形成平行四边形的剪切角。形状伪影与物体运动参数之间的解析关系可以表示为

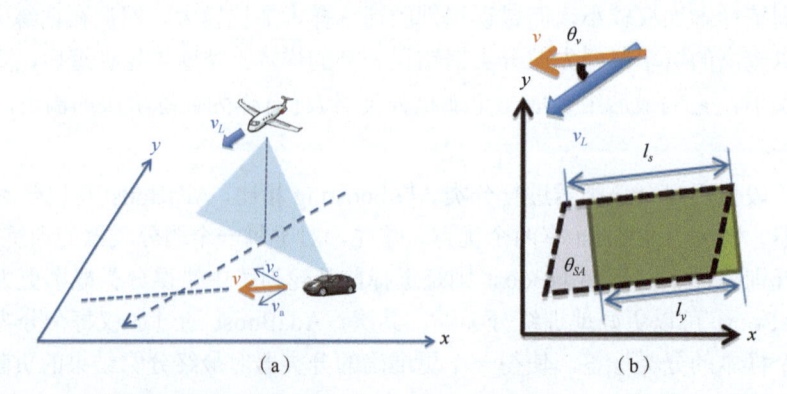

图 22.3　机载激光雷达扫描运动目标（Copyright © 2010 IEEE，经允许，已作修改）

$$l_s = \frac{l_v \cdot v_L}{v_L - v \cdot \cos(\theta_v)} = \frac{l_v}{1 - \dfrac{v}{v_L} \cdot \cos(\theta_v)} \tag{22.7}$$

$$\theta_{SA} = \arctan\left(\frac{v \cdot \sin(\theta_v)}{v_l - v \cdot \cos(\theta_v)}\right) + 90° \tag{22.8}$$

式中，$\theta_{SA} \in \left(0°, 180°\right)$ 并作为被观测车辆的左底角。

为了充分了解机载激光雷达数据中运动物体的表现形式，我们将运动物体分为以下几个不同的分量，分别研究它们对数据伪影的影响。

首先，假设目标沿航迹方向以恒定速度 v_a 运动，这种情况下导致目标形状拉伸效应的大小取决于目标与传感器之间的相对速度，如图22.4所示。

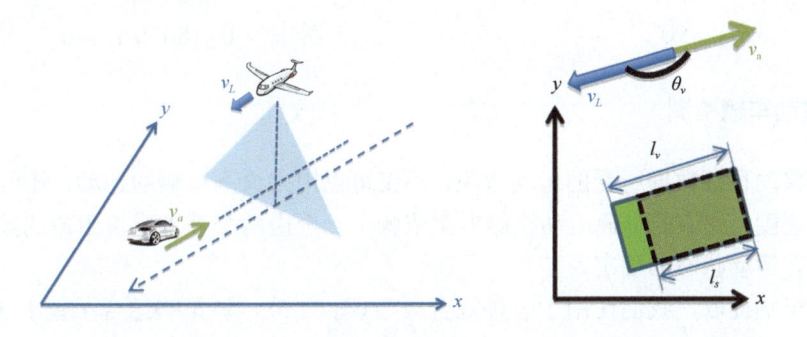

图 22.4 目标沿轨迹运动(Copyright © 2010 IEEE，经允许，已作修改)

以速度 v_a 沿轨迹方向的物体和感知长度 l_s 的解析关系可归纳为式(22.9)。将式(22.9)中的关系进一步修改为式(22.10)，将 v_a 与车辆形状长宽比的变化以数学的方式联系起来，从而使运动检测和速度估计更加可行和可靠：

$$l_s = \frac{l_v}{1 - \dfrac{v_a}{v_L}} \tag{22.9}$$

$$\text{Ar}_s = \frac{l_s}{w_v} = \frac{\text{Ar}}{1 - \dfrac{v_a}{v_L}} \tag{22.10}$$

式中，Ar_s 是 ALS 数据中感知的车辆长宽比；Ar 是车辆的原始长宽比；w_v 是车辆的宽度。

其次，假设目标以恒定速度 v_c 沿跨轨方向运动。如图22.5所示，当传感器扫过时，由于在击中目标的激光点的扫描线移动方向上产生线性位移，从而在 ALS 数据中观察到的车辆形状在一定程度上变形(剪切)。

设 v_c 为物体跨轨运动的速度分量。由于 $v_c = v \cdot \sin\theta_v$，式(22.8)可以改写为式(22.11)，其通过传感器速度 v_L 和交会角 θ_v 来描述物体速度 v_c 与观测到的剪切角 θ_{SA} 之间的数学解析关系：

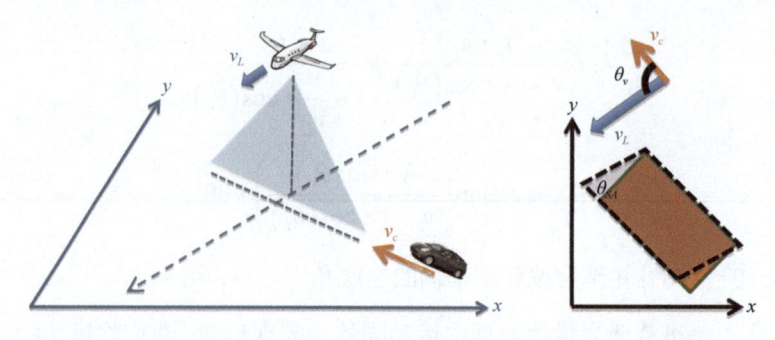

图 22.5　目标跨轨运动（Copyright © 2010 IEEE，经允许，已作修改）

$$\begin{cases} \theta_{SA} = \arctan\left(\dfrac{1}{v_L/v_c - \cot(\theta_v)}\right) + 90° & \text{当 } \theta_v \neq 0°/180° \wedge v_c \neq 0 \\ \theta_{SA} = 90° & \text{当 } \theta_v = 0°/180° \vee v_c = 0 \end{cases} \quad (22.11)$$

2. 移动车辆检测

上述移动目标数据所受的运动效应，不仅可以用来检测车辆的运动，还可以用来测量车辆的速度。我们的车辆运动检测方案依赖于一个由两个基本模块组成的策略：①车辆提取；②运动状态的确定。

对于车辆提取，我们使用了一种混合策略（图 22.6），该策略结合了基于 3D 分割的分类方法与上下文引导的方法。关于车辆检测的详细分析，请参阅 Yao、Hinz 和 Stilla（2010a）以及 Yao、Hinz 和 Stilla（2011）。

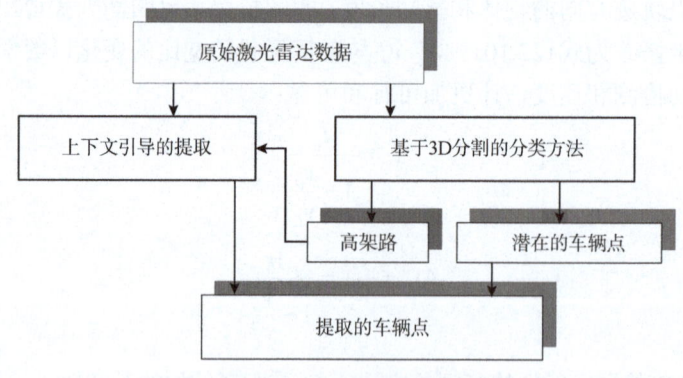

图 22.6　车辆提取流程

为了确定运动状态，采用了基于支持向量机（support vector machine，SVM）分类的方法。一组车辆点可以用带控制参数的 Spoke model 进行几何描述，其结构可以表示为

$$X = \begin{pmatrix} U_1 \\ \cdot \\ \cdot \\ U_k \end{pmatrix}, \quad U_i = \begin{pmatrix} \theta_{SA}^i \\ Ar_i \end{pmatrix} \quad (22.12)$$

式中，k 表示模型中 Spoke 的数量。可见，车辆形状变化可以表示为一个二维特征空间(如果 $k=1$)。因此，不同运动状态的车辆之间的相似性需要用非线性度量来衡量。SVM 在非线性识别问题上具有优势，可以在高维特征空间中找到最优的线性超平面，而且该超平面在原始输入空间中是非线性的。其通过输入空间中的特征向量的核函数来计算高维特征空间，从而避免在高维特征空间中直接进行求值。在经过形状参数化步骤排除了模糊形状的车辆后，可以用 SVM 分类器对剩余车辆进行二值分类。此外，区分三维形状类别的分类框架(Fletcher et al., 2003)也可以适应基于车辆形状特征的运动分类模式。

3. 基于 ALS 数据的车辆速度估计原理

通过对运动伪影模型的反演，将速度与其他观测到的已知参数联系起来，可以根据 ALS 数据单次通过的所有运动伪影效应来估计被检测车辆的速度。因此，可以用不同的测量和推导方法来估计速度。根据车辆的运动方向是否已知，初步可将估计方案分为两大类：

第一类　在给定交角的情况下，可以进一步分为以下三种情况，利用各自的观测值来估计速度：

(1) 由原始矩形正交形状确定运动车辆的剪切角；
(2) 测量检测到的移动车辆相对于原始尺寸的拉伸程度；
(3) 分别根据上述影响估计出的沿轨和跨轨速度分量的组合。

第二类　如果没有给出交角，则由两个公式联合而成的二元方程组来求解。

第一类中的三种方法假定车辆的移动方向是事先给定的，而第二类中的方法则不是事先给定的。为了估计速度，前三种方法利用形状拉伸或剪切效应，或者在适用时结合使用。对于最后一种情况，通过将速度变量和交角变量统一起来，建立二元方程组并求解，可以随着速度的变化来估计车辆的运动方向，从而使运动估计具有很大的灵活性，可以处理现实场景中遇到的许多困难情况。这意味着不仅可以得出车辆运动的数量，还可以得出车辆运动的方向。所有可能的方法都有其优点和缺点，其结果的准确性也各不相同，我们将分别在以下小节中进行分析和评价。

1) 基于跨轨变形效应的速度估计

只有在已知运动方向并作为观测输入的情况下，由跨轨变形引起的运动车辆的剪切角才允许直接获得速度。然而，为了得到车辆的真实速度，还需要关于道路轴线相对于车辆运动方向的信息。通过反演方程式(22.8)导出了基于形状剪切效应的车辆速度估计 v：

$$v = \frac{v_L \cdot \tan(\theta_{SA} - 90°)}{\cos\theta_v \cdot \tan(\theta_{SA} - 90°) + \sin\theta_v} \tag{22.13}$$

由于机载激光雷达传感器的飞行方向一直是已知的，因此交角 θ_v 的值可以根据车辆点的主轴测量值来确定，这要归功于持续的导航系统。式(22.13)表明，基于跨轨变形效应 σ_v^c 估计速度的精度是运动车辆相对于传感器飞行路径的航向角质量和剪切角 θ_v 测量 θ_{SA} 的精度的函数。利用误差传播法(Wolf and Ghilani, 1997)计算速度估计的标准差，并导出为

$$\sigma_v^c \& = \sqrt{\left(\frac{\partial v}{\partial \theta_v}\right)^2 \sigma_{\theta_v}^2 + \left(\frac{\partial v}{\partial \theta_{SA}}\right) \sigma_{\theta_{SA}}^2}$$

$$= \sqrt{\left(\frac{v_L \cdot \tan(\theta_{SA} - 90°) \cdot (\cos(\theta_v) - \tan(\theta_{SA} - 90°) \cdot \sin(\theta_v))}{(\sin(\theta_v) + \tan(\theta_{SA} - 90°) \cdot \cos(\theta_v))^2}\right)^2 \sigma_{\theta_v}^2 + \left(\frac{2v_L \cdot \sin(\theta_v)\left(\tan(90° - \theta_{SA})^2 + 1\right)}{\cos(2\theta_v) \cdot \tan(90° - \theta_{SA})^2 - 2\sin(2\theta_v) \cdot \tan(90° - \theta_{SA}) - \cos(2\theta_v) + \tan(90° - \theta_{SA})^2 + 1}\right)^2 \sigma_{\theta_{SA}}^2}$$

(22.14)

式中, v_L 为传感器系统的瞬时飞行速度。

2) 基于轨迹拉伸效应的速度估计

除上述方法外,还可以根据车辆的原始尺寸测量其沿轨道的拉伸效应,从而得到运动车辆的速度。其函数关系为

$$v = \frac{(1 - Ar/Ar_s) \cdot v_L}{\cos(\theta_v)} \tag{22.15}$$

其中, $Ar_s = l_s/w_v$ 为感知的移动车辆长宽比; Ar 为原长宽比(这里设为常数)。基于沿轨拉伸效果的速度估计精度 σ_v^a 是被检测运动车辆长宽比测量精度和车辆相对于传感器飞行路径的航向精度的函数。σ_v^a 可由误差传播规律计算:

$$\sigma_v^a \& = \sqrt{\left(\frac{\partial v}{\partial \theta_v}\right)^2 \sigma_{\theta_v}^2 + \left(\frac{\partial v}{\partial Ar_s}\right)^2 \sigma_{Ar_s}^2}$$

$$= \sqrt{\left(-\frac{v_L \cdot \sin(\theta_v) \cdot (Ar/Ar_s - 1)}{\cos(\theta_v)^2}\right)^2 \sigma_{\theta_v}^2 + \left(\frac{Ar \cdot v_L}{Ar_s^2 \cdot \cos(\theta_v)}\right) \sigma_{Ar_s}^2}$$

(22.16)

3) 基于两个速度分量组合的速度估计

如果车辆的运动方向不受两个运动因素中任何一个因素的影响(例如,车辆的交角 $\theta_v = 35°$, $v = 40$ km/h),则上述两种估计方法都不能给出可靠的速度结果。为了填补这一空白,并实现在任意交通环境下的速度估计,建议使用两种形状变形效应来估计速度。速度估计的函数依赖性可以由两个运动分量的平方和的方式给出,这两个运动分量分别基于两个形状变形参数 Ar_s 和 θ_{SA} 导出:

$$v = \sqrt{v_a^2 + v_c^2} \tag{22.17}$$

其中
$$\begin{cases} v_a = v_L \cdot \left(1 - \dfrac{Ar}{Ar_s}\right) \\ v_c = \dfrac{v_L}{\cot(\theta_{SA} - 90°) + \cot(\theta_v)} \end{cases} \quad (22.18)$$

式中，v_a 和 v_c 是沿轨道和跨轨道运动分量。基于结合两个分量的速度估计的精度 σ_v^{a+c} 是检测到的运动车辆的沿轨道和跨轨道运动测量精度的函数，并且 σ_v^{a+c} 可以首先根据以下误差传播规律相对于这两个运动分量计算：

$$\begin{aligned}\sigma_v^{a+c} &= \sqrt{\left(\frac{\partial v}{\partial v_a}\right)^2 \partial^2 v_a + \left(\frac{\partial v}{\partial v_c}\right)^2 \partial^2 v_c} \\ &= \sqrt{\frac{v_a^2}{v_a^2 + v_c^2}\sigma_{v_a}^2 + \frac{v_c^2}{v_a^2 + v_c^2}\sigma_{v_c}^2}\end{aligned} \quad (22.19)$$

式中，σ_{v_a} 和 σ_{v_c} 分别是沿和跨轨道运动导数的标准差。它们可以进一步分解为基于式(22.18)的关于车辆形状和运动参数的三个观测量的精度。利用误差传播规律，σ_{v_a} 和 σ_{v_c} 推断为

$$\sigma_{v_a} = \frac{\partial v_a}{\partial Ar_s}\sigma_{Ar_s} = \frac{Ar \cdot v_L}{Ar_s^2}\sigma_{Ar_s} \quad (22.20)$$

$$\begin{aligned}\sigma_{v_c} &= \sqrt{\left(\frac{\partial v_c}{\partial \theta_v}\right)^2 \sigma_{\theta_v}^2 + \left(\frac{\partial v}{\partial \theta_{SA}}\right)^2 \sigma_{\theta_{SA}}^2} \\ &= \sqrt{\left(\frac{v_L \cdot \left(\cot(\theta_v)^2 + 1\right)}{\left(\cot(90° - \theta_{SA}) - \cot(\theta_v)\right)^2}\right)^2 \sigma_{\theta_v}^2 + \left(\frac{v_L \cdot \left(\cot(90° - \theta_{SA})^2 + 1\right)}{\left(\cot(90° - \theta_{SA}) - \cot(\theta_v)\right)^2}\right)^2 \sigma_{\theta SA}^2}\end{aligned} \quad (22.21)$$

最后，将等式(22.20)和(22.21)代入等式(22.19)后，推导出基于结合两个速度分量相对于三个变量 Ar_s、θ_{SA} 和 θ_v 的速度估计的误差传播关系。

4）用联立方程联合估计车辆的速度和方向

到目前为止，如果车辆是在未知的方向上运动，或者它们的运动检测不能预先准确地确定，所有的估计方法都不能给出速度估计。为了解决这一问题，我们建议同时考虑将速度和交角 θ_v 作为未知参数，以描述由运动分量引起的变形效应的变量作为观测值。实际上，运动伪影模型的两个解析公式可以直接看作是一个方程组，其中速度和交角是一组解。这个将未知参数与观测值联系起来的二元方程组由以下公式给出：

$$\begin{cases}\theta_{SA} - 90° = \arctan\left(\dfrac{v \cdot \sin(\theta_v)}{v_L - v \cdot \cos(\theta_v)}\right) \\ 1 - \dfrac{v}{v_L} \cdot \cos(\theta_v) = \dfrac{Ar}{Ar_s}\end{cases} \quad (22.22)$$

这个方程组将用代换法求解。首先，将式(22.22)中的第二个子方程转化为

$$v = \frac{v_L}{\cos(\theta_v)} \cdot \left(1 - \frac{Ar}{Ar_s}\right) \qquad (22.23)$$

这个方程组将用代换法求解。首先，将式(22.22)中的第二个子方程转化为

$$\tan(\theta_{SA} - 90°) \cdot v_L = v \cdot \left(\tan(\theta_{SA} - 90°) \cdot \cos(\theta_v) + \sin(\theta_v)\right) \qquad (22.24)$$

代入后，式(22.24)可以改写为

$$\tan(\theta_{SA} - 90°) \cdot v_L = v_L \left(1 - \frac{Ar}{Ar_s}\right) \cdot \tan(\theta_{SA} - 90°) + \tan(\theta_v) \cdot v_L \cdot \left(1 - \frac{Ar}{Ar_s}\right) \qquad (22.25)$$

此外，我们进行公式变换得到

$$\tan(\theta_v) = \frac{\tan(\theta_{SA} - 90°) \cdot \left[\left(1 - \left(1 - \frac{Ar}{Ar_s}\right)\right)\right]}{1 - \frac{Ar}{Ar_s}} = \tan(\theta_{SA} - 90°)\left(\frac{Ar_s}{Ar_s - Ar} - 1\right) \qquad (22.26)$$

$$\Rightarrow \theta_v = \arctan\left[\tan(\theta_{SA} - 90°) \cdot \left(\frac{Ar_s}{Ar_s - Ar} - 1\right)\right]$$

最后，将式(22.26)中的第二子方程再次代入式(22.23)，可得移动车辆 v 的速度估计为

$$v = v_L \cdot \left(1 - \frac{Ar}{Ar_s}\right) \cdot \sec\left\{\arctan\left[\tan(\theta_{SA} - 90°) \cdot \left(\frac{Ar_s}{Ar_s - Ar} - 1\right)\right]\right\} \qquad (22.27)$$

可以看出，基于形状变形参数可以直接估计运动车辆的速度，而不需要事先知道交角 θ_v。θ_v 可以仅根据两个形状变形参数 Ar_s 和 θ_{SA} 作为中间变量进行估计，与传感器的飞行速度 v_L 无关。对于精度分析，可以估计运动方向和速度两个精度测度，即交角 σ_{θ_v} 和速度估计 σ_v 的精度可以导出为延轨拉伸和跨轨剪切测量精度的函数。等效地，对于两个变形参数，σ_{θ_v} 和 σ_v 可以通过如下误差传播规律计算：

$$\sigma_{\theta_v} = \sqrt{\left(\frac{\delta\theta_v}{\delta Ar_s}\right)^2 \sigma_{Ar_s}^2 + \left(\frac{\delta\theta_v}{\delta Ar_{\theta_{SA}}}\right)\sigma_{\theta_{SA}}^2}$$

$$= \sqrt{\left(\frac{Ar \cdot \tan(90° - \theta_{SA})}{Ar^2 \cdot \tan(00° - \theta_{SA})^2 \cdot (Ar - Ar_s)^2}\right)^2 \sigma_{Ar_s}^2 + \frac{Ar \cdot \left(\tan(90° - \theta_{SA})^2 + 1\right) + (Ar - Ar_s)}{Ar^2 \cdot \tan(90° - \theta_{SA})^2 + (Ar - Ar_s)^2}\sigma_{\theta_{SA}}^2} \qquad (22.28)$$

第 22 章 基于机载 LiDAR 数据的城市目标检测和交通动态信息提取

$$\sigma_v = \sqrt{\left(\frac{\delta v}{\delta Ar_s}\right)^2 \sigma_{Ar_s}^2 + \left(\frac{\delta v}{\delta \theta_{SA}}\right)^2 \sigma_{\theta_{SA}}^2} = \sqrt{\left(\frac{Ar \cdot v_L \cdot \left(Ar \cdot \tan(90° - \theta_{SA})^2 + Ar - Ar_s\right)}{Ar_s^2(Ar - Ar_s) \cdot \sqrt{\frac{Ar^2 \tan(90° - \theta_{SA})^2 + (Ar - Ar_s)^2}{(Ar - Ar_s)^2}}}\right)^2 \sigma_{Ar_s}^2 + \left(\frac{Ar \cdot v_L \cdot \tan(90° - \theta_{SA}) \cdot \left(\tan(90° - \theta_{SA})^2 + 1\right)}{Ar^2(Ar - Ar_s) \cdot \sqrt{\frac{Ar^2 \tan(90° - \theta_{SA})^2 + (Ar - Ar_s)^2}{(Ar - Ar_s)^2}}}\right)^2 \sigma_{\theta_{SA}}^2}$$

(22.29)

σ_{Ar_s} 和 $\sigma_{\theta_{SA}}$ 两种观测值的经验误差值与上述方法相同。将观测结果的经验误差代入方程(22.28)和式(22.29),得到了基于运动速度和方向联合估计的交角 σ_{θ_v} 和速度估计 σ_v 的精度。交角 σ_{θ_v} 的误差如图 22.7(a)所示,它是车辆速度和车辆航向与传感器飞行路径之间的相对角的函数;相对误差如图 22.7(b)所示,相对速度误差 σ_v 和 σ_v/v 如图 22.8 所示,是车辆速度 v 和交角 θ_v 的函数。从图中可以看出,大部分城市路段上的车辆在移动方向上无法满足较高的精度。从图中可以看出,城市路段上的大多数车辆,除非行驶速度稍快一点(>70 km/h),否则无法实现较高的运动方向估计精度 $\left(\sigma_{\theta_v}/\theta_v<25\%\right)$。只有明显不跨轨行驶的车辆才能保证速度估计的高精度($\theta_v<75\%$)。与其他预先给出运动方向的方法相比,用这种方法得到的速度估计的总体精度略有下降。

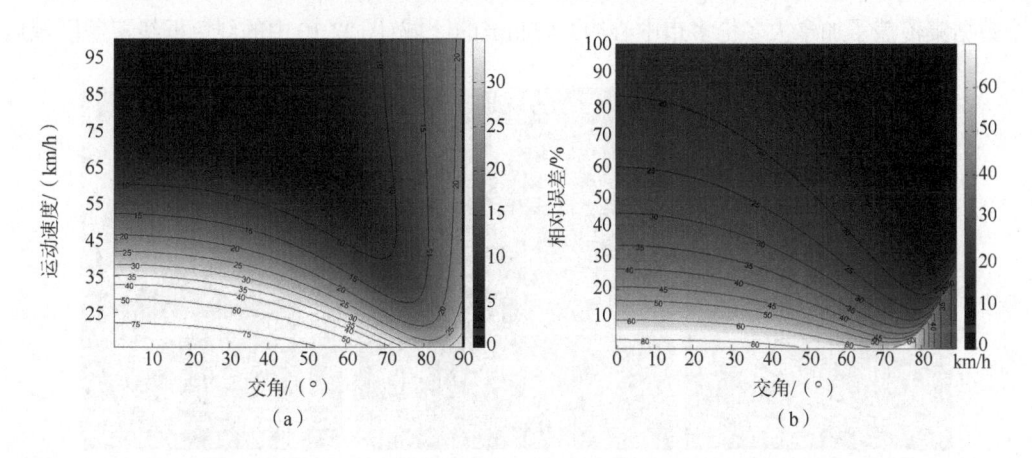

图 22.7 (a)基于速度和航向联合估计得到的交会角的相对误差 $\sigma_{\theta_v}/\theta_v$ 作为目标速度 v 的函数, $\sigma_{\theta_v}/\theta_v$ 以%表示;(b)车辆速度 v(km/h)是 $\sigma_{\theta_v}/\theta_v$ 和 θ_v 的函数

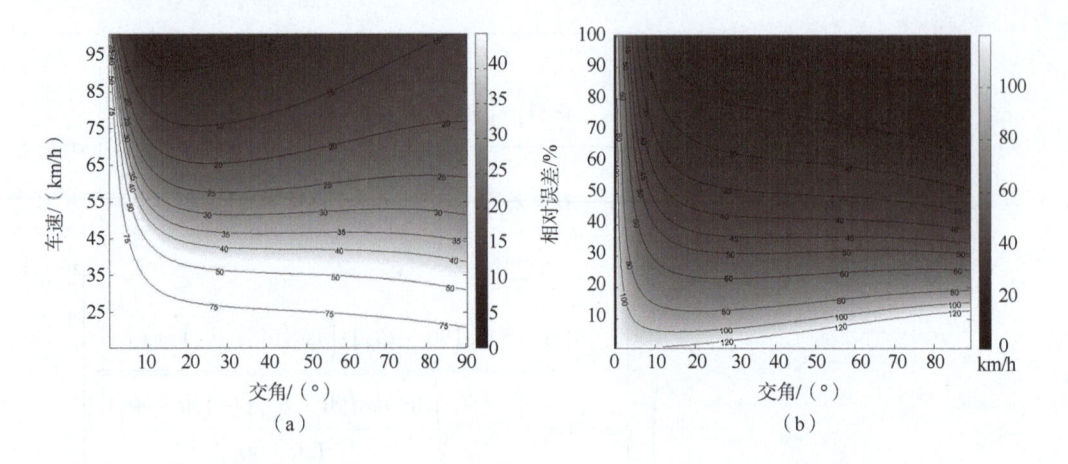

图 22.8　(a)基于速度 v 和航向联合估计的车辆速度相对速度误差 σ_v/v 作为目标速度 v 和交角的函数 θ_v，σ_v/v 以%表示；(b)车辆速度 v(km/h)是 σ_v/v 和 θ_v 的函数

22.4　实验和结果

1. 利用 ALS 数据和航空影像检测城市目标

1）城市目标检测的实验数据

本章使用了两个数据集进行城市场景目标检测试验，这两个数据集都包括航空图像和机载激光雷达数据。第一个数据集(图 22.9 中的黄色框线覆盖区域)是在德国 Vaihingen 上空捕获的，它是德国摄影测量与遥感协会进行的数字航空相机测试所用数据的子集(German Association of Photogrammetry and Remote Sensing，DGPF；Cramer，2010)；另一个数据集覆盖了加拿大多伦多市中心约 1.45 km² 的区域(图 22.10 中的红色框线覆盖区域)。

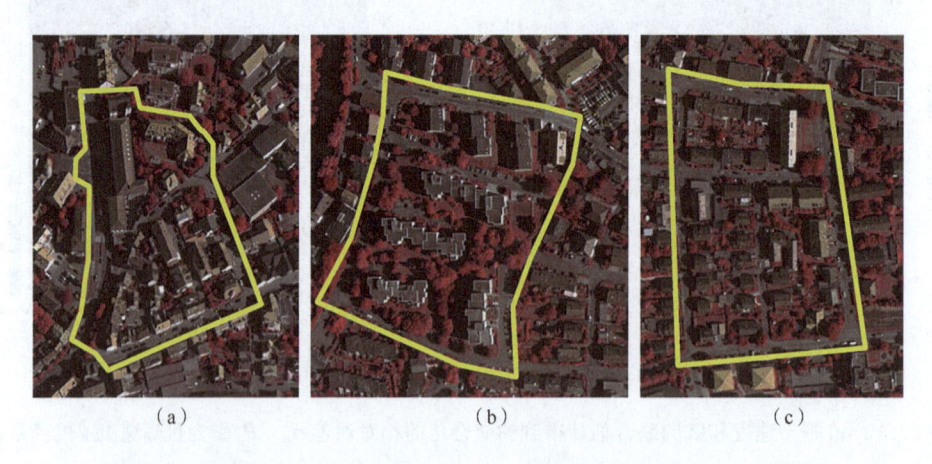

图 22.9　Vaihingen 的三个测试区域：(a)区域 1；(b)区域 2；(c)区域 3

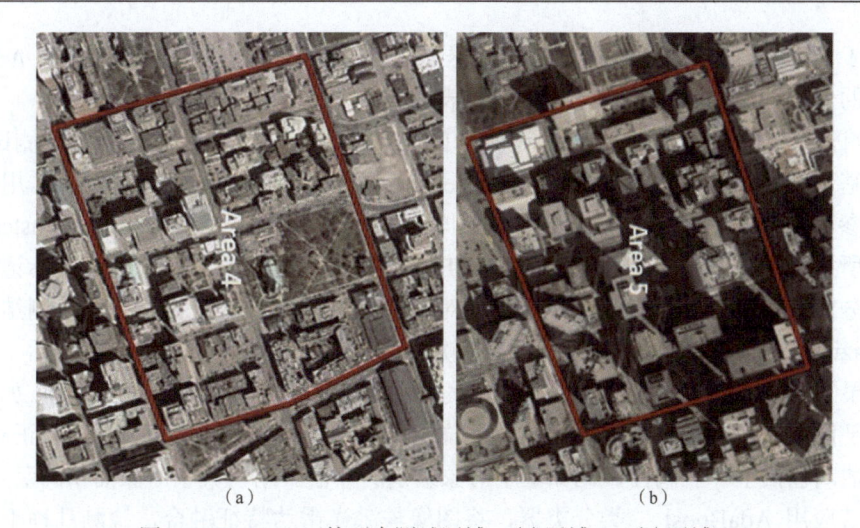

图 22.10 Toronto 的两个测试区域：(a)区域 4；(b)区域 5

2）城市目标检测的实验设计

本实验考虑了以下步骤：

(1) 数据预处理：对于这两个数据集，航空图像和机载激光雷达数据是在不同的时间采集的。因此，将点云反投影到具有定姿定位参数的图像域中的方法，实现了它们的协同配准。之后，所有数据点被网格化到光栅格式中，以便于获得每像素或每点的空间上下文信息。我们使用 0.5 m 的间隔进行网格拟合，确保每个重采样像素至少可以分配一个激光雷达点。

(2) 特征选择：对于数据集 1，作为彩色红外图像，可以获得包含强度信息的点云数据。提取了 22.2 节中所介绍的 13 个特征（R、G、B、NDVI、Z、I、ΔZ、σZ、ΔI、σI、E、O、P）并用于目标检测测试。对于数据集 2，由于没有红外波段图像，所以没有 NDVI，在实验中只使用了 12 个特征。

(3) 训练样本的选择：因为训练样本对于监督学习分类是必不可少的，所以有必要根据所用分类器的特点，采用合适的方法来获取有效的样本。本章通过 AdaBoost 策略在一定程度上随机选择训练样本，进而将一组弱决策树（CART）分类器训练组合为最终的强分类器（Freund and Schapire, 1999）。因此，对于每个测试点，我们首先对整个测试区域进行人工分类，然后随机选择整个测试区域 10%的相应标记样本，作为 AdaBoost 分类器的输入训练样本。

(4) 分类器控制和分类流程：本章通过迭代使用 AdaBoost 二类分类器从城市场景中检测建筑物、自然地面和树木：①检测建筑物的分类器是通过对随机选取的建筑物样本和非建筑物样本的 10%分别进行训练生成的，最后应用于从城市场景中对建筑物进行分类；②将随机选取 10%的自然和非自然地面样本训练生成用于自然地面检测的分类器，再用其将自然地面从复杂的城市场景中分离出来；③树检测也是采用 AdaBoost 二分类器，该分类器在树和非树木样本中随机选择的 10%样本上训练。为了测试和验证这些方法，根据实际的城市场景选择几个区域进行目标检测测试。对于建筑物检测，所有五个测试区域（三个在 Vaihingen，两个在 Toronto downtown）都被使用，而自然地面的检测只在区域 1~4 测试。最后，将数据集 1 中的区域 1~3 用于树的检测。本章使用的 AdaBoost 分类器的代码改编自 Vezhnevets(2005)发表的代码。

(5)评价方法：目标检测结果的评价来自 ISPRS 城市分类与三维建筑重建测试项目，该项目基于 Rutzinger 等(2009)和 Rottensteiner 等(2005)描述的方法进行评价。用评估软件读取参考值和目标检测结果，并将它们转换为标签图像，然后按照 Rottensteiner 等(2013)所描述的方法进行评价。由于 AdaBoost 二类分类器的输出是由按类标记的样本而不是分割的对象组成的，因此采用基于对象的拓扑净化方法来执行对象检测结果的评估（Rutzinge et al. 2009），该评估由评估软件自动实现。输出的评估结果包括一个描述评估结果的文本文件和几张显示这些结果的图像，这些图像包括许多精度指标，如几何精度、基于像素的完备性和正确性、基于对象的完备性和正确性、平衡完备性和正确性等，中间评估则包括了一些属性，比如基于对象级别的评估采用了关于对象面积的函数等。

本节应用 AdaBoost 二类分类器，将图像与激光雷达特征融合，检测几种不同复杂城市场景中的建筑、自然地面和树木。建筑物、自然地面、树木的检测精度分别如表 22.1、表 22.2 和表 22.3 所示。在这些表中列出了基于像素的评估精度(Compl area [%]、Corr area [%]、Pix-Quality [%])，基于对象的评估精度(Compl obj [%]、Corr obj [%]、obj-Quality [%])，平衡评价精度(Compl obj 50 [%]、Corr obj 50 [%]、obj-Quality 50 [%])以及被测物体的几何精度(RMS [m])，它们分别用于评价区域 1~5 的建筑物、区域 1~4 的自然地面和区域 1~3 的树木的检测结果。

3) 城市目标检测结果

建筑物检测结果：从表 22.1 可以看出，所有五个测试区的基于像素的完整性都达到了 85%或更高，而基于对象的完整性由于对象的重叠面积而降低，特别是测试区 2 和测试区 3，它们对于基于对象的完整性小于 80%。关于正确性，无论是从基于像素的评估方法、基于对象的评估方法还是像素-对象平衡的评估方法都得出数据集 1 中的三个测试区在所有评估方面都优于数据集 2 中的两个测试区。因此，可以得出结论：数据集 1 的建筑物检测比数据集 2 的建筑物检测更具有鲁棒性。在几何方面，测试区域 2 的几何精度最好，RMS 为 0.9 m，其次是区域 3 的 RMS 为 1.0 m，区域 1 的 RMS 为 1.2 m，而数据集 2 的两个测试区域的几何精度最差(RMS 为 1.6 m)。在 5 个测试区中，测试区 2 取得了整体建筑检测精度最好的成绩：完备性 92.5%、正确性 93.9%、基于像素评估的检测质量 87.2%、完备性 100%，正确性 100%，以及基于像素与对象之间平衡评估的检测质量 100%，基于对象评估的正确性 100%，几何精度 RMS 为 0.9 m。在基于对象的评估中，尽管 1、4 和 5 也存在较多的漏报，但是由于测试区 2 中建筑物的数量较少，尽管只有三个漏检也使测试区 2 的完整度低于测试区 1、4 和 5。

表 22.1 建筑物检测精度

区域	Compl area /%	Corr area /%	Pix-Quality /%	Compl obj /%	Corr obj /%	Obj-Quality /%	Compl obj 50 /%	Corr obj 50 /%	Obj-Quality 50 /%	RMS /m
区域 1	89.8	92.2	81.7	89.2	97.1	82.5	100.0	100.0	100.0	1.2
区域 2	92.5	93.9	87.2	78.6	100.0	78.6	100.0	100.0	100.0	0.9

续表

区域	Compl area /%	Corr area /%	Pix-Quality /%	Compl obj /%	Corr obj /%	Obj-Quality /%	Compl obj 50 /%	Corr obj 50 /%	Obj-Quality 50 /%	RMS /m
区域3	86.8	92.5	81.0	75.0	100.0	75.0	97.4	100.0	97.4	1.0
区域4	85.1	80.0	70.2	86.2	92.3	80.4	87.7	94.1	83.1	1.6
区域5	85.0	81.1	70.9	81.6	88.2	73.6	88.6	90.9	81.4	1.6

自然地面检测结果：数据集 1 在所有指标上的结果都优于数据集 2。对于基于像素的评估结果，所有测试区的检测完整性都低于正确性，而除了测试区 4 之外，基于对象的评估结果的检测完整性都低于正确性。对于这个测试区，基于对象的正确性与基于像素的正确性相比非常低，这表明测试区 4 的自然地面是碎片化的，不能在对象级别很好地检测。关于几何方面，区域 2 和 3 的几何精度最好，RMS 为 1.1 m；其次是区域 1，RMS 为 1.3 m，而数据集 2 中的测试区 4 的几何精度最差，RMS 为 1.7 m。在 4 个测试区中，测试区 2 总体自然地面检测精度最高，完整性为 80.5%，正确率为 85.7%，基于像元评价的检测质量为 71.0%，完整性为 83.3%，正确率为 100%，基于像元与物的均衡评价的检测质量为 83.3%，几何精度 RMS 为 1.1m。测试区 2 由于小型自然地物数量多而大型自然地物数量少，其采用基于对象的评价方法获得的检测精度较低。

表 22.2 自然土地检测精度

区域	Compl area /%	Corr area /%	Pix-Quality /%	Compl obj /%	Corr obj /%	Obj-Quality /%	Compl obj 50 /%	Corr obj 50 /%	Obj-Quality 50 /%	RMS /m
区域1	60.4	82.8	53.6	57.9	75.0	48.5	75.0	85.7	66.7	1.3
区域2	80.5	85.7	71.0	47.4	50.0	32.1	83.3	100.0	83.3	1.1
区域3	78.9	84.2	68.7	68.0	76.3	56.2	90.5	87.0	79.7	1.1
区域4	49.8	81.5	45.0	45.0	16.5	13.7	50.0	76.9	43.5	1.7

树检测结果：只测试了数据集 1。由表 22.3 可以看出，树的检测精度小于 80%，低于同一试验区的建筑物检测精度。基于像素和基于对象两种评价得到的精度指标都不是很好，这与参考数据中树的定义有关，不过检测结果的平衡精度比较好。在几何精度方面，区域 3 的几何精度最好，RMS 为 1.3 m，其次是区域 1 和区域 2，RMS 为 1.4 m。由于树木形状比较复杂，因此树木的几何检测精度比建筑物和自然土地都要差。在三个测试区中，区域 2 的总体树木检测精度最好，完整性为 72.0%，基于像素评估的正确性为 78.5%，完整性为 63.0%，基于对象评估的正确性为 82.4%，完整性为 89.3%，基于像素和对象平衡评估的正确性为 98.6%，RMS 为 1.4 m。

表 22.3 树木检测精度

区域	Compl area /%	Corr area /%	Pix-Quality /%	Compl obj /%	Corr obj /%	Obj-Quality /%	Compl obj 50 /%	Corr obj 50 /%	Obj-Quality 50 /%	RMS /m
区域1	69.3	71.2	54.1	61.0	58.3	42.4	96.3	96.2	92.3	1.4
区域2	72.0	78.5	60.1	63.0	82.4	55.5	89.3	98.6	88.2	1.4
区域3	69.5	80.1	59.3	53.5	76.4	46.0	93.9	100.0	93.9	1.3

上述的检测结果表明，本章提出的基于 Adaboost 的检测策略可以很好地基于点云与图像数据结合获得的相关空间和光谱特征检测复杂城市区域的目标。第一，大多数检测目标只在边界区域受到误差的影响，特别是在测试区 1~3 中的建筑物，这意味着该方法可以利用空间-光谱组合特征成功地从背景中分离出理想的目标。第二，在数据集 1 中，尽管树木和自然地物的光谱特征相似，但仍能有效地区分树木和自然地物，这表明该方法充分利用了融合特征和集成分类器的优点。第三，该方法对建筑物的几何检测精度最高，RMS 为 0.9 m，虽然由于数据配准误差导致一定偏差，结果仍能表明该方法具有较高的检测精度。第四，更大尺寸的物体能实现更好的检测完整性和正确性，例如，对于 1~3 测试区，所有面积大于 87.5 m² 的建筑物都被正确地检测到，而一些较小的建筑物由于被归类为假阳性而被忽略，从而证明了基于 Adaboost 的城市目标检测策略的可靠性。

2. 基于 ALS 数据的车辆速度估计精度预测

为了确保真实场景下速度估计的质量，并为用于交通分析的激光雷达飞行活动规划提供定量指导，本章在一个实验中采用了城市地区的真实道路网络来模拟仿真速度预测，并估计其准确性。这将有助于在实际机载激光雷达交通分析中利用边界条件。总体来说，本仿真的实验设计考虑了以下几点：

(1)验证速度估计结果的可行性和可重复性；

(2)验证速度估计方案，该方案在城市地区获得的大范围数据集中提供了合理的结果，并具有足够的精度；

(3)论证了速度-精度分析的潜力，为优化交通监传感器的飞行计划提供了有价值的指导。

以慕尼黑以北两个典型的城市道路网路段为例，对速度 σ_v 的估计精度进行了模拟。在这个地区，有几条主要道路和大型快速路，在高峰时间也较为畅通。对于每个试验场，都应用了上述四种不同的速度估计器。假设存在两种通用方案：第一种方案是针对已知车辆相对于传感器飞行路径的运动方向(这里运动方向是根据道路方位导出的)；第二种方案是针对飞行器相对于传感器飞行路径的运动方向是未知的情况。

由于第一种方案中的三种方法在性能上相互补充，我们最终将基于飞行器航向和传感器飞行路径的相对方向的估计量组合起来得到最优结果。对于每个相对方向，选择提供最佳结果的估计器。这意味着估计速度精度的最大值被假定为该道路位置上速度估计的精度值。模拟中使用了 Riegl LMSQ560 传感器的真实飞行参数，并假设平均速度为 120 km/h(具体配置见表 22.4)，道路上行驶车辆的平均速度定为 60 km/h。运动车辆的剪切角和相交角的误差测量可以从形状参数化的角度进行经验评估，$\sigma_{Ar_s}=0.4$，$\sigma_{\theta_{SA}}=2°$，$\sigma_{\theta_v}=2°$。在第一种方案中，道路相对于计划飞行路径的方向和通过组合估计器得到的 σ_v 值如图 22.11(a) 和(c)所示。对于相同的地点，使用第二种方案得到的 σ_v 值如图 22.11(b) 和(d)。使用前面描述的算法得出的结果大约比 80%的调查道路网络的速度估计精度高 10%。图 22.12 显示了在路网中针对不同区域估速方案的选择。结果表明，基于跨轨剪切的估计方法(方法 1)最优。基于沿轨道伸展(方法 2)和组合(方法 3)的估计器仅在道路大致沿轨道方向伸展的区域(即 $\forall \theta_v \leqslant 25°$)优于基于跨轨道剪切的方法。例如，在第二个测试点[图 22.12(b)]中，

第 22 章 基于机载 LiDAR 数据的城市目标检测和交通动态信息提取 · 243 ·

Dachauer 街(在左下角部分)要求使用方法 3 进行速度估计,而 Ackermann 街的一部分(弯曲的,在左上角部分)要求使用方法 2。另外,在道路网的大部分区域,特别是当车辆在跨轨行驶时,采用第一种方案的速度计算精度普遍高于采用第二种方案的速度计算精度。这是由于速度和运动方向角的联合估计可能包含由车辆相对于传感器飞行路径的未知运动方向引起的附加误差源,从而导致产生了最终速度估计的累积误差。

表 22.4 典型机载地形激光雷达参数

飞行高度	h	420 m
脉冲重复频率	PRR	110 kHz
传感器速度	v_L	120 km/h
扫描角	α_s	60°
点密度	PD	4 点/m²
扫描带宽	S_W	450 m
观测方式		垂直向下
扫描模式		平行线

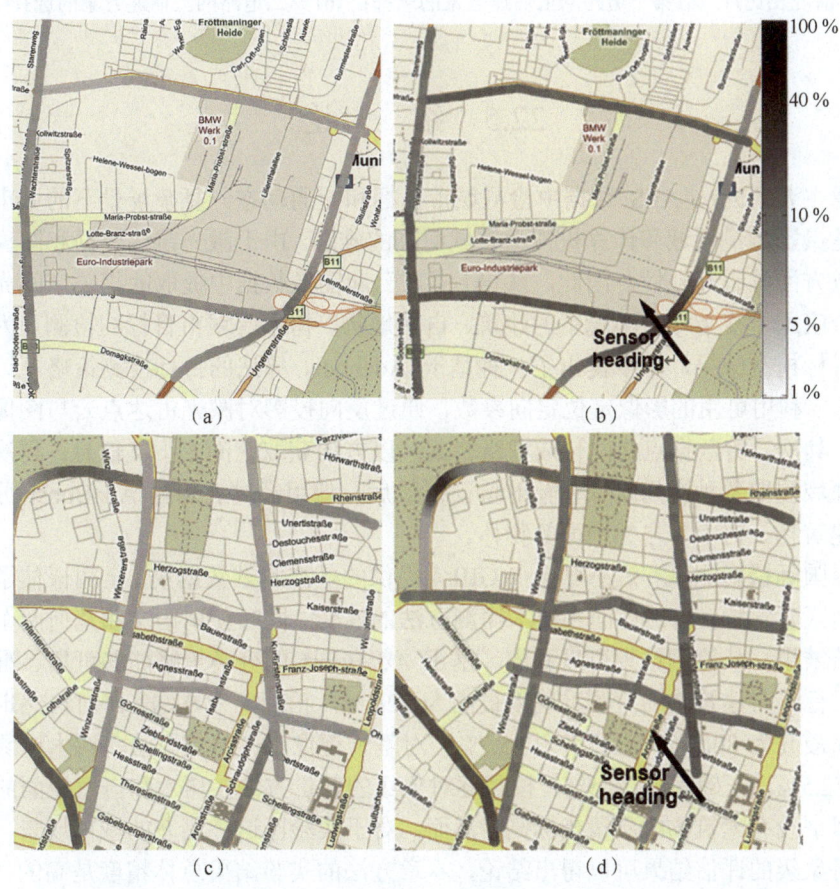

图 22.11 利用速度估计方法对慕尼黑北部两个公路网的 σ_v 进行了仿真
(a)第二种方案估算第一个路网的绝对速度的精度; (b)第一种方案对第一路网绝对速度的估计精度;
(c)第一种方案对第二路网绝对速度的估计精度; (d)第二种方案对第二路网绝对速度的估计精度

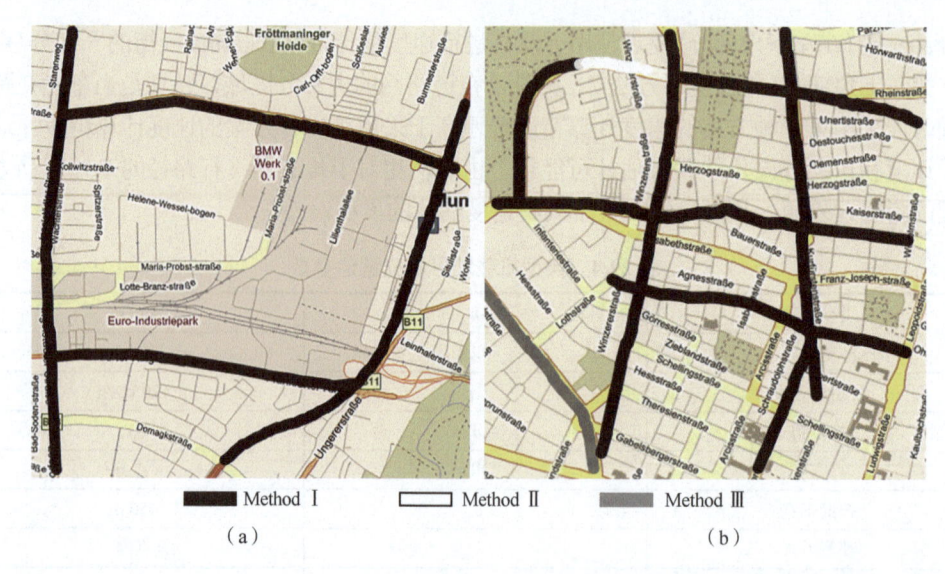

图 22.12　在第一种速度估计方案下，两个路网的速度估计方法表示（与传感器飞行的移动方向已知的情况相比）：（a）第一道路网上估速方案的选择；（b）第二道路网上估速方案的选择

22.5　结　论

  本章主要研究从 ALS 数据中检测城市目标和交通动态。复杂场景下的城市目标检测一直是摄影测量领域和计算机视觉领域面临的难题。由于激光雷达数据和图像数据在信息提取方面具有互补性，因此，从 ALS 点云和图像数据中提取的相关空间光谱特征可以联合应用于复杂城市环境下的建筑、自然地物、树木等城市目标的检测。为了获得良好的目标检测结果，本章提出了一种基于 Adaboost 算法的目标检测策略。该方法包括：首先，利用可用的影像定位定向参数，通过反向投影对激光雷达点云与图像进行联合配准；其次，将数据点格网化成栅格格式，以方便获取空间上下文信息；再次，利用长方体邻域提取各种空间统计和辐射特征；最后，使用经过训练的 AdaBoost 分类器检测识别建筑物、树木、自然地面等物体。

  利用国际摄影测量和遥感学会 WGIII/4 提供的基准测试数据集，全面评估了所制定的城市地区建筑物、自然地面和树木探测方法的性能。同时使用语义和几何两个标准来评估实验结果。从检测结果可以看出，基于 AdaBoost 的分类策略能够可靠、准确地检测城市目标，对建筑物的检测准确率最高为 92.5%，正确率为 93.9%；对自然地面的检测准确率最高为 80.5%，正确率为 85.7%；对基于逐像素评估的方法，树木检测准确率最高为 72.5%，正确率为 78.5%。按照逐对象级的评价方法，树木和自然地面的检测质量指标似乎没有建筑物的质量指标高。然而，对于实验区这样复杂的城市场景，综合像素级和对象级的评估结果可以得出结论，本章方法的实验结果总体精度是高的。随着研究的深入，可以利用基于图的优化方法对检测结果进行优化，从而考虑局部和全局的标记平滑性，提高检测的准确性。此外，为了进一步保证目标检测的可靠性，还需要通过分层特征匹配来提高多模态数据的配准精度，并通过灵敏度分析来优化可变参数。

为了表征城市交通动态，本章提出了一种从机载激光雷达数据中识别车辆运动并估计其运动速度的方法。除了描述所开发的方法外，还详细介绍了性能分析的理论和仿真研究。快速运动车辆的检测和速度估计是准确、可行的，而慢速运动车辆与非运动车辆更难区分，更难获得可接受的精度估计。此外，激光雷达数据集的点密度往往与运动检测性能成正比。对于几乎所有可能的观测几何形状，除了那些在传感器瞬时扫过时沿（准）轨道方向运动的几何形状之外，都可以高精度估计被测车辆的速度。

虽然本章的结果不能直接与感应环或桥式传感器相比较，但它们显示出支持交通监测应用的巨大潜力。ALS 数据的最大优点是覆盖范围大，对树木有一定的穿透性，因此，可以在路旁树木遮挡的扩展道路网络中获得交通数据。显然，这也是对那些固定传感器精确但稀疏采样测量的补充。该方法的一个自然扩展方向是将精确的、稀疏采样的交通信息与从空间或空中传感器收集的不太精确但范围广泛的数据结合起来。为此，现有的交通流模型将提供一个框架来实现这一目标。

致 谢

本章由香港理工大学的 1-ZE8E 和 1-YBZ9 项目资助，并得到中国国家重点研发计划（编号：2016YFF0103503）和国家自然科学基金项目（编号：41771485）的部分支持。用于城市目标检测的 Vaihingen 实验数据集由德国摄影测量、遥感和地理信息协会（DGPF）提供（Cramer 2010）：http://www.ifp.uni-stuttgart.de/dgpf/DKEP-Allg.html。

第 23 章　摄影测量：城市三维测图

吴　波　李兆津

摘　要

摄影测量是一项从图像中获取三维几何信息的技术。本章将描述摄影测量在城市地区三维测图方面的基础知识和前沿进展。首先介绍基于摄影测量技术从图像中获取三维几何信息的基本方法。在此基础上，本章指出并探讨了摄影测量在城市地区三维测图方面的最新进展，包括运动恢复结构(structure from motion，SfM)、多视图立体(multi-view stereo，MVS)以及基于多源数据的集成三维测图等。本章还给出了一些在城市应用中使用摄影测量方法进行三维测图和建模的实例。最后对上述内容进行了总结，并展望了摄影测量在城市三维测图领域的应用前景。

23.1　引　　言

摄影测量学是一门从图像中获取物体和环境的三维几何和物理信息的科学技术(ASPRS，1998)，即通过摄影测量的方法，可以利用图像对物体的几何信息(如位置、方向、形状和大小)进行三维测量。

摄影测量学历史悠久，最早可追溯到 19 世纪 50 年代(Konecny，1985)。在早期阶段，摄影测量的主要目的是利用航空像片生成地图。自 20 世纪 60 年代以来，卫星遥感和近距离成像技术的发展促进了摄影测量在各个领域的应用，如三维测图和建模、工业测量、建筑学、机器人、土木工程和灾害监测等。但在过去的 50 年里，摄影测量技术一直缺乏革命性的进展。直到最近的十余年，摄影测量和计算机视觉领域才有了显著的进展，如倾斜摄影测量、运动恢复结构(SfM)、多视图立体(MVS)以及集成三维测量等。即使在城市区域这样具显著挑战性的情况下，这些最新的技术进展仍然能为城市地区的三维测图和建模提供高质量的自动化解决方案。

本章将首先介绍基于摄影测量技术从图像中获取三维信息的基本方法。在此基础上，延伸和探讨摄影测量在城市地区三维测图方面的最新进展，包括 SfM、MVS 以及基于多源数据的集成三维测图。同时给出一些在城市应用中使用摄影测量方法进行三维测图和建模的实例。最后对以上部分进行总结，并提出对摄影测量技术未来发展的一些思考和展望。

23.2　摄影测量基本方法

利用摄影测量从图像中获取三维信息的基本方法包括图像定向、光束法平差和图像匹配。

1. 图像定向

图像定向的目的是恢复图像获取时刻的光线位置和方向，包含两个步骤：内定向（interior orientation，IO）和外定向（exterior orientation，EO）。

内定向定义了从图像上量测的像素坐标转换为以焦平面为基准的像空间坐标的过程。以传统的航空图像为例，通常有四到八个框标分布在图像的顶点和边上。它们的像素坐标可以在图像上直接量测，其在像空间坐标系中的坐标通常已知。它们可以被用来确定像空间坐标系中的主点位置(x_0, y_0)，还可用来得出像空间坐标和图像上量测的像素坐标之间的二维转换模型。该二维转换模型可以在后续的处理中，将图像上量测的任何其他像素坐标转换为像空间坐标。

主点的坐标(x_0, y_0)和主距（或焦距）f统称为相机的内参，是相机的固有参数，一般不会改变。然而，影像通常会存在畸变，比如镜头畸变、像素大小变化以及图像的拉伸或收缩。这些参数的误差将导致错误的内定向，进而导致错误的三维测量结果。因此，在使用相机进行三维测图时，必须对其进行检校。相机检校的方法主要分为两种：其一是使用由一定数量分布合理的校准目标组成的特定检校场进行校准，这些检校目标的精确坐标由全站仪或差分 GPS 测量得到；其二是在三维测图任务中通过自检校的方法进行计算得到（Wu，2017）。

外定向定义了从像空间坐标到三维物方空间坐标的转换过程，可用以下共线性方程来表示（王之卓，1998）。

$$\begin{aligned} x - x_0 &= -f \frac{m_{11}(X - X_S) + m_{12}(Y - Y_S) + m_{13}(Z - Z_S)}{m_{31}(X - X_S) + m_{32}(Y - Y_S) + m_{33}(Z - Z_S)} \\ y - y_0 &= -f \frac{m_{21}(X - X_S) + m_{22}(Y - Y_S) + m_{23}(Z - Z_S)}{m_{31}(X - X_S) + m_{32}(Y - Y_S) + m_{33}(Z - Z_S)} \end{aligned} \quad (23.1)$$

共线方程将像空间中的一个点(x, y)和它在三维物方空间中的相应点位置(X, Y, Z)联系起来。(X_S, Y_S, Z_S)代表拍摄图像时相机透视中心在物方空间中的三维坐标。m_{ij}是旋转矩阵中的元素，它由相机以物方空间为参照所旋转的三个角度$(\varphi, \omega, \kappa)$得出。以上六个参数，即三个位置参数$(X_S, Y_S, Z_S)$和三个旋转角参数$(\varphi, \omega, \kappa)$统称为图像的外方位元素。

每一组共线方程都描述了连接图像上某一点、相机透视中心和对应的物方三维点的一条直线。为了确定地物点的三维坐标，需要至少两条直线相交形成一个交点。即在一个立体像对上量测得到一对同名点，是获取其三维信息的必要条件，这个过程被称为前方交会。

每张图像的外方位元素，可以在图像获取时，通过与相机安装在同一平台上的传感器（如 GPS 和 IMU 等）获得，这就可以通过至少两张图像及其对应的外方位元素来实现三维测量。然而，传感器对外方位元素的直接测量通常会有误差，有时图像的外方位元素还不能通过传感器直接测量提供。因此，在摄影测量中，外方位元素常用以下三种方式获取或优化：空间后方交会、相对定向（relative orientation，RO）和绝对定向（absolute orientation，AO）、或光束法平差。

空间后方交会的核心就是上文所述的共线方程。如果已知三个控制点（即它们在像空间的坐标，和对应物方空间的三维坐标均为已知），根据共线性方程，它们可以提供六个观测方程，从而计算得到六个外方位元素的唯一解。一般来说，实际应用中会利用更多的控制点通过最小二乘平差来提高计算得到的外方位元素的精度。通常，利用空间后方交会可以有效确定单幅图像的外方位元素，而对于包含多幅图像的图像网络，由于直接利用空间后方交会需要较多数量的控制点，则会使用其他方法来处理。

相对定向用以确定两幅立体图像之间的内在关系，它能够在以左像或右像为基准的坐标系内生成一个与尺度无关的三维模型。但是，在该三维模型被用于实际测量之前，必须进行缩放、旋转并平移至物方空间的真实坐标系，这个过程即为绝对定向。绝对定向使用三维变换（如三维仿射变换）将相对定向获得的三维模型坐标转换到物方空间的真实三维坐标。相对定向和绝对定向可以在单个立体像对上进行，也可以用来处理包含多个立体像对的图像网络。

2. 光束法平差

光束法平差是上述相对定向和绝对定向的替代方法。基于共线方程的原理，可以定义一条光线，其从影像上某一点出发，经过相机透视中心，最终到达物方空间中的三维点。这就建立了一个基于共线方程的观测。具体来说，即先给定一对在立体像对或者一系列在多幅图像上匹配得到的同名点，基于共线方程确定一束光线将图像连接在一起，从而将像方空间与物方空间联系起来。在理想的情况下，来自不同图像上的匹配点的光线应该完全相交于同一个物方点。但在实际情况中，由于图像内、外方位参数中存在的不确定性和不同程度的误差，这些光线很难严格相交于一点。因此，需要通过光束法平差改进图像的方位参数，使光线能正确地相交于物方空间的三维点。

光束法平差以最小二乘法原理为基础。通常，在光束法平差系统中可以建立以下四种类型的观测方程。

$$\begin{aligned} Av + B\varDelta &= f \\ v_x - I\varDelta &= fx \\ A_c v_c + C\varDelta_c &= f_c \\ A_{ap} v_{ap} + D\varDelta ap &= f_{ap} \end{aligned} \tag{23.2}$$

第一个观测方程针对图像上匹配得到的同名点的像素坐标值，以共线方程为基础，将二维图像坐标和三维空间坐标联系起来。$\varDelta$是图像未知的外方位元素向量；A是观测值系数矩阵；B是未知参数的系数矩阵；V是残差向量。第二个方程定义了未知的外方位元素与匹配点的三维物方坐标的观测方程。第三个观测方程是对有关参数的约束。例如，一个具有固定相机基线的立体相机系统可以提供这样的约束：左图像的三个位置元素与右图像的三个位置元素之间的距离应等于立体相机基线的长度。第四个观测方程则用于自检校，其中的附加参数（如相机主距、主点偏移、镜头畸变）可以在平差中同时解算。

基于上述观测方程，利用少量的三维控制点以及从图像上匹配得到的同名点（连接点），光束法平差能够同时计算未知参数和同名点在物方空间的三维坐标。光束法平差实际上就是同时完成前述的空间后方交会和前方交会的过程。在光束法平差系统中，还可以根据不同类型观测值的先验精度或实际情况为其分配不同的权重，这样就可以控制不同观测值的贡献。例如，具有较高精确性（不确定性较小）的观测值将被分配较高的权重，因此它们在平差系统中的贡献较大，被调整的程度较小。先验知识较少（不确定性较大）的观测值则被分配较低的权重，因此它们在平差系统中的贡献较小，被调整的幅度也较大。光束法平差系统对误差的传播与计算非常严谨，能提供丰富的统计信息。平差系统内的所有参数都可以计算其残差，并用来评价光束法平差的性能。

3. 图像匹配

图像匹配是为了在两张或多张具有重叠度的图像中识别其对应关系。不同图像上的同名点代表了物方空间中的同一个点，它们通常在不同的图像上也具有相似的外观。一般来说，图像匹配是比较某个小图像块或图像之间的灰度相似性，或将图像块与模板图像块配准。根据图像匹配的对象类型，可以分为逐像素匹配的密集匹配，和基于特征的特征匹配。

在摄影测量和计算机视觉领域已有大量关于图像匹配的研究。其中最具有代表性的匹配方法是归一化相关系数法（normalized cross-correlation，NCC）(Lhuillie and Quan，2002)。NCC通过计算灰度值的相关系数值直接检验两个图像块或局部窗口内的相似性。计算机视觉领域的学者 Lowe(2004)提出了尺度不变特征变换方法（scale-invariant feature transform，SIFT），为特征匹配带来了革命性的进展。SIFT首先根据尺度空间的局部极值来检测特征点，因此对尺度改变或相机畸变具有鲁棒性。进而根据特征点周围的灰度梯度建立的描述符来匹配不同图像之间的同名点。然而，SIFT 只能提供稀疏特征匹配的结果。半全局匹配(semi-global matching，SGM)(Hirschmuller，2008)是密集匹配方法中另一个重要的里程碑。SGM 通过优化能量函数融合了全局和局部的逐像素匹配，可以得到密集的匹配结果，但其采用的全局优化策略会使得所重建的三维场景相对平滑，丢失边缘特征。

Wu 等(2011，2012)提出了一种分级的特征匹配方法，名为自适应三角约束匹配(self-adaptive triangulation-constrained matching，SATM)。SATM 包括特征匹配和密集匹配两个步骤。它使用动态三角网来约束特征点和特征线的匹配，不断将新匹配得到的点和线插入到三角网中，使三角网随着匹配过程动态更新，进而在三角网的细化过程中利用同名三角形约束进行密集匹配。在匹配的传播过程中，最显著的特征点或线总是首先被成功匹配。因此，逐步加密的三角形能够自适应图像上的纹理变化，并为特征匹配和密集匹配提供可靠的约束。Ye 和 Wu(2018)进一步扩展了 SATM 算法，将图像分割纳入图像匹配框架，以解决城市图像上广泛存在的表面不连续问题，从而实现城市图像的可靠密集匹配。图 23.1 展示了 SATM 和 SGM 方法对城市区域立体航拍图像进行密集匹配并进而生成数字表面模型(digital surface model，DSM)的结果示例。从 SATM（图 23.1(b)）和 SGM［图 23.1(c)］生成的 DSM 可以看出，前者在保特征和恢复建筑物边界方面比后者表现得更好。

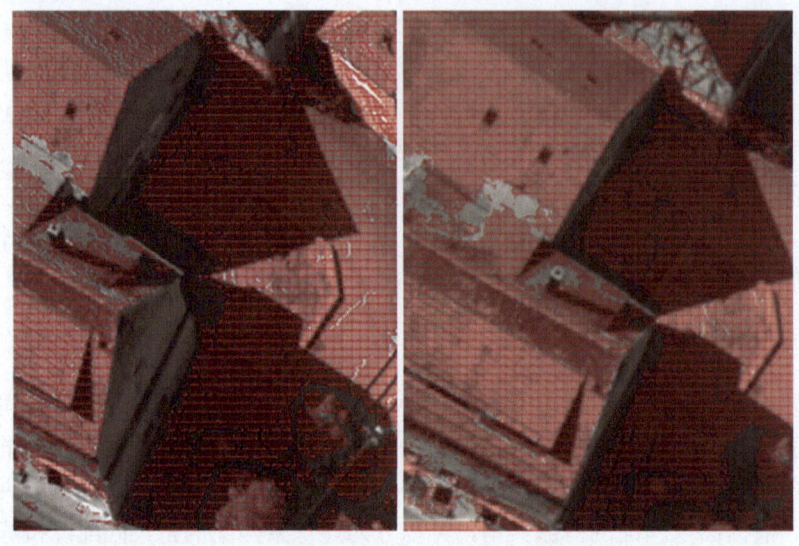

(a)立体航拍图像对（其中红色表示SATM的匹配结果）

(b)基于SATM生成的DSM　　　　　　　（c）基于SGM生成的DSM

图 23.1　使用 SATM 和 SGM 匹配算法生成的城市地区 DSM 示例

23.3　摄影测量用于城市三维测图新进展

传统的摄影测量方法在城市三维测图和建模方面应用有限(Qiao et al., 2010; Ye and Wu, 2018)。这主要是由于城市地区的图像自动化可靠匹配极具挑战性，传统的摄影测量系统需要大量的人工交互来处理城市地区的图像，尤其是在高楼密集的大都市。不过近年来，得益于数据采集和图像处理方面软硬件的迅速发展，图像获取的质量、自动化程度、效率和精度都在过去的十数年里得到了显著的提升(Rupnik et al., 2015)。先进的倾斜摄影测量系统可以在城市地区获取高冗余度的图像数据集(例如，每一个地面点能在至少五幅以上的图像中显示)，这大大改善了城市地区的图像自动匹配性能，同时倾斜摄影还提供了建筑外墙的信息。目前利用倾斜摄影测量方法构建城市三维模型的解决方案主要包括两个步骤：运动恢复结构(SfM) (Gerke et al., 2016)和多视图立体(MVS) (Galliani et al., 2015)。

1. 运动恢复结构(SfM)和多视图立体(MVS)

在 SfM 方法中，基于特征点可以自动获得图像重叠区域的同名点。针对预设飞行轨迹的结构化航空图像集，不同图像之间的连接性可以直接得到相应的估计。然而，对于大型无序数据集，将所有图像一一匹配会带来无法估计的计算量。因此，基于词典树的图像检索算法(Gálvez-López and Tardos, 2012)被用来寻找相似且可能有重叠的图像对。进而估计图像的方位参数，再由光束法平差进行优化。在 SfM 中，平差的方法通常分为三类，包括顺序、分级和全局平差(Schonberger and Frahm, 2016)。

顺序平差方法从一个最小的图像集(如两幅或三幅连接良好的图像)开始，逐步将新的图像添加到现有的图像集中。这种方法的计算成本随着图像数量的增加而增加。因此，可以采用分而治之的策略来降低计算成本，分级进行光束法平差(Snavely et al., 2008)。分级平差首先将整个场景划分为多个区域，然后对这些区域分别进行三维重建，最后利用三维变换对这些区域进行合并。全局方法通常会同时计算所有图像的相对方位参数，并分别估计全局旋转量和平移量(Toldo et al., 2015)。但全局优化算法可能难以实现收敛，这需要对初始值有良好的估计，以及鲁棒的粗差检测及去除粗差方法。

通过 SfM 获取的图像方位参数和场景图是 MVS 的基础(Schonberger and Frahm, 2016)。因为光束法平差得到的稀疏点云并不包含任何实体几何图形，所以有研究者使用 MVS 算法将多张定向后的二维图像转换成密集的三维点云(Musialski et al., 2013)。Furukawa 和 Ponce(2010)提出了基于图像块的多视图立体算法(patch-based multi-view stereo, PMVS)，该方法在摄影测量领域得到了广泛的应用。该方法的原理是使用多幅图像中的同名点集构造一组初始图像块来表示场景，并通过加强光度一致性和全局可见度约束来提高重建精度，同时对初始图像块进行多次扩展以提高其重建密度。基于已定向的图像和对应的密集点云，可使用泊松重建算法(Waechter et al., 2014)最终得到由点云生成的三维表面模型。图 23.2 是基于 SfM 算法和 MVS 算法，利用航空倾斜图像生成的香港中环地区的三维模型示例。

(a) 香港中环地区的航空倾斜图像示例

(b）由航空倾斜图像自动生成的城市三维模型

图 23.2　由 SfM 和 MVS 方法利用航空倾斜图像生成的香港中环地区的三维模型

2. 多源集成三维测图

除了上述倾斜摄影测量的发展，近年来，摄影测量还有另一个发展趋势，即融合处理从不同的遥感平台，如卫星、飞机、无人机（unmanned aerial vehicle，UAV）和移动测量系统（mobile mapping system，MMS）收集的多源图像和激光扫描数据，从而获得更高质量的城市三维测图结果和三维模型（Wu et al.，2015；2018）。

从不同遥感平台采集的图像和激光扫描数据被广泛应用于三维测图和建模。然而，在同一区域，由不同平台、不同传感器数据获取的三维测量结果往往不一致。Wu 等（2015）提出了一种集成卫星图像和机载激光扫描数据的三维测图方法。在集成三维测图方法中，图像的外方位元素、图像重叠区域的匹配的连接点和激光扫描点作为输入数据，利用联合平差模型进行优化整合，同时引入垂直和平面两种局部约束，以确保不同类型数据之间的一致性。集成三维测图方法利用摄影测量方法与激光扫描方法各自的优点，取长补短，有效消除两种类型数据之间的不一致性，从而提高三维测图产品的质量与精度。

航空倾斜摄影测量在城市地区的三维测图和建模方面前景广阔，但在如香港这样高层建筑物密集的大都市，航空倾斜影像生成的三维模型往往存在一些缺陷，如三维模型中存在空洞、建筑物表面的纹理模糊不清等。这主要是由于航空倾斜影像中常常存在遮挡和相机倾斜角度过大等问题。另一方面，近年来 MMS 在城市地区得到了广泛的应用。MMS 采集的地面图像和地面激光扫描点云可以为航空数据提供补充。融合处理航空和 MMS 平台采集的图像和激光扫描数据为进一步优化城市地区的三维建模提供了契机。Wu 等（2018）对上述集成三维测图方法进行进一步的扩展，加入了来自无人机和 MMS 的图像和激光扫描数据。航空和地面数据的集成三维测图主要包括三个步骤：①航空和地面图像之间的自动特征匹配，以连接这两类数据；②航空和地面数据的联合平差优化，以消除其几何上的不一致性；③对航空和地面数据进行最优选择，以获得最佳纹理质量和最小遮挡的三维模型。图 23.3 展示了在香港九龙湾地区利用无人机图像和 MMS 图像进行集成三维制图的结果示例。其结果表明，集成航空和地面数据进行三维测图能生成具有最佳几何精度与高质量的城市三维模型，在 MMS 数据的支持下，街道级三维表面模型的几何精度和质量与仅使用航空图像得到的结果相比，得到了显著的改善。

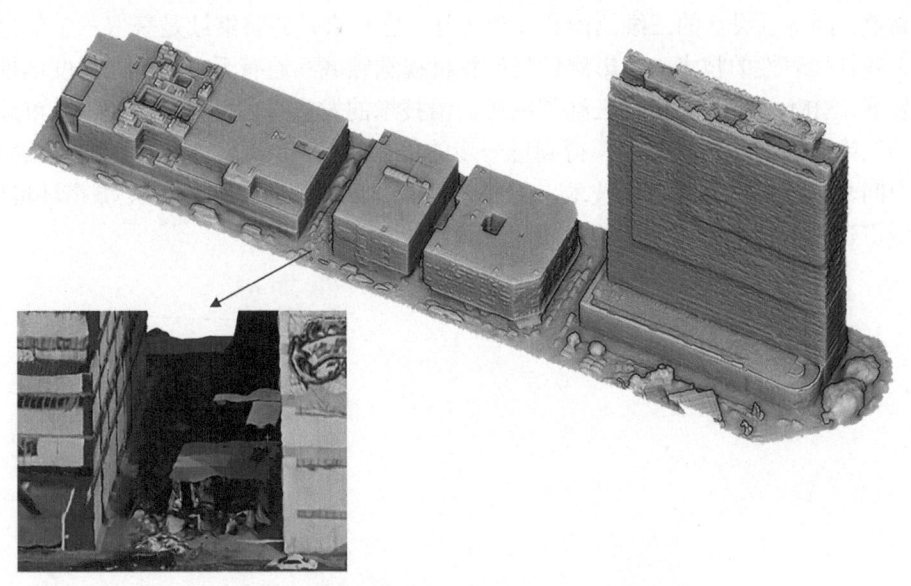

（a）仅使用无人机图像生成的三维模型

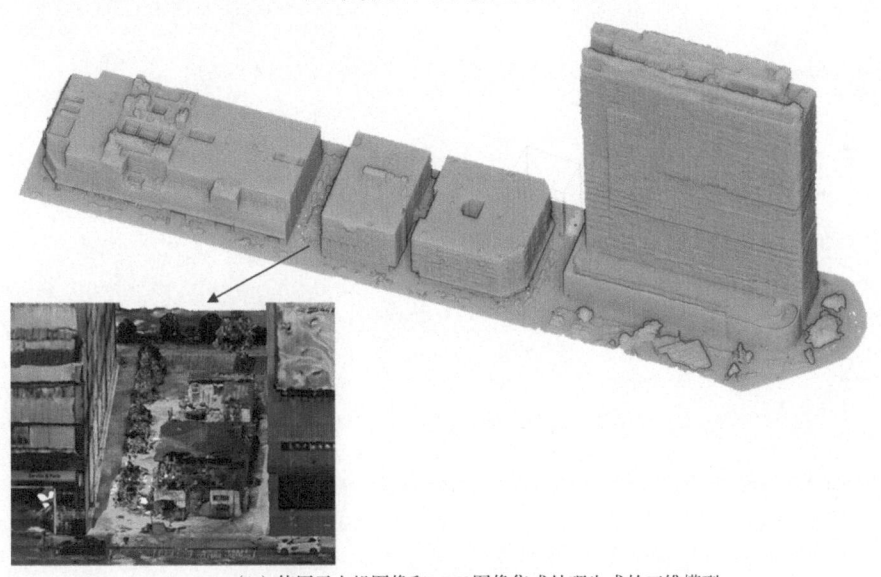

（b）使用无人机图像和IMMS图像集成处理生成的三维模型

图 23.3　香港九龙湾地区的无人机图像和 MMS 图像的集成三维制图

23.4 总结与展望

摄影测量方法在过去上百年的发展历史与最近的技术革新表明，摄影测量是最鲁棒、高效、经济且灵活的三维测图和建模方法，它一直是并将继续是获取三维信息的最有效、最具代表性的技术。摄影测量与计算机视觉领域互通有无，将更大程度地推动各自的发展。SfM、MVS 和集成三维测图等前沿技术的发展潜力无穷，将使得城市级和街道级的三维测图和城市三维建模得到进一步的优化和提升。摄影测量作为构建数字城市三维空间数据基础设施的主要技术，在城市规划、城市设计、城市管理、城市环境研究、智慧城市建设等领域有着广泛的应用前景。

第 24 章 地下公共设施成像和诊断

赖纬乐

摘　要

不可见和拥挤的地下公共设施(underground utilities，UU)构成的世界对公众来说一直是一个谜，因为除非出现问题，否则它们的存在是不为人知的。这个世界随着城市的不断发展，以及公众对能源和生活质量需求的增长而不断扩大。为了满足各种现代化的要求，如紧急维修或日常维修、安全挖掘和开凿、监测、维护和扩大地下管网规模，有两项任务是非常重要的：测绘和成像(确定地下设施的位置)，以及诊断(确定设施是否"健康")。本章回顾了这两个核心议题所涉及的技术现状以及它们的预期测量精度水平，并展望了未来的研究和发展趋势(第 24.1 和 24.2 节)。从物理学的角度来看，大量的测量技术是成像和诊断的核心，这些技术起源于基于电磁和声学的近地表地球物理和无损检测方法。到目前为止，勘测技术已经在各种多学科工作组的研究任务中进一步扩展(第 24.3 节)。首先，它涉及发送和接收信号的机器人，使用精密的系统控制和无缝通信电子技术，对内部狭小密闭空间进行测量。其次，对捕获的数据进行定位、处理，并在未来通过数据库进行模式识别，以稳健地追踪位置并诊断任何特定类型的公共设施的状况。最后，建立这种包含了各种类型的公共设施缺陷的模式识别数据库的过程可以被视为一个不断学习迭代更新的过程，该过程在实验室条件下、模拟情况下以及实地勘测情况下反复验证。本章最后简要介绍了人为因素，比如心理和认知偏差，对结果的影响。在大多数情况下，这些偏差在成像和诊断工作中经常被忽视(第 24.4 节)。总而言之，对公共设施成像和诊断的挑战性和巨大需求，已经逐渐从传统的目视检测逐步发展到多学科测量和专业工程的新时代，甚至走向人机互动的心理学部分。

24.1　测绘和成像

在医疗领域，当医生面对来访的病患时，第一选择是直接进行手术还是在此之前先进行检查以确定病因？毫无疑问，后者是标准程序。然而，在建筑施工领域，对基础设施直接进行"手术"往往是第一选择。这些基础设施中包含了许多价值不菲的类型，例如桥梁、楼宇、古迹、地基、路面、隧道内衬和地下管线。即使在住户家里，也不乏有人在没有扫描的情况下进行钻探，然后不经意地损坏了煤气管道，引起煤气泄漏甚至爆炸。病人和基础设施之间的一个重要区别是，病人更有可能采取适当的措施来照顾自己，并寻求专家的诊断，而基础设施是由许多主体共享的(大多数没有意识到风险和成本)，对它们的检测和维护往往被忽视。自 1895 年拍摄第一张 X 光图像以来，诊断科学在医学领域中已经从根本上革新，成为先进的技术。没有人会质疑医学影像在诊断和药物治疗方面的作用，但在基础设施领域，现代扫描、制图和成像方法仍然常常被忽视。

根据香港路政署的资料，香港拥有世界上密度最大的地下公共设施(每公里道路约有47km的地下设施）。超过20家公共服务设施公司在不断地发展地下公共设施网络，但目前的技术只能达到地表以下几米的深度。与其他城市相比，香港公共设施网络中的地下管线密度是新加坡的3.5倍，英国的24倍，美国的85倍（Wong，2014）。在香港以及类似的紧凑型和超大型城市中进行近地表地球物理测绘、制图、成像和诊断时，其环境让这项任务极具挑战性。如果香港地区这样密集的环境中的地下公共设施检测问题能够通过创新性方案得以解决，那么世界上其他地区的地下测绘问题将更容易解决。

地下管网事故不仅会造成金钱或宝贵的水资源的损失，还会造成人员伤亡，如2014年在台湾高雄发生的地下瓦斯爆炸事件和香港发生的观龙楼致命山体滑坡事故。从长远来看，地下公共设施的不可见性和记录的缺乏更新会影响建筑的设计、施工和维护等阶段。如果不能在早期摸清地下管线的情况，可能会造成设计失误，从而导致施工延误。因为未知的位置、复杂性、老化以及"眼不见，心不念"的思维方式，地下公共设施的维护和修复已经成为一项困难的任务。这些因素都是定时炸弹，增加了在挖掘过程中引发地下管网损坏的风险。

在城市地区，公用设施大多以复杂的方式铺设在建筑物和人行道之间。公共设施在设计、施工或维护过程中，总是需要进行无损性地球物理探测。在城市发展和重建项目的设计和维护阶段，这种探测可以避免已建地下公共设施的损坏。目前在这个领域已有多个国际规范和标准。2003年，美国土木工程师协会（American Society of Civil Engineers，ASCE）发布了一份关于美国现有地下设施数据的收集和描述的标准指南（ASCE，2002）。该标准规定了四个不同的检测质量等级（从QL-D到QL-A），表明了不同的测量工作量要求。例如，QL-D指的是法定的记录搜索，而QL-A指的是通过试探孔或沟渠检测公用设施。QL-B指的是使用电磁设备进行地球物理探测，如电磁定位仪（electromagnetic locators，EML）和探地雷达（ground-penetrating radar，GPR）（Anspach，2002）。

四个不同的质量等级分别说明了测量地下基础设施的位置所需的达到的精度水平。这些不同的级别也被进一步细分为更精细的精度要求。根据误差值范围，有两种表达精度的方式，如表24.1、表24.2、表24.3（Institute of Civil Engineers，ICE 2014）所示。这些表显示了定位精度随着深度增加而降低。一些较高的质量水平要求精度达到特定的绝对值而不考虑深度。例如，英国标准协会（British Standards Institution，BSI）公布了公共可用规范（publicly available specification，PAS）128：2014标准，用于补充ASCE 38-02。类似地，在PAS 128：2014标准中，地下设施探测有四个质量等级。若要达到质量等级QL-B，至少要用到GPR和EML两项技术（如表24.1、表24.2、表24.3（ICE，2014）所示）。另一个例子是香港特别行政区政府机电工程署（Electrical and Mechanical Services Department，EMSD）的"合资格人士表现监察积分制度"。其中，带电电缆检测的水平精度值要求在深度的25%以内。另外一个表达精度的方式是提供一个精度的值域；例如，QL-B中的±150 mm、±250 mm和±500 mm（如表24.1、表24.2和表24.3所示）。这种绝对精度是为浅层公用设施设计的，比如埋在几十厘米深度的电信电缆。在这种情况下，考虑到埋藏深度较浅，依赖深度的精度不需要十分严格。在实施方面，用于表达检测精度的质量等级检测的准确性在某种程度上取决于客户的期望。香港最近为所有类型的公共设施(包括管道)检测制定了一个简化的精度等级规范,只包含管缆定位和电磁定位(Pipe cable locating/ electromagnetic locating,PCL/EML)(LSGI,2019a)。该规范也采用了上述两种精度的表达方式,例如,只有在±150 mm 或±15%的检测深度范围内(以较大值为准),公用设施检测才被认定为可靠。在这个范围之外的不确定因素被认定为不可靠。这个精度水平反映了经过三方面衡量后的结果,包括探测技术的可行性、不同的服务提供商和客户期望。

表 24.1 PAS 128:2014 年地下设施检测的质量等级标准

检测精度等级	定位精度		支持数据
	水平	垂直	
验证			
QL-A	±50 mm	±25 mm	验证时公开设施
检测			
QL-B1	±150 mm 或者检测深度的±15%(以较大值为准)	检测深度的±15%	利用多种地球物理检测技术检测水平和垂直位置
QL-B2	±250 mm 或者检测深度的±40%(以较大值为准)	检测深度的±40%	利用一种地球物理检测技术检测水平和垂直位置
QL-B3	±500 mm	未定义	利用一种地球物理检测技术检测水平和垂直位置
QL-B4	未定义	未定义	被怀疑但没被检测到的公共设施被标记为假设
场地踏勘			
QL-C	未定义	未定义	一段公用设施,其位置通过视觉参考街道设施、地形特征或以前街道外业的标记来展示
公共设施记录搜索			
QL-D	未定义	未定义	案头记录绘图

表 24.2 推荐的 PCL/EML 测试/调查的质量水平和准确度(LSGI,2019a)

测量模式	精度等级	定位精度	
		水平	垂直
主动测量	可靠的	±150 mm 或者检测深度的±15%(以较大值为准)	公共设施埋深小于或等于 3 m 时,±15%的探测深度
	不可靠的测量	未定义	未定义
	不成功的测量		
被动测量	可靠的	未定义	未定义
	不可靠的测量		
	不成功的测量		

表 24.3　推荐的 GPR 测试和测量的质量水平和精度(LSGI，2019b)

精度等级	水平定位精度
可靠的	±150 mm 或者检测深度的±15%(以较大值为准)
不可靠的测量	未定义
不成功的测量	

1. 电磁定位/管线探测

鉴于这些规格和标准在世界范围内已经广泛使用，许多项目所要求的质量水平和精度要求都作为与承包商谈判的一部分内容。实际的场地限制，如重叠的材料和相邻公共设施的干扰会影响到在一个场地可以达到的实际质量水平。然而这个因素却常常被忽视。例如，水平和垂直分辨率的限制少有研究，以及类似于混凝土中的钢筋会掩盖了电磁感应信号这样的影响因素。Siu 和 Lai(2019)评估了地下条件以及电磁耦合效应。这种效应是电磁感应研究中不确定性的一个主要来源。附近载流的地下设施激发的电磁场会和目标磁场产生相互干扰，如图 24.1 所示。

这项工作的结果可以提供一个参考，以便更好地理解使用 EML 进行地下管线测量的复杂性。它为地下管线设计和测量提供了参考信息，如带电电缆和附近金属设施之间的最小间隙距离，以方便以后定位。

2. 探地雷达(GPR)

第二种探测手段是 GPR，由发射器和接收机组成，以数百兆赫的频率在材料中发射和接收无线电波。接收到的信号被称为 A 波，表示一个信号点。B 波和 C 波是二维和三维信号。C 波图像可以表示在地表下特定深度的任何水平面。B 波图像是垂直深度剖面。这两种图像都提供了介质中反射波特性，如相位变化、能量衰减和传播速度。这些特性由主介质的材料控制。通过正向和反向建模，可以重建地下空间。通常情况下，必须收集一系列相邻的 GPR 剖面图，以确定地下目标的位置和大小。具有 3D 特征的 C 波图像越来越受欢迎，因为它们提供了地下情况的直接和容易理解的表示。此外，其他形式的三维 GPR 表示方式也在发展，例如等值面、基于能量或相似性的语义图像，以及特征增强图等(Böniger and Tronicke，2010a，b；Leckebusch，2003)。它们都是全覆盖三维测量所产生的衍生表示方法。具有准确的地理参考的高质量 C 波图像对于准确地进行地下成像是至关重要的。然而，C 波图像首次提出是在 20 世纪 90 年代(Goodman et al.，1995；Lai et al.，2018a)。用于生成切片的参数主要由操作员的经验决定，而这会导致不可避免的人为偏见(Millington and Cassidy，2010)，因为选择不同的参数设置可能导致完全不同的图像。GPR 3D 成像已经被广泛地应用于土木工程的不同领域，例如，绘制地下设施图(Birken et al.，2002；Lai et al.，2016；Metwaly，2015)；测量材料的物理性质变化(Kowalsky et al.，2005；Léger et al.，2014；Leucci et al.，2003)；以及检查结构状况(Alani et al.，2013；Baker et al.，1997；Lai et al.，2012，2013)。Goodman 等(1995)总结了构建时间切片处理流程的三个主要步骤：建立测量网格、切割切片和插值，如图 24.2 所示。

第 24 章　地下公共设施成像和诊断

（a）

估算的磁场形状 33 kHz

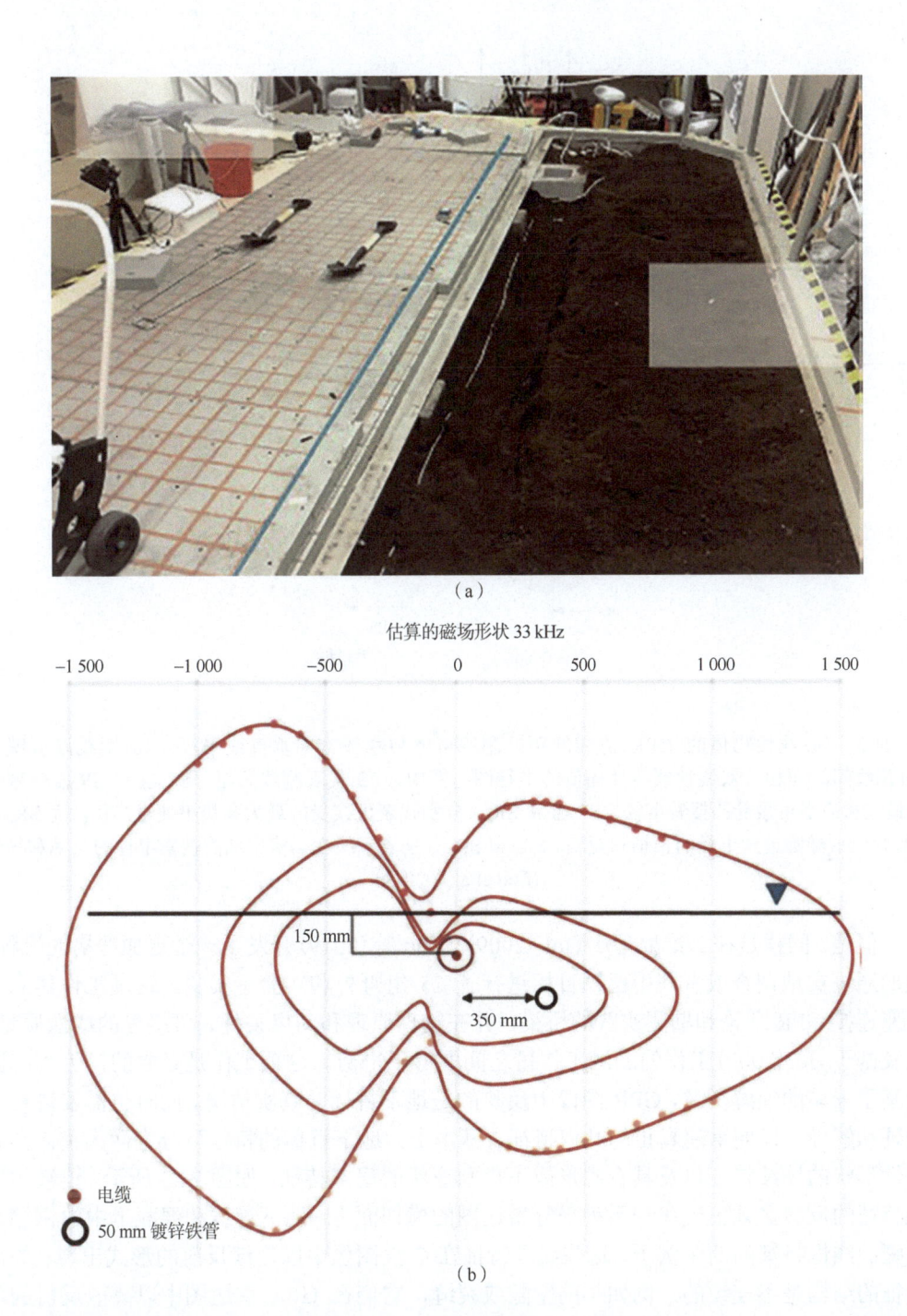

- 电缆
- ○ 50 mm 镀锌铁管

（b）

图 24.1　(a)香港理工大学地下设施勘测实验室的实验装置。X：水平距离(350 mm，550 mm，750 mm 或 950 mm)；Y：垂直位置(150 mm，300 mm 或 450 mm)；(b)估算的磁场形状，电缆的深度为 150 mm 与管道的水平距离为 350 mm(Siu et al.，2019)

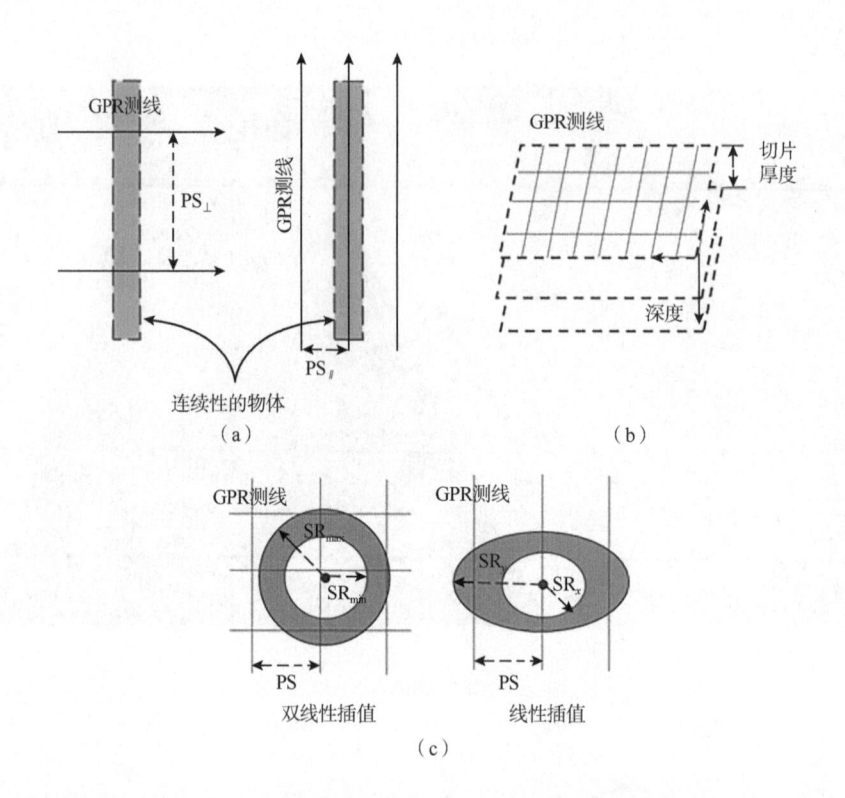

图 24.2 (a)线性物体的 GPR 测线间距：测线可能与物体方向垂直或平行；(b)测线厚度图；(c)测线间距和相关双线性或线性插值的半径图。图中，PS 代表测线间距。SR_{max} 和 SR_{min} 分别代表最大和最小可接受的搜索半径。SR_{max} 和 SR_{min} 分别代表可接受的最大和最小搜索半径，而 SR_y 和 SR_x 则表示椭圆搜索半径的长轴和短轴。SR_y 和 SR_x 分别表示线性插值中椭圆搜索半径的长轴和短轴（Luo et al., 2019）

但是，同样是在二维处理中(Jol, 2009)，Luo 等(2019)开发了一个更加严格的流程。他们通过实地调查或者利用已知目标进行了 25 组野外和实验室实验。这项工作建立了一座连接 GPR 理论和勘测实践的桥梁，并在物理原理和约束条件、可接受的成像质量，以及基于 Jol(2009)工作的勘测工作量之间取得了平衡。这项工作是必要的，因为不同于基于卫星的遥感图像，GPR 图像中反映的是地下目标的真实情况。同时也需要进行后处理和解译，以便重建真正的几何特征。基本上，地下目标的特征可分为两大类：具有线性形状的连续特征以及具圆形或不规则形状的局部特征，如图 24.3 所示。连续的线性特征的反射必须出现在一系列平行雷达图的横切面上。地下管线和混凝土中的钢筋是埋藏的线性特征的两个例子。这些线性特征在 C 波图像中以连续反射的形式出现。局部特征的结构是不连续的，例如小的空隙或裂缝，它们在 GPR 雷达图中以离散反射的形式出现。识别局部特征的最关键因素是局部特征的尺寸，如果没有尺寸信息，则根据 GPR 在介质中的波长来确定参数。一个好的切片成像也取决于两种材料之间是否有足够的介电常数差值以提供较大的对比度。

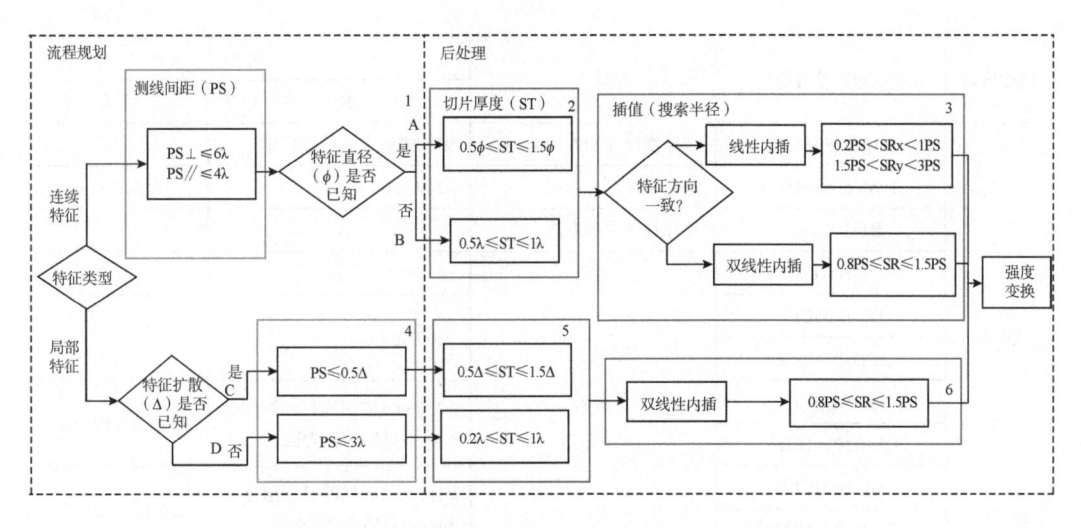

图 24.3 基于经验性实验的三维 GPR 成像工作流程

注：(1)基于式(24.1)，其中 v 可以通过共同偏移速度分析确定(Sham and Lai，2016)，f 可以通过小波变换确定(Lai et al.，2013)；(2)特征扩散(Δ)表示特征的最大扩散量

3. 电磁定位(EML)/管线测量(PCL)和探地雷达(GPR)之间的比较

用于地下测绘的两种最重要和最有用的电子技术是 EML/PCL 和 GPR。与最经常使用的机械波方法(如冲击回波和超声波)相比，基于电磁波的 EML 和 GPR 技术在浅层(<6 m)的快速数据采集方面更有优势。基于电磁波的方法的优点是，它们在测量过程中不需要与地表进行物理接触，测量时间也更短。实际上，GPR 和 EML 功能是相互补充的(表 24.4)。

表 24.4 不同规格的水平和垂直精度要求对比

精度等级	次级精度等级	测量方式	精度 水平	精度 垂直
QL-D	D(ASCE38-02)	阅读记录，走访调查	/	/
	D(AS 5488-2013)	查找记录，大致地现场勘察，现场轶事	有标志性的位置	/
	D(Malaysia)	搜索/收集/分析调查记录	/	/
	QL-D(ICE)	公共设施记录搜索	/	/
QL-C	C(ASCE38-02)	测量并绘制地面可见的公共设施特征	/	/
	C(AS 5488-0213)	地表特征的相关性分析与解译，可见的设施的测量	大致位置	/
	C(Malaysia)	测绘公共设施的地面部分	/	/
	QL-C(ICE)	现场勘探	/	/

续表

精度等级	次级精度等级	测量方式	精度 水平	精度 垂直
QL-B	B（ASCE38-02）	地球物理探测方法	误差阈值由具体项目定义	/
	B（AS 5488-0213）	测量和探寻	±300 mm	±500 mm
	B（Malaysia）	地球物理探测方法	/	/
	QL-B4（ICE）	探测	/	/
	QL-B3（ICE）		±500 mm	/
	QL-B3P*（ICE）			
	QL-B2（ICE）		±250 mm 或探测目标深度的±40%（以较大值为准）	目标深度的±40%
	QL-B2P*（ICE）			
	QL-B1（ICE）		±150 mm 或探测目标深度的±15%（以较大值为准）	目标深度的±15%
	QL-B1P*（ICE）			
QL-A	A（ASCE38-02）	地下设施的实际暴露和后续测量	适用于水平测量标准并且绘图精度由测绘人员根据预期定义	±15 mm
	A（AS 5488-0213）	探索地下	±50 mm	±50 mm
	A（Malaysia）	挖掘测试孔	±100 mm	±100 mm
	QL-A（ICE）	验证试验	±50 mm	±25 mm

注：（美国）ASCE38-02：收集和描述现有地下公用设施数据的标准指南；

（澳大利亚）AS 5488-2013：地下公共设施信息分类；

（马来西亚）D：地下公共设施的标准指南；

（英国）ICE PAS 128-2014：地下公共设施的定位、检测和验证规范；

"P"：经过后处理的信号。

24.2 诊 断

公用设施的使用寿命由于老化而受到限制，因此有必要进行预防性的监测和诊断，以避免任何事故的发生。因为事故可能在没有明显迹象或警告的情况下发生，例如，污水管或自来水管道的渗漏会引发土壤侵蚀，进而导致道路坍塌（Hadjmeliani，2015），或者燃气管线泄漏可能导致爆炸（McKirdy，2014）。这样的问题影响了我们的日常生活。因此，有必要研究开发不同的技术来评估和诊断地下公共设施的状况。状态评估的结果有助于诊断工作，这对于地下设施的维护和修复工作至关重要。

由于计算能力的指数级增长，近十年来许多技术已经被开发并用于地下设施的状态评估。比如：①通过闭路电视（closed-circuit television，CCTV）的高清视频；②专门用于管道状况评估的先进视觉方法：下水道扫描和评估技术；③声学方法，如声呐技术；④基于激光的扫描；⑤地面渗透雷达；⑥管道内声学测量。

1. 地面技术

1)用于泄漏定位的地基噪声测井

除了第 24 节第 2 小节中介绍的成像之外，GPR 对地下水含量的变化也很敏感。它可以探测到不同管道材料的早期漏水情况，不仅限于 PVC 管道和金属管道，这样的结论在不同规模的实验室的实验中都有发现(Ayala-Cabrera et al., 2011; Bimpas et al., 2010; Cataldo et al., 2014; Crocco et al., 2009; Demirci et al., 2012; Glaser et al., 2012; Goulet et al., 2013; Lai et al., 2016, 2017b; Ocaña-Levario et al., 2018)。GPR 作为一种无损探测方法，已经被广泛用于探测和测绘埋藏的近地表公共设施(例如，Metwaly, 2015; Prego et al., 2017; Sagnard et al., 2016)。使用 GPR 检测水管泄漏的主要工作原理是电介质极化的机制，即材料中含有的自由形态的水分子被入射的 GPR 波极化，从而导致 GPR 波速降低。在我们近期的研究中，这一机制被用来研究地下水管的泄漏。GPR 也可以有效和精细地评估危害，如地下空隙和污水(例如，Cassidy et al., 2011; Lai et al., 2017a; Nobes, 2017)。这是因为相比于泄漏噪声相关器或管线探测器等声学方法，GPR 的传感器不需要与探测目标之间物理接触。随着各种工作频率的 GPR 天线的出现，多种工作频率的 GPR 可以被应用于探测地下环境中的各种物理属性和结构。在人口稠密的城市的道路网中，GPR 已经被用于研究不同的路面材料，如沥青、混凝土路面和块状路面(例如，Cassidy et al., 2011; Fernandes et al., 2017; Loizos and Plati, 2007; Metwaly, 2015; Shangguan et al., 2016, 2018; Yehia et al., 2014)。

通过水平切面上的 GPR 数据绘制漏水地图是一种可行的方法。因为电磁波随着自由水含量的增加而剧烈衰减，GPR 数据的水平扫描在沙子和混凝土等材料中的水管渗漏方面已经被证实非常有用(例如，Lai et al., 2016, 2017b)。然而，复杂的地下环境通常密集地塞满了各种公用设施。这使得在这样的环境中追踪水管的泄漏或渗漏成为一项具有挑战性的任务。

对于 GPR 数据，已经有了不同的速度估计方法。包括利用已知反射体的深度、速度探测、双曲线拟合方法，以及假定介电常数值来估计 GPR 波速的方法(ASTM D6432 2011)。本研究中使用的速度分析方法可以说提供了一个更好的诊断方法，因为它提供了漏水前后的波速比较。如 ASTM D6432-11(2011)所述，双曲线拟合方法可用于估计从固定发射器-接收器的 GPR 中获取的数据的波速。

$$D = \frac{x}{\sqrt{\left(\frac{t_x}{t_0}\right)^2 - 1}} \tag{24.1}$$

$$v = \left(\frac{2}{t_0}\right)\left[\frac{x}{\sqrt{\left(\frac{t_x}{t_0}\right)^2 - 1}}\right] \tag{24.2}$$

式中，t_x 是发射电磁波到达目标并返回天线的总时间；t_0 是直达波到目标和返回天线的双向移动时间；x 是沿地表的两个位置之间的距离；v 是波速(单位：m/ns)。

Cheung 和 Lai(2019)比较了加压试验前后的雷达图和速度变化来验证泄漏是否存在。使用中频 GPR 天线(如 600 MHz)，波速减少 10%，可能是漏水向上蔓延的迹象，而在埋在地下的反射物下方出现明显的混响。此外，对于已经投入使用但怀疑有漏水的水管，如果无法获得漏水前的测量结果，那么就需要对 GPR 反射波的横向变化和波速的变化进行检查以追踪漏水的原因。根据波速的变化，就可以追踪到向上或向下蔓延的漏水位置。这种方法基于的假设是，漏水并不会在管线所有位置都发生，并且 GPR 波的速度变化是可以用公式检测出来的(Sham and Lai，2016)。

噪声记录仪记录了声级的振幅分布(单位是 dB)。记录仪的信号与背景噪声相比，有一个尖锐的峰值，这个峰值通常可以确定一个最接近可能泄漏位置的点。在凌晨 2~4 点最小流量时，多个噪声记录器的结果可以定位疑似泄漏区域和范围，但要准确定位泄漏点需要采用下述几种精确定位方法。

2) 地面泄漏噪声相关法(LNC)进行泄漏定位与精确定位

泄漏噪声相关仪是一种电子设备，用于精确定位加压供水或燃气管道中的泄漏。通常情况下，两个或更多的麦克风或声音传感器在两个或多个接入点上与管道连接。这些设备记录接触点之间的泄漏所发出的声音(例如，嘶嘶声)，并且对声音数据进行处理使得两个记录关联起来以确定噪音从一个传感器传到另一个传感器所需的时间差以此来估计泄漏点，当然，前提是传感器之间的距离是已知的。一个连续信号与另一个连续信号的互相关被定义为

$$(f*g)(t) = \int_{-\infty}^{\infty} f*(\tau)g(t+\tau) \qquad (24.3)$$

式中，$f*$ 是 f 的复共轭，f 和 g 是两个泄漏产生的噪声记录。通过估计交叉相关积 $(f*g)(t)$ 达到最大值的时间偏移量，可以获得时间延迟。当使用两个以上的传感器时，相关过程可以在多个传感器站进行。只要每个传感器收到的泄漏声不短于几分钟，这种方法可以获得准确的结果。在估计了泄漏的时间延迟后，任何泄漏相关仪都需要(1)声音的传播速度和(2)两个接收机之间大致距离信息，以便确定泄漏点与传感器的确切距离。对于泄漏的定位，声速取决于管道的尺寸和材料类型，这也是大多数 LNC 设备的标准输入。对于泄漏的精确定位，需要通过另一种方法来确定：管道电缆定位或电磁定位。只有当这两种方法显示了较高的互相关性时，泄漏检测才是准确的。

LNC 和管道装填这两种方法被广泛采用，其通过计算时间延迟的变量和预测压力下声波的速度来检测漏水情况(Hao et al.，2012)。LNC 要求在声音和振动干扰可以忽略不计的情况下，记录漏水引起的噪音。LNC 和所有的无损检测方法一样，由于一些因素而受到限制，如管道与周围环境的有限耦合，压力不足，以及管道材料和管道尺寸的变化(Gao et al.，2005；Hao et al.，2012)。在某些情况下，例如重力管道的早期漏水，失去压力的漏水管道或大口径管道的漏水，声波传输受阻，无法找到漏点(Gao et al.，2005；Hao et al.，2012；Liu and Kleiner，2013)。

2. 管内技术

管内技术是指将传感器直接放在公共设施内，让流体（水和气体）自动驱动传感器。这些技术避免了由于深度增加而产生的衰减以及地面技术中分辨率的损失。市场上有多种管内状态评估方法。以下部分将重点介绍那些由管道行业大型机构所使用的方法。作业人员进入地下环境总是十分危险的，而采用以下方法可以减少这种风险。

1) 闭路电视 (CCTV)

闭路电视 (closed-circuit television, CCTV) 是最常见的管道状况评估技术。闭路电视的明显优势在于它技术简单，可以直接捕捉管道内壁缺陷的图像。必要时，可通过进一步放大摄像机从不同角度对所拍摄的图像进行详细检查。闭路电视最早出现在 20 世纪 60 年代，它包括一个安装在牵引机上的小型光学摄像机，用于检查管道内。这种牵引机是一个带轮子的自走平台。如今，高清晰度的摄像机可以捕捉更好的图像以供解读。该系统由地面上的操作员进行远程控制。而闭路电视的使用限制是，它只能在水面以上应用，而且闭路电视牵引器沿管道的移动可能会影响所捕获图像的质量 (Kirkham et al., 2000)。此外，它只能确定已经暴露在管道内壁表面的缺陷。对收集到的图像的解释是非常主观的，主要取决于解释者的经验。任何因素，如不均匀和不充分照明，都可能影响这种解释。到 2004 年，英国大约 2% 的主要下水道网络已经被检查过了。而通过 CCTV 检查发现，这些观察结果中至少有 20% 被认为是不准确的 (OFWAT, 2004)。

2) 声呐技术

声呐技术可用于测量因腐蚀而造成的外露钢材的质量损失，还可以识别管道的变形和管道内脱落的碎片。声呐技术的基本原理是：发射器激发声波，并测量传输和反射的时间。发射器和目标之间的距离可以通过在介质中传播的声速来估计。根据这些信息，可以构建和评估管道内部状况的声呐剖面图 (Hao et al., 2012)。声呐技术的优点是，它们可以用于有液体的管道的检测，这在很大程度上降低了对管道放水以供检测的成本，并增加了管道检测的适用范围 (Schrock, 1994)。需要注意的是，在水面以上和水面以下捕获的声呐图像应分别构建和解释，因为声音在空气和水中的传播速度是不同的 (Eiswirth et al., 2000)。

3) 下水道扫描和评估技术 (SSET)

光学扫描仪和陀螺仪技术在 20 世纪 90 年代末被应用于管道内部检测，两者合称为下水道扫描和评估技术 (SSET)，并专门为管道内部状况评估而开发。与 CCTV 不同，SSET 允许在设备完成整个管道的运行后对缺陷进行解释。文献中也有关于评估过程自动化的研究，以提高评估效率和解释的准确性 (Chae and Abraham, 2001)。与 CCTV 类似，SSET 也涉及对设备收集的视觉图像的解释，但是只能对表面缺陷进行评估。因此，最近的研究中，人们把 SSET 与其他检测技术相结合，如 GPR (Koo and Ariaratnam, 2006)。

4) 基于激光的扫描

21 世纪初,基于激光的扫描开始被用于管道检测。基于激光的扫描的基本原理是,它将连续产生一束激光,投射在管道内部。它突出了在管道排列的每一点并在这些点上描绘出管冠的形状(Read,2004)。激光扫描的局限性在于它只能在水面以上使用。最近,三维激光扫描和建模已经被开发出来,这使得提供管道的三维轮廓成为可能(Garvey,2012)。

5) 红外线热成像技术

Sham 等(2019)提出了第一个关于定制管道内红外热成像系统(in-pipe infrared thermographic system,IPITS)的案例研究。该系统利用热像仪在地下污水管道中对管道状况进行成像和诊断,并在 2017 年 7 月,于新加坡的两条重力下水道中尝试了主动和被动红外热成像(infrared thermography,IRT)。结果显示,用主动式 IRT(带加热)拍摄的图像可以显示出不容易被 CCTV 的传统视觉检查发现的缺陷。这些缺陷包括分层和气泡、渗水、起皱或施工细节(如 HDPE 材料中的锚旋钮)。利用程序进行图像后处理可以确定检测到的物体大小。这些结果为使用 CCTV 和红外相机的组合对管道进行平行检查铺平了道路。

24.3 未来研究和发展的趋势

1. 多阵列和完全自动化的 GPR

上文讨论的单通道 GPR 系统一次测量只能探测一条特定横断面下的有限地下空间。因此,需要在 X-Y 平面上进行多次采集以生成地下三维图像。随着仪器设备的出现和计算机处理能力的提高,天线阵列可以通过将多个天线排列起来以覆盖更大的范围。这种设置的优点是,它允许以横断面对地下进行调查,甚至可以在高速状态下完成。因此它避免了冗长的临时交通堵塞和单通道 GPR 所需的繁琐程序。此外,阵列的配置是灵活的,天线之间的间距和通道的数量可以由用户定义,以达到调查所需的必要分辨率。此外,传统的脉冲 GPR 使用一个固定的中心频率,并被限制在一定的带宽内,而新的 GPR 阵列包括阶梯频率连续波(step frequency continuous wave,SFCW)技术。该技术在很宽的带宽上产生几乎平坦的响应(例如,10~1 500 MHz)。这种较新的设置可以在一个单一的深度和多个分辨率下获得令人满意的成像。

2. 在加压和重力设施中使用带有小型传感器的微型机器人进行管内机器人成像

一种越来越流行的管内技术用于状态诊断,即安装检查工具,来处理在加压设施中地面技术无法检测的轻微泄漏和渗漏,如管内声发射(acoustic emission,AE)。当 AE 传感器被插入任何加压水设施中时,渗漏和缺陷可以按照与噪声记录仪和 LNC 相同的原理进行检测。这就克服了地面 AE 的大部分局限性,并可以直接到达有缺陷的区域。管内 AE 工具可以包括一个声学水听器、磁力计、陀螺仪、加速计和一个内部电源。在某些情况下,可以在没有电源的情况下在公用设施内自由游动。该管内 AE 工具带有适当的防水和防尘外壳,在不影响正常服务的情况下,由流动的电流驱动,穿过公用设施。管内 AE 工具的质量、传输介质和电流(水或气体)的传输速度都是非常重要的。为了准确定位公用设施内的泄漏或缺陷,管内 AE 工具由流动电流驱动。其中,距离由里程表或常规时间标签来测量。起点(插入)、中间(跟踪)和结束(提取)节点(如空气阀)必须用 GPS 或地形测量法进行地理定位。

3. 多学科研究,包括传感器、机器人学、电子学、模式识别和变化探测

对于任何成功的公用设施测绘、成像和诊断,有以下三个关键的技术要素。

物理方面:传感器(如天线阵列、感应线圈、压电装置、CCD、激光或回声测深仪)的设计必须考虑到:①成像和诊断的目的;②它与公用设施的材料特性或公用设施周围的介质的相互作用(如衰减、分辨率、散射和环境)。以及在上述提及的两种测绘模式中,其结果应在合理的不确定性范围内和可接受的准确性水平内:①地面技术,该情况下传感器和公用设施被土壤等材料远远隔开。②管内技术,即传感器沿着公共设施内部直接由液体驱动。

机器人和电子技术:目前的测绘效率有限,是因为手工操作导致的数据采样不足。对于全场地的公用设施成像和诊断,地下的密闭空间和大量捕获的数据需要机器人携带传感器和电子设备进行无缝定位。如惯性测量单元(inertia motion unit,IMU)、同步定位与地图构建(simultaneous localization and mapping,SLAM),以及地面控制站和传感器之间的有线或无线通信。

模式识别和变化检测:需要建立全面的表面下缺陷特征数据库,为表面下缺陷的模式识别提供参照。需要对探测方法和公共设施引起的故障模式进行匹配(例如,GPR 和地下空洞,IR 和墙面分层,PCL/EML 和管道排列、CCTV 和表面缺陷等)。通过在数据库中定义的匹配,运营商将从大量的数据解译中解放出来。其次,变化检测可以建立一个地下设施的医疗记录,用一系列的数据来提取潜在的地下缺陷。一个成功的模式识别系统应该能够区分:①真阳性(true positive,TP;即识别出的缺陷确实存在);②假阴性(false negative,FN;没有识别出缺陷,并在地面实测后确认);③真阴性(true negative,TN;即已识别的缺陷不存在);④假阳性(false positive,FP;存在缺陷但未被识别)。

4. 公用设施实验室

在这些课题的研究中,非常需要一个地下公用设施测量实验室。在香港理工大学土地测量和地理信息学系,设计和建造了这样一个实验室,并从 2014 年 7 月开始运行。按比例缩小的网络和由金属和非金属的淡水和盐水供应管、排水管组成的基体由金属和非金属淡水和咸水供应管道、排水和排污管道组成的矩阵与沙井相连。电力电缆、燃气电缆和各种阀门室被嵌入实验室的一个大水箱中。这些地下设施和回填土壤的网络作为一个按比例缩小的模型,可与实际的现场条件相媲美。该实验室提供了一个室内和可控制的环境,在这里,各种公共设施的方向、深度、尺寸、材料类型和坐标都经过仔细设计。所有这些属性都有地理参照,并整合到地理信息系统中。

学生和从业人员可以操作各种测量仪器来定位和绘制地下管线网络和其他物体,以及进行状况调查,并使用先进的无损检测仪器进行评估和监测。这些仪器包括 GPR、电磁感

应、声学泄漏-噪声相关仪、噪声记录仪等。软件包括用于采集电磁、声学和热成像信号、进行信号处理和多维地下成像的商业和内部开发程序。在实验室里，用户可以练习使用测量仪器、软件，熟悉标准测量程序。了解什么可以做，什么不能做；并了解每种勘测方法的精度和不确定性与特定问题之间的关系。这样一个室内受控的环境增强了从事地下公用设施测量的学生和从业人员的信心。他们在实际的现场环境中进行地下设施的测绘、评估，而不是完全依赖现有的记录，因为大多数水电是看不见的，记录的准确性也得不到保证。

该实验室还作为验证两类特殊问题中心，包括非标准化测量方法和程序。第一类是定位和绘图，如公用设施的方向、深度、尺寸和材料类型。第二类是状况调查、评估和监测，包括漏水、地下空隙、土壤类型、含水量以及在不同的路面材料下（如混凝土和沥青结构）的测量信号。这些情况下在实验室得到的结果是实地调查中模式匹配的基础。实验室是一个证实成像解译和诊断结果的重要步骤。实验室的环境为这种验证过程提供了一个理想的环境，以更好地解释定位、制图、状况调查、评估和对城市中非常复杂和拥挤的地下设施进行监测，如图24.4所示。

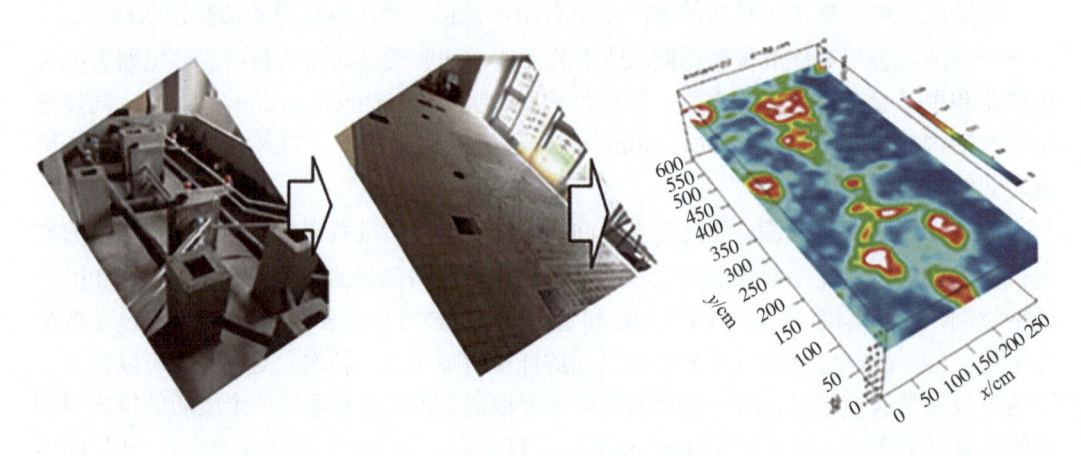

图24.4 在香港理工大学的地下公用设施调查实验室中，对埋藏的公用设施进行三维地下成像

24.4 结论和前进的方向

本章回顾了地下水电测绘、成像和诊断技术的现状，以及未来的发展趋势，即传感器物理学、机器人学和电子学以及模式识别和变化检测。这些都是实际成像和诊断的相对较新的领域。

在各种地下问题的公用设施成像和诊断应用中，文献综述总是讲述成功而非失败的案例研究。然而，在现实中，勘察结果不尽如人意是非常正常的，特别是当引进的技术应用到商业中时，就会发现以下五个因素（简称"4M1E"）中的一个或组合导致了这些不尽如人意的结果。

— 作业人员(men and women)：经过培训和有经验的合格人员；
— 方法(methods)：数据收集、处理和解释的程序；

— 机制(machines)：功能、校准和在固定时间内的验证；
— 材料(material)：波的衰减、分辨率限制、波的散射等；
— 环境(environment)：温度、湿度、能见度、场地限制等。

这些问题提供了许多研究和发展的机会，可以粗略地分为人为因素和技术因素两个方面。

1. 人为因素

导致结果不尽如人意的第一个也是最重要的原因是第一个 M，即人员配置因素。例如，为了得出有利但不真实的结论而操纵数据。用于地下物体成像的城市地球物理学正在成为一项常规技术，而不是由一小群精英研究人员进行的技术。其性质类似于放射技师协助医生为病人做出诊断的功能。但是，这些关键诊断总是需要间接证据和人类判断，这在很大程度上取决于从业者对任务的感知和认知。在科学界和实践中，认知偏差往往是最不被考虑的因素。

然而，它们和其他不确定因素一样重要，甚至可能比其他不确定因素更重要。因此，盲测是评估工作人员能力的最有效方法(Lai et al.，2018b)。关于盲测原理的研究旨在：①系统地识别和了解盲测中常见的认知偏差；②研究相应的认知偏差对决策质量的影响；③建立一个专门针对公共设施成像和诊断中任何任务的偏差缓解模型和准则。在实践中，对服务提供者的定期认证和认可，也可以帮助缓解部分问题。

2. 技术因素

来自人为判断或参数选择的偏差可以减少，但不能完全消除。因此，人们经常对成像结果和诊断目标会抱有一定的疑虑。除了多学科的硬件研究(传感器、机器人和电子学)，系统的、无偏差的、自动的或半自动的城市地下诊断的工作流程肯定是未来的方向。考虑到大量的数据和点云，发展结合图像处理算法的方法是非常重要的。这类方法可以从不同的公用设施探测方法中提取空间和时间特征(即危害)。这个流程以半自动的方式模仿了熟练的专业人员的决策过程，并且是更加稳定的，因为即使是最熟练的专业人员，在处理大量数据的能力上也会有所欠缺。

这项倡议将有助于研究、工程和测量界。它涉及以下四个方面：首先，应制定面向对象或面向危险环境的工作流程，以归纳出可靠的图像，用经验的、统计的或学习过程来确定关键参数的阈值和范围。该工作流程应在通过地面实况对图像分析的结果比较后进行验证。其次，地下灾害返回的信号(例如空洞、泄漏、管壁变薄)，应通过实验室和现场工作进行定量分析。然后，应开发一个结合了模式识别技术的工作流程，以自动或半自动地识别危险。最后，需要开发一个工作流程来识别来自时间序列数据集的时间性变化特征，使用遥感中常用的变化检测技术(如 k-means 聚类)将像素分为变化和未变化。这四个方向为实现可靠和一致的成像和诊断提供了一个途径，也是建立成熟的模式识别数据库和进行时间序列数据对比的基础。简而言之，这个研发方向，如果在实践中实施，将为地下城市建立一个健康的诊断方法，从而尽可能地避免 4M1E 中的主观干预和其他不利因素的影响。

第 25 章 移动测绘系统发展

蔡孟伦　曾芷晴　洪渼芹　江凯伟

摘　要

　　本章介绍移动测绘系统的历史以及近年来的发展。首先我们简要回顾移动测绘系统，包含定位定向系统及相关传感器；然后，介绍不同的载具(如车辆、无人机、船只和个人携行设备)上的移动测绘系统，并讨论其最新进展。我们还将提供传感器整合方案及算法，探讨移动装置与室内外无缝一体化制图应用、灾害响应与应用等。此外，本章还简单介绍未来的潜在应用，如高精地图与自动驾驶汽车发展等。

25.1 引　言

　　近年来，测量与空间信息技术正在逐渐革新，通过整合摄影测量制图技术、精密集成式定位定向系统、搭配多种传感器等即时移动式测量及空间资料的多平台制图技术，我们可以有效地降低成本且快速地搜集空间资料。移动测绘系统整合多传感器和多平台测绘技术，可应用于传统测绘、快速灾害响应、智慧城市、自动驾驶汽车等场景，并建立快速具时效性以及真实准确的地理空间信息。其中构建室内行人导航地图以及自动驾驶车用高精地图是最热门的话题，这些都是商业在地理信息领域蓬勃发展的机遇。

　　"移动测绘系统"的概念可追溯到 20 世纪初的航空摄影测量，以飞机为平台搭载相机，利用地面控制点及影像重叠共轭点量测后反推算影像方位，此种定位方式被称为间接地理定位(indirect geo-referencing)，此为移动测绘系统的原始形式。20 世纪 80 年代初期，欧美的空间信息工程相关研究机构提出整合卫星定位技术及数码相机的车载移动测绘系统，但仅介绍其可行性、雏型设计、系统整合、原型系统测试等；20 世纪 80 年代后期则因公路基础设施测绘需求而快速推动(El-Sheimy，1996)。

　　接下来的数十年间，全球导航卫星系统(global navigation satellite system，GNSS)与惯性导航系统(inertial navigation system，INS)技术快速发展，吸引欧美空间信息领域研究者深入探讨将惯性导航技术引入移动测绘系统的可行性。集成式定位及定向系统能够克服单一系统的缺点，且提供更稳定的定位及定向成果，故目前不管在军用或民用的整合系统发展，皆趋向于使用惯性导航和卫星定位技术。当测绘载具搭载定位和定向系统进行资料搜集时，可直接取得各时间标记的定位和姿态信息，不再需要使用地面控制点推算方位，称之为直接地理定位(direct geo-referencing)，其为现代移动测绘系统的核心(El-Sheimy，1996)。图 25.1 所示为直接地理定位技术的演进。

第 25 章 移动测绘系统发展

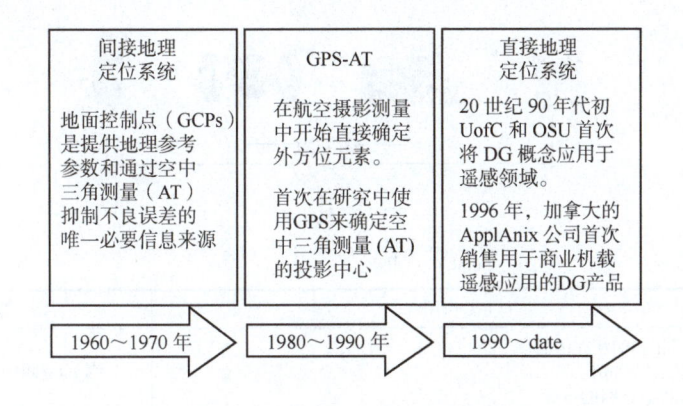

间接地理定位系统	GPS-AT	直接地理定位系统
地面控制点（GCPs）是提供地理参考参数和通过空中三角测量（AT）抑制不良误差的唯一必要信息来源	在航空摄影测量中开始直接确定外方位元素。首次在研究中使用GPS来确定空中三角测量(AT)的投影中心	20世纪90年代初 UofC 和 OSU 首次将 DG 概念应用于遥感领域。1996 年，加拿大的 ApplAnix 公司首次销售用于商业机载遥感应用的DG产品
1960～1970 年	1980～1990 年	1990～date

图 25.1　直接地理定位技术的演进

移动测绘系统整合全球导航卫星系统及惯性导航系统，形成高精度直接地理定位系统，并结合多种高效率影像传感器，搭配高精度率定场，能快速获取并存储观测资料，直接解算并获得传感器方位，最后通过高度自动化的软件系统进行资料处理，获得所需的空间信息。移动平台可以是卫星、飞机、直升机、船舶、汽车或人，所搭载的定位定向传感器可能包括 GNSS 接收仪、INS、航位推算传感器(dead reckoning，DR)等，观测传感器系统则可以是相机、摄影机、多光谱扫描仪、激光扫描仪(lasers canner)等，图 25.2 所示为移动测绘系统组成元件。图 25.3 所示为移动测绘系统搭载的传感器元件性能及特性。

传感器

GNSS　　里程表　　IMU　　激光扫描仪　　数码相机

移动载体

应用

测绘　　　　　　　　　　DTM
环境监测　　　　　　　　GIS
机器控制　　　　　　　　灾害响应
自动驾驶　　　　　　　　意外检测

图 25.2　移动测绘系统组成元件

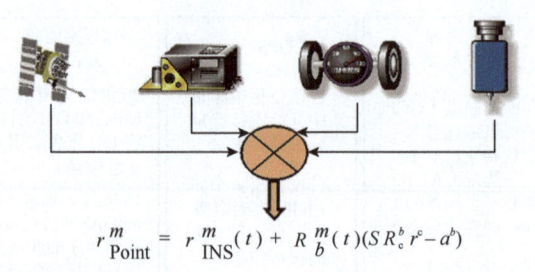

$$r_{\text{Point}}^{m} = r_{\text{INS}}^{m}(t) + R_{b}^{m}(t)(SR_{c}^{b}r^{c} - a^{b})$$

传感器	主要作用	次要作用
GNSS	❖ 控制INS的错误传播 ❖ 提供系统同步 ❖ 提供WGS84的坐标	在3D空间中提供相机位置
INS	❖ 弥补GNSS的中断，纠正GNS的周期滑移 ❖ 提供GNSS固定点之间的精确插值	提供传感器在3D空间的定位
相机	❖ 提供多视角，即同一物体有两个以上的相机/图像 ❖ 可用于通过三角测量程序更新导航数据	两个地理参考相机提供物体在3D空间中的位置
里程表	在GNSS信号受阻时更新INS数据	以恒定的距离间隔触发摄像机

图 25.3 传感器元件性能及特性

25.2 移动测绘系统文献回顾

车载移动测绘系统的起源可追溯至20世纪80年代初期，部分加拿大的省政府和美国州政府提出的移动式高速公路设施维护系统（mobile highway inventory system，MHIS）的需求（Lapucha，1990）。从20世纪80年代迄今，初估至少1 000台车载移动测绘系统（含街景车）正遍布世界各地，提供快速的空间信息采集方案，其中重要的里程碑可分为三个阶段：第一阶段为前INS时期，约自1983年至1993年；第二阶段为后INS时期，约自1993年至2000年；而最后一个阶段为车载激光雷达时期，约自2000年起到现在。因应不同使用者的需求，车载移动测绘系统在这40年来其定位定向系统与观测系统都有明显变化，以下就这三个时期来介绍具有代表性的系统与相关参考文献。

前INS时期的第一个代表性系统为加拿大艾伯塔省政府与卡尔加利大学共同研发的Alberta MHIS（Schwarz and El-Sheimy，2004）。早期的车载移动测绘系统使用航位推算传感器，如陀螺仪（gyroscopes）、加速度计（accelerometers）及里程计速器（odometer）等，利用相对定位的原理求解位置。此时期所用的传感器多为类比式相机，所拍摄的照片详细记录公路设施的状况，为维修单位提供几乎实时的公路信息。第二个代表性系统为美国俄亥俄州立大学制图中心研发的车载移动测绘系统，称为GPSVan。该系统使用GPS（global positioning system）及里程计数器提供导航参数，该系统的主要传感器为两部可动态连续拍摄立体像对的相机，通过近景摄影测量的原理获得特征物的三维空间坐标，其定位精度为0.3 m至3 m（Grejner-Brzezinska，2001）。

后INS时期的代表系统为加拿大卡尔加利大学所研发的VISAT系列，该校投入车载移动测绘系统的研发已将近 40 年,首先于 1993 年顺利将 INS/GPS 系统整合至 Alberta MHIS 中,并发展出第一代移动制图技术架构,称为 VISAT Van 第一代(Shin, 2005),如图 25.4 所示。接下来提出的 VISAT 第二代整合了 INS/GPS、里程计数器、彩色 CCD(charge coupled device)相机、摄影机等完整架构(El-Shiemy, 1996)。该系统是全球首度引入导航级 INS(陀螺飘移小于 0.01 度/小时)的系统,使用定位精度为 0.1 m 至 1 m 的激光陀螺仪(ring laser gyroscope, RLG)。定位精度为 0.1 m 至 1 m。该系统具备可调式的摄影间隔与较高的拍摄行车速度(100 km/h)。2003 年该系统获得加拿大研究学会大笔研究资金;在 VISAT 第二代的基础上,针对硬件及相关软件性能进行升级,并打造全新的车辆,称为 VISAT 第三代。与 VISAT 第二代相比之下,除电力系统大幅升级之外,控制电脑体积也大幅缩小,CCD 相机的性能大幅提升,并使用更高等级的 INS/GPS 整合系统。

图 25.4　VISAT 第一代

激光雷达时期约自 2000 年开始,与前二个阶段的移动制图技术相比,其主要差异在影像撷取传感器部分新增车载激光扫描仪或激光雷达。全球主要与地理信息系统相关的公司如 Google、Apple 等,都积极开发整合激光扫描仪的移动测绘系统,满足空间信息相关领域日渐迫切的需求,比如高精度且快速采集数据的方案。

除了 Google 持续发展基于街景技术的各式应用外,Apple 也于 2014 年起落实发展自主的移动测绘系统,以急起直追的态势发展专属的 Apple Van,以补足其相对于 Google 在空间信息领域的劣势;与此同时,芬兰 Nokia 转投资的世界级导航地图大厂 Here 也发展自主的移动测绘系统,其后续被德国三大汽车制造商收购,生产精准的导航地图,以满足汽车行业的需求;丰田也在"CES 2016"上展示了乘用车地图制作技术。因此,移动测绘系统为自动驾驶技术的发展发挥了重要作用,其可满足未来自动驾驶汽车应用导航安全的基础需求。

空载移动测绘系统的发展,则可追溯自 20 世纪 90 年代初期,与车载移动测绘系统相似,其中重要的里程碑可分为三个阶段:第一阶段为前 INS 时期,约自 1985 年至 1995 年;第二阶段为后 INS 时期,约自 1995 年至 2000 年;而最后一个阶段为空载激光雷达时期,约自 2000 年至迄今。在前 INS 时期,欧美诸多学者提出以 GPS 多天线阵列的方式提供飞机的姿态(Cohen and Parkinson, 1992; El-Mowafy and Schwarz, 1994),如此可应用至空中三角解算程序中，但此种设计所提供的精度(0.1度至0.03度)受限于应用在航测飞机上可安置多天线阵列的基线长度(2 m至10 m)与GPS整周未知数的解算问题，故无法成为具备直接地理定位能力的空载移动测绘系统主流产品。

在后INS时期，约自20世纪90年代初期，欧美已有诸多学者认识到惯性测量仪对发展空载移动测绘系统的必要性(Cannon and Schwarz，1990)，而最早配置惯性测量仪的研究型空载移动测绘系统，为加拿大卡尔加利大学空间信息工程系所开发(Skaloud et al.，1996)，其无控制点直接地理定位精度约为30 cm至40 cm。而空载移动测绘系统的发展落后于车载移动测绘系统的原因在于高精度INS的取得。在20世纪90年初期发展的车载移动测绘系统，绝大部分只使用轮速计与陀螺仪，而空载移动测绘系统对于完整的INS提供高精度三轴姿态解的需求，更远大于车载移动测绘系统，卡尔加利大学于1993年领先全世界引入INS应用于车载移动测绘系统，故不难理解空载移动测绘系统研发时程略晚于车载移动测绘系统的原因。

同时，美国俄亥俄州立大学制图中心于1998年发展类似的空载遥测制图系统(airborne integrated mapping system，AIMS)，其无控制点直接地理定位精度约为20 cm至30 cm(Grejner-Brzezinska，2001)。引入直接地理定位技术之后，其人力以及时间成本可以大量减少，制图效率大幅提高。根据Grejner-Brzezinska(2001)的统计，直接地理定位航测制图成本可以节省至少70%，而其精度也可满足绝大部分业主的需求，且制图效率也可提升至少60%。Ip等(2004)整合了传统使用地控点的间接地理定位(空三)与直接地理定位，发展出使用整合式定位演算法(integrated sensor orientation，ISO)的空载移动测绘系统，以提升空载移动测绘系统的稳定性。

最后一个阶段为空载激光雷达时期，与前两个阶段的空载移动测绘系统相比，其主要差异在于增加搭载激光雷达扫描仪。空载激光扫描最早的实验可追溯至20世纪70至80年代，但直到激光扫描仪与INS/GPS整合式定位定向系统的相关软硬件技术成熟后，才逐渐引入空间信息领域的相关应用(Axelsson，1999)。

然而，传统的空载移动测绘系统存在一些限制，航空摄影测量的费用较高，而且大多数国家对于申请航空测量所需的许可证皆有严格的规定。因此，许多国家纷纷提出将无人机(unmanned aerial vehicle，UAV)应用于摄影测量等研究，对于小型范围或偏远地区的测绘需求，无人机提供一个合适且便宜的平台。近年来，已有越来越多基于无人机的摄影测量平台被开发出来，其性能已经在某些场景被验证其符合部分测绘需求(Chiang et al.，2012)。

Nagai等(2008)提出使用无人直升机作为空载移动测绘系统载具，并应用于摄影测量，如图25.5所示，并配备INS/GPS系统，以促进直接地理定位能力的发展。Chiang等(2012)发展基于直接地理定位的无人机摄影测量平台，其搭载了整合INS/GPS的定位定向系统，以提供直接地理定位能力；Rehak等(2013)开发低成本无人机应用于直接地理定位，其优点为高机动性、操作灵活性、不需要地面控制点即可获取影像方位信息等。Chiang等(2017)发表基于激光雷达传感器的无人直升机，其整合IMU(inertial measurement unit)、GNSS接收仪、低成本激光雷达，如图25.6所示，凭借多传感器融合架构进行直接地理定位，以提升移动测绘系统效能。

图 25.5　无人直升机与影像式直接地理定位模组(摘自：Nagai et al., 2008)

图 25.6　无人直升机与激光雷达式直接地理定位模组

船载移动测绘系统的发展与应用可追溯至 2005 年(Zach et al., 2011)，其主要的系统架构沿用车载激光雷达移动测绘系统架构，并增加稳定平台的功能以克服海况对精度的影响。Zach 等(2011)发表利用 RIGEL VMX-250 搭配 GNSS 接收仪、战术等级惯性测量仪，装载于船上，于意大利威尼斯地区沿运河扫描相关古迹，并记录在河道上的行驶轨迹。

个人携行移动测绘系统发展可追溯到 21 世纪头 10 年初期，加拿大卡尔加里大学空间信息工程系发明出轻量化且低成本的个人携行移动测绘系统原型，该系统无控制点平面直接地理定位精度约为 20 cm，高程精度约为 10 cm（Ellum，2001）。系统原型只使用数码磁罗盘而非使用惯性测量系统来提供姿态信息，但数码磁罗盘在都市地区易受磁场干扰而呈现不稳状态，未来应以惯性测量仪取而代之，来提供更稳定的姿态信息（Ellum，2001）。个人携行式移动测绘系统尤其有利于灾区的测量，针对车辆及航空器等机械载具不易到达的地区，易于第一时间以人员携带系统进入灾区搜集空间信息，有效达到灾损评估及灾害区域监控的目的。图 25.7 所示为个人携行移动测绘系统的硬件模组。

图 25.7 个人携行移动测绘系统硬件模组

25.3 移动测绘系统近期发展

移动测绘系统涵盖数字成像系统，整合多元传感器的高精度定位定向系统与不同作业平台等基本架构，而移动测绘系统的发展与硬件成本和精度息息相关。近年来，由于空间信息产业对作业流程自动化的需求与日俱增，移动测绘系统的发展已由 2005 年前由专业研究机构执行的原型开发测试阶段逐渐变成商业产品，而日渐成为空间信息产业中搜集空间资料的必要工具。另一方面，机器人产业也大量利用类似的概念与传感器来发展未知环境感知技术，以此提供机器人的导引功能。与目前空间信息产业所发展的移动测绘系统相比，机器人产业所发展的未知环境感知技术具备价格低廉的优势，但其精度偏低，不易满足地理空间应用的需求。未来两个领域对移动测绘系统的发展将激荡出火花，更可进一步扩大空间信息在一般大众应用领域的渗透率。因此，多平台定位技术的未来发展趋势将朝向符合使用者需求、降低硬件成本但获取更高的精度与利润的方向持续精进。未来多平台定位技术的发展趋势可根据数字成像系统、整合多元传感器的高精度定位定向系统与不同作业平台等不同层面的演进进行讨论。

1. 数字成像系统

目前移动测绘系统已全面使用数码光电或主动式电子元件的影像传感器，这些影像传感器使用包含像幅式数码相机、使用线扫描技术的多光谱线扫描仪、激光雷达与 IFSAR/INSAR(interferometric synthetic aperture radar)。移动测绘系统发展与数字影像技术发展息息相关，其中又以像幅式数码相机演进的影响最为深远，此类相机符合空载移动测绘系统的发展。但在 20 世纪 90 年代，因 CCD 相机解析度不足，车载移动测绘系统反而最早开始使用像幅式数码相机，这是因为车载移动测绘系统的应用中待测点的距离远小于空载移动测绘系统应用的航高要求。然而，近年来 CCD 相机解析度与像幅大小已逐渐提升，目前已有许多使用高规格的单眼数码相机，进行空载移动测绘系统的研发与测试，其成果相当令人振奋。使用数码相机的优点在于，使用者无须扫描底片故可提升制图效率，同时数字影像处理技术可提高特征物萃取自动化程度，而数码影像的更新与存储更为简易。

在这些数码影像系统的演进中，结合 IFSAR 与 INS/GNSS 定位定向系统的空载移动测绘系统，近年来更受空间信息领域的关注，其特点为快速部署、近乎不受天气影响、穿透云层与多样化制图产品的能力。空载移动测绘系统数字影像技术的另一个重要的发展是空载高光谱影像系统，通过不同光谱影像的组合，可以衍生出许多重要特征，以提供环境监测、矿产分布探勘、植被、防灾与国土资源管理等相关应用。

近年来，低精度移动测绘系统的传感器逐渐被景深相机(如 Kinect)所取代，对于室内场景而言，这类系统具备价格低廉且大量生产的优势，目前 Google 与 Apple 竞相研发惯性量测仪、景深相机和 CCD 相机建立室内三维模型的技术。

2. 定位定向系统

GPS 是美国自 20 世纪 70 年代末期开始发展的导航卫星定位系统，目前有 32 颗卫星运行于距离地球表面约 2 万千米的轨道中。由于设计至今已有约 50 年的时间，其定位精度已渐渐无法满足日益升高的使用需求，因此美国着手进行 GPS 系统的现代化(GPS modernization)，增加新的、品质改善的编码观测量，以及将原有的双频观测系统提升为三频观测系统。

自 2001 年起，俄罗斯政府决定继续维持 GLONASS 运作并提出类似 GPS 现代化的计划。截至 2019 年，卫星数量已提升至 27 颗，提供全球覆盖的高精度导航服务。如同现代化的 GPS 一样，未来的 GLONASS 可以提供三频民用信号，以供高精度导航、定位及时间等相关应用领域之用。

北斗卫星导航定位系统(BeiDou navigation satellite system)是中国自主发展研发、独立运行的全球导航卫星系统，致力于向全球使用者提供高精度的定位、导航、时间服务，并能进一步提供授权服务给更高需求的授权使用者，兼具了军用与民用的目的。

Galileo 系统是由欧盟所建置的卫星定位系统，继美国的 GPS、俄罗斯的 GLONASS、中国的北斗系统后，第四个提供民用的卫星导航系统。与前述三种系统不同的是，Galileo 系统主要的建设目的是提供民用导航。

根据各个卫星系统的发展概况，目前正在陆续发射的 GPS Block IIF 卫星以及新一代的 GPSⅢ，皆能发送三频的信号；2014 年后所推出的 GLONASS-M 和未来的 GLONASS-K 也增加第三个频率；待 Galileo 与北斗系统陆续建设完成后，使用多个卫星系统的多频观测量，势必能够为使用者带来更高的卫星可视度以及更高的定位精度。未来不论是导航用途的低精度即时动态定位，或大地测量需求的高精度后处理动态或静态的基线解算，使用者皆能够使用多系统的 GNSS 接收仪以获得更佳的定位成果。在 2020 年之后，一般使用者可以无限制地使用 4 个卫星导航系统所提供的多频观测量，以获得更高的即时单点定位精度。

目前以虚拟主站进行动态定位的 e-GPS 或 e-RTK 技术，已普遍为空间信息领域所使用；然而对于移动测绘系统应用而言，车载与空载平台的高速运动对于 e-GPS 或 e-RTK 所需即时信息传输是一大挑战，故 e-GPS 或 e-RTK 并不是必然的选项。因此，对于移动测绘系统所使用的多元传感器定位定向软件而言，如何在后处理的架构下实现高精度 GNSS 虚拟主站差分动态定位为相当重要的发展方向。

移动测绘系统的发展历程与固装式 IMU 的发展是密切相关的，就直接地理定位技术观点而言，没有 IMU 就不会有今日蓬勃发展的移动测绘相关产业。IMU 包含三轴陀螺仪和加速计，其具备完整的系统误差改正模型，可以提供补偿后的原始观测量（包含三轴的速度增量和角速度增量供后处理应用）。另一大家熟知的为 INS，其具备完整的系统误差改正模型，所以其可以提供补偿后的观测量进行后处理应用与即时导航解。IMU 与 INS 两者主要差别在于，后者除了可像前者一样提供补偿的观测量，也可提供即时导航解信息。

针对移动测绘系统应用而言，标准的作业程序为通过后处理方式进行精密定位定向解计算。以使用相同的观测量为例，在相同的 GNSS 信号脱落时段，通过后处理定位定向软件所获得的定位定向精度比即时解高出近 60%，故移动测绘系统其实并不需要使用到最昂贵的 INS，而是选用 IMU 即可。

近年来，微机电（micro electro mechanical systems，MEMS）技术快速发展，带来了移动测绘系统永续发展的另一道曙光，MEMS IMU 具备价格低廉与性能稳定的特色，相较于使用同一规格的光纤陀螺仪系统而言，其售价只需其一半，同时微机电惯性测量仪一直为人所诟病的噪声与稳定性不佳的评价也在持续改善中，目前陀螺仪飘移为 0.5 度/小时，MEMS IMU 已应用于移动测绘系统上。

3. 多系统融合定位定向演算法

在 INS/GNSS 整合定位定向演算法的发展过程中，卡曼滤波器（Kalman filter，KF）理论扮演了相当重要的角色，其作为最优估计数据处理相关理论为整合式导航系统提供了重要的理论基础。然而卡曼滤波器进行传感器融合演算法开发的主要不足之处在于，必须为每个传感器建立预先定义的动态误差模型，导航过程中惯性传感器所含的误差经过修正后导航解的正确性才会提高；同时亦须针对传感器的特性提供精确的先验变方/协变方(variance/covariance)及相关时间(correlation time)信息(Schwarz and El-Sheimy，2004)。然而最初提出的卡曼滤波理论只适用于线性系统，许多移动测绘应用上需通过非线性方程式进行描述，扩展式卡曼滤波器(extended Kalman filter, EKF)因而被提出，将卡曼滤波理论进一步应用到非线性领域。EKF 演算法是将非线性系统进行线性化，其状态参数在高斯分布假设下进行运作，当然 EKF 亦适用于非高斯分布的非线性动态系统。然而当其在分布严重歪斜的非线性动态系统情况下，即线性化假设无法成立时，演算法会导致滤波器性能下降甚至造成发散(Chiang et al.，2009)。

相对于可即时求解的滤波器而言，后处理计算可应用最优平滑化方法如 Rauch-Tung-Striebel(RTS)逆向平滑器，利用全部过去、现在和未来的观测量计算求得一个理想估算解，而全部的平滑演算法都需根据所得滤波解来运算，因此好的滤波解才有好的平滑解(Chiang et al.，2009)。对于大多数精度要求较高的测绘应用而言，其作业方式为：凭借即时快速搜集资料，再利用后处理方式针对资料进行运算和分析。套用至移动测绘系统应用方式为资料搜集、观测量解算、直接地理定位、GIS 资料库建立：凭借即时快速搜集包含 IMU、GNSS、CCD 影像、激光雷达点云资料，后处理观测量解算(如求得整合系统轨迹)，直接地理定位运算(如标记每张影像拍摄瞬刻的位置及姿态)，资料存储至 GIS 资料库，以达到移动测绘系统精度需求(El-Sheimy，1996)。

根据 Chiang 等(2009)汇整的结果显示，目前在世界各研究机构替代 INS/GNSS 核心演算法的发展方向上可区分为下列几类。

- 采样滤波器演算法(sampling filter approach)：这部分的演算法主要的特色在于依循传统卡曼滤波器，依照相关统计特性建立相关的误差动态模型和传感器误差模型；但有别于传统卡曼滤波器将非线性化的 INS/GNSS 整合问题进行线性化的过程，绝大多数的新式采样滤波演算法采用非线性的模型来处理相关的导航及定位问题。传统卡曼滤波器是针对近似模型提供最佳解，而此类采样滤波器可以针对精确模型提出近似解。同时这类演算法可以处理非高斯杂讯与高度非线性的问题。
- 人工智能算法(artificial intelligent approach)：有别于前述传统演算法通过人为建模的方式设计相关动态模型，这类演算法的主要共同特点在于，凭借模仿人类学习的方式建立非线性的误差动态模型。
- 混合法(hybrid approach)：此类定位定向演算法主要整合了以卡曼滤波器/平滑器为主的演算法与第二类人工智慧演算法，发展成混合式的演算法。

4. 不同作业平台的联合作业架构

与传统航测技术相似，空载移动测绘系统可涵盖的作业范围有天气依赖性的缺点；相较之下，车载移动测绘系统具备低的侵入性与较佳的空间信息提取效率，可以提供较完整的涵盖面，同时车载移动测绘系统可以在较差天气条件下运作，然而车载移动测绘系统的缺点是系统精度容易受 GNSS 信号遮蔽影响，其作业环境也受既有路网的限制；个人携行移动测绘系统的机动性较上述两者较高，具备更佳的作业弹性，但因为个人负重的限制，所以其可携带的系统精度自然较上述两者为低。

车载移动测绘系统可以提供控制测量、快速影像编修、地表特征物属性搜集、快速调绘与地图更新。空载直接地理定位遥测影像可提供地表特征物属性的能力有限，通过车载移动测绘系统所提供的影像，使用者除了可以快速将相关的制图程序完成外，更能快速建立 GIS 所需的大量属性资料。同时系统可提供快速的属性更新以维持地形地物与资料库属性的正确性。换言之，通过多平台直接地理定位测绘技术可以快速完成，所需的人力与经费亦可大幅降低。图 25.8 所示为空载与车载移动测绘系统联合资料作业与处理范例。

图 25.8 空载与车载移动测绘系统联合资料处理范例

5. 移动测绘系统应用于快速防救灾应用

近年来，因为气候剧烈变化，造成了许多自然灾害的发生，快速取得空间信息来支撑后续的分析与决策显得相当重要；而移动测绘系统在此状况下，则可以提供足够的能量来解决此项问题。因此，发展低成本与高机动性的系统来即时搜集和处理资料，则是近年来空间信息领域热烈讨论的议题之一。

卫星影像有着许多限制因素，例如天气状况、重叠率、空间与时间解析度与费用等。空中载具如飞机、直升机、热气球和无人机等则是相对较便宜的选择，特别是近来数码相机的发展与成熟的影像处理技术，国内外许多研究开始发展基于摄影测量原理下的无人飞行载具。现今，大范围的制图需求上，仍采用高解析度的卫星影像；然而，在小范围测区，高机动性的无人飞行载具则是最佳的选择，特别是在发展中国家，具有较高的吸引力。

另一方面，移动通信装置已相当普及，且其内建的传感器很完备，通常包含 GNSS 接收机、加速度计及陀螺仪等定位定向传感器，于影像传感器部分也含有高画质相机。行动测绘系统所需设备俨然已具备，且相当充足，相对于测量级移动测绘系统具有低成本和高普及的优势，为后续资料的建置提供了相当大的便利性。图 25.9 所示为智能行动通信装置应用于移动测绘系统，当量测物体范围介于 10 m 至 15 m 时，其平面定位精度约为 1 m。未来针对精度要求不高的防救灾应用，行动通信装置因高普及率可有效提升其效益，目前利用行动通信装置回报灾损的机制已逐渐成形，每逢重大灾害期间各新闻台都开放民众上传灾情的影像，由此可知，未来利用行动通信装置所发展的移动测绘系统必然具备相当显著的经济效益与潜力。

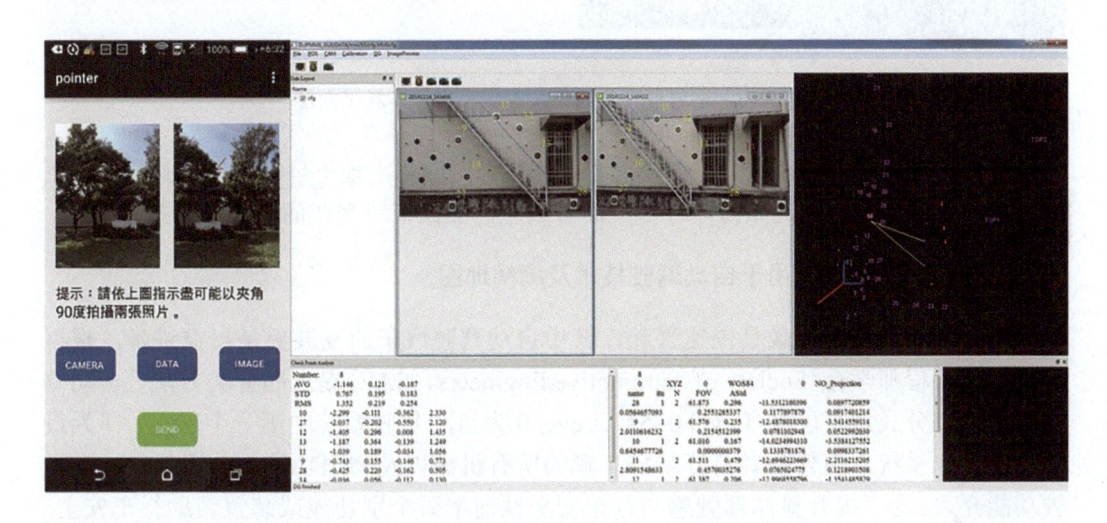

图 25.9　智能行动通信装置应用于移动测绘系统

6. 室内移动测绘系统的发展与应用

空间信息在移动设备时代越来越唾手可得，随着基于位置服务(location based service，LBS)相应而生，空间信息业者下一步目标将从户外转进室内，同时发掘出更大商机。Google、Microsoft 及世界各地相关产业从业人员也对室内图资及导航展现高度兴趣，Google 目前正在美国、澳大利亚、日本和中国台湾执行室内制图导航商家建立计划，引发业者高度兴趣。然而室内制图技术最主要的困难点和挑战在于缺乏统一性资料来源，其不像室外制图和导航可以通过现有多平台测绘技术取得；另一个主要问题则是室内制图属性的更新频率，例如百货公司内的专柜常更迭不停，导致维护困难。目前室内制图主要方法包括使用建筑蓝图或人力进行测量，然而此方法耗时费力，也难以让地图达到可用标准。因此将多平台测绘技术应用延伸到室内制图的建置，可视为新一代移动测绘系统的发展趋势，例如以行人和婴儿推车作为移动测绘平台进行室内制图应用。图 25.10 所示为室内移动测绘系统制作室内停车场平面图，其三维定位精度为 30 cm。

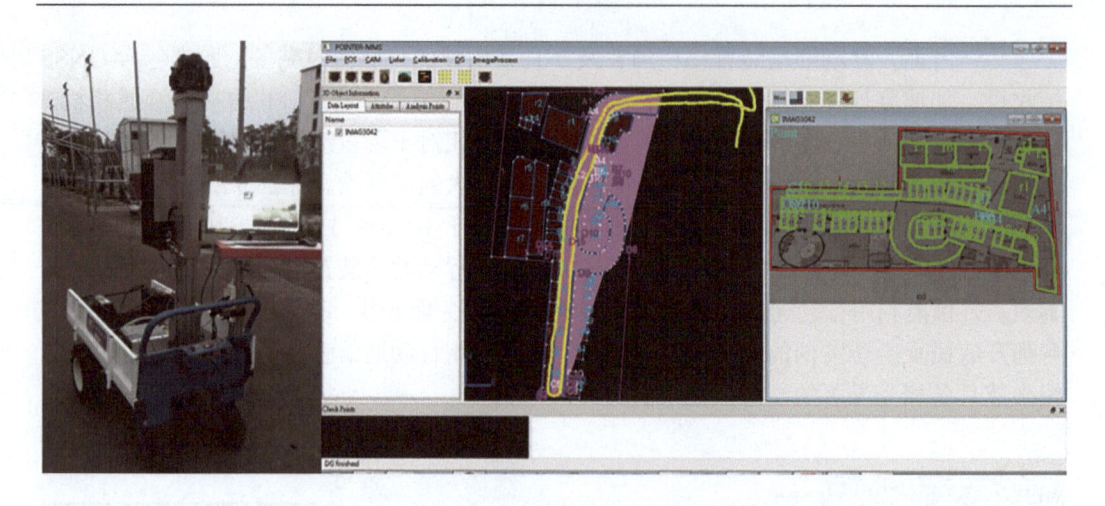

图 25.10　室内移动测绘系统制作室内停车场平面图

此外，基于激光雷达式的室内移动测绘系统，可应用于地下环境如矿场探勘、地下设施如下水道检查。无论如何，许多厂商着眼室内图像资料潜在商机，纷纷投入发展。

7. 移动测绘系统应用于自动驾驶技术及高精地图

近年来智慧型无人载具快速兴起，其中自动驾驶汽车的发展更是日益进步，根据国际汽车工程师学会(Society of Automotive Engineers，SAE)提出的分类方法，自动驾驶系统可以分成六个层级(Level 0~5)：Level 0 为自动驾驶系统中第一个层级，即为最原始的操作系统，由驾驶者自行掌控车辆的所有机械以及物理功能，并无任何自动驾驶功能介入；为了提升整体驾驶感与行车安全性而增添个别功能或装置帮助行车安全，例如电子稳定程式(electronic stability program，ESP)或防锁死刹车系统(anti-lock braking system，ABS)，即升级至 Level 1；现今市面上部分的中高阶车款，主要由驾驶者自行控制车辆，但额外增加自动化功能以期减轻使用者操作负担，如主动式定速巡航(adaptive cruise control，ACC)系统结合自动跟车和车道偏离警示，而自动紧急刹停系统(autonomous emergency braking system，AEB System)通过盲点侦测和汽车防撞系统的部分技术结合，降低因碰撞造成的车辆行驶意外，此为 Level 2；Level 3 为有条件的自动驾驶范畴，即遭遇紧急状况时驾驶仍须随时介入操作，此层级进入自动驾驶阶段；Level 4 为全自动驾驶层级，特定条件下可完全执行自动驾驶功能；当达到 Level 5 时，车辆具备完善汽车通信系统以进行车辆之间的沟通，在所有条件下可完全执行自动驾驶功能。然而，为了达成 Level 4 以上的完全自动驾驶范畴，目前自动驾驶汽车尚面临以下三大挑战：

- 自动驾驶汽车须确切得知其位置和导航信息。
- 克服自动驾驶汽车上的车载传感器因遮蔽或距离太远而无法感知的问题。
- 自动驾驶汽车和其他交通工具进行连结沟通，使车辆能安全行驶。

为达到 Level 4 以上级别的安全功能(functional safety)，获取车辆在道路上的精确位置信息是自动驾驶汽车在已知道路环境中能够行驶在正确车道上的最基本要求。先进驾驶车辆安全研究指出，若要将导航设备提升至自动驾驶层级，势必要将车辆导航精度提升至次米级以上。由于卫星定位技术于都市地区受限遮蔽或者反射信号影响，无法准确将自动驾驶汽车定位于车道内。随着电脑运算及传感器硬件技术的进步，整合包含相机、激光雷达、GNSS、INS 等传感器系统已可即时处理大量的资料，提供定位、制图、周围环境感知、路径规划、车辆控制等功能，对于未来实现车辆完全自主运行至关重要。另一方面，基于安全及硬件成本考虑，使用具备车辆导航信息的自动驾驶汽车用地图，亦称为高精地图，提供可靠稳健的环境先验信息也是自动驾驶技术运行的重要关键。

相较于现今导航基于人类视觉观点所使用的二维电子地图，自动驾驶汽车在行驶过程中需通过高精地图反馈信息即时作出决策，让乘客安全地抵达目的地。因此高精地图必须建构在空间及属性资料具备时效性和正确性的前提下，提供详细且完整的三维空间信息，借此发挥它的功能并表示真实世界的现象，满足自动驾驶需求以确保导航安全。相关研究文献显示，高精地图作为自动驾驶汽车附加的"伪传感器"，明显提升传感器演算法性能，有效增加自动驾驶汽车定位精度。高精地图与现有二维电子地图的差异在于，地图的使用者由人转移到了车辆本身，地图自身精度、道路属性，甚至是车道、交通标志、道路之间的几何关系等皆需明确定义，满足自动驾驶汽车安全要求。因此，过去制作导航地图使用的规范已无法满足高精地图的制作、维护、检核需求，高精地图所需条件及相关定义说明如下。

- 高精地图精度必须在次米级以上。
- 制图精度必须足够辅助自动驾驶汽车绝对位置驾驶决策的判断，且所有信息都需在三维空间中。
- 真实世界中的特征物、地物(包括车道、道路边界、交通标志等)皆需在静态高精地图中明确定义，且要附加详尽的属性资料。
- 地图的尺度及坐标系统必须与真实世界一致，即不会有比例尺缩放和坐标转换的误差。
- 必须即时提供静态和动态地图信息以供车辆进行驾驶决策。

因此，导航系统凭借高精地图辅助，可以准确地控制车辆运行，特别是如高架桥或地下道等非平面道路场域。图 25.11 所示为电子导航地图、ADAS (advanced driver assistance systems)地图、高精地图之间差异及精度要求。

若要完成三维高精地图创建，需要整合多传感器侦测周遭的景物，可将其区分为主动式和被动式感测元件：主动式感测元件会主动发出雷达波取得与目标物距离，如激光雷达(LiDAR)等，在测距上较受限制，但观测精度相较而言不受外界环境影响；而被动式感测元件则仅需接收外部信息，如卫星定位系统、惯性感测元件等整合式导航设备以及使用相机完成导航的视觉里程计。多传感器整合系统最常应用于静态地面激光扫描(stationary terrestrial laser scanning, STLS)、车载地面激光扫描(mobile terrestrial laser scanning, MTLS)、空载激光扫描(aerial laser scanning, ALS)，三者搭载的传感器及成果比较如表 25.1 所示，其中，静态地面激光扫描精度虽符合高精地图应用，但施测时间成本太高且无法大范围搜集道路信息；空载激光扫描可在没有车辆等路面障碍物阻隔下完成市区地图搜集，但在高楼人车众多的城市中飞行存在高度危险，其解析度也不足

图 25.11　电子导航地图、ADAS 地图、高精地图差异比较

以满足高精地图需求；因此衡量操作可行性、成本需求及资料应用，包含各大地图厂运作趋势、未来群众外包动态图资搜集及整体车联网架构进行评估，最适合高精地图制图方案为车载地面激光扫描技术。目前国际各大制图厂及车厂如 Google、Apple、Here 等皆根据其制图技术及需求趋势，发展车载移动测绘系统作为制图平台，生产制作未来自动驾驶汽车所用的高精地图。图 25.12 所示为使用车载移动测绘系统制作高精地图实例。

图 25.12　车载移动测绘系统制作高精地图实例

表 25.1　多传感器集成系统比较（摘自：Farrell et al.，2016）

Technology		Purpose for inclusion in sensor suite	ECEF Accuracy	Feature Detection Capability	Coverage		Point Density
					Volume of Data	Utility for Roadway Map Development	
Individual sensor technologies	INS	Bandwidth, Sample Rate, Continuity	N/A	No			
	GNSS	ECEF accuracy	cm	No			

续表

	Technology	Purpose for inclusion in sensor suite	ECEF Accuracy	Feature Detection Capability	Coverage		Point Density
					Volume of Data	Utility for Roadway Map Development	
Individual sensor technologies	Camera	Feature detection and photolog	N/A	Yes			
	LiDAR	Feature detection, accurate feature georectification	N/A	Yes			
Sensor Suites	STLS	GPS, Camera, LiDAR	cm	Yes	75m×75m	No	High
	MTLS	INS, GPS, Camera, LiDAR	cm	Yes	100m×Trajectory length	Yes	High
	ALS	INS, GPS, camera, LiDAR	submeter	Yes	150m×Trajectory length	Yes	Low

8. 台湾高精地图及自动驾驶技术发展现状

高精地图中记录的车道线、交通标志、其他相关参数(如曲率、坡度等)的三维坐标,对于协助自动驾驶技术在正确的时间做出正确的决策扮演非常重要的角色。特别是当感知环境的传感器如相机或雷达等发生故障时,高精地图信息将会是唯一的参考信息来源,对于车辆行驶安全性提供多重保障。不可否认,当机器本身能力包含即时感知、决策分析推理、控制能力等超越人类时,人工智能技术将更安全且舒适地操控车辆,届时可能不再需要高精地图;但针对目前发展现状,自动驾驶汽车依然需要高精地图,通过地图信息辅助研发更理想合适的算法,确保车辆导航正确性。表 25.2 为根据图 25.11,列出 SAE 不同自动驾驶级别所需的地图类型及精度。

表 25.2 自动驾驶等级与所配备的辅助地图分类

Grade	Title	Map	Accuracy of map	Typical conditions
Driver scenario				
1(DA)	Driver Assistance	ADAS map	Submeter level	Optional
2(PA)	Partial Automation	ADAS map	Submeter level	Optional
Automatic driving system ("system") scenario				
3(CA)	Conditional Automation	ADAS map + HD map	Submeter level Centimeter level	Optional
4(HA)	High Automation	ADAS map +HD map	Submeter level Centimeter level	Required
5(FA)	Full Automation	HD map	Centimeter level	Required (update automatically)

在产业趋势方面,由于自动驾驶及其制图技术可见未来的庞大商机,国际厂商已相继进行先期布局竞争。除了 Google 持续发展基于街景技术的各式应用外,Apple 也于 2014 年起落实自主发展移动测绘系统,开发专属 Apple Van 来补足相对于 Google 在空

间信息上的劣势；原芬兰 Nokia 旗下的图资公司 Here 总揽包含资料搜集、图资处理、使用者地图设计等完整供应链，全球拥有超过 300 辆测绘车同步进行高精图资产制，是 BMW、Benz、Audi 等传统车厂自动驾驶技术研发的主要图资供应商之一；另一国际图商 TomTom，近年专注于生产基于自动驾驶汽车导航技术需求为主的高精度地图资源，提出 RoadDNA 三维制图技术用于高精地图建设及更新应用；日本方面则在政府单位的国家资源支持下，协同电子信息业者与日本车厂合作成立动态地图基础平台公司(Dynamic Mapping Platfrom，DMP)，希望快速推动满足日本汽车产业自动驾驶汽车用的地图需求。综上所述，目前国际各大制图厂及车厂皆根据其制图技术及自动驾驶技术需求，凭借车载移动测绘系统为制图平台生产未来自动驾驶汽车用地图。

至于台湾，则是由地政部门规划台湾的高精地图，由验证合格的点云、合格的向量图层、基于 OpenDRIVE 加上扩充模组的台湾高精地图基础架构组成，该架构的设计除了通过开放底图的格式概念，制图厂商与自动驾驶汽车业者自行转换到不同自动驾驶汽车平台的特定使用者格式外，也希望通过检核的高精度点云与多元化的向量图层设计，可以支援如防灾救灾、资产管理、传统测绘领域等非自动驾驶汽车用途的使用，如此可以达到资料共享的目的。图 25.13 所示为不同终端使用者的格式与台湾高精地图的转换，其中格式转换工具多数皆可由网络资源取得(Chiang et al.，2019)。

基于目前台湾自动驾驶汽车团队多数使用日本 Tier 4 公司的 Autoware 开放自动驾驶汽车软件，少数使用 OpenDRIVE 格式，地政部门针对参与实验的测试区制作台湾高精地图 OpenDRIVE 格式与自动驾驶汽车示范地图资源 Autoware 两者格式，提供给不同的终端使用者使用。此外，地政部门也针对图 25.13 所示的格式，开发台湾高精地图与部分终端者格式的转换工具(Chiang et al.，2019)。

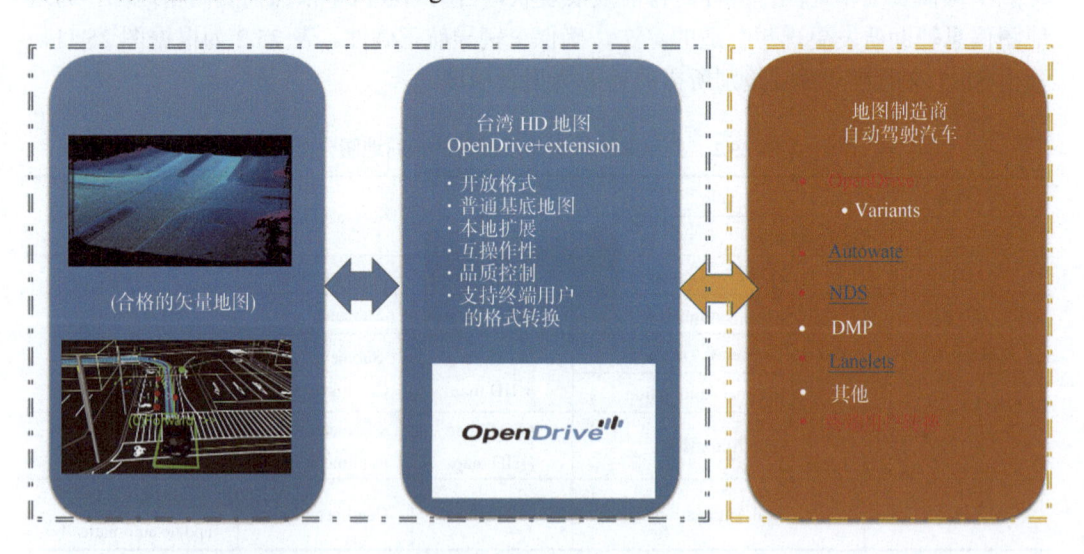

图 25.13 台湾高精地图架构

台湾高精地图应用场景如图 25.14 所示，主要为基于区域动态地图(local dynamic map，LDM)的概念提出(Shimada et al.，2015)。交换时间数据(例如交通信号灯信号变换)及交通参与者的地理空间数据(例如 GNSS 位置信息)通过通信传感器,能够提供即时的信息来增进运输系统的安全、效率、舒适性,并减少交通对环境的冲击,并将静态、临时和动态交通信息在地理空间环境中整合,引入带有时间标记(time-stamped)和地理参考(geo-referenced)资料 LDM 概念作为一个整合平台。

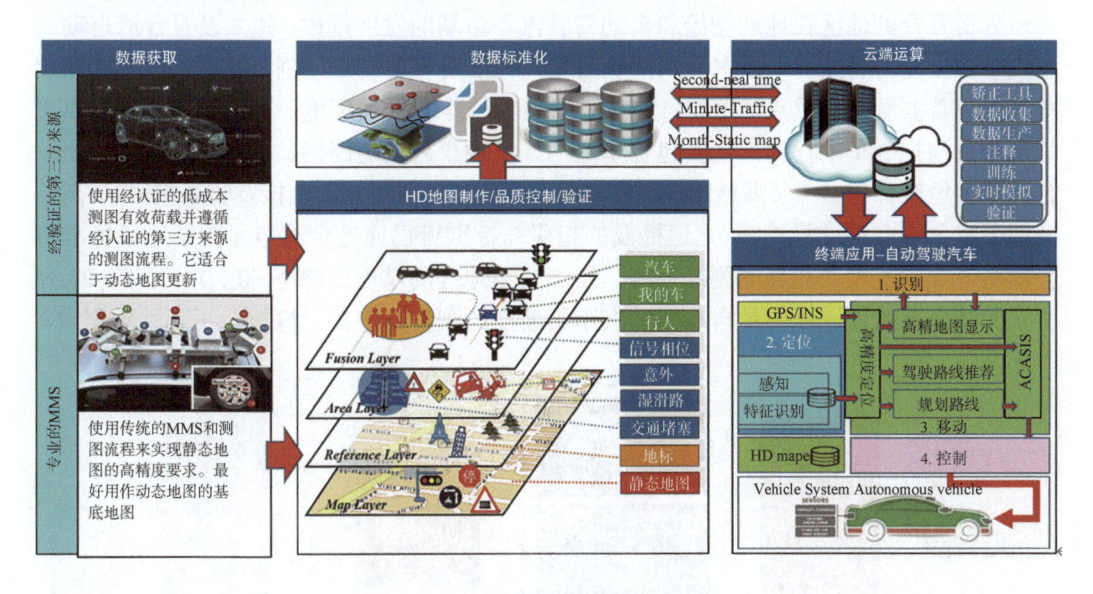

图 25.14 完整的高精地图应用情境

LDM 是一个将即时自动驾驶车辆与交通信息整合到高精地图中,实现动态地图数据共享的资料库,其中 Local 的含义来自于自动驾驶汽车与兴趣点距离很近,因此需要地理参考信息;Dynamic 的含义来自于使用动态交通信息以在很短的时间内避免碰撞的要求。在避免碰撞的最高要求条件下,因此需要时间标记;Map 的含义取决于与地图的相关联性。区域动态地图包含(Shimada et al.,2015):

- 静态信息(static information/permanent static data):初始层来自于地理信息系统地图提供者,包括道路、车道、交叉路口、道路标志、交通标志、道路设施、兴趣点(point of interest,POI)、位相数据和建筑物位置信息的地图,其通过使用专业化车载移动测绘系统来创建,更新信息频率为每月至少一次(更新信息频率<1 个月)。
- 半静态信息(semi-static information/transient static data):主要包含路侧的基础设施的信息,包括道路交通管制部门提供的交通法规、交通管制时间表、进一步的道路工程交通属性和广域天气预报。信息从自动驾驶车辆外部获得,更新信息频率为至少每小时一次(更新信息频率<1 小时)。
- 半动态信息(semi-dynamic information/transient dynamic data):主要包括临时区域交通信息、交通管制信息、事故信息、拥堵信息、道路或交通信号红绿灯的相位状况和当地天气等。信息从自动驾驶车辆外部获得,更新信息频率为至少每分钟一次(更新信息频率<1 分钟)。

- 动态信息(dynamic information/highly dynamic data)：包含动态通信节点 V2X (vehicle to everything)信息检测到的信息、周边车辆、行人等交通参与者和交通信号的时间安排等即时状态信息。更新信息频率是即时(更新信息频率<1 秒钟)，动态信息主要由环境信息及前方道路信息两种不同类型的信息组成。

为提升台湾地区在地理测绘和自动驾驶汽车市场的发展规模，建立设置台湾自动驾驶汽车试验场，研拟统一版本的高精地图格式标准及相关规定已刻不容缓。静态地图层即为当前首要制图的重点，主要目的在于精准刻画静态驾驶环境，提供丰富的道路语义信息约束与控制车辆行为，主要包含车道网、交通设施、道路网、与定位图层。因此，台湾地区地政部门参考《高精地图制图作业指引 v2》《高精地图检核及验证指引》《高精地图图资内容及格式标准》，上述提及的指引与标准皆已通过台湾地区图资通讯标准协会发布，规划采用专业移动测绘系统，绘制台湾地区高精地图静态图层作业。图 25.15 所示为其作业流程，以满足自动驾驶汽车用地图的制作、维护、检核、正确性等需求。

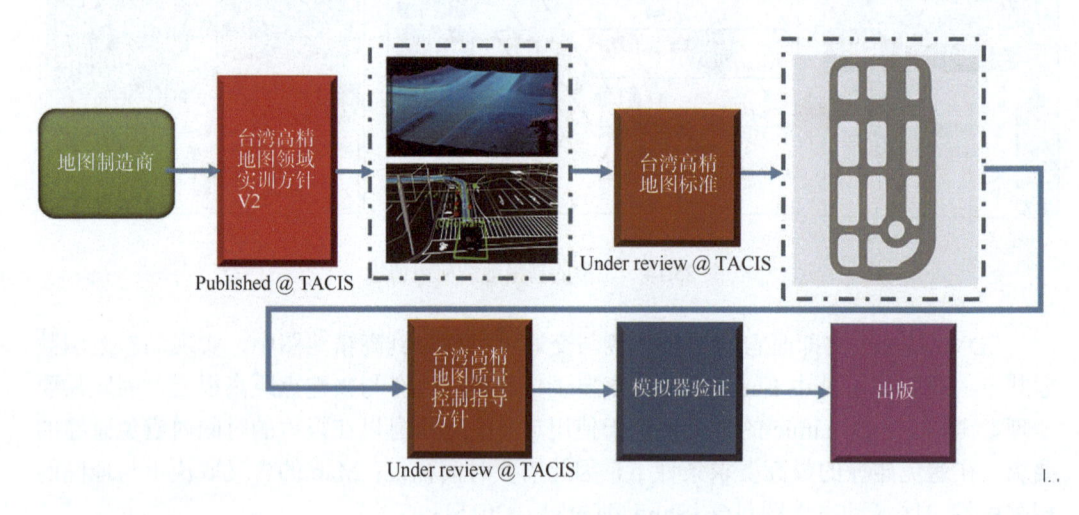

图 25.15　台湾地区高精地图生产程序

同时通过自动驾驶汽车模拟器与实车评估自动驾驶汽车用地图的应用，进一步确保建立地图标准和服务以符合实际需求(Chiang et al., 2019)。

25.4　移动测绘系统未来发展与趋势

近年来地理信息快速发展，进而推动大数据及深度学习相关应用，多平台移动测绘系统的重要性逐渐彰显，其重要性得到各领域的认可。30 年前提出移动测绘系统，经过相关专家的努力与推广，移动测绘系统不只应用于地理空间信息及惯性导航等，也应用于机器人、机器视觉、人工智能等相关领域，其发展快速及广泛程度远超出预期。

目前最常见的地理空间信息搜集方式，为通过各式不同的载具或无人平台如飞机、直升机、车辆、船舶、个人携行等，依需求选择搭载合适的传感器进行外业作业。由此可知，移动测绘系统对于各种室外及室内场景如城市、郊区、森林、海岸、隧道、大型卖场/百货公司等所需的即时性、高精度等空间信息基础数据扮演至关重要的角色。图 25.16 所示为机器人与室内无人机为主的移动测绘系统,其三维定位精度约为 1 m 至 1.5 m。

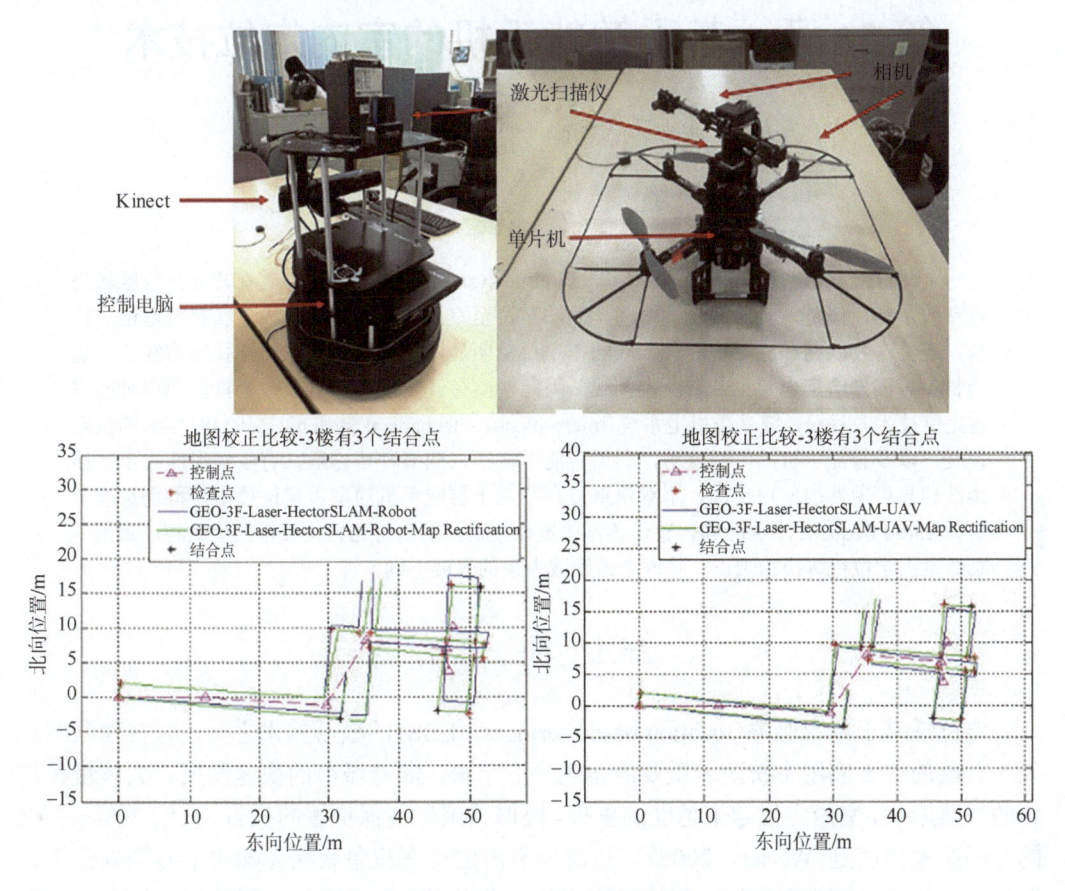

图 25.16 室内机器人与室内无人机系统原型及其定位精度

移动测绘系统应用于地理空间信息未来发展的趋势将包含:①室外与室内无缝测绘场景连接;②发展低成本直接地理定位系统;③人工智能开发;④无人多平台协作制图应用。

25.5 总　　结

本章全面探讨了移动测绘系统的发展,从传统较费时的间接地理定位到现今较有效率的直接地理定位技术介绍。经由相关研究成果和经验分享可知,移动测绘系统对于空间信息领域发展是显而易见的,同时相关技术进一步对于其他领域如自动驾驶、快速防救灾、人工智能等亦发挥重要作用。换句话说,可提供准确地理空间数据的人员,将成为未来相关领域规则制定者。另外值得一提的是,移动测绘系统中的各关键技术,皆可应用于其他不同领域如机器视觉、即时定位与地图构建(SLAM, simultaneous localization and mapping)技术、机器人测绘制图等。未来可期望与预见的是,移动测绘系统的重要性将不断增加,并广泛应用于不同领域。

第 26 章 基于智能手机的室内定位技术

陈锐志 闫 科 郭光毅 陈 亮*

摘 要

全球导航卫星系统(global navigation satellite system,GNSS)虽然能够在户外开放区域进行有效定位,但是,其信号功率微弱,无法穿透至室内,从而无法形成连续有效定位。目前,定位在物联网和人工智能等领域的作用日益明显,但是室内空间和拓扑结构复杂,遮挡物多等因素给室内定位带来巨大挑战。因此,亟待开发准确、有效、全覆盖和实时的室内定位技术。目前,随着微机电系统(micro-electro-mechanical system,MEMS)技术的快速发展,以及智能手机的广泛使用,利用智能手机嵌入的多种传感器,有望实现低成本、连续性和高可用性的室内定位。本章将重点介绍基于智能手机的室内定位技术,特别是基于射频(radio frequency,RF)和内置传感器的定位技术,着重讨论各类技术的优缺点。最后,总结室内定位待解决的难点,并讨论该领域未来的发展方向。

26.1 简 介

定位是基于位置服务(location based services,LBS)的核心技术之一。它在物联网和人工智能的许多应用中扮演着重要的角色。近年来,随着城市的快速发展,大体量建筑物的快速增加,室内定位越来越受到重视。根据美国环境保护署的报告,人们 70%~90%的时间在室内度过(Weiser,2002)。目前,室内定位在应急救援、购物中心精确营销、智能工厂的资产管理和跟踪、移动健康服务、虚拟现实游戏和社交媒体等领域发挥重要作用(联邦通信委员会(Federal Communications Commission),2015;Davidson and Piché,2016;Sakpere et al.,2017;Ali et al.,2019)。预计到 2025 年,全球室内 LBS 市场规模预计将达到 187.4 亿美元(Globe Newswire,2019)。

全球导航卫星系统(GNSS)信号在室外开放区域能够被有效接收,另外利用各种辅助技术,可以实现分米级的定位精度(Kaplan and Hegarty,2005)。然而,由于 GNSS 信号功率较弱,无法穿透至室内,继而无法形成连续可靠的定位。目前,虽然提出了多种室内定位技术,如基于 Wi-Fi、蓝牙、超宽带(ultra wide band,UWB)、伪卫星、磁场、声音和超声波以及行人航位推算(pedestrian dead reckong,PDR)等方法,实现准确、有效、全覆盖和实时的室内定位,仍然面临着巨大挑战(Maghdid et al.,2016)。主要原因在于:室内空间布局多变,拓扑结构复杂以及室内杂乱的信号环境影响了信号传输(Zafari et al.,2019),具体说来,影响因素主要包括:①室内环境复杂,无线电波经常

---

*通讯作者:陈亮 l.chen@whu.edu.cn,项目资助:国家自然科学基金项目(42171417)、湖北省重点研发计划项目(2021BAA166)和湖北省珞珈实验室专项基金(220100008)。

被室内障碍物反射、折射或散射，导致非视线传播。而非视线传播会导致定位误差增大，严重影响定位精度。②室内空间布局和拓扑结构经常改变，高峰和非高峰时期室内空间人数变化大。上述任何一种变化都会导致声场、光场、电磁场的改变。因此，当使用特征匹配或场匹配的定位方法时，这些变化将极大地影响定位结果。③室内行人运动的不可预测性。行人频繁变化的速度和方向(Morrison et al.，2012)，以及行人路径运动的随意性(Saeedi，2013)，也增加了连续估计行人位置的难度。

随着信息技术的发展，智能手机变得越来越流行。而智能手机本身含有大量的内置传感器，如加速度计、陀螺仪、磁强计、气压计、光传感器、麦克风、扬声器和照相机，以及蓝牙芯片和Wi-Fi芯片等。这些传感器最初并不是为了定位而开发的，但是却可以通过相应的定位技术，实现低成本、连续性和高可用性的室内定位(Davidson and Piché，2016)。

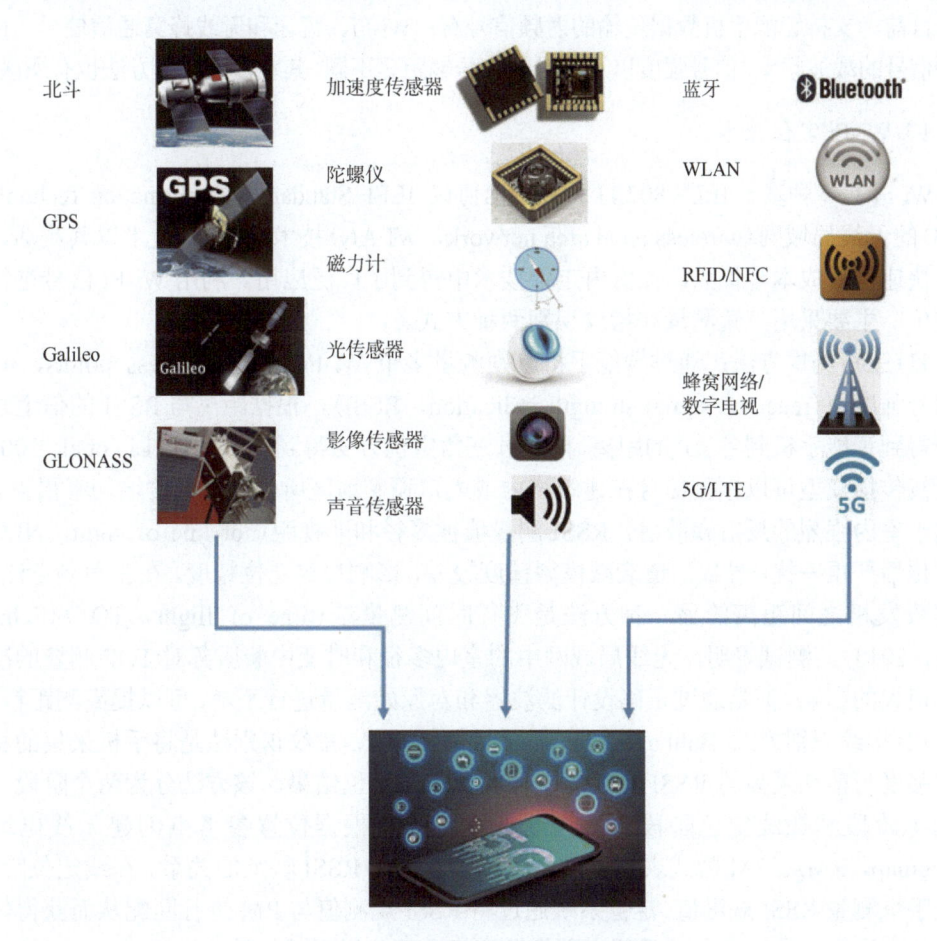

图 26.1 嵌入智能手机中的多个传感器

本章将对智能手机室内定位进行概述，回顾最先进的技术、全方面比较不同技术的准确性、复杂性、健壮性、可伸缩性和成本，并在不同应用场景中讨论这些技术的优缺点。此外，考虑到技术发展所需的高精度、高可用性和低成本等要求，我们将进一步讨论这一领域的未来发展方向。

本章节组织如下。在第 26.2 节中，我们将详细回顾智能手机室内定位技术。在第 26.3 节中，我们将总结室内定位的难点与挑战。在第 26.4 节中，将讨论智能手机室内定位的发展趋势。结论见第 26.5 节。

26.2 智能手机室内定位技术进展

本部分主要介绍基于智能手机室内定位技术的最新进展，主要分为两类：基于射频信号的定位技术和基于内置传感器的定位技术。

1. 射频信号定位技术

目前，支持智能手机数据传输的射频信号有：Wi-Fi、蓝牙和无线蜂窝通信信号。由于射频信号的载波频率、信号强度以及信号有效传输距离不同，其室内定位的方法也有所区别。

1）Wi-Fi 定位技术

Wi-Fi 是一种基于 IEEE 802.11 系列通信协议（IEEE Standard for Information Technology 2013）的无线局域网（wireless local area network，WLAN）技术。Wi-Fi 技术以其灵活、方便、快速、低成本等优点，在室内定位技术中得到了广泛应用。利用 Wi-Fi 信号进行室内定位，主要采用三角测量和指纹识别两种方式。

(1) 三角测量方法：通过智能手机分别测量多个 Wi-Fi 接入点（access points，APs）的信号强度值（received signal strength indication，RSSI），根据距离与 RSSI 的信道衰减模型得到智能手机到各 AP 的距离，再通过三角定位方法得到位置估计（Liu et al., 2007）。该无线传播模型可以预测信号在建筑物内或人口稠密地区所受的路径传输功率损失。但是由于室内强烈的反射和散射，RSSI 测量值被多径和非视距（not line of sight，NLOS）信号传播严重干扰，导致信道衰减模型精度较差，影响最终定位精度。在三角测量法中，获得收发机之间距离的另一种方法是飞行时间测量法（time of flight，TOF）（Schauer et al., 2013）。测试表明，无线局域网中的室内多径和时变中断服务对 TOF 测量的准确性有很大的影响。但是通过正确设计滤波器和对原始测量进行平滑，可以提高测距精度。

(2) 指纹识别方法（Bahl and Padmanabhan, 2000）：指纹识别法是将手机采集的特定信号强度与前期采集的 RSSI 指纹库进行匹配得到定位结果。该方法分为两个阶段：离线训练阶段和在线定位阶段。在离线训练阶段，根据位置参考点创建无线电地图（radiomap，RM）。RM 隐式表征了已知坐标参考点与 RSSI 特征的关系。在线定位阶段，智能手机测量 RSSI 观测值，定位系统通过将 RSSI 观测值与 RM 进行匹配从而获得位置估计值。该方法的优点是不需要知道收发信机之间信道衰减的精确模型或 Wi-Fi 接入点的坐标。缺点是指纹信号容易受环境影响，在特征较少的室内开放空间的误配率较高；同时，建立和更新指纹数据库的过程，需要耗费大量的时间和人力。基于 RSSI 指纹的定位方法分为三种类型：确定性方法、概率方法和模式识别方法（He and Chan, 2015; Davidson and Piché, 2016; Khalajmehrabadi et al., 2017）。影响 Wi-Fi 定位精度的主要因素包括：来自不同 APs 的信道间干扰（Pei et al., 2012）、智能手机的硬件差异（Schmitt

et al., 2014; He and Chan, 2015; Davidson and Piché, 2016; Khalajmehrabadi et al., 2017), 这些学者对影响 Wi-Fi 指纹定位的因素进行了全面总结。目前，使用 RSSI 指纹的 Wi-Fi 定位系统包括 RADAR(Bahl and Padmanabhan, 2000)、Ekahau(Ekahau.com) 和 Horus(Youssef and Agrawala, 2008)，定位精度约为 2~5 m。

受益于 Wi-Fi 接收器性能的提高，商用 Wi-Fi 接收器模块现在能够提供信道状态信息 (channel state information, CSI) (Wang et al., 2016)。CSI 比 RSSI 测量更详细地描述了多径信道衰减信息，而 RSSI 只提供接收无线电信号的功率测量。研究表明，利用 CSI 信息建立指纹数据库可以有效地提高室内定位的准确度(Wu et al., 2012; Wang et al., 2015b)。

随着 IEEE 802.11n 标准的确立和商用，多天线技术被引入 Wi-Fi 传输。因此，可以估计 Wi-Fi 信号到达角(angle of arrival, AOA)并进行定位。文献(Kotaru et al., 2015; Vasisht et al., 2016)同时估计 AOA 和到达时间(time of arrival, TOA)，定位精度分别为分米级甚至厘米级。然而，该方法只适用于以 Wi-Fi 基站为中心的定位模式，并不适用于只具备单天线的智能手机定位，因为智能手机定位以用户为中心。

Wi-Fi 指纹定位中 RM 的有效构建和实现自适应更新，需要耗费大量工作时长和劳动力，这些因素均限制了 Wi-Fi 指纹定位的大规模应用。针对上述局限，降低 RM 构造和更新的方法，主要包括众包方法(Zhuang et al., 2015)、基于激光雷达的同步定位和地图绘制 (simultaneous localization and mapping, SLAM) (Tang et al., 2015)以及使用插值方法(Zhao et al., 2016)。随着人们对信息安全和个人隐私问题的日益关注(Chen et al., 2017), Wi-Fi 信号的扫描速率已经调整到 1/30 Hz 甚至更低，从而导致了 Wi-Fi 定位延迟性大大增加。

2）蓝牙定位技术

蓝牙是一种基于 IEEE 802.15.1 协议的射频信号，主要用于无线个域网(wireless personal area network, WPAN)。它的工作范围在 2 400~2 483.5 MHz 内，频带与 Wi-Fi 的 IEEE 802.11 b/g 标准中定义的 ISM 2.4 GHz 相同。蓝牙传输数据被分割成数据包，并通过 79 个指定的蓝牙信道中的一个进行交换，每个信道的带宽为 1 MHz。基于经典的蓝牙协议，可以实现包括三边定位和指纹定位等在内的定位技术，定位精度约为 4 m(Chen et al., 2011a, 2013, 2015)。然而在该规范中，蓝牙信标的扫描间隔可能会超过 10 秒，而在这段时间内，室内行人可以行走 10~15 m 或更多，该问题会导致定位实时性的降低。因此，基于低扫描率，经典蓝牙的定位技术没有得到发展及推广(Faragher and Harle, 2015)。

2011 年，低功耗蓝牙(bluetooth low energy, BLE)问世，它最初被命名为"蓝牙 4.0"。与传统的蓝牙相比，BLE 提供了更高的数据速率 24 Mbps，覆盖范围 70~100 m, 能源效率更高(Zafari et al., 2015)。BLE 连接时间非常短(只有几毫秒)，连接后即进入休眠模式，直到连接重新建立，一块电池最长可以供电 BLE 五年。与受电源供电限制，不便移动携带的 Wi-Fi AP 相比，BLE 通常有自己的电池，因此可以便捷地放置信标，提供良好的信号几何形状和优化信号覆盖范围。与 Wi-Fi 相比, BLE 具有更高的扫描速率，可以降低由干扰或多径效应引起的偶然异常，提高跟踪精度。

目前，较为成熟的 BLE 信标生态系统是苹果的 iBeacon, 谷歌的 URI Beacon 和 eddy stone, 以及 Radius Networks 的 Alt Beacon。苹果的 iBeacon 系统(Apple 2014)是基于 RSSI

测距研制的,在典型的办公环境中定位精度为 2~3 m。Quuppa(2020)开发的蓝牙天线阵列系统可以达到亚米级的定位精度。2019 年 1 月,蓝牙 5.1 的新规范以其新的测向功能增强了定位服务。有了这个新功能,蓝牙设备有可能将室内定位精确提升至厘米级(How-To Geek,2019)。

3) 蜂窝定位技术

蜂窝网络最初是专门为移动通信系统设计的。但大规模的蜂窝通信基础设施也可以服务于定位领域,从而为网络管理和位置服务提供高附加功能(Del Peral-Rosado et al.,2017)。在 2G/3G/4G 移动通信系统中,蜂窝定位是通过在基站中安装一个定位模块来实现的,这种定位模块也称为无线电接入网(radio access network,RAN)定位方法。蜂窝定位技术最大的优点是可实现室内和室外的无缝定位,缺点是定位精度相对较低,一般精度在几十米到几百米之间(Zhao,2002;Lakmali and Dias,2008)。Ericsson 使用长期演化(Long-term Evolution,LTE)信号基于观测到达时间差(Observed Time Difference of Arrival,OTDOA)方法,实现了 97%可靠性下的 50 m 定位精度(Ericsson Research Blog,2015)。但是该定位结果并不能满足大多数室内定位应用的需求。

目前,第五代(5th generation mobile communication technology,5G)移动网络发展迅速,5G 蜂窝网络在 2019 年开始在全球部署。根据 *Ericsson Mobility Report* 的研究报告,截至 2020 年年底,全球的 5G 用户数量约有 2.2 亿(Ericsson Mobility Report,2020)。5G NR(new radio)于 2019 年 10 月在中国首次投入商用,截至 2020 年 3 月,5G 用户突破 5 000 万,约占全球总数的 70%(GSMA Intelligence,2021)。相关文献表明,5G 引入了一系列先进技术,包括大规模天线阵列、超密集组网、新的多接入方案、全频谱接入和基于软件定义网络(software defined network,SDN)等,用以支持具有大容量、高可靠、广覆盖和低延迟等特性的新一代无线通信技术(Shafi et al.,2017)。总体而言,基于 5G NR 信号的定位研究一般可以分为两大类:基于几何的定位方法和基于指纹匹配的定位方法。

(1)基于几何的定位方法,可以进一步分为三角测量方法(Wang et al.,2013;Zheng et al.,2018;Shahmansoori et al.,2018;Han et al.,2019;He et al.,2019;Menta et al.,2019)、三边测量方法(Ferre et al.,2019;Liu et al.,2019;Satya Ganesh Nutan Dev et al.,2020;Rahman,2020)和联合估计方法(Koivisto et al.,2017;Liu et al.,2019;Wen et al.,2020;Gertzell et al.,2020;Kim et al.,2020)。具体而言:①三角测量方法,通过在 5G 中应用大规模多输入多输出(multiple input multiple output,MIMO)和智能天线技术来 估计到达角(angle of arrival,AoA)和离去角(angle of departure,AoD)。相关研究者提出了不同的估计方法,包括经典的 MUSIC(Wang et al.,2013;He et al.,2019)、ESPRIT(Zheng et al.,2018)、远场和近场组合直接定位(combined far-field and near-field direct positioning,CNFDP)(Han et al.,2019)、分布式压缩感知-同时正交匹配追踪(distributed compressed sensing simultaneous orthogonal matching pursuit,DCS-SOMP)(Shahmansoori et al.,2018),以及基于两级扩展卡尔曼滤波器(extended kalman filter,EKF)的定位方法(Menta et al.,2019)。②三边测量方法,相关学者提出并研究了基于时间的方法。例如,文献(Liu et al.,2019)研究了 5G 标准中的主同步信号(primary synchr- onization signal,PSS)

和辅助同步信号(secondary synchronization signal,SSS)以获取观测的到达时间差(OTDoA)估计。文献(Satya Ganesh Nutan Dev et al.,2020)提出了利用时序超前(timing advance,TA)信息确定用户位置的NRPos算法(NRPA),仿真结果表明,在城市/密集环境下,NRPA相比于OTDoA方法在平均定位精度上提高了30%~40%。文献(Ferre et al.,2019;Rahman,2020)使用定位参考信号(positioning reference signal,PRS)获取到达时间差(time-difference-of-arrival,TDoA)观测值,并证实可实现1 m以内的定位精度。③基于角度和时序设计的联合估计方法,利用5G上行参考信号来估计和追踪AoA和ToA。例如,文献(Koivisto et al.,2017)提出并研究了级联EKF用于定位和追踪,并且够实现了亚米级的定位精度。文献(Wen et al.,2020)提出了使用张量-ESPRIT联合估计嵌入几何通道的AoD、AoA和ToA,并应用最大似然(maximum likelihood,ML)同时进行定位和建图。文献(Gertzell et al.,2020)考虑多输入单输出(multiple-input single-output,MISO)和毫米波(mm wave)系统的下行传输特性,联合估计TDoA和AoD来估计移动台的位置,从而实现亚米级定位精度。文献(Liu et al.,2019)提出了基于同频5G信号的ToA和AoA联合估计定位方法,也可以实现亚米级的定位精度。此外,文献(Kim et al.,2020)提出使用mmWave的PRS来获得AoA和ToA估计,并进一步制定约束满足问题(constraint satisfaction problem,CSP)以借助联合定位提高基于5G信号的定位精度。

(2)基于指纹匹配的定位方法,在5G定位中也受到了广泛关注。相关研究主要包括基于接收信号强度指示器(RSSI)的指纹定位和基于信道状态信息(CSI)的指纹定位(Decurninge et al.,2018;Gucciardo et al.,2019;Malmstrom et al.,2019;Gante et al.,2019;Gante et al.,2019;Klus et al.,2020;Meng et al.,2020;Butt et al.,2020)。①基于RSSI的指纹定位方法:利用下行链路参考信号(downlink reference signal,DL-RS)测量的参考信号接收功率(reference signal received power,RSRP)来量化接收信号强度(Gucciardo et al.,2019;Malmstrom et al.,2019)。常用的特征匹配方法包括:K最近邻(K-nearest neighbors,KNN)(Gucciardo et al.,2019)、随机森林(random forest,RF)(Malmstrom et al.,2019)、支持向量回归和神经网络(neural network,NN)(Malmstrom et al.,2019)等,定位精度在室外可以达到10 m以内。文献(Butt et al.,2020)基于单波束RSRP的测量值,并借助两层深度神经网络(deep neural network,DNN),平均定位误差约为1.4 m。基于波束成形指纹,卷积神经网络(convolutional neural network,CNN)辅助方法在不同的户外场景中可以分别实现约1.78 m(Gante et al.,2019)和3.3 m(Gante et al.,2019)的平均定位误差。文献(Klus et al.,2020)基于同步信号(synchronization signal,SS)的RSRP,利用深度学习(deep learning,DL)方法实现米级定位精度。②基于CSI的指纹定位方法:文献(Meng et al.,2020)利用角度测量信息,提出了基于Binning的定位方法,在室外可以实现略低于10 m的定位精度。此外,文献(Decurninge et al.,2018)研究了基于上行链路CSI的定位,实现的定位精度约为10 m。相比而言,基于5G CSI的室内定位研究目前还比较少。

此外,第三代合作伙伴计划(3rd Generation Partnership Project,3GPP)强调了5G网络中基于位置服务(LBS)的重要性,并在3GPPRel-16版本中确定了5G信号必须具备的增强定位能力。为此,NR规范中专门为定位引入了定位参考信号。包括下行链路PRS和上行链路探测参考信号(sounding reference signal,SRS)。基于这些信号,3GPPRel-16

推出了适用于 5GNR 的高级定位解决方案,包括:①基于角度的定位解决方案,例如基于下行出发角(downlink angle of departure,DL-AoD)或上行到达角(uplink angle of arrival,UL-AoA);②基于时间的定位解决方案,例如下行到达时间差(DL-TDoA)、上行到达时间差(UL-TDoA)和多小区往返时间(multicell round trip time,Multi-RTT)等。

2. 基于内置传感器的定位技术

智能手机的内置传感器包括加速度计、陀螺仪、磁力计、气压计、光强传感器、相机、麦克风等。这些传感器不是专门为定位设计的,但是这些传感器的测量值却可以通过开发专有的方法用于室内定位。这些方法包括行人航迹推算(PDR)、地磁匹配、视觉定位、音频和声音定位。

1) 行人航位推算

随着 MEMS 技术的发展,手机中集成了越来越多的低成本惯性测量单元(inertial measurement units,IMUs)。加速度计、陀螺仪和磁力计是最流行的嵌入式传感器;它们成本低,但是稳定性和测量精度也相对较低。因此,很难使用捷联惯性导航方法。PDR 算法(Robert,2013)使用加速度计来检测步数,测量步行速度,并通过磁强计和陀螺仪来确定方向,然后通过速度和方向来计算行人的相对位置(Chen et al.,2011b;Deng et al.,2016)。

PDR 算法(图 26.2)的优点在于传感器成本低、测量结果相对简单有效、没有复杂的数据融合过程,能够提供连续的定位结果。但是 PDR 的难点在于航向估计,而航向估计受室内环境磁场干扰的影响。因此需与能够提供绝对定位结果的其他定位算法(如 Wi-Fi、BLE 或地磁匹配)相结合,以此改进航向估计,并减少 PDR 相对定位的累积误差(Deng et al.,2016)。

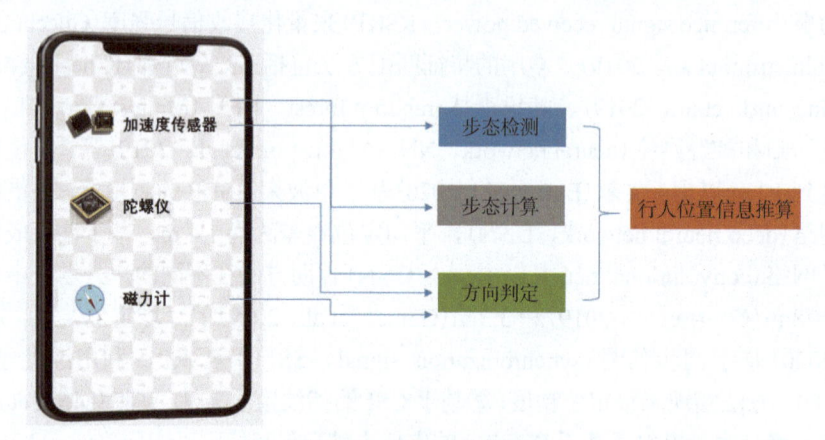

图 26.2 PDR 系统框图

2) 地磁匹配定位技术

地磁匹配定位技术以地磁场作为指纹信号,通过匹配室内环境磁场的特征来实现室内定位。与 Wi-Fi 指纹定位过程类似,地磁匹配定位也分为两个步骤:建立地磁指纹数据库和匹配地磁特征进行定位。由于磁场的空间相关性,基于轮廓匹配,例如动态时间规整,可以在地磁匹配中获得更稳定的匹配效果。目前大多数智能手机都集成了磁强计,当手机打开时就可以获得磁场信息。因此地磁匹配定位技术能较好地适用于智能手机的定位。然而，室内磁场信号经常发生变化，因此在实际使用中很难建立一个准确的磁场指纹数据库。芬兰奥卢大学提出了一种室内导航系统，结合了磁场和内置传感器(Thompson，2020)，能够达到 0.1~2 m 的定位精度。

3）视觉定位技术

智能手机的视觉定位目前主要基于单眼视觉。一种方法是基于图像匹配，即通过将当前照片与存储在图像数据库中的照片进行匹配来计算定位。密度匹配和运动结构(structure from motion，SFM)的方法可以匹配图像特征数据库中的图像特征。另一种方法是基于视觉陀螺仪和视觉里程计技术(Ruotsalainen et al.，2012；Ruotsalainen et al.，2013)。视觉陀螺仪利用单目摄像机获得每幅图像的消失点，并利用相邻两幅图像的消失点变化来获得航向变化率。视觉里程计则通过序列拍摄的照片来获得行人的相对位移和相对旋转。使用单目相机作为视觉陀螺仪和视觉里程表的难点在于，行人在急转弯时序列照片中特征点匹配成功率低。文献(Ruotsalainen et al.，2016)列出了将视觉陀螺仪和视觉里程计与 IMUs 融合的方法。

视觉定位技术在光线充足且具有丰富的图像特征的室内场景条件下可以达到分米级甚至厘米级的精度。当光学相机与深度相机(如谷歌的 Tango 相机)结合时，定位精度可以进一步提高。但是视觉定位算法计算复杂，功耗高。随着智能手机计算性能和存储容量的进一步提高，该方法将在行人导航领域具有更广阔的应用前景。

4）LED 可见光定位技术

可见光定位可分为两类：第一类是通过调制光源来形成特定的光信号，从而实现定位。例如，LED 灯发出肉眼看不见的高频闪烁信号，然后智能手机传感器接收这类光信息以计算行人的位置信息。字节光定位系统(Ganick and Ryan，2012)就是基于这样的原理，其定位精度可以达到 1 m 的水平。第二种是基于模式匹配的方法，利用环境光的时频特性，提前建立环境光指纹数据库。在实时定位阶段，测量的光强与环境光指纹数据库进行匹配，从而实现定位(Liu et al.，2014)。智能手机的内置摄像头可以感知光强和高频光信息，因此上述光学定位技术可以方便地应用于智能手机的室内定位。

5）超声与音频定位技术

超声波定位技术使用往返时间测距的方法。最流行的超声定位系统是 Active Bat 系统(Ward and Jones，1997)和 Cricket 系统(Priyantha et al.，2000)。主动 Bat 系统的定位精度在 9 cm 以内，置信区间为 95%。尽管超声波定位系统具有很高的定位精度，但目前的智能手机还没有配备专门的超声波模块来传输或接收超声波信号。

目前智能手机中的麦克风可监测频率在 16 千赫至 22 千赫之间的音频信号。用这种音频信号挖掘用户的位置已经引起了很多关注(Ijaz et al.，2013)。目前，基于智能终端的音频定位技术研究发展迅速。使用一个实际的线性频率调制(linear frequency modulation，LFM)信号作为测距源，实验显示该测距系统达到了 3~5 cm 的平均精度(Farrokhi and Palmer，2005)。使用智能手机作为发射器和固定的麦克风作为接收器的系统，已有实验验证其智能手机的定位误差为 25 cm(Höflinger et al.，2014)。针对用户数量在服务区受到限制问题，可以利用传感器阵列进行定位。通过天线阵列估计音频的到达方向(direction-of-arrival，DOA)，实现三角定位(Kai et al.，2016)。在利用音频信号进行三边定位方法中，基于交叉相关函数(cross-correlation function，CCF)的检测算法可以有效检测音频信号到达时间，从而实现一个稳健的实时音频室内定位系统(Cao et al.，2020)。然而在低信噪比(signal-to-noise ratio，SNR)的情况下，检测算法的稳定性不高。而通过设计时分多址的传输方案(time division multiple access，TDMA)加频分多址(frequency division multiple access，FDMA)和传输方案，对信号模式进行有效检测，可以有效地提高运动目标定位的精度。但该方案的更新率受限且在没有其他传感器定位源的辅助下无法保证鲁棒性(Chen et al.，2019)。因此，可以将基于智能手机内置传感器的 PDR 算法整合到音频测距的定位系统中(Ye et al.，2019)。此外，大多数经典的音频定位系统有效探测范围有限，覆盖范围 30 m 左右，对于大规模室内场景的音频定位，还需要考虑多站切换和基站选择等实际问题(Peng，Shen，and Zhang，2012；Imam and Barhen，2014；Lopes，et al.，2015；Liu，et al.，2016；Tan et al.，2016)。目前，在智能终端上基于音频信号的精确室内定位解决方案仍然会遇到以下挑战，比如：①在不同环境中，不同智能手机上的检测算法准确性尚待提高；②在动态情况下，基于音频信号的定位系统稳健性不能得到保证，亟待解决；③为进一步提高室内定位的准确性，在抑制音频回波信号和混响环境的 TOA 检测等方法还需进一步探索。

3. 多源融合定位技术

从前文可以看出，不同的定位方法在室内定位的不同场景中有利有弊。例如，射频信号可能覆盖范围很大，但室内常见的多径干扰会导致很大的定位误差。基于内置传感器的行人路径估计并不依赖于室内的基础设施，但 IMUs 的误差会随着时间的推移而累积。目前，还没有任何单一技术可以适用于所有不同的室内定位场景。表 26.1 比较了各种智能

表 26.1 智能手机不同传感器定位技术的比较

定位源	定位精度	鲁棒性	复杂性	可拓展性	成本
Wi-Fi 定位	指纹法：2~5 m，三角法受不同环境影响	容易受到环境、人体及其他干扰因素影响	建立指纹库需要时间及人力成本	高	基于市面已有设备，没有额外成本
蓝牙定位	指纹法：2~5 m，天线阵列法：<1 m	容易受到环境干扰	指纹匹配需要消耗大量时间及算力	高，iBeacon 距离小于 5 m	天线成本相对较高，但是信号发射技术成本比较低
红外定位	1~10 m	需要直接通道	中度	高	成本居中，必须建立一个额外的接收头装置
LED 定位	1~5 m	中等	中度	高	低成本
超声波定位	厘米级	高	低	低	成本居中，需要额外的接收模块
惯性导航定位	取决于传感器特性，具有时间累积误差	高	中度	高	低成本
地磁定位	2~5 m	易受环境改变	高	高	低成本
机器视觉	厘米级到米级精度不等，取决于使用的算法	受环境光强度影响	非常高	高	成本居中

手机定位技术在定位精度、复杂性、鲁棒性、可扩展性和成本方面的性能。虽然室内定位信号源有很多种，如声音、光、电信号和磁场等，但不同的定位信号源都有其局限性，其可用性取决于实际环境。例如，Wi-Fi 指纹识别方法要求信号覆盖范围广，无线电干扰较少，而磁场匹配方法要求在兴趣区域有明显的磁性特征，因此，磁场干扰在一定程度上却有利于定位。而视觉定位需要在光线明亮的环境，而在黑暗的地方则不能有效地工作。

随着智能手机计算性能和存储容量的提高，融合多源融合定位技术已成为智能手机室内定位领域的研究热点。这些方法大致分为松耦合和紧耦合。松耦合方法的基本思想是将来自不同传感器的在同一时刻的所有定位结果进行融合，从而得到当前时刻的位置估计。该融合方法易于实现，但由于智能手机定位中传感器的异构性，难以解析计算不同传感器定位结果的估计权值。而紧耦合的方法是融合不同类型传感器估计的不同参数，得到定位估计。目前，实现紧耦合融合的有效方法基于贝叶斯推断理论，主要包括卡尔曼滤波(Kalman filter, KF)(Zhang et al., 2013)、无迹卡尔曼滤波(unscented Kalman filter, UKF)(Chen et al., 2011c)和粒子滤波(particle filter, PF)(Quigley et al., 2010)。在这些方法中，通常首先建立状态模型和测量方程，然后根据不同传感器估计得到的位置、速度、航向角和步长等测量参数，依次推断出行人的运动状态(位置和速度)。多元融合定位研究主要包括：Wi-Fi、磁场和蜂窝信号的混合定位系统(Kim et al., 2014)；与 PDR 结果融合的 Wi-Fi 定位(Karlsson et al., 2015; Li et al., 2016)；用于 3D 室内定位的蓝牙模块、加速度计和气压计(Jeon et al., 2015)；以及用 PDR 和磁场匹配的 Wi-Fi 指纹识别(Zhang et al., 2017)。此外，室内地图通常用于协助室内定位，通过将受地图限制的信息与 Wi-Fi 指纹和 PDR 定位结果相结合，可以可靠地实现米级精度(Wang et al., 2015a)。Ruotsalainen 等(2016)通过将 IMUs、摄像机、超声波传感器和气压计的观测结果与 PF 算法融合，提供了一种无基础设施室内导航的解决方案。平均定位精度约为 3 m。表 26.2 比较了各种传感器融合定位方法。测试结果表明，传感器融合系统的准确性和稳定性优于单一技术的室内定位系统。

表 26.2　各种传感器融合定位方法的比较

定位源	Wi-Fi 定位	蓝牙定位	红外定位	LED 定位	超声波定位	惯性导航定位	地磁定位	机器视觉
定位精度	指纹法：2~5 m，三角法受不同环境影响	指纹法：2~5 m，天线阵列法：<1 m	1~10 m	1~5 m	厘米级	取决于传感器特性，具有时间累积误差	2~5 m	厘米到米级精度不等，取决于使用的算法
鲁棒性	容易受到环境、人体及其他干扰因素影响	容易受到环境干扰	需要直接通道	中等	高	高	易受环境改变	受环境光强度影响
复杂度	建立指纹库需要时间及人力成本	指纹匹配需要消耗大量时间及算力	中度	中度	低	中度	高	非常高
可拓展性	高	高，iBeacon 距离小于 5 m	高	高	低	高	高	高
成本	基于市面已有设备，没有额外成本	天线成本相对较高，但是信号发射技术成本比较低	成本居中，必须建立一个额外的接收头装置	低成本	成本居中，需要额外的接收模块	低成本	低成本	成本居中

26.3　室内定位的困难

采用多源传感器融合的方法，智能手机的定位精度可以达到 2～5 m，在某些特定环境下可以达到 1 m 以内。然而总的来说，开发一种低成本、高精度、高可用性的室内外无缝定位技术仍然具有挑战。智能手机室内定位的主要困难总结如下。

1. 室内环境下复杂信道传输与空间拓扑

基于射频信号的定位中，多径干扰和非视距传输是 TOA 测量的主要误差。然而，由于室内环境的复杂拓扑结构，多径效应和非视距条件较为严重，使得传统的射频定位技术在应用于室内定位时会产生较大的定位误差。例如，室内电器和家具的搬迁、货架上货物的增减以及场地布局的变化，都会影响磁场和室内环境的信号传输，这些变化是室内定位系统难以保持高精度的主要原因。通过对 Wi-Fi 指纹数据库、地磁指纹数据库、图像特征数据库和地标等定位数据库的更新，自动感知和识别室内拓扑结构时空变化引起的无线电场和磁场的变化，从而提高定位环境的自学习和自适应能力是一个具有挑战性的课题。如何对这些参数指标的自动更新仍然是室内定位领域尚未解决的问题。

2. 异构定位源

如图 26.1 所示，目前智能手机内嵌超过了 12 种传感器，包括全球导航卫星系统接收器模块、短程射频发射器、Wi-Fi 和蓝牙模块，或接收器和其他嵌入式传感器，如加速度计、磁强计、陀螺仪、气压计、光强传感器、麦克风、扬声器还有摄像头。然而，除了全球导航卫星系统接收模块外，其他传感器和射频信号模块并不是专门为定位而设计的。虽然这些传感器已经发展出许多估计定位参数的方法，但是不同传感器的测量结果是异质异构的，比如各测量值观测到不同的定位参数(如位置、速度、航向速率等)、不同的采样率，且具有不同的噪声。如第 26.3 节第 1 小节所讨论的，为了实现室内定位多传感器最佳融合方案，必须解决以下问题。

1）信号测量同步

不同的智能手机传感器独立工作，可能有不同的采样率。例如，Wi-Fi RSSI 信号的扫描速率范围为 1/3 Hz 至 1/30 Hz，而加速度计的采样频率可达 180 Hz。即使采样速率相同，采样时间瞬间也可能不同。因此，为了使用传感器融合算法计算位置，不同传感器在不同时刻获得的同步测量必须与特定的时间基线对齐。时间基线可以是智能手机在用户中心定位中的主时钟时间，也可以是云服务器在网络中心定位解决方案中的网络时间。为了满足大多数室内定位服务的需求，室内定位的更新速率应大于或等于 1 Hz。当用户处于低速运动状态(运动速度小于 2 m/s)时，插值方法可以很好地实现异步测量的时间对准，适用于室内行人导航的场景。

2）传感器测量的不同精度

智能手机里有 12 种以上的传感器，不同的传感器有不同的测量噪声和量化误差。此外，不同的传感器通过不同的方法来测量定位参数，测量精度也因此而变化。例如，智能手机中嵌入的 MEMS 传感器成本低，测量精度差，不能直接用于捷联惯性导航。但是，它们可以用于步进检测，并提供步行速度和步长的经验估计，且具备一定准确度。室内环境对不同的传感器也有不同的影响。比如，蓝牙天线阵列、视觉定位或音频定位，可以在小型室内空间提供精确的距离和角度测量。而在大规模的室内区域，这些传感器可能有较大的测量误差，从而导致定位失败。因此，开发具有足够灵活性的定位算法以及智能融合异质异构传感器观测值尤为重要。

3）不同智能手机终端的一致性

不同的智能手机制造商可能会为接收器模块或嵌入式传感器使用不同的芯片组或组件。因此，不同的终端硬件或模块会导致智能手机的测量结果出现偏差。例如，不同的手机在测量同一个 Wi-Fi 基站时，信号强度值会有不同，甚至偏差会很大，这将很大程度地影响基于指纹定位的定位精度。同样，不同智能手机上的摄像头和 MEMS 传感器也会出现这样的不一致。因此，通常需要开发性能良好的自校准算法，可以在一定程度上提高不同智能手机测量结果的一致性。这一点，在室内定位精度要求达到 1 m 以内时，至关重要。

3. 移动终端上有限的计算资源

智能手机作为一种手持设备，其计算能力、存储容量和电源供应都是有限的。尽管按照摩尔定律，智能手机的计算性能每隔一段时间会有一定幅度的提高，但智能手机具备的多种功能——电话通话、定位、日常工作辅助、娱乐等——都需要分摊部分算力和电池资源。因此，从节能的角度来看，智能手机不适合长时间运行复杂的定位算法。虽然一些复杂的定位算法如视觉定位、粒子滤波等已经逐渐在智能手机上实现，但与深度学习和人工智能相关的复杂算法，目前仍然不适用于手机平台，未来智能手机的计算资源还需不断升级。

26.4 室内定位技术的发展趋势

室内定位是学术界和工业界研究的热点问题之一。国际知名的 IT 公司，如谷歌、苹果、百度、华为和阿里巴巴等，都将室内定位列为其战略技术之一。从高精度、高可用和低成本的智能手机室内定位技术发展的角度来看，未来的定位方向将包括开发新的定位源、异构定位技术的有效融合方法和基于地理信息系统的协同定位。

1. 探索精密高效智能手机室内定位的新定位源

越来越多的传感器集成到智能手机中，这为开发新的定位技术提供了更多机会。其中，智能手机音频定位是实现高精度室内定位的有效方法之一。音频定位是通过测量从声音发射器到智能手机的 TDOA 来确定的。音频定位的频率可以设置在 16 kHz 至 21 kHz

之间，这个频率既处在麦克风的工作频率，又高于可听到的声音频率。声音定位的优点是对时间同步的要求不像射频定位那么严格。由于声波在空气中的传播速度约为 340 m/s，声波发射器之间的时差在 0.1 ms 以内，此时声波定位误差在仅 3.4 cm 以内，但对于射频定位来说，这是一个相当大的误差。

光源编码定位是智能手机高精度定位的另一种候选方法。智能手机的位置是通过安装在天花板上的 LED 灯来确定的，LED 灯的开关信号是定位光源。通过旋转 LED 灯，在每一个扇区都会形成一个可被智能手机的光传感器用于定位的特定图案，通过测量手机在扇区内的相对位置，可以在不改变手机硬件的情况下达到 5～10 cm 的定位精度。

在射频信号方面，蓝牙 5.1 和 5G 信号将在室内定位中发挥着重要作用。蓝牙技术功耗低，BLE 5.1 提高了室内定位的精度，具有较准确的测角特性。基于 5G 的无线定位技术将有望成为室内定位的核心技术之一（Koivisto et al., 2017；Laoudias et al., 2018）。UWB 信号最近已经集成到苹果的智能手机中。相信智能手机中的超宽带定位将在不同的应用中吸引更多的关注。

只要环境光和图像特征足够，实现高精度的分米级或甚至厘米级定位误差的摄像机视觉定位仍然很有前景。Google 的 Tango 技术已通过实测验证，基于深度相机的视觉定位方法可以进一步提高精度。但是在特征提取、图像匹配和人工智能相关算法推理的过程中，推理计算仍具有很高的复杂度。随着 5G 无线通信系统的投入使用，其大带宽和低延迟的特性将允许智能手机将其照片上传到云服务器，并从服务器获得实时的定位结果。因此，所有复杂的算法都有可能在高性能的云服务器上进行计算。

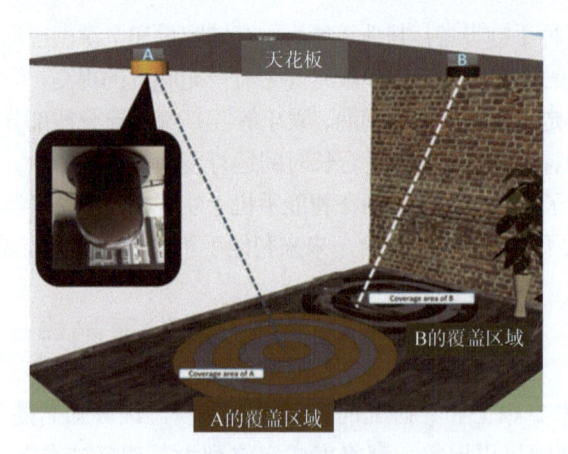

图 26.3　光编码定位

2. 异构定位源的融合

目前，室内定位领域的技术发展趋势是采用可靠的估计方法，有效地整合两个或两个以上的定位源，提高智能手机定位系统的准确性和可用性。针对室内定位多源传感器融合，需要开发一套完整的解决方案，将异构硬件标定、单一技术的高精度位置估计、智能传感器与异构智能手机传感器的融合方法相结合。可以考虑在紧耦合融合技术中使用控制点，其中控制点估计采用第 26.2 节提到的高精度定位技术。同时，为了获得稳定可靠的混合定位解决方案，在定位源充足的情况下，设计合适的滤波方法和交叉验证方法来识别异构测量的误差。

表 26.3 室内定位技术的特点和功能

高新技术	视觉定位	RGB 深度相机定位	光源码定位	基于射频信号的精密定位	基于声波的室内定位
特征	该定位方式基于 SLAM 技术，能够感知环境变化及视觉图像特征，需要足够的光照环境及显著的图像特征	可以通过使用测角、测距等方法获得深度信息，能够实现分米级定位，但目前价格昂贵且功耗较高，这种方式在未来可能在移动电话间流行	在智能手机端具备高精度且低功耗，并适用于开放空间的室内定位	高覆盖范围、高复用性，但收到多径干扰及非视距错误干扰严重	不需要建立视觉或无线电基站，但需要建立用于定位的特殊声音发射器
功能	能为众源泛在定位提供非常准确的定位和姿态估计，并为 PDR 提供初始资料信息，同时更新众包数据库	比较依赖环境光及图像特征，因此该方法可以作为视觉定位的补充辅助方式	是智能手机开放空间的室内定位的主要方式之一	在巨大空间内提供高精度定位结果，是一种主流定位方式	可作为对视觉定位及射频定位的补充，但是在地下停车场等声音无法穿透到车内的区域无法定位
准确性	在图像特征显著的情况下达到分米级定位精度	分米级定位精度	分米级	亚米级	分米级

3. 基于 GIS 的语义约束定位语义认知协作定位

目前，室内 GIS 的研究主题已备受关注。室内 GIS 一方面可以利用室内地图和室内特征来增强位置估计；另一方面可以充分利用室内地标提供空间约束下的语义定位能力。然而，由于目前室内 GIS 缺乏高精度的坐标，使其在室内高精度定位方面依然存在挑战。因此，为了建立支持高精度智能室内定位系统的室内 GIS，需要考虑并妥善解决以下关键技术：①具有统一时空参考系统的室内 GIS 模型；②具有高精度实时坐标计算的同步室内建模和定位方法；③利用众包技术实现地图自动更新和瞬时建模的方法；④具有室内语义的实时视觉定位和三维建模。目前，室内 GIS 研究的新方向包括基于 GIS 的语义约束定位和语义认知定位等。

26.5 结　论

室内定位是物联网、人工智能和未来超级人工智能(机器人+人)时代的核心技术之一。目前，基于智能手机的室内定位技术包括射频定位和基于传感器的定位。已有许多不同的室内定位方法相继被开发出来。然而，由于受空间拓扑结构复杂、数据异构、移动终端计算能力有限等因素的影响，这些技术都存在着自身的缺陷，限制了室内定位的普适性和可用性。为了满足主流应用对低成本、高精度、高可用性和高可靠的要求，有必要开发能够自适应地融合视觉图像、光信号、声信号和射频信号在内的多种精确定位解决方案。这些精确的位置可以作为控制点来防止定位误差的传播。同时，为了实现全覆盖，需要将行人航位推算和磁场匹配等定位解决方案集成到系统中，开发智能的多源融合定位算法，融合室内 GIS 的最新研究成果，开发智能手机高精度、低成本、高可用的室内定位系统。

第 27 章 城市相机揭示了什么：可感知城市实验室的工作

Fábio Duarte　Carlo Ratti

摘　要

相机是城市景观的一部分，也是我们与城市进行社会互动的见证。它们或者作为监控工具被部署在建筑物和路灯上，或者每天由数十亿人携带，再或者作为车辆中的辅助技术存在，我们依靠这些丰富的图像与城市互动。理解如此庞大的视觉数据集是理解和管理当代城市的关键。本章中，我们将重点关注计算机视觉和机器学习等技术，以了解城市的不同方面。我们将讨论这些视觉数据如何帮助我们测量空间，量化城市生活的不同方面，并设计可交互的环境。本章基于可感知城市实验室的工作，包括使用谷歌街景图像来测量城市地区的绿化、使用热感图像来主动测量建筑物的热泄漏以及使用计算机视觉和机器学习技术来分析城市图像，来了解人们如何参与和使用公共空间。

27.1 引　言

相机是城市景观的一部分，也是我们与城市社会互动的见证。它们或者作为监控工具被部署在建筑物和路灯上，或者每天由数十亿人携带，再或者作为车辆中的辅助技术，我们依靠这些丰富的图像与城市互动。

事实上，每天有 2.5 万亿字节的数据是由数十亿使用互联网的人创建的。社交媒体越来越多地依赖视觉数据。在主流社交媒体中，有几个绝大部分甚至完全是依赖于图片的：YouTube，拥有 15 亿用户；Instagram，拥有 10 亿用户；Facebook，有 23 亿用户。这种基于视觉的社会互动，也延伸到我们在城市中的互动。在美国，一个人平均每天被摄像头拍到 75 次，在伦敦则超过 300 次。此外，自动驾驶汽车等颠覆性技术也要使用摄像头。问题在于，除了监控目的之外，如何以有意义的方式理解我们城市每天产生的大量视觉数据。

在这一章中，我们的重点不是收集社交媒体上广泛传播的视觉数据。之前有的工作使用带有地理标记的在线照片来衡量城市吸引力（Paldino et al., 2016）或基于用户生成的图像评估城市环境的美学吸引力（Saiz et al., 2018），以及世界各地不同城市的视觉差异和异质性（Zhang et al., 2019）。这一章的重点不是人们随身携带的供个人使用的照相机产生的视觉数据，而是专门用于收集城市图像而设计和部署的相机——我们称之为城市相机。

从伦敦、北京到纽约和里约热内卢，城市地区一系列由公共和私人组织部署和控制的摄像头数以万计。举个例子，一个伦敦人每天被摄像头拍到 300 多次；与此同时，英国识别到超过 3 000 万个车牌号码（Kitchin, 2016）。此外，谷歌等私营公司收集并在网上提供全球数百个城市的数十万张图片。

理解如此庞大的视觉数据集是理解和管理当代城市的关键。要使如此庞大的可视化数据集的使用具有可操作性，仍有许多技术问题需要解决。例如云与本地的存储和处理；架构集成、本体构建、语义标注和搜索；以及大规模视频数据的在线实时分析和离线批量处理 (Shao et al., 2018; Xu et al., 2014; Zhang et al., 2015)。

除了技术上的挑战，还有伦理问题。社会科学家中最普遍的理解是，即当城市现象等同于可用数据时会导致城市具有可操纵性 (Luque-Ayala and Marvin, 2015)，尤其是当"城市公共空间中被私人摄像头和安全系统覆盖的部分"(Firmino and Duarte, 2015, p.743) 成为城市数据化的对象时，往往导致"社会分级化和预期治理"(social sorting and anticipatory governance) 的问题 (Kitchin, 2016; p.4)。闭路电视 (closed-circuit television, CCTV) 被部署在公共区域，旨在协助警察巡逻预防犯罪，使用视频分析来识别异常行为，通过分析事件主题和发生地点来促进预测性监管，但由于算法中存在误差而经常触发虚假警报 (Vanolo, 2016)。

我们意识到了这些问题，并根据大量关于人们在公共场所行为的数据，为有关过度调查的风险提供了文献研究。但是，在这一章中，我们想讨论这一现象的另一面：如何使用新颖的计算技术来理解大量的城市视觉数据，以及如何利用这些结果揭示城市生活的各个方面，从而有助于更好地理解和设计城市。

本章讨论的项目是麻省理工学院可感知城市实验室使用城市摄像头所做的大量工作的一部分。这些工作可以分为两种类型：使用在线提供的可视化城市数据，以及实验室使用专门设计的设备捕获的可视化数据。

在第一种类型中，我们利用在线提供的可视化城市数据，并开发机器学习技术来理解这些数据。该研究使用的数据集是谷歌街景 (Google Street View, GSV) 图像，我们一直在使用它来测量快速城市化的城市的一个关键方面：使用一套可以廉价部署的标准方法来量化城市地区的绿化，这使得全球数百个城市之间的比较成为可能。同时，它还提供了街道层面的精细绿化分析，允许市民和市政当局评估不同街区的树木覆盖率。

在第二种类型中，我们设计专门的设备来收集图像并自行部署。在一个项目中，我们使用安装在车辆上的热感相机来测量建筑物的热泄漏。之后，使用相同的设备，我们开发了其他技术来用热数据量化和跟踪人们在室内和室外区域的运动。该方法除了在数据传输和处理方面的技术优势之外，还解决了一个关于在公共场所使用摄像头的重要问题：热感相机允许我们获得关于人们行为的准确数据，而不需要暴露他们的身份，从而避免了隐私问题。此外，作为这类研究的一部分，我们解决了大型公共区域的室内适航性问题。众所周知，用户在购物中心、大学校园和火车站等区域导航时经常会遇到困难，这要么是因为它们迷宫式的设计，要么是因为视觉提示的重复性。我们收集了麻省理工学院校园和巴黎火车站的数千张图像，并训练了一个神经网络来测量导航这些空间的难易程度，并将结果与用户调查进行比较。

未来几年，关于城市的视觉数据将不断增加，如越来越多的个人照片和视频会在社交媒体上发布；部署摄像头不再仅仅出于警务目的，还出于交通管理和基础设施监控的目的；而且视觉数据在自动驾驶汽车等技术中将会变得至关重要。所有处理视觉大数据的工作都需要克服手动处理这些海量信息的障碍，生成关于视觉结构和感知的有效经验指标。在这一章中，我们将讨论用于分析大量可视化城市数据的新计算方法的发展如何帮助我们更好地理解城市现象。

27.2 计算机视觉与城市：GSV 图像

谷歌地图(Google Maps)、谷歌地球(Google Earth)和谷歌街景(Google Street View，GSV)是拥有最丰富的空间数据源的公司之一。这些产品提供网络地图，将卫星图像渲染到地球的 3D 模型上，包括地形和街道地图，以及全球数百个城市的 360°全景视图。GSV 有几个特别的优势在于，可以对城市的视觉特征进行定量研究，例如涉及 80 多个国家的数百个城市的图像，在任何地方都使用类似的摄影设备，所有图像都具有地理参考，所有图像都可以下载。以纽约市的 GSV 数据集的可视化城市数据量为例，在纽约市，大约有 10 万个采样点：大约有 60 万张图像，因为 GSV 在每个采样点都捕获了 6 张照片。GSV 及类似的服务提供了一个前所未有的具有可比特征的世界各地城市的可视化数据库。

一些研究人员一直在利用 GSV 来分析城市。Khosla、An、Lim 等(2014)分析了来自不同国家八个城市的 800 万张图像，以比较人类和计算机预测犯罪率和经济表现的准确性。许多研究人员对测量城市的物理特征如何影响城市生活的不同方面感兴趣，例如慢性疾病、人行横道、建筑类型和植被覆盖率，他们使用了卷积神经网络进行相关研究(Nguyen et al.，2018；Zhang et al.，2019)。GSV 图像也用于量化城市感知和安全(Dubey et al.，2016；Naik et al.，2014)，用于检测和计数行人(Yin et al.，2015)，推断城市中的地标(Lander et al.，2017)，以及基于感知指标量化视觉特征和场所感知之间的联系(Zhang et al.，2018)。

自 2015 年以来，美国麻省理工学院可感知城市实验室一直使用 GSV 测量城市的绿色冠层。Li Xiaojiang 与实验室一起开创了这项研究，使用深度卷积神经网络(deep convolutional neural networks，DCNN)来量化街道层面的绿色区域面积。在这项名为"Treepedia"的研究中，研究重点是人行道被树荫或其他绿化覆盖的面积。街道是城市中最活跃的空间，人们通过它在日常生活中看到和感受城市环境。街道级图像具有与行人相似的视角，并且可以用作人类感知街道物理外观的代表。

Li 等(2015)和 Seiferling 等(2017)基于大型数据集计算了街道中绿色植被的百分比。这个过程从创建样本站点开始，通常沿着街道每隔 100 m 创建一个，然后收集 GSV 元数据、静态图像和全景图。基本技术包括使用计算机视觉和 DCNN 来检测每幅图像中的绿色像素。一旦检测到绿色像素，所有剩余部分将被减去，从而给出普适的量化方法。因此，根据一个样本站点拍摄的六幅图像的总绿色像素占六幅图像的总像素数的百分比，可以给出绿色视图指数(green view index，GVI) (Li et al.，2018)。

深度学习模型的最新发展使我们能够改进计算 GVI 的方法。该研究由可感知城市实验室的另一位研究员 Bill Cai(Cai et al.，2018)发起，目标是量化图像中的实际植被，而不是使用绿色像素的比率作为代表。该过程从标记小规模验证数据集中的图像开始。以此为前提，选择了五个气候条件不同的城市：剑桥(美国马萨诸塞州)、约翰内斯堡(南非)、奥斯陆(挪威)、圣保罗(巴西)和新加坡。每个城市随机抽取 100 张图片，人工标记植被。然后，使用像素级标记的城市景观数据集训练 DCNN 模型。研究人员还使用梯度加权类激活图（gradient-weighted class activation map，Grad-CAM）来解释模型用来识别植被的特征。结果表明，DCNN 模型明显优于原始的 Treepedia 无监督分割模型，平均绝对误差从 10%降低到 4.7%。

Treepedia 网站统计了 27 个城市的绿景指数，我们最近发布了一个开源 Python 库，允许任何人计算有 GSV 图像的城市的 GVI。

27.3 城市热图像

众所周知，在城市研究中可以利用相机来获得丰富的认知。在 20 世纪 70 年代的开创性研究中，William Whyte（2009）利用延时相机了解人们在公共空间的行为，并利用这些信息为城市设计提供参考。在公共场所部署摄像头引发的负面反应经常出现，原因是居民对其目的（监视和警务）的理解局限、分析技术差，或因为往往是政府人员在观看录像（Luque-Ayala and Marvin，2015；Firmino and Duarte，2015）。

近年来，在 Amin Amjonshooa 发起的研究中，麻省理工学院可感知城市实验室一直在解决与城市地区摄像头部署相关的这三个问题。我们通过扩大我们可以用照相机理解的城市现象的范围，开发对城市研究来说新颖的图像处理技术，以及使用过程中不涉及人们身份特征的照相机来做到这一点。我们讨论了使用安装在路灯上的相机量化交通相关的热损失和人在空间中的轨迹，以及使用部署在车辆上的相机评估建筑物热损失。

人类活动会产生热量。作为日常生活的一部分，冷却和加热系统以及交通运输也产生热量，并将其释放到周围环境中。它们是对人类健康有直接和间接影响的低质量能源的主要来源。无论是由汽油还是柴油驱动的汽车，都将发动机产生的 65%的热量释放到城市环境中。为了测量街道级别的机动车热排量，并匹配该排放直接影响的行人数，我们一直在使用部署在现有基础设施中的热感相机。

热感相机捕捉波长并测量物体发出的红外辐射。热感图像只有一个通道，且分辨率较低，因此与 RGB 视觉图像相比，热感数据的规格要小得多。更小的数据允许更快更好的数据传输和处理，且计算量更小。只有当我们应用适当的颜色进行映射时，热感数据才看起来像图像。

之前的工作使用了热感相机来识别空间占用情况和人数。Qi 等（2016）提出使用热感图像大致推测行人数。Gade 等（2016）开发了一个系统，通过计算两个连续帧之间的像素差异，自动检测和量化体育竞技场中的人。有趣的是，他们还发现，基于热感相机捕捉到的运动，使他们能够根据人们在空间中的位置、集中区域和轨迹来区分人们正在玩的运动类型。

我们在美国马萨诸塞州剑桥市麻省理工学院旁边的路灯上部署了 FLIR 轻子微型热感相机，目的是量化与交通相关的热量损失并跟踪行人的移动。

内燃机动车是城市的主要热源之一。通过分析在交通繁忙的十字路口拍摄的热感图像，我们能够量化和可视化热强度和交通负荷。热感相机相对于 RGB 相机表现出另一个优势：除了车辆计数和简单识别（摩托车、汽车、卡车、公共汽车）之外，热感图像还可以测量车辆在被扫描之前是长时间行驶还是短时间行驶(Anjomshoaa et al., 2016)。该分析生成了交叉口交通流的"热指纹"。

为了分析热感图像，我们提出了一种基于累积拉冬变换(accumulated radon transform)的方法，该方法计算图像沿不同角度的投影。热感图像的拉冬变换可以识别相对而言更暖的物体，同时保留它们的位置。我们使用同样的数据集计算了靠近交通干道的人行道上的人数。为了优化数据传输和处理，我们将目标区域限制在人行横道旁边的人行道段。它还帮助我们消除了汽车的高热通量，否则会使检测行人热通量变得更加困难。通过这项研究，我们能够研究行人暴露于各种由内燃机动车引起的人为污染物的情况。此外，通过检测热峰值，我们能够区分单个个体和群体；通过学习多个小时的图像分析和峰值的变化幅度，我们能够估计场景中的人数。

在一项名为"城市扫描仪"(city scanner)的项目中，实验室正在开发一种"随车扫描"的解决方案，我们在普通的城市车辆上安装了一个模块化的传感平台——比如校车和出租车——来扫描城市。这种方法的优点是不需要车辆有特殊装备，因为我们的模块化传感平台可以部署在任何车辆上。为了验证其效果，在马萨诸塞州剑桥市，我们在垃圾车上部署了传感平台(Anjomshoaa et al., 2018)。

在长达 8 个月的扫描中，我们放置了两个热感相机从街道两侧捕捉数据。这些是非辐射热相机，在这种情况下，热输出不是场景温度，而只是温度场的显示。通过扫描所有街道段的热特征，我们创建了剑桥建筑环境的热特征。有了这些数据和持续的扫描，任何两个相邻建筑之间的温差都可以被政府官员详细分析。以剑桥为例，这个项目可以帮助当地居民改善房屋隔热，这种持续的扫描可以帮助当局在发生热泄漏时做出响应。

27.4 使用计算机视觉导航城市空间

视觉大数据的爆炸式增长提供了新的数据来源，可以克服城市空间感知和可识别性研究中常见的空间和资源限制问题。在可感知城市实验室，我们一直在使用计算机视觉和深度卷积神经网络来理解人们如何感知、定位和导航空间。

正如我们在之前所解释的(Wang et al., 2019)，DCNN 是基于概率的归纳程序，由一组滤波器实现，这些滤波器的权重在训练阶段进行调整，目标是获得图像的关键特征，以及更重要的，这些特征之间的相互作用。

我们对解决大型公共区域的室内导航问题特别感兴趣。众所周知，用户在购物中心、大学校园和火车站等区域导航时会遇到困难，这要么是因为它们迷宫式的设计，要么是因为视觉提示的重复性。

为了应对这一挑战，我们收集了两种空间类型(大学校园和火车站)的数十万张图片。我们训练了一个深度卷积神经网络来测量在这些空间中导航的难易程度，针对火车站，我们将结果与用户调查进行了比较。

我们首先决定在麻省理工学院的校园里测试可导航性——实验特别安排在一个相当平淡无奇令人迷失方向的空间里：仿佛是无尽的走廊，连接几栋麻省理工学院建筑的室内走廊和中庭。该研究的目标是测试 DCNN 根据空间特征识别不同位置的能力。由 Fan Zhang(Zhang, et al., 2016)领导的这项研究基于 600 000 幅图像, 这些图像是从我们用 GoPro 相机拍摄的视频片段中提取的, 用于训练数据集, 以及使用智能手机拍摄的 1 697 幅图像用于测试数据集。我们将我们的模型与 DCNN 中常用的两个模型进行了比较, 关于空间位置, 我们在验证数据集上实现了 96.90%的 Top-1 准确度, 高于其他可用模型。我们还提出了一种评估方法来评估一个室内场所与研究区域内所有其他空间相比的独特性, 并且制作了一张麻省理工学院校园建筑的独特性地图, 这可能有助于解释人们是如何在麻省理工学院的无限走廊中找到路(或迷路)的。

另一个可能让人迷失方向的室内公共空间是火车站(Wang et al., 2019)。在这项研究中, 我们测量了巴黎两个火车站的空间可识别性: 里昂车站(Gare de Lyon)和圣拉扎尔车站(Gare St. Lazare), 每个车站每天接待超过 25 万名乘客。可识别性影响人们定位自己和找到自己的路——导航空间的能力(Herzog and Leverich, 2003)。我们开发了一个由激光雷达传感器和 360°相机组成的设备。投影变换后, 我们从每个站的全景图像中裁剪出数十万幅图像来训练我们的 DCNN。

在我们的 DCNN 中, 我们删除了神经网络的最终标记部分, 因为我们的目标不是识别每个图像中存在哪些对象, 而是了解如何在视觉相似性的情况下使用视觉属性来导航空间。对于里昂车站, 我们在 88 869 幅图像上测试了该模型, 其第一选择的预测准确率为 97.11%, 圣拉扎尔车站的预测准确率为 97.23%。

尽管总体上模型的表现非常好(Top-1 准确率超过 97%), 但我们注意到, 不同楼层的不同空间在精确度上存在差异, 这反映了不同的空间可识别性。使用计算机视觉的研究经常采用调查来检验结果。例如, 为了比较人类和计算机预测城市地区的周边设施(nearby establishments)、犯罪率和经济表现的准确性, Khosla 等(2014)使用了 Amazon Mechanical Turk, 并要求参与者猜测一些建筑的位置。在另一个场景中, 他们训练计算机识别图像的五个视觉特征。他们的结果显示, 人类和计算机有相似的表现。

因此, 为了证明我们模型的准确性, 我们在 Amazon Mechanical Turk 上部署了一项调查, 收集了 4 015 个样本。人类样本显示了与 DCNN 机制类似的行为模式。在一项基于网络的调查中, 一段 10 秒的视频展示给所有的参与者。在下一页, 我们显示了视频中显示的空间片段中的一个图像片段和另外三张图像(也来自同一场景)。从这些电子图像中, 参与者很容易选择与同一场景相匹配的场景, 并被要求指出三个有助于他们做出决定的特征。我们将这些结果与活化层(DCNN 模型的完全连接层)进行了比较。我们创建了模型和人类用来认知空间的主要特征的热力图。尽管在一些情况下两者都关注同一空间, 但差异也很重要: 例如参与者经常使用物体, 如电视屏幕或广告牌, 来帮助识别空间和定位自己——这表明除了空间特征和视觉线索之外, 语义值在空间可识别性方面也起着重要作用。更重要的是, 研究表明, 计算机视觉技术可以帮助我们以更接近人类认知空间的方式来理解空间可识别性。由于部署摄像头比进行勘测更容易批量化, 计算机视觉和离散余弦变换神经网络在空间可识别性研究中开辟了新的途径, 可以为寻路和空间设计提供信息。

27.5 结　　论

在本章中，我们讨论了可感知城市实验室的三项新举措，我们使用了专门的设备，设计了实验，并开发了机器学习方法来分析视觉城市数据。无论是利用在线提供的城市图像，还是收集城市区域的 RGB 图像和热图像，目标都是展示这些多幅图像如何帮助我们揭示城市的不同方面。只有通过创造新的方法来理解城市中产生的视觉数据，我们才能理解当代城市现象，并以创新的方式为设计提供信息。

大量的图像当然会带来一些问题，主要是关于个人隐私——这个话题必须认真对待。然而，我们应该提出关于在城市地区收集的图像的所有权和适当使用的其他问题。例如，城市设计、计算机科学和社会学领域已经进行了大量突破性的研究，使用了 GSV 等平台上在线提供的城市场景。这是在一种默契下完成的，即一家私人公司正在拍摄公共空间的照片，并将其用于商业用途——包括科学研究。这几乎是一种交易：我们允许谷歌将我们的房屋、后院和我们停在街上的汽车的图片放在网上，作为交换，我们出于共同利益，可以使用这些图片来加深我们对城市的理解。最近，谷歌改变了规则，现在几乎禁止任何人使用 GSV 图像，包括用于学术目的。因此，我们应该平静地接受一家私人公司可以拍摄数百万张公共空间的图片并从中赚钱吗？甚至我们的私人财产？在图像过剩的时代，隐私问题至关重要；但是，同样地，允许私人公司从普通商品中获利的问题也是存在的——城市是现代最基本的公共商品。

城市环境感知未来的另一个重要方面是，传感器将越来越多地嵌入我们的建筑中，并由人以不同的形式携带。在本章中，我们讨论了基于从我们的城市收集的被动数据——图像的研究。越来越多的建筑以传感器作为其组成部分，传感器不仅能感受环境，还能对环境做出反应。嵌入光伏电池的全透明玻璃面板能测量光量，改变不透明度以适应用户设置的亮度，同时产生能量。另一方面，如果我们现在有手机传感器，这些传感器也正在成为我们衣服的组成材料。他们测量体温、环境温度，并将衣服调整到我们的最佳舒适度。当玻璃面板或衣服在建筑或使用者的个体层面上被感知和驱动的同时，它们也在产生一种数据，这种数据有助于人们更好地理解人、建筑环境和自然之间的关系。探索新方法来理解这些关系是培养创新型城市设计的关键。

第 28 章 用户生成内容：一个重要的城市信息学数据源

高 松　康雨豪　刘 瑜　张 帆

摘 要

本章总结了城市信息学中不同类型的用户生成内容（user-generated content，UGC），然后系统回顾了它们的数据来源、分析方法和应用。我们对三种数据类型的案例研究进行了解释、分析和讨论，以证明用户生成内容的有效性。首先，我们使用带有地理标记的社交媒体数据（单一来源）来提取与城市功能区相关的居民人口统计数据、移动模式和场所语义。其次，我们将用户生成内容和专业生成内容（professional-generated content，PGC）融合起来，以发挥两者的优势。再次，我们把多源用户生成内容融合起来以揭示城市空间结构和人类动态。此外，我们还讨论了利用地理标记文本和照片的情感分析以及最新的人工智能方法，帮助理解人类情感与周围环境之间的联系。在以上分析基础上，我们总结了城市信息学需要关注的一些研究领域。

28.1 背景介绍与定义

全球城市化进程正在加速，并吸引了大量的就业机会、人口流动、商业和社会活动。随着信息通信技术（information and communication technology，ICT）、位置感知设备和传感器网络的快速发展，多源地理空间大数据的出现为理解空间和场所的丰富语义带来了新的机遇。使用大规模用户生成内容（UGC）和众包数据（例如带有地理标记的社交媒体帖子、旅游博客、移动电话数据、交通智能卡数据、支持 GPS 的拼车服务等）可以分析城市地区的人类活动。在本章中，我们将介绍基于众包地理信息的用户生成内容的城市信息学最新研究。

随着网络技术和移动设备的快速发展，无论经验或专业知识如何，不同背景的用户都可以方便地产生大量数据和丰富的信息，这种数据被定义为用户生成内容。它是由网络用户创建并在服务系统上公开提供的一种数据内容形式。用户生成内容包括社交媒体数据、众包 GPS 轨迹数据、智能交通卡数据，也包括来自各种应用程序的位置追踪数据。UGC 可以帮助我们了解分析所居住的城市的多个方面的丰富信息（如土地利用、人类活动、城市空间结构、交通基础设施等）。UGC 的独特性和潜力主要体现在两个方面。一方面，UGC 可以被视为专业生成内容（PGC）的补充，因为它是去中心化的，可以自下而上通过众包手段收集数据（Goodchild，2007；See et al.，2016）。因此，它可以用来捕捉公众意见，并进一步被用来理解基于城市的地方背景和社会文化观念。另一方面，

UGC 可以通过比较经济而有效的方式产生，用户个体作为传感器极大地扩展了城市研究的数据覆盖范围。

一般来说，地理信息应用中的 UGC 可以分为两类。一种是协作制图平台，例如 Wikimapia 和开放街道数据(OpenStreetMap，OSM)，用户自愿创建并向网络平台贡献相关地理特征的详细描述词条，相应的条目被合成到地名数据库中，并提供给公众和私营部门。这种类型的 UGC 也被称为自发地理信息(volunteered geographic information，VGI；Goodchild，2007)，它降低了信息获取和共享的障碍，使得公众不仅能从中使用地理信息而且愿意为平台做出贡献。不同的组织还可以根据自己对地图样式和应用要求的偏好来生成、定制和呈现数据源，例如自然灾害管理和应急路线生成的应用场景(Longueville et al.，2010；De Albuquerque et al.，2015；Han et al.，2019)。VGI 展示了地理数据、信息和知识在实践中如何在不同社区和整个社会中产生和传播(Sui et al.，2012)。在过去的十年中，有一些研究将用户自发生成的数据质量与不同国家和地区的权威地图来源以及专业地理数据进行了比较(Haklay，2010；Girres and Touya，2010；Zielstra and Zipf，2010；Neis et al.，2012；Forghani and Delavar，2014；Yamashita et al.，2019；Tian et al.，2019)，与发展中国家相比，发达国家的数据覆盖范围和质量通常更好。在某些地区，OSM 的覆盖范围在地理空间分布上并不平衡，并且缺少各种类型的信息，例如道路、兴趣点(points of interest，POI)和土地利用(Dorn et al.，2015；Kashian et al.，2019)。第二类 UGC 是来自用户的社交媒体数据，即由手机应用程序构建的数据条目，包括各种社交媒体来源、众包和基于位置的服务(Facebook、Twitter、微博、Foursquare、Yelp、Flickr、Instagram、Waze、Uber、Lyft、滴滴等)，公众会使用位置、地名和地理上下文来搜索信息、使用服务、描述他们的地方感，分享不同的意见，并根据他们的生活经验发表评论(Li et al.，2013；Liu et al.，2015；Gao et al.，2017a；Janowicz et al.，2019)。Harvey(2013)认为，这将被更准确地标记为用户"贡献"的数据，因为人们可能不会有意识地自发提供他们的数据，而是在将平台用于其特定目的的过程中自然地生成相关内容。

城市作为地球上人口集中最多的地区，每天从社交媒体平台、基于位置的服务应用、众包和传感器网络产生越来越多的 UGC 数据流，这些数据有助于感知和解决城市问题以及区域经济和全球化中的挑战(Martinez-Fernandez et al.，2012；Cheshire and Hay，2017)，并推动结合大数据、城市规划和设计以及空间信息理论的城市分析新范式(Batty，2019)，助力可持续发展城市的未来建设。

28.2 UGC 的特点

用户生成的数据各有优缺点(Martí et al.，2019)。在城市研究中，研究人员已经成功地利用这一新数据源来评估城市空间结构和功能区域(Gao et al.，2017；Tu et al.，2017；Xu et al.，2019)，分析人类流动模式和交通基础设施结构(Cho et al.，2011；Noulas et al.，2012；Hawelka et al.，2014；Liu et al.，2014；Yue et al.，2014)，并支持新城市发展规划和设计。更好地理解 UGC 数据的关键特征是防止滥用此类数据的先决条件。与城市研究中使用的传统数据源(例如调查问卷)相比,UGC 数据具有以下优势。

首先,UGC 具有大数据的 5V 特征(大规模 volume、快速度 velocity、多样性 variety、真实性 veracity 和价值 value)(Marr,2015;Yang et al.,2017)。每一秒都有来自世界各地不同国家和地区的数百万用户发布各种信息(Hu et al.,2015;Liu et al.,2015;Martí,2019)。例如,Twitter 作为使用最广泛的社交媒体平台之一,每日有来自 160 个国家或地区的大约 1 亿的活跃用户发送了超过 5 亿条推文(Aslam,2019)。UGC 数据涵盖各种主题,包括新闻、体育、娱乐、教育、经济、技术、旅行和生活方式,并提供感知城市环境和人类动态的各种视角(Sagl et al.,2012)。人们分享关于他们的生活、周围环境和附近事件的评论。由于社交媒体记录自动包含用户内容和活动、事件的时间戳,它们为时间序列数据分析和时间地理应用提供了有价值的信息(Chen et al.,2016;Tirunillai et al.,2012;Kang et al.,2017;Li et al.,2016)。此外,与传统调查相比,在较大地理范围内使用 UGC 数据收集过程更快,成本更低(Li et al.,2013;Gao et al.,2014;Jiang et al.,2019)。此外,UGC 的分辨率可以放大到详细的个体层面(Yue et al.,2014;Liu et al.,2015),而不是像人口普查数据这样的地理单元聚合层面;UGC 的数据更新周期(即秒、分、小时或天)通常比官方调查的数据更新周期(即月或年)更短。

其次,UGC 数据由用户自发贡献或从使用服务并同意共享其数据的用户那里收集。值得注意的是,一些参考文献可能使用了用户主动生成数据或众包的狭义定义。在表达、感知和行为方面,居民可以将其监测周围城市环境的行为视为传感器(Goodchild,2007),或者在社交媒体网站上发表评论产生数据,这有助于展示他们自己生活和环境的不同方面信息(Arribas-Bel,2014)。用于城市研究的传统数据收集方法通常需要使用问卷调查和实地工作,进行社区调查、长期的观察和较高的劳动力成本(Nawrath et al.,2019;Oliveira and Campolargo,2015)。相比之下,UGC 是通过组织或个体的动机产生的,例如使用基于位置的服务(Yap et al.,2012),以及与他人分享个人生活以促进友谊和社交联系的愿望(Ames and Naaman,2007;Hollenstein and Purves,2010)。通过这个过程,大量数据从用户获取,可以消除传统方法中的响应偏差(Quercia et al.,2015)。

虽然 UGC 为城市信息学提供了新的数据源和机会,使用 UGC 数据存在以下几个方面的挑战和局限性。

首先,尽管每秒有数百万用户贡献大容量的数据,但将 UGC 数据切分成精细的时空粒度单元之后(Lee et al.,2015),我们可能会得到一个非常稀疏的数据矩阵(例如每个小时窗口的城市街区空间单元),而精细的时空粒度对于解决一些城市问题(例如交通规划和交通拥堵控制)至关重要。在活跃用户数量有限的地区,时空数据稀疏问题变得更加突出。由于数据量的减少,分析数据时每个时空切片的不确定性可能会增加(Bao et al.,2012)。

其次,人们对 UGC 数据源的一个普遍担忧是用户在数据生成的过程中缺乏标准化,导致数据质量差、可信度低,具有高度不确定性(Senaratne et al.,2017)。用户根据他们的地方性知识和对地方的感知生成相关地理数据,这些数据可能因为来自不同的用户而产生差异(Stephens,2013)。由于人们对位置、空间和地方的概念化的模糊性和不确定性,用户很难准确表达某些地理区域和其空间关系(Montello et al.,2003;Goodchild and Li,2012)。例如,用户可能对同一个地方有不同的看法和认知,这可能导致对社交媒体照片的错误标记行为(Hollenstein and Purves, 2010)。因此,研究者提出了一个由数据合成驱动的方法(Gao et al., 2017b),将 UGC 与模糊集理论方法相结合(Wu et al., 2019),或将 UGC 与基于调查问卷的方法相结合,或结合行为方法理论来解决上述问题(Twaroch et al., 2019)。

第三个问题是关于 UGC 的代表性,即 UGC 数据样本能够代表实际人群的程度(Zhang and Zhu, 2018)。通过分析 UGC 数据产生的结果,可能存在数据抽样偏差。现有研究表明,社交媒体平台上共享的信息通常遵循幂律分布,这表明只有一小部分用户贡献了大部分的社交媒体在线内容(Kwak et al., 2010; Longley and Adnan, 2016; Gao et al., 2017a)。因此,通过 UGC 收集的数据可能受某些特定特征的支配,并且可能是数据有偏性的来源。此外,参与 UGC 贡献用户的人口统计偏差也阻碍了其人口代表性(Hecht and Stephens, 2014),并非现实世界中的所有人都经常使用社交媒体或基于位置的服务应用。例如,老年人群和发展中国家用户等 UGC 使用受限的人群可能较少被抽样到。例如,Twitter 用户的平均年龄为 28 岁(Longley and Adnan, 2016),雅虎实验室发布的 Yahoo Flickr Creative Commons(YFCC)数据集中的大部分照片都是由美国和其他几个发达国家的用户上传的(Thomee et al., 2015; Kang et al., 2018)。值得注意的是,发送带有地理标记推文的用户也不是随机分布在人群中,而是以间接的方式产生有偏性(Malik et al., 2015)。

尽管 UGC 存在数据有偏性,但通过数据验证或与使用传统数据源的研究进行比较,通过 UGC 数据驱动的城市研究取得了巨大成功(Al-ghamdi and Al-Harigi, 2015; Blaschke et al., 2018; Gao et al., 2017b; Liu et al., 2016)。利用 UGC 数据进行城市研究的机遇主要包括:①大数据样本,收集成本低;②数据生成和更新速度快;③用户渗透率高。接下来,我们将回顾与系统总结由 UGC 数据驱动的城市信息学研究和应用的各种案例,重点关注城市空间结构、城市功能区、地点语义和用户情感分析等主题。我们将首先介绍一个处理大规模的用户众包数据的计算分析框架来,然后讨论 UGC 在城市研究中的应用和案例。

28.3 UGC 的计算分析处理框架

我们提出的 UGC 数据通用处理分析和计算框架如图 28.1 所示,由自下而上的三个部分组成。首先,研究人员收集各种来源的 UGC 数据集,包括 Twitter、微博、Instagram、Facebook、Foursquare、Yelp 和大众点评,并将各类数据(包括结构化表格记录和非结构化文本、图像和视频)存储在计算机服务器或具有主服务器和数据节点的云数据中心。其次,通过对原始数据进行清理、过滤、处理和丰富增强,进一步提取有关用户、位置和内容的信息(更多详细讨论和案例请参考 28.4 节)。最后,时空分析、统计方法和机器学习模型被用来支持城市分析、诊断、发现、建模、设计和规划的决策应用。在这个过程中,多源 UGC 和众包数据可以被整合和融合。高性能计算基础设施、开源分析工具包以及机器学习框架,如 scikit-learn、r-spatial、PySAL 和 Tensorflow 可用于促进数据处理和高级分析(Cao et al., 2015; Gao et al., 2017a; Yang et al., 2017)。

图 28.1 UGC 的计算分析处理框架概览

28.4 基于单一用户生成数据源的城市研究

1. 用户信息和居民人口属性

在用户生成数据中，用户信息指用户的元数据或个人资料，包括居住地、姓名、性别、年龄、种族、爱好、朋友和社会关系等。用户是内容的主要生产者。当前，从用户生成数据中采集用户信息，主要有两种途径：①一些基本用户信息可以直接从用户公开在社交媒体网站上的个人介绍中获取。当用户注册新账户时，通过填写在线表格，用户可以输入这些信息。一些基本的人口统计信息，如国籍、性别和年龄，可以直接从用户档案中提取(Longley et al., 2015；Kang et al., 2018)。研究人员可以进一步利用这些关于公民的人口统计信息，从而更好地了解城市中不同地区人群的流动(Longley and Adnan, 2016；Huang and Wong, 2016)。此外，社会科学的研究人员还获取了社交媒体平台上人们的社交网络关系，如关注者，从而检验了其领域内的理论(Sloanand Morgan, 2015；Ugander et al., 2011；Hodas et al., 2013)。②一些缺失的用户信息可能无法从用户档案中直接提取，但可以通过结合其他多源数据进一步融合分析和推断。例如，性别、年龄和种族信息可以从用户名中的姓氏和名字中推断出来(Chang et al., 2010；Mateos et al., 2011；Mislove et al., 2011；Longley et al., 2015；Luo et al., 2016)。通过跟踪用户发帖的位置和时间，可以识别和区分居民和访客(García-Palomares et al., 2015；Liu et al., 2018；Su et al., 2016)。

2. 人口移动、城市空间结构和交通

了解人口流动模式对于城市土地、交通的规划和管理非常重要。UGC用户的工作地点、家庭地点甚至社交活动场所，都可以通过用户发在社交媒体平台上、带有地理标记的信息和活动来识别(Gao et al.，2014；Li et al.，2014；Yang et al.，2015；Wu et al.，2015；Liu et al.，2019)。以交通分析区域(traffic analysis zones，TAZ)为研究单元，通过提取、聚合出的通勤和非通勤行程，研究人员可以利用这些数据进行城市交通分析。例如，如图28.2所示，研究人员使用数百万条带有地理标记的Twitter数据，以大洛杉矶地区为研究区域，通过提取的超过24 000条日常通勤行程，估计出平均通勤时间约32分钟，平均通勤距离约56 km(Gao et al.，2014)。此外，对比使用传统调查数据所提取的工作日出行数据，与利用带地理标记的推特数据所获得的出行数据，两者的皮尔逊相关系数达到了0.91；而使用带有地理标记的推特，和使用传统出行需求模型检测到的出行行为，两者之间的相关系数为0.839(Lee et al.，2015)。虽然这些相关系数并非完美，但仍说明利用这些UGC数据所得出的结论有助于城市交通研究。

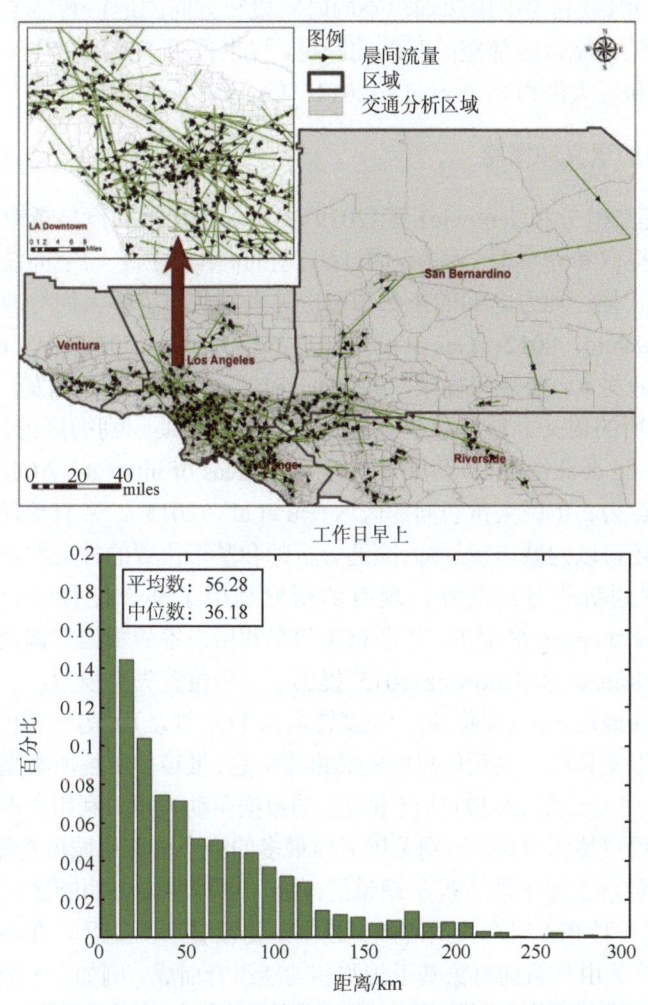

图28.2 使用带有地理标记的推特数据所提取的通勤行程的空间和距离分布

使用社交网络中基于位置的签到数据的另一个好处是,可以获取用户活动场所类型(如商店、办公室、餐厅)的信息,这对于了解城市中人类活动模式、活动类型转换的时空以及语义信息分布至关重要(Noulas et al.,2011;Wu et al.,2014;McKenzie et al.,2015)。例如,Wu 等(2014)基于大数据分析了中国一组基于位置的社交网络平台中的用户签到统计数据,发现不同类型的场所,如交通设施之间存在不同的时空活动转移概率。这种基于活动的变化模式,也可以通过模式挖掘方法从手机通话信令数据中提取,每一个地点的功能,如居住、工作、社会活动等可以被标记(Cao et al.,2019)。此外,通过结合用户人口统计信息,研究人员发现了游客与本地居民之间的不同移动模式(Chua et al.,2016;Liu et al.,2018),这有助于交通规划和交通拥堵疏散和特殊事件时的交通管制。另外,通过用户生成数据和众包数据,可以发现土地利用和城市活动之间的联系。例如,研究人员发现,对于大多数土地利用类型(如办公、教育、卫生区等),相比于白天,人们的活动会在晚上减少;然而,在公园,人的活动无论白天还是晚上,则保持相对稳定;相反,在零售店和居民区,人的活动在晚上则会增加(García-Palomares et al.,2018)。Ren 等(2019)利用中国深圳市不同时间段和方向的地铁智能卡记录,研究了土地利用功能互补性对城市内部空间互动的影响,这也说明了使用个体级别的城市出行大数据研究的趋势和巨大潜力(Yue et al.,2014;Liu et al.,2015)。

3. 基于场所的语义和情感

McKenzie 等(2015)和 Janowicz 等(2019)提出,语义特征,包括空间、时间和主题信息,可以用来提取和分享关于场所和社区类型的高维数据。与空间统计相比,基于场所的分析更侧重于描述地方之间的拓扑和层次关系,从而了解人们对地方的各种感知和认知(Li and Goodchild,2012;Gao et al.,2013;Zhu et al.,2016;Wu et al.,2019)。利用带有地理标记的文本、照片和视频,从空间、时间、主题等方面出发,研究人员可以理解城市空间和场所的语义。这些众包地理数据还可以帮助识别街区的活力值(Cranshaw et al.,2012;Zhang et al.,2013)和城市兴趣区域(areas of interest,AOI),后者指城市环境中吸引人们注意力、市民大量访问的区域(Hu et al.,2015)。带有地理标记的照片数据等用户生成数据还可以为城市规划师、交通分析师和基于位置的社交网络平台提供旅游和风景信息,以规划新业务。此外,现有的研究利用了基于位置的社交网络平台(如 Foursquare、Yelp、Jiepang 和微博)中的 POI 信息和用户签到数据来调查各种城市信息学问题。例如,McKenzie 和 Janowicz(2015)提出了一种位置失真模型,基于用户行为驱动的时间信息,转换地理编码(即将纬度/经度转换为 POI 地址)。另一种模型 Place2Vec 则通过学习空间上下文和用户签到信息中的高维度信息,推导关于场所类型相似性和关联性(Yan et al.,2017)。Gao 等(2017)从自下而上的数据驱动视角,利用主题建模的方法,基于 Foursquare 的用户签到数据,识别美国人口最多的十个城市的城市功能区。相反,研究人员还开发了一种自上而下的、基于理论的方法,以提取城市功能区。例如,Papadakis 等(2019a)提出了一种基于组合模式的知识模型来提取城市功能区。在该模型中,场所被形式化为"模式",由一系列对象基于规则和功能组合而成。例如,一个购物广场不仅应包括购物商店,还应包括餐厅、停车场和其他设施。最近,Papadakis 等(2019b)提出了一个改进的基于理论、经验和概率模式的模型,以丰富基于知识的模型。

此外,随着人工智能(AI)技术和开源处理平台的进步,以及深度学习方法在自然语言处理(natural language processing,NLP)和计算机视觉(computer vision,CV)等领域的普及,从不同场所和环境中提取人类情绪(如快乐、恐惧、愤怒、悲伤和惊讶等)和情感(如积极、中性或消极)等越来越方便。例如,研究人员使用了先进的文本挖掘技术和空间分析来检测美国大都市地区患有抑郁症的 Twitter 用户及其空间分布。研究发现,社会经济属性和气候风险因素对抑郁症的患病率存在影响,但在不同地区可能存在季节性差异(Yang and Mu,2015;Yang et al.,2015)。研究人员利用微博数据在南京市提取和计算了人们的情绪值,并探究了其空间分布(Zhen et al.,2018)。通过分析中国超过 2.1 亿条带有地理标记的微博帖子,研究人员发现,当一个城市具有较严重的空气污染时,该市市民在社交媒体上表达出的幸福感可能较低(Zheng et al.,2019)。Hu 等(2019)基于社交网络,对纽约市的社区文本评论进行了特定主题下的情感分析,以了解市民对其生活环境的感知。此外,一些城市研究则利用了图像数据。研究人员已经使用基于人脸表情的识别技术来探索人与环境之间的交互关系(如图 28.3 所示),特别是人的情绪与环境之间的关系。现有的研究说明,幸福指数与开放的自然环境(如存在水体和绿色植被)之间存在正相关关系(Svoray et al.,2018;Kang et al.,2019)。街景图像作为反映环境的另一数据源,也可用于分析人们对场所的感知。例如,Zhang 等(2018a,2018b)提出了一个数据驱动、用于分析街景影像的机器学习方法,来衡量人们感知环境的多个维度(包括安全感、活力感、环境颜值、富足感、压抑度和无聊感等)。

图 28.3 从带有地理标签的 Flickr 照片中提取的带有笑容和没有笑容人脸的地理分布(地点:法国巴黎),及其地理标记的词云图(人脸表情子图基于 Face++案例图修改 https://www.facepl usplus.com/face-detection/)

28.5 多源大数据驱动的城市研究

1. 多种 UGC 的融合

在传统的城市规划和遥感分类研究中,城市地区的许多场所可能会被标记为单一用途的土地利用类型,然而,这些地区实际上可能包含多种功能和土地类型。为了在更精细的分辨率下获取整个城市的人类活动和城市功能的动态特征,相关研究可以同时结合多源用户生成数据和众包数据,以克服单独数据源的局限性,丰富对城市空间结构和社会经济环境的理解。例如,手机数据和出租车轨迹通常覆盖大量城市居民用户,包含丰富的位置信息(手机数据也包含用户社交关系等),但缺少对场所语义描述的信息(Liu et al.,2015);与此同时,社交媒体数据在空间和时间上分布稀疏,但包含丰富的语义内容(Huang and Wong,2016;Martí et al.,2019)。通过结合手机数据和社交媒体数据,可以在城市的空间和时间维度上更有效地提取居民的家庭工作位置信息和社会活动动态信息(Tu et al.,2017)。同时,通过整合手机数据、兴趣点和众源出租车轨迹信息,相关研究发现了基于出租车出行和基于手机的人类运动在空间分布和距离衰减效应方面的显著性差异(Kang et al.,2013)。基于出租车始发地-目的地流量数据,也可以探索不同功能区域之间的空间互动强度(Wang et al.,2018)。此外,相关研究利用线上餐厅评价平台数据通过丰富的众源用户评论和提取的机器学习特征,推断了中国九个城市的城市街区人口分布和社会经济属性,其中白天和夜间的人口分布就是通过手机定位数据来估计的(Dong et al.,2019)。用户生成数据也可以用来验证从环境感知中提取的城市空间结构和场所语义,来反映城市环境的上下文信息。例如,如图28.4所示,仅仅给定某条街道的街景影像,深度学习模型就可以准确地估计出该街道上长期以来出租车的出行情况(Zhang et al.,2019)。类似地,相关研究设计了土地混合利用分解模型,根据社交媒体签到数据和出租车上下车点数据中提取的时间活动特征,挖掘城市土地混合利用的实际情况(Wu et al.,2019)。

2. UGC 与 PGC 融合

与 UGC 相比,PGC 主要来自于有丰富领域知识和资质的专家和机构,这些数据在社交媒体平台和新闻媒体上更具有公信力。UGC 和 PGC 的融合可以利用双方的优势,揭示城市空间结构和动态模式,并在城市应急管理和响应中提供宝贵的信息。例如,相关研究将来自社交媒体用户的带有地理位置标签信息的照片、视频,和美国联邦应急管理署(Federal Emergency Management Agency,FEMA)发布的权威风暴潮数据融合在一起,更准确地估计城市洪水损失情况。这项研究在飓风 Sandy 到来期间,实现了对纽约市道路通行状况的实时更新(Schnebele et al.,2014)。在城市规划和发展中,将来自 UGC 数据源的公众参与数据与基于 PGC 的专家知识结合起来,可以通过方案构建、反馈和评估的一系列过程为城市管理和问题解决提供一个完整的解决方案(Thakuriah et al.,2017)。在城市信息学的未来发展中,一些关于多源数据融合的研究领域需要着重关注。首先,为了全面地了解不同性别、年龄和社会经济群体的人类活动以及场所语义信息,未来研究需要解决不同 UGC 数据源融合时的数据时空分辨率问题。其次,需要讨论如何更好地融合 UGC 和 PGC 数据,来进行数据驱动和知识驱动城市问题解决方案。最后,需要探索如何在决策过程中提高居民对解决城市问题的参与度(Goldsmith and Crawford,2014)。

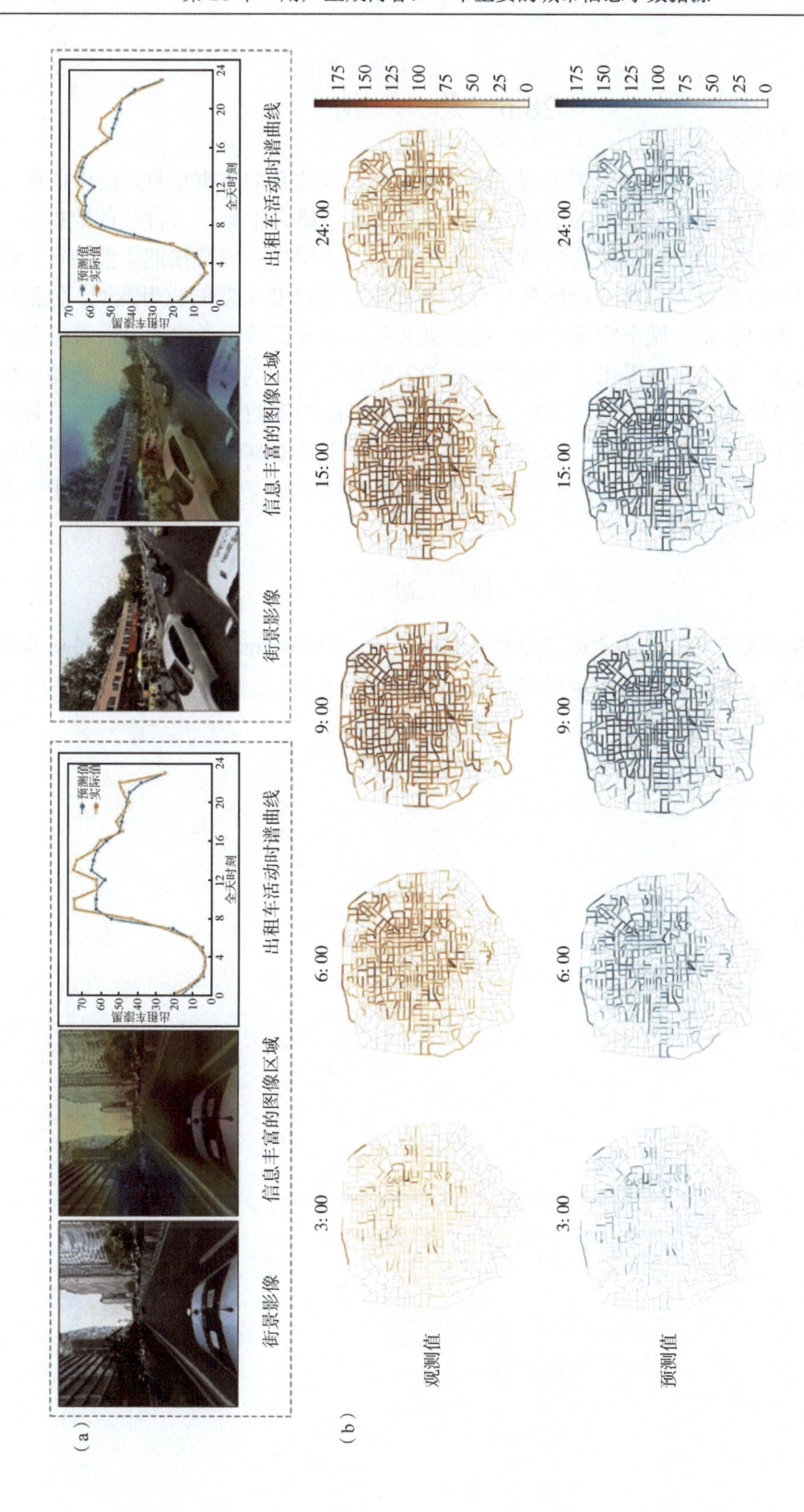

第 28 章 用户生成内容：一个重要的城市信息学数据源

图28.4 (a) 给定街景影像，预测所在街道出租车活动的时谱曲线；(b) 街道尺度居民活动模式

28.6 总　　结

用户生成数据包含有关人类位置、社会构成和人地关系的丰富信息，提供前所未有的高空间、时间和主题分辨率的信息，成为城市信息学研究中有巨大价值的数据源。本章在地理信息和城市研究相结合的背景下，系统总结了用户生成数据的主要特征。我们讨论了用户生成数据在城市应用的处理分析和计算框架以及丰富的应用案例，包括居民人口统计、人口流动、城市空间结构、地点语义和情感分析等。考虑到单一数据源的局限性，我们进一步讨论并提出了多数据融合的方法和应用案例，以推进未来的城市信息学研究。值得注意的是，我们并没有试图列举所有可能的多数据融合案例，而只是列出了几个专注于城市场景的案例。总之，将多源用户生成数据驱动和理论指导方法相结合的技术路线可以为城市分析、诊断和以人为中心的可持续城市规划和发展提供更全面更科学的信息和决策支持。

致　　谢

高松感谢威斯康星大学麦迪逊分校(University of Wisconsin, Madison)科研启动基金对本研究的支持；刘瑜感谢中国国家自然科学基金委(项目编号：41625003)的资助。

第29章 用户生成内容及其在城市研究中的应用

涂 伟 李清泉 乐 阳 张亚涛

摘 要

Web 2.0 和移动互联网的快速发展涌现了海量的用户生成数据(user-generated content，UGC)，如地理标记图片、社交网络信息、街景图像、众包定位轨迹等。UGC 使得感知隐藏在城市物理表面之下的信息成为可能，并从微观尺度描绘了基础设施、地理信息和人之间的相互作用。因此，它不仅提供了观测城市空间的新镜头，而且具有很强的创新性和应用性。在本章中，我们将介绍几种典型的 UGC 类型，包括地理标记图片、社交媒体数据、众包定位轨迹和视频。我们将讨论如何收集和分析用户自主生成的"大数据"，用以构造动态城市中无形但重要的景观格局，并促使创新性的应用发展。此外，我们展现了 UGC 驱动的一些典型应用，以揭示 UGC 在居民感知城市空间以及在现实本体与物理-网络-社会空间之间建立联系的潜力。这在一定程度上促进了城市信息学的发展，从而更好地捕捉城市空间的复杂性和动态性。

29.1 引 言

全球超过 50%以上的人口居住在城市，而所占地球陆地面积却不到 2%。在过去几十年中，城市地区的经济、环境和人类健康取得了发展，发展中国家的进步速度尤为显著，但城市在走向可持续发展的道路上仍然面临着诸如交通拥堵、环境污染、废物管理、活力丧失和社会不平等的巨大挑战。自 2000 年以来，信息通信技术、互联网和人工智能的繁荣发展促使了海量城市大数据的产生。因此，以信息为中心的城市研究也逐渐增多，从而满足地理信息科学、计算机科学、城市规划等的需求(Batty, 2013；Li, 2017)。

当 Web 2.0、移动互联网和智能手机以载体的形式出现时，携带这些载体的人类也可当作传感器来感知其周围环境，从而产生了多源和异质内容，如文本、图像、视频和音频，即用户生成内容(user-generated content, UGC) (Koskinen, 2003；Wang et al., 2014)。UGC 主要指代用户在在线平台上发布的内容，包括互联网论坛、博客、抖音、维基百科、Instagram、YouTube 以及社交网络，如微博、Facebook 和 Twitter(Cha et al., 2007；George and Scerri, 2007；Goodchild, 2007；Krumm et al., 2008；Lenders et al., 2008；Hollenstein and Purves, 2010；Heipke, 2010)。近些年来，由于成本相对较低、普及率高且更新速度快，UGC 的相关议题和研究迅速得到关注和发展。如，由全球志愿者编辑的维基百科(图 29.1(a))已成为世界上最大的百科全书，并随着科学、技术和社会的进步在不断更新。此外，开放街道地图[Open Street Map，OSM；Haklay and Weber, 2008；图 29.1(b)]也是典型的 UGC 案例，大量志愿者使用 GPS 和精细分辨率图像制作的综合基本地图覆盖了将近 80%的路段(Barrington-Leigh and Millard-Ball, 2017)。如今，OSM 不仅支持路线规划和导航服务，还能够为城市规划者提供最新可用的城市数据用以研究或决策分析。

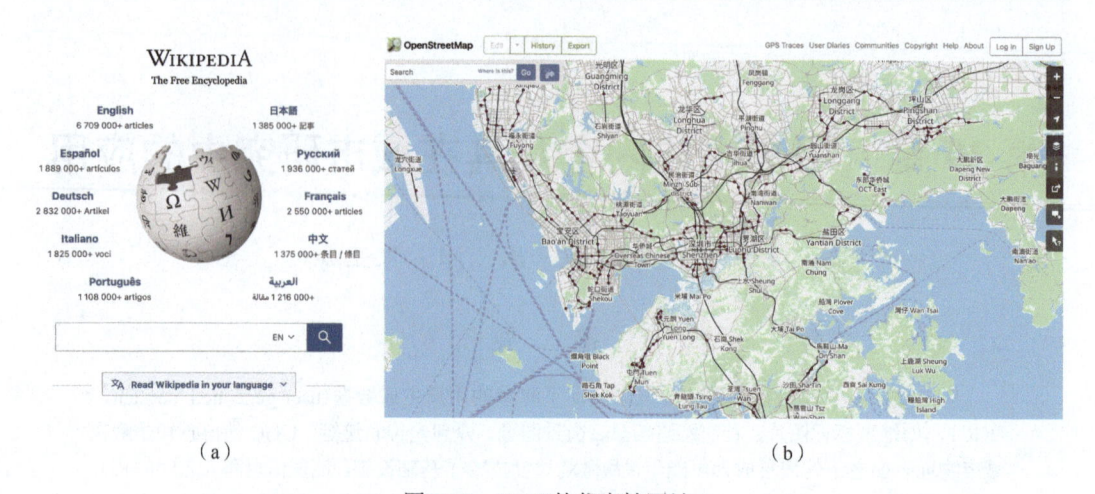

图 29.1　UGC 的代表性网站

(a) 维基百科 (https://www.wikipedia.org/)；(b) 深圳 OSM 地图 (https://www.openstreetmap.org/#map=11/22.5322/114.0912&layers=T)

  传统的城市研究大多依赖于人口普查数据或实地调查，这些方法采集的数据成本高、费时费力且时间分辨率较低。UGC 却将城市研究带入到大数据的浪潮之中 (Aguilera et al., 2016)。具体来说，一方面，UGC 是由志愿者自主提供的内容，包含志愿者对地点、主题和人的看法、偏好或意见，所以能够为城市研究人员提供海量的数据用以相关研究；另一方面，UGC 为研究者提供了一种新的视角用以概念化和详细描述城市的动态、结构和特征。因此，UGC 在多尺度感知到的基础设施、空间和群体信息激发了创新性的城市研究，用以揭示隐藏的城市知识，并做出实时响应，支持城市应急和城市长远政策的制定。本文介绍了几种类型的 UGC 数据及其在城市研究中的应用潜力，并在此基础上概述了基于 UGC 开展的城市研究以及应用的总体框架。此外，我们简略介绍了未来可能遇到的挑战和潜在的研究方向，包括数据质量和隐私、多源数据融合、城市感知集成和城市治理。

  本章按以下内容展开：29.2 节介绍四种具有代表性的于 UGC 数据，包括地理标记图片、社交媒体数据、众包定位轨迹、视频等；29.3 节探讨基于 UGC 开展城市研究的框架内容，并概述了典型的城市应用；29.4 节则聚焦于可能遇到的挑战和潜在研究方向；29.5 节总结本章主要内容。

29.2　用户生成内容

  由于 UGC 能够通过海量的众包数据将城市空间与人类活动之间的关系具象化，它对以信息为中心的城市研究影响巨大 (Crooks et al., 2016；Jenkins et al., 2016；Thakuriah et al., 2016；Valdez et al., 2018)。UGC 的数据来源和内容类型繁多 (Heipke, 2010；Mart et al., 2019；See et al., 2019)，而本节的重点将集中在地理标记 UGC 信息，它能够揭示隐藏的社会、经济和人口信息在城市空间的表达 (Jenkins et al., 2016)，这对于我们理解城市空间的多样性和城市动态的复杂性大有裨益。本节回顾了几种典型的 UGC 类型及其特点，用以理解它们的基本概况，包括地理标记图片、社交媒体数据、众包定位轨迹、视频等。

1. 地理标记图片

地理标记图片是由用户上传到互联网论坛和社交网络的图像,并且这些图片会标有明确的地理坐标或隐含的地理信息形式(如兴趣点、地名等)。一般来讲,论坛或社交网络中有两种流行的地理标记图片类型:一种主要来自图片共享服务,如 Flickr 或 Picasa,它们允许用户使用文本标签共享地理标记图片(Chen et al.,2018)。研究人员可以从公开渠道获取一些地理标记图片的 UGC 信息,如雅虎研究实验室(Thomee et al.,2016)发布了一个名为 YFCC100M 的 Flickr 数据集,其中包含 1 亿张图片(https://webscope.sandbox.yahoo.com/catalog.php?datatype=i);麻省理工学院 CSAIL(Zhou et al.,2017)发布了数据集"Place",包括 1000 万张城市地标的图片(http://places2.csail.mit.edu/)。这些图片、坐标和时间戳信息可用于生成用户足迹(Alivand and Hochmair,2017)。同时,标记文本可以提供某些模型的辅助信息,例如主题概率模型等。通过提取隐藏在这些图片中的信息,研究人员可以有效地检测拍照者的时空活动特征,并进一步分析城市居民的行为模式(Lee et al.,2018)。

另一种类型的地理标记图片来自车辆或志愿者收集的街景图像,如谷歌街景图像(Hara et al.,2013;Li et al.,2015)。街景图像通常包含一个全景图像及其对应的地理位置,可用于构造沿路的图像序列。不同于从高空视角监测地理物体的遥感影像,街景图像的主要优点是它们从行人的角度观测城市景观(Li et al.,2015;Cao et al.,2018)。因此,街景图像对街道尺度的研究产生意义重大,相关研究包括城市绿化(Li et al.,2015)、人行步道可达性(Hara et al.,2013)、社区尺度的人口统计学分析(Gebru et al.,2017)等。

利用诸如计算机视觉和语义标注等新型技术,可从地理标记图片中提取大量和城市区域和人群相关的知识信息。针对城市中的地方概念,地理标记图片能够用以理解城市景观(Gebru et al.,2017;Li et al.,2015),如城市基础设施的分布;针对城市中的人群信息,地理标记图片使得从多尺度探讨城市居民移动模式成为可能(Alivand and Hochmair,2017;Zhang et al.,2018)。此外,研究人员还可以利用它们作为一种微观镜头来详细阐明城市空间与人群之间的相互关系。

2. 社交媒体数据

社交媒体数据为城市研究提供了一种有价值的内容形式,尤其是基于位置的社交网络(location-based social networks,LBSN)(Kim et al.,2017;Shelton et al.,2015;Thakuriah et al.,2016)。2018 年,全球活跃的社交媒体用户超过 30 亿,而移动社交媒体的活跃用户也有近 30 亿(Mart et al.,2019)。一般来说,LBSN 数据提供了城市空间中社会、经济和人口方面的各种描述和信息。通过将社交媒体数据嵌入到城市空间,可以有效地建立与人类的联系,从而使在可见的维度上了解人与环境的相互作用(Mart et al.,2019)成为可能。

迄今为止,已经有大量研究使用 LBSN 数据(如,Foursquare,Twitter,Airbnb,微博)来描绘城市动态,其中表 29.1 列出了部分公开的社交媒体数据。Foursquare 数据通常包括地点信息,如签到点、评分、点评和图片。现有研究通过使用 Foursquare 数据探测访问或签到最多的地点,从而识别用户在城市空间中的感触和偏好(Agryzkov et al.,2016;Mart et al.,2017)。Twitter 和微博也是常用的社交媒体数据集,Twitter 内容的坐标和时间戳信息可以用来探测人群活动的时空模式(Crooks et al.，2015)。结合自然语言处理(natural language processing，NLP)等技术，Twitter 能够检测特定事件的发生、热门话题、文化分布和城市功能等(Yang et al.，2015；Tu et al.，2017；Tu et al.，2018a)。不同于 Twitter 数据，Instagram 的内容与观测实体的相关性通过坐标、图片和描述等更多地体现在视觉图片中，而不是文本内容上(Giridhar et al.，2017)。因此，基于 Instagram 的研究侧重于通过关键字对地方的描述或者发生在某地方的活动来开展(Mart et al.，2019)。Airbnb 是一个提供临时住宿信息的网站，在城市房屋租赁研究中发挥着重要作用，同时它也为旅游研究提供了一定的数据基础。

表 29.1　公开可用的社交媒体数据

社交媒体数据	描述	链接
全球 Foursquare 签到数据集(Yang et al.，2015)	包含 266 909 名用户在 3 680 126 个地点签到的 33 278 683 条数据(在 77 个国家/地区的 415 个城市)	https://sites.google.com/site/yangdingqi/home/foursquare-dataset
Twitter 数据集(Yang and Leskovec，2011)	包含来自 2 000 万用户的 4.67 亿条 Twitter 帖子，时间涵盖 2009 年 6 月 1 日至 2009 年 12 月 31 日的 7 个月	https://snap.stanford.edu/data/twitter7.html
Instagram 数据集(Ferrara, et al.，2014)	包含 2014 年 1 月 20 日至 2 月 17 日之间 Instagram 中 45 000 名用户的信息	http://www.emilio.ferrara.name/datasets/
Airbnb 数据集	包含全球城市的评论、列表和周边信息	http://insideairbnb.com/get-the-data.html

3. 众包定位轨迹

众包技术的繁荣发展促使了海量地理空间数据的出现和有效利用，这对城市空间规划和管理具有十分深远的意义(Crooks et al.，2015；Jenkins et al.，2016)。众包定位轨迹通常由非专业志愿者收集(Heipke，2010)，从而实现 Goodchild 所提出的"公民作为传感器"(citizens as sensors)的概念(See et al.，2019)。到目前为止，已经有很多关于众包地理空间数据的项目(Heipke，2010)，如 Open Street Map(OSM)和维基卫星地图(Wikimapia)、HD TrafficTM。其中，OSM 可能是最为突出的众包项目，其目的是建立一个免费可编辑的世界范围内的地图，并由志愿者作为传感器来完成地理数据收集工作(Barron et al.，2014)。OSM 已经在城市领域得到广泛应用，涵盖从导航到路径规划，从城市街区划分到城市功能识别等方面的工作(Crooks et al.，2015)。此外，从众包定位轨迹数据中提取的数字足迹(digital footprint)也可成为城市研究中的重要主体，其时序信息不仅提供了理解人类流动模式的窗口，也使得获取城市地方的动态信息成为可能。

4. 视频

视频数据包含大量有关所述现象的动态信息，可在极大程度上帮助城市规划和管理，如城市场景理解(Cordts et al.，2016)、人类活动分析(Zhu et al.，2017)、交通监控(Chen et al.，2016)以及应急管理(Schnebele et al.，2015)。获取视频数据集的方法有很多种，如 Youtube 视频、抖音、快手、社交媒体平台、城市监控视频和街头视频等。不同于上述三种 UGC 数据，虽然视频中蕴含的动态信息十分丰富，但由于数量、噪声和多样性的影响(Zhu et al., 2017)，难以快速高效地处理视频数据。如今，运动估计、跟踪、分割和视频过滤等许多技术都得到了极大的发展(Tekalp, 2015)，人类活动分析和感知也逐渐成为城市研究的热点。来自社交媒体平台的视频可用于对人类活动进行空间绘图，如开展人类活动识别研究、探索天气对人类活动的影响、犯罪检测等(Zhu et al., 2017)。此外，视频数据具备开展城市场景理解的可能性，如 Cityscapes 数据集(https://www.cityscapes-dataset.com/; Cordts et al., 2016)，该数据集提供了 50 个城市的城市视频数据的标签信息，可用于研究对城市场景的语义理解(Cordts et al., 2016)。

29.3 UGC 驱动的城市研究

UGC 中隐含大量的有用信息，如用户的社会经济状况、偏好、意见、行为活动模式等(Jenkins et al., 2016; Mart et al., 2019; Thakuriah et al., 2016; Venerandi et al., 2015)。通过从存储的海量 UGC 数据中进行清洗和信息提取操作，能够帮助理解城市空间中的现象以及城市功能与人之间的相互作用。因此，UGC 在城市规划、城市交通、城市环境和健康等研究中得到了广泛的应用。本节主要介绍 UGC 驱动的城市研究总体框架并给出几种典型的城市应用。

1. UGC 驱动的城市研究框架

UGC 的获取、整合和分析可用于解决城市所面临的重大问题，例如交通拥堵、城市扩张、空气污染、公共卫生和城市安全。一般来说，UGC 主导的城市研究框架从下到上共包含四层，如图 29.2 所示：UGC 收集、UGC 管理、UGC 分析和智慧城市应用。

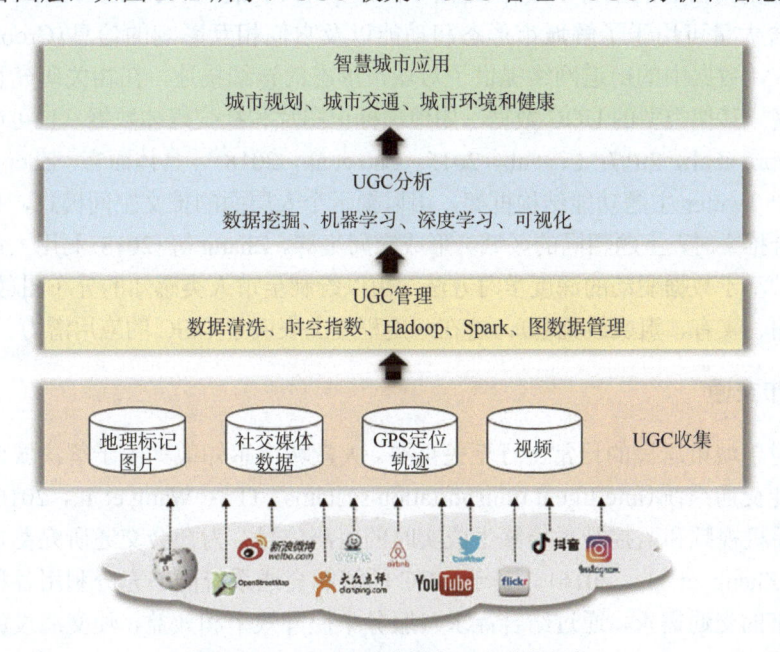

图 29.2　UGC 驱动的城市研究总体框架

在 UGC 收集层，单源或多源 UGC 可从在线论坛、网站和社交网络中进行获取，比如，可以爬取 Twitter 消息中有关城市的信息，用于未来的数据处理和分析。在 UGC 管理层，获取的 UGC 数据将分别根据地点、用户或关联主题进行分类存储，然后结合时空信息和文本信息构建高性能计算架构和有效的索引结构，以便于形成高效的数据操作。在 UGC 分析层中，数据挖掘(聚类和分类)、机器学习(如逻辑回归、决策树、随机森林和支持向量机)、深度学习(如卷积神经网络、深度残差网络和生成对抗网络)和可视化技术将用于识别对象、模式和关联分析。在应用阶段，城市规划人员、交通管理人员、环保人士和医疗部门将充分利用这些提取的城市知识进行智慧城市的建设。此外，这些信息也可分发给相关人员和组织，用以改善城市中的居民生活质量。

2. 城市规划

城市规划需要涉及城市空间中复杂的社会、经济和政治活动，同时多种活动之间具备较强的关联性(Levy, 2016)。此外，城市规划与人地交互关系密切，比如城市形态、土地利用规划、交通基础设施选址等。UGC 不仅可以丰富城市空间的特征表达和描述，还为人类活动研究提供了可能性(Crooks et al., 2015; Li et al., 2017; Longley and Adnan, 2016)。

在此，本节将介绍对城市规划意义重大的两方面研究，即人类行为活动以及城市形态和功能。针对人类活动，从大量用户数据收集的社交媒体数据提供了对城市空间中人类活动的详细描述，研究人员可通过这些描述在适当的空间尺度上识别居民的活动模式(Mart et al., 2019)。此外，已有研究融合大量社交媒体签到数据和手机定位数据，用以提取全市范围的人类活动并描绘其日间行为模式(Tu et al., 2018a)，也可从海量的街景图像推断社区尺度的人口统计信息(Gebru et al., 2017)。城市形态和功能的研究主要涉及城市物理空间信息的聚合以及在该空间中发生的人类活动(Crooks et al., 2016)。UGC 数据中蕴含大量可用于了解城市形态和功能以及它们相互影响的信息(Crooks et al., 2015)。OSM 数据中的街道网络提供了对城市形态的详细描述，在相关研究和应用中具有重要意义。其他类型的 UGC 数据，如地理标记图片和社交媒体数据，也可用于描述城市功能(Gebru et al., 2017; Li et al., 2015; Cao et al., 2018)。具体而言，Zhong 等(2018)提出了一个 Twitter 主题功能结构框架，用以揭示个人层面的推文空间模式，且结果表明按区域聚合推文时，主题相同的区域会形成空间集群。Zhang 等(2018)利用大量街景图像开发出一种基于数据驱动的深度学习方法，用以绘制全市人类感知的分布图(如：安全、活泼、美丽、富有、沮丧或无聊)，这在一定程度上表明了 UGC 的应用潜力。

3. 城市交通

交通对于城市居民的日常出行至关重要。大量城市感知数据用于解决城市交通问题和构建智能交通系统(intelligent transportation systems, ITS; Wang et al., 2016)。社交媒体平台、手机视频和监控视频能够生成实时的监测信号，为社会交通研究奠定了坚实的数据基础(Zheng et al., 2016)。基于 UGC 的智能交通系统能够充分利用各种众包数据来挖掘城市的交通需求，通过结合需求与服务来提升效率和效益，使交通设施和居民出行更为便捷(Wang et al., 2016; Tu et al., 2019)。

UGC可用于城市交通的一系列应用,如绘制道路网络、监控实时交通或推荐出行路线。在交通监控方面,从Twitter、YouTube和Flickr等社交媒体平台获得的信息能够有效开展交通任务的研究,如识别道路危险以减轻政府的相关财政负担(Santani et al.,2015)。在交通管理方面,通过挖掘社交媒体数据等蕴含的内容和信息,可以开展最短路径规划、旅行推荐等(Wang et al.,2016)。在未来绿色交通方面,UGC数据可连接人、车辆和城市基础设施以帮助提升整个交通系统的运行效率,同时降低油耗和节能减排(Wang et al.,2016)。

4. 城市环境与健康

城市环境与人的生活质量和健康有着十分密切的关系,在城市治理中扮演着十分重要的角色。从社交媒体数据、手机信令数据和其他UGC数据中挖掘出来的知识,可以用来量化和研究城市环境的各方面信息,如城市绿地(Li et al.,2015)、空气质量(Jiang et al.,2015)、声音地图(Aiello et al.,2016)和热量分布(Overeem et al.,2013)。因此,这些环境因素的精细分辨率地图可以帮助城市规划者改善居民的生活质量、环境和健康。具体来说,Li等(2015)评估街道尺度的城市绿化水平,为城市规划者合理改善城市绿地分布提供建议。Jiang等(2015)利用新浪微博数据分析了社交媒体数据中的空间分布趋势,用于动态监测城市的空气质量。此外,利用社交媒体数据中挖掘的知识建立人类感知和声景之间的关系,可以有效绘制城市中的声音地图(Aiello et al.,2016);智能手机的电池温度可通过实时利用传导热模型来估计城市每日平均气温(Overeem et al.,2013)。

5. 城市安全

城市居民在日常生活中可能面临着火灾、风暴、暴雨、交通堵塞和其他影响城市安全和人类生活的突发性事件。因此,实时探测城市中的突发事件对于城市治理十分重要(Xu et al.,2016)。诸如社交媒体、志愿图片和视频等UGC数据中包含大量有关城市突发性事件的信息,能够有效监测突发事件,同时捕捉其物理和社会特征帮助城市管理部门快速反应和形成应对方案(Schnebele et al.,2015;Xu et al.,2016)。因此,事件检测成为城市应急管理中的关键问题。现有许多研究侧重于城市事件检测,如,一些研究提出自适应算法,通过图片共享服务中的地理标记数据来检测城市事件(Papadopoulos et al.,2010)。另一种方法是利用众包技术构建应急管理系统(Oliveira et al.,2017)。此外,为了实时检测突发事件,5W(What,Where,When,Who和Why)特征被提出,用以描述社交媒体的空间和时间信息,从而达到检测目标的目的(Xu et al.,2016)。

29.4 挑战和未来方向

最近,UGC在城市研究领域取得了很大进展,许多创新的城市应用刺激了人们对改善城市生活的思考。城市的复杂性(Batty,2007)也对以信息为中心的城市研究提出了各种挑战以及未来可能的研究方向。

1. 数据质量和隐私

随着人工智能的迅速发展,UGC的数据来源不仅可以是实体人,也有可能是机器产生的，如 Twitter 上的信息有部分是虚假的(Fourney et al., 2017)。许多机器账户被创建，用以传播特别的文本和图片，以达到影响特定群体的目的。因此，UGC 数据中可能会存在偏差信息。在开展 UGC 驱动的城市研究时，应注意数据质量问题，以加强研究结果的可靠性(Tu et al., 2018b; Jiang et al., 2019)。

UGC 中蕴含的隐私是另一个重要问题，研究应强调科学伦理。最近，欧洲采用了新的《通用数据保护条例》，可能从根本上改变每个部门处理数据的方式。公众、互联网巨头和科学界应就 UGC 的收集、处理和研究达成适当的共识。

2. 多源 UGC 融合

当成千上万甚至数百万用户生成 UGC 数据时，结果往往呈现出高度分散化的倾向。例如，由于大多数地理标记图片是由用户使用智能手机分享的，因此无法捕获没有智能手机的人的感知和偏好。和旅游目的地以及地标相关的社交媒体帖子往往强调某些主题和意见，导致存在与一般人群不同的认知偏差(Longley and Adnan, 2016)。因此，为了保证挖掘的城市知识完整性和准确性，就必须认真筛选数据来源。使用单一来源的 UGC 获得的结果可能存在偏差，导致仅包含城市知识的一部分。因此，滥用 UGC 可能会产生对研究对象有偏差的理解。因此，多源数据融合能够加深我们对城市中的对象、人和地点的了解(Li et al., 2017)。整合传统城市数据和 UGC 数据将支持更全面和更广覆盖的城市解决方案(Estima and Painho, 2016)。

3. 结合城市感知与城市治理

UGC 提供了感知城市物理表层下不可见信息的可能性，例如城市匮乏(Venerandi et al., 2015)、人群流动(Yang et al., 2019; Xu et al., 2019)、城市兴趣区域(Chen et al., 2018)、城市活力(Huang et al., 2019)和城市功能(Tu et al., 2017, 2018a; Zhong et al., 2018)。UGC 使我们能够评估城市的新维度，以加深我们对复杂城市的了解。然而，这些新的城市感知研究尚未与城市治理很好地结合起来，因此如何把城市信息化纳入城市治理的工作流程，仍是一个悬而未决的问题。以 UGC 为主导的城市决策将成为连接 UGC 数据和城市运作新框架的必备部分。

29.5 结　　论

由于成本低、渗透率高、覆盖面广等特点，UGC 的普及成为城市研究的新数据源。海量的 UGC 数据不仅能感知到城市空间中看不到的信息，还能为培育创新性城市应用提供肥沃的土壤。总体来说，本章总结了 UGC 的四种典型数据，包括地理标记图片、社交媒体数据、众包定位轨迹和视频，提出了 UGC 驱动的城市研究总体框架，简要介绍了由 UGC 驱动的城市应用，并讨论了 UGC 在城市研究中面临的挑战和机会。UGC 驱动的城市研究，能够更好地捕捉城市空间的复杂性和动态性，为城市信息学的研究提供了一定的参考价值。

致　谢

本研究由中国国家自然科学基金(42071360，71961137003)、深圳市科技创新委员会基础研究项目(#JCYJ20180305125113883)和国家留学基金委(201708440434)联合资助。

第四部分　城市大数据基础设施

第 30 章 城市大数据基础设施简介

Michael F. Goodchild

摘 要

本章为本书第四部分简介。本部分共七章，聚焦于城市大数据基础设施，探讨了该主题的各个维度，涵盖了有关三维数据的大量研究，以及物联网和空间搜索等。

城市大数据基础设施的发展之迅速，在本书这一部分七个章节的粗略探讨当中可见一斑。面对大数据，我们必须能够处理前所未有的海量数据，这些数据通常是准实时的，并且能对质量参差的多源数据进行融合与合并。但除此之外，还应该对城市大数据基础设施的本质进行更广义的解读，即其不仅包括数据，也包括处理数据所需的软件、拥有必须技能的人员，以及使用城市大数据产品的决策者与公众，而他们也可能通过众包来贡献数据。城市大数据基础设施是一个庞大的课题，本部分的七个章节只能触及其皮毛。下面将简要介绍每章内容，以及章节之间的组织，最后对本书这一部分未能涵盖的专题进行简短的讨论，并对这一部分进行总体评价。

本书第 31 章由肖宁川、Harvey J. Miller、周晋皓撰写，扩展了城市大数据的定义，解释了其在智慧出行、智慧城市和数字化增强型基础设施等概念中的作用。该章回顾了城市大数据的多种来源，包括传感器和众包等，并强烈主张大数据的开放获取是支持其许多潜在应用的关键。该章精选了一些事例，来说明城市大数据的运用，并以访问公交车实时数据为例，说明了相关的技术挑战。

对房产的准确测量已有几百年的历史，但在这一工作中，通常假设一个点最多只能位于一个房产之中。这一假设在今天可能不再适用，例如，公寓中的房产可以纵向层层堆叠，这需要采用三维方法来处理。本书第 32 章由李霖等撰写，就现今如何使用三维技术与数字化表达，处理房产所有权的复杂几何构型，进行了广泛的回顾。

继第 32 章之后，本书第 33 章对城市建筑的三维数字建模技术进行了全面回顾。对这一技术的兴趣很大程度上来自建筑行业，该行业的建筑信息建模(building information modeling，BIM)技术不仅可以表达建筑的平面图，还能表达有关建筑基础设施与使用的竣工信息。该章将 BIM 与地理空间领域的城市地理标记语言(city geography markup language，CityGML)进行了比较，由于 CityGML 将空间数据建模引入室内，从而通过两者的结合，可以使以二维为主的室外应用和全三维的室内功能实现完全集成。

第 34 章是城市三维表达部分的最后一章，该章介绍了基于 ESRI 旗下 CityEngine 技术的建模。城市规划需要将建筑物置于环境中进行考虑，尤其是需要考虑规划者调控社区发展的方式。CityEngine 是作为一种多功能规划工具开发的，它能够执行规则、提供规划的透视可视化效果，并对城市政府的多种职能进行支持。该章详细说明了软件的应用，及其对地理设计和规划过程的影响。

随着近年来对数字基础设施的投资，当今的城市愈趋复杂。对很多城市应用来说，其海量的可用数据以及所需的决策速度，都凸显了对高性能计算(high-performance computing，HPC)的需求。本书第35章介绍了赛博地理信息系统(CyberGIS)，CyberGIS使用HPC应对诸多上述的城市应用，利用大规模计算与通信技术，对传统GIS进行扩展。

第36章聚焦于空间搜索，该技术使用户可以查找和评估大数据资源，并判断它们是否适合给定的应用。自20世纪90年代初开始，由于可用的地理空间数据太多，任何用户都不知道该从何看起，空间搜索技术就变得很有必要。数据仓库、地理图书馆（geolibraries）和地理门户的产生，都是为了响应系统化存储地理空间数据的需求。该章回顾了空间搜索的相关技术，也对元数据(即供用户评估给定数据集适用性的数据)进行了介绍。

最后，第37章对物联网进行了探讨。物联网一词被用来形容连接到互联网的各种传感器，这些传感器可能如闭路电视(closed-circuit television，CCTV)摄像头一样固定在空中、安装于车辆上、或是由人员携带，后者通常作为智能手机的功能出现。显然，物联网是智慧城市与城市大数据的一个重要层面。

大数据基础设施是实现目的的手段，而非目的本身。虽然本书这一部分概述了一些基础性问题，但读者如果想完整了解该基础设施对实现现代城市功能的作用，还需要进一步探究。其中部分作用可见于在本书的其他部分，而有些作用肯定还没有出现。虽然我们或许对物联网或CityEngine等新技术感到兴奋，但这些工具对解决城市问题的最终价值仍然难以预测。大数据基础设施给人一种"有技术，自然有需求"（"build it and they will come"）的感觉，但同时也令人感到，其导致的某些最终结果将是出乎意料、甚至可能是得不偿失的。

第 31 章　培育城市大数据

肖宁川　Harvey J. Miller　周晋皓

摘　要

城市大数据通常包含空间和时间要素，这些要素已经逐渐成为各种应用和项目中不可或缺的一部分，例如智慧出行、智慧城市以及其他数字化增强型城市基础设施。为了使数据可以被广大用户使用，开发一种开放、协作的环境显得尤为重要。本章首先讨论城市大数据的特征和来源，并通过描述三个假想的用户故事来突显这些数据的潜力。然后，在描述这些数据的内部数据结构以及用于检索数据的技术，最后我们论述要使数据对公众有用所面临的困难，并阐述一种用于开发城市大数据基础设施的自组织敏捷方法。

31.1　引　言

大数据是过去十年最热门的话题之一(Marr，2015)。如今，大数据的概念已经从当初的流行语变成日常生活的现实，也已经为企业、政府、研究团体和公众展示出实实在在的价值(Kim et al.，2014；Günther et al.，2017)。非正式的定义中，大数据是指以高频率或高速度生成、采集或分发的海量数据。大数据更正式的定义在文献中差异较大(Mergel et al.，2016)，研究人员普遍认为，大数据具有某些共同特征，包括数量、种类、真实性、速度和价值(Chen and Zhang，2014)。

城市地区(城区)是一个重要的大数据实践场地，众多参与者参与到了大数据的生成、存储和应用当中(Kitchin，2014)。对于大部分城市居民来说，大数据已成为他们日常生活中不可或缺的一部分。许多技术、经济和人口因素促进了其快速增长。各种传感器技术已经应用在了诸如环境检测、共享交通等领域，这意味着它们提供了源源不断的数据馈送(Cuff et al.，2008)。这些传感器通过网络链接，形成物联网(Atzori et al.，2010)。因为物联网中的所谓物件既包括物理对象(GPS 设备、环境传感器)，也包括配备传感器的人员(可以提供有关人员的位置和周边区域信息)，所以物联网在城区的日常生活中扮演了相当重要的角色。在世界各地的许多城市，公共交通(公交)系统越来越多地应用 GPS，以便为市民提供更准确便捷的交通。例如，许多公交机构为它们的车辆配备 GPS 接收机并公开分享这些数据，以支持应用程序提供实时公交追踪和抵达信息的功能。与此同时，这些公交系统支持乘客使用智能卡等新方式支付公交费用，让交通管理部门可以记录和追踪乘客的出行信息。可见，城区内的市民已经成为了一种特殊的传感器(Goodchild，2007)。这些"传感器"拥有多种数据生成方式：他们在使用诸如 Google Traffic 等商业公司技术的过程中可能会提供时空数据以得到相应服务(Heipke，2010)；他们会采集有关油价或贩售交易信息以获得诸如 GasBuddy 或者 Waze 等公司的奖励或者其他类型的会员权益(Boulos et al.，2011)。电信公司已经建立起包含用户身份信息和时空活动的大型数据库。传统手机已经被智能手机大量取代,在需要依赖电信公司提供网络的众多手机功能中,传统打电话功能已经弱化,许多其他功能都能够追踪用户的位置。

通过传感器技术生成的城市大数据已经具备典型大数据的所有特征,但更关键的是它们还具有自己的特点。第一,城市大数据拥有从普通公众到私人服务的广大用户。重要的是,这些人群在城市大数据整个生态系统(包括数据生成、维护、存储和使用各个阶段)中扮演着多重角色。例如,用户也会为数据生成贡献他们所正在使用的数据,就像 GasBuddy 的例子,他们的会员既报告不同油站的油价,也使用网络服务所提供的信息。第二,由于数据必须与城市范围相关,城市大数据始终具有地理足迹。这与空间维度不显著的其他大数据源(诸如网络搜索和没有地理标签的推文)不同。除了空间维度,城市大数据还具有一个重要且敏感的时间维度,因为许多应用程序依赖数据的时间戳。比如,实时公交信息对用户安排公交运营活动很重要。第三,城市大数据作为一个整体通常结构不良,因为许多数据源往往没有协调它们数据的生成和采集工作。数据往往存在管理松散的环境中,其中特定的数据集可能不与其他数据集相连,也可能不为其他人群知晓。

本章的目的有两个:提供城市大数据的概述、讨论数据应用的各种技术。我们将重点关注上面提到的涉及城市场景的大数据。余下部分,本章从论述数据源开始,在假定一系列用户故事之后进一步讨论数据的要素。在城市大数据技术层面,我们将论述一系列数据采集技术、然后展开论述开发一个城市大数据基础设施的需求。

31.2 城市大数据的来源

城市大数据的来源十分广泛,要对这些来源进行分类可能并不简单。例如,在一项拥有 26 个数据集特征的研究中(Kitchin and McArdle, 2016),数据集被分成六类:移动通信、网站、社交媒体/众包、相机/激光器、交易过程数据以及行政数据。这些数据并非都涉及城市场景。在此,我们按数据提供者对大数据来源进行分组,分别包括来自私人、公共部门和志愿者。每个数据集既可以向公众开放使用,也可以只允许授权用户访问。区分开放数据和受保护数据是重要的,尤其涉及城市场景。由于难以在数据的潜在用户之间共享,许多数据源的用途有限。表 31.1 列举了一些各类数据集的例子,目的是让读者对可能的和实际的数据源有大体的了解。注意,这些仅仅是很少一部分例子,在不同县市肯定会有更多的来源。

表 31.1　城市大数据来源例子

提供者	开放	保护
私人	共享单车	共享单车 移动电话 监控摄像头和视频 健康数据
公众	实时公交运营 人口普查数据 雷达或遥感 交通摄像头和视频 空气污染传感器	公交使用记录 个人调查 公共卫生数据
志愿者	社交媒体 社区传感器网络	社交媒体 移动设备上的健康数据

私人企业每天都会生成大量的数据。我们只列出了几个与城市场景更为相关的例子。例如，流行的共享单车企业既提供开放数据，也提供受保护的数据。开放数据部分包括单车站点的数量和位置、每个站点可供使用的单车信息，而保护数据部分包括每辆单车的移动情况以及有关客户的信息。有些企业（如 Waze）会选择发布个人数据的汇总版本，以平均空间和时间的形式作为开放部分，从而保护真实的个人数据。很明显，私人企业已经在采集电话、监控和个人健康信息数据集。这些数据是受到严格保护的，这是出于隐私法规以及要与公众保持良好关系的原因。

城市大数据中来自公众的部分涵盖了诸如人口、交通、环境、公共卫生等领域。出于隐私考虑，这些数据不必向公众开放。例如，虽然许多市政服务提供公交数据（如公交运营），但通过公交刷卡记录获取到的个人搭乘数据通常是受到保护的。这种二元性也适用于人口普查数据，其中人口、住房和经济数据的汇总版本会向公众开放，但个人调查情况则会受到严格保护。

第三类数据来源包括自愿将所拥有的数据用于各种用途的个人或团体。这种提供者与另外两种只能被动采集数据的提供者不同，由于他们把自己作为传感器，这些提供者可以生成自己的数据（Goodchild，2007；第 28 章和第 29 章）。在这种数据的主要来源是社交媒体数据。例如，可以使用 Twitter 授予的不同许可策略来采集推文。用户虽然生成数据，但并不需要拥有他们自己的数据，而且并非所有社交媒体数据都向公众开放。其他主要的志愿数据类型是由公众使用各种传感器生成的。一个典型例子就是使用经济实惠的空气质量传感器（Kumar et al.，2015）的用户可以分享他们的数据，从而形成社区传感器网络（Yi et al.，2015）。尽管这些数据的质量可能存在问题（Lewis and Edwards，2016），但它们已经被用于制图和其他分析。

31.3 用户故事

让我们来看三个城市大数据的用户故事。这些故事都是假想的，但是它们确实代表了我们之前应用中遇到的一些例子。它们不仅限于数据，还延伸到城市大数据整个生态系统，包括在硬件和网络环境中的软件系统。我们假设数据存在，目标是展示如何以有意义的方式使用这些数据来解决现实生活中的问题。这些故事是基于美国情景的例子，但我们相信在其他国家也能找到类似的例子。注意，出于特定的原因，我们使用用户故事这个术语而不是用例，这是因为用例是一个软件工程术语，需要对系统进行更正式的描述。然而，数据使用的具体要求难以定义（本章稍后将论述），我们认为敏捷方法更为合适。本章稍后将对敏捷方法展开论述。

第一个用户故事涉及一位名叫 Jon 的城区居民。Jon 计划周末邀请他的几位朋友去参加一个聚会。他对聚会地点有些要求。他的朋友喜欢骑车并且想使用共享单车，这样他的朋友就可以租用单车享受骑行乐趣。聚会的地方需要有足够可用的单车，并且要与休闲小径足够近。他的朋友并不是都有汽车，所以 Jon 必须考虑这个地方是公交或者骑车可以到达的。他还要求这个地方要靠近一些体面的餐厅，以便在骑行后享受欢乐时光。现在还没有一款应用程序可以帮助 Jon 计划这次活动。但 Jon 精通数据，能够使用开放的数据和制图工具将一些候选位置放到一起。他还能够使用历史数据大致判断周末可能会发生的情况。最终在确定聚会地点之前，他与朋友分享他所找到的地点。

第二个用户故事涉及对城市发展方向感兴趣的一组人。他们忙于自己的日常工作，很难找到时间聚在一起面对面地交流。他们绝大部分活动都依赖在线交流工具。最近，县规划部门发布声明称，该县的整体环境评级为低。但该小组认为这个评级并不能充分代表该县过去几年中所取得的进展，希望重新审视整体环境。小组的两名成员，Rachie 和 Lieta 对该县的评级特别在意。Rachie 对空气质量感兴趣，并且他能够收集过去几年官方每日平均的空气质量数据以及非官方的开源数据。这些是每日平均数据。Leita 从事水质量相关工作，并且她获取了一些该县主要河流湖泊的环境监测数据。他们将制作的数据集放到小组的网站，组员就可以看到每个环境因素在图上的变化情况。在讨论区，小组成员最终得出结论：使用单一评级来代表整体环境质量是不正确和不公平的。他们将在听证会上展示他们的发现。

第三个用户故事则是涉及一个市民小组，他们对州委员会提出的国会选区重划计划不满。尽管该委员会已经明确表明他们反对选区划分的立场，该小组还是相信该计划会偏向于某个政党。该小组采集了街区级别的人口普查数据和选民数据以支持他们的论点。他们认为虽然官方计划是将总人口平均分配到国会选区，但某个政党的选民还是会过度集中在某个选区而在其他选区被稀释，这就使得其他政党在大多数选区占据优势。该小组还希望通过多个一样好的替代计划来进一步论证。虽然有一些软件包可以用来产生不同种类的替代方案，但他们还需要使用各种空间分辨率下的人口统计和其他社会经济数据。更关键的是，该小组在使用软件生成替代方案的基础上，每位组员还手动修改这些计划以创建他们自己的计划。组员们还将他们的计划分享到一个在线平台上，让他们可以比较和综合生成新计划。

可以看到，上述这些用户故事包含的不单只有数据，还有软件工具、基于网络的应用程序等等这些必要的内容。开发这些工具也是一项大挑战。不过，数据才是整个生态系统的基石。

31.4 城市大数据的要素

因为用户在选择标准时会根据不同的应用偏好而有所差异，所以城市大数据表现出了不同的形式。例如，公交机构可能倾向于使用被称为"通用运输信息馈送规范"(general transit feed specification，GTFS；本章稍后论述)的流行标准来发布数据。其实，我们可以将数据分解成最小项，每项可以表示为空间-时间-属性(space-time-attribute，STA)数组；三个要素的公式为 $d = (x, t, a)$，式中，x 是位置或者数据项的位置代表；t 是时间戳，用来说明什么时候观察到数据项的发生或发布；a 是一组与数据项关联的属性。

上述的编码策略与地理原子(geo-atom)相类似(Goodchild et al.，2007)。在此，我们将位置和时间分开，放宽了位置和属性的表示方式。位置可以用一组坐标或者一组指示符(比如可用于唯一指代位置的标识号)来明确记录(详见下面的例子)。属性作为数组中的一项，与位置和时间关联，共同组成一组。这就可以通过将属性格式化为由一组属性名称和实际数值所组成的对象来实现。例如，特定的 $PM_{2.5}$ 测量属性可以用{$PM_{2.5}$：65}的形式来表达，多个属性可以用同样的方式放到一起，就像{$PM_{2.5}$：65，Ozone：35}，这种格式在许多数据编码策略中普遍使用。例如，许多编程语言中支持的 JavaScript Object Notation(JSON)。将所有三个要素放到一起，比如((-83，40)，Mon Jul 01 2019 23：52：00 GMT + 0800(CST)，{$PM_{2.5}$：65，Ozone：35})就是美国俄亥俄州哥伦布市某个地点在 2019 年 7 月 1 日星期一晚上 11 时 52 分两种空气质量测量情况的编码。另外一个例子是(101.1，2010，{total：1200})，表示编号 101.1 的人口普查区 2010 年总人口数为 1 200。

  STA 数组可以看作是在特定时间和地点发生的一种特殊观察结果。城区的大数据就是一组在区域内所有可能位置、时间段对各种可以观察或采集属性的集合。这种数据模型可以用来表示不同的时空现象。例如，城区的空气质量可以用一定数量空气质量测量站的一系列测量情况表示，每个测站都以它的坐标记录。空气质量作为一种地理现象，在空间中任意一点都可以进行观察；但是，就数据而言，我们经常采用离散数据点来表示该现象。对于区域数据，地点可以通过识别号或者其他指标符来表示。例如，人口普查区域采集的多年人口统计数据中的每个区域都由一个标识号表示。区域的实际几何形状(形状及其相应坐标)对数据采集目的可能并不重要，因为每个区域都可以唯一标识并地理关联到另一个包含坐标的数据集。对于这种线性特征的现象还可以找到类似的例子，例如沿溪流的水质测量，其观察点是离散的。

  社交媒体数据是个有意思的例子，它的数量巨大而且产生速度很快。这种数据仍然可以使用三要素的 STA 数组表达，因为每个社交媒体事件(比如 Twitter 推文、Facebook 帖子和微信推送)都有时间、地点(尽管可能不分享)和属性(文本或者多媒体融合内容)。另一个类似例子是大量的网页。虽然网页的位置似乎不是必须的，但可以为每个网页分配一个位置，因为网页最终都会被分配到一个要么是具有实际意义的地理位置，要么是创建人所在的某个位置。

31.5 数据采集和处理技术

  城市大数据可以使用多种方法获取。数据提供者大多都会提供应用程序接口(application program interface，API)以允许用户通过互联网链接来访问数据。API 在如何采集数据方面可能有不同的限制，一般来说，数据提供者可以完全控制如何采集他们的数据。例如，Twitter 使用多层数据流策略，其中免费和公共许可的部分只提供一小部分推文，用户并不清楚这少量样本推文是怎样而来的(Morstatter et al.，2013)。另一方面，其他一些提供者会让他们的数据更加开放。例如，许多公交系统使用特定的数据协议来提供他们的运营时间表和实时车辆位置。在本节，我们使用两个例子来展示如何以流的形式传输城市大数据。尽管类似的技术可以被用到更加受限制的数据源，但我们在此仅关注开放的数据。

  第一个例子是公交系统。一种常用的公交数据(时间表和更新)格式是 GTFS (Harrelson，2006)。自 2005 年发明以来，GTFS 已经成为美国俄勒冈州波特兰市的 TriMet 和加利福尼亚州旧金山市的 BART 等机构发布公交数据的标准,并通过它将数据带给公众(McHugh, 2013)。GTFS 数据已经被整合到 Google Maps 当中,这样用户就可以在一个通用平台上找到实时公交信息。GTFS 的实际数据结构是由逗号分隔值(comma-separated values,CSV)格式的多个文本文件组成。Google 还提供了一个名叫 google.transit 的 Python 包,其中的 gtfs_realtime_pb2 模块可以用来从 GTFS 中提取信息,而不需要直接处理文本文件。

俄亥俄州中部运输局(Central Ohio Transit Authority,COTA)是美国俄亥俄州哥伦布市的公交机构,他们使用 GTFS 发布公交车时刻表和公交车行程及其车辆位置的实时信息。为了检索车辆位置的数据,我们首先使用以下五行代码导入必要的 Python 模块,并请求打开在线 GTFS 数据库。在第五行中,VehiclePositions.pb 并非数据库本身,而是一个 Google Protocol Buffer(协议缓冲区),用于描述数据的结构和必要的数据编码/解码方法。

```
>>> from google.transit import gtfs_realtime_pb2
>>> import requests
>>> import datetime
>>> response = requests.get('http://realtime.cota.com/\
TMGTFSRealTimeWebService/Vehicle/VehiclePositions.pb')
```

现在,我们可以从实际数据库创建传送并使用以下代码读取实际数据。

```
>>> feed = gtfs_realtime_pb2.FeedMessage()
>>> feed.ParseFromString(response.read())
>>> print(len(feed.entity)) 182
```

在运行该代码的时候有 182 辆公交车,其中第一辆公交车可以用以下代码检测。

```
>>> bus = feed.entity[0]
>>> bus
id:"1001"
vehicle {
trip {
trip_id:"665028"
start_date:"20190722"
route_id:"001"
}
position {
    latitude:39.944339752197266
    longitude:-82.86833953857422
bearing:270.0
speed:7.93974322732538e-06
}
timestamp:1563818766
```

```
vehicle {
id：”11001”
label：”1001”
}
}
```
\>\>\>
d = datetime.datetime.fromtimestamp（bus.vehicle.timestamp）
\>\>\>d.strftime（"%h %d，%Y，%H：%M：%S"）
'Jul 22，2019，14：06：06'

除了车辆位置，数据还包括当前行驶的行程号和车辆号，使用 STA 数组对这些信息编码将会很简单。默认的时间戳使用纪元时间，最后两行代码展示如何将它转换成日历的日期和时间。

我们可以在几秒钟后运行同样的代码，结果如下。下面的例子是在上一个结果恰好 20 秒后获得的，公交车的位置已经发生了变化，而公交车仍行驶在同样的行程中。

```
id：”1001”
vehicle {
trip {
trip_id：”665028”
start_date：”20190722”
route_id：”001”
}
position {
latitude：39.94470977783203
longitude：-82.87486267089844
bearing：270.0
speed：8.457552212348673e-06
}
timestamp：1563818786
vehicle {
id：”11001”
label：”1001”
}
}
```

虽然车辆的位置馈送格式提供了关于公交车位置的实时数据，但关于公交站点的详细信息必须从其他实时馈送获取。以下例子使用了一个类似的流程来检索实时站点信息。

\>\>\> response = requests.get（'http：//realtime.cota.com/\
… TMGTFSRealTimeWebService/\
… TripUpdate/TripUpdates.pb'）

```
>>> feed = gtfs_realtime_pb2.FeedMessage()
>>> feed.ParseFromString(response.content)
```

下面我们探讨一些关于第一次行程的信息。以下例子显示了有关行程的信息和当前运营在这次行程的车辆信息。这对应我们之前例子中的公交车信息。

```
>>> feed.entity[0].trip_update.trip
trip_id:"665028"
start_date:"20190722"
route_id:"001"
>>> feed.entity[0].trip_update.vehicle
id:"11001"
label:"1001"
>>> len(feed.entity[0].trip_update.stop_time_update)
74
```

到目前为止，这次行程有 74 个站点，我们来看前两个站点。

```
>>> feed.entity[0].trip_update.stop_time_update[0]
stop_sequence: 9
arrival {
  time: 1563818515
}
departure {
  time: 1563818515
}
stop_id:"LIVNOEW"
>>> ft.entity[0].trip_update.stop_time_update[1]
stop_sequence: 10
arrival {
  time: 1563818711
}
departure {
  time: 1563818711
}
stop_id:"LIVCOUNW"
```

根据两个站点出发时间的差异，数据显示公交车在 156 秒（3.3 分钟）后抵达第二个站点（代码为"LIVCOUNW"）。每个站点都有唯一代码，COTA 为所有的站点保留一个主文件，每个站点都与一组包括地址和坐标的属性相关联。

通过上述例子，可以清晰地看到在特定的时间和地点，每辆公交车都会与某些属性相关联，比如行程信息和速度，可以将这些编码成一个 STA 数组。公交车停靠的站点也是如此。然后，我们写一段程序自动请求在设定时间间隔（比如每一秒）内公交车位置和站点更新的实时数据。检索出的信息可以记录在数据库，每条记录都是一个 STA 数组 (x, t, a)。

对于公交车，每条记录的字段包括纬度、经度、时间戳、车辆号、行程号、方位以及任何其他被认为有用的信息。对于每个站点，我们同样可以记录比如坐标、抵达和离开时间、行程号、车辆号、站点号等字段。数据库的准确性部分依赖数据采集的时间间隔。一分钟时间间隔对信息可视化和一些分析可能是足够的，如果我们目标是向公众提供实时服务以完成诸如旅程计划之类需要更高准确性的任务，则需要更小的时间间隔。

美国环境保护机构（Environmental Protection Agency，EPA）拥有遍布全国的空气质量传感器网络。EPA 也提供一个 API 以允许用户访问空气质量数据。这个 API 提供了基于表现层状态转换（representational state transfer，REST）软件架构的网络服务（Richardson and Ruby，2008），它支持使用统一资源定位符（uniform resource locator，URL）查询数据库以检索数据。例如，以下 URL 指定了时间范围、地理边界和环境变量以及其他必要的参数。最后一个参数必须由一个从网站申请的实际 API 密钥代替。

https：//airnowapi.org/aq/data/?
parameters = pm25&
bbox = -83.368244，39.586371，-82.269611，40.344184&
startDate = 2019-05-19T03&endDate = 2019-05-19T04&
DataType = B&format = application/json&verbose = 1&
API_KEY = XXXX

这个请求将会以 JSON 数据格式返回以下数据。它显示在特定的两小时范围，位于两个位置的 $PM_{2.5}$ 传感器，以及它们所提供的数据（比如位置、数值、空气质量索引值）。我们也可以像上面那样写一段程序自动重复地检索 STA 数组的信息，并将它们存储到数据库。

[
{
"Latitude"：40.11109，"Longitude"：-83.065376，
"UTC"："2019-05-19T03：00"，
"Parameter"："PM2.5"，
"Unit"："UG/M3"，"Value"：14.8，"AQI"：57，"Category"：2，
"SiteName"："Columbus NR - Smoky Row"，
"AgencyName"："Ohio EPA-DAPC"，
"FullAQSCode"："390490038"，"IntlAQSCode"：
"840390490038"
}，
{
"Latitude"：40.0845，"Longitude"：-82.81552，
"UTC"："2019-05-19T03：00"，
"Parameter"："PM2.5"，
"Unit"："UG/M3"，"Value"：12.2，"AQI"：51，"Category"：2，
"SiteName"："New Albany"，
"AgencyName"："Ohio EPA-DAPC"，

```
    "FullAQSCode": "390490029", "IntlAQSCode":
"840390490029"
  },
  {
    "Latitude": 40.11109, "Longitude": -83.065376,
    "UTC": "2019-05-19T04:00",
    "Parameter": "PM2.5",
    "Unit": "UG/M3", "Value": 14.7, "AQI": 56, "Category": 2,
    "SiteName": "Columbus NR - Smoky Row",
    "AgencyName": "Ohio EPA-DAPC",
    "FullAQSCode": "390490038", "IntlAQSCode":
"840390490038"
  },
  {
    "Latitude": 40.0845, "Longitude": -82.81552,
    "UTC": "2019-05-19T04:00",
    "Parameter": "PM2.5",
    "Unit": "UG/M3", "Value": 12.1, "AQI": 51, "Category": 2,
    "SiteName": "New Albany",
    "AgencyName": "Ohio EPA-DAPC",
    "FullAQSCode": "390490029", "IntlAQSCode":
"840390490029"
  }
]
```

上面例子采集到的原始数据只是(x, t, a)形式的 STA 数组,还需要经过处理才能进行诸如城市交通状况分析或者空气污染密度制图。在更大的背景下,这是一个大数据的数据挖掘领域(Vatsavai et al., 2012)。在使用 GTFS 馈送的例子中,我们可以获得两种实时原始数据:车辆位置和站点更新。在所有 GTFS 文本文件中,stop_time.txt 是用来保存所有路线的公交时刻,包括每次行程中详细的抵达和离开每个站点时间。通过比较每次行程中实际抵达和离开时间与预定的时刻时间,可以计算出每辆公交车的延误,并进一步分析延误是如何沿行程传播的(Park et al., 2019),还可以将公交车预定和实际的位置差异可视化(图 31.1)。

以上的数据采集例子展示了城市大数据收集的一般过程,以及将它们存储在时空数据库的注意事项。当然还有其他许多出于不同目的的城市大数据来源(比如 Twitter 数据)。尽管这些数据集在数据格式和 API 的技术细节上有所不同,但 STA 数组还是可以用来存储绝大多数数据集(哪怕不是全部)。就此而言,仅从数据的角度来看,这些数据只需要"存在"并且可供用户使用就足够了,真正困难的挑战是如何让所有人都能够访问这些数据。

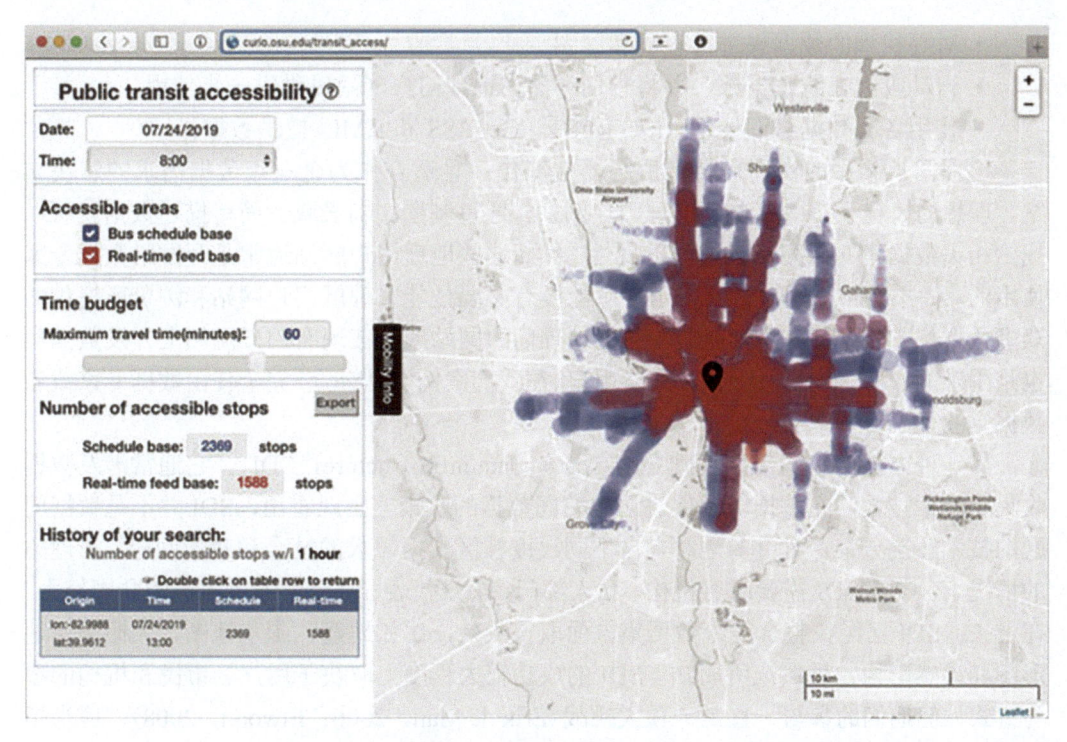

图 31.1　离给定位置（黑色图钉）1 小时范围内预定抵达站点（蓝色）和实际抵达站点（红色）之间的差异
来源：http://curio.osu.edu/transit_access/

31.6　迈向城市大数据基础设施

　　如上所述的城市大数据具有支撑上一节描述的用户故事的所需要素。这些数据集也是比较容易获取的。然而，应该清楚的是，城市大数据的生态系统并不总是适合公众中的常规用户。这些人通常没有像生成数据的专家那样受过训练，对数据并不精通。这些常规用户所面临的困难，可能是简单的去哪里找数据，也可能是复杂的如何使用数据。这些主要限制使得大众访问数据变得困难。

　　为了解决这些问题，我们在数据共享的精神下倡导城市大数据基础设施的理念。基础设施的意思就是要做到像电力资源那样无处不在，一个人不需要是电力专家，只需要简单地插上电就可以使用。我们会考虑是不是可以让常规用户通过指定数据就可以找到所需要的时空数据集，而不需要执行搜索和编码过程。例如，是不是可以在智能电话上询问虚拟助手（比如 Apple 的 Siri）就可以找到所描述的时空数据集？在本节余下部分，我们将回顾一些可能对这种基础设施未来发展有所启发的方法。

　　已经有一些方法可以用来解决上面提到的一些问题。例如，地理门户网站（Tait，2005）就是被设计成一个基于网络平台的提供地理空间数据的网关。更具体地说，地理门户网站可用来允许用户执行以下任务：

- 根据地理门户网站拥有的数据目录寻找地理空间数据。
- 提供关于如何使用每个地理空间数据集的有用信息。

- 对寻找到的数据集进行查看和制图。
- 自动收集在线数据源，并将它们存储在地理门户网站以供进一步使用。
- 使用各种数据查询技术（比如 REST、GeoRSS 和 KML）提供数据。

  地理门户网站的实现需要在服务器端工作，且适合作为企业级数据需求的解决方案。理想的情况下，用户登录地理门户网站，通过制图、制表或者简单描述数据就可以找到相关数据集并探究这些数据的属性。然而这些地理门户网站通常是开发给数据专家使用的，而不是常规用户。常规用户可能没有必要技能来理解门户网站和浏览所提供的众多数据集。指望用户开发他们自己的地理门户网站或者在现有门户网站上开发数据集也是困难的。从这个意义上说，最终用户（在我们案例中是公众）完全任由数据专家或者数据企业说了算。

  另一种方法是空间数据基础设施（spatial data infrastructure，SDI），它通常涉及数据收集和检索技术、元数据以及促进访问空间数据的政策。由此看出，SDI 并不是数据问题的技术解决方案，而更多是对来自不同尺度社区数据需求的社会和政策回应。在理想的情况下，实施 SDI 需要政府机构、私人部门、公众代表，甚至学术界成员的共同努力。在过去，SDI 已经在整合传统数据集方面取得成效，比如地籍、国家地图、大比例尺地形图和遥感影像。虽然众所周知，SDI 的成功很大程度上取决于用户、市民和机构的参与方式，但他们的参与一直是一项大挑战（Erik de Man，2006；Elwood，2008）。应当指出的是，研究 SDI 的文献主要集中在技术方面，尤其是以 GIS 为中心的观点（Maguire and Longley，2005；Steiniger and Hunter，2012；Evangelidis et al.，2014；Helmi et al.，2018）。不幸的是，从这样的技术角度来看，SDI 的概念往往被简化为只是 GIS 或者地理门户网站的一种形式。

  我们认为，有必要开发城市大数据基础设施以解决上述问题并实现用户故事中提到的使用数据的目标。这种基础设施的技术方面虽然仍然存在挑战，但相对简单，因为大部分的工作已经集中在如何利用技术来获得数据以及使数据可访问。例如，地理门户网站的发展已经表明，各种数据可以以常用的格式和标准进行整合，供用户去寻找和使用。许多地理空间数据库管理系统（比如 GeoServer 和 ESRI 的 geoportal）可以用来从不同的来源获取数据。更重要的是，这些系统通常还支持数据发现。例如，Catalogue Services 是开放地理空间联盟（Open Geospatial Consortium，OGC）提出的规范标准，已经得到了 GeoServer 和 ESRI 的 geoportal 等主要软件系统的支持。

  发展城市大数据基础设施的根本挑战超出了技术领域：数据、数据提供者、数据用户以及软件开发商和供应商之间的关系通常定义不清，使得此类基础设施如 SDI 案例所提到的那样难以起作用。从工程的角度来看，这种挑战是因为每当有新数据源或者新技术可用时，新的用户故事就会出现，导致需求不断变化。没有什么灵丹妙药可以解决所有问题。关键在于，功能齐全的城市大数据基础设施（或者难度较低的 SDI）需要时间，并且需要等待合作的出现。

  我们设想在一个敏捷过程中（Stellman and Greene，2014），城市大数据使用和生产所涉及的各个部分不断地互动，修改之前对数据的各种理解，即使这些理解可能是初步的，甚至在发展初期有时是微不足道的。用自上而下的方法开发这种基础设施注定会失败，因为这种方法通常依赖有明确定义的需求，就像软件工程的历史和文献中反复呈现的那样(Sommerville, 2016)。城市大数据基础设施强烈的社会和人文特性，自然而然地让人想去考虑一种强调在开发过程中应当如何与系统(数据)用户积极互动(Stellman and Greene, 2014)的敏感方法。典型的敏捷开发过程从用户故事开始，粗略但有意义地描述了一个系统的基础需求，而通常不用说出系统运行和构建的细节。为了推进项目，最终用户或客户必须不断地参与该过程，并且提供反馈以便需求变得越来越清晰。缺乏用户参与将会对团队和项目都造成不良后果(Hoda et al., 2011)。反过来，用户参与有助于开发人员了解项目的方向，与用户携手努力，朝着最终的产品迈进。

在众多敏捷方法中，自组织敏捷方法是有前途的最新发展，已经获得广泛的认可(Hoda et al., 2012)，特别适合开发城市大数据基础设施。研究人员已经从不同角度研究这种方法的潜力，包括关注某个组织如何从过去的经验中学习的组织理论(Morgan, 1998)，以及用于展示个体之间如何反馈以帮助系统进化的复杂适应系统(Lansing, 2003)。除了客户/用户以外，一个常规敏捷团队还包括一名产品负责人，负责与客户保持紧密联系并扮演利益相关者的角色，一名协调员(敏捷专家)，负责运营团队的日常事务并保持团队团结，以及在协调员和产品负责人强有力领导下致力于项目不同部分的团队工作成员。在自组织敏捷方法的案例中，团队可能仍然在团队成员中担任那些角色，但是在一个更加自我管理的团队中，每个成员的角色可能会发生变化。这种方法的一个优点是，关于项目的决策不单是由产品负责人做出的，而是由所有团队成员之间协作自发做出的，并且更重要的是客户参与(Hoda et al., 2011)。

自组织敏捷过程的关键一环是扮演最重要角色的协作领导者。在研究敏捷的文献中，团队成员充当导师和协调员。因为导师不做决定，所以不是老板，而是提供指导和支撑团队信心的教练。协调员也是必不可少的，因为他们的工作直接与用户接触，目的是使开发沿着用户需求的正确轨道行进。

自组织敏捷方法是大有可为的，城市大数据基础设施的发展，不会只是因为有用户和数据专家的需求而出现。他们之间牢固的纽带很重要，并且还需要领导力。我们不认为开发一个基础设施只涉及几个包括大数据的项目。相反，实际情况是尽管有过去30年的努力，SDI仍然与实用相距甚远(Erik de Man, 2006; Grus et al., 2010)。这使我们有理由相信，一个具有完整功能的城市大数据基础设施也需要很长时间实现。但是，通过用户(需求)和开发人员(技能)之间纽带所形成的强大且协作的领导能力，在多个项目中从数据使用过程中获得的数据和知识将得到累积，这些让基础设施的发展成为可能。一个开放和协作的环境在城市尺度内特别有用，因为类似的任务可能会在不同城区重现，因此良好的实践会随着时间推移被采纳和改进。

31.7 结 束 语

城市大数据已经展示出帮助我们更好了解城市、做出更好更明智决定的潜力。这种数据拥有广泛的来源，而且检索数据的技术相对简单。然而，社会和人为因素已经让公众使用数据成为一个真正的挑战。培育城市大数据需要长期的计划和多方持续的协作，指望灵丹妙药般的解决方案是不切实际的。

除了技术，数据已经成为生态系统的基石，这个系统依赖用户、开发人员、公司、分析师和投资者所组成的生态链来维持。在这个生态系统中，每个参与者的角色都与传统经济中的不相同。例如，虽然用户仍然使用由诸如 Google 和 Facebook 提供的服务，但他们也通过互联网（比如执行搜索或在社交媒体发帖）为数据收集作出贡献。在某种程度上，这个城市大数据时代也是用户充当产品的时代。Schneier(2015)描述了（私人）数据提供者和用户之间的关系：数据就像封建制度中的土地；数据"领主"，对财产（数据）拥有完全且牢固的控制权，用户要通过支付或者其他类型的贡献（比如，他们自己的数据）从数据"领主"那里获得收益，就像封建制度中的农民必须出卖他们的劳动力才能获得土地和服务。我们不认为在数据领域这样的封建世界对数据的最佳使用度是合理的。通过协作和政策，我们可以开发一个开放（尽管未必是免费的）的城市大数据基础设施，这将使数据能够被它们的真正构成者——公众所使用。

第 32 章 三维地籍建模与房屋产权的空间表达

李 霖 应 申 朱海红 吴金迪 刘承承 郭仁忠

摘 要

三维地籍作为一种新兴技术，是基于二维地籍宗地的延伸，从而满足城市土地立体化应用和三维产权体的管理。本章简要介绍了三维地籍对空间所有权表达的关键问题。为了理解立法对三维产权建模技术的重要性，本章以中国的所有权立法背景为例，进行了具体的阐述。针对土地利用空间的空间权，提出了具有四层结构的多面体产权三维空间模型。该三维空间数据结构与现有的二维地籍相兼容，适用于二维与三维产权的混合地籍系统，并提供了一种完整的三维产权空间表达方法。通过分析产权中土地空间的异质性，探讨了具有内部结构的公寓所有权问题，并以中国为例，对所有权的空间表达进行了实证验证。

32.1 引 言

地籍通常被认为是包含土地界址的国家不动产综合登记。国际测量师联合会（Federation Internationale des Géomètres，FIG）给出地籍的定义：地籍是一个基于宗地的实时土地信息系统，其中记录了宗地的权属信息（例如权利、限制及责任——RRR）。在地籍记录中，特定区域内不动产的所有权、面积和价值均已明确登记并用于财政目的（例如税收）或法律目的，用于协助土地管理和土地使用（例如用于规划和其他行政目的）。RRR 的注册登记是地籍和产权管理的核心（Enemark，2009）。

所有权是指将财产或土地合法地分配给拥有该产权的人，因此，该产权的空间范围和地理位置是证明其所有权的关键要素。传统上，一块宗地的范围是由若干个界址点围合的区域来界定，以界址点坐标为顶点的二维多边形来描述。以界址线为边界，从地心延伸至天空形成的"锥形空间"，所有权意味着对"锥形空间"内的一切事物拥有合法处置权。从这个层面上来说，在"锥形空间"（地表、地上和地下的空间）内的权利在假设上是同质的，可以容易地按平面范围进行划分。因此，迄今为止，基于二维宗地的地籍在地籍管理领域占据主导地位，并已被各种立法系统采用。

随着社会和经济的发展，特别是在城市地区，快速城市化对人口密集和土地资源有限的城市提出了挑战，近年来改变城市扩张的土地利用方式的呼声越来越高（Foley et al.，2005；Turner et al.，2007；Guo et al.，2013；Zulkifli et al.，2015；Li et al.，2016）。地表、地上和地下的空间不应仅适用于专有目的，而应该适用于共有目的。一块宗地必须由各权利人根据不同的目的共有，其权力不仅固定在平面范围。以地上或地下空间为界限的权利不再与地表的权利完全一致。因此，地籍上的宗地使用不可避免地过渡到土地空间的使用，从而导致土地利用和开发的重点从宗地的表面转移到其上方和下方的空间。

新兴并具有空间异质性的宗地权利打破了长期基于二维宗地(即锥形空间内土地权利具有空间同质性)地籍的方式。传统的二维地籍概念被扩展,并在垂直方向上对土地空间进行划分,构成立体或三维土地空间,但这还不足以适应城市地区不断增加的人口密度和密集的社会经济活动。目前,已经开发了三维地籍以满足 3D 土地利用空间和 3D 产权的管理(Guo et al.,2013;Stoter et al.,2013;Jazayeri et al.,2014;Karabin,2014)。这种新兴技术有助于满足日益增长的社会对不动产(土地和住房)精确管理的需求。

引用 Guo 等(2013)研究中的一个典型实例,可以直观地理解基于宗地的地籍存在的缺陷。在中国的深圳市,有一处复杂的建筑,该建筑由包含很多商业店铺的几栋购物中心所组成。其中的两栋建筑被市政道路隔开,并由拱形长廊连接。在基于宗地的地籍图上表示该建筑如图 32.1 所示,拱形长廊的土地空间被标记为 H102-0037(B),与商业店铺和地下停车场重叠。相邻的两个宗地上的两栋建筑分别被标记为 H102-0037 和 H102-0038。但是,H102-0037(B)是指地上的宗地,而 H102-0037 和 H102-0038 指的是地表上的宗地。拱形长廊的功能是公共步行走廊(地役权的一种),其所有权属于市政府,而地下停车场和位于其上方的商业店铺的所有权则属于个人,垂直剖面图如图 32.2 所示。这张二维地籍图无法说明土地空间的空间配置,甚至会让读者感到困惑。若不添加第三维度,H102-0037(B)中土地多用途使用的含义无法在 2D 地籍图上以几何的方式阐明。

图 32.1　地籍图(Guo et al.,2013)

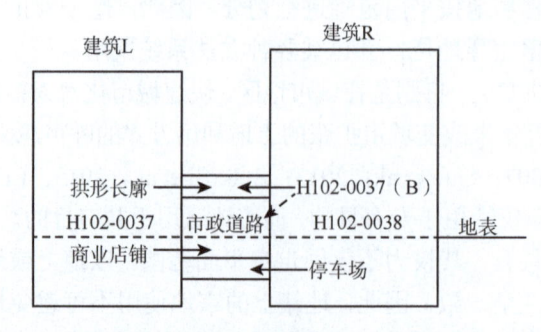

图 32.2　建筑的垂直剖面图(修改自:Guo et al.,2013)

32.2 不动产的空间权

1. 三维地籍的法律背景

不动产的空间权利或所有权分配的空间范围在法律语境中是以三维的形式进行描述，但当不动产的地籍信息在二维图纸上登记时，只能以二维几何的形式呈现。如上述示例所示，二维地籍无法准确地表达三维要素的产权属性。由于空间权利是在一定的法律体系内规定、解释和实施，因此理解法律背景对空间权利的建模至关重要。

土地所有权，是一种广义上的产权，由法律制度和社会习俗决定。土地管理的核心是对地表、地上和地下的产权或空间权利的管理。这些权利体现在产权的概念里，在不同的国家具有不同的意义(Kalantari et al., 2008；Stubkjær, 2005)，通常取决于各国的法律体系(Paulsson and Paasch, 2011)。一些国家(例如荷兰、德国、英国、法国和比利时)将所有权定义为是对土地及其上下空间的权力，包括地下水及其配套装置。其他国家对所有权的规定不包括矿山和地下水。一些司法管辖区不允许将宗地与建筑物的所有权分开，例如荷兰和中国。其他国家(例如丹麦)通过租赁的方式，允许土地和建筑物有不同的所有权。事实上，"位于另一座/栋产权建筑之上"的产权可以通过特殊的程序实现(Sørensen, 2011)。

由于世界上大多数土地管理机构都是在二维地籍的基础上设立的，因此，当土地利用从水平空间向垂直空间扩展时，三维地籍的发展面临着物权法修订的挑战。这是一个较大的问题，特别是对于一些立法和行政制度完善的发达国家。完成一项修正案通常需要较长的时间和艰苦的努力。但是，发展中国家或地区的法律由于立法和管理不完善，或者处于正在建设的状态，因此可能比发达国家更容易进行修改。

中国是一个快速发展的国家，目前正在完善其立法和行政管理，这为中国物权法中某些条款(如空间产权未得到详细的定义)的更新和完善提供了空间。2007年，《中华人民共和国物权法》(国务院法制办公室，2007)颁布实施。土地的使用权建立在宗地地籍的基础上，但物权法第136条规定："建设用地使用权可以在土地的地表、地上或者地下分别设立。新设立的建设用地使用权，不得损害已设立的用益物权"。物权法第138条进一步规定："建筑物、构筑物及其附属设施占用的土地空间应当包含在权利转让合同中"。

地上、地下建筑产权与地表产权分离意味着地上和地下空间的用途可能与地表不同，宗地空间可能是多层次、跨越边界，或没有二维几何限制。这表明关于土地的权力总是与建筑相关联，没有构筑物(建筑物)就没有所有权。物权法为地方政府制定自己的土地使用规则提供了良好的法律依据，并且比发达国家或地区更容易开发3D地籍系统。

2. 同质性土地空间的三维产权的几何

产权同时具有物理和法律两个方面(Aien et al., 2013；Jazayeri et al., 2014；Ying et al., 2015)，这被认为是一种复合对象，可以将物理实体和法律对象相结合。物理实体(例如土地空间基本单元或房产基本单元)具有一定的几何形状，是所有权和其他权利的基础。产权的法律对象依附于物理实体，可以涉及更多的空间，例如，公寓的采光权涉及的空间超出公寓物理上占有的空间,且没有明确的边界(Li et al.,2019)。因此,物理实体的空间表达是产权三维建模的主要任务,由三维物理实体的空间范围或通过空间手段建模明确所有权的定义。

由于建筑物始终依附于土地,因此三维产权(包含土地和建筑物或构筑物)在空间上由两个三维几何图形组成:一个是建筑物的三维模型;另一个是三维容器,该容器是由建筑物使用的土地空间的派生空间范围。由于容器中包含建筑的三维模型,因此可以通过容器之间的空间关系得到各产权体之间的空间关系。建筑的建筑形态可能会对土地空间的权力产生一定的影响,例如相邻空间的地役权几何形状将由建筑的大门塑造。然而,这种影响很难用明确的几何图形来描述。因此,在地籍方面,土地空间形式的产权空间建模旨在呈现容器的显式三维几何形状,将产权的几何形状简化为多面体。它包括一个棱柱或棱柱组合,这些棱柱具有垂直面和平坦的顶部或底部(图32.3)。

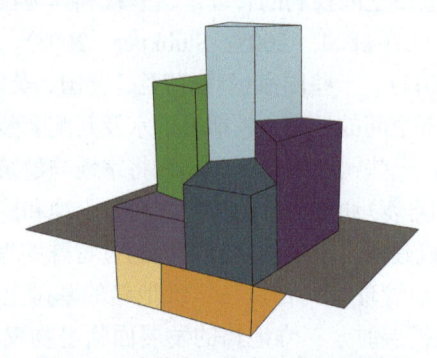

图 32.3　地籍中三维产权的几何图形

得到的结果图比较简单,是因为地上或地下建筑的土地空间是根据平面宗地绘制的。多面体的面和面的边界应满足广义约旦曲线定理(Jordan Curve Theorem),该定理是指这些几何元素具有可定向性。容器内部是假定连通的,这意味着任何容器都是简单的,不允许复合或有多个容器。如果一个容器可以划分为两个或多个独立的容器,则划分后的每一个容器都被视为一个简单的容器。

32.3　三维产权完整性空间建模

在地理信息系统或相关领域中,三维实体的空间建模一直是研究的热点。目前,学者们已经提出了较多的三维数据模型,用于表达三维实体在几何层面的空间特征。三维实体可由单形(点、线、三角形、四面体)(Carlson,1987)、三维形式数据结构(formal data structure,FDS)(Molenaar,1990)、不规则四面体网格(Penninga et al.,2006)、多面体(Arens et al.,2005;Stoter,2004;Wenninger,1974;Zlatanova,2000)、正多面体(Thompson,2007)、构造实体几何(constructive solid geometry,CSG)和计算机图形学中的B-rep方法进行表达。这些数据模型已普遍应用于具有特定语义焦点的不同领域和应用程序。

在土地管理和产权登记的空间建模中,重点是在开发真实的3D地籍过程中,空间维度从二维扩展时能够保持数据的一致性,因为嵌入在数据模型中的语义用于规范和协调社会、经济、法律体系下的产权人与产权之间的关系。因此,三维产权的数据模型必须与现有的基于二维宗地的地籍系统的数据模型相兼容，以使后者数据记录中的语义不会发生改变。

二维地籍通常采用三层结构的二维数据模型，包括面、边和节点(顶点)的拓扑要素。图 32.4 和表 32.1 展示了一个简单的示例：一条边由它两端的节点确定，一个面由它周围的边围成。例如，在该图中 f14 由四个边{e25，e26，e27，e28}围成。

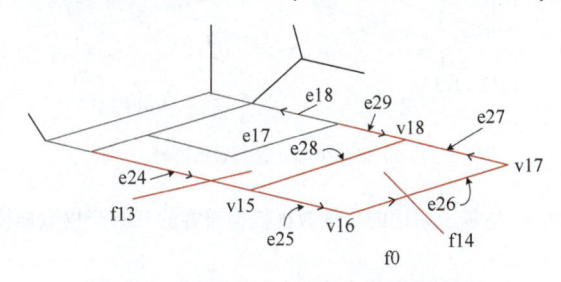

图 32.4 基于宗地产权的二维数据模型

表 32.1 图 32.4 中二维数据模型数据表

边	起始节点	终止节点	面(左)	面(右)
...				
e25	v15	v16	f14	f0
e26	v16	v17	f14	f0
e27	v17	v18	f14	f0
e28	v15	v18	f13	f14
...				

通过在二维数据模型中添加三维拓扑特征——体，便可形成一个具有四层结构的三维数据模型，可应用于三维地籍系统。因此，一个容器或多面体是由一组面围合成一个三维空间。这样的三维数据模型可以用三维面片几何(piecewise linear complex，PLC)操作结构化，这是计算机图形学中常用的几何数据结构(Cohen-Steiner et al.，2004；Miller et al.，1996；Si and Gärtner，2005)。

图 32.5(a)中，两个体(三维产权体)与二维宗地集成为三维空间中的三维结构，该结构同时包含图 32.5(b)所示的二维产权体和三维产权体。体 Vol2 由闭合面集{f7，f8，f9，f10，f11，f12}表示，面 f8 则由一组边{e15，e16，e17，e18}组成。体 Vol4 被视为一种特殊的三维实体，它可以从三维几何降维成二维几何的面 f14。这个简单的示例表明，三维数据模型与常用的二维数据模型匹配良好。

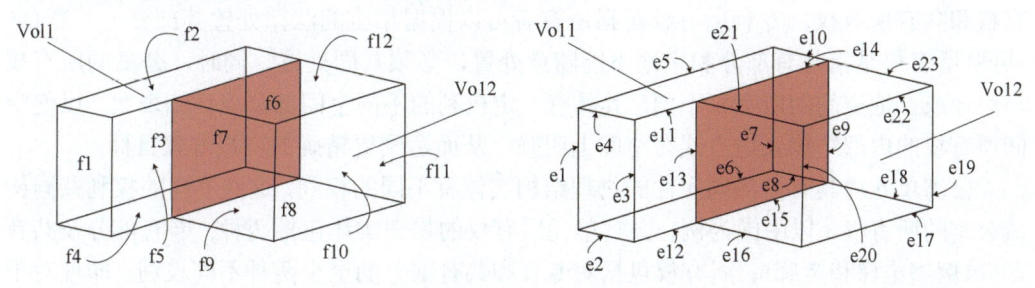

(a) 两个具有3D几何形状的体(容器)

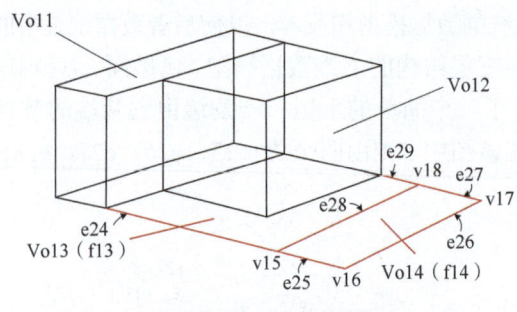

（b）兼容2D和3D地籍数据模型

图32.5　与基于宗地的二维数据模型兼容的三维产权数据模型

32.4　土地空间产权的异质性

如果所有权包括某个土地空间，所有的建筑都位于该空间内，其在所有权方面具有同质性，因此可以利用上述的多面体形式的容器进行空间建模。但是，在人口密度较大的城市地区，为了提供更多的住房给居民居住，许多高层建筑被建造出来。这种公寓单元的所有者和土地空间的所有者可以分割。尽管公寓单元占据了一大块土地空间，并且其所有权也可以通过其多面体容器几何形状在空间上建模，但与土地空间共享完整性的所有权相关的法律规定，打破了公寓使用的土地空间的同质性。在这种情况下，所有权的内部结构应通过其空间表达清楚地呈现出来。这对更精确的产权管理提出了至关重要的要求，不仅包括土地空间和产权的垂直空间范围，还包括产权的水平空间范围以及与产权的空间组成部分相对应的所有权结构。

在数据建模中，产权体可以看作是物理实体和法律实体组合成的复合实体。但是，一个物理实体（建筑物或公寓）可能由具有不同功能或作用的多个部分构成，这导致所有权中包含不同的法律属性。在所有权中出现内部异质性，反映了实体不同部分的合法处置差异，需要在产权管理系统中区分所有权。公寓单元是这种类型的典型产权形态。

对于共有或可分摊宗地，由公寓组成的建筑分为共有部分和专有部分。许多研究都讨论了这种共同所有权（Çağdaş，2013；Pouliot et al.，2011，2013；Rajabifard et al.，2013；Li et al.，2016）。通过对这种所有权进行研究，可以发现这种所有权分为两种：专有所有权和共有所有权。专有所有权是指所有者可以根据相应的法律处置其部分。共有（或共同）所有权是指共有部分和宗地不能随意处置，必须共同处置。同时，公寓的所有权与宗地或土地空间的所有权不同。其具有一定权利的不同空间部分应详细表达，以使空间所有权的内部结构表达方式在空间上明确，从而达到更精确的产权管理目标。

公寓单元内具有内部同质性的物理结构实体有不同的权利，这些不同的权利共同构成公寓的所有权。以中国为例，公寓单元所有权的物理实体包括两种：专有部分及共有部分（例如电梯和走廊）。所有权包括对专有和共有部分的至少两种不同权利。即使对于专有部分（或空间），房间的内部空间被记录到合法空间范围内，而阳台（空间）仅有一半的面积被记录到合法空间范围内。因此细分法律空间的所有权在税收、贷款和保险等方面至关重要。

物理实体与土地空间相对应的部分，一般可以通过四层结构中的闭合多面体进行建模。在所有权的空间建模中，阐明具有所有权部分的语义及空间关系至关重要。如前文所述，所有权的含义因不同的法律制度和社会习俗而不同，在特定的法律和制度背景下讨论公寓所有权的空间表达对研究所有权有极大的帮助。因此本文以中国为例，进行实例验证。

32.5 中国所有权结构空间模型案例研究

1. 中国的公寓所有权

根据中国颁布的《土地管理法》，城市土地的管理与农村土地的管理是不同的。任何城市土地都是国家所有，所有权不可改变。城市土地上的建筑物或其他建筑的所有权可以归个人或法人所有。产权体现在房屋、建筑物或构筑物的所有权以及土地的使用权。在中国的立法体系和社会风俗中，公寓是城市地区主要的住房产权形式。公寓的所有权受到《中华人民共和国物权法》的立法保障，该法规定了业主对建筑区域的共有所有权。物权法第70条规定："业主对建筑物内的住宅、经营性用房等专有部分享有所有权，对专有部分以外的共有部分享有共有和共同管理的权利"。

公寓单元的所有权是指两种物质实体，即专有部分和共有部分。在《房地产测量规范》(中华人民共和国国家标准2006)中，专有部分又可以进一步划分为两部分：单元主体部分和附属建筑部分(如阳台、凸窗、地下室、车库等)；共有部分又分为可分摊和不可分摊部分。建筑面积用于衡量所有权的大小。可分摊部分的建筑面积作为公寓单元的共有建筑面积(或公摊建筑面积)，计入该公寓单元的总建筑面积；不可分摊部分作为公用建筑部分为多业主共同使用，但其面积不计入共有建筑面积(或公摊建筑面积)，不进行分摊。即公寓单元的法定建筑面积由其专有部分和可分摊份额组成。

由于这两种物理实体的空间范围是计算建筑面积的度量基础，建筑面积以不同的方式衡量所有权，公寓单元的所有权根据单元主体部分和建筑物内部结构构成。所有权的内部结构如表32.2所示。

表32.2 公寓单元所有权的内部结构

物理部分	物理对象	子对象	所有权计算	描述
专有部分	主体部分		全部	房间
	建筑附属部分	实体部分	全部	主体结构内的阳台
		比例部分	部分	主体结构外的阳台
		概念部分	不计算(高度小于2.1m)部分计算	凸(飘)窗
共有部分	可分摊部分	实体部分	全部	多业主共有的室内楼梯
		比例部分	部分	有围护设施的室外走廊(挑廊)
		概念部分	不计算	多业主共有的露台
	不可分摊部分		不计算	作为人防工程的地下室

2. 所有权空间建模的实现

从表 32.2 中可以看出，所有权结构可以通过公寓单元物理建筑的三维模型来表示。尽管公寓单元可能具有复杂的物理结构，但每个部分都对应于建筑物的一个物理组件，可以使用上述三维容器进行建模。城市地理置标语言(city geography markup language，CityGML)模型或建筑信息模型(building information modeling，BIM)为建筑物的内部结构提供了丰富的语义和 3D 信息(Tang，2018)，并应用于土地管理和物业管理等领域(Amirebrahimi，2012；Ça˘gda‚s，2013；El-Mekawy et al.，2014；Góźdź et al.，2014)。同时，CityGML 在探索公寓所有权的内部异质性和阐述所有权内部的空间差异方面具有优势。

ISO 19152——土地管理域模型(land administration domain model，LADM)是描述土地管理对象、关系及过程的概念模型。在该标准中，土地管理被描述为确定、记录及传播关于人与土地(或"空间")之间关系的过程。LADM 模型包括 4 个基本包：①权利人(parties)；②权限管理(basic administrative units，rights，responsibilities and restrictions)；③空间单元(spatial units)；④测量与空间表达(surveying and spatial representation)。空间单元数据包(spatial unit package)由测量与空间表达子包(surveying and spatial representation package)组成，该子包可以记录各类地籍几何数据，描述几何实体之间的拓扑关系。空间单元数据包提供了到建筑结构 3D 模型的链接。

虽然 LADM 和 CityGML 对空间要素的侧重点不同，但两者之间没有明显的几何障碍，因为 LADM 和 CityGML 都符合 ISO19107 中关于几何和拓扑的规范。LADM 提供了一种正式的语言来描述土地管理有关的权利人，管理单元和空间单元以及来源等信息，而 CityGML 则是一个用于数据交换的数据编码标准。LADM 中关于权利空间的描述可以映射并编码为一个 CityGML 的应用域扩展(application domain extension，ADE)文件，从而将 LADM 中的土地管理概念实现于管理过程中。因此，LADM 和 CityGML 为开发可行的 3D 地籍系统提供了一种有效的方法，该系统既可以对具有同质空间权利进行三维产权的空间权利建模，也可以对具有异质空间权利的所有权内部结构进行空间建模。

3. 所有权空间表达的实例

本文借用了中国公寓的案例研究(Li et al.，2016)，作为 CityGML-LADM 对公寓内部所有权结构进行空间建模的示例。图 32.6 为公寓单元所有权结构建模的 UML 图。模型中引入了 LADM 包(红色底色标记)，并用 CityGML 设计了两个独立的体系，即法律体系(黄色底色标记)和物理体系(浅蓝色底色标记)，并对两个体系之间 n∶n 的关系进行了描述。建筑物单元的法律空间范围与相应的物质实体不一定等同，我国的立法明确了法律空间范围与相应的物质实体范围之间的数值比例关系，利用属性"numerical ratio"记录，如 0.5、1、0 表示不同类型的建筑部件的比率。因此，利用 CityGML 的 ADE 机制，拓展 CityGML 的属性和语义，从而将法律空间范围(或建筑面积)及相关的语义信息作为属性(或语义)的扩展附加在相应的物质实体上。同样利用 CityGML 的 ADE，法律对象(权利空间)可以由它的物质实体通过两者的语义关系进行描述。

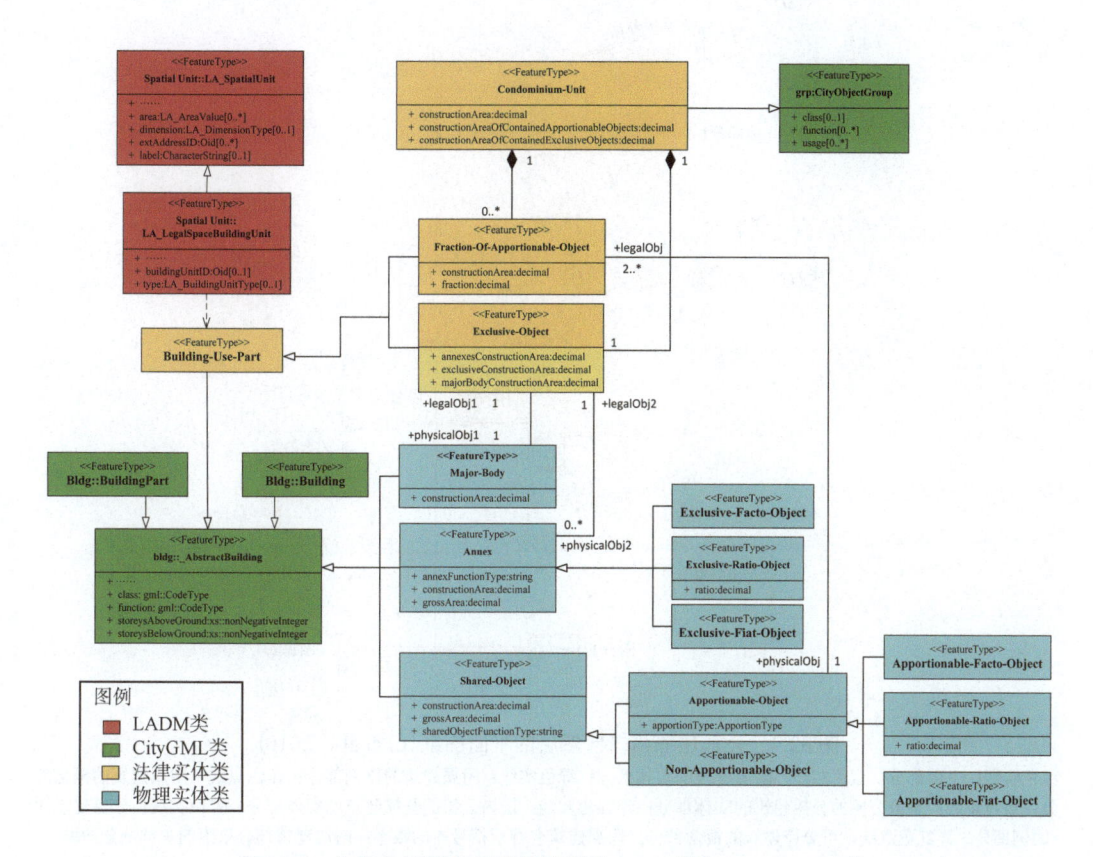

图 32.6 公寓单元所有权结构建模的 UML 图(Li et al.，2016)

该实例建筑是一幢 28 层的公寓住宅，其中每一自然层的内部结构是相似的，这里选用第二层作为实验对象。该层包含了 3 个专有部分和 7 个共有部分。每个专有部分是由一个主体建筑部分和一些附属建筑部分(包括实体附属部分、比例附属部分及概念附属部分)组成(图 32.7)。此外，该层包含三类可分摊的共有建筑部分：实例部分(如整幢公摊的梯间、层内公摊的走廊)、比例部分(如外廊)、概念部分(如花池)。

图 32.8 为第二层内部结构的三维表达。图 32.9 描述了该实例建筑第二自然层中的公寓单元与其自有单元组分及其相应的物质实体(包括主体部分、附属建筑部分)之间的语义关系。

上述实例表明，虽然公寓单元的所有权本质上是复杂的，但内部结构可以根据权利的同质性细分为几个部分，并且可以通过使用 LADM 扩展 CityGML 来精确建模所有权结构。示例中的空间模型主要基于中国立法规定的法律概念。但这种建模方法可以提供一个可用的范式来对公寓单元的所有权结构进行建模，可以适用于其他司法管辖区，尤其是有类似法律概念的国家。

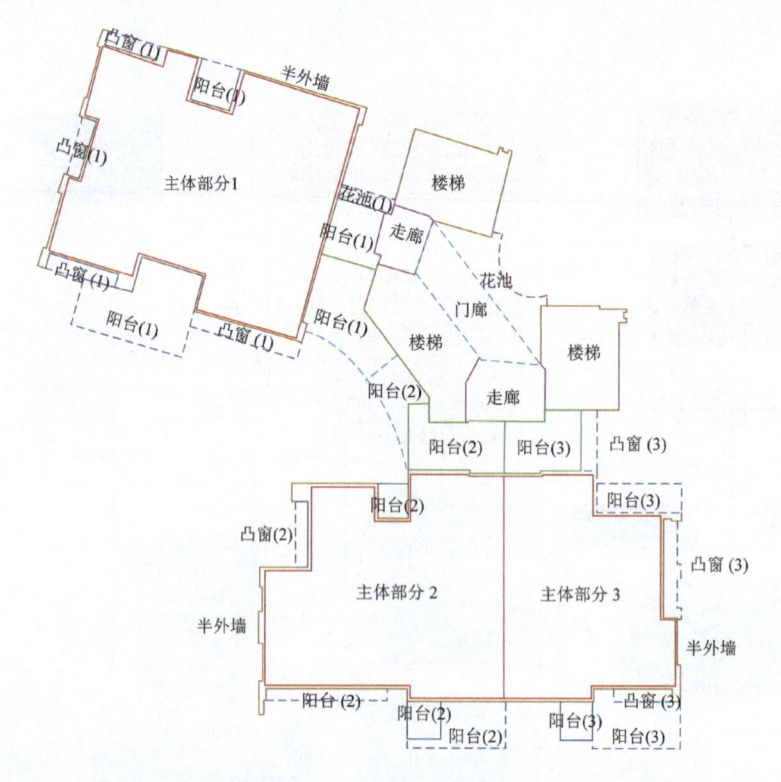

图 32.7　公寓住宅第二自然层的平面图纸(Li et al.，2016)

红色实线：主体部分；蓝色实线：附属建筑的实体部分；绿色实线：附属建筑的比例部分；蓝色点线：附属建筑的概念部分；黄色实线：整幢公摊的分摊建筑的实体部分；洋红色实线：层内公摊的分摊建筑的实体部分；青色实线：分摊建筑的比例部分；洋红色点线：可分摊建筑的概念部分；附属建筑名称后括号内的数字：附属建筑部分依附的主体部分的编号

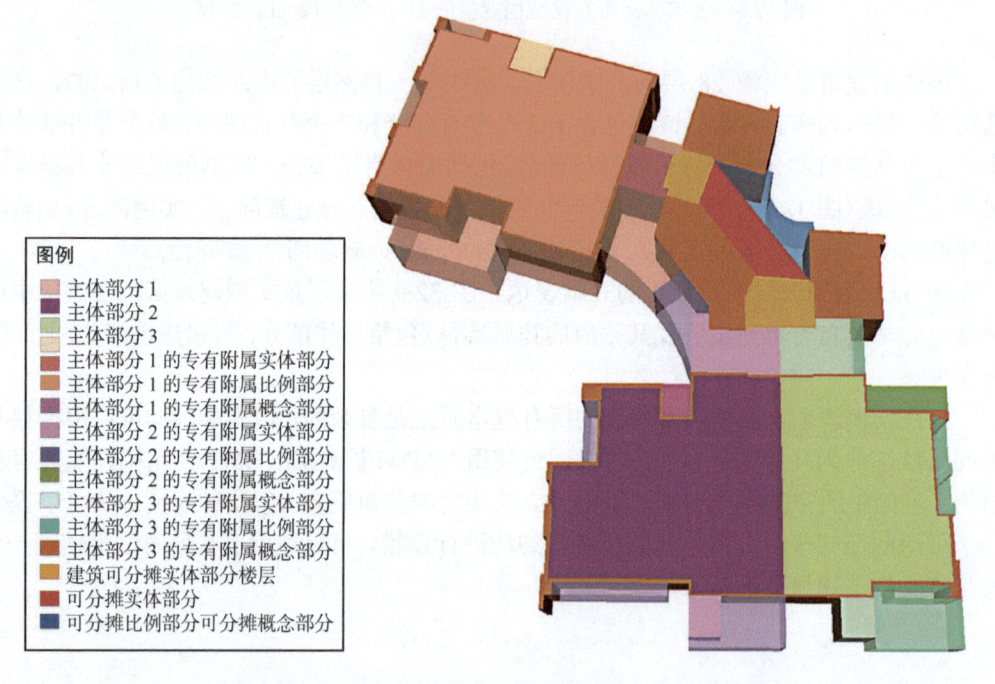

图 32.8　二层内部结构的三维表达(Li et al.，2016)

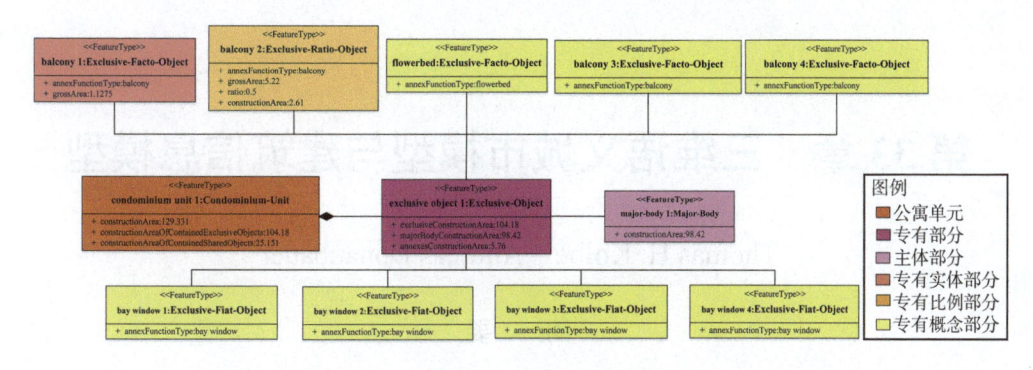

图 32.9　共有单元 1 和专有部分之间的语义关系（Li et al., 2016）

32.6　结　束　语

因为社会经济活动的强度不断增加，三维技术也亟待更新，土地或不动产的管理从宗地（二维）过渡到土地空间（三维）是城市地区的趋势，特别是在人口密度较大的城市。尽管某些产权在空间方面可能完全或部分不明确（Bennett et al., 2008），但以空间要素为特征的权利属性对于管理和阐明这些权利至关重要。使用地上和地下的垂直空间，而不是水平定义的地表宗地，是将产权从二维框架推向三维框架的关键概念。所有权作为最重要的不动产产权，它可以在物理世界中确定和识别，不仅可以在文本和基于宗地的二维地图中记录，还可以在空间范围方面进行记录。所有权的空间建模可以成功地表示由产权的物理空间所指代的空间范围。

对于土地管理，可以使用多面体容器来明确使用土地空间的空间权利。基于面片集合（PLC）的三维数据模型是表示二维和三维产权的有效手段，在三维地籍系统的持续开发中具有重要的作用，因为二维地籍仍是产权管理的主流范式。对于房屋产权来说，产权可能具有复杂的结构，由于共享空间导致部分产权的异质性，单个多面体容器可能无法获取到产权的空间范围。因此，明确划定各部分的空间范围，明确所有权结构，并与法定的空间范围联系起来，是产权精准管理的关键任务。

产权的空间建模在很大程度上取决于其法律和制度体系。本章以中国的案例为例，建模细节和数据模型均针对中国法律语境。尽管如此，它为其他法律体系中的应用提供了一个可用的范例，其建模范式可能对开发各种三维产权管理系统非常有帮助。

基金项目：本研究由国家自然科学基金项目（No. 41871298）资助。

第33章　三维语义城市模型与建筑信息模型

Thomas H. Kolbe　Andreas Donaubauer

摘　要

　　三维语义城市模型和建筑信息模型(building information modeling，BIM)是物理实体数字化建模中两个重要模型。对真实环境的数字化建模成果已经在计算机图形学与游戏、规划建设、城市模拟和地理信息等领域广泛应用。本章从尺度、细节层次、空间和语义特征表达、外观等方面介绍上述四个领域中所应用的三维模型的异同。以城市地理标记语言(city geography markup language，CityGML)和工业基础类(industry foundation classes，IFC)这两个国际标准为例，探讨三维语义城市模型和 BIM 及其建模方法，并讨论两者之间的关系。随后基于基础设施规划的应用实例，阐述了集成三维语义城市模型和 BIM 的方法，例如 CityGML 和 IFC 之间的语义转换。此外，通过真实世界的例子说明三维语义城市模型和 BIM 在城市信息学最新发展(如智慧城市和数字孪生)中的作用。

33.1　建筑环境的数字模型

　　城市信息学的许多应用需要详细的城市环境信息。例如，对于建筑的规划、设计和施工，需要位置、部件、材料和成本以及施工进度的详细信息；对于噪声传播、空气质量和污染评估、能源需求、生产估算等各种城市环境模拟，以及自动驾驶等，都需要城市地表的详尽数据。

　　数字化模型可以表示真实世界的物理实体，以及它们的特征及其相互关系。这些实体可以是自然地物，例如地形、地表、植被与水体，也可以是人工构造，例如楼宇、桥梁、隧道以及基础设施。这些实体的数字化表达具有一些关键属性，包含了空间、时间、几何以及语义等方面。这些属性可以提供包括位置、形状、范围、外观、分类、语义、功能等信息及其相互关系。

　　不同的应用场景对模型的内容和细节程度要求是不同的。例如，对城市目标进行目视解译，城市地表的外观信息已经足够支持这项任务。如果进行语义或空间语义的查询以及分析，则需要目标的语义信息。例如，查找在特定地点视域范围内的所有建筑物窗户，或查找供暖需求大于每年每立方米 100 千瓦时的所有建筑，则需要语义信息使得计算机能够识别哪些目标是建筑物，它们的能量需求是多少，以及建筑物的哪些构件是窗户并获得位置和朝向等信息。对于类似爆炸分析或无线电传播分析等应用，物体材质信息则是必须的。

　　在下文中，仅包含真实物体的三维几何形状以及外观的模型称为虚拟现实(virtual reality，VR)模型。这类模型以谷歌地球和苹果地图中的三维模型为代表。它们只是城市地表的可视化表达(带有图形纹理的三维网格)，并不具有包含属性的数据结构。对于该类模型，人眼可以根据物体特征轻松地识别目标，但计算机并不能对它们进行区分。那些包含了物体属性信息及其相互关系的模型通常被称为语义模型或者信息模型。而同时具有几何信息与语义信息的城市模型则称为城市信息模型(urban information models，UIM)。

当前，城市建模可以通过不同的建模技术、不同的数据形式以多种方法来实现。造成这种多样性的原因是当前的三维城市建模在多个领域中均有所应用，例如，计算机图形学与游戏、地球空间信息科学(包含地理信息科学、大地测量学、摄影测量学以及遥感科学等学科)、规划建设(包含土木工程与建筑设计、城市与景观规划等学科)，以及城市与环境模拟等领域，如图 33.1 所示。

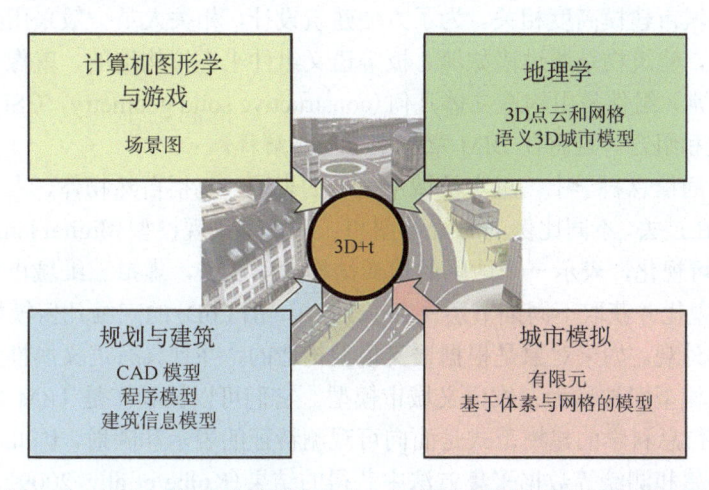

图 33.1　城市三维/四维模型的定义、生成和适用的不同学科及其方法

重要的是，每个学科都有它自己的范围，因此对于被建模的事物和它们被建模的方式都存在不同的关注点。这影响了不同建模范式、概念数据模型和数据交换格式的开发和使用，并且常常会使来自不同学科的人们在讨论城市模型时出现困难。另一方面，当将一个学科的数据引入另一个学科或以集成的方式使用来自不同学科的数据时，就会出现系统互操作性问题，这些问题必须得到解决。

在计算机图形(computer graphics，CG)和游戏领域开发的数据模型和方法，提高了城市及其元素的三维可视化的效率和质量。因此，包含几何和(图形)外观的信息的 VR 模型是 CG 的主要焦点，三维对象通常以所谓的场景图为结构，它允许定义原型形状并且对其进行多重实例化，并实现分层聚合。场景图还可以包含光源、虚拟摄像机和环境信息，比如雾密度，并且可以提供对象动画、表现对象的动态行为和用户交互(Foley et al.，1995)。在 CG 中，对象的建模通常以最支持渲染和可视化优先的方式进行，这意味着从语义角度来看，对象可能不被视为一个单元。语义信息的表示不是 CG 的重点，并且经常被忽略。

关于对三维物体的表示，训练模拟和计算机游戏与 CG 的表现模型和方式是类似的。这些模型支持对物体的物理特征(如重量、弹性、机械连接等)、运动学建模和其复杂行为进行描述，这些物体功能和交互行为是可以通过模拟器来表达的。在 CG 中，除了模拟器控制数据外，对象的语义通常不被考虑。

规划和施工领域专注于对人造物体的精细表达，以支持设计和施工。在过去计算机辅助设计(computer-aided architectural design，CAAD)主要用于表示物体的几何形状，而在近十年其更多的焦点则转向了 BIM 领域。BIM 是指根据语义数据模型对三维模型进行分类和分解，其中每一类都有明确的含义。通过这些方法，可以创建一个全面的、集中的信息存储库，以便建筑全生命周期中每一位利益相关者都能使用。

BIM 技术主要被用于(定制)建筑施工模型，并且其模型的精度非常高，比如所是制的该施工模型具有墙壁、楼板、楼梯、管道、电缆、电源插头等组件。BIM 并没有对自然对象(如植被或水体)的表示，只是近期才开始表示其他对象类型，如桥梁、道路或地形。然而，由于建筑是城市地形中最重要的实体之一，并且 BIM 也包括建筑内部的建模，因此它与城市建模高度相关。为了方便建筑设计，相关人员一般采用生成建模的方法。也就是说，建筑物是通过诸如墙、板等语义组件来虚拟构造的，就像在现实中建造建筑一样。通常，组件是用构造立体几何(constructive solid geometry，CSG)和扫描几何进行几何描述和组合，这将在 BIM 章节中进一步解释。

在地球空间信息科学中，重点是城市地形的表现，包括自然物体、人造物体和地球的地形起伏。在过去，不同比例的二维地图和二维数字景观模型(digital landscape model，DLM)被用来可视化，表示一个地区的地形结构，而现在，虚拟三维城市和景观模型可以使 DLM 可视化并获取不同细节层次(level of detail，LoD)的三维几何模型、三维拓扑，及其城市实体外观。如果对象是根据语义模型构造的，并且具有语义属性和逻辑上的相互关系，这些模型即被称为三维语义城市模型。它们可以被看作是 UIM 概念的一个实现。地球空间信息科学的建模范式是面向可观测特征的表示和映射，因此非常接近于从摄影测量、遥感和测绘等数据采集方法中获得的结果(Kolbe et al.，2009)。三维语义城市模型将在下一节进行更详细的解释。

本章第 4 节分由 Kolbe、Plümer(2004)和 Nagel 等(2009)介绍关于规划和建设与测绘领域模型的异同的更多细节。

在城市模拟领域中使用的模型往往规则或不规则地将城市空间分解为有限元。非占用空间和被占用空间都用体素、三维四面体网格或三角形网格约束的三维体块来表示。由于所有的城市特征都使用相同的表示，它们可以被模拟工具以近似的方式处理。这种方法所表示的单元或元素通过各自模拟相关的属性进行参数化。例如，在污染扩散模拟中，代表城市非占用空间的所有体素都有风向、风速、气温和特定污染物浓度等矢量参数。其他类型的模拟需要城市对象的显式空间语义表示。例如，在交通模拟中，道路必须与交通相关信息一起表示，如限速、交通灯、转弯限制和停车场。为了模拟建筑热能需求，三维建筑模型需要包含建筑类型信息(如住宅、办公室、工厂)和建筑物理信息(如墙壁、屋顶和窗户的保温信息)。

在过去，城市环境的数字模型常常是静态的，也就是说，它们只是代表一个特定时间点的形态，而现在，由于新型应用领域的兴起，如智慧城市(smart cities)和数字孪生(digital twin，DT)。时间维度扮演着一个日益重要的角色，在这些应用领域中，传感器及其高度动态化的观测数据与数字城市模型的对象有关。在电脑游戏领域(包括训练模拟)和城市模拟领域，随时间产生的变化和动态行为早已被纳入处理和研究的范围。然而，在测绘学以及城市数字化建模的规划和建设方法中，时间维度还没有被充分考虑(Chaturvedi and Kolbe，2019b)。

在本章的剩余部分，我们将集中讨论城市环境的空间语义建模，即三维语义城市模型和 BIM。

33.2 三维语义城市模型

三维语义城市模型是城市环境的虚拟模型，即代表物理现实实体的数据集，如建筑、街道、树木、桥梁和地形。与 VR 模型不同，它们的结构（例如，细分和属性）是基于语义和逻辑标准，而不是图形或渲染。三维语义城市模型的对象用它们的语义、几何、拓扑和外观属性代表各自的现实世界的事物，并且表达不同对象之间的逻辑和空间关系。对象属于一组预定义的类，如建筑、道路、城市设施或水体，它们具有空间和语义信息，其语义（即模型组件和属性的含义）在规范中进行了明确的定义。复杂的对象通常被进一步分解成有实际意义的部分，例如，一个建筑可以被分解成建筑构件，这些构件又可以被归类为屋顶、墙壁和地面。墙壁表面可以进一步包含窗户和门。对象可以在所有聚合级别上具有主题属性。它们的空间属性用几何和拓扑对象表示。

1. 目的与关键应用

三维城市模型通常通过地形来描述城市实体的物理环境，因为它主要涉及语义和外观特征等方面。它们被用于创建三维地图，应用范围包括地形测绘、地籍管理、灾害管理、视觉探索、导航和自动驾驶以及城市模拟。三维语义城市模型包括更大地理区域内的所有对象，通常从城市街区到整个国家。它们可以被视为由绘图机构创建和维护的传统二维数字景观模型的三维版本。事实上，目前大多数三维语义城市模型都是由市、省或国家级别的绘图部门创建和维护的。然而，有的三维城市模型也由商业公司以及开放街道地图项目（open street map，OSM）等项目制作。

三维语义城市模型可以被视作（被用作）对相关城市对象的调查的结果。因此，它适用于与物业和资产管理相关的应用，以及人为和自然城市特征的生命周期管理。在城市数据集成方面，三维语义城市模型发挥着关键作用，因为来自不同领域的数据，如城市规划、交通、能源和生态，往往与特定的空间城市对象相关。由于这些对象在同一个三维城市模型中表示，特定领域的数据可以与相应的城市模型对象链接。此外，城市对象可以使用特定领域的数据使其更加丰富。三维城市模型中的对象起到了公分母的作用，因为来自不同领域的数据可以通过城市对象进行链接和关联。下面将进一步说明这一点。

Biljecki 等（2015）在他们的综述论文中列举并描述了 100 多种三维城市模型的应用。作者主要区分了基于可视化的应用和那些将三维模型用于计算、查询和更复杂的分析（包括模拟）的应用。虽然三维语义城市模型也可以用于基于可视化的应用，但它们更加适用于后者，甚至在许多应用中它们都是必需的。Willenborg 等（2018）更详细地解释了三维语义城市模型如何被用于三个非常不同的应用：①太阳辐照分析；②爆炸模拟；③建筑能源需求估算。

2. 模型范式

三维语义城市模型通常用于表示城市环境中现有的物理对象。因此，描述性建模范式被广泛采用，它能够最好地支持测绘、摄影测量、遥感和激光扫描等观测方法对城市实体进行建模。这些方法的直接结果通常是来自不同视角的二维图像和视频（飞机和空间传感的垂直和倾斜视角，移动测绘的地面视角），以及来自激光扫描或立体摄影测量的密集图像匹配的三维点云。然后可以对三维点云进行三角剖分，生成描述所观测表面结构的三维网格。为了表示分离物体的三维几何范围和形状，一般采用边界表示（boundary representations，B-Rep），该方法用边界表面来表示物体的立体几何（Foley et al.，1995）。与大多数其他学科不同的是，在地理信息领域中，几何体总是具有区域或全球坐标参考系统（coordinate reference system，CRS）中的地理坐标。绝对坐标值的使用使得地理信息系统（geographic information system，GIS）和空间数据库能够创建和维护空间索引结构，从而促进了对超大数据集的空间查询和分析的高效处理。这在效率和完整性方面不受其他学科所遵循的建模范式的支持。

语义对象是在三维几何重建的基础上生成的。由于只有可观测的部分可以从测量结果和遥感影像中记录，对象分解通常与可见的表面部分一致。例如，建筑被分解成墙、屋顶和地面，因为只有表面可以被可靠地观测到，而一般来说，整个体积的墙体对象或其他结构元素，如梁或板是观测不到的。原则上，每个（相关的）现实世界的事物都由一个单独的类表示。每个对象都可以有多种表示方式，比如在多个细节层次上具有不同类型的几何图形，以及多种视觉外观。所有对象都应该有全局唯一的标识符，并且这些标识符也应该在真实对象的生命周期内保持不变。这实现了在不同的应用程序中对目标进行轨迹追踪，并以可持续的方式将来自不同来源的信息链接到目标。

当然，三维城市模型也可以用来表示城市的未来发展状态，但所使用的累积建模原则（具有绝对坐标的 B-Rep）并不是特别支持对象的位置、范围和形状进行手动交互式变化。这与通常用于 BIM 的生成式和参数化建模原则存在差异。

3. 国际标准 CityGML

城市地理标记语言（city geography markup language，CityGML）由开放地理空间联盟（Open Geospatial Consortium，OGC）发布，是三维语义城市模型和景观模型的表示和交换的国际标准。CityGML 定义了一个三维城乡实体的公共信息模型和数据交换格式。它明确了城市和区域模型中地形目标的类及其关系。这些类涉及目标的几何、拓扑、语义和外观等属性。主题类之间的概括层次结构和对象之间的聚合和主题关系也都囊括其中。CityGML 作为地理标记语言 3.1.1（City Geography Markup Language 3.1.1，GML3；Cox et al.，2004），是 OGC 和 ISO TC211 发布的可扩展的地理数据交换和编码的国际标准。此外，它还基于来自 ISO 191xx 系列、OGC、万维网联盟（World Wide Web Consortium，W3C）、三维网络联盟和结构化信息标准促进组织（Organization for the Advancement of Structured Information Standards，OASIS）的多个国际标准（Kolbe，2009；Gröger and Plümer，2012）。

CityGML 的数据模型包含虚拟三维城市和景观模型中最重要对象的类定义。CityGML 由一个核心模块和几个扩展模块组成。核心模块包含虚拟城市的基本概念和组件，而每个扩展模块涵盖特定的主题领域，如建筑、桥梁、隧道、数字地形模型（digital terrain models，DTMs）、水体、植被、交通、城市设施对象等。人们在应用时不

第 33 章 三维语义城市模型与建筑信息模型

需要使用整个数据模型，但可以根据特定的需要只使用子模块。图 33.2 显示了 CityGML 的顶级类层次结构的一部分。CityGML 定义了 5 个连续的 LoD，在这些层次中，物体的空间和主题差异随着 LoD 的增加而变得更加详细。每个对象可以同时为每个 LoD 附加一个单独的表示。CityGML 定义的五个 LoD 如图 33.3 所示。

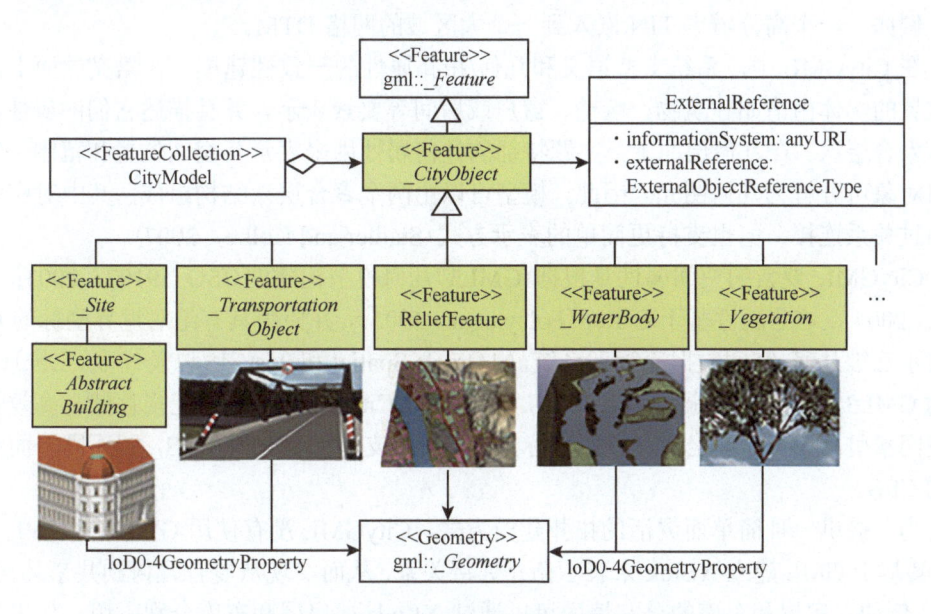

图 33.2　CityGML 的顶级类层次结构的 UML 图

所有主题对象都被认为是地理要素 (ISO 19109)，它们的类派生自抽象上级类 CityObject。为了便于阅读，这里省略了属性和子类

图 33.3　CityGML 定义的 5 个 LoD 的说明

CityGML 包含了以各种形式表示 DTM 的类定义，从点云到栅格数据或不规则三角网(triangulated irregular network，TIN)，甚至包括断裂线。所有这些 DTM 数据类型都可以用来构建复合或混合的地形。LoD 概念甚至允许在不同分辨率下维护多种地形变体。DTM 可以受到有效范围多边形的限制。这些多边形中的孔洞允许嵌入其他 DTM 组件，例如，一个高分辨率 TIN 嵌入到一个大区域的网格 DTM。

在 CityGML 中，系统支持语义和几何/拓扑属性的一致性建模。在语义层面上，真实世界的实体由诸如建筑物、墙壁、窗户或房间等要素表示，并且描述它们的属性、关系和聚合层次。在几何层面上，主题特征的几何属性用来表示其空间位置和范围。复杂几何对象可分解为几何图元。因此，模型可以由两个聚合层次结构组成，其中对应的对象通过关系连接，但也支持更简单的表示方式(Stadler and Kolbe，2007)。

CityGML 要素的空间属性是根据 GML3 几何模型构建的(ISO 19107，2003；Cox et al.，2004)。这些属性基于 B-Rep(Foley et al.，1995)，并使用具有绝对世界坐标的 CRS 来表示三维几何。空间数据库管理系统，如 Oracle Spatial 和 PostGIS 以及许多(三维)GIS，都为 GML3 的几何模型提供原生支持，并且支持 CityGML 数据的无损存储、高效管理和空间索引。除了地理坐标和投影坐标，该系统还支持复合三维 CRS，即不同平面和高度的 CRS。

为了提供一种简单而灵活的拓扑建模方式，CityGML 没有使用 GML 的拓扑类。相反，其基于 GML 建立 XLink 来表示拓扑邻接关系，从而实现从复合几何到共享几何(部件)。例如，房屋和车库的公共墙面可以通过 XLink 被房屋和车库分别引用。如果一个几何对象由不同的复合几何或不同的主题特征共享，则只需为它分配一个唯一标识符，然后由相应的 GML 几何聚合对象引用该标识符(Gröger and Plümer，2012)。

除了语义和空间属性外，CityGML 特征还可以被赋予外观信息，即特征表面的可视化属性。在大多数情况下，这些表面数据是由传感器记录的，例如 RGB 相机或红外相机。CityGML 外观由物体表面的纹理、地理参考纹理和材质(后者采用 CG 标准 X3D 和 COLLADA)来表示，但不限于可视化数据。相比之下，外观与任何表面主题都有关，如红外辐射、噪音发射、射频吸收、地震或爆炸引起的结构应力。因此，外观信息可以作为可视化和分析任务的输入部分。CityGML 支持所有 LoD 和任意数量主题的特征的外观。

三维对象通常来源于外部数据库或数据集中的对象，或与之相关的其他途径。为了表达这些连接，城市模型中的每个对象都可能有外部数据源中对应对象的外部引用，以统一资源标识符(uniform resource identifier，URI)的形式引用。此外，显式信息有助于集成不同的三维数据集/对象类型。CityGML 引入地形交叉曲线(terrain intersection curve，TIC)的概念，将三维物体与 DTM 在正确高度上显示，以防止建筑物漂浮于地表之上或沉入地表以下。为了允许根据用户定义的标准对任意城市对象进行聚合，CityGML 采用了一个通用的分组概念，可以根据附加属性对组进行进一步分类，并且可以包含其他组作为成员，从而允许任意深度的嵌套分组。

用于对对象进行分类的属性，例如屋顶类型，通常被限制为一组离散值。为了促进互操作性，在 CityGML 中，这些集合被指定为外部代码编制器，并被实现为 GML 字典。外部代码编制器可以由用户(重新)定义。

CityGML 规范文档中没有明确涵盖的其他对象可以使用通用对象和属性的概念来表示。此外，CityGML 数据模型可以通过应用领域扩展(application domain extensions，ADEs)对特定的应用进行扩展。依赖于基础 CityGML 数据模型的应用程序，仍然可以解译所有包含 ADE 的数据集。通过这些方法，CityGML 的数据模型在严格性和通用性之间取得了平衡。这主要通过三个部分来实现：①核心主题模型具有明确的 LoDs、类别、空间和主题属性以及关系；②普通城市目标和泛型属性允许动态扩展 CityGML 数据；③ADE 促进了 CityGML 数据模型的系统扩展，为特定应用领域添加新的类、属性和关系。许多不同的群体都开发了 ADE，例如，能源 ADE(Nouvel et al.，2015)支持建筑物的能量分析，公用网络 ADE(Kutzner et al.，2018)支持多个供应和处置网络的同时表示和分析。Biljecki 等(2018)对现有的 CityGML ADE 进行了全面的讨论。

33.3 建筑信息模型

1. 目的及关键应用

在数字城市模型的背景下，BIM 既代表建筑信息模型，也代表建筑信息建模，这两个术语是从建筑、工程和施工产业(architecture，engineering，and construction，AEC)产生的。继 Eastman 等(2011)之后，BIM 被用作动词。这是为了表达 BIM 是在描述一个建模活动，而不仅仅是表示静态对象的集合。Borrmann 等(2015a)认为，BIM 的理念在于从建筑的设计、规划、施工到其运维和拆除(全生命周期)中始终使用数字模型。使用 BIM 的基本前提是，建筑设施的全生命周期中不同阶段的利益相关者之间保持协作(National Institute of Building Sciences，2012)。因此，BIM 的理念符合促进利益相关者之间的数据交换和提高建筑整个生命周期效率这一目标。不同于 CAD 主要专注于表示建造物的几何形状和外观，BIM 专注于(定制)建筑施工模型，用详细的信息模型代表施工现场、建筑物及其构件，如墙、板、楼梯、管道、电缆、电源插头，并且表示这些对象的语义信息以及它们之间的关系。信息模型还可以传达时间(例如，在建筑项目中的任务调配)和成本等方面的信息，通常被称为四维或五维 BIM。

Eastman 等(2011)根据 BIM 过程中涉及的利益相关者将 BIM 的关键应用划分如下：

- 业主：从成本、时间、可持续性和设施管理的角度评估设计方案(需要成本估算、能耗模拟、初步设计阶段的三维渲染模型)；成本和进度控制；对实际模型/运维模型的调试和资产管理。
- 建筑师和工程师：空间规划和方案合规、能源分析、设计沟通/评审(三维可视化)、成本估算、建筑系统(结构、机械和空气处理系统、应急系统、照明、声学等)的设计和分析/仿真、设计协调(冲突检测)。
- 承包商：施工规划与进度管理(四维模拟)、成本与进度控制、采购与跟进、安全管理(四维模拟)。
- 分包商和制造商：自动化制造、预装配和预制。

上述所有应用的共同之处在于，它们通常只考虑单个建设项目或设施，而不是整个地区、城市或更大的地理区域。

BIM 早期主要应用于建筑施工,如今在基础设施建设中得到越来越多的应用。Bradley 等(2016)概述了 BIM 在基础设施方面的应用,如规划、建设、维护公路和铁路、公用设施管网等。

2. 模型范式

虽然 BIM 可以用于管理现有的建筑(参见上文涉及业主的应用),但大多数 BIM 应用集中在建筑的设计和施工阶段。因此,BIM 被用作一种模板,设计和施工方根据模型创建原件。这意味着 BIM 会遵循一种规范的建模范式(Brüggemann and von Both, 2015)。此外,BIM 遵循生成建模的方法,因为模型反映了建造的过程(Kolbe and Plümer, 2004)。该方法需要高度详细的模型,才能将所有的构造元素表示为组件。然而,构造元素的几何表示可能在粒度上有所不同,这取决于规划的状态(草案规划、执行规划等)。为了给模型的用户提供不同粒度的几何信息,BIM 定义了 LoD。为了反映规划过程的动态特性,BIM 所遵循的生成建模方法还必须能够快速有效地对规划对象的模型进行更改。因此,大多数采用参数化和生成几何模型,如 CSG 和扫描模型。参数化表示和局部转换的使用使得 BIM 模型的交互设计更加直观,因为组件的特性可以通过调整其参数轻松地改变。例如,墙壁组件的厚度可以通过调整宽度参数而改变,这个过程中的几何表示是隐式变化的。此外,通过将窗口对象移动到墙壁中的其他位置,即通过窗口对象相对于墙壁对象的平移,可以轻松地修改窗口在墙壁中的位置。将窗口对象所占据的空间从墙上删除就可以在墙上产生洞(hole)。道路的设计和施工也是如此,中心线描述道路的走向,横截面以及一些参数提供了关于车道和道边的信息。例如,如果道路需要向左移动 10 m,只需要相应地调整中心线,其他属性随之而更改。

3. 国际标准工业基础类(Industry Foundation Classes,IFC)

IFC(ISO 2018)定义了 AEC 领域的国际组织 buildingSMART 开发的软件供应商中间(software-vendor-neutral)产品模型和数据交换格式。目前,IFC 广泛被采用:根据 Borrmann 等(2015a)所述,AEC 领域的所有软件供应商都支持 IFC,并实现 Open BIM,也就是让不同的软件供应商都用同一个(用来过渡的)中间 BIM 平台。该过程依赖于在利益相关者之间进行格式标准化和信息模型的数据交互。在新加坡、芬兰和英国等国家,IFC 已被强制用于政府项目。美国 BIM 标准(National Institute of Building Sciences,2012)就是基于 IFC 制定的,德国 BIM 战略也将"Open BIM"作为公共建筑项目中 BIM 流程的重要组成部分。

IFC 提供了一个非常详细和丰富的信息模型(见图 33.4),该模型使用结构元素,如梁(ifcBeam 类)、墙(ifcWall 类)等,以及非物理空间对象,如楼层(ifcBuildingStorey 类)和空间(ifcSpace 类)的三维表示。不同的领域包括不同的工艺,如钢铁业、工地施工、管道服务、电缆服务和供热通风与空气调节(heating ventilation and air conditioning,HVAC)。IFC 的信息模型包括材料属性和成本,例如,支持成本计算、施工阶段规划和结构分析。自 IFC 第四版以来,IFC4 纳入了基础设施主题类,包括道路和铁路等对象。同时,IFC 也在编制桥梁和隧道的数据模型。

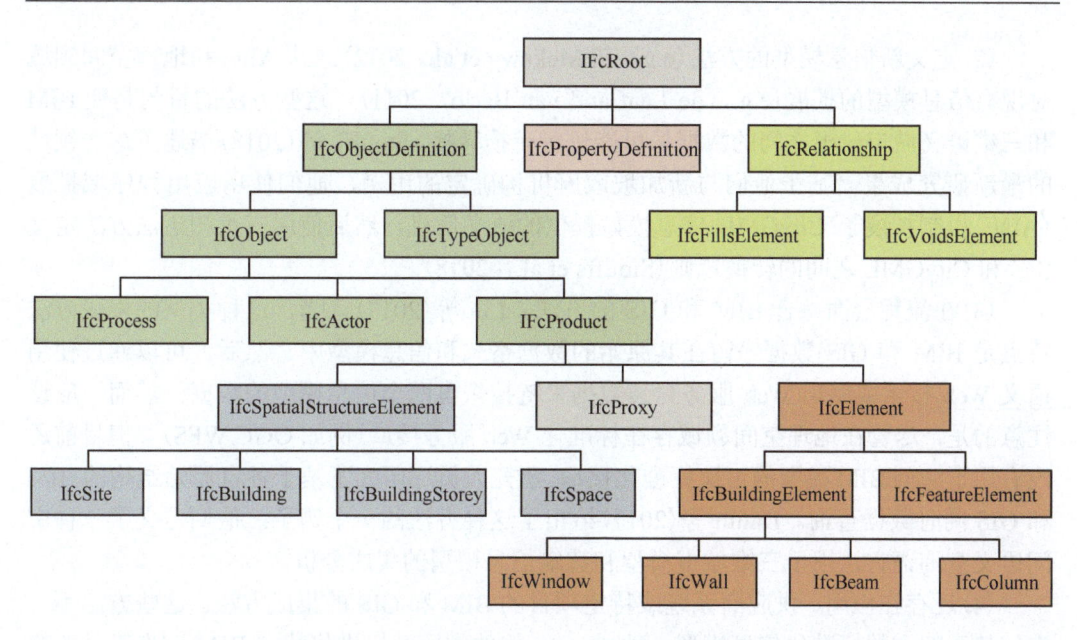

图 33.4 摘自 IFC 信息模型，以 EXPRESS-G 符号显示最重要的顶级实体的继承层次结构
（Borrmann et al.，2015a）

IFC 的信息模型可以从限制和扩展两方面进行定制。可以创建模型视图定义（model view definition，MVD），以便将数据模型限制到特定的应用，例如，定义数据交换需求。在 buildingSMART 国际的 MVD 数据库中可以找到一系列预定义的 MVD 文档。它们包括用于协调建筑、结构和建筑服务领域的 MVD，用于成本估算的 MVD，以及用于能源分析的 MVD。MVD 的标准交换格式是 mvdXML（Chipman et al.，2016）。属性集和数量集的概念使得用户可以通过定义属性灵活地扩展语义模型。

IFC 有一个非常全面的二维和三维几何模型。根据适用于 BIM 的建模范式，IFC 提供了参数化几何模型，如 CSG，也提供了 B-Rep 几何。

从 2.3 版本开始，IFC 加入了简单的地理参考系，允许用户以地理坐标（采用 WGS84 基准面）加上以米为单位的椭球体高程值规定整个场地模型的原点的真实坐标。随着 BIM 对基础设施的重要性日益增加，当前版本的 IFC4 支持更复杂的地理参考，然而，在某些大型基础设施项目的实际案例中，这样的地理参考还没得到应用（Markic et al.，2018）。

33.4 三维语义城市模型与 BIM 的集成

BIM 和 GIS 的集成目前已经成为学术界和产业界争相研究和发展的课题，它也已进入大学课程和专业培训课程（Hijazi et al.，2018；Noardo et al.，2019）。

BIM-GIS 集成的研究领域已经发展了近十年，同时也有几篇综述文章（例如，Liu et al.，2017）对其进行了描述。以下是基于 Liu 等（2017）对集成方法的分类：

（1）基于 AEC 和地理空间领域的现有信息模型，对 BIM 和三维语义城市建模之间的数据进行转换，其中 IFC 和 CityGML 是各自领域最突出的信息模型（Stouffs et al.，2018）。

(2) 定义新信息模型的方法(e.g., El Mekawy et al., 2012)或从 AEC 和地理空间领域对现有信息模型的扩展(e.g., de Laat and van Berlo, 2011)。这些方法的目的是使 BIM 和三维语义城市建模之间的数据尽可能进行无损转换。Stouffs 等(2018)描述了这一领域的最新研究成果。基于他们与新加坡政府机构确定的用例，他们使用应用程序域扩展(ADE)机制扩展了 CityGML 信息模型提供的语义信息，然后使用三重图语法方法定义 IFC 和 CityGML 之间的转换规则(Stouffs et al., 2018)。

(3) 在流程层面整合 BIM 和 GIS 的方法。Liu 等(2017)认为，这种类型的集成方法特点是 BIM 和 GIS 数据停留在其原始的数据格式和信息模型中。然后，可以通过使用语义 Web 技术或使用 Web 服务封装数据来链接来自两个信息模型的数据。然而，应该注意的是，尽管在地理空间领域存在标准化 Web 服务接口(例如 OGC WFS)，但目前还没有用于访问 BIM 模型的可比标准化接口。研究人员还研究了基于各自原始结构的 BIM 和 GIS 同时数据查询。Daum 等(2017)给出了这种方法的一个例子：他们定义了一种空间语义查询语言，用于三维城市模型和建筑信息模型的集成分析。

(4) 还存在应用、供应商系统或特定项目的 BIM 和 GIS 的集成方法。这些方法不一定依赖于双方的标准化信息模型。例如，GIS 软件供应商提供将特定 BIM 创作工具的原生格式导入系统的功能。如果 BIM 数据中的几何是参数化的，它将在 GIS 软件中转换为显式(网格)几何。在导入过程中不应用语义转换，但可以由 GIS 用户应用。

研究人员和软件公司在 BIM-GIS 集成方面所付出的努力：一方面表明了该主题的复杂性；另一方面，它也表明了这种集成的必要性和好处，如下面部分所述。

1. 应用场景

图 33.5 例举了与建筑或基础设施的生命周期相关的 BIM-GIS 的集成应用。在概念设计

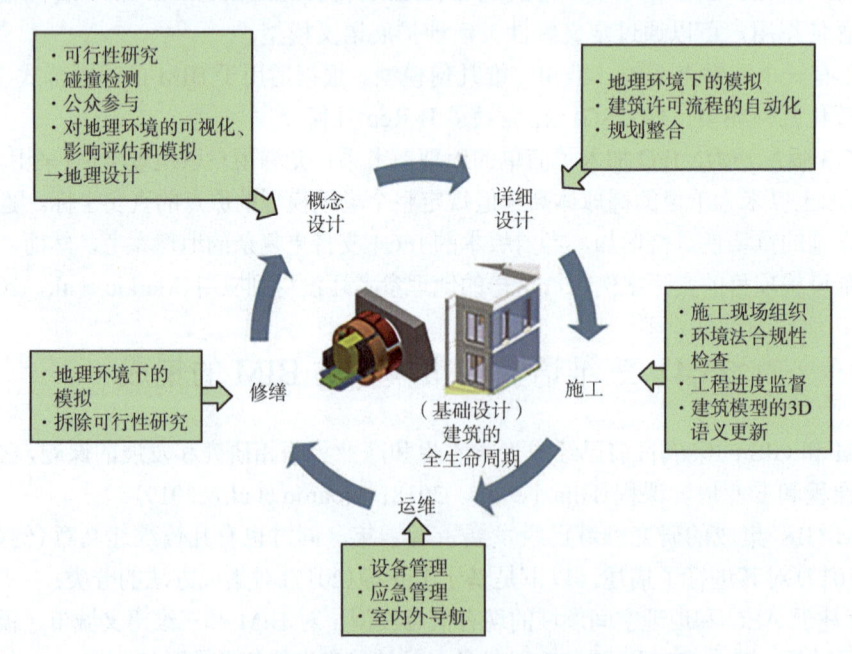

图 33.5　BIM-GIS 集成应用[由 Borrmann 等(2015a)修正]

阶段(concept phase)，将规划建筑的模型放在相应的环境中测试，以观察该模型的虚拟表现，可以依此进行方案变更和可行性分析，并通过三维可视化促进利益相关者的参与规划。综上所述，可以认为，BIM-GIS 在早期设计阶段的集成是支持地理设计的，根据 Flaxman (2010) 的观点，这是一种"将设计方案的创建与地理环境影响模拟紧密结合在一起的规划方法"。

建筑的地理环境模拟也可以应用于详细设计阶段(detailed design phase)，包括涉及遮蔽效果(由相邻建筑物、植被或地形的遮挡而产生)的能源模拟。在基础设施建设中，地理环境模拟也很有用处。例如，在规划高速公路路口时，是否有眩光效应是通过周围地形的虚拟模型来确定的。在下一节中，我们将描述集成规划的总体方法，该方法基于现存和被规划的人造对象和自然对象的一致虚拟表达，可以支持更多的应用。

在施工阶段(construction phase)，这种集成也十分有用。例如，在施工场地布置中，起重机和物料存放区的位置会受到周围环境的影响。(重型)交通运输的规划和调度也可以使用来自三维语义城市模型和景观模型的地理空间数据来执行。当然，施工阶段的操作必须遵守环境法规。例如，Schaller 等(2017)描述了如何将 BIM 的施工计划与木本植物清理法规进行比较，以符合物种保护法规。施工过程的最后会生成一个结构的竣工模型。这可以用来更新三维语义城市模型。

设施管理、应急管理和室内外无缝过渡都是在建筑维护阶段 BIM 和三维语义城市模型集成的应用实例。例如，Hijazi 等(2011)展示了如何联合分析室内和室外的公共设施网络，以达到建筑维护的目的。

在建筑修缮阶段(modification phase)，BIM 模型可以在相应的地理环境下支持对其拆除工程的模拟从而进行该措施的可行性研究。例如，Willenborg 等(2018)展示了将三维语义城市模型进行爆炸模拟的方法，以确定爆炸发生时的安全区域。

上述所有应用可分为以下类别：
- 将 BIM 模型引入三维城市模型，进行联合可视化、分析和仿真；
- 将三维语义城市模型引入 BIM 系统，为建筑的规划或翻新提供周围的环境模拟；
- 需要同时使用室内和室外环境的应用。

只考虑物体的几何实体、几何外观，还是在集成中同时考虑对象的语义，以及主要关注点是 BIM 还是三维语义城市模型，上述内容取决于应用场景的需要，因为这两种方法的范围是互补的，在管理现有建筑的层面上有重叠的部分，这些在以下章节会进行阐述。

2. 三维语义城市模型与建筑信息模型的关系

三维语义城市模型和 BIM 有一个共同点，即两种方法都是建筑环境的语义建模。然而，不同的几何建模范式有不同的方法来构建真实物体。

图 33.6 显示了范围和规模上的差异。BIM 的规模范围包括特定建筑的详细视图，从基本结构到单个组件。相比之下，三维语义城市建模包括整个区域的范围，包括建筑的单个房间，也包括更大的范围，如交通物体、植被和水体。三维语义城市模型主要描述了建筑环境的当前状态。它可以被看作是各个信息系统的枢纽连接。

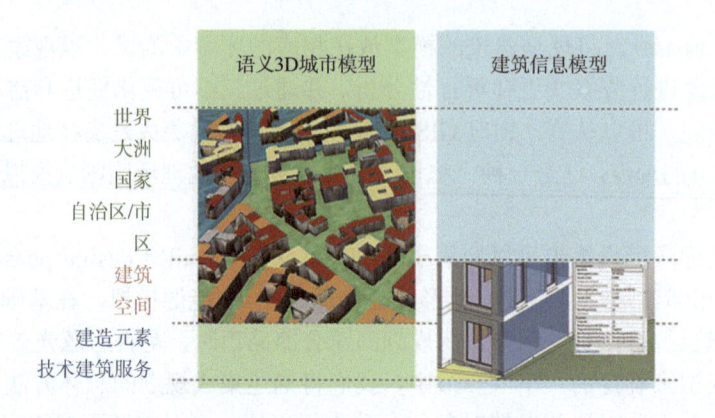

图 33.6　三维语义城市模型与 BIM 在范围和规模上的关系

两种方法的适用范围和规模不同,导致几何建模范式也不同,如图 33.7 所示。

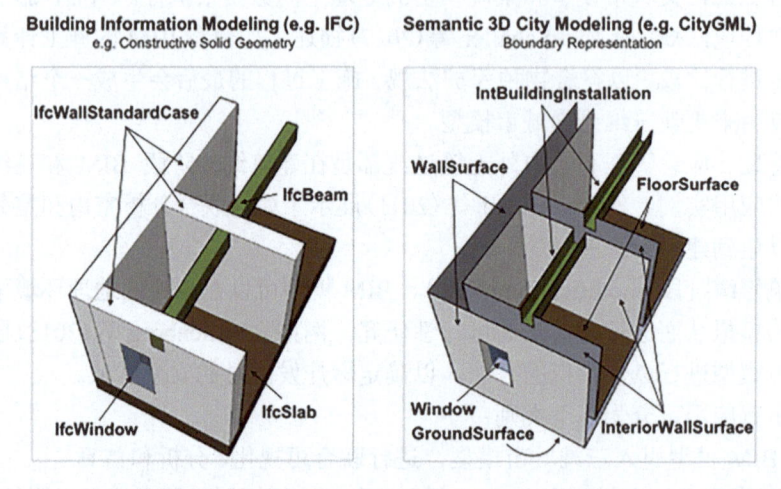

图 33.7　几何建模范式主要应用于 BIM 和三维语义城市建模(Nagel et al., 2009)

在三维语义城市模型中,机载相机和激光扫描仪等多种传感器常常被使用,还有视距仪和地面激光扫描仪等地面测量仪器,用于对城市目标实体的表面进行观测。因此,目标实体是通过它们的可观测表面(如墙壁和地板)来描述的,这些表面可以累积形成在更高层次的物体(如房间或建筑物)中。由此产生的几何建模范式是 B-Rep,这意味着几何对象是通过它们的边界进行递归描述的。B-Rep 有其优势,例如,它可以用于空间索引。相比之下,BIM 模型反映了三维对象是如何构建的,即应用生成建模方法,通过体积和参数基元来表示构造元素。其几何建模范式通常是 CSG,其中复杂的结构是由体积基元组合而成;其运算规则包括并、交和差(集合相减)。CSG 和其他参数几何范式的优势在于可以非常有效地修改目标。例如,在 CSG 模型中改变墙壁的厚度只需改变一个参数,而在 B-Rep 模型中,许多点必须单独移动,因此可能会在模型中导致不一致性。

虽然一个 CSG 模型可以被唯一地映射到一个 B-Rep 模型上,但一个 B-Rep 模型可以由无数个不同的 CSG 模型创建(Kolbe and Plümer, 2004;Nagel et al., 2009)。

33.5 涉及建筑环境数字模型的城市信息学最新发展

下面的例子来自本章作者的项目,阐述了城市信息学的最新发展,包括三维语义城市模型、BIM,或两种方法的组合。

1. 综合规划模型

如前一节所述,三维语义城市模型与 BIM 的集成,可以被用于对规划目标及其地理环境的联合可视化和分析。本章的作者参与了整合 BIM 和三维语义城市模型领域的多个研究项目,这些项目以改善基础设施建设的规划过程为目的。

项目"3D Tracks"(三维追踪)(Breunig et al.,2017)提出了地铁与轨道共同规划的方法。其中的一个主要研究课题是大型基础设施建设项目的多尺度性质,其尺度从千米级到厘米级不等。在一般的地理空间领域,特别是三维语义城市模型中,多尺度表达已经建立。然而,由于三维语义城市模型在本质上是静态的(至少就建筑的几何形状而言),LoD 概念必须适应高度动态的规划过程要求。盾构隧道的语义模型引入并描述了不同细节层次之间的依赖关系(Borrmann et al.,2015b)。该模型在从一个较粗的级别(例如 LoD1)到一个较细的级别过程中使用典型的自上而下的规划方法。该模型的一个关键方面是在空间对象的帮助下创建不同 LoD 的隧道表示(参见图 33.8 中的 LoD2–LoD4),而隧道的构造元素仅在最高精细级别的 LoD 中表示(图 33.8 中的 LoD5)。

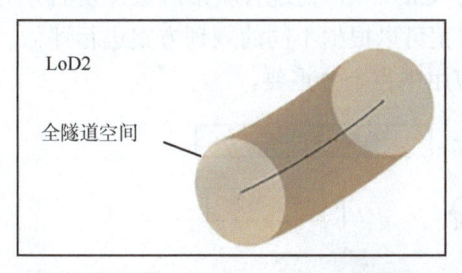

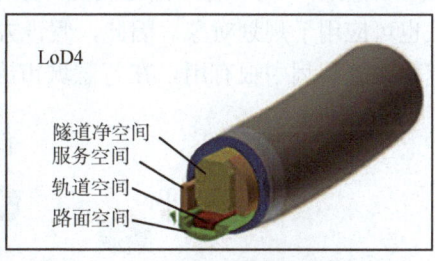

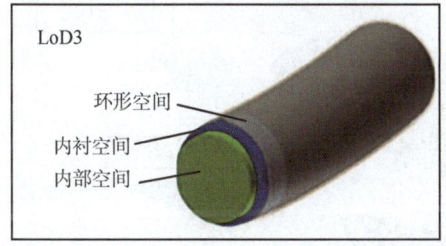

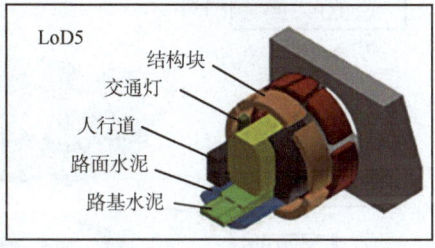

图 33.8 不同 LoD 的盾构隧道(Borrmann et al.,2015b)

图 33.9 给出了盾构隧道施工的几个层次的细节。参数化三维 CAD 系统提供的施工操作,如扫掠、拉抻等,均按顺序执行,从而形成一个跨 LoD 依赖的图结构。因此,较低 LoD 中的更改将自动影响较高级别的对象。由于这种建模方法与三维语义城市模型中对象的表示方式有很大不同,Borrmann 等(2015b)提出了一种几何和语义的映射,并根据隧道的 CityGML 表示,将隧道对象转换为对象,并实现了自动转换。

1.	CREATE SPLINE	LoD1
2.	CREATE SKETCH	LoD1
3.	CREATE SWEEP	LoD2
4.	CREATE SKETCH	LoD2
5.	CREATE SWEEP	LoD1
6.	BOOLEAN UNION	LoD1
7.	CREATE SKETCH	LoD2
8.	DEFINE CONSTRAINT	LoD2
9.	CREATE SWEEP	LoD2
10.	CREATE SWEEP	LoD3
11.	BOOLEAN DIFFERENCE	LoD3
12.	CREATE EXTRUSION	LoD3
13.	…	

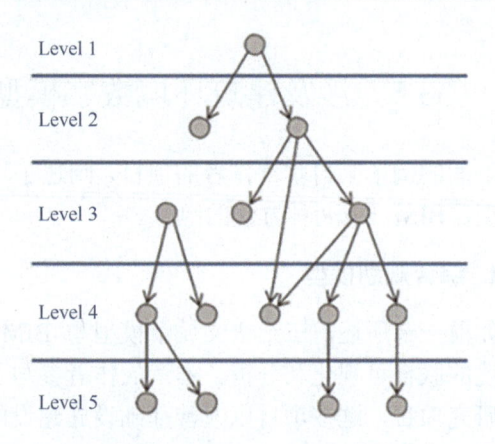

图 33.9　盾构隧道的施工过程及其跨 LoD 依赖图（Borrmann et al.，2015b）

　　Schönhut(2018)描述了一种通过 BIM 和三维语义城市模型的集成来支持地铁规划的方法。她没有保留三维语义城市模型和 BIM 的原始结构，也没有将它们集成在一起并将处理服务封装在特定的分析中，而是将两个领域的数据整合为一个公共信息模型（图 33.10）。她的方法使用综合规划模型和 CityGML 作为公共信息模型。由于 CityGML 不能表示水文地质对象，而水文地质对象对于地铁轨道规划至关重要，因此使用 ADE 表示地质领域的信息模型，即地球科学标记语言(geoscience markup language)和地下水标记语言(groundwater markup language)。这种集成方法的一个优点是，除了可以观察 BIM 模型在模拟环境中的可视化表现，基于 CityGML 为现有城市对象开发的分析和仿真方法也可应用于规划对象。因此，假设方案可以根据不同的规划方案进行评估。这不仅在基础设施规划中很有用，在智慧城市应用中也十分重要。

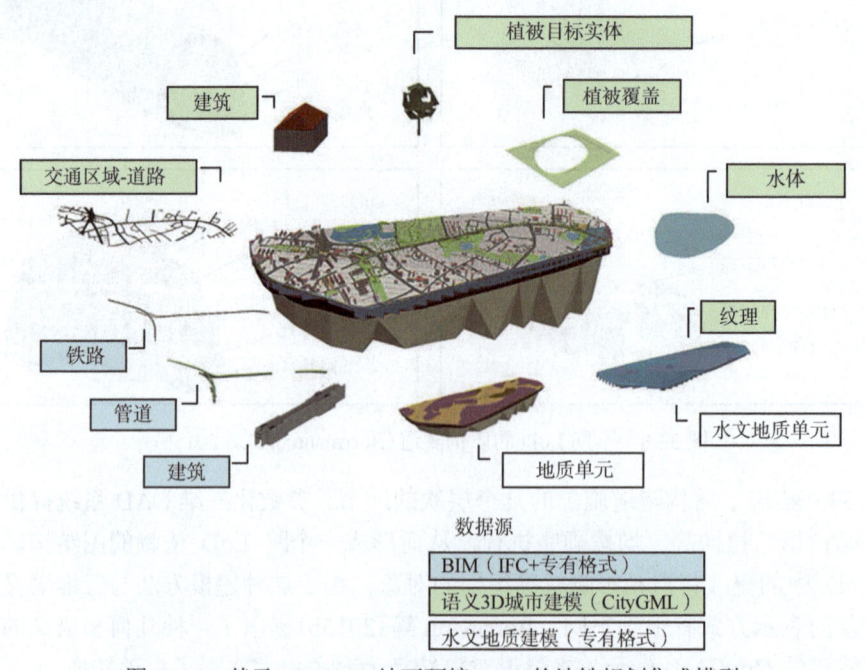

图 33.10　基于 CityGML 地下环境 ADE 的地铁规划集成模型

2. 建筑环境的数字模型、智慧城市和数字孪生城市（digital urban twins，DUT）

数字孪生（digital twin，DT）的概念最初是在工业的产品生命周期管理（Datta，2017）中被定义的。DT 是关于特定物理实体的数字表示，包括其起源、状态、历史以及记录等数据。它用于文档记录和预测性维护。随后，来自地理空间信息科学和城市规划领域的人士开始讨论其在城市背景下的应用（Batty，2018）。一般来说，关于特定产品的所有信息都由制造商创造，与此相反，城市真实对象（如建筑物、街道、桥梁等）的信息分布在多个组织之间。例如，同一栋建筑的信息由城市管理局的不同部门、能源供应公司以及建筑的业主和使用者存储和管理。因此，创建和维护一个数字孪生体首先需要信息集成。由于建筑环境信息的分散性和异构性，创建一个城市的数字孪生体是一个有挑战性的任务。为了连接和利用这些异构数据，智慧城市空间数据基础设施可以在建立系统和平台之间的互操作性方面发挥相应的重要作用。

Moshrefzadeh 等（2017）在此背景下提出了"信息集成"的概念。他们的智慧区域数据基础设施（smart district data infrastructure，SDDI）定义了一个组织和技术框架，用于创建一个城市区域的数字孪生体。他们的概念包括参与者、应用程序、传感器、城市分析工具、所有分布式信息资源的中心资源注册表，以及作为中心组件的三维虚拟区域模型（如图 33.11）。基于 SDDI 概念，Chaturvedi 等（2019）提出了一种保护分布式应用和服务的方法，它有利于所有利益相关者和各自团体的隐私保护、安全提升和访问可控性，并允许单点登录（single-sign-on，SSO）认证。Chaturvedi 和 Kolbe（2019a）提出了一种可互操作访问 SDDI 环境下来自分布式、异构物联网和传感器平台的传感器观测数据和时间序列数据的方法。

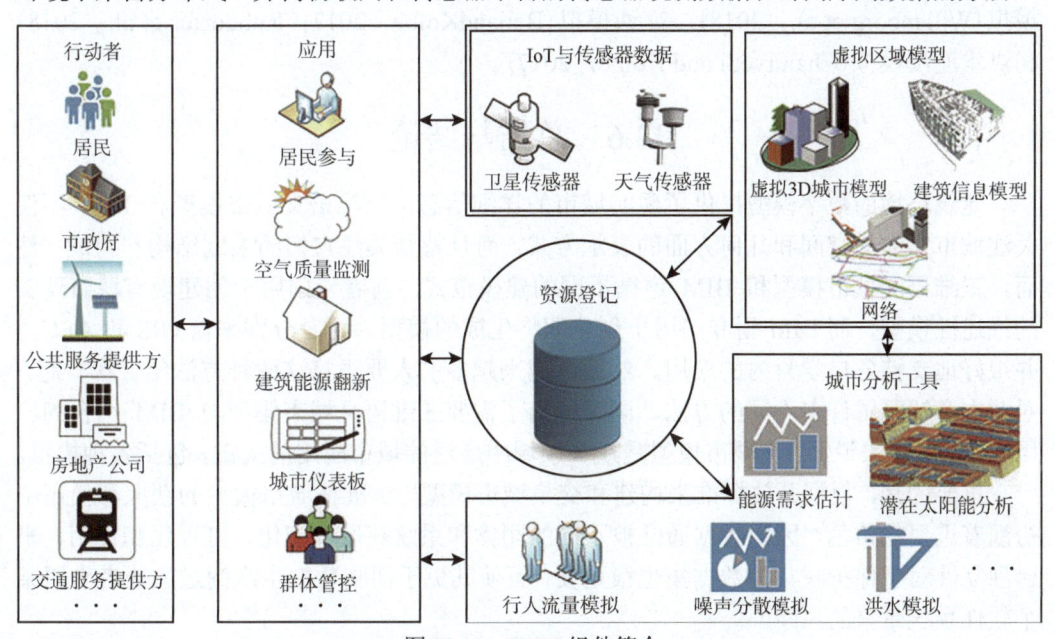

图 33.11　SDDI 组件简介

SDDI 的一个特点是，所有来自不同领域的信息、传感器和应用都与 CityGML 所代表的虚拟三维区域模型相关联。如图 33.12 所示，三维语义城市模型中建筑物、街道等物理对象的数字表示可以作为锚点，将不同领域、不同主体的信息进行连接。

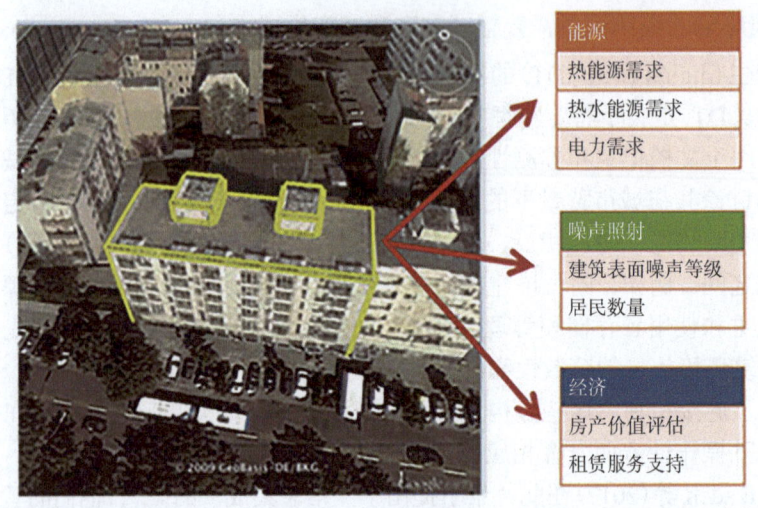

图 33.12　三维语义城市模型中物理对象的数字表示，用于集成来自不同领域的信息

因此，城市变化的影响可以在数字孪生体中从不同的角度进行模拟仿真，然后在真实的城市中实施。如今的大多数智慧城市技术都没有充分利用这种信息整合，因此对城市的看法仅限于特定的部门，例如，智能移动和智能能源，而忽视了这些部门之间的相互依赖。

来自柏林、伦敦和纽约等城市的大量应用已经表明，基于建筑环境数字模型的信息集成概念，特别是三维语义城市模型，可以为城市的规划和运维做出有价值的贡献。应用领域的例子包括战略能源规划（Kaden and Kolbe，2014）和太阳能潜力分析，以及爆炸模拟（Willenborg et al.，2018），交通模拟（BeilandKolbe，2017；Ruhdorfer et al.，2018）和洪水淹没模拟（Chaturvedi and Kolbe，2017）。

33.6　总结与结论

建筑环境的数字模型提供了现实城市的详细信息。三维语义城市模型和 BIM 不仅关注城市实体的空间和几何方面的表示方式，而且特别关注它们的主题结构和组成。然而，三维语义城市模型和 BIM 遵循不同的建模范式。前者专门用于创建现有城市现实的描述性模型，而 BIM 则专门用于创建即将生成的模型。两者分别来自 GIS 和 AEC，并很好地支持各自学科内的应用。然而，越来越多的人要求将这两种方法结合在一起，对此本章解释了许多不同的方法，同时给出了需要三维语义城市模型与 BIM 结合的应用实例。一般来说，语义城市模型是众多领域中广泛的城市应用的关键，包括各种模拟。

重要的是，根据开放标准来构建和交换城市模型。标准在城市模型的获取和使用中扮演着重要的角色，因为数据通常被不同的团体和系统获取、细化、可视化和使用。平台独立性对于保护收集的数据集也很重要，可使其免于面临数据生产商过失或者弃用某个软件系统带来的风险。

总之，城市的数据质量模型不仅限于数据收集过程，也用于与标准有关的数据建模框架和数据交换过程。如果数据交换标准不能保存数据集的原始内容、结构和逻辑，数据丢失即会出现在交互过程中。

CityGML 和 IFC 是建筑环境三维语义模型中最重要的开放标准。

第 34 章　CityEngine：基于规则的建模介绍

Tom Kelly

摘　要

　　CityEngine 是一个基于规则的城市建模软件包。它提供了一个灵活的流程，能将 2D 数据转换成三维城市模型。其典型应用包括利用处理后的 2D 城市图形地理信息系统数据创建精细的三维城市模型，提供发展规划的细节可视化模型，以及探索潜在的项目设计空间。Esri 开发的以规则为核心的 CityEngine 有一些独特的优势：如大城市模型可以像小城市模型一样容易创建，同时模型的质量始终保持一致。此外，这种基于规则的方法意味着我们可以快速、交互式地探索大型设计空间，并进行分析比较。这些优势也导致了建模时间的增加，这些增加的时间往往是由创建和参数化这些规则以及创建风格化或近似模型带来的。由于源于比较传统的流程，CityEngine 的工作流程最初可能不易学习。我们介绍了主要的工作流程及其灵活性，概述了程序使用的编程语言，并讨论了可用的导出途径。

34.1　3D：比 2D 更好一点

　　3D 技术正在彻底改变我们规划、理解、交流和记录城市环境的方式。然而，革命很少是容易的；从 2D 到 3D 工具链的转变存在许多问题和挑战。

　　理解 2D 的规划和地图通常很有挑战性，因为它们比我们生活的三维世界少了一个维度。我们必须使用各种技巧和通用规则，例如等高线、立面图、符号和阴影，来编码三维数据。这是因为 3D 世界中所蕴含的信息比 2D 规划中展现得要多。我们现在可以利用技术进行高效地记录、建模和绘制 3D 信息。从过去到现在，收集和分享这些三维信息一直比较困难和昂贵。随着商品化三维计算机辅助设计和摄影测量重建等各种技术的成熟，我们已经能够为我们的三维世界准确地构建虚拟三维模型。

　　3D 模型在使我们的数据更准确的同时，也使我们的数据更容易被访问。虽然创建环境的物理比例模型一直以来都是可行的，但这些模型价格昂贵，难以转移或共享，并且存储体积庞大。沉浸式虚拟现实和增强现实（VR，AR，通常总结为 XR）等技术允许包括从儿童到城市规划者的任何人在现实世界的真实尺度上理解和探索那些复杂的设计。物理模拟〔太阳能潜能（solar potential）、窗户建模〕和视点渲染等 3D 工具能帮助工程师根据经验设计更好的环境；我们因此能够更快地探索我们的设计空间，并更快地理解它们，从而做出更好的设计，并能更好地理解任何问题。

　　然而，三维建模是困难的。事实上三维模型是使用网格来表达的。它是一组放置在三维空间中的角（顶点），我们在它们之间创建三角形。通过创建数千个这样的三角形，我们可以构建复杂的 3D 环境。我们甚至可以选择每个三角形应用的颜色或纹理。

有许多工具可用于创建这些多边形网格。传统手动三维建模通过创建更复杂的基本体(球体、立方体、曲线、曲面、拉伸等)来创建复合三角形。此类手动工具包括 Autodesk Maya(2019)、Trimble SketchUp(2019) 或 Blender(2019)。即使这些手动工具已经变得极其精细和通用，它们仍然需要用户花费大量时间来定位和编辑三角形和图元。以我们的应用案例为例，可以想象到艺术家们是如何辛苦地建模，为了给待建模的城市区域中每一栋建筑的前门上放置一个球形门把手。

我们更愿意做的是创建一个编码为"在每个前门上附加一个球体"的规则。幸运的是，如果我们能找到一种方法向计算机解释该做什么的话，它们相当擅长这些重复的任务。在本章中，我们介绍了一种指导方法：基于规则的建模。我们将深入研究一个特定的建模系统：ESRI 的 CityEngine。这种建模系统提供了由规则系统按程序生成三维网格的工具——它们能够在几秒钟内创建具有数百万顶点的模型。

由此，我们发现了使用虚拟而不是实体 3D 模型的另一个优势。计算机程序可以遵循规则快速准确地创建和操作虚拟多边形网格模型。我们可以反复改变规则，在屏幕、虚拟现实设备中查看和探索由此创建的环境，或者使用 3D 打印机进行实体制作。而在实体 3D 模型中执行相同的更改需要更长时间。

34.2　2D 形状+规则 = 3D 模型

由于城市环境的层次性、系统性和重复性，基于规则的城市建模已经成为一般程序建模的驱动力。同时，我们注意到，基于规则的系统在其他领域取得了巨大成功。值得注意的是商业系统，如用于快速生成树木和森林的 SpeedTree(2019) 和用于创建地形和景观的 Grome(Wikipedia, 2019)。每个不同的领域都有不同的技术和规则。在 CityEngine 中，它使用的规则和操作经过了精心策划，以快速准确地对建筑物和街道进行建模。

在决定是否使用基于规则的建模方式之前，权衡其相对于更传统的手动建模方式的优缺点是很重要的。对于更小或更复杂的模型，手动建模可能更快、更便宜；因为与手动建模相比，创建规则所花费的时间可能更长。基于规则的建模处理复杂的几何图形尤其困难，因为在布局和评估中涉及许多决策。将每一个决策转化为一个规则，并确保决策在任何情况下都能恰当地交互，这可能会很耗时。我们注意到，使用手动建模工具可以更快地创建本章中的许多解释性示例——只有当扩展到更大的区域时，才鼓励创建规则去建模。

编写规则文件是一项新技能，必须像其他技能一样进行教学、学习和维护。由于这是一项较新的技术，寻找专业的人员可能会格外困难，特别是因为他们可能需要拥有城市设计背景、掌握线性代数的基本知识以及具备用编程语言编写规则的能力。

抛开这些注意事项不谈，基于规则的建模能够为快速开发城市场景提供灵活、快速和可响应的工具链，从单一建筑建模、校园规模的设计到社区和城市规模的模拟。一旦设计好规则，就可以轻松快速地创建大量几何图形，还可以实时更改和修改场景。整个城市的三维模型在细节上("我们在建筑物上画烟囱吗？""我们画屋顶吗？")、演示格式上(webviewer，VR)，以及规则属性上("这栋楼有多高？")可以被一次性更新，这都要归功于基于规则的建模。

第 34 章　CityEngine：基于规则的建模介绍

　　Esri 的 CityEngine 是一个用于城市领域的基于规则建模的软件系统。它提供了一个创建新规则、应用规则、检验结果的视觉环境。CityEngine 是由 ESRI 在一家 2D 制图公司转型为 3D 解决方案提供商期间收购的。正如 ArcGIS Pro 所见证的那样，这一转变为所有行业的主要格式创建了一个强大的通道。此业务背景是 CityEngine 工作流程的基础——将 2D 形状导入系统，在系统中使用规则将它们转换为 3D 模型，并以 3D 的形式输出。我们可以在 CityEngine 中查看或导出模型到网络或虚拟现实中。因此，在 CityEngine 中建模的核心过程是将规则应用于形状以创建模型（图 34.1）。

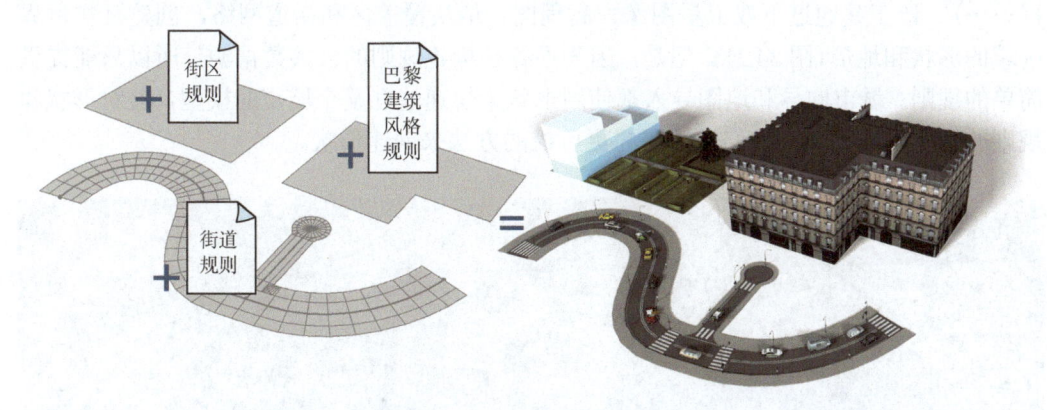

图 34.1　CityEngine 的中心范式是将规则应用于形状（灰色，左图）以创建三维模型（右图）。这种方法能够创建多种规则驱动的模型

　　CGA 规则是包含指令列表的文本文件。在图 34.2 中，我们介绍了一个简单的规则：将一个形状转化为一个三维的模型。虽然该规则只包含五行代码，但复杂的规则文件可能长达数千行。本章旨在对该系统进行介绍，并深入探讨各种实施主题，继而说明 CityEngine 中的形状、规则、分析工具和导出路径。阅读本章后，鼓励读者花几天时间学习 ESRI（2019a）提供的 CityEngine 教程。同样，ESRI 的在线文档是技术细节的宝贵资料来源（ESRI，2019b）。

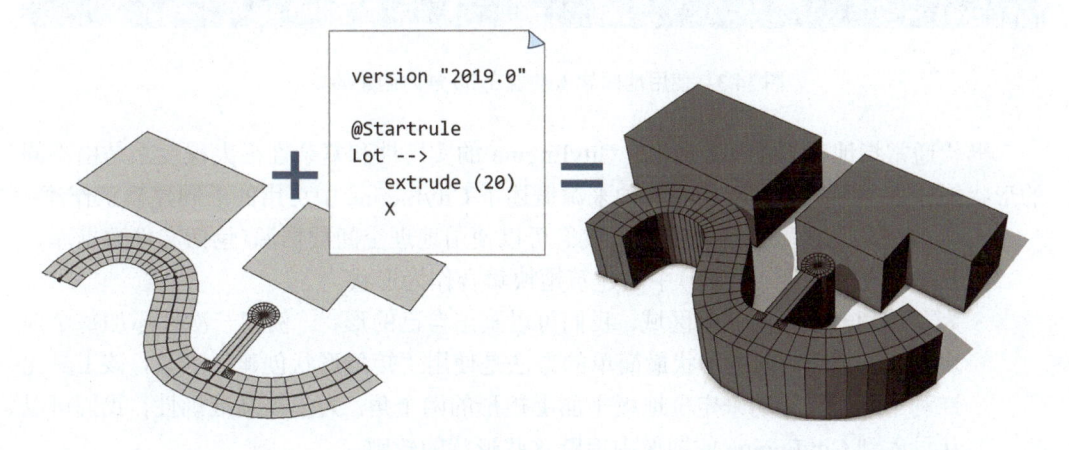

```
version "2019.0"

@Startrule
Lot -->
    extrude (20)
    X
```

图 34.2　一个简单的 CGA 规则文件（中图）应用于几个不同的形状（左图）以创建关联的三维模型（右图）。此规则在形状上方创建高度为 20 m 的棱柱

34.3 关于形状的(诸多)起源

CityEngine 提供了两种工作流，只需极少的用户输入即可瞬时创建整个城市。城市向导(文件→新建…→城市引擎→城市向导)使用完全程序化的工作流程，只需点击几下鼠标，即可创建大量具有复杂规则的形状。当然，由此产生的城市完全是虚构的；如果我们希望使用完全由数据驱动的形状集，我们可以使用地图导入(文件→获取地图数据……)。该工具通过下载卫星图像、高程图、地块覆盖区和街道网络，创建真实世界区域的形状和地形(图 34.3)。但是，因为不存在构建规则的公共数据源，所以只能提供简单的规则。城市向导和地图导入都使用形状来快速建立整个城市的模型，但对形状和规则的控制有限。下文我们继续研究更可控的方法来创建形状。

图 34.3 使用地图导入功能在 30 秒内创建的城市

形状通常指地表的 2D 多边形。CityEngine 的实用性和复杂性很大程度上是由不同的形状创建方式驱动的。形状的各种来源概述了 CityEngine 中可用的不同建模工作流：
- 要创建现有区域的三维模型，我们可以使用地理空间数据源(包括文件数据库、DXF、形状文件或 OBJ)中的建筑地块集合作为形状。
- 为了规划一个新的城市区域，我们可以画出自己的形状，例如一次性添加每个地块的所有顶点。创建形状最简单的方法是使用"矩形形状创建"工具，该工具允许利用点击和拖动来定位地板平面上矩形的两个角。为了提高准确性，我们可以从导入到 CityEngine 的图像中追踪这些形状的轮廓。
- 如果我们希望使用规则向建筑物的空白立面添加窗户，我们可以使用 CityEngine

提供的手动 3D 建模工具绘制建筑物。这是一种不常见的工作流程，因为形状可能不是水平的。这样的工作流程允许我们手动地对建筑建模，然后只对特定的立面应用规则。CityEngine 有一系列用于手动形状建模的工具，包括生成矩形、多边形和圆形。Markus Lipp 创建了利用智能拉伸来加速手动建模城市形态的建模系统(Lipp et al., 2014)。

- 在对街道网络建模时，我们可能会导入街道图(支持的格式包括 DXF、FileGDB 和 OpenStreetMap)，并使用 CityEngine 的动态形状系统自动创建街道形状、街区和街道之间的地段形状。下文我们继续深入探索动态形状系统。

1. 动态形状：街道、街区和地段

动态形状使用算法来近似刻画我们在城市环境中看到的形状。因此，它们只是符合普遍特征(建筑地块宽度范围)的模拟设计，而不是特定尺寸(特定地块的宽度)。我们将它们描述为动态的，因为它们是从街道图中动态生成的；如果你移动一个十字路口，算法会自动计算相邻的路和街区。CityEngine 的灵活性允许将这些形状生成方法(手动、数据驱动和动态方法)结合在一起使用。例如，街道可以从地理信息系统数据源导入，街道之间的区域可以动态细分为地块，且对存在街道和地块的区域可以通过相邻的动态生成的街道和地块进行扩展。

街道图描述了街道网络中的街道。如图 34.4 所示，在这张图上，动态街道形状由人行道、路口和街道本身组成。其中，图形的边代表街道中心线，节点(边相交的地方)代表街道交叉点。

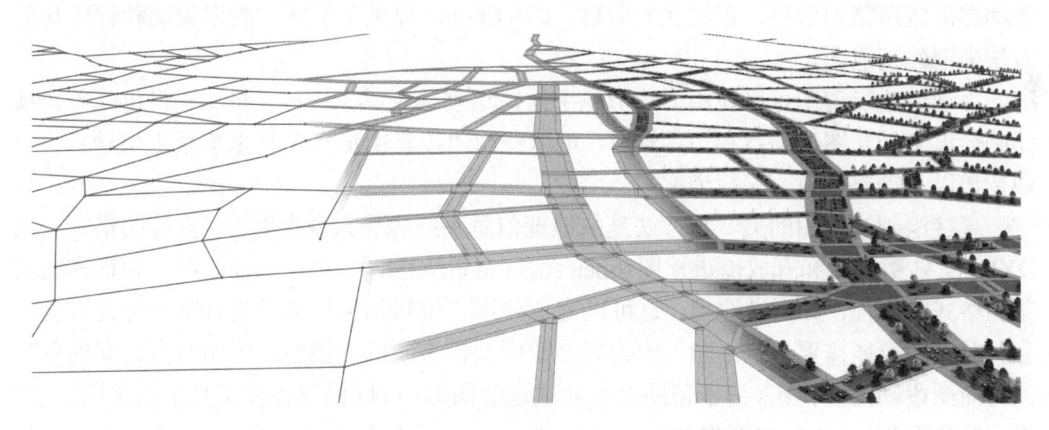

图 34.4　左图：蓝色街道中心线图；中图：生成的街道形状；
右图：通过对形状应用规则生成的三维模型

在街道之间，城市引擎动态地生成街区，并由街区生成地段。一般来说，每一圈街道都会在其内部产生一个街区。该街区具有进一步选择的属性，这些属性定义了不同形状地块的细分。地块形状代表一块土地，我们将在其上使用规则来生成单个建筑模型。当在 CityEngine 中选中一个块(或街道)时，检查器会显示驱动动态形状生成的对象的详细信息。Vanegas 等(2012)讨论了由区块到地块细分的算法，细分算法分为两大类：递归细分和偏移。如图 34.5 所示，它们的每一个部分都可以通过控制地块面积、宽度和变化的属性来进一步控制。

生成顺序是 CityEngine 用于动态形状建模范例里重要的一点：创建街道，在这些街道之间找到街区，最后在每个街区内创建地段。在创建城市景观时，请务必注意这一顺序，从街道创建开始，然后再进行街区和地段创建。这是因为街道网络中的微小变化将影响许多地块，而更改地块的细分设置仅影响该地块。同样，更改地块的规则或属性只会影响单个地块的（建筑）模型。

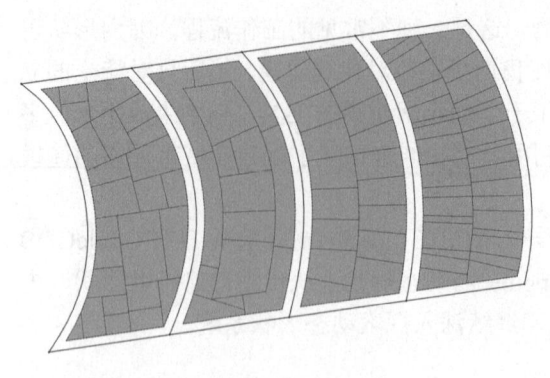

图 34.5　用于创建建筑地块的细分算法。从左到右：递归、偏移、骨架。
最右侧：经过修改的骨架具有较高的不规则性和较窄的批次宽度

需要记住的是，我们的形状是规则的起点，注意每个动态形状类型的默认起始规则名称也很重要。此名称用于自动为形状指定开始（初始）规则。例如，将规则文件拖到街道的人行道形状上将尝试使用名为"人行道"的规则（并且不采用任何参数），而拖到地段形状上的同一文件将使用规则"地段"。

2. 图表和城市

敏锐的读者会注意到街道图（街道中心线本身）不是动态的。街道图包含动态创建其他动态形状所需的信息。正如我们所料，CityEngine 提供了手动、数据驱动和程序化的方法来创建街道图。

手动创建街道图可以使用多边形或手绘街道创建工具来完成，通过在拐角处单击或绘制街道来创建图形顶点和边。然后，可以使用"编辑街道"工具来重新定位顶点、弯曲街道以及调整街道或人行道宽度。

直接绘制街道图的另一种方法是从地理信息系统源导入现有图形。支持的格式包括 DXF、文件数据库和开放街道地图（open street map，OSM）。CityEngine 可以解析和映射某些格式的属性，如街道宽度，这可以避免使用"编辑街道"工具进行手动分配。使用各种数据源可能需要一些经验，因为每种数据源都有不同的属性，例如节点之间的距离或弯曲图段功能的存在。为了帮助软件处理这些图形，可以使用各种工具来简化图形（图形→简化图形……），将图形与地形对齐（图形→将图形与地形对齐），或者将交叉图形边缘解析为桥梁和地下通道（图形→生成桥梁……）

为了在没有可用地理信息系统源的地方创建大型街道网络，CityEngine 提供了"增长街道"工具，该工具可以创建一组按程序生成的街道，以及前述的街区和地段。Parish 和 Müller（2001）在论文中叙述了所使用的街道增长算法的起源，不过如今的算法某种程度上已经比论文中叙述的更先进了。总之，自敏感的 L-系统（Prusinkiewicz and Lindenmayer，2012）被用来增长主要和次要街道。新生长的边被捕捉以附着到现有网络的一部分。通过结合主要街道和次要街道的不同增长模式，可以增长各种不同的网络，如图 34.6 所示。增长街道工具还允许指定动态块细分的类型。

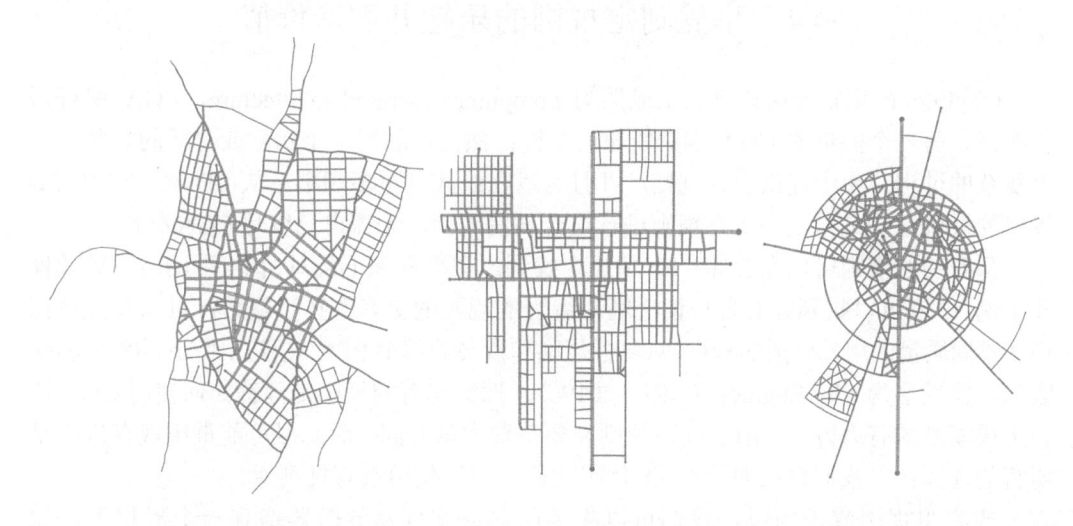

图 34.6 通过选择主要和次要的街道模式，可以产生多种多样的街道模式。左图：不规则的主要街道和栅格状的次要街道；中间：栅格状的主要与次要街道；右图：放射状的主要街道和不规则的次要街道

导入真实街道图或生成合成图后，可以使用编辑街道和街道创建工具来修改或微调数据。

除了创建街道模型这个典型用途之外，图形还有其他几个应用案例。如图 34.7 所示，可以使用适当的规则来创建各种类似图形的结构，包括墙壁、铁路和电力线。

图 34.7 根据在动态图形形状上执行的规则生成的墙、街道、栅栏和电力线

我们已经看到了 CityEngine 用于创建不同形状的多种方法的概述；我们继续研究如何获得规则，将我们的形状转换为 3D 模型。

34.4 享受制定规则的乐趣并创造价值

CityEngine 规则使用计算机生成架构(computer generated architecture，CGA)编程语言编写。写一个简单的 CGA 规则快速而轻松；然而，编写一个实际或灵活的规则是一个复杂的过程。库中提供现有规则，并且可以在线找到更多规则。从 2D 地图创建 3D 场景的最快方法是将这些现有规则进行组合和参数化，无需自己编写 CGA 代码。

预安装的规则可以在 ESRI.lib 项目中找到。在教程和下载对话框(帮助→下载教程和示例)中还可以找到针对各种情况精心编写的规则的更多选择。最后，可以在线找到许多不同质量的用户生成的规则包(包含规则和资源的单个.RPK 文件)（"ArcGIS 内容搜索"，关键字为 City Engine；ESRI，2019c）。探索现有的规则是理解如何使用 CGA 语言生成模型的有力方法。由于编写规则需要花费大量时间，因此尽可能重用现有规则是明智的选择；在我们自己编写 CGA 代码之前，应该使用现有规则库。

要应用规则或规则包，我们可以将规则包或文件从导航器拖到一个形状上，如图 34.8 所示。通过在拖动前选择一组形状，我们可以同时将规则分配给多个形状。"检查器"面板允许我们以多种方式自定义规则。有多种按层选择形状的选项，或者右键单击形状可以找到开始规则。分配规则后，在编译和评估规则以创建模型时会有短暂的延迟。如果我们想要控制更多，检查器还包含更多详细的形状选项，包括 CGA 规则文件、开始规则和前面提到的规则属性。

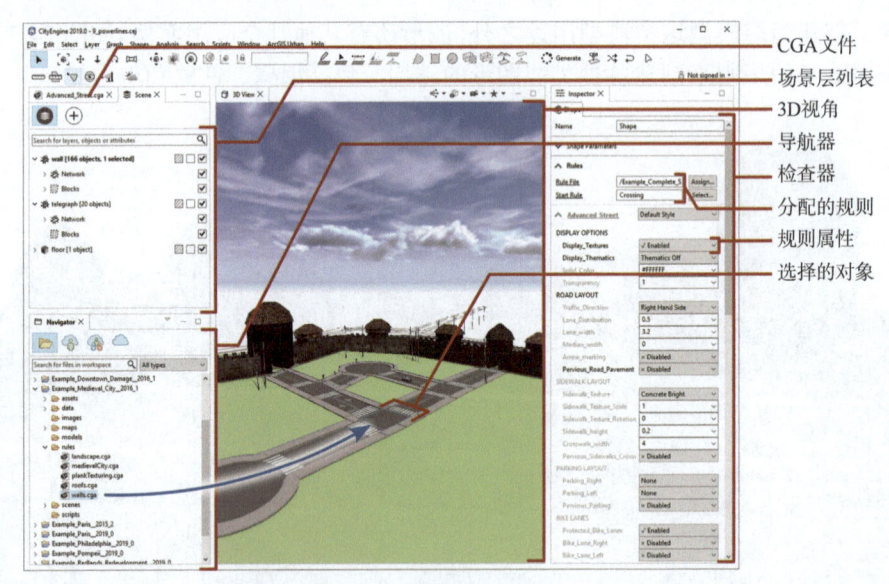

图 34.8 CityEngine 用户界面元素
橙色：界面的重要元素；蓝色：将规则拖到选定的形状上生成三维模型

1. 编写规则

虽然"程序员"和"软件工程师"的传说可能将编程提升到了神圣的艺术地位，但现实要实际得多。CGA 是一种比 Python 更简单的语言，它依赖于一些基本的操作，这些操作被反复应用来编写一个规则。我们发现本科生可以用 CityEngine 创建他们自己的规则。那些对复杂编程语言(如 C 或 C++)有经验的人也必须学习 CGA 的方式，因为这种方式比他们习惯的编程语言具有更强的功能性。CityEngine 中使用的 CGA 是从最初的学术出版物中演变而来的(Müller et al.，2006)；比较不同版本的规则时必须小心。

我们借此机会解释 CityEngine 中的"形状"一词。这已经被过度用于描述输入形状(在前面的部分中描述)和在 CGA 规则之间传递的形状。CityEngine 将这些中间形状称为"CGA 形状"；在这里，我们用其几何意义。这种使用混乱在某种程度上是由 CityEngine 的学术起源造成的，那时我们的用法("输入的形状")并不存在。

CGA 规则文件是包含规则集合的文本文档。规则类似于其他编程语言中的函数或方法。每个规则都由其名称和一组参数来标识：$X(1)$ 与 $X(1,2)$ 是不同的规则。当执行规则时，它可以调用各种操作，以及其他规则。操作类似于其他编程语言中的库函数。当父规则使用操作来创建新的几何图形时，它们用子规则来标记每个几何图形。如果此规则存在，它将在子几何图形上执行。与 CGA 的学术描述不同(Müller et al.，2006)，没有优先权的概念，子规则完全根据其父规则进行评估。

每个规则将一块几何图形转换成新的几何图形(或者什么也不转换)；其结果是一个三维网格模型，由所有无法进一步转换的几何图形组成。初始几何图形是应用初始规则(有时用@Startrule 注释指定)的输入形状。还可以访问规则属性，这允许用户或数据源自定义规则。属性和参数的使用方式与其他编程语言使用变量自定义的方式相同。大多数属性值可以通过各种操作来设置和读取。属性有时被视为定义和改进行为操作的附加上下文信息。例如，主要的方位和原点信息被编码在范围和轴心属性中。当在 y 方向上使用拆分操作时，该方向与属性中存储的范围和透视位置给出的方向相关。

CGA 中典型的编程模式是重复扩展然后分割几何体。创建建筑模型的规则可能从很多形状开始，通过拉伸操作扩展以创建与建筑物一样高的棱柱几何体，然后使用 comp 操作将棱镜分成不同的面。朝上的面扩展以创建带有尖顶的屋顶，而侧面使用拆分操作进行分割，成为地板，然后是窗户。另一个挤压操作最终将窗户嵌入立面。我们将继续更详细地研究此类操作。

具体操作如下。

学习编写 CGA 规则，主要是学习各种运算及其对几何和属性的影响的过程。尽管现有规则的复杂性对新用户来说可能是难以接受的，但 CGA 操作集呈现出一条浅显的学习曲线。

CGA 是一种编程语言，它被设计用来做一件事——模拟城市环境——而不是别的。出于这个原因，我们将它描述为一种特定领域(编程)语言(domain-specific language，DSL)。在其他领域还有其他编程语言：我们可能会使用 L-Systems(prunkiewicz，1986)来生成 flora，或者使用 URDF(2019)来创建机器人。因为 CGA 是一种特定领域语言，它在城市领域上的操作是精心策划过的。设计者为编制一组精巧且富于表现力的操作寻找了大量的理论支撑。相比之下，通用的过程建模语言，比如 Houdini(2019)和 Rhino(2019)，并不是专门研究单一领域的，且还有很多复杂的操作需要学习。图 34.9 介绍了 CityEngine 的一些关键操作。

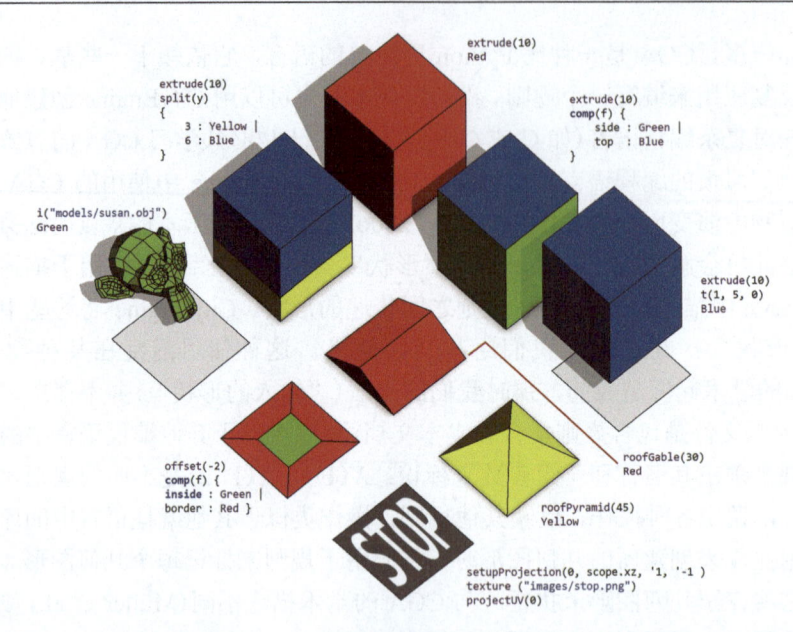

图34.9 CityEngine 具有 60 多种操作。这里，我们展示了应用于方形输入形状（灰色）的选择，以及示例用法。带有颜色名称（红色、蓝色等）的琐碎规则不会显示，但会包含在规则文件中

通过重复应用这些操作，我们可以创建各种各样的城市几何图形。例如，缩进、突出、复合和可屋顶化操作，可以用来创建一个带有凹进式顶层和人形屋顶的房子，如图 34.10 所示。

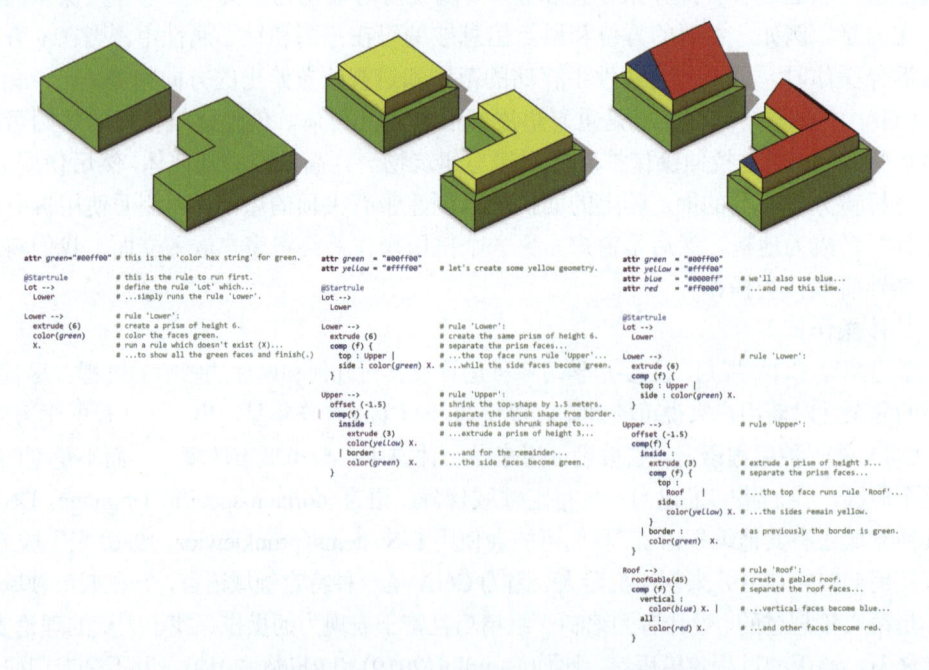

图34.10 上面所示的模型显示了包括 extrusion、comp 和 topGable 等操作的三个 CGA 规则文件的进程。请注意我们如何从一个简单的规则开始，逐步扩展它，以创建更复杂的几何图形，遵循先扩展后分裂的范式。绿色文本突出了 CityEngine 忽略的注释，能帮助人们理解代码

第 34 章　CityEngine：基于规则的建模介绍

重点是，CGA 不包含循环或重复操作。为了创建重复的几何形状(例如建筑立面上的窗户或沿街的树木)，我们可以使用带有星号(*)修饰符的拆分操作，将父形状拆分为具有相同规则数量的重复子形状。这在图 34.11 中进行了说明。

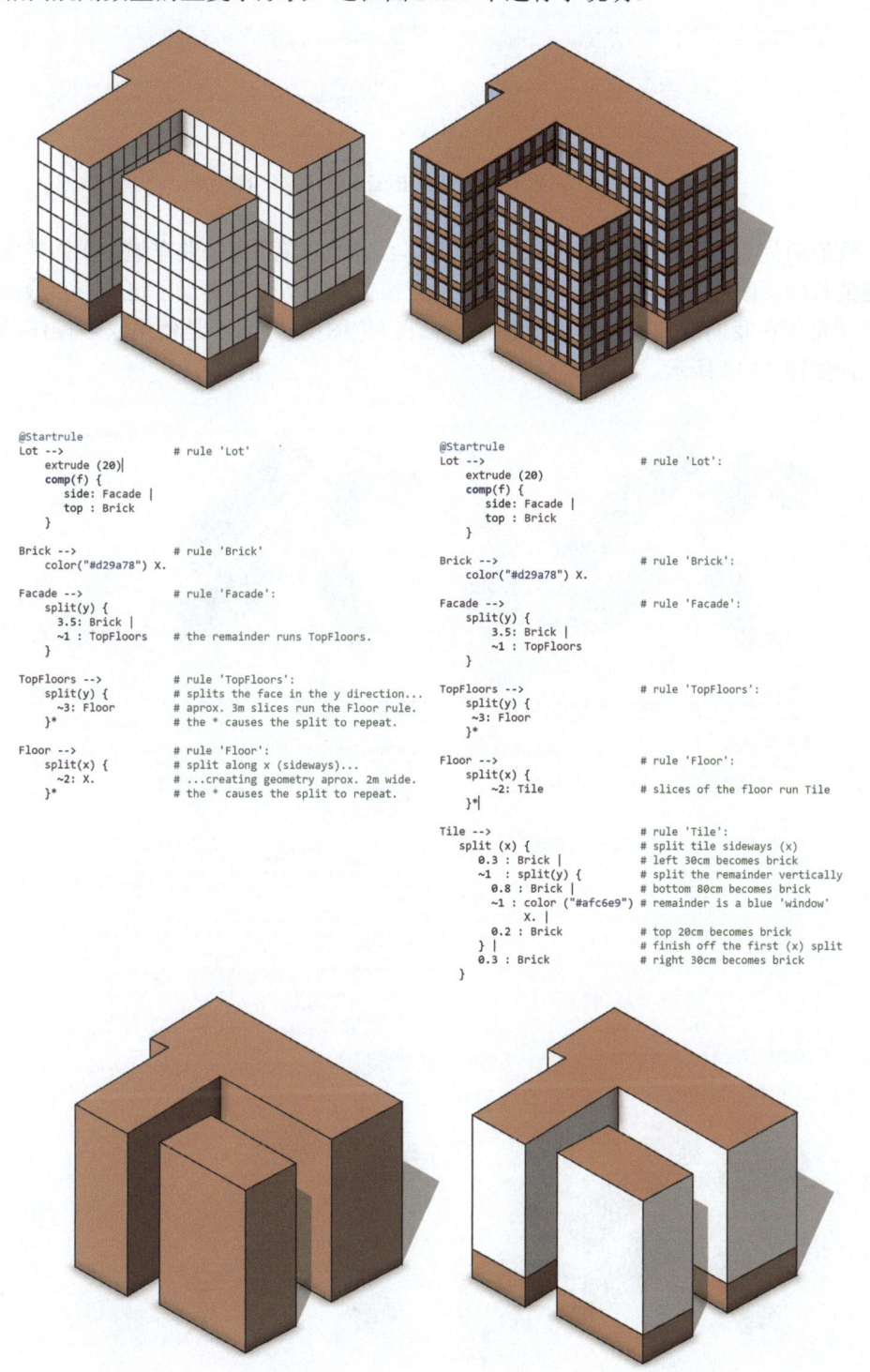

```
@Startrule
Lot -->                       # rule 'Lot'
    extrude (20)|
    comp(f) {
        side : Facade |
        top : Brick
    }

Brick -->                     # rule 'Brick'
    color("#d29a78") X.

Facade -->                    # rule 'Facade':
    split(y) {
        3.5: Brick |
        ~1 : TopFloors         # the remainder runs TopFloors.
    }

TopFloors -->                 # rule 'TopFloors':
    split(y) {                 # splits the face in the y direction...
        ~3: Floor              # aprox. 3m slices run the Floor rule.
    }*                         # the * causes the split to repeat.

Floor -->                     # rule 'Floor':
    split(x) {                 # split along x (sideways)...
        ~2: X.                 # ...creating geometry aprox. 2m wide.
    }*                         # the * causes the split to repeat.
```

```
@Startrule
Lot -->                       # rule 'Lot':
    extrude (20)
    comp(f) {
        side : Facade |
        top : Brick
    }

Brick -->                     # rule 'Brick':
    color("#d29a78") X.

Facade -->                    # rule 'Facade':
    split(y) {
        3.5: Brick |
        ~1 : TopFloors
    }

TopFloors -->                 # rule 'TopFloors':
    split(y) {
        ~3: Floor
    }*

Floor -->                     # rule 'Floor':
    split(x) {
        ~2: Tile               # slices of the floor run Tile
    }*|

Tile -->                      # rule 'Tile':
    split (x) {                # split tile sideways (x)
        0.3 : Brick |          # left 30cm becomes brick
        ~1  : split(y) {       # split the remainder vertically
            0.8 : Brick |      # bottom 80cm becomes brick
            ~1 : color ("#afc6e9")  # remainder is a blue 'window'
            X. |
            0.2 : Brick        # top 20cm becomes brick
        } |                    # finish off the first (x) split
        0.3 : Brick            # right 30cm becomes brick
    }
```

```
@Startrule                                                    @Startrule
Lot -->                  # rule 'Lot':                        Lot -->                    # rule 'Lot':
    extrude (20)         # create a prism of height 20 meters.    extrude (20)
    comp(f) {            # seperate the faces of the prism...     comp(f) {
        side: Brick |    # ...sides run the rule "Brick"...           side: Facade |     # run the 'Facade' rule on the sides.
        top : Brick      # ...as does the top.                        top : Brick
    }                                                             }

Brick -->                # rule 'Brick':                       Brick -->                  # rule 'Brick':
    color("#d29a78") X.  # color the shape, and display.           color("#d29a78") X.

                                                              Facade -->                  # rule 'Facade':
                                                                  split(y) {              # split the facade in the y (up)...
                                                                      3.5: Brick |        # ...the bottom 3.5 meters is brick...
                                                                      ~1 : X.             # ...the remainder is blank.
                                                                  }
```

图 34.11　用拆分规则细分 façade 创建窗口的示例

我们的最后一个示例是为街道创建几何体。为了创建高速公路车道，我们需要拆分街道的长轴，而这些长轴可能是弯曲的。拆分操作的 UV 变体实现了这一点。最后，我们可能希望在我们的几何图形上添加纹理贴图（位图图像）而不是使用纹理操作的简单颜色，如图 34.12 所示。

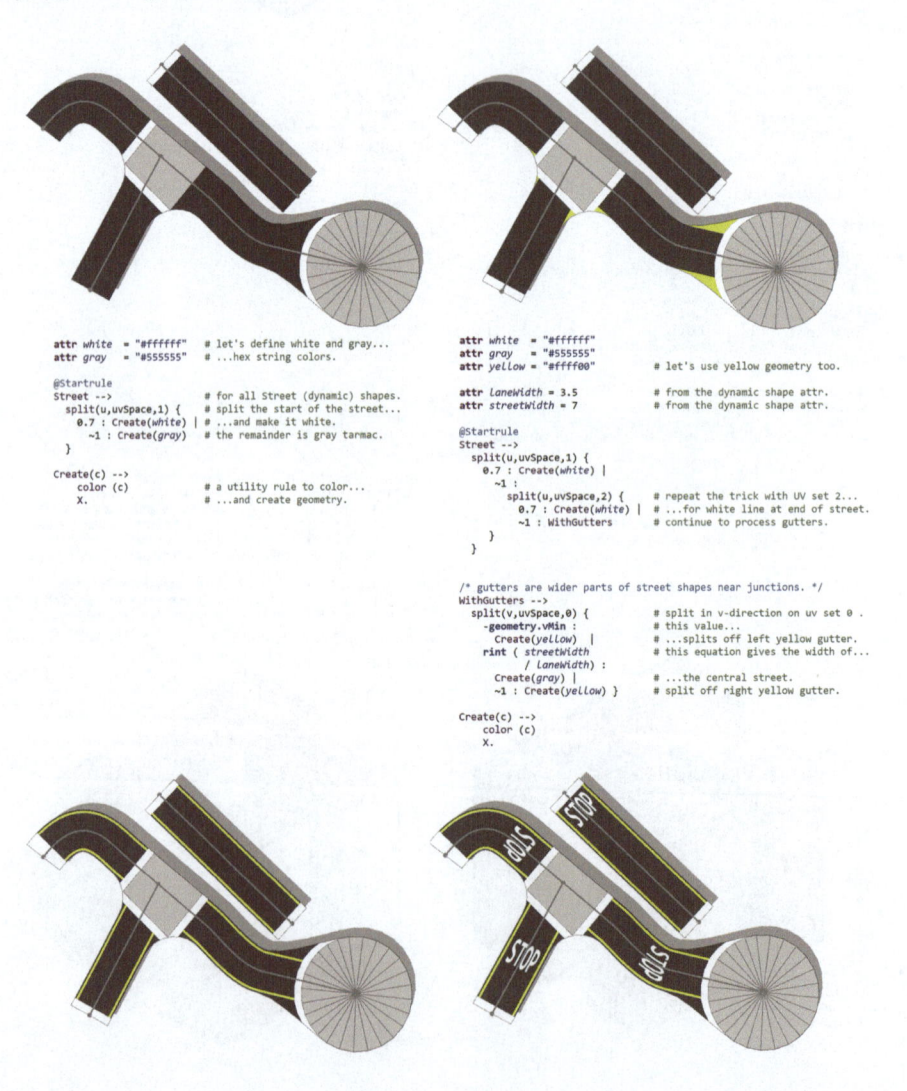

```
attr white = "#ffffff"           # let's define white and gray...
attr gray  = "#555555"           # ...hex string colors.

@Startrule
Street -->                       # for all Street (dynamic) shapes.
    split(u,uvSpace,1) {         # split the start of the street...
        0.7 : Create(white) |    # ...and make it white.
        ~1 : Create(gray)        # the remainder is gray tarmac.
    }

Create(c) -->
    color (c)                    # a utility rule to color...
    X.                           # ...and create geometry.
```

```
attr white    = "#ffffff"
attr gray     = "#555555"
attr yellow   = "#ffff00"        # let's use yellow geometry too.

attr laneWidth   = 3.5           # from the dynamic shape attr.
attr streetWidth = 7             # from the dynamic shape attr.

@Startrule
Street -->
    split(u,uvSpace,1) {
        0.7 : Create(white) |
        ~1 :
            split(u,uvSpace,2) {           # repeat the trick with UV set 2...
                0.7 : Create(white) |      # ...for white line at end of street.
                ~1 : WithGutters           # continue to process gutters.
            }
    }

/* gutters are wider parts of street shapes near junctions. */
WithGutters -->
    split(v,uvSpace,0) {
        -geometry.vMin :                    # split in v-direction on uv set 0 .
            Create(yellow) |                # this value...
        rint ( streetWidth                  # ...splits off left yellow gutter.
              / laneWidth ) :               # this equation gives the width of...
            Create(gray) |                  # ...the central street.
        ~1 : Create(yellow) }               # split off right yellow gutter.

Create(c) -->
    color (c)
    X.
```

```
attr white  = "#ffffff"
attr gray   = "#555555"
attr yellow = "#ffff00"

attr laneWidth  = 3.5
attr streetWidth = 7

@Startrule
Street -->
    split(u,uvSpace,1) {
        0.7 : Create(white) |
        ~1  :
            split(u,uvSpace,2) {
                0.7 : Create(white) |
                ~1  : WithGutters
            }
    }

WithGutters -->
    split(v,uvSpace,0) {
        -geometry.vMin  |       # on second thought, let's...
            Create(gray) |      # ...make the gutters gray.
        rint ( streetWidth
             / laneWidth) :
            WithoutGutter |
        ~1 : Create(gray)       # create non-gutter geometry.
    }

WithoutGutter -->
    split(v,unitSpace,0) {
        0.4 : YellowLine |      # split along street edges (v).
        ~1  : Create(gray) |    # to create left yellow line...
        0.4 : YellowLine        # ...central area fills remainder.
    }                           # and right yellow line.

YellowLine -->
    split(v,unitSpace,0) {      # split along street edge (v).
        0.1 : Create(gray) |    # 5cm of gray...
        ~1  : Create(yellow) |  # ...then a 10cm yellow strip...
        0.1 : Create(gray)      # ...and a final 5cm of gray.
    }

Create(c) -->
    color (c)
    x.
```

```
attr white  = "#ffffff"
attr gray   = "#555555"
attr yellow = "#ffff00"

attr laneWidth  = 3.5
attr streetWidth = 7

@Startrule
Street -->
    split(u,uvSpace,1) {
        0.7 : Create(white) |
        ~1  :
            split(u,uvSpace,2) {
                0.7 : Create(white) |
                ~1  : WithGutters
            }
    }

WithGutters -->
    split(v,uvSpace,0) {
        -geometry.vMin  |
            Create(gray) |
        rint ( streetWidth
             / laneWidth) :
            WithoutGutter |
        ~1 : Create(gray)
    }

WithoutGutter -->
    split(v,unitSpace,0) {
        0.4 : YellowLine |
        ~1  : WithoutStop |     # create stop markings.
        0.4 : YellowLine
    }

YellowLine -->
    split(v,unitSpace,0) {
        0.1 : Create(gray) |
        ~1  : Create(yellow) |
        0.1 : Create(gray)
    }

WithoutStop -->
    split(u,uvSpace,0) {        # split from the start of the street.
        -geometry.uMin |        # any junction areas...
            Create(gray) |      # ...become gray.
        ~1 :                    # everything else...
            split(u,unitSpace,0) {  # ...is split again in units (meters)...
                3 : Stop |          # ...to create a stop sign.
                ~1 : Create(gray)   # everything else is a regular street.
            }
    }

Stop -->
    normalizeUV (0, uv,         # stretch the image over all..
        collectiveAllFaces )    # ...the current geometry.
    texture("images/stop.png")  # texture with the stop.png image.

Create(c) -->
    color (c)
    x.
```

图 34.12　街道形状创建模型的例子。分割规则与 UV 参数一起用于分割弯曲区域。三种不同的街道 UV 集从形状的不同侧面分割开来。最后，规范化的 UV 和纹理命令激活"停止"标记

2. 建模工作流

对于刚开始编写代码的人来说，创建大规模的规则文件可能是一项艰巨的任务。这是一项需要时间练习和学习的技能，但当获得一点成功时，往往会令人陶醉：

"程序员和诗人一样，工作时只是稍微远离纯粹的思想。他通过发挥想象力，在空中构建楼阁"(Brooks，1995)。

这种最初的兴奋经常会给没有经验的程序员带来问题；过度自信会导致无法掌控不断增长的代码。随着代码中的许多小问题（"bug"）变得根深蒂固，即使是很小的更改也会变得非常耗时。我们可以提供一些通用指南和工具，帮助我们建立大型 CGA 项目：

- 一次写一小部分代码，并经常测试它们。这使得跟踪和隔离问题变得更快。如果您无法理解某些行为，通常情况下是因为在尝试运行代码之前编写了太多代码。
- 创建可重用的规则。创建一个生成"Acme brand 窗口"的小规则，如果保存在单独的文件中，可以重复使用。CGA 提供了导入功能，以便在其他规则文件中使用此窗口规则。
- 阅读提供的 CGA 文档（帮助菜单→CGA 参考）。
- 很容易迷失在编程的细节中。今天很容易理解的内容，但一周后当你忘记细节时就很难理解。使用代码注释（计算机看不到的代码段）为自己做笔记，并告知未来

的读者。可以通过两种方式创建 CityEngine 注释：

//这一行所有的内容都是注释

/*两个星号间的所有内容都是注释*/

- 规则文件的集合可以很大，可以由多人编写，可以有多个版本，甚至可以在开发过程中演化出不同的分支。出于这些原因，程序员通常会使用一个版本控制系统[比如命名不敏感的 git(git 2019)]来管理他们的代码。
- 请注意 CityEngine 中可用的键盘快捷键和上下文(右键单击)菜单。例如，如果您选择了一个带有规则的形状，并且正在文本编辑器中编辑该规则，则 Ctrl+S 后跟 Ctrl+G(在 Windows 或 Linux 上；使用命令键代替 OSX 上的 Ctrl 键)将保存并显示更新后的三维形状。在三维视图中，F 键将移动视图以显示选定的对象，或者 F9～F12 将显示和隐藏各种类别的对象。

除了一般的编程规范，CityEngine 还提供了几种定制机制来帮助编写 CGA 规则。模型层次面板显示了不同规则应用的图表(窗口→显示模型层次，图 34.13)。这显示了"检查模型"工具按钮，可用于选择要分析的建筑(请注意，检查模型是检查器面板的另一项功能)。结果图显示在面板中，每个规则应用程序都用灰色箭头表示。用线连接父/子规则对。通过在图形中选择一个规则，三维视图将突出显示生成的几何图形，并显示适用于该规则的范围、枢轴和平面。右键单击图中的规则节点，可以选择跳转到 CGA 的相应部分。单个 CGA 规则通常会应用于不同的位置，因此会在图表中出现多次。

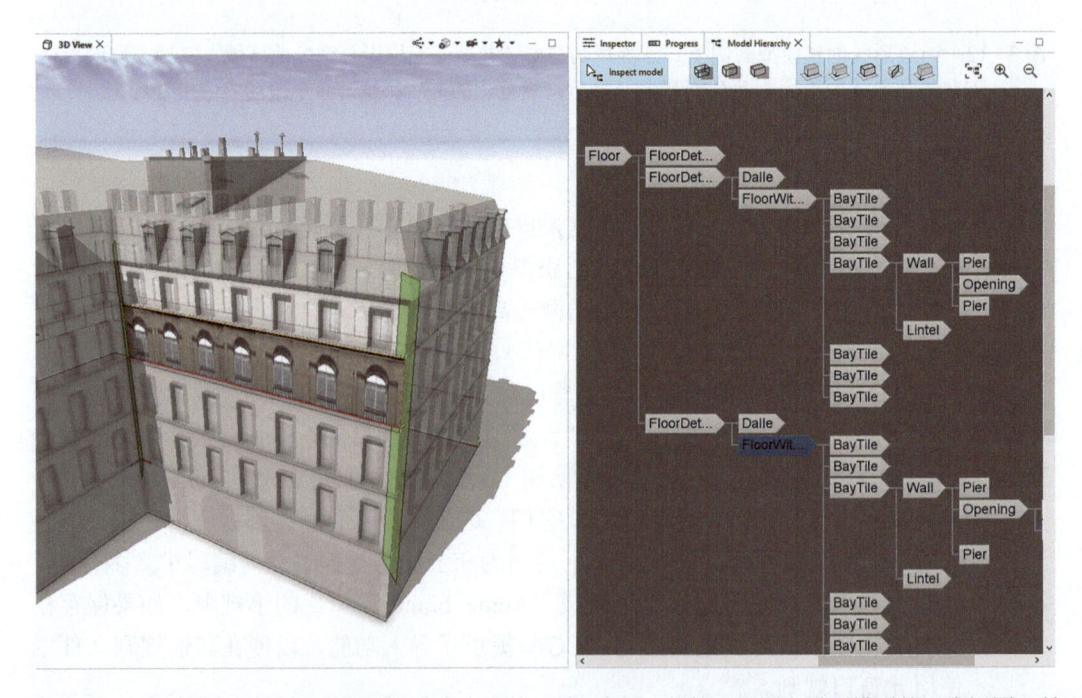

图 34.13 模型层次结构是几何可视化非常有用的工具。左图：从第一幅图中看到模型的三维视图。所选规则被突出显示，并以明亮的颜色呈现；视野、中轴和裁剪平面也通过可视化展示。右图：规则层次结构识别生成所选几何形状的对应规则。点击其他的规则将显示该规则对应的几何形状。请注意"检查模型"按钮(位于顶部中心)，该按钮用于启用"模型层次结构"功能

CityEngine 提供的另一个工具是立面向导(窗口→显示立面向导)。对于单个 2D 立面，这有助于生成良好参数化的立面所需的分割和突出操作。

要以方便的格式向最终用户交付 CityEngine 规则，请使用规则包。这可以通过在导航栏中选择要导出的 CGA 文件，右键单击并选择"共享为"来实现，并在对话框中指定附加资源和元数据。就这样生成了要交付的 .RPK 文件，该文件可能包括许多单独的 CGA 文件和其他资源，如文本文件和纹理图像中的数据。这样的包很容易作为单个文件分发，ESRI 提供了一个云系统来分发规则。

3. 属性

建立规则并将其分配给形状后，我们通常会对使用属性进一步自定义规则的表达式感兴趣。

属性用于细化规则应用中模型的评估。他们允许一个规则被一般化。例如，考虑一些由不同材料建造的相同建筑；我们可以为建筑材料使用带有属性的单一规则，而不是为每种材料使用单独的规则。属性可以控制规则的任何行为，但通常控制诸如建筑高度、建筑年龄或人行道上创建的行人数量等特征。CityEngine 在"检查器"面板中显示了所选形状和规则的许多可用属性(图 34.14)；有些规则有很多属性。默认属性值由规则设置。但是，用户可以覆盖属性的来源，以允许规则响应不同的输入。

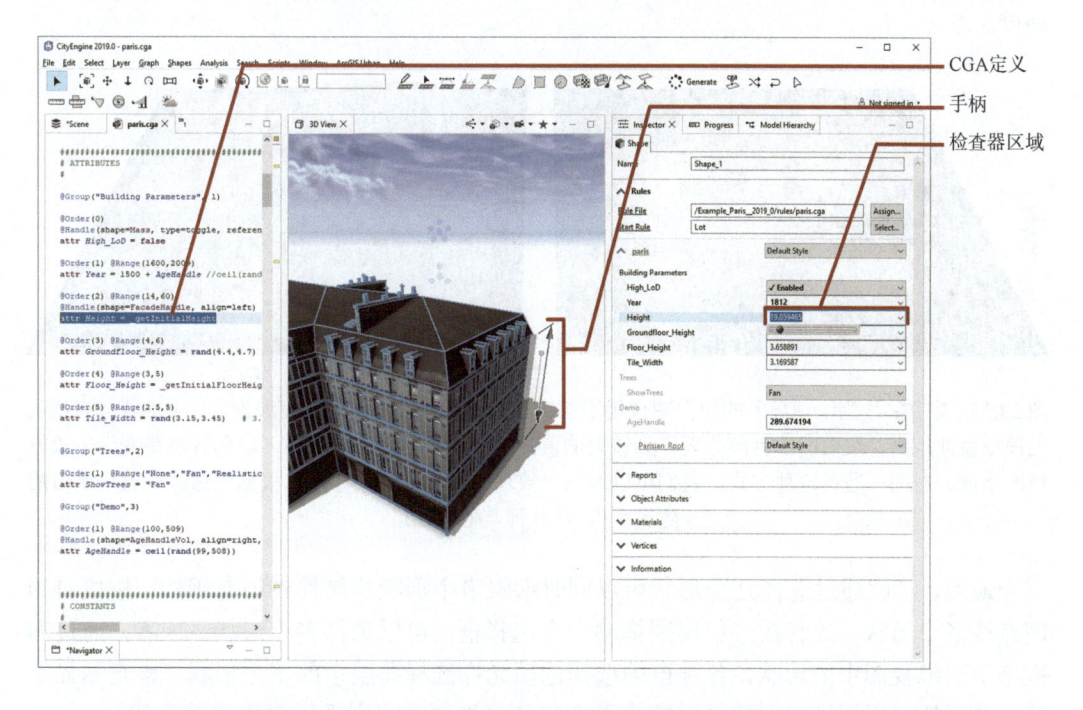

图 34.14 属性在 CGA 文件(左)中定义，并使用手柄(中)或检查器(右)进行编辑

CityEngine 中的属性有许多不同的来源，它们之间的相互依赖可能很复杂。属性来源包括：

- 规则源(默认规则)，默认属性行为；
- 用户来源；
- 形状来源(对象属性)；
- 图像或形状驱动(图层属性)。

可以通过在"检查器"面板中点击属性旁边的向下箭头并选择"连接属性"来选择这些选项。CGA 规则文件中给出了基于规则的属性值。这些属性可以是随机的；此功能可用于为多次应用的规则添加变化；例如，每个建筑都可以用相同的规则生成，但是给定的高度是在 10 m 到 20 m 之间随机选择的[attr height = rand(10, 20)]。

为允许用户在不编辑 CGA 文件的情况下更改属性，在检查器中编辑的属性需要设置为用户来源的属性。不过，我们可能希望我们的属性来自其他可能由数据驱动的来源。选择形状时，对象属性在检查器中可见(在"对象属性"栏下)。对象属性可以来自输入数据源(例如，OpenStreetMap 数据通常为每个地块形状赋予一个建筑高度属性)，也可以由动态形状创建(例如，连接起点和终点的属性会自动添加到街道形状中，以指定相邻的交叉点类型)。

如图 34.15 所示，图层属性从其他形状或位图中采样数值。例如，我们可以通过使用航空激光雷达捕获的地理参考高程图来获取建筑物的高度属性。这样，我们可以使用几个不同的数据源来控制一个规则。这种方法大大提高了纯规则驱动的程序流程的几何精度。

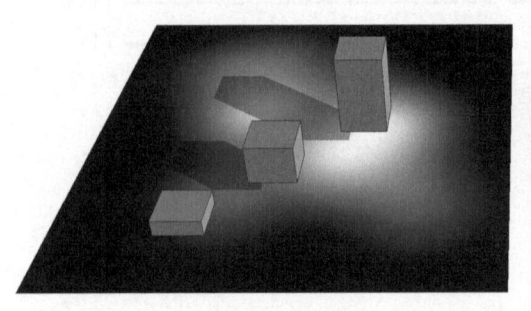

图 34.15 左图：作为纹理导入的黑白图像用于驱动三个矩形悬挂形状的高度属性，每个形状具有相同的简单拉伸规则。纹理的白色部分采样到较大的值，这些值表示为高长方体；黑色区域是变为短长方体的小值。右图：通过这种方式，我们可以对同一纹理的属性进行采样，以根据图像改变整个城市的建筑高度(或任何其他属性)

最后，了解通过选择几个形状可以同时编辑多个形状的属性是很有用的。按住 shift 键点按多个形状，或者在形状周围拖移一个选择框，可以选择多个形状。或者，通过右键单击三维视图中的形状，各种自动选择选项允许选择图层中的多个形状。检查器显示整个选择的可用属性，编辑属性或来源会将该属性更改应用于所有选定的形状。

4. 探索设计空间

作为一个使用 CityEngine 的设计师，可能必须做出非常多决策。复杂的规则呈现出数百种属性，这些属性必须符合用户需求、艺术构想和实际考虑。因为每增加一个属性都会给设计空间增加一个维度，所以探索大量参数化的大型规则会花费很多时间。此外，我们可能希望设计多个场景：同一个问题由不同的规则、属性和形状来解决，并能一个个比较。CityEngine 为高级程序员提供了一个 Python 接口，可以使用自定义代码控制属性（以及许多其他场景元素）；典型用途是创建属性的视频动画或运行自定义设计空间搜索算法。然而，大多数用户希望避免这种复杂性。

CityEngine 提供了许多工具来帮助用户直观地探索这个属性的设计空间。正如我们所看到的，其中最简单的是"检查器"面板，它将属性排列在规则文件指定的组中，并允许在 2D 界面中选择不同的属性源。例如，我们在巴黎的例子中使用的有效操作：设计者给定一个规则中的大量属性，且能在 3D 模型旁边看到这些属性的可视化表示。手柄通过在三维视图中将属性（如高度）显示为控件来呈现此功能。手柄系统的灵感来自 Kelly 等（2015）介绍的工程图的尺寸线。当在三维视图中选择具有控制柄功能的模型时，控制柄将根据视点显示在模型的边缘。各种手柄控制不同类型的值：布尔开关、多选转盘、距离值尺寸线和颜色选择器三角形手柄是可用的。手柄位置、视点移动时的行为和外观由 CGA 规则文件中的 @Handle 注释定义。它们由规则创建者设计，只有在规则作者选择使用它们时才可用。通常，规则作者只会显示最常用的属性，以避免屏幕过度拥挤。

控制柄修改属性值的操作，可以在某个形状规则评估的任一阶段进行。在某些情况下，我们希望在规则评估中编辑属性，例如，使建筑物的一层比其他层高，或者移动大立面中单个窗口的位置。在这种情况下，我们可以使用本地编辑。这些允许我们用手柄编辑属性。通过选择本地编辑工具创建本地编辑；根据规则的结构，该工具可能允许我们一次性编辑行、列或更复杂模式中的所有本地属性。Lipp 等（2019）进一步讨论了本地编辑。

当我们修改规则属性时，我们可能试图实现一个目标，例如一个建筑物或一组建筑物的目标楼层面积。CityEngine 的报告机制允许规则整理此类信息，然后为每个模型准备一份摘要报告。每当调用报告操作时，它都会累积值，返回整个模型的总和[我们可以使用操作报告（"区域"，200）]。多个值（建筑面积、房间体积等）可以在每个规则中累加，并在检查器中显示为表格。如果使用了 CityEngine 的数据板功能，这些表格可以显示为自动更新的图表列表。它们可以显示场景中所有模型的结果，也可以只显示选定模型的结果。

通过将报告添加到您的模型中并使用数据板功能，可以与广泛的用户交互探索设计空间。例如，客户可能希望能够使用手柄编辑建筑高度，并收到关于可用建筑面积和建筑成本影响的即时反馈。

除了原始报告分析，我们可能对设计的视觉效果感兴趣。CityEngine 提供了一系列工具来测量 3D 场景中的距离和面积（图 34.16），但最有趣的是提供了可见性计算；这突出了在给定视野下从某个位置可见或不可见的模型区域。

最后，我们可以进行比较。每个场景都可以在共享背景之上包含不同的内容层。例如，可以同时显示具有不同高度的城市街区的三个不同的开发项目，而周围的城市保持不变。可以复制和编辑方案来探索新的设计空间。

图 34.16　分析工具。左图：可见性计算显示的可见(绿色)和遮挡(红色)的区域。
中间：路径长度测量工具。右图：面积测量工具

34.5　超越 CityEngine：输出

在我们煞费苦心地创建形状、编写规则并调整参数来生成三维重建模型后，我们希望可以查看、导出和共享我们的 CityEngine 场景。

需要注意的是，CityEngine 的 3D 视图可以创建具有一定质量的照明模型的图像。在"视图"面板（"视图设置"）中有启用阴影（由太阳投射）、环境遮挡（几何折痕中更精确的阴影）和视野（我们看到的场景的角度）的选项。图像可以从 3D 中保存（书签→保存快照……）。

CityEngine 的 3D 视图渲染器是一个实时 OpenGL 渲染器，类似于那些用于视频游戏的渲染器。如果我们想要更精确地基于物理的渲染（PBR），并有时间等待每个图像渲染，我们可以使用第三方渲染器（如 POV-Ray、LuxRenderer、Unity 游戏引擎、Autodesk 3ds Max 或 Blender）来创建精确的图像。这些渲染器本身就是复杂的软件，可以设置灯光和材质创建美丽的真实感图像的技巧和艺术，这超出了本章的范围。然而，在图 34.17 中，我们将默认的 CityEngine 渲染器与 Blender 中基于物理的 Cycles 渲染器进行了比较。我们注意到，默认渲染也具备高质量的灯光模拟（反射、阴影和渗色）和材质外观。

要将我们完成的 3D 网格作为 3D 对象而不是 2D 图像与他人在线共享，有多种选择。越来越多的基于 Web 的 3D 主机（Sketchfab、SketchUp 3D Warehouse 或 Google's Poly）可以在线托管 OBJ 网格，以便在浏览器中查看它们。生成的网页链接可以与客户和同事共享。但是，这些通用 3D 站点缺乏对 CityEngine 场景中许多细节的支持。ESRI 为这个问题提供了两种解决方案：利用 CityEngine Web 场景导出器（文件→导出模型……）或单独的应用程序 ArcGIS Urban（ArcGIS Urban → 同步所有场景）。虽然不支持编辑属性，但这确保了观众可见照明信息、不同场景和形状信息等细节并与之交互。ESRI 提供了从 CityEngine 到托管其在线平台上的 Web 场景的便捷渠道；同时支持"分屏"，使在浏览器中并排显示两个场景。

图 34.17 顶图：CityEngine 的默认 OpenGL 实时渲染器，无环境光遮挡或阴影。中间：使用环境光遮挡和阴影。底图：Blender 的 Cycles 渲染器需要 12 分钟才能使用软阴影和反射玻璃渲染此图像。网格以 OBJ 格式导出到 Blender

沉浸式技术是三维可视化的一个新的流行趋势。虚拟现实是最受欢迎的媒介：用户戴着一套头戴设备（如 Oculus Rift 或 HTC Vive），可以跟踪头部运动，并向每个人的眼睛显示不同的图像来创造逼真且身临其境的 3D 体验。创造这些体验仍然是一个技术过程，需要使用视频游戏引擎；最先进的 CityEngine 使用了 Unreal 引擎；CityEngine 2019.0 包括一个测试版虚幻引擎模型导出器，其输出可以通过 Datasmith 工具包导入 Unreal。

其技术细节在网上有参考文档，但可能会在不久的将来发生变化(Esri, 2019d)。

CityEngine 的虚拟现实体验展示了一个包含模型的桌面(图34.18)。它将导出的模型呈现在虚拟办公室的桌面上。用户可以通过在桌面上拖动模型来探索模型。用户也可以有选择地传送到 3D 世界中预先指定的地点，以获得模型的街道级视图。这些设计避免了用户在虚拟现实中高速移动造成的一些不适。桌面界面允许用户站在场景上方，从"几乎静止"的位置进行探索，从而消除了晕车现象。

虚拟现实作为一种表现形式也有缺点。少数人仍然会出现晕车或不适、耳机不适合长时间佩戴，与台式显示器相比，分辨率仍然较低。随着硬件和软件接口日益升级，这些限制正在迅速减少。不过，对于那些重点是即时影响或沉浸体验的应用程序来说，它们是用来促进讨论和衡量效果非常强大的工具。

图 34.18　CityEngine 虚拟现实提供了一个桌面模型，可使用控制器进行导航(右边)。支持多个用户(第二个用户的耳机显示在顶部中间)

34.6　结　　论

CityEngine 为城市设计师封装的工具包提供了几项独特的功能。在工作中使用规则，而不是手动创造模型，可以大大减少时间，扩大规模，并为城市空间设计带来大量新的工作流程。这些新的工作流程使我们能够在"客户的办公室"就快速迭代解决方案；解决方案可以在运行中进行可视化和定量分析。这样的创新使得用户反馈更快，同时也更好地为问题解决方案提供更好的空间。

所有新的工作流程都附带警告，CityEngine 也不例外。当非程序员(不懂如何编写规则的人)使用 CityEngine 时，他或她面临的规则文件选择是有限的。程序员通常必须投入大量时间学习 CGA，来创建适合当下问题的规则文件。然而，有大量的资源可以帮助这两类用户：大型规则库可以在线获得，并且为程序员提供了全面的 API 文档。

CityEngine 最初源于 Pascal Müller 在苏黎世联邦理工学院的学术工作(Müller, 2010)。CityEngine 软件产品的持续开发一直被详细描述系统未来创新的学术著作所掩盖(Schwarz and müller, 2015)；此类技术和功能通常在其他 ESRI 产品和 CityEngine 本身之间流动。针对虚拟现实的数据板显示和渠道方面的最前沿创新反映了苏黎世 ESRI R&D 中心令人兴奋的持续发展。

第35章 集成CyberGIS和城市感知以复现流式分析

王少文（Wang Shaowen）（通讯作者） 吕方正（Lü Fangzheng）
王少华（Wang Shaohua） 帕德马纳班·安纳得（Anand Padmanabhan）
卡特利特·查尔斯（Charles E. Catlett）
苏丹妮·克尤马斯（Kiumars Soltani）

摘 要

越来越普遍的位置感知传感器与快速发展的无线网络服务的相互连接，正在推动城市近实时分析的发展。这一发展为科学创新和发现带来了巨大的挑战和机遇。但是，即使是最先进的城市发现和创新，也不能很好地解决此类城市分析的问题，这反过来又限制了新的研究问题的提出和解决。具体而言，常用的城市分析功能旨在处理和分析那些可以被作为地图图层的静态数据集，因此无法提供：①满足城市大数据的容量和速度需求；②满足处理、分析和可视化这些数据集的计算需求；③对此类城市分析的并发在线访问。为了应对这些挑战，我们研发了一种全新的 CyberGIS（赛博地理信息系统）框架，其中包括用于流式城市分析的可计算重现方法。该框架通过集成 CyberGIS 和实时城市感知，基于 CyberGIS-Jupyter 获得了解决以往城市分析无法解决具有挑战性的城市信息学问题的能力。

35.1 引言和背景

基于城市大数据支持与城市化相关的影响、挑战和机遇的科学研究，有望将分析、观察和建模能力相结合，并制定和评估城市发展政策和目标。城市地区的温室气体排放和能源使用占到 70%，同时贡献了近 80%的国民生产总值（gross national product，GNP）(UN-Habitat, 2011)。因此，它们是解决环境可持续性问题的重要手段。例如，在芝加哥市区，120 多个城市、城镇和村庄正式通过了一项名为"最绿色区域契约"（greenest region compact; Marka, 2019）的联合可持续发展计划，可以理解为诸如减少温室气体排放或改善环境空气质量等挑战具有区域性特征，亟待整体性解决方案。设定和跟踪实现这些目标的进展，需要利用城市大数据，这些数据不仅来自传统方式，还来自新的传感器网络、激光雷达（LiDAR）和摄像系统等高分辨率仪器，以及包括与遥感和移动轨迹相关的新来源。这将需要一种新的城市空间分析方法，以支持城市化进程相关的影响、挑战和机遇的科研工作。这些科学研究将需要应用分析、观测和建模能力来制定和评估城市发展的政策和目标。

在此背景下，越来越多的复杂且海量的城市数据被收集以理解和应对此类重大挑战,这将促使众多城市观测者通过科学、工程和政策的创新来解决这些挑战（Miller et al., 2019）。然而，为解决各种科学问题并做出决策，此类观测需采用创新方法将动态和海量的城市数据与相关分析相集成。因此，本研究的首要目标是开发一种创新的CyberGIS（赛博地理信息系统），即基于先进的赛博基础设施的地理信息科学系统（Wang，2010），以集成的可计算的方式复现城市感知和流式分析。

1. 城市感知数据

近年来，随着位置感知设备和传感器的快速发展和广泛应用，众多领域的研究人员拥有了大量动态城市数据，以期研究紧迫的科学问题（Armstrong et al.，2019）。源于固定和移动平台的数据流对城市分析提出了重大挑战。过去十年的开放数据计划同样产生了与城市基础设施、运营和活动等相关的各类新数据集（Huijboom and Van den Broek，2011）。诸多美国城市如芝加哥市等提供匿名开放数据，这些开放数据详细记录了包括十余年的犯罪、311服务电话、许可证、检查、交通流量和其他运营数据。不同数据源的集成和分析，不仅可以提出关于城市现象相互依存关系的新问题及见解，还可以提供理解复杂环境和城市系统的新方法（Xu et al.，2017）。例如，可以提出一个科学问题来探索社会因素（如犯罪或学校表现）与城市社区环境特征（例如，包括有或没有绿地、当地经济弱或强等）之间的关系。

针对许多科学问题，数据（如与空气质量或城市热量相关的数据）都缺乏更好理解社区层面问题的空间和时间分辨率。美国国家科学基金会（National Science Foundation，NSF）资助的物联网（Array of Things，AoT）计划是芝加哥大学、阿贡国家实验室和芝加哥市的合作项目，该项目着手使用新传感器技术和嵌入式（或边缘）计算来创建一个由数百个智能传感设备组成的实验"仪器"（instrument）。其中的"节点"（nodes）旨在以社区级的分辨率测量芝加哥的城市环境、空气质量以及交通或行人流量等活动。该项目集成了现有的和新兴的传感器技术来测量几十个城市环境条件，并具有远程可编程的机器学习能力来测量没有可用传感器的因素，例如行人通过公园的流量或自行车通过十字路口的流量（Catlett et al.，2017）。AoT计划已在芝加哥部署了130多个节点，全球十多个城市正在进行测试部署。

为了说明来自此类测量仪器的数据的性质，本研究采用一个月的AoT数据，其数据压缩大小为2 GB，解压缩后约为10 GB。这比2001年至今（共18年）整个芝加哥犯罪数据库（包含700万行犯罪记录）还要大几倍。

2. CyberGIS

在过去十年中，CyberGIS已成为新一代的地理信息系统，它包括无缝集成先进的赛博基础设施、GIS以及空间分析和建模能力，同时带来了广泛的研究进展和社会影响（Anselin and Rey，2012；Wang and Goodchild，2019）。CyberGIS为各类科学、技术和应用领域的突破提供了坚实的基础，并为赛博基础设施的整体创新做出了贡献（Wright and Wang，2011）。在过去几年中，CyberGIS已发展成为一个充满活力的跨学科领域，与此同时CyberGIS社区在解决具有挑战性的环境和地理空间问题方面取得了重大进展（例如Hu et al.，2017；Liu et al.，2018）。

3. 空间数据集成

由NSF资助的建立核心空间数据集成能力的数据科学项目取得了实质性进展（例

如，集成来自社交媒体的地理标记数据流、人口普查数据和城市基础设施登记数据；Wang，2016）。该项目的核心能力是基于 CyberGIS 超级计算和云架构开发和部署的，以支持空间大数据分析。这些能力包括：①矢量数据处理；②栅格数据处理；③异构空间数据流的集成；④空间数据可视化；⑤空间数据检索和存储。

数据源的动态特征和数据合成的用户驱动特征为多种来源的数据开发集成能力带来了新的挑战：要求处理流程始终在线且高度可用，具备创新的计算能力，NSF 项目展示了强大的空间数据集成能力。这些能力旨在帮助可能没有接受过如何使用先进赛博基础设施的全面培训的研究人员应对处理城市大数据方面的挑战（Soliman et al.，2017）。通过集成高性能和云计算受益的开发功能，可以克服一些重要挑战，例如提供对具有弹性资源供应的虚拟分布式处理集群的按需访问。本章中描述的 CyberGIS 系统框架集成了上述功能，实现了基于流数据和相关城市分析的城市发现和创新（图 35.1）。

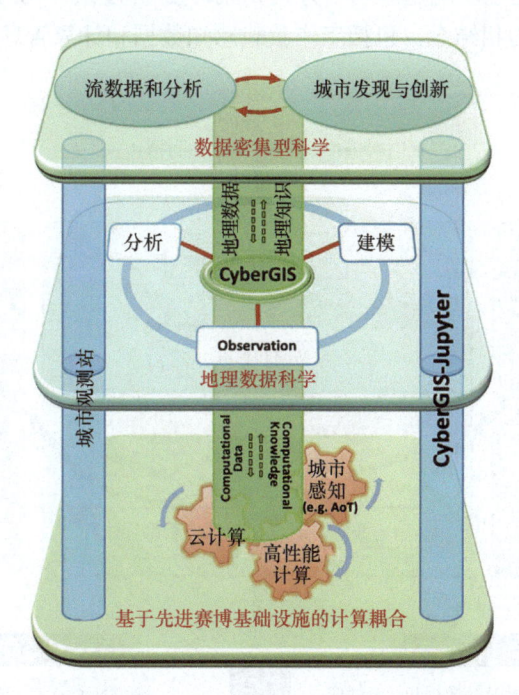

图 35.1 流式分析的 CyberGIS 系统框架助力城市发现和创新

4. 赛博基础设施

不同类型的城市数据和相关分析对创新赛博基础设施和 CyberGIS 提出了关键要求。不同格式、类型、大小的数据需要不同的计算方式。例如，来自众多 AoT 节点的快速流数据将需要弹性和集成的高性能计算（high-performance computing，HPC）和云基础架构来近乎实时管理和处理数据，同时可以在 HPC 批处理环境中处理人口普查和地形数据集等历史数据集。

资源开放地理空间教育和研究（resourcing open geospatial education and research，ROGER）的构建采用了 NSF 主要研究仪器项目中获得的经验，该项目用于地理空间数据的计算密集型和数据密集型的处理和分析。它提供的是混合计算模式,包括高性能计算批处理、基于 Hadoop 和 Spark 以及云计算的数据密集型计算,并以千万亿级公共数据存储为后盾(Wang,2017)。此外,ROGER 还提供种类丰富的地理空间软件包,构成了 CyberGIS 框架的核心计算环境。

35.2 框　　架

1. 架构

该框架旨在将 CyberGIS 与城市感知数据集成,包括:①通过在线环境促进用户与流式城市分析的交互;②提供 CyberGIS 能力以实现可扩展的城市分析;③管理分析的执行及其与测度的交互。这些功能通过以下方式完成:(a)速度层;(b)批处理层;(c)服务层,它与可扩展的计算能力相结合,包括工作负载感知数据和计算管理能力(图 35.2)。

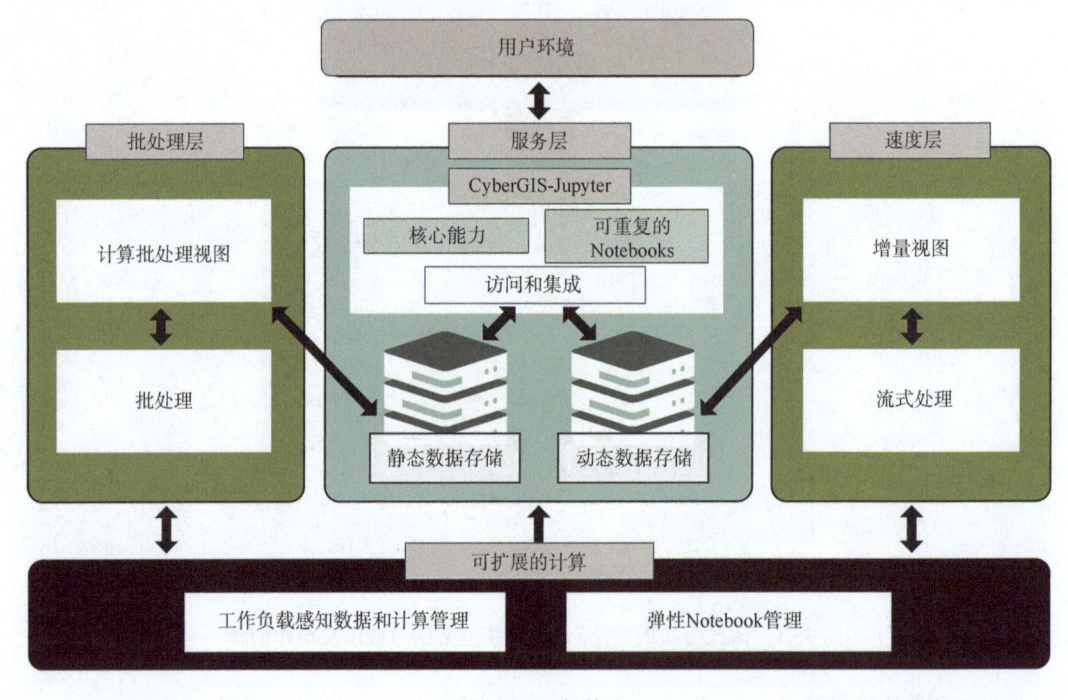

图 35.2 架构

该框架采用整体系统方法,具有的特征包括:①不同的工作负载,包括低延迟读取、快速更新和特殊查询;②线性可扩展性(Yang et al.,2014)。当数据到达时(例如通过 Apache Kafka;Kreps et al.,2011),它们会由速度层和批处理层分开摄取。速度层需要使数据可用于实时查询和分析,这对于某些应用场景(例如应急管理)至关重要。因此,速度层专注于最新的数据和流式分析,并构建在事件处理框架(例如 Apache Storm,2020)上。另一方面,批处理层旨在处理大型历史数据集的集成,并在其上执行计算密集型任务。因此,速度层旨在维持高频写入,并提供对数据的实时视图,而批处理层的开发旨在读取密集型和分析工作负载。批处理层和速度层都通过服务层连接到最终用户，服务层通过各种数据存储访问先前操作的结果，包括内存数据库(例如REDIS，2020)、NoSQL 数据库(例如 Cassandra；Apache Cassandra，2020)和大数据存储系统(例如 HDFS；Shvachko et al.，2010)。服务层提供的交互式用户界面在紧接着的部分进行描述。

2. 用户环境

用户环境是通过增强 CyberGIS-Jupyter 来构建的，以实现可重复和可扩展的计算任务(Yin et al.，2019)。通过这个在线环境，用户可以调用带有一组分析任务的 CyberGIS-Jupyter notebook，执行需在赛博基础设施资源上完成的任务，并为特定的可重复研究定制 notebook，以便与其他用户共享。用户可能还对使用 CyberGIS 可视化分析访问自动化工作流感兴趣，特别关注指定工作流参数、解释工作流结果、评估可视化以及与相关合作者和社区共享结果和可视化。用户环境是专为大量用户同时进行流分析而设计的。

3. 分析

空间参考和时空分辨率是城市数据的基本特征。为了分析和可视化目的合并城市数据，需要将数据转换为通用的投影系统和时空单元。例如，地图重投影通过应用常见的地图操作(例如坐标转换、范围、正向和反向映射以及插值或重采样)来实现这种转换。我们早期的工作开发了基于 HPC 资源的重投影(Finn et al.，2019)。另一个核心能力旨在提供友好的界面，用户可以通过这些界面与地图图层、图表和表格的城市感知数据及其相关分析进行交互。我们开发了一种基于 Web 且符合开放地理空间联盟(Open Geospatial Consortium，OGC)的解决方案，能够通过支持多种 Web 服务，例如 WMS、WFS、WCS 和 WPS 等，来提供对异构时空数据的互操作访问，并支持地图库(例如，leaflet，d3.js)，以增强城市数据的可视化表达。

35.3 案 例 研 究

1. 研究区域

芝加哥都会区(Chicago Metropolitan Area，CMA)是测试该框架的理想案例。CMA 占地约 28 000 km^2，人口超过 1 000 万，是美国第三大经济体。它位于北美铁路、公路和航空运输基础设施的交叉路口。极端高温已经对芝加哥城市人口产生了不利影响，进而对区域性和美国经济产生了不利影响(Karl and Knight，1997)。城市热岛(urban heat-island，UHI)效应加剧了多天夜间温度升高，这些与人类健康影响(Semenza et al.，1996)以及邻里经济活力(Browning et al.，2012)有关。有研究表明，中西部夏季平均气温预计在未来 25~50 年间将增加 3~6 华氏度(Wuebbles and Hayhoe，2004)，该框架对于以更精细的时空粒度研究城市微气候至关重要，并将数据与城市热相关分析直接耦合，有助于增强我们对城市环境中相关问题的理解。

2. AoT 数据

本案例研究使用的 AoT 数据通过耦合计算密集型空间分析来探索智慧城市愿景,该愿景使得城市规划和政策调整应用在数天或数周的时间尺度上成为可能,而不是以年为单位的时间窗口。AoT 节点包括传感器(摄像头和麦克风)和嵌入式(边缘)计算资源,使远程编程的机器学习能够就地分析数据。目前,AoT 节点可以测量温度、相对湿度、气压、光、振动、一氧化碳、二氧化氮、二氧化硫、臭氧、环境声压和颗粒物。节点每 30 秒分析一次图像以计算行人和车辆的数量,并将这些数字与传感器的读数一起传输到中央数据存储库。项目网站上提供了芝加哥 AoT 传感器位置和类型的地图(Catlett,2020)。

数据是开放且免费的,可批量下载和 API 下载实时数据。在气候方面,AoT 数据已被用作美国能源部百亿亿级计算计划资助的项目的一部分,用于校准和参数化高分辨率天气模型(Jain et al.,2018)。图 35.3 显示了如何将 AoT 测量数据转换为有用的智慧城市应用程序的一般工作流程。

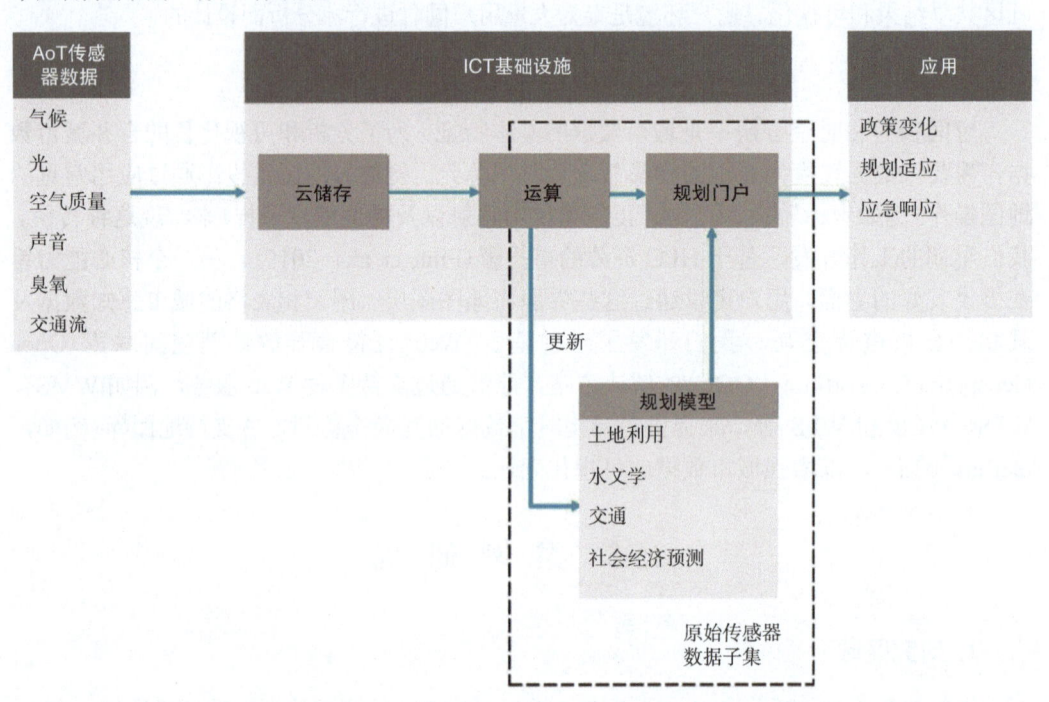

图 35.3 从 AoT 传感器数据到智慧城市应用的工作流程

该项目从 2016 年开始部署实验节点,使用 Argonne 的 Waggle 硬件/软件平台实施(Beckman et al.,2016)。截至 2019 年底,芝加哥城市部署的 130 个节点和合作城市部署的 60 多个节点代表了该平台的第四代节点(图 35.4)。最近 NSF 为 SAGE(Beckman et al.,2019)项目提供的资助,旨在通过转移到第五代中显著增强的边缘计算能力、新传感器以及多个观测站的实验部署。这些观测站包括 NSF 的国家生态观测网络(national ecological observation network,NEON;Keller et al.,2008)和高性能无线研究和教育网络(high-performance wireless research and education network,HPWREN;Hansen et al.,2002)。

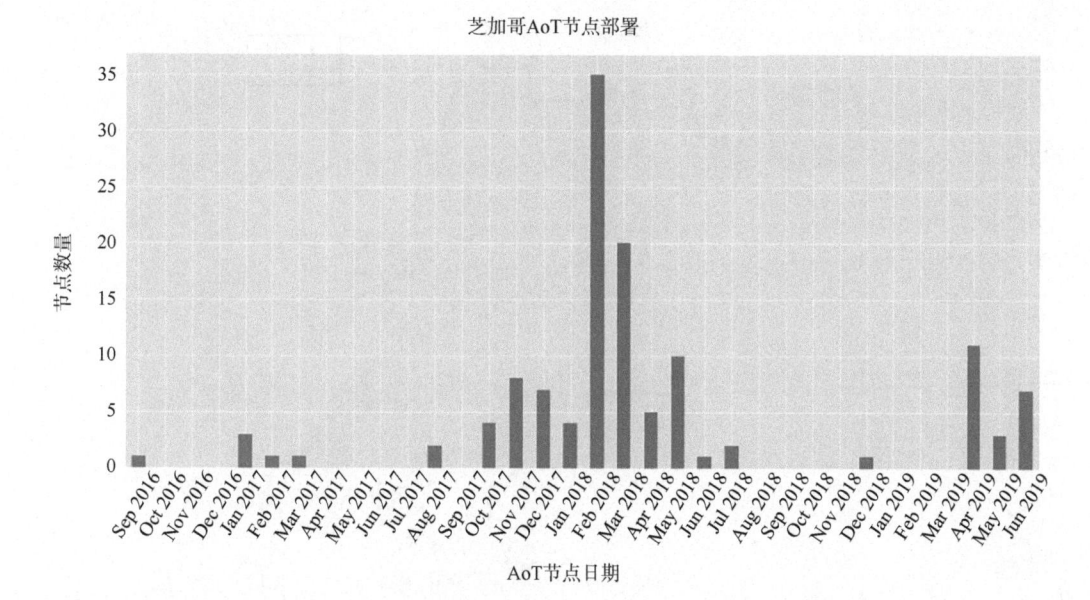

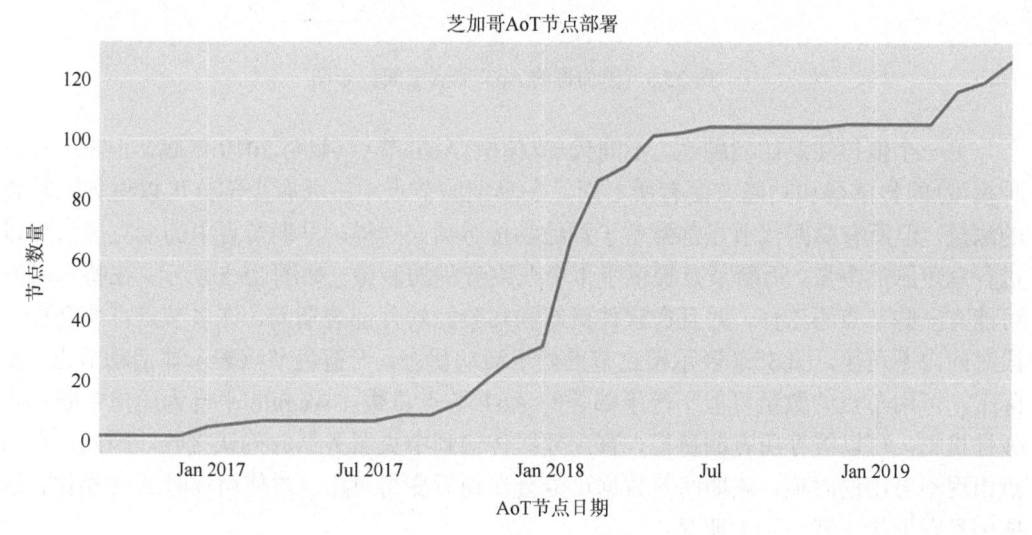

图 35.4　芝加哥 AoT 节点的部署信息

AoT 节点的空间分布如图 35.5 所示，呈现了芝加哥市 (589 km^2) 的部署分布图。其部署密度从市中心几条街道的每个街区到住宅区的相对稀疏分布。AoT 节点的部署位置是科学团队、城市官员和社区团体合作选择的。芝加哥大学空间数据科学中心的一项分析表明，芝加哥 80% 的人口居住在 AoT 节点 2 km 范围内，42% 的人口居住在 1 km 范围内。例如，虽然空气质量数据等传统测量来源可用，但芝加哥市的环境保护局站点不到 10 个，而且大多数只测量 1 种或 2 种污染物。AoT 是与新技术相关的实验工具，同样，节点密度的选择旨在针对各种研究或政策问题及其相关的测量的要求下进行最优的放置。

图 35.5 芝加哥的 AoT 节点空间分布图

另一个值得注意的问题是，不同代（或模型）AoT 节点（截至 2019 年底，正在运行三种模型）的传感器和功能方面有所不同。在早期的节点中，只有少部分可以进行颗粒物的测量，但所有第四代节点都配备了颗粒物传感器。同样，早期节点中的麦克风只可以进行总声压的测量，而新节点提供了十个八度音程的测量。如图 35.5 所示，在特定时间可能有一些节点不工作，并且在软件更新和实验性软件部署期间，许多节点可能会在一段时间内不可用。图 35.5 表示橙色节点处于活动状态，而蓝色节点表示非活动节点。实际上，可用节点的数量可能不等于部署的 AoT 节点总数。Waggle 平台为通信中断提供弹性机制，可以缓存所有测量值，直到数据传输到中央服务器并确认接收。因此，在节点出现不可用的时期，该期间的数据可能会在稍后变得可用。与使用实时 API 相比，这些因素在批量下载中不太明显。

3. CyberGIS-Jupyter

CyberGIS-Jupyter 是获取和分析实时流式 AoT 数据的基础引擎。CyberGIS-Jupyter 配备了可扩展到高性能计算和云资源的 CyberGIS 库（Padmanabhan et al., 2019），因此可以支持用户进行计算密集型空间分析。用户不仅可以获取实时、高频数据，而且还可以使用 AoT 数据进行城市分析。在本案例研究中，基于实时位置的 AoT 数据可用于理解芝加哥的热环境。例如，可以根据 AoT 数据推导出温度模式，如图 35.6 所示。对于所有带有温度传感器的 AoT 节点，在 CyberGIS-Jupyter 上可视化展示 2019 年 9 月 30 日的时间趋势，不同颜色表示不同节点。AoT 数据频率较高，平均每 26 秒记录一次温度数据。

传感器 TSYS01 的所有节点的温度

图 35.6 AoT 数据的温度曲线

由于存储数据量巨大，其每周会从 AoT 捕获 2~3GB 的数据，AoT 的 API 缓存仅保留 3~4 周的新鲜数据。例如，为了获取 2017 年的数据，我们需要从 AoT 批量下载网站下载整个数据集(或感兴趣月份的子集)，并开始数据处理。

使用 AoT 数据流 API 作为我们的数据访问选项，基于 CyberGIS-Jupyter 进行温度数据的空间分析，和 AoT 节点的地理位置数据分析。考虑到需要识别高温区域的密集型集中，图 35.7 显示了 2019 年一周内的温度模式，可以从这些热图中区分一些热点。本章已经开发了一个工作流，用于在 9 月 30 日至 10 月 6 日每天早上 6 点使用 AoT 的 API 从芝加哥所有可用温度传感器中获取基于 CyberGIS-Jupyter 的芝加哥地区温度数据。结合传感器的地理位置，图 35.7 所示的动态地图是使用逆距离加权算法进行空间插值生成的地图(Wang and Armstrong, 2003)。如图 35.7 所示，芝加哥西北部、杰斐逊公园(Jefferson Park)和北公园(North Park)附近以及芝加哥东南部和市中心的气温在一周内均高于其他地区的平均气温。由于人类活动，芝加哥市中心和东南部的温度较高，最直观的解释是这些地区人口密度高。我们调查了位于芝加哥西北部($41.97°N$，$87.76°W$；图 35.8)的传感器，发现它安装在地下变压器和一些外部空调附近，这似乎是热源。此外，芝加哥西北部的传感器密度低于其他城市地区，如图 35.5 所示，这导致杰斐逊公园附近的空间插值结果偏差。该空间分析和相关数据的工作流可以用 CyberGIS-Jupyter notebook 展示，可

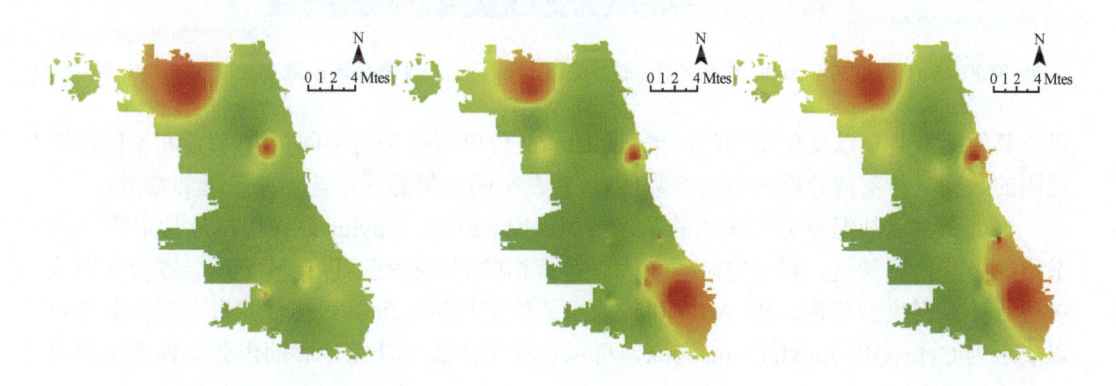

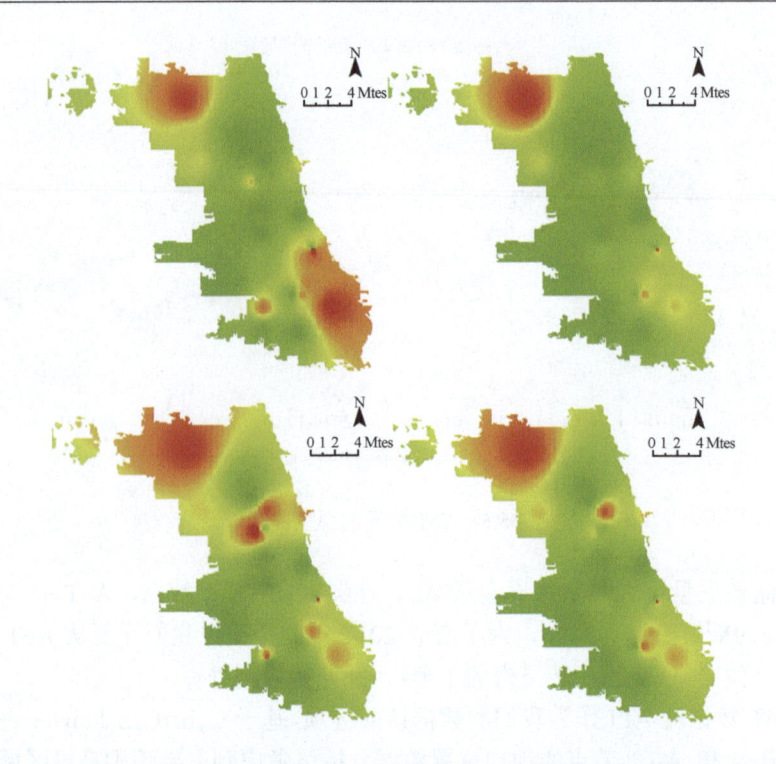

图 35.7　基于空间插值算法的 AoT 传感器的芝加哥温度图，温度测量单位为：℃，从左上角到最后一行最后一张图，每张图分别代表 9 月 30 日、10 月 1 日、10 月 2 日、10 月 3 日、10 月 4 日、10 月 5 日、10 月 6 日早上 6 点捕捉到的温度分布

图 35.8　AoT 节点的 Google 街景图像，位于芝加哥西北侧杰斐逊公园附近（41.97°N，87.76°W）

以与其他用户共享以复现相同的结果。Notebook 可以适应来自不同 AoT 节点和不同时间范围的数据，并支持分析的不同参数值（例如在空间插值算法中选用的最近邻数量）。

与上文演示的温度分析模式的示例类似，CyberGIS-Jupyter 允许用户从特定的 AoT 节点选择其他测量值，并指定时间范围以检索相应的数据流，以便基于高级赛博基础设施进行计算密集型分析。将 AoT 和其他相关数据与特定分析相结合的每个工作流都可以表示为 CyberGIS-Jupyter notebook，可以记录工作流中计算步骤的出处。许多用户可以同时在 CyberGIS-Jupyter 上编写和运行他们的 notebook，而不会注意到他们的 notebook 是在高级赛博基础设施上执行的。虽然"冻结"(freeze)动态数据流以试验各种分析场景通常具有挑战性，但 CyberGIS-Jupyter notebook 可以在用户之间共享，以实现城市分析与动态数据的协作开发和计算复现性(https://go.illinois.edu/CyberGIS-UrbanInformatics)。

35.4 结语和讨论

像芝加哥这样的大城市越来越多地采用数据驱动的方法进行城市规划和管理，包括诸如土地使用和交通建模、经济预测和环境监测。然而，持续监控和改变城市规划和管理政策的能力受到基于高质量、空间显性和时间连续数据困难的制约。例如，在美国，大规模的土地利用规划需要精细分辨率的土地覆盖数据，而国家土地覆盖数据库每五年才提供一次。同样，社会经济模型在很大程度上依赖于以十年为间隔进行的人口普查。由于这些困难，尽管城市在其规划过程中采用了数据驱动的方法，但实施基于快速数据流的智慧城市愿景仍然具有挑战性。一个关键的障碍是当环境、社会或经济发生动态变化时，无法及时做出干预和管理决策。

为了应对这些挑战，这项研究表明，用户可以使用 CyberGIS-Jupyter 和 AoT 数据进行计算密集型流式分析，而不需要具备 CyberGIS 或赛博基础设施的深度知识。AoT 数据可以和 CyberGIS-Jupyter 耦合来帮助用户监测城市热度和城市动态的其他关键指标。本章描述的 CyberGIS 框架能够通过先进的赛博基础设施的支持，来解决城市大数据的数量和速度；满足处理、分析和可视化这些大数据集的计算要求；并支持同时在线访问 CyberGIS-Jupyter notebook，以实现城市分析的协作开发和计算复现性。

关于涉及快速数据流的城市信息学的未来研究，实现可复现的城市分析十分重要，且具有挑战性。如果没有可计算复现的城市分析，很难说服决策者和从业者在任何实际环境中采用此类分析。快速数据流连续产生数据并带来重大挑战，必须通过协同处理空间和时间特征的新算法来解决这些挑战。此外，迫切需要激动人心并重要的 CyberGIS 研究，以更好地理解和支持城市分析的计算可复现性，这就需要整体方法来优化赛博基础设施资源的访问和管理，权衡空间和时空算法性能和不确定性，并制定用于城市分析模块的标准和规范。

致　　谢

本章和相关材料部分获得美国国家科学基金会(NSF)资助，包括基金 1443080、1532133、1743184、1833225 和 1935984。该工作使用 ROGER 超级计算机，由 NSF 资助，编号为 1429699。本章内容中表达的任何意见、发现、结论或建议均为作者的观点，不一定反映资助机构的观点。

第36章 空间搜索

狄黎平　喻歌农

摘　要

　　城市研究关注城市空间结构的演变，在城市中，信息往往与位置联系在一起。信息的发现是在一个基于空间和时间维度的高维空间中进行的，其中构件的空间关系在城市演化研究中起着重要作用。城市研究中的空间搜索必须处理数据结构(结构化与非结构化)、数据空间上下文(隐式与显式)、数据空间关系(包容与交叉)、数据容量(大容量与种类多样性)、空间搜索速度(针对不同需求的速度)和空间搜索准确性(准确性与相关性)。本章回顾了在城市地理信息系统中挖掘和提取空间信息的技术，通过空间索引以对城市信息进行有效地空间感知搜索，探索空间关系的方法及其搜索算法。通过不同的空间相似性度量和算法，提高搜索结果的空间相关性，以及增强在全球广域网环境中空间搜索的开放标准和互操作性。本文还回顾了城市研究中空间搜索的新兴技术，并举例说明和评估了空间搜索在城市研究中的应用。

36.1　城市研究中的空间搜索

　　城市研究是一个涵盖多学术领域的跨学科领域，包括城市地理、城市社会学、城市经济学、城市住房和社区发展、城市环境研究、城市治理、政治和行政、城市规划、设计和建筑(Bowen et al., 2010；Harris and Smith, 2011)。"搜索"在这些重点研究领域无处不在(Ballatore et al., 2016)。空间搜索普遍用于从空间和时间关联数据中搜索信息(Miller, 1992)。在搜索问题中引入空间维度可以从两个角度来看：一个是作为所寻求信息的一部分(即搜索一个地方)；另一个是作为进行搜索的上下文(例如以最佳路线穿过的道路网络；Miller, 1991)。

　　城市研究中的空间搜索根据主题和应用具有不同的内涵。在技术和地理信息学的背景下，空间搜索包括无空间点搜索、范围搜索、k-最近邻搜索和聚合空间搜索(例如总面积或总计数)。在经济学和社会学中，空间搜索可以被视为一个决策问题和行为。空间搜索问题被格式化为具有物理维度(例如二维空间)的连通图。空间搜索问题可能因选项而异(例如，具有固定样本集的完美知识搜索、没有召回的在线搜索、有召回的在线搜索、不完整信息的搜索)。在链接开放数据(LOD)环境中，空间搜索可描述为位置识别(转换为地理信息)、空间维度建模、用于改善性能或启发式结果的空间索引、搜索问题的制定以及在受限情况下的结果搜索等等一系列过程。

　　城市研究中的空间搜索涉及以下用于管理和维护空间信息系统的组成部分：
- 地理编码：从查询请求中解析和提取空间参考的过程。
- 空间索引：提高空间信息检索性能的过程。

- 空间搜索算法：为不同的应用实现高效有效的空间信息发现的一组算法。
- 目录和联合目录：一个管理空间元数据的系统。

本章组织如下。36.2 节将回顾地理编码过程，这一部分介绍有关流行的地理编码方法和工具的内容。36.3 节接着回顾了用于索引空间信息的方法和数据结构。36.4 节描述了用计算机算法表达的空间搜索问题，而 36.5 节回顾了空间数据的编目策略及其在分布式环境中的方法。最后一部分简要介绍了空间搜索的一些最新进展和研究方向。

36.2 地理编码

在城市研究中，通常使用地名和街道地址来参考地理空间数据(Dueker，1974)。地理编码是为了将位置与描述性文本或地名联系起来。在早期文献中，它被称为地方命名(place naming)(Dueker，1974；Tobler，1972)。在城市地区，地理编码可以有效地参考不同的数据集使用不同的方法。街道地理编码、包裹地理编码和地址点地理编码是地理编码中将地址与空间坐标关联起来的三种常用方法(Zandbergen，2008；Owusu et al.，2017)。随着越来越多类型的地理编码出现，地理空间定位的细节层次可以在不同粒度上与地理编码相关联。表 36.1 显示了地理编码技术的主要代表性年代，以及相应年代的主要软件或服务。地理编码是随着地理信息系统的发展而发展起来的。20 世纪 60 年代，在地理信息系统发展的初期，出现了最简单的地理编码方案和系统。地理编码区域单位可以匹配到一个代表性点。由于这些地理编码(如人口信息、经济指标)可以与许多属性相关联，因此它们可以有效地用作分析城市地区空间差异的基本区域单元。

表 36.1　地理编码发展的简要历史

年代	地理编码技术	代表系统或服务
20 世纪 60 年代	城市分组码；街段；代表点；地址编码指南(address coding guides，ACG) (Dueker，1974)	自动位置查找表(automatic location table，AULT) (Dueker，1974) 街道地址转换系统(street address conversion system，SACS) (Dueker，1974)
20 世纪 70 年代	双独立地图编码(dual independent map encoding，DIME) (Farnsworth and Curry，1970)	地址匹配系统(address matching system，ADMATCH)，地理基础文件系统(DIME)，计算机绘图系统(GRIDS) (Farnsworth and Curry，1970)
20 世纪 80 年代	地理基本文件(geographic base file，GBF) (Davis et al.，1992)	GBF/DIME (Davis et al.，1992)
20 世纪 90 年代	拓扑集成地理编码和参考(topologically integrated geographic encoding and referencing，TIGER) (Broome and Meixler，1990)	
21 世纪 00 年代	商业地理编码方案 多级地理编码(multilevel geocoding) (Zandbergen，2008；Goldberg，2017) ADDRESS-POINT™(Mesev，2005) 地理编码的国家地址文件(geocoded national address file，G-NAF) (Paull，2003) Open Street Map(OSM)	商业软件和服务(Goldberg et al.，2007)

续表

年代	地理编码技术	代表系统或服务
21世纪10年代	主地址文件(master address file，MAF)(Trainor，2003)	MAF/TIGER(Galdi，2005；Trainor，2005) 商业地理编码应用程序编程接口(application programming interface，API) (Panasyuk et al.，2019)

在万维网环境或联网的应用程序中，常用的地理编码方法是使用地理编码网络服务提供的应用程序接口(API)。所有的这些网络在线编码服务都支持正向地理编码和反向地理编码。这些 API 的结果大多是 JSON 格式的。在万维网环境中，这种编码文件格式很容易用常用的网页编程语言 JavaScript 解析和使用(表 36.2)。

表 36.2　选定的地理编码网络服务列表

服务名称	服务限制	参考资料	参考文献或服务端点
谷歌地理编码应用程序编程接口	每秒 50 个请求；免费信用每月 200 美元	谷歌地图	https://maps.googleapis.com/maps/api/geocode/json
必应位置应用程序编程接口	最多同时有 2 个工作。50 个作业/24 小时。5 个数据源和每个源 2500 个实体	必应地图(NAVTEQ)	https://docs.microsoft.com/en-us/bingmaps/rest-services/locations
雅虎地理编码应用程序编程接口	每个互联网协议地址每天 5 000 次查询	雅虎地图(NAVTEQ)	http://local.yahooapis.com/MapsService/V1/geocode
百度地理编码/反向地理编码应用程序编程接口	100 万次/天	百度地图	http://api.map.baidu.com/telematics/v3/geocoding http://api.map.baidu.com/telematics/v3/reverseGeocoding
Yandex 地理编码器应用程序编程接口	每天向地理编码器、路由器和全景服务合并的总请求数为 25 000	Yandex 地图(NAVTEQ)	https://tech.yandex.com/maps/geocoder
高德地理编码器应用程序编程接口	每天250个查询请求(应用程序编程接口调用)	高德地图	https://lbs.amap.com/api/javascript-api/guide/services/geocoder
Nominatim	每秒 1 个请求	开放街道地图(OSM)	https://nominatim.openstreetmap.org/search https://nominatim.openstreetmap.org/reverse
得克萨斯农工大学地理服务地理编码器	每天 2 500 次查询	综合资源	http://geoservices.tamu.edu/Services/Geocode

一个地名可能会随着时间的推移而演变，有时一个地名可能会有多个备选名称。在这种情况下，地名词典(一个可搜索的地名数据库)是很有用的，并可用于提供特定的地理编码辅助。除地理坐标外，地名辞典还包含地名的基本信息。这些基本信息可能包括人口统计、人文特征、文化程度和经济状况。美国国家地理空间情报局(NGA)的 GEOnet 地理名称服务器(GNS)是常见的此类服务资源之一。这些来自地名词典的服务在城市研究中非常有用(Janowicz et al.，2019；Diou and Schaffar，2009)。表 36.3 列出了一些最广泛使用的地名辞典，用以检索地名的地理维度或坐标，以及有关该地名的基本信息。由于消除地名歧义和将地名置于上下文中的能力，地名辞典在城市研究的语义分析中得

到了许多应用(Janowicz et al., 2019)。

表 36.3 选定地名录列表

地名录名称	覆盖范围/参考数据	用法	限制	网址
盖蒂地名辞典(Getty thesaurus of geographic names)	全世界	现代地名词库	并非所有记录都有地理坐标	http://www.getty.edu/research/tools/vocabularies/tgn/index.html
Geonames.org	全世界	地理编码/反向地理编码	2000/小时和30000/天	http://geonames.org/
GEOnet 名称服务器(GNS)	全世界	官方拼写、地图、信息、OGC 服务	最大返回地名数 8500	http://geonames.nga.mil/gns/html/gns_services.html
JRC 模糊地名辞典	全球700万个地名(来自GNS)	拼写更正、旧名称	基于浏览器	http://dma.jrc.it/services/fuzzyg
落雨全球地名录(Falling Rain Global Gazetteer)	全球,目录	易于使用的国家/地区名录	基于浏览器	http://www.fallingrain.com/world/index.html

36.3 空间索引

空间索引是创建有效且高效的数据结构以帮助加快空间查询的过程。空间索引与普通数据库索引的不同之处在于它具有空间属性:索引对象不只是一个值,而是具有两个或多个维度,索引对象的大小可以是非零的(即一条线、一个面积或一个体积)(Kriegel and Seeger, 1988)。这些特性导致空间关系比简单的线性关系更复杂。许多空间索引方案已经随着计算机技术的发展而发展起来(Kriegel and Seeger, 1988; Lu and Ooi, 1993)。这种空间索引的基本目标是在给定一组几何标准的情况下,减少检索匹配的空间对象所需的计算。

要创建空间索引,首先需要确定被索引的特征。例如,在二维空间世界中,地理要素通常表示为点、线或区域。点可以表示为一对坐标,可以将其视为要在空间数据库中建立索引的字段。大多数空间索引方法是专门为点设计的(Lu and Ooi, 1993)。在不丢失信息的情况下,线和区域不能准确地表示为适合在空间数据库中索引的字段。对于复杂的地理对象,需要选择或提取具有代表性的特征。这些过程类似于机器学习、统计学和信息论中的特征选择和特征提取。换句话说,特征的选择不会改变可以解释为维度的值。例如,最小边界矩形(minimum bounding rectangle, MBR),即最小边界框的二维情况,可以被视为一个可选用的特征,因为它的值可以在代表地理对象的坐标数组中找到。从所表示的数组中选择的任何坐标(例如起始点、结束点或中间点)也可以被选择作为索引的基本特征。这个过程可以推广为 Kriegel 和 Seeger(1988)所描述的 k-维空间到 2k-维空间的转换过程。例如,在二维空间中,一个与坐标轴对齐的矩形可以由四个坐标定义。一种编码可以是角坐标(左上坐标加右下坐标或左下坐标加右上坐标)或中心坐标加到每一边的范围距离(Kriegel and Seeger, 1988)。网格文件可以是一个四维网格,矩形连接到网格文件中最近的单元格。另一方面,特征提取可以通过计算机化的过程来从对象中计算出一组值。例如，哈希值是使用哈希函数从对象计算出来的。质心也可以从物体中计算出来。利用主成分提取算法，将对象表示为前 n 个主成分。这些派生的特性可以用作空间数据库中的索引字段。

空间索引的下一个问题是如何处理由索引空间特征定义的空间对象的重叠。有两种方案可用于处理重叠空间对象的分割：裁剪方案(C-方案)和边界方案(OR-方案) (Kriegel and Seeger，1988)。例如，当一个最小边界矩形用作空间特征时，一个最小边界矩形定义的覆盖范围可能与另一个最小边界矩形的覆盖范围重叠。图 36.1 显示了一个例子。如果使用裁剪方案，当分隔线穿过区域时，对象将被两个分区复制。例如，在两个分区中都复制了对象 R3[图 36.1(a)]。如果使用边界方案，对象 R3 将只会包含在一个分区 S1 中[图 36.1(b)]。两种方案的优缺点对比见表 36.4。

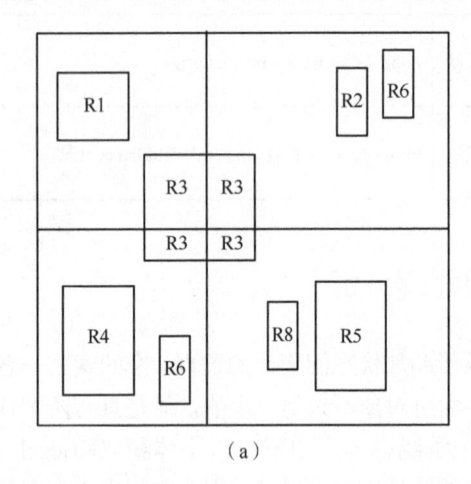

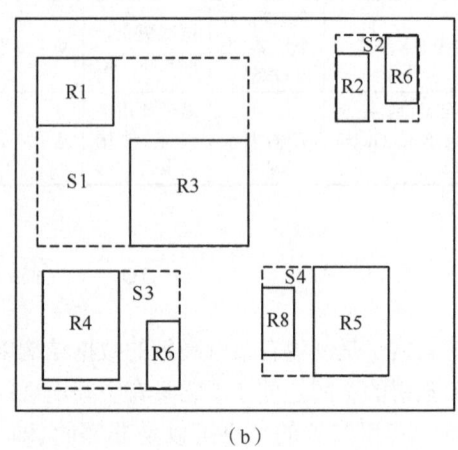

图 36.1 重叠区域的分区方案

表 36.4 分区中重叠区域的方案

方案	优点	缺点
OR-方案	高效的存储利用率 一个文件同时包含点和矩形	由于高度重叠，增加了搜索、插入或删除的时间
C-方案	底层点访问方法的高效继承 一个文件同时包含点和矩形	最小边界矩形(MBR)的重复 信息冗余

用于空间索引的计算机化数据结构介绍如下。

- 固定网格索引：最简单的例子是统一网格方案，其中空间按照沿每个轴的值范围均匀划分为规则网格。可以使用指定的间隔或单位预定义网格系统。最近的空间矩形的检索时间为 $O(1)$，任何空间矩形的平均检索时间为 $O(nCells + n)$，其中 $nCells$ 是网格单元的总数量；n 是空间对象的数量，即示例中的矩形数量。内存要求是 $O(nCells + n)$。

- 空间哈希：由于空间对象的分布通常是稀疏的，一个统一的网格会导致许多空单元。可以使用哈希表来存储索引，并使用多级多键网格文件来索引多维空间数据 (Bentley and Friedman，1979)。

- 空间数据分区树
  - 二进制空间划分(binary space partitioning，BSP)树：这是一种通用的划分方法，使用超平面将空间递归划分为两个凸集。它是三维视频图像处理的通用方法(Schumacher et al.，1969)。k-维二叉搜索树(k-dimensional binary search tree，k-d tree)的构造方法是使用一个轴，沿着轴在点的中位数分割数据(Bentley，1975)。局部分裂决策树(local split decision tree，LSD tree)被设计用于处理点和区间(Henrich et al.，1989)。K-D-B树是一种派生的树结构，它结合了k-d树和B树(balanced tree 平衡树)的特性(Robinson，1981)。
  - 四叉树：四叉树通过递归划分为四个象限来构建空间数据的层次表示(Finkel and Bentley，1974)。
  - 八叉树：八叉树是一种分层数据结构，它将四叉树扩展到三维，所有内部节点都有八个子节点(Meagher，1980)。
  - 圆球树：圆球树是"一个完整的二叉树，其中一个球与每个节点关联的方式是内部节点的球是最小的，其中包含了它的子节点的球"(Omohundro，1989)。
  - R树：R树使用最小边界矩形(MBR)来确定它的子节点(Guttman，1984)。这是一种平衡的树。其变体包括Hilbert R(Kamel and Faloutsos，1984)、R+(Sellis et al.，1984)、优先级R(Arge et al.，2008)、R*(Beckmann et al.，1990)、GiST(Hellerstein et al.，1995)和G树(Zhong et al.，2015)。
  - 度量树：制高点树(vantage-point tree，vp tree)是一种空间划分算法，用于构造具有球形边界区域的树来划分度量空间(Yianilos，1993)。每个部分都被定义在每个制高点的阈值内。多制高点树(multi-vantage-point tree，MVP tree)是vp树的一种变体，它在每一层使用多个点进行划分(Bozkaya and Ozsoyoglu，1999)。覆盖树算法构建一个水平树，其中每个父节点覆盖所有子节点的范围(Begelzimer et al.，2006)。Bukhard -Keller树(Bukhard-and-Keller tree，BK tree)通过安排彼此接近的点来适应离散空间(Burkhard and Keller，1973)。

表36.5 选定的空间索引算法列表

方案	名称	性能				参考文献
		搜索	插入	删除	内存	
固定网格索引	均匀的网格	$O(n)$	$O(n)$	$O(n)$	$O(n)$	Bentley and Friedman，1979；Clarke，2002；Zhang and Du，2017
空间哈希	网格文件	$O(n)$	$O(n)$	$O(n)$	$O(n)$	Bentley and Friedman，1979；Nievergelt et al.，1984
	EXCELL	$O(n)$	$O(n)$	$O(n)$	$O(n)$	Henrich et al.，1989
	哈希树	$O(n)$	$O(n)$	$O(n)$	$O(n)$	Otoo，1986
	分位数哈希	$O(n)$	$O(n)$	$O(n)$	$O(n)$	Kriegel and Seeger，1989
	局部分裂决策(LSD)树	$O(n)$	$O(n)$	$O(n)$	$O(n)$	Henrich et al.，1989
	多层网格文件与剪辑	$O(n)$	$O(n)$	$O(n)$	$O(n)$	Six and Widmayer，1988
	混合PLOP哈希	$O(n)$	$O(n)$	$O(n)$	$O(n)$	Kriegel and Seeger，1988

续表

方案	名称	性能				参考文献
		搜索	插入	删除	内存	
BSP 树	k-d 树	$O(n)$	$O(n)$	$O(n)$	$O(n)$	Bentley, 1975; Bentley and Friedman, 1979
	GBD 树	$O(n)$	$O(n)$	$O(n)$	$O(n)$	Ohsawa and Sakauchi, 1990
	K-D-B 树	$O(\lg n)$	$O(\lg n)$	$O(\lg n)$	$O(n)$	Robinson, 1981
	hB 树	$O(\lg n)$	$O(\lg n)$	$O(\lg n)$	$O(n)$	Lomet and Salzberg, 1990
四叉树	四叉树	$O(n)$	$O(n)$	$O(n)$	$O(n)$	Finkel and Bentley, 1974; Samet, 1984
八叉树	八叉树	$O(n)$	$O(n)$	$O(n)$	$O(n)$	Meagher, 1980
圆球树	圆球树	$O(n)$	$O(n)$	$O(n)$	$O(n)$	Omohundro, 1989
R 树	R 树	$O(n)$	$O(n)$	$O(n)$	$O(n)$	Guttman, 1984
	R+树	$O(n)$	$O(n)$	$O(n)$	$O(n)$	Sellis et al., 1987
	R*树	$O(n)$	$O(n \lg n)$	$O(n)$	$O(n)$	Beckmann et al., 1990
	优先级 R 树	$O(n)$	$O(n)$	$O(n)$	$O(n)$	Arge et al., 2008
	希尔伯特 R 树	$O(\lg n)$	$O(\lg n)$	$O(\lg n)$	$O(n)$	Kamel and Faloutsos, 1994
	GiST	$O(\lg n)$	$O(\lg n)$	$O(\lg n)$	$O(n)$	Hellerstein et al., 1995
	G 树	$O(n)$	$O(n)$	$O(n)$	$O(\lg n)$	Zhong et al., 2015
度量树	vp 树	$O(\lg n)$	$O(\lg n)$	$O(\lg n)$	$O(n)$	Yianilos, 1993
	MVP 树	$O(\lg n)$	$O(\lg n)$	$O(\lg n)$	$O(n)$	Bozkaya and Ozsoyoglu, 1999
	M 树	$O(\lg n)$	$O(\lg n)$	$O(\lg n)$	$O(n)$	Ciaccia et al., 1997
	覆盖树	$O(\lg n)$	$O(\lg n)$	$O(\lg n)$	$O(n)$	Beygelzimer et al., 2006
	BK 树	$O(\lg n)$	$O(\lg n)$	$O(\lg n)$	$O(n)$	Burkhard and Keller, 1973

36.4 搜索算法

城市研究中的空间搜索可以从不同的角度来看待,并针对不同的学科领域制定不同的方案。本节将从两个角度来探讨空间搜索。首先,从地理学的角度,将空间搜索作为一种技术和方法,综述了典型的空间查询和相应的搜索算法。其次,从城市经济学和城市社会学的角度,将空间搜索作为决策的一种形式,运用图论理论提出广义空间搜索,并对相关搜索算法进行了综述。

1. 空间查询

以下是城市研究中常用的空间搜索类型:

- 最近邻搜索:这被称为 k-最近邻(k-NN)搜索。典型的问题可以是"找到离给定点或当前位置最近的 k 家商店?"或者"找到最近的餐厅?"
- 范围搜索:范围搜索在城市研究中也很常见。例如查询:"找到所有 5 英里范围内的餐厅"。"找出在半小时到一小时之间可以到达的所有区域。"
- 综合搜索:在城市研究中涉及空间综合汇总时,经常会提出综合搜索问题。例如,

"获取旅行距离小于 10 英里、10～50 英里、50～100 英里和大于 100 英里区域的医院数量。""找出一个城市区域的总绿地面积。"

k-NN 搜索在计算机科学和地理信息系统中得到了很好的研究(Knuth，1997)。有一套算法可以解决这个问题。有两大类算法：精确搜索和近似搜索。准确找到 k 个最近邻的最简单方法是连续搜索，不需要对空间数据进行任何预处理(Bentley and Friedman，1979)。搜索时间为 $O(kn)$，其中 k 为维数，n 为特征总数。存储要求也是 $O(kn)$。

空间索引可用于对数据进行预处理，创建易于检索的数据结构。二进制空间划分(BSP)树、度量树和 R 树是索引空间数据中常用的三种树数据结构。作为 BSP 树的一种，kd 树使用轴向射线进行分区(最终为矩形)；而作为度量树的一种，vp 树使用等距圆来分区数据。R 树结构使用矩形，但重点是将地理对象保持在层次结构中。这些数据结构中的大多数都通过将搜索时间减少到平均约 $O(\lg n)$ 来实现改进。

不同的地理信息系统可能支持不同的空间索引算法。R 树及其变体是地理信息系统中最常用的空间索引算法，包括 PostGIS、MySQL 和 Oracle 都是采用 R 树为基础的空间索引。基于网格的空间索引方案也很普遍，由于其为适用数据驱动的空间索引方案，这类空间索引方案在 ESRI geodatabase、Oracle 和 Microsoft SQL 等许多地理空间数据库中普遍实现。

空间搜索(k-NN 最近邻搜索、范围搜索或综合搜索)已在许多城市研究中得到应用。如(Massam，1980a，b，c)中的"空间搜索"等选址决策需要分析空间相互作用，并进行范围搜索来评估抉择各个替代方案的效果。例如，一个正在寻找场地的公司可能会考虑每个备选地点一定距离内可用的劳动力。在为零售店选址时，分析师可能需要对每个备选地点一定距离内的家庭购买力进行空间查询。这种空间查询的结果将有助于评估备选方案以及制定更好的计划。

2. 用图论进行空间搜索

在城市研究中，空间搜索可以看作是一个决策问题，尤其是那些以经济学为基础的研究。经济搜索理论得到了很好的研究，并被用于研究城市迁移、城市市场和城市群效应(Maier，2009，2010)。加入空间上下文的概念，可以形成一个广义的空间搜索模型(Maier，1995，2010)。空间搜索问题被有效地定义在连通图中。连通图的顶点在二维空间中的离散位置是可选的。连接两个顶点的边表示代价，它可能是距离的函数。当决定从一个顶点移动到另一个顶点时，目标是使预期效用最大化。每个顶点可以访问一次。

空间搜索模型是将空间上下文与特定领域的模型紧密结合在一起的结果。在经济学中，这个空间模型与经济搜索模型紧密结合在一起。这种将空间环境与城市研究模型相结合的方法，有效地将空间搜索问题转化为图上的优化问题。

旅行推销员问题是 NP 难题。然而，城市研究中的大多数问题规模有限，这使得它们是可以解决的。还有一些启发式方法可以有效地帮助解决优化问题。

随着空间搜索问题转化为图中的优化问题，常用的图搜索算法开始适用于空间搜索模型。这些算法包括广度优先搜索、深度优先搜索、贪婪最佳优先搜索、启发式 A*和 Dijkstra 最短路径算法。空间搜索模型已在市场区域分析、企业选址、城市效应分析和城市建模中得到应用(Maier，1995)。简单的基于距离或燃料成本的空间搜索模型，可以用于城市交通规划和商业卡车路线（Moreno-Monroy and Posada，2018；Zarezadeh et al.，2018；Monte et al.，2018）。

36.5 万维网环境中的分布式搜索和互操作性

丰富的地理空间信息已经超出了任何人可以对其适当管理的能力。实时传感器的引入和信息的快速更新也表明，单一的地理信息系统无法满足城市研究的空间搜索需求，而且可用于城市研究的数据资源仍在不断增长。

面对这些挑战，有几种方法可以使空间搜索和地理处理利用日益增多的城市研究信息。首先，通过从不同来源获取空间元数据和数据，将收集到的信息整合到本地空间目录系统中。本地空间目录系统必须管理所有信息。每个收集程序都可能被更新或（如果远程服务不支持增量收获）重载元数据。每次获取之后，都需要相应地更新或重新构建空间索引。这种系统的优点是很容易支持现有的空间索引技术，主要的缺点是数据可能会失去控制，并且不总是最新的。

其次，以分布式的方式收集、集成和索引信息。在本例中，本地编目系统被一个分布式编目所取代，该分布式编目集群了多个云计算实例。每个云计算实例都可以处理一条信息条或一组信息源。在这样的分布式系统中，需要采用分布式空间索引方案来支持空间搜索（Priya and Kalpana，2018）。这种系统的优势在于，它能够在支持弹性计算资源管理的云计算环境中有效地处理大型数据集。主要的限制是：①新的元数据和数据可能无法得到及时更新并使用；②由于种种限制原因，远程服务可能不允许元数据和数据的重复下载；③维护大型分布式空间目录系统仍然可能是一个挑战，而且分布式空间搜索功能还在开发中。

最后，可以采用联合空间目录系统来支持分布式搜索的实时集成（Bai et al.，2007；Shao et al.，2013）。联合空间目录的发展依赖于采用开放的地理空间标准。标准的接口和来自目录的可互操作响应使动态翻译成为可能。联合目录的思想是设置一系列插件翻译程序，处理对远程目录服务的请求和响应的转换。当用户发送空间查询时，查询请求首先被转换为与远程服务器匹配的格式，然后将转换后的请求发送出去。然后，将来自远程服务的响应转换并集成到中介交换处理器中，并将其处理结果发送回相应用户。这种联合目录的优点是：①它在管理元数据和数据时不需要大量的资源，因为大多数资源仍然由原始提供者维护；②内容与远程服务完全同步；③在分布式环境下完成空间搜索。缺点是：①空间搜索功能和响应与远程服务提供的内容相关联；②如果两个远程服务提供相同的内容，可能无法正确删除重复的内容。

36.6 趋　　势

空间搜索问题是一个比较难解决的问题。当前解决方案的性能是可行的，需要以下假设之一成立：①数据大小有限；②数据集存在最优启发式算法；③最佳选项在可接受的时间内能被执行完成。本节将讨论解决空间搜索问题的两个前沿领域：量子空间搜索算法和语义空间搜索。

量子算法已经出现在空间搜索问题的应用解决方法中。量子计算被视为计算的未来，以改进考虑多个状态叠加的非确定性算法(Ambainis，2008；Venegas-Andraca，2008；Chakraborty et al.，2016)。空间搜索问题被视为经典计算机难以解决的问题之一(Maier，1995，2010)，或者被视为在连通图中寻找目标顶点的决策问题(Maier，1995)。在一个有 n 个顶点的完全连通格图中，用经典计算机中的随机游动方法找到标记目标的最差时间为 $O(n\lg n)$。量子计算中的新算法表明，使用量子随机游动可以将搜索改进许多倍(Portugal，2018)。离散时间量子行走(discrete-time quantum walk，DTQW)算法将时间提高到 $O(\sqrt{n}\lg n)$ (Ambainis et al.，2005)。在晶格上使用一个辅助量子位的受控量子游走(CQW)算法将时间复杂度提高到 $O(\sqrt{n\lg n})$ (Tulsi，2008)。一种改进的 DTQW 也可以实现 $O(\sqrt{n\lg n})$ 的时间复杂度(Ambainis et al.，2013)。Portugal 描述了一种用于空间搜索问题的量子算法设计方法。它解释说，Grover 的算法(Grover，1996)，即用于搜索数据库的量子算法，"可以被视为在使用杜造模型的具有循环的完整图上和使用交错模型的不具有循环的完整图上的空间搜索问题"(Portugal，2018)。

语义技术的应用提高了空间搜索的准确性，使空间语义更加明确。目前，大多数空间搜索解决方案将空间对象视为一个无空间点。目前的解决方案没有充分考虑空间范围和空间关系。利用时空语义增强链接的地理数据可以实现语义空间搜索(Neumaier and Polleres，2019)。交通本体领域可以添加到基于语义的公共交通地理门户，以支持概念、关系和个人的语义空间搜索(Gunay et al.，2014)。本体在语义空间搜索中提供了额外的语义约束(Jones et al.，2000，2004)。一个空间实体可以用它的子分量来描述，对一个空间实体的搜索可以建模为一个多分量空间搜索问题(multi-component spatial search problem，MCSSP) (Menon，1989；Menon and Smith，1989)。这有效地将空间搜索问题表述为计算机科学中的约束满足问题(constraint satisfaction problem，CSP)。启发式 CSP 算法可用于帮助找到最佳匹配，包括回溯、基于图的回溯、弧一致性和前向检查(Frost，1997)。

36.7 结　　论

空间搜索一直是城市研究中最为深入探讨的课题之一，其历史可以追溯到前计算机时代。大多数地理信息系统都对处理空间对象或实体之间的连接性的经典空间搜索进行了彻底的研究和支持。空间搜索问题可以与城市研究中的模型相结合，将研究置于空间背景中。扩展空间维度的研究会增加问题解决的复杂性。在描述空间环境中实体之间关系的全连通图中，这个问题是 NP 完备(NP-complete)的，因此很难解决。然而，在城市研究的实际应用中，数据大小通常是可管理的，启发式方法可以应用于并有效地解决在合理的时间间隔内的空间搜索问题。

可替代计算环境的新发展有助于更有效地解决空间问题。研究最多的替代方案之一是利用随机游走和量子计算。已经提出了几种算法来有效地解决量子行走的空间搜索问题。另一个前沿是使用语义万维网技术处理空间上下文中的大数据和异构数据。

第37章 城市物联网：海量数据收集、分析和可视化的进展、挑战和机遇

Andrew Hudson-Smith　Duncan Wilson
Steven Gray　Oliver Dawkins

摘　要

城市物联网(urban internet of things, Urban IoT)还处于早期的探索阶段。它通常与智慧城市移动性联系在一起，提供一种感知和收集数据的方式(环境的、社会的和变迁的数据)。它既能自动地、远程地使用，又有不断增加的空间和时间细节。本章详细描述物联网在城市地区崛起背后的技术，从整个城市范围内的数据收集到单个建筑和房间的数据收集，并探索城市范围内部署物联网设备背后的挑战(社会层面和技术层面)。通过伦敦伊丽莎白女王奥林匹克公园(Queen Elizabeth Olympic Park)的一系列发展过程，本章详细阐述了大规模数据收集的挑战和机遇。本章还着眼于在城市物联网领域中被称为"Humble Lamp Post"的项目，详细介绍了城市物联网与作为城市组成部分的物体之间的发展潜力。最后，本文探讨了城市物联网在城市模型数据输入方面的潜力，以及在城市数据的收集、分析和通信方面我们为何处于转变的边缘。

37.1　城市物联网

正如 Cellary(2013)所指出的，在信息和通信技术(ICT)的背景下，人们对"智能"的真正定义并没有达成共识。虽然这个词已经变得流行，但它也被广泛用作指代某些现代和智慧事物的同义词(Anthopoulos, 2017)。在城市背景下，Batty 等注意到，"智慧城市"一词与计算机技术在公共和开放环境中的迅速普及相对应，从 Hardin(1968)到 McCullough(2013)，都称之为"公地"，意思是城市内概念上被留出供社区集体使用和开发的空间。虽然现在对"智能"一词的定义和公众认知存在许多争议，但我们认为，对公共空间的感应和计算的关注是其决定性特征。这样一来，智能技术背后的期望与自我监控、分析和报告技术(self-monitoring, analysis, and reporting technology, SMART)有关，它与计算机硬盘相关联，是一种内部监测其自身健康和性能的方式。就磁盘驱动器而言，SMART 允许用户对磁盘进行自检，并监控一些性能和可靠性属性，似乎是一个有用的类比。我们认为，自我监控、分析以及报告性能和可靠性措施的能力，是对"智慧城市"更接近的定义，特别是当专注于环境感知、通信、建模和基于城市环境的数据反馈的分析方面。

城市数据的收集覆盖了整个城市，从整个区域到某一地点和时间的微观人流，其潜

力几乎是无限的,当然也满足了其成为大数据的公认标准。2013 年,Ebbers、Abdel-Gayed、Budhi 等指出,大数据主要有四个方面:数据生成速度快(速度)、非常大且可能是未知的数据量(体量)、数据的准确性(真实性)和数据形式不同(多样性),如文本、结构化数据等。Tennant 等(2017)在此基础上指出,大数据的其他方面多年来也得到了补充,例如,波动性,指的是数据的有效期长短,这在涉及实时数据流时尤其重要;价值,指的是通过分析数据可以得到的潜在见解。与波动性和价值相关联的速度、多样性、数量和真实性都是在城市背景下使用数据的核心。这涉及广泛的应用,但更多的是在城市背景下从物联网设备或城市物联网中消费、分析和可视化数据的应用。Coulton 等(2019)指出,"物联网"(IoT)一词是 Kevin Ashton 在 20 世纪 90 年代提出的。Ashton 解释说,通过使用传感器来收集可以在公司的计算机网络中共享的数据可以简化供应链。他把供应链中这些具有数据功能的部分称为物联网,这个短语就这样流行起来。

这个概念的潜力是巨大的,因为它与大规模的数据收集的自动化有关。Ashton(2009)指出,如果我们有计算机知道关于事物的一切(使用它们收集的数据而不需要我们的帮助),我们将能够跟踪和计算一切,并大大减少浪费、损失和成本。我们将知道什么时候需要更换、修理或召回东西,以及它们是新鲜的还是过了最佳状态。将此与城市联系起来,Batty 和 Hudson-Smith(2007)在他们的论文中将此称为"可计算的城市",指出到 2050 年,我们周围的一切都将是某种形式的计算机。从本质上讲,他们预测的是一个城市物联网。

在此基础上,伦敦市长在 2016 年发布了一份题为"共建智慧伦敦"(The Smarter London Together)的路线图文件。该路线图是一个基于 2013 年大伦敦政府(Greater London Authority,GLA)的第一个智慧伦敦规划的非法定文件。它提供了一种基于协作任务的新方法,并呼吁该市的 33 个地方当局和各种公共服务机构在数据和数字技术的帮助下更好地工作和合作(GLA,2019)。作为这项工作的一部分,该市已经划定了许多测试区域,允许以研究为主导的部署和探索。其中一个地点是位于伦敦市东部的伊丽莎白女王奥林匹克公园(Queen Elizabeth Olympic Park,QEOP),这是我们重点探索城市物联网的实际案例。正如 GLA 所指出的,该公园的开发由伦敦遗产开发公司(London Legacy Development Corporation,LLDC)管理。它的目标是将该公园作为智能数据、可持续发展和社区建设的新国际标准的试验区,并在全市内外分享其成功经验。这一举措使本章作者得以在园区内部署一些以物联网为主导的设备。在接下来的内容中,我们在探讨这些部署的同时,还会基于我们对智慧的定义(自我监控、分析和报告技术),关注城市物联网当前的发展状况及广泛的应用前景,以及我们定义的物联网的六个基本特点(6V):速度(velocity)、数量(volume)、准确性(veracity)、多样性(variety)、波动性(volatility)和价值(value)。

物联网是收集用来理解和管理城市系统所需的所有类型数据的核心。进一步了解每个设备的位置,你就有可能获得一个城市的实时视图,或者在软件中展示这个城市,这也被称为"数字孪生"(digital twin)。因此,"数字孪生"的开发已被用作 QEOP 中的一项考察部署。

37.2 数字孪生

"数字孪生"一词最初是在 21 世纪初的工业设计和制造背景下提出的，它是一种借助数字复制来监控工业产品性能的手段。数字孪生系统与物理对应物(例如飞机引擎)相连接，其运作方式是后者状态的任何相关变化都将被自动感知和记录(Grieves and Vickers，2017)。这样一来，从设计到日常运行，再到最终的停用和处置。像飞机发动机这样复杂的动态物体，甚至是整架飞机的性能，都可以在整个工业生命周期中被建模、监测和优化，每个组件，甚至最基本的组件，都可以有自己的数字孪生体，并且可以有效地给我们提供数字孪生系统的嵌套层次结构。

数字孪生在其他领域的新应用目前正在探索。在城市研究中，数字孪生正致力于在物联网和建筑信息模型(building information modeling，BIM)的融合中找到更直接的应用(Deutsch，2017)。BIM 模型是具有完整 3D 属性的建筑数字模型，包括特定建筑组件的定量值和语义描述(见本书第 33 章)。原则上，它的所有部件都可以建模，包括最小的螺母或螺栓，与最初飞机概念相同，包括关于其制造、外观、物理性能、购买日期或安装日期和成本的信息。后两者促进了用于安排基于 BIM 的施工的额外的时间(4D)和成本(5D)维度。通过使用工业基础类标准(industry foundation classes，IFC)这样的公开标准，能够让许多利益相关者在建筑设计和建造时通过审查和更新 BIM 来协作。与此同时，BIM 可能并不像 BIM 行业人士所希望的那样，是数字孪生的"必经之路"(Cf. Law and Callon，1994)。

尽管 BIM 提供了一种高效的方法来构建新建筑的数字孪生模型所需的 3D 展示，但模型一旦移交给建筑业主，这些模型很快就会变得静态和过时。然而，通过增加内置式传感器和互联网连接，有可能继续实时监测建筑的物理和环境条件。通过这种方式，物联网提供了感知、连接和反馈的可能性。它通过建立其与物理对应物的联系，使建筑的数字孪生体变得生动起来。图 37.1 展示了 Here East(QEOP 中的一座建筑)，它采用了三维建模，并部署了环境物联网传感器来创建一个简单的孪生模型。该模型实时更新，提供了与建筑三维形式相关的孪生信息。

甚至建筑的日常社会信息也可以被纳入，以实现更全面、更具响应性和参与性的建筑管理和运营方法(Dawkins et al.，2018)。正是这种通过物联网多个方面的广泛连接，从环境传感器数据到信息行业，再到社交网络信息，为数字孪生系统提供了真正的关键点。

如今，我们发现自己处于互联环境的领域。正如 Hudson-Smith 等(2019)定义的那样，互联环境是指任何地方(例如，家、建筑、街道、公园)已经部署了传感器并通过互联网连接。通过这些传感器收集数据，可以对它们进行分析、质量控制检查，与其他数据集结合，以及用于促进该地区管理、社会、环境或经济领域发展。通过捕获、处理和分析纵向实时操作数据(越来越多地在云中执行)，可以进一步实现数字孪生的模拟与更多探索性和预测性使用的可能。通过这种方式，数字孪生系统赋予了其用户一些像水晶球一样的魔法力量，因为它们提供了一种数字手段，可以看到过去和未来更远的地方(Rose，2014)。也就是说，通过将数字孪生系统展现为一个三维模型，并且不再使用抽

第37章 城市物联网：海量数据收集、分析和可视化的进展、挑战和机遇

图 37.1 带有物联网传感器的数字孪生系统，位于伦敦伊丽莎白女王公园东区

象的图画和图表，数字孪生系统变得更容易被公众接受，并且更容易与一个特定的地方联系起来。数字孪生系统是一种新的有魔力的产品：它是物理世界的数字化呈现，并可以根据建筑系统到社会和环境反馈收集的数据，给每个人一种全知的能力，可以帮助人们了解和应对自身环境。

就像数字孪生是其组件的总和一样，我们也可以将它们整合在一起，在比较粗略的尺度上创建连接组合。城市尺度上的"数字孪生"仍然是一个新兴概念。一些人将城市数字孪生想象为一群自主协作连接系统，可以智能地管理能源、交通、公用事业、道路和通信网络(Datta, 2016)。数字孪生可以被看作是这个世界的一面镜子，它不仅反映了我们通常看到的环境，还反映了以传感器数据流的形式编码的隐形的或不可见的现象模式。就像计算机科学家 David Gelernter 在 20 世纪 90 年代初设想的那样，有了镜像世界，"在一个单一的、密集的、实时的、脉动的、拥挤的、移动的、不断变化的画面中，整个城市都显示在你的屏幕上"。这一设想目前正在通过开发交互式虚拟城市模型来实现，如 Cityzenith，VU.CITY，Virtual Singapore 和 CASA's own Virtual London（ViLO）。

通常在电脑屏幕、平板电脑或手机上查看，与这些工具和它们协调的数据互动的新机会正在被越来越多的沉浸式虚拟、增强现实和混合现实设备所开启。虚拟现实系统使我们能够访问其他地方和时间，并沉浸在这些环境中，而增强现实和混合现实可以将信息化内容叠加在日常环境(从房间到建筑到街道、社区和城市)上。在不同的尺度下，数据和现实可以被混合、查看和共享。这样的镜像世界通常会接入新的环境和观众，同时也为在城市环境中的个人和团体机构提供新的学习和活动机会(Dawkins, 2017)。数字孪生可以被用来以多种方式查看各种信息。ViLO 模型(图 37.2)允许通过传统的计算机桌面以及虚拟现实、增强现实和混合现实查看，所有这些都是实时的、带有地理位置的数据。鉴于技术的发展速度，数字孪生的产生是不可避免的，它使我们的世界数字化，从而对现实世界产生新认知提供了机会。事实上，在最近的报告《公益数据》（*Data for the Public Good*）中，英国国家基础设施委员会（National Infrastructure Commission，NIC）于 2018 年提出建立一个数字孪生系统，以统一管理涉及交通、铁路、电力、水和通信基础设施的数据，以及整个英国的气象和人口的数据。

图 37.2　ViLO 模型中的 QEOP，在 3D 环境中提供实时物联网数据

37.3　潜力与现实

城市物联网的巨大潜力可以被视为一场新的数据革命，提升我们对城市物流的理解。据估计，目前已有 266 亿物联网产品，预计到 2025 年将有 750 亿物联网产品（Statista，2018）。

然而，这些数字并不一定意味着有 266 亿台可操作设备。我们估计，目前这些设备中只有不到十分之一能够实时传输数据；还有十分之一的设备可能具有数据供应的质量控制；然后还有十分之一有已知的位置，甚至可能更少。潜力当然是存在的，而且所有的技术发展都需要时间来嵌入到方法和系统中，而这些方法和系统通常是在炒作、期望和幻灭的浪潮中发展起来的，最终进入生产的。Gartner 技术成熟度曲线是理解这种技术应用的有效方法。最近的一项研究（Gartner，2018）显示，数字孪生已接近预期膨胀的峰值。

20 世纪 60 年代，芝加哥的 Skidmore、Owings 和 Merrill 的线框模型首次标志性地在计算机中展现了城市，而不再以抽象的数学形式，这是数字孪生可能性的早期展现（Batty and Hudson-Smith，2007）。在这期间，3D 模型的发展已经超越了线框图，并在全球范围内掀起写实主义的浪潮。事实上，正如 Goodchild（2018）所说，在 20 世纪 60 年代中期地理信息系统（GIS）诞生时，创建和可视化地球 3D 效果图的技术是不存在的，但它在 20 世纪 90 年代初实现了，并直接导致了 Google Earth 及其许多竞争对手的诞生。

该技术还在继续发展，最近推出的谷歌地球引擎基本上为公众提供了广泛使用的大型地理空间数据集（Gorelick et al.，2017）。超出这个细节的层次之外的，目前是 ViLO

第37章 城市物联网：海量数据收集、分析和可视化的进展、挑战和机遇 ·423·

等系统的领域，在建筑信息系统中进行链接，由地理信息系统提供建筑、数据和地理之间的联系。然而，这些只是提供了孪生系统的骨架，可以说在创建真正的数字孪生方面，我们的进展可以与20世纪60年代的芝加哥线框模型相提并论。

如果模型是城市的骨架，那么物联网就可以比作大脑中的神经元，通过无线协议而不是神经递质进行通信。然而，城市目前还没有一个中枢，设备之间通过不同的系统进行通信，有时这些系统是相互连接的，例如公共交通网络和部署的传感器，但往往是作为当地业余爱好者部署的设备或小型研究试点的一部分。然而，数据已经开始流动，网络和计算技术的发展使小型、低功耗设备能够部署在现场并进行远距离通信。这是一场即将到来的革命且刚刚开始成为现实，它将允许数据收集设备中关于城市的数据的收集量从一个小的数字发展到一个有潜力与大脑神经元的数量相比较的数字。

在超本地水平级别、大规模生成的数据为城市数据驱动视角开辟了前景，这在最初创建计算模型时是无法想象的。在一系列时间尺度上感知和收集数据的能力（虽然现在正变得取决于需求而不是技术能力）激发了城市环境中物联网的潜力。物联网数据涵盖了广泛的主题，从交通流相关的数据到人群密度、空气污染和温度的环境数据，再到经济交易、客流量以及和建筑相关的数据。随着GIS和智慧城市系统相结合，物联网数据涵盖了城市所有尺度的数据，包括从利用桌下的超本地存在传感器推断占用空间，到室温传感器和能源使用情况，再到城市范围的交通数据和城市热岛效应。

如图37.3所示，使用这些设备输入智能城市系统可分为以下几个方面。

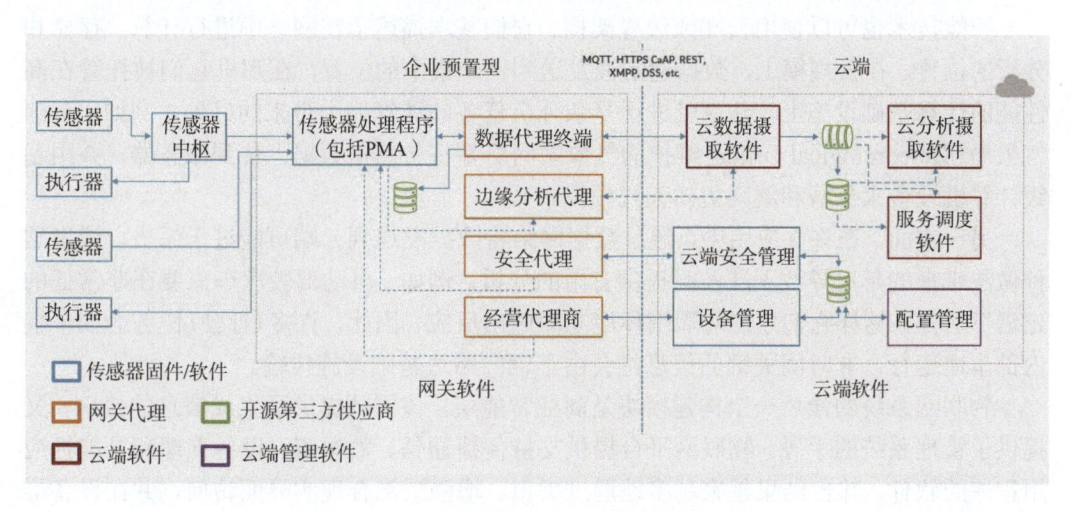

图37.3 英特尔物联网参考架构(Intel, 2018)

尽管图37.3中的图表看起来很复杂，但它可以被拆解为多个部分，每个部分都允许收集、处理、分析数据，并最终实现可视化。感知和驱动在我们的现代城市、建筑和消费产品中无处不在。传感器是指"将物理测量转换为由观察者或仪器读取的信号"的技术(McGrath and Ní Scanaill, 2014)。1883年第一个恒温器(US Patent No. 281884)被一些人认为是第一个现代传感器，而且它在大多数监测系统中仍然很常见。20世纪90年代见证了微电子机械(microelectromechanical, MEMS)传感器在汽车系统中的大规模使用，如安全气囊和防抱死制动系统,它带来了更便宜和更可靠的传感技术。第一个 MEMS 消费类设备,即 2006 年的任天堂(Nintendo)Wii 控制器,引入了一个三轴加速度计来确定控制器的运动和位置。规模经济意味着类似技术现在已经内置进手机和手表等消费设备中。从模拟到数字化,从低成本到高成本,传感器覆盖了广泛的操作参数范围。例如,不是所有的温度都是一致的,需要仔细考虑所使用的温度传感器的类型(接触式、非接触式等)。

另一方面,执行器是机器的组成部件,通过将能量转化为运动、移动或控制某些装置。它是控制系统作用于环境的机制。无论是施工现场使用液压和气动的粗暴应用,还是工厂车间高度自动化控制的环境,所有的应用都有持续的运行成本,它们不是一种安装后可以忘记的设备。物理互联网与数字互联网有不同的维护要求。

由传感器产生或推送到执行器的数据通过网关进行处理。这些计算节点可以在同一功能设备(如移动电话)上,也可以是一个独立的计算模块,从多个感应和执行节点(如无线传感器网络)收集数据。这些数据收集设备的目的是有效地获取、过滤和处理数据,并使用有线或无线通信技术连接到传统的或云基础设施。这个聚合层通常用于提供保全、管理和数据预处理功能。

来自网关(或事物)的数据可以通过任意数量的云服务进行处理,例如处理数据流、实施策略以将数据提供给不同的终端用户,或发送数据以进行存储。数据通常被存储用来进行实时分析和展示,或者存档以支持离线分析。

智能技术也可以使用云端或边缘架构。它们基本描述了在网络中进行计算、存储和分析的位置。在云规模上,数据通常被发送到一个集中的位置,在那里它们被托管在高性能的计算基础设施上,并享受进行复杂分析任务的计算能力带来的好处。例如,英国气象局(Meteorological Office)维护的气象站网络都将传感器数据上传到服务器,并用超级计算机设备来分析和滚动更新天气预报。

另一方面,在许多应用中,通过数据网络将数据发送到云端可能过于昂贵,或者这种做法带来的延迟导致无法及时提供有用的分析。例如,自动驾驶汽车需要在非常低的延迟下运行,这样它们才能对周围环境立即做出反应。因此,许多(行驶)任务会在车辆内部本地运行,非时间关键的信息将会由车辆向路边基础设施传输。

物联网系统的最后一个构建模块是商业智能层,该层既提供了生成信息的接口,又提供了管理系统的手段。物联网平台提供支持便捷通信、数据流、设备管理和功能性应用程序的软件。输出结果越来越多地通过虚拟、增强或混合现实界面访问,并在设备屏幕上展现。随着物联网系统的成熟,平台正在不断发展以支持大规模的互联设备的监控和管理。物联网供应链中的大部分价值都在这些系统的运营成本中损失或产生。

37.4　实践：蝙蝠与生物多样性

通过传感器和执行器连接到城市物联网的数字孪生,可以在边缘或云端上以三维形式可视化数据,但自然环境常常被忽视,尤其是被那些专注于城市系统的人。可以说,过多的物联网测试都集中在智能交通系统、城市物流或更传统的基于传感器的设备上。

第 37 章 城市物联网：海量数据收集、分析和可视化的进展、挑战和机遇

城市物联网的机遇在于能够超越常态，探索新的可能性。蝙蝠被认为是一个有用的指标物种；健康的蝙蝠种群表明当地健康的生物多样性。作为 QEOP 测试平台的一部分，英特尔(Intel)与伦敦大学学院(University College London)和伦敦帝国理工学院(Imperial College London)合作，设计并部署了一个"Shazam for Bats"项目。Shazam 凭借由短音频片段识别音乐的能力而闻名，因此该项目的目的是通过物联网音频记录跟踪和识别蝙蝠。他们开发了一个由 15 个智能蝙蝠监测器组成的网络，并安装在公园的不同栖息地，为监测野生动物创造了一个互联环境。

这些监视器(如图 37.4 所示)通过超声波麦克风记录城市声音，并将声音转换成图像文件进行数据分析。每个设备都使用边缘计算在本地处理信息。正如 Premsankar 等(2018)所指出的，在边缘架构中，计算资源位于网络边缘，靠近(甚至与)终端设备相接近的位置。将计算资源放置在生成数据的设备附近可以减少通信。在设备上处理数据有多个好处，首先是减少了能源消耗，其次是大幅减少了必须在研究人员的计算机上传输和处理的数据量。在试验的第一年(目前正在进行中)，边缘计算的实现使数据从每天 180Gb 减少到每天 2.2 Mb，减少了 80 000 倍。如果没有在本地处理数据的能力，而是依赖 WiFi 或类似的本地基础设施，数据收集和分析都是无法实现的。

图 37.4　安装在 QEOP 中的 Echo box(https://naturesmartcities.com)

使用物联网进行纵向监测与更传统的调查技术是一起进行的。然而，持续的数据收集和分析确实让研究人员有更多时间来关注数据的其他方面，并注意到蝙蝠活动的其他变化。物联网的使用是值得关注的，因为它提供了一个不必进入实地的持续数据流。这使得背景活动水平得以被建立，从而实施一系列的干预措施。例如街道照明策略，得益于数据的可获得性，专家可以对数据进行日常分析。该试验在城市物联网的"6V"方面很有意义：速度和数据量导致了边缘计算的实施，而且准确性得到了检验，因为蝙蝠物种的识别在追踪试验开始时是不确定的。在第一年的测试中，由于硬件和电源问题，数据仍然不稳定，正常运行时间约为 70%。这个实验价值还有待观察，但我们能确定的是

远程监测的能力和以预处理形式获得的数据创造了知识、逻辑和经济价值,即获得新的数据和分析方法,比如我们可以在公园内进行轨迹追踪,以及节省研究人员的时间。

软人工智能(artificial intelligence,AI)是指在某个特定领域表现接近人类水平的无知觉人工智能。软人工智能在新一代的智能物联网设备中已经实现,比如亚马孙(Amazon)的 Alexa、苹果公司(Apple)的 Siri 或微软(Microsoft)的 Cortana(Milton et al.,2018)。随着超过 1 亿台 Alexa 设备在全球范围内销售(The Verge 2019),公众正在逐渐习惯在自己家中与设备对话。作为 QEOP 城市物联网部署的另一部分,公园中放置了 15 个设备,让公众可以与它们交流,以了解环境。此次部署是"Tales of The Park"项目的一部分,该项目着眼于物联网内部更广泛的网络安全、信任和风险问题。这些地理定位设备内置了一系列 3D 打印生物,使用低能耗蓝牙信标向附近的用户广播 URL (Uniform Resource Locator,统一资源定位器)。然后,一个聊天机器人系统允许用户使用自然语言通过文本信息与设备交谈。这些物联网设备旨在向公众传播当地环境和该地区的动植物信息,在 2018 年夏天,这些设备被放置在公园内与视线平齐的基座上。我们在图 37.5 中演示了一个这样的装置。

图 37.5　QEOP 中的一个安装设备,在本例中是一个基座上嵌入物联网技术的花园侏儒(garden gnome)

大多数城市物联网设备都是不为人知的小型计算机,可以在视线范围之外采样和进行数据通信。QEOP 部署这些设备的目的是让物联网可见,并超越通常附着在灯柱上的小型隐藏设备或匿名盒子中的设备(本章后面将详细介绍灯柱)。

这些设备形成了自己的意识网络,每个设备在公园中充当路标时保留了用户的信息。它们开启了结合局部环境信息部署物联网设备的认知，同时也开拓了用户对这些设备的认知，因为它们在每次交互中了解到更多用户信息。从这个意义上说，它们开发了城市物联网的可能性，不再仅仅是无形的数据收集设备，而是可以与用户聊天和交谈、进行数据收集和通信的设备。当然，这就带来了关于安全和信任的问题：你如何知道该设备与城市中的哪些设备通话？在未来，设备可能在用户不知道的情况下获取信息，因而需要解决城市物联网可能窃取信息的问题。不过，未来更令人感兴趣的是，这些设备被安装在环境中(例如树木、公园长椅、公交车站等)，使得城市物联网不再仅仅是信息的收集者，也是信息的提供者。所有设备都有可能成为数据收集者，反过来说，还有什么能比你在公交车上向公交站询问时间、天气或空气污染的数据更自然便利呢？就像你现在在家向 Alexa 询问信息一样。

37.5　Humble Lamp Post 项目

125 年来，街道电力照明给我们的城市、城镇和村庄带来了安全感和幸福感。英国最早的电灯于 19 世纪 70 年代在伦敦的霍尔本高架桥(Holborn Viaduct)和泰晤士河堤岸(Thames Embankment)投入使用。如今，英国有超过 750 万盏路灯(HTMA，2019)。灯柱是城市的一部分，它们无处不在，但不易被关注。因此，它们几乎是城市广泛的、密集的、地理定位物联网传感器的完美载体。但将灯柱转变为物联网网络的过程仍处于概念阶段，在世界各地都设有测试平台。

其中一个例子是在香港智慧城市试点地区东九龙(Kowloon East)部署定制型多用途灯柱(multi-purpose lamp posts，MPLPs)的试验。MPLP 将与电信网络互连，形成物联网骨干。MPLP 利用固定在灯柱上的物联网传感器，旨在实时收集城市数据(如天气、空气质量、温度、人流和车辆流量)用于城市管理，并支持智慧城市计划的各种应用(SCW，2019)。另一个例子是"Humble Lamp Post"项目，这是一项跨欧洲的新举措，旨在通过物联网服务对欧洲 9 000 万盏路灯进行升级和标准化。设想中的服务包括：提供(可能免费的)公共 Wi-Fi 网络，为整个城市的网状(物联网)传感器网络提供动力基础，帮助司机找到停车位，改善公共安全，支持环境监测(空气质量、垃圾、洪水)。图 37.6 说明了设想的传感器及其服务范围。它们可以是电子街道标识、公共信息和广告(收入)的载体，可以是帮助引导视障人士的传感器平台，可以是电动汽车(汽车、自行车)的充电站点，甚至可以是帮助保持商业街活力的行人流量监测器(BSI，2017)。

一个名为"Hello Lamp Post"的跨技术和艺术的项目是将灯柱用作社交网络的早期例子。2013 年 7 月至 9 月期间在布里斯托(Bristol)，该项目起初利用手机技术进行了一个尝试性的城市设计干预。它利用街道基础设施上已有的标识码，使人们能够向灯柱、邮筒、垃圾箱、电线杆等物体发送文本信息。正如 Nansen 等(2014)所指出的，该项目旨在通过将城市作为社交游戏平台，挑战与智慧城市相关的效率观念。它允许用户用短信与街道上的物体交流。他们与对象的交流过程被存储起来，并用于与他人的交流(Nijholt，2015)。它允许建立对话，但系统不是直接自动化的(与 QEOP 中的聊天机器人的情况相比)。该项目已在全球 12 个城市实施(Hello Lamp Post, 2019)，并于 2018 年

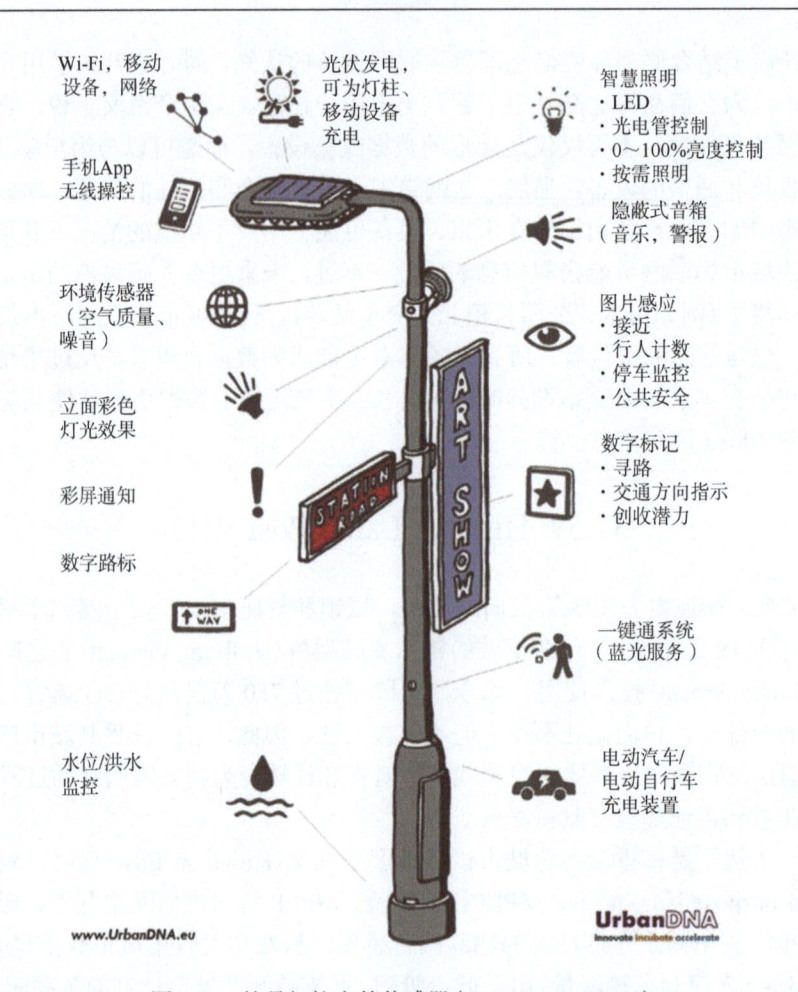

图 37.6　简易灯柱上的传感器(UrbanDNA，2018)

夏天安装在伊丽莎白女王奥林匹克公园(Queen Elizabeth Olympic Park)，作为正在进行的智慧伦敦测试平台的一部分。Hello Lamp Post 和 QEOP 中的设备表明，城市设计和城市街道物品不仅可以作为更多传统数字数据(二进制形式的数据)的来源，也可以作为从城市物联网设备收集社会数据的来源。

37.6　城市建模

深入研究城市建模有点超出本章的内容，但值得注意的是，第一代城市模型在 1959~1968 年设计并实现，那时一些主要城市正在开启大规模土地利用交通研究(Batty，1979)。在这期间，城市模型和各种建模技术被用于预测与预估，从最初的交通模型到人口增长、住房供需、空气污染、人群行为、零售、城市经济等各个方面的情况。

本书对许多技术(如基于主体的模型)进行了扩展。然而，所有这些方法都依赖于数据。可以说，它们的有效性只有输入模型中的数据和使用的方法都是好的时候才可得以实现。因此，虽然从更广泛地了解我们的城市的角度来看，数据的增加是积极的，但我们需要关注数据的准确性。在城市建模方面，即使输入数据的准确性只有很小的变化，也可能导致出现有偏差的数据集。正如 Harris 等（2017）所指出的，基于偏差数据的模拟可能会增加模拟结果的偏差，从而影响政策。也就是说，城市物联网设备为城市建模的数据输入开启了模拟和预测我们生活环境的新时代，但它需要一个标准且整体的方法来进行数据分析。

37.7 与邻里设备对话

正如 Summerson（2019）所指出的，在城市背景下物联网设备的迅速崛起也为自身带来了挑战。Summerson 是英国政府资助的一个名为"Future Cities Catapult"（截至 2019 年 4 月，更名为"Connected Places Catapult"）的组织的领导人。他指出，一方面，很多物联网仍然存在于存储库和独立的系统中，无法互相通信。然而，另一方面，不负责任的信息使用引发了严重的、甚至可以说是危险的隐私和安全问题。Perera 等（2018）强调了这些问题，指出物联网解决方案通常作为独立的系统出现。通过这些解决方法收集的数据由它们使用，并存储在控制访问的存储库中。在初次使用之后，这些数据要么被丢弃，要么被锁定在独立的数据存储库中。

大量的知识和理解隐藏在这些数据中，它们可以被用来改善我们的生活。这些数据包括我们的行为、习惯、偏好、生活模式和资源消耗。简而言之，当前，物联网设备通常不会相互沟通，这些数据可能具有高速度、高容量和高准确度的特点，但它们通常被隔离在一个封闭的系统中。该系统的封闭性不仅是因为感知、通信和共享数据的标准不同，在社会技术层面上也是如此，因为物联网数据通常是私有的。因此，拥有自我监控、分析和报告技术（self-monitoring, analysis, and reporting technology, SMART）能力的城市的景象是复杂的，尽管物联网设备通常相隔不远，但它们不会意识到或与它们的邻居通信，这使得物联网背景下的数据收集和分析成为了一个新的挑战。正如 Summerson（2019）所总结的，尽管物联网互操作性可能成为加速改善交通管理、空气质量和健康、城市规划、住房等方面的关键，但定义并确保使用通用的语言和机制（共同协定的物联网标准）的需求十分紧迫。

37.8 结 论

根据高德纳公司（Gartner）2018 年的研究，数字孪生正接近预期膨胀的峰值，而这也可能意味着幻灭的低谷即将来临，随后是更广泛的使用和生产的平稳期。数字孪生系统的广泛使用以及通过城市物联网设备进行数据收集、分析和使用的时代即将到来。回顾"6V"的标准（速度、数据量、准确性、多样性、波动性和价值），毫无疑问，数据量和速度是城市物联网设备数据的关键方面。我们正处在城市相关数据的可用性、使用和交流的变化边缘。到 2025 年，预计 750 亿物联网设备中大部分将位于城市地区，其中大多数能够以亚分钟级的速度提供数据读取，并向亚秒级发展。在类似的变化中，数据的多样性也在增加，从实时跟踪人流量，到超本地水平的污染物或噪音水平以及人员和交通的位置。

传感器技术和网络的进步正在提升我们能够收集的信息的多样性。物联网的城市数据还处于早期的探索阶段，数据的真实性仍值得怀疑。这不仅与传感器的质量有关，也与人为因素有关。大量的数据当然可以帮助解决这个问题，如果部署了足够多的设备，那么就有可能识别异常读数并从任何输入数据或分析过程中删除它们。在城市政策或城市建模方面的投入回报是长期的，但数据收集却是越来越迅速并海量增长的，这带来了有关数据存储的问题。事实上，如果数据只是暂时使用，它们会由于数量过大而被丢弃。

通过城市物联网设备进行大规模数据收集的机会是巨大的，其对城市建模和政策的潜在帮助也是巨大的。我们已经注意到这存在一些挑战，最显著的可能是数据的真实性和波动性。但设备收集的数据的价值、规模、速度和多样性使城市物联网的未来几乎是无限的。

第五部分 城市计算

第38章 城市计算简介

史文中　张安舒

摘　要

本章是本书第五部分的概述。本书的第五部分"城市计算",涵盖了视觉分析、云计算、边缘计算与移动计算、数据挖掘与知识发现、用于城市计算的人工智能和深度学习,以及一系列主流城市模型和仿真方法。本部分立足于城市计算的背景,系统综述了用于城市治理和城市服务的计算技术及其应用示例。

在城市信息学的背景下,城市计算是对获取的城市数据进行处理,从而服务于城市应用的过程。可以将城市计算看作应用计算技术,以解决城市问题,包括城市治理和市民服务问题。其中,计算技术包括与城市相关的数据通信、治理、分析、挖掘与可视化技术等。

城市计算的基础是高度可扩展、快速、高度可靠与灵活的计算能力。随着云计算、移动计算和边缘计算的进步,城市应用的计算能力得到大大增强。城市治理旨在通过解决交通拥堵、环境污染、减灾、人口老龄化、大型基础设施维护和住房等城市问题,提高城市管理和决策的有效性和效率,而城市服务旨在提升市民的日常生活体验。为了实现城市治理和城市服务的目标,城市计算需要帮助人们理解数据,并提取可用于实践的知识或其他分析结果,以缓解城市问题,并提供城市服务。这就引发了城市计算的更多层面,包括城市数据挖掘、分析、建模与仿真。

本书第五部分各章从计算科学和城市建模的原理、模型和技术角度入手,并侧重于所述原理、模型和技术针对城市环境和城市应用的研究与应用,对城市计算进行了描述。

计算由机器执行,而人类利用计算做出决策。为此,本书第 39 章首先介绍了可视化分析,即人机协作解决复杂问题的原理与方法。该章由 Gennady Andrienko 及其 14 位同事撰写,侧重于城市交通数据的可视化分析。该章描述了各种视觉和交互式分析技术,并以全欧洲乘用车运行数据分析为例,说明这些技术的使用,并展示了可视化分析如何大幅提高人们对数据及其计算结果进行查看、解释、连接和推理的能力,并帮助人们在城市环境中做出决策。

本书第 40 章由杨朝伟及其团队撰写,介绍了城市计算的三大支撑技术:云计算、边缘计算和移动计算。云计算提供了可扩展和按需使用的城市数据计算;边缘计算则将计算转移到传感器网络,从而显著降低数据通信负载,加快传感器响应,并缓解数据安全问题;移动计算将计算转移到移动设备,以减少中央计算的负载,并允许市民实现更多的社会互动。该章系统回顾了以上三类计算技术的原理、特点及其在智慧城市中的应用，并以城市热岛问题为例，进一步阐述了三类技术的运用和集成。

第 41 章由张超、韩家炜撰写，转而关注如何从海量城市数据中提取简洁且易于解读的知识。该章侧重于社会感知数据中关于城市活动的知识发现，社会感知数据是一种结构化程度较低的众包城市大数据，由在线用户提供，用以分享它们在现实世界中的体验。该章首先描述了城市活动建模的传统与最新统计方法及模式发现方法，接着介绍了用于学习城市活动的最新多模态嵌入技术，最后展望了对城市知识发现的未来方向。

在当今的数据密集型时代，城市大数据的知识挖掘必然会借助人工智能（artificial intelligence，AI），尤其是深度学习的最新进展。本书第 42 章由王森章、曹建农撰写，概述了人工智能用于城市计算的挑战、方法与应用。该章介绍了城市计算中主流人工智能技术的原理，包括城市计算任务中常用且较为流行的深度学习模型。该章随后综述了基于人工智能和深度学习的城市计算的广泛应用，包括城市规划、城市交通、社交网络、城市安全保障与城市环境监测应用等。

人们利用各种城市模型来了解城市，并进行城市治理，实现城市服务。城市模型可以在具有现实复杂性的真实数据上运行，也可以在仿真数据上运行，后者可以克服真实数据的稀疏性，并大大降低数据获取的成本和风险，如用于灾难疏散场景等。本书第五部分的其余章节，介绍了一些主流城市模型与城市仿真方法。

第 43 章由 Mark Birkin 撰写，介绍了微观仿真，该技术利用聚合的人口普查数据和个人层面的样本数据，在个体层面生成人员、家庭或其他实体的合成人口数据。比起原始的聚合人口普查数据表，所得人工合成数据可以支持更多分析功能，从而用于对研究问题形成更深入的了解。该章介绍了微观仿真的原理，以及微观仿真在计算、不确定性、数据同化、动力学和相关性方面的特征。

第 44 章由叶嘉安、夏畅、黎夏撰写，讨论了针对城市问题的元胞自动机（cellular automata，CA）建模。凭借其在模拟复杂非线性问题方面的独特优势，CA 成为用于创建假设情景以协助城市政策制定的一类主要分析方法。该章介绍了 CA 模型的基础知识、在城市建模中运用 CA 模型的方法、不同类型的城市 CA 模型、CA 在城市研究与规划实践中的应用，最后针对如何解决城市 CA 建模中存在的问题，对后续研究进行了展望。

第 45 章由 Andrew Crooks、Alison Heppenstall、Nick Malleson 和 Ed Manley 撰写，回顾了基于智能体的建模技术。这一仿真技术可以创建由智能体个体组成的人工世界，并模拟智能体之间相互作用形成的城市宏观过程。基于智能体建模的一个显著优势，每个或每组智能体可以被赋予不同的行为与规则，因而该技术可以有效模拟复杂的城市问题。该章介绍了智能体建模的基础知识及其在解决城市问题中的应用，并进一步讨论了如何在智能体建模中捕获决策过程，以及利用大数据、数据挖掘和机器学习技术的智能体建模新进展。

出行与交通一直是城市建模的核心话题。本书第 46 章由 Eric J. Miller 撰写，讨论了信息学驱动下交通建模的全方位发展。该章从以下角度探讨了这一发展，包括实时旅行信息和新型移动服务与技术导致的出行行为变化，运输系统性能的变化，用于运输建模的新型调查与跟踪数据，以及新的交通现象、最新计算技术与人工智能技术驱动下的建模方法进展。最后，该章对理论和大数据碰撞下产生的新问题进行了预测，这些问题可能会使未来的交通建模产生根本改变。

由于篇幅限制，本书第五部分仅讨论了城市计算的部分核心议题，许多其他重要议题未能详尽阐述。例如，城市数据通信技术，包括数据传输、有线与无线数据通信网络、设备、协议和安全问题的相关技术，对云计算、移动计算和边缘计算至关重要。此外，本书第一部分讨论了对城市复杂系统进行建模的理论，但对于城市复杂系统建模的计算，特别是复杂网络建模方面，更多讨论还有待进行。复杂网络模型不仅用于车辆运动、道路网络等传统上采用网络模型的研究课题，也已用于对城市中的各种动态与交互进行建模。

提高运算能力是人们一贯的追求。目前，一些旨在实现计算速度指数级增长的技术正处于实验阶段，基于叠加、纠缠等量子力学原理的量子计算，就是一个突出的例子。一旦其中某些技术得以推广应用，这些技术很可能也将应用于城市问题，并激发城市计算的革命。

第 39 章 城市可移动性的可视化研究

Gennady Andrienko　Natalia Andrienko　Fabian Patterson
Siming Chen　Robert Weibel　Haosheng Huang
Christos Doulkeridis　Harris Georgiou　Nikos Pelekis
Yannis Theodoridis　Mirco Nanni　Leonardo Longhi
Athanasios Koumparos　Ansar Yasar　Ibad Kureshi

摘　要

视觉分析科学致力于发展有效的解决复杂问题的人机协作的原则和方法。视觉和交互技术可以创造让分析师有效利用其独特能力(例如观察、解释、连接和推理的能力)的条件。可视化分析研究可处理来自众多应用领域的各种类型的数据和分析任务。其中一个重要的研究内容是时空数据分析，它可以描述发生在不同空间位置的事件、地点或空间物体相关的属性值的变化，以及人、车辆或其他物体的运动。这类数据在城市应用中非常丰富。移动数据是一种典型的时空数据类型，因为它们可以从多个角度来考虑，例如轨迹、空间事件和空间相关属性值的变化。通过移动数据的实例，我们展示了可视化分析技术和方法在数据探索和分析中的应用。

39.1　简　介

视觉分析学(Thomas and Cook，2005)制定了一些研究原则、方法和工具，通过可交互的可视化界面实现人与计算机之间的协同工作。这种界面支持人类独有的能力(如对先前知识和经验的灵活应用、创造性思维和洞察力)，并将这些能力与机器的计算能力结合起来，从而能够从大型和复杂的数据中生成新的知识。

在本章中，我们将描述与城市移动数据研究相关的可视化分析方法，并讨论可视化分析如何支持此类数据的分析和合理的决策制定。我们讨论了城市数据科学过程的不同阶段，包括数据质量评估、数据转换、探索和分析，并指出了模型构建、评估和改进的可能性。最后，总结了本章的研究成果、尚未解决的问题和未来的研究方向。

我们演示了如何将可视化分析技术用于真实世界的数据集并进行探索和分析推理。在欧盟资助的"Track & Know"项目中，其中一个工业合作伙伴收集了全欧洲客车的轨迹数据。这些数据是在车主知情同意的情况下为保险目的而收集的，目的是实现透明的定价和方便事故分析。为了达到这些目的，有必要了解车辆移动的环境，包括周围的交通。为了理解交通，还要回答几个问题："什么是主要的交通流及其属性？它们是如何随时间变化的？出现在街道上的汽车的类型是什么？什么是定期和不定期的出行？它们在空间和时间上是如何分布的？"等等。这些问题的答案对各种实际应用都很有价值，比如评估哪部分交通可能由公共汽车或电动汽车提供服务，评估各种汽车共享计划的适用性，识别和评估不同的驾驶风格，以及调查交通事故等事件。

39.2 技术现状

Batty(2013)认为，城市是一个由流(在地点之间和活动之间)和各种实体之间的关系以及互动网络组成的系统。为了理解城市环境中的这些因素，我们考虑了各种不同的数据来源。有一些研究(例如，Kesting and Treiber, 2013)是基于固定传感器，如交通计数器，它们被用于记录聚合特征(在某个时间间隔内通过给定路段的汽车数量和车速)。这种传感器会记录车辆的聚集情况，但不可以跟踪车辆。另一种固定传感器用于出租自行车(或其他类型的共享车辆)的停靠站。通常，这些传感器只提供一般特性(总容量、停靠的自行车数量和空槽)以及他们在某一时间间隔内的总和。不过，它们有时会发布更详细的数据以便分析车辆在停靠站之间的移动(Beecham and Wood, 2014)。一些研究人员从具有时间和空间参考的社交媒体记录中推测出人流移动的可能性。Lansley 和 Longley(2016)提供了一个典型案例，他们详细研究了信息主题在空间中的分布及其随时间的变化。Itoh 等(2016)研究了当地火车智能卡的使用数据以及社交媒体记录，以重现主要人流量的时间特征和理解异常情况。

一些论文讨论了用于分析移动性和交通的可视化分析方法。Andrienko 和 Andrienko(2013a)的一篇综述从数据处理的角度考虑了方法：轨迹研究、轨迹聚类、轨迹中的时间转换以及研究轨迹中的属性、事件和模式，然后对轨迹进行归纳和聚合，并追踪派生流量。在最近一篇关于移动性和交通的可视化分析综述中，Andrienko 等(2017)概述了以下问题的解决方法：了解个人移动的细节，研究所用路线的多样性，评估所沿路线的移动动态，连接出发地和目的地，描述一个区域上的群体移动，检测事件和研究它们的分布，将移动放在一定的背景下研究其影响和风险。

Markovic 等(2019)提出了一个道路运输机构的观点，同时提到了以下有趣的问题：需求估计、人类行为建模、公共交通设计、测量和预测交通性能、评估对环境的影响以及改善道路安全。

研究表明，需要从多个角度考虑移动数据。我们的工作就是这样做的。

39.3 移动数据：属性与问题

为了演示数据分析流程，我们使用了大伦敦地区(Greater London area) 4 521 辆客车在 2017 年冬季两周的轨迹，总计 4 284 493 个位置记录。每个位置记录包括匿名的车辆标识符、具有时间标记的地理坐标、瞬时速度和方向等属性和 GPS 信号质量。据伦敦交通局估计，在伦敦注册的汽车总数约为 260 万辆。我们的数据集涵盖了活跃用车"群体"的 0.2%。图 39.1 和图 39.2 显示了记录轨迹的时空分布。从图 39.1 中，我们可以识别出主要道路和人口密集区。

时间直方图(图 39.2)反映了从周日午夜开始，总计 2 周×7 天×24 小时=336 小时，每小时不同车辆数量的分布情况。时间直方图清晰地显示了每周的周期分布和工作日与周末的不同分布。

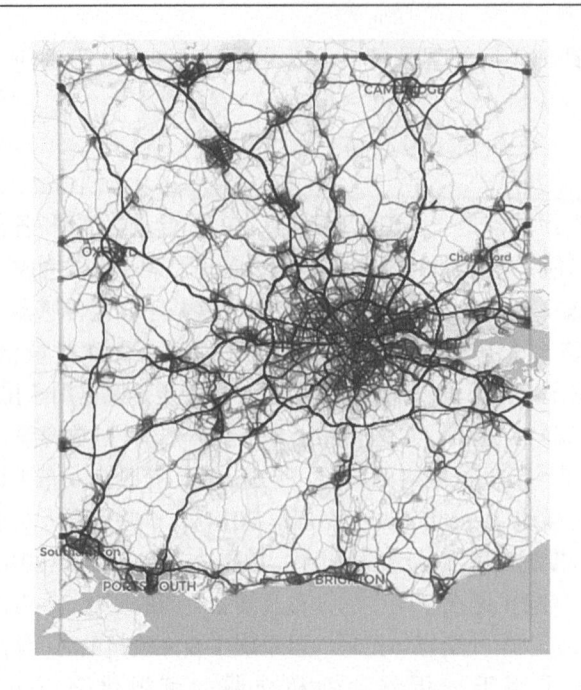

图 39.1　数据集中所有轨迹的空间足迹
https//content.tfl.gov.uk/technical-note-12-how-many-cars-are-there-in-london.pdf

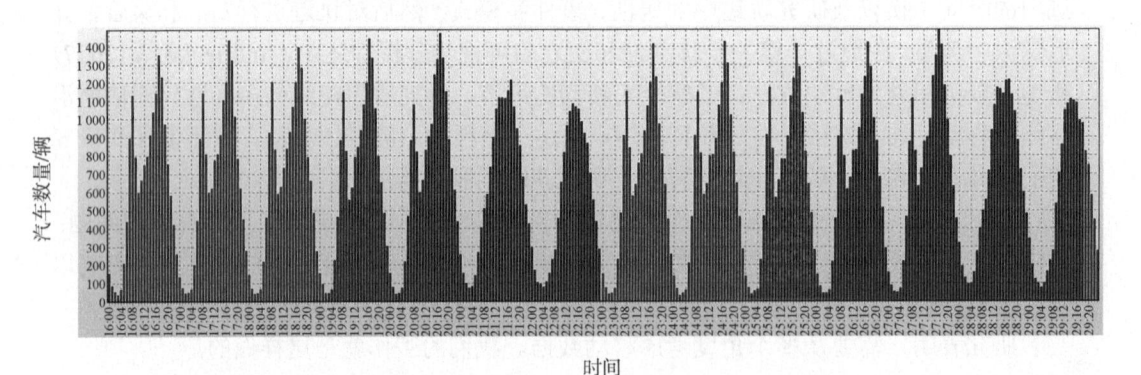

图 39.2　数据的时间概况：条形图代表每小时的汽车数量

为了评估数据集的质量，我们采用 Andrienko 等(2016a)提出的方法。移动数据中可能出现的问题包括覆盖度和准确性，这些问题可能发生在数据的所有组成部分，即空间、时间、标识符和属性中。我们分别评估了所有数据组成部分及其组合的属性。

对于时间分量，我们首先检查采样率，即同一辆车的连续位置记录之间的时间间隔。统计数据(图 39.3)表明，最频繁的采样率在 1 分钟(59～61 s)左右。采样率在 2 分钟左右的点很少，只有少数点到下一个点的间隔为 3 分钟。所有其他的间隔都很少出现在数据中。接下来，我们检查 1 分钟的采样率是否对所有汽车都是典型的。为此，我们计算了每辆车的中位数采样率。结果表明，98%以上的车辆的采样率中值为 1 分±1 秒。然而，我们也发现了一些异常值：大约有 100 辆车只被记录了几个位置，采样相当随机；有 9

辆车被记录了许多位置，但采样率中值为 3～5 分钟；还有 2 辆采样率非常高(13s)的车，这些异常值需要在进一步分析中加以区分。我们还分辨了数千个重复的标识符和时间戳对，并排除了重复对。

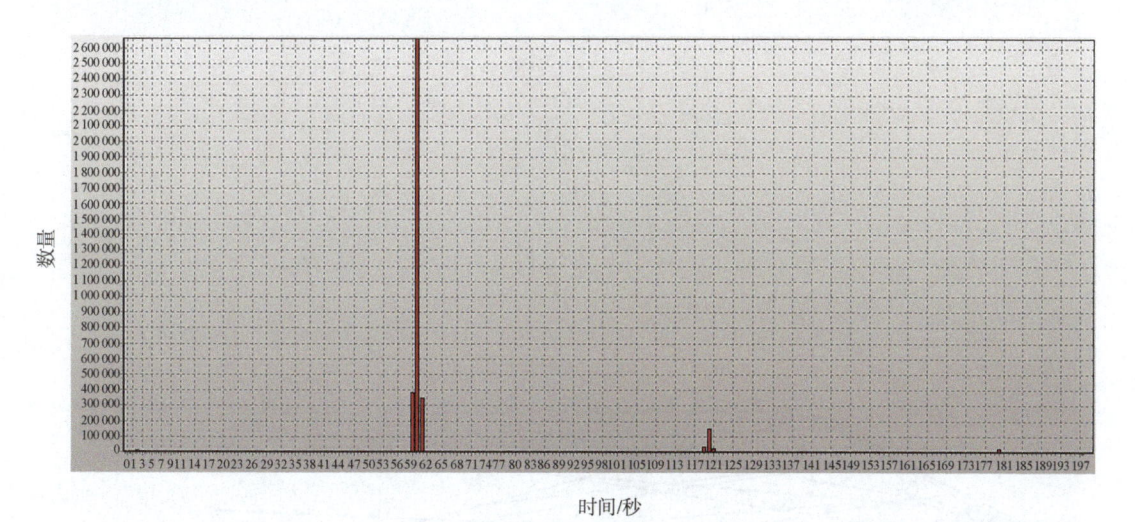

图 39.3 采样率

图 39.4 为连续位置记录之间距离的频率分布，对应的统计箱间隔为 10 m。我们在 420 m 和 1 760 m 处观察到主要峰值。由于典型的采样速率为 1 分钟，这些峰值对应的位移速度分别为 25.2 km/h 和 105.6 km/h。我们还观察到在 100 m(6 km/h)和 2 000 m(120 km/h)处的峰值较窄。前者可能对应在十字路口等待引起的小位移。我们另外检查了第二个峰值，这些点之间的距离轨迹出现在公路上可能意味着一些点没有被记录(例如，由于卫星连接不良)，或者在研究区域的边界(图 39.4 底部)。这些在区域边界的大位移是由边界矩形的数据选择造成的。

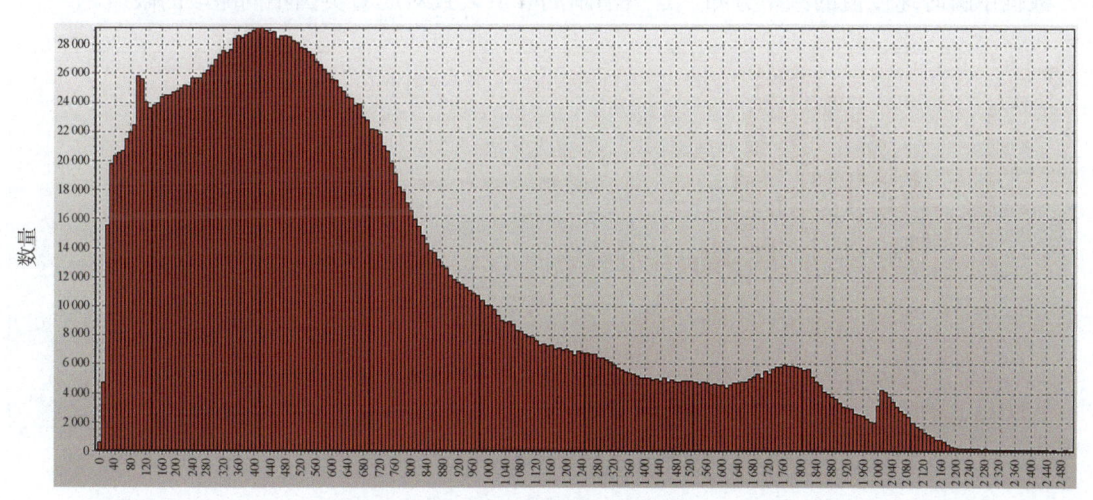

图 39.4 上图：轨迹连续点之间距离的频率分布。下图：连续点之间的长距离是由于选择适合于选定边界矩形(边界效应)的数据

图 39.5 为剔除大量(约 778 000)静止点和少数速度大于 180 km/h 的异常点后，位置数据中瞬时速度值的频率分布。这些清晰的峰值大致对应着英国不同路段的限速。

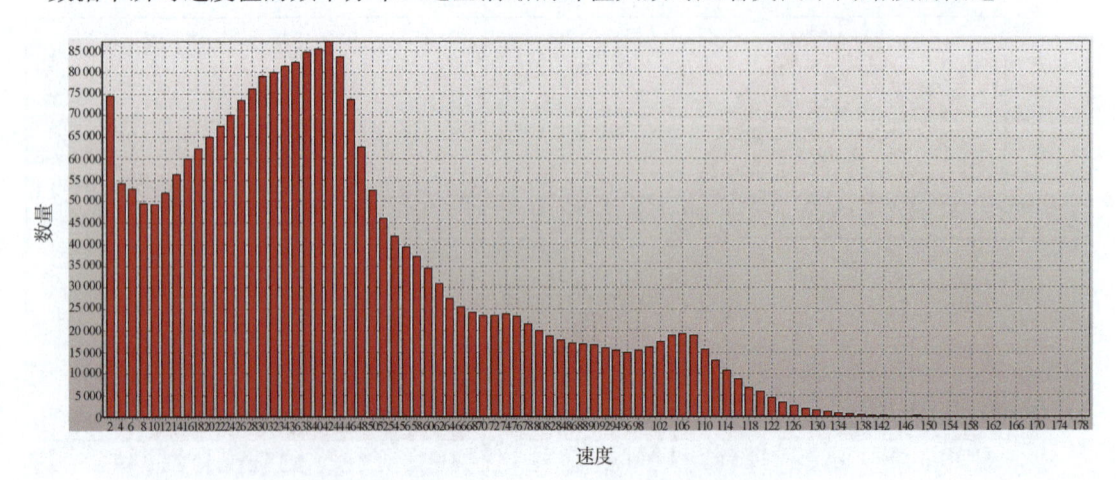

图 39.5 去除静止位置和异常值后速度的频率分布

图 39.6 给出了在非静止点测量到的车辆行驶方向的频率分布。在 90°和 270°附近有两个奇怪的低谷。但这些方向不太可能真的比其他方向出现的频率少得多。这些低谷可能是跟踪装置用于确定车辆行驶方向的方法造成的。该方法根据两个连续测量位置(其中第二个位置不记录)之间的 x 方向差值和 y 方向差值的比值来计算角度,当 y 方向差值等于零时,该方法就失效了。无论是什么原因,测量的方向值是不可信的。

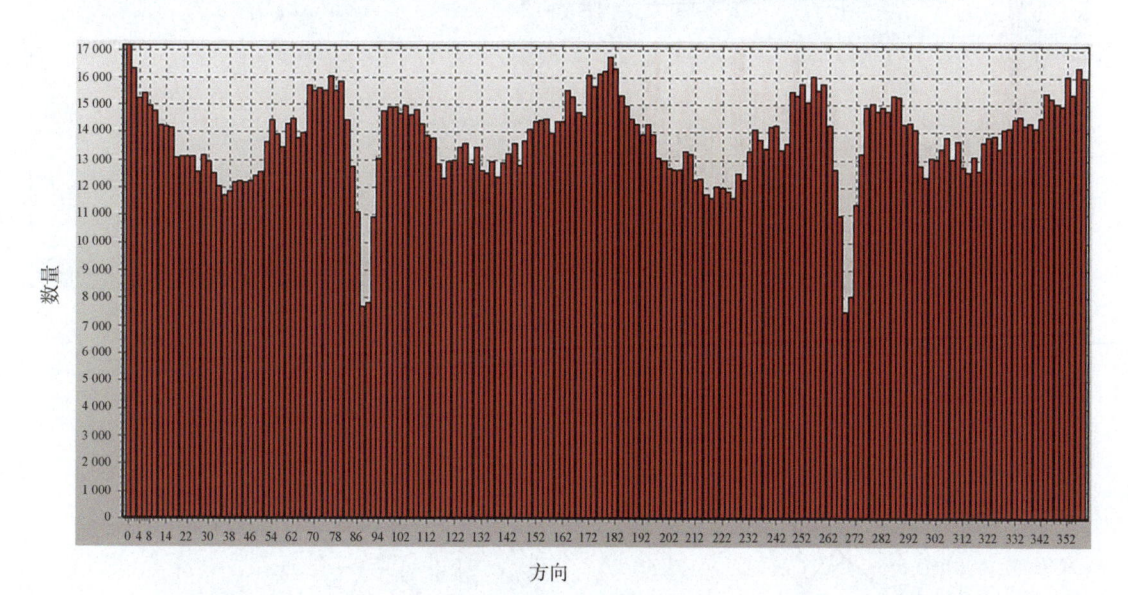

图 39.6　所测车辆方向的频率分布

对于人类移动性研究来说,将轨迹划分为不同行程是很重要的,例如,利用重要站点划分(Andrienko and Andrienko, 2013a)。区分行程有不同的标准:位置属性(例如,出租车计价器打开或关闭)、时间周期(例如,每日行程)、大量位移(例如,如果两点之间距离至少为 5 km)和点之间的时间间隔(至少 15 分钟没有移动)。我们采用的是最后一种标准。为了减少位置测量误差,在选定的时间间隔(15 分钟)内,物体位置仍保持在一个小区域内也被视为停止。这样我们得到了 164 644 个子轨迹,其中 3 943 个是被排除在进一步考虑之外的单点。剩余的子轨迹被视为代表行程。图 39.7 显示了每辆车出行次数的频率分布。大约有 300 辆汽车在两周内只行驶了一两次。许多汽车的行驶次数为 30 次至 50 次,只有少数汽车行驶超过 80 次。

图 39.8 显示了一辆汽车在两周内的所有行程。左边的地图显示了空间足迹。时空立方体(Hägerstrand, 1970; Kraak, 2003)同时显示了同样的行程在空间和时间上的变化。纵轴表示一天的时间。颜色表示工作日(绿色)和周末(红色)。一般来说,这种可视化可以识别出被显示轨迹的人;因此,我们对地图上的位置进行了掩盖,并将避免在文本或插图中透露任何可能涉及隐私的细节。

在对数据属性进行调查并排除不完整的轨迹和不正确的值之后,我们可以继续进行分析。

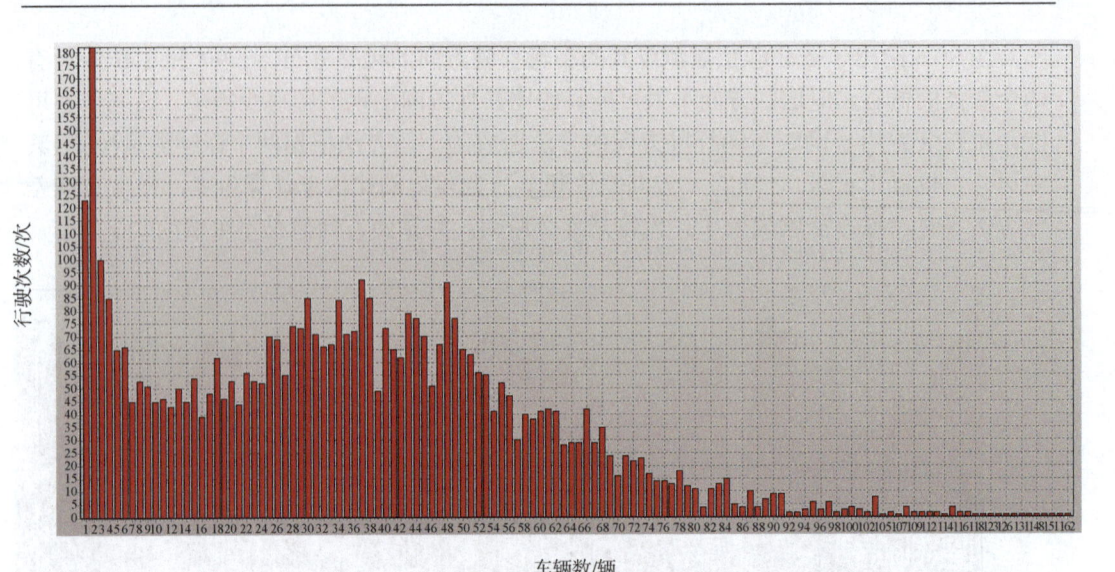

图 39.7　每辆车的行驶次数分布

图 39.8　一辆汽车的行程在地图(左)和时空立方体(右)上的表示，行程已按每天的时间周期对齐。颜色表示是在工作日(绿色)还是在周末(红色)

39.4　数据类型：事件、轨迹、时空序列和情况

现在已有一系列方法可以被应用到移动数据的转换中，从而可以用各种方式分析移动数据，并提取不同种类的信息。首先，每个记录的位置都是一个空间事件(spatial event)，它通过使用移动对象 id、时间戳 t 和坐标 x(经度)和 y(纬度)来指定。事件也可以有属性：id，t，x，y 属性。

移动目标在特定时间处于特定空间位置的事件可以称为位置事件，以区别于其他类型的空间事件。对同一移动目标按时间顺序排列的位置事件进行整合，就可以得到该目标的轨迹(图 39.9)。这种集成允许基于连续点位置计算出衍生属性：位移距离和方向、时差、速度估计等。这些衍生的属性可用于从轨迹中提取次要事件(例如停止)，并将轨迹划分为更小的子集(例如，站点之间的行程)。我们在研究数据属性时应用了这些转换。

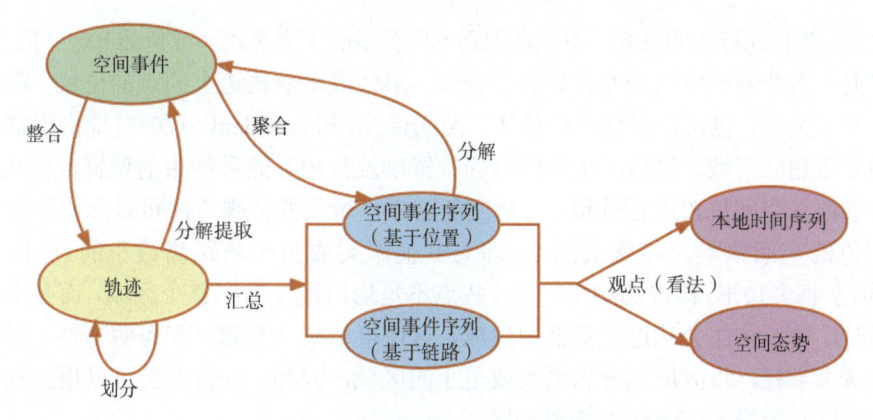

图 39.9 移动数据转换的一般方案

轨迹和事件都可以通过一组地点在空间上聚合。因此，这些地方的特征是基于移动目标的访问(例如，目标和访问次数的计数，目标在该地区存在的持续时间的统计，等等)或在其中发生的事件(例如，不同种类的事件的计数)。聚合可以通过时间间隔来实现，生成基于地点的访问和存在的时间序列。此外，轨迹可以根据区域之间的移动(转移)进行聚合。这些转移将各个区域连接起来，这些联系可以根据转换的数量和属性(例如移动的不同目标的数量以及速度和持续时间的统计数据)来描述。地点之间的聚合转换通常称为流。我们也可以根据时间间隔进行聚合，从而产生基于链路的时间序列流特性。

时空序列可以用两种互补的方式来看待。一方面，它们由与个别位置或链接相关联的数值序列组成，可以称之为本地时间序列。这些位置或链接可以分别根据各自数值的时间变化进行描述和比较。另一方面，对于每个时间点，在位置或链接集合上存在一个特定的值分布。这种分布可以称为空间态势(spatial situation)。整个时空序列可以看作是这些空间情况的序列。相对而言，我们可以研究和描述空间态势的时间变化。

其他事件(例如，极端值的出现)可以从基于位置或链接的时空序列中提取。

数据转换支持对移动现象的不同方面进行研究。由于我们的目标是描述城市环境，我们希望通过数据转换，使用不同类型的相关信息来丰富环境。

从移动数据中获取情境信息

交通和移动性是整个城市背景的重要组成部分。城市地区车辆和人员移动的信息可能与各种现象有关，如空气质量、噪音或疾病传播，以及各种交通事件，如交通事故、犯罪或公共交通中断。从轨迹数据中可以提取与移动相关的背景信息，包括位置访问背景、流动背景、时间背景、行程背景和个性化语义背景。在下面的小节中，我们将详细考虑所列出的一些方面。

1) 位置访问背景

为了从位置访问的角度描述背景，必须有一套合适的设定。当没有预定义的适合预期研究目标的位置时，需要适当地定义这些位置。一种可能的方法是取一些感兴趣的位置的邻域，例如，在所研究事件的位置周围选取指定半径的圆。与交通研究相关的地点可以根据街道段和路口定义。然而，由此产生的细节水平和数据量对于预期研究的空间尺度来说可能是过大的。对于人类移动行为的研究，可以在识别不同类型的人类活动区域基础上定义位置。

根据一些数据的空间分布，如静止物体、事件或车辆轨迹上的点的位置，将区域划分为若干个区块，也可以得到一组位置。Andrienko 和 Andrienko(2011)提出根据轨迹特征点的分布划分区域，包括停止和转弯的位置以及行程开始和结束的位置。从轨迹中提取点并根据其空间位置进行分组。一种空间有界点聚类的特殊方法可以产生半径不超过给定阈值的空间聚类。将聚类质心(即与其他聚类成员平均距离最小的点)作为生成Voronoi(泰森多边形)镶嵌的种子。当这些点不是均匀地分布在整个区域，而是形成密集的集群时，种子往往会从这些集群中生成，这使得结果具有意义和可解释性。根据所选点簇的最大半径，将区域划分为更大或更小的区域。因此，分析人员可以根据预期分析的空间尺度和所需的细节级别调整分区。

基于轨迹数据的区域划分示例如图 39.10 所示。将特征点分到最大半径 2.5 km 的簇群中。因此，我们获得了 3 535 个地点(间隔区域)。可以看到，这些地方的几何形状和空间布局反映了主干道的拓扑结构。这是从密集的轨迹点(主要出现在这些道路上)中生成种子用于生成泰森多边形的效果，主要体现在这些主干路的沿线上。图 39.10 中的地点是根据曾访问它们的不同的汽车数量来设色的。正如我们前面提到的，可以从移动数据中得出的其他特征是地点访问的时间序列及其持续时间，以及去过该地点的目标的总体特征。

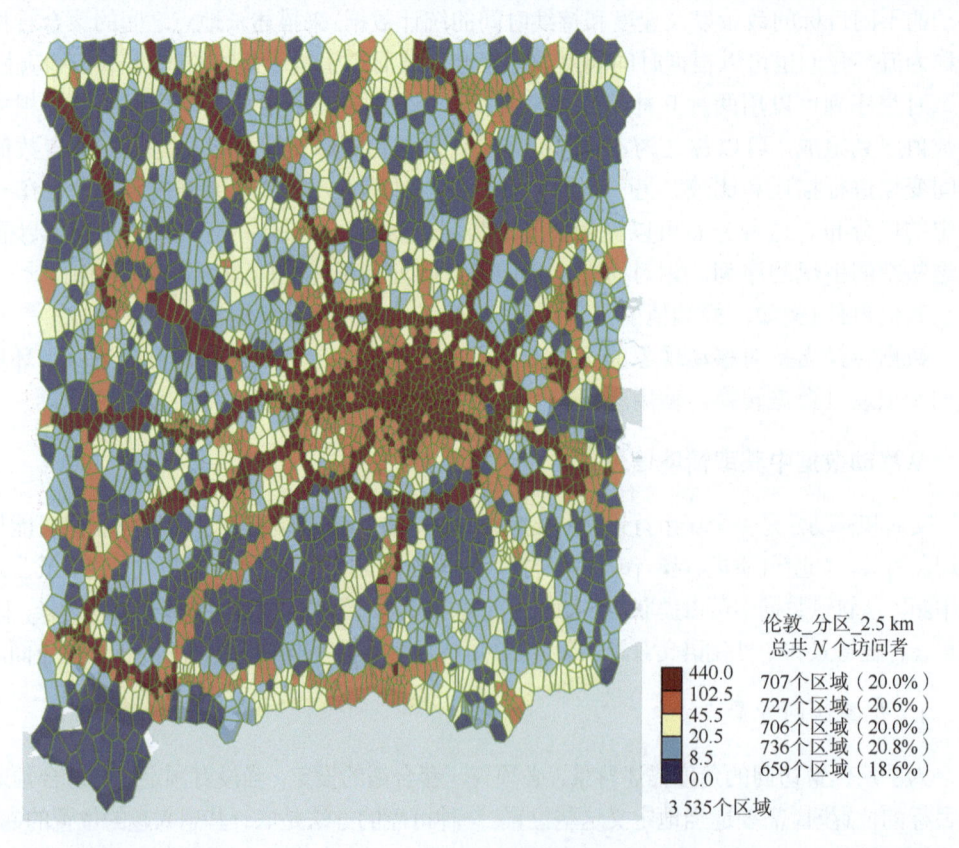

图 39.10　基于最大聚类半径(约 2.5 km)的点聚类，将区域镶嵌成 3 535 个多边形。颜色代表在每个地区观察到的不同的汽车数量，从蓝色(少于 8 辆)到红色(超过 102 辆)，使用相同的级别大小划分

第 39 章　城市可移动性的可视化研究

因此，数据使我们能够根据去过这些地点的汽车的"人口结构"来描述这些地点的特征。数据集包括每个匿名汽车标识符的汽车制造商信息，可以从中分别获得不同制造商的汽车数量。利用这些信息，我们希望通过汽车种类结构的相似性来聚类。然而，直接将聚类应用到绝对数量上，相当于只是通过汽车总数划分区域，这就复制了图 39.9 中可见的主要模式。因此，有必要将每个间隔区域中记录的不同汽车的总数归一化，从而获得比例值。

根据 Andrienko 和 Andrienko(2013b)的建议，我们使用基于分区的聚类方法——k-means，结合聚类质心在平面上的投影对归一化计数进行了聚类。结果如图 39.11 所示。聚类质心在投影平面上(左上)的位置用于选择合适的聚类参数，然后根据聚类相似性和差异性来进行配色。根据不同制造商的汽车比例，聚类概况显示在柱状图(右上)和地图(左下)上。

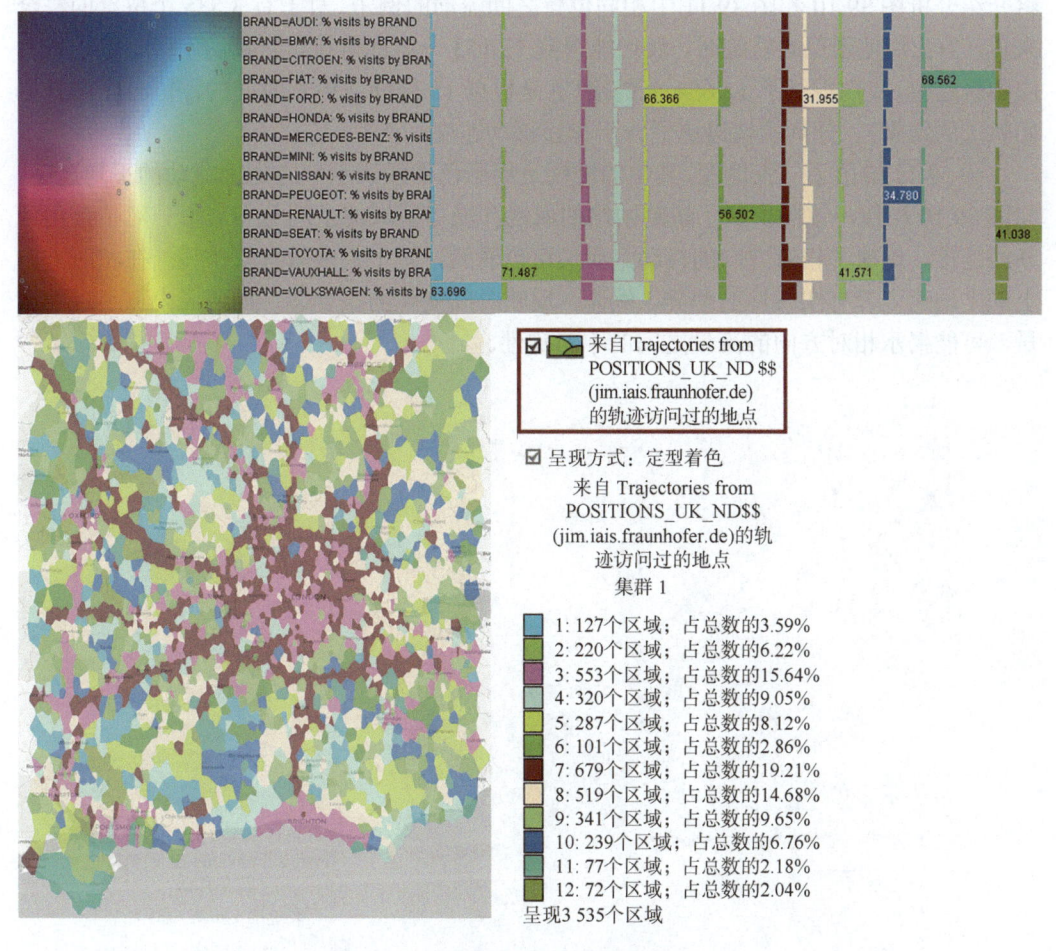

图 39.11　通过汽车种群结构的相似性聚类
上图：聚类质心的 2D 投影(左)和聚类中涉及的属性的聚类概要(右)。
下图：集群的空间分布图(左)和对应的显示集群大小的图例(右)

聚类结果显示，高速公路主干道上的汽车以沃克斯豪尔(Vauxhall)、福特(Ford)和大众(VW)为主，而伦敦市中心和布莱顿(Brighton)的特点是什么品牌都有，其中沃克斯豪尔(Vauxhall)和福特(Ford)在一定程度上流行。人们可以在农村地区找到紧凑的"村庄",那里的居民主要使用的汽车是菲亚特(Fiat)、福特(Ford)、西亚特(SEAT)、标致(Peugeot)或大众(VW)。

位置也可以根据基于位置的访问时间序列或不同车辆的数量进行分组,无论是绝对值形式还是标准化形式。由于篇幅限制,我们在这里省略了这些分析。不过,我们将在下一节中考虑基于链接的时间序列。

2)流动背景

基于位置的时间序列通过移动目标或事件存在的时空变化来描述一个领域,而基于链接的时间序列通过描述位置之间的移动(流动)量和特征来补充描述。在本节中,我们将介绍分析图39.10和图39.11中相同位置之间流动的例子。对于有3 535个位置的集合来说,当我们使用原始轨迹时,我们能得到13 153个定向链接,当我们使用与行程相对应的轨迹时,我们得到了12 654个链接(这是根据15分钟或更长时间的停留时间划分原始轨迹的结果)。分割的轨迹更适合于描述移动速度。

图39.12给出了一张地图,其中的链接是用彩色曲线表示地方之间流动的平均速度。与图39.10相似,该图反映了道路网络的属性和城市区域的空间分布。每一对位置由两条线连接,反映了相对方向的移动。我们可以看到,对于大多数位置来说,在相对方向上的平均速度没有实质性的差异。然而,反映时间变化的集合体,如两周内每小时的流量,可能揭示相对方向的流量之间的不对称性。

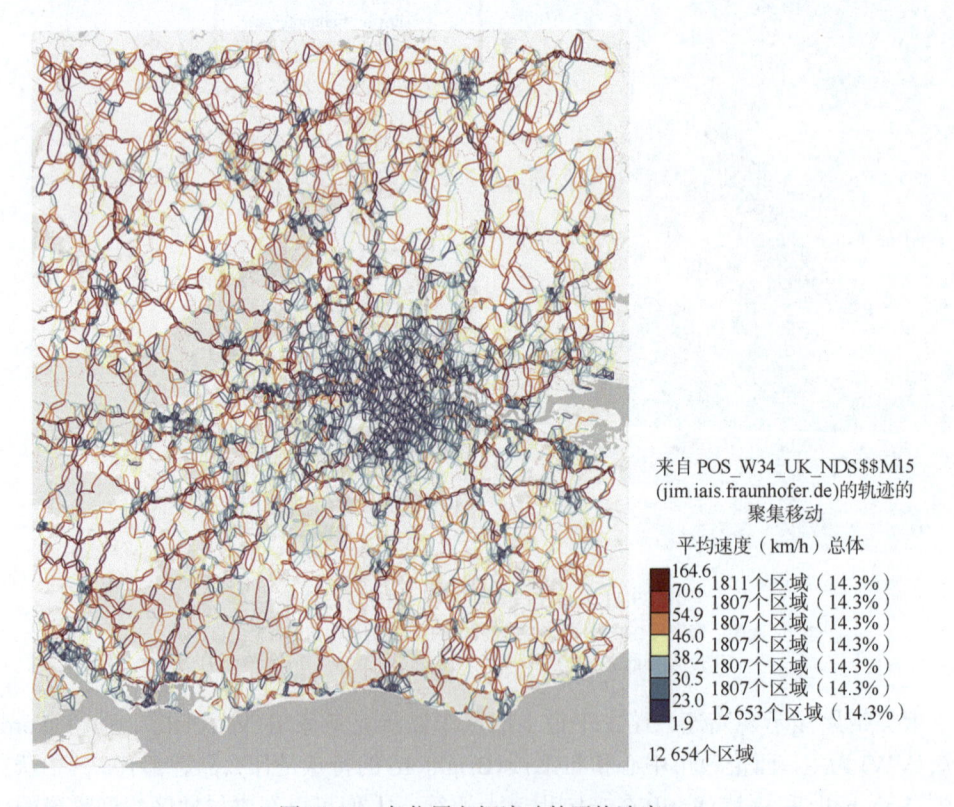

图39.12 各位置之间流动的平均速度

在图 39.13 中，我们用 k-means 聚类，在排除了流量很低（2 周内总移动小于 50 次）的路段后，以每个路段流量进行均值归一化聚类。如前一节（图 39.11）所示，我们通过检查聚类质心在投影空间中的位置来选择聚类的参数，并利用投影为聚类分配颜色。根据各自属性值的相似性，在投影空间中与其质心接近的聚类得到相似的颜色。在图 39.13 中，我们可以观察到沿着主要道路链接的集群归属的一致性；因此，沿最主要的高速公路形成的主要交通具有共同的格局。我们还可以注意到几对相对的链接被放在不同的聚类中，这意味着它们各自车流量的时间模式不同。

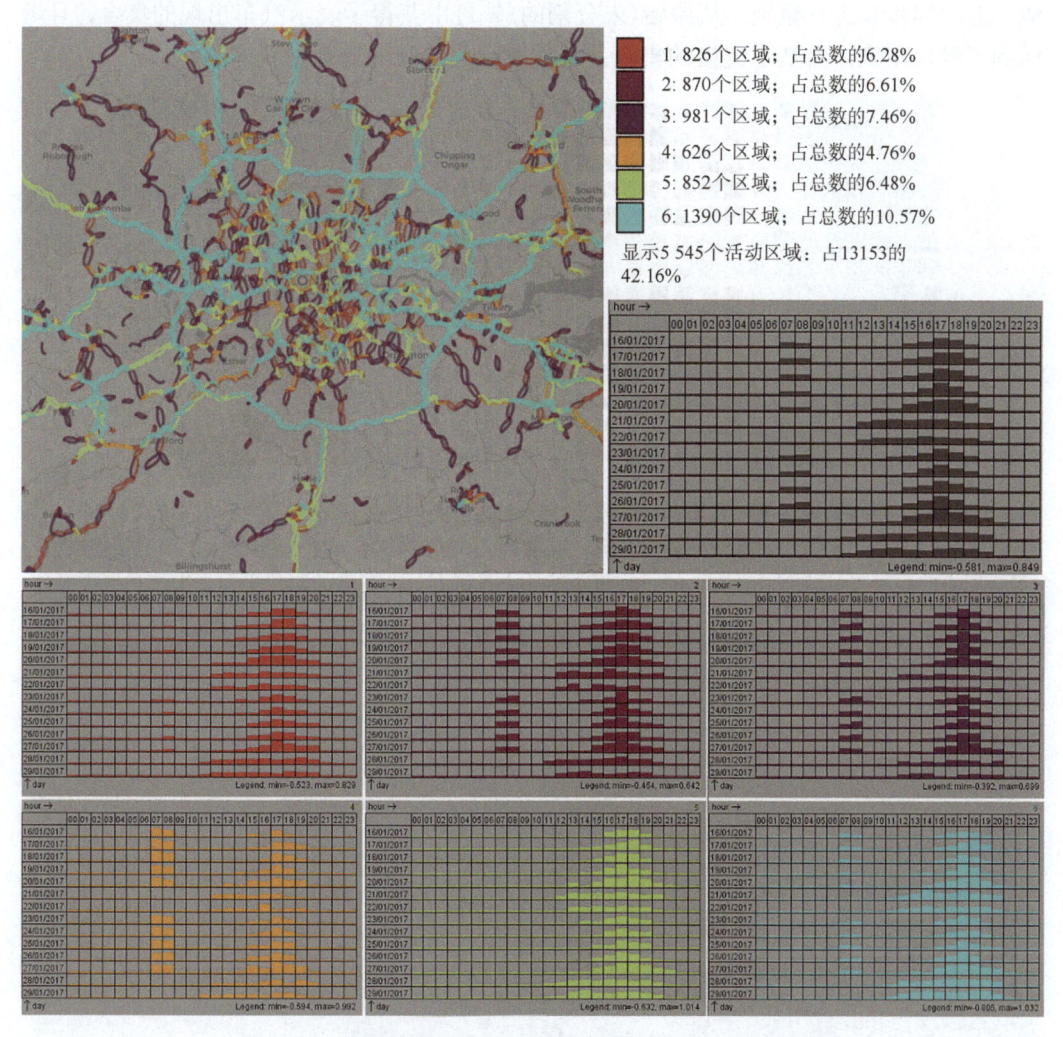

图 39.13　根据流量标准化时间序列进行相似性聚类的链接

上图：地图上的链接根据它们的聚类从属关系上色；图例显示了聚类的大小。下图：聚类概况以二维直方图的聚合形式表示，其中行对应于天，列对应于小时。单元格中彩色条的高度与聚类的标准平均小时值成正比。带有深灰色条的 2D 直方图显示了所有链接的平均时间变化

3）时间背景

移动性本质上是一种时间现象；因此，人口和车辆在一个地区的分布以及他们从一

个地方到另一个地方的移动会随时间变化而变化。由于人类活动通常是周期性的，我们从移动性的聚合表示中估计这个时间周期，如在图 39.13 的聚合交通流的 2D 直方图中就观察到了它们。

如图 39.9 所示，时空序列可以从两个互补的角度来看待：空间分布的局部时间序列和时间变化的空间态势。图 39.13 对应于前一种观点：我们将聚类分析应用于与链接相关的本地时间序列。现在我们将从另一种观点出发，对时间序列的时间步长进行聚类。我们根据汽车的出现(图 39.14 和图 39.15)和流量(图 39.16 和图 39.17)的空间分布的相似性对时间步长进行聚类。从原始(未分割的)轨迹中获得了表示汽车出现的集合，且考虑到了静止车辆，而基于链接的集合是从代表行程的分割轨迹中获得的。

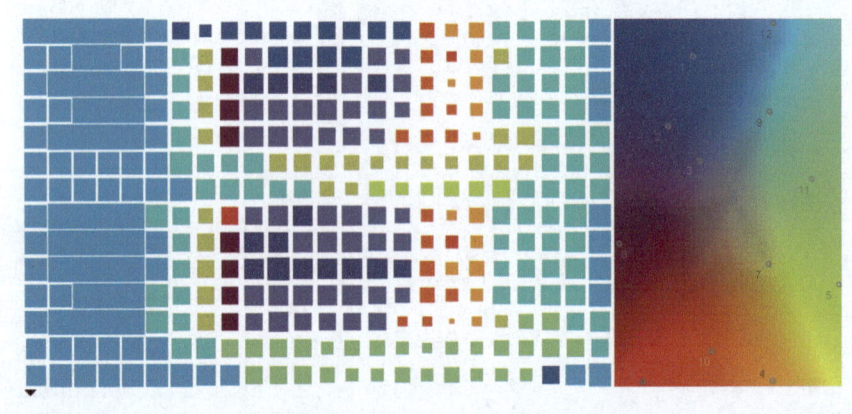

图 39.14　左：根据每隔一小时汽车在一组地方上分布的聚类的序列图表列对应一天中的 24 小时，行对应从周一(上)到下一周的周日(下)的 14 天。颜色对应不同的聚类，彩色矩形的大小表示聚类成员与聚类质心的距离(越近越大)。右：通过将聚类的质心投影到一个连续的彩色平面上来选择聚类颜色

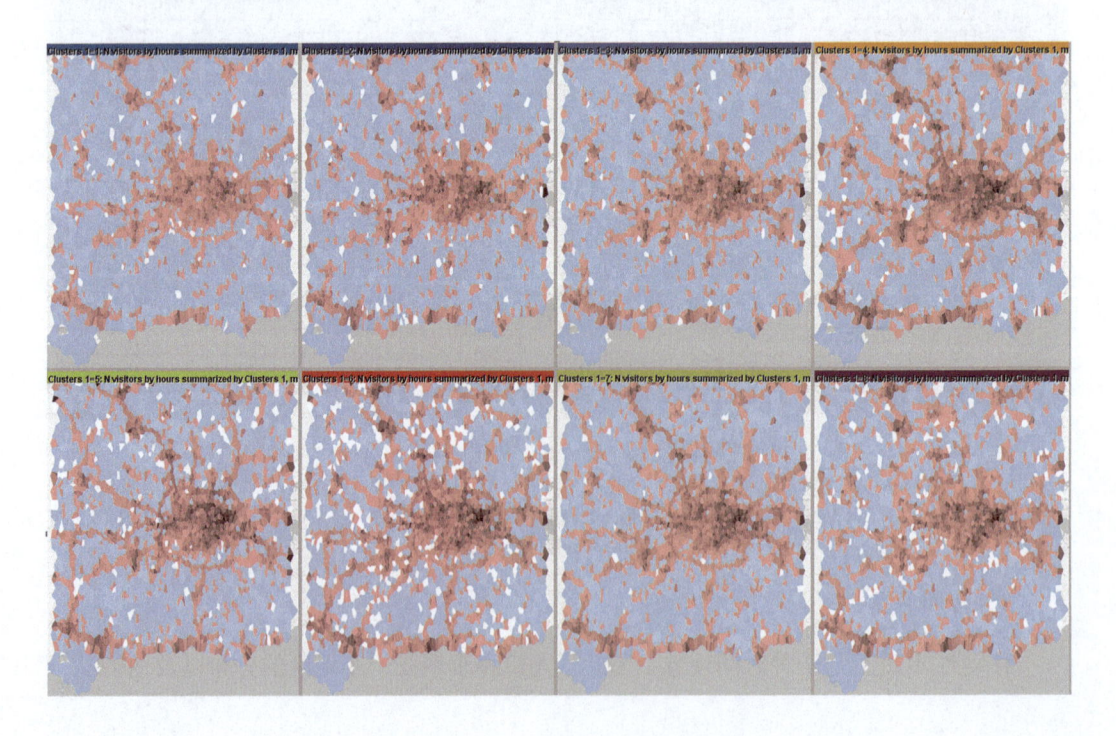

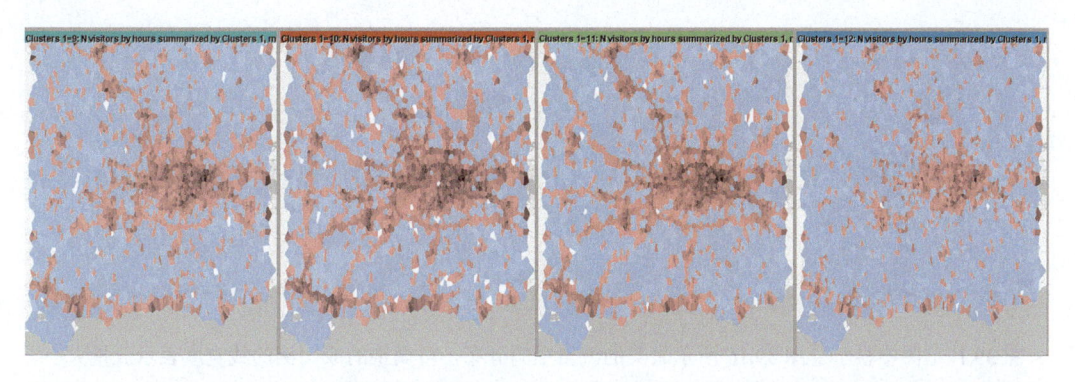

第 39 章 城市可移动性的可视化研究 ·449·

图 39.15 在图 39.14 所示的时间聚类中汽车出现地点的平均空间分布。平均汽车数量用暗红色来表示,而浅蓝色对应的是零值

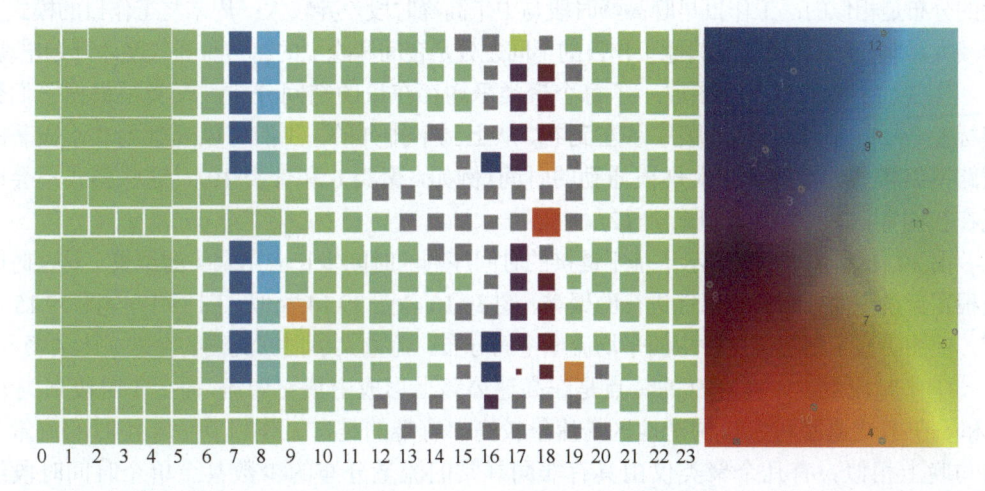

图 39.16 基于流量的空间分布获得的以小时为时间步长的数据聚类。其表示法类似于图 39.14

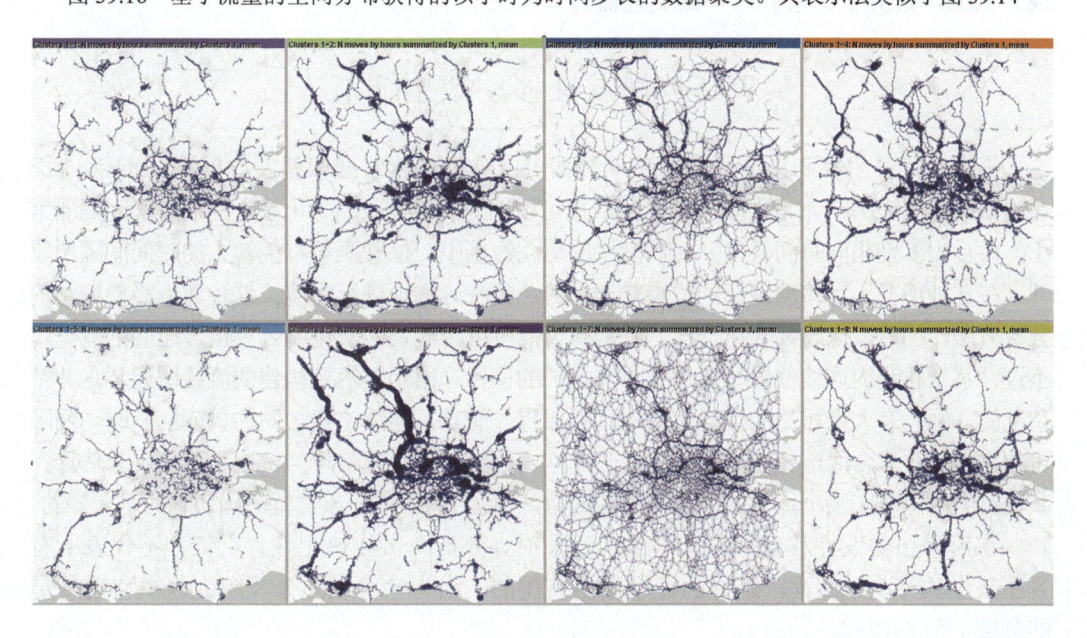

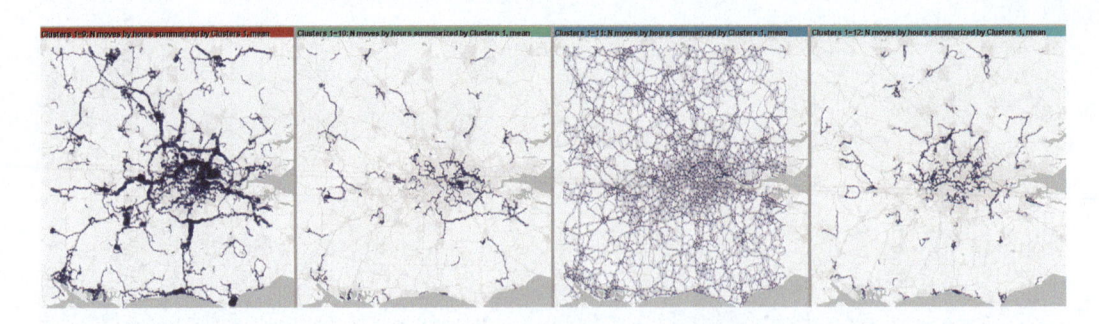

图 39.17 图中显示了图 39.16 所示聚类的流量空间分布，可调整的成比例的线宽度表示流量大小

图 39.14 的序列图（左）显示了每日和每周汽车出现的空间分布模式，其中每天夜间时间段的分布是相似的；工作日早晚高峰时段与中午高峰时段差异较大；周末与工作日的模式差异较大。周五晚上的模式与其他工作日的不同之处是夜间和晚上的特定分布较晚才开始出现。

图 39.15 中的多个小图展示了每个聚类平均存在量的空间分布。聚类是根据它们数字标签（从 1 到 12）的先后顺序从左到右、从上到下排列的。我们可以观察到非常显著的道路网络模式，特别是在大规模通勤的时间（例如，聚类 6 和聚类 10）。这些模式不会出现在夜间和深夜（聚类 9 和聚类 12）。

图 39.16 和图 39.17 显示了基于链接的时间序列的时间步长应用聚类的结果。这些时间是根据流量空间分布的相似性进行的聚类。图 39.16 与图 39.14 类似，图 39.17 与图 39.15 对应，但图中显示的是聚类对应的平均流量空间分布。流量大小根据流线的宽度成比例表示。

下午时段聚类 1、4 和 9 的特点是在高速公路上形成密集交通流，而上午时段聚类 6、7 和 8 在本地道路和人口稠密地区的流量较高。有趣的是，工作日 9~14 小时的流量分布与晚上相似。有几个聚类仅由具有非同寻常的流量分布的少数甚至单个时间时段组成。例如，聚类 5 在伦敦内环的交通流量非常大。

39.5 偶发性移动数据细节

根据时间分辨率和采样规律，移动数据可以分为连续数据和偶发数据（Andrienko and Andrienko, 2013a）。本章中使用的示例数据可以归为前一类，因为记录之间的时间间隔非常小，而且大多是相同时间长度。在偶发性的运动数据中，位置测量可能被大的时间间隔所隔开，在这种情况下，移动目标的位置是未知的，无法可靠地进行重现。这种数据需要特别的分析方法。因此，像连续数据一样，我们有可能可以将偶发的轨迹整合为位置之间的流动。不过，某个轨迹的连续位置可能适合于非相邻的位置。由偶发轨迹构建的流线图通常是非常杂乱的，因为有大量相交的流线连接遥远的位置。而且，连续位置之间的（移动的）时间间隔可能比为进行聚合而选择的时间间隔更长。这样的轨迹段必须被忽略，也不可以用于估计在某段时间内出现在某个地方的移动目标的数量，因为到达和离开该位置的确切时间是未知的。

在解释由偶发性移动数据构建的流动图时，分析人员应该记住，它们并不代表所有真正发生的移动。然而，这样的流动图是有用的，因为它可以充分反映大规模移动或足够频繁的移动模式。

以一个偶发性移动数据为例，图 39.18 显示了从社交媒体(Twitter)用户带地理标记的帖子中复原的 11 671 条轨迹图。每个轨迹由一个用户的帖子按时间顺序排列而成。类似的轨迹可以从与移动电话活动有关的数据构建，包括打电话、发送信息和上网数据。

在图 39.18 中，社交媒体帖子的位置由线条连接，线条的透明度为 97%。长线意味着未知用户在其连续发帖的地点之间的路径。在这个跨越了 9 月份的 28 天的数据集中，所记录的同一用户发帖时间间隔的中位数是 14 分钟，第三四分位数大约是 3 小时，最长的则超过 24 天。然而，在大多数情况下，两个点之间的距离很小，这些距离的第三四分位只有 0.26 km。这意味着人们倾向于从相同或几乎相同的地点发布重复的帖子，而这些地方可能会被反复访问。

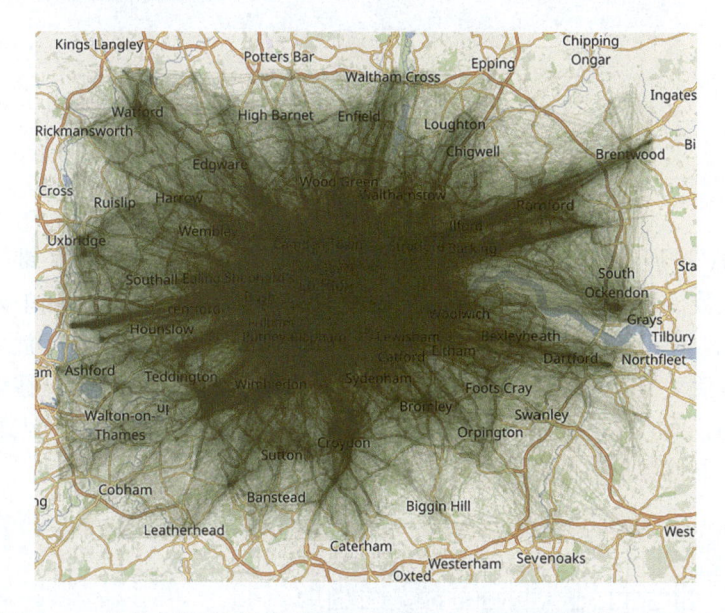

图 39.18　从社交媒体用户带地理标记的帖子中复原的偶发性数据的轨迹

尽管存在种种不确定性，但从社交媒体帖子或手机使用记录复原的偶发性数据的轨迹可以提供有关人们移动行为的宝贵信息。与私人汽车、出租车或任何特定车辆的轨迹不同，这些轨迹可以反映不同交通方式的使用情况。然而，由于不确定性和固有偏差，需要谨慎地将此类数据作为其他移动数据的补充，而不是单独使用。

正如我们所提到的，在整合偶发性移动数据时需要特别注意。在我们的示例中，我们使用前面描述的方法将区域划分为数个分隔的空间，这与我们用于车辆轨迹研究的方法相同。我们希望按每小时的时间间隔整合数据。因此，我们把超过一小时的时间间隔的轨迹分割成不同的行程。这意味着，当两个点之间的时间间隔超过 1 小时时，后一个点被视为新行程的开始。因此，各点之间的转换不用于整合。此外，我们把轨迹按照超过 5 公里的空间间隔进行分割，这是用于整合分隔空间的平均半径。图 39.19 显示了聚合得到的流量图。它揭示了伦敦中心区对于居民流动的重要性：主要的流动不但发生在中心区，还有相对较多的径向移动往返中心区。此外，我们还可以看到"枢纽"，如 Camden Town 和 Wimbledon，它们周围存在星形的流动模式。

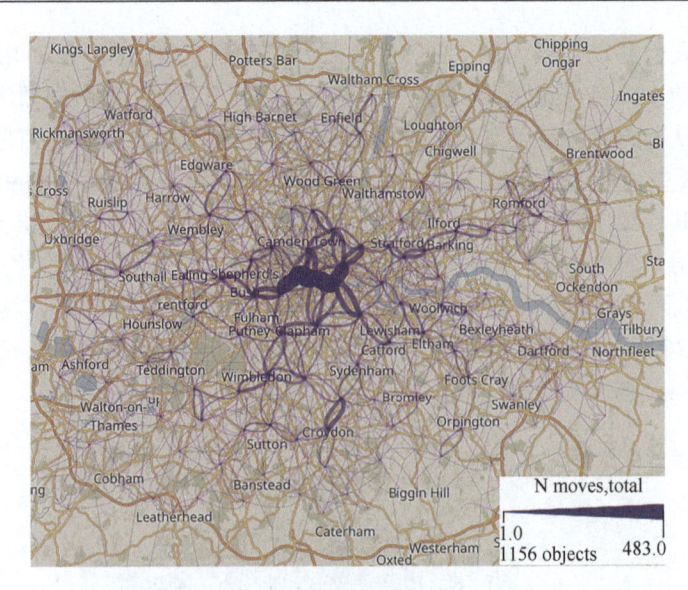

图 39.19 社交媒体用户的聚合移动

图 39.20(左)展示了社交媒体用户聚集行为的时间分布。在这个二维的时间直方图中,行对应天数,列对应一天中的小时,方格的大小与相应的时间间隔中人们活动行为的次数成正比。在工作日的早晨时段,我们可以清楚地看到更为密集的活动,高峰出现在九点。许多活动也发生在下午晚些时候和工作日的傍晚。而在周末,移动则更均匀地分布在一天内,而且是从上午晚些时候开始。有趣的是,这种时间分布与图 39.20 右侧所示的消息发布次数的时间分布不同。

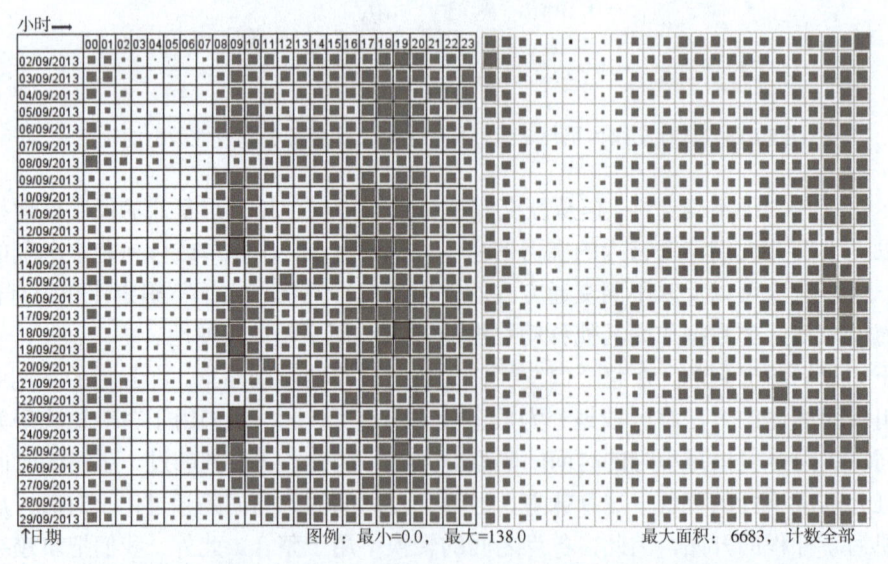

图 39.20 将社交媒体用户聚集移动的时间模式(左)与发布消息数量的时间模式(右)进行比较。行对应天数,列对应一天中的小时,方格的大小分别与移动或消息的数量成比例

从这个例子可以看出,本章所介绍的方法并不仅仅是针对车辆 GPS 轨迹的,而是可以应用于通过各种方式收集的其他类型的时空数据。然而,在进行数据转换与分析,

解译可视化和计算的结果时，需要仔细考虑数据收集的方式和数据的属性。

39.6 讨论与总结

我们的例子表明，城市背景的三个主要方面——位置、流动和时间可以用轨迹数据来描述。我们提出了一些方法来定义一组合适的位置，将轨迹聚合到基于位置和链接的时间序列中，并在分析时间序列时采用两个互补的角度来描述位置、流动和时间。我们演示了聚类分析的使用方法，它作为一种数据抽象的手段，为处理大数据量提供了帮助。特别地，我们证明了相似性聚类可以应用于局部时间序列，用于表征位置、链接和空间分布，也可以用于表征时间。

由于篇幅限制，我们将简要地概述从轨迹数据中进一步提取背景信息的可能方向。一种可能性是考虑沿着轨迹属性[如Andrienko等(2013b)所做的]：

- 测量值，如瞬时速度和方向、加速度、转弯、油耗、二氧化碳排放等；
- 空间背景，例如道路类型、土地用途、到固定目标(如加油站或其他名胜古迹)的距离；
- 从同一轨迹的位置序列提取的属性，例如计算速度和方向，计算在滑动时间窗口中移动路径的曲率；
- 基于同时移动的目标的轨迹计算的属性，例如，在给定时间和空间窗口中的轨迹计数或到第 n 近位置的距离。

获得的属性可以按位置、流或沿轨迹进行聚合，从而可以选择具有特定特征的位置、链接或车辆。我们可以对这些交通工具在轨迹墙上进行可视化展示(Tominsky et al., 2012)。

轨迹属性可用于识别具有特定属性的位置。因此，对缓慢移动的轨迹段采用基于密度的聚类方法，可以识别交通堵塞的位置并揭示其动态特性(Andrienko and Andrienko, 2013b)。还开发了可扩展的从大数据中识别热点的方法(Nikitopoulos et al., 2018)。考虑交通拥堵前的部分轨迹，人们可以研究交通拥堵在街道网络中的传播(Wang et al., 2013)。

时间序列分析和建模方法可应用于基于位置或链接的局部时间序列，这些时间序列已经通过了相似性聚类，得到的模型可用于预测随时间变化的交通特征。此外，基于链接的流量和平均移动速度时间序列不仅可以分别建模，还可以用于表示和建模由Andrienko 和 Andrienko(2013b)提出的速度-流量的依赖关系。这些模型可用于模拟常规和非常规交通(Andrienko et al., 2016c)，或广告牌定价和知情决策(Liu et al., 2017)。

我们可以从根据轨迹划分的行程中提取常规的移动行为(Rinzivillo et al., 2014)和位置的语义解释(Andrienko et al., 2016b)。分析语义注释的轨迹数据(例如通过状态转换图，Andrienko and Andrienko, 2018)可以在不损害个人隐私的情况下发现重要的行为模式。

我们的研究表明，可视化分析方法和技术可以支持复杂的分析，以获得对复杂现象的理解，如城市流动性，这是建立可解释的模型和做出明智的实证决策的必要条件。然而，我们认为需要在以下主要方向进一步推进可视化分析研究和技术的发展：

- 对多结构和质量的数据集进行联合分析的有力支持；
- 对不断生成和更新的流数据的处理；
- 更具体的支持制定决策的方法，包括开发、评估和比较决策选项和执行假设场景。

第 40 章 智慧城市的云计算、边缘计算和移动计算

刘　谦　杨景超　李　云　莎德轩　许孟超　Ishan Shams
余满珠　顾　娟　杨朝伟(通讯作者)

摘　要

随着无线技术、传感网技术、信息技术和人机交互技术的进步,智慧城市迅速地发展演化。整合了这些技术的城市计算,为提升健康医疗、城市规划、能源供给以及城市居民的生活质量提供了处理能力。本章以大华盛顿特区地区的城市热岛(urban heated island, UHI)研究为例,介绍了如何利用各种计算能力,如云计算、移动计算和边缘计算开展智慧城市建设。我们讨论了使用云平台、移动端和边端的一些优势,这些技术可以用于应对城市热岛时空变化带来的难题,包括气体污染物和温室气体的扩散、人类健康舒适和清洁水质的问题。移动计算为城市居民提供了便捷的获取实时信息的能力以及社交功能,能够实现更好的知识集成。云计算为城市系统实时模拟提供了弹性扩展和按需分配的计算能力。边缘计算针对原位设备产生的数据在设备端开展处理和分析,从而减少处理中心存储的数据传输量和处理引擎(数据中心或者云平台)。上述三种计算技术的结合形成了完整的智慧城市计算基础设施,本章讨论了该技术面临的挑战和未来发展,从宽带、网络接入优化、服务质量和整合、数据完整性和安全性等多方面讨论计算技术的集成问题。

40.1　概　要　介　绍

1. 为什么计算在智慧城市中极为重要

全球城市化进程的加剧产生了诸多问题,例如交通拥堵、能源消耗、工业废弃物和热岛效应(Rao and Rao,2012;González-Gil et al.,2014;Li et al.,2012;Zhong et al.,2017;Rizwan et al.,2008)。这些问题对城市居民产生了严重的负面影响。例如,城市热岛是指城市区域或大都市区由于人类活动导致温度明显高于其周边的农村地区。城市热岛直接导致了环境变暖、工业废弃物增加、空气污染和过热死亡率的升高(Petkova et al.,2016)。为了缓解这些城市问题实现可持续发展,在过去的 20 年,进行了许多"智慧城市"解决方案的试点工作。哥本哈根市政府使用安装在不同垃圾回收桶和信息系统中的监控传感器优化了垃圾处理(State of Green Denmark,2018)。韩国首尔的住宅、办公区和工业设施中安装了智能电表,能方便地报告电力、水和天然气的实时消耗量(Hwang and Choe,2013)。智慧城市得到了诸多重要信息系统和通信技术(information and communications technology,ICT)的支持,包括(Graham and Marvin,2002;Morán et al.,2016;Mitchell et al.,2013)物联网(internet of things,IoT)、计算平台、大数据、人工智能(artificial intelligence,AI)、地理信息等(图 40.1)。其中,多种传感器的广泛部署、

稳定的通信网络和完善的计算平台是智慧城市的三大基础技术。传感器是智慧城市的感官器官，用于实时连续地捕捉和整合数据。智能传感器，如监控摄像头、智能仪表和可穿戴设备，被广泛应用于改善城市交通、市政设施规划、停车场管理、污染监测和医疗保健。Cisco（2017）称，到 2020 年，互联网上连接的设备数量将超过 500 亿。通信网络能将数据从传感器传输到计算平台，是智慧城市的传输系统。可靠和可扩展的高速网络，包括有线网络和无线网络，是这些传输系统的基础设施。计算平台支持在更广泛的场景下管理和分析相关的城市数据，以识别需要处理和做出反馈的城市相关事件。智慧城市的无数传感器不断地产生大量数据。为了存储、处理和分析海量的异构数据，我们需要一个稳定、可扩展、快速的计算平台。例如，汽车驾驶员需要一个智能导航系统来为他们提供最佳实时驾驶路线，并随着交通图和拥堵变化进行路线的动态更新。过去几年中，已经开发出了使用 ICT 的各类系统和设备来监测和预测城市热岛问题。例如，法国开发了一个高温健康预警系统来监测可能导致死亡率大幅增加的热浪(Casanueva et al., 2019)。希腊开发了一个城市热岛建模系统来模拟和预测雅典的热岛问题(Giannaros, 2014)。里士满(美国弗吉尼亚首府，译者注)在汽车和自行车上配备了简易手工制作的测量设备来绘制城市热岛地图(Hoffiman, 2018)。

图 40.1 智慧城市的关键技术

2. 城市主要计算技术研究

Washburn 等(2010)将智慧城市描述为使用一系列智能计算技术来管理关键基础设施组件和服务的集合。集中式云计算架构已广泛部署在智慧城市中，以扩展存储能力并提高处理速度。它具有弹性扩容、按需分配和按需付费的计算资源(Yang and Huang, 2013)。云计算通过采用虚拟化、网络安全等一系列技术，最大限度地提高物理资源的利用率。虚拟化是支撑云计算的核心技术，可以将实际的硬件抽象为虚拟的计算机系统。虚拟化使多个操作系统能够在一个计算机系统上同时运行，并优化了计算资源和存储资源的使用。事实上，云计算将计算机资源虚拟化并管理在一个资源池中，通过网络提供计算服务，减少 CPU、RAM、网络、存储等资源的空闲时间。公有云(例如亚马逊 AWS、微软 Azure)开放给付费使用的公众。相反，私有云是通过安全的私有网络提供的，并且通常在某个组织的内部人员之间共享。云平台通过计算机网络,为智慧城市提供了本地计算环境之外的存储、访问数据和应用程序的计算能力(Kakderi, 2016)。

物联网的普及使智慧城市能够收集大量的数据,并在边缘部署大量应用程序,以充分利用这些数据(Shi et al., 2016)。数据和应用也为网络传输带来诸多挑战,如近实时响应、隐私安全和海量数据等。仅靠云计算技术不足以应对这些挑战。一种新型的计算模式——边缘计算被提出和使用,它可以将数据存储、处理和分析转移到网络末端,尽可能靠近设备端(Shi et al., 2016)。在边缘计算的帮助下,网络边缘成为数据生产者和数据处理器,解决了响应时间、带宽、数据安全和隐私的难题(Shi et al., 2016)。边缘计算有诸多好处,包括允许服务在没有互联网连接时继续运行,并在本地处理数据。这显著地减少了网络负载,仅处理通过网络传输的结果即可(处理结果通常在数据量上小于原始数据)。

过去的 20 年间,我们见证了移动设备(如手机、便携式计算机、可穿戴设备和智能汽车)的日益普及和无线通信技术的快速发展(Hashim et al., 2018)。数据处理从集中式计算中心转移到终端移动设备。在电池容量和网络带宽的限制下,移动计算所提供的计算资源不如其他两种计算框架可靠。尽管如此,在云计算和边缘计算都不可用的情况下,他们能够很方便地收集和处理数据。

三种计算模式互相配合提供了一个完整可靠的数据存储和处理框架,以克服单一计算模式的缺点,并支持一系列智慧城市应用(如表 40.1),包括交通与运输管理、公共设施及能源管理、环境保护及可持续发展、公共安全及智慧城市安全。

表 40.1　云计算、边缘计算和移动计算在智慧城市中的应用实例

应用案例	计算模式		
	云计算	边缘计算	移动计算
交通与运输管理	将云计算应用于智慧城市物流(Nowicka, 2014)	联网停车记录仪(David, 2018)	位置感知移动应用(Altman et al., 2015)
公共设施及能源管理	使用云计算进行智能网格化能源管理(Bera et al., 2015)	街道照明(David, 2018)	GPRS 技术在电网远程控制中的应用(Souza et al., 2016)
环境保护及可持续发展	利用云计算进行气候分析和模拟(Yang, 2017)	基于物联网的车辆污染系统(Rushikesh and Sivappagari, 2015)	位置感知天气报告应用(Altman et al., 2015)
公共安全及智慧城市安全	医疗健康解决方案中的云计算服务(Kaushal and Khan, 2014)	智能家居(Shi et al., 2016)	医疗保健应用(Hameed, 2003) 丢失儿童应用(Satyanarayanan, 2010)

图 40.2 展示了智慧城市的传感器/计算设备,并将它们分为三类:不同的传感器为了不同的目的收集不同的信息。传感器也具有嵌入式计算能力,例如,移动的传感器具有灵活的数据收集能力,动态覆盖不同区域,并具有状态感知的快速处理能力,导航就是一个例子。边缘计算传感器可看作具有各式各样计算能力的固定数据采集器,具体计算力取决于分配的任务,例如,更高级的边缘计算能力能够处理更大范围的区域(如社区)的分析。所有的数据和处理流程都可以上传到一个集中的云计算平台,用于广泛的数据处理和信息与知识的提取与挖掘。

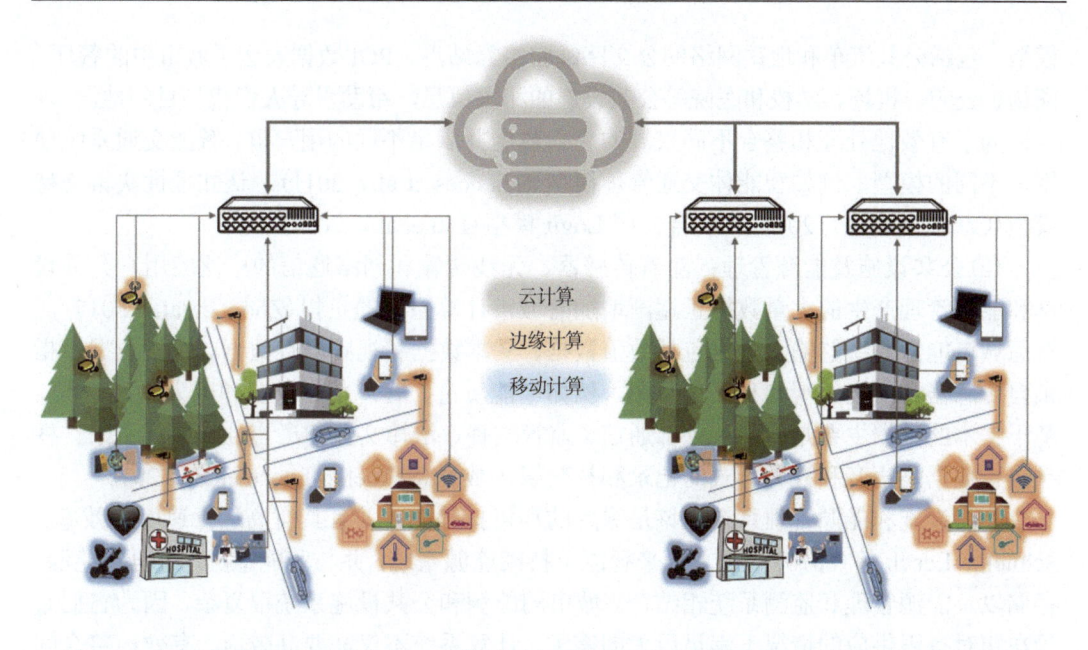

图 40.2　智慧城市的城市计算包括云计算(灰色)、边缘计算(黄色)和移动计算(蓝色)设备和能力

计算能力是支持有效、高效的智慧城市应用和研究的一个不可或缺的能力，通过它可以并行和实时地处理海量的智慧城市数据。本章以城市热岛为例，介绍三种计算模式在智慧城市中的应用。我们提出了一种工作流程，将三种计算技术无缝集成，以处理城市热岛问题(这是当前严重的城市问题之一，尤其是与气候和全球变化相关的问题)。

本章从 40.1 节中的城市计算介绍开始，随后在 40.2 节介绍计算问题在不同智慧城市场景中的现状和问题。第 40.3 节、40.4 节和 40.5 节分别以城市热岛为例介绍云计算、边缘计算和移动计算在其中的应用。最后一节以城市热岛为例，利用协同工作流，将三种计算模式集成整合在一起。

40.2　智慧城市中的计算

1. 智慧城市中的数据和模型

智慧城市依靠多源数据和可靠的专业模型来生成决策支持信息。一旦使用大量智能设备和传感器时，这将变得更有难度。本节下面介绍五种典型的智慧城市应用、所用数据、相关模型及其对计算的需求。

(1)交通与运输管理：交通是城市活动最重要的方面之一。各类来源的交通数据都与人们的出行和通勤有关，它们是智慧城市中复杂而不可或缺的一部分。例如，交通数据由交通车辆(例如，出租车、公共汽车、地铁、火车、船只和飞机)中的传感器或安装在道路上的监视器(例如，环路传感器和监控摄像头)生成和采集。通勤数据是指记录人们在城市中日常活动的数据。带有地理标签的社交网络数据收集了社交网络上带有地理标签的帖子的信息(例如，博客、推文)。路网数据相应代表了路段和交叉口。交通网络是一个有向图模型，包括公共汽车和地铁网络的公交路线和停靠站点。POI 数据表达了城市中的餐厅、商场、公园、机场、学校和医院等公共设施的相关信息，帮助引导人们找到目的地。

为了有效地处理和整合不同来源的复杂数据并满足不同的用户群，智能交通系统使用了不同的模型，例如智能体交通管理模型(Sciences et al.，2011)、认知理性决策支持模型(Cascetta et al.，2015)和混合排序 Logit 模型(Liu et al.，2017)。

(2) 公共设施及能源管理：随着传感器、无线传输和网络通信的广泛应用，公共设施和能源管理产生的大量数据正逐渐增加着城市计算系统的负担(Zhou et al.，2017)。智慧城市能源系统的输入数据包括数值数据、文本数据和视频语音数据。数值数据是指来自传感器和仪表的观测和采集数据，例如电能质量、客户使用情况和电力生产情况。基于文本的数据主要是内部和外部通信、监管文件、法律文件和语言社交媒体记录。视频语音数据是声音和视频形式的记录和社交媒体数据(Schuelke-Leech et al.，2015)。

公共设施和能源管理系统应该是绿色的和可持续的，并且具有高运行速度和效率。Schuelke-Leech 等(2015)构想了未来智能可持续能源系统，并与智能电网、可再生能源、存储以及能源管理和监测系统相结合。城市的能源和公共设施系统很复杂，因为它们必须在相对有限供应的情况下满足巨大的需求。计算系统不仅需要高效地、有效地整合间歇性电源，还需要预测设备故障和停电问题，这能使市政事业公司优化他们的运维成本。例如，Sheikhi 等(2015)提出了未来的能源系统构想中的能源中心模型(energy hub model)，它可以支持市政事业公司和智能能源中心之间的实时双向计算通信。这种模型在设备端和中心端都设置了智能基础设施，用来管理电力功耗，这一架构要求具备大规模的实时计算能力，用于处理大数据的通信和存储。这些系统有助于管理者、员工和消费者从依靠直觉或者凭借过去经验的决策模式，改为根据数据和实证研究做出更明智的决定。

(3) 环境保护和可持续发展：环境保护和可持续发展也在智慧城市中发挥着重要作用。环境资源是指矿产、森林和草原、湿地、河流、湖泊和海洋。这些自然资源的过度开采以及对自然资源的不当管理导致了严重的环境退化(Song et al.，2017)。城市环境保护和可持续发展管理系统处理的数据包括水文地质数据、环境监测数据、生态统计数据和气象数据。这些数据的数据量大、维度高，符合"大数据"的特点。这些数据的功能不仅是准确呈现环境的现状，还可以有效预测未来。因此，需要强大的计算能力来帮助政府和个人提前缓解和解决环境问题。

由于环境保护和可持续发展是智慧城市发展的重要因素，数据获取方法和各种计算模型在该领域蓬勃发展。以物联网及其相关计算模型为例，为了实现智慧城市可持续发展所要求的水平，智慧城市和大数据应用的信息化应用场景不断激增(Bibri，2018)。对于政府而言，三维地理信息系统和云计算的结合，也为智慧城市的环境管理提供了有效的服务(Lü et al.，2018)。

(4) 公共安全及智慧城市安全：公共安全直接关系到城市居民的福祉和生活。随着各种监控设备和系统的蓬勃发展，来自物联网、无人机(unmanned aerial vehicles, UAV)(Menouar et al.，2017)和社交媒体的数据使我们的城市越来越安全和稳定。通常情况下，安全问题直接关系到人们的生命财产安全，需要有关人员及时、准确地响应。

因此，高性能和高准确性计算是安全模型和信息系统的必然要求。边缘计算和移动计算可以分担中心云的负担，提高处理速度，是寻找走失儿童等应用场景的理想选择(Shi et al., 2016)。可穿戴设备和医疗传感器可以检查用户的健康状况，并将健康检查数据发送到处理单元以供医生进一步诊断。

为了应对这些技术挑战，安全系统应包括以下数据源和模型特征：医疗保健和监测系统；智能安全监控系统；支持决策、预警、监测和预测紧急情况的智能应急管理系统；中央调度控制的警察和综合救援指挥系统(integrated rescue system, IRS)；互联网安全连接和数据保护；数据处理中心(Lacinák and Ristvej, 2017)。

(5) 城市热岛和城市计算：城市计算利用三种计算模式对各种大数据及其背后的现象进行存储、处理、集成、建模和分析，例如各种智能传感器和设备生成的实时数据、城市基础地理信息数据、社交媒体数据以及交通、洪水、城市热岛数据。城市热岛被认为是城市所面对的最主要的问题之一，它是由一系列复杂因素产生的，包括城市土地利用变化、太阳辐射、人类活动产生的热源、气候变化、城市发展、风速和风向(Memon et al., 2009)。城市热岛的负面影响包括：①城市气温升高(Voogt and Oke, 2003)；②全球变暖(Van Weverberg, et al., 2008；EPA, 2016)；③大气污染(Sarrat et al., 2006；Davies et al., 2007)；④能源需求增加(Santamouris et al., 2001；Santamouris, 2015)；⑤过热死亡(Guest et al., 1999；Conti et al., 2005；Haines et al., 2006；Filleul et al., 2006；Hondula et al., 2006, 2014)。

为减少城市热岛的负面影响，在过去 50 年中，遥感数据、固定气象监测数据、建筑数据、数字高程数据等多种数据整合在一起，用于对百余个城市的城市热岛的建模、监测、模拟和评估。然而，城市热岛研究涉及大数据存储、数据处理和数据建模，这些都需要复杂的计算。目前还没有一种用于大规模或长期研究城市热岛研究的高效的计算架构。本章以城市热岛为例，将依次按照如下顺序介绍云计算、边缘计算和移动计算的结合如何有助于解决智慧城市的问题：①智慧城市的计算问题是什么；②三种计算模式如何有助于解决问题；③如何以城市热岛为例集成三种计算范式以应对这些困难。

2. 智慧城市中的计算挑战

(1) 大数据处理：城市数据来源于各种各样的数据，包括遥感、原位传感、社会传感、物联网传感和过程模拟。这些数据构成了完整的城市系统，包括用于水管理的地下配水网络(Karwot et al., 2016)、实时停车预测(Vlahogianni et al., 2016)，用于城市灾害管控的三维城市建模(Amirebrahimi et al., 2016)。然而，传感器和过程模拟产生了海量数据，远远超过了单个计算机的存储容量。以遥感为例，高时空分辨率影像的数据量呈指数级增长。例如，截至 2018 财年末，地球观测系统和数据信息系统(earth observing system and data information system, EOSDIS)数据档案的容量已经超过了 27.5PB(NASA Earth Science Data Systems Program Highlights, 2018)。如何高效地存储如此大量的数据是一项具有挑战性的任务。同时，随着技术的不断发展，数据源源不断地被高速产生，例如水表以固定的时间间隔(例如每 30 秒)收集用水量数据。近乎实时的数据存储应用需要采用流式数据的收集和分析方法。此外，异构数据以各种文件格式存储，例如图像、视频、文本、音频，因此数据管理是一个难题。

(2) 计算密集型建模与处理：智慧城市正在成为一个复杂的生态系统；它正在收集大量数据，并不断提出创新的解决方案和提供智能服务(Anthopoulos, 2015)。通常，这些解决方案依赖于复杂的数据模型，并借助计算机进行分析。数据模型通常表示现实世界中的对象或情景，而数字模型使数学分析成为可能。例如，智慧城市的一个趋势是建立三维(3D)模型，并进行可视化和分析，如天际线分析、地下空间管理和路线选择(Yao et al., 2017)。虽然三维模型能够代表数字世界中的虚拟城市，支持真三维分析，但三维高效渲染和分析需要更多的计算资源。数据分析是大数据第四范式的重要组成部分。然而，它是在数据收集、去重、完整性、聚合、整合、语境化和筛选之后出现的。数据分析单元的组合对于能否分析出有用的结果至关重要。在数据处理工作流中，不同数据分析单元需要不同类型的计算资源。例如，将部分计算资源转移到数据采集端进行数据清洗，可以减少传输到核心计算平台的数据量，降低带宽成本，提高分析速度。

(3) 数据安全与隐私：由于数据中所存在的身份标识信息以及多计算层的安全问题，安全和隐私问题成了智慧城市计算的两大难题。通常，部分原始数据可能包含与个人或政府相关的机密或敏感信息，此类数据处理应受到保护，以防止未经授权的使用。以蜂窝数据为例，每条记录中的电话号码都代表了一个真实的人这使得个人的日常活动可以被追溯，从而可能会泄露人们的隐私。在配水管理系统中提出了一种合成家庭用水量的方法，这种方法生成了受隐私约束的用水量数据(Kofinas et al., 2018)。同时，在智慧城市的应用中，数据通过网络在各个计算层间移动，其中一些计算层可能是不安全的。在应用程序中，可以使用不止一种计算技术来处理数据，包括边缘计算、移动计算和云计算。大多数情况下，移动设备和边缘计算节点需要连接 Wi-Fi 才能将数据上传到云计算平台。连接未经授权的 Wi-Fi，可能会给系统带来安全隐患。除此之外，Hadoop 和 Elasticsearch 等分布式开源大数据平台在分布式数据存储和分析方面越来越受欢迎，但是与商业解决方案相比，这些平台缺乏足够的安全保障(Sharma and Navdeti, 2014)。

(4) 效率：智慧城市应用的一个趋势就是从大数据中提取信息，因此效率成为大部分数据分析应用的瓶颈。不同的应用程序的复杂程度不同，并且需要不同的响应时间。导航需要基于实时交通数据(Liebig et al., 2017)给出即时的最优路线建议(例如最快路线选项)。对飓风强度提前预测有助于人们为恶劣天气做好准备，挽救财产和生命(Li et al., 2017)。环境可持续发展等应用则对响应时间不太敏感。同时，虽然 Apache Hadoop、Spark、HDFS、MapReduce 等一系列开源大数据平台已经在各个领域得到开发和使用，但是这些平台并不是专门为支持时空数据而设计的。当使用这些平台处理时空数据而不进行任何修改时，会不可避免地产生性能上的问题。目前已经进行过一系列研究来根据使用目的定制这些平台工具。以基于数组的栅格数据为例，有研究提出了一种分层索引来加快对存储在 HDFS 文件系统中网格数据的查询(Hu et al., 2018)。高效时空计算平台的开发仍处于起步阶段，如何利用和优化大数据计算平台来实现高效的智慧城市应用仍是一个挑战。

3. 智慧城市通用计算架构

在智慧城市发展中，云计算、边缘计算和移动计算用于支持各种上层功能和应用。

为了优化计算能力并进一步克服 43.3 节中讨论的难题,应使用不同类型的计算模式。根据各类计算的特点和优势,我们提出了智慧城市系统的计算架构(图 40.3)。

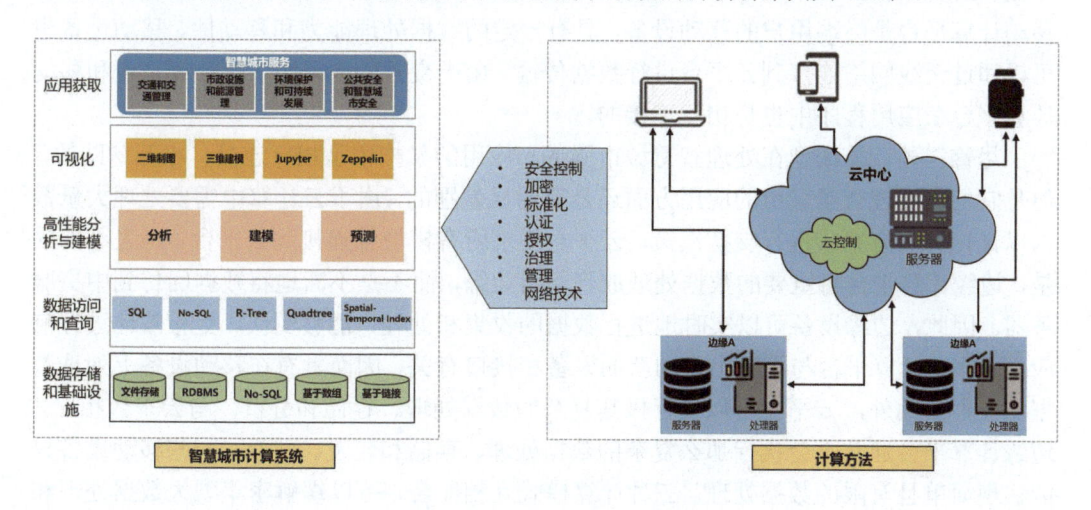

图 40.3　智慧城市通用计算架构

4. 智慧城市中的通用计算模块

提出的智慧城市计算架构包含以下五个部分。

(1)应用获取:应用层的功能是收集用户的需求,然后将应用分为 40.2 节第 1 小节中提到的四个方面:交通和交通管理、市政设施和能源管理、环境保护和可持续发展、公共安全和智慧城市安全。

(2)可视化:可视化层是利用二维制图工具、三维建模工具、Jupyter、Zeppelin 等技术和软件,实现 2D 和 3D 可视化、轨迹可视化、图像、图表、直方图等数据可视化。

(3)高性能分析与建模:正如前面的章节所述,智慧城市计算通常会遇到大数据问题,高性能计算技术对于维持稳定高效的计算系统至关重要。该层需要根据特定应用内容实现数据分析、建模和预测。

(4)数据访问和查询:系统利用数据访问层和查询层来检索并筛选满足用户需求的数据源。根据数据的类别,可以采用 SQL、No-SQL、R 树、四叉树和时空索引等方法和技术。

(5)数据存储和基础设施:这一层提供硬件和物理设备,包括数据存储设施以及服务器和网络。智慧城市相关数据源将根据使用需求,使用文件存储、关系数据库管理系统(RDMS)、No-SQL、基于数组和链接数据的数据库等数据库系统,进行不同类别的存储。

5. 计算方法整合

经过一系列安全控制、加密、标准化、认证、授权、治理、管理和网络技术,计算过程可以被嵌入到智慧城市计算架构的所有层中。智慧城市的核心计算方式包括云计算、边缘计算和移动计算。在云平台中,数据中心提供了复杂的分析能力和可视化能力,也提供了云的硬件设施和基础设施。服务器与高速网络相连为客户提供服务。通常,数据中心会建立在人口较少的、具有供电稳定性和低灾难风险的地方(Dinh et al.,2013)。

边缘计算平台通过互联网与云平台相连，两者之间可以进行双向通信，从而实现数据的交互。边缘服务器可以分担和减轻中央服务器的负担，从而提高处理和分发数据的速度。移动计算平台是终端用户的移动设备，具有一定的数据处理能力和移动性。移动设备也可以通过无线网络连接到云平台进行数据传输。由于交互的需求，边缘计算平台和移动计算平台在应用程序中也是相互连接的。

尽管三种计算模型在处理智慧城市服务和应用的架构中是相互连接、相互辅助的，但是它们在处理智慧城市的应用方面还是有明显差别的。由于云计算中需要处理大量数据以优化解决方案或进行支持决策，云平台要求所有模块都连接到云平台。与之不同的是，边缘计算平台将重要的数据处理放到网络边缘，而不是不断地将数据回传到中央服务器。因此，边缘设备可以实时地进行数据的收集和处理，能够更快、更有效地进行响应。而移动计算平台与不断出现的新的设备和接口有关，因而具有在移动设备上处理数据的能力。此外，云平台可以执行极其复杂的数据处理、存储和分析。与云平台相比，边缘计算平台通常不会执行那么复杂的数据处理、存储和转发。然而，一些移动设备只能实现简单且有限的数据处理。三种计算模式互相配合，可以缓解密集型大数据处理和计算的效率难题。在稳定安全的网络中，边缘设备或移动设备与云平台的网络连接可以保障整个系统的安全性。

40.3　智能城市中的云计算

1. 方法

云计算是在并行计算、分布式计算和网格计算基础上发展和改进的(Jadeja and Modi, 2012; Yang and Raskin, 2008, 2009)。并行计算允许多个计算进程同时运行，从而以分而治之的方式实现高性能计算(Fu et al., 2015)。分布式计算包含了位于多个联网计算机上的节点单元，这些节点单元可以相互通信协作，以实现共同的计算目标(Yang et al., 2008)。廉价的计算机节点和高速网络使分布式计算系统成为可能(Jonas et al., 2017)。网格计算组织异构的计算机资源网络进行协同工作，从而实现高性能处理和执行如超级计算机等的资源密集型任务(Wang et al., 2018)。与上述计算模式不同，云计算是一种能够方便、按需地访问可配置计算资源共享池(NASA, 2010)的模式，而非通过本地机器或远程服务器来处理应用程序。

云计算能够根据实际使用需求对分布式资源进行调度和均衡，并根据使用量进行计费。考虑到不同的技术背景和财务预算，云平台将基于订阅的访问扩展到数据、平台、基础设施和软件级别，对应于DaaS(数据即服务)、PaaS(平台即服务)、IaaS(基础设施即服务)和SaaS(软件即服务)(Subashini and Kavitha, 2011; Yang et al., 2011)。

2. 挑战、驱动力与机遇

过去的研究(Gong et al., 2010; Zhang et al., 2010; (Mahmood, 2011; Yang and Huang, 2013)将云计算的特征和优势定义为如下。

(1) 超大规模。一些互联网公司为业务应用开发了大规模的云计算平台，实际的云平台达到了相当大的规模。例如，谷歌云计算平台(Xiong et al.，2017)拥有数百万台服务器，亚马逊、IBM、微软、Saleforce、阿里和腾讯(Hashem et al.，2015；Rittinghouse and Ransome，2016)以及其他机构在其云中拥有数十万台服务器。从概念上讲，云平台可以为用户提供前所未有的计算能力。

(2) 虚拟化。云计算支持用户在任何地点使用各种终端和设备访问服务。被请求的服务资源来自"云"，它使用虚拟化技术将计算机资源和服务与底层固定物理实体分离(Gong et al.，2010)。应用程序在"云"上运行，用户不需要知道具体的服务器。简单的网络连接使用户能够通过多种设备(例如计算机、平板电脑或手机)提供非常强大的服务。

(3) 可靠性。云计算利用计算节点的容错能力和同构互换性等策略来保证高可靠性和可用性(Dai et al.，2009)。与传统室内的计算基础设施相比，云计算更加可靠，也更具有持续性。

(4) 普遍性。云计算并不是适合于某些特定的应用程序，它可以在云的支持下适应各种应用。相同的云基础架构可以同时被不同的应用程序所共享(Yang et al.，2016)。

(5) 可扩展性。云的功能和规模可以被动态地修改和扩展，以满足应用程序的需求或用户规模增长的需求(Lehrig et al.，2015)。可扩展性能够对其有短时间高服务器需求量特点的工作负载进行弹性扩容，保证了低成本高效率的程序运行。

(6) 按需分配。用户可以请求和接收云服务，就像水、电和天然气等传统公共设施一样。基于云平台的物理和虚拟资源池，可以随时进行创建、停止和终止等实例操作，而不需要等待交付和购买的过程(Etro，2015)。云上的用量监控仪器可以记录用量信息并进行计费。

(7) 节省成本。云服务的"按需付费"特性使个人和企业客户能够通过极其便宜且价格灵活的计算节点使用云服务。云的自动化系统能够削减数据中心的基本运维费用开支，从而降低了管理成本。减掉的物理基础设施也消除了电力、存储、管理甚至劳动力成本的运营费用。

根据上面列出的优势，云计算可以帮助应对智慧城市计算的以下挑战：

(1) 统一性和高效性。云计算通过IaaS模型的架构，将服务器的各种框架、不同硬件品牌和各类计算模型集成到传统的数据中心，提供基于云操作系统的统一应用平台(Mitton et al.，2012)。同时，借助虚拟化技术，云计算可以在无限多的存储和计算资源上进行灵活有效的分区、分配和集成，并根据应用和需求优化效率配比。

(2) 大型基础设施。硬件和软件的基础设施管理是指负责大规模基础计算资源的监管(Jin et al.，2014)。基础软件资源包括单机操作系统、中间件、数据库等。基础硬件资源包括网络环境中的三种主要设备：计算(服务器)、存储(存储设备)和网络(交换机、路由器等设备)。基础设施管理中心的优势在于：①管理基础软硬件资源；②支持基础硬件的状态和性能监控；③异常情况触发报警，提醒用户对异常设备进行维护；④对基础软硬件资源进行长期统计分析；⑤为更高层资源调度提供决策依据。

(3) 可持续能源和绿色能源。面对大规模基础软硬件资源的负担，对这些基础设施进行绿色节能的运维管理，是云计算供应商的必然需求(Wibowo et al.，2018)。

目前，用户经常购买大量设备来保障业务高峰期的运行。但在实际运行过程中，设备的负载普遍较低(Mastelic and Brandic, 2015)，这种情况在低负载期尤为明显。长期的低利用率会导致大量的资源和能源浪费。

云计算数据中心支持资源的多租户应用。通过业务的历史统计信息，协同业务和资源的调度管理，可以有效提高资源利用率。在典型应用中，采用节能技术的云计算数据中心可以将资源负载显著提升到更高水平(Rong et al., 2016)，消除资源调度过程中的损耗，使资源的负载翻倍。夜间运营期间，当数据中心整体负荷下降时，可将闲置资源转入空闲模式，从而最大限度地实现数据中心的绿色、低碳、节能运行(Hao et al., 2012)。

(4)隐私和安全。在云计算环境下，基础资源的集中、大规模管理使得安全问题转移到数据中心的服务器端。从专业化的角度来看，最终用户可以通过云数据中心的安全机制实现业务安全，而不会消耗过多的资源和电力(Jin et al., 2014; Sen, 2015)。同时，云计算中心将直接负责所有用户的安全，其重点关注的安全风险有：数据访问风险、数据存储风险、信息管理风险、数据隔离风险、支持法律调查风险、可持续发展和减灾风险。

云计算的安全控制是通过基础的硬件和软件安全集成设计实现的。云计算系统的架构、策略、认证、加密等方面保障了云计算服务器的信息安全。

云计算减少了数据存储在集中式数据库的个人数据丢失或泄漏的风险(Chang and Ramachandran, 2015)。同时，云计算中心还在安全和灾难恢复方面采用了多种备份方式，保证数据不会丢失或被非法篡改。

3. 城市热岛应用案例

大区域尺度的遥感数据分析能够提取城市地表温度，是城市热岛建模和预测的典型方法。谷歌地球引擎(Google Earth Engine, GEE)是一个基于云的开发平台，在线共享大量卫星数据，并允许动态分析和数据处理(Gorelick et al., 2017)。

Chakraborty 和 Lee(2019)在谷歌地球引擎平台上应用了随机用户平衡配流(Stochastic user-equilibrium, SUE)算法，使用超过15年的中分辨率成像光谱仪(MODIS)影像数据来计算9 500多个城市群的城市热岛强度，使其成为迄今为止最全面的地表城市热岛数据集之一。他们设计了一个交互式、面向公众的Web应用程序，能够基于GGE平台查询几乎所有城市群的城市热岛强度。Ravanelli、Nascetti、Cirigliano等(2018)利用谷歌地球引擎和气候引擎(climate engine, CE)工具处理1992年至2011年期间的海量的卫星地球观测数据(6 000幅Landsat图像)，实现了长时间大范围的地表城市热岛及其与土地覆盖变化关系的时空监测。Yu、Yao和Yang等(2019)利用基于云计算的空间和景观分析，来识别区域热岛的多尺度时空格局和特征。

云计算技术使研究人员能够高效计算海量遥感数据中地球物理参数。云计算平台，如谷歌地球引擎，能够协助用户存储和管理原始数据集，提供交互式SaaS平台，从而为特定的城市热岛应用提供定制算法部署和运行环境。这些功能成功实践了大数据处理、效率、计算密集型数据建模和数据处理以及数据安全等计算问题。

40.4　智慧城市的边缘计算

1. 方法论

随着计算技术和硬件的飞速发展,大量智能设备与传感器集成在一起,从环境中获取实时数据和信息。这种现象在物联网(IoT)领域中最终表现为各种新潮的智能化概念,如智能汽车(Morabito et al.,2018)、可穿戴设备(Chen et al.,2017)、传感器、工业和市政设施(Mehta et al.,2018),这些设备通过网络连接在一起,并通过数据分析赋能,显著改变着我们工作、生活和娱乐方式。在过去几年里,许多科研和工业公司引入并实施了各个领域的物联网(IoT)新概念,如智慧家居、智慧城市、智能交通和智慧环境。边缘计算是一种新的计算模式,其中布置了广泛的计算资源和存储资源,在互联网的边端(它们被称为"云数据中心"或"微型数据中心")提供云计算功能(Satyanarayanan,2010)。边缘计算是微型数据中心的无线网状网络,它在本地处理或存储数据,并将接收的全部数据推送至数据中心或云存储库(Butler,2017)。通过实行更接近网络端的边缘计算,可以实现复杂数据的近实时分析。在实际应用中,"边"的形式是各种各样的,例如,智能家居的网关是家庭设备和云平台之间的"边";微型数据中心和云数据中心是智能手机和云之间的"边"。

边缘计算的主要功能是提取、存储、过滤数据并将其发送到云平台系统("What Is Edge Computing? | GE Digital" n.d.)。在一个智慧城市的核心区常常广泛部署了含传感网的物联网,它能够提供常规数据流,实现有价值和高效率的服务管理和资产管理。典型的部署场景包括:公交车定位、交通红绿灯管理、路灯控制、空气质量和污染监测等。由此我们不难设想:边缘计算对人类社会的影响与云计算相似。边缘计算为物联网应用程序,特别是对于依赖 AI 技术如对象检测(Ananthanarayanan et al.,2017)、人脸识别(Hu et al.,2016)、语言处理(Lewis et al.,2014)和障碍回避(Zhang and Ye,2016)等任务提供了新的可能性。

2. 挑战、驱动力和机遇

如今,依赖于基于边缘计算的基础设施,智慧城市也充分利用了很多最新的数据驱动新技术。利用边缘计算,即使 Web 连接中断,也可以确保通过本地数据处理技术持续提供各项服务(Abbas et al.,2017)。例如,我们为无人驾驶汽车和其他现代物联网设备设计了充分强大的处理能力,因此它们可以在互联网边缘执行计算,而不需要将其发送到云中心。网络边缘计算技术为城市提供了一个富有吸引力的、韧性的平台,创建网格网络时所需的数据量和共享连接数方面降低了回程成本(Tran et al.,2017)。

技术难题不仅局限于不断产生的大数据,而且在于如何创建一个支持终端数量不断激增的网络基础架构。边缘计算为 40.2 节第 2 小节中描述的许多问题提供了解决方案,这为智慧城市的建设开辟了许多新的可能性。根据前面讨论的技术优势,边缘计算将有助于应对智慧城市的如下计算挑战:

(1)延迟和效率。在高性能计算系统中,连接到互联网的任何设备都必须在以毫秒为单位的极短时间内响应。网络和设备之间的通信滞后现象被称为延迟。边缘计算可以消除这种延迟问题,因为它的基本原理就是适用于更多分布式网络。这种系统保证了信息实时处理,并可用于维护更可靠的网络(Hu et al.,2015)。另外,边缘计算能够由处理不同类型的物联网设备生成的大规模数据,而不是将它们发送到云基础设施。因此,与云计算相比,边缘计算可以提供更快的响应速度和更高质量的服务,这大大提高了收集、传输、处理和分析由物联网设备阵列提供数据的效率。

(2)隐私和安全。安全问题更多地与通过网络向云中心传输数据有关。在边端架构中,任何断线都会被限制于边端设备和本地应用程序。由于数据存储和处理依靠边缘设备或更靠近边缘设备,所以边缘计算能够通过省略传输过程来改善隐私性和提高安全性(He et al.,2018)。随着认证技术的改进,通过诸如指纹认证、面部认证、基于触摸或基于按键的身份验证等形式的生物识别认证,可以进一步保证边缘计算的隐私性和安全性(Yi et al.,2015;Zhou et al.,2017)。

(3)互联网负荷减少。根据思科全球云指数("Cisco Global Cloud" n.d.),云计算的网络流量将在2020年达到每年14.1个泽字节。而通过处理更靠近边缘的部分数据,可以大幅度减少云平台的网络流量。此外,减少云上数据处理可以最大限度地减少网络带宽限制造成的网络负担(Lyu et al.,2018)。

(4)可持续性。边缘计算系统提供了去中心化的计算功能,支持容错,即当其中一个设备发生故障时,其他节点和其关联的IT资源仍将保持正常运作(Ning et al.,2019)。这一概念类似于云灾难恢复策略("Disaster Recovery Planning Guide|Architectures",n.d.),通过使用多个可用域和区段来确保在故障灾难事件中不会丢失数据和应用程序。

边缘计算引入了一个全新概念,即计算过程应该尽可能接近数据源。利用这种架构,可以从计算模式的上层生成一个请求,并在边缘端进行处理。通过部署边缘计算,软件工程师可以创建额外的使用边缘计算平台的应用程序,这样能够充分利用已有的技术,具体途径有如下方式("Smarter Cities with Edge Computing" n.d.)。

(1)街道照明。许多城市正在将路灯升级为低能耗的LED灯。伴随着这些升级的主要成本是物理配件,边缘设备的添加可以提供照明控制(Xing et al.,2018)。

(2)监控摄像头。如今,视频监控(closed-circuit television,CCTV)的摄像头一直是现代警务系统中的关键工具。边缘计算可以允许在这些系统中部署低成本的无线IP摄像头,这将大幅度降低成本(Yi et al.,2017)。

(3)医疗应急和公共安全管理。边缘计算适用于需要实时预测和保证低延迟的应用领域,如医疗应急(Wang et al.,2017)和公共安全(Zhang and Ye,2016)管理,因为它可以节省数据传输时间,并简化网络结构。因此,可以从网络的边缘进行决策和诊断,与在云中心中收集信息、实施决策相比更为有效。

(4)位置感知。对于地理信息科学的应用领域,如交通和市政设施管理,由于位置感知的因素(Shi et al.,2016),边缘计算较之云计算更胜一筹。在边缘计算中,可以基于地理位置收集和处理数据,而不会转移到云中心处理。

3. 城市热岛应用案例

与云计算不同，边缘设备通常是分散分布的。为了借助分布式传感器监控城市热岛效应，边缘计算能够为每个单独的传感器提供就近连接，从而减少观测数据在传输期间的能量消耗和响应时间(Ngoko et al., 2018)。边缘设备是直接安装在边端用于城市感知的传感器，如小气候传感器，与无线设备相比，它们具有更好的耐用性。在城市地区密集分布的建筑物是部署边缘设备的理想场所，它们能够近距离地收集到影响城市热岛效应的多个观测数据，如温度、湿度和风速等。由于气候变化，加热和冷却都会大量消耗建筑物的电能。一些部门通过监测部署在智能建筑内部的传感器来监测城市热岛效应(Seitz et al., 2017)。可以开展数据清洗和低能耗建筑基本决策等轻量级工作，这些技术实施有助于缓解城市热岛。支持边缘计算的应用程序对城市热岛很有帮助：①允许用户从网关浏览和查询世界各地的城市热岛效应情况；②提供从边缘访问实时数据集的方法，而不会产生任何延迟；③允许用户搜索感兴趣的城市，查询城市热岛效应数据，并生成季节性和长期性的地表城市热岛的图表，并下载城市热岛数据。

40.5 智慧城市的移动计算

1. 方法论

移动计算可以看作是一种人机交互的形式，因为在正常使用期间计算机是能携带和能移动的(Qi and Gani, 2012；Akherfi et al., 2018)。移动计算的基本概念包括通信、硬件和软件。具体而言，通信是指无线网络、数据流量和通信协议。硬件可以被视为移动设备，包括笔记本电脑、平板电脑、智能手机和车载电脑等。此类设备的分类边界是模糊的，因为智能设备的不断发展，越来越多的便携式设备都安装了微型芯片和无线模块，使得所有设备都具有部分通过网络传输数据的计算能力和计算功能，因此可以被作为移动计算硬件的一部分(Tong et al., 2016)。移动计算中的软件是移动设备硬件具体的应用，例如定制化的工业软件、数据收集应用程序和 Web 浏览器。

在过去十年里，移动计算的跨越式发展受益于两种发展趋势(Kumar et al., 2013)：传感器的部署及智能手机的发展。同时，它也面临大数据爆炸的挑战(Laurila et al., 2012)。不同于目标导向的物联网，移动设备与多功能传感器集成，如 GPS 接收机、加速度计、陀螺仪和智能手机等，随着智能手机技术的不断进步，用户数量进一步增长，移动设备正在经历从专业化和定制化平台到算力界面和运载工具的转变(Al-Turjman, 2018)。移动计算本身也成为卸载计算任务的贡献者。在应用层上，移动计算由于其自身特点而面临着各种问题。然而，随着通信技术的快速发展，包括 4G 和 5G 网络，高速城市 Wi-Fi(Tran, et al., 2017)和移动技术，在移动设备上运行的应用程序的数量正以指数速度增长。

2. 挑战、驱动力和机遇

与有线网络计算架构不同，移动计算在以下各个方面是不同的(Qi and Gani, 2012)：①移动性：移动计算节点或设备最好是便携式和可移动的，计算能力并不局限于某个具体物理位置，遵循为数据带来相应计算的原则，而非将数据传输到计算资源中心。②网络条件的多样性：移动设备使用的网络通常不是固定的，可以通过高带宽或低带宽网络来实现通信，甚至在其离线模式中实现通信。③不一致性：由于移动设备受到电池电量和无线网络条件的限制，通信状态和工作状态往往不同步，因此移动设备要能够切换模式以适应特定情况。④不对称通信性：无线网络的下行链路和上行链路有不同带宽，将导致后端服务器和本地设备之间的不对称通信。⑤低可靠性：无线通信容易受到干扰，因此在这样的网络中安全隐患会扩大，并影响移动计算的可靠性(Qi and Gani, 2012)。

移动计算和智能手机应用的快速发展，促使智慧城市各类集成应用的不断增加。如40.2节第2小节所述，移动计算有助于应对和改善智慧城市计算的如下挑战：

(1) 满足来自不同区域的用户的需求。移动计算以移动和灵活的方式支撑着智慧城市计算，从而满足最终用户和政府决策部门在不同场景中不同的计算需求。相关的应用案例包括在高等教育中实现移动计算设备服务(Gikas and Grant, 2013)，以及一般的基于位置的服务等，所有服务案例中都使用了智能设备的移动端，该移动端还充当了数据收集器和数据使用者的角色(Raja et al., 2018)。移动计算的另一个应用案例，是在智慧空间中充分使用并集成所有的智能设备(Zheng and Ni, 2010)。智慧城市本身是一个庞大的领域，具有足够的空间可用于扩展和适应移动计算。例如一些研究案例，如移动设备的动态卸载(Huang et al., 2012)和智能空间中智能设备的交互式移动云计算应用等。移动云计算自2009年提出，它将云计算和移动计算结合起来，充分利用移动计算的移动端，并与来自云计算的弹性计算能力集成(Dinh et al., 2013; Fernando et al., 2013; Tong et al., 2016)。当与云计算集成，它也可以看作是云计算网络中的边缘计算设备。

(2) 计算效率和近实时分析与反馈。智能设备用户通常通过智能设备的传感器反馈各种信息或数据，移动端的计算能力保证了能够在本地分析流式数据，并同时上传到数据中心。手持智能设备的最终用户可以立即获得反馈或结果，路由和映射服务、语言翻译服务和即时天气服务都是很好的例子(Talukdar, 2010)。同时，还可以通过移动计算和本地服务提供公共安全服务和灾害预警服务(Aubry et al., 2014)，例如第40.1.2节中讨论的儿童走失问题和医疗保健申请。智慧城市在实施过程中面临的诸多问题，为移动计算的发展带来了新的动力和机遇，反之亦然。

作为智慧城市的重要组成部分，移动计算正在不断增强实践能力，表现在如下几个方面：①面向个人终端用户和政策制定者的交通运输管理；②互联的市政设施和能源监测；③提高公共安全水平和智慧城市安全意识。

3. 城市热岛应用案例

移动计算和移动技术正在集成多个创新概念和想法，以提高城市热岛效应的意识，辅助城市设计，以降低城市热岛效应带来的影响。Wong、Wang和Li等(2014)在综述中提到，目前已经开发并实现了一些软件工具，这些工具能够让用户基于移动应用程序(如平板电脑/智能手机App等)收集整合实时反馈的能源效率性能数据，而这些反馈针对的是用户自身关于建筑物规划和设计方面的决策方案，如建筑朝向、热工性能和建筑物体量等指标。同时，移动设备通过提供自发地理信息(volunteered geographic information，VGI)，来提高城市热岛效应的近似实时预测水平。例如，Koukoutsidis(2018)利用众包感知技术来估计表现出热岛效应的线性区域内的平均区域温度。

40.6 案例研究

1. 城市热岛

城市热岛现象的直接原因是城市化，城市化会产生严重的植被退化，并使得更多的地表铺设或覆盖上水泥、沥青、建筑物和墙壁等不透水材料。影响城市热岛的因素十分复杂，主要的困难是在 Oke(1982)之前的研究中指出的：①城市-大气系统固有的复杂性；②缺乏明确的概念/理论框架；③在城市中开展观测的费用和难度。城市热岛是世界上有城市地区共同面临的挑战，虽然它在超大型城市与小镇上的严重程度存在差异。城市热岛通常使用三个尺度来观测：边界层热岛、冠层热岛和地表热岛。边界层热岛是从屋顶向上到大气层的高度范围内观测的，它通过使用例如无线电探空仪等设备进行观测，常被用于研究中等尺度的城市热岛效应。冠层热岛是在从地面到屋顶之间的高度范围内观测的。冠层热岛最适用于微观尺度的研究，通常基于气象站观测数据。地表热岛效应是在地面位置开展观测的。研究人员经常使用卫星图像(例如，Landsat TM/ETM/OLI、MODIS 和 AVHRR 的热波段)来获得地表热岛效应(Zhang et al., 2009)。研究人员使用遥感数据和固定气象监测数据来分析城市热岛的长期或短期变化和影响(Earl et al., 2016)，以及城市热岛与土地覆盖变化之间的关系(Chen et al., 2006；Charkraborty and Lee, 2019)。许多研究使用实时气象数据的数值模拟方法，来模拟评估城市热岛及其对未来的影响(Morris et al., 2015)。

2. 城市热岛的挑战与机遇

从上述所列举的科学问题中可以看出，城市热岛具有独特的计算难题，主要集中在城市观测的处理费用和城市观测的难度方面。这些难题包括：①异构数据源的管理；②海量遥感数据与实时气象数据的整合；③在建模、可视化、模拟和预测方面的计算量。云计算长期存在的优势在于能够分配计算资源，并为建模和探测提供弹性计算能力，也已经证明是一种高效且经济的解决方案(Yang et al., 2017a)。谷歌地球引擎是一个云计算平台，提供了并行的计算资源，能够在行星尺度上获取地球环境变化监测与测量的海量数据(Moore and Hansen, 2011)。在该平台上，已经开展了大尺度的地表温度与土地覆盖变化之间的相关性的研究，这表明云计算具有进行高效的城市热岛监测的能力(Ravanelli et al., 2018)。

如今，5G 和物联网技术的出现为促进城市小气候研究的发展带来了新的机遇，其时空分辨率比仅使用卫星图像分析的结果更高(Li et al., 2018)。Voogt 和 Oke(2003)提出，热红外遥感设备具有可靠的对地观测地表热岛的能力，它需要考虑传播路径中的大气和地表辐射特性，并进行额外转换和校正。热红外遥感设备通过将传感网直接部署到环境中，可以更准确地测量气温等城市环境因素。这些传感网能够更好地监测城市小气候和开展环境建模(Jha et al., 2015)。物联网需要高于传统架构，具备快速获取海量数据并得出结果的能力，而物联网的特性就是实时流式传输，因此新的困难不断地涌现(Rathore et al., 2018)。Santamouris(2015)分析了 100 个城市和地区热岛效应的数值和特征，并指出 43%的站点的观测结果仅基于一个城市的站点和一个农村的站点数据。Gartner 称，到 2020 年，将有多达 204 亿台物物相连的物联网设备(Meulen, 2017)，这些增加的传感器为城市热岛研究提供了广阔前景。

自 Howard(1818)首次提出城市热岛以来，在过去的 200 年中，已经有大量的城市热岛强度建模研究，用于模拟和预测城市热岛效应。然而，通过对 100 个亚洲和澳大利亚城市和地区的分析证明，像工作流这样的系统性分析方法仍然是必须的(Santamouris, 2015)。结合上述计算技术(云计算、边缘计算和移动计算)，下面将以城市热岛为例介绍一种理论上的工作流模型，用于实现高效的数据存储和处理，并应对城市信息学挑战。该工作流有望解决城市热岛的最后两个科学问题，其整体架构如图 40.4 所示。从使用移动设备收集城市观测数据开始，到云平台进行数据分析，直到生成城市热岛监测和管理的智能辅助决策信息结束。

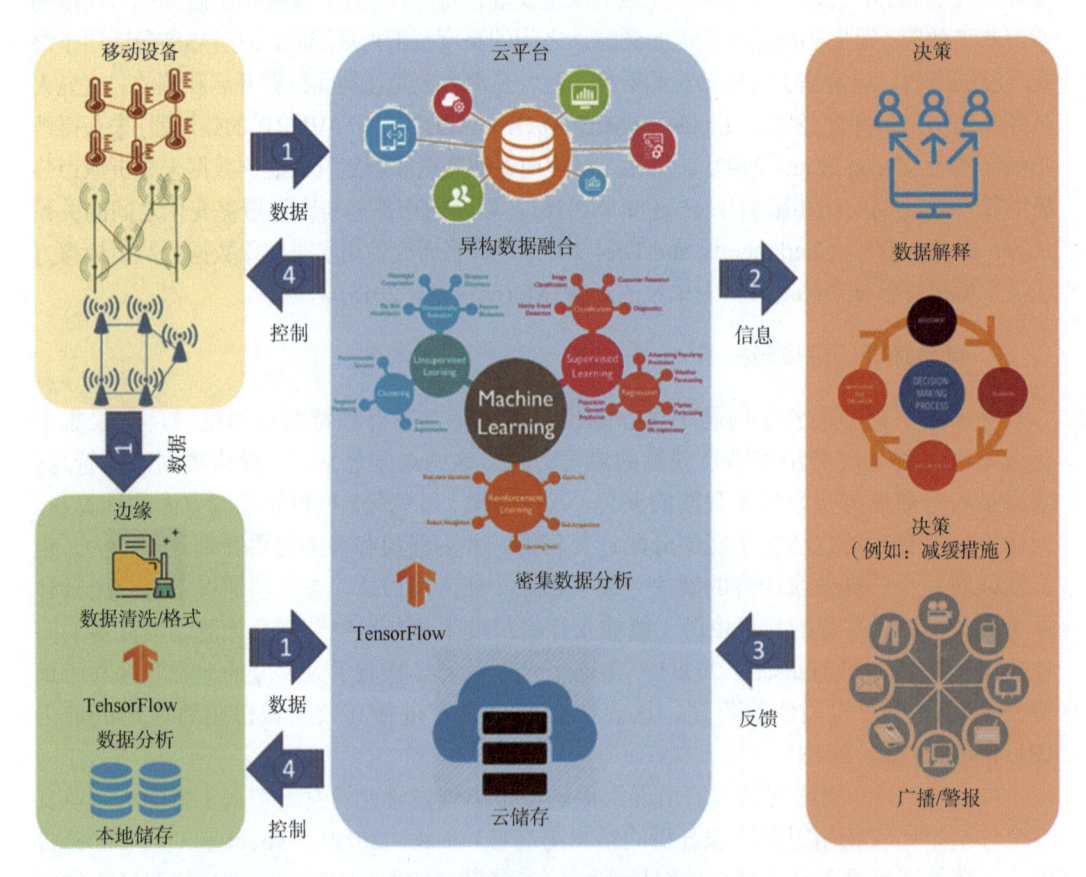

图 40.4 UHI 计算的整体架构

3. 整合的工作流

(1)用于本地快速响应的移动计算：图 40.4 中的数据由部署在城市中传感网的大量

传感器采集。采集到的数据流进入第一关——移动计算平台后进入工作流程。一般来说，移动设备的性能低，并且由于电池寿命等限制，在移动计算阶段只能进行数据清洗和重组等轻量级的预处理工作。然而，原位监测配合轻量的数据解释，可以减少处理任务的时间延迟，不需要大量计算，只需做出简单判断即可。例如，当传感器检测到异常温度时，可以相应地触发设置在具有温度阈值的移动设备上的警报。尽管移动设备的计算能力很低，但由于有着成百上千个设备共同进行计算，能够形成可观的计算资源，可以用于更加密集的工作，如微观尺度的城市热岛建模(Mirzaei，2015)。

(2) 用于数据预处理和直接微控制的边缘计算：除了在边端收集数据并将原始数据像移动计算一样传递到云端之外，边缘计算还提供了更优性能来更好地进行数据预处理。随着数据量的增加，将所有原始数据上传到云端会花费大量时间，并且加载到数据中心集群的繁重任务会超出计算资源的限制。为了填补移动计算和云计算之间的空白，提高响应时间、数据转换、数据安全和隐私方面的性能，边缘计算被集成到工作流中，允许下游数据代表云服务，上游数据代表物联网服务(Sun and Ansari，2016；Shi et al.，2016；Yannuzzi et al.，2014)。同样，不需要太多计算任务就可以直接从边端完成，并向传感器反馈数据以减少时间延迟(Gerla，2012)。芝加哥大学提供的 Array of Things(AoT)数据(University of Chicago，2019)能够通过由数百个传感器组成的网络监测局部地区温度和其他环境元素，提供秒级分辨率的观测数据。由于带宽有限，网络内的高速数据传输可能会导致通信堵塞。谷歌云平台提供设备端的人工智能功能，具备实时数据分析的潜力(谷歌，2019)。

(3) 用于海量数据处理和分析的云计算：所有的大数据面临的问题一样，用于城市热岛监控的高时间分辨率传感器数据集(例如，流式 AoT 数据)会存在数据存储上的难题。作为城市热岛数据处理和分析模块的最后一层，大量的研究表明，云计算可以将数据存储和处理从本地转移到集群来实现高强度计算(Yang et al.，2017b)。借助虚拟存储机制的自动扩展特性，传感器的流式数据通过边缘传输到数据中心，从而实现更好的数据管理。凭借资源丰富的计算能力，云平台不仅可以处理移动和边缘设备无法处理的数据，还可以在独立服务器之上加速处理过程。

物联网规模庞大，在不同管理单位具有不同协议。因此，例如温度、湿度、风速等与城市热岛相关的数据，会被不同标准的传感器采集。数据异构性是我们面临的主要问题之一，庞大的数据清洗工作需要巨大的计算能力。云平台作为计算资源池为此类任务提供了足够的能力(Botta et al.，2014)。如前所述，城市热岛研究有很多影响因素，一旦改变其中的影响因素，模型参数需要进行相应调整。40.3.1 节第 1 小节中介绍的 SaaS 平台结合云平台则允许用户直接从当前版本复制模型，并针对新的城市环境定制新的模型。其优势包括在变更实验环境时，减少模型构建时间及人为错误。

(4) 用于城市热岛的移动边缘云集成计算：前面的天气预报例子验证了如何将模型分解为面向过程的流水线的基本工作流(Tsahalis et al.，2013)。城市热岛研究与天气预报研究有相似之处，它们可以看作是典型工作流程的基础版本。Heusinkveld、Van 和 Jacobs 等(2010)使用安装在超长载货自行车上的新型移动生物气象观测平台，对鹿特丹的城市热岛强度进行了评估。观测设备能够直接计算出生理等效温度，也可以实时评估城市热岛强度。物联网和移动设备的集成，增强了传感网和云计算集成的实时城市小气候分析系统架构(Rathore et al., 2018)。我们的工作流从这两者中获得了经验。这个由云计算、边缘计算和移动计算组成的增强框架成功地解决了之前提到的城市热岛问题。从测量地面、空气和水体的地理环境开始，移动计算可以直接感知到这些参数，并在进入主处理建模程序之前，通过少量的数据处理做出快速响应(例如一个城市热岛检测报警系统)。边缘计算提供了更高的算力，减轻了最初由集中式模块承担的繁重工作量。建筑尺度下的城市热岛研究(如建筑物能源模型)仅限于对单个建筑的研究，需要较少的计算资源，因为它不需要考虑邻近环境影响(Mirzaei, 2015)。因此，可以在边缘直接开展小尺度(即建筑尺度)的城市热岛的建模、可视化、模拟和预测，以提高效率。但同时移动计算或边缘计算的资源有限，所以也不能完全满足例如异构数据集成和更大尺度(例如微气候)的城市热岛建模等所有的工作。云作为一个大型集中资源池，具有庞大的计算能力。城市热岛相关的观测数据，如温度、湿度和风速等，经过移动计算和边缘计算的数据清洗和预处理，从传感器端传输到云端。海量数据混合数据类型和数据标准，将会触发云端异构数据集成功能。大规模城市热岛建模和模拟等在云平台上执行。弹性伸缩作为云计算的关键特性之一，可以按需分配计算资源，超越了使用单台计算机进行分析的传统方法，在节省资源的同时，为高计算压力的工作提供了足够的性能。从获取传感器数据到处理、分析和决策支持，所有三种计算模式可以无缝衔接和工作，从而实现高效率且有效果的工作，它们作为一个整体来应对城市热岛问题。

在进行城市热岛监测、数据分析和问题解答时，应充分利用这三个计算模块，并在三者之间保持平衡。例如，比起云平台中处理物联网流数据，部署具有更高算力的边缘节点反而可能会增加处理物联网数据流的运营成本(Sun and Ansari, 2016)。理解三者之间的平衡点对于工作流效率最大化和计算架构优化设计至关重要。许多其他智慧城市应用程序也遇到了类似的问题，而我们所提出的城市热岛分析工作流程在集成三个模块时可以广泛地使用。

40.7 总　　结

本章介绍了智慧城市研究成果和最新进展，介绍了智慧城市的城市计算方面的常见问题，也包括了空前发展的智能传感器和终端设备所产生的异构大数据问题，以及不同领域的各类用户对于数据安全、可持续发展和高效率等需求问题。为了解决以上问题，本章以智慧城市应用为例讨论了云计算、边缘计算和移动计算各自的优缺点。云计算提供了一个统一高效的基础平台，有大规模的基础设施，可持续和绿色的软硬件，并强调系统安全和数据备份恢复等关键问题。边缘计算有效减少了观测数据延迟，并增加了数据采集效率，增强了数据隐私和安全，减少了网络上的数据传输负担，提供了一种持续不断的去中心化的计算模式。移动计算对于智慧城市而言，具有可移动、灵活的计算模式，具有高效和近实时分析的能力。本章采用城市热岛的例子，来介绍这些不同的计算模式特点。在充分利用多个计算模式基础上，智慧城市的应用和服务将会以更高效和更好的效果呈现出来。

智慧城市的城市计算未来

大数据和物联网(Cave,2017)被视为云计算、边缘计算和移动计算的主要驱动力。移动计算以前所未有的速度在发展,随着5G网络和云计算高度集成,移动计算系统与云计算网络和服务逐渐融合成为网络的边缘。在移动计算领域,人们不断地提到"移动云计算"这一名词(Fernando et al.,2013;Akherfi et al.,2018),当移动计算的移动性与云计算的弹性计算能力结合在一起,将推进整个计算网络进入一个新的去中心化的计算时代,并且加速智慧城市的发展进程。可以预见,未来将会出现更智能的设备、更快的网络、更长的电池寿命,移动计算与其他计算的衔接转换将成为常态。移动设备(手机、无人机、汽车)的数量不断增长,与相邻的边缘计算资源频繁交互需求将大大增加。一旦边缘计算配备更好的处理、计算和能量供应,具备了移动计算一样的分布式特征,它将极大地提高处理能力,并提供更好的性能和实时响应能力。将计算和数据更加下沉到用户端,并为每一个用户的需求提供定制化处理。边缘计算和移动计算都能够在一定范围内处理本地数据。但是,不断增长的城市数据量和跨城市地理分析也要求大规模云计算。云计算基础设施不断地发展,公有云和私有云将联合起来为更多的个人和企业提供服务。云计算集成了强大的计算能力、数据存储能力和按需分配的数据分析能力,必然引领城市进入智慧时代。在这个时代,将建立全面的互联互通的决策支持环境。在智慧城市里,一系列的设备(如智能家居和半自动无人驾驶)接入云上网络,感知、记录、共享和分析与人类相关的活动。伴随着人工智能算法的深入研究,云计算将更加智慧地服务于企业、政府和个人。

第 41 章 数据挖掘和知识发现

张　超　韩家炜

摘　要

我们的物理世界正以前所未有的速度被投射到网络空间。如今，人们访问不同的地方会留下数以百万计的数字痕迹，如推特推文(tweets)、签到记录(check-ins)、Yelp 评论和优步(Uber)的轨迹等。这些数字数据是社会感知的结果，即人们充当人类传感器的角色，去探测物理世界的不同地方，并在网上分享他们的活动。大量可用的社会感知数据为以数据驱动的方式理解城市空间、改善诸多城市计算应用(从城市规划和交通调度到灾害控制和行程规划等)提供了机会。在本章中，我们将介绍用于城市活动建模的数据挖掘技术的最新进展，这是从社会感知数据中提取有用的城市知识的一项基础性任务。我们首先描述城市活动建模的传统方法，包括模式发现方法和统计模型；然后，我们将介绍多模态嵌入技术的最新进展，该技术通过学习不同模态的向量表征来对人类的时空活动进行建模。我们将研究这些方法的实证表现，并展示数据挖掘技术如何成功地应用于社会感知数据，以提取可操作的知识并促进下游应用。

41.1　概　述

我们的物质世界正以前所未有的速度被投射到网络空间。如今，人们访问不同的地方会留下数以百万计的数字痕迹，如推特推文、签到记录、Yelp 评论和优步轨迹。他们去过的购物中心、餐馆、看过的电影、听过的音乐会——人们一天中所做的几乎所有事现在都能在网上留下丰富的痕迹。例如，Foursquare 目前已经收集了超过 80 亿次的签到记录，推特每天有超过 1 000 万条带有地理标签的推文发布，Instagram 每天有超过 2 000 万张带有地理标签的照片被分享。这些数字数据是社会感知的结果，即人们充当人类传感器的角色，去探测物理世界的不同地方，并在网上留下他们时空活动的痕迹。

大量在线社会感知数据的可用性，为人们线下的时空活动建模提供了前所未有的机会。虽然城市活动建模的传统方法通常需要耗时的调查和实地研究，但其对对象的了解往往是粗略且有限的。相比之下，社会感知数据对我们的物理世界进行了精细的覆盖(Leetaru et al., 2013)，并可作为人类活动的独特表征(Cheng et al., 2011；Noulas et al., 2011；Jurdak et al., 2015)。这是有史以来第一次，有可能通过开发数据驱动技术来对人们的时空活动进行建模，这可能会彻底改变许多应用，例如城市规划、交通调度、灾害控制和出行规划等。

社会感知数据通常由多种模态(例如，位置、时间和文本)组成，这些模态可能具有完全不同的表示和分布。当使用大量社会感知数据进行时空活动建模时，其关键是要捕获这些数据模态的相关性,并对它们进行预测。对于多模态的一个子集(图41.1),该模型有望被用于预测其余的模态。例如:①给定一个地点和时间,在这个地点和时间附近的典型活动是什么?②给定一个活动和时间,该活动通常发生在哪里?③给定一个活动和一个地点,该活动通常发生在什么时候?

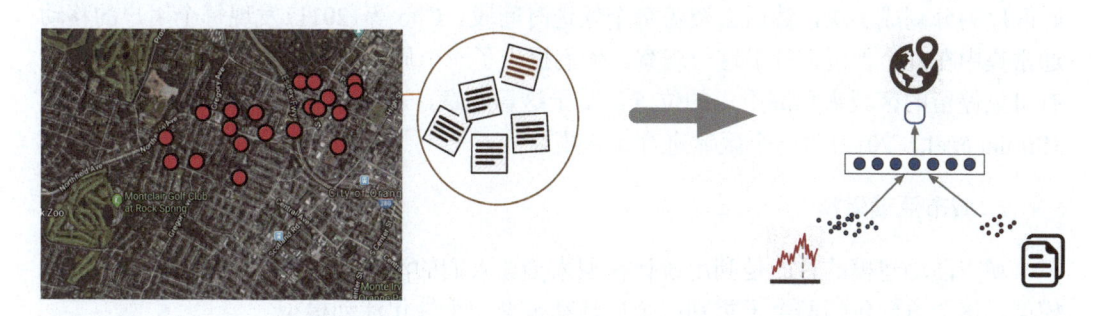

图 41.1 使用社会感知数据进行时空活动建模的图示

在本章的后续内容中,我们首先总结了城市分析任务的关键数据挖掘方法(第 41.2 节)。一般来说,这些方法可以分为四大类:①城市模式发现;②城市活动建模;③城市移动建模;④城市事件检测。我们将介绍每个类别中的技术。

除了概述数据挖掘技术如何解决城市分析任务之外,我们还将介绍基于多模态嵌入的城市活动建模技术的最新进展(第 41.3 节)。在较高层面上,多模态嵌入通过将不同模态的对象映射到相同的隐式空间,可以直接捕获其跨模态相关性。如果两个元素是相关的(例如,JFK 机场区域和关键字"航班"),那它们的隐式表征也会彼此接近。与现有的生成模型相比,多模态嵌入不需要任何分布假设,在学习过程中耗费的计算量大大降低。我们将展示多模态嵌入方法的性能及其在城市活动建模中的优越性。

41.2 城市分析中的数据挖掘

一般来说,城市分析任务中的数据挖掘技术可以分为四类:①城市模式发现;②城市活动建模;③城市移动建模;④城市事件检测。下面,我们将简单介绍这些任务以及每个任务中的关键技术。

1. 城市模式发现

城市模式发现是指从社会感知数据中发现各种形式的时空模式。序列模式是一种重要的时空模式类型,能够捕捉人们活动的序列转移规律。Giannotti 等(2007)将 T 模式定义为在输入轨迹中频繁出现的兴趣区域序列。通过划分空间,他们使用序列模式挖掘技术来提取 T 模式。Zhang 等(2014)从语义轨迹数据中提取了频繁移动模式。通过自上向下的方法,他们首先发现了粗粒度的序列模式,然后通过聚集模式匹配的片段,将它们划分为细粒度的序列模式。一些研究项目调查了如何发现经常一起移动的对象,这类例子包括挖掘成群模式(Flock)(Laube and Imfeld, 2002)、蜂群模式(Swarm)(Li et al., 2010a)

和聚合模式(Gathering)(Zheng et al.，2013)等。

周期模式表示在一个或多个时间周期中定期发生的用户行为。为了提取周期模式，Li 等(2010b)首先使用基于密度的聚类方法提取参考地点，然后在这些地点上识别周期模式。他们还研究了如何从不完整观测序列中发现周期模式(Li，2012b)，其思路是将时间序列分割成小块，然后去覆盖每个候选时间段。Cho 等(2011)发现每个用户的移动通常集中在几个地区。基于这一观察，他们提出了一个周期移动模型，通过估计用户最有可能停留的区域来预测用户的位置。基于这篇文章，Tarasov 等(2013)基于辐射模型(Simini et al.，2012)对一个区域进行了建模。

2. 城市活动建模

城市活动建模的目的是利用统计模型来描述人们的活动规律，并从数据中学习这类模型。这个方向包括两个子类别：全局活动模型和个性化活动模型。

全局活动模型的目标是在全局尺度上描述人们在空间和时间上的活动，而不区分个人偏好。大多数现有技术(Mei et al.，2006；Wang et al.，2007；Sizov，2010；Yin et al.，2011；Hong et al.，2012；Yuan et al.，2013；Kling et al.，2014)都是隐变量模型，这是对经典的主题模型的扩展(Hofmann，1999；Blei et al.，2003)，用于处理时空环境。例如，Sizov(2010)基于每个潜在主题在文本上具有多项分布特征，在纬度和经度上具有两个高斯分布的假设，扩展了 LDA 模型(Blei et al.，2003)。后来，他们进一步扩展了该模型，以发现具有非高斯分布的主题(Kling et al.，2014)。Yin 等(2011)通过采用高斯分布进行位置生成、多项分布进行文本生成来对每个区域进行建模，对 PLSA 模型(Hofmann，1999)进行了扩展。

相比之下，个性化活动模型旨在描述个人层面上的时空活动。Hong 等(2012)和 Yuan 等(2013)提出了在地理主题模型中建立用户因素模型，这样可以推断出用户的个人偏好。Yuan 等(2017)随后提出了贝叶斯非参数模型，该模型可以自动发现用户定期访问的区域。

3. 城市移动建模

人类移动建模任务是各种应用的基础任务，包括城市规划、交通调度、位置预测和个性化推荐。在过去的几年里，这项任务受到了数据挖掘领域的广泛关注。

人类移动建模的第一条路径是基于定律的方法。这些方法研究取决于人类移动的物理定律。Brockmann 等(2006)发现，人类的移动与具有长尾分布的连续随机游走模型相似。Gonzalez 等(2008)使用手机数据进行人类移动建模。他们发现，人们会周期性地回到几个地点，这种流动性可以用一个以定点为中心的随机过程来建模。Song 等(2010)发现，由于人类活动的高度规律性，超过 93% 的人类运动是可预测的。因此，他们提出了一个自治的微观模型来预测个体移动。

另一方面，许多基于模型的方法已经被发掘，这些方法被用来从人类移动数据中学习统计模型。例如，Cho 等(2011)发现，用户通常在固定的时间段内围绕几个中心位置移动(例如，家和工作)地点。基于这一观察，他们提出将用户移动建模为高斯分布的混合。他们的模型可以通过融入社交影响力而进一步扩展,因为用户更有可能访问距离好友位置较近的地点。Wang等(2015)提出了一种混合移动模型,利用异质性移动数据对位置预测进行了改进。

基于模型的方法的一个重要领域是隐式马尔可夫模型(hidden Markov model,HMM),它是一种用于序列数据的强大统计模型。在早期的工作中,Mathew 等(2012)首先使用分层三角形网格将空间划分为等分大小的三角形。他们假设每个潜在状态对三角形施加多项式分布,在此基础上,为输入轨迹训练了一个 HMM。Deb 和 Basu(2015)提出了一种概率潜在语义模型。该模型利用 HMM 从蜂窝基站和蓝牙数据中提取潜在语义位置。Ye等(2013)探索了如何使用 HMM 对基于位置的社交网络(location-based social networks,LBSNs)生成的用户签到数据进行建模。他们的 HMM 模型可以包含地点的类别信息,因此能够预测用户下一个位置的类别。Zhang 等(2016a)应用 HMM 来模拟人的序列行为。他们模型的关键思想是,在人们的日常活动中存在着一些潜在状态,人们通常以很强的规律性在这些状态之间移动。他们没有对所有用户使用一个模型,而是提出根据用户的序列模式对用户进行分组,并学习一组 HMM 来描述组级的活动。

4. 城市事件检测

城市事件,如抗议或灾害,是指在当地发生的不寻常的活动,有特定的时间长度,同时有相当数量的参与者。由于缺乏及时可靠的数据,实时检测城市事件在几年前几乎是不可能的。然而,最近可获取的社会感知数据为解决此类问题带来了曙光。

许多研究已经探索了如何从社会感知数据中检测城市事件(也被称为时空事件)(Chen & Roy,2009;Sakaki et al.,2010;Sakaki et al.,2010;Lee et al.,2011;Abdelhaq et al.,2013;Feng et al.,2015;Zhang et al.,2016b)。现有的异常事件识别技术可分为基于文档的方法和基于特征的方法。基于文档的方法将文档视为基本单元,并将相似的文档分组以检测异常事件。例如,Allan 等(1998)对文档流进行单次聚类,并使用相似度阈值来确定一个新文档是一个新主题还是应该合并到一个现有的主题中。Aggarwal 和 Subbian(2012)也提出通过聚类推文流来检测事件。然而,他们的相似度度量综合考虑了推文内容的相关性和用户的社交邻近度。Zhang 等(2016b)首先检测到地理主题(geo-topic)集群作为候选事件,然后使用 z 值将异常集群识别为真实事件。

第二类事件检测采用了基于特征的方法(Fung et al.,2005;He et al.,2007;Mathioudakis and Koudas,2010;Weng and Lee,2011;Li et al.,2012a)。其思想是从文本流中识别一组突发性特征(例如,关键字或短语),然后将它们聚类成事件。具体来说,Fung 等(2005)使用二项分布对特征事件进行建模来提取突发性特征。He 等(2007)为每个特征构造了流,然后执行傅里叶变换来识别突发事件。Krumm 和 Horvitz(2015)检测了推文的时空分布,将时空信号中的峰值识别为异常事件。还有一些工作检测特定类型的事件。Sakaki 等(2010)研究了实时地震检测,他们训练了一个分类器来判断推文是否与地震相关,然后提出当存在大量与地震相关的推文时就发出警报。Li 等(2012a)使用自适应爬虫检测犯罪和灾难事件,该爬虫可以动态检索犯罪和灾害相关的推文。Abdelhaq 等(2013)提出了 EvenTweet 模型,该模型可以通过以下步骤检测局部事件:①检查之前的几个窗口来识别突发词；②计算每个突发词的空间熵，发现局域词；③根据局部词语的空间分布对其进行分组聚类；④基于事件指示性特征(如突发度和空间覆盖率)对产生的聚类进行排序。

41.3 用于城市活动建模的多模态嵌入

我们现在将介绍多模态嵌入技术在城市活动建模中的最新进展。不同于隐变量模型间接连接不同模态的潜变量，嵌入式方法能够直接感知跨模态之间的相关性。这是通过将所有的模态映射到一个公共向量空间来实现的。接下来，我们首先描述顶层思想(第41.3 节第 1 小节)，然后详细介绍活动建模的多模态嵌入方法(第 41.3 节第 2 小节)，最后给出优化过程(第 41.3 节第 3 小节)。

1. 方法概述

在较高层面，基于嵌入的方法被称为 CrossMap(Zhang et al.，2017a)，将来自不同模态的项映射到同一潜在空间，并保留其相关性，如图 41.2 所示。从形式上看，它的目的是学习嵌入 L、T 和 W，其中：①L 为区域的嵌入；②T 为小时的嵌入；③W 为关键词的嵌入。以 L 为例，每个元素都是一个 D 维($D>0$)向量，表示对区域 l 的嵌入。一旦完成了嵌入的学习，跨模态预测可以通过简单地在潜在空间中搜索最接近给定查询的条目来实现。

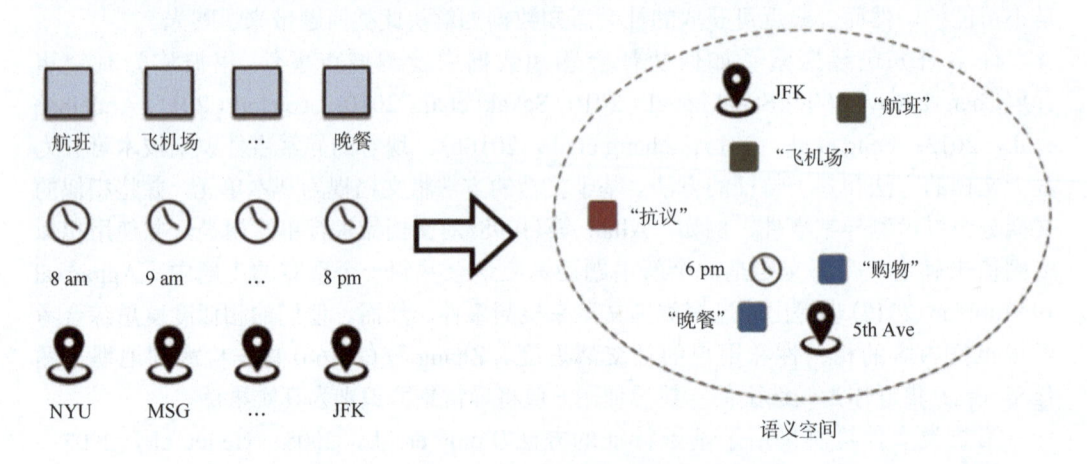

图 41.2 用于城市活动建模的多模态嵌入图示
其思想是：将来自不同模态(例如，位置、时间、文本)的项映射到相同的潜在矢量空间中，以保持它们的相关性，然后将它们的潜在表征用于跨模态预测

2. 基于属性重构的多模态嵌入

多模态嵌入的关键原则是优化 L、T、W 的嵌入，以重建观测到的位置、时间和文本之间的关系。因此，我们定义了一个无监督的属性重建任务，目的是学习嵌入 L、T、W，这样，记录 r 的属性可以通过假设观察到其他属性来重建。

假设 r 代表一条记录，给定任一类型为 X(可以是地点、时间或关键词)的属性 $i \in r$，我们用以下公式计算观察到属性 i 的可能性：

$$p(i|r_{-i}) = \exp\left(s(i,r_{-i})/\sum_{j\in X}\exp(s(j,r_{-i}))\right) \quad (41.1)$$

式中，r_{-i} 表示 r 中除 i 外的所有属性的集合；$s(i,r_{-i})$ 表示 i 和 r_{-i} 之间的相似度。

上述问题的关键在于如何定义 $s(i, r_{-i})$。一个简单直接的想法是平均 r_{-i} 中所有属性的嵌入，然后用 $s(i,r_{-i}) = v_i T\sum_{j\in r_{-i}} v_j / |r_{-i}|$ 来计算 $s(i, r_{-i})$，其中 v_i 表示属性 i 的嵌入。然而，这个简单的定义没有考虑到空间和时间的连续性。以空间连续性为例，根据地理学第一定律，"一切事物都互为相关，但近的事物比远的事物更相关"。为了实现空间平滑，两个相邻的空间项应该被认为是相关的，而不是独立的。因此，我们引入空间平滑和时间平滑来获得时空连续性。该方法通过平滑处理，既能保持相邻区域和时段的局部一致性，又能缓解数据稀疏性。关于平滑技术的更多细节，可以参考 Zhang 等(2017b)的研究。

除了上述伪区域和周期嵌入外，我们还引入了伪关键词嵌入以简化符号。对于给定的 r_{-i}，其伪关键词嵌入定义为

$$v_{\hat{w}} = \sum_{w\in N_w} v_w / |N_w| \quad (41.2)$$

式中，N_w 是 r_{-i} 中关键词的集合。通过这些伪嵌入，我们定义了一个平滑版本的 $s(i, r_{-i})$，并且有 $s(i,r_{-i}) = v_i T h_i$。式中，如果 i 是一个关键词，那么

$$h_i = (v_l + v_t + v_{\hat{w}})/3 \quad (41.3)$$

如果 i 是一个区域，那么：

$$h_i = (v_t + v_{\hat{w}})/2 \quad (41.4)$$

如果 i 是一个时段，那么：

$$h_i = (v_l + v_{\hat{w}})/2 \quad (41.5)$$

定义 R_U 为学习城市活动模型的所有记录的集合，则属性重建任务的最终损失函数是观察 R_U 中记录的所有属性的负对数似然：

$$J_{R_U} = -\sum_{r\in R_U}\sum_{i\in r}\log p(i|r_{-i}) \quad (41.6)$$

3. 优化过程

为了有效地学习嵌入，我们可以使用随机梯度下降(stochastic gradient descent，SGD)和负采样法(Mikolov et al.，2013)来优化式(41.6)中所示的目标函数。在每一步中，我们可以使用 SGD 对一个记录 r 和一个属性 $i\in r$ 进行采样。在负采样的基础上，随机选择 K 个与 i 具有相同类型但没有出现在 r 中的负属性。则所选样本的损失函数为

$$J_r = \log\sigma(s(i,r_{-i})) - \sum_{k=1}^{K}\log\sigma[-s(k,r_{-i})] \quad (41.7)$$

式中，$\sigma(\cdot)$ 是 s 型函数(sigmoid 函数)。v_i、v_k 和 h_i 的更新规则可以通过对 J_r 求导得到。由于篇幅有限，我们省略了这些细节。

41.4 实　　验

现在，我们将在三个真实的数据集上论证不同算法的经验性能：
- 第一个数据集"LA"包含了在洛杉矶发布的约 110 万条带有地理标记的推文。2014 年 8 月 1 日至 11 月 30 日期间，我们通过监测 Twitter Streaming API 抓取 LA 数据集，并不断收集在洛杉矶边界框内的地理标记推文。我们对原始数据进行了如下预处理：对于文本部分，我们删除了用户提及、URL、停用词和出现次数少于 100 次的单词；在空间和时间上，我们将 LA 区域划分为 300 m×300 m 的小网格，并将一天的时间分割为 24 个一小时的窗口。
- 第二个数据集名为"NY"，也是从 Twitter 收集的。其中包括在 2014 年 8 月 1 日至 11 月 30 日期间在纽约发布的约 120 万条带有地理标记的推文。
- 第三个数据集被称为"4SQ"。它是从 Foursquare 上收集的，包含从 2010 年 8 月至 2011 年 10 月之间发布于纽约市的大约 70 万条签到推文。该数据集主要用于评价多模态嵌入方法在下游活动分类任务中的性能。类似地，用户提及、URL、停用词和出现次数少于 100 次的词被删除。

我们研究了以下城市活动建模方法：①地理主题模型 LGTA（Yin et al.，2011）；②非高斯地理主题模型 MGTM（Kling et al.，2014）；③张量因子分解方法 Tensor（Harshman，1970）；④奇异值分解(singular value decomposition，SVD)方法，该方法首先构造每对位置、时间、文本和类别之间的共现矩阵，然后对矩阵进行奇异值分解；⑤词频-逆文本频率(term frequency-inverse document frequency，TF-IDF)方法，该方法构造每对位置、时间、文本和类别之间的共现矩阵，然后计算矩阵中每个条目的 TF-IDF 权重；⑥上节所述的多模态嵌入方法 CrossMap（Zhang et al.，2017a）。

我们研究了两种类型的城市活动预测任务。第一个是对给定的文本查询进行位置预测。具体来说，每条记录都通过以下三个属性反映用户的活动：位置、时间戳和一组关键词。在位置预测任务中，输入的是时间戳和关键词，而目标是从一堆候选位置中准确地指出实际位置。我们从两个不同的粒度对位置进行了预测：①粗粒度的区域预测，即预测 r 所处的真实区域；②细粒度的 POI 预测，即预测 r 所对应的真实 POI。注意，细粒度的 POI 预测只在与 Foursquare 有关联的推文上进行评估。第二个任务是对给定的位置查询进行活动预测。在这项任务中，输入的是时间戳和位置，目标是在两种不同粒度上推断真实活动：①对 r 的真实活动类别进行粗粒度的分类预测(同样，这种粗粒度的活动预测仅在与 Foursquare 有关联的推文上进行)；②从候选信息库中预测出真实信息，进行细粒度的关键词预测。

概括来说，我们一共研究了城市活动预测的四个子任务：①区域预测；②POI 预测；③类别预测；④关键词预测。对于每个预测子任务，我们首先将真实值和一组 M 个随机负样本混合来生成候选库。以区域预测为例，对于真实区域，我们用 M 个随机选择区域进行混合。然后，我们试图从 $(M+1)$ 大小的候选池中通过对所有候选区域进行排序来确定真值。总的来说，一个模型能够越好地捕捉到人们活动背后的模式，它就越有可能将真实值排在最前面的位置。因此，我们用平均倒数排名（mean reciprocal rank，MRR）来量化模型的效能。

表 41.1 和表 41.2 分别显示了不同方法对地点和活动预测的量化结果。如表格所示，在四个子任务中，CrossMap 及其变体实现了比基准方法更高的 MRR。与两种地理主题模型（LGTA 和 MGTM）相比，CrossMap 在位置预测方面的性能提高了 62%，在活动预测方面提高了 83%。Tensor、SVD 和 TF-IDF 在建模时间和分类上均优于 LGTA 和 MGTM，而 CrossMap 还要远远优于它们。有趣的是，TF-IDF 基准模型表现出色，表明了 TF-IDF 相似度对该预测任务的有效性。SVD 和 Tensor 可以有效地恢复共生矩阵和张量，但原始的共生似乎对于位置和活动预测不太有效。

表 41.1　不同位置预测方法的 MRR 值

方法	区域预测 LA	区域预测 NY	POI 预测 LA	POI 预测 NY
LGTA	0.3583	0.3544	0.5899	0.5674
MGTM	0.4007	0.391	0.5811	0.553
Tensor	0.3592	0.3641	0.6672	0.7399
SVD	0.3699	0.3604	0.6705	0.7443
TF-IDF	0.4114	0.4605	0.719	0.776
CrossMap	0.5373	0.5597	0.7845	0.8508

对于每个测试推文，我们假设能够观察到它的时间戳和关键词，并从两个粒度上进行位置预测：①区域预测；②POI 预测（与 Foursquare 相关联的推文）。

表 41.2　不同活动预测方法的 MRR 值

方法	类别预测 LA	类别预测 NY	关键词预测 LA	关键词预测 NY
LGTA	0.4409	0.4527	0.3392	0.3425
MGTM	0.4587	0.4640	0.3501	0.3430
Tensor	0.8635	0.7988	0.4004	0.3744
SVD	0.8556	0.7826	0.4098	0.3728
TF-IDF	0.9137	0.8259	0.5236	0.4864
CrossMap	0.6225	0.5874	0.5693	0.5538

对于每个测试推文，我们假设能够观察到它的位置和时间戳，并从两个粒度上进行活动预测：①类别预测（与 Foursquare 相关联的推文）；②关键词预测。

现在，我们将进行一组案例研究，以检验 CrossMap 对不同模态的预测效果。具体来说，我们基于"LA"和"NY"数据集对 CrossMap 进行了一次性训练，并在不同阶段发起了一系列查询。对于每一个查询，我们从整个搜索空间中检索出不同类型的前十个最相似的条目。

图 41.3(a) 展示了当我们用关键字"沙滩"（beach）查询的结果。如图 41.3(a) 所示，

每种类型的检索项都很有意义：排名靠前的位置大多位于洛杉矶地区著名的海滩附近；靠前的关键词可以很好地反映出人们在海滩上的活动，包括"沙子"（sand）和"木板道"（broadwalk）。图 41.3（b）展示了位于 LAX 机场中心的 GPS 位置的示例空间查询结果。我们可以发现，检索到的靠前的空间、时间和文本元素与机场密切相关。对于机场的查询，最热门的关键词都反映了与航班相关的活动，比如"机场"（airport）、"美国运输安全局"（Transportation Security Administration，TSA）和"航空公司"（airline）。

关键词	次数
沙滩	19
海滩日	18
海滩生活	17
冲浪	16
沙子	20
木板道	14
太平洋	15
长滩	13
雷东多海滩	11
多克韦勒	12

（a）查询＝"沙滩"

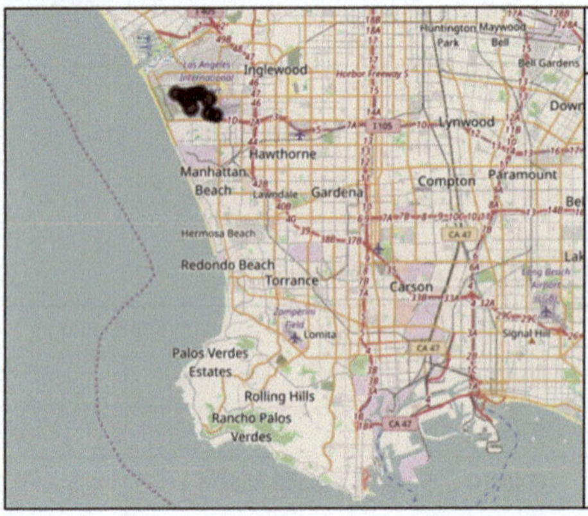

关键词	次数
机场	7
美国运输安全局	10
航空公司	8
LAX	6
西南风	11
美国航空	9
延迟	5
航站楼	12
JFK	16
SFO	14

（b）查询＝"（33.9424，−118.4137）"（LAX 机场中心）

图 41.3　两个示例查询和 CrossMap 返回的前十位结果

图 41.4（a）～（c）进一步展示了时间-文本查询，它可以描述人们城市活动的时间动态。当我们将查询关键字固定为"餐厅"（restaurant）并改变查询中的时间点时，检索到排名靠前的条目会明显变化。通过检查最靠前的关键词，我们可以看到查询"10am"时，会出现许多与早餐相关的关键词，比如"早餐"（breakfast，bfast）和"早午餐"（brunch）。相反，当查询改为"2pm"时，会检索到许多与午餐相关的关键词。当指定"8pm"作为查询时，将检索到许多与晚餐相关的关键词。另一个有趣的观察结果是，"10am"和"2pm"的查询位置位于工作区域，而"8pm"的结果主要分布在居民区。这样的结果表明，时间因素在确定人们活动的过程中扮演着重要的角色，而 CrossMap 捕捉到了这种精细的时间动态。

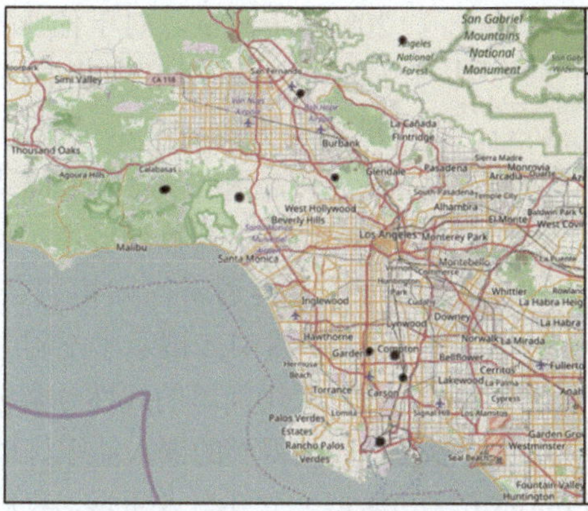

(a) 查询="餐厅"+"10am"

关键词	次数
餐厅	10
早餐	7
糕点	6
吃早午餐	8
熟食	9
早午餐	5
好吃	11
面包店	12
泰式菜	14
美食照片	16

(b) 查询="餐厅"+"2pm"

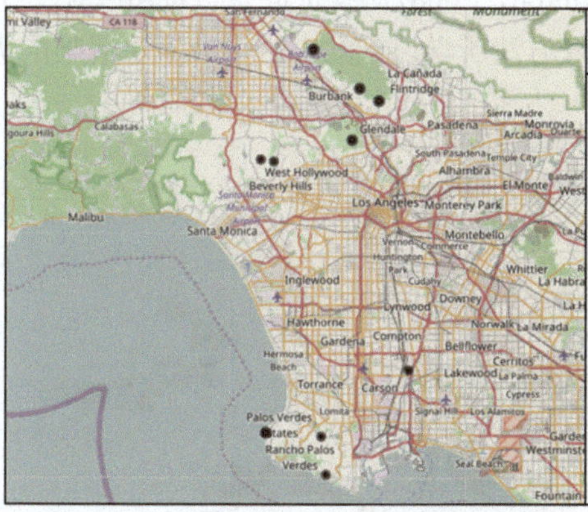

关键词	次数
餐厅	14
午餐	15
海鲜	13
熟食	16
美食照片	17
越南菜	12
午餐食物	7
即食食品	6
点心	10
泰式菜	8

(c) 查询="餐厅"+"8pm"

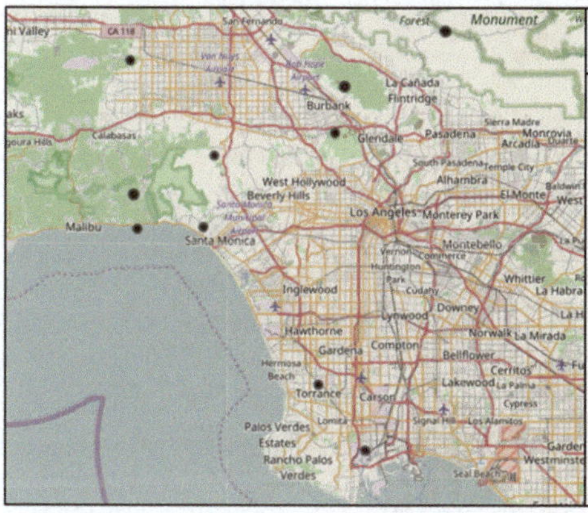

关键词	次数
餐厅	20
晚餐	18
欢乐时光	19
海鲜	17
调酒师	16
泰式菜	7
服务	5
好吃	14
预约	20
墨西哥	15

图 41.4 三个时间-文本查询和 CrossMap 返回的前十位结果

我们继续研究了多模态嵌入模型在下游应用中的表现。为此，我们选择活动分类作为应用。在 4SQ 数据集中，每次签到都属于九个类别中的一种：食品、学院和大学、夜生活场所、购物和服务、旅游和交通、住宅、艺术和娱乐、户外和娱乐、专业和其他场所。我们使用这些类别作为人们城市活动的标签，并旨在学习到可以预测任何给定签到数据的类别标签的分类器。我们对数据集进行了随机排序，然后随机选择 80%用于训练，

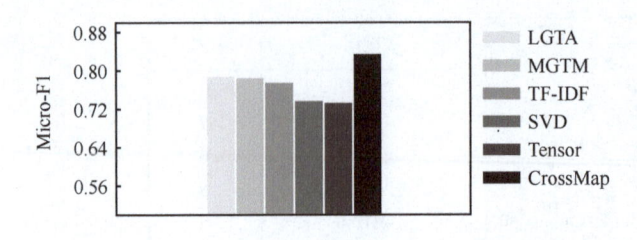

图 41.5 4SQ 上的活动分类性能

20%用于测试。对于任意签到 r，所研究的方法都可以获得位置、时间和文本的向量表示；我们将这些向量连接起来作为签到的表征。

通过上述特征转换，我们训练了一个多类逻辑回归模型来进行活动分类。图 41.5 展示了不同方法进行活动分类的性能。如图所示，CrossMap 显著优于其他方法。采用简单的线性分类模型，该方法的 F1 评分高达 0.843。这样的结果表明，通过多模态嵌入得到的嵌入能很好地区分不同类别的语义。我们使用数据可视化进一步验证了这一事实。如图 41.6 所示，我们选取了三个类别并应用 t-SNE 方法(Maaten and Hinton, 2008)对特征向量进行可视化。可以看到，与地理主题模型等基准相比，多模态嵌入方法所学习到的表征生成了更清晰的类间边界。

（a）LGTA

（b）CrossMap

图 41.6 由 LGTA 和 CrossMap 生成的三个活动类别的特征向量的可视化结果："食品"（青色）、"旅游和交通"（蓝色）和"住宅"（橙色）。每个 4SQ 的特征向量用 t-SNE 算法(Maaten and Hinton, 2008)映射到一个 2D 点上

41.5 总　　结

我们介绍了用于从大量社会感知数据中对人们城市活动进行建模的数据挖掘技术。我们首先概述了数据挖掘技术能够用于四个重要的城市分析任务：①城市模式发现；②城市活动建模；③城市移动建模；④城市事件检测。然后，我们介绍了用于城市活动建模的多模态嵌入技术的最新进展，该技术将不同数据模态的项目映射到一个共同的潜在空间中，并保留其相关性。与以往的隐变量模型相比，多模态嵌入技术不考虑人的时空活动分布假设，且能很好地适应数据规模。我们研究了这些方法在真实数据集上的实证表现，并证明了这些技术可以建立城市活动预测模型，并有利于活动分类等下游任务。

41.6 未来方向

未来，社会感知数据将继续作为城市分析的宝贵来源。从社会感知数据中获取信息用于各类任务方面，数据挖掘技术已经展示出可观的前景。然而，要充分释放社会感知数据的力量，仍有一些挑战需要解决。下面，我们列出了这个方向的几个关键挑战。

不同数据模态的集成。现代社会感知数据通常涉及多种模态，如文本、图像、位置和时间。由于这些数据模态的表现形式完全不同，且它们之间存在复杂的相关性，如何有效地将它们整合到城市活动建模和预测中是一个具有挑战性的问题。

从噪声数据中获取信息。有研究表明，大约40%的社会感知数据是毫无意义的。即使在那些信息量大的帖子中，大多数都相当简短且含有噪声。分析这些文本并从中为最终任务提取信息非常重要。

实时数据分析。许多城市分析任务需要实时性能。例如，当紧急事件发生时，重要的是要尽快报告事件，以便及时采取行动。随着海量社会感知数据的涌入，设计能够有效处理大规模流数据的在线学习算法是一个重要而又具有挑战性的问题。

第 42 章 城市计算中的 AI 和深度学习技术

王森章　曹建农

摘　要

随着部署在城市中各种传感器收集到海量数据的增长以及 AI 技术的快速发展，城市计算在人民生活的便利化、城市操作系统建设和城市环境改善等方面变得愈发重要。在本章中，我们将介绍 AI 技术应用于城市计算领域面临的挑战、采取的方法和应用。首先我们介绍研究背景，从计算机科学的角度给出 AI 技术应用于城市计算所面临的几个关键挑战。然后简要介绍城市计算中所广泛使用的各类 AI 技术，包括监督学习、半监督学习、无监督学习、矩阵分解、图模型、深度学习和强化学习。随着深度学习技术的发展，以 CNN 和 RNN 为代表的深度学习模型，在许多应用中都取得显著的性能提升。因此，我们还专门介绍在各种城市计算任务中所广泛使用的深度学习模型。最后，我们探讨 AI 和深度学习技术在城市计算领域的各类应用，包括城市规划、城市交通、基于位置的社会网络(LBSNs)、城市安全以及城市环境监测等。对于每类应用，我们指出主要的研究挑战，并总结现有工作如何通过 AI 技术解决这些挑战。

42.1　研究背景

在大数据时代，传感技术(例如 GPS 和各类环境传感器)和大规模计算基础设施(例如分布式存储和计算平台)可实时采集并存储城市空间中产生的各种大数据，例如人类移动数据、空气质量数据、交通数据、城市噪声数据和城市犯罪数据等。一般来说，大数据可以被定义为：研究高效地存储、提取、处理各类数据信息，从中发现有价值的知识，并对由于数据量过大或数据格式过于复杂而导致传统数据存储、处理和分析范式无法处理的数据集进行可视化的方法。通常大数据有 5 个特点：数据量大(volume)、数据来源多样(variety)、产生速度快(velocity)、数据质量参差(veracity)以及价值密度低(value)(Ishwarappa and Anuradha，2015)。大数据的第一个主要特征是数据量大；数据来源多样导致很多数据是非结构化的，而且数据类型丰富多样，包括图像、文本、视频、图等；很多数据实时产生，并且新的数据不停到来，这就要求大数据分析能对快速的流数据接近实时处理；数据质量是指数据的可信度，大数据通常也意味着噪声多，比如社交媒体数据，因此隐藏在数据中的价值密度可能很低，需要精心设计的机器学习或数据挖掘方法，从而在大量数据中发现有用的知识。

挖掘隐藏在城市大数据中的知识，对于智慧城市建设中的诸多应用都至关重要，例如缓解交通拥堵、预测城市犯罪、实时监测空气污染、城市规划等。因此，就迫切需要人工智能技术帮助我们从海量、嘈杂、异构和不断增长的城市数据中发现有用知识 (Zheng et al.，2014a，2014b)。近年来，大数据驱动的人工智能(artificial intelligence，

AI)技术,尤其是近年来流行的深度学习技术,已被广泛应用于各种城市计算任务,并取得了显著的效果(Wang et al.,2019,2020)。例如,基于人工智能技术的城市交通预测和导航系统已经得到了广泛的探索和应用,包括高德导航地图和阿里巴巴开发的城市大脑系统等(Zhang et al.,2019a,b)。作为一个跨学科的研究领域,基于 AI 技术的城市大数据中的知识发现,是城市计算的重要组成部分,并在挖掘城市数据的相关性和模式、预测数据趋势方面发挥着至关重要的作用。

图 42.1 给出了一个如何将 AI 和机器学习技术用于解决城市计算中的各种任务的总体框架。如图所示,该框架主要包含了三个阶段。

第一阶段是数据采集,主要是收集部署在城市不同位置的各种传感器产生的不同类型的数据,包括 GPS 位置数据、空气质量数据、天气数据、社会关系数据、兴趣点(points of interest,POIs)、交通网络、社会事件等。收集到的原始数据通常需要进行预处理,以便进一步分析。数据预处理操作包括数据清洗、归一化、数据转换等。

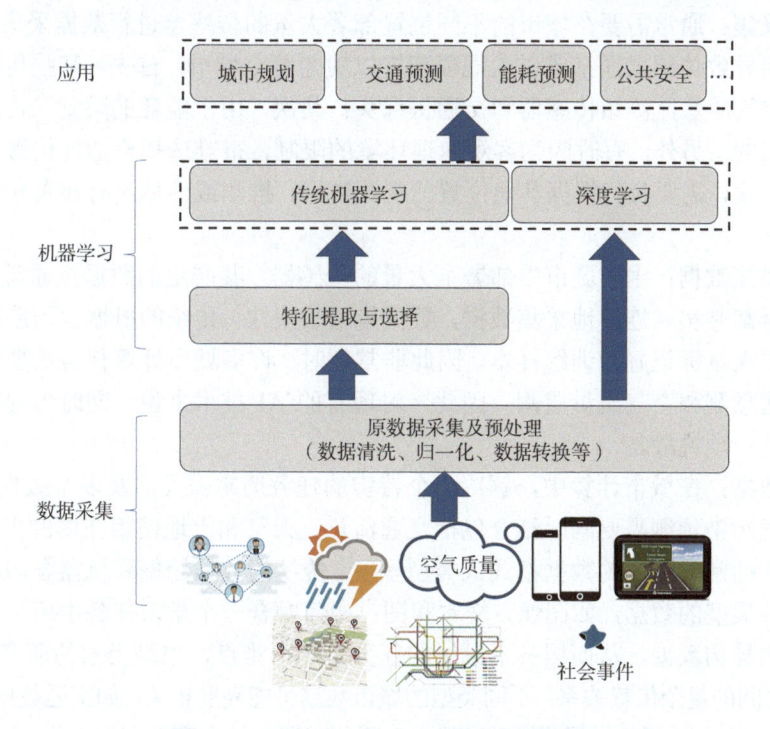

图 42.1 AI 技术在城市计算中的应用框架

第二阶段是机器学习。机器学习阶段执行模式学习或知识发现。对于传统的机器学习方法,首先需要通过特征工程手动地从数据中提取和选择特征。在机器学习中,特征是指被研究对象的一组可测量的属性。它们通常被用作机器学习算法的输入,并被映射到输出。根据领域知识或者专家经验,从原始数据中提取和选择相关特征,然后将其输入支持向量机(support vector machine,SVM)分类器或 Logistic 回归等传统机器学习模型进行训练。与传统机器学习模型不同,当前所流行的深度学习模型不需要手工提取和选择特征。深度学习模型可以从原始数据中自动学习特征,并以端到端的方式将特征学习和模型学习相结合，这也是深度学习模型的一个显著优势。

第三阶段是将训练好的机器学习模型用于各种城市计算相关任务，如城市规划、交通预测、公共安全和能耗预测等。机器学习模型的输出或预测结果作为知识，可以指导和帮助我们做出更好的决策。

接下来，我们将首先介绍使用 AI 技术分析城市大数据并从中发现知识所面临的挑战。然后，介绍广泛应用于城市计算各种任务的传统 AI 模型和最新的深度学习模型。最后，我们从城市计算应用的角度，总结几个典型应用场景下的现有研究工作。

42.2 研究挑战

与其他数据类型相比，使用机器学习技术对各种城市传感器所生成的城市大数据进行分析和知识发现，存在如下独特的挑战。

数据采集：通常需要在城市的不同位置部署大量的传感器进行数据采集。然而，由于以下原因导致传感器通常难以大规模部署以覆盖整个城市：首先，某些传感器成本很高，比如空气质量监测站传感器和交通摄像头；其次，由于能耗的限制，传感器的数量通常是有限的。另外，有时因为客观地理环境的限制，很难选择合适的位置部署传感器进行数据采集，需要我们根据其他位置的观测数据，推测或估算没有布置传感器位置的观测读数。

大规模流数据：由于城市中部署了大量的传感器，其产生的数据量通常很大，而且由于传感器都是实时连续地采集数据，数据量增长很快。传统的机器学习或数据挖掘技术通常需要大量标记好的训练样本，因此非常耗时。许多城市计算任务需要实时数据分析，如交通预测和空气质量监测。因此，对现有的 AI 技术来说，即时地处理如此大量的流数据是一项挑战。

异构数据：在城市计算中，解决一个特定的任务通常需要涉及多个数据集。例如，城市的空气污染预测需要同时结合包括交通流量、天气和土地使用在内的多种数据。不同的数据集通常以不同的数据格式或类型呈现。传统的数据挖掘和机器学习技术通常用于处理一种类型的数据，如图像、文本和图。如何融合一个学习任务中所涉及的不同格式和结构的异构数据，从而服务于最终的任务是一个难点，也是当前的研究热点。

数据之间的复杂依赖关系：不同类型的城市数据可能高度相关，如交通数据、空气质量数据和天气数据。交通拥堵通常与 POI 分布、天气情况和社会事件高度相关。如果没有领域专家的帮助，传统的基于统计的方法很难捕捉数据之间的相关性和依赖性。有效挖掘数据之间的依赖关系对城市规划、政策制定和智能交通系统等各种城市计算应用都十分重要。

噪声和不完整数据：城市计算中的大部分数据是由部署在开放环境中的各类城市传感器所生成，例如部署在野外的空气质量传感器。有些传感器可能无法正常工作，或者产生错误数据和噪声数据。此外，一些传感器价格昂贵，由于成本限制只能部署在限的位置。例如，用于交通监控的道路摄像头，由于成本高，通常只安装在道路网络的某些十字路口。基于充满噪声和不完整的数据进行诸如城市空气质量预测和交通监测等城市计算任务也充满挑战。

分布式数据存储和处理：由于城市传感器部署在不同的位置，数据量增加很快，为了更高效地运行各种机器学习和数据挖掘算法，通常需要分布式计算架构对数据进行存储和处理。考虑到城市数据的异质性、数据之间复杂的依赖关系以及数据传感器的非均匀分布，设计这样的分布式数据存储和处理基础设施也很有挑战。

数据隐私保护：城市数据有很大一部分是用户产生的。例如，用户的移动数据可以从用户的智能手机中收集，城市交通数据可以从安装在私家车中的全球定位系统（GPS）模块中收集。如何在保护用户数据隐私的同时，利用这些数据为导航、出行路线推荐等各种应用提供便利，是一个很具有挑战性的问题。算法的设计者需要在数据隐私和数据公共服务之间进行权衡。

为了应对上述挑战，学术界对各种 AI 技术，包括监督学习、半监督学习、无监督学习、矩阵分解、图模型、深度学习和强化学习等，如何应用于城市计算各种任务场景进行了广泛探索。接下来，我们简要介绍这些方法的概念和相关知识，并详细讨论如何将这些模型应用于城市计算的各类任务。

42.3 传统 AI 技术

1. 监督学习

监督学习，例如分类和回归，是基于一组输入输出对作为训练样本集，学习一个函数将输入特征映射到输出标签或变量的一类机器学习技术（Caruana and Niculescu Mizil，2006）。在监督学习中，需要一个既包含输入数据又包含相应输出标签或变量的训练数据集，旨在基于训练数据集学习到一个映射函数。

监督学习被广泛应用于拥有大量标记好的训练数据样本的城市计算任务中，例如交通预测（Castro-Neto et al., 2009）、城市区域分类（Toole et al., 2012）、POI 推荐（Daniel and Sebastian，2000）等。Toole 等（2012）研究了如何采用监督学习方法从用户手机活动数据中判断出城市土地的使用类型问题。所提出的监督分类算法识别了四种具有相似使用用途和手机活动模式的土地利用类型。该算法的训练数据包含波士顿地区约 60 万用户三周的通话记录。Castro-Neto 等（2009）提出了一种在线支持向量机的监督回归算法，用于预测典型和非典型条件下短期高速公路交通流。

2. 无监督学习

与监督学习不同，无监督学习不需要任何标记数据进行训练。无监督学习旨在从输入数据中获取数据的潜在结构、模式或分布，而不需要任何标签或输出变量的指导。无监督学习一般分为聚类和关联规则学习两大类。聚类是指将一组数据对象分为不同的组，使得同一组中的对象彼此之间比其他组中的对象更相似。每个数据对象组被称为一个簇或一个聚类。关联规则学习是一种基于规则的机器学习方法，用于发现大型数据库中变量或模式之间的关系。关联规则学习算法旨在基于关联性度量来识别给定数据集中的规则或模式。

在许多实际的应用场景中，根本没有标记数据。在这种情况下，可以使用无监督学习技术从海量数据中挖掘知识。例如，从移动对象的轨迹中，挖掘模式是时空数据挖掘中的一个重要研究课题(Giannotti et al.，2007)。由于轨迹中没有用于发现新模式的标记数据，因此需要采用无监督的模式挖掘方法。另一个基于无监督学习的城市计算任务的例子是大数据驱动的城市边界检测。这个任务的目的是根据人与人之间的互动关系，利用 GPS 轨迹或电话记录来发现城市的真实边界，而城市的边界是没有真实的标签的。为了解决这一问题，Rinzivillo 等(2012)提出首先构建一个基于人类交互关系的位置网络，然后使用无监督的社区检测方法对网络进行划分。因此，区域的边界可以由发现的位置簇来表征，簇中的位置之间有更密集的交互关系。

3. 半监督学习

半监督学习是介于完全没有标记数据的无监督学习和有充足标记数据的监督学习之间的一类机器学习方法。半监督学习利用了少量可用的标记数据和大量的未标记数据进行训练(Zhu，2005)。对于监督学习来说，标记大量的训练数据通常是昂贵且费时的，半监督学习被广泛使用的基础是大量的未标记数据与少量标记数据一起使用时，可以比无监督学习取得更大的性能提升。半监督学习在城市计算中也有广泛的应用。例如，Zheng 等(2013)提出了一种基于协同训练框架的半监督学习方法，用于预测没有安装空气质量监测站地区的空气质量。所提出的协同训练框架由两个分离的分类器组成：一个使用空间相关特征进行学习；另一个使用时间相关特征进行学习。图 42.2 对这三类机器学习方法进行了比较。

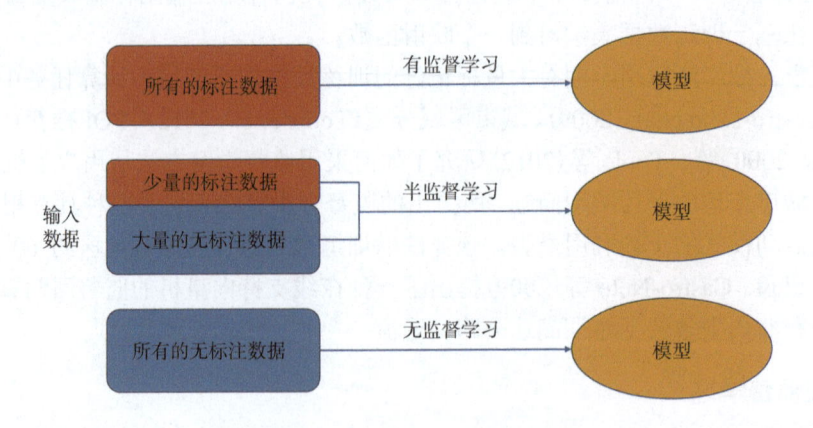

图 42.2　三类机器学习方法比较

4. 矩阵分解

矩阵分解是把一个矩阵分解成两个或三个较小矩阵的乘积。这种方法可以简化一些复杂的矩阵运算，因为这些运算可以在分解后的小矩阵上执行，而不是在原始的大矩阵上执行(Daniel and Sebastian，2000)。常用的矩阵分解方法有 LU 分解、QR 分解、Jordan 分解和奇异值分解(singular value decomposition，SVD)。从应用的角度来看，矩阵分解可用于发现两种实体,例如推荐系统中的用户和商品之间交互的潜在特征。例如,奇异值分解 SVD 在协同过滤中被广泛使用(Zhou et al.,2015),如图 42.3 所示,它将商品打分矩阵 A 分解为三个较小矩阵的乘积,即左奇异矩阵向量 U、奇异值 D 和右奇异向量 V^T。矩阵分解在机器学习中有非常广泛的应用,如图像处理、数据压缩、谱聚类、推荐和矩阵补全等。例如,当原始矩阵 A 是不完整的,且有很多未知的项值时,我们可以用三个分解的低秩矩阵来近似它,从而填充 A 中缺失的项值。

矩阵分解被广泛应用于许多估计或推理相关的城市计算任务,如位置推荐、城市噪声估计和城市交通估计。Zheng 等(2010)提出通过分解由用户 GPS 历史轨迹数据构建的位置-活动矩阵,同时向用户推荐位置和活动。Zheng 等(2014a,b)结合了张量分解和矩阵分解来推断纽约市每个区域在一天中不同时间段的细粒度噪声分布。他们利用三维张量对纽约市的噪声分布进行建模,三个维度分别为区域、噪声类别和时间段。其所提出的张量-矩阵协同分解方法可有效补充噪声分布张量的缺失项,从而推断出整个纽约市的噪声分布。Wang 等(2019,2020)提出了一个局部均衡的直推式矩阵分解模型来推断一个城市在一天中不同时段的自行车使用情况。自行车的使用需求被建模为区域 ID 和时段的二维矩阵,矩阵里的元素值是自行车的需求数量。通过提出的直推式矩阵分解方法,可以推导出自行车需求矩阵中的未知元素值。

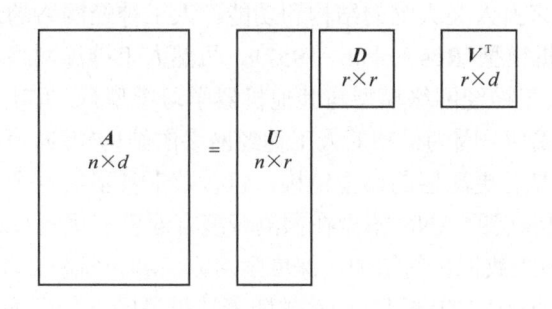

图 42.3 奇异值分解 SVD 的图解

5. 图模型

图模型是用图来建模不同随机变量之间的条件依赖关系,也称为概率图模型(probabilistic graphical model,PGM)(Koller and Friedman,2009)。图模型被广泛应用于概率论、贝叶斯统计和机器学习等领域。通常图模型使用基于图的表示对多维空间上的变量分布进行编码,为具有复杂交互作用的大量随机变量建模提供了一个通用框架。有两种常用的变量分布图表示:贝叶斯网络和马尔可夫随机场。图 42.4 给出了一个简单的图模型示例。图中的每个节点表示一个变量,每个箭头表示两个变量之间的依赖关系。在这个例子中,D 依赖于 A、B 和 C;C 依赖于 B 和 D;而 A 和 B 是相互独立的。

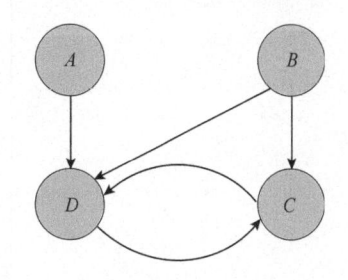

图 42.4 图模型的一个简单示例

在许多城市计算任务中,数据通常是多源异构的,数据之间的交互关系和相关性很复杂。图模型可有效用来建模数据之间的依赖关系,并作出准确的估计或推断。例如,在城市交通估计和预测中,路段的交通状况既会受到相邻路段的影响,也会受到天气、节假日、交通高峰等外部因素的影响。Wang 等(2016a,b)提出了一种耦合隐马尔可夫模型来评估路网级交通拥堵状况。在该模型中,某路段在 t 时段的交通拥堵状况取决于该路段之前时段 $t-1$ 的交通拥堵状况及其相邻路段在 $t-1$ 时段的交通拥堵状况。为了对它们之间复杂的依赖关系进行建模,作者提出了一种基于耦合马尔可夫链的图模型。Shang 等(2014)研究了基于车辆样本采集的 GPS 轨迹数据,实时推断城市路网中车辆行驶的油耗和污染排放问题。作者提出了一个无监督的动态贝叶斯网络模型,称为交通量推理模型(traffic volume inference model,TVI),用来推断每分钟通过每个路段的车辆数量。TVI 模型可以模拟多种外部和内部因素对交通量的影响,包括车速、天气条件和道路的地理特征等。

42.4 深度学习

深度学习是一类机器学习方法,也被称为人工神经网络(artificial neural network,ANN),其设计灵感来自人类大脑的结构和功能。人工神经网络的最初形式是 20 世纪 50 年代提出的感知机模型(Rosenblatt,1957)。虽然人工神经网络已经被提出和研究了很多年,但早期的人工神经网络模型与其他机器学习模型(如贝叶斯模型和支持向量机模型)相比并不是很成功。因为最初的人工神经网络的结构较浅,只有两到三层神经元。近年来,ANN 模型具有更深层的模型结构,包含数十甚至数百个神经网络层。在拥有大量训练数据时,更深层的 ANN 模型在预测精度方面更有优势(LeCun et al.,2015)。图 42.5 显示了随着训练数据量的增加,深度学习方法和传统机器学习方法的性能曲线。由该图可以看出,传统方法的学习性能首先随着数据量的增加而增加,然后达到性能瓶颈。由于传统方法的学习能力有限,更多的数据并不能带来更好的性能。对于深度学习方法,随着训练数据量的增多性能不断提高,这主要是得益于它的深度学习结构和强大的层次特征学习能力。

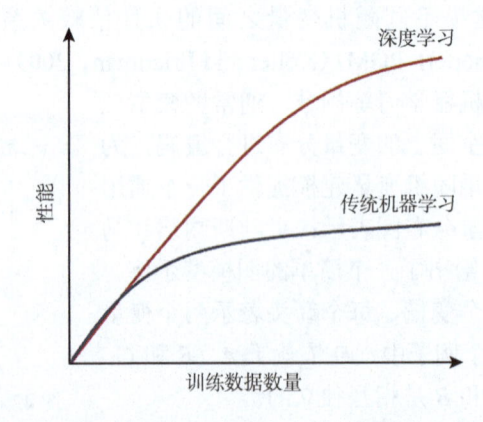

图 42.5 随着训练数据的增加深度学习和传统机器学习方法的性能曲线

第 42 章 城市计算中的 AI 和深度学习技术

除了针对大数据的强大学习能力,与传统机器学习相比,深度学习的另一个显著区别和优势是不需要手工提取特征,而是可以从原始数据中自动学习特征。图 42.6 给出了传统机器学习和深度学习的过程对比。从该图可以看到,对于传统的机器学习模型,给定原始输入数据,首先进行特征工程手动提取特征,然后将特征输入到机器学习模型中进行模式分类。对于深度学习模型,不再需要特征工程。深度学习模型采用端到端学习方式,同时进行特征学习和模型学习。

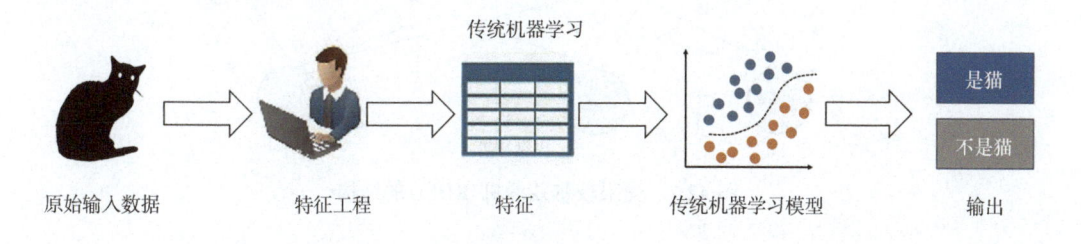

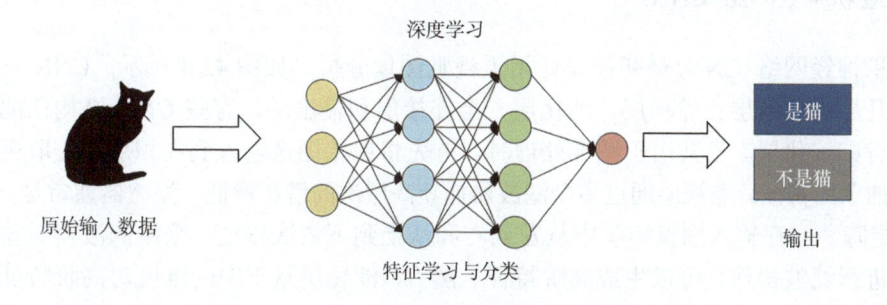

图 42.6 传统机器学习 vs 深度学习

深度神经网络(deep neural networks,DNN)、深度置信网络(deep belief networks,DBN)、循环神经网络(recurrent neural networks,RNN)、卷积神经网络(convolutional neural networks,CNN)等深度学习模型,已广泛应用于计算机视觉、语音识别、自然语言处理、音频识别、社会网络分析、机器翻译、语音识别、生物信息学、医学图像分析和城市计算等领域。在很多任务中深度学习模型可取得接近于人类的性能,在某些任务中甚至优于人类。接下来,我们简要介绍在城市计算任务中广泛使用的一些典型的深度学习模型。

1. 受限玻尔兹曼机(RBM)

受限玻尔兹曼机(restricted Boltzmann machine,RBM)是一种两层随机神经网络(LeCun et al.,2015),广泛应用于降维、分类、特征学习和协同过滤。如图 42.7 所示,RBM 一般包含两层:第一层称为可视层,其神经元节点为 $\{x_1, x_2, \cdots, x_m\}$;第二层为隐藏层,其神经元节点为 $\{h_1, h_2, \cdots, h_n\}$。RBM 的结构可以看作是一个全链接的二部无向图。RBM 中的所有节点通过无向权边 $\{w_{11}, w_{22}, \cdots, w_{nm}\}$ 跨层连接,但同一层的两个节点彼此不连接。标准类型的 RBM 具有二值神经元节点和偏置权值。根据特定的任务，RBM 可以通过监督或无监督的方式进行训练。

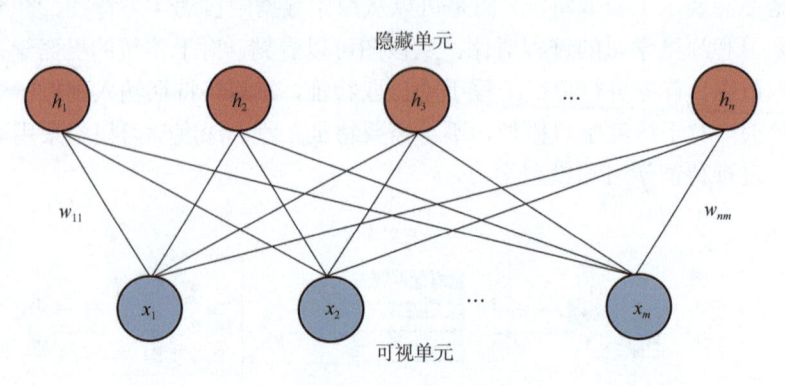

图 42.7　受限玻尔兹曼机(RBM)的结构

2. 卷积神经网络(CNN)

卷积神经网络(CNN)最初被设计用于视觉图像分析。如图 42.8 所示，CNN 一般包含如下几层：输入层、卷积层、池化层、全连接层和输出层。有些 CNN 结构在池化层之后还有归一化层。当其用于图像处理时，首先将原始图像输入到卷积层，提取更高层次和更抽象的特征。卷积层通过多个滤波器捕获高层次的潜在特征。滤波器通常是一个 $k×k$ 的矩阵，它在输入图像矩阵中从左到右和从上到下依次移动。采用滤波器对输入图像矩阵进行滤波操作，可以生成高阶特征。然后，池化层基于空间维度对高阶特征进行降采样操作，以减少参数数量。最后，堆叠的全连接层对池化层输出的高阶特征进行非线性变换。与传统的多层感知器神经网络相比，CNN 具有以下显著特征：三维神经元、局部连通性和权值共享，因此 CNN 在计算机视觉问题上具有更好的泛化性能。

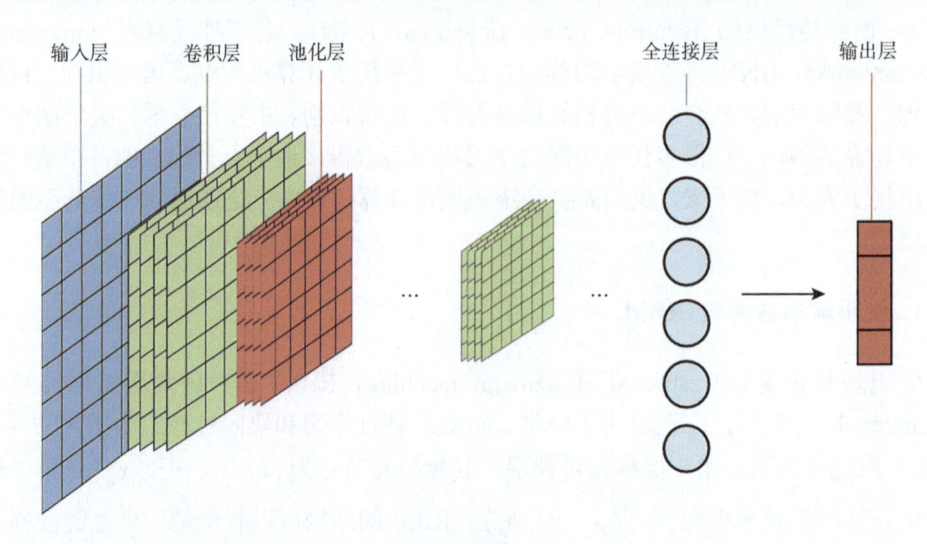

图 42.8　卷积神经网络(CNN)的结构

3. 循环神经网络和长短期记忆网络(RNN 和 LSTM)

循环神经网络(RNN)可用于学习输入数据的顺序特征,并根据数据的历史模式来预测未来的输出。它被广泛应用于语音识别、自然语言处理、时间序列数据分析等领域。图 42.9 为 RNN 的总体结构,其中 x_t 为输入数据,A 为 RNN 网络的参数,h_t 为学习到的隐藏状态。如图 42.9 所示,前一个时间步长 $t-1$ 的输出是下一个时间步长 t 的神经元的输入。通过这种方式,RNN 可以将过去时间段的历史信息存储并传递给未来预测。标准 RNN 模型的一个主要缺点是:梯度消失问题导致 RNN 只能存储短期记忆。为了解决这个问题,后来的学者发明了长短期记忆(long-short term memory,LSTM)模型。LSTM 能够捕获更长时间输入数据的依赖关系。与 RNN 相比,LSTM 有专门设计的存储单元以记忆输入的长期历史信息。如图 42.10 中间部分所示,LSTM 单元主要由以下三个门组成:输入门、遗忘门和输出门。输入门控制是否让新的输入进入,遗忘门控制是否忽略一些不重要的历史信息,输出门控制是否让历史信息影响当前输出。

图 42.9 循环神经网络(RNN)

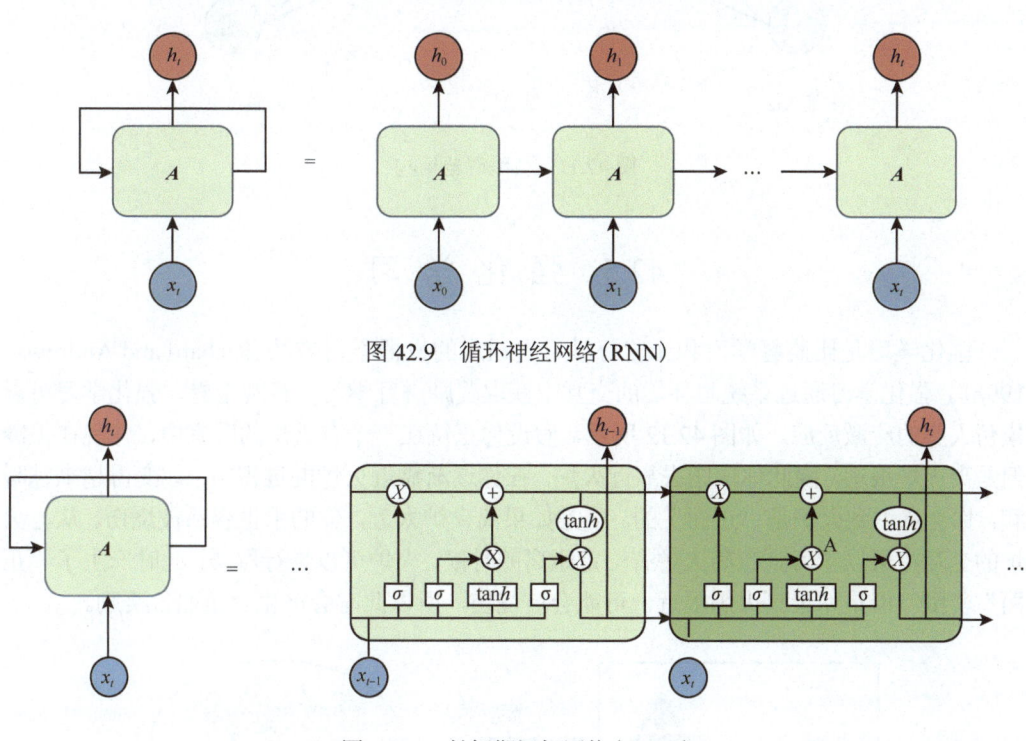

图 42.10 长短期记忆网络(LSTM)

4. 自编码器

自编码器(autoencoder,AE)是一种以无监督的方式学习数据压缩编码的人工神经模型(Hinton and Salakhutdinov,2013)。如图 42.11 所示,自编码器通常包含 3 种类型的层:输入层、隐藏层和输出层。原始数据首先进入输入层,然后由一层或多层隐藏层组成的编码器将其编码为隐藏压缩表征向量。接着一个由一层或多层隐藏层组成的解码器根据编码器得到的隐藏压缩向量对原始输入数据进行重构。自编码器可以以无监督的方式学习输入数据的压缩表示,因此也可被看作是一种降维方法。作为一种有效的无监督特征学习方法,自编码器可有助于很多下游的数据挖掘和机器学习任务,例如分类和聚类。堆栈自编码器是由多个自编码器堆叠在一起,其中当前自编码器的输出是下一个自编码器的输入。

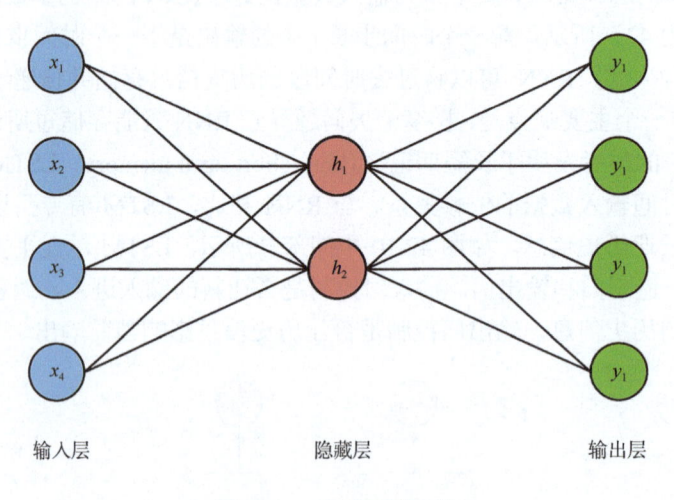

图 42.11　自编码器结构

42.5　强化学习

强化学习是比监督学习和无监督学习更通用的机器学习方法(Richard and Andrew, 1998)。强化学习通过系统与环境的交互中获取奖励进行学习。直观上看,强化学习可以模仿人类的应激反应。如图 42.12 所示,假设你正待在一个有火炉的卧室中,你现在很冷但是离火炉很远,因此你试图去靠近火炉。在你逐渐靠近火炉的过程中,你变得越来越暖和,你会意识到火炉是"正面"的。但是如果离火炉太近,你的手也容易被烧伤。从与火炉的交互中可以学习到当离火炉有一定距离的时候,火炉可以进行取暖,此时产生了"正面"奖励。但是如果离火炉很近,可能会被烧伤,所以此时会产生"负面"奖励。

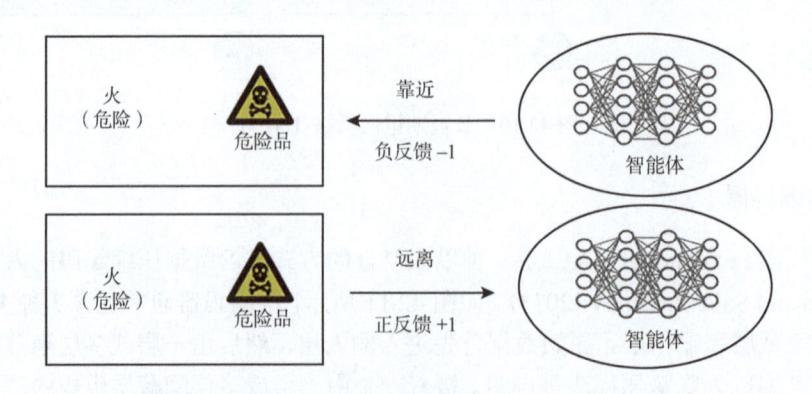

图 42.12　人类如何通过与环境的互动学习的示例

类似于人类通过与环境的互动进行学习，强化学习算法通过不断试错选择做出最合适的行动决策。图 42.13 说明了强化学习算法的一般思想，它包含四个关键要素：环境、奖励、行动、状态。强化学习智能体试图学习如何实现状态和行动的最优匹配来使长期回报最大化。因此，强化学习策略会选择增加可以获取正面奖励的行动，而减少会获得负面奖励的行动。

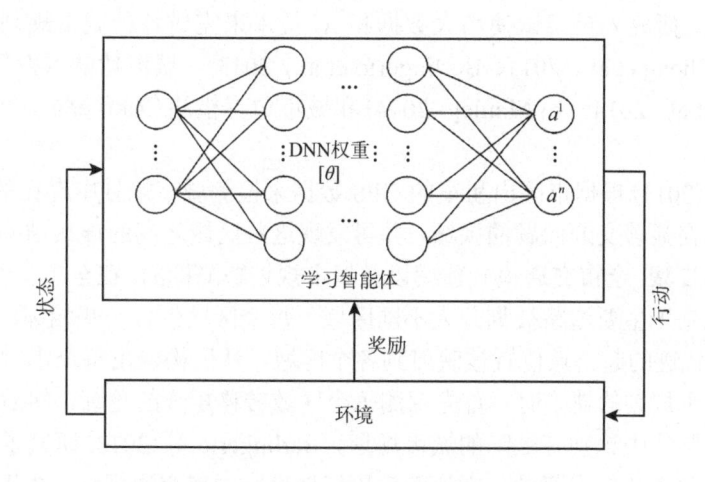

图 42.13　强化学习算法示意图

强化学习算法在智能机器人技术、最优控制、象棋游戏、策略游戏、飞行控制、导弹制导、决策预测、金融投资、城市交通控制等领域都有着广泛的应用。以上领域均需要强化学习来解决如何匹配最佳的状态和行动问题(Haldorai et al.，2019)。我们以城市交通控制为例，城市交通网络需要控制各个路口和道路的红绿灯。即使在没有专业领域知识指导的情况下，强化学习也可以通过指定的奖励规则，来自主学习最优的交通信号控制策略，例如车辆如何在最短的时间通过路口(Rizzo et al.，2019)。当前，由于城市计算问题的复杂性，通过强化学习算法来学习控制策略，仍然面临着计算时间复杂度很高的问题。然而，随着计算机计算能力的快速增长，强化学习将有助于计算智能向人工智能进化。

42.6　AI 技术在城市计算中的应用

如前所述，AI 技术被广泛应用于各种不同的城市计算场景之中，包括城市规划、智能交通系统、基于位置的社交网络(location-based social networks，LBSNs)、城市安全以及城市环境监测。接下来我们将详细讨论这些应用。有关城市交通方面的其他详细讨论，请参见第 28 章和第 29 章。

1. 城市规划

城市规划指的是与土地利用开发和城市设计有关的技术和政治过程，尤其指城市地区公众共享空间的设计。城市规划的目标是使公众生活的城市空间更安全、更健康、更宜居。由于需要考虑很多复杂因素，包括城市交通流、人员流动、城市兴趣点分布以及城市功能区等，城市规划是一项极有挑战性的工作。传统上，城市规划者需要通过各种调查来对城市规划进行决策，这种方法的问题是不准确、耗时且费力。在大数据时代，城市地区产生越来越多的数据，这些数据的有效使用有助于城市规划更加科学合理。最近，研究人员尝试使用大数据和AI技术来完成各种城市规划任务，例如道路网络规划(Zheng et al.，2011；Berlingerio et al.，2013)、城市功能区发现(Yuan et al.，2012；Zheng et al.，2014a，b；Manley，2014)和城市边界检测(Ratti et al.，2010；Rinzivillo et al.，2012)。

  Zheng等(2011)根据市区出租车的GPS数据来检测城市规划中存在的问题。他们的模型可检测存在显著交通问题的区域，并可发现这些区域之间的连接结构和相关性。该模型包含两个步骤：全市交通模式建模以及城市规划缺陷检测。在全市交通模式建模中，城市区域首先基于主要道路被划分为不同区域，每个区域包含一些相邻的社区。然后，出租车GPS轨迹的起讫点位置被映射到各个区域，从而构建出每个小时的移动区域矩阵。在检测城市规划的缺陷时，首先探测每个区域转移矩阵的轮廓，然后使用图模式挖掘的方法从天际线中识别有缺陷的城市规划。Berlingerio等(2013)研究了如何根据用户的大规模手机移动数据来帮助公交运营商更好地进行城市交通规划，并开发了一个名为AllAboard的系统，利用人群手机数据来优化公共交通。AllAboard首先通过大量的人群移动手机的定位数据来推断城市中的起讫点(origin-destination，OD)流。然后OD流被转换为现有公共交通网络的乘客人数。通过从公交网络流数据中提取出连续的出行模式，用以挑选出合适的候选公交路线。最后提出一个最优化模型来评估哪条新路线可以最大程度地提高现有公交网络容纳乘客的能力。

  城市功能区域是指以某个特定地理位置为中心的地理区域，它具有某种特定功能，例如教育、商业或交通区等。城市功能区的自动发现和识别，对很多城市计算应用都很有帮助，比如城市规划和城市管理。Yuan等(2012)提出一种数据驱动的方法DRoF，该方法可以通过区域之间的人流移动数据和区域内的POI分布来发现不同的功能区域。DRoF首先根据城市主干路和高速公路等主要道路，将城市划分为不同区域，然后通过一个基于图的概率推理模型来推断每个区域的功能。DRoF参考自然语言处理中的主题模型思想，将一个区域视为一篇文档，区域的功能看作主题，每条移动出行数据作为词。为使模型的推断更加准确，DRoF还将每个区域的POI分布作为辅助信息。他们根据北京12 000多辆出租车在三个月里生成的GPS轨迹数据对DRoF模型进行评估，结果表明，DRoF可有效识别九种人为标注的不同的功能区域。Manley(2014)通过在城市交通网络上应用社区检测算法来识别城市功能区域。交通网络是由大约150万条出租车的出行轨迹构建而成。从大量交通流数据中发现的社区，可以帮助城市规划者更好地了解城市的功能区结构。移动手机数据也可以用来表示人在城市不同地区的时空分布。例如，详细呼叫记录(call detail records，CDR)可提供正在拨打电话或发送消息的移动电话的位置信息，该信息可用于推断城市人口分布情况(Toole et al.，2012)，通过监督的分类算法可识别基于移动电话通话位置模式的功能区。

随着城市的快速扩张和人在不同城市区域之间的频繁移动,城市的边界和区域变化很快,这为传统方法检测动态变化的城市边界带来很大的挑战。为了解决这个问题,最近的一些研究使用人的移动数据或活动数据(例如 GPS 轨迹和 CDR 数据),通过数据驱动的方法发现城市区域的真实边界。Rattietal 等(2010)通过分析包含数十亿条人的移动数据构成的移动网络,提出一种新的城市区域划定方法。通过衡量给定城市区域之间居民联系的强度,该方法将该区域划分为不连续的较小区域,划分的标准是使每个人在不同区域之间的活动关联尽量少。该方法的有效性在包含 2 080 万个节点的大型人群交互网络上进行了验证,该网络是从英国的一个大型电信数据库中构建出来的。人群交互网络也可以从其他数据中推断出来,比如车辆 GPS 轨迹。Rinzivilloetal 等(2012)首先从车辆 GPS 数据构建的人群交互网络中提取城市区域聚类。然后,区域聚类被映射为城市的某个地区,以便与现有的城市行政边界进行匹配。

2. 城市交通

目前大多数车辆都安装了可实时定位和导航的 GPS 设备。车载 GPS 数据可有效实时反映城市交通状况,对于智能交通系统的构建至关重要。深度学习模型和传统机器学习模型都被广泛用于解决城市交通中的各种问题,例如交通流量预测(Zhang et al.,2019a,b;Du et al.,2019)和交通拥堵预测(Wang et al.,2015;Wang et al.,2016 a,b)。

为了解决传统交通流预测模型无法有效捕获交通数据的非线性、随机性和动态性的问题,Zhang 等(2019a,b)提出了一个深度交通预测模型(GCGAN),用来预测路网级的交通流量。GCGAN 模型的框架如图 42.14 所示,它结合了对抗学习和图神经网络。GCGAN 通过引入对抗训练损失使得预测结果更加鲁棒。如图 42.14 的上半部分所示,GCGAN 使用一个基于序列到序列的编码器-解码器框架来编码前一段时间的道路网络交通状况,并将解码的未来时间段交通状况作为预测。为了对交通网络中道路之间的空间相关性进行建模,在特征学习的生成器和判别器中都使用了图卷积神经网络(graph convolution network,GCN),并使用长短期记忆网络(LSTM)捕获时间依赖性。Du 等(2019)研究了使用各种类型的交通客流数据,包括地铁进出站、出租车和公交车流数据等预测城市里的交通客流问题。考虑到地铁线路、混合交通模式、中转站以及极端天气等复杂因素,Du 等(2019)提出了一种称为 DST-ICRL 的不规则卷积残差 LSTM 网络模型。该模型对交通网络中不同交通线路上的客流首先建模为多通道矩阵,这与图像的 RGB 像素矩阵类似。然后,提出一种结合不规则卷积残差网络和 LSTM 网络的深度学习框架,该框架可有效从乘客流量矩阵中学习时空特征表示。DST-ICRL 对短期和长期历史交通数据进行采样作为训练输入,从而捕获交通客流的周期性和长期趋势。虽然目前深度学习模型大行其道,但是当需要把多种不同类型的异构交通数据融合起来进行分析时,一些传统的机器学习模型,例如矩阵分解和马尔可夫模型等,可能会更加有效。

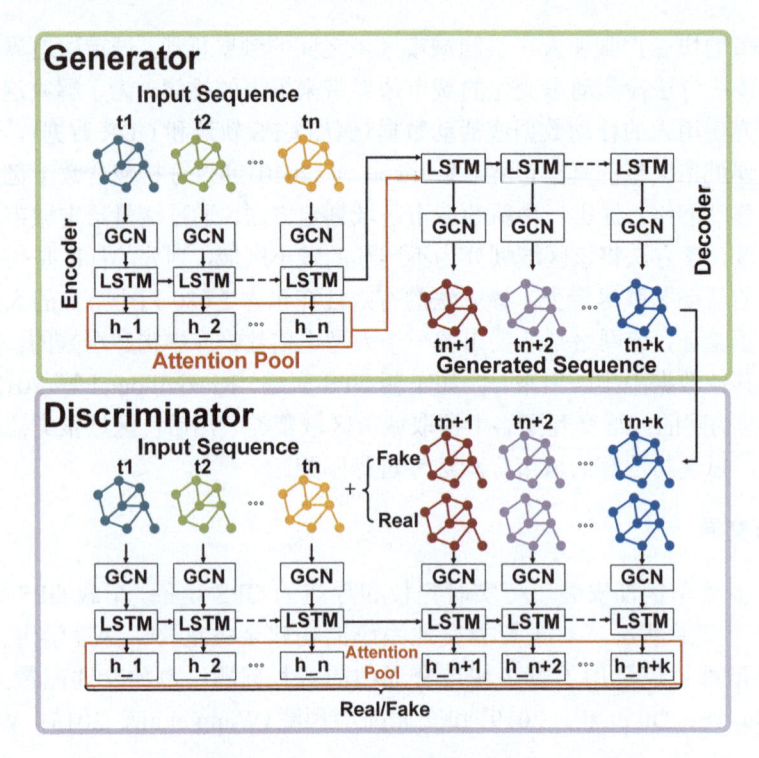

图 42.14 GCGAN 模型框架

  Wang 等(2015)使用矩阵-张量联合分解模型来融合多种类型的交通相关数据(包括社交媒体数据、社会事件数据、道路的物理特征和交通拥堵模式等)来推断城市内的交通拥堵状况。如图 42.15 所示,他们所提出的矩阵-张量联合分解模型,将交通拥堵矩阵 X 与拥塞相关矩阵 Z、事件张量 A 和道路特征矩阵 Y 进行协同分解。通过假设这些矩阵和张量在路段维度上共享潜在因子矩阵 U,上述矩阵和张量得以共同分解以实现信息融合。整个城市的交通拥堵矩阵可通过低阶隐藏因子矩阵 U 和 V 相乘得到。Wang 等(2016a,b)通过融合车载 GPS 数据进一步扩展了他们的模型。该扩展模型构建了两个交通拥堵矩阵:基于社交媒体数据的拥堵矩阵和基于车载 GPS 数据的拥堵矩阵。然后,通过将两个矩阵按权重进行加权整合得到最终的拥堵矩阵。Wang 等(2016a,b)提出了一个扩展的耦合隐马尔可夫模型(extended coupled hidden Markov model,E_CHMM)来整合车载 GPS 数据和社交媒体数据进行交通拥堵预测。图 42.16 给出了 E_CHMM 的框架,主要包括数据收集、处理和模型三个部分。该模型的输入数据包括车载 GPS 数据以及有关交通事件的社交媒体数据。该模型假设每个路段上交通事件的发生遵循多项式分布,而 GPS 记录的车辆行驶速度在每个时间段遵循高斯分布。模型中道路网络中每条道路的交通拥堵状态是未知的需要进行推断,车载 GPS 数据和从社交媒体数据中提取的交通事件是已知的观察变量。E_CHMM 模型旨在融合这两种类型的观察变量数据从而准确推断道路网络中隐藏的交通拥堵状态。

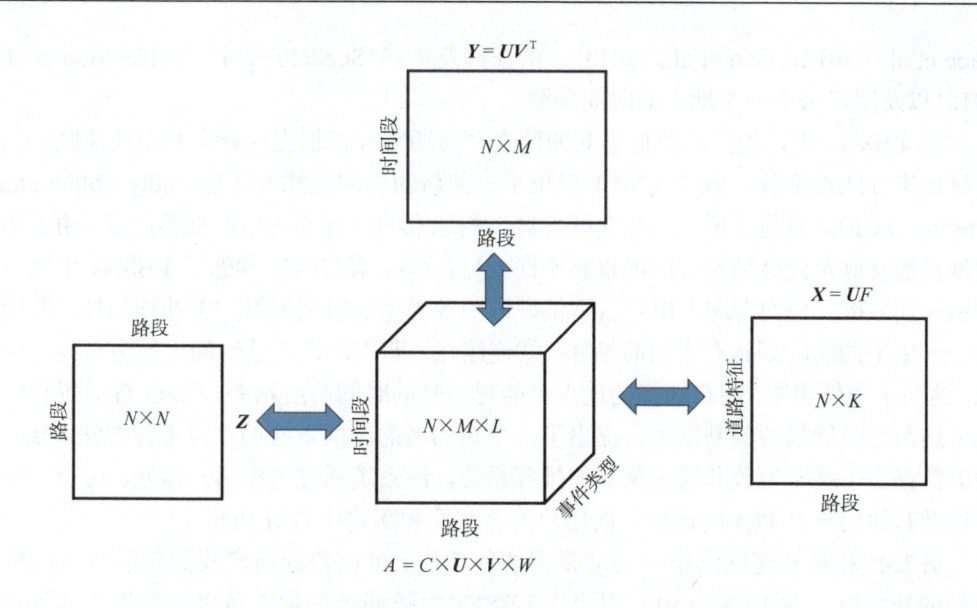

图 42.15　基于矩阵-张量联合分解模型的交通拥堵估计模型

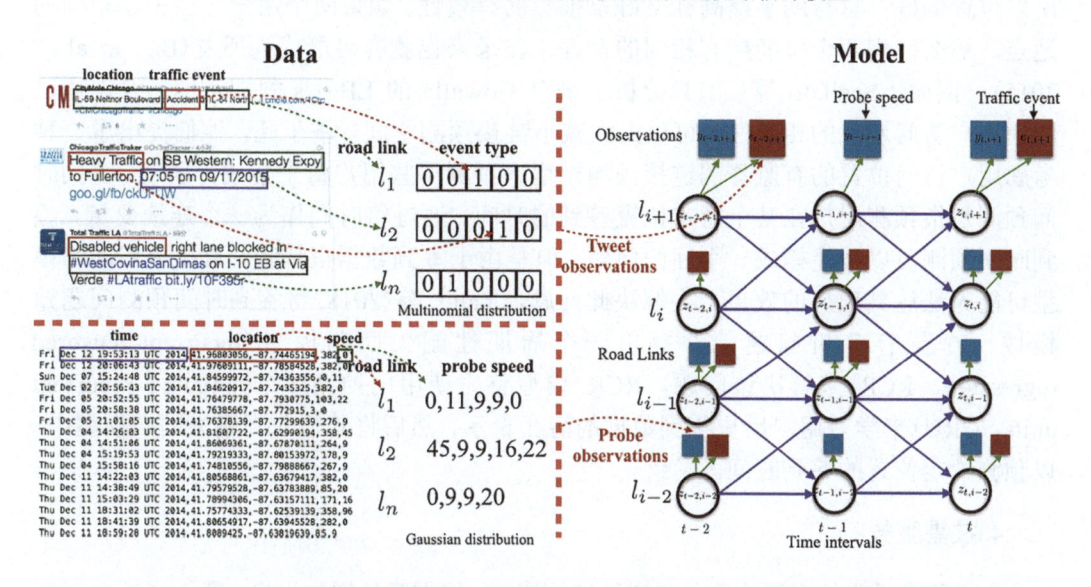

图 42.16　扩展耦合隐马尔可夫模型（E_CHMM）的交通拥堵预测模型

3. 基于位置的社交网络（LBSNs）

基于位置的社交网络，例如 Foursquare 和 Flickr 等，可以使用 GPS 功能对用户的实时位置进行定位，并允许用户通过移动设备向他们的朋友分享带位置信息的推文。由于这种类型的社交网络可以同时在现实世界和网络世界中连接用户，它们越来越受用户的欢迎。当用户遇到喜欢的餐厅、新的 POI 或旅游景点时，他们可以立即通过手机在 LBSNs 上签到，以便附近的朋友可以知道他们的位置并加入。AI 技术可用于支持 LBSNs 中的许多应用程序，包括用户下次可能去的地点预测、感兴趣的 POI 推荐（Yee et al., 2010;

Baoe et al., 2012; Gao et al., 2013)、潜在好友推荐(Scellato et al., 2011; Bao et al., 2015)以及用户去下一个地点的时间预测。

在LBSNs中，用户和他们喜欢的地点之间通常存在很强的社会和地理关联。为了更好地进行地点推荐，Ye等(2010)提出了一种新的协同过滤方法(friendly collaborative filtering，FCF)，它基于用户的社交好友对一些地点的评分来为用户推荐地点。由于用户对地点的喜好可能会随着时间的推移不断变化，Gao等(2013)考虑了LBSNs中地点推荐的时间效应。他们考虑了用户日常偏好的两种类型的时间属性：①非均匀性，即用户在一天中不同的时刻具有不同的偏好；②连续性，即用户在连续时间内的地点偏好更相似。这两个属性表明，用户选择的地点可能与当时的时间高度相关。因此，Gao等(2013)在上述两个时间属性的基础上，提出了一个新的考虑时间效应的地点推荐方法。Bao等(2012)提出了基于位置和考虑偏好的推荐系统，该系统通过考虑用户偏好、用户当前位置以及其他用户对POI的评论，向用户推荐餐厅和购物中心等POI。

好友推荐是社交网络中一类非常重要的应用，可以帮助用户找到新朋友从而扩大他们的社交圈。在LBSNs中，用户在LBSNs中访问过的位置可以体现用户的偏好，所以位置偏好信息有助于提高社交好友推荐的有效性。如果两个用户曾经去过相同的地点，那么他们两个可能拥有相同的偏好，在未来也就有可能成为朋友(Bao et al., 2015)。例如，Scellato等(2011)分析了来自Gowalla的LBSNs数据，他们发现通过考虑用户访问地点的相似性，可以大大减小链接预测空间。基于此，他们提出了一种考虑用户访问位置的有监督的链接预测模型来预测哪些用户将来会成为朋友。签到时间预测是指预测用户在某个特定位置签到的时间。通过将时间作为一个连续变量，签到时间预测可以被建模成一个回归问题。但是由于签到数据很稀疏，直接使用回归模型可能无法达到理想的效果。为解决此问题，Yang等(2018)将签到时间预测问题建模成一个生存分析问题，并提出一个周期性删失回归模型(recurrent-censored regression，RCR)来解决该问题。RCR模型首先使用门控循环单元(gated recurrent units，GRU)来学习用户历史签到数据的潜在表示，然后将其输入到删失回归模型中，以预测给定位置的签到时间。

4. 按需服务

由于移动手机的广泛使用和共享经济的盛行，按需服务例如优步、摩拜单车、滴滴、GoGoVan等越来越受欢迎。按需服务不断产生大量的订单数据，需要对其进行有效实时分析，以帮助服务提供商更好地满足客户需求，提升用户体验。按需服务中有许多很有挑战性的任务需要借助AI技术完成，例如供需预测(Wang et al., 2019, 2020)和用户行为预测(Wang et al., 2017a, b)。

Wang等(2017a, b)研究了按需物流服务的订单响应时间预测问题。在按需物流服务中，用户可以通过移动App下单，注册货车司机会在很短的时间内(通常不到几分钟)响应这些订单。通过这种在手机上安装的在线App下订单，比传统的通过货车呼叫中心的物流服务方式更便捷高效。由于货车司机对平台发布的送货订单的响应时间在很大程度上可以反映司机对订单的偏好，所以准确预测响应时间对于帮助服务商提升服务质量非常重要。Wang 等(2017a，b)将响应时间预测任务建模为矩阵分解问题，并提出耦合稀疏矩阵分解模型，融合多源异构的稀疏数据，包括历史订单数据、用户个性化需求和位置数据等，以获得更准确的预测。目前，无桩式共享单车系统在中国已经成为一种新型的按需服务。通过安装在手机中的 App 扫描自行车上的二维码，用户可以在任何地点方便地借车和取车。无桩共享单车系统的供需分析对于高效的系统管理来说是一个重要的挑战。Wang 等(2019，2020)提出了一种数据驱动的方法推断无桩单车共享系统中不同区域不同时间段的自行车需求-供应情况。该方法的基本想法是，在城市大规模部署共享单车之前，系统运营商首先在某个特定区域预部署数量相对较少的单车进行数据收集。该地区的单车需求情况可以从观察到的单车使用数据中直接估算出来，然后，它们被用于推断该城市其他地区的单车使用需求。Wang 等(2019，2020)通过将区域和时间作为单车使用需求和供应矩阵的两个维度，将该问题建模为矩阵补全任务。

CNN 和 LSTM 等深度学习模型也被广泛应用于按需服务中的供需预测。Lin 等(2018)提出了一个图神经网络模型来预测大型共享单车网络中每个站点每小时的需求情况。此模型结合图卷积神经网络和 LSTM 学习站点之间自行车使用的潜在相关性。Wang 等(2017a，b)使用深度学习方法，研究了在线叫车服务的供需预测问题。他们提出了一个名为 DeepSD 的端到端学习模型，该模型使用一个新的深度神经网络结构自动从叫车服务数据中发现复杂的供需模式。

5. 城市安全

城市犯罪、交通事故和自然灾害严重威胁着城市安全。在大数据时代，城市安全相关的各种数据，例如犯罪和交通事故等，都可以被记录并存储在数据库中。近年来，越来越多的学者研究是否可以及如何应用 AI 技术来分析这些数据，以帮助应对各种与城市安全相关的挑战，例如灾难检测(Lee and Sumiya，2010；Song et al.，2013)和犯罪预测(Duan et al.，2017；Huang et al.，2018)。

Lee 和 Sumiya(2010)通过从 Twitter 收集大量推文，开发了全国性的地理社会事件检测和监控系统。他们提出的地理社会事件检测模型包含以下三个主要步骤：①使用 Twitter 监控系统收集带有地理标记的推文；②识别 Twitter 用户的兴趣区域并测量人群行为的地理规律性；③通过与历史规律性的比较检测地理社会事件。Song 等(2013)基于大量人们在日常生活中的真实移动数据，对日本东部大地震和福岛核事故期间人们的疏散行为进行了分析和建模。他们构建了人口流动数据库来存储和管理全日本约 160 万人的 GPS 人口流动数据，并且使用概率推理模型来有效地表示人们的移动模式。他们提出的模型可以帮助研究人员更好地了解灾害期间的人类疏散行为，以及这些行为如何在灾害期间受到不同城市的影响。Song 等(2013)开发的系统可用于模拟和预测灾害发生时的人口流动模式，以改进未来的城市救灾管理。

许多政府和执法机构将城市犯罪数据(例如犯罪类型、位置和时间信息)公开，以方便研究人员通过 AI 技术对犯罪数据进行分析。AI 技术在犯罪数据分析中的一个重要应用是犯罪预测。Huang 等(2018)开发了一个基于深度神经网络的犯罪预测框架，称为 DeepCrime。DeepCrime 可以学习不同的犯罪模式,并通过捕捉到不同类型犯罪事件之间不断变化的相互依存关系,更有效地预测未来各个地区犯罪事件的发生。DeepCrime 采用一个地区-犯罪类别交互编码器学习地区和已记录的犯罪类别之间的复杂交互关系,然后采用一个分层的循环网络框架,来共同编码犯罪模式的时间动态性和犯罪数据与其他数据(如 POI)之间的内在相互关系。最后,采用注意力机制来捕捉未知的时间相关性,并自动为不同时间学习到的隐藏状态分配重要性权重。Duan 等 (2017)将深度卷积神经网络应用于自动提取典型的犯罪特征和犯罪预测。他们首先将城市区域划分为网格区域;然后将所有网格区域中的犯罪数据视为一个图像,其中每个网格区域视为一个像素,犯罪数量是像素的灰度值;最后采用 CNN 在犯罪图像数据上进行特征提取。

6. 城市环境监测

城市中部署了大量的传感器以实时监测各种城市环境变量、天气条件和空气质量指数(air-quality indexes,AQI)。通过收集这些传感器感知的大量数据,结合人工智能技术进行数据处理和分析,可以实现智能环境监测。现在很多大城市已经在城市中的不同位置建立了空气质量监测站以收集实时空气质量指数,如 $PM_{2.5}$、NO_2 和 CO。但是由于建造和维护这些监测站的成本很高,城市中只能建造有限数量的监测站,很难准确获取整个城市的 AQI 数据。Zheng 等(2013)通过将有限位置的 AQI 数据与其他类型的数据(包括气象、交通流量、人员流动、道路网络结构和 POI)相融合,推断出全市的细粒度 AQI。他们提出了一个基于协同训练框架的半监督学习方法,该方法使用一个人工神经网络来模拟不同位置的 AQI 之间的空间相关性,以及一个时间分类器来模拟 AQI 位置的时间依赖性。Cheng 等(2018)提出了一个名为 ADAIN 的深度学习模型用于城市空气质量推断。ADAIN 结合了前馈和循环神经网络,可有效地对静态和顺序特征进行建模,并有效地捕捉深层特征之间的交互关系。ADAIN 的池化层还使用了注意力机制,以自动学习不同监测站的特征权重。

由于大城市人口的快速扩张,城市噪声污染对公众健康产生了日益严重的威胁。AI 技术还可用于帮助监测、估计和分析城市噪声。Rana 等(2010)设计了一种名为"Ear-Phone"的端到端参与式城市噪声映射系统。Ear-Phone 利用了压缩传感技术从众包噪声污染数据获得的不完整随机样本中恢复出完整的噪声图。噪声数据通过安装在移动电话上的传感器进行采集。Zheng 等(2014a,b)研究了如何利用包括市民对城市噪声的投诉数据、社交媒体数据、道路网络数据和 POI 数据等多源数据推断细粒度的城市噪声情况,例如纽约市每天不同时间段的噪声污染指标和噪声成分。纽约市的噪声情况首先被建模为三维张量,张量中的三个维度分别代表区域、噪声类别和时间段,然后通过采用情境感知的张量分解方法填充张量中缺失的元素值,最终推断出整个纽约市的噪声情况。

42.7 总　　结

近年来，从城市空间生成的海量数据中挖掘知识以支持各类城市计算任务，有力支撑智慧城市建设是一个十分重要且具有很大挑战的研究课题。城市空间中不断产生的大量异构数据以及以深度学习技术为代表的人工智能技术的不断发展，为我们提供了应对城市计算重大挑战前所未有的机会。在本章中，我们全面总结了在城市计算中人工智能技术的应用所面临的挑战、采用的方法和框架，并对城市计算的应用领域进行了分类。为了解决从城市大数据中挖掘潜在知识的独特挑战，我们介绍了广泛应用于城市计算的各种传统的人工智能技术和近年来流行的深度学习模型，包括监督学习、半监督学习、无监督学习、矩阵分解、图模型、深度学习和强化学习。我们还对人工智能技术在不同的城市计算应用进行了分类，包括城市规划、城市交通、基于位置的社交网络(LBSNs)、城市安全以及城市环境监测。

第43章 微观模拟

Mark Birkin

摘 要

微观模拟起源于经济学和金融分析，现在已经成为空间分析的重要技术。该方法依赖于将人口普查总表(有时由个人层面的样本数据加以补充)转变为个体和家庭的合成集合。微观模拟生成的单个记录可以被灵活地聚合到小区域，彼此连接并创建新的属性，并在稳定条件下或在"假设"政策情景的背景下对未来进行预测。本章概述了微观模拟的基本构建模块，并展示了如何在一个具有代表性的实际应用程序中组合这些模块。本章认为，通过改进计算、同化数据至模型，以及提高处理不确定性和变化性的能力，微观模拟可以取得进一步的发展。我们还希望创建更复杂的架构以反映微观人口结构、供应侧的基础设施和城市环境之间的相互依存关系。

43.1 微观模拟背景

20世纪50年代，GuyOrcutt提出了微观模拟模型(microsimulation models，MSM)。该方法最初被认为是评估经济和金融政策的分配影响的一种强有力的方法。该方法的本质和显著特征是，它通过对代表典型个人或家庭的离散实体进行详细论述和分析来实施，与计算特定类型出现次数的基于数组的表现形式形成对比。例如，在对政策引起的变化进行评估时，这些变化都取决于主体的年龄、婚姻状况和收入。微观模拟方法将人口定为个人列表，以年龄、婚姻状况和收入为特征，更新的税收规则可以很容易地应用到这些特征上。将一个或多个离散规则应用到元素列表以确定结果的概念("列表处理"，见下文)是微观模拟建模方法的中心特性。之后可以根据需要将单个元素组合成组进行横断面分析("灵活的聚合"，见下文)。

在人口特征列表中添加空间标签为引入地理元素提供了一个直接的方法。空间微观模拟方法在医疗保健系统、教育、交通和可移动性、劳动力市场、零售业以及人口统计分析中很受欢迎。通常，模型规则(或参数)的空间分解可以进一步增加价值，例如通过指定人口统计模型中基于地点的迁移率变化，但这不是该方法必须的要素。正如经济微观模拟模型最初是为了研究规则变化的影响而建立的，空间微观模拟模型同样适合于评估涉及参数变化(例如，未来人口变化)，或提供基础设施或服务后的情境。因此，这些模型可以成为城市规划空间决策支持系统强有力的组成部分。

空间微观模拟方法的另一个重要特征是，它们可以用来探索政策或环境对整体人口的影响，即使个人或家庭的详细概况无法获得。相关方法通常涉及对单个记录的合成估计，而且我们通常使用汇总数据或等效方法进行迭代比例拟合。汇总数据通常很容易从人口普查等来源获得，而 MSM 是一种利用这些数据的非常有效的手段。然而，这些方法也可用于挖掘真实的个人记录，这些记录在大数据时代逐渐变得可用，例如通过政府部门、服务运营商和面向消费者的机构获取数据记录。由于这种类型的单个数据库很少是全面的或具有完全代表性的，在这种情况下，为了最大限度地提高它们的价值，重新为样本赋予权重十分重要。

在本章中，我们将介绍微观模拟建模中的基本问题和概念。我们需要通过一个理想化的但具有意义的例子来描述其主要的特点和技术。在此背景下，我们将概述一个更实际和更强大的实施方案，它是用于评估基础设施的一个具体但广泛的 MSM 项目。我们将结合主要的案例研究和其他相关的应用来讨论目前空间微观模拟建模的一些主要研究领域和进一步发展的潜力，并得出结论和对事实的思考。

43.2 方法与概念概述

1. 人口合成

在处理空间数据时，通常情况下，一组小区域的各种属性的计数范围是已知的。如表 43.1 中的示例，它包含了横跨一个区域中的四个典型区域的分布。这些是研究人员多年来从人口普查和调查中获得的数据。五个变化维度包含生命阶段、家庭规模、房屋类型、汽车拥有量和社会经济状况，这些在不同地区类型中自然会存在差异。例如，城市地区有更多的人住在平层(公寓)，学生区年轻人高度集中，农村区域的汽车拥有率最高。

表 43.1　四个理想城市地区的人口分布

项目		1. 城市	2. 农村	3. 学生区	4. 郊区
生命阶段	年轻人	500	100	400	100
	家庭	100	200	300	500
	空巢	100	300	200	300
	退休	300	400	100	100
家庭规模	独居	600	200	750	200
	多人	400	800	250	800
房屋类型	住宅	400	800	200	800
	公寓	600	200	800	200
汽车拥有量	有车	400	800	200	600
	无车	600	200	800	400
社会经济状况	管理	250	600	200	800
	体力劳动	750	400	800	200

微观模拟的本质是用合成的个体替代每个属性的个体总数。例如，在区域 1 中，我们使用一个 1 000 人的列表，每个人有 5 个属性，而不是让每个州的每个可能属性加起来为 1 000。在早期的应用中(如：Birkin and Clarke，1988，1989)，采用了直接的顺序估计过程。我们假设第一个要估计的属性是生命阶段，然后，我们将立即在区域 1 中创

建 500 个年轻人、300 个有家庭者、100 个空巢老人和 100 个退休人员。区域 2 有 100 个年轻人，以此类推。

接下来，我们添加汽车拥有率，由于区域 1 的汽车拥有率为 40%，则会有 200 名年轻人拥有汽车，300 人没有。对于房屋类型、家庭规模和社会经济状况等属性，我们将继续这一过程。每个属性组合的模拟个体数可以表示为

$$X_i^{km} = \prod_k \left(p_i^{km}\right) X_i^{**} \tag{43.1}$$

式中，m 是 i 区域中与属性 k 相关的特征，其中 X 是计数，p 是概率。

例如，在模拟的区域 1(城市)中，数量最多的群体将拥有一个反映每个属性最多特征的概括，即没有车、独居在公寓、从事体力劳动的年轻人。本组成员将出现 81 次（=0.5×0.6×0.6×0.6×0.75×1000）。一个很自然地表示这一群体成员的方法是简单的列表(11222)——生命阶段是 1(年轻人)，家庭是 1(独居)，房屋类型是 2(公寓)，拥有汽车是 2(无车)，职业是 2(体力劳动；见表 43.1)。读者应该很容易就能理解，区域 2 中数量最多的分组是(42111)；在区域 3 中，它将是(11222)；区域 4 是(22111)。

这种过于简单的表现方法的争议点在于，它将每个区域很小的数量($N=12$)整合成为拥有五个属性的 1 000 人的列表($N=5000$)。这种方法的价值无法立即显示出来——但它最终会更加明显。另一个问题是，一个地区的居民数量(在实践中很少是一个方便的数字，如 1 000)乘以一些概率的乘积不太可能得到一个简单的整数值。这个问题通常通过在 MSM 中使用蒙特卡罗抽样(Monte Carlo Sampling)来解决——如果有独居概率为 60%，那么我们就通过抽签或随机数字来分配家庭规模。如果这个数字小于 0.6，那么结果就是独居(2013 年，Lovelace 和 Ballas 在一个更加复杂的展示和讨论案例中，使用整数权重来避免可能导致空间微观建模中个人或房屋在分配时出现分数的问题)。

2. 迭代比例拟合

对于第 1 小节中简化例子的另一个明显的争议是，特征之间相互独立很难是一个合理的假设。比如，无论地理位置如何，与失业者相比，富裕的白领工人更有可能是有车一族；年轻人更有可能是公寓住户；等等。

这个问题通常用迭代比例拟合(IPF)来处理。在上面的例子中，实际假设 5 个属性的复合概率可以被组合为 5 个独立约束向量的线性组合，即：

$$p\left(x_i^{k1}, x_i^{k2}, x_i^{k3}, x_i^{k4}, x_i^{k5}\right) = p\left(x_i^{k1}\right) p\left(x_i^{k2}\right) p\left(x_i^{k3}\right) p\left(x_i^{k4}\right) p\left(x_i^{k5}\right) \tag{43.2}$$

实际上，更复杂的表将生成更好的估计值。例如，在英国 2011 年人口普查中，可以使用按年龄划分的汽车拥有量(V_1, V_4)、按年龄划分的社会经济地位(V_1, V_5)、按年龄和不动产划分的家庭规模(V_1, V_2, V_3)以及按年龄和社会经济地位划分的家庭规模(V_1, V_2, V_5)。IPF 提供了将这些多维约束组合成一套综合概率分布估计的方法：

$$p\left(x_i^{k1}, x_i^{k2}, x_i^{k3}, x_i^{k4}, x_i^{k5}\right) = f^{IPF}\left[p\left(x_i^{k123}\right) p\left(x_i^{k125}\right) p\left(x_i^{k14}\right) p\left(x_i^{k15}\right)\right] \tag{43.3}$$

顾名思义，这一过程的机制包括连续调整组合概率分布以使其与每个概率子集保持一

致性。众所周知,这个迭代过程对绝大多数相关问题具有鲁棒性和收敛性(Fienberg,1970; Lomax and Norman,2016)。此外,IPF 可以进行扩展以适应具有复杂交互的大量约束。

3. 重新加权

IPF 为创建跨属性集的组合概率分布提供了一种强大而有效的方法。然而,该方法依赖于从总数据中对单个数据进行统计估计。另一种方法是使用直接在个体层面生成的数据。例如,假设一个地方当局持有住房福利索赔人的数据,那么就有可能直接估计福利规则改变对该群体的影响。但是,即使在这种情况下,变化通常会引入新的目标群体。因此为了确定受影响的群体,需要对群体进行一些更全面的模拟。MSM 为这种情况提供了广泛评估的手段。

更典型的情况是,一些个人数据样本可能是可获取的(例如,英国人口普查中的匿名记录样本,或美国的公共使用的微观样本(public use micro-sample,PUMS))。如果抽样是鲁棒的,那么这类数据就可以在底层总体中保持跨属性关系。现在微观模拟的任务是重新为样本数据赋予权重以表现小区域的性质。所以在上面的例子中,我们希望在重新构建学生区域的人口时,对仍在接受教育的年轻人采用更高的权重以及在农村对车主过采样等。现在,该过程必须确保以这种方式生成权重:当数据被聚合时,所有已知的约束条件可以被查看。实际上,解决这个问题的一般方法是:从一个样本总体中随机抽样,然后转换单个记录以提高对已知约束的拟合。允许反向算法的模拟退火算法特别有效(Harland et al.,2012)。尽管遗传算法和其他启发式算法,如禁忌搜索,也被应用于处理该问题(Williamson et al.,1998;Zhu et al.,2015;Zhu et al.,2015;Lidbe et al.,2017)。

4. 数据链接

MSM 方法的一个基本特征和优点是能够增厚数据集,也就是说,从有限的属性集扩展至更广泛的特征范围。在第 1 小节的例子中,这是通过向不同的人口普查表中添加独立的新特征来实现的。引入 IPF 后,新属性就能通过一组复杂的相互关系与现有属性相关联。解决这个问题的一种更普遍的方法是链接数据集。当数据从单个样本重新加权时,这种方法特别有用。

假设我们继续讨论这个例子:人口的特征是年龄、社会经济地位、汽车拥有量等。在生活方式的数据集中,受访者根据年龄、汽车拥有量和职业申报了他们的收入。链接问题只是通过将生活方式数据与 MSM 的主要人口统计数据联系起来,并增加一个收入属性。对于简单的问题,可以通过创建一组与各种自变量相关的不同收入状态的条件概率,然后使用前文提到的蒙特卡罗抽样来实现。一种更通用的方法是在每个数据集中的单个记录之间建立相似性,然后将这些记录组合起来。如果数据中的记录数量相对于属性组合较大,那么可能导致目标数据库中有多个匹配记录。同样,这种情况可以通过蒙特卡罗抽样来解决,即随机选择任何匹配记录。如果属性组合的数量非常多,或者链接的样本非常少,那么可能无法实现完美匹配。另一种方法是在数据集之间创建概率链接,这样链接问题就是在目标数据集中找到一个与原始记录高度相似的记录。这是一个棘手的问题,因为很难将(比如说)两个除了性别不同以外在各方面都相似的人与两个其他属性完全相同的人(除了一个是车主,而另一个不是)等同起来。Burns 等(2017)提出并实现了解决这一难题的方法:跨序数、名称和类别数据集的通用应用。当然,这种方法可以很容易地扩展到多个属性的链接,无论是按顺序还是同时进行的(例如,包含了支出、爱好或态度的生活方式数据集)。

5. 高效的表示与灵活的聚合

在上文第 1 节中,有人提出一个问题,为什么把人口不多的城市表示为列表更好,而不是列成数组。只要属性和类的数量变得越来越多,这种方法的价值就会更快显现出来。Van Imhoff 和 Post(1998)用纯粹的人口统计学术语描述了一个重点关注生育的子模型的例子。怀孕的可能性应该会因母亲的年龄大幅改变。假设母亲年龄在 15~44 岁之间,且根据婚姻状况(已婚、单身、丧偶或离异),家庭规模(0、1、2、3、4+),社会经济情况(6 类),受教育程度(4 类),就业状况(3 类),种族(6 组)和职业(4 级)。划分属性在这种情况下,潜在的独特状态的数量显然是 30×4×5×6×4×3×6×4=1 036 800 万。因此,在任何一个育龄妇女少于 100 万的城市或地区,以个体列表的形式来代表这一人口群体更有意义,而不是以一个包含多个个体的庞大数组的形式。引入一些额外的属性(可能是伴侣的健康状况、社会经济地位和教育程度),同样的考虑也同样适用于一个大的国家。

当研究小区域时,这个问题尤为重要,特别是当存在交互时,例如迁移、通勤或零售流动。例如,利兹市(Leeds)是个超过 1 000 个人口普查输出区域的地理范围。当考虑它新的住房开发、交通基础设施投资或零售供应时需要考虑这个问题。在这些地区之间,显然有超过 100 万对出发地-目的地的组合——远远超过了城市里的工人、购物者或搬家工人的数量。因此,空间 MSM 模型为有效表征不同地理尺度下人口群体的结构和相互作用模式提供了有力的基础。

只要相关的属性被适当地嵌入到底层数据模型中,将人口以个体或家庭的原子级表示,也可以灵活聚合到任何所需的空间或部门细节级别。当然,人口普查本身使用一个完整的(或几乎完整的)个人和家庭的记录,然后在社区和地区的特定领域对这些数据进行汇总——如我们上面看到的;例如,按户主年龄划分的汽车拥有量或家庭构成。如果汽车拥有量、家庭组成和户主年龄连同空间标识符都包含在 MSM 中,那么复制这种逻辑就很简单了;如果需要的话,这三个变量还可以同时交叉列出。如果将 MSM 扩展到包括 20 个、30 个或 40 个以上的变量,那么潜在的属性组合将变得更多,对广泛问题的多样观点的范围也将变得非常丰富。

6. 列表处理

MSM 的另一个重要优势是能够对人口的单个单位应用规则。一个简单而常见的例子是在不断变化的税收制度中应用:新预算的影响可能是根据户主的收入和婚姻状况而改变所得税;改变燃油税的影响将取决于车辆的拥有率和利用率;对烟酒征收关税的影响因具体的行为和习惯而异。只要基础人口中已经包含了决定因素(如收入、汽车拥有量、酒精消费等),就可以很容易地通过 MSM 计算出每个因素。这意味着不仅可以估计税收当局的潜在利益,还可以评估当前税收制度对人口子群体或城市小区域人口的分布影响。列表处理的概念可以以一种不同的形式应用于随时间变化的人口预测问题，但具有相似的能力和影响。例如，与年龄属性(以年为单位)相关，如果我们希望以一年为间隔在时间上预测一个群体，那么年龄也会在每个间隔上加一。其他人口统计过程，如婚姻、移民或劳动力市场内部的过渡，可能受制于阶层之间的过渡率。在这种情况下，通常可以通过条件概率的蒙特卡罗抽样来处理状态的变化(例如，根据年龄、性别和经济活动)。

43.3　例子：国家基础设施模型

1. 概述

2010 年，来自七所英国大学的研究人员开始在一个研究理事会项目上合作，探索未来的基础设施选项、需求和未来场景。基础设施转型研究联盟(Infrastructure Transitions Research Consortium，ITRC)考虑了交通、能源、水、废物和 IT 这五个部门，与公用事业、工程师、地区和地方供应商合作，并通过国家基础设施委员会(National Infrastructure Commission)担任政府的可信顾问。第二阶段的资金将持续到 2020 年，重点是多尺度基础设施系统分析(multi-scale infrastructure systems analytics，MISTRAL)，包括将经验转化应用于国际背景。

基础设施项目是昂贵的，但无论从财务、社会或环境方面衡量，投资回报都是长期的。国际红十字会有一个展望 21 世纪末的时间框架。为了更详细地了解基础设施的需求及其空间和部门组成，国际研究中心要求对未来人口进行高度分散的估计，包括与个人属性、家庭分组以及社区和小区域的特征有关的估计。

ITRC 评估过程的总体结构如图 43.1 所示。ITRC 使用 MSM 为五个基础设施部门的需求估计过程提供人口统计输入。MSM 能让个体拥有丰富的属性，包括人口统计、社会和经济概况、住房、健康和劳动力市场特征。研究团队中的领域专家对代表基础设施需求的主要驱动因素中最重要的直接或近似的度量属性达成了共识。与来自市场研究

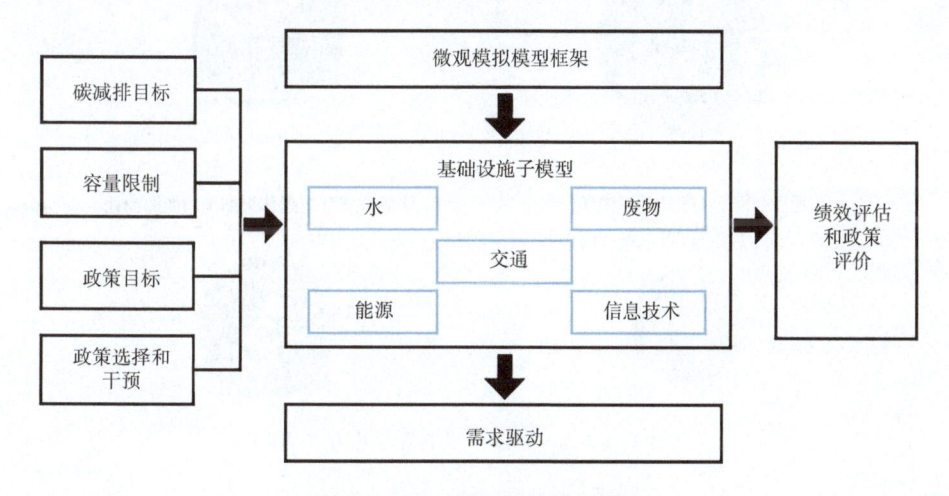

图 43.1　基础设施评估模型结构

调查的消费数据或服务使用的直接测量数据(例如来自智能电表、传感器或公用事业账单)相关联,可以很容易地将人口估计转化为基础设施需求。每一个由 MSM 驱动的需求子模型都与供应端表示和政策选项相关联,以便为基础设施评估提供丰富的决策支持结构。在下一小节中,我们将探索细节并给出一个特定的示例。

2. 空间 MSM 在能量建模中的应用

(1)人口重构:在 ITRC 开发的第一阶段,英国人口数据对匿名记录样本(sample of anonymized records,SAR)进行重构(Thoung et al., 2016)。每个 SAR 的元素都代表 2011 年人口普查的一个真实的个人或住户,该住户的小范围标签和其他可能的标识已被删除以保护调查对象的隐私。因此,SAR 包含人口普查的所有人口和社会经济特征,包括年龄、婚姻状况、族裔、一般健康状况、教育、职业、汽车拥有量、家庭组成、租赁权、住宅类型和其他一些因素。

使用利兹市开发的模拟退火算法(Harland,2013),SAR 被重新加权,以反映每个人口普查输出地区(一个典型规模不超过 200 户的社区)的组成。

Zuo 和 Birkin(2014)描述了一种创建指示性行业(能源)需求估计的方法。英国住房调查(English Housing Survey,EHS)包含了对 17 000 个家庭的深入的家庭访谈和实际调查。EHS 根据燃料类型和用途了解了能源消费和支出的概况,以满足丰富的人口和住房特性选择。MSM 采用卡方自动交互检测(chi-square automatic interaction detection,CHAID)方法,根据居住类型、家庭规模、户主的年龄和职业、生命阶段和家庭组成,将 MSM 和 EHS 中的家庭分为 41 类。然后,将 MSM 和 EHS 的记录进行简单的概率匹配(即从相关聚类中随机选择 EHS 的记录)。图 43.2 显示了不同家庭类型的一些能源消耗对比概况。

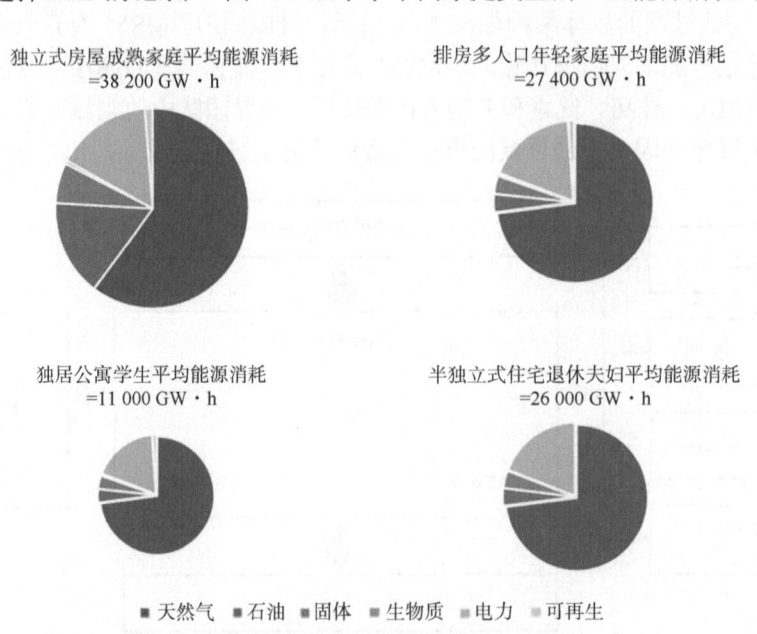

图 43.2 家庭能耗微观模拟结果

(2) 人口预测：利用英国国家统计局(Office for National Statistics，ONS)中国家和次国家人口预测(sub-national population projections，SNPP)的数据，对 ITRC MSM 的基础人口进行了及时预测。国家预测为人口老龄化、生育率和死亡率("自然变化")的估计提供了基础，而国家人口计划允许引入迁移和对当地地区的自然变化参数进行校准。因此，这一过程的本质是使用人口变化率(生育率、死亡率和迁移率)的组合列出和处理基础人口。对参数估计进行管理，以确保模拟输出与 ONS 区域和人口概况的一致性。更多细节见 Zuo 和 Birkin(2014)以及 Thoung 等(2016)的工作。

这一模拟过程为英国国家统计局的估算提供了相当丰富的内容，允许对分区域预测进行详细的空间分解(这些预测仅在 25 年的规划水平上可用)，并对国家中期(50 年)和长期(75 年)的预测进行外推。在 ITRC 中，MSM 的灵活性也通过使用变异总体预测得到了充分的利用。在向决策者提交的大部分工作中，提出了 8 个情景，说明了未来技术、富裕程度和政治环境的变化对人口的影响(Thoung et al.，2016)。

(3) 场景：考虑到未来的基础设施投资对当地的依赖性，包括可再生能源、个人出行和供水，MSM 的空间细节尤为重要。从上面的大纲可以看出，能源消耗会随着人口的增加而增加，并且会随着供应的变化而发生组成的变化。ITRC 的主要目的之一是考虑气候变化对基础设施的潜在影响(Jenkins et al.，2014)。在 ITRC 发布的一项应用中，哈德利气象中心的气候变化预测与空间 MSM 结合，并修改了能源消耗规则，将能源使用的变化与 EHS 内的区域和季节气候变化联系起来。这种情况将延续到 2100 年。由于全球变暖，预计家庭能源使用将显著减少(图 43.3)。我们注意到，由于基础数据的限制，未对由于空调使用增加而可能产生的平衡效应进行检验。然而，从现有的已发表的研究中获取的证据也考虑了各种其他的行为转变。这些措施包括采用太阳能、隔热、双层玻璃、采用低能耗照明，以及改用更高效的中央供暖系统。行为改变不会影响烹饪或使用电器(Zuo and Birkin，2014)。

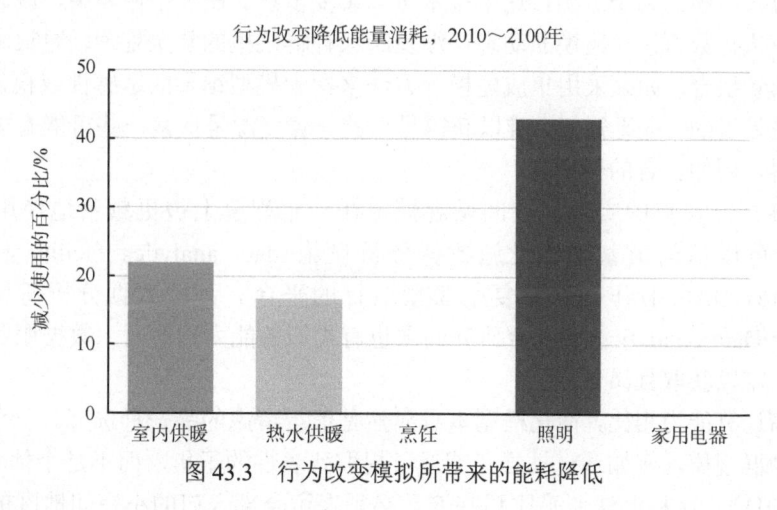

图 43.3 行为改变模拟所带来的能耗降低

3. 扩展

支持 ITRC 项目的空间微观模拟体系结构最近已被彻底修改过了。一个用于合成人口估计和情景预测(Synthetic Population Estimation and Scenario Projection, SPENSER)的技术平台现在服务于基础设施子模型。它还旨在将支持扩大到教育和卫生等部门。新系统代表不同行为组件的能力已经通过一个灵活的应用程序在整个消费类别中进行了演示(James et al., 2019)。这一实施与未来肉类消费在生产、可持续性、富裕和生活方式偏好的各种替代方案下的研究尤为一致。

SPENSER 的设计比之前在 ITRC 内的部署更加模块化,具有数据移动、人口再生、预测和场景构建的独立例程。我们希望一个更加稳健的设计能使 SPENSER 适应于基础科学方法,得到更广泛的实质性改进。下一节将讨论未来发展过程的一些关键因素。

43.4 空间微观模拟的优先项

1. 计算

空间微观模拟模型的计算负担往往相当大。这一需求源于这样一种期望,即在精细的空间分辨率(即许多区域)上代表具有显著多样性(即许多属性)的人口,并潜在地使用复杂的空间或行为交互来建模或再现。无论是初始种群的生成(包括重建和链接),还是模型的时间正向预测,都需要大量的计算。

无论是对基线种群权重进行调整的简单方法,或是迭代比例拟合的条件概率,当只是进行一次参数估计时,计算成本并不是特别昂贵。基于迭代的方法,如遗传算法(GA),特别是模拟退火(SA)算法,能持续产生更好的结果,但往往收敛速度缓慢。这些技术依赖于对模型适应度的复杂评估:原则上,GA 或 SA 的单个步骤涉及交换模拟中两个元素的位置(例如,将一个个体从一个区域移动和替换到另一个区域),然后在区域水平上重新聚合种群,计算对多个约束总数的拟合,再使用一个评估函数来评估转换的效用。对于数百万人口中的每个成员,这个技术可以重复多次。在一个循环中,该循环本身可以在算法中执行数百次。建模的动态还涉及跨大种群规模的复杂处理,通常由小时间间隔和多个场景组合。如果采用集成建模等方法来探索模型结果的敏感性或稳健性,其影响可能会是显著的。毫无疑问,难以获得足够的计算资源是探索一些可能有丰富成果的方法的障碍,例如集合的使用。

随着高性能计算的实现,空间微观模拟在一定程度上被更频繁地使用。例如,SPENSER 可以访问国家基础设施数据分析设施(data analytics facility for national infrastructure, DAFNI)作为执行复杂模型运行的平台。利兹数据分析研究所(Leeds Institute for Data Analytics)的综合研究园区也有类似的能力。然而,数据服务基础设施仍然稀缺、难以获取且昂贵。

与提高计算能力相比,简化模型本身显然是值得考虑的另一种选择。一个自然的策略是减少种群规模,例如通过抽样,或通过提取代表性的子集,而不是个体(Parker and Epstein, 2011)。这种办法似乎比那些涉及必须保留全部人口的小空间地区的办法更适合于在国家范围内应用。在动态微模拟中,较有前途的方法是延长处理步骤之间的时间间隔。当考虑诸如出生、迁移或死亡等离散事件时,常用的方法是使用迁移概率对高危人群进行定期监测，一般按年进行(或风险模型 Clark and Rees，2017)。如果这类事件的发生平均少于一年一次，那么一种选择是通过处理下一个事件来替代处理下一个事件，从而省去了在中间时段反复评估状态变化的麻烦。该技术已成功地在加拿大的 MSM DynaCan(Morrison，2007)中引入，并在其他地方被应用。

2. 不确定性

在微观模拟框架中，潜在的误差以及由此产生的模型估计和预测的不确定性是普遍存在的。虽然 MSM 通常由高质量的数据(包括人口普查和国家统计数据)构建，但这些数据绝不是没有误差的。例如，人口普查从来没有被完全列举出来，这就导致了对缺失记录的分配上的错误。学生、流动人口和无家可归者都有很大的可能被错误记录。当这些数据被组合在一起时，复杂的模型就能够以最小的变化重新生成聚合约束。然而，个体估计会受到未知误差的影响，根据定义，这些误差是不可观测的，因为模型的目的是模拟未直接测量的个体分布。

这些问题对于更大胆的应用则更具挑战性，例如把一个人口流动微观分析模拟与消费者支出、健康和行为的大数据相关联(Birkin，2018)，原因是这类数据集的质量参差不齐。

当微观模拟建模的目的是评估变化的金融法规、税收或利益的影响时，建模场景可以是相对稳健的。如果假设模型依赖于不断变化的基础设施、不确定的行为、政策环境和经济环境，那么任何预测和影响分析的尝试都是非常不确定的。MSM 群体通过提供单一的模型估计，在很大程度上回避了与不确定性相关的问题，偶尔通过带有不同输入假设的定义情景进行变通。如果微观模拟选择与数据科学的新兴学科更紧密地结合起来，这种情况可能会改变。这方面的一个特殊实例是采用概率编程(Improbable Research 2019)来实现。在这种新的模型实施方式中，状态变量被分配为分布式而不是离散值，算子也可以以同样的方式处理。因此，这种方法很自然地适合于可能性、置信区间或其他包含可变性和不确定性的维度来表达结果。这种研究风格的一个缺点是，工具仍然处于开发的早期阶段，相对来说是难以获得的，并且对复杂应用程序的经验有限。

3. 数据同化

空间微观模拟的起源是一种从社区和小区域的聚集数据中估计未知的个体水平变化的手段。之后，通过添加样本数据使得应用包含更多的信息，在这种情况下，问题的本质可能更多的是关于权重调整。在这两种情况下，我们的目标是从相对有限的数据中创建详细的模拟。但无论如何，评估模型成功与否都是一个挑战，因为从定义上说，我们是在评估未观察到的东西。在大数据时代，随着我们越来越了解世界的细节，问题的挑战性开始转向为在世界尺度下通过吸纳科学依据，将模型引向更有效的表现方式。这可以通过数据同化来实现。

一直以来，在复杂的天气预报领域，人们已经认识到，随着新信息的出现，需要方法来更新模型。这种数据同化过程已被应用到基于主体的模拟中，例如，通过调整行人运动模型来吸纳从街道传感器获取的运动数据(Ward et al.，2016)。原则上，使用数据同化的理念和技术来校准微观模拟中的长期影响(如空间扩散或政策影响)是必然的。

4. 动态

MSM 通常有三种模式：静态、相对静态和动态。静态 MSM 指的是人口重构过程，在这个过程中，集计数据被分解成在家庭或个体水平上精细分布。这些输出本身可能是有价值的，例如，了解风险群体的流行程度，或为基于智能体的模型(Agent-based model, ABM)或为其他政策模型提供输入。

与其他数据集的关联也是一个静态或基线过程，例如在零售模型中使用 MSM 来估计支出或市场潜力(James et al., 2019)。如上所述，相对静态是税收和福利评估的核心模式(Sutherland and Figari, 2013)。相对静态应用可能是最常见的，在这种应用中，可允许 MSM 以假设模式应用初始条件的一些变化。在 SPENSER 中，许多场景都在展望未来，但本质上是相对静态的，因为他们是基于可分解的更高水平预测(如国家统计局估计未来的人口)，然后输入基础设施或其他服务消费的需求的二次模型。

真正的动态模型并非完全缺失(Morrison, 2007; Li and O'Donoghue, 2013; Rutter et al., 2011)。但挑战在于，它们需要纳入与核心人口统计(如生育率、死亡率和移民)或更具体的因素(如发病率或能源消费)有关的纵向过程。将 MSM 的反向传播作为验证动态 MSM 结构和逻辑的基础是另一个从气候模拟文献中借鉴的有用概念，但其迄今为止相对而言还未被探索。

快速和缓慢的动态也是 MSM 需要考虑的问题。我们更多地关注长期或缓慢的动态，这类模型对重大基础设施投资和政策制定的决策非常重要。然而，快速动态正变得与实时观测更加相关。这与数据同化联系在一起，并为实时评估和模型增强提供了机会。我们将会看到越来越多的机器学习技术的使用，比如交通灯或商店促销的强化学习，以及数据科学、MSM、ABM 和其他形式的基于个体的建模之间的边界模糊。令人惊讶的是，这些方法在商业应用中相对未被探索，在商业应用中，个性化和精确定位是随着个人数据的可用性和保真度不断增长的优先事项。

5. 独立性

MSM 非常适合应用于需求估计的问题研究，典型的是在 ITRC 框架内将 SPENSER 作为未来基础设施评估的工具。类似的应用可以在零售支出(James et al., 2019)、教育成就(Kavroudakis et al., 2013)、医疗保健(Clark and Rees, 2017)甚至犯罪发生率(Kongmuang, 2006)和工作需求(Ballas and Clarke, 2000)的估计中看到。在这方面，该技术的优点是多方面的(如我们所见)，它提供了一种强大的方法将集计数据链接到个人层面，引入了丰富和多重的个人属性的同时表示，并对随时间变化的消费驱动因素有了复杂的理解。

尽管如此，将微观模拟纯粹视为建模过程中的基础层的概念架构，往往有简化许多微妙且至关重要的交互的危险，而这些交互是现实世界问题的基础。个体之间相互作用和相互依赖的重要性一直是 ABM 的基础。在 ABM 中，复杂结构涌现的能力(通常以意想不到的方式)是该方法的基石(Schelling, 1969)。然而，尽管 ABM 在这方面概念基础丰富，它在日常生活的经验和现实基础上通常不那么牢靠。

将微观模拟与土地利用和服务提供的中尺度表征联系起来的好处已经在零售市场的早期应用中得到了认可(Birkin and Clarke，1987；Nakaya et al.，2007)。在这个框架中，微观模拟被用来创造一个数据丰富的群体，而这反过来又形成了跨小区域的支出评估的基础。然后，通过空间交互模型(SIM)将这些支出估计数与服务提供网络相结合，从而产生从社区到购物中心的收入流。然后可以对这些流进行抽样，以便为个人消费者创建零售偏好的分配，从而结束从需求到供应的循环。SPENSER 内部有一个类似的模块，该模块通过内部迁移的空间交互模型(spatial interaction model of internal migration，SIMIM；Lomax and Smith，2019)连接微观模拟和迁移流。然而，为了在土地利用-交通互馈模型中充分嵌入微观模拟，可能会有人认为，包括住房和交通在内的基础设施系统的交互动力学必须完全纳入模型系统。

由此产生的应用将在某种程度上类似于 20 世纪 90 年代由地理建模和规划(geographical modeling and planning，GMAP)有限公司在利兹开发的网络规划模型。在该模型中，服务与零售需求被共同设计。George 等(1997)提出了一个有代表性的问题。或许，GMAP 经验所具有的更广泛的意义(Birkin et al.，1996；Birkin et al.，2002，2017)是将包括 MSM 在内的空间分析方法视为空间决策支持系统的元素(Geertman and Stillwell，2009)。将这些想法转化到城市规划领域的强大办法，例如通过 SPENSER 与其他模型(如伦敦大学学院的土地利用和交通相互作用的定量城市分析(quantitative urban analytics，QUANT))的整合，可以为空间决策支持提供比以往更坚实的基础。

尽管 MSM 几乎都是用个人和家庭来代表建模系统中的实体，其他元素如车辆、房屋、学校、医院、公司或零售商店可能不会以类似的方式表示，虽然它们拥有丰富的特色和复杂行为的动机。的确，有人可能会质疑，元胞自动机与微观模拟是否不同。在元胞自动机中，建筑模块是随时间变化的土地利用地块。将 MSM 与 SIM、土地利用和交通互馈模型，甚至元胞自动机相结合的混合模型，可能会变得越来越流行，但通过吸收代表互补部分的更复杂个体可能被视为一种完全可行的替代策略。

43.5 结 论

空间微观模拟是在经济和金融政策中引入类似的基于个体的模型后发展起来的一个重要变体。空间微观模拟技术在过去 30 多年的时间里稳步发展，使得非常小区域的人口分布得以真实地反映出来。这些模型受益于越来越详细和多样化的数据来源，也为应用程序解决各种各样的问题提供了基础。

进一步发展空间微观模拟的潜力是巨大的，例如利用算力的提升和数据科学、机器学习和人工智能技术的进步。这有助于增加模型的稳健性，特别是当它们的动态质量被当作推理和预测的基础时。

第44章 城市与区域规划元胞自动机建模

叶嘉安　夏　畅　黎　夏

摘　要

近几十年来，尤其是在快速发展中的国家，元胞自动机(cellular automate，CA)已越来越多地被应用于城市演变的模拟，以及涉及时空维度的城市发展评估中。CA模型增强了对城市动态演变、土地利用变化，以及与城市可持续性之间复杂相互作用的理解。CA模型还可以为政策的制定构建假设情景，以帮助政府、规划师和相关人员在决策实施前评估其可能带来的各种社会经济以及环境等方面的潜在影响。本章概述了城市CA建模中的基本概念和方法，以及当前的主要研究、应用与存在的问题。首先对城市CA建模进行了系统的回顾，以提供对以往和最近研究的批判性讨论。然后概述CA模型的基本方法，包括标准CA模型的组成部分、城市模型的修正和数据源的收集，以及不同类型城市CA的分类。最后介绍了CA在城市研究和规划实践中的应用，以及对未来研究方向的讨论。本章还指出了近期研究和应用中存在的主要问题，以供读者进一步研究。

44.1　引　言

城市化是一个全球性的问题，其特点是城市土地持续扩张和农村向城市的迁移。城市发展带来了社会、经济和技术变革，特别是在城市高速扩张、大都市区不断兴起的发展中国家。然而，大规模的人口增长往往导致城市发展超出城市的承载能力。发展中国家的城市发展大多以在城市边缘区向外蔓延的形式出现，这给城市发展和生态环境造成了许多前所未有的负面影响。因此，研究城市扩张的机制，对于规划师和政府提高对城市可持续性的认识具有重要意义。

为了理解城市系统的复杂性，元胞自动机(CA)是自20世纪80年代以来最流行的城市建模方法之一，提供了强大的模拟工具来预测和理解城市的时空变化。CA为政府、规划师和相关人员提供了一种方便的模拟工具，可以在政策实施之前预测和评估城市发展的潜在社会效益和环境影响，并能促进对城市动态以及城市变化、社会经济发展和可持续系统之间复杂关系的基本理解。

CA是一种离散动态模型，在模拟复杂的非线性问题方面具有独特的优势。CA起源于19世纪40年代S. Ulan和J. von Neumann对自我复制机器的研究。随后，许多学者对CA进行了进一步的研究和推进。Wolfram展示了CA在模拟复杂的自然过程和通过局部交互产生全局时空变化的能力。元胞自动机在地理研究中的应用最早由Tobler于1979年提出。然后，城市CA建模的第一个理论方法出现在20世纪80年代。CA和地理信息系统(geographic information system，GIS)的集成开始应用于对现实中城市发展的模拟。在以Batty、Couclelis、Clarke和Tobler为代表的城市CA建模的最初"热潮"之后，城市CA

的研究在我国得到迅速发展。从 20 世纪 90 年代末开始,叶嘉安和黎夏在 CA 与 GIS 相结合、扩展元胞状态、邻域定义和转换规则等方面开展了一系列基础研究工作。这些模型已成功应用于解决我国城市快速发展的环境和生态问题中。

CA 在城市建模中的逐渐普及在很大程度上归功于它的简单性、灵活性、可控性以及结合城市发展过程的空间和时间维度的能力。CA 可以基于遥感数据和 GIS,通过简单的规则模拟复杂的动态城市系统。由于在过去的 30 年中得到不断的完善,CA 比其他模型(例如基于主体的模型)更简单易用。CA 广泛应用于城市建模的另一个原因是 CA 可以很容易地与 GIS 集成。CA 与 GIS 的集成提供了一种通过局部地理信息进行复杂人-地关系建模的工具,从而产生比传统地理方法更好的结果。然而,尽管在城市建模中被广泛使用,但人-地关系的复杂性和政策的不确定性等对使用 CA 解决实际规划问题提出了挑战。

通过 CA 模型来模拟城市时空扩张,正越来越多地被用于解决各种资源利用和环境评估方面的问题。然而,为特定的应用问题寻求最合适的模型往往是很困难的。为帮助 CA 模型的初学者,本章概述了城市 CA 建模中的基本概念和方法,以及最新的研究、应用和存在的问题,目的是从元胞、元胞空间、邻域、时间步长、转换规则,以及所需数据收集的角度,提供对 CA 模型的定义、修正及其在城市研究和规划中应用的综述。本章还描述了不同类型的 CA 模型及其特征,并介绍了 CA 建模中涉及的应用和城市问题。这些讨论试图回答这样一个问题:"CA 能为建模者提供什么?不能提供什么?"此外,本章还探讨了 CA 的优势和劣势,并指出了当前研究中的常见问题。

44.2 方法论与数据收集

1. 用于城市和区域规划方案制定的城市 CA

CA 的基本组成部分包括元胞空间、元胞、邻域、时间步长和转换规则。在城市 CA 模型中,每个部分都具有地理含义。元胞空间表示由规则单元组成的二维地理空间,元胞的状态则代表不同的土地用途。CA 模型的核心是转换规则。随着时间的推移,每个元胞根据其状态和转换规则不断变化,整体上则表现为系统的推演和变化。

标准的元胞可以是由方形单元组成的规则网格,它特别适合计算机处理,并且与遥感数据兼容。有学者还定义了一个六边形元胞空间,使得邻域可以是同质的。此外,元胞空间也可以是三维的,代表城市地区的垂直增长。为了使模拟过程更接近现实世界,需要对元胞和元胞空间进行修正。修改后的元胞空间可以基于不规则的空间单元,例如 Voronoi 多边形或图形。不规则的元胞空间有时表现为基于地块的空间。这些不规则的空间单元,例如地籍宗地或人口普查街区,通常表示为多边形,以反映土地利用、人口和经济状况。与规则元胞相比,地块或街区提供了对现实的良好表征,但也导致了对邻域的定义变得复杂。在标准 CA 中,元胞空间通常被假定为同质的,代表以元胞状态为特征的相同和排他的元胞集合。然而,土地属性对土地利用变化的巨大影响,例如交通可达性或物理条件,改变了不同元胞对某些土地利用的适宜性。随后,出现了对非均质元胞空间的要求。

关于邻域,通常有两种修正方法。在标准 CA 中,每个元胞的邻域都是各向同性和同质的，并且由一组固定的几何上最接近的元胞(如摩尔邻域)组成。在城市应用中，采用扩展邻域来考虑地理实体的邻域效应。邻域大小可以扩展到指定的距离，可以根据距离引入权重来考虑距离衰减的影响。如果是基于不规则元胞，则使用一定距离或邻接度的相邻单元来表示邻域。另一个常见的修正是非平稳邻域(non-stationary neighborhood)，它为不同的元胞定义了不同的邻域空间。然而，由于实施困难和地理含义模糊，这种修正很少被应用。

作为 CA 模型的核心，考虑到具体应用的特殊性和复杂性，转换规则通常需要进行大量的修正。标准转换规则仅取决于元胞及其邻域的状态。鉴于城市进程受到许多因素的影响，如交通可达性和地理条件，城市 CA 模型往往被修正以考虑外部影响。由于 CA 是灵活的，因此可以根据建模者的偏好以不同的方式定义转换规则。城市增长的随机性和不确定性，以及许多城市理论都可以在模型结构中得到体现。此外，在标准 CA 中，转换规则在每个时间步长中都是静态且相同的。然而，城市发展及其影响因素会随着时间和空间的变化而变化，这导致需要根据不同时期和地区的具体特征来校准转换规则。例如，Clarke 等提出了一种自修改 CA，其中转换规则会随时间变化。标准 CA 中的时间步长是离散的，它假设城市增长同时发生。许多城市 CA 模型对不同的元胞应用不同长度或类型的时间步长，以反映具有不同持续时间的特定事件的影响。然而，与 CA 的其他部分相比，时间步长往往很少被修正。

一个元胞的未来状态取决于转换规则及其最后时刻的状态。一个标准的 CA 可以用数学表示如下：

$$S^{t+1} = f(S^t, N) \tag{44.1}$$

式中，t 和 $t+1$ 代表离散的时间点；S^t 和 S^{t+1} 分别代表元胞在 t 和 $t+1$ 时刻的状态；N 代表邻域内的元胞状态集；f 是转换规则的函数。

标准 CA 的简单特性限制了其表征真实世界地理现象的能力。为了让 CA 模型更好地在城市研究中应用，应该考虑地理处理过程的特殊性以体现地理异质性，因此需要对标准 CA 模型进行修正。例如，可以在一个简单的 CA 模型中使用基于规则的结构来体现邻域中的地理特征(图 44.1)：

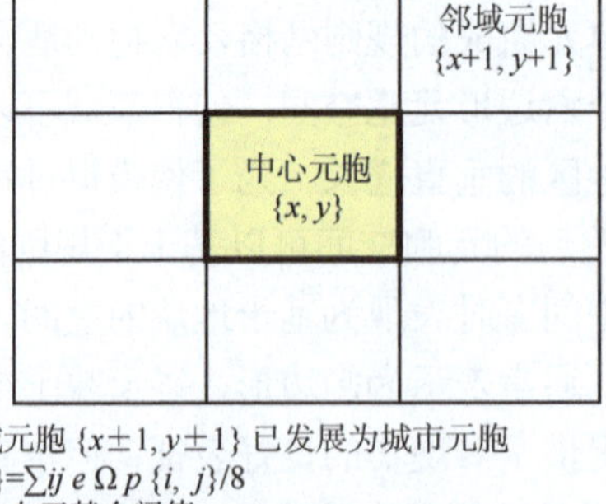

如果某个邻域元胞 $\{x\pm 1, y\pm 1\}$ 已发展为城市元胞
则 $p\{x, y\}=\sum ij\ e\ \Omega\ p\ \{i, j\}/8$
且 $p\{x, y\}$ 大于某个阈值
则中心元胞 $\{x, y\}$ 发展为城市元胞
其中，$p\{x, y\}$ 是中心元胞 $\{x, y\}$ 的发展概率，元胞集 $\{i, j\}$ 为摩尔邻域内所有元胞的集合 Ω，包含中心元胞 $\{x, y\}$

图 44.1　CA 模型中的邻域与基本的转换规则
资料来源：Batry, 1997

通过将 CA 与 GIS 集成，可以进一步构建约束性城市 CA 以制定针对真实城市的规划方案。真实城市的演变被认为受到一系列复杂因素的影响，这些因素可以在局部、区域和全球等不同的层面获取。某些类型的约束条件可以用来约束模拟以提高建模性能。在没有限制的情况下，城市模拟将根据历史趋势进行演变。而将这些约束条件加入到城市 CA 模型中，可以反映对环境和可持续发展的考虑。它们是形成理想化模式的重要因素。所开发的通用约束性 CA 模型不仅考虑了邻域的影响，还考虑了一系列经济和环境约束。这些限制可能包括环境适宜性、城市形态和开发密度(图 44.2)。

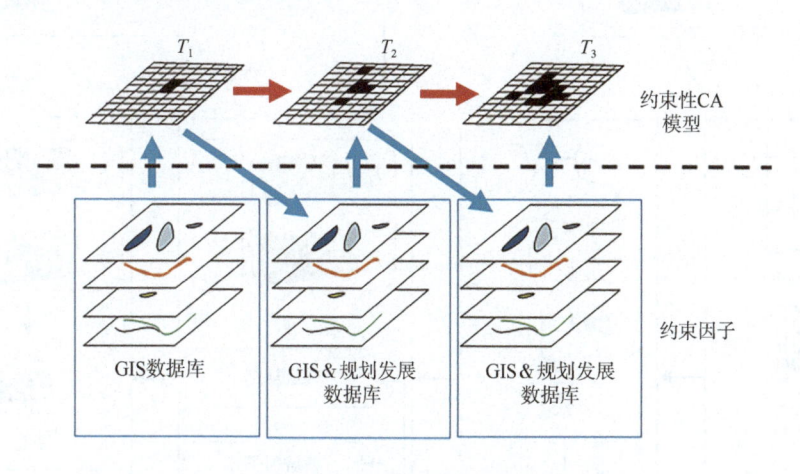

图 44.2 约束性 CA 与 GIS 和规划发展数据库

2. 数据收集与模型校验

作为自下而上的模型，城市 CA 模型通常需要大量的动态数据输入，才能最大程度上模拟真实世界。遥感数据通常用于监测和测量地球表面土地利用的变化和特征。可以利用同一地区不同时段的历史遥感影像或土地利用图进行模型校准和验证。此外，交通网络、自然属性(如海拔)和其他地理因素通常用于评估土地开发的适宜性。土地利用规划可以提供土地开发信息，例如规划的区域开发中心和土地的需求量，这对于考虑城市规划对未来发展的影响至关重要。许多研究使用了精细的社会经济数据，例如人口密度，以产生更真实的模拟结果。

这些输入数据源的数据质量是城市 CA 应用中的一个问题。监督分类法(supervised classification)常被用来将遥感影像分为不同的土地利用类型，例如城市地区和非城市地区的分辨。此外，GIS 软件工具用于创建具有不同空间分辨率的地图以进行比较分析。这些常见操作和输入数据源本身会产生错误和不确定性，从而影响城市模拟的结果。由于固有的错误和不确定性，关于城市 CA 模型是否可以对于城市规划等提供有意义的结果仍存在争论。总的来说，考虑到以上两个方面，建模者可以按照图 44.3 中的流程图来创建城市 CA 模型。

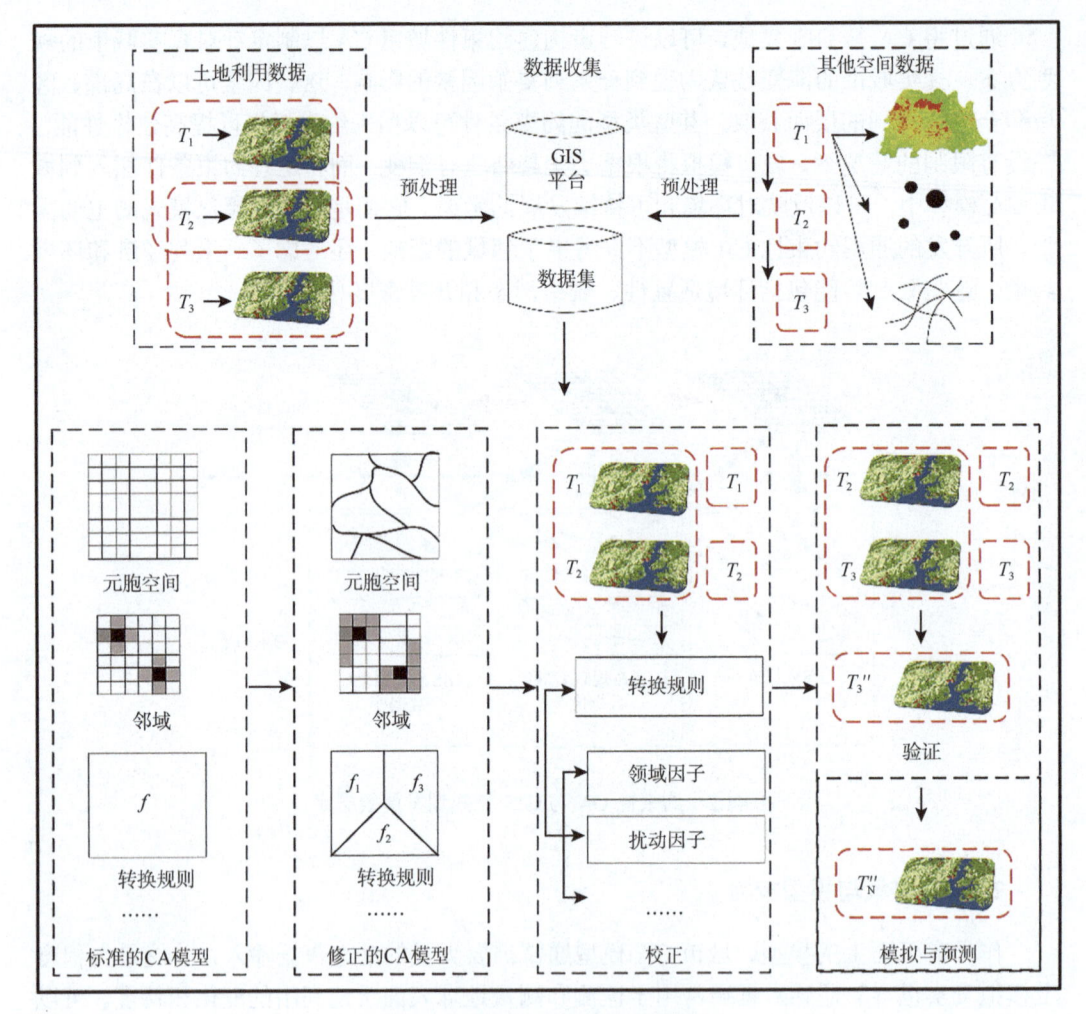

图 44.3 城市 CA 建模的框架图

44.3 城市 CA 模型主要类型

  Batty 和 Xie 开发应用于纽约阿默斯特(Amherst, New York)的模型是城市 CA 在现实世界模拟中的首个应用之一。而 White、克拉克及其合作者们进行了城市 CA 的第一个有较大影响力的实证应用。其中，White 等的模型，是基于 White 和 Engelen 之前的成果。在 White 等的模型中，每个像元被转换为不同土地利用的概率，可以将其视为各种因素的函数，包括不同土地利用的适宜性、邻域和惯性效应，以及随机扰乱(stochastic disturbance)。这种函数类型的模型被应用于辛辛那提、荷兰、东京、都柏林、拉各斯和圣地亚哥。这些应用证实了城市 CA 模型在高度逼真的城市转型模拟中的能力。后期研究提出了一些改进来加强此类模型的方法论和理论基础。另一个应用是 SLEUTH 模型，它是地形坡度(slope)、土地利用(landuse)、排除图层(exclusion)、城市空间范围(urbam extent)、交通网络(transportation)和地形阴影(hill shade)的输入要素的首字母缩写词。

SLEUTH 考虑了四种类型的增长行为，即自发的、扩散的、有机的和道路影响的。该模型旨在通过不断地自我修正从其本地设置的反馈中"学习"，其校准是基于结合观察结果和模拟结果之间的不同拟合优度指标。SLEUTH 已经应用于很多城市，最初应用于北美，后期在欧洲、南美洲和亚洲得到了应用。SLEUTH 经历过大量的改进，例如引入新的指标和功能。

其他早期开发的城市 CA 模型包括由 Wu、Wu 和 Webster 以及 Wu 和 Martin 开发的模型，其中每个元胞的城市发展概率是基于邻域等一组因素计算的。黎夏与叶嘉安合作提出的第一个城市规划 CA 模型，采用灰色元胞来表示连续的元胞状态和累积发展程度。他们开发了一系列基于约束性 CA 的城市规划模型，可用于根据不同的环境考虑、城市形态和密度生成不同的规划选项，用于城市发展评估和可持续发展规划。他们在 CA 建模中添加了一些约束函数，这些函数结合了从 GIS 获得的环境和城市形态数据。

多标准评估和逻辑回归的方法首先由 Wu 和 Webster 和 Wu 引入，用于为不同的因素分配权重，与蒙特卡罗法相比，这些方法更简单，计算量也更少。由于城市发展是非线性过程，叶嘉安和黎夏首次利用神经网络来反映复杂的土地利用变化转换机制，解决了多种类型转换的难题。黎夏和叶嘉安也提出了一种使用"IF-THEN"决策树来方便定义转换规则的新方法。这种方法简单直观，易于理解。随后，大量基于统计、概率和人工智能的算法也被用于校准不同类型的城市 CA 模型。

其他被广泛应用的城市 CA 模型源自其他研究领域，例如 DINAMICA，这是一个基于 CA 的模型，最初设计用于森林砍伐模拟。作为自下而上的动态模型，城市 CA 可以与自上而下的模型集成以获得复杂性和其他能力。例如，CA 与马尔可夫方法的整合，弥补了它对城市增长的限制，因此最近受到了很多关注。

44.4 城市 CA 模型在城市规划中的应用

为城市和区域规划应用而开发的城市 CA 模型，其结构的设计在很大程度上受到模型的预期用途和功能的影响。城市 CA 模型可用于探索空间复杂性、检验城市理论和概念，以及作为规划的支持工具(图 44.4)。

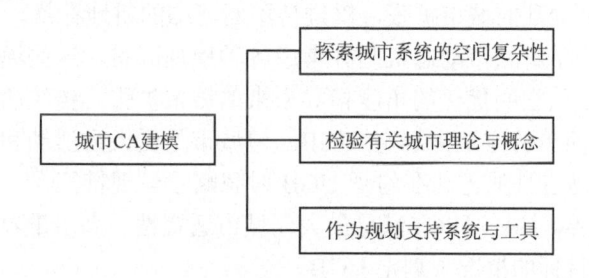

图 44.4 城市 CA 模型的主要应用方向

在探索空间复杂性方面，城市 CA 模型可用于促进对城市作为复杂的适应性和动态系统的理解，用于探索城市空间发展规律的模型只需要对标准 CA 结构进行有限的调整。CA

是空间结构和一组状态及转换规则的组合，CA 背后的想法是在复杂的城市中找到简单的元素，并将这些元素与其他领域的类似模型进行比较。Tobler 和 Couclelis 在 20 世纪 70 年代和 80 年代的工作强调了 CA 的概念和理论方面并与复杂系统理论进行关联。CA 被视为一种认识论工具，以展示如何从简单的规则中产生空间发展。用于探索空间复杂性的 CA 与分形理论、混沌、非线性、计算机图形学和复杂性科学一起进一步发展。

CA 可用于检验城市发展的理论和思想，探索复杂性在城市进程的动力学作用，例如城市蔓延、扩散和融合以及多中心主义。CA 模型被用作检验城市经济学、地理学和社会学的理论和思想的实验室。转换规则的制定是在城市 CA 模型和城市理论之间建立密切和直接联系的关键。源自城市理论的转换规则，有助于探索关于城市的各种假设性想法。关于自然和社会经济过程与城市环境之间的复杂关系已经得到大量探讨。大量研究已经开始关注其他城市理论，包括但不限于城市生态学、设计和社会学。这些研究推进了城市 CA 模型的理论基础发展。然而，基于城市理论的 CA 模型往往关注如何构建模型的细节，而未能更好地解释他们计划探索的理论。因此，虽然这些研究很有趣，但在城市 CA 建模中没有得到很好的探究。

使用城市 CA 模型作为规划支持系统，需要对 CA 模型的上述两种应用进行修正，以产生与城市规划、管理和政策相关的更真实的结果。这些 CA 模型作为规划支持工具，可以帮助政府、规划师和相关人员评估不同城市规划目标、选择和政策的社会效益以及对环境和生态影响。这些类型的城市 CA 模型中已经解决了各种城市问题，包括但不限于城市增长边界的划分、城市规划方案的评估和非法土地开发的预警等。尽管城市 CA 模型在应用研究中得到越来越多的发展，但在支持城市规划和土地利用规划的实践方面仍存在差距。

除使用 CA 作为规划支持系统，还可以将其用于：①构建基线增长模拟和预测；②与最佳开发相比，评估现有开发；③根据不同的规划目标模拟发展备选方案以协助城市规划过程，在城市规划中使用 CA 的另一个例子是划定城市增长边界(urban growth boundary，UGB)。UGB 已成为中国国土规划的重要组成部分，其目标是确保城市智慧增长，这可以增加城市服务的密度，并保护周围的自然生态系统。UGB 一直被视为中国土地利用规划设计的重要元素，这一概念可以追溯到 20 世纪 30 年代英国的绿化带。中国需要通过划定 UGB 来抑制混乱的城市扩张，以维持不断萎缩的耕地存量。

UGB 的设计应了解城市动态机制并考虑各种地理因素。这些模型可以帮助规划师划定最佳 UGB，以从空间优化的角度指导未来的城市扩张。传统的土地利用适宜性评估模型提供了一种简单的方法来划定 UGB。但城市是受人为活动和自然过程影响的动态系统。这些基于适宜性的方法在勾画 UGB 时忽略了景观特征[95]，需要有效且可行的技术来划定这些边界。CA 可以在满足最大化城市适宜性、高质量农田保护和实现景观格局紧凑化等多个目标的情况下划定 UGB。

例如，可公开获取的软件 GeoSOS-FLUS(http://www.geosimulation.cn)是划定 UGB 的一个有效工具。使用 GeoSOS-FLUS 划定 UGB 涉及多个步骤。第一步，需要获取各种空间变量和历史土地利用数据，以估计每种土地利用类型的转换概率。第二步，根据基准、经济分区开发和过度城市增长等多个场景定义了不同规划愿景。第三步，根据上述城市发展概率和多情景约束以及其他约束因素，对 UGB 进行了模拟。最后，模拟的 UGB 应该通过使用两个常见的形态学算子，即膨胀和腐蚀来进行进一步的修改。

图 44.5 中的示例为使用 GeoSOS-FLUS 划定我国发展最快的城市群之一粤港澳大湾区(Guangdong-Hong Kong-Macao Bay Area，GHMBA)在 2030 年的 UGB。GeoSOS-FLUS 已被广泛应用于我国其他快速发展城市的 UGB 划定，如佛山、郑州和重庆。模拟的 UGB 可用于指导未来的城市总体规划，防止土地资源浪费。

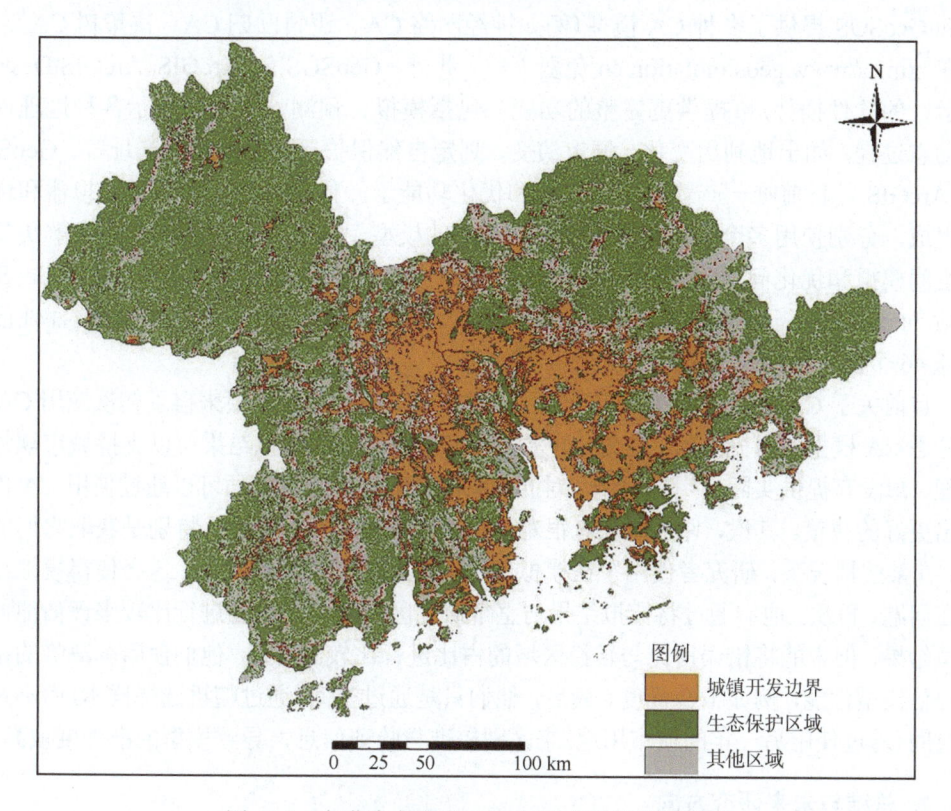

图 44.5 粤港澳大湾区 2030 年城市增长边界模拟

44.5 讨论与结论

1. 当前城市 CA 研究中存在的问题

城市 CA 模型有优点，也有缺点。城市 CA 模型的快速发展主要是由于它们的简单性。然而，简单性通常会限制 CA 表征现实城市现象的能力，导致模型的大量修正以及复杂性的引入。如果修正过多，那么这些精心设计的模型是否还是 CA 模型是存疑的。城市 CA 模型的另一个优势是灵活性，这使得它们可以用于不同的应用。但是，如果没有关于转换规则的标准定义，灵活性可能会给使用者带来混淆和困难。尽管困难重重，但仍需要在简单性和现实性之间以及灵活性和标准化之间找到平衡点。作为描述性模型,城市 CA 模型能够检验与城市相关的假设性想法。在数据要求方面,不同模型收集的输入数据可能会有很大差异。过去,可用于实现通用城市 CA 模型的软件非常有限且使用不便,用户通常需要针对特定目的修改或重新设计他们的模型。

近年来,更多面向用户的 CA 软件被开发出来,以解决各种模拟和规划问题,例如 IDRISI 中的 CA_MARKOV 模块和 GeoSOS。IDRISI 的 CA_MARKOV 模块采用混合 Markov-CA 模型来分配土地利用,直到达到 Markov 链所预测的区域为止。黎夏团队开发的 GeoSOS 提供了多种 CA 模型(例如神经网络 CA、逻辑回归 CA、决策树 CA 等),可在 http://www.geosimulation.cn 免费下载。此外,GeoSOS for ArcGIS(ArcGIS Desktop 中运行的软件插件)可提供更完整的功能,包括模拟、预测、优化和展示各种地理模式和动态过程,如土地利用变化、城市演变、划定自然保护区,以及设施选址等。GeoSOS for ArcGIS 是目前唯一一款集空间模拟和优化功能于一体的软件,由地理模拟器和优化器组成,分别使用多个 CA 模型和基于 ACO 的模型,通过耦合它们的结果来解决复杂的空间模拟和优化问题。GeoSOS for ArcGIS 是一款免费的开源软件,也可以在 GeoSOS 网站(http://www.geosimulation.cn)上免费下载。截至目前,该 ArcGIS Desktop 插件已被全球 46 个国家的用户下载。

目前关于 CA 应用的相关文献反映了一些问题,这些问题主要来自于初次应用 CA 但不熟悉 CA 模型的研究人员。首先,许多研究者声称他们的模拟结果可以支持城市规划和管理,却没有提供实际应用的示例。对此,应该证明政府或规划师可以通过使用 CA 模型做出更好的决策。其次,许多研究者很难获得输入数据的详细信息,特别是获取它们的日期。在某些情况下,研究者使用了在模拟期之前建造的过期道路网络,这会使得模拟结果存在问题。再次,他们通过将模拟结果与整个研究区域的参考地图进行比较来评估他们的模拟结果,但未能将错误占比与转换区域的占比进行比较。因此,他们使用有缺陷的指标来评估模型性能,例如拟合优度。最后,他们只是通过空间(通过随机选择样本)而不是通过时间(通过使用另一年的城市用地)来区别校准与验证信息,导致模型的准确度被高估。

2. 总结与未来研究方向

本章从 CA 基本组成、城市 CA 模型构建和数据收集的角度出发,总结了城市和区域规划 CA 建模的基本概念和方法。城市 CA 模型被划分为不同的类型,并对过去和最新的研究和应用提供系统和批判性的讨论。最后,为新学者指出了城市 CA 模型的优缺点,以及当前文献中存在的主要问题。

地理信息已经被广泛融合在政府众多的规划支持系统中,并起到关键的作用。未来需要进一步将 CA 与 GIS 和规划支持系统进行更深度的结合,包括为智慧城市的建设和国土空间规划等方面提供模拟和分析的有效工具,并由此进一步推进城市 CA 的理论和方法的发展。城市 CA 模型与其他模型的融合可能会克服 CA 的弱点,例如与城市发展理论和经济模型的结合,从而提高模型的有效性,以及提高模拟和分析的性能。更多研究应该通过结合微观层次的交互、精细化的城市发展过程,以及和大数据结合来改进 CA 模型。当前,CA 模型的校准通常基于历史的土地利用数据,由于自复杂系统内在的分叉效应,存在过度校准的问题。分叉是指参数值的微小平滑变化可能会导致其行为的突然变化。最后，还需要详细说明城市 CA 模型如何在实践中支持规划和管理。城市 CA 模型不应该用于提供对城市系统的精确预测，而是通过修正转换规则来模拟交互不同的假设情景，以支持政策实施。

近年来，对全球变化的关注急剧增加。CA 应将联合国政府间气候变化专门委员会(IPCC)气候变化预测因素纳入城市规划，如城市热岛效应、农业生产变化和土地利用模式。CA 模拟可以在未来的研究中与各种气候和水文模型耦合。例如，城市模拟可以考虑结合 IPCC 开发的最新气候 SSP-RCP 情景模型，以便未来的土地利用能够满足经济和社会发展所需的需求。这种整合有助于模拟全球和区域土地覆盖的未来变化，为政府决策和地方的规划服务。需要建立精细化的 CA 模型来探讨未来城市的发展路径，这样才能在规划实践中产生更大的吸引力，这往往需要将当前 CA 模型与大数据和社交媒体数据进行集成。

第 45 章　基于智能体的模型和城市：应用案例集锦

Andrew Crooks　Alison Heppenstall
Nick Malleson　Ed Manley

摘　要

　　基于智能体的建模（agent-based modeling）是一种强大的模拟技术，它允许人们建立虚拟世界，并利用智能体个体来合成城市人口。每个智能体都有特定的行为和规则，这些行为和规则支配着他们与其他人、环境之间的相互作用。正是基于这些相互作用，涌现了更多宏观现象，例如个体行人如何导致群体现象的涌现。在过去的 20 年里，随着计算能力和数据可得性的增长，基于智能体的模型已经发展成为城市建模、理解塑造城市的各种过程的主要范式之一，并且已经被开发出来用于探索广泛的城市现象，从行人在几秒钟内的微动到城市在几十年间的发展，以及其他许多问题。在本章中，我们将向读者介绍基于智能体的建模，从简单的抽象应用到利用地理数据表示空间的建模，这不仅用于创建虚拟世界，而且还用于通过一系列示例应用验证和校准这些模型。然后我们将讨论大数据、数据挖掘和机器学习技术如何推进基于智能体的建模领域，并展示如何将这些数据和技术应用到这些模型中，这为我们提供了一种探索城市的新方法。

45.1　引　言

　　21 世纪伊始，出现了人类历史上的一个里程碑：首次有超过一半的世界人口，约 39 亿人，居住在城市地区。这种趋势预计在未来还会继续下去，到 2050 年将会有 63 亿人口居住在城市里（United Nations，2014）。人口增长将导致 21 世纪前 30 年开发的城市土地数量超过人类历史上所有时期（Angel et al.，2011）。不到 5%的地球表面被城市化，预计到 2030 年城市人口将增长至 50 亿，城市面积仍将不足 10%（Seto et al.，2011）。再加上前所未有的城市扩张，尤其是就特大城市而言，即人口超过 1 000 万的城市，从 20 世纪 70 年代的 8 个增长到 2016 年的 36 个；预计到 2030 年将增长到 41 个，整个社会将面临前所未有的挑战以及涉及城市生活各个方面的问题。城市模式会是无序蔓延的还是紧凑的？城市如何适应气候变化？新技术如自动驾驶汽车将如何影响我们的生活？由于城市是由人、地点、流和活动组成的复杂系统的典型范例（Batty，2013），且所有要素都以各种不同的方式相互作用，所以这些具有挑战性的问题变得更加复杂。

　　复杂系统没有确切的定义，因为不同的人对它有不同的理解（Trift，1999）。简单来说，复杂系统是指一小部分规则或法则应用在局部水平和许多实体之间，能够产生复杂的全局现象，如集体行为、广泛的空间模式和层次结构，其部分行动由于自组织、非线性、反馈（积极和消极）和路径依赖等特点，不是通过简单地叠加而形成的整体活动。城市是一个复杂系统,由许多部分组成,它是动态的,包含了大量在空间中相互作用的离散行为体,同时也与来自自然和技术的其他系统相互作用,对经济、公共政策、国防、社会趋势、公共卫生、气候变化等领域产生广泛的影响。正如 Wilson(2000)所说,了解城市是"……我们这个时代的主要科学挑战之一。"人类行为不能像物理或化学等自然科学那样被理解或预测。例如,城市居民的行为和相互作用,不能用牛顿运动定律这样的物理科学理论来描述。诺贝尔奖获得者默里·盖尔曼(Murray Gell-Mann)的一句话非常贴切地诠释了这一概念:"如果粒子能够思考,那么物理学会变得多么困难"。本章的后续内容将介绍基于智能体的建模(45.2 节),它为探索城市中导致自上而下的模式的过程提供了一种方法,且让我们吸收源于复杂系统的思想(例如反馈、路径依赖、涌现),同时提供一个地理显示的智能体模型的应用范例。接下来,我们将讨论如何在这些模型中整合各种决策过程,以及如何在特别强调地理和社会信息的情境下将这种建模风格与数据结合起来(45.3 节)。这一部分也将讨论机器学习是如何被应用在基于智能体的建模中的。最后,在 45.4 节中,我们将总结全文并讨论与基于智能体的建模和城市相关的新机遇。

45.2 什么是基于智能体的建模?

在过去的 20 年里,随着计算能力和数据的增长(该内容我们将在 45.3 节中更详细地讨论),基于智能体的模型已经发展成为城市系统和理解当今城市面临的问题的主要模型范式之一(见:Benenson and Torrens,2004;Batty,2005;Crooks et al.,2019)。在本节中,在讨论建模的各种原因之前,我们首先对基于智能体的建模进行简要的概述(45.2 节第 1 小节)。接着,我们讨论构建这些模型的步骤(45.2 节第 2 小节),然后将注意力转移到地理显式的智能体的建模示例(45.2 节第 3 小节),这些示例演示了这种建模风格可以探索的问题类型。与其他建模技术(如空间交互模型、微观模拟)一样,基于智能体的建模是一种处理现实世界复杂性的方法,通过抽象、还原和简化,将重点放在关注的重要任务上(Gilbert and Troitzsch,2005)。基于智能体的建模与其他建模方式的主要区别在于,其单个智能体及其行为之间的相互作用,以及如何通过这种相互作用产生更多的聚集模式(例如,单个车辆如何导致交通拥堵的出现)。从广义上来说,一个基于智能体的模型可以被看作是一个虚拟世界,其中居住着自主和异质的智能体,每个智能体都有自己的一套目标和偏好。这些相互作用导致更多的聚集模式出现,如图 45.1 所示。

例如,如果一个人要建立一个基于智能体的住房市场模型,个体智能体可以被视为家庭。就像真实的家庭一样,每个家庭都必须决定住在哪里,每个家庭都有自己对房屋风格和邻里类型的偏好,每个家庭都有自己的收入限制。与其他家庭以买卖房子的形式进行的互动催生了房地产市场(例如,Geanakoplos et al., 2012)。或者研究在早高峰时段时考虑交通拥堵,单个智能体可以被认为是汽车司机,每个智能体必须决定什么时候离家去上班,而他们在道路上驾驶且与其他智能体(即汽车)的互动是导致交通拥堵形成的原因(例如,Manley et al., 2014)。

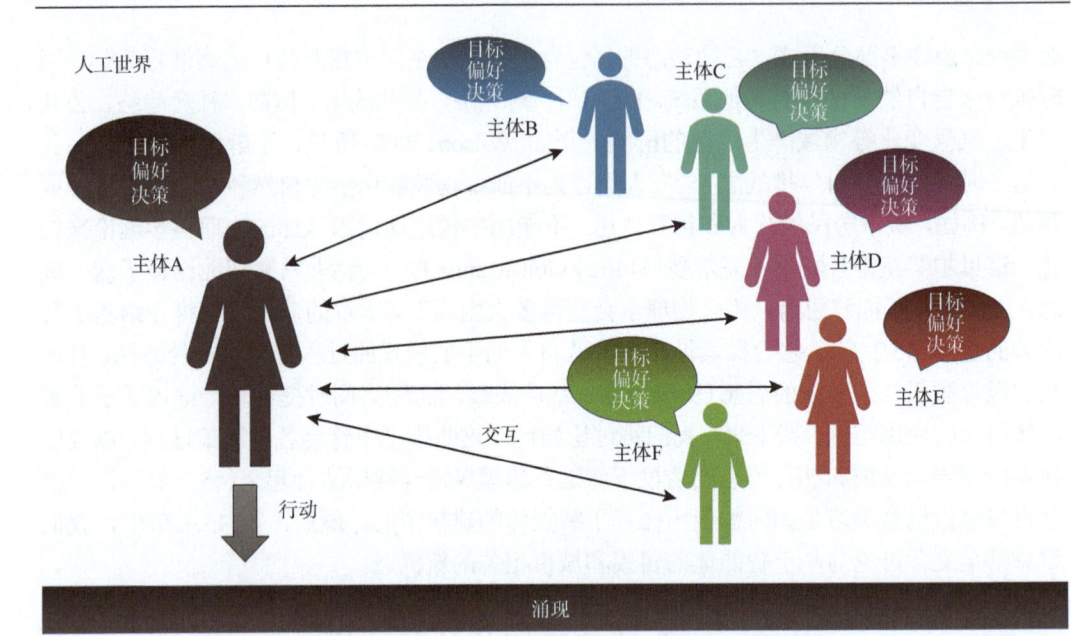

图 45.1 基于智能体的模型的示意图,展示了在虚拟世界中,智能体之间的相互作用如何导致涌现现象

1. 关于为什么要建模的例子

与其他建模方式一样,在基于智能体的建模中,人们建模的理由多种多样,从理解某种现象到预测等(参见 Epstein(2008)关于建模的各种原因的讨论),因此基于智能体的模型的范围可以从抽象的思想实验到更实际的应用。例如,Schelling(1971)的隔离模型不仅是抽象模型的经典例子,而且也演示了涌现现象(在本例中指隔离现象)是如何通过个人偏好发生的。此外,它表明了宏观层面的隔离不一定反映微观层面的偏好。例如,在图 45.2 中,我们展示了两类智能体(研究对象):一类是喜欢足球的,另一类是喜欢棒球的。在这个简单例子中,基于 Schelling(1971)模型的概念,智能体(例如个体)想要自己所处的位置(一个 11×11 的网格上的单元,该网格被作为我们的虚拟世界)中有一定比例(在这个例子中是 30%)的邻居和他们自己是相似的。

随着时间(T)的推移,如果他们对邻里构成的偏好不能被满足,智能体(研究对象)就会搬走。正如我们所看到的,由于智能体与其他智能体的互动、采取的行动(在这个案例中是搬走)以及由此产生的反馈和其他人过去的位置选择,研究区域内会从最初随机分布的人口演变至出现隔离社区。此外,该模型还演示了一个智能体的行为可能如何影响其他智能体。例如,一个智能体可能对某个特定地点感到满意,但另一个智能体搬到邻近地区可能会导致这个智能体变得不满意,从而导致他搬家。通过改变智能体对特定邻里组成的偏好(例如,相似邻居从 30%到 70%),我们可以研究个人偏好和微观层面的交互将如何导致更多宏观层面的现象出现,如图 45.3 所示;具体地说,在这个例子中,我们看到随着个体偏好的增加,会出现更多的隔离社区。

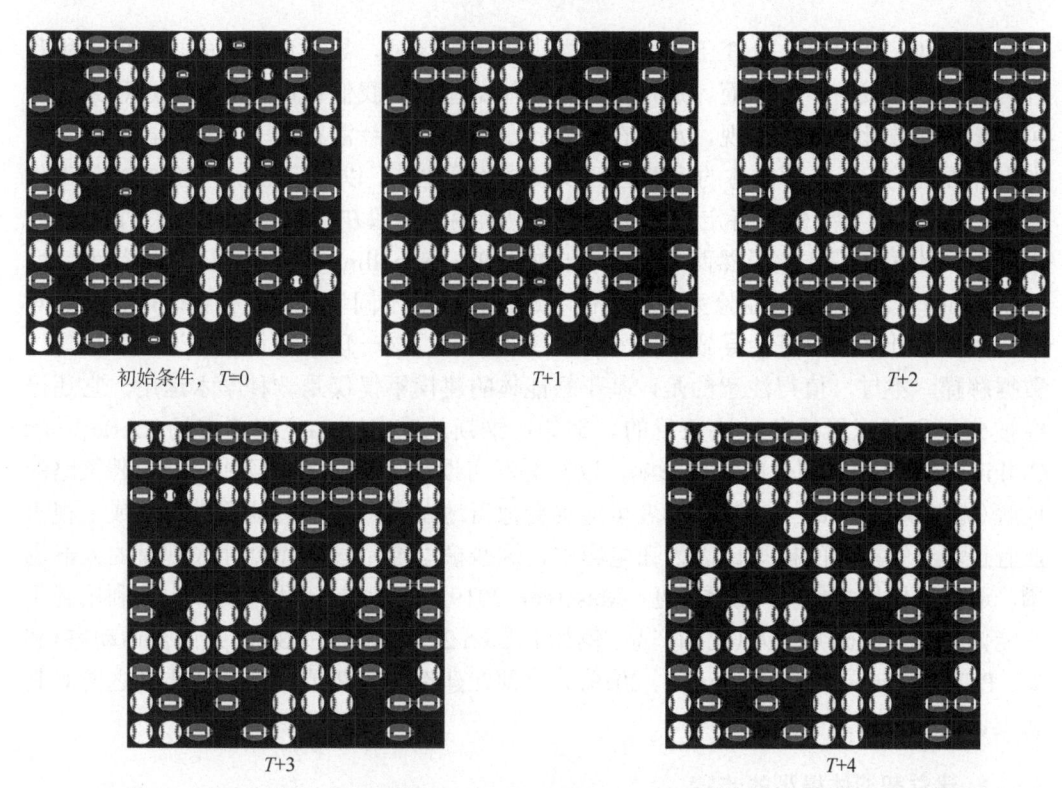

第 45 章 基于智能体的模型和城市：应用案例集锦

初始条件，T=0　　　　　　　　T+1　　　　　　　　T+2

T+3　　　　　　　　　　　　T+4

图 45.2　当智能体移动到他们的偏好被满足的地点时，随时间的推移，隔离出现的例子
（注意，小球是没有被满足的智能体）

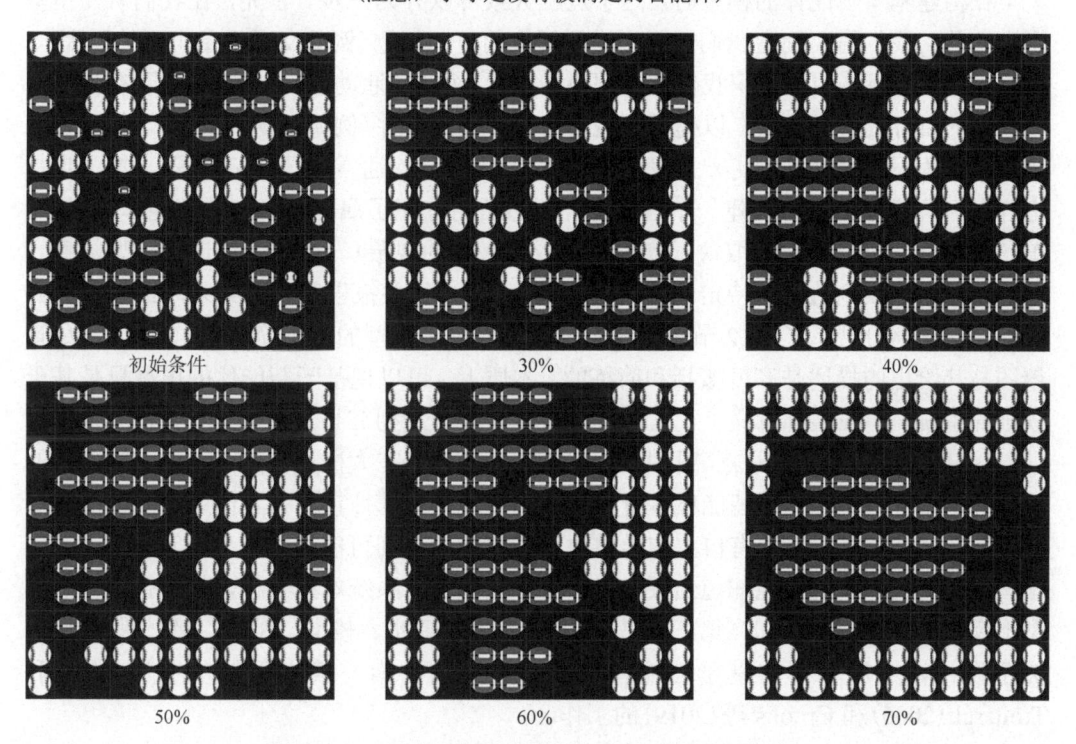

初始条件　　　　　　　　　30%　　　　　　　　　　40%

50%　　　　　　　　　　60%　　　　　　　　　　70%

图 45.3　不同的偏好如何导致不同的隔离模式的例子

这种现象的有趣之处在于，当我们发现隔离社区时，导致这种模式出现的过程和行为往往已经发生了。然而，通过基于智能体的建模，我们可以探索哪些过程或行为可能最快导致此类模式出现，从而在该模式出现之前设计潜在的干预措施。然而，正如上面提到的，基于智能体的模型也可以根据经验建立。以 Benenson 等(2002)的工作为例，他们探索了人们对特定社区和建筑类型的偏好导致在以色列特拉维夫(Tel Aviv)出现不同的居住模式。虽然两者都有各自的目的：Schelling(1971)探索基本行为，而 Benenson 等(2002)基于经验数据解释住宅选择并测试不同场景。这些都表明，个人对某些类型的社区的偏好会导致不同的居住模式出现，这一现象也很难只通过研究集计数据解释。不过，值得注意的是，基于智能体的建模不仅仅是一种学术运用，它还已经被公司和组织用于各种决策目的。例如，纳斯达克(Nasdaq)股票市场(Darley and Outkin，2007)十进制化的潜在影响，以及对商店设计、消费者市场或公司招聘策略的理解(见：Bonabeau，2003)。读者可能也会惊讶地发现，他们可能在电影院或电视机前看过基于智能体的模型。因为在电影中，这些模型经常被用作创建大规模的人群场景，避免了使用大量临时演员(见：Massive，2019)。尤其是工程公司，也在利用基于智能体的模型来研究行人(比如产品，例如 Legion 2019 和 STEPS 2019)或交通动态(例如：PTV Visum，2019；Paramics，2019)，以便在建造建筑物或实施交通措施之前对其新设计进行评估。

2. 建立智能体模型的步骤

在构建基于智能体的模型时，这个过程大致可以分为三步。首先，在我们研究模型本身之前，我们需要确定我们试图用模型解决的研究问题(例如交通现象出现的原因)、定义模型的目标、明确认识我们试图解决的问题(例如交通动态)，并考虑是否有我们希望包含的目标的观察结果，以提供模型的参数和初始条件(例如起讫点数据)。然后我们需要做出假设并设计模型。一旦我们设计并实现了模型(通常用计算机代码)，第二步是运行(执行)模型，这将创建一个虚拟世界。然后用分配了属性和规则的智能体(例如汽车)去填充这个虚拟世界(取决于应用场景或感兴趣的现象)。接着我们运行模型，直到满足一定条件或到达一个特定的时间点，模型终止运行并报告和观察结果，如图 45.4(a)所示[图 45.4(b)展示了 45.2 节第 1 小节中讨论的分离模型的一个简单工作示例]。尽管该图与其给出的描述是高度概括和简练的，本质上，可以说基于智能体的模型只是基于规则的系统，但在某种意义上，它们可以被看作是一系列 if-then-else 语句。例如，如果(if)火警响了，那么(then)就离开大楼，否则(else)就待在大楼里。然而，基于智能体的建模的丰富性在于，尽管智能体本身可能被高度地指定，且它们相互作用的规则是公众已经熟知的，但是由于具有自主和异质决策的智能体之间可能存在多种交互作用，直到模型运行之后，我们才能知道结果。本质上，就像复杂系统本身一样，基于智能体的模型不仅仅是各部分的总和。第三步是评估模型(例如证实、校准、验证、敏感性分析)。关于设计、实施和评估基于智能体的模型的详细指南，读者可以参考 Gilbert 和 Troitzsch(2005)和 Crooks 等(2019)的工作。

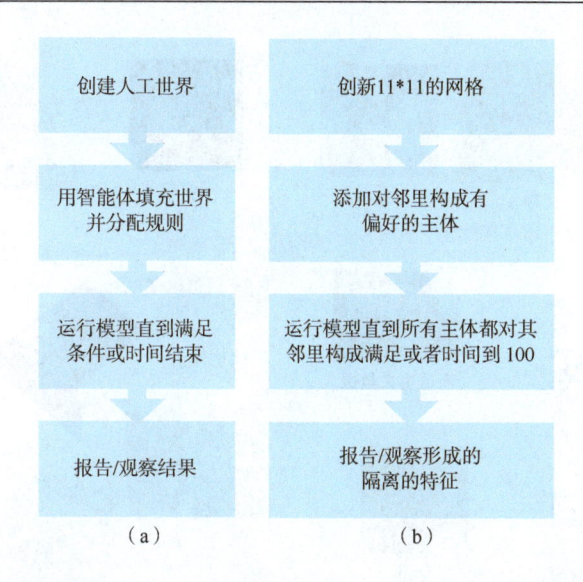

图 45.4 模型(a)是高度概括的基于主体的模型的流程；模型(b)是其对应的基本隔离模型的流程

3. 地理显式智能体模型的应用领域

地理显式智能体模型(即使用了地理信息的基于智能体的模型,将在 45.3 节详细介绍)被开发用于解决社会在各种空间和时间尺度上所面临的一系列问题,小至行人在几秒钟内的微小移动(例如 Torrens,2012),大到几个世纪以来城市系统的宏观演变(Pumain and Sanders,2013)。基于智能体的建模方法所提供的灵活性使得这些模型可以在不同的应用集中使用。如考古学(Axtell et al.,2002)、农业(Hailegiorgis et al.,2018)、篮球分析(Oldham and Crooks,2019)、犯罪(Malleson et al.,2013)、疾病(Perez and Dragicevic,2009)、灾难(Jumadi et al.,2018)、物种入侵(Anderson and Dragi´cevi´c,2018)、城市增长(Xie and Yang,2011)、住房市场(Geanakoplos et al.,2012)、贵族化(Jackson et al.,2008)、贫民窟形成(Patel et al.,2018),以及交通(Manley and Cheng,2018)。因此,虽然基于智能体的模型的建模人员,已经在他们的模型中使用了地理数据,但是数据的增长以及在模型中集成这些数据的方法发生了变化(将在 45.3.2 节进一步讨论)。

开源的基于智能体的建模工具包,如 GAMA(Taillandier et al.,2019)、MASON(Luke et al.,2018)、Repast(North et al.,2013)和 NetLogo(Wilensky,1999),在过去 20 年中有了很大的发展,许多都具有内置功能,可以直接将数据集成到模型中(例如栅格和矢量数据结构),从而降低了创建地理显式模型的门槛(关于这些平台及其应用程序的综述,读者可参阅 Crooks et al.,2019)。例如,在图 45.5 中,我们展示了利用 MASON toolkit 及其 GeoMason 扩展创建的 GIS 集成的、跨空间和时间尺度的模型的一些选集。其中包括几秒钟内的行人微观移动研究与逐年的移民宏观移动研究,以及介于两者之间的许多事件,如交通模型、灾害响应、疾病暴发和城市增长(获取这些模型请参阅 MASON,2019,以及 NetLogo 中相应的地理显式模型,见 https://www.abmgis.org/)。

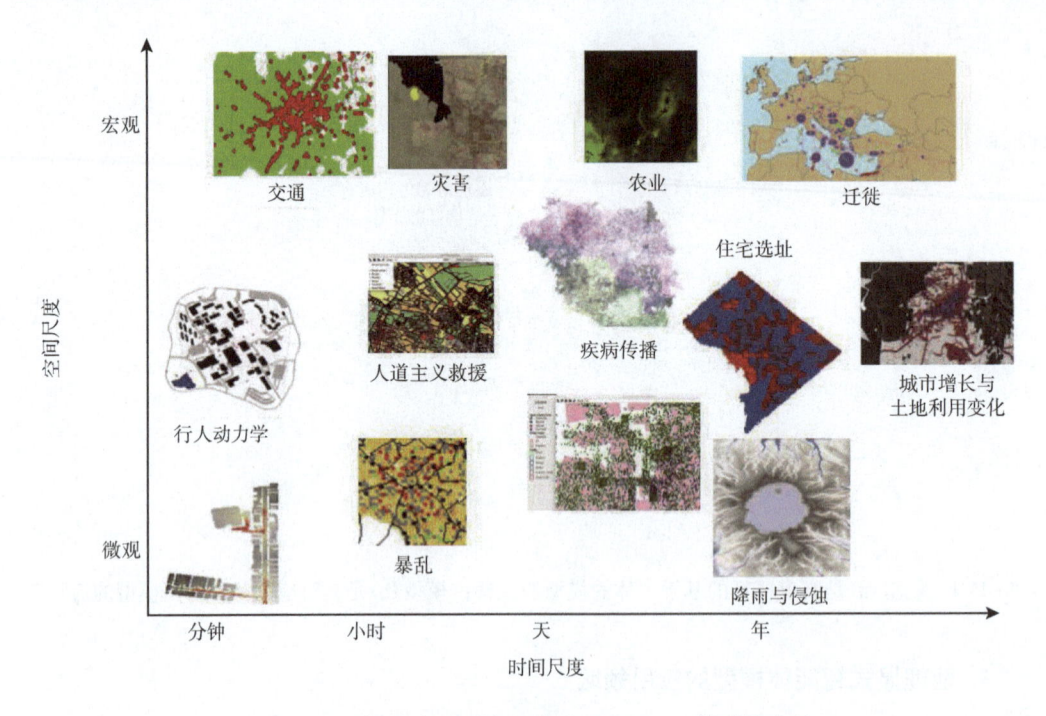

图 45.5 不同空间和时间尺度上 GeoMason 模型的选择

除了这些通用的、可以模拟一系列城市现象的开源工具包外(可以说,唯一的约束是建模者的想象力),还有其他一些用于特定领域的模型,如开源交通仿真(例如 Horni, et al., 2016 的 MATSim; Auld et al., 2016 的 PoLARIS; Transims, 2019),这些被用于研究世界各地多个城市的众多交通问题中(例如日常出行、路线规划、智能交通系统评估)。

45.3　将数据和决策集成到基于智能体的模型中

除了基于智能体的模型中的单个实体相互作用之外,这些实体受到他们所居住的虚拟世界(或环境)的影响的相互作用,也就像现实中我们受到周围环境的影响一样。例如,以土地利用变化为例。开发商可以购买农业用地,将其转化为住宅用地,之后将其出售给居民,然后等居民入住(例如 Magliocca et al., 2011)。智能体也可以感知他们的环境并对其做出反应(例如, Hailegiorgis et al., 2018 中提到变化的气候条件可能会改变农业生产方式)。最初,许多基于智能体的模型相当抽象地表示空间,正如我们在 45.2 节第 1 小节中 Schelling(1971)模型所展示的那样。然而,随着 Epstei 和 Axtell(1996) 的 Sugarscape 模型的演示,该模型展示了环境如何影响智能体的财富和生存,建模者开始认识到,智能体居住的虚拟世界可以用地理数据程式化。从早期的作品(例如 Gimblett, 2002; Benenson and Torrens, 2004),到现在的工作(例如 Crooks et al., 2019),研究人员不仅利用数据来表示虚拟世界的物理方面(例如土地覆盖、道路网络),而且还利用数据帮助了解社会情况(例如普查数据可以反映一个地区内的智能体数量)。这些数据采用了空间的抽象表达，并使其更接近于现实世界中的位置，如图45.6所示。

栅格形式(例如土地利用和地表覆盖、高程)及矢量格式(例如人口普查区、道路网络)的不同数据层可作为虚拟世界的环境，我们的智能体可以与之互动。例如，与道路相关的矢量数据可用于交通模拟，即允许智能体从一个位置导航到另一个位置。人口普查数据可以用来为一个具有相关社会经济特征的特定地点创建特定数量的智能体(例如Burger et al.，2017)。栅格数据，例如源自国家地表覆盖数据集(Wickham et al.，2014)的数据，可用于城市增长问题模拟的初始化，因为这些数据提供了城市和非城市土地范围的细节，而这些细节会影响到城市的增长范围(见Crooks et al.，2019中有关在模型中使用这些数据的细节和实例)。图45.6中的这些社会和物理数据层取代了图45.1中呈现的抽象虚拟世界，并将模型置于实际的现实世界，这可能会对个体智能体的交互产生影响。例如，将图45.7(a)中用于测试基本行人运动的抽象空间与图45.7(b)中的抽象空间进行比较，后者是基于真实世界建筑物的实际CAD数据。在这里，实际的墙壁、走廊和出口限制了智能体(研究对象)的移动。虽然我们已经在45.2节第3小节应用领域中提到，研究人员已经创建了地理显式的基于智能体的模型以探索广泛的现象，但在本节余下部分中，我们将首先讨论如何将决策融入基于智能体的模型(45.3节第1小节)，然后再讨论如何在这些模型中使用新形式的数据以帮助决策(45.3节第2小节)，以及研究人员如何利用这些数据在基于智能体的建模的各个阶段(步骤)中使用机器学习方法(45.3节第3小节)。

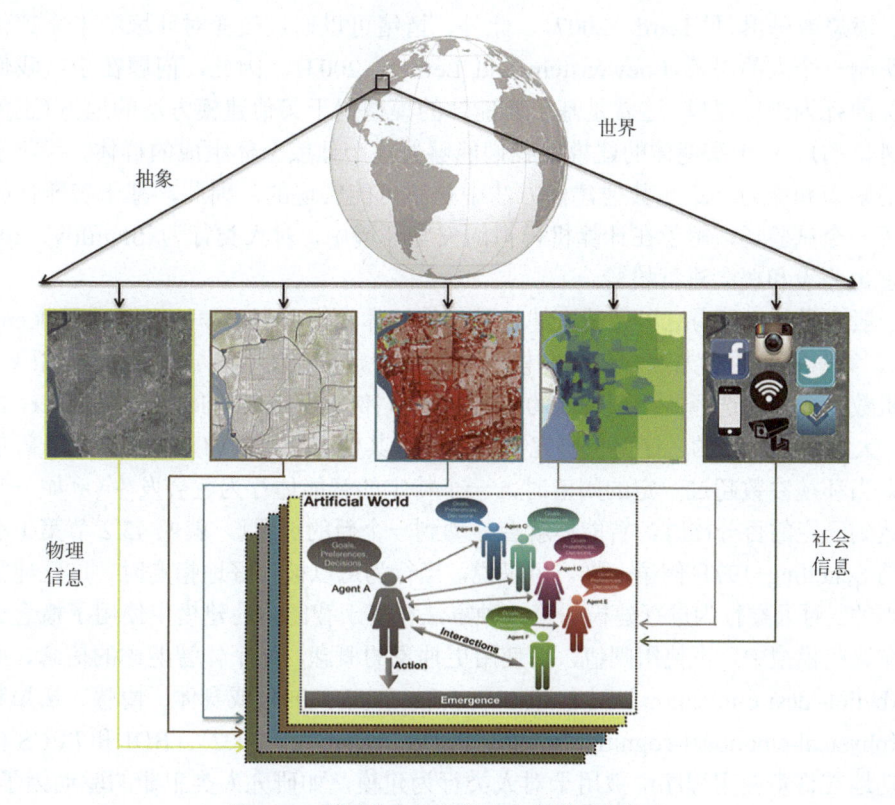

图45.6 利用地理信息作为虚拟世界的基础

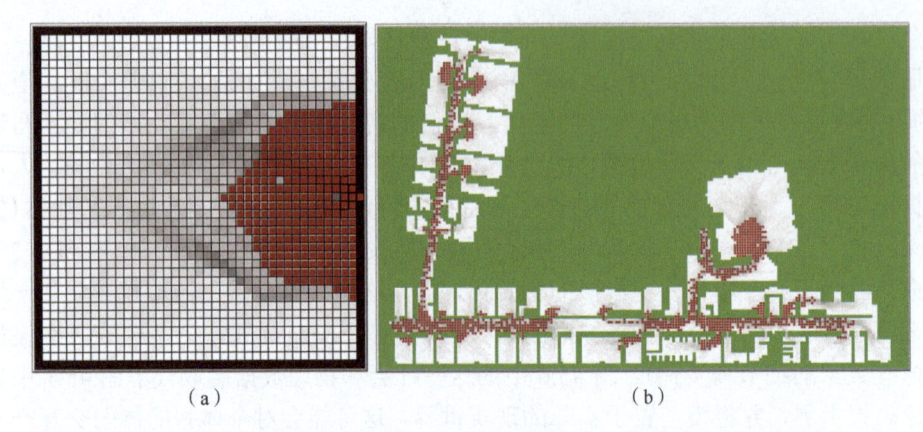

图 45.7 从抽象房间(a)到根据现实世界建筑平层方案建立的虚拟世界(b)

1. 将决策融入基于智能体的模型

正如 45.2.2 节所指出的,基于智能体的模型本质上是基于规则的系统,从这个意义上讲,智能体的行为被直接编程到他们自身中。因此,重要的是要考虑如何选择这些规则。然而,正如 45.1 节所讨论的,对人类行为建模并不像听起来那么简单。这是因为人类并不只是随机做出决定,还会根据他们的知识和能力做出反应。另外,把人类行为当作理性的也许是好的,但事实并非总是如此。决策可以基于情绪,如私利、快乐、愤怒或恐惧(见 Izard,2007)。此外,情绪可以通过改变对环境和未来评价的看法来影响一个人的决策(Loewenstein and Lerner,2003)。因此,问题在于:我们如何对人类的行为进行建模。这就是基于智能体的模型优于其他建模方法的地方(正如 45.2 节所讨论的)。基于智能体的建模使我们能够关注个体或个体组成的群体,并赋予他们不同的知识和能力,这在其他建模方法中是不可能实现的。因此,基于智能体的模型充当了一个试验场,用于在计算机模拟的安全环境中,对人类行为(Stanilov,2012)的各种理论假设和概念进行检验。

一般来说,主要有三种方法来捕捉基于智能体的模型中这样的决策过程(Kennedy,2012)。第一种是数学方法,例如在模拟中使用特定直接的和自定义的行为编码,如使用随机数生成器来选择一个预定义的可能的选择(例如买或卖;Gode and Sunder,1993)。但是,人并不是随机的,这促使研究人员开发了其他方法,例如直接结合基于阈值的规则;即当环境参数超过一定的阈值时,一个特定的智能体行为就会发生(例如,当邻居构成达到一定的百分比时,智能体就会移动到一个新的位置),就像 45.2 节第 1 小节中介绍的 Schelling(1971)例子一样。可以说,当行为可以被很好地指定时,这些建模方法是恰当的。对人类行为进行建模的第二种方法在基于智能体的建模中使用了概念认知框架。在这些模型中,不使用阈值,而使用更抽象的概念,如个体智能体的信念、愿望和意图(belief-desire-intention,BDI;Rao and Georgeff,1991)或身体、情感、认知和社会因素(physical-emotional-cognitive-social,PECS;Schmidt,2002)。BDI 和 PECS 框架已经成功地在许多应用程序中被用于对人类行为建模,如研究人类犯罪的驱动因子(分别参见 Brantingham et al., 2005 和 Mallison et al., 2010)。这些表现行为的概念性认知框架和数学方法，就像更普遍的基于智能体的模型一样，都可以被认为是基于规则的系统，并且经常被应用于数以千万计的智能体。第三种方法是认知架构(例如 Soar(Laird, 2012)和 ACTR(Anderson and Lebiere, 1998))，它们专注于一次对一个智能体的抽象或理论认知，特别强调人工智能。这种方法很少用于智能体数量较多的建模，这使得它们在建模处理城市问题时的效用相当有限。然而，尽管在基于智能体的模型中有多种表示决策的方式，我们却很少讨论为什么建模者选择其中一个而不是另一个(Schlüter et al., 2017)，或者为什么选择某个理论(如果有的话)作为基础(Groeneveld et al., 2017)。如果读者希望知道更多关于基于智能体的模型中的决策，可以参考文献(Balke and Gilbert, 2014)；如果希望了解如何在政策背景下使用这些模型，可以参考文献(Calder et al., 2018)。

2. 数据增长及其在基于智能体的模型中的应用

与将数据融入基于智能体的模型的简易性(如第 45.2.3 节所讨论的)相一致的是城市地区数据(即大数据)的增长和可用性，其中许多数据具有明确或隐含的地理成分(Stefanidis et al., 2013)。这些数据包括较传统的数据类型，例如普查数据、遥感图像或现场传感装置获取的数据(例如气象站和空气污染监测系统)，以及来自智能手机、出租车上的 GPS 装置等流动传感器或社交媒体的数据。各种形式的数据的增加和计算资源的增加导致了城市分析学的兴起。城市分析有多种定义，例如，Singleton 等(2017)将其定义为"一个使用新的和新兴的数据形式，以及计算和统计技术来研究城市的多学科研究领域"，而 Batty(2019)更概括性地将城市分析置于更广泛的分析范围中："在我们的城市案例中，分析指可用于探索、理解和预测任何系统的属性和特征的一套方法。"这些定义的共同点是利用数据和计算技术来探索城市。如果我们首先关注数据，我们不仅指传统的数据集，例如传统的由政府组织和行业收集分发的普查和基础设施(例如道路)数据，还包括众源的地理信息(例如 OpenStreetMap)和社交媒体、物联网(IoT)以及手机数据，它们为我们提供了探索城市环境的新方法(Batty et al., 2012; Crooks et al., 2015b)。

通过收集和分析这些数据，我们可以开始了解更广泛的城市模式。例如，智慧城市的数据是建立在个人层面上的，通过对行程卡的分析，可以了解每天有多少人在城市间通勤(例如 Zhong et al., 2015)，并且当结合土地利用信息和社交媒体签到信息时，可以推测出行目的(Yang et al., 2019b)。无桩自行车数据可以提供关于城市内部流和新基础设施影响的信息(例如 Yang et al., 2019a)。同样,手机数据可以为城市移动性(例如 Louail et al., 2015)或移动和交互模式(例如 Malleson et al., 2018; Manley and Dennett, 2019)提供起讫点对。这样的数据不能明确地告诉我们一个人的出行目的或者城市体验。多源(如 Twitter、Facebook)个人数据(社交数据)的获取可能有助于完成整个图景，但我们仍然只能发现一些模式，而不一定是导致模式出现的过程和潜在动机。

发现这些模式的特点以及确定它们出现的时间是极其困难的。以交通拥堵为例，它是个人的出行决定带来的结果，而出行决定又是个人根据生活阶段、工作场所、商店或其他设施不断变化的可达性等因素做出的。交通拥堵可能会在关键的点形成，使城市交通网络的部分区域处于严重压力之下。具有讽刺意味的是，尽管我们生活在一个数据丰富的世界，但如果不进行建模，就很难理解物理环境和社会动态的结合与城市运行和发展之间的关系。单靠数据并不能解决城市面临的所有问题，尤其是当使用过去的数据来展望未来时。例如，在金融或房地产市场方面，我们可能有2010年至2019年的股市数据，但这些数据并没有反映2007~2008年的金融危机。如果系统发生了结构性变化或者某种演化，或者在这些范围之外发生了什么事情，那么会发生什么？数据只捕捉它们所看到的，但这些不一定是极端的市场事件。或者借用Heraclitus的话："没有人会两次踏进同一条河，因为这不是同一条河，他也不是同一个人"。这就是建模的动力之一，特别是基于智能体的模型，我们可以根据个体自己的决定，探索这些问题并提出假设情景。例如，就改善交通拥堵和人们的活动而言，实行交通拥堵收费会产生什么影响(例如Zhegn et al.，2012)。

如果回到图45.6，我们可以利用这些数据来给我们的模型提供信息，将其作为模型的输入，或者验证模型的结果。例如，有许多应用利用OpenStreetMap数据作为他们虚拟世界的基础。这些应用包括评估地震后人道主义援助的路线选择(Crooks and Wise，2013)，或在疾病暴发期间利用建筑和基础设施信息(Crooks and Hailegiorgis，2014)，以及通过网络进行车辆路线选择(Horni et al.，2016)，或作为疏散路线选择的基础(Goetz and Zipf，2012)。如果我们把注意力转向行人运动(如果我们希望设计更适合步行的城市，这是至关重要的)，新的传感器技术，如GPS已被用于测试步行行为(Torrens et al.，2012)，而其他人则利用CCTV来校准人们如何穿过小区域(Crooks，2015a)或校准人群密度(Batty et al.，2003)。另一方面，Crols和Malleson(2019)使用传感器收集的步行数据来验证他们在西约克郡奥特利镇(Otley，West Yorkshire)中心的日常交通步行模型，以便更好地了解镇中心的居民在镇中心的行为。类似地，Grübel等(2019)使用步行数据来验证他们在伦敦威斯敏斯特地区(Westminster)的行人流量模型。

新的数据来源也为人们如何在城市中导航提供了线索。例如，Manley等(2015)在分析伦敦"迷你"出租车的GPS数据时发现，交通研究中经常使用的最短路径模型对"迷你"出租车司机的实际行为进行预测时效果不好；但通过一个基于智能体的模型，他们展示了司机如何使用特定的城市特征(即"锚点")在城市中导航。除了地理数据之外，其他学者正在使用自然语言处理(natural language processing，NLP)挖掘文本数据，以便为智能体决策提供信息(Runck et al.，2019)。在另一个例子中，Wise(2014)构建了一个基于智能体的模型，用于研究2012年科罗拉多斯普林斯(Colorado Springs)的野火事件和随后的疏散，时间跨度为一周。Wise挖掘了社交媒体数据(在本例中指Twitter)，以获取该地区人们的情绪，并将其输入到疏散模型中。例如，如果其中一名智能体(即科罗拉多斯普林斯的居民)知道火灾就在附近，这个信息会通过他或她的社交网络传递给其他智能体，然后由他们决定是否疏散。这一决定导致了拥堵，这是根据从人群和新闻媒体收集的数据进行验证的。上面的例子表明，新的数据来源可以用于智能体的建模的许多方面，特别是那些与城市应用相关的各种空间和时间尺度的问题。

3. 机器学习和基于智能体的建模的潜力

尽管机器学习只是人工智能的一个分支领域，但在过去十年里，它获得了巨大发展，部分原因是计算能力和数据可用性的提高，这也形成了城市分析的新研究领域，地理数据科学等术语也随之出现(见 Singleton and Arribas-Bel，2019)。通过使用机器学习技术(例如遗传算法、人工神经网络、贝叶斯分类器、决策树或加强学习)以及数据挖掘(即在数据中发现模式)，研究人员一直在探索城市生活的许多方面，如利用决策树识别贫民窟(Mahabir et al.，2018)以及使用自然语言来处理找到地方(place)的含义(Jenkins et al.，2016)。

然而，尽管机器学习和数据挖掘在城市分析领域取得了长足的发展，在基于智能体的模型中，这些方法的应用却很有限，即使 Rand(2006)指出它们都可以被认为是基于规则的系统(正如我们在 45.2 节第 2 小节中所讨论的)，而且都需要用一组特定的参数进行初始化。两者都需要运行，而在基于智能体的模型中，我们观察其动态，在机器学习中，我们观察其处理后的输出(如数值、规则或类别)，并在满足停止条件时结束(Rand，2006)[①]。例如，在一个基于智能体的模型中，这可能是当所有智能体都满意时，模型终止；而在机器学习中，可能是当算法完成其处理时(例如，目标函数的值不能进一步优化)，模型才终止。

如 45.2 节第 2 小节所述，基于智能体的建模大致有三个主要步骤：模型的设计、模型的执行和模型的评估。机器学习技术已经应用于这三个阶段(见 Abdulkareem et al.，2019)。例如，在模型设计的第一阶段，机器学习被用于推导智能体模型的参数值，如在人类移动性和肥胖症的案例中(如：Kavak，2007；Padilla et al.，2016)有相关应用。机器学习也在模型的运行过程中使用，通常用于帮助智能体从过去的经验中学习，并通过强化学习、遗传算法或随机森林做出更明智的决策(例如 Ramchandani et al.，2017；Rand，2006；Wolpert et al.，1999)。Zhang 等(2018)使用神经网络在各种交通配置帮助下进行交通预测。在另一个例子中，Abdulkareem 等(2019)利用贝叶斯网络和调查数据探索了霍乱在加纳库马西(Kumasi, Ghana)的传播情况。他们使用贝叶斯网络来改善风险感知和决定霍乱暴发期间的取水点。其他人则在退休金计划方面使用了强化学习(Ramchandani et al.，2017)，或者用贝叶斯网络来推断智能体的位置选择及其对土地利用变化的影响(Kocabas and Dragicevic，2013)。Bone 和 Dragicevic(2010)使用强化学习来实现最优的森林采伐策略。机器学习算法也用于分析模型输出(即步骤3)，Heppenstall 等(2007)使用遗传算法来验证基于智能体的模型的结果，该模型模拟了零售汽油市场。

上面的例子只是几个利用机器学习的基于智能体的模型，旨在告知读者，研究人员正在探索此类技术在基于智能体的建模过程中各个方面的应用。然而，与数据科学界不同的是，机器学习的应用相当有限。也许，这是因为数据科学领域中存在用于机器学习的包(package)(如用 Python 或 R 实现的包)，但基于智能体的建模并非如此。虽然存在基于智能体的工具包，但仍然需要设计和实现自己的模型，这本身就是一个耗时的任务。此外，基于智能体的模型侧重于个体行为，并且为了充分利用机器学习，在基于智能体的模型的详细级别(例如：Runck et al.，2019；Weinberger，2011)上人们需要一些通常无法获取的训练数据(由于伦理影响、隐私问题等)。我们没有空间更深入地研究为什么

[①] 有关基于主体的建模和机器学习之间的相似性的更多讨论，读者请参阅 Rand(2006)。

在基于智能体的模型中只能有限地使用机器学习，但我们可以预见，随着数据的增长，更多的基于智能体的建模者将利用机器学习，特别是在越来越多的人要求将经验数据融入模型的情况下（例如 Janssen and Ostrom，2006；Robinson et al.，2007），同时努力验证这些模型。例如，可能会有大量关于城市中人们移动的高分辨率轨迹数据，这些数据可以用来验证移动模型，从而测试关于这些移动模式出现的驱动因子的想法和理论。

45.4 总结和展望

随着世界日益城市化，将每个城市理解为一个整体大于部分之和的复杂系统变得越来越重要，否则就很难应对未来的社会挑战，如气候变化。城市是由许多人组成的，他们的互动和行为导致了许多问题的出现（45.1 节）。在本章中，我们介绍了基于智能体的建模（45.2 节），它允许人们自下而上地对社会系统进行建模。这些模型的重点是创建虚拟世界，在这个世界中，每个人都被赋予了独特的行为和规则，并与其他人和他们的环境进行互动。正是通过这种互动，涌现了更多的宏观模式。例如，个体如何形成群体，市民上下班导致交通拥堵，市民买卖房屋导致房地产市场的出现。通过将地理信息整合到这样的模型中，我们可以将抽象的虚拟世界转变为模拟真实位置的世界（45.3 节）。

我们还讨论了基于智能体的建模在过去 20 年中是如何在数据增长和可用性的推动下取得了巨大发展（45.3 节第 2 小节），这提供了许多可供研究的应用领域。挖掘这些数据，不仅提供了探索人们感知和利用周围空间的新方法，而且通过机器学习方法可以整合到基于智能体的建模的各个方面，从模型参数化到验证和校准（45.3 节第 3 小节）。然而，这仍然是一个不断发展的领域，仍有大量的研究要做。可以潜在地挖掘新的数据源，以提供关于谁、什么、何时、何地以及人们为什么要做他们所做的事情的信息。然而，正如 Robert Axtell 指出的那样，"……在接下来的 20 年，甚至 100 年内，创建良好的高保真的人类行为和互动模型领域具有很大的研究价值"（被 Weinberger 2011 引用）。机器学习方法可能会对此有所帮助，特别是在改进基于智能体的模型中的决策方面。

此外，读者可能已经注意到，本章讨论了一系列应用，但很少有人尝试将不同的城市过程集成或耦合在一起，这通常出现在更传统的土地利用与交通交互（land-use transportation interaction，LUTI）模型（参见 Wise et al.，2017 中对此的讨论）。也许，这是因为基于智能体的模型正在不同的空间和时间尺度上应用于当前问题，例如，高峰时段的交通或城市增长等各种较长期的过程，使得在将模型扩展到更大的区域或更多智能体时，时长或计算问题会变得难以解决等。然而，我们仍然处于自下而上理解城市的初始阶段，到目前为止，重点一直放在具体的问题上，而不是整个城市系统。基于 Simon（1996）关于系统的近可分解性的概念，系统的各个部分之间以簇或子图的形式相互作用，子系统之间的相互作用相对较弱或较少，但不能忽略，因此在短期内，人们可以孤立地研究这样的系统（或问题），这是有一定道理的。

展望未来，如上所述，今天我们处于一个数据丰富的世界，我们讨论了如何将这些数据用于模型初始化、智能体属性的参数化或模型结果的验证。然而，由于基于智能体的模型经常被用来模拟复杂系统的行为，这些系统通常会迅速偏离初始启动条件。防止模拟偏离实际的一种方法是不时增加更多最新数据,并相应地调整模型。数据,特别是通过近实时观测数据集(例如,社交媒体或车辆路径计数器)产生的流数据,可以在这种情况下使用,如图45.8所示。

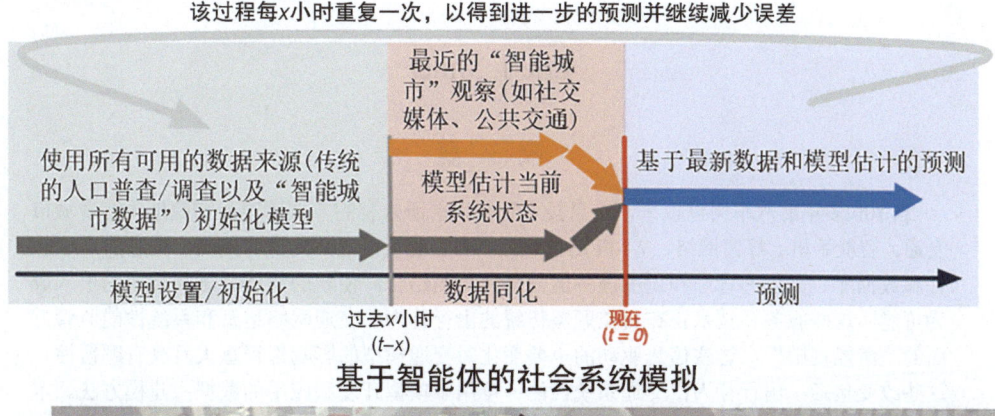

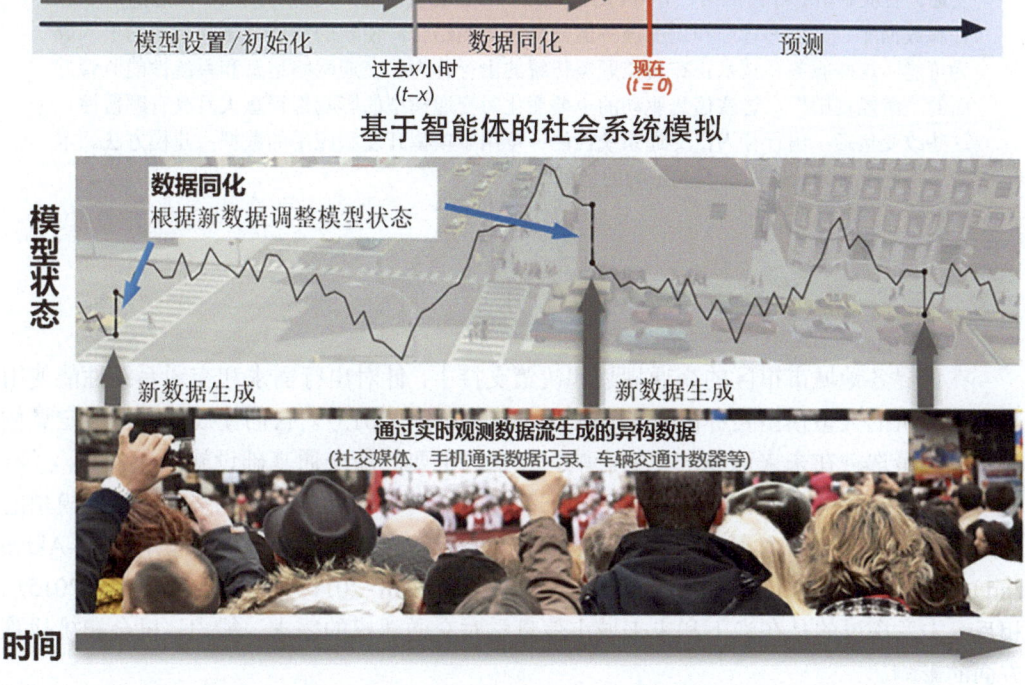

图45.8 动态数据同化与基于主体的建模

这个过程被称为动态数据同化(dynamic data assimilation)。数据同化发展了一系列动态数据同化的技术。然而,它们在很大程度上是从气象等领域发展而来的(即将最新的环境数据纳入天气预报),并且直到最近才开始应用于基于智能体的建模(例如Malleson et al.,2017;Rai and Hu,2013;Ward et al.,2016)。数据同化方法和基于智能体的模型的结合,对于某些系统(例如智慧城市)的建模方式可能产生革命性的影响。除此之外,随着新的大数据来源、机器学习方法以及计算资源的增长,我们可以实现自下而上以尚未达到的分辨率和规模来探索城市并对其进行建模。

第46章 交通建模

Eric J. Miller

摘　要

自100多年前汽车问世以来，信息技术正在以前所未有的方式迅速而彻底地改变着城市交通。智能手机、蜂窝网络、Wi-Fi连接无处不在，强大而经济的计算能力、先进的GIS软件和数据库、先进的管理和调度服务运营平台等的结合，使新的移动服务和技术的引入成为可能，这些服务和技术正在日益颠覆传统的出行行为、交通网络运营和系统性能监管方面的"游戏规则"。这些信息驱动的主要变化对交通模型的影响都很重大且具有颠覆性。这些改变包括：出行行为；交通系统性能；可用于模型开发和应用的数据；建模方法。本章节将逐个讨论这些广泛受到影响的领域。

46.1　引　言

在世界各地城市市区的交通规划和决策支持中，针对出行需求和交通系统性能使用基于计算机的大型模型是标准做法(Meyer and Miller, 2013)。它们使规划者能够定量估计各种政策选项在未来可能产生的影响，包括对主要的新交通基础设施(道路、转运等)的投资、土地利用政策、定价/票价政策、新技术、人口和就业增长趋势等。这些模型的详细讨论远远超出了本章的范围，但很多其他文献记录了他们的现状(例如，Ben-Akiva and Lerman, 1985; Train, 2009; Ortuzar and Willumsen, 2011; Castiglione et al., 2015)。相反，本章探讨的是在当下和未来城市信息学对交通建模的需求、能力、机会和挑战等方面的影响。

信息技术正在迅速而彻底地改变着城市交通，智能手机、蜂窝网络、Wi-Fi连接无处不在。强大而经济的计算能力、先进的地理信息系统(GIS)软件和数据库、先进的管理和调度服务运营平台等的结合，使新的移动服务和技术的引入成为可能，这些服务和技术正在日益颠覆传统的出行行为、交通网络运营和系统性能监管方面的"游戏规则"。

这些由信息驱动的主要变化对交通模型的影响都很重大，具有颠覆性。这些改变包括：
- 出行行为的变化；
- 交通系统性能的变化；
- 可用于模型开发和应用的数据的变化；
- 建模方法的变化。

下面四个小节将分别详细讨论每一个主题。在交通系统和相关建模需求领域，针对技术驱动变化的讨论中，有一种潜在的可能性，即在未来，电动汽车(electric vehicles,

EVs)、网联自动驾驶汽车(connected and autonomous vehicles，CAVs)以及网联自动驾驶电动汽车(connected and autonomous electric vehicles，CAEVs)等有可能被广泛应用。对这些技术及其潜在影响的充分讨论，远远超出了城市信息学本身的主题，但在第 47.2 和 47.3 节中简要讨论了最终 CAV 对出行行为和交通网络性能的一些可能的影响。

46.2　信息学与出行行为

迄今为止，信息学对出行行为的主要影响来自两种相关的基于信息学的服务：
- 出行相关的实时信息。
- 新移动服务和技术。

这些将在下面两个小节中讨论。本次讨论中，我们可以清楚地看到，实现所有这些服务的驱动技术，是运行在智能手机和其他计算设备上的基于手机和网络的应用程序，它们与中心计算平台捆绑在一起，而中心计算平台接收和发送大量数据，并处理客户信息和服务的数据请求，为客户匹配服务供应商，等等。特别是智能手机的发展以及在广大出行者中的广泛应用，对这些服务的开发和实施至关重要。

1. 出行相关的实时信息

现在有大量基于网络和智能手机的应用程序，出行者可以利用它们在出行前规划出行目的地、出行模式和路线，并在出行过程中动态地选择路线。这些应用中，有许多是由私营公司提供的，但也有公共部门提供的。例如，大多数公共交通机构会提供某些形式的路线指导，以及时刻表和票价信息。

这些应用中最普及、最具影响力的可能是基于全球定位系统的各种路线导航应用，这些应用可以安装在许多汽车上，也可以安装在智能手机或其他移动设备(如平板电脑)中。这些传感器可以感知设备(以及车辆)的当前位置，并提供所在道路上当前交通状况的实时估计。它们还提供到用户指定目的地的当前出行时间估计，以及推荐的到该目的地的最佳路线。最佳路线的定义可以基于最短的距离或最短的预期出行时间，其中后者是首选，并日益成为最普遍的选择。路段和路线的行驶时间基于从所有服务用户收集的关于速度的众包信息，以及服务提供商可以获得的其他信息(警察/交通中心咨询，其他道路传感器数据等)。它们还严重依赖于道路网络在地理信息系统中的非常精准的表达，包括限速和其他道路属性。在过去的几十年里，人们为世界上大部分地区，特别是在城市化地区绘制这样详细的地图付出了巨大努力。因此，这些路径引导的应用程序代表着 GPS 跟踪和 GIS 制图、分析能力的高级结合。

在计算中同时使用了实时数据和历史数据。行程时间和路线选择的计算质量显然取决于系统中这一时刻的用户数量，可用的历史信息的深度和相关性，这些计算服务提供者所使用的算法(通常是专有的)的质量和精度至关重要。机器学习方法(运行在强大的集群/云计算平台上)在筛选大量实时和历史数据以识别交通模式并对推荐的最佳路线进行短期预测方面发挥着关键作用。虽然这些算法不是在所有条件下、所有地方都百分之百完美，但它们对道路交通运行状况进行短期预测的准确性，通常会给人留下相当深刻的印象。

除了车载导航应用程序,传统的道路可变情报板和无线电交通广播在几十年来一直提供大量有关主要道路当前行驶状况的高级实时信息,尽管这些设施很少提供路线指导。也就是说,一个可变的交通情报板可能表明了前方道路拥挤的情况,但实际上并不会给出替代路线的建议。这既是出于法律考虑(如果司机选择了建议的另一条路线而发生事故,谁要负责?),也是为了尽量减少在系统中引入潜在的不稳定性(如果每个人都选择了替代路径会怎么样?)。

还有许多应用程序提供有关公共交通路线、时刻表、票价和出行时间的静态或实时信息。现在大多数交通机构都提供这样的应用程序,但也有许多私人的和开源的公共应用程序。这类应用程序可能会提供以下信息:下一辆客运车辆预计何时到达某个站点;协助计划在一天中的特定时间从特定出发地到特定目的地的出行;票价政策及缴费选择;服务中断通知等。除了基于移动设备的应用程序,许多公交机构还在公交站点和车站提供实时信息,根据公交线路预测下一辆车的到达时间。还有很多应用程序可以帮助骑车人追踪他们的自行车使用情况和骑行路线。此外,还存在追踪步行距离的个人健身应用。

大量的网站提供了你能想到的各种形式的活动信息——餐馆、商店、娱乐场所、酒店等,虽然它们一般不被认为是与出行特别相关。这些活动地点是与工作或学校无关的潜在出行目的地,这些大量的无处不在的可用数据很可能影响出行者的决策,尤其是关于出行目的地的决策。

一般来说,这些应用和服务大多数都可以用于出行前计划("我今晚应该去哪里吃晚餐?"或"这次出行我应该自己开车还是坐公交?")以及途中动态决策("前方发生事故,我们应该离开高速公路")。虽然这些应用程序的使用是非常普遍的,但这种使用对出行行为的实际影响还没有完全被理解。有多少人在使用哪种应用程序?这种使用是否会显著影响出行方式、目的地或出行时间的选择?鉴于导航应用程序的广泛使用,它们一定在影响路线选择,但如果没有这款应用程序,司机所选择的路线会产生多大的偏差?通过这些应用的广泛使用,拥堵在多大程度上得到了缓解(或增加)?下面将更详细地讨论这些问题。

2. 新移动服务和技术

当前及仍在兴起的信息通信技术(information and communications technology,ICT)不仅极大地增加和改善了出行者可获得的信息,以帮助他们进行出行决策,而且还彻底改变了他们可使用的出行服务。基于信息通信技术的新型移动服务和技术几乎每天都在涌现,为出行者提供新的出行选择。与新的信息服务一样,这些服务在很大程度上依赖智能移动设备来与服务的潜在客户进行通信,并依赖强大的计算平台来管理服务。

正如Calderón和Miller(2019,2020)详细讨论的那样,移动服务可以定义为一个人通过给定的模式(技术)和服务流程完成从出发地到目的地的出行的一种操作。公共交通和传统出租车是传统的出行服务。但近年来出现了一系列基于信息技术的移动服务。它们有多种形式,包括:

- 叫车服务：优步(Uber)和Lyft(也是传统出租车)等服务，服务提供商将司机和乘客连接起来，为乘客提供从出发地到目的地的门到门的旅程。打车可以进一步细分为单用户服务和共享服务。后者涉及乘客与其他乘客共享车辆，因此，需要乘客从直接的出发地到目的地的旅程中经历一定程度的偏差，以适应同车的其他乘客的上下车。

- 车辆共享：这些服务为客户提供短期车辆租赁服务，客户可以从车辆停放的地方取车，使用它执行一次或多次行程，然后在使用完毕后将车辆稳妥停放在终点。不同的服务能够使用不同类型的车辆，包括：汽车(共享汽车)、自行车(共享自行车，使用传统自行车和电动自行车)，以及最近开始使用的电动摩托车。车辆通常停在指定的站点(停车场、共享自行车停靠站等)。无桩系统越来越多，在这种系统中，汽车、自行车、电动滑板车等可以停放在任何地方，下一个客户可以在上一个客户停放的地方取走它。这种无桩系统显然依赖于车辆的GPS跟踪，以便它的位置在任何时候都是已知的。汽车共享服务通常是由营利性公司提供的，但也存在点对点系统的例子，在这种系统中，当个人不需要使用自己的汽车时，他们将自己的汽车提供给其他人使用[①]。

- 需求响应型公交(demand-responsive transit，DRT)/微公交：存在(或可以想象)各种各样的交通服务，它们偏离了传统的固定路线、固定时间表(通常是大型车辆)的运输运作方式，包括路线偏离的各种组合，灵活的停车位置，按需安排车辆路线，并且通常使用较小型的车辆以追求符合交通需求的成本效益。基本上自公共交通存在以来，各种形式的DRT就开始存在了。在世界许多地方，公共交通(连同其他形式的私人经营的非正式交通服务)是城市交通的重要组成部分，特别是对低收入出行者来说。此外，DRT(通常被称为辅助交通)服务是向无法使用传统交通服务的行动不便的出行者提供按需交通的一种标准方式。基于平台的信息系统正在重新定义和加强这类服务的能力和潜在应用，方法是显著提高可向客户提供的服务的质量(通过改进实时调度和更有效的路径规划)以及提高服务的性价比。

虽然存在多种多样的移动服务，但它们都涉及一系列通用操作功能的组合(Calderón and Miller，2019，2020)。这些包括：

- 为出行者的服务请求匹配司机和车辆。
- 重新平衡车队，保持可用车辆的适当空间分布。
- 出行定价和支付。
- 在车辆出行中集中客户进行拼车。

显然，并非所有操作都适用于所有服务。例如，自行车共享服务只提供关于当前位置自行车可用性的实时信息，让客户找到并租用这些可用自行车中的一辆。然而，他们必须处理"再平衡"问题，因为使用模式经常导致受人欢迎的目的地存在大量自行车，而一些起点位置的自行车存量却很少。另一方面，叫车服务运营商主要关心的是客户与

[①] 点对点共享乘车系统的例子也存在，在这种系统中，平台将愿意与其他人共享乘车的个人连接起来。这种系统的一个常见的例子发生在许多大学校园中，在假期、周末等期间，学生为其他学生提供接送，在学校和附近的家乡城市之间往返。

车辆的匹配,从而最优化客户体验(通常意味着最小化服务等待时间)和最小化运营成本(例如避免车辆的长时间空驶)。他们不一定会主动尝试重新平衡目前正在提供服务的车辆的位置[①]。当然,共享只是拼车服务的一部分,但它也是这项服务的一个非常关键的组成部分,因为拼车服务的典型缺点是客户体验差:如等待时间长、路线迂回(相对于更直接的起讫点行程,拼车耗费的时间要更久)。

定价水平和政策因服务的不同而不同,而且价格也会随着需求水平(即所谓的峰时定价)和其他因素(如天气)而动态变化。然而,基于信用卡的在线支付系统是所有新型移动系统的一个重要特征,这种自动支付系统的便利性不应被低估。最后,传统出租车和Uber之间的差异可以说不是很大[②],但下了车就到达目的地的便利性(以及在智能手机上进行简单的操作就能预订行程的便利性)似乎是新的移动服务成功的一个重要因素。

基于信息的平台,包括GPS、GIS、实时蜂窝网络和基于Web的通信,基于人工智能(artificial intelligence,AI)的高容量计算、数据处理和分析,是所有此类移动服务的基础。正是这些平台让传统的出租车和交通服务得以焕发新生,催生了自行车和电动滑板车共享服务等新技术和服务。

移动即服务(mobility as a service,MaaS)的概念通过扩展平台概念,整合两种或更多的移动服务,动态地混合和匹配客户的移动服务,提供无缝的、门到门的移动解决方案,在一站式购物流程中优化他们的出行体验,并借此来推广移动服务。MaaS被许多人视为交通的未来,MaaS平台充当中介,将不同的移动服务组合在一起,以最佳地满足出行者的需求和偏好。在这样的未来中,一位出行者可能会被叫车公司的车在郊区的门口接走,被带到通勤火车站刚好赶上她的火车,然后在位于市中心的出站口有一辆电动自行车等着她完成到她办公室的行程,所有这些都自动从她的信用卡或借记卡上一次性扣除相应的车费(可能还会有各种信用度积分)。

尽管许多公司和组织正在努力实施此类完整的移动解决方案,但目前还都不成熟。一个特别重要的政策问题是,可以在多大程度上将MaaS解决方案与公共交通整合,以提高公共交通的成本效益和吸引力,从而保持其在高密度通道中出行者主要大众运输工具的主导地位。目前,世界各地的城市地区都被汽车拥堵压得喘不过气来,无论MaaS的表现如何,重要的是,它能够通过促进交通(在适当的情况下)和减少拥堵来更有效地利用交通网络,同时仍能适应随着城市地区的持续增长而不可避免的出行增长。值得注意的是,越来越多的文献表明,当前的移动服务不但对传统的交通使用产生了不利影响,还增加了许多城市(至少在中心地区)的拥堵程度(Li et al., 2019; Graehler et al., 2019; Rayle et al., 2016)。

虽然有学术文献探索路线指导信息对出行行为的潜在影响,但大多数都是基于陈述的偏好调查或假想的模拟实验,而不是现实世界的数据。调查这些问题的一个主要障碍是,关于应用程序使用和后续行为的大量数据都是私人公司专有的,它们通常不愿与公共机构或学术研究人员分享这些数据。

---

① 由于网约车服务目前依赖于独立的司机承包商,所以网约车平台提供商在不服务时影响其位置的能力最多只能是间接的。

② 虽然差异明显存在,尤其是感知差异。例如,出租车经常被批评为"脏",安全差异也存在,价格差异也存在。

目前存在大量关于全自动驾驶汽车的普及对出行行为造成影响的猜测，对这个问题的探讨远远超出了本章的范围。我们只是简单地指出，CAVs 可能会极大地改变汽车拥有率(人们可能只需按次租用交通工具)、公共交通使用量和道路拥堵程度，以及许多其他可能的影响。公共交通使用量的影响是一个特别重要的政策问题。CAVs 可以通过在低密度郊区为往返交通提供"第一公里"和"最后一公里"的解决方案来支持高阶交通的使用。另一种可能性是，普及的自动拼车服务可能会大幅减少公共交通的使用量，可能会导致城市道路拥堵的增加，而不是减少。无论如何，运输系统的连通性和自动化程度的提高将进一步增加与出行相关的大量动态实时信息的可用性，同时对为了运输规划和运营目的存储和分析这些数据的先进信息学方法的相关需求也会进一步提高。

46.3　信息学与交通网络性能

交通网络性能是短期(每天、每小时、每分钟)需求-供给相互作用的自然结果，在这种情况下,交通网络(道路或公交线路段)的性能取决于在给定时间使用路段的流量(汽车、乘客等)。也就是说，穿越该路段所需的行进时间(以及相关联的拥堵程度)取决于该路段的使用量，而该路段的用户数量(至少部分地)取决于在该路段上经历的行进时间。

导航应用肯定会对单个出行者的路线选择产生影响(否则就没有使用它们的必要了)，因此，流量在网络内的路段和路径上的分布，最终会影响到路段和路径的出行时间。这样的应用程序可以用于出行前的计划(到达目的地的最佳方式是什么？为了避免交通堵塞，什么时候离开比较合适？)和动态的路线指导。然而，这类导航应用软件对出行者路线选择的实际影响通常是未知的，因为通常只有应用程序的公司会看到数据，而且它们通常不会告诉你。

请注意，CAVs 的主要影响可能是在于很大程度上路线的选择决定与出行者无关，并将出行者置于车辆及其相关的自动路线引导系统的控制之下。这将有助于改善道路的交通运行状况，因为车辆更可能分散在网络路径上，以尽量减少整体拥堵。但这也可能涉及一个伦理问题，即为了其他用户可以从更短的行程时间中受益而对一个用户施加更长的行程(这通常是为了减少系统中的总体延迟)是否合适？

基于信息学的连通性(无论是在自动化车辆还是传统车辆中)提供了普及道路收费的可能性。因为如果每辆车的位置已知，并且网络中的每个点也知道当地的道路拥堵程度，那么道路系统的使用可以被动态定价，以鼓励出行者做出更多系统最优的路线选择，或者至少向出行者收取出行的实际社会成本。这种系统通过创造向出行者提供多种路线选择的潜力来解决上述伦理问题。例如，更快但更昂贵的路线(因为它涉及与出行相关的更高的社会边际成本)或更慢但更便宜的路线(在这种路线中，通过打折的出行成本来鼓励或者奖励对社会有益的行为)。

同样，可以对停车进行监控并动态收费，以减少拥挤道路上的停车，将汽车引导至空置的停车位，等等。停车场和车库占用了大量宝贵的空间，在街上停车极大地降低了道路承载各种交通的能力(例如，除了汽车和卡车之外的自行车、公共交通等)，在大多数城市中心，司机开着车寻找(便宜的)停车位本身就是交通拥堵的一个主要诱因。即使是传统汽车，停车场中基于信息的停车应用程序和使用情况监控系统也可以显著减少这些影响，例如旧金山 SF Park 需求响应型停车定价实验(https://sfpark.org/)就证明了这一点。CAVs 的一个主要好处是，它们可以消除大多数路边停车，并显著减少停车场需求，特别是在城市核心地区。就像 CAVs 的其他方面一样，这些好处目前只是推测，但也是大量研究的主题(Nourinejad et al.，2018)。

信息学在交通网络运营控制中的应用也越来越广泛。传统上，道路交通运行状况(流量、速度、拥堵程度)一直由嵌入在道路中的环形线圈检测器监控，这些检测器根据车辆的磁性特征检测经过的车辆。这种方式虽然有用，但这样的环路检测器系统安装和维护费用很高，而且经常出现故障。现在有许多用于监控道路交通的其他技术，包括摄像机(需要先进的图像处理方法来自动从视频图像中收集数据)、蓝牙检测器(它检测车辆、智能手机和其他支持蓝牙设备的唯一 MAC 地址，从而能够在这些车辆经过网络内的一系列检测器时跟踪它们的路径和平均速度)，以及从第三方提供商购买车载导航和其他被动定位检测的应用软件的数据。在公共交通方面，许多机构都有自动车辆定位(automatic vehicle location，AVL)系统，用于实时跟踪公共交通车辆，以及自动乘客计数(automatic passenger counting，APC)系统，用于测量给定交通路线上每个站点的每辆车的实时乘客上下车情况。

46.4　信息学和用于出行需求建模的数据支持

46.2 节中讨论的基于信息学的服务和应用程序日复一日地产生了大量数据，这些数据包含了一个特定的大都市区域内的数以百万计的出行。

出行需求建模一直在很大程度上依赖于对城市地区出行者的大型横断面调查。这类调查既昂贵又耗时，同时还受到各种抽样和其他偏差的影响，而且在生成有代表性的样本方面往往面临越来越多的挑战(Miller et al.，2012；Srikukenthiran et al.，2018)。虽然在可预见的未来，传统的大型家庭出行调查可能会继续进行(Miller et al.，2018)，在进行调查的新模式和新技术以及观察出行相关行为的新的被动(非调查)方法方面，当前的和新兴的信息学方法为传统调查提供了有前景的替代和补充，这些方法将在以下两个小节中讨论。所有这些数据来源的共同之处是出行或出行者的属性缺失的问题，这需要先进的统计数据融合和建模方法，这将在第 3 小节简要讨论。

1. 基于信息学的调查方法

主要的两种基于信息学的调查方法是基于网络的调查和基于智能手机应用程序的调查和跟踪。基于网络的调查事实上已经成为进行出行调查的标准方法，取代或补充了更传统的方法，如电话访谈、自行完成的邮寄调查和面对面访谈。[①]基于网络的调查是非常经济的，因为它们不需要雇用受访人，而且一旦计入调查开发和实施的前期成本，每次完成调查的边际成本非常低。另一方面，建立和联系有代表性的样本可能是具有挑战性的，回复率可能很低，而且由于缺乏监督和协助，回答的质量有时也可能存在问题。不过，最后

---

① 即使是在这些传统的调查模式下，基于平板电脑的网络软件也被用来进行和记录采访。参见 Chung 等(2020)和 Harding 等(2017)中的例子。

一个问题可以通过精细的软件设计来有效缓解，以最大限度地提高问题的清晰度，并将受访人的负担降至最低(Loa et al.，2015；Chung et al.，2020；Srikukenthiran et al.，2018)。

同样，也有许多定制的智能手机应用程序，它们被明确设计为跟踪人们的出行，并收集关于出行和出行者属性的信息。这些通常包括一项简短的前期调查，以收集有关出行者(理想情况下，还包括出行者的家庭)的关键人口统计和社会经济信息。然后，这款应用程序被设计为使用智能手机的 GPS 和其他跟踪功能，在几天甚至几周内主动跟踪人的所有移动，这会在携带智能手机时(假设手机打开的情况下)生成人的活动的时空轨迹。收集有关个人出行行为的详细信息的潜力是相当大的，特别是路线选择和关于活动模式的信息，这两种信息通常都很难用传统的调查方法收集，这类应用很容易收集到这些信息(Grond and Miller，2016；Lue and Miller，2019)。然而，许多技术问题尚未完全解决，从而限制了其目前的广泛使用。这些问题包括：手机电池续航时间与路线跟踪精度之间的关系(跟踪越精确，电量消耗越大)；纯粹从出行轨迹判断出行方式和出行目的的能力；基于智能手机的样本和样本招募方法的代表性(Rashed et al.，2015 a，b)。

还需要对原始痕迹进行大量处理，以便识别一次出行在空间和时间上的终点(例如，此人是否在商店进行了快速购物活动，或者她或他只是在公共汽车站等待了很长时间？)、出行的目的(即出行结束时从事的活动类型)以及所使用出行的方式。如果这些数据要用于出行行为分析和建模，位置、目的和方式都是必不可少的出行属性。理想情况下，这些属性应可根据追踪数据本身，结合其他可用数据，特别是关于土地使用和 POI(学校、商店等)的地理信息系统数据集以及关于道路和公交网络的交通网络数据加以推算。也就是说，被调查者被被动跟踪，而不必明确询问他们的出行情况。如果有足够多的出行者的足量出行天数的数据可供使用，那么原则上可以使用机器学习方法来计算出行站点、模式和目的。然而，目前的做法是在一般情况下，通常需要积极收集一些进行中的出行信息，要么是在出行的过程中进行收集，要么是在一天结束时通过回溯询问受访者的方式收集的。这种主动提问可以给检测到的出行(此次出行是开车去购物)贴上标签，这极大地增强了训练自动属性推算模型的能力，但代价是给调查参与者带来持续的响应负担。因此，主动提问通常在调查期开始时进行几天，然后在调查的剩余时间内完全被动地运行跟踪应用程序的情况下停止，前提是可以获得足够的能够对推算的应用程序进行充分训练的活动数据样本(Faghih Imani et al.，2020；Harding et al.，2020；Harding et al.，2016a，b)。

2. 被动行程跟踪

有许多基于信息学的方法来收集有关出行行为的信息。这包括(Miller et al.，2012)：
- 基于智能手机的被动式定位追踪器。
- 手机追踪。
- 交通智能卡交易数据。
- 蓝牙传感器。
- 信用卡交易数据。

被动式定位追踪器(passive location trackers)：如第 47.2 节第 1 小节所述，路线引导应用程序以及其他出于各种目的追踪智能手机位置的应用程序，正在收集大量有关出行的信息。除了用于指引路线外，这些应用收集的数据还可以用来按时间确定出发地到目的地的行程。这些数据与前面讨论的智能手机应用程序数据不同，因为它们不需要手机用户以任何方式参与，而且它们是完全匿名的(通常以某种方式聚合)。

手机追踪数据(cellphone trace data)：无论何时开机，所有的手机都在与自己的蜂窝网络保持着持续的通信。因此，手机(即机主)的移动可以在时间和空间上被追踪。为了能将数据用于出行行为的分析，这些收集到的轨迹信息需要进行大量的处理，许多分析师正在利用这些处理过的数据集，提取出许多城市地区每天不同时间的出行起讫点(见 Faghih Imani 和 Miller(2018)的深度综述)。手机追踪数据的主要吸引力在于它的普遍性，全球几乎每个城市地区每天都能提供大量的出行数据。此外，考虑到手机在当今社会的深度渗透，这些痕迹可以合理代表公众出行。然而，这些数据的主要限制是，轨迹的时空分辨率天生就受到接收手机信号的发射塔的间距的限制。可实现的解决方案在城市区域内差别很大。总体上达到的相对粗略的分辨率对归算出行方式(通常需要良好的速度测量)和出行目的地活动类型构成了重大挑战(Caceres et al., 2013；Faghih Imani et al., 2018)。

手机追踪数据的一个有趣的特殊用途是识别城际出行。当一部手机在其所在城市以外的城市被检测到时，人们可以推断这是一次城际出行。城际出行是一个特别难以有效调查的出行市场，因此为此目的使用手机追踪数据是一个很有前途的研究途径(Bachor et al., 2013；Janzen et al., 2017)。

交通智能卡交易数据(transit smartcard transaction data)：出行数据的另一个主要信息来源是公共交通机构收集的智能卡交易数据。世界上大多数的主要城市都采用某种形式的智能卡，让乘客用来支付车费，这些卡的使用非常普遍。因此，这些数据提供了一个城市交通乘用的近乎完整的记录。这些智能卡系统的技术复杂程度各不相同，但一般包括两种主要设计之一：刷进系统，即乘客只在首次登上交通车辆或进入交通站点时进行刷卡；刷进刷出系统，即乘客在离开系统时，也必须再次刷卡。后一种系统显然提供了从第一个上车点或车站到最后一个下车车站的所有行程的完整记录(以天为单位)。刷进系统需要大量处理来计算行程的下车位置(通常是通过观察接下来的中转行程的上车位置)，但仍然提供非常有用的关于交通使用的信息(Trépanier et al., 2007；Munizaga and Palma, 2012；Parada and Miller, 2017)。

蓝牙传感器数据(bluetooth sensor data)：如上一节所述，蓝牙检测器可用于跟踪启用蓝牙功能的车辆和个人设备经过安装在路边的检测器时的通行情况。使用来自多个天线的记录可以推导出天线位置之间的出行时间。因此，根据设置，数据可用于推导 O-D 矩阵和车辆样本的部分路线选择(边界线设置)。虽然现有的数据主要用于提供有关车辆移动的信息，但研究行人行为也变得可能。Malinovskiy 等(2012)研究了在两个单独的站点上使用蓝牙进行行人研究的可行性。他们的结果表明："在足够的人口数量下，高水平的趋势分析可以提供对行人出行行为的深刻理解"。

信用卡交易数据(credit card transaction data)：虽然由于无法访问数据，信用卡交易记录目前并未被广泛使用，但信用卡交易记录可以提供有关各种目的出行的详细信息(基本上是任何涉及在离家地点用信用卡支付商品或服务的活动)。它还为活动/出行数据提供了支出数据，这在常规调查中通常不会收集，但在建模时间预算分配和货币预算分配方面可能非常有用。此外，它还可以提供关于室内和室外购物/娱乐支出的信息，同样，这对理解出行行为也非常有用。当然，这种数据来源的主要限制是能否获取这些数据，以及保护数据的机密性。

虽然每种被动数据类型都有其各自的优点和缺点，但它们在以下方面具有共同的优点：
- 提供数天、数周甚至更长时间段的连续数据流，从而允许对出行趋势和动态进行时间序列分析（与通过常规调查获得的通常为一天的横断面快照相反）。
- 生成海量数据，可能能够提供大城市地区的数千甚至数百万出行者的数据（与传统调查中通常可以观察到的小样本相反)，它们是真的大数据。
- 完全被动——他们不需要出行者付出任何努力(甚至可能也不需要意识到)就能收集数据。

然而，它们在出行行为分析和建模中的使用也面临着共同的、重大的挑战：
- 为了保密，数据不可避免地被匿名，因此，出行者的个人属性是未知的。
- 这些数据是以个人为基础的，而不是以家庭为基础的。也就是说，我们通常对出行者家庭的其他成员一无所知。然而，家庭互动和限制通常会对个人的出行行为产生重大影响。
- 与被动的智能手机应用的调查数据一样，除了始发地、目的地以及出行开始和结束时间之外，出行属性通常是未知的。也就是说，需要确定出行方式和目的[①]。
- 跟踪数据的时空精度在不同类型数据源之间可能存在很大差异，甚至在给定的数据类型中从一个行程到另一个行程的差异也是如此。在这方面，手机追踪十分困难，常常使出行模式和目的的推算受到挑战。

3. 数据融合与推算

如上所述，有许多关于出行行为的信息来源，从传统的调查到各种基于信息学的被动数据流，几乎所有这样的数据集在某种程度上都是不完整的，缺少出行者或出行的一个或多个属性，这些属性对于出行分析和建模也是很理想的数据源。这可能包括家庭出行调查中没有收集出行者的收入，或者在大多数被动数据集中完全缺乏关于出行者特征的信息。被动定位跟踪数据通常也缺乏有关关键出行属性(如出行方式和出行目的)的明确信息。在这些情况下，期望通过融合两个或更多数据集来推算丢失的信息，以创建包含比原始数据集更丰富的属性集的新的组合数据集。一个常见的、相对简单的例子是，在家庭出行调查中，使用普查数据来推算缺失的收入信息。这是通过使用普查数据中观察到的收入与其他家庭属性之间的相关性，以及根据普查和调查数据集中观察到的家庭属性，推算调查中观察到的家庭缺少的收入来实现的(Bonnel et al., 2009)。

存在广泛的数据融合和推算用例，有许多方法可用于解决这些问题。这些用例和方法的详细讨论远远超出了本章的范围,但可以在一系列资源中找到，包括 Miller 等 (2012) 和 Srikukenthiran 等(2018)的工作。这里只包含两个观察结果。首先，这里尚未提及的

[①] 当然，在交通智能卡数据的情况中，出行模式显然是使用公共交通工具。

许多数据融合实践所需的一种特别重要的数据类型是基于 GIS 的关于人(及其属性)、工作以及其他经济和社会活动(商店、学校等)的空间分布的数据。这些数据可以存储在不同级别的空间聚合中(交通小区、人口普查区域等),但也经常可以从越来越准确和全面的 POI 数据集中获取,这些数据集来自各种商业和开源提供商。POI 数据可以在独栋建筑、地块或地理编码点这样的精细的空间层面上提供有关土地利用的信息。因此,它们能够对点对点的出行行为进行高度分解的分析,而这样的点对点的出行行为,也促使出行需求模型朝着更细节的层次发展。

其次,正如当今数据分析的绝大多数领域一样,机器学习方法正越来越多地应用于各种各样的交通数据融合问题(Gao et al., 2017)。其中一个例子是使用交通智能卡交易数据,结合传统的家庭调查出行数据,训练一个深度神经网络模型来预测出行方式。然后将这个模型应用于手机轨迹数据,以估算这些轨迹所代表的出行模式(Vaughan et al., 2020)。

46.5 信息学和建模方法

正如本章开头所指出的,对出行需求建模方法的深入讨论远远超出了本章的范围。然而,当前最佳实践状态的一些特征包括 Miller(2018, 2019)的一些特征。

- 本质上,所有最佳实践模型都基于活动和出行,其中:①出行是需要参与户外活动的自然结果;②个人出行是在人们整个日常活动模式中参与的整体出行或出行链的背景下建模的,因此可以考虑出行内决策的相互作用(例如,如果一辆汽车离开车道,它最终一定会回家)。
- 出行行为在很大程度上是使用基于随机效用理论的复杂离散选择模型来建模的,这为操作模型提供了非常坚实的行为基础。
- 这些基于活动和基于出行的模型越来越多地在基于智能体的微观仿真建模框架内实现(见第 43 章)。
- 此类模型的开发基于复杂但经典的计量经济学参数估计技术(通常是最大化对数似然函数)。
- 即使是非常复杂的大城市区域的模型系统,也是基于一个地区出行人口的相对较小的横截面样本开发的。

现代信息学对当前的建模现状提出了挑战,也为下一代模型的发展提供了机遇。正如 46.1 节和 46.2 节指出的那样,基于信息学的应用程序正在提供增强的信息,并正在影响出行选择,影响方式还没有被完全理解,也没有被当前运行中的模型所捕获。然而,应该指出的是,目前的模型通常隐含地假设出行者拥有关于他们的出行选择和属性的完美信息。因此,有人可能会说,这些新的信息来源实际上使行为更符合建模假设,因为出行者现在确实可以获得更好的信息来用于他们的决策!

虽然未来可能比以往任何时候都更加不确定,但关于当下和新兴的出行需求建模的技术可以相当自信地做出一些重要的、具体的和信息学相关的观察,具体如下。

首先,当前表现最好的模型,肯定不能完全适用于分析新的交通系统,更不用说 CAVs 了(Miller, 2019)。这些模型需要被重新设计并重建,以便更好地表达需求决策以及这些新服务的性能和供应特征(Calderón and Miller，2019，2020)。随着各种移动服务的性能和使用情况相关的数据变得普及，开发改进模型的潜力也增加了。新的信息学调查方法也提供了收集出行者偏好和态度相关的数据的机会，这将有助于模型的重新设计和重建。

其次，海量和被动大数据的日益普及，将深刻改变我们对出行行为建模的方式。虽然仍存在一些较大的技术问题，但它们将提供机会：

- 开发出行行为演变的动态模型，将我们从低频的典型人群调查数据集的"局限"中解放出来，将这作为建模的基础。
- 建立城市地区出行的更全面、更完整的表达方法，使我们摆脱对小样本调查的依赖，尽管这些调查包含丰富的社会经济信息，但不可避免地包含大量的抽样和回复偏差。

最后，机器学习和其他基于人工智能的方法正迅速应用于出行需求建模(Yin et al.，2016)。虽然这些方法通常比传统的计量经济学方法更符合基础数据，但它们是否真的代表了政策分析及预测的改进模型，仍然是一个悬而未决的问题。2017年，在美国交通研究委员会年会上举行了一个非常有趣的小组会议，题为"机器学习来自金星，计量经济学建模来自火星：两种不同的出行预测视角"(Machine Learning Is from Venus，Econometric Modeling Is from Mars：Two Different Travel Forecasting Perspectives)。这次会议达成的强烈共识是，这两种建模方法主要是互补的，如果要满足行业的建模需求，出行需求建模需要优化对这两种建模学科的利用。特别是，该次会议认为大数据和基于人工智能的分析方法的出现将意味着(出行需求)模型消亡的想法似乎不太可能，也不具吸引力。长期的战略性预测需要模型能够对新的场景、策略等产生紧急的、超出样本的、外推的行为反应，而不能仅仅停留在推断当前的模式。此外，模型敏感度、弹性等可解释性，是出行需求建模的关键组成部分，在这方面使用机器学习方法存在着明显的不足。

更具推测性的是，关于基于信息学的数据和方法如何在未来几年从根本上改变出行需求模型的最后两个问题，介绍如下。

第一，该领域在过去60年中发展起来的相对丰富的出行行为理论，结合先进的模拟、数据融合和机器学习方法，是否可以用来整合并弥补大数据中典型的社会经济信息差距，并将互补的数据集合并在一起，以创建更全面的出行行为表示？Vaughan等(2019)的研究成果提供了使用这种方法的一个例子，在这种方法中，手机轨迹、交通智能卡交易和传统的家庭访谈出行调查数据集被合并，以创建比三个数据集中任何一个单独出现的更全面的基准年出行表征。

第二，有没有关于出行行为的"量子理论"？也就是说，是否有更明确的统计(而不是行为上的)建模方法更适合新数据集的优点(和缺点)？但这样的理论或模型仍然需要具有预测性，才能回答假设问题。在物理学中，预测是一个理论的最终证明：爱因斯坦的广义和狭义相对论的理论被接受，并不是因为它们的优雅，而是因为它们能够预测实际行为。事实上，量子理论能否被接受取决于它预测真实世界现象的能力(尽管爱因斯坦在哲学上反对)。未来，出行行为理论家和建模者面临的重大问题是，基于城市信息学的数据和方法将如何使我们能够更深入地理解实际的出行行为，并在此基础上开发出更强大、更有说服力的出行行为理论和模型，使我们能够更好地预测出行行为，为交通政策分析和预测提供支持。

46.6 总　　结

本章研究了信息学改变交通建模的许多方式，这些颠覆性的变化包括：出行行为、交通系统性能、可用于模型开发和应用的数据以及建模方法本身。

出行行为主要受到两种基于信息学的服务的影响。

第一种是与出行相关的基于网络和智能手机的应用程序，它们提供广泛的实时信息，包括道路路线指引、交通服务信息和可选的活动地点的信息。这些信息既可用于行程预先计划，也可用于路线上的动态决策。

第二个颠覆出行行为的因素是种类繁多的新型信息化移动服务，这些服务提供了传统出行方式（如公共交通、出租车，甚至私家车）之外的出行选择。最值得注意的是 Uber 和 Lyft 叫车服务。其他移动服务类型包括拼车（如 UberPool）、共享汽车、共享单车、电动滑板车，以及各种形式的需求响应型公交和微公交。移动服务领域正在迅速发展，这些服务的最终稳定状态及其对出行行为的影响是很难预测的。然而，很明显的是，如果出行需求模型要成为模拟这些影响的适当工具，并提供所需的政策指导，以确保这些服务产生有益于社会的结果，那么它们仍将需要相当大的发展。

出行行为和移动服务选项的这些变化，也在影响交通网络性能，特别是在道路拥堵和公共交通使用方面。信息学还可以支持改进的道路的实时控制和交通运营、道路收费方案的实施，以及停车场供应和收费的管理。

信息学技术也极大地改变了可用于支持出行需求建模的数据。基于网络和定制的基于应用程序的调查方法正在扩充并日益取代收集出行行为信息的传统调查方法。此外，还有各种各样的被动跟踪行程的数据来源，其中被动指的是出行者不需要与跟踪设备交互或回答任何问题。被动行程跟踪数据来源包括：基于智能手机的位置跟踪应用程序（上面讨论的路线导航应用程序，但许多其他应用程序经常跟踪手机的位置）；手机轨迹；交通智能卡交易数据；蓝牙传感器；信用卡交易数据。所有这些数据来源都提供了大量的信息，这些信息随着时间的推移不断被收集，涉及特定地区的出行情况。他们还存在共同的问题，即缺乏关于出行者的社会经济信息，以及缺乏关键的出行属性，如出行方式和出行目的。然而，经常可以使用各种数据融合和推算方法（包括机器学习方法）来增强被动数据，从而增强其建模的实用性。

鉴于越来越多的大型被动数据集的可用性，出行需求建模将不可避免地开始利用这些数据。连续的时间序列数据流应该支持更动态（适应性）的模型的开发。在这些数据集中可以观察到的出行者非常大的样本应该会带来比目前的模型更具代表性、更全面的模型，目前的模型依赖于相对较小的样本调查数据。机器学习和其他基于人工智能的方法将继续在模型开发和应用中发挥更大的作用。最后，出行需求模型可能会采用更明确的统计方法来建模出行行为（而不是目前强调更多行为的方法）以作为利用海量被动数据集的最佳方式，建模人员将越来越多地使用这些数据。

在新兴的信息丰富和信息化的世界里，交通建模人员面临的挑战是巨大的。但为政策分析和决策支持开发出显著改进的、更强大的模型的机会也很大。这是一个令交通建模工程师们兴奋的时代！

第六部分　未来展望

第 47 章 结语：城市信息学的价值

Michael F. Goodchild

47.1 引　　言

　　本书的章节涵盖了大量新型数据采集形式、分析和可视化技术，以及对城市治理和规划等主题的广泛关注。从这些涌现的资料来看，城市信息学显然是一个庞大而新兴的领域。某些章节，尤其是本书第一部分的章节，其研究目标一直是科学的传统目标，即获取普适性的新知识，这也是英国皇家学会的传统；正因如此，学会才有了 17 世纪时由艾萨克·牛顿等人提出的"伦敦皇家促进自然知识学会"这一全称。其他一些章节的研究目标更多是规划性的；这些目标具有规范性，假定人们能够根据某些准则，使用已确立的科学知识进行设计和干预。在另外一些章节中，作者着重于报告某种技术能力，讨论城市信息学所生成的新型数据，而没有明确说明这些能力和新数据的应用目标，或如何评估这些能力与数据的价值。作为本书的结尾，本章将对这类更广泛的背景问题展开讨论。

　　本书有几章关注了大数据，并使用若干以字母"V"开头的特征对大数据进行了定义。例如，本书第 42 章中引用了大数据的五个"V"：数量(volume)、多样性(variety)、速度(velocity)、准确性(veracity)与价值(value)。数量、多样性和速度是探讨大数据的核心，数量意味着数据丰富，多样性意味着来源多样，速度意味着准实时的数据生成。准确性显然是指数据质量，与较传统的数据生产程序相比，大数据通常在这一点上有所欠缺，因此从某种意义上说，可以认为第四个"V"是"反 V"。然而，将价值包括在大数据的特征之中，就引发了一个有关于目的的问题，即大数据服务于谁的利益。更根本的是，我们同样可以发问，城市信息学服务于谁的利益，又有谁的利益遭到了忽视？

　　城市信息学专家应该在多大程度上关注上述问题？在 20 世纪 90 年代初期，一些学者提醒人们注意地理信息系统(geographic information systems，GIS)的社会影响(Pickles，1995；Schuurman，2000)，他们暗示或明示 GIS 的开发者忽略了这一问题。GIS 的早期技术发展大多起源于艾森豪威尔提出的军工复合体，因此人们很容易认为，使用 GIS 的目的与平民社会的直接关注点截然相反(Smith，1992)。甚至早在当时，GIS 就被用于跟踪和监控公民（详见：https://www.co.pierce.wa.us/1964/Sex-Offenders-in-Pierce-County），而今，地理空间技术已成为很多公共监控项目的重要组成部分。上述关于城市信息学的问题，让人想起人们在原子弹研发期间和其后产生的深刻反省，尽管后者显然更为极端。例如，很难想象任何城市信息学工作者会像奥本海默目睹第一次核爆炸时那样，被逼到引用《博伽梵歌》中的话："我现在成了死神，世界的毁灭者"（https://

www.wired.co.uk/ article/manhattan-project-robert-oppenheimer）。尽管如此，在本书的最后，我们似乎还是应该对城市信息学的第五个"V"及其未来影响进行探讨。该领域的研究和开发可能会生成什么样的城市化世界，又该如何确保这一领域向积极而非消极的方向发展？在发展与推进城市信息学的过程中，我们是否正在走向未来的乌托邦，又有怎样的"反乌托邦"可能会成为这一领域发展的意外后果？我们是要像马克·扎克伯格和早期的 Facebook 一样，支持技术颠覆本身（Taplin, 2017），还是更想要一个深思熟虑的未来，或许可以称之为"缓慢发展的城市信息学"？简而言之，是什么构成了城市信息学的价值？

为了使上述庞大远景的讨论得到一定程度的聚焦，本章的下一节将就城市信息学的意义提出几种不同的愿景，以及相应的问责形式。

47.2　城市信息学的愿景

1. 城市情报

詹姆斯·克拉珀（James Clapper）曾任美国国家情报总监，负责监督国家地理空间情报局等 17 个政府机构的活动，并于 2017 年退休。他在最近的自传（Clapper, 2019）中强烈辩称，情报的搜集、集合与解读应该由一个简单的愿景驱动：对权力说真话。由该情报引发的决策是听取情报界（intelligence community，IC）汇报的政府其他领导人与部门的责任，不应因为这些决策，而对情报界的主要职能产生偏见或曲解。因此，我们可以主张，城市信息学的价值，在于所获取的数据与所执行的数据汇编、解释、分析及可视化的科学质量。城市信息学应该是可重复的，从而独立的研究人员应得出相同的结论，应该充分体现和解决不确定性，并使用尽可能共享的、标准化的术语、定义与做法。城市情报界（The urban intelligence community）应该以向城市管理部门、民选代表、城市公众等城市权力说真话为宗旨[①]。

这是否是城市信息学的一个有益愿景？该愿景当然与很多智慧城市相关文章中的说法一致：智慧城市的最终目标是研发数据采集方案，从而对城市及其巨大的复杂性进行表达，也就是尽可能接近数字孪生，这一表达将能支持城市的决策过程。这一愿景意味着一种情报界的简单的问责制，以及不同类型情报的分类，类似于信号情报（signals intelligence，SIGINT）、地理空间情报（geospatial intelligence，GEOINT）、来自社交媒体和其他社会资源的情报（intelligence derived from social media and other social sources，HUMINT）等。不过，对城市信息学的愿景，还有几个颇具吸引力的其他选择。

2. 城市科学

本书很多章节，尤其是第一部分的章节，是由一个科学的传统目标所驱动的，即获取有关城市系统的知识。这些知识应具有普适性，因为城市科学所寻求的是能够在很多城市环境中复现的过程，就像物理学寻找的是普遍规律和原理一样。对城市科学来说，

[①] 据原作者表示，"城市情报/情报界"中的情报仅指有价值的信息，没有保密性的含义——译者注。

如果发现了有关伦敦或其部分地区的知识，但这些知识即使在与伦敦有些相似的其他城市和社区中，也无法有效地应用和实施，也不能应用于研究时段以外的其他时刻，那么这并没有什么价值。城市科学发展的驱动力，在于人们相信普适性原理是存在的，并且可以通过自然实验来发现，而自然实验有赖于观察、公共部门项目收集的统计数据、众包、遥感，以及私营部门的海量数据库存。

地理学作为一门学科，长期以来一直在寻找普遍原理与记录独特性之间努力寻找平衡，毕竟后者曾推动了葡萄牙的"地理大发现时代"，也驱动着一直令人神往的地理探索。17世纪的波兰-荷兰地理学家瓦伦纽斯（Warntz，1989）曾对所谓的特殊（个别性）地理和一般（普适性）地理进行了论述。地理学的普适性与独特性问题也推动了20世纪50年代的"舍费尔-哈特向之争"（Harvey，1969），该争论至今仍是研究生地理学思想课程的基石。在更有声望的科学领域，则通常会使用（对他们而言是）贬义的术语描述个别性现象，如"新闻报道"和"仅有描述"等。

今天，这种争论变得更加微妙。地理加权回归（geographically weighted regression，GWR；Fotheringham et al.，2002）和空间关联局域指标（local indicators of spatial association，LISA；Anselin，1995）等技术代表了一种折中形式，即这样的一组结构，其形式上是可泛化的，但允许其参数在空间上、或许也在时间上有所变化。我们可以称之为"弱泛化性"，并可以提出若干对其有利的论据。在社会与环境科学中，很难想象任何原理是完全确定性的，因为总有一些因素没有被包括在内。简而言之，"R^2为1"的目标永远无法实现。如果这些没有被指明的因素在空间上发生变化，就会造成模型参数的空间变化。或者也许可以主张，一些过程确实因地点而异，例如即使所有其他条件都相等，在底特律或是在新奥尔良长大还是有着根本的不同。

如果城市科学确实是由求知欲驱动的，那么当通过科学出版分享了知识，它的责任就结束了。应用和实施这些知识成为其他人的责任，就像在第一个愿景"城市情报"中一样。可以想象，一种致力于使用普适性城市知识的应用城市科学正在兴起——或者，也许该学科更适合称为城市工程学。这就带来了价值定位的差异：由求知欲驱动的科学受到"理解与解释"这些抽象概念的推动，而应用城市科学则将为其更广泛的影响负责。

3. 城市规划与设计

在前两小节中，第五个"V"（价值）已经有了两种不同的含义。城市情报的价值由政策制定者和决策者确定，取决于提供给他们的信息对他们的支持程度。就城市科学而言，价值首先来自普适性知识的产生，并间接来自其在应用中的有效性。本书前文中有几章所讨论的城市规划与设计，则是根据前文所述的另一价值定义进行的，即规划和设计与商定原则的一致程度。简而言之，城市规划与设计是规范性的，这与前两个愿景不同。在某些情况下，这些商定原则可以至少部分地嵌入到软件中，就像在第34章以及更广泛的空间优化领域中那样，该领域旨在针对特定目标，设计最优的解决方案。

然而，许多问题使这个简单的愿景变得复杂。首先，除了一些最简单的情况以外，推动规划和设计的不同原则之间很难达成一致。这些原则是否会以牺牲多数人的利益为代价，来满足少数人的利益？能否充分满足缺乏话语权或缺乏声量的人群的需求？多准则决策领域已经发展成为一种模型，通过确定一致性权重的方法，并将权重应用于数值性的若干备择准则(Saaty, 1977)，从而针对相互冲突的目标做出决策。其次，虽然我们或许认为，基于若干商定准则的决策本质上更为公平，但在实践中，任何解决方案都势必会被视为偏袒了某一立场。

4. 城市开发

企业的价值定位当然是一个简单的经济学问题，即创新首先是由营利能力驱动的。虽然优步(Uber)或无桩式单车这样的颠覆无疑可以带来社会价值，但从根本上说，推动它们增长的是它们最终的盈利能力。很多企业邀请其应用程序的用户共享他们的位置，并且可能会宣称，这样可以为用户提供更具体的信息，寻径类应用以及很多新闻、天气类应用就是这种情况。但这种应用的商业案例，至少会部分地依赖于这些用户位置对零售商、广告商等人的市场价值。这种位置数据的交易会按照应用程序的使用条款和条件进行，但用户不太可能花时间阅读那些长达数十页的条款细则，并了解它们的含义。

47.3　始料未及的后果

本章上一节已经概述了如何在城市信息学的不同愿景下评估其价值，但对一项行动或发展而言，其结果最终会得到正面还是负面的评价，决定性因素通常是其所造成的意外后果。例如，应该如何评估在线购物的影响？在线购物有利于将商品快速交付给市民，并节省他们购物出行的时间和费用，为城市快递业创造了新的就业机会，购物网站的所有者及其供应商则可以赚取利润。但在线购物也严重影响了传统购物，造成当地就业岗位大量流失、传统零售企业倒闭，有时购物中心也会被大规模废弃。在线购物还可能迫使供应链重组，并破坏城市作为区域购物中心的功能。

另一个合适的例子是新近问世的联网和自动驾驶汽车(connected and autonomous vehicles, CAV)。很多新车已经接入互联网，并能报告有关车辆位置、驾驶习惯甚至驾驶员生物特征的详细信息。这些数据对年轻司机的父母、保险公司处理车祸理赔以及机械师维修车辆都很有帮助，正如第 47.2.4 节中所指出的，这些数据具有商业价值。但对于交通控制系统、执法以及所谓的自动化社会控制而言，这些数据也可能具有更加负面的价值。

城市是复杂的现象，其功能不仅局限于城市内部，还会延伸到区域乃至全球范围。例如，某城市的物联网发展，除了通过提供服务而有益于该城市，也可能为地球另一端其他城市的高科技产业创造就业机会；城市垃圾则几乎肯定会被输出到城市的腹地、顺风或下游地区，以及国外的回收材料市场。同样的事物，对某个城市的居民而言，可能看不到也意想不到，对世界其他地区的人们来说，却可能是非常真实的。

47.4 城市信息学的未来

无论是作为收集城市信息的手段、新城市科学的基础、规划和设计的工具，或是开发者的利润来源，城市信息学都显然注定会加速成长，这一领域几乎不可能仅仅是一种短期潮流，随后迅速沉寂。然而，鉴于该领域用于监视与控制的潜力，它也可能成为未来"反乌托邦"的源头。

本章通过简短的讨论，提示读者关注两个问题：第一，城市信息学界的不同人群，会以不同的方式陈述他们所做工作的价值；第二，人们可能倾向于只关注城市内部的复杂性，却忽视了城市与其外部的复杂联系。

作为一个新兴领域，2020 年的城市信息学与 20 世纪 90 年代初的 GIS 有明显的相似之处：两者都在强劲成长，并拥有广阔的前景。因此重要的是，应该将对更广泛社会影响的关注提上城市信息学的议程，当年的 GIS 研究界也关注到这些影响，这也导致大量重要研究的涌现。我们应当探索这些更广泛的影响，并向政府与公众提出相应的问题。

参 考 文 献

需要查阅参考文献的读者，可以扫码查阅

作者索引

第1章

史文中　香港理工大学土地测量与地理资讯学系、潘乐陶慈善基金智慧城市研究院　邮箱：lswzshi@polyu.edu.hk
Michael Batty　英国伦敦大学学院巴特利特高级空间分析中心　邮箱：m.batty@ucl.ac.uk
关美宝　香港中文大学地理与资源管理学系、太空与地球信息科学研究所　邮箱：mpkwan@cuhk.edu.hk
Michael F. Goodchild　美国加州大学圣巴巴拉分校　邮箱：good@geog.ucsb.edu
张安舒　香港理工大学土地测量与地理资讯学系、潘乐陶慈善基金智慧城市研究院　邮箱：aszhang@polyu.edu.hk

第2章

Michael Batty　英国伦敦大学学院巴特利特高级空间分析中心　邮箱：m.batty@ucl.ac.uk

第3章

Michael Batty　英国伦敦大学学院巴特利特高级空间分析中心　邮箱：m.batty@ucl.ac.uk

第4章

Daniel Zünd　美国芝加哥大学 Mansueto 城市创新、生态和进化研究所　邮箱：dzuend@uchicago.edu
Luís M.A.Bettencourt　美国芝加哥大学 Mansueto 城市创新、生态和进化研究所　邮箱：bettencourt@uchicago.edu

第5章

萧世瑜(Shih-Lung Shaw)　美国田纳西大学地理系　邮箱：sshaw@utk.edu

第6章

Martin Raubal　Henry Martin　苏黎世联邦理工学院制图与地理信息研究所　邮箱：mraubal@ethz.ch
Dominik Bucher　苏黎世联邦理工学院制图与地理信息研究所　邮箱：dobucher@ethz.ch

第7章

Sybil Derrible　美国伊利诺伊大学芝加哥分校　邮箱：derrible@uic.edu
Lynette Cheah　新加坡科技设计大学　邮箱：lynette@sutd.edu.sg
Mohit Arora　新加坡科技设计大学　邮箱：arora_mohit@alumni.sutd.edu.sg
李伟耀(Lih Wei Yeow)　新加坡科技设计大学　邮箱：lihwei_yeow@alumni.sutd.edu.sg

第 8 章

金鹰(Ying Jin)　孟祥懿(译者)　剑桥大学建筑与城市马丁研究中心　邮箱：yj242@cam.ac.uk

第 9 章

Helen Couclelis　美国加州大学圣巴巴拉分校　邮箱：cook@geog.ucsb.edu

第 10 章

关美宝　香港中文大学地理与资源管理学系、太空与地球信息科学研究所　邮箱：mpk654@gmail.com

第 11 章

P. Melikov　美国加州大学圣巴巴拉分校　邮箱：pierre_melikov@berkeley.edu
J. A. Kho　美国加州大学圣巴巴拉分校　邮箱：jerkho@berkeley.edu
V. Fighiera　美国加州大学圣巴巴拉分校　邮箱：vincent.fighiera@berkeley.edu　URL:https://github.com/VincentFig/urban_computing_mexico
M. C. González　美国加州大学圣巴巴拉分校　邮箱：martag@berkeley.edu
F. Alhasoun　美国麻省理工学院　邮箱：fha@mit.edu
J. Audiffred　墨西哥，墨西哥城 Data Lab MX　邮箱：ja@digitalstate.mx
J. L. Mateos　墨西哥国立自治大学　邮箱：mateos@fisica.unam.mx

第 12 章

André Romano Alho　Takanori Sakai　Fang Zhao　新加坡-麻省理工学院研究与技术联盟未来城市交通跨学科研究小组　邮箱：andre.romano@samrt.mit.edu
Linlin You　中山大学智能系统工程学院　邮箱：lyou@mail.sysu.edu.cn
Peiyu Jing　美国麻省理工学院智能交通系统实验室　邮箱：peiyu@mit.edu
Lynette Cheah　新加坡科技设计大学工程系统与设计系　邮箱：lynette@sutd.edu.sg
Christopher Zegras　美国麻省理工学院城市研究与规划学系　邮箱：czegras@mit.edu
Moshe Ben-Akiva　美国麻省理工学院土木与环境工程系　邮箱：mba@mit.edu

第 13 章

苏珊·卡特(Susan L. Cutter)　美国南卡罗来纳大学(University of South Carolina)　邮箱：scutter@sc.edu

第 14 章

程　涛　英国伦敦大学学院土木、环境和地质工程系 SpaceTimeLab　邮箱：tao.cheng@ucl.ac.uk
陈童鑫　英国伦敦大学学院土木、环境和地质工程系 SpaceTimeLab　邮箱：tongxin.chen.18@ucl.ac.uk

第 15 章

Alex D. Singleton　英国利物浦大学地理与规划系　邮箱：alex.singleton@liverpool.ac.uk
Seth E. Spielman　美国科罗拉多大学博尔德分校地理系　邮箱：seth.spielman@colorado.edu

第 16 章

李　真　香港理工大学土地测量及地理资讯学系、苏塞克斯大学地理系　邮箱：janet.nichol@connect.polyu.hk

Muhammad Bilal　南京信息工程大学海洋科学学院

Majid Nazeer　东华理工大学地球和大气遥感实验室（EARL）数字土地与资源重点实验室

黄文声　香港理工大学土地测量及地理资讯学系　邮箱：janet.nichol@connect.polyu.hk

第 17 章

Clive E. Sabel　Prince M. Amegbor　Zhaoxi Zhang　Tzu-Hsin Karen Chen　Maria B. Poulsen　Ole Hertel　Torben Sigsgaard　Henriette T. Horsdal　Carsten B. Pedersen　Jibran Khan
丹麦奥胡斯大学 BERTHA 环境与健康大数据中心，邮箱：cs@envs.au.dk

C. E. Sabel　P. M. Amegbor　Z. Zhang　T.-H. K. Chen　M. B. Poulsen　O. Hertel　J. Khan
丹麦奥胡斯大学环境科学系

T. Sigsgaard
丹麦奥胡斯大学公共卫生系-环境与职业医学研究所

H. T. Horsdal　C. B. Pedersen
丹麦奥胡斯大学经济及商业经济学系-综合注册研究中心

第 18 章

Budhendra Bhaduri　Ryan McManamay　Olufemi Omitaomu　Jibo Sanyal　Amy Rose
美国橡树岭国家实验室　邮箱：bhaduribl@ornl.gov

R. McManamay　美国韦科贝勒大学

第 19 章

史文中　香港理工大学土地测量与地理资讯学系、潘乐陶慈善基金智慧城市研究院　邮箱：lswzshi@polyu.edu.hk

第 20 章

黄文声　朱孝林　Sawaid Abbas　郭彦彤　王美莲
香港理工大学土地测量及地理资讯学系　邮箱：ls.charles@polyu.edu.hk

第 21 章

Hongyu Liang　香港理工大学土地测量与地理资讯学系　邮箱：H.ling@polyu.edu.hk
Wenbin Xu　香港理工大学土地测量与地理资讯学系　邮箱：wb.xu@polyu.edu.hk
Xiaoli Ding　香港理工大学土地测量与地理资讯学系　邮箱：xl.ding@polyu.edu.hk
Lei Zhang　香港理工大学土地测量与地理资讯学系　邮箱：l.zhang@polyu.edu.hk
Songbo Wu　香港理工大学土地测量与地理资讯学系　邮箱：sb.wu@polyu.edu.hk

第 22 章

姚　巍　香港理工大学土地测量及地理资讯学系　邮箱：wei.hn.yao@polyu.edu.hk
邬建伟　武汉大学遥感信息工程学院　邮箱：jianwei_wu@whu.edu.cn

第 23 章

吴　波　香港理工大学土地测量及地理资讯学系　　邮箱：bo.wu@polyu.edu.hk
李兆津　香港理工大学土地测量及地理资讯学系　　邮箱：zhaojin.li@polyu.edu.hk

第 24 章

赖纬乐　香港理工大学土地测量与地理资讯学系　　邮箱：wllai@polyu.edu.hk

第 25 章

蔡孟伦　曾芷晴　洪渼芹　江凯伟　台湾成功大学　邮箱：taurusbryant@geomatics.ncku.edu.tw

第 26 章

陈锐志　武汉大学测绘遥感信息工程国家重点实验室　邮箱：ruizhi.chen@whu.edu.cn
闫　科　武汉大学测绘遥感信息工程国家重点实验室　邮箱：ke.yan@whu.edu.cn
郭光毅　武汉大学测绘遥感信息工程国家重点实验室　邮箱：guangyi.guo@whu.edu.cn
陈　亮　武汉大学测绘遥感信息工程国家重点实验室　邮箱：l.chen@whu.edu.cn

第 27 章

F. Duarte　美国麻省理工学院城市研究与规划系及可感知城市实验室　邮箱：fduarte@mit.edu
C. Ratti　美国麻省理工学院城市研究与规划系及可感知城市实验室　邮箱：ratti@mit.edu

第 28 章

高　松　美国威斯康星大学麦迪逊分校地理空间数据科学实验室　邮箱：song.gao@wisc.edu
康雨豪　美国威斯康星大学麦迪逊分校地理空间数据科学实验室　邮箱：yuhao.kang@wisc.edu
刘　瑜　北京大学遥感与地理信息系统研究所
张　帆　美国麻省理工学院可感知城市实验室

第 29 章

涂　伟　李清泉　乐　阳　张亚涛　广东省城市空间信息工程重点实验室，自然资源部大湾区地理环境监测重点实验室，深圳市空间信息智能感知与服务重点实验室
涂　伟　深圳大学建筑与城市规划学院城市空间信息工程系　邮箱：tuwei@szu.edu.ch
李清泉　深圳大学建筑与城市规划学院城市空间信息工程系　邮箱：liqq@szu.edu.cn
乐　阳　深圳大学建筑与城市规划学院城市空间信息工程系　邮箱：yangyue@szu.edu.cn
李清泉　张亚涛　武汉大学测绘遥感信息工程国家重点实验室

第 30 章

Michael F. Goodchild　美国加州大学圣巴巴拉分校　邮箱：good@geog.ucsb.edu

第 31 章

Harvey J. Miller　肖宁川　美国俄亥俄州立大学城市和区域分析中心　邮箱：xiao.37@osu.edu
周晋皓　美国俄亥俄州立大学地理系

第32章

李 霖　武汉大学资源与环境科学学院　邮箱：lingli@whu.edu.cn
应 申　武汉大学资源与环境科学学院　邮箱：sengyin@whu.edu.cn
朱海红　武汉大学资源与环境科学学院　邮箱：hhzhu@whu.edu.cn
吴金迪　武汉大学资源与环境科学学院　邮箱：jdwu@whu.edu.cn
刘承承　武汉大学资源与环境科学学院　邮箱：ccliu@whu.edu.cn
郭仁忠　深圳大学智慧城市研究院

第33章

Thomas H. Kolbe　德国慕尼黑工业大学　邮箱：thomas.kolbe@tum.de
Andreas Donaubauer　德国慕尼黑工业大学　邮箱：andreas.donaubauer@tum.de

第34章

Tom Kelly　英国利兹大学　邮箱：twakelly@gmail.com

第35章

王少文（通讯作者）　吕方正　王少华　Anand Padmanabhan
美国伊利诺伊大学厄巴纳-香槟分校地理和地理信息科学系及CyberGIS高级数字空间研究中心
邮箱：shaowen@illinois.edu；shaohua@illinois.edu
Charles E. Catlett　美国芝加哥大学、Argonne国家实验室　邮箱：catlett@anl.gov
Kiumars Soltani　Zillow（美国线上房地产公司）　邮箱：soltani2@illinois.edu

第36章

狄黎平　喻歌农　美国乔治·梅森大学空间信息科学与系统中心　邮箱：ldi@gmu.edu

第37章

Andrew Hudson-Smith　Duncan Wilson　Steven Gray　Oliver Dawkins
英国伦敦大学学院巴特利特高级空间分析中心　邮箱：a.hudson-smith@ucl.ac.uk

第38章

史文中　香港理工大学土地测量与地理资讯学系、潘乐陶慈善基金智慧城市研究院　邮箱：lswzshi@polyu.edu.hk
张安舒　香港理工大学土地测量与地理资讯学系、潘乐陶慈善基金智慧城市研究院　邮箱：aszhang@polyu.edu.hk

第39章

Gennady Andrienko　Natalia Andrienko　Fabian Patterson　Siming Chen
德国弗劳恩霍夫研究所IAIS　邮箱：Gennady.andrienko@iais.fraunhofer.de
Robert Weibel　Haosheng Huang　苏黎世大学
Christos Doulkeridis　Harris Georgiou　Nikos Pelekis　Yannis Theodoridis　希腊比雷埃夫斯大学
Mirco Nanni　意大利比萨研究所

Leonardo Longhi 意大利特尔尼 Sistematica
Athanasios Koumparos 希腊雅典 Vodaphone
Ansar Yasar 比利时哈塞尔特大学
Ibad Kureshi 比利时布鲁塞尔 Inlecom Group BVBA

第 40 章

刘　谦　美国国家科学基金会时空创新中心 & 地理与地理信息科学系　邮箱：qliu6@gmu.edu
杨景超　美国国家科学基金会时空创新中心 & 地理与地理信息科学系　邮箱：jyang43@gmu.edu
李　云　美国国家科学基金会时空创新中心 & 地理与地理信息科学系　邮箱：yli38@gmu.edu
莎德轩　美国国家科学基金会时空创新中心 & 地理与地理信息科学系　邮箱：dsha@gmu.edu
许孟超　美国国家科学基金会时空创新中心 & 地理与地理信息科学系　邮箱：mxu6@gmu.edu
Ishan Shams　美国国家科学基金会时空创新中心 & 地理与地理信息科学系　邮箱：ishams@gmu.edu
余满珠　美国国家科学基金会时空创新中心 & 地理与地理信息科学系　邮箱：myu7@gmu.edu
杨朝伟（通讯作者）　美国国家科学基金会时空创新中心 & 地理与地理信息科学系　邮箱：cyang3@gmu.edu
顾　娟　北京测绘科学研究院　邮箱：gujuan@bism.cn

第 41 章

张　超　美国佐治亚理工学院计算科学与工程学院　邮箱：chaozhang@gatech.edu
韩家炜　美国伊利诺伊大学香槟分校　邮箱：hanj@illinois.edu

第 42 章

王森章　南京航空航天大学计算机科学与技术学院　邮箱：szwang@nuaa.edu.cn
曹建农　香港理工大学计算机学院　邮箱：csjcao@polyu.edu.hk

第 43 章

Mark Birkin　英国利兹大学地理学院　邮箱：m.h.birkin@leeds.ac.uk

第 44 章

叶嘉安　香港大学城市规划与设计系及城市研究与城市规划中心　邮箱：hdxugoy@hku.hk
夏　畅　香港大学城市规划与设计系　邮箱：xia2016@whu.edu.cn
黎　夏　华东师范大学地理科学学院　邮箱：lixia@geo.ecnu.edu.cn

第 45 章

Andrew Crooks　美国布法罗大学地理系 RENEW 研究所　邮箱：atcrooks@buffalo.edu
Alison Heppenstall　Nick Malleson　Ed Manley　英国利兹大学地理学院 Alan Turing 研究所

第 46 章

Eric J. Miller　加拿大多伦多大学　邮箱：miller@ecf.utoronto.ca

第 47 章

Michael F. Goodchild　美国加州大学圣巴巴拉分校　邮箱：good@geog.ucsb.edu